기계학습을 위한 선형대수 및 최적화

Linear Algebra and Optimization for Machine Learning

A Textbook

Charu C. Aggarwal 저 | 이광수 역

Springer

Human Science
휴먼싸이언스

기계학습을 위한 선형대수 및 최적화

초판 인쇄 : 2021년 4월 12일
초판 발행 : 2021년 4월 20일

저　자 : Charu C. Aggarwal
역　자 : 이 광 수
발행인 : 박 주 옥
발행처 : 휴먼싸이언스
주　소 : 서울시 도봉구 시루봉로 291 B1(도봉동 613-14 숙진빌딩)
전　화 : (02) 955-0244
팩　스 : (02) 955-0245
e-mail : humansci@naver.com
표지디자인 : 성지은

등록번호 : 제2008-20호
등록일 : 2008. 10. 13

ISBN : 979-11-89057-27-5 (93560)
정가 40,000원

서문

"수학은 하나님이 우주의 작성에 사용한 언어이다." - Galileo

선형대수와 최적화에 관한 광범위한 배경지식을 갖추지 못한 초보자들은 기계학습을 공부할 때 어려움을 종종 겪는다. 기존의 일반적인 선형대수나 최적화 교과목은 기계학습에 특화되어 있지 않으며, 따라서 기계학습의 이해에 필요한 내용을 추가적으로 공부해야 한다. 또 최적화나 선형대수의 개념이나 기법 중에는 다른 응용 분야에서는 잘 쓰이지 않지만 기계학습에서는 자주 이용되는 것들이 있다. 따라서 기계학습의 관점에서 선형대수와 최적화를 다루는 교재를 개발하는 것은 상당히 의미 있는 작업이다.

기계학습 전문가들이 기계학습 응용문제에 대한 해법을 연구하는 과정에서 그때그때의 필요에 따라 선형대수나 최적화에 관한 지식을 조금씩 채워나가는 것은 흔한 일이다. 그러나 이러한 체계적이지 못한 접근방식은 바람직하지 않은데, 이는 기계학습에 초점을 맞춘 상태에서는 선형대수나 최적화를 새로운 상황이나 응용문제에 적용할 수 있을 정도로 일반성 있게 학습하기 어렵기 때문이다. 따라서 이 책에서는 선형대수와 최적화를 중심 주제로 삼고 이들에 대한 응용 분야로 기계학습 문제의 해법을 다루는 방식을 취한다. 다시 말하자면 이 책은 선형대수와 최적화를 가르치면서 기계학습 예제들을 이용한다. 이러한 접근방식을 통해 이 책은 기계학습에 관련성이 높은 선형대수와 최적화에 초점을 맞추면서 이러한 지식을 기계학습에 어떻게 응용하는지 보여준다. 그 과정에서 학생들은 기계학습의 몇 가지 근본적인 문제들에 대한 지식을 습득하게 될 것이며, 또한 기계학습에서 이용되는 여러 가지 기본적인 선형대수 알고리즘과 최적화 알고리즘들을 익히게 될 것이다. 이 책은 기계학습에 관한 전반적인 내용을 다루고 있지는 않지만, 기계학습의 핵심 모델들과 최적화 기법들을 소개하고 있다. 상당한 경력을 갖춘 기계학습 전문가들의 경우에도 이 책은 선형대수 기초이론과 최적화 방법론에 대한 체계적인 소개를 통해 새로운 관점을 확립하는 데 유용하게 이용될 수 있을 것이다.

이 책의 장들은 다음과 같이 구성되어 있다.

1. **선형대수 및 응용**: 관련 장들에서는 선형대수의 기초에 중점을 두며, 특이값 분해, 행렬 인수분해, 유사도 행렬(커널법), 그래프 분석 등과 같은 기본적인 응용에 어떻게 적용되는지 알아본다. 스펙트럼 군집화, 커널 기반 분류, 이상치 탐지 등과 같은

수많은 기계학습 응용문제들을 예제로 들고 있다. 기계학습 예제와 선형대수 기법의 긴밀한 통합은 이 책이 일반 선형대수 도서들과 구별되는 중요한 특징이다. 이 책의 초점은 선형대수에서 기계학습과 가장 관련성이 높은 내용들을 소개하고 학생들에게 선형대수 개념을 기계학습에 적용하는 방법을 가르치는 것이다.

2. **최적화 및 응용**: 대부분의 기계학습은 회귀 모델이나 분류 모델의 정확성을 극대화하려는 최적화 문제의 형태를 갖는다. 최적화 중심 기계학습 문제는 최소제곱 회귀 문제에서 파생되었다고 볼 수 있다. 최소제곱 회귀 문제는 선형대수와 최적화 모두에서 중요한 문제이며 두 분야를 연결하는 중요한 문제 중 하나이다. 최소제곱 회귀는 SVM(support vector machine), 로지스틱 회귀, 추천 시스템 등의 출발점이기도 하다. 또한 차원축소법이나 행렬인수분해법에서도 최적화 방법의 개발이 필요하다. 계산 그래프의 최적화에 대해서는 신경망 역전파에 어떻게 응용되는지 논의하게 될 것이다.

연습문제들은 각 장의 본문 중에도 포함되어 있고 각 장의 끝에도 나타난다. 개념을 확실히 이해하기 위해서는 시간이 걸리겠지만 각 장 본문 중의 연습문제를 풀어보면서 읽어나가야 하며, 풀이를 돕기 위한 힌트를 참고하기 바란다. 각 장 끝에 배치되어 있는 연습문제는 장을 마친 후 복습 삼아 풀어보기 바란다.

이 책에서 벡터나 다차원 데이터 점은 $\overline{X}$, $\overline{y}$ 등과 같이 변수 상단의 막대로 표시하며, 이때 대문자를 사용할 수도 있고 소문자를 사용할 수도 있다. 벡터 점곱(dot product)은 $\overline{X} \cdot \overline{Y}$와 같이 중앙 위치의 점으로 표시된다. 행렬은 R과 같이 막대 없이 대문자로 표시된다. 이 책에서 전체 훈련용 데이터 세트에 해당하는 $n \times d$ 행렬은 n개의 데이터 점과 d차원을 갖는 D로 표시된다. 따라서 D의 개별 데이터 점은 d차원 행벡터이며 종종 $\overline{X}_1 \cdots \overline{X}_n$로 표시된다. 반대로 각 데이터 점에 대한 하나의 값을 갖는 벡터는 대개 n차원 열벡터이다. n개의 데이터 점을 갖는 클래스 변수를 나타내는 n차원 열벡터는 $\overline{y}$와 같이 표시된다. 관측 값은 y_i와 같이 표시되며, 예측 값은 $\hat{y}_i$와 같이 변수 상단의 삿갓 기호로 구별된다.

Yorktown Heights, NY, USA　　　　Charu C. Aggarwal

감사의 글

이 책을 쓰느라 바쁜 시간을 보내는 동안 가족의 사랑과 지원에 감사드립니다. 미적분과 같은 최적화의 기초 지식이나 벡터, 행렬 등과 같은 선형대수에 대한 기초 지식은 고등학교에서 배우기 시작하여 수년간의 학부/대학원 교육과정과 졸업 후의 연구 기간을 거쳐 동안 심화됩니다. 따라서 오랜 기간에 걸쳐 가르쳐준 선생님들과 동료들에게 배움의 빚을 지고 있으며, 이 짧은 글에서 도움을 주신 분들을 모두 언급하지 못함에 양해를 구합니다.

벡터, 행렬, 최적화(미적분) 등을 처음 가르쳐주신 분은 고등학교 때의 훌륭한 S. Adhikari 선생님과 P.C. Pathrose 선생님이며, 수학에 대한 나의 사랑은 이분들로 고등학교 시절에 시작되었습니다. 칸푸르 소재 IIT 학부에서 컴퓨터과학을 전공하는 동안 저는 R. Ahuja 박사, B. Bhatia 박사, S. Gupta 박사로부터 선형대수와 최적화 수업을 들었습니다. 선형대수와 수학적 최적화는 서로 연관성은 있지만 별개의 과목인데, Gupta 박사의 강의 스타일은 종종 이러한 주제들에 대한 통합된 관점을 제시하였습니다. 기계학습에 관한 연구에서 이러한 통합적 관점은 대단히 유용합니다. 예를 들어 연립방정식 풀이나 특이값 분해와 같은 여러 문제에 대해 선형대수 관점이나 최적화 관점에서 접근할 수 있는데, 통합적 관점으로 접근하면 여러 기계학습 응용문제들에 대해 보완적인 측면을 발견하게 됩니다. Gupta 박사의 선형대수 수업과 수학적 최적화 수업은 박사 과정에서 수학적 최적화를 전공 분야로 선택하는 데 큰 영향을 미쳤습니다. 이러한 선택은 당시 학부 컴퓨터과학 전공자들에게는 비교적 드문 일이었습니다. 마지막으로, MIT에서 대학원을 다니는 동안 선형대수와 최적화 분야의 여러 권위자들로부터 선형 및 비선형 최적화 기법들에 대해 배울 수 있었던 것은 제게 큰 행운이었습니다. 특히, 제 젊은 시절에 박사 학위논문 지도교수이신 James B. Orlin께서 많은 지도를 해주셨으며, Nagui Halim은 10년 동안 저의 모든 저서 집필에 많은 지원을 해주었습니다. 회사 상사인 Horst Samulowitz는 지난 1년 동안 저의 작업을 지원해주셨으며 그의 도움에 감사드립니다.

또한 오랜 기간 동안 기계학습 분야의 동료들로부터 많은 것을 배웠습니다. 선형대수와 최적화의 진정한 유용성은 응용 환경에서 빛을 발하는데, 저는 여러 기계학습 문제에 대해 다양한 분야의 많은 연구자들과 함께 일할 수 있는 행운을 가졌습니다. 이 책에서 선형대수 및 최적화의 특정 측면을 많이 강조하고 있는데, 이는 이러한 귀중한 경험과 협업에서 비롯된 것입니다. 특히 Tarek F. Abdelzaher, Jinghui Chen, Jing Gao, Quanquan Gu, Manish Gupta, Jiawei Han, Alexander Hinneburg, Thomas Huang, Nan Li, Huan Liu, Ruoming Jin, Daniel Keim, Arijit Khan, Latifur, Khan, Mohammad M. Masud, Jian Pei, Magda Procopiuc, Guojun Qi, Chandan Reddy, Saket Sathe, Jaideep Srivastava, Karthik Subbian, Yizhou Sun, Jiliang Tang, Min-Hsuan Tsai, Haixun Wang, Jianyong Wang, Min Wang, Suhang Wang , Wei Wang, Joel Wolf, Xifeng Yan, Wenchao Yu, Mohammed Zaki, ChengXiang Zhai, Peixiang Zhao에게 감사드립니다.

여러 사람이 이 책의 내용을 감수해주셨습니다. Quanquan Gu는 6장에 대해 몇 가지 제안을 주셨습니다. Jiliang Tang과 Xiaorui Liu는 6장의 여러 부분을 검토하고 교정 및 개선의견을 주셨습니다. Ji Shuiwang은 문제 7.2.3에 기여하였으며, Jie Wang은 책의 여러 장을 검토하고 교정 의견을 주셨습니다. Hao Liu도 몇 가지 제안을 주셨습니다.

마지막으로, 책 쓰는 일을 그만두기로 결정했던 참에 이 책을 쓰도록 격려해 준 딸 Sayani에게 감사드립니다. 이 책의 일부 그림을 수정하도록 의견을 준 아내에게도 감사드립니다.

저자약력

Charu C. Aggarwal은 뉴욕주 요크타운하이츠에 있는 IBM 왓슨 연구소의 책임연구원이다. 1993년 칸푸르 소재 인도 공과대학(IIT)에서 컴퓨터과학 학사학위를 받았고, 박사학위는 1996년 매사추세츠 공과대학(MIT)에서 받았으며, 데이터 마이닝 분야에서 다양한 연구를 수행하였다. 심사과정이 있는 컨퍼런스와 학술지에 400편 이상의 논문을 발표했으며 80개 이상의 특허를 집필하였다. 데이터 마이닝, 추천 시스템, 이상치 분석 등에 대한 교재들을 포함하여 19권의 책을 집필하거나 편집하였다. 상업적 가치가 높은 특허들에 대한 공로를 인정받아 IBM에서 세 번이나 마스터 발명가로 지정된 바 있다. 데이터 스트림상의 생물테러 위협 탐지에 대한 연구로 IBM Corporate Award(2003), 기밀성 기술에 대한 과학적 공헌으로 IBM Outstanding Innovation Award(2008)를 수상했으며, 데이터 스트림 및 고차원 데이터에 대한 그의 연구로 두 번이나 IBM Outstanding Technical Achievement Award (2009, 2015)를 수상한 바 있다. 응축 기반 기밀성 유지 데이터 마이닝에 대한 그의 연구로 EDBT 2014 Test of Time Award(2015)를 수상하였다. 또한 2015년에 IEEE ICDM 연구 공로상을 받았으며 2019년에는 ACM SIGKDD 혁신상을 수상하였는데, 이 상들은 데이터 마이닝에 대한 영향력 있는 연구 공헌에 대한 최고의 상들이다.

IEEE 빅데이터 컨퍼런스(2014)의 공동 조직위원장을 역임했으며 ACM CIKM 컨퍼런스(2015), IEEE ICDM 컨퍼런스(2015), ACM KDD 컨퍼런스(2016) 프로그램 공동위원장을 역임하였다. 2004년부터 2008년까지 IEEE Transactions on Knowledge and Data Engineering의 부편집장을 역임하였다. IEEE Transactions on Big Data의 부편집장, ACM SIGKDD Explorations의 편집장, ACM Transactions on Knowledge Discovery from Data의 편집장 등을 역임하였다. Springer에서 발행되는 Lecture Notes on Social Networks의 자문위원으로도 활동하고 있으며, SIAM Activity Group on Data Mining의 부의장이며 SIAM Industry Committee의 위원이기도 하다. "지식 발견 및 데이터 마이닝 알고리즘에 대한 공헌"으로 SIAM, ACM, IEEE 등의 학회에서 전문위원으로 인정받고 있다.

차례

Chapter 1

선형대수와 최적화: 서론

"어떤 공학 분야든지 동일한 기초과학과 수학을 배우고 나서 해당 공학 분야에 어떻게 응용할지에 대해 조금 배우게 될 것이다." – Noam Chomsky

1.1 서론

기계학습은 나머지 변수들로부터 특정 변수들을 예측하기 위해 여러 **속성**(즉, 변수)을 포함하는 데이터로부터 수학적 모델을 구축한다. 예를 들어, 암 예측 응용에서 각 데이터 점에는 임상시험을 실행하여 얻은 변수들이 포함될 것이며, 피예측 변수는 암 여부에 대한 진단일 것이다. 이러한 모델은 때로 변수들 간의 선형 및 비선형 관계로 표현된다. 모델과 관측된 데이터 간의 "일치도"를 **최적화**(최대화)함으로써 데이터 기반 방식으로 이러한 관계를 발견할 수 있으며, 이는 최적화 문제에 해당한다.

선형대수는 벡터 공간에서의 선형 연산을 다룬다. 2차원 **직교좌표계**에서 **원점**이라고 불리는 고정 점에 대한 모든 좌표들로 이루어지는 무한집합은 벡터 공간의 한 예이며, 이때 각 **벡터**(즉, 2차원 좌표)는 이러한 집합의 원소로 볼 수 있다. 이러한 추상화는 기계학습에서 데이터가 다중 차원의 점으로 표현되는 방식에 부합되는데, 대체로 2차원보다는 높은 차원인 경우가 많다. 이러한 차원은 기계학습 용어로는 속성이라고 부른다. 예를 들어 의료 응용에서 각 환자는 연령, 혈당 수준, 염증 지표 등과 같은 많은 속성을 포함하는 벡터로 표시될 수 있다. 분석적 특성들을 추출하기 위해 많은 응용 분야에서 이러한 고차원 벡터에 선형 함수들을 적용하는 경우가 많으며, 이러한 선형 변환들은 선형대수의 핵심에 해당한다.

2차원 또는 3차원 공간에서 좌표나 연산에 관한 공간 기하학을 시각화하는 것은 쉽지만 고차원 공간에서의 시각화는 훨씬 더 어렵다. 예를 들어, 물체의 2차원 회전을 시각화하는 것은 간단하지만 20차원 물체와 해당 회전을 시각화하는 것은 어렵다. 이것은 선형대수에서 주요 난제 중 하나이다. 그렇지만 연습을 통해 공간적 직관을 고차원으로 발전시킬 수 있을 것이다. 선형대수는 d차원의 직교좌표 기하학을 일반화한 것으로 볼 수 있다. 평면에서 두 직선의 교차점을 찾기 위해 2차원에서 분석 기하학을 이용할 수 있는 것처럼 이러한 개념을 임의의 차원으로 일반화할 수 있다. 이렇게 도출된 방법이 연립방정식 풀이에 사용되는 **가우스 소거법**

이며, 이는 선형대수의 기본 초석 중 하나이다. 실제로 선형대수, 최적화, 기계학습 등에서 기본인 **선형 회귀** 문제는 연립방정식 풀이와 밀접하게 연관되어 있다. 이 책은 기계학습 응용에 특별히 초점을 맞추면서 선형대수 및 최적화를 소개할 것이다.

이 장의 나머지 부분은 다음과 같이 구성되어 있다. 다음 절에서는 벡터와 행렬의 정의와 주요 연산들을 소개한다. 1.3절에서는 벡터와 행렬 간의 곱셈이 갖는 특성을 살펴보고, 이러한 곱셈은 벡터에 대한 보다 단순한 변환들의 합성에 해당한다는 사실을 설명한다. 1.4절에서는 이 책 전체에서 응용 예제로 사용되는 기계학습의 기본 문제들을 소개한다. 1.5절에서는 기초적인 최적화 기법 몇 가지를 소개하고, 이들이 다양한 유형의 기계학습 문제와 어떻게 연관되어 있는지 살펴본다. 1.6절에는 요약이 제시된다.

1.2 스칼라, 벡터, 행렬

먼저 선형대수와 관련된 기본 구조인 스칼라, 벡터, 행렬 등의 개념을 살펴보자.

1. **스칼라(scalar)**: 스칼라는 대부분의 기계학습 응용에서 일반적으로 실제 도메인에서 가져온 개별 숫자 값이다. 예를 들어 기계학습 응용에서 연령과 같은 속성의 값은 스칼라이다.

2. **벡터(vector)**: 벡터는 숫자 값의 배열, 즉, 스칼라 배열이다. 이러한 각 숫자 값을 **좌표**라고도 한다. 배열상의 개별 숫자 값을 벡터의 **항** 또는 **성분**이라고 하며, 성분의 개수를 벡터의 **차원**이라고 한다. 기계학습에서 벡터는 연령, 급여 등과 같은 숫자 값에 해당하는 성분들을 포함할 수 있으며, 이들은 하나의 데이터 점에 해당한다. 시간당 30달러를 벌고 5년의 경험을 가진 25세 사람에 대한 3차원 벡터 표현은 숫자 배열 [25, 30, 5]와 같이 쓸 수 있다.

3. **행렬(matrix)**: 행렬은 행(row)과 열(column)을 모두 포함하는 숫자 값의 직사각형 배열로 볼 수 있다. 행렬의 특정 원소는 행 인덱스와 열 인덱스를 지정하여 표시할 수 있다. 예를 들어, n명의 개인에 대한 d개의 속성을 나타내는 기계학습 응용을 위한 데이터 세트를 생각해보자. 각 개인에게는 행이 할당되고 각 속성은 열에 할당된다. 이 경우 정의하게 되는 데이터 행렬에서 각 행은 n명의 개인 중 하나의 속성을 나타내는 d차원 벡터가 될 것이다. 이러한 행렬의 크기는 $n \times d$와 같이 표시된다. 행렬의 원소는 인덱스 쌍 (i, j)로 나타낼 수 있으며, 이때 첫 번째 요소 i는 행 인덱스이고 두 번째 요소 j는 열 인덱스이다. 행 인덱스는 위에서 아래로 내려갈수록 증가하는 반면 열 인덱스는 왼쪽에서 오른쪽으로 갈수록 증가한다. 따라서

행렬의 (i, j)번째 항의 값은 i번째 개인의 j번째 속성과 같다. 행렬 $A=[a_{ij}]$라는 표현은 A의 (i, j)번째 원소가 a_{ij}로 표시된다는 사실을 나타낸다. 또한 $A=[a_{ij}]_{n \times d}$라는 표현은 A의 크기가 $n \times d$라는 사실을 의미한다. 행렬에 열의 개수와 행의 개수가 같을 경우 **정방행렬**이라고 한다. 그렇지 않으면 **비정방행렬**이라고 한다. 열보다 행이 많은 비정방행렬은 **세로 행렬**이라고 하며, 행보다 열이 더 많은 행렬은 **가로 행렬**이라고 한다.

스칼라, 벡터, 행렬 등의 원소로 복소수가 포함될 수 있다. 이 책에서는 가끔 기계학습과 관련이 있을 경우 복소수 값 벡터에 대해 언급하게 될 것이다.

벡터는 행렬의 특수한 경우이고 스칼라는 벡터와 행렬의 특수한 경우이다. 예를 들어, 스칼라는 때때로 1×1 행렬로 간주된다. 마찬가지로, d차원 벡터는 **행벡터**로 취급될 때 $1 \times d$ 행렬로 볼 수 있다. 또한 **열벡터**의 경우 $d \times 1$ 행렬로 취급될 수 있다. 벡터에 "행" 또는 "열"이라는 단어가 추가되어 있으면 해당 벡터는 당연히 어떤 행렬의 행이거나 어떤 행렬의 열일 것이다. 선형대수에서 벡터는 달리 지정되지 않는 한 기본적으로 열벡터로 간주된다. 벡터의 경우에는 행렬이나 스칼라와 달리 항상 상단의 막대로 벡터임을 표시한다. 예를 들어, d개의 값을 갖는 행벡터 $[y_1, \ldots, y_d]$는 $\overline{y}$나 $\overline{Y}$로 표시할 수 있다. 이 책에서 스칼라는 항상 a 또는 δ와 같은 소문자 변수로 표시되며, 행렬은 항상 A 또는 Δ와 같은 대문자 변수로 표시된다.

과학에서 벡터는 속도와 같이 크기와 방향을 갖는 양으로 기하학적으로 시각화되는 경우가 많다. 이러한 벡터를 기하학적 벡터라고 한다. 예를 들어, X축의 양의 방향이 동쪽 방향에 해당하고 Y축의 양의 방향이 북쪽 방향에 해당하는 상황을 생각해보자. 그러면 동시에 동쪽 방향으로 4 m/초, 북쪽 방향으로 3 m/초로 이동하는 사람은 실제로 $\sqrt{4^2+3^2}=5$ m/초로 북동 방향으로 직선이동 하는 것이며(피타고라스 정리에 따름), 이는 또한 벡터의 길이이다. 이 사람의 속도 벡터는 원점에서 [4, 3] 방향의 선분으로 표시할 수 있으며, 그림 1.1(a)에서 이 벡터를 보이고 있다. 이 경우 벡터의 꼬리는 원점에 위치하며 벡터의 머리는 [4, 3]에 위치한다. 과학에서 기하학적 벡터는 임의의 위치에 꼬리를 가질 수 있다. 예를 들어, 그림 1.1(a)에서 꼬리가 [1, 4]에 위치하고 머리는 [5, 7]에 위치하는 동일한 벡터 [4, 3]의 또 다른 예를 보이고 있다. 기하 벡터와 달리 선형대수에서는 꼬리가 원점에 위치하는 벡터만 고려하는데, 이로 인해 수학적 결과, 원리, 직관 등이 달라지는 것은 아니며 표현력의 손실로 이어지지도 않는다. 다만 선형대수에서는 모든 벡터, 연산, 공간 등에서 원점이 중요한 기준점으로 사용될 뿐이다.

1.2.1 스칼라와 벡터에 대한 기본 연산

동일한 차원을 갖는 벡터들은 더하거나 뺄 수 있다. 예를 들어, 판매점 응용 프로그램 안에

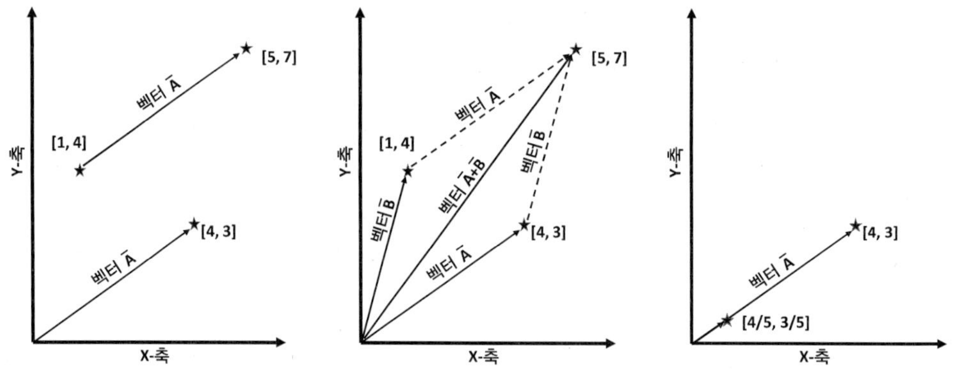

(a) 비 원점 벡터(허용되지 않음) (b) 벡터 덧셈 (c) 벡터 정규화

그림 1.1 벡터 정의 및 기본 연산의 예

두 개의 d차원 벡터 $\overline{x}=[x_1 \cdots x_d]$와 $\overline{y}=[y_1 \cdots y_d]$가 있다고 하자. 여기에서 i번째 성분은 i번째 제품의 판매량을 나타낸다. 이 경우 판매량 합산 벡터는 $\overline{x}+\overline{y}$이고 합산 벡터에서 i번째 성분은 x_i+y_i이다.

$$\overline{x}+\overline{y}=[x_1 \ldots x_d]+[y_1 \ldots y_d]=[x_1+y_1 \ldots x_d+y_d]$$

벡터 뺄셈도 동일한 방식으로 정의된다.

$$\overline{x}-\overline{y}=[x_1 \ldots x_d]-[y_1 \ldots y_d]=[x_1-y_1 \ldots x_d-y_d]$$

$\overline{x}+\overline{y}=\overline{y}+\overline{x}$이므로 벡터 덧셈에서는 (스칼라 덧셈의 경우와 같이) 교환법칙이 성립한다. 두 벡터 $\overline{x}$와 $\overline{y}$를 더할 때 원점, $\overline{x}$, $\overline{y}$, $\overline{x}+\overline{y}$ 등은 평행사변형의 꼭짓점을 나타낸다. 예를 들어 $\overline{A}$=[4, 3]과 $\overline{B}$=[1, 4] 두 개의 벡터가 있다고 하자. 이 두 벡터의 합은 $\overline{A}+\overline{B}$=[5, 7]이다. 이 두 벡터에 대한 덧셈을 그림 1.1(b)에서 보이고 있다. 4개의 점 [0, 0], [4, 3], [1, 4], [5, 7] 등은 2차원 공간에서 평행사변형을 형성하며, 두 벡터의 합은 평행사변형의 대각선 중 하나에 해당한다. 또 하나의 대각선은 벡터의 방향에 따라 $\overline{A}-\overline{B}$ 또는 $\overline{B}-\overline{A}$에 평행하다. 벡터 덧셈과 뺄셈은 벡터의 꼬리가 항상 원점에 고정되어 있다는 점을 제외하고는 기하 벡터와 동일한 선형대수 규칙을 따른다. 예를 들어, 벡터 ($\overline{A}-\overline{B}$)는 평행사변형의 대각선으로 그릴 것이 아니라, 원점에서 출발하고 대각선과 방향이 같은 벡터로 그려야 한다. 그렇지만 평행사변형 대각선으로 해석하는 것은 ($\overline{A}-\overline{B}$)의 계산에 도움이 된다. 벡터 덧셈을 시각화하는 한 가지 방법은 (벡터를 속도로 해석하면서) 무대가 속도 [1, 4]로 지면에서 이동하고 사람이 무대 위에서 상대 속도 [4, 3]로 걷는다고 생각해보는 것이다. 지면을 기준으로 사람의 이동 속도는 [5, 7]이 된다.

벡터에 스칼라를 곱하는 것은 벡터의 각 성분을 스칼라와 곱하는 방법으로 계산된다. 벡터 $\overline{x} = [x_1 \ldots x_d]$에 스칼라 a를 곱하는 것은 다음과 같다.

$$\overline{x}' = a\overline{x} = [a\,x_1 \ldots a\,x_d]$$

예를 들어 벡터 $\overline{x}$에 각 제품의 판매 개수가 포함되어 있으면 $a = 10^{-6}$을 사용하여 판매량을 백만 개 단위로 바꿀 수 있다. 스칼라 곱셈은 벡터의 **길이**만 변경하며 **방향**을 변경하지는 않는다. 즉, 벡터 성분들의 상대적 크기에는 변화가 없다. "길이"라는 개념은 아래에서 설명하는 벡터의 노옴(norm)을 이용하여 엄밀하게 정의할 수 있는데, 노옴에 대해서는 아래에서 살펴볼 것이다.

벡터 간의 곱셈을 정의하는 한 방법은 점곱이라는 개념을 적용하는 것이다. 두 벡터 $\overline{x} = [x_1 \ldots x_d]$와 $\overline{y} = [y_1 \ldots y_d]$ 사이의 점곱은 개별 성분들을 원소 별로 곱한 값의 합이다. $\overline{x}$와 $\overline{y}$의 점곱은 $\overline{x} \cdot \overline{y}$(가운데에 점이 있음)로 표시되며 다음과 같이 정의된다.

$$\overline{x} \cdot \overline{y} = \sum_{i=1}^{d} x_i y_i \tag{1.1}$$

$\overline{x}$=[1, 2, 3]이고 $\overline{y}$=[6, 5, 4]인 경우를 생각해보자. 이 경우 두 벡터의 점곱은 다음과 같이 계산할 수 있다.

$$\overline{x} \cdot \overline{y} = (1)(6) + (2)(5) + (3)(4) = 28 \tag{1.2}$$

점곱(dot product)은 **내적**(inner product)이라고 하는 보다 일반적인 연산의 특별한 경우이며 유클리드 기하학의 많은 기본 규칙을 보존한다. 점곱 연산을 포함하는 벡터 공간을 **유클리드 공간**이라고 한다. 점곱은 교환법칙이 성립하는 연산이다.

$$\overline{x} \cdot \overline{y} = \sum_{i=1}^{d} x_i y_i = \sum_{i=1}^{d} y_i x_i = \overline{y} \cdot \overline{x}$$

점곱은 또한 스칼라 곱셈의 분배법칙도 물려받는다.

$$\overline{x} \cdot (\overline{y} + \overline{z}) = \overline{x} \cdot \overline{y} + \overline{x} \cdot \overline{z}$$

벡터 $\overline{x} = [x_1 \ldots x_d]$에 대해 자신과의 점곱을 **노옴 제곱** 또는 **유클리드 노옴 제곱**이라고 한다. 노옴은 벡터 길이를 정의하며, 다음과 같이 표시된다.

$$\|\overline{x}\|^2 = \overline{x} \cdot \overline{x} = \sum_{i=1}^{d} x_i^2$$

벡터의 **노옴**은 원점에서 벡터 좌표까지의 유클리드 거리이다. 그림 1.1(a)의 경우 벡터 [4, 3]의 노옴은 $\sqrt{4^2+3^2}=5$이다. 종종 벡터는 단위 길이로 정규화되는데, 이는 다음과 같이 벡터를 노옴으로 나눈다는 의미이다.

$$\overline{x}' = \frac{\overline{x}}{\|\overline{x}\|} = \frac{\overline{x}}{\sqrt{\overline{x}\cdot\overline{x}}}$$

노옴으로 벡터의 크기를 변경해도 벡터의 방향을 정의하는 성분의 상대적 값들이 달라지지는 않는다. 예를 들어, 원점에서 [4, 3]까지의 유클리드 거리는 5이다. 벡터의 각 성분을 5로 나누면 벡터 [4/5, 3/5]가 생성되어 벡터의 길이가 1로 변경되지만, 벡터의 방향에는 변경이 없다. 이렇게 짧아진 벡터를 그림 1.1(c)에서 보여주고 있는데, 벡터 [4, 3]과 겹쳐진다. 노옴으로 나누어 정규화된 벡터를 **단위벡터**라고 부른다.

유클리드 노옴의 일반화는 L_p-노옴이며, $\|\cdot\|_p$와 같이 표시된다.

$$\|\overline{x}\|_p = (\sum_{i=1}^{d} |x_i|^p)^{(1/p)} \tag{1.3}$$

여기에서 $|\cdot|$는 스칼라의 절댓값을 나타내며 p는 양의 정수이다. 특히 p가 1일 때의 노옴은 L_1-노옴인데 **맨해튼 노옴**이라고도 한다.

$\overline{x}=[x_1 \ldots x_d]$와 $\overline{y}=[y_1 \cdots y_d]$ 사이의 유클리드 거리 제곱은 $\overline{x}-\overline{y}$와 그 자신의 점곱이다.

$$\|\overline{x}-\overline{y}\|^2 = (\overline{x}-\overline{y})\cdot(\overline{x}-\overline{y}) = \sum_{i=1}^{d}(x_i-y_i)^2 = \text{Euclidean}(\overline{x},\overline{y})^2$$

점곱은 **코시-슈바르츠 부등식**을 만족하는데, 그 의미는 다음 식이 보여주듯이 두 벡터 사이의 점곱의 크기는 벡터 길이의 곱을 넘지 못한다는 것이다.

$$|\sum_{i=1}^{d} x_i y_i| = |\overline{x}\cdot\overline{y}| \le \|\overline{x}\|\ \|\overline{y}\| \tag{1.4}$$

$\overline{x}$와 $\overline{y}$가 단위벡터일 때 코시-슈바르츠 부등식이 성립한다는 것을 증명하는 일은 $|\overline{x}\cdot\overline{y}|\le 1$임을 보이기만 하면 된다. 이는 $\|\overline{x}-\overline{y}\|^2=2-\overline{x}\cdot\overline{y}$와 $\|\overline{x}+\overline{y}\|^2=2+\overline{x}\cdot\overline{y}$가 모두 음이 아니기 때문이며, 따라서 $|\overline{x}\cdot\overline{y}|\le 1$이다. 이제 임의의 길이를 갖는 벡터들에 대해서도 점곱의 값이 벡터의 노옴들에 비례하여 변한다는 사실을 관찰함으로써 앞의 결과를 임의 길이 벡터로 일반화할 수 있다. 임의 길이 벡터는 노옴으로 나누면 단위벡터가 됨에 주목하기 바란다.

문제 1.2.1 **삼각 부등식** 원점, $\overline{x}$, $\overline{y}$ 등으로 형성된 삼각형을 생각해보자. 코시-슈바르츠 부등식을 사용하여 변 길이 $\|\overline{x}-\overline{y}\|$는 나머지 두 변의 길이의 합인 $\|\overline{x}\|+\|\overline{y}\|$보다 크지 않음을 보이시오.

위의 문제를 해결하기 위한 힌트는 삼각 부등식의 양변 모두 음이 아니라는 것이다. 따라서 삼각 부등식이 성립한다는 사실과 주어진 부등식의 양변을 제곱한 후에도 대소 관계가 유지된다는 사실이 동치임에 주목하자.

코시-슈바르츠 부등식은 두 벡터 사이의 점곱이 벡터 길이의 곱보다 크지 않음을 보여준다. 사실, 이 두 개의 값 사이의 비율은 두 벡터 사이 각도에 대한 코사인 값과 같다(항상 1 이하임). 예를 들어, 2차원 벡터의 좌표를 **극좌표 형식** $[a, \theta]$로 나타내는 경우가 많은데, 이때 a는 벡터의 길이이고 θ는 벡터의 X축 기준 반시계 방향 각도이다. 직교좌표는 $[a\cos(\theta), a\sin(\theta)]$인데, 이 좌표와 [1, 0]($X$축) 사이의 점곱은 $a\cos(\theta)$이다. 또 다른 예로, 2차원 공간에서 길이는 각각 2와 1이고 X축 기준 반시계 방향 각도는 각각 60°와 −15°인 두 개의 벡터가 있다고 하자(그림 1.2 참고). 이 벡터들의 좌표는 $[2\cos(60), 2\sin(60)] = [1, \sqrt{3}]$과 $[\cos(-15), \sin(-15)] = [0.966, -0.259]$이다.

두 벡터 $\overline{x}=[x_1 \dots x_d]$, $\overline{y}=[y_1 \dots y_d]$ 사이의 코사인 함수에 대한 대수적 정의는 두 벡터가 단위 노옴을 갖도록 배율조정한 후 두 벡터 사이의 점곱으로 정해진다.

$$\cos(\overline{x}, \overline{y}) = \frac{\overline{x} \cdot \overline{y}}{\sqrt{\overline{x} \cdot \overline{x}}\sqrt{\overline{y} \cdot \overline{y}}} = \frac{\overline{x} \cdot \overline{y}}{\|\overline{x}\| \, \|\overline{y}\|} \tag{1.5}$$

$\overline{x}$와 $\overline{y}$에 대해 대수적으로 계산되는 코사인 함수는 일반적인 삼각함수 $\cos(\theta)$에 대한 해석과 다를 바 없으며, 여기에서 θ는 벡터 $\overline{x}$와 $\overline{y}$ 사이의 각도이다. 예를 들어, 그림 1.2에서 두 벡터 $\overline{A}$와 $\overline{B}$는 75°의 각도를 이루고 각각의 노옴은 1과 2이다. 이제 $[\overline{A}, \overline{B}]$에 대해 대수적으로 계산되는 코사인 함수 값은 $\cos(75)$이다.

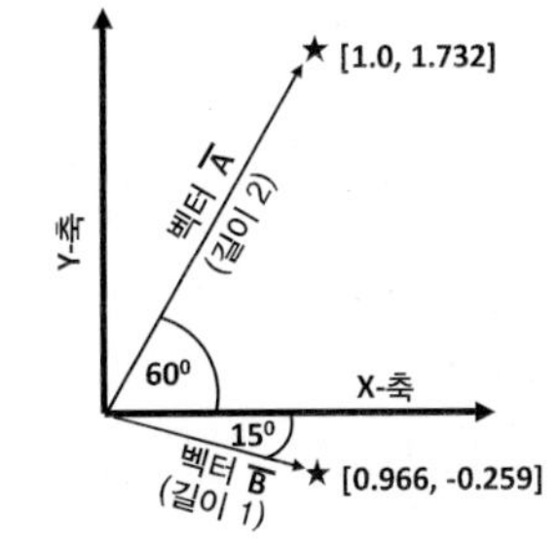

그림 1.2 벡터 $\overline{A}$와 $\overline{B}$의 각도 기하학

$$\cos(\overline{A}, \overline{B}) = \frac{0.966 \times 1 - 0.259 \times \sqrt{3}}{1 \times 2} \approx 0.259 \approx \cos(75)$$

두 벡터 사이의 대수적 점곱으로 삼각함수 코사인 값이 계산되는 이유를 이해하기 위해 유클리드 기하학의 코사인 법칙을 사용할 수 있다. 원점, $\overline{x} = [x_1 \ldots x_d]$, $\overline{y} = [y_1 \ldots y_d]$ 등으로 형성되는 삼각형을 생각해보자. $\overline{x}$와 $\overline{y}$ 사이의 각도 θ를 구하기 위해 먼저 이 삼각형 세 변의 길이가 $a = \|\overline{x}\|$, $b = \|\overline{y}\|$, $c = \|\overline{x} - \overline{y}\|$임에 주목하자. 코사인 법칙은 삼각형 변의 길이와 각도 θ에 대해 다음과 같은 공식을 제공한다.

$$\cos(\theta) = \frac{a^2 + b^2 - c^2}{2ab} = \frac{\|\overline{x}\|^2 + \|\overline{y}\|^2 - \|\overline{x} - \overline{y}\|^2}{2\,(\|\overline{x}\|)\,(\|\overline{y}\|)} = \frac{\overline{x} \cdot \overline{y}}{\sqrt{\overline{x} \cdot \overline{x}}\sqrt{\overline{y} \cdot \overline{y}}}$$

위의 식에서 끝의 등식은 $\|\overline{x} - \overline{y}\|^2$를 $(\overline{x} - \overline{y}) \cdot (\overline{x} - \overline{y})$로 확장한 다음 점곱의 분배법칙을 사용하여 얻을 수 있다. 유클리드 공간의 거의 모든 근사한 기하학적 특성들은 점곱과 삼각함수 코사인 사이의 간단한 관계로 설명될 수 있다. **점곱 연산으로 표현되는 간단한 대수식으로 얼마나 많은 복잡한 유클리드 기하학이 단순하게 표현되는지 모른다.** 이 장 끝의 연습문제들은 많은 기본적인 기하학적 관계식과 삼각함수 관계식을 점곱에 대한 대수적 조작을 이용하여 쉽게 증명할 수 있음을 보여준다.

두 개의 ($\overline{0}$이 아닌) 벡터 사이의 점곱이 0이고 그 사이의 각도가 90°이면 직교 관계이다. 벡터 $\overline{0}$은 모든 벡터에 직교하는 것으로 간주된다. 각기 노옴이 1인 벡터들의 집합에서 모든 벡터 쌍이 직교 관계에 있다면 이러한 집합은 **직교정규**(orthonormal) 벡터집합이라고 한다. 1차원 투영을 사용하여 직교좌표계 간 좌표 변환이 가능하며, 이러한 점에서 직교정규 벡터집합은 대단히 유용하다. 다시 말해, 데이터 점이 주어지면 이를 새로운 직교좌표계에 대해 좌표 값들을 다시 계산할 수 있다. 이러한 접근방식을 분석기하학에서 **좌표 변환**이라고 하는데 선형대수에서도 자주 사용된다. 주어진 단위벡터에 대해 어떤 벡터 $\overline{x}$의 1차원 **투영**(projection) 연산은 두 벡터 사이의 점곱으로 정의된다. 이를 기하학적으로 해석하자면 $\overline{x}$에 대해 해당 **단위벡터 방향으로** 원점과의 (양의 또는 음의) 거리에 해당하며, 해당 방향의 좌표로 간주된다. 2차원 좌표계에서 점 [10, 15]가 있다고 하자. 이제 직교정규 벡터 [3/5, 4/5]와 [−4/5, 3/5]가 주어졌다고 생각해보자. 이 벡터들과 [10, 15] 사이의 점곱을 계산함으로써 [3/5, 4/5]와 [−4/5, 3/5]가 나타내는 방향으로 정의된 새로운 좌표계에서 점 [10, 15]를 나타낼 수 있다. 새로운 좌표 $[x', y']$는 다음과 같이 정의된다.

$$x' = 10 * (3/5) + 15 * (4/5) = 18, \quad y' = 10 * (-4/5) + 15 * (3/5) = 1$$

새로운 축과 좌표 값들을 사용하여 원래의 벡터를 표현하면 다음과 같다.

$$[10, 15] = x'[3/5, 4/5] + y'[-4/5, 3/5]$$

벡터의 새로운 표현을 구하는 이러한 유형의 변환은 선형대수의 핵심 중 하나이다. 많은 경우에 (2차원 데이터 세트의 각 $[x, y]$를 $[x', y']$로 대체하는 것과 같이) 이러한 데이터 세트 변환은 기계학습 응용들에서 활용되는 유용한 특성을 갖는다.

1.2.2 벡터와 행렬에 대한 기본 연산

행렬에서 행과 열을 서로 바꾸면 **전치행렬**(transpose)이 된다. 즉, 전치행렬의 (i, j)번째 항은 원래 행렬의 (j, i)번째 항과 동일하다. 따라서 $n \times d$ 행렬의 전치행렬은 $d \times n$ 행렬이다. 행렬 A의 전치행렬은 A^T로 표시된다. 아래에 행렬 전치 연산의 예를 보인다.

$$\begin{bmatrix} a_{11} & a_{12} \\ a_{21} & a_{22} \\ a_{31} & a_{32} \end{bmatrix}^T = \begin{bmatrix} a_{11} & a_{21} & a_{31} \\ a_{12} & a_{22} & a_{32} \end{bmatrix}$$

행렬 A의 전치행렬의 전치행렬인 $(A^T)^T$가 원래 행렬 A라는 것은 쉽게 알 수 있다. 행렬과 마찬가지로 행벡터를 열벡터로 **전치변환**할 수 있으며 그 반대의 경우도 마찬가지이다.

벡터와 마찬가지로 행렬들은 크기가 정확히 같은 경우에만 덧셈을 할 수 있다. 예를 들어, 행렬 A와 B의 행 개수와 열 개수가 정확히 같은 경우에만 A와 B를 더할 수 있다. $A+B$의 (i, j)번째 항은 각각 A와 B의 (i, j)번째 항들의 합과 같다. 행렬 덧셈 연산자의 경우에도 개별 항의 스칼라 덧셈에서 성립되는 교환법칙을 상속하기 때문에 교환법칙이 성립한다. 따라서 다음의 특성을 갖는다.

$$A + B = B + A$$

영행렬(zero matrix)은 스칼라 값 0과 비슷한 역할을 하는 행렬이며 모든 항이 0인 행렬이다. 행렬이지만 숫자처럼 "0"으로 표기되는 경우가 많다. 같은 크기의 행렬에 영행렬을 더하면 행렬의 값이 변화하지 않는다.

$$A + 0 = A$$

행렬, 벡터, 스칼라 모두에서 위의 덧셈에 관한 항등식을 만족하는 **항등원**, 즉, 0에 관한 개별적 정의가 존재한다. 벡터의 경우 **영벡터**(zero vector)는 모든 항이 0으로 구성된 벡터이며 상단 막대가 있는 "$\overline{0}$"으로 표시된다.

두 행렬 $A = [a_{ij}]$와 $B = [b_{ij}]$의 합에 대한 전치행렬은 각 행렬에 대한 전치행렬들의 합과 같다. 즉, 다음과 같은 관계가 성립한다.

$$(A+B)^T = A^T + B^T \tag{1.6}$$

위의 등식에서 양변의 (i, j)번째 원소가 $(a_{ji} + b_{ji})$임을 증명함으로써 그 결과를 증명할 수 있다.

$n \times d$ 행렬 A는 $A\overline{x}$에서와 같이 d차원 열벡터 $\overline{x}$와 곱하거나 $\overline{y}A$에서와 같이 n차원 행벡터 $\overline{y}$와 곱할 수 있다. $n \times d$ 행렬 A에 d차원 열벡터 $\overline{x}$를 곱하여 $A\overline{x}$를 만들면 행렬 A의 각 행을 구성하는 d개의 원소와 열벡터 $\overline{x}$를 구성하는 d개의 원소 사이에 원소 별 곱셈이 수행된 다음 이러한 원소 별 곱을 더하여 하나의 스칼라 값이 만들어진다. 이 연산은 점곱 계산과 동일하다. 다만, 점곱을 엄격하게 표현하려면 A의 행들을 열벡터로 전치변환 해주어야 할 것이다. 이는 점곱이 (행벡터이든 열벡터이든) 동일한 유형의 두 벡터 사이에 정의되기 때문이다. 이러한 계산 프로세스의 결과로 n개의 스칼라가 계산되어 n차원 열벡터가 만들어지며, 이 열벡터에서 i번째 성분은 A와 i번째 행과 $\overline{x}$ 사이의 곱에 해당한다. 아래에 3×2 행렬 $A = [a_{ij}]$와 2차원 열벡터 $\overline{x} = [x_1, x_2]^T$를 곱하는 예를 보인다.

$$\begin{bmatrix} a_{11} & a_{12} \\ a_{21} & a_{22} \\ a_{31} & a_{32} \end{bmatrix} \begin{bmatrix} x_1 \\ x_2 \end{bmatrix} = \begin{bmatrix} a_{11}x_1 + a_{12}x_2 \\ a_{21}x_1 + a_{22}x_2 \\ a_{31}x_1 + a_{32}x_2 \end{bmatrix}$$

n차원 행벡터 뒤쪽에 $n \times d$ 행렬 $A = [a_{ij}]$를 곱하여 d차원 행벡터를 만들 수도 있다. 아래에 3차원 행벡터 $\overline{v} = [v_1, v_2, v_3]$와 3×2 행렬 A를 곱한 예를 보인다.

$$[v_1, v_2, v_3] \begin{bmatrix} a_{11} & a_{12} \\ a_{21} & a_{22} \\ a_{31} & a_{32} \end{bmatrix} = [v_1 a_{11} + v_2 a_{21} + v_3 a_{31}, v_1 a_{12} + v_2 a_{22} + v_3 a_{32}]$$

행렬과 벡터 사이의 곱셈 연산에 대해서는 교환법칙이 성립하지 않음을 명백히 알 수 있다.

$n \times d$ 행렬 A와 d차원 열벡터 $\overline{x}$를 곱하면 n차원 열벡터 $A\overline{x}$가 생성되며, 이는 d차원 공간에서 n차원 공간으로의 선형 변환으로 해석된다. 선형 변환에 대한 정확한 수학적 정의는 2장에서 소개할 것이다. 지금으로서는 행렬과 벡터 사이의 곱셈의 결과가 행렬 A의 열들에 대한 가중 합이며, 이때 가중치는 벡터 $\overline{x}$의 원소들인 스칼라 값들로 주어진다는 점에 주목하기 바란다. 예를 들어, 식 1.7의 행렬 벡터 곱셈을 아래와 같이 다시 작성할 수 있다.

$$\begin{bmatrix} a_{11} & a_{12} \\ a_{21} & a_{22} \\ a_{31} & a_{32} \end{bmatrix} \begin{bmatrix} x_1 \\ x_2 \end{bmatrix} = x_1 \begin{bmatrix} a_{11} \\ a_{21} \\ a_{31} \end{bmatrix} + x_2 \begin{bmatrix} a_{12} \\ a_{22} \\ a_{32} \end{bmatrix} \tag{1.9}$$

여기에서 2차원 벡터는 행렬 열들에 대한 가중 조합에 해당하는 3차원 벡터로 사상된다. 따라서 $n \times d$ 행렬 A는 n차원 열 $\overline{a}_1 \ldots \overline{a}_d$ 등으로 이루어진 순서 집합, 즉, $A = [\overline{a}_1 \ldots \overline{a}_d]$와 같이 표시될 수 있다. 그 결과 A의 열들과 계수 값들에 해당하는 열벡터 $\overline{x} = [x_1 \ldots x_d]^T$을 사용하는 아래와 같은 형태의 행렬-벡터 곱셈이 이루어진다.

$$A\overline{x} = \sum_{i=1}^{d} x_i \overline{a}_i = \overline{b}$$

각 x_i는 i번째 방향벡터 $\overline{a}_i$의 "가중치"에 해당하며, A의 열들을 방향벡터로 사용하여 표현된 $\overline{b}$의 i번째 좌표에 해당한다. 대개 좌표 표현을 위한 방향 벡터는 상호 직교성을 갖는데, A의 열들은 상호 직교성을 갖지 않을 가능성이 있다. 이러한 점에서 각 x_i를 $\overline{b}$의 i번째 좌표로 해석하는 것은 (직교성) 데카르트 좌표의 일반화에 해당한다. 흔히 사용되는 (직교성) 데카르트 좌표계의 경우 d차원 벡터 $\overline{e}_1 \ldots \overline{e}_d$ 등에 의해 정의되며, 여기에서 각각의 축을 나타내는 $\overline{e}_i$는 i번째 위치 한 곳에만 1을 갖고 나머지 위치에는 모두 0을 갖는다. $\overline{e}_1 \ldots \overline{e}_d$ 등에 의해 정의되는 데카르트 좌표계의 경우, $\overline{b} = [b_1 \ldots b_d]^T$의 좌표들은 $b_1 \ldots b_d$인데, 이는 $\overline{b} = \sum_{i=1}^{d} b_i \overline{e}_i$이기 때문이다.

두 벡터 사이의 점곱은 행렬-벡터 곱셈의 특별한 경우로 볼 수 있다. 이 경우 $1 \times d$ 행렬(행벡터)에 $d \times 1$ 행렬(열벡터)을 곱하면 두 벡터 사이에 점곱을 수행하여 얻은 결과와 같다. 그러나 점곱은 행벡터의 행렬 표현과 열벡터의 행렬 표현 사이가 아니라 동일한 유형의 두 벡터(일반적으로 열벡터) 사이에 정의된다. 점곱을 행렬-행렬 곱셈으로 구현하려면 먼저 열벡터 중 하나를 행벡터의 행렬 표현으로 변환하여 얻은 가로 행렬(행벡터)을 앞에 표시하고 세로 행렬(열벡터)을 뒤에 표시하여 행렬 곱셈을 수행해야 한다. 이 결과로 얻는 1×1 행렬에는 점곱이 포함된다. 예를 들어 행벡터와 열벡터의 행렬 표현에 대한 곱셈으로 계산된 행렬 형태의 점곱은 아래와 같이 표현될 수 있다.

$$\overline{v} \cdot \overline{x} = [v_1, v_2, v_3] \begin{bmatrix} x_1 \\ x_2 \\ x_3 \end{bmatrix} = [v_1 x_1 + v_2 x_2 + v_3 x_3]$$

행렬 곱셈의 결과는 스칼라 값인 점곱을 포함하는 1×1 행렬이다. 가로 행렬을 세로 행렬 앞에 배치하기 위해 첫 번째 벡터에 대해 전치변환을 수행한다면 점곱의 인수 순서에 관계없이 항상 동일한 1×1 행렬을 얻게 될 것이다.

$$\overline{x} \cdot \overline{v} = \overline{v} \cdot \overline{x}, \quad \overline{x}^T \overline{v} = \overline{v}^T \overline{x}$$

따라서 점곱에 대해서는 교환법칙이 성립한다.

그러나 가로 행렬 앞에 세로 행렬을 배치하면 계산되는 결과는 두 벡터 사이의 **외적**(outer product)이다. 두 개의 3차원 벡터 사이의 외적은 3×3 행렬이 된다. 벡터 사이의 외적은 두 개의 열벡터 $\overline{x}$와 $\overline{v}$ 사이에 정의되며, $\overline{x}\otimes\overline{v}$로 표시된다. 그러나 외적은 벡터의 행렬 표현을 사용한 곱셈으로 표시하면 더욱 이해하기 쉽다. 이때 첫 번째 벡터는 열벡터 표현으로 변환하고 두 번째 벡터는 행벡터 표현으로 변환한다. 즉, 아래와 같이 세로 행렬은 앞쪽에 가로 행렬은 뒤쪽에 배치한다.

$$\overline{x}\otimes\overline{v} = \overline{x}\,\overline{v}^T = \begin{bmatrix} x_1 \\ x_2 \\ x_3 \end{bmatrix} [v_1, v_2, v_3] = \begin{bmatrix} v_1x_1 & v_2x_1 & v_3x_1 \\ v_1x_2 & v_2x_2 & v_3x_2 \\ v_1x_3 & v_2x_3 & v_3x_3 \end{bmatrix}$$

점곱과 달리 외적은 길이가 다른 두 벡터 사이에서도 계산될 수 있다. 일반적으로 외적은 두 열벡터 사이에 정의되며, 두 번째 벡터는 행렬 곱셈 전에 단일 행을 포함하는 행렬로 **전치 변환**된다. 즉, (d차원을 갖는) 두 번째 벡터의 j번째 성분은 행렬 곱셈에서 ($1\times d$ 크기를 갖는) 두 번째 행렬의 $(1, j)$번째 원소가 된다. 첫 번째 행렬은 열벡터에 해당하는 $d\times 1$ 행렬이다. 점곱과 달리 외적에 대해서는 교환법칙이 성립하지 않는다. 외적의 경우 피연산자의 순서는 최종 행렬의 값뿐만 아니라 최종 행렬의 크기에도 영향을 미친다.

$$\overline{x}\otimes\overline{v} \neq \overline{v}\otimes\overline{x}, \quad \overline{x}\,\overline{v}^T \neq \overline{v}\,\overline{x}^T$$

벡터와 행렬의 곱셈이나 벡터 사이의 곱셈은 행렬 곱셈의 특별한 경우에 해당한다. 그러나 두 개의 행렬을 곱하기 위해서는 크기에 대한 제약조건을 준수해야 한다. 예를 들어, $n\times k$ 행렬 U와 $k\times d$ 행렬 V를 곱할 수 있는데, 이는 U의 열의 개수 k가 V의 행의 개수 k와 같기 때문이다. 그 결과로 얻는 행렬의 크기는 $n\times d$인데, 여기에서 (i, j)번째 항은 U의 i번째 행과 V의 j번째 열에 해당하는 벡터 사이의 점곱이다. 행렬 곱셈 안의 점곱 연산을 수행하려면 기반 벡터의 크기가 같아야 한다. 두 벡터 사이의 외적은 n과 d가 임의의 값을 가질 수 있지만 $k=1$인 행렬 곱셈의 특별한 경우이다. 반대로 점곱은 $n=d=1$인 행렬 곱셈의 특별한 경우이지만 k는 임의의 값을 가질 수 있다. U와 V의 (i, j)번째 항이 각각 u_{ij}와 v_{ij}인 경우를 생각해보자. 이제 UV의 (i, j)번째 항은 다음과 같이 정해질 것이다.

$$(UV)_{ij} = \sum_{r=1}^{k} u_{ir}v_{rj} \tag{1.10}$$

행렬 곱셈의 예를 하나 보이면 다음과 같다.

$$\begin{bmatrix} u_{11} & u_{12} \\ u_{21} & u_{22} \\ u_{31} & u_{32} \end{bmatrix} \begin{bmatrix} v_{11} & v_{12} & v_{13} \\ v_{21} & v_{22} & v_{23} \end{bmatrix} = \begin{bmatrix} u_{11}v_{11}+u_{12}v_{21} & u_{11}v_{12}+u_{12}v_{22} & u_{11}v_{13}+u_{12}v_{23} \\ u_{21}v_{11}+u_{22}v_{21} & u_{21}v_{12}+u_{22}v_{22} & u_{21}v_{13}+u_{22}v_{23} \\ u_{31}v_{11}+u_{32}v_{21} & u_{31}v_{12}+u_{32}v_{22} & u_{31}v_{13}+u_{32}v_{23} \end{bmatrix} \tag{1.11}$$

행렬-벡터 곱셈과 벡터-행렬 곱셈 모두 보다 일반적인 행렬 곱셈 연산의 특별한 경우로 볼 수 있다. 이는 d차원 행벡터는 $1\times d$ 행렬로 취급할 수 있고 n차원 열벡터는 $n\times 1$ 행렬로 취급할 수 있기 때문이다. 이렇게 특별한 $n\times 1$ 행렬과 $1\times d$ 행렬을 곱하면 특별한 특성을 갖는 $n\times d$ 행렬을 얻을 수 있다.

문제 1.2.2 **외적 특성** $n\times 1$ 행렬과 $1\times d$ 행렬을 곱하면(즉, 두 벡터 사이의 외적을 구하면), 다음 특성을 갖는 $n\times d$ 행렬이 생성된다는 것을 보이시오. (i) 모든 행은 해당 행을 제외한 다른 각 행에 어떤 스칼라 값을 곱한 것과 같고, (ii) 모든 열은 해당 열을 제외한 다른 각 열에 어떤 스칼라 값을 곱한 것과 같다.

또한 행렬 곱은 보다 단순한 행렬들의 합으로 표현될 수 있는데, 이때 단순한 행렬 각각은 벡터 외적에 해당한다. 앞에서 이미 행렬 곱의 각 항은 행렬에서 추출된 벡터들의 **점곱**이라는 사실을 살펴본 바 있다. 외적에 대해서도 행렬 곱셈의 결과에 해당하는 전체 행렬은 곱셈 대상 두 행렬의 공통 차원인 k와 같은 개수의 벡터 외적들의 합과 같다.

보조정리 1.2.1 **외적의 합으로서의 행렬 곱셈**

$n\times k$ 행렬 U와 $k\times d$ 행렬 V의 곱은 $n\times d$ 행렬이 되며, 이는 k개의 외적 행렬의 합으로 표현될 수 있다. k개의 행렬 각각은 $n\times 1$ 행렬과 $1\times d$ 행렬의 곱이다. 각 $n\times 1$ 행렬은 U의 i번째 열 U_i에 해당하고 각 $1\times d$ 행렬은 V의 i번째 행 V_i에 해당한다. 따라서 다음의 식을 얻는다.

$$UV = \sum_{r=1}^{k} \underbrace{U_r V_r}_{n\times d}$$

증명 u_{ij}와 v_{ij}를 각각 U와 V의 $(i,\ j)$번째 항이라고 하자. 보조정리 등식 우변의 합산에서 r번째 항은 합산 행렬의 $(i,\ j)$번째 항에 $u_{ir}v_{rj}$만큼 보태는 것을 알 수 있다. 따라서 우변에서 $(i,\ j)$번째 항은 $\sum_{r=1}^{k} u_{ir}v_{rj}$이다. 이 합은 행렬 곱셈 UV에 대한 $(i,\ j)$번째 항의 정의와 정확히 같다(식 1.10 참고). ■

일반적으로 행렬 곱셈에 대해서는 교환법칙이 성립하지 않는다. 즉, 일반적인 경우 $AB\neq BA$이다. 이는 교환법칙이 성립하는 스칼라 곱셈과 다르다. 교환법칙이 성립하지 않음을 보여주는 구체적인 예 하나를 들면 다음과 같다.

$$\begin{bmatrix} 1 & 1 \\ 0 & 0 \end{bmatrix}\begin{bmatrix} 1 & 0 \\ 1 & 0 \end{bmatrix} = \begin{bmatrix} 2 & 0 \\ 0 & 0 \end{bmatrix} \neq \begin{bmatrix} 1 & 0 \\ 1 & 0 \end{bmatrix}\begin{bmatrix} 1 & 1 \\ 0 & 0 \end{bmatrix} = \begin{bmatrix} 1 & 1 \\ 1 & 1 \end{bmatrix}$$

행렬 A와 B가 정방형이 아닌 경우 A와 B의 크기에 따라 곱셈 중 하나인 AB는 계산할 수 있지만 BA는 계산하지 못할 수도 있다. 예를 들어 4×2 행렬 A와 2×5 행렬 B에 대해 AB는 계산할 수 있지만, 차원이 일치하지 않기 때문에 BA는 계산할 수 없다.

행렬 곱셈에 대해 교환법칙은 성립하지 않지만 결합법칙과 분배법칙은 성립한다.

$$A(BC) = (AB)C \qquad \text{[결합법칙]}$$

$$A(B+C) = AB + AC, \quad (B+C)A = BA + CA \qquad \text{[분배법칙]}$$

위의 각 결과를 증명하기 위해 먼저 $A = [a_{ij}]$, $B = [b_{ij}]$, $C = [c_{ij}]$ 등의 행렬에 대해 각각의 차원을 정하고 항을 나타내는 변수를 정의한다. 그런 다음 등식의 양변에 있는 (i, j)번째 항들에 대해 대수식을 계산하고 두 식이 동일함을 확인한다. 예를 들어, 결합법칙의 경우 이러한 전개 과정을 통해 다음과 같은 대수식들이 생성될 것이다.

$$[A(BC)]_{ij} = [(AB)C]_{ij} = \sum_k \sum_m a_{ik} b_{km} c_{mj}$$

이러한 특성은 행렬-벡터 곱셈에도 적용되는데, 이는 모든 벡터가 행렬의 특별한 경우이기 때문이다. 결합법칙 특성은 여러 곱셈 순서 중에서 잘 선택하면 행렬 곱셈을 효율적으로 수행할 수 있음을 보장한다는 점에서 매우 유용하다.

문제 1.2.3 A와 C에서 추출한 벡터의 외적의 가중 합으로 행렬 ABC를 표현하시오. 이때 가중치는 행렬 B에서 추출된다.

문제 1.2.4 A를 1000000×2 행렬이라고 하자. 메모리가 제한된 컴퓨터에서 2×1000000 행렬 A^TAA^T를 계산할 때, $(A^TA)A^T$와 $A^T(AA^T)$ 중 어느 계산이 더 효율적인가?

문제 1.2.5 D가 각 열의 합이 0인 $n \times d$ 행렬이고, A는 임의의 $d \times d$ 행렬이라고 하자. DA의 각 열의 합도 0임을 보이시오.

문제 1.2.5의 결과를 보이기 위한 핵심 포인트는 D의 행들에 대한 합을 $\overline{e}^T D$로 표현할 수 있다는 사실을 이용하는 것이다. 여기에서 $\overline{e}$는 모든 항이 1인 열벡터이다.

두 행렬의 곱에 대한 전치행렬은 각 행렬에 대한 전치행렬들의 곱으로 주어지지만 곱셈의 순서는 반대이다.

$$(AB)^T = B^T A^T \tag{1.12}$$

이 결과는 $A=[a_{ij}]$, $B=[b_{ij}]$의 항들에 대해 (i, j)번째 항에 대한 대수식을 계산함으로써 쉽게 확인할 수 있다. 전치변환에 대한 관계식은 아래와 같이 행렬이 몇 개이든 쉽게 확장할 수 있다.

문제 1.2.6 행렬 $A_1 \dots A_n$ 등에 대해 다음 관계식이 성립함을 보이시오.

$$(A_1 A_2 A_3 \dots A_n)^T = A_n^T A_{n-1}^T \dots A_2^T A_1^T$$

행렬과 벡터 사이의 곱셈도 위에 제시된 것과 동일한 유형의 전치변환 규칙을 충족한다.

1.2.3 특수 행렬

대칭행렬은 자신의 전치와 동일한 정방행렬이다. 즉, A가 대칭행렬이면 $A=A^T$이다. 아래에 3×3 대칭행렬의 예를 보인다.

$$\begin{bmatrix} 2 & 1 & 3 \\ 1 & 4 & 5 \\ 3 & 5 & 6 \end{bmatrix}$$

{1, 2, 3}에 속하는 각 i, j에 대해 (i, j)번째 항은 항상 (j, i)번째 항과 동일함에 주목하기 바란다.

문제 1.2.7 A와 B가 대칭행렬일 때, $AB=BA$일 때만 AB가 대칭임을 보이시오.

행렬의 **대각선**은 행 인덱스와 열 인덱스가 동일한 항들의 집합으로 정의된다. 대각선의 개념은 일반적으로 정방행렬에 적용되지만 때로 비정방행렬에 대해 사용되기도 한다. 비정방행렬의 경우에도 대각선은 좌측 상단 모서리에서 시작하며 행 인덱스와 열 인덱스가 동일한 항들의 집합이다. 대각선을 따라 모든 항의 값이 1이고 모든 비 대각선 항의 값이 0인 정방행렬을 **단위행렬**이라고 하며 I로 표시한다. 비 대각선 항의 값은 모두 0이고 대각선 항의 값은 1이 아닐 수도 있을 경우, 이러한 행렬을 **대각행렬**이라고 한다. 따라서 단위행렬은 대각행렬의 특별한 경우이다. $n\times d$ 행렬 A에 적절한 크기의 단위행렬을 임의의 순서로 곱하면 동일한 행렬 A가 생성된다. 단위행렬은 스칼라 곱셈에서의 1과 같은 역할을 하는 것으로 볼 수 있다.

$$AI = IA = A \tag{1.13}$$

A는 $n\times d$ 행렬이므로 곱셈 AI에서 단위행렬 I의 크기는 $d\times d$인 반면, 곱셈 IA에서 단

위행렬 크기는 $n \times n$이다. 식 1.13에서 동일하게 표시되어 있는 I가 크기가 다른 두 개의 항등행렬을 나타내기 때문에 다소 혼란스러울 수 있다. 이러한 경우 단위행렬의 크기를 나타내는 아래 첨자를 사용함으로써 모호함을 피할 수 있다. 예를 들어, 크기 $d \times d$의 단위행렬은 I_d로 표시된다. 따라서 식 1.13을 다음과 같이 보다 명확하게 표현할 수 있다.

$$AI_d = I_n A = A \tag{1.14}$$

대각행렬은 기본적으로 정방행렬로 가정되지만, 비정방행렬에 대해서도 대각행렬의 정의를 완화하여 표현할 수도 있다.[1] 이 경우 대각선은 행렬의 좌측 상단 모서리에서 시작한다. 이러한 행렬을 비정방 대각행렬이라고 한다.

정의 1.2.1 비정방 대각행렬

비정방 대각행렬은 각각의 (i, j)번째 항이 $i = j$인 경우에만 0이 아닌 값을 갖는 $n \times d$ 행렬이다. 따라서 0이 아닌 항들을 갖는 대각선은 행렬의 좌측 상단 모서리에서 시작하지만, 우측 하단 모서리를 지나지 않을 수도 있다.

블록 대각행렬은 대각선을 따라 0이 아닌 항들을 가질 수 있는 정방형 블록 $B_1 \dots B_r$ 등을 포함하며, 이때 나머지 항들의 값은 모두 0이다. 각 블록은 정방형이지만 크기가 같을 필요는 없다. 그림 1.3의 위쪽 행에서 다양한 유형의 대각행렬과 블록 대각행렬의 예를 보인다.

대각행렬은 아래에 정의하는 **삼각 행렬**의 특별한 경우에 해당한다.

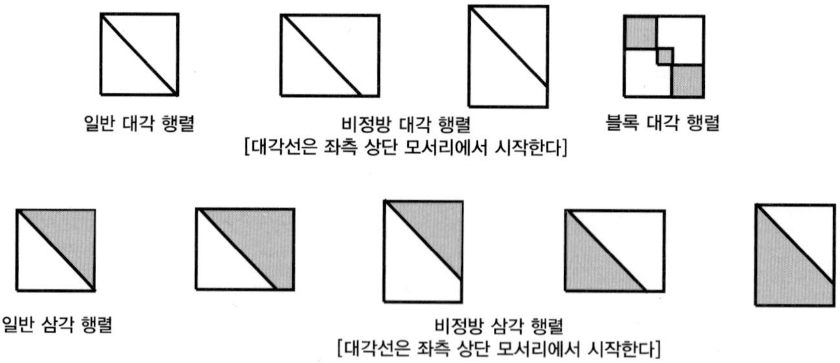

그림 1.3 일반/비정방 대각행렬 및 삼각 행렬의 예

1) 일부 저자는 이러한 행렬을 비정방 대각행렬이라고 부르는 대신 "대각"과 같이 대각이라는 단어 주위에 따옴표를 사용하는 표현을 사용하는데, 이는 "대각"이라는 단어가 원래는 정방행렬에만 사용하도록 정해져 있기 때문이다.

정의 1.2.2 상부삼각 행렬과 하부삼각 행렬

주 대각선 아래의 모든 (i, j)번째 항이 (즉, $i > j$인 모든 항이) 0인 정방행렬을 **상부삼각 행렬**이라고 한다. 주 대각선 위의 모든 (i, j)번째 항이 (즉, $i < j$인 모든 항이) 0인 정방행렬을 **하부삼각 행렬**이라고 한다.

정의 1.2.3 순 삼각 행렬

모든 대각선 원소가 0인 삼각 행렬을 **순 삼각 행렬**이라고 한다.

상부삼각 행렬 사이의 연산에는 중요한 특성이 존재한다.

보조정리 1.2.2 상부삼각 행렬의 합과 곱

상부삼각 행렬의 합은 상부삼각 행렬이며, 상부삼각 행렬의 곱도 상부삼각 행렬이다.

증명 개요 이러한 결과는 $i > j$일 때 합과 곱의 (i, j)번째 항에 대한 스칼라 표현식이 모두 0이라는 것을 보임으로써 쉽게 증명할 수 있다. ■

위의 보조정리는 당연히 하부삼각 행렬에도 적용된다.

삼각 행렬의 개념은 일반적으로 정방행렬에 적용되지만 때로 비정방행렬에도 사용된다. 다양한 유형의 삼각 행렬의 예를 그림 1.3의 아래쪽 행에 보이고 있다. 0이 아닌 항들이 차지하는 행렬 부분은 음영 처리로 표시되어 있다. 비정방 삼각 행렬에서 0이 아닌 항의 수는 행렬의 모양에 따라 크게 달라진다. 또 행렬 안의 대부분의 항이 0 값을 가질 때 **희소행렬**이라고 한다. 희소행렬로 변환한 후 연산을 수행하면 효율적 계산이 가능한 경우가 종종 있다.

1.2.4 행렬 누승, 행렬 다항식, 역행렬

정방행렬에 대한 제곱 계산은 행렬 곱셈의 크기 제약을 위반하지 않고 수행될 수 있다. 정방행렬 누승은 스칼라 누승과 유사하다. 행렬에 대한 n 승은 다음과 같이 정의된다.

$$A^n = \underbrace{AA \ldots A}_{n\text{개}} \tag{1.15}$$

행렬의 0승은 같은 크기의 단위행렬로 정의된다. 행렬이 어떤 정수 k에 대해 $A^k = 0$을 만족하면 **멱영 행렬**(nilpotent matrix)이라고 한다. 예를 들어, 크기가 $d \times d$인 모든 순 삼각 행렬은 $A^d = 0$을 만족한다. 스칼라와 마찬가지로 정방행렬에 대해서도 소수 값에 대한 누승이 정의되지만, 계산 결과의 존재가 보장되지는 않는다. 예를 들어, $A = V^2$일 경우 $V = A^{1/2}$이다. 스칼라의 경우와 달리 결과에 복소수 값을 허용하더라도 임의의 행렬 A에 대해 $A^{1/2}$가 존재한다고 보장할 수는 없다(연습문제 14 참고). 일반적으로 정방행렬의 다항식 함수 $f(A)$에 대한 계산은 스칼라의 다항식을 계산하는 것과 거의 같다. 스칼라 다항식에서 사용되는 상수항 대신 행렬 다항식에서는 단위행렬의 배수가 사용된다. 단위행렬은 스칼라 값 1의 역할을 한다. 예를 들어, 스칼라 다항식 $f(x) = 3x^2 + 5x + 2$에 대응되는 행렬 다항식은 $d \times d$ 행렬 A에 적용될 때 다음과 같다.

$$f(A) = 3A^2 + 5A + 2I$$

동일한 행렬 A의 다항식들에 대한 곱셈에서 교환법칙이 성립한다.

관찰 1.2.1 **행렬 다항식 곱셈의 교환법칙** 동일한 행렬 A의 두 다항식 $f(A)$와 $g(A)$에 대한 곱셈에서 교환법칙이 성립한다.

$$f(A)g(A) = g(A)f(A)$$

위의 결과는 양변에서 다항식을 전개하고 행렬 곱셈에 대한 분배법칙을 이용하여 증명할 수 있다.

행렬에 대한을 음의 누승을 계산할 수 있을까? 정방행렬 A의 **역행렬**은 A^{-1}로 표시되는 또 다른 정방행렬이므로 행렬 A와 (순서에 상관없이) 곱할 수 있으며, 그 결과는 단위행렬이 된다.

$$AA^{-1} = A^{-1}A = I \tag{1.16}$$

2×2 행렬의 경우 역행렬을 계산하는 간단한 공식은 다음과 같다.

$$\begin{bmatrix} a & b \\ c & d \end{bmatrix}^{-1} = \frac{1}{ad - bc}\begin{bmatrix} d & -b \\ -c & a \end{bmatrix} \tag{1.17}$$

서로 역의 관계에 있는 두 행렬의 예를 아래에 보인다.

$$\begin{bmatrix} 8 & 3 \\ 5 & 2 \end{bmatrix}\begin{bmatrix} 2 & -3 \\ -5 & 8 \end{bmatrix} = \begin{bmatrix} 2 & -3 \\ -5 & 8 \end{bmatrix}\begin{bmatrix} 8 & 3 \\ 5 & 2 \end{bmatrix} = \begin{bmatrix} 1 & 0 \\ 0 & 1 \end{bmatrix}$$

원소 a를 포함하는 1×1 행렬의 역은 $1/a$를 원소로 갖는 1×1 행렬이다. 따라서 행렬의 역은 스칼라의 역에 대한 일반화로 볼 수 있다. 스칼라 $a = 0$에 대해 역이 존재하지 않는 것처럼 행렬의 경우에도 역이 존재하지 않을 수 있다. 역이 존재하는 행렬을 **가역 행렬** 또는 **정칙행렬**이라고 하며, 그렇지 않은 행렬은 **특이행렬**이라고 한다. 예를 들어, 식 1.17의 행들이 비례관계에 있는 경우 $ad-bc=0$이 되므로 역행렬을 구할 수 없다. 아래에 비가역 행렬의 예를 보인다.

$$A = \begin{bmatrix} 1 & 1 \\ 2 & 2 \end{bmatrix}$$

A를 임의의 2×2 행렬 B와 곱하면 항상 두 번째 행이 첫 번째 행의 두 배인 2×2 행렬 AB가 된다. 이는 단위행렬이 될 수 없으며, 따라서 A는 역행렬을 갖지 않는다. 비가역 행렬 A의 행들이 비례관계를 갖는 것은 우연이 아니다. 2장에서 배우게 되겠지만, 가역 행렬은 계수가 0이 아닌 행들의 선형 조합이 0이 되지 않는다는 특성을 가지고 있다. 즉, 가역 행렬의 행들로 정의되는 각 방향벡터는 다른 방향벡터들의 합, 배수 또는 선형 조합을 사용하여 만들 수 없는 새롭고 중복되지 않은 "정보"를 제공한다. 위에 주어진 A의 경우 두 번째 행이 첫 번째 행의 두 배이므로 행렬 A는 가역 행렬이 아니다.

행렬 A의 역행렬이 존재할 경우 단 하나의 역행렬이 존재한다. 또한 행렬과 그 역행렬의 곱셈에 대해서는 항상 교환법칙이 성립하며 곱셈 결과는 단위행렬이다. 이러한 사실에 따른 자연스러운 결과는 역행렬의 역 $(A^{-1})^{-1}$은 원래의 행렬 A라는 것이다. 다음 두 개의 보조정리에서 이러한 역행렬의 특성을 요약한다.

보조정리 1.2.3 역행렬과의 곱셈에 대한 교환법칙

$d\times d$ 행렬 A와 B의 곱 AB가 단위행렬 I인 경우 BA도 I와 같다.

증명 먼저 $CA=I$인 행렬 C가 항상 존재한다는 가정에 따른 제한적 증명을 제시한다.

$$C = CI = C(AB) = (CA)B = IB = B$$

■

행렬과 그 역행렬의 곱셈에 대한 교환법칙은 행렬 A와 그 다항식과의 곱셈에 대해 교환법칙이 성립한다는 관찰 1.2.1을 확장한 것으로 볼 수 있다. 행렬 A에 대한 소수 값 누승이나 (A^{-1}와 같은) 음의 누승과 A를 곱할 때에도 교환법칙이 성립한다.

보조정리 1.2.4

역행렬이 존재할 경우 단 하나의 역행렬이 존재한다. 즉, B_1과 B_2가 $AB_1 = AB_2 = I$를 만족한다면 $B_1 = B_2$이다.

증명 $AB_1 = AB_2$이므로 $AB_1 - AB_2 = 0$이 된다. 따라서 $A(B_1 - B_2) = 0$이 되는데, 양변에 B_1을 곱함으로써 다음의 결과를 얻는다.

$$\underbrace{B_1 A}_{I}(B_1 - B_2) = 0$$

따라서 $B_1 = B_2$이다. ■

$r > 0$일 때 음의 누승 A^{-r}은 $(A^{-1})^r$을 나타낸다. 대각행렬에 대한 다항식이나 음의 누승은 다항식 함수나 음의 누승이 각 대각 항들에 적용되며 그 결과는 다시 대각행렬이 된다. 대각행렬의 모든 대각 항들은 가역적이거나 음의 누승을 계산할 수 있도록 0이 아니어야 한다. 삼각 행렬에 대한 다항식과 역행렬도 (하부삼각 행렬이든 상부삼각 행렬이든) 동일한 유형의 삼각 행렬이 된다. 블록 대각행렬에 대해서도 유사한 결과가 성립한다.

문제 1.2.8 **삼각 행렬의 역은 삼각 행렬** $d \times d$ 상부삼각 행렬 R에 대해 $R\overline{x} = \overline{e}_k$의 행들에 포함된 d개의 등식으로 이루어진 연립방정식이 있다고 하자. 여기에서 $\overline{e}_k$는 k번째 항만 1이고 나머지 항들은 0인 d차원 열벡터이다. 이 경우 $\overline{x} = [x_1 \dots x_d]^T$에 대해서 풀 때 x_d, $x_{d-1} \dots x_1$ 순서로 풀면 쉬운데, 그 이유를 설명하시오. 또한 $R\overline{x} = \overline{e}_k$에 대한 해가 $i > k$에 대해서는 $x_i = 0$이 되는 이유에 대해서도 설명하시오. 연립방정식의 해 $\overline{x}$가 R의 역행렬의 k번째 열과 같게 되는 이유를 설명하시오. R의 역행렬은 왜 상부삼각 행렬이 되는지 설명하시오.

문제 1.2.9 **블록 대각행렬에 대한 다항식 및 역행렬** 대각선을 따라 블록 $B_1 \dots B_r$이 있는 블록 대각행렬 B가 있다고 하자. 블록 행렬들에 대한 함수들을 이용하여 다항식 함수 $f(B)$와 B의 역행렬을 표현하시오.

두 개의 정방형 (가역) 행렬의 곱에 대한 역행렬은 개별 행렬의 역들의 곱으로 계산할 수 있지만 곱셈 순서는 반대로 된다.

$$(AB)^{-1} = B^{-1}A^{-1} \tag{1.18}$$

곱셈 결과가 가역 행렬이 되기 위해서는 두 행렬 모두 가역 행렬이어야 한다. 위의 결과를 보이기 위해 행렬 곱셈의 결합법칙 특성을 이용할 수 있다.

$$(AB)(B^{-1}A^{-1}) = A((BB^{-1})A^{-1}) = A((I)A^{-1}) = AA^{-1} = I$$

위의 결과를 확장하여 $(A_1 A_2 \dots A_k)^{-1} = A_k^{-1} A_{k-1}^{-1} \dots A_1^{-1}$임을 보일 수 있다. 곱셈 결과가 가역성을 갖기 위해서는 개별 행렬 A_i가 가역성을 가져야 한다. 행렬 A_i 중 하나라도 가역성을 갖지 않으면 곱셈 결과는 가역성을 갖지 않는다(연습문제 52 참고).

문제 1.2.10 행렬 B가 행렬 A의 역행렬이라고 하자. 임의의 양의 정수 n에 대해 행렬 B^n은 행렬 A^n의 역행렬임을 보이시오.

역변환이나 전치변환은 어떤 순서로 적용되어도 결과에 영향을 주지 않는다.

$$(A^T)^{-1} = (A^{-1})^T \tag{1.19}$$

이러한 결과가 성립하는 것은 $A^T(A^{-1})^T = (A^{-1}A)^T = I^T = I$이기 때문이다. 마찬가지로 $(A^{-1})^T A^T = I$이다. 즉, $(A^{-1})^T$는 A^T의 역행렬이다.

역행렬과 전치행렬이 동일한 정방행렬을 **직교 행렬**(orthogonal matrix)이라고 한다.

$$AA^T = A^T A = I \tag{1.20}$$

이러한 행렬은 직교정규(orthonormal) 열을 갖는 것으로 엄밀하게 정의되지만, 위의 관계식에서 교환법칙이 성립한다는 사실로부터 이러한 행렬이 직교정규 열들과 직교정규 행들을 모두 포함한다는 놀라운 특성을 갖고 있음을 알 수 있다.

가역 행렬의 유용한 특성은 고유한 해를 갖는 연립방정식을 정의한다는 것이다. 예를 들어, $A\overline{x} = \overline{b}$에 대한 해가 존재하며 A가 가역 행렬일 때 그 해는 $\overline{x} = A^{-1}\overline{b}$로 고유하게 정의된다(2장 참고). 또한 해 $\overline{x}$를 A의 열들이 나타내는 벡터들로 정의되는 (직교성을 갖지 않을 수도 있는) 다른 좌표계에서 $\overline{b}$의 새로운 좌표 집합으로 볼 수도 있다. A가 직교성을 갖는 경우 해는 $\overline{x} = A^{-1}\overline{b}$로 단순해지며, 이것은 $\overline{b}$와 A의 각 열 사이의 점곱을 계산하여 해당 좌표를 구하는 것과 같다. 즉, 해당 좌표를 계산하기 위해 A의 각 직교정규 열에 $\overline{b}$를 투영한다.

1.2.5 행렬 역변환 보조정리: 행렬 합에 대한 역변환

두 행렬의 합에 대한 역행렬을 개별 행렬에 대한 다항식이나 역행렬의 함수로 계산할 수 있을까? 이 질문에 답하려면 (행렬의 특별한 경우에 해당하는) 스칼라 a와 b의 경우에도 이러한 작업이 쉽지 않다는 점에 유의할 필요가 있다. 예를 들어 $1/a$과 $1/b$을 사용하여 $1/(a+b)$를 표현하기는 어렵다. 또한 두 행렬 A와 B가 가역 행렬이라 하더라도 A와 B의 합은 가역 행렬이 아닐 수도 있다. 스칼라의 경우에도 $a+b=0$일 수 있으며, 이 경우 $1/(a+b)$를 계산할 수 없다. 따라서 두 행렬의 합에 대한 역행렬을 계산하는 것은 쉽지 않다.

행렬 A와 단위행렬의 합과 같이 일부 특별한 경우는 역변환이 용이할 수도 있다. 이 경우에는 $1/(1+a)$에 관한 스칼라 공식을 일반화 할 수 있다. $|a| < 1$일 때 $1/(1+a)$에 관한 스칼라 공식은 다음과 같은 무한기하급수로 주어진다.

$$\frac{1}{1+a} = 1 - a + a^2 - a^3 + a^4 + \ldots + \text{무한 개수의 항} \tag{1.21}$$

위의 무한급수가 발산하지 않으려면 a의 절댓값은 1보다 작아야 한다. 이에 대응되는 행렬 A에 대한 조건은 $n \Rightarrow \infty$일 때 A의 n 승에서 모든 항이 0에 수렴해야 한다는 것이다. 즉, $n \Rightarrow \infty$일 때 A의 극한 값은 영행렬이어야 한다. 이러한 행렬의 경우 다음의 결과가 성립된다.

$$(I + A)^{-1} = I - A + A^2 - A^3 + A^4 + \ldots + \text{무한 개수의 항}$$
$$(I - A)^{-1} = I + A + A^2 + A^3 + A^4 + \ldots + \text{무한 개수의 항}$$

(보다 간단한 방법도 있지만) 위의 결과를 이용하여 삼각 행렬에 대한 역행렬을 계산할 수 있다.

> **문제 1.2.11** **삼각 행렬에 대한 역변환** 0이 아닌 대각 항들을 갖는 $d \times d$ 삼각 행렬 L을 $(\Delta + A)$ 형태로 표현할 수 있다. 이때 Δ는 가역 대각행렬이며 A는 순 삼각 행렬이다. 대각행렬에 대한 역변환과 행렬 곱셈 및 덧셈만 사용하여 L의 역행렬을 계산하는 방법을 보이시오. $d \times d$ 크기의 순 삼각 행렬은 항상 멱영이며 $A^d = 0$을 만족한다는 점에 주목하기 바란다.

또한 두 개의 행렬 중 하나가 조밀 행렬(compact matrix)일 경우 두 행렬의 합에 대한 역변환 식을 유도할 수도 있다. 여기에서 조밀함이란 행렬이 더 작은 두 개의 행렬의 곱으로 표현될 수 있는 구조를 갖고 있음을 의미한다. 행렬 역변환 보조정리는 주어진 행렬을 두 벡터의 외적으로 생성된 행렬을 이용하여 점진적으로 갱신함으로써 행렬의 역을 계산하는 데 유용한 특성이다. 이러한 유형의 역행렬은 **준 뉴턴법**과 같은 반복형 최적화 알고리즘이나 증분 선형 회귀분석 등에서 자주 발생한다. 이러한 경우에는 원래 행렬에 대한 역행렬이 이미 계산되어 있을 것이며, **행렬 역변환 보조정리**를 사용하여 역행렬을 쉽게 갱신할 수 있다.

보조정리 1.2.5 **행렬 역변환 보조정리**

A는 $d \times d$ 가역 행렬이고 $\overline{u}$와 $\overline{v}$는 영벡터가 아닌 d차원 열벡터라고 하자. 이 경우 $A + \overline{u}\,\overline{v}^T$가 가역성을 갖는 것과 $\overline{v}^T A^{-1} \overline{u} \neq -1$은 동치이다. 이 경우 다음과 같이 역행렬을 계산할 수 있다.

$$(A + \overline{u}\,\overline{v}^T)^{-1} = A^{-1} - \frac{A^{-1}\overline{u}\,\overline{v}^T A^{-1}}{1 + \overline{v}^T A^{-1}\overline{u}}$$

증명 행렬 $(A + \overline{u}\,\overline{v}^T)$가 가역적이면 $(A + \overline{u}\,\overline{v}^T)$와 A^{-1}의 곱도 (두 가역 행렬의 곱이므로) 가역성을 갖는다. 가역성을 갖는 $(A + \overline{u}\,\overline{v}^T)A^{-1}$ 뒤쪽에 $\overline{u}$를 곱할 경우 영벡터가 아닌 벡터

가 생성된다. 영벡터가 생성된다면 식 $(A+\overline{u}\,\overline{v}^T)A^{-1}\overline{u}=0$ 의 양변 앞쪽에 $(A+\overline{u}\,\overline{v}^T)A^{-1}$ 의 역행렬을 곱하여 $\overline{u}=0$을 얻게 될 것이기 때문이다. 따라서 다음 결과를 얻는다.

$$
\begin{aligned}
&(A+\overline{u}\,\overline{v}^T)A^{-1}\overline{u}\neq 0\\
&\overline{u}+\overline{u}\,\overline{v}^T A^{-1}\overline{u}\neq 0\\
&\overline{u}(1+\overline{v}^T A^{-1}\overline{u})\neq 0\\
&1+\overline{v}^T A^{-1}\overline{u}\neq 0
\end{aligned}
$$

따라서 $A+\overline{u}\,\overline{v}^T$가 가역적일 경우 $\overline{v}^T A^{-1}\overline{u}\neq -1$임이 확인되었다.

역으로 $1+\overline{v}^T A^{-1}\overline{u}\neq 0$이 성립할 경우 행렬 $P=A^{-1}-\dfrac{A^{-1}\overline{u}\,\overline{v}^T A^{-1}}{1+\overline{v}^T A^{-1}\overline{u}}$는 $Q=(A+\overline{u}\,\overline{v}^T)$의 유효한 역행렬이다. 행렬 P는 조건 $1+\overline{v}^T A^{-1}\overline{u}\neq 0$이 성립할 경우에만 정의된다는 점에 주목하자. 이 경우 PQ와 QP 모두 대수적으로 전개하면 단위행렬이 생성된다. 예를 들어 PQ에 대한 전개는 다음과 같다.

$$
\begin{aligned}
PQ &= I+A^{-1}\overline{u}\,\overline{v}^T-\frac{A^{-1}\overline{u}\,\overline{v}^T+A^{-1}\overline{u}\,[\overline{v}^T A^{-1}\overline{u}]\,\overline{v}^T}{1+\overline{v}^T A^{-1}\overline{u}}\\
&= I+A^{-1}\overline{u}\,\overline{v}^T-\frac{A^{-1}\overline{u}\,\overline{v}^T(1+[\overline{v}^T A^{-1}\overline{u}])}{1+\overline{v}^T A^{-1}\overline{u}}\\
&= I+A^{-1}\overline{u}\,\overline{v}^T-A^{-1}\overline{u}\,\overline{v}^T=I
\end{aligned}
$$

행렬 곱셈에 대해서는 일반적으로 교환법칙이 성립하지 않지만 위의 증명상의 행렬 곱셈에서 $\overline{v}^T A^{-1}\overline{u}$는 스칼라이기 때문에 계산식 중에서 위치를 이동할 수 있다는 사실이 이용된다. ■

기계학습에서 나타나는 여러 유형의 반복적 갱신에서 행렬 역변환 보조정리의 변형들이 사용된다. 구체적인 예의 하나는 증분 선형 회귀인데, 여기에서는 $C=D^TD$ 형태의 행렬에 대한 역변환이 필요하다(D는 $n\times d$ 데이터 행렬). 새로운 d차원 데이터 점 $\overline{v}$를 받으면 행벡터 $\overline{v}^T$가 D에 추가되면서 데이터 행렬의 크기가 $(n+1)\times d$가 된다. 이제 행렬 C는 $D^TD+\overline{v}\,\overline{v}^T$로 갱신되고, $O(d^2)$ 시간 내에 역행렬을 갱신하기 위해 행렬 역변환 보조정리가 유용하게 이용된다. 이러한 결과는 벡터 $\overline{u}$와 $\overline{v}$ 대신 k개의 열을 포함하는 '얇은' 행렬 U와 V를 사용하는 것으로 일반화할 수 있다(k는 작은 값을 가져야 함).

정리 1.2.1 셔먼–모리슨–우드베리 항등식

A는 $d\times d$ 가역 행렬이고 U와 V는 영행렬이 아닌 $d\times k$ 행렬이라고 하자(k는 작은 값을 가져

야 함). 이 경우 행렬 $A+UV^T$가 가역성을 갖는 것과 $k\times k$ 행렬 $I+V^TA^{-1}U$가 가역성을 갖는 것은 동치이다. 이 경우 다음과 같이 역행렬을 계산할 수 있다.

$$(A+UV^T)^{-1}=A^{-1}-A^{-1}U(I+V^TA^{-1}U)^{-1}V^TA^{-1}$$

이러한 유형의 갱신을 **저 순위 갱신**이라고 하는데, 순위 개념에 대해서는 2장에서 설명할 것이다. 행렬 역변환 보조정리에 관련된 문제들을 아래에 제시한다.

> **문제 1.2.12** I와 P가 $k\times k$ 행렬이라고 가정하고, 다음의 결과를 보이시오.
>
> $$(I+P)^{-1}=I-(I+P)^{-1}P$$

이 문제를 해결하기 위한 힌트는 위에 주어진 등식 양변의 왼쪽에 $(I+P)$를 곱한 결과를 정리해보는 것이다. 이와 밀접하게 연관된 결과는 **푸시 스루 항등식**(Push-Through Identity)이다.

> **문제 1.2.13** **푸시 스루 항등식** U와 V가 두 개의 $n\times d$ 행렬일 때 다음의 결과를 보이시오.
>
> $$U^T(I_n+VU^T)^{-1}=(I_d+U^TV)^{-1}U^T$$
>
> 또 위의 결과를 사용하여 $n\times d$ 행렬 D와 스칼라 $\lambda>0$에 대해 다음의 결과를 보이시오.
>
> $$D^T(\lambda I_n+DD^T)^{-1}=(\lambda I_d+D^TD)^{-1}D^T$$

위의 문제를 해결하기 위한 힌트는 위에 주어진 식 양변의 오른쪽과 왼쪽에 적절한 행렬들을 곱하면 어떻게 되는지 확인하는 것이다. 푸시 스루 항등식이라는 이름은 왼쪽에 행렬을 밀어 넣을 때 오른쪽에서 그 행렬이 나타나게 된다는 사실에 연원한 것이다. 이 항등식은 매우 중요하며 이 책에서 반복적으로 사용되고 있다.

1.2.6 프로베니우스 노옴, 대각 합, 에너지

벡터와 마찬가지로 행렬에 대해서도 노옴을 정의할 수 있다. a_{ij}로 표시되는 (i, j)번째 항을 갖는 $n\times d$ 행렬 A의 경우 **프로베니우스 노옴**(Frobenius norm)은 다음과 같이 정의된다.

$$\|A\|_F=\|A^T\|_F=\sqrt{\sum_{i=1}^{n}\sum_{j=1}^{d}a_{ij}^2} \tag{1.22}$$

프로베니우스 노옴을 나타내기 위해 $\|\cdot\|_F$를 사용한다. 프로베니우스 노옴의 제곱은 행렬 안의 행벡터들의 (또는 열벡터들의) 노옴들의 제곱합이다. 행렬에 전치변환을 적용하더라도 프로베니우스 노옴에는 영향이 없다. 프로베니우스 노옴 제곱을 기계학습 분야에서는 행렬 A의 **에너지**라고 부른다.

$\text{tr}(A)$로 표시되는 정방행렬 A의 **대각 합**(trace)은 대각 항들의 합으로 정의된다. 비정방행렬 A의 에너지는 AA^T 또는 A^TA의 대각 합과 같다.

$$\|A\|_F^2 = \text{Energy}(A) = \text{tr}(AA^T) = \text{tr}(A^TA) \tag{1.23}$$

일반적으로 $n\times d$ 크기의 두 행렬 $C=[c_{ij}]$와 $D=[d_{ij}]$의 곱에 대한 대각 합은 항 별 곱의 합과 같다.

$$\text{tr}(CD^T) = \text{tr}(DC^T) = \sum_{i=1}^{n}\sum_{j=1}^{d} c_{ij}d_{ij} \tag{1.24}$$

$n\times d$ 크기의 두 행렬 $A=[a_{ij}]$와 $B=[b_{ij}]$의 곱에 대한 대각 합은 행렬 곱셈의 순서에 따라 달라지지 않는다.

$$\text{tr}(AB) = \text{tr}(BA) = \sum_{i=1}^{n}\sum_{j=1}^{d} a_{ij}b_{ji} \tag{1.25}$$

문제 1.2.14 두 벡터의 외적에 대한 프로베니우스 노옴은 유클리드 노옴의 곱과 동일함을 보이시오.

준가법성(subadditivity)이나 **준승법성**(submultiplicativity)과 같은 여러 특성들은 프로베니우스 노옴과 벡터 노옴에 공통적으로 적용된다. 벡터 노옴의 경우 이러한 특성들은 삼각부등식과 코시-슈바르츠 부등식과 유사하다.

보조정리 1.2.6 준가법성 프로베니우스 노옴

동일한 크기를 갖는 임의의 두 행렬 A와 B에 대해 삼각부등식 $\|A+B\|_F \le \|A\|_F + \|B\|_F$가 만족된다.

위의 결과를 간단히 보이는 방법은 먼저 행렬을 벡터로 취급하면서 A와 B로부터 각각 행렬의 항 개수와 동일한 차원을 갖는 두 개의 긴 벡터를 생성하는 것이다.

보조정리 1.2.7 준승법성 프로베니우스 노옴

각기 크기가 $n \times k$와 $k \times d$인 임의의 두 행렬 A와 B에 대해 준승법성 특성 $\|AB\|_F \leq \|A\|_F \|B\|_F$가 만족된다.

증명 개요 $\overline{a}_1 \dots \overline{a}_n$은 A의 행들에 해당하고, $\overline{b}_1 \dots \overline{b}_d$는 B의 전치행렬의 열들에 해당한다고 하자. 그러면 AB의 (i, j)번째 항은 $\overline{a}_i \cdot \overline{b}_j$이고, 행렬 AB의 프로베니우스 노옴 제곱은 $\sum_{i=1}^{n} \sum_{j=1}^{d} (\overline{a}_i \cdot \overline{b}_j)^2$이다. 코시-슈바르츠 부등식에 따라 각각의 $(\overline{a}_i \cdot \overline{b}_j)^2$는 $\|\overline{a}_i\|^2 \|\overline{b}_j\|^2$을 넘지 않는다. 따라서 다음의 결과를 얻는다.

$$\|AB\|_F^2 = \sum_{i=1}^{n} \sum_{j=1}^{d} (\overline{a}_i \cdot \overline{b}_j)^2 \leq \sum_{i=1}^{n} \sum_{j=1}^{d} \|\overline{a}_i\|^2 \|\overline{b}_j\|^2 = (\sum_{i=1}^{n} \|\overline{a}_i\|^2)(\sum_{j=1}^{d} \|\overline{b}_j\|^2) = \|A\|_F^2 \|B\|_F^2$$

위의 식 양변에 제곱근을 취하면 보조정리의 결과를 얻게 된다. ∎

문제 1.2.15 작은 행렬은 큰 역행렬을 갖는다 프로베니우스 노옴이 ϵ인 $n \times n$ 행렬의 역의 프로베니우스 노옴은 $\sqrt{n}/\epsilon$ 이상임을 보이시오.

1.3 분해가능 연산자로서의 행렬 곱셈

행렬 곱셈은 한 벡터를 다른 벡터로 사상하는 벡터 대 벡터 함수로 볼 수 있다. 예를 들어, d차원 열벡터 $\overline{x}$와 $d \times d$ 행렬 A를 곱한 결과는 또 다른 d차원 벡터이며, 다음과 같이 함수 $f(\overline{x})$로 나타낼 수 있다.

$$f(\overline{x}) = A\overline{x}$$

이 함수는 스칼라 a에 대한 단일 변수 선형 함수 $g(x) = ax$를 벡터 버전으로 일반화한 것으로 볼 수 있다. 이것은 행렬이 벡터에 대한 **선형 연산자**로 간주되는 이유 중 하나이다. 선형대수학에서는 효율적인 수치 계산을 위해 이러한 변환들을 이해하고 활용하는 내용을 다루는 데 많은 부분을 할애하고 있다.

한 가지 문제는 $d \times d$ 행렬이 아주 클 경우 행렬의 개별 원소들이 벡터에 어떤 작용을 하는지 해석하기가 어렵다는 것이다. 이러한 경우 행렬을 더 단순한 행렬들의 곱으로 해석하는 것이 종종 유용할 수 있다. 행렬 곱셈에서 결합법칙이 성립하기 때문에 단순한 행렬들의 (또한 벡터와의) 곱을 **벡터에 대한 단순한 연산들의 합성**으로 해석할 수 있다. 이 점을 이해하기 위해 위의 행렬 A가 아래와 같이 보다 단순한 $d \times d$ 행렬인 B_1, $B_2 \ldots B_k$ 등의 곱으로 분해될 수 있다고 하자.

$$A = B_1 B_2 \ldots B_{k-1} B_k$$

벡터 $\overline{x}$에 B_i를 곱한 효과는 (벡터의 회전이나 배율조정 등과 같이) 직관적으로 쉽게 해석할 수 있을 정도로 단순하다고 가정하자. 이제 앞서 언급된 함수 $f(\overline{x})$는 다음과 같이 표현할 수 있다.

$$\begin{aligned} f(\overline{x}) &= A\overline{x} = [B_1 B_2 \ldots B_{k-1} B_k]\overline{x} \\ &= B_1(B_2 \ldots [B_{k-1}(B_k \overline{x})]) \qquad \text{[행렬 곱셈에 대한 결합법칙]} \end{aligned}$$

우변의 중첩 괄호들은 연산들의 적용 순서를 표현한다. 즉, 먼저 연산자 B_k를 $\overline{x}$에 적용한 다음 B_{k-1}을 적용하고, 이를 B_1에 이르기까지 계속 적용해나간다. 따라서 **행렬을 보다 단순한 행렬들의 곱으로 분해할 수 있다면, 벡터에 행렬을 곱하는 것을 벡터에 대한 단순하고 이해하기 쉬운 일련의 연산들로 해석할 수 있다.** 이 절에서 분해의 중요한 예 두 개를 제시할 텐데, 세부사항에 대해서는 이 책 전체에 걸쳐 살펴보게 될 것이다.

1.3.1 분해가능 행 연산자 및 열 연산자로서의 행렬 곱셈

행렬 곱셈이 갖는 중요한 특성 하나는 두 행렬 중 하나에 해당 연산을 적용함으로써 곱의 행이나 열을 조작할 수 있다는 것이다. 두 행렬 A와 X의 곱 AX에서 **첫 번째** 행렬의 i번째 **행**과 j번째 **행**을 교환하면 (첫 번째 행렬과 동일한 개수의 행을 갖는) 곱의 해당 행들도 교환된다. 마찬가지로 **두 번째** 행렬의 **열**을 교환하면 (두 번째 행렬과 동일한 개수의 열을 갖는) 곱에서도 동일한 교환이 발생한다. 교환, 덧셈, 곱셈 등에 해당하는 세 개의 주요 기본 연산들이 있다. 행렬에 대한 기본 행 연산은 다음과 같이 정의된다.

- **교환 연산**: 행렬의 i번째 행과 j번째 행이 교환된다. 교환 연산은 두 개의 인덱스 i와 j에 의해 완전히 정의되며, 이때 인덱스 순서는 중요하지 않다.
- **덧셈 연산**: j번째 행의 스칼라 배수가 i번째 행에 더해진다. 이 연산은 특정 순서의 두 인덱스 i와 j, 그리고 스칼라 배수 c로 정의된다.
- **배율조정 연산**: i번째 행에 스칼라 c를 곱한다. 이 연산은 행 인덱스 i와 스칼라 c에 의해 완전히 정의된다.

위의 연산들을 **기본 행 연산**이라고 한다. 열들에 대해서도 유사한 연산을 **기본 열 연산**으로 정의할 수 있다.

기본 행렬은 단위행렬에 하나의 행 연산이나 열 연산을 적용하여 변환된 행렬이다. 행렬 X의 앞쪽에 교환에 해당하는 기본 행렬을 곱하면 X의 행들에 교환이 발생할 것이다. 즉, E가 교환에 해당하는 기본 행렬이면 $X' = EX$는 X와 비교했을 때 두 개의 행이 교환된 상태일 것이다. 행 덧셈이나 행 배율조정과 같은 다른 연산들에 대해서도 유사한 결과가 적용된다. 해당 연산이 포함된 3×3 기본 행렬의 예 몇 개를 아래 표에 보인다.

교환	덧셈	배율조정
$\begin{bmatrix} 0 & 1 & 0 \\ 1 & 0 & 0 \\ 0 & 0 & 1 \end{bmatrix}$	$\begin{bmatrix} 1 & c & 0 \\ 0 & 1 & 0 \\ 0 & 0 & 1 \end{bmatrix}$	$\begin{bmatrix} 1 & 0 & 0 \\ 0 & c & 0 \\ 0 & 0 & 1 \end{bmatrix}$
(a) 행 1과 행 2를 교환	(b) (행 2)$\times c$를 행 1에 더함	(c) 행 2에 c를 곱함

이러한 행렬들은 임의의 행렬에 특정 행 연산을 적용하는 데 사용되기 때문에 **기본 행렬 연산자**라고도 한다. 스칼라 c는 위의 행렬들에서 항상 0이 아니어야 하는데, 이는 모든 기본 행렬이 가역적이어야 하며 단위행렬과는 조금이라도 달라야 하기 때문이다. X 앞쪽에 적절한 기본 행렬을 곱하면 행 교환, 행 덧셈, 또는 행 단위 배율조정이 X에 적용될 수 있다. 예를 들면 아래와 같이 행렬 X의 첫 번째 행과 두 번째 행을 교환하여 X'을 생성할 수 있다.

$$\underbrace{\begin{bmatrix} 0 & 1 & 0 \\ 1 & 0 & 0 \\ 0 & 0 & 1 \end{bmatrix}}_{\text{연산자}} \underbrace{\begin{bmatrix} 1 & 2 & 3 \\ 4 & 5 & 6 \\ 7 & 8 & 9 \end{bmatrix}}_{X} = \underbrace{\begin{bmatrix} 4 & 5 & 6 \\ 1 & 2 & 3 \\ 7 & 8 & 9 \end{bmatrix}}_{X'}$$

주어진 행렬에 적절한 배율조정 연산자를 사용하여 첫 번째 행을 2배로 크게 만들 수 있다.

$$\underbrace{\begin{bmatrix} 2 & 0 & 0 \\ 0 & 1 & 0 \\ 0 & 0 & 1 \end{bmatrix}}_{\text{연산자}} \underbrace{\begin{bmatrix} 1 & 2 & 3 \\ 4 & 5 & 6 \\ 7 & 8 & 9 \end{bmatrix}}_{X} = \underbrace{\begin{bmatrix} 2 & 4 & 6 \\ 4 & 5 & 6 \\ 7 & 8 & 9 \end{bmatrix}}_{X'}$$

행렬 X 뒤쪽에 적절한 기본 행렬을 곱하면 X의 열들에 유사한 연산을 수행하여 X'을 생성할 수 있다.

교환	덧셈	배율조정
$\begin{bmatrix} 0 & 1 & 0 \\ 1 & 0 & 0 \\ 0 & 0 & 1 \end{bmatrix}$	$\begin{bmatrix} 1 & 0 & 0 \\ c & 1 & 0 \\ 0 & 0 & 1 \end{bmatrix}$	$\begin{bmatrix} 1 & 0 & 0 \\ 0 & c & 0 \\ 0 & 0 & 1 \end{bmatrix}$
(a) 열 1과 열 2를 교환	(b) $c\times$(열 2)를 열 1에 더함	(c) 열 2에 c를 곱함

교환 연산이나 배율조정 연산의 경우 행 연산인지 열 연산인지 상관없이 동일한 기본 행렬이 사용되지만, 덧셈의 경우에는 행 덧셈을 위한 기본 행렬과 열 덧셈을 위한 기본 행렬 사이에 약간의 차이가 있다. 아래에 행렬 뒤쪽에 적절한 기본 행렬을 사용한 곱셈으로 열 교환 연산이 어떻게 수행되는지 보여준다.

$$\underbrace{\begin{bmatrix} 1 & 2 & 3 \\ 4 & 5 & 6 \\ 7 & 8 & 9 \end{bmatrix}}_{X} \underbrace{\begin{bmatrix} 0 & 1 & 0 \\ 1 & 0 & 0 \\ 0 & 0 & 1 \end{bmatrix}}_{\text{연산자}} = \underbrace{\begin{bmatrix} 2 & 1 & 3 \\ 5 & 4 & 6 \\ 8 & 7 & 9 \end{bmatrix}}_{X'}$$

이 예제는 해당 기본 행렬이 뒤쪽에 곱해진다는 점을 제외하면 행 교환을 보이는 예제와 거의 같다.

문제 1.3.1 임의의 행렬 X 앞쪽에 곱할 때 각 $i \in \{1, 2, 3, 4\}$에 대해 X의 i번째 행에 c_i를 곱한 것을 X의 두 번째 행에 더한 결과가 발생하도록 4×4 연산자 행렬을 정의하시오. 또 이 행렬이 세 개의 기본 덧셈 행렬과 하나의 기본 곱셈 행렬의 곱으로 표현될 수 있음을 보이시오.

이러한 유형의 기본 행렬은 항상 가역적이다. 교환 행렬의 역은 그 자체이다. 배율조정 행렬의 역은 항 c를 $1/c$로 대체한 것이다. 행/열 덧셈 행렬의 역은 c를 $-c$로 대체하여 얻는다. 이로부터 다음과 같은 사실을 관찰할 수 있다.

관찰 1.3.1 기본 행렬의 역은 또 다른 기본 행렬이다.

기본 행렬의 역을 고려하는 것이 때로 유용할 수 있다. 다음 문제를 통해 기본 행렬들의 세부사항을 살펴보기 바란다.

문제 1.3.2 크기가 4×4인 행렬에 대해 행 연산을 수행하기 위한 기본 행렬의 세 가지 유형(즉, 교환, 곱셈 및 덧셈) 각각의 예를 작성해보시오. 또 해당 행렬들의 역행렬을 계산하시오. 그리고 열 연산에 대해 동일한 작업을 수행하시오.

다음 문제들은 기본 행렬의 역의 유용성을 보여주기 위한 것이다.

문제 1.3.3 A와 B를 두 개의 행렬이라고 하자. A_{ij}는 A의 i번째와 j번째 열을 교환하여 얻은 행렬이고, B_{ij}는 B의 i번째와 j번째 행을 교환하여 얻은 행렬이라고 가정한다. A, B,

한 개의 기본 행렬 등을 사용하여 A_{ij}와 B_{ij}를 표현하시오. 이제 $A_{ij}B_{ij} = AB$인 이유를 설명하시오.

문제 1.3.4 A와 B를 두 개의 행렬이라고 하자. A의 j번째 열에 c를 곱한 것을 i번째 열에 더하여 행렬 A'을 만들고, B의 i번째 행에 c를 곱한 것을 j번째 행에서 빼서 행렬 B'을 만든다. 기본 행렬의 개념을 사용하여 행렬 AB와 행렬 $A'B'$가 동일한 이유를 설명하시오.

비정방행렬에도 기본 연산을 적용할 수 있다. $n \times d$ 행렬의 경우 앞쪽에 적용되는 곱셈 연산자 행렬의 크기는 $n \times n$인 반면 뒤쪽에 적용되는 곱셈 연산자 행렬의 크기는 $d \times d$이다.

순열 행렬

기본 행 (또는 열) 교환 연산자 행렬은 순열 행렬의 특별한 경우에 해당한다. **순열 행렬**은 각 행마다 하나의 1을 포함하고 각 열마다 하나의 1을 포함한다. 순열 행렬 P의 예를 아래에 보인다.

$$P = \begin{bmatrix} 0 & 0 & 1 & 0 \\ 1 & 0 & 0 & 0 \\ 0 & 0 & 0 & 1 \\ 0 & 1 & 0 & 0 \end{bmatrix}$$

임의의 행렬 앞쪽에 순열 행렬을 곱하면 행들이 섞이며, 순열 행렬을 뒤쪽에 곱하면 열들이 섞인다. 예를 들어 4행 행렬 앞쪽에 위의 행렬 P를 곱하면 다음과 같이 행들이 재배열된다.

$$\text{행 } 3 \Rightarrow \text{행 } 1 \Rightarrow \text{행 } 4 \Rightarrow \text{행 } 2$$

4열 행렬 뒤쪽에 위의 행렬 P를 곱하면 다음과 같이 열들이 재배열된다.

$$\text{열 } 2 \Rightarrow \text{열 } 4 \Rightarrow \text{열 } 1 \Rightarrow \text{열 } 3$$

순열 행렬과 그 전치행렬은 직교정규 열들을 갖기 때문에 서로에 대해 역행렬 관계에 있다. 이러한 행렬들은 데이터 행렬의 항들에 대한 순서를 변경할 때 유용하며, 이에 관련된 응용 예제들을 10장에서 그래프 행렬에 대해 적용해보일 것이다. 일련의 행 교환 연산들을 사용하여 행렬의 행들을 섞을 수 있으므로 **모든 순열 행렬은 행 교환 연산자 행렬의 곱으로 표현될 수 있다.**

기본 연산자 행렬의 응용

행 조작이 갖는 특성들은 역행렬 계산에 이용된다. 이것은 행렬 A와 그 역행렬 X가 다음과 같은 관계에 있기 때문이다.

$$AX = I$$

행렬 A를 단위행렬로 변환하기 위해 기본 연산들을 적용한다. A를 단위행렬로 변환하기 위해 행 연산들을 체계적으로 수행하는 방법이 2장에서 논의할 **가우스 소거법**이다. 이러한 연산들은 우변에도 똑같이 적용되어 단위행렬을 역행렬로 변환시킨다. 행 연산들을 적용한 최종 결과는 다음을 같다.

$$IX = A^{-1}$$

모든 가역 정방행렬은 기본 행렬들의 곱으로 분해할 수 있기 때문에 기본 행렬에 대한 이해는 대단히 중요하다. 사실, 대각선상의 스칼라 c가 0이 되는 것을 허용함으로써 기본 곱셈 연산자 집합을 확장할 경우(원래는 0을 허용하지 않음), 모든 정방행렬은 확장 기본 행렬들의 곱으로 표현할 수 있다.

마지막으로 연립방정식 $A\overline{x} = \overline{b}$에 대한 해를 구하는 문제를 살펴보자. 여기에서 A는 $n \times d$ 행렬, $\overline{x}$는 d차원 열벡터, $\overline{b}$는 n차원 행벡터이다. 특히 연립방정식에 포함되어 있는 일부 식들이 서로 모순될 경우 연립방정식은 해를 갖지 않을 수도 있다. 예를 들어, 식 $\sum_{i=1}^{100} x_i = +1$과 식 $\sum_{i=1}^{100} x_i = -1$은 서로 모순된다.

이러한 연립방정식을 풀기 위한 행렬 기반 방법은 다변수 연립방정식에서 변수들을 소거하는 방법에서 영감을 얻어 개발되었다. 예를 들어 x_1과 x_2에 관한 2원1차 연립방정식이 주어질 경우 한 방정식에 적절한 값을 곱한 결과를 다른 방정식에서 빼서 변수 중 하나가 소거된 방정식을 만들 수 있다. 이러한 연산은 이 장에서 설명하는 기본 행 덧셈 연산과 동일하다. 이러한 일반 원리는 여러 변수를 포함하는 연립방정식에 적용할 수 있으며, 이때 r번째 방정식은 $x_r,\ x_{r+1} \cdots x_d$로만 정의된다. 이것은 원래의 연립방정식 $A\overline{x} = \overline{b}$를 새로운 연립방정식 $A'\overline{x} = \overline{b}'$으로 변환하는 것과 같다(여기에서 A'은 삼각 행렬임). 따라서 연립방정식에 일련의 기본 행 연산 $E_1 \ldots E_k$를 적용함으로써 다음의 관계를 얻는다.

$$\underbrace{E_k E_{k-1} \ldots E_1 A}_{A'} \overline{x} = \underbrace{E_k E_{k-1} \ldots E_1 \overline{b}}_{\overline{b}'}$$

삼각형 형태의 연립방정식은 변수의 개수가 적은 방정식을 먼저 처리하여 확정된 값들을 나머지 방정식들에 반복적으로 대입하여 변수 개수가 줄어든 연립방정식을 만드는 방식으로 풀면 된다. 이러한 방법은 2장에서 자세히 설명할 것이다. 선형 연립방정식을 푸는 문제는 **선형 회귀**라는 기본적인 기계학습 문제의 특별한 경우에 해당하며, 선형 회귀 모델에서는 정확한 해를 갖지 않는 연립방정식에 대해 최적합 해를 구한다. 선형 회귀는 **최소제곱 분류**, **서포트 벡터 머신**, **로지스틱 회귀**와 같은 많은 기계학습 문제들에 대한 "기초 문제" 역할을 한다.

1.3.2 분해가능 기하 연산자로서의 행렬 곱셈

기본 행렬들이 관여되어 있는 분해 외에도 회전, 반사, 배율조정과 같이 기하학적 의미를 갖는 행렬 기반 분해도 있다. 예를 들어, 벡터 [2, 1]을 반시계 방향으로 $90°$ 회전하면 [−1, 2]로 변환된다. X축을 기준으로 점 [2, 1]의 반사로 [2, −1]을 얻는다. 벡터 [2, 1]에 대해 X축, Y축 방향으로 각기 2배, 3배로 배율조정을 하면 [4, 3]을 얻는다. 2차원 벡터에 대한 이러한 모든 단순 변환은 해당 열벡터 앞쪽에 2×2 행렬을 곱하거나 행벡터 뒤쪽에 2×2 행렬의 전치행렬을 곱하는 것으로 정의할 수 있다. 예를 들어 극좌표 $[a, \alpha]$, 즉, 데카르트 좌표 $[a\cos(\alpha), a\sin(\alpha)]$를 갖는 점의 열벡터 표현을 생각해보자. 이 점의 크기는 a이고 X축에 대해 반시계 방향의 각도는 α이다. 이제 아래와 같이 회전행렬과 곱하여 반시계 방향으로 각도 θ만큼 회전된 상태의 벡터를 구할 수 있다.

$$\begin{bmatrix} \cos(\theta) & -\sin(\theta) \\ \sin(\theta) & \cos(\theta) \end{bmatrix} \begin{bmatrix} a\cos(\alpha) \\ a\sin(\alpha) \end{bmatrix} = \begin{bmatrix} a[\cos(\alpha)\cos(\theta) - \sin(\alpha)\sin(\theta)] \\ a[\cos(\alpha)\sin(\theta) + \sin(\alpha)\cos(\theta)] \end{bmatrix} = \begin{bmatrix} a\cos(\alpha+\theta) \\ a\sin(\alpha+\theta) \end{bmatrix}$$

위의 계산에서 두 번째 등식은 각의 합에 대한 코사인 법칙과 사인 법칙을 적용한 것이며, 최종 우변에 표시된 데카르트 좌표는 극좌표 $[a, \alpha+\theta]$와 동일하다. 즉, 원래 좌표 $[a, \alpha]$가 각도 θ만큼 반시계 방향으로 회전된 것이다. 회전, 반사, 배율조정과 같은 기하학적 기본 연산은 적절하게 선택한 행렬을 사용하는 곱셈을 통해 수행할 수 있다. 열벡터 앞쪽에 곱할 수 있는 기하학적 기본 연산 행렬들을 아래 표에 보인다.

회전	반사	배율조정
$\begin{bmatrix} \cos(\theta) & -\sin(\theta) \\ \sin(\theta) & \cos(\theta) \end{bmatrix}$	$\begin{bmatrix} 1 & 0 \\ 0 & -1 \end{bmatrix}$	$\begin{bmatrix} c_1 & 0 \\ 0 & c_2 \end{bmatrix}$
(a) θ만큼 반시계 방향으로 회전	(b) X축 기준 반사	(c) c_1, c_2로 x, y에 대한 배율조정

(행 및 열 연산을 위한 기본 행렬처럼) 위의 행렬들은 기하 연산을 위한 기본 행렬이라고도 한다. 배율조정 행렬의 대각 항들은 음수 또는 0이 될 수 있다. 엄밀히 말하면 c_i 값들을 임의로 설정할 수 있는 배율조정 행렬에서 c_1, c_2를 각각 {1, −1}에서 취하면 기본 반사 행렬이 되며, 따라서 기본 반사 행렬은 배율조정 행렬의 특별한 경우로 간주할 수 있다.

문제 1.3.5 회전, 반사, 배율조정 등을 위한 위의 행렬들은 행렬–벡터 곱 $A\overline{x}$를 사용하여 열벡터 $\overline{x}$를 변환하도록 설계되었다. 행벡터 $\overline{u}$를 $\overline{u}B$로 변환할 경우에 해당하는 행렬들을 작성하시오.

일련의 변환들을 위한 행렬은 해당 행렬들을 곱하여 하나의 행렬로 계산할 수 있다. 열벡터 $\overline{x}$ 앞쪽에 $A_k \dots A_1$을 차례로 곱하는 것은 식 $A_1(A_2(\dots(A_k\overline{x})))$로 표현할 수 있다. $A = A_1 \dots A_k$일 경우 행렬곱셈에서 결합법칙이 성립하므로 일련의 변환을 나타내는 앞의 식은 $(A_1 \dots A_k)\overline{x} = A\overline{x}$ 로 표현될 수 있다. 반대로, 행렬이 (위에서 살펴본 기하학적 행렬과 같은) 보다 단순한 행렬들의 곱으로 표현될 수 있는 경우 해당 행렬과 벡터의 곱은 일련의 기하학적 변환과 동일하다.

선형대수에서 대단히 중요한 사실 하나는 **특이값 분해**라는 기법을 사용하여 모든 정방행렬을 회전/반사/배율조정 행렬의 곱으로 표시할 수 있다는 것이다. 즉, **벡터에 대한 행렬 곱셈으로 정의되는 모든 선형 변환은 벡터에 대한 일련의 회전, 반사, 배율조정 등의 적용에 해당한다.** 2장에서는 $d \times d$ 행렬을 사용하여 위 표의 2×2 행렬을 임의의 차원으로 일반화해보일 것이다. 때로 고차원 공간에서 이러한 개념을 적용하는 것은 더욱 복잡하다. 예를 들어, 2차원의 경우와는 달리 고차원에서는 임의의 방향을 갖는 회전축을 사용할 수도 있다. 행렬을 기하학적 의미를 갖는 행렬로 분해하는 것은 역행렬 계산에 이용될 수 있다.

문제 1.3.6 가역 정방행렬 A가 $A = R_1 R_2 \dots R_k$와 같이 회전/반사/배율조정 기본 행렬들의 곱으로 표현될 수 있다고 가정한다. 쉽게 계산할 수 있는 $R_1,\ R_2 \dots R_k$ 등의 역행렬들을 사용하여 A의 역행렬을 표현하시오.

앞의 절에서 설명한 행 덧셈 연산자를 이해하면 이 문제 해결에 도움이 될 것이다. 아래에 주어진 2×2 행 덧셈 연산자를 생각해보자.

$$A = \begin{bmatrix} 1 & c \\ 0 & 1 \end{bmatrix}$$

이 연산자는 첫 번째 좌표축 방향을 따라 공간에 **전단변형**(shear)을 일으킨다. 예를 들어 벡터 $\overline{z}$가 $[x,\ y]^T$이면, $A\overline{z}$는 새로운 벡터 $[x + cy,\ y]^T$를 생성한다. 여기에서 y 좌표는 변경되지 않은 상태로 유지되는 반면 x 좌표는 높이에 비례하여 기울어진다. 그림 1.4에서 직사각형을 평행사변형으로 전단변형 하는 것을 보인다. 기본 행 연산자 행렬은 삼각 행렬의 매우 특별한 경우에 해당한다. 이에 따라 **대각 항들이 모두 1인** 삼각 행렬은 일련의 **전단변환**에 해당한다. 이는 일련의 기본 행 덧셈 연산들을 사용하여 단위행렬을 이러한 삼각 행렬로 변환할 수 있기 때문이다.

이 절의 앞부분에서 설명했듯이 선형 변환은 보다 단순한 변환들의 연속 적용으로 볼 수 있다. 아래와 같이 선형 변환 행렬 A를 보다 단순한 행렬 $B_1 \dots B_k$ 등의 곱으로 **분해**함으로써 이러한 일련의 단순한 변환들을 얻을 수 있다.

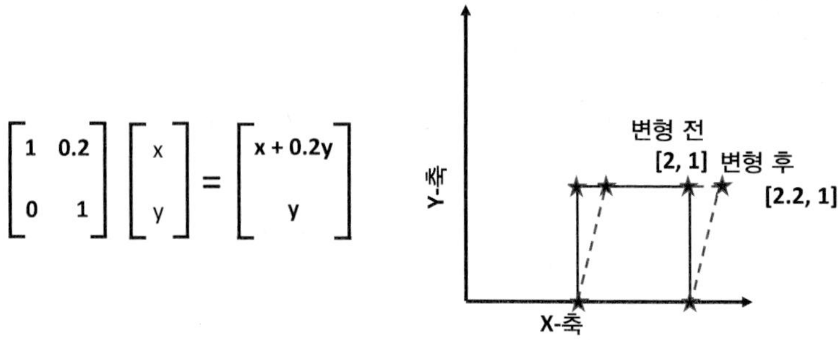

그림 1.4 기본 행 덧셈 연산자는 전단변환으로 해석될 수 있음

$$f(\overline{x}) = A\overline{x} = B_1(B_2 \ldots [B_{k-1}(B_k\overline{x})])$$

각 B_i는 일반적으로 (회전에 해당하는) 직교행렬, (배율조정에 해당하는) 대각행렬, (전단변형에 해당하는) 대각 항들이 1인 삼각 행렬과 같은 변환 행렬이다. 이러한 분해를 수행하는 방법은 여러 가지가 있으며, 이 책에서는 LU 분해, QR 분해, 특이값 분해 등을 소개한다.

1.4 기계학습의 기본 문제들

기계학습은 데이터 행렬의 행들에서 관측된 사례들에 대한 모델을 구성하고 이러한 모델을 사용하여 이전에 관측되지 않은 사례에 해당하는 누락 항에 대한 예측을 수행하는 것이다. 이러한 프로세스를 학습이라고 부르는데, "기계학습"이라는 명칭은 여기에서 파생되었다. 이 책 전체에 걸쳐 n개의 d차원 데이터 점을 행들에 담고 있는 $n \times d$ 데이터 행렬 D를 가정한다. 한 개의 **차원** 또는 **속성**은 한 개의 데이터 점을 구성하는 d개의 속성 중 하나이며 D의 열에는 모든 데이터 점들에 대한 이 속성이 포함된다. 예를 들어, 의료 응용에서 데이터 행렬 D의 각 행은 개별 환자에 해당할 수 있으며 d개의 차원은 키, 체중, 테스트 결과 등과 같이 환자로부터 수집된 다양한 속성들을 나타낼 수 있다. 기계학습은 데이터에서 특정 차원의 값을 예측하거나 비정상적인 환자를 찾거나 유사한 환자를 그룹화하는 것과 같은 다양한 응용에 이러한 사례 데이터를 사용한다. 이는 분류, 이상 탐지, 군집화 등과 같은 기계학습의 고전적인 문제들에 해당한다. 이 절에서는 이러한 고전적인 문제들을 소개한다.

1.4.1 행렬 인수분해

행렬 인수분해(factorization)는 행렬 분해(decomposition)의 대체 용어이며, 일반적으로 최적화 이론에서 사용되는 용어이다. 행렬 인수분해는 $n \times d$ 행렬 D를 $UV^T \approx D$가 되도록 각각 크기가 $n \times k$와 $d \times k$인 두 개의 **인수 행렬(요인 행렬)** U와 V로 분해하는 것이다. 여기에서 $k \ll \min\{n, d\}$는 인수분해의 순위(rank)라고 불리는 매개변수이다. 순위에 대한 엄밀한 정의는 2장에서 제시될 것이다. 순위는 분해의 "간결성(conciseness)"을 제어하기 위해 사용되는데, 이는 U와 V의 항 개수가 $k(n+d)$이고 이는 원래 D의 항 개수보다 훨씬 적기 때문이다. 행렬 인수분해는 (실수 값) 스칼라 인수분해를 행렬로 일반화한 것이다. 스칼라 값을 두 개의 실수 값의 곱으로 표현하는 방법이 무수히 많듯이 동일한 행렬 D를 인수분해하는 방법도 무수히 많을 수 있다. 예를 들어, 스칼라 6은 2×3, 1.5×4, $\sqrt{2} \times \sqrt{18}$ 등으로 쓸 수 있다. 3×3 행렬을 두 개의 작은 행렬로 인수분해하는 예 하나를 아래에 보인다.

$$\begin{bmatrix} 1 & -1 & 1 \\ -1 & 1 & -1 \\ 2 & -2 & 2 \end{bmatrix} = \begin{bmatrix} 1 \\ -1 \\ 2 \end{bmatrix} [1, -1, 1]$$

위의 예제에서는 정확한 인수분해가 사용되었지만, 인수 행렬 U와 V의 크기를 최소화하기 위해 종종 **근사**를 사용하기도 한다. 적절한 수준의 근사를 허용하는 경우 k 값은 매우 작을 수도 있다.

행렬 인수분해에 대한 일반적인 접근방식은 다음과 같은 최적화 문제를 설정하는 것이다.

$$J = \|D - UV^T\|_F^2 \text{ 을 최소화한다.} \tag{1.26}$$

여기에서 $\|\cdot\|_F^2$는 **잔차** 행렬 $(D - UV^T)$의 항들에 대한 제곱합에 해당하는 프로베니우스 노옴 제곱을 나타낸다. **목적함수**(objective function) J는 매개변수 행렬 U와 V에 대해 경사하강법을 사용하여 최소화되는데, U와 V의 항들은 이 최적화 문제의 변수들이다. 이러한 목적함수를 최소화함으로써 행렬 $(D - UV^T)$는 작은 크기의 항들을 갖게 될 것이며 따라서 $D \approx UV^T$가 될 것이다. 이러한 유형의 목적함수는 **손실함수**(loss function)라고도 불리는데, 이는 이 함수를 통해 원래 행렬 D에 비해 UV^T가 잃는 정보의 양을 측정할 수 있기 때문이다.

관측된 항들만을 사용하여 최적화 목적함수 수식을 세움으로써 불완전하게 구성된 행렬 D를 인수분해 하는 것도 가능하다. 이러한 기본 원리는 **추천 시스템**의 토대로 사용된다. 예를 들어 n명의 사용자와 d개의 평점이 있는 설정을 생각해보자. D의 (i, j)번째 항은 사용자 i가 항 j에 부여한 평점을 나타낸다. 사용자들은 일반적으로 항목들 중 일부만 평가하므로 D 안의 대부분 항목들은 관측 값을 갖지 않는다. 이 경우 D에서 **관측**된 항들에 대한 오차 제곱만 합산할 수 있도록 목적함수 $\|D - UV^T\|_F^2$를 수정할 필요가 있다. 이는 $(D - UV^T)$에 남아있는 항들의 값이 알려져 있지 않기 때문이다. 항들의 부분집합으로 최적화 문제를 설정함으로써 완성된 행렬 U와 V를 학습할 수 있다. 따라서 UV^T는 **완전히 재구성된** 행렬 D를 예측하는 데 이용될 수 있다. 이러한 응용에 대해서는 8장에서 자세히 다룰 것이다.

1.4.2 군집화

군집화(clustering) 문제는 $n \times d$ 데이터 행렬 D의 행들을 유사한 행들의 그룹으로 분할하는 것이다. 예를 들어 D의 행은 사람에 해당하고 D의 차원(열)은 마트에서 구입한 제품 별 수량에 해당하는 데이터가 있는 설정을 생각해보자. 이 경우 군집화 응용은 특정 유형의 구매 행동을 갖는 유사한 사람들의 그룹으로 데이터 세트를 분할하려 시도할 수 있다. 군집의 수는 분석자가 미리 지정할 수도 있고, 알고리즘이 경험적 지식을 사용하여 데이터로부터 "자연스럽게" 군집의 수를 정할 수도 있다. 다른 분석 목표를 위한 전처리 단계로 군집화로 생성된 분할을 사용하는 경우가 종종 있다. 예를 들어, 군집들을 자세히 조사함으로써 어떤 사람들은 마트에서 가정용품에 관심을 갖는 반면 다른 사람들은 과일에 관심이 있다는 것을 파악할 수도 있을 것이다. 이러한 정보는 마트의 추천 시스템에서 이용할 수 있다. **k-평균 군집화**나 **스펙트럼 군집화**와 같은 다양한 군집화 알고리즘들을 8장, 9장, 10장에서 소개할 것이다.

1.4.3 분류와 회귀 모델링

분류 문제는 군집화와 밀접한 관련이 있지만, **지도**(supervision)라는 개념을 사용하면서 데이터를 그룹화하는 데 더 많은 지침을 사용할 수 있다는 차이가 있다. 군집화의 경우 데이터는 찾고자하는 군집 유형에 관계없이 그룹들로 분할된다. 분류의 경우 **훈련용** 데이터는 이미 특정 유형의 그룹으로 분할되어 있다. 따라서 $n \times d$ 데이터 행렬 D 외에 $\bar{y}$로 표시되는 $n \times 1$ 라벨 배열이 있다. $\bar{y}$의 i번째 항은 데이터 행렬 D의 i번째 행에 대응되며, D의 i번째 행이 속한 군집(또는 **클래스**)의 의미론적 이름을 정의하는 범주 라벨이다. 앞에서 예로 든 식품점의 경우 클래스 $\mathcal{L}$={과일, 가금류, 기타}에 관심이 있다고 미리 결정해둘 수 있다. 이러한 클래스는 대개 데이터 행렬 D 안의 행들의 유사성에 따라 군집화될 수 있지만, 이러한 현상이 항상 보장되는 것은 아니다. 예를 들어 명확하게 구별되는 여러 개의 군집들이 하나의 클래스 안에 존재할 수 있다. 더욱이 **기타**라는 범주 라벨 안의 특정 하위 범주들에 해당하는 서로 다른 군집들이 존재할 수도 있다. (판매자와 같은) 최종 사용자는 **기타** 범주 안의 항목들을 세분하여 식별하는 데 관심이 없을 수도 있지만, 다른 범주 라벨들에 대해서는 세분화된 항목 식별을 해두면 판매자가 판촉 활동을 위한 후보 고객 설정에 도움이 될 수도 있다. 따라서 분류 문제에서 훈련용 데이터는 예제를 사용하여 **관심** 집단들을 규정한다. 행들에 대한 실제 분화는 라벨이 지정되지 않은 별도의 $n_t \times d$ **테스트용** 데이터 행렬 D_t에 대해 수행된다. 따라서 D_t의 각 행에 대해 집합 $\mathcal{L}$의 라벨 중 하나로 사상한다. 이러한 사상은 훈련용 데이터에 대해 구성된 분류 **모델**을 사용하여 수행된다. D와 D_t의 행들은 서로 다르기 때문에, 테스트용 데이터는 모델 구성 과정에서는 사용되지 않는다.

분류에서 자주 나타나는 설정은 가능한 값이 두 개만 포함되어 있는 **이진** 라벨 집합을 사용하는 것이다. 이 경우 라벨 세트 $\mathcal{L}$로 {0, 1} 또는 {−1, +1}을 사용하는 경우가 많다. 이때의 목표는 $\overline{y}$의 i번째 항 y_i를 D의 i번째 행 X_i의 함수로 **학습**시키는 것이다.

$$y_i \approx f(\overline{X}_i)$$

함수 $f(\overline{X}_i)$는 종종 가중치 벡터 $\overline{W}$를 매개변수로 갖는다. {−1, +1} 라벨로 분류하는 다음의 이진 분류 예를 생각해보자.

$$y_i \approx f_{\overline{W}}(\overline{X}_i) = \text{sign}\{\overline{W} \cdot \overline{X}_i\}$$

매개변수의 적용을 표현하기 위해 함수에 첨자를 추가하였음에 주목하기 바란다. $\overline{W}$는 어떻게 계산할 수 있을까? 핵심 아이디어는 적절하게 구성된 **손실함수**를 사용하여 **관측 값** y_i와 예측 값 $f(\overline{X}_i)$ 사이의 모든 종류의 불일치에 대해 페널티를 적용하는 것이다. 따라서 많은 기계학습 모델은 다음과 같은 최적화 문제로 귀결된다.

$$\text{다음 값을 최소화하시오(매개변수: } \overline{W}\text{): } \sum_i (y_i\text{와 } f_{\overline{W}}(\overline{X}_i) \text{ 사이의 불일치})$$

최적화 모델을 풀어 가중치 벡터 $\overline{W}$를 계산하면, 클래스 변수 값이 알려지지 않은 사례들에 대해 클래스 변수 y_i의 값을 예측하기 위해 가중치 벡터가 사용된다. 분류는 훈련용 데이터를 사용하여 테스트용 데이터의 분류를 수행하는 모델을 구축하기 때문에 **지도 학습**(supervised learning)이라고도 한다. 어떤 의미에서 훈련용 데이터는 지도하는 "교사" 역할을 수행한다. 아직 **경험하지 않은** 테스트용 데이터의 사례들을 분류하기 위해 훈련용 데이터로부터의 지식을 사용하는 능력을 **일반화**라고 한다. 훈련용 데이터에서는 이미 라벨이 관측되었기 때문에 훈련용 데이터 안의 사례들을 다시 분류하는 것은 아무 의미가 없다.

회귀

분류에서 라벨은 **종속변수**라고도 하며, 기본적으로 범주형 값을 갖는다. 회귀 모델링 문제에서 $n \times d$ 훈련용 데이터 행렬 D는 숫자 값을 갖는 종속변수들로 이루어지는 $n \times 1$ 벡터 $\overline{y}$에 연계된다. 따라서 분류와의 유일한 차이점은 배열 $\overline{y}$가 범주형 값이 아닌 숫자 값을 포함하고 있으므로 벡터로 취급할 수 있다는 것이다. 종속변수는 **반응변수**, **목표변수**라고도 불리며, 회귀에서는 **피회귀변수**(regressand)라는 표현도 사용된다. 독립변수는 **회귀변수**라고도 부른다. 이진 반응변수는 회귀와 밀접한 관련이 있으며 일부 회귀 모델에서는 (이진 라벨을 숫자로 취급하며) 이진 분류를 직접 풀기도 한다. 이는 이진 값이 범주로 취급될 수도 있고 숫자 값으로 취급될 수도 있다는 유연성이 있기 때문이다. 그러나 {Red, Green, Blue}와 같이 클래스 개수가 두 개를 넘을 경우 순서를 정할 수 없으므로 회귀와는 달라진다.

회귀 모델링 문제는 특히 **선형 최적화 모델**이 사용되는 경우 선형대수와 밀접하게 연관되어 있다. 선형 최적화 모델에서는 d차원 열벡터 $\overline{W}=[w_1 \dots w_d]^T$를 사용하여 가중치를 표현한다. D의 i번째 행 $\overline{X_i}$와 $\overline{W}$의 점곱으로 $\overline{y}$의 i번째 항 y_i를 구한다. 즉, 최적화 문제에서 학습할 함수 $f(\cdot)$는 다음과 같다.

$$y_i = f(\overline{X_i}) = \overline{X_i}\,\overline{W}$$

$n \times d$ 데이터 행렬 D 전체를 사용하여 모든 학습 사례에 대해 이러한 조건을 표현할 수도 있다.

$$\overline{y} \approx D\overline{W} \tag{1.27}$$

이것은 n개의 선형 방정식에 대한 행렬 표현이다. 대부분의 경우 n의 값은 d보다 훨씬 크며, 따라서 이는 **조건식이 과도하게 많은** 선형 연립방정식이다. 조건식이 과도하게 많을 경우 일반적으로 이러한 연립방정식을 **정확히** 만족하는 $\overline{W}$에 대한 해는 없다. 그러나 가능한 한 이 목표에 가까워지도록 아래와 같이 주어지는 오차 제곱합을 최소화할 수는 있다.

$$J = \frac{1}{2}\|D\overline{W} - \overline{y}\|^2 \tag{1.28}$$

앞서 언급된 최적화 문제를 풀면 해 $\overline{W}$는 다음과 같이 구할 수 있는데, 이에 대해서는 4장에서 다룰 것이다.

$$\overline{W} = (D^T D)^{-1} D^T \overline{y} \tag{1.29}$$

이제 테스트용 데이터 행렬 D_t의 각 행 $\overline{Z}$에 대해 $\overline{W}^T$와 $\overline{Z}$의 점곱을 계산하면 실수 값을 갖는 종속변수에 대한 예측 값이 된다.

1.4.4 이상치 탐지

이상치 탐지 문제는 주어진 $n \times d$ 데이터 행렬 D로부터 대부분의 다른 행들과는 매우 다른 D의 행들을 찾는 것이 목적이다. 이 문제는 비슷한 행들로 이루어진 그룹들을 찾는 것이 목적인 군집화 문제와는 상호보완 관계를 갖는다. 즉, 이상치는 다른 행들과는 어울리지 않는 D의 행들이다. 따라서 이상치를 찾기 위해 종종 군집화 방법들이 사용되기도 한다. 행렬 인수분해 방법은 이상치 탐지에도 자주 사용된다. 이 책에서는 선형대수 및 최적화의 응용으로 다양한 이상치 탐지 방법들을 소개할 것이다.

1.5 기계학습을 위한 최적화

대부분의 기계학습은 **매개변수가 포함된** 학습 문제 모델을 정의하기 위해 최적화 모델을 사용한다. 이러한 모델에서는 종속변수들을 식 1.27에서와 같이 독립변수들의 함수로 취급한다. 훈련을 위해 종속변수와 독립변수 모두에 대한 관측 값을 포함하는 몇 개의 사례를 사용할 수 있다고 가정한다. 이러한 문제에서는 (식 1.28에서와 같이) 종속변수에 대한 예측 값과 관측 값 사이의 차이에 따라 페널티를 부과하는 **목적함수**나 **손실함수**를 정의한다. 따라서 기계학습 방법의 훈련 단계에서는 최적화 기법의 사용을 요한다.

대부분의 경우 최적화 모델은 최소화 문제 형식으로 제시된다. $[x_1 \dots x_d]$에서 함수 $f(x_1 \dots x_d)$의 최적화를 위한 가장 기본적인 조건은 각 편미분 값이 0이 되는 것이다.

$$\frac{\partial f(x_1, \dots, x_d)}{\partial x_r} = \lim_{\delta \to 0} \frac{f(x_1, \dots, x_r + \delta, \dots, x_d) - f(x_1, \dots, x_r, \dots, x_d)}{\delta} = 0, \quad \forall r$$

기본 아이디어는 모든 방향에 대한 함수의 변화율이 0이거나 그렇지 않으면 목적함수를 더욱 개선하기 위해 음의 변화율을 갖는 방향으로 이동하는 것이다. 이는 최적화의 필요조건이지만 충분조건은 아니다. 최적성 조건에 대한 자세한 내용은 4장에서 다룰 것이다.

편미분들로 이루어진 아래의 d차원 벡터를 **경사도**(gradient)라고 한다.

$$\nabla f(x_1, \dots x_d) = \left[\frac{\partial f(\cdot)}{\partial x_1} \cdots \frac{\partial f(\cdot)}{\partial x_d} \right]^T$$

경사도는 기호 ∇로 표시되며 함수 앞에 나타날 때 인수에 대한 편미분들로 이루어지는 벡터를 나타낸다.

1.5.1 함수 간소화를 위한 테일러 전개식

기계학습의 많은 목적함수는 (최적화하기에 훨씬 쉬운) 상대적으로 단순한 다항식 함수 구조에 비해 매우 복잡하다. 따라서 (제한된 공간 영역 내에서도) 보다 단순한 다항식을 복잡한 목적함수의 근사치로 사용할 수 있다면 반복 기법을 적용하여 최적화 문제를 해결하는 데 큰 도움이 될 수 있다.

테일러 전개식은 임의의 평활 함수를 (무한한 개수의 항을 갖는) 다항식으로 표현한다. 더욱이 좁은 범위의 인수 값에 대해서만 함수의 근사치를 원할 경우 적은 수의 (일반적으로 두세 개 이내의) 다항식 항들만으로도 충분한 경우도 많다. 먼저 단일 변수를 갖는 함수 $f(w)$를 생각해보자. 이 함수는 다음의 확장을 사용하여 함수 정의역 안의 임의의 지점 a에 대해 확장할 수 있다.

$$f(w) = f(a) + (w-a)f'(a) + \frac{(w-a)^2 f''(a)}{2!} + \ldots + \frac{(w-a)^r}{r!}\left[\frac{\mathrm{d}^r f(w)}{\mathrm{d}w^r}\right]_{w=a} + \ldots$$

여기에서 $f'(a)$는 a에서 $f(w)$의 1차 미분이고, $f''(a)$는 2차 미분이다. $f(w)$는 $\sin(w)$나 $\exp(w)$와 같은 임의의 함수가 될 수 있으며, 위의 확장은 이를 무한한 개수의 항을 갖는 다항식으로 표현한다. $\exp(w)$의 경우는 $\exp(w)$의 n차 미분이 $\exp(w)$ 그 자체이기 때문에 특히 간단하다. 예를 들어, $\exp(w)$는 다음과 같이 $a=0$에 대해 확장될 수 있다.

$$\exp(w) = \exp(0) + \exp(0)w + \exp(0)\frac{w^2}{2!} + \exp(0)\frac{w^3}{3!} + \ldots + \exp(0)\frac{w^n}{n!}\cdots \quad (1.30)$$

$$= 1 + w + \frac{w^2}{2!} + \frac{w^3}{3!} + \ldots + \frac{w^n}{n!}\cdots \quad (1.31)$$

즉, 지수 함수는 무한 다항식으로 표현할 수 있는데, 이 경우 $\lim_{n\to\infty} w^n/n! = 0$이므로 뒤쪽의 항들은 빠른 속도로 크기가 줄어든다. $\sin(w)$이나 $\exp(w)$와 같은 일부 함수의 경우 테일러 전개식은 항의 개수를 증가시킴으로써 (w나 a의 값에 관계없이) 실제 함수에 수렴한다. $1/w$이나 $\log(w)$와 같은 함수들의 경우 a의 값에 따라 제한된 범위의 w에 대해 실제 함수에 수렴하는 전개식이 존재한다. 더욱 중요한 점은 테일러 전개식이 $w=a$ 근처의 평활 함수에 대해서는 거의 항상 매우 좋은 근사치를 제공하며, 이러한 근사치는 $w=a$에서 정확한 값이라는 것이다. 또한 r이 증가함에 따라 $(w-a)^r/r!$이 0에 빠르게 수렴하므로 고차 항들은 $|w-a|$가 작은 값일 때 사라지는 경향이 있다. 따라서 종종 첫 세 개의 항으로 이루어지는 2차 다항식으로도 $w=a$ 근처에서는 함수에 대해 훌륭한 근사치를 얻을 수 있다.

최적화와 같은 현실적 설정에서 목적함수 값을 개선하기 위해 종종 w 값을 현재 지점 $w=a$에서 "근접" 지점으로 변경하려는 경우가 있다. 이러한 경우, $w=a$에 관한 테일러 전개식의 2차 항까지만 사용함으로써 $w=a$ 부근에서 훌륭한 성능을 보이는 단순화된 함수를 얻을 수 있다. 경사하강법 알고리즘에서는 현재 지점에서 비교적 조금씩 이동하는 경우가 많으며, 따라서 원래 함수가 아닌 근사치 다항식을 개선하기 위한 단계를 안내하는 데에는 낮은 차수의 테일러 근사를 사용하는 것으로 충분할 수 있다. 대단히 복잡한 함수보다 다항식을 최적화하는 것이 훨씬 쉬운 경우가 종종 있다.

$\overline{w} = [w_1 \ldots w_d]^T$ 형태의 d차원 인수를 사용하여 다변수 함수 $F(\overline{w})$에 대한 테일러 전개식을 일반화할 수도 있다. $\overline{w} = \overline{a} = [a_1 \ldots a_d]^T$에 관한 함수 $F(\overline{w})$의 테일러 전개식은 다음과 같이 표현될 수 있다.

$$F(\overline{w}) = F(\overline{a}) + \sum_{i=1}^{d}(w_i - a_i)\left[\frac{\partial F(\overline{w})}{\partial w_i}\right]_{\overline{w}=\overline{a}} + \sum_{i=1}^{d}\sum_{j=1}^{d}\frac{(w_i - a_i)(w_j - a_j)}{2!}\left[\frac{\partial^2 F(\overline{w})}{\partial w_i \partial w_j}\right]_{\overline{w}=\overline{a}} + \\ + \sum_{i=1}^{d}\sum_{j=1}^{d}\sum_{k=1}^{d}\frac{(w_i - a_i)(w_j - a_j)(w_k - a_k)}{3!}\left[\frac{\partial^3 F(\overline{w})}{\partial w_i \partial w_j \partial w_k}\right]_{\overline{w}=\overline{a}} + \ldots$$

다변수 함수의 경우 $O(d^2)$개의 2차 상호작용 항, $O(d^3)$개의 3차 상호작용 항, ... 등등이 있다. 항의 개수가 매우 빠르게 감당할 수 있는 수준을 넘게 된다는 것을 알 수 있다. 다행히 실제 사례에서는 2차 다항식 근사치를 넘어서는 경우는 많지 않다. 또한 위의 표현식은 경사도와 행렬을 사용하여 고쳐 쓸 수 있다. 예를 들어 2차 다항식 근사치는 다음과 같이 벡터 형식으로 표현할 수 있다.

$$F(\overline{w}) \approx F(\overline{a}) + [\overline{w} - \overline{a}]^T \nabla F(\overline{w}) + [\overline{w} - \overline{a}]^T H(\overline{a})[\overline{w} - \overline{a}]$$

여기에서 $\nabla F(\overline{w})$는 경사도이고 $H(\overline{a}) = [h_{ij}]$는 아래와 같이 모든 2차 편미분들로 이루어진 $d \times d$ 행렬이다.

$$h_{ij} = \left[\frac{\partial^2 F(\overline{w})}{\partial w_i \partial w_j}\right]_{\overline{w}=\overline{a}}$$

3차 다항식 전개식에서는 행렬 개념의 일반화에 해당하는 **텐서**를 사용할 필요가 있다. 이 책에서는 뉴턴법과 같은 다양한 유형의 최적화 알고리즘 개발에 1차 다항식이나 2차 다항식 전개식을 종종 사용하게 될 것이다.

> **문제 1.5.1** **오일러 항등식** 테일러급수는 복소수 함수에도 유효하다. 테일러급수를 사용하여 오일러 항등식 $e^{i\theta} = \cos(\theta) + i\sin(\theta)$를 보이시오.

1.5.2 기계학습 최적화 사례

앞의 절에서 논의한 매개변수를 갖는 모델의 예는 선형 회귀 모델로, 여기에서 d차원 벡터 $\overline{W} = [w_1 \ldots w_d]^T$가 결정된다. $\overline{W}$는 관측 값들로 이루어진 $n \times d$ 행렬 D에 대한 함수 $\overline{y} = D\overline{W}$로 n차원 종속변수 벡터 $\overline{y}$를 예측하기 위해 사용될 수 있다. 예측 값과 관측 값의 차이를 최소화하기 위해 다음 목적함수를 최소화한다.

$$J = \frac{1}{2}\|D\overline{W} - \overline{y}\|^2 \tag{1.32}$$

여기에서 D는 $n \times d$ 데이터 행렬이고 $\overline{y}$는 n차원 종속변수 열벡터이다. 따라서 이것은 d개의 매개변수에 관한 간단한 최적화 문제이다. 최적의 해를 찾으려면 미분 기법들이 필요하다. 가장 간단한 방법은 각 매개변수 w_i에 대한 편미분을 0으로 설정하는 것이며, 이는 최적성을 위한 (충분조건은 아니지만) 필요조건을 제공한다.

$$\frac{\partial J}{\partial w_i} = 0, \quad \forall i \in \{1 \ldots d\} \tag{1.33}$$

이때의 편미분은 다음과 같이 표현될 수 있다(4.7절 참고).

$$\left[\frac{\partial J}{\partial w_1} \cdots \frac{\partial J}{\partial w_d}\right]^T = D^T D\overline{W} - D^T\overline{y} \tag{1.34}$$

선형 회귀와 같은 특정 유형의 **볼록 목적함수**의 경우 편미분 벡터를 영벡터로 설정하는 것은 최소화를 위한 필요충분조건을 충족한다(3장 및 4장 참고). 따라서 $D^T D\overline{W} = D^T\overline{y}$가 되며, 이로부터 다음의 결과를 얻는다.

$$\overline{W} = (D^T D)^{-1} D^T\overline{y} \tag{1.35}$$

선형 회귀는 특히 단순한 문제인데, 이는 **닫힌 형식의** 최적 해가 존재하기 때문이다. 그러나 대부분의 최적화 문제에서는 이러한 형태의 최적성 조건을 기대하기 어려우며, **경사하강법**과 같은 접근방식을 사용하게 된다. 경사하강법에서 사용되는 계산 알고리즘에서는 매개변수 집합 $\overline{W}$를 무작위로 (또는 경험적으로 선택된 점으로) 초기화한 다음 목적함수의 음의 미분 방향으로 매개변수 집합을 변경한다. 즉, 학습률이라고도 하는 단계 크기 α를 적용하는 아래의 갱신 과정을 반복적으로 사용한다.

$$[w_1 \ldots w_d]^T \Leftarrow [w_1 \ldots w_d]^T - \alpha \left[\frac{\partial J}{\partial w_1} \cdots \frac{\partial J}{\partial w_d}\right]^T = \overline{W} - \alpha[D^T D\overline{W} - D^T\overline{y}]$$

편미분들로 이루어진 d차원 벡터를 **경사도 벡터**라고 하며, 매개변수 벡터 $\overline{W}$의 현재 값에서 목적함수에 대해 최상의 개선률을 얻기 위한 순간 방향을 정의한다. 경사도 벡터는 아래와 같이 주어지는 $\nabla J(\overline{W})$로 표시된다.

$$\nabla J(\overline{W}) = \left[\frac{\partial J}{\partial w_1} \cdots \frac{\partial J}{\partial w_d}\right]^T$$

따라서 경사하강법은 다음과 같이 간결하게 정리할 수 있다.

$$\overline{W} \Leftarrow \overline{W} - \alpha \nabla J(\overline{W})$$

단계 값의 크기는 학습률 α로 정의된다. 최상의 개선률은 무한소 크기의 단계 값을 사용할 경우에 기대할 수 있으며, 유한 크기를 갖는 더 큰 단계 값에는 적용되지 않는다. 한 단계 진행할 때마다 경사도는 변화하므로 너무 큰 단계 값을 사용하지 않도록 주의해야 한다. 그렇지 않으면 결과를 예측하기 어렵다. 이러한 갱신 작업은 **수렴** 상태에 도달할 때까지 반복적으로 실행되며, 수렴 상태란 더 이상의 개선 정도가 너무 작아 무의미한 상태를 말한다. 이러한 상황은 경사도 벡터에 0에 아주 가까운 항들이 포함되어 있을 때 발생한다. 따라서 이러한 계산 방식을 적용하면 (언젠가는) 식 1.33의 최적성 조건을 거의 만족하는 해에 도달할 것이다. 4장에서 살펴보겠지만, 경사하강법과 다른 많은 최적화 알고리즘은 테일러 전개식을 사용하여 설명할 수 있다.

최적화를 위해 경사하강법을 사용하는 것은 까다로운 작업인데, 이는 여러 가지 이유로 항상 최적의 해에 수렴하지는 않기 때문이다. 예를 들어, 잘못된 단계 값 α로 인해 예상치 못한 수치 오버플로를 초래할 수 있다. 또는 목적함수가 여러 영역에서 국소 최소점들을 가질 때 전체적인 최적 해가 아닌 값에서 종료될 수도 있다. 따라서 최적화 알고리즘 설계는 상당히 복잡한 작업이다(4, 5, 6장 참고).

1.5.3 계산 그래프상의 최적화

많은 기계학습 문제는 데이터에서 관측된 변수에 부합되는 입력 함수를 학습하는 프로세스로 표현될 수 있다. 예를 들어 최소제곱 최적화 문제는 다음과 같은 일련의 작업으로 표현될 수 있다.

(d개의 변수) 입력 ⇒ 매개변수 벡터 $\overline{W}$와의 점곱 ⇒ 예측 ⇒ 손실의 제곱 계산

입력에 대한 이러한 유형의 작업에 대한 그래프 표현을 그림 1.5(a)에서 보이고 있다. 이 모델에는 데이터의 특징에 해당하는 $x_1 \dots x_d$ 등을 포함하는 d개의 입력 노드가 있으며, 또 점곱 $\sum_{i=1}^{d} w_i x_i$를 생성하는 하나의 (계산) 출력 노드가 있다. 간선들에는 가중치 $[w_1 \dots w_d]$가 부여된다. 따라서 각 노드는 입력 값들에 대한 함수를 계산하며, 간선들은 학습할 매개변수들에 연계된다. 더 많은 노드를 갖는 복잡한 계산 그래프를 선택하면 더욱 강력한 모델을 만들 수 있다. 이러한 모델 중에는 일반적인 기계학습에서 사용되는 모델들과 상당히 다른 것들도 있다(그림 1.5(b) 참고). 이 그래프의 각 노드는 입력 노드들과 간선 매개변수들에 대한 함수를 계산할 수 있다. 전체 함수는 매우 복잡할 수도 있으며, 때로 (선형 회귀 모델에서의 단순 관계 $y = \sum_{i=1}^{d} w_i x_i$처럼) 닫힌 형식으로 간결하게 표현하지 못할 수도 있다. 여러 계층의 노드가 있는 모델을 **딥 러닝**(deep learning) **모델**이라고 한다. 이러한 모델은 데이터에 내포된 복잡한 비선형 관계를 학습할 수 있다.

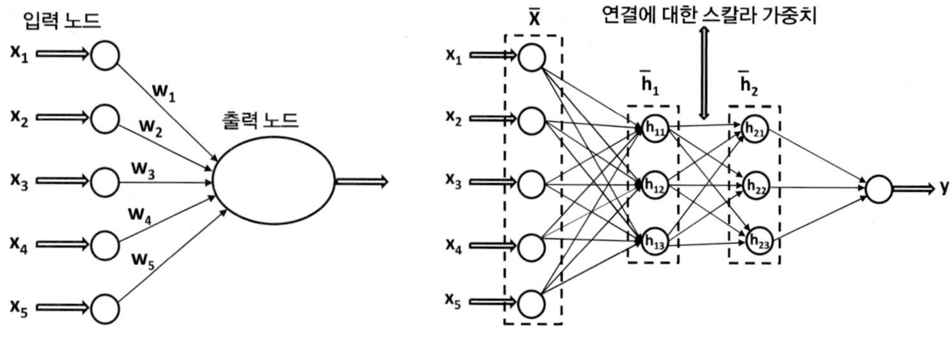

(a) 선형 회귀 모델

(b) 복잡한 모델

그림 1.5 계산 그래프 관점의 기계학습

계산 그래프에서 간선 매개변수와 관련하여 경사도를 어떻게 계산할 수 있을까? 이는 11장에서 소개될 **역전파**(backpropagation)라고 하는 기법을 사용하여 계산된다. 역전파 알고리즘은 일반적인 기계학습에서 계산되는 것과 정확히 동일한 경사도를 생성한다. 예를 들어, 그림 1.5(a)는 선형 회귀를 모델링하므로 역전파 알고리즘은 앞의 절에서 계산된 것과 정확히 동일한 경사도를 생성한다. 주요 차이점은 역전파 알고리즘이 그림 1.5(b)와 같이 더 복잡한 경우에도 경사도를 계산할 수 있다는 것이다. 잘 알려진 (경사하강법 기반) 기계학습 모델들은 거의 대부분 비교적 간단한 계산 그래프로 표현될 수 있다. 따라서 계산 그래프는 일반적인 기계학습을 특수 사례로 포함하므로 매우 강력한 추상화 도구이다. 11장에서 이러한 모델들의 유용성 및 관련 알고리즘들에 대해 살펴볼 것이다.

1.6 요약

조건식이 과도하게 많은 선형 연립방정식에 대한 "최상의" 해를 찾는 것과 같은 선형대수의 많은 기본 문제들은 최적화 기법을 사용하여 해결할 수 있으며, 이러한 점에서 선형대수와 최적화는 밀접하게 연관되어 있다. 기계학습에서 사용되는 많은 최적화 모델은 행렬/벡터를 사용하여 목적함수와 제약조건으로 표현될 수 있다. 이러한 최적화 문제들에서 많이 사용되는 유용한 기법 하나는 모델상의 행렬들을 특정 대수적/기하학적 특성을 갖는 보다 단순한 행렬들로 분해하는 것이다. 특히 다음 두 가지 유형의 분해가 기계학습에서 일반적으로 사용된다.

- 가역 정방행렬 A는 기본 행렬 연산자들의 곱으로 분해될 수 있다. 행렬 A가 가역적이지 않은 경우에도 행렬 연산자에 비가역성을 허용하는 완화된 정의를 적용함으로써 행렬 A를 이러한 **완화된** 정의의 행렬 연산자들로 분해할 수 있다.

- 모든 정방행렬 A는 두 개의 회전 행렬과 한 개의 배율조정 (대각선) 행렬의 곱으로 분해될 수 있는데, 이때 행렬 배열은 회전, 배율조정, 회전의 순서를 따른다. 이러한 아이디어는 **특이값 분해**라고 한다(7장 참고).

또 다른 관점의 기계학습은 **계산 그래프**로 예측을 표현하는 것이다. 이러한 아이디어는 또한 딥 러닝 분야의 토대를 형성한다.

1.7 추가 자료

Strang[122, 123], David Lay[77], Hoffman-Kunze[62]와 같은 선형대수에 관한 몇 가지 기본 교재들이 있다. 그러나 이러한 책들은 선형대수에 대한 일반 교재로서 기계학습 주제에 특별히 초점을 맞추고 있지는 않다. 최근의 책들 중에는 기계학습 측면에 초점을 맞추고 있는 책들이 있다[23, 119, 122, 125]. Golub and Van Loan[52]은 행렬 계산의 고전이며 기본적인 수치 알고리즘들에 대한 개요를 제공한다. 선형대수와 밀접하게 연관된 분야는 최적화 분야이다. 일반적인 관점에서 작성된 최적화에 관한 책들이 여럿 있지만[10, 15, 16, 22, 99], 기계학습에 초점을 맞춘 책들도 있다[1-4, 18, 19, 39, 46, 53, 56, 85, 94, 95].

1.8 연습문제

1. 길이가 a로 동일한 두 벡터 $\overline{x}$와 $\overline{y}$에 대해 (i) $\overline{x}-\overline{y}$와 $\overline{x}+\overline{y}$가 직교함을 보이시오. 그리고 (ii) $\overline{x}-3\overline{y}$와 $\overline{x}+3\overline{y}$의 점곱이 음수임을 보이시오.

2. 각각 크기가 10×2, 2×10, 10×10인 3개의 행렬 A, B, C가 있다고 하자.

(a) 행렬 곱 ABC를 계산할 때, $(AB)C$를 계산하는 것과 $A(BC)$를 계산하는 것 중 어느 쪽이 보다 효율적인가?

(b) 행렬 곱 CAB를 계산할 때, $(CA)B$를 계산하는 것과 $C(AB)$를 계산하는 것 중 어느 쪽이 보다 효율적인가?

3. 행렬 A가 $A=-A^T$를 만족할 경우 행렬의 모든 대각 항이 0임을 보이시오.

4. $A=-A^T$를 만족하는 행렬이 있는 경우 임의의 열벡터 $\overline{x}$에 대해 $\overline{x}^T A\overline{x}=0$ 임을 보이시오.

5. $n \times d$ 행렬 D에 대해 $A = DD^T$인 $n \times n$ 행렬 A가 있다고 가정한다. 임의의 n차원 열벡터 $\overline{x}$에 대해 $\overline{x}^T A \overline{x} \geq 0$ 임을 보이시오.

6. A의 i번째 열과 B의 i번째 행을 서로 역의 관계인 값들로 배율조정 하면 행렬 곱 AB는 변화되지 않은 상태로 유지됨을 보이시오.

7. 모든 행렬 곱 AB는 $A'\Delta B'$ 형태로 표현될 수 있음을 보이시오. 여기에서 A'는 각 열에 있는 항들의 제곱합이 1인 행렬이고 B'는 각 행에 있는 항들의 제곱합이 1인 행렬이다. 그리고 Δ는 대각선상에 음이 아닌 항들을 갖는 적절하게 선택된 대각행렬이다.

8. 한 가지 유형의 기본 행 연산을 최대 d번 사용하여 순열 행렬을 단위행렬로 변환하는 방법을 설명하시오. 이 사실을 사용하여 $d \times d$ 행렬 A를 최대 d개의 기본 행렬 연산자의 곱으로 표현하시오.

9. 어떤 무작위 순열을 사용하여 가역 행렬 A의 모든 열들의 순서를 변경하였는데, 열 순서 변경 전의 원래 행렬에 대해 A^{-1}을 알고 있다고 가정한다. 열 순서가 변경된 행렬에 대한 역행렬을 새로 계산하지 않고 A^{-1}에서 열들의 순서를 변경하는 방법으로 역행렬의 계산할 수 있음을 보이시오. 기본 행렬을 적절히 사용함으로써 이 문제에 답할 수 있다.

10. $n \times d$ 행렬 D를 $D \approx UV^T$로 근사 인수분해했다고 가정하자. 여기에서 U는 $n \times k$ 행렬이고 V는 $d \times k$ 행렬이다. $UV^T = U'V'^T$를 만족하는 D의 대안적 인수분해 $U'V'^T$는 무수히 많이 존재함을 보이시오.

11. 다음 각 문장을 증명하거나 반례를 제시하시오.

(a) 두 개의 기본 행 연산을 행렬에 적용하는 순서는 최종 결과에 영향을 주지 않는다.
(b) 기본 행 연산과 기본 열 연산을 적용하는 순서는 최종 결과에 영향을 주지 않는다.

기본 행렬 연산의 관점에서 위의 문제를 생각해보기 바란다.

12. 순열 행렬의 누승들 중에 항상 단위행렬이 나타나는 이유를 설명하시오. [힌트: 순열 개수의 유한성 측면에서 생각해보시오.]

13. 행렬 다항식 $\sum_{i=0}^{t} a_i A^i$를 생각해보자. 이 다항식에 대한 단순 계산에는 $O(t^2)$ 회의 행렬 곱셈이 필요하다. 다항식을 재배열함으로써 곱셈 횟수를 $O(t)$로 줄이는 방법을 설명하시오.

14. $A=[a_{ij}]$가 $a_{12}=1$이고 나머지 항들은 모두 0인 2×2 행렬이라고 하자. 복소수 항을 허용하더라도 $A^{1/2}$는 존재하지 않음을 보이시오.

15. **평행사변형 법칙**: 평행사변형 법칙이란 평행사변형 변들의 제곱합이 대각선들의 제곱합과 같다는 것이다. 이 법칙을 그림 1.1의 벡터 $\overline{A}$와 $\overline{B}$에 대한 벡터 항등식으로 표현하시오. 이제 벡터 대수를 사용하여 이 벡터 항등식이 성립하는 이유를 증명하시오.

16. 다음의 단일 변수 함수들에 대해 $x=a$에 관한 테일러 전개식을 첫 4개 항까지 작성하시오. (i) $\log_e(x)$; (ii) $\sin(x)$; (iii) $1/x$; (iv) $\exp(x)$.

17. 다변수 테일러 전개식을 사용하여 $[x, y]=[0, 0]$ 부근에서 $\sin(x+y)$에 대한 2차 다항식 근사를 작성하시오. 원점과의 거리가 멀어짐에 따라 이 근사가 정확도를 잃어 가는 것을 설명하시오.

18. $d\times k$ 행렬 P의 모든 항들을 동일한 확률로 −1 또는 +1로 무작위 설정함으로써 초기화한 후 모든 항을 $\sqrt{d}$로 나눈다고 하자. d가 10^6 정도의 큰 값일 때 P의 열들이 (대략) 상호 직교하는 이유를 설명하시오. 이 기법은 기계학습에서 $n\times d$ 데이터 행렬 D에 대한 무작위 투영 $D'=DP$를 빠르게 생성하기 위해 자주 사용된다.

19. ϵ의 값이 작을 때 행렬 A에 약간의 변화를 주어 만든 $d\times d$ 행렬 $A_\epsilon=A+\epsilon B$를 생각해보자. A^{-1}로부터 A_ϵ^{-1}의 근사치를 구할 때 다음 식이 유용함을 보이시오.

$$A_\epsilon^{-1}\approx A^{-1}-\epsilon A^{-1}BA^{-1}$$

20. 행/열이 John, Mary, Jack, Tim, Robin의 순서로 소셜 네트워크에 있는 사람들에 해당하는 5×5 행렬 A가 있다고 가정한다. 항 (i, j)은 사람 i가 사람 j에게 메시지를 보낸 횟수를 나타낸다. PAP^T가 동일한 정보를 포함하지만 Mary, Tim, John, Robin, Jack의 순서로 행/열을 포함하도록 행렬 P를 정의하시오.

21. 벡터 $\overline{x}$, $\overline{y}$, $\overline{x}-\overline{y}$의 길이가 각각 2, 3, 4라고 가정한다. (유클리드 기하학을 사용하지 않고) 벡터 대수만 사용하여 $\overline{x}+\overline{y}$의 길이를 구하시오.

22. 대칭행렬의 역이 대칭임을 보이시오.

23. A_1, $A_2\dots A_d$가 $d\times d$ 크기의 순 상부삼각 행렬들일 경우, A_1, $A_2\dots A_d$의 곱은 영행렬임을 보이시오.

24. **아폴로니우스 항등식:** 삼각형 ABC에서 AD가 꼭짓점 A에서 변 BC에 이르는 중선이라고 하자(D는 변 BC의 중점). (유클리드 기하학을 사용하지 않고) 벡터 대수만 사용하여 다음 식을 증명하시오.

$$AB^2 + AC^2 = 2(AD^2 + BD^2)$$

[힌트: 원점을 기준으로 삼각형의 방향을 적절히 정한다.]

25. **사인 법칙:** $\overline{a}$와 $\overline{b}$ 사이의 내각(즉, 180도 이내의 각도)의 사인을 $\overline{a} \cdot \overline{a}$, $\overline{b} \cdot \overline{b}$, $\overline{a} \cdot \overline{b}$만 사용하여 표현하시오. $\sin^2(x) + \cos^2(x) = 1$을 사용해도 좋다. 두 변이 벡터 $\overline{a}$와 $\overline{b}$인 삼각형이 있다고 하자. 이 벡터들의 대각을 각각 A와 B라고 하자. (유클리드 기하학을 사용하지 않고) 벡터 대수만 사용하여 다음 식을 증명하시오.

$$\frac{\|\overline{a}\|}{\sin(A)} = \frac{\|\overline{b}\|}{\sin(B)}$$

26. **벡터 대수와 삼각함수 항등식:** 단위벡터 $\overline{x} = [1, 0]^T$가 있다고 하자. 벡터 $\overline{v}_1$은 $\overline{x}$를 각도 θ_1만큼 반시계 방향으로 회전하여 얻고 $\overline{v}_2$는 $\overline{x}$를 시계 방향으로 θ_2만큼 회전하여 얻는다. 회전 행렬을 사용하여 단위벡터 $\overline{v}_1$과 $\overline{v}_2$의 좌표를 얻은 다음 아래의 삼각함수 항등식을 증명하시오.

$$\cos(\theta_1 + \theta_2) = \cos(\theta_1)\cos(\theta_2) - \sin(\theta_1)\sin(\theta_2)$$

27. **행렬 대수와 좌표 기하학:** 2차원 평면상에 두 직선 $y = 3x + 4$와 $y = 5x + 2$가 있다. A와 $\overline{b}$를 적절히 선택하여 두 직선에 대한 방정식을 아래와 같이 행렬 형식으로 표현하시오.

$$A \begin{bmatrix} x \\ y \end{bmatrix} = \overline{b}$$

행렬 A의 역행렬을 구하면 두 직선의 교차점 좌표 (x, y)를 구할 수 있다.

28. 행렬 역변환 보조정리를 사용하여 대각 항들은 모두 2이고 나머지 항들은 모두 1인 10×10 행렬에 대한 역행렬을 구하시오.

29. 벡터 대수와 고체 기하학: 3차원 공간에서 방정식 $z = 2x + 3y$로 정의되는 원점 통과 초평면이 있다고 하자. 이 방정식에는 무수히 많은 해가 있으며, 이 해들은 모두 해당 초평면상에 있다. 서로의 배수가 아닌 두 해를 찾아 3차원 열벡터 $\overline{v}_1$과 $\overline{v}_2$로 표시한다. $\overline{v}_1$과 $\overline{v}_2$를 열로 갖는 3×2 행렬을 $V = [\overline{v}_1, \overline{v}_2]$라고 가정한다. $\overline{v}_1$과 $\overline{v}_2$에 실수 계수

c_1, c_2를 적용한 선형 조합으로 이루어지는 모든 벡터의 집합을 아래와 같이 표현할 수 있는데, 이 집합을 기하학적으로 설명하시오.

$$\mathcal{V} = \left\{ V \begin{bmatrix} c_1 \\ c_2 \end{bmatrix} : c_1, c_2 \in \mathcal{R} \right\}$$

이제 위의 초평면상에 있지 않은 점 $[x, y, z]^T = [2, 3, 1]^T$를 생각해보자. $[2, 3, 1]^T$에 가장 가까운 초평면상의 점 $\overline{b}$를 찾고자 한다. 벡터 $\overline{b} - [2, 3, 1]^T$와 위의 초평면은 기하학적으로 어떤 관련이 있는가? 이 사실을 사용하여 $\overline{b}$에 관한 다음 조건이 성립함을 보이시오.

$$V^T \left(\overline{b} - \begin{bmatrix} 2 \\ 3 \\ 1 \end{bmatrix} \right) = \begin{bmatrix} 0 \\ 0 \end{bmatrix}$$

위의 방정식에서 3변수 벡터 $\overline{b}$를 제거하고 대신 2변수 벡터 $\overline{c} = [c_1, c_2]^T$로 대체하는 방법을 찾으시오. V의 항들을 숫자 값으로 대체하고 2×2 행렬 역변환을 이용하여 $\overline{c}$와 $\overline{b}$를 구하시오.

30. A와 B를 두 개의 $n \times d$ 행렬이라고 하자. 이 행렬들을 $A = [A_1, A_2]$, $B = [B_1, B_2]$와 같이 열들을 기준으로 분할할 수 있다. 여기에서 A_1과 B_1은 각각 A와 B의 첫 k개의 열들을 원래 순서대로 포함하는 $n \times k$ 행렬이다. A_2와 B_2는 나머지 열들을 포함한다. 행렬 곱 AB^T가 다음과 같이 표현될 수 있음을 보이시오.

$$AB^T = A_1 B_1^T + A_2 B_2^T$$

31. **행렬 중심화:** 기계학습에서 $n \times n$ 유사도 행렬 S에 대한 일반적인 중심화 연산은 $S \Leftarrow (I - U/n) S (I - U/n)$에 의한 갱신이며, 여기에서 U는 모든 항의 값이 1인 $n \times n$ 행렬이다. 이러한 갱신을 효율적으로 구현하기 위해 행렬 곱셈의 결합법칙 특성을 이용할 수 있다. [힌트: U를 보다 작은 행렬들의 곱으로 표현한다.]

32. **직교 변환에서의 에너지 보존:** A가 $n \times d$ 행렬이고 P가 $d \times d$ 직교 행렬이면 $\|AP\|_F = \|A\|_F$임을 보이시오.

33. **엄격한 준승법성 사례:** $\overline{u}$와 $\overline{v}$가 열벡터라고 가정한다(반드시 동일한 차원을 가질 필요는 없음). $\overline{u}$와 $\overline{v}$의 외적에서 생성된 행렬 $\overline{u}\,\overline{v}^T$의 프로베니우스 노옴이 $\|\overline{u}\|\|\overline{v}\|$임을 보이시오.

34. 프로베니우스 직교성과 피타고라스 정리: 두 개의 $n \times d$ 행렬 A와 B는 대응 항들을 항별로 곱한 값들의 합이 0인 경우[즉, $tr(AB^T) = 0$] 프로베니우스 직교 관계에 있다고 한다. 이 경우 다음 식이 성립함을 보이시오.

$$\|A + B\|_F^2 = \|A\|_F^2 + \|B\|_F^2$$

35. $\overline{x}$와 $\overline{y}$를 차원이 n인 두 개의 직교 열벡터라고 하자. $\overline{a}$와 $\overline{b}$가 두 개의 임의의 d차원 열벡터일 때, 외적 $\overline{x}\,\overline{a}^T$와 $\overline{y}\,\overline{b}^T$가 프로베니우스 직교 관계임을 보이시오(프로베니우스 직교성에 대한 정의는 연습문제 34 참고).

36. 일련의 행 연산과 열 연산이 어떤 행렬에 대해 수행된다고 하자. 행 연산들 사이의 순서와 열 연산들 사이의 순서가 유지되는 한 행 연산들과 열 연산들이 어떤 순서로 조합되든 최종 결과로 계산되는 행렬에는 변화가 없음을 보이시오. [힌트: 연산자 행렬을 사용한다.]

37. 직교 상부삼각 행렬은 대각행렬임을 보이시오.

38. 단위 정규 벡터들인 $\overline{x}_1 \ldots \overline{x}_n$이 있다고 하자. 개별 벡터의 내용은 모르지만, $n \times n$ 행렬 Δ에 모든 벡터 쌍에 대한 유클리드 거리 제곱이 주어져 있다. 행렬 $-\dfrac{1}{2}\Delta$의 각 항에 1씩 더함으로써 모든 벡터 쌍에 대한 ($n \times n$ 크기의) 점곱 행렬을 도출할 수 있음을 설명하시오.

39. 임의의 행렬을 그 역행렬과 곱할 때 교환법칙이 성립함을 알고 있을 것이다. 이러한 결과를 일반화 해보자. $f(A)$가 가역성을 갖는 정방행렬 A의 다항식 함수 $f(A)$와 $g(A)$가 있을 때, 다음과 같은 교환법칙 특성을 보이시오.

$$[f(A)]^{-1}g(A) = g(A)[f(A)]^{-1}$$

40. 2×2 행렬 A는 가역적이지만 $f(A)$는 가역적이지 않은 행렬 A와 다항식 함수 $f(\cdot)$의 예를 들어보시오. 또 A는 가역적이 아니지만 $f(A)$는 가역적인 예를 들어보시오. 다항식의 상수항은 단위행렬의 배수에 해당함에 유의하기 바란다.

41. A는 행렬이고 $f(\cdot)$는 다항식 함수라고 하자. $A^Tf(AA^T) = f(A^TA)A^T$임을 보이시오. $f(AA^T)$와 $f(AT^A)$가 가역적일 때, 다음 식이 성립함을 보이시오.

$$[f(A^TA)]^{-1}A^T = A^T[f(AA^T)]^{-1}$$

푸시 스루 항등식은 이 결과의 특별한 경우에 해당함을 설명하시오.

42. 스칼라 이항 전개식 $(a+b)^n$을 행렬 전개식 $(A+B)^n$으로 일반화할 수 없는 이유를 설명하시오. 또한 어떤 다항식 함수 $f(\cdot)$에 대해 $B=f(A)$인 경우에는 일반화가 가능한 이유를 설명하시오.

43. A가 $A^4=0$을 만족하는 $d\times d$ 행렬이라고 하자. A에 관한 행렬 다항식으로 $(I+A)^{-1}$을 위한 대수식을 도출하시오.

44. 신중하게 선택한 두 행렬의 합으로 표현함으로써 다음 삼각 행렬의 역을 계산하시오 (1.2.5절 참고).

$$A=\begin{bmatrix}1 & 0 & 0\\ 2 & 1 & 0\\ 1 & 3 & 1\end{bmatrix}$$

45. 모든 항이 1인 $d\times d$ 행렬 M을 2개의 d차원 벡터의 외적으로 표현하시오. 행렬 역변환 보조정리를 사용하여 $(I+M)^{-1}$을 위한 대수식을 계산하시오.

46. $AB=BA$일 때 행렬 다항식 $f(A)$와 $g(B)$에 대해서도 $f(A)g(B)=g(B)f(A)$임을 보이시오.

47. 가역 행렬 A와 B에 대해 $AB=BA$이면 $[-\infty, \infty]$에 속하는 모든 정수 k, s에 대해 $A^kB^s=B^sA^k$임을 보이시오. 양의 정수 지수와 음의 정수 지수가 모두 포함되는 "다항식"의 확장된 정의에 대해 연습문제 46의 결과를 보이시오.

48. $U=[u_{ij}]$를 $d\times d$ 상부삼각 행렬이라고 하자. 행렬 다항식 $f(U)$의 대각 항을 행렬 항 u_{ij}의 스칼라 함수로 표현하시오.

49. **역행렬은 행렬 다항식처럼 동작함:** 케일리–해밀턴 정리에 따르면 임의의 행렬 A에 대해 $f(A)=0$을 만족하는 유한 차수 다항식 $f(\cdot)$가 항상 존재한다. 이 사실을 이용하여 A의 역행렬 또한 유한 차수 다항식임을 증명하시오.

50. 행렬의 합에 대한 역행렬을 구함으로써 3×3 행 덧셈 연산자의 역행렬을 유도하시오.

51. 임의의 비가역 행렬 A에 대해 무한 합산 $\sum_{k=0}^{\infty}(I-A)^k$가 유한 행렬에 수렴할 수 없음을 보이시오. A가 가역 행렬일 경우 위의 무한 합산은 수렴할 수도 있고 수렴하지 않을 수도 있음을 보여주는 두 개의 예를 들어보시오.

52. 이 장에서는 가역 행렬들의 곱인 $A_1 A_2 \cdots A_k$ 또한 가역 행렬임을 보인 바 있다. 역으로 정방행렬들의 곱 $A_1 A_2 \cdots A_k$가 가역 행렬이면 각 행렬 A_i가 가역 행렬임을 보이시오. [힌트: 이 장에서 논의된 가장 기본적인 결과들만으로 증명이 가능하다.]

53. 대각 항 $\lambda_1 \ldots \lambda_d$가 모두 서로 다른 $d \times d$ 대각행렬 Δ에 대해 $\Delta A = A\Delta$이면, A는 대각행렬임을 보이시오.

54. 항들의 값이 0 또는 1인 2×2 이진행렬 중에서 가역 행렬의 비율은 얼마인가?

Chapter 2

선형 변환과 선형 연립방정식

"기하학을 비판해서는 안 된다. 기하학은 결코 틀리는 법이 없다."

– Paul Rand

2.1 서론

기계학습 알고리즘은 행벡터의 모음 또는 열벡터의 모음으로 볼 수 있는 데이터 행렬에 적용된다. 예를 들어, $n \times d$ 데이터 행렬 D의 행들은 d차원 공간상의 n개의 점 집합으로 볼 수 있고 열들은 속성들로 볼 수 있다. 이러한 행벡터 및 열벡터 모음은 **벡터 공간**을 정의한다. 이 장에서는 벡터 공간의 기본 특성들을 소개하고 이들이 선형 연립방정식 풀이에 어떻게 연결되어 있는지 살펴본다. 이 문제는 기계학습의 기본 구성요소 중 하나인 선형 회귀 문제의 특별한 경우이기도 하다.

또한 기하학적 의미를 갖는 선형 연산자로서 행렬 곱셈을 살펴볼 것이다. 1.3.2절에서 설명했듯이 벡터에 행렬을 곱하는 것은 벡터에 대한 회전, 배율조정, 반사 등의 연산을 구현하기 위해 사용될 수 있다. **벡터와 행렬의 곱셈은 벡터에 적용되는 회전, 배율조정, 반사 등의 조합으로 표시될 수 있다.** 선형대수의 내용 중에는 데카르트 기하학에서 영감을 얻은 것들이 많다. 그렇지만 데카르트 기하학이 2차원이나 3차원 공간을 주로 다루는 데 비해 선형대수는 자연스럽게 임의 차원의 공간에 적용된다.

이 장의 구성은 다음과 같다. 이 절의 나머지 부분에서는 선형 변환의 개념을 소개한다. 다음 절에서는 선형 변환의 기하학적 특성에 대한 기초적인 내용을 소개한다. 2.3절에서는 선형대수의 기초적인 내용을 소개한다. 2.4절에서는 행공간과 열공간에 관한 선형대수를 소개한다. 2.5절에서는 선형 연립방정식 풀이를 설명한다. 2.6절에서는 행렬 순위의 개념을 소개한다. 직교 기저 집합을 생성하는 다양한 방법은 2.7절에 소개되어 있다. 2.8절에서는 선형 연립방정식의 풀이가 기계학습의 기본 구성요소 중 하나인 최소제곱 회귀의 특별한 경우임을 보여준다. 불량 조건 행렬과 불량 조건 연립방정식의 문제는 2.9절에서 논의된다. 2.10절에서는 내적을 소개하며, 2.11절에서는 복소수 벡터 공간을 소개한다. 2.12절에서는 요약을 제시한다.

2.1.1 선형 변환이란?

선형 변환은 선형대수에서 벡터에 대해 수행되는 연산의 핵심이며 일반적으로 행렬과 벡터를 곱하는 작업이다. **선형 변환**은 다음과 같이 정의된다.

정의 2.1.1 선형 변환

벡터 대 벡터 함수 $f(\overline{x})$는 스칼라 c에 대해 다음 조건이 충족되는 경우 $\overline{x}$의 선형 변환을 정의한다.

$$f(\cdot)\text{의 정의역 안의 모든 } \overline{x}\text{에 대해 } f(c\overline{x}) = c\cdot f(\overline{x})$$
$$f(\cdot)\text{의 정의역 안의 모든 } \overline{x},\ \overline{y}\text{에 대해 } f(\overline{x}+\overline{y}) = f(\overline{x})+f(\overline{y})$$

벡터 대 벡터 함수는 스칼라 함수의 개념을 일반화한 것으로 어떤 d와 n에 대해 d차원 벡터를 n차원 벡터로 사상한다. d차원 열벡터 $\overline{x}$ 앞쪽에 $n\times d$ 행렬 A를 곱하여 n차원 열벡터를 생성하는 함수 $f(\overline{x}) = A\overline{x}$를 생각해보자. 이 함수는 정의 2.1.1의 조건을 만족하므로 선형 변환이다.

반면에 **평행이동** 연산자는 선형 변환이 아니다. 아래와 같이 d차원 벡터 $\overline{x}$를 벡터 $\overline{b} = [b_1, \ldots, b_d]^T$로 평행이동 한다고 생각해보자.

$$f(\overline{x}) = \overline{x} + \overline{b}$$

이 변환은 가법성이나 승법성을 따르지 않는다. 평행이동 연산은 기계학습에서 데이터 세트의 각 행에서 상수인 평균 벡터를 빼는 방식으로 수행되는 데이터의 **평균 중심화**(mean-centering)에 자주 사용된다. 평균 중심화 변환 후 데이터 세트의 각 열의 평균값은 0이 된다. 2차원 데이터 세트의 산포도에 대한 평균 중심화 효과의 예를 그림 2.1에서 보이고 있다.

평행이동은 $f(\overline{x}) = A\overline{x}+\overline{c}$ 형식의 모든 변환을 포함하는 **아핀 변환**(Affine transform)의

그림 2.1 평균 중심화: 평행이동 연산

특별한 경우의 하나이다. 여기에서 A는 $n \times d$ 행렬, $\overline{x}$는 d차원 벡터, $\overline{c}$는 n차원 열벡터이다. 간단히 말해서, **아핀 변환은 선형 변환과 평행이동의 조합이다**. 아핀 변환은 다음과 같이 정의될 수 있다.

정의 2.1.2 아핀 변환

벡터 대 벡터 함수 $f(\overline{x})$는 임의의 스칼라 λ에 대해 다음 조건이 만족되는 경우 $\overline{x}$에 대한 아핀 변환을 정의한다.

$$f(\cdot)\text{의 정의역 안의 모든 } \overline{x},\ \overline{y}\text{에 대해 } f(\lambda\overline{x}+[1-\lambda]\overline{y}) = \lambda f(\overline{x}) + [1-\lambda]f(\overline{y})$$

모든 선형 변환은 아핀 변환의 특별한 경우이지만 그 역은 성립하지 않는다. 수학에서 "선형"이라는 용어와 "아핀"이라는 용어에는 상당한 혼란과 모호성이 있다. 수학의 여러 분야에서 "선형"과 "아핀"이라는 용어를 같은 의미로 사용한다. 예를 들어, 가장 간단한 단일 변수 함수 $f(x) = m \cdot x + b$는 "선형 함수"로 널리 알려져 있다. 이 함수는 0이 아닌 평행이동 b를 허용하며, 따라서 이는 아핀 변환이기도 하다. 그러나 **선형대수** 관점의 선형 변환 개념은 훨씬 더 제한적이며, **편향 항** b가 0이 아닌 경우 단일 변수 함수 $f(x) = m \cdot x + b$는 선형 변환에 포함되지 않는다. (선형대수 관점에서) 선형 변환은 원점 기준의 회전, 반사, 팽창/수축 등의 일련의 변환으로 표현될 수 있으며 이러한 변환은 항상 기하학적으로 해석될 수 있다. 원점은 항상 이러한 변환 후에 자신으로 사상되므로 평행이동은 선형 변환에 포함되지 않는다. 유감스럽게도 기계학습에서 "선형 변환"이라고 하면 거의 항상 (편향 항들의 사용에 따른) 평행이동도 포함하므로 용어의 의미가 다소 혼란스러워진다. 이 책에서 "선형 변환" 또는 "선형 연산자"라는 단어는 (평행이동을 허용하지 않는) 선형대수의 맥락에서 사용된다. "선형 함수"와 같은 용어는 (평행이동을 허용하는) 기계학습의 맥락에서 사용된다.

2.2 행렬 곱셈의 기하학

앞 절의 논의를 통해 d차원 벡터와 $n \times d$ 행렬의 곱셈은 선형 변환의 예임을 이미 살펴본 바 있는데, 그 역도 성립한다.

보조정리 2.2.1 선형 변환은 행렬 곱셈

d차원 벡터에서 n차원 벡터로의 선형 사상 $f(\overline{x})$는 다음과 같이 A를 구성하여 행렬 대 벡터 곱 $A\overline{x}$로 나타낼 수 있다. $n \times d$ 행렬 A의 열들은 $f(\overline{e}_1) \dots f(\overline{e}_d)$이다. 여기에서 $\overline{e}_i$는 $d \times d$ 단위 행렬의 i번째 열이다.

증명 $A\overline{e}_i$가 A의 i번째 열인 $f(\overline{e}_i)$를 반환하기 때문에 $f(\overline{e}_i) = A\overline{e}_i$가 성립한다. 또한 임의의 벡터 $\overline{x} = [\overline{x}_1 \ldots \overline{x}_d]^T$에 대해 $f(\overline{x})$를 다음과 같이 표현할 수 있다.

$$f(\overline{x}) = f(\sum_{i=1}^{d} x_i\overline{e}_i) = \sum_{i=1}^{d} x_i f(\overline{e}_i) = \sum_{i=1}^{d} x_i [A\overline{e}_i] = A[\sum_{i=1}^{d} x_i\overline{e}_i] = A\overline{x}$$

따라서 선형 변환 $f(\overline{x})$는 항상 $A\overline{x}$로 표현할 수 있다. ■

A를 스칼라 m으로 설정하면 스칼라 대 스칼라 선형 함수 $f(x) = m \cdot x + b$의 특별한 경우($b = 0$)가 생성된다. 벡터 대 벡터 변환의 경우 아래와 같이 행벡터 $\overline{y}$를 $\overline{y}V$로 변환하거나 (동등하게) 열벡터 $\overline{x} = \overline{y}^T$를 $V^T\overline{x}$로 변환할 수 있다.

$$f(\overline{y}) = \overline{y}V \qquad [\text{행벡터 } \overline{y}\text{에 대한 선형 변환}]$$
$$g(\overline{x}) = V^T\overline{x} \qquad [\text{열벡터 } \overline{x} = \overline{y}^T \text{에 대한 동일한 변환}]$$

$n \times d$ 행렬 D와 $d \times d$ 행렬 V 사이의 행렬 대 행렬 곱셈을 첫 번째 행렬 D의 행들에 대한 선형 변환으로 취급할 수도 있다. 즉, $n \times d$ 행렬 $D' = DV$의 i번째 행은 원래 행렬 D의 i번째 행을 변환한 표현이다. 기계학습의 데이터 행렬은 종종 행들에 다차원 점을 포함한다.

행렬 변환은 행렬을 보다 단순한 행렬들의 곱으로 표현하여 기하학적 의미를 갖는 변환 열로 분해할 수 있다(1.3절 참고).

관찰 2.2.1 **기하학적 변환 열로서의 행렬 곱** 벡터에 $V = V_1V_2 \ldots V_r$를 곱하여 발생하는 기하학적 변환은 아래와 같이 행렬 곱을 다시 정리함으로써 더욱 단순한 기하학적 변환들의 시퀀스로 간주될 수 있다.

$$\underbrace{\overline{y}V = ([(\overline{y}V_1)V_2] \ldots V_r)}_{\text{행벡터 } \overline{y}\text{의 경우}}, \qquad \underbrace{V^T\overline{x} = (V_r^T[V_{r-1}^T \ldots (V_1^T\overline{x})])}_{\text{열벡터 } \overline{x} = \overline{y}^T\text{의 경우}}$$

행렬 $V_1 \ldots V_r$에 대응되는 단순한 기하 연산들이 해당 벡터에 순차적으로 적용될 수 있도록 괄호를 사용하여 표현식을 그룹화하고 있음에 유의하기 바란다. 다음에서는 몇 가지 중요한 기하학적 연산자에 대해 설명할 텐데, 먼저 직교 연산자를 살펴보자.

직교 변환

2차원 행벡터와 열벡터를 각각 반시계 방향으로 θ도 회전하는 2×2 직교 행렬 V_r과 V_c는 다음과 같다.

$$V_r = \begin{bmatrix} \cos(\theta) & \sin(\theta) \\ -\sin(\theta) & \cos(\theta) \end{bmatrix}, \quad V_c = \begin{bmatrix} \cos(\theta) & -\sin(\theta) \\ \sin(\theta) & \cos(\theta) \end{bmatrix} \tag{2.1}$$

$n \times 2$ 데이터 행렬 D가 주어진 경우 곱 DV_r은 V_r을 사용하여 D의 각 행을 회전시키는 반면 곱 V_cD^T는 동등하게 D^T의 각 열을 회전시킨다. 데이터 회전 DV_r은 축이 회전된 좌표계에서 원래 데이터가 투영된 것으로 간주될 수도 있다. 축이 고정된 좌표계에서 데이터를 반시계 방향으로 회전하는 것은 데이터를 고정시킨 상태에서 축을 시계 방향으로 회전하는 것과 같다. 기본적으로 변환 행렬 V_r의 두 열은 θ만큼 시계 방향으로 회전하는 새로운 축 좌표계의 상호직교 단위벡터들을 나타낸다. 그림 2.2의 왼쪽에는 이 두 개의 새로운 열이 반시계 방향으로 30° 회전한 경우를 보이고 있다. 이 변환은 D의 각 행과 V_r의 (단위 길이를 갖는) 열들과의 점곱을 계산하기 때문에 이러한 열벡터 상의 데이터 점의 좌표 DV_r을 반환한다. 이 경우 (새로운 축 좌표계에서 직교정규 방향을 갖는) V_r의 열들은 벡터 [1, 0]에 대해 각각 반시계 방향으로 −30°와 60° 각도를 이룬다. 따라서 이에 대응되는 행렬 V_r은 $[\cos(\theta), \sin(\theta)]^T$ 형식의 벡터로 열들을 채워서 얻는다. 여기에서 θ는 각각의 새로운 직교정규 축 방향이 벡터 [1, 0]과 이루는 각도이다. 그 결과로 생성되는 행렬 V_r은 다음과 같다.

$$V_r = \begin{bmatrix} \cos(-30) & \cos(60) \\ \sin(-30) & \sin(60) \end{bmatrix} = \begin{bmatrix} \cos(30) & \sin(30) \\ -\sin(30) & \cos(30) \end{bmatrix} \tag{2.2}$$

새 축들에 대해 각 데이터 점의 투영을 수행한 후 새 축들이 원래 X축과 Y축에 맞추어지도록 그림의 방향을 바꿀 수 있다(그림 2.2의 왼쪽에서 오른쪽으로의 전환 참고). 최종 결과는

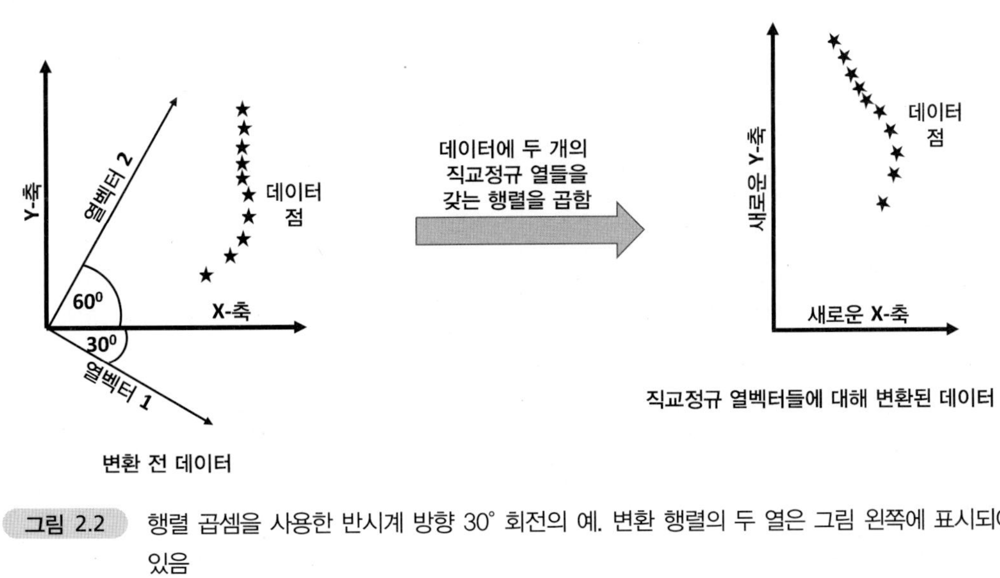

그림 2.2 행렬 곱셈을 사용한 반시계 방향 30° 회전의 예. 변환 행렬의 두 열은 그림 왼쪽에 표시되어 있음

원점을 기준으로 데이터 점을 반시계 방향으로 30° 회전한 것임을 쉽게 알 수 있다.

직교 행렬은 반사를 포함할 수도 있다. 다음 행렬을 생각해보자.

$$V = \begin{bmatrix} 0 & 1 \\ 1 & 0 \end{bmatrix} \tag{2.3}$$

$n \times 2$ 행렬 D에 포함되어 있는 임의의 2차원 데이터 세트에 대해 D의 행들에 대한 변환 DV는 단순히 D의 각 행에 있는 두 좌표를 교환한다. 이러한 변환은 회전만으로는 표현할 수 없다. 이는 이 변환이 데이터의 **좌우방향**을 변경하기 때문이다. 예를 들어 $n \times 2$ 행렬 D의 n개 행의 산포도가 오른손을 나타내는 경우 $n \times 2$ 행렬 DV의 산포도는 왼손을 나타낸다. 직관적으로 설명하자면, 거울에 비친 자신의 모습을 볼 때 왼손이 오른손처럼 보이는 것과 같은 이치이다. 이것은 어딘가에서 반사가 수행되어야 함을 의미한다. 이 설명의 핵심은 반시계 방향 90° 회전과 벡터 [0, 1]에 대한 반사의 곱으로 V를 표현할 수 있다는 것이다.

$$V = \begin{bmatrix} \cos(90) & \sin(90) \\ -\sin(90) & \cos(90) \end{bmatrix} \begin{bmatrix} -1 & 0 \\ 0 & 1 \end{bmatrix}$$

D의 행에 대해 V를 뒤쪽에 곱하면 먼저 첫 번째 행렬과의 곱셈을 통해 반시계 방향 90° 회전이 이루어지고 그 다음에 두 번째 행렬과의 곱셈을 통해 첫 번째 좌표에 −1이 곱해진다(즉, Y축 [0, 1] 기준 반사가 이루어진다). 위 변환을 설명하기 위해 2차원 행벡터 [3, 4] 뒤쪽에 V를 곱하는 예를 보인다.

$$[3,4]\,V = \underbrace{[3,4]\begin{bmatrix} \cos(90) & \sin(90) \\ -\sin(90) & \cos(90) \end{bmatrix}}_{\text{반시계 방향 } 90^\circ \text{ 회전}} \begin{bmatrix} -1 & 0 \\ 0 & 1 \end{bmatrix} = \underbrace{[-4,3]\begin{bmatrix} -1 & 0 \\ 0 & 1 \end{bmatrix}}_{\text{반사}} = [4,3]$$

중간 결과인 [−4, 3]은 실제로 [3, 4]의 90° 회전에 해당한다. 직교 행렬을 회전과 반사로 분해하는 방법은 한 가지만 있는 것은 아니다. 예를 들어, 위의 예에서 [0, 1] 대신 [1, 0]을 기준으로 반사하고 반시계 방향으로 270° 회전해도 동일한 결과를 얻는다.

직교 행렬이 4차원 이상의 공간상의 **일련의** 회전들을 나타낼 수도 있다. 예를 들어 $xyzw$-축 시스템의 4차원 물체가 xy-평면에서 각도 α의 회전 한 번, zw-평면에서 각도 β의 회전 한 번 등의 경우와 같이 두 번의 독립적인 회전은 하나의 회전 평면이나 한 번의 특정 각도 회전으로 표현될 수 없다. 그러나 두 번의 독립적인 회전을 조합한 결과로 생성되는 4×4 직교 행렬은 여전히 "회전 행렬"이라고 부른다(사실은 일련의 회전들이라고 해야 함). 경우에 따라서는 반사들이 회전들에 포함될 수도 있으며, 일련의 회전에 반사가 포함되어 있는 경우 결과 행렬을 **회전반사** 행렬이라고 한다.

보조정리 2.2.2 곱셈에 대해 닫혀 있음

임의의 개수의 직교 행렬들을 곱한 결과는 항상 직교 행렬이다.

증명 임의의 직교 행렬 A_1, $A_2 \ldots A_n$에 대해 다음의 결과를 보일 수 있다.

$$(A_1 A_2 \ldots A_n)(A_1 A_2 \ldots A_n)^T = A_1 A_2 \ldots A_n A_n^T A_{n-1}^T \ldots A_1^T = I$$

$A_n A_n^T$와 같이 인접한 직교 행렬 쌍을 짝지어 단위행렬로 대체하기를 반복하면 최종 결과를 얻는다. 곱셈 행렬 $A_1 A_2 \ldots A_n$의 전치행렬은 또한 역행렬이므로 이 곱셈 행렬은 직교 행렬이 된다. ■

직교 행렬들의 곱에 대한 교환법칙 특성은 어떨까? 언뜻 생각하면 회전 행렬들의 곱셈에서 교환법칙이 성립할 것으로 잘못 가정할 수 있다. 물체를 먼저 50° 회전시킨 다음 30° 회전시키나 또는 그 반대 순서로 회전시키는지는 중요하지 않다. 그러나 교환법칙 특성에 대한 이와 같은 2차원 시각화는 고차원에서는 적용되지 않는다(2차원에서도 반사가 회전과 결합될 때는 적용되지 않음). 즉, 직교 행렬의 곱셈에서 교환법칙이 반드시 성립하지는 않는다. 주된 문제는 고차원에서의 회전이 **회전축**이라고 불리는 벡터와 연관되어 있다는 것이다. 동일한 회전축을 이용하지 않는 직교 행렬들에 대해서는 교환법칙이 성립하지 않을 수 있다. 예를 들어, 서로 수직인 두 개의 축 각각에 대해 구체를 90°씩 차례로 회전시킬 때 회전 순서에 따라 구체 상에서 가장 가까운 점이 이동하는 위치가 달라진다. 이 점을 이해하기 위해 각각 [1, 0, 0]과 [0, 1, 0]을 회전축으로 각도 α, β의 반시계 방향 회전을 나타내는 두 개의 3×3 행렬 $R_{[1,0,0]}$과 $R_{[0,1,0]}$을 생각해보자.

$$R_{[1,0,0]} = \begin{bmatrix} 1 & 0 & 0 \\ 0 & \cos(\alpha) & \sin(\alpha) \\ 0 & -\sin(\alpha) & \cos(\alpha) \end{bmatrix}, \quad R_{[0,1,0]} = \begin{bmatrix} \cos(\beta) & 0 & \sin(\beta) \\ 0 & 1 & 0 \\ -\sin(\beta) & 0 & \cos(\beta) \end{bmatrix} \tag{2.4}$$

3차원 이상의 직교 행렬의 특성을 이해하기 위해서는 먼저 다음의 사실들을 이해하여야 한다.

1. 행벡터 $[x, y, z]$ 뒤쪽에 행렬 $R_{[1,0,0]}$을 곱하면 [1, 0, 0]을 축으로 벡터를 회전시키는 반면(첫 번째 좌표는 변경되지 않음), 행렬 $R_{[0,1,0]}$은 이 벡터를 [0, 1, 0]에 대해 회전시킨다(두 번째 좌표는 변경되지 않음).
2. 행렬 $R_{[1,0,0]}$과 $R_{[0,1,0]}$은 직교정규인 행들과 열들을 갖는 행렬이다(대수적으로 검증할 수 있음).

3. $R_{[1,0,0]}$과 $R_{[0,1,0]}$의 곱은 곱셈 순서에 따라 달라진다. 따라서 회전 순서에 따라 결과가 달라진다.

모든 3차원 회전 행렬은 기하학적으로 설명할 때 적절한 회전축을 사용한 단일 회전으로 표현할 수 있다.

기븐스 회전과 하우스홀더 반사

4차원 이상의 공간에서 일련의 회전들을 단일 각도를 사용하는 하나의 회전 행렬로 표현하는 것은 불가능하다. 이 경우 서로 다른 각도의 독립적인 회전들이 (xy-평면과 zw-평면의 경우와 같이) 각기 다른 평면상에서 발생할 수 있다. 따라서 회전 변환을 **일련의 기본** 회전들로 표현해야 하며, 이때 개별 회전은 각기 다른 2차원 평면에서 발생할 것이다. 기본 회전을 정의하기 위한 한 가지 자연스러운 선택은 **기븐스 회전**이며, 이는 식 2.4를 고차원으로 일반화한 것에 해당한다. $d \times d$ **기븐스 회전**은 항상 두 개의 좌표 축을 선택하고 해당 평면에서 회전을 수행하므로 d차원 행벡터 뒤쪽에 해당 회전 행렬을 곱하면 두 개의 좌표만 변경된다. $d \times d$ 기븐스 회전 행렬은 관련성이 있는 2×2 항들에서만 $d \times d$ 단위행렬과 다르다. 이 항들은 2×2 회전 행렬의 항들과 동일하다. 예를 들어 아래의 4×4 기븐스 회전 행렬 $G_r(2, 4, \alpha)$를 행벡터 뒤쪽에 곱할 때 두 번째와 네 번째 좌표만 반시계 방향으로 회전한다. 동일한 결과를 얻기 위해 열벡터 앞쪽에 그 전치행렬 $G_c(2, 4, \alpha)$를 곱할 수도 있다.

$$\underbrace{G_r(2,4,\alpha) = \begin{bmatrix} 1 & 0 & 0 & 0 \\ 0 & \cos(\alpha) & 0 & \sin(\alpha) \\ 0 & 0 & 1 & 0 \\ 0 & -\sin(\alpha) & 0 & \cos(\alpha) \end{bmatrix}}_{\text{행벡터의 경우}}, \quad \underbrace{G_c(2,4,\alpha) = \begin{bmatrix} 1 & 0 & 0 & 0 \\ 0 & \cos(\alpha) & 0 & -\sin(\alpha) \\ 0 & 0 & 1 & 0 \\ 0 & \sin(\alpha) & 0 & \cos(\alpha) \end{bmatrix}}_{\text{열벡터의 경우}}$$

행 중심 변환 행렬과 열 중심 변환 행렬에 대한 표기법 $G_.(\cdot,\cdot,\cdot)$에서 각각 첨자로 r과 c를 사용한다. 반사 행렬이 필요할 수도 있지만 모든 직교 행렬은 **기븐스 회전**들로 분해될 수 있다. 공식적인 증명은 생략하겠지만 다음 보조정리를 제시한다[52].

보조정리 2.2.3 기븐스 기하학적 분해

모든 $d \times d$ 직교 행렬은 최대 $O(d^2)$개의 기븐스 회전과 최대 한 개의 (단위행렬의 대각 항 하나를 −1로 변경하여 얻는) 기본 반사 행렬의 곱셈으로 표시될 수 있다.

기븐스 회전이 수치 선형대수에서 유용하게 응용되는 곳은 대단히 많다[52].

> **문제 2.2.1** $d \times d$ 기본 행 교환 행렬을 한 번의 90° 기븐스 회전과 한 번의 기본 반사의 곱으로 표현할 수 있음을 보이시오.

지금까지 벡터 성분 하나의 부호를 바꾸는 대각 반사행렬만 소개해왔다. **하우스홀더 반사 행렬**은 임의 방향의 "거울" 초평면에서 벡터 $\overline{x}$를 반사하는 직교 행렬이다. 이러한 초평면은 원점을 통과하며, 방향은 **임의의** (단위 길이를 갖는) 정규 벡터 $\overline{v}$로 정의된다. $\overline{x}$와 $\overline{v}$가 모두 열벡터라고 가정하자. 먼저 "거울" 초평면과 $\overline{x}$ 사이의 거리는 $c = \overline{x} \cdot \overline{v}$이다. 물체와 거울 이미지는 $\overline{v}$를 따라 이 거리의 두 배만큼 떨어져 있다. 따라서 $\overline{x}$의 반사를 수행하여 거울 이미지 $\overline{x}'$를 생성하기 위해서는 $\overline{x}$에서 $c\overline{v}$의 두 배를 빼야 한다.

$$\overline{x}' \Leftarrow \overline{x} - 2\,(\overline{x} \cdot \overline{v})\overline{v} = \overline{x} - 2\,(\overline{v}^T \overline{x})\overline{v} = \overline{x} - 2\,\overline{v}(\overline{v}^T \overline{x}) = \overline{x} - 2\,(\overline{v}\overline{v}^T)\overline{x} = \underbrace{(I - 2\overline{v}\,\overline{v}^T)}_{\text{하우스홀더}}\,\overline{x}$$

임의의 단위 (열) 벡터 $\overline{v}$에 대해 행렬 $(I - 2\overline{v}\,\overline{v}^T)$는 $\overline{v}$에 수직이고 원점을 통과하는 초평면에 대한 기본 반사 행렬이다. 이 행렬을 하우스홀더 반사 행렬이라고 한다. 모든 직교 행렬은 기븐스 회전보다 더 적은 개수의 하우스홀더 반사로 표현될 수 있다. 따라서 하우스홀더 회전이 기븐스 회전보다 표현력이 높다고 할 수 있다.

보조정리 2.2.4 하우스홀더 기하학적 분해

모든 $d \times d$ 직교 행렬은 최대 d 개의 하우스홀더 반사 행렬의 곱으로 표현할 수 있다.

> **문제 2.2.2 반사의 반사** 하우스홀더 반사 행렬의 제곱이 단위행렬임을 대수적으로 증명하시오.

> **문제 2.2.3** i번째 대각 항의 부호가 바뀐 점에서만 단위행렬과 다른 기본 반사 행렬이 하우스홀더 반사 행렬의 특별한 경우임을 보이시오.

> **문제 2.2.4 하우스홀더 변환의 일반화** k개의 상호 직교하는 하우스홀더 변환들의 시퀀스는 직교정규 열들을 포함하는 $d \times k$ 행렬 Q에 대해 $I - 2QQ^T$로 표현될 수 있음을 보이시오. 이러한 반사가 일어나는 $(d-k)$차원 평면은 어떻게 계산할 수 있는가?

직교 변환의 강성

벡터 사이의 점곱과 유클리드 거리는 직교 행렬을 사용한 곱셈 변환의 영향을 받지 않는다. 이는 직교 변환이 길이와 각도를 변화시키지 않는 일련의 회전 및 반사이기 때문이다. 이 사실은 대수적으로도 증명될 수 있다. $d \times d$ 직교 행렬 V를 사용하여 각각 $\overline{x}V$와 $\overline{y}V$로 변환되는 2개의 d차원 행벡터 $\overline{x}$와 $\overline{y}$를 생각해보자. 이제 변환된 벡터 사이의 점곱은 다음과 같다.

$$[\overline{x}V] \cdot [\overline{y}V] = [\overline{x}V][\overline{y}V]^T = [\overline{x}V][V^T\overline{y}^T] = \overline{x}(VV^T)\overline{y}^T = \overline{x}(I)\overline{y}^T = \overline{x} \cdot \overline{y}$$

점곱들에 대한 이러한 동등성은 점곱의 함수들인 유클리드 거리와 각도로 자연스럽게 이어진다. 이것은 또한 직교 변환이 데이터 점들(즉, 데이터 행렬 D의 행들)과 원점 사이의 유클리드 거리 제곱합을 보존한다는 것을 의미하는데, 이는 또한 $n \times d$ 행렬 D의 에너지 또는 프로베니우스 노옴의 제곱으로도 불린다. $n \times d$ 행렬 D에 $d \times d$ 직교 행렬 V를 곱하여 얻은 DV의 프로베니우스 노옴은 다음과 같이 대각 합(trace) 연산자로 표현할 수 있다.

$$\|DV\|_F^2 = \text{tr}[(DV)(DV)^T] = \text{tr}[D(VV^T)D^T] = \text{tr}(DD^T) = \|D\|_F^2$$

두 점 사이의 거리를 유지하는 변환을 **강성 변환**이라고 한다. 회전과 반사는 점들 사이의 거리뿐만 아니라 원점과 점 사이의 절대 거리도 유지한다. (선형 변환이 아닌) 평행이동도 변환된 점들 사이의 거리를 유지하기 때문에 강성이다. 그러나 평행이동은 일반적으로 원점으로부터의 거리를 유지하지는 않는다.

배율조정: 비 강성 변환

일반적으로 벡터 $\overline{x}$에 임의의 행렬 V를 곱하면 길이가 변경될 수 있다. 그러한 행렬이 $V = V_1 V_2 \ldots V_r$과 같이 보다 단순한 기하 연산자 행렬로 분해될 수 있다면, 이는 거리를 유지하지 않는 이러한 연산자 행렬 중에 기본적인 기하학적 변환 V_i가 존재함을 의미한다. 이러한 기본적인 변환은 **팽창/수축**(또는 보다 일반적인 **배율조정**)이다. 이러한 변환의 기본 형태는 배율조정 계수 λ_i에 의해 벡터 $\overline{x}$의 i번째 차원을 배율조정 한다. 이러한 변환은 행벡터 $\overline{x}$ 뒤쪽에 i번째 대각 항이 λ_i인 $d \times d$ 대각행렬 Δ를 곱함으로써 달성될 수 있다. 항이 음수일 수 있으며, 이 경우 (해당 축 방향 기준) **반사** 연산이 팽창/수축 연산과 결합된다. 차원마다 배율조정 계수가 다른 경우 **비등방성 배율조정**이라고 한다. 비등방성 배율조정에 해당하는 2×2 행렬 Δ의 예를 아래에 보인다.

$$\Delta = \begin{bmatrix} 2 & 0 \\ 0 & 0.5 \end{bmatrix}$$

2차원 벡터에 이 행렬을 곱하면 첫 번째 좌표는 2배로, 두 번째 좌표는 0.5배로 조정된다.

이 변환은 방향마다 1이 아닌 배율조정 계수가 작용하므로 강성 변환이 아니다. 또한 첫 번째 대각 항의 부호를 2에서 −2로 변경하면 이 변환은 아래의 분해를 통해 알 수 있듯이 팽창/수축과 반사를 조합한다.

$$\begin{bmatrix} -2 & 0 \\ 0 & 0.5 \end{bmatrix} = \underbrace{\begin{bmatrix} 2 & 0 \\ 0 & 0.5 \end{bmatrix}}_{\text{신축}} \underbrace{\begin{bmatrix} -1 & 0 \\ 0 & 1 \end{bmatrix}}_{\text{반사}}$$

따라서 반사 행렬은 배율조정 (대각) 행렬의 특별한 경우이다.

일반적인 사례: 직교 변환과 배율조정 변환의 조합

$n \times d$ 데이터 행렬 D에 대각행렬 Δ를 곱하여 $D\Delta$를 생성하면 데이터 행렬 D의 i번째 차원(열)이 Δ의 i번째 대각 항으로 배율조정 된다. 이것은 축 평행 배율조정의 예로서 배율조정 방향이 표현 축과 일치한다. 축 평행 배율조정이 대각행렬로 수행되듯이 임의의 방향을 따르는 배율조정은 **대각화 가능** 행렬로 수행된다(3장 참고).

$n \times 2$ 데이터 행렬의 각 2차원 행을 $[\cos(-30), \sin(-30)]$ 방향으로 2배, $[\cos(60), \sin(60)]$ 방향으로 0.5배로 배율조정 하고자 하는 경우를 생각해보자. 이를 위해서는 (i) 먼저 D에 직교 행렬 V를 곱하여 DV를 생성함으로써 데이터 세트 D를 30° 회전시키고, (ii) 결과 행렬 DV에 대각 항이 2와 0.5인 대각행렬 Δ를 곱하여 $(DV)\Delta$를 생성하고, (iii) 마지막으로 $DV\Delta$에 V^T를 곱하여 $(DV\Delta)V^T$를 생성함으로써 데이터 세트를 역방향으로 (즉, −30°) 회전시키면 된다. 결과 변환은 다음과 같이 행렬 곱셈의 결합법칙 특성을 사용하여 정리할 수 있다.

$$D' = D(V\Delta V^T)$$

$V\Delta V^T$ 형태를 갖는 이러한 변환들에 대해서는 3장에서 다룬다.

두 개의 직교 벡터 방향 $[\cos(-30), \sin(-30)]$와 $[\cos(60), \sin(60)]$을 따라 배율조정 계수 2와 0.5로 비등방성 배율조정을 수행하기 위한 행렬은 V와 Δ를 다음과 같이 정의함으로써 구할 수 있다.

$$V = \begin{bmatrix} \cos(-30) & \cos(60) \\ \sin(-30) & \sin(60) \end{bmatrix} = \begin{bmatrix} \cos(30) & \sin(30) \\ -\sin(30) & \cos(30) \end{bmatrix}, \qquad \Delta = \begin{bmatrix} 2 & 0 \\ 0 & 0.5 \end{bmatrix}$$

따라서 다음과 같은 변환 행렬 $A = V\Delta V^T$를 얻는다.

$$A = \begin{bmatrix} \cos(30) & \sin(30) \\ -\sin(30) & \cos(30) \end{bmatrix} \begin{bmatrix} 2 & 0 \\ 0 & 0.5 \end{bmatrix} \begin{bmatrix} \cos(30) & -\sin(30) \\ \sin(30) & \cos(30) \end{bmatrix} = \begin{bmatrix} 1.625 & -0.650 \\ -0.650 & 0.875 \end{bmatrix}$$

꼭짓점 좌표가 [0, 0], [0, 1], [1, 0], [1, 1]인 정사각형을 생각해보자. 이러한 좌표들 뒤쪽에 위의 행렬 A를 곱하면 어떻게 될까? 원점은 항상 선형 변환에 의해 원점으로 변환되므로 나머지 세 꼭짓점을 3×2 행렬 D로 쌓아서 처리하면 된다. 결과로 얻는 변환 후의 행렬 $D' = DA$는 다음과 같다.

$$D' = DA = \begin{bmatrix} 1 & 0 \\ 0 & 1 \\ 1 & 1 \end{bmatrix} \begin{bmatrix} 1.625 & -0.650 \\ -0.650 & 0.875 \end{bmatrix} = \begin{bmatrix} 1.625 & -0.650 \\ -0.650 & 0.875 \\ 0.975 & 0.225 \end{bmatrix}$$

왜곡 특성을 그림으로 표시하면 이해에 도움이 된다. (직사각형 산포도에 대해) 일련의 변

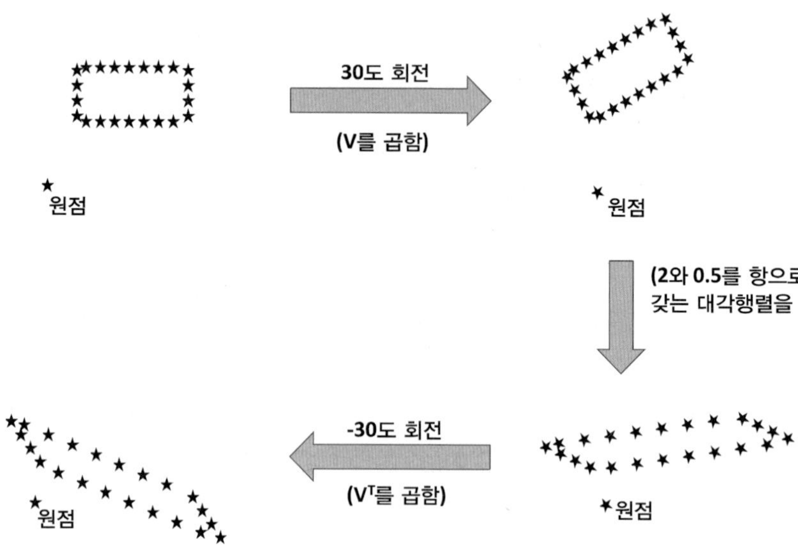

그림 2.3 서로 직교하는 두 방향에 따른 비등방성 배율조정의 예

그림 2.4 두 방향에 따른 배율조정 관점으로 본 그림 2.3의 변환

환 V, Δ, V^T가 적용되는 예를 그림 2.3에 보이고 있다. 해당 데이터 세트 $D' = D(V\Delta V^T)$와 배율조정은 그림 2.4에서 다시 요약해 보인다. 이러한 개념을 고차원으로 일반화할 수도 있다.

모든 변환을 위와 같이 $V\Delta V^T$ 형태로 표현할 수 있는 것은 아니지만, 그렇다고 모두 쓸모가 없어지는 것은 아니다. **특이값 분해**(7장 참고)라고 하는 유용한 기법에 따르면, 모든 정방행렬 A는 $A = U\Delta V^T$ 형태로 표현될 수 있다. 여기에서 U와 V는 모두 직교 행렬이며(다를 수 있음), Δ는 비 음수 배율조정 행렬이다. 따라서 **행렬 곱셈으로 정의되는 모든 선형 변환은 하나의 비등방성 배율조정과 함께 일련의 회전/반사 변환으로 표현될 수 있다.** 이러한 결과는 비정방행렬로 확장될 수도 있다.

2.3 벡터 공간과 기하학적 의미

벡터 공간은 덧셈 연산이나 배율조정 연산에서 특정 유형의 **집합 폐포**(set closure) 특성을 충족하는 무한 벡터 집합이다. 선형대수에서 가장 중요한 벡터 공간 중 하나는 모든 n차원 벡터의 집합이다.

정의 2.3.1 n차원 벡터의 공간

공간 $\mathcal{R}^n$은 n개의 실수 성분을 갖는 모든 열벡터의 집합으로 구성된다.

일반적으로 $\mathcal{R}^n$ 상의 벡터는 선형대수에서 열벡터로 간주된다. **기하학적으로 $\mathcal{R}^n$ 상의 모든 벡터는 원점에 꼬리를 갖는 것으로 간주된다.** 이것은 벡터 $\overline{x}$가 $\overline{a}$에 꼬리를 갖고 $\overline{x}+\overline{a}$에 머리를 가질 수 있는 물리학과 같은 여러 과학 분야에서 나타나는 벡터와는 다르다. n차원 벡터의 실수 성분이 가질 수 있는 값은 무수히 많으므로 공간 $\mathcal{R}^n$에는 무한 벡터 집합이 포함된다. 또한 $\mathcal{R}^n$에서 벡터를 배율조정 하거나 $\mathcal{R}^n$에서 두 벡터를 더해도 여전히 $\mathcal{R}^n$에 남을 수 있다. 이것은 벡터 공간을 정의하는 특성이며, 벡터 공간은 아래와 같이 정의되는 $\mathcal{R}^n$ 안의 벡터 **부분집합** V이다.

정의 2.3.2 $\mathcal{R}^n$ 안의 벡터 공간

$\mathcal{R}^n$ 안의 벡터들의 부분집합 $\mathcal{V}$가 다음 특성을 만족하는 경우 벡터 공간이라고 한다.

1. $\overline{x} \in \mathcal{V}$이면 모든 스칼라 $c \in \mathcal{R}$에 대해 $c\overline{x} \in \mathcal{V}$이다.
2. $\overline{x}$, $\overline{y} \in \mathcal{V}$이면 $\overline{x}+\overline{y} \in \mathcal{V}$이다.

$\overline{0}$으로 표시되는 영벡터는 모든 벡터 공간에 포함되며 항상 덧셈에 대한 항등법칙 $\overline{x}+\overline{0}$

$= \overline{x}$를 충족한다. 영벡터만으로 이루어진 단일 원소 집합은 위의 두 특성을 모두 충족하기 때문에 (너무 단순하기는 하지만) 벡터 공간으로 간주될 수 있다.

원점을 통과하는 2차원 초평면상에 각 벡터의 머리가 위치하는 $\mathcal{R}^3$의 벡터 부분집합이 있다고 하자(꼬리는 원점에 위치함). 이러한 벡터 집합은 원점 통과 초평면상에서 벡터들끼리 더하거나 배율조정 하더라도 동일한 초평면상의 다른 벡터가 되기 때문에 벡터 공간이다. 또한 $[2, 1, 3]^T$와 같은 임의 벡터의 모든 배수(즉, $\mathcal{R}^3$ 상의 무한 직선상의 모든 점)도 벡터 공간을 형성하는데, 이는 초평면의 특수한 경우이기도 하다. 일반적으로 $\mathcal{R}^n$의 부분집합인 벡터 공간은 n차원 이하의 원점 통과 초평면상에 위치하는 벡터들에 해당한다. 따라서 $\mathcal{R}^n$의 벡터 공간은 저차원 초평면에 대한 기하학적 의미와 상통한다고 볼 수 있다. **이러한 초평면의 원점 통과 특성은 중요하다.** 꼬리는 원점에 있고 머리는 원점을 통과하지 않는 초평면에 있는 벡터들의 집합은 벡터 공간을 구성하지 않는다. 왜냐하면 이러한 벡터 집합은 배율조정이나 덧셈에 대해 닫혀 있지 않기 때문이다. 벡터 공간이 아닌 벡터 집합의 또 다른 예는 $\mathcal{R}^3$에서 음이 아닌 성분만 갖는 모든 벡터들의 집합인데, 이는 음의 스칼라를 사용한 곱셈에 대해 닫혀 있지 않기 때문이다. 영벡터 공간을 제외한 모든 벡터 공간은 무한 집합이다.

마지막으로, 선형 변환이 덧셈 특성과 스칼라 곱셈 특성을 보존하는 방식으로 인해 벡터 공간의 각 요소에 대한 고정된 선형 변환은 또 다른 벡터 공간을 생성한다는 것을 알 수 있다(정의 2.1.1 참고). 예를 들어, 원점 통과 초평면의 모든 벡터에 동일한 행렬을 곱하면 (원점 중심 회전이나 배율조정 등과 같이) 기하학적 의미를 갖는 선형 변환들을 거친 후 또 다른 원점 통과 초평면상에 위치하는 벡터 집합이 생성된다.

정의 2.3.2는 모든 벡터 공간은 $\mathcal{R}^n$의 부분집합이어야 한다고 요구하고 있기 때문에 언뜻 보기에는 다소 제한적으로 보인다. 벡터 공간에 대한 현대적 개념은 모든 종류의 추상 객체를 "벡터"로 간주하고 이러한 객체의 무한 집합을 벡터 공간으로 간주할 수 있기 때문에 $\mathcal{R}^n$의 벡터보다 더욱 일반적이다(이때 이러한 객체들에 적절하게 정의된 벡터 덧셈 및 스칼라 곱셈 연산이 필요함). 예를 들어, 특정 크기의 모든 상부삼각 행렬의 공간은 벡터 공간이지만 이 경우 덧셈 연산은 행렬의 원소 별 덧셈에 해당한다. 마찬가지로, 특정 최대 차수의 모든 다항식 함수 공간도 벡터 공간이며 덧셈 연산은 동일 차수 항들의 계수 덧셈에 해당한다. 각각의 경우에 덧셈 및 곱셈 연산의 특성과 영벡터(예: 영행렬 또는 다항식 0)의 정의는 고려 대상인 객체 유형에 따라 달라질 것이다. 정의 2.3.2의 벡터 성분들이나 스칼라 c가 복소수 집합(또는 **필드 공리**[2])로 알려진 특성들을 만족하는 집합)을 정의역으로 가질 수도 있다. 이 책의 대부분

2) 필드 공리는 결합법칙, 교환법칙, 분배법칙, 항등원, 역원 등에 관한 특성들이다. 예를 들어 실수, 복소수, 유리수 등은 필드를 형성한다. 그러나 정수는 필드를 형성하지 못한다. http://mathworld.wolfram.com/Field.html을 참고하기 바란다. 따라서 실수, 복소수, 유리수 등의 집합에 대해 벡터를 정의할 수 있다. 정수 집합에 대해서는 보다 제한적인 벡터를 정의할 수는 있겠지만, 이러한 벡터는

은 실수 벡터 공간을 다루지만, 때로 $\mathcal{C}^n$ 상의 벡터를 이용하는 경우도 있다. 여기에서 $\mathcal{C}$는 복소수 필드를 나타낸다(2.11절 참고).

벡터 공간이 $\mathcal{R}^n$의 부분집합이라는 가정은 생각하는 만큼 제한적이지 않다. 이는 대부분의 벡터 공간은 $\mathcal{R}^n$에 사상함으로써 실수 필드 상에서 간접적으로 표현할 수 있기 때문이다. 예를 들어, $m \times m$ 상부삼각 행렬들로 이루어진 벡터 공간은 $\mathcal{R}^{[m(m+1)/2]}$의 벡터를 행렬 항들로 채움으로써 간접적 표현이 가능하다. 마찬가지로, 사전 정의된 최대 차수를 갖는 다항식은 다항식을 구성하는 항들의 계수를 포함하는 유한 길이 벡터로 표현될 수 있다. **좌표 표현** 프로세스를 통해 실수 필드 상의 다양한 벡터 공간을 $\mathcal{R}^n$을 사용하여 **간접적으로** 표현할 수 있음을 증명할 수 있다(2.3.1절 참고). 또한 $\mathcal{R}^n$을 이용하는 것은 행렬과 벡터에 대해 쉽게 이해할 수 있는 연산으로 작업할 수 있다는 뚜렷한 이점이 있다.

문제 2.3.1 $\overline{x} \in \mathcal{R}^d$는 벡터이고 A는 $n \times d$ 행렬이라고 하자. 다음 각각은 벡터 공간인가? (a) $A\overline{x} = \overline{0}$ 을 만족하는 모든 $\overline{x}$; (b) $A\overline{x} \geq \overline{0}$ 을 만족하는 모든 $\overline{x}$; (c) $\overline{0}$이 아닌 어떤 $\overline{b} \in \mathcal{R}^n$에 대해 $A\overline{x} = \overline{b}$ 를 만족하는 모든 $\overline{x}$; (d) 개별 행렬에서 행 합계와 열 합계가 동일한 모든 $n \times n$ 행렬(단, 서로 다른 행렬 사이에서 합계가 일치할 필요는 없음).

벡터 공간의 부분집합이 벡터 공간을 형성할 때 **부분공간**(subspace)이라고 한다.

정의 2.3.3 부분공간

벡터 공간 $\mathcal{S}$는 모든 벡터 $\overline{x} \in \mathcal{S}$가 다른 벡터 공간 $\mathcal{V}$에도 속하는 경우 $\mathcal{V}$의 부분공간이다. 또한 $\mathcal{S}$에 없는 벡터가 $\mathcal{V}$에 포함되어 있는 경우 부분공간 $\mathcal{S}$는 $\mathcal{V}$의 진부분공간이라고 한다.

집합 기호 "$\subseteq$"는 $\mathcal{S} \subseteq \mathcal{V}$에서와 같이 부분공간을 나타내기 위해 사용된다. 기호 "$\subset$"는 부모 공간의 진부분공간을 의미한다. 부분공간이 벡터 공간이어야 한다는 요구사항은 $\mathcal{R}^n$의 부분공간 안의 벡터들이 n차원 공간에서 원점을 통과하는 초평면상에 위치하도록 보장한다. 부분공간을 정의하는 초평면의 차원이 n 미만일 경우 $\mathcal{R}^n$의 비 초평면 벡터는 부분공간의 원소가 아니기 때문에 해당 부분공간은 $\mathcal{R}^n$의 진부분공간이다. 예를 들어, 벡터 $[2, 1, 5]^T$의 모든 스칼라 배수 집합은 $\mathcal{R}^3$의 진부분공간이며, 원점을 통과하는 어떤 1차원 초평면 상의 모든 벡터를 포함한다. 그러나 이 1차원 초평면에 위치하지 않는 벡터는 해당 부분공간의 원소가 아니다. 마찬가지로, 벡터 $[1, 0, 0]^T$와 $[1, 2, 1]^T$를 사용하여 2차원 초평면 $\mathcal{V}_1$을 정의할 수 있다. 각 점은 이 벡터 쌍의 선형 조합이다. 이 초평면상에 위치하는 벡터들의 집합도 $\mathcal{R}^3$의 진부분

벡터 공간으로 간주되는 데 필요한 선형대수의 기본 규칙을 충족하지 못할 것이다.

공간을 정의한다. 벡터 $[5,4,2]^T$와 $[0,2,1]^T$는 다음 식을 통해 알 수 있듯이 이 부분공간에 속한다.

$$\begin{bmatrix} 5 \\ 4 \\ 2 \end{bmatrix} = 3\begin{bmatrix} 1 \\ 0 \\ 0 \end{bmatrix} + 2\begin{bmatrix} 1 \\ 2 \\ 1 \end{bmatrix}, \quad \begin{bmatrix} 0 \\ 2 \\ 1 \end{bmatrix} = \begin{bmatrix} 1 \\ 2 \\ 1 \end{bmatrix} - \begin{bmatrix} 1 \\ 0 \\ 0 \end{bmatrix}$$

$[5,4,2]^T$의 모든 스칼라 배수는 또한 $\mathcal{V}_1$의 진부분공간인 벡터 공간 $\mathcal{V}_2$를 정의한다. $\mathcal{V}_2$를 정의하는 직선이 $\mathcal{V}_1$에 해당하는 초평면상에 위치하기 때문이다. 즉, $\mathcal{V}_2 \subset \mathcal{V}_1 \subset \mathcal{R}^3$이다. 벡터 공간 $\mathcal{R}^3$의 경우 진부분공간의 예로 (i) 원점을 통과하는 2차원 평면상의 벡터 집합, (ii) 원점을 통과하는 1차원 직선상의 벡터 집합, (iii) 영벡터상의 벡터 집합 등을 들 수 있다. 또한 부분공간 관계는 ($\mathcal{R}^3$ 안의 평면상에 위치한 1차원 직선의 경우와 같이) 하나의 초평면이 다른 초평면을 포함하는 차원이 다른 초평면 사이에서도 존재할 수 있다.

벡터 집합 $\{\overline{a}_1 \ldots \overline{a}_d\}$는 이 벡터들에 0이 아닌 계수를 적용한 선형 조합이 영벡터가 될 때 **선형 종속**이라고 한다.

정의 2.3.4 선형 종속

스칼라 집합 $x_1 \ldots x_d$에 대해 스칼라 중 적어도 일부는 0이 아닌데 아래의 조건이 충족될 경우, 영벡터가 아닌 벡터들의 집합 $\overline{a}_1 \ldots \overline{a}_d$는 선형 종속이라고 한다.

$$\sum_{i=1}^{d} x_i \overline{a}_i = \overline{0}$$

모든 스칼라 $x_1 \ldots x_d$가 0인 경우는 제외하고 있음을 강조한다. 모든 계수가 0일 경우에만 선형 조합이 영벡터가 될 때, 이러한 벡터 집합은 **선형 독립**이라고 한다. 상호 직교하는 벡터들의 집합 $\overline{a}_1 \ldots \overline{a}_d$가 선형 독립임을 보이는 것은 비교적 쉽다. 이러한 벡터들이 선형 종속이면 모두가 0은 아니면서 $\sum_{i=1}^{d} x_i \overline{a}_i = \overline{0}$이 되는 계수 $x_1 \ldots x_d$가 존재해야 한다. 그러나 각 a_i에 대해 선형 종속 조건식과의 점곱을 계산하고 $i \neq j$에 대해 각 $\overline{a}_i \cdot \overline{a}_j = 0$임을 이용하면 각 계수에 대해 $x_i = 0$을 얻는다.

원점을 통과하는 2차원 초평면상에 있는 3개의 선형 종속 벡터 $[0,\ 2,\ 1]^T$, $[1,\ 2,\ 1]^T$, $[1, 0, 0]^T$에 관한 앞서의 예를 생각해보자. 이 벡터들은 다음과 같이 선형 종속 조건을 충족한다.

$$\begin{bmatrix} 0 \\ 2 \\ 1 \end{bmatrix} - \begin{bmatrix} 1 \\ 2 \\ 1 \end{bmatrix} + \begin{bmatrix} 1 \\ 0 \\ 0 \end{bmatrix} = \overline{0}$$

따라서 이 경우 선형 종속 조건의 계수 x_1, x_2, x_3은 +1, −1, +1이다. 요점은 모든 벡터가 놓여있는 초평면을 정의하기 위해 이 세 개의 벡터 중 두 개만 있으면 된다는 것이다. 이러한 최소한의 벡터 집합을 **기저**(basis)라고 하며 다음과 같이 정의된다.

정의 2.3.5 기저

벡터 공간 $\mathcal{V} \subseteq \mathcal{R}^n$의 기저(또는 기저 집합)는 $\mathcal{V}$ 안의 모든 벡터를 $\overline{a}_1 \dots \overline{a}_d$의 선형 조합으로 표현할 수 있는 최소한의 벡터 집합 $\mathcal{B} = \{\overline{a}_1 \dots \overline{a}_d\} \subseteq \mathcal{V}$를 말한다. 즉, 임의의 벡터 $\overline{v} \in \mathcal{V}$에 대해 $\overline{v} = \sum_{i=1}^{d} x_i \overline{a}_i$인 스칼라 $x_1 \dots x_d$를 찾을 수 있지만, $\mathcal{B}$의 어떤 진부분집합에 대해서도 이 작업을 수행할 수 없다.

기저를 기하학적으로 해석하여 방향 또는 축들의 좌표계로 생각하고, 또 스칼라 $x_1 \dots x_d$을 벡터를 표현하기 위한 좌표들로 생각하면 이해에 도움이 될 것이다. 예를 들어, 데카르트 기하학의 고전적인 2차원 평면에서 일반적으로 사용되는 두 개의 축 방향은 $[1, 0]^T$와 $[0, 1]^T$인데, 이 축들을 θ만큼 회전하여 새로운 축들의 집합 $\{[\cos(\theta), \sin(\theta)]^T, \ [-\sin(\theta), \cos(\theta)]^T\}$를 얻을 수 있다. 더욱이 이 축들이 서로 직교할 필요도 없다. 예를 들어 $\mathcal{R}^2$의 모든 점은 $[1, 1]^T$와 $[1, 2]^T$의 선형 조합으로 표현할 수 있다. 분명히, 고전적인 데카르트 기하학에서 좌표계가 하나로 정해져 있는 것이 아닌 것처럼 기저 집합도 하나로 정해져 있지 않다.

기저 벡터들은 선형 독립이어야 한다. 이는 기저 $\mathcal{B}$의 벡터들이 선형 종속이면, 선형 종속 조건에 나타나는 모든 벡터를 $\mathcal{B}$에서 제거하더라도 나머지 벡터들로 $\mathcal{V}$의 모든 벡터를 표현할 수 있기 때문이다. 또한 벡터 집합 $\mathcal{B}$의 선형 조합으로 특정 벡터 $\overline{v} \in \mathcal{V}$를 표현할 수 없는 경우 선형 독립성을 훼손하지 않으면서 집합 $\mathcal{B}$에 $\overline{v}$를 추가할 수 있다. 이러한 벡터 추가 프로세스는 $\mathcal{V}$의 모든 벡터를 집합 $\mathcal{B}$의 선형 조합으로 표현할 수 있을 때까지 계속할 수 있다. 따라서 기저를 다음과 같이 정의할 수도 있다.

정의 2.3.6 기저에 대한 또 다른 정의

벡터 공간 $\mathcal{V}$의 기저는 (또는 기저 집합은) $\mathcal{V}$ 안에 있는 선형 독립 벡터의 최대 집합이다.

기저에 대한 두 정의는 동일하며 서로에서 유도될 수 있다. 흥미로운 사실 하나는 영벡터만 포함하는 벡터 공간의 경우 공집합이 기저가 된다는 점이다. 영벡터 외의 벡터를 포함하는 벡터 공간에 대해서는 항상 무수히 많은 기저 집합 중에서 선택할 수 있다. 예를 들어, $\mathcal{R}^3$에서 세 개의 선형 독립 벡터를 임의로 선택하면 선택된 벡터 집합은 $\mathcal{R}^3$의 유효한 기저가 되며, 선택된 기저 집합 안의 벡터들의 크기를 조정해도 여전히 유효한 기저 집합이 된다. **벡터 공간에 대한 차원 정리**에 따르면, 벡터 공간의 모든 기저 집합은 동일한 크기를 갖는다.

정리 2.3.1 벡터 공간에 대한 차원 정리

벡터 공간 $\mathcal{V}$의 가능한 모든 기저 집합에서 원소의 수는 항상 동일하다. 이 값을 벡터 공간의 차원이라고 한다.

증명 두 개의 기저 집합 $\overline{a}_1 \dots \overline{a}_d$와 $\overline{b}_1 \dots \overline{b}_m$이 있고 $d < m$이라고 가정한다. 이 경우 $\overline{b}_1 \dots \overline{b}_m$ 안의 벡터들의 부분집합이 선형 종속임을 증명할 텐데, 이는 정리의 전제 조건과 모순된다.

각 벡터 b_i는 다음과 같이 기저 벡터 $\overline{a}_1 \dots \overline{a}_d$의 선형 조합으로 표현될 수 있다.

$$\overline{b}_i = \sum_{j=1}^{d} \beta_{ij} \overline{a}_j \quad \forall i \in \{1 \dots m\} \tag{2.5}$$

요점은 d보다 큰 m개의 선형 종속 조건을 가지고 있고(식 2.5 참고), 조건식을 하나씩 줄이는 대가로 d개의 벡터 $\overline{a}_1 \dots \overline{a}_d$ 중 하나씩을 제거할 수 있다는 것이다. 예를 들어, 계수가 0이 아닌 a_1이 나타나는 선형 종속 조건을 선택하면 a_1을 $\overline{a}_2 \dots \overline{a}_d$, 그리고 $\overline{b}_1 \dots \overline{b}_m$ 중의 하나 이상을 선택하여 이들의 선형 조합으로 표현할 수 있다. a_1에 대한 이 선형 표현식을 다른 모든 선형 종속 조건에 대입한다. 이제 a_1에 대한 표현식을 작성하기 위해 원래 선택된 선형 종속 조건을 제거한다. 이러한 프로세스는 선형 종속 조건 개수와 기저 집합 $\{\overline{a}_1 \dots \overline{a}_d\}$ 안의 벡터 개수를 한 개 줄여준다. 이러한 프로세스는 $\overline{a}_2 \dots \overline{a}_d$ 각각에 대해 반복될 수 있으며, 해당 벡터가 제거될 때마다 선형 종속 조건의 개수도 1씩 줄어든다. 따라서 모든 벡터 $\overline{a}_1 \dots \overline{a}_d$가 제거되었을 때 $\overline{b}_1 \dots \overline{b}_m$ 사이에 0보다 큰 $(m-d)$개의 선형 조건이 남게 된다. 이는 $\overline{b}_1 \dots \overline{b}_m$이 선형 종속임을 의미한다. ■

부분공간 차원의 개념은 $\mathcal{R}^n$에서 초평면의 기하학적 차원의 개념과 동일하다. 예를 들어, $\mathcal{R}^n$에서 n개의 선형 독립 방향으로 구성되는 임의의 집합은 $\mathcal{R}^n$ 상의 기저를 (또는 좌표계를) 만드는 데 사용될 수 있다. n보다 낮은 차원을 갖는 초평면에 대응되는 부분공간의 경우 초평면 차원과 동일한 개수의 선형 독립 벡터만 있으면 된다. 이는 다음의 결과로 이어진다.

보조정리 2.3.1 행렬 가역성과 선형 독립성

$n \times n$ 정방행렬 A가 가역 행렬이라는 사실과 선형 독립 열/행을 갖는다는 사실은 동치이다.

증명 선형 독립 열들을 갖는 $n \times n$ 정방행렬은 그 안의 열들로 $\mathcal{R}^n$의 모든 벡터에 대한 기저를 정의한다. 따라서 각 i에 대해 $A\overline{x}_i = \overline{e}_i$인 n개의 계수 벡터 $\overline{x}_1 \dots \overline{x}_n \in \mathcal{R}^n$을 찾을 수

있다. 여기에서 $\overline{e}_i$는 단위행렬의 i번째 열이다. 이러한 조건은 행렬 형식으로 $A[\overline{x}_1 \ldots \overline{x}_n] = [\overline{e}_1 \ldots \overline{e}_n] = I_n$과 같이 표현할 수 있다. A와 $[\overline{x}_1 \ldots \overline{x}_d]$를 곱하여 단위행렬이 산출된다면 $A^{-1} = [\overline{x}_1 \ldots \overline{x}_n]$ 임을 의미한다. 반대로 행렬 A가 가역적일 경우, $A\overline{x} = \overline{0}$ 에 A^{-1}을 곱하면 $\overline{x} = \overline{0}$ 이 유일한 해임을 알 수 있다(선형 독립을 의미함). 행들에 대해서도 유사한 결과를 보일 수 있다. ■

벡터 공간에 $\sum_{i=0}^{p} c_i t^i$ 형태의 p차 다항식과 같은 추상 객체들을 포함하는 경우 기저는 $\{t^0, t^1 \ldots t^p\}$와 같은 단순한 객체들을 포함하게 될 것이다. 이와 같은 기저를 선택함으로써 각 다항식의 계수 $[c_0 \cdots c_p]$를 새로운 벡터 공간 $\mathcal{R}^{p+1}$으로 사용할 수 있다. **신중하게 선택된 기저 집합을 사용함으로써 실수 필드 상의 모든 d차원 벡터 공간을 유한한 d 값에 대해 자동으로 $\mathcal{R}^d$로 사상할 수 있다.** 예를 들어, $\mathcal{V}$가 $\mathcal{R}^n$의 d차원 부분공간이라고 하자($d < n$). 그러나 일단 d개의 기저 벡터를 선택하면 이러한 벡터들에 대한 d차원 조합 계수 집합 자체가 "보다 양호한" 벡터 공간 $\mathcal{R}^d$를 생성한다. 따라서 모든 d차원 벡터 공간 $\mathcal{V}$와 $\mathcal{R}^d$ 사이에는 일대일 **동형** 사상이 존재한다.

2.3.1 기저 시스템의 좌표

$\overline{v} \in \mathcal{V} \subset \mathcal{R}^n$을 d차원 벡터 공간 $\mathcal{V}$에서 가져온 벡터라고 하자($d < n$). 즉, 벡터 공간 $\mathcal{V}$는 $\mathcal{R}^n$ 안의 어떤 d차원 초평면상의 모든 벡터를 포함한다. 벡터 $\overline{v} = \sum_{i=1}^{d} x_i \overline{a}_i$를 특정 기저로 표현하기 위한 계수 $x_1 \cdots x_d$를 좌표라고 한다. **표준 기저**라고 불리는 벡터 공간 $\mathcal{R}^n$의 특정 기저 집합은 n차원 열벡터들인 $\{\overline{e}_1 \cdots \overline{e}_n\}$을 포함하는데, 여기에서 각 $\overline{e}_i$는 i번째 항에 1을 포함하고 나머지 항들은 모두 0인 열벡터이다. 기저 집합을 선택할 때 표준 기저 집합이 선택되는 경우가 많으며, 벡터의 스칼라 성분들은 좌표와 동일한 의미로 해석된다. 그러나 벡터의 스칼라 성분들이 임의의 기저 집합에 대해 좌표와 항상 동일한 것은 아니다. 표준 기저는 $\mathcal{R}^n$의 **진부분공간**에 대해서는 기저로 사용할 수 없기 때문에 제한적이라고 할 수 있다.

중요한 사실은 어떤 기저를 사용하든 벡터의 좌표는 고유성을 가져야 한다는 것이다.

보조정리 2.3.2 좌표의 고유성

기저 집합 $\mathcal{B} = \{\overline{a}_1 \cdots \overline{a}_d\}$를 사용하여 임의의 벡터 $\overline{v} \in \mathcal{V}$를 표현하기 위한 좌표 $\overline{x} = [x_1 \cdots x_d]^T$는 항상 고유성을 가져야 한다.

증명 좌표가 고유성을 갖지 않고 두 개의 서로 다른 좌표 집합 $x_1 \cdots x_d$와 $y_1 \cdots y_d$가 있다고 가정한다. 그러면 $\overline{v} = \sum_{i=1}^{d} x_i \overline{a}_i = \sum_{i=1}^{d} y_i \overline{a}_i$가 될 것이다. 따라서 $\sum_{i=1}^{d} (x_i - y_i) \overline{a}_i = \overline{v} - \overline{v} = \overline{0}$이 될 텐데, 이는 벡터 $\overline{a}_1 \ldots \overline{a}_d$가 선형 종속임을 의미한다. 이는 (좌표 집합 $x_1 \ldots x_d$와 $y_1 \ldots y_d$가 동일하지 않다면) $\mathcal{B}$가 기저라는 보조정리의 전제와 모순된다. ■

고유성을 갖는 이러한 좌표들을 어떻게 찾을 수 있을까? $\overline{a}_1 \ldots \overline{a}_d$가 $\mathcal{V}$의 직교정규 기저에 해당할 때, 좌표들은 단순히 $\overline{v}$와 기저 벡터 사이의 점곱들이다. $\overline{v} = \sum_{i=1}^{d} x_i \overline{a}_i$의 양변에 각 $\overline{a}_j$와의 점곱을 취하고 직교정규성을 사용하면 $x_j = \overline{v} \cdot \overline{a}_j$를 보이는 것은 어렵지 않다. 예를 들어, $\overline{a}_1 = [1, 1, 1]^T / \sqrt{3}$과 $\overline{a}_2 = [1, -1, 0]^T / \sqrt{2}$가 이러한 벡터들로 형성하는 평면상의 모든 점을 포함하는 벡터 공간 $\mathcal{V}$의 직교정규 기저 집합을 구성할 경우, $\mathcal{V}$ 상의 벡터 $[2, 0, 1]^T$의 좌표는 (점곱 방법을 사용하여) $[\sqrt{3}, \sqrt{2}]^T$가 된다. 기저 벡터들은 $\mathcal{R}^3$에서 가져왔지만 벡터 공간 $\mathcal{V}$는 2차원 평면이며 두 개의 좌표만 갖는다.

비 직교 기저 시스템에서 벡터 $\overline{v}$의 좌표를 찾는 것은 훨씬 더 까다롭다. 일반적인 문제는 $\overline{x} = [x_1 \ldots x_d]^T$에 대한 연립방정식 $A\overline{x} = \overline{v}$의 풀이에 해당한다. 여기에서 $n \times d$ 행렬 A의 n차원 열들에는 (선형 독립) 기저 벡터들이 포함된다. 이 문제는 연립방정식 $A\overline{x} = \overline{v}$에 대한 해를 찾는 것으로 귀결된다. 여기에서 $A = [\overline{a}_1 \ldots \overline{a}_d]$는 d차원 벡터 공간 $\mathcal{V} \subseteq \mathcal{R}^n$의 기저 벡터들을 포함한다. 벡터 공간 $\mathcal{V}$가 $\mathcal{R}^n$의 d차원 부분공간이고 좌표 벡터 $\overline{x}$는 $\mathcal{R}^d$ 상에 존재하는 경우에도 기저 벡터들은 $\mathcal{R}^n$ 상의 벡터와 같이 n개의 성분을 사용하여 표현된다. $d = n$이고 행렬 A가 정방행렬일 경우 해는 단순히 $\overline{x} = A^{-1}\overline{v}$로 구할 수 있다. 그러나 A가 정방행렬이 아닌 경우 $\overline{v}$가 $\mathcal{V} \subset \mathcal{R}^n$ 상에 위치하지 않으면 유효한 좌표를 찾지 못할 수도 있다. 이것은 기하학적으로 $\overline{v}$가 A의 열들의 가능한 모든 선형 조합에 의해 정의되는 초평면 H_A 상에 위치하지 않을 때 발생한다. 그러나 **$\overline{v}$에 가장 가까운 A 열들의 선형 조합 $A\overline{x}$와 $\overline{v}$를 연결하는 직선은 초평면 H_A와 직교 관계에 있으며 따라서 A의 모든 열들에 직교해야 한다는** 사실을 관찰함으로써 최적합 좌표 $\overline{x}$를 찾을 수 있다. $(A\overline{x} - \overline{v})$가 A의 모든 열들에 직교하는 조건은 **정규 방정식** $A^T(A\overline{x} - \overline{v}) = \overline{0}$으로 표현될 수 있다. 이에 따라 다음의 결과를 얻는다.

$$\overline{x} = (A^T A)^{-1} A^T \overline{v} \tag{2.6}$$

최적합 해에는 정확한 해가 존재할 경우 정확한 해도 포함된다. 행렬 $(A^T A)^{-1} A^T$는 선형 독립 열들을 갖는 행렬 A의 **좌 역행렬**이라고 하며 이 책에서는 여러 다른 유도과정을 통해 반복적으로 나타날 것이다(2.8절 참고).

좌표 변환의 특성을 설명하기 위해 동일한 벡터 $[10, 15]^T$의 좌표를 표준 기저 집합을 포함

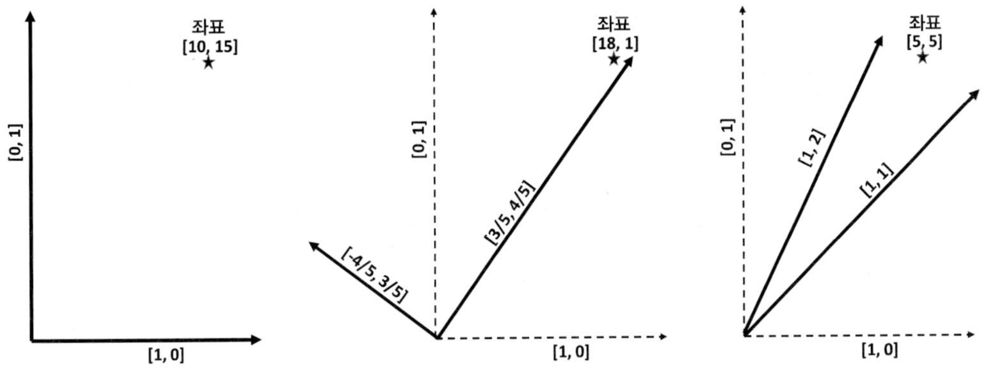

(a) 기저 $\{[1,0]^T,\ [0,1]^T\}$
(표준 기저)

(b) 기저 $\left\{\left[\frac{3}{5}, \frac{4}{5}\right]^T, \left[-\frac{4}{5}, \frac{3}{5}\right]^T\right\}$
(회전된 직교정규 기저)

(c) 기저 $\{[1,1]^T,\ [1,2]^T\}$
(비 직교 기저)

그림 2.5 $\mathcal{R}^2$ 상의 서로 다른 기저들에 따라 동일한 벡터 $[10,\ 15]^T$의 좌표가 달라지는 예. (c)에서와 같이 기저 집합은 직교하지 않을 수도 있고 정규화되지 않을 수도 있다.

하는 세 가지 다른 기저 집합으로 표시한다. 세 개의 기저 집합은 표준 기저 집합, 표준 기저의 각 벡터를 반시계 방향으로 $\sin^{-1}(4/5)$만큼씩 회전하여 얻은 기저 집합 $\left\{\left[\frac{3}{5}, \frac{4}{5}\right]^T, \left[-\frac{4}{5}, \frac{3}{5}\right]^T\right\}$, 벡터들에 대한 단위 정규화도 되지 않은 비 직교 기저 $\{[1,1]^T,\ [1,2]^T\}$ 등이다. 이러한 각 기저 집합은 $\mathcal{R}^2$를 나타내는 좌표계를 정의하는데, 비 직교 좌표계는 기존의 데카르트 좌표계와는 상당히 달라 보인다. 각 기저 집합에 대응되는 기본 방향은 각각 그림 2.5(a), (b), (c)에 보이고 있다. 그림 2.5(a)의 표준 기저의 경우 벡터 $[10,\ 15]^T$의 좌표는 벡터 성분들(즉, 10과 15)과 같다. 그러나 다른 기저들에서는 그렇지 않다. 그림 2.5(b)의 직교정규 (회전) 기저에서 벡터 $[10,\ 15]^T$의 좌표는 $[18,\ 1]^T$이고 그림 2.5(c)의 비 직교 기저에서 해당 좌표는 $[5,\ 5]^T$이다. 이러한 좌표 값들은 다양한 기저 집합에서 $[10,\ 15]^T$가 어떻게 분해되는지에 따라 설명될 수 있다.

$$\begin{bmatrix} 10 \\ 15 \end{bmatrix} = \underbrace{10\begin{bmatrix} 1 \\ 0 \end{bmatrix} + 15\begin{bmatrix} 0 \\ 1 \end{bmatrix}}_{\text{표준 기저}} = \underbrace{18\begin{bmatrix} 3/5 \\ 4/5 \end{bmatrix} + 1\begin{bmatrix} -4/5 \\ 3/5 \end{bmatrix}}_{\text{그림 2.5(b)의 기저}} = \underbrace{5\begin{bmatrix} 1 \\ 1 \end{bmatrix} + 5\begin{bmatrix} 1 \\ 2 \end{bmatrix}}_{\text{그림 2.5(c)의 기저}}$$

비 직교 좌표계의 개념은 해석기하학에 존재하지만 좌표에 대한 시각적 해석이 어려워 실제로 거의 사용되지 않는다. 그러나 이러한 비 직교 기저 시스템은 기하학적 직관을 잃는 대신 대수적 단순성이라는 보상이 주어지는 선형대수에서는 매우 자연스럽게 활용된다.

2.3.2 기저 집합 간의 좌표 변환

앞의 절에서 서로 다른 기저 집합이 $\mathcal{R}^n$의 벡터들에 대해 서로 다른 좌표계에 어떻게 대응되는지에 대해 설명하였다. 여기에서 발생하는 자연스러운 질문은 $\mathcal{R}^n$의 n차원 기저 집합 $\{\overline{a}_1 \dots \overline{a}_n\}$에 대해 정의된 좌표 $\overline{x}_a$를 n차원 기저 집합 $\{\overline{b}_1 \dots \overline{b}_n\}$에 대해 정의되는 좌표 $\overline{x}_b$로 어떻게 변환할 수 있는가이다. 목표는 $\overline{x}_a$를 $\overline{x}_b$로 변환하는 $n \times n$ 행렬 $P_{a \to b}$를 찾는 것이다.

$$\overline{x}_b = P_{a \to b}\overline{x}_a$$

예를 들어, 그림 2.5(b)의 직교 기저 집합의 좌표를 그림 2.5(c)의 비 직교 시스템 좌표로 어떻게 변환할 수 있을까? 여기에서 핵심은 좌표 $\overline{x}_a$와 $\overline{x}_b$가 동일한 벡터의 표현이므로 표준 기저에서 동일한 좌표를 갖는다는 점을 관찰하는 것이다. 먼저 기저 집합을 사용하여 두 개의 $n \times n$ 행렬 $A = [\overline{a}_1 \dots \overline{a}_n]$와 $B = [\overline{b}_1 \dots \overline{b}_n]$를 생성한다. $\overline{x}_a$와 $\overline{x}_b$의 좌표 $\overline{x}$는 표준 기준에서 동일해야 하므로 다음의 결과를 얻는다.

$$A\overline{x}_a = B\overline{x}_b = \overline{x}$$

선형 독립 벡터들에 의해 정의되는 정방행렬이 가역적이라는 것을 이미 확립한 바 있다(보조정리 2.3.1 참고). 따라서 양쪽에 B^{-1}을 곱하면 다음을 얻는다.

$$\overline{x}_b = \underbrace{[B^{-1}A]}_{P_{a \to b}}\overline{x}_a$$

이 행렬이 의도된 변환을 실제로 수행하는지 확인하기 위해 그림 2.5(b)의 시스템에서 그림 2.5(c)의 시스템으로의 좌표 변환 행렬을 계산해 보자. 이 두 경우의 행렬 A와 B는 다음과 같이 그림 2.5의 기저 벡터들을 사용하여 구성할 수 있다.

$$A = \begin{bmatrix} 3/5 & -4/5 \\ 4/5 & 3/5 \end{bmatrix}, \quad B = \begin{bmatrix} 1 & 1 \\ 1 & 2 \end{bmatrix}, \quad B^{-1} = \begin{bmatrix} 2 & -1 \\ -1 & 1 \end{bmatrix}$$

좌표 변환 행렬은 다음과 같이 계산할 수 있다.

$$P_{a \to b} = B^{-1}A = \begin{bmatrix} 2 & -1 \\ -1 & 1 \end{bmatrix} \begin{bmatrix} 3/5 & -4/5 \\ 4/5 & 3/5 \end{bmatrix} = \begin{bmatrix} 2/5 & -11/5 \\ 1/5 & 7/5 \end{bmatrix}$$

이 좌표 변환이 올바르게 작동하는지 확인하기 위해 그림 2.5(b)의 좌표 $[18, 1]^T$가 그림 2.5(c)의 좌표 $[5, 5]^T$로 변환되는지 확인하면 된다.

$$P_{a\to b}\begin{bmatrix}18\\1\end{bmatrix}=\begin{bmatrix}2/5 & -11/5\\1/5 & 7/5\end{bmatrix}\begin{bmatrix}18\\1\end{bmatrix}=\begin{bmatrix}5\\5\end{bmatrix}$$

따라서 위의 변환 행렬은 좌표를 한 시스템에서 다른 시스템으로 올바르게 변환한다. 변환과 관련된 주요 계산 작업은 행렬 B의 역행렬을 구하는 것이다. 한 가지 중요한 사실은 B가 직교 행렬일 때 변환 행렬은 B^TA로 단순화된다는 것이다. 또한 행렬 A(즉, 변환 전 표현)가 표준 기저에 대응되는 경우 변환 행렬은 B^T이다. 따라서 직교정규 기저를 사용하면 계산이 단순화되므로 직교정규 기저 집합의 식별이 그 자체로 중요한 문제이다(2.7.1절 참고).

또한 $\mathcal{R}^n$ 전체가 아니라 $\mathcal{R}^n$의 특정 d차원 **부분공간** $\mathcal{V}$를 정의하는 기저 집합 간에 좌표 변환을 수행할 수도 있다. $\overline{a}_1\ldots\overline{a}_d$와 $\overline{b}_1\ldots\overline{b}_d$가 d차원 부분공간 $\mathcal{V}$에 대한 두 개의 기저 집합들이라고 하고, 이 기저 벡터들 각각은 $\mathcal{R}^n$의 표준 기저들을 사용하여 표현할 수 있다고 하자. 또한, 이 두 개의 기저 집합들로 표현한 동일한 벡터 $\overline{v}\in\mathcal{V}$의 2차원 좌표들을 $\overline{x}_a$와 $\overline{x}_b$라고 하자. 이제 이미 알고 있는 좌표 $\overline{x}_a$를 두 번째 기저 집합에 대해 알려지지 않은 좌표 $\overline{x}_b$로 변환하려고 한다(두 기저 집합이 서로 다른 벡터 공간을 나타내는 경우 최적합 벡터 공간을 찾음). 앞의 예에서와 같이 $A=[\overline{a}_1\ldots\overline{a}_d]$와 $B=[\overline{b}_1\ldots\overline{b}_d]$를 이 두 개의 기저 벡터 집합들을 각각 열들로 포함하는 두 개의 $n\times d$ 행렬이라고 하자. $\overline{x}_a$와 $\overline{x}_b$는 동일한 벡터의 좌표들이고 $\mathcal{R}^n$의 표준 기저에서 동일한 좌표를 가지므로 $A\overline{x}_a=B\overline{x}_b$이다. 그러나 행렬 B는 정방행렬이 아니기 때문에 $\overline{x}_a$를 기준으로 $\overline{x}_b$를 풀기 위해 역변환할 수 없으며 때로는 최적합 해로 만족해야 할 수도 있다. 이 최적합 문제는 정규 방정식을 사용하여 식 2.6에서 유도된 것과 유사하며, 최적합 해가 되기 위해 $A\overline{x}_a-B\overline{x}_b$는 B의 모든 열들에 직교해야 한다. 이것은 $B^T(A\overline{x}_a-B\overline{x}_b)=\overline{0}$을 의미하며, 따라서 다음의 결과를 얻는다.

$$\overline{x}_b=\underbrace{(B^TB)^{-1}B^TA}_{\mathcal{P}_{a\to b}}\overline{x}_a$$

B가 가역적 정방행렬일 경우 이 해는 $B^{-1}A\overline{x}_a$로 단순화된다.

2.3.3 벡터 집합의 생성공간

벡터 공간은 (선형 독립인) 기저 집합에 의해 자연스럽게 정의되지만, 선형 종속 벡터 집합을 사용하여 벡터 공간을 정의할 수도 있다. 이것은 **생성공간**(span)의 개념으로 달성된다.

정의 2.3.7 생성공간

유한 벡터 집합의 생성공간 $\mathcal{A}=\{\overline{a}_1\ldots\overline{a}_d\}$는 $\mathcal{A}$의 벡터들로 가능한 모든 선형 조합에 의해 정의

되는 벡터 공간이다.

$$Span(\mathcal{A}) = \{\overline{v} : \overline{v} = \sum_{i=1}^{d} x_i \overline{a}_i, \forall x_1 \ldots x_d \in \mathcal{R}\}$$

예를 들어, $\mathcal{R}^3$ 상의 벡터 공간을 생각해보자. 이 경우 두 개의 벡터 $[0, 2, 1]^T$, $[1, 2, 1]^T$의 생성공간은 벡터 $[0, 2, 1]^T$와 $[1, 2, 1]^T$로 정의되는 2차원 초평면상에 있는 모든 벡터의 집합이다. 이 초평면상에 있지 않은 점들은 두 벡터의 생성공간에 포함되지 않는다. 벡터 $[1, 0, 0]^T$를 추가하여 세 개의 벡터로 확장된 벡터 집합의 생성공간은 처음 두 벡터의 범위와 달라지지 않는데, 이는 벡터 $[1, 0, 0]^T$가 $[0, 2, 1]^T$와 $[1, 2, 1]^T$에 선형 종속되어 있기 때문이다. 따라서 집합 $\mathcal{A}$에 벡터를 추가할 경우, 추가되는 벡터가 추가 전 $\mathcal{A}$의 생성공간에 있지 않을 때만 생성공간이 확대된다. 집합 $\mathcal{A}$가 선형 독립 벡터들로 이루어져 있다면, 집합 $\mathcal{A}$는 생성공간의 기저 집합이기도 하다.

$\mathcal{R}^3$ 상의 생성공간을 그림으로 보여주는 예가 그림 2.6에 나와 있다. 그림 2.6(a)에서 세 벡터 $\overline{A}$, $\overline{B}$, $\overline{C}$는 원점을 통과하는 초평면에 놓여 있지만 두 개씩 보면 선형 독립이다. 따라서 각 벡터 쌍은 이 초평면상의 모든 벡터들을 포함하는 2차원 부분공간을 생성공간으로 갖는다. 그러나 세 벡터의 선형 종속성 때문에 세 벡터 모두에 대한 생성공간은 여전히 동일한 부분공간이다. 초평면상에 있는 벡터를 집합에 추가해도 집합의 생성공간은 변경되지 않는다. 반면에 그림 2.6(b)의 세 벡터는 선형 독립이므로 생성공간은 $\mathcal{R}^3$ 전체에 해당한다.

그림 2.6(b)의 세 벡터는 선형 독립이고 $\mathcal{R}^3$ 전체에 걸쳐 있기 때문에 (비 직교 벡터 집합임에도 불구하고) $\mathcal{R}^3$ 상의 임의의 벡터를 표현할 수 있는 유효한 좌표계를 만드는 데 사용될

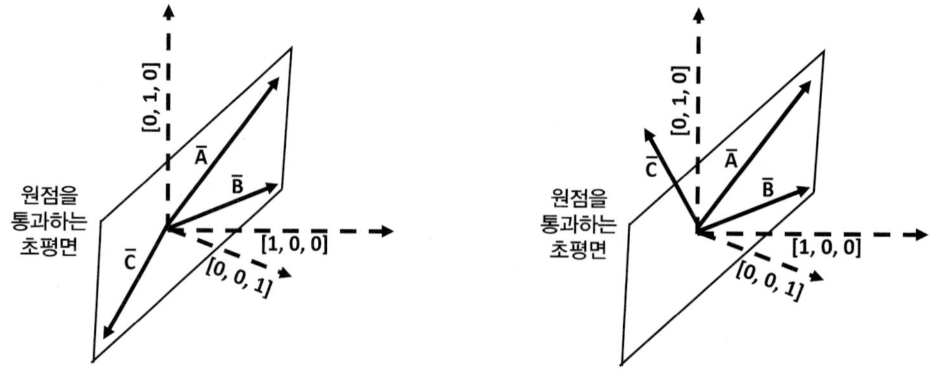

(a) Span($\{\overline{A}, \overline{B}\}$)=Span($\{\overline{A}, \overline{B}, \overline{C}\}$)
Span($\{\overline{A}, \overline{B}, \overline{C}\}$)=초평면의 모든 벡터

(b) Span($\{\overline{A}, \overline{B}\}$)$\neq$Span($\{\overline{A}, \overline{B}, \overline{C}\}$)
Span($\{\overline{A}, \overline{B}, \overline{C}\}$)=$\mathcal{R}^3$의 모든 벡터

그림 2.6 선형 종속 벡터 집합의 생성공간의 차원은 집합의 벡터 개수보다 낮음

수 있다. 그림 2.6(a)의 세 개의 선형 종속 벡터 $\overline{A}$, $\overline{B}$, $\overline{C}$를 사용하여 $\mathcal{R}^3$에 대한 "좌표계"를 만들려고 하면 어떤 일이 발생할까? 첫째, 그림 2.6(a)의 초평면상에 있지 않은 3차원 벡터는 세 개의 벡터 $\overline{A}$, $\overline{B}$, $\overline{C}$의 선형 조합으로 표현할 수 없다. 따라서 이러한 벡터를 나타내는 유효한 좌표는 존재하지 않는다. 또한 $\overline{b}$가 그림 2.6(a)의 초평면상에 있는 경우에도 $A\overline{x}=\overline{b}$에 대한 해는 A의 열들의 선형 종속성 때문에 고유한 해로 정해지지 않을 수 있으므로 고유한 "좌표"가 존재하지 않을 수 있다.

2.3.4 기계학습 예제: 이산 웨이블릿 변환

기저 변환은 시계열의 기계학습에서 자주 사용된다. 길이 n의 시계열은 $\mathcal{R}^n$의 한 지점으로 취급될 수 있으며, 여기에서 각 실수 값은 각 시간 단위의 시계열 값을 나타낸다. 예를 들어, 한 시간 동안 매초마다 수집된 온도의 시계열은 $\mathcal{R}^{3,600}$의 개별 벡터가 된다. 시계열의 일반적인 특성 중 하나는 대부분의 실제 응용에서 연속된 값들 사이에 차이가 크지 않다는 것이다. 예를 들어 연속된 두 온도 판독 값은 일반적으로 거의 항상 동일하다. 따라서 대부분의 정보는 시간에 따라 단 몇 개의 변화로 숨겨진다. 하(Haar) 웨이블릿 변환은 중요한 변화들을 추출하는 기저 변환을 정확하게 수행한다. 일반적으로 이러한 변화들 중 단 몇 개만 큰 값을 갖기 때문에 희소 벡터가 생성된다. 공간 효율성의 이점 외에도 일부 예측 알고리즘은 추세 차이를 반영하는 좌표들에서 더 잘 작동한다.

예를 들어 $\mathcal{R}^8$ 상의 시계열 $\overline{s}=[8,\ 6,\ 2,\ 3,\ 4,\ 6,\ 6,\ 5]^T$를 생각해보자. 이 표현은 표준 기저의 값들에 대응된다. 그러나 시계열의 인접한 영역 간의 차이가 강조되는 기저가 바람직하다. 따라서 비례 인수 내에서 계수들이 나타내는 내용에 대한 해석과 함께 $\mathcal{R}^8$ 상에 새로운 기저를 생성하기 위해 다음 8개의 벡터 집합을 정의한다.

기저 계수의 의미	비정규 기저 벡터	기저 벡터 노옴
시계열 합계	$[1,\ 1,\ 1,\ 1,\ 1,\ 1,\ 1,\ 1]^T$	$\sqrt{8}$
절반씩 다름	$[1,\ 1,\ 1,\ 1,\ -1,\ -1,\ -1,\ -1]^T$	$\sqrt{8}$
1/4씩 다름	$[1,\ 1,\ -1,\ -1,\ 0,\ 0,\ 0,\ 0]^T$ $[0,\ 0,\ 0,\ 0,\ 1,\ 1,\ -1,\ -1]^T$	$\sqrt{4}$ $\sqrt{4}$
1/8씩 다름	$[1,\ -1,\ 0,\ 0,\ 0,\ 0,\ 0,\ 0]^T$ $[0,\ 0,\ 1,\ -1,\ 0,\ 0,\ 0,\ 0]^T$ $[0,\ 0,\ 0,\ 0,\ 1,\ -1,\ 0,\ 0]^T$ $[0,\ 0,\ 0,\ 0,\ 0,\ 0,\ 1,\ -1]^T$	$\sqrt{2}$ $\sqrt{2}$ $\sqrt{2}$ $\sqrt{2}$

모든 기저 벡터는 단위 노옴으로 정규화되지는 않지만 직교성을 갖는다. 시계열을 표준 기저에서 이 새로운 (정규화 후의) 직교 벡터 집합으로 변환하는 문제는 표준 기저에서 변환해야 한다는 사실로 인해 단순화된다. 앞 절의 끝부분에서 설명했듯이 이러한 벡터들을 사용하여 직교 행렬 B를 만든 다음 시계열 $\overline{s} = [8, 6, 2, 3, 4, 6, 6, 5]^T$에 B^T를 곱하여 변환된 표현을 만들 수 있다. 전치행렬 B^T는 열들이 아니라 행들에 기저 벡터들을 포함한다. 수치 및 계산 효율성을 위해 B의 열들을 미리 단위 노옴으로 정규화하지 않고 정규화되지 않은 행렬 B^T와 곱한 후 $\overline{s}$의 좌표들을 정규화한다. 따라서 정규화되지 않은 좌표 $\overline{s}_u$와 정규화된 좌표 $\overline{s}_n$은 다음과 같이 계산할 수 있다.

$$\overline{s}_u = \underbrace{\begin{bmatrix} 1 & 1 & 1 & 1 & 1 & 1 & 1 & 1 \\ 1 & 1 & 1 & 1 & -1 & -1 & -1 & -1 \\ 1 & 1 & -1 & -1 & 0 & 0 & 0 & 0 \\ 0 & 0 & 0 & 0 & 1 & 1 & -1 & -1 \\ 1 & -1 & 0 & 0 & 0 & 0 & 0 & 0 \\ 0 & 0 & 1 & -1 & 0 & 0 & 0 & 0 \\ 0 & 0 & 0 & 0 & 1 & -1 & 0 & 0 \\ 0 & 0 & 0 & 0 & 0 & 0 & 1 & -1 \end{bmatrix}}_{B^T} \underbrace{\begin{bmatrix} 8 \\ 6 \\ 2 \\ 3 \\ 4 \\ 6 \\ 6 \\ 5 \end{bmatrix}}_{\overline{s}} = \begin{bmatrix} 40 \\ -2 \\ 9 \\ -1 \\ 2 \\ -1 \\ -2 \\ 1 \end{bmatrix}, \quad \overline{s}_n = \begin{bmatrix} 40/\sqrt{8} \\ -2/\sqrt{8} \\ 9/\sqrt{4} \\ -1/\sqrt{4} \\ 2/\sqrt{2} \\ -1/\sqrt{2} \\ -2/\sqrt{2} \\ 1/\sqrt{2} \end{bmatrix}$$

가장 오른쪽 벡터 $\overline{s}_n$에는 정규화된 웨이블릿 계수들이 포함된다. 많은 경우 절대 크기가 매우 작은 계수들을 삭제하면 시계열의 차원이 줄어들며, 이 경우 압축된 시계열 표현을 얻을 수 있다. 행렬 B는 매우 희소하며 $\mathcal{R}^n$ 상의 변환에 대해 0이 아닌 $O(n\log(n))$개의 항을 포함한다. 또한 행렬에는 $\{-1, 0, +1\}$의 값만 포함되어 있으므로 행렬 곱셈은 벡터 성분의 덧셈 또는 뺄셈으로 단순화된다. 즉, 이러한 행렬 곱셈은 매우 효율적으로 계산될 수 있다.

2.3.5 벡터 공간의 부분공간들 사이의 관계

이 절에서는 벡터 공간의 부분공간들 사이의 다양한 유형의 관계를 살펴본다. 이 절에서는 모든 벡터 공간이 (기계학습과의 관련성 때문에) $\mathcal{R}^n$의 부분공간이라고 가정하지만 기본 결과는 보다 일반적인 가정에서도 성립된다. 먼저, **서로소 벡터 공간**의 개념에 대해 설명한다.

정의 2.3.8 서로소 벡터 공간

두 벡터 공간 $\mathcal{U} \subseteq \mathcal{R}^n$와 $\mathcal{W} \subseteq \mathcal{R}^n$가 서로소(disjoint)라는 것은 두 공간이 영벡터 이외의 공통 벡터를 포함하지 않음을 의미한다.

기저 집합이 $\mathcal{B}_u$와 $\mathcal{B}_w$인 $\mathcal{U}$와 $\mathcal{W}$가 서로소인 경우 이러한 기저 집합의 합집합 $\mathcal{B} = \mathcal{B}_u \cup \mathcal{B}_w$는 선형 독립 집합이다. 그렇지 않으면 선형 종속성 조건을 $\mathcal{B}$에 적용하고 각 벡터 공간의

요소들을 종속성 조건의 양변에 배치하여 $\mathcal{U}$와 $\mathcal{W}$ 양쪽에 있는 벡터를 생성할 수 있다. 이것은 서로소 관계의 전제 조건에 대한 모순이다.

$\mathcal{R}^3$ 상에서 원점 통과 평면과 $\mathcal{R}^3$의 원점 통과 직선은 직선이 평면에 포함되지 않는 한 서로소 관계의 벡터 공간들을 나타낸다. 그러나 $\mathcal{R}^3$ 상의 원점 통과 평면 쌍에 의해 생성되는 벡터 공간 쌍은 1차원 직선을 따라 교차하기 때문에 서로소 관계가 아니다. 두 개의 서로소 벡터 공간에 해당하는 초평면들은 0차원 벡터 공간에 해당하는 **원점에서만 교차해야 한다**. 벡터 공간들이 **서로소 관계**인 특별한 경우는 두 공간이 **직교하는** 경우이다.

정의 2.3.9 직교 벡터 공간

두 벡터 공간 $\mathcal{U} \subseteq \mathcal{R}^n$와 $\mathcal{W} \subseteq \mathcal{R}^n$가 직교한다는 것은 벡터 쌍 $\overline{u} \in \mathcal{U}$와 $\overline{w} \in \mathcal{W}$에 대해 두 벡터의 점곱이 0임을 의미한다.

$$\overline{u} \cdot \overline{w} = 0 \tag{2.7}$$

서로소 벡터 공간 쌍은 직교할 필요는 없지만 직교하는 벡터 공간 쌍은 항상 서로소이며, 이는 귀류법으로 증명될 수 있다. 직교 벡터 공간 $\mathcal{U}$와 $\mathcal{W}$가 서로소가 아닌 경우 중첩된 부분에서 영벡터가 아닌 동일한 $\overline{u} \in \mathcal{U}$와 $\overline{w} \in \mathcal{W}$를 선택할 수 있어야 하는데(즉, $\overline{u} = \overline{w} \neq \overline{0}$), 이는 식 2.7의 조건에 위배된다(이로 인해 모순이 발생함).

기저 집합들의 합집합의 생성공간이 $\mathcal{R}^n$ 전체가 되는 두 개의 직교 부분공간을 **직교 여부분공간**(complementary subspace)들이라고 한다.

정의 2.3.10 직교 여부분공간

$\mathcal{U}$를 $\mathcal{R}^n$의 부분공간이라고 하자. 그러면 $\mathcal{W}$가 $\mathcal{U}$의 직교 여부분공간이라는 것은 다음 특성들을 충족한다는 의미이다.

- 공간 $\mathcal{U}$와 $\mathcal{W}$는 직교한다(따라서 서로소임).
- $\mathcal{U}$와 $\mathcal{W}$의 기저 집합들의 합집합은 $\mathcal{R}^n$의 기저를 형성한다.

직교 여부분공간 개념은 **여부분공간**의 특별한 경우이다. 두 부분공간이 서로소이고 기저 집합들의 합집합에 대한 생성공간이 $\mathcal{R}^n$ 전체일 때 이들은 여부분공간 관계가 된다. 그러나 이들이 직교할 필요는 없다. 주어진 부분공간에 대해 무수히 많은 여부분공간이 존재하지만 직교 여부분공간은 하나뿐이다. $\mathcal{R}^3$의 부분공간 $\mathcal{U}$가 원점을 통과하는 어떤 2차원 평면상의 모든 벡터의 집합인 경우를 생각해보자. 이러한 평면을 그림 2.7에서 보이고 있다. 이제 원점에서 출발하면서 이 평면상에 있지 않은 무수히 많은 벡터 중 어느 하나를 선택하여 $\mathcal{U}$의 1차원 여부분공간을 정의할 수 있다. 그러나 이 평면에 수직인 벡터에 의해 정의되는 단 하나의 부

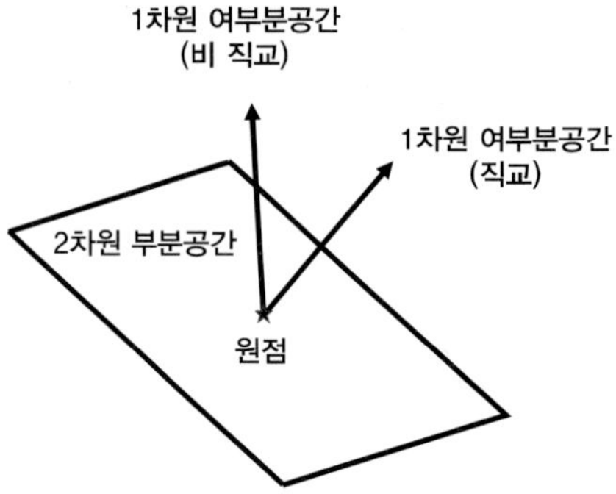

그림 2.7 여부분공간의 예

분공간이 존재하며, 이는 $\mathcal{U}$에 대한 **직교 여부분공간**이다.

> **문제 2.3.2** $\mathcal{R}^3$에서 각각 기저 집합이 $\{[1, 1, 1]^T\}$와 $\{[1, 0, 0]^T, [0, 1, 0]^T\}$인 두 개의 서로소 벡터 공간을 생각해보자. 벡터 $[0, 1, 1]^T$가 두 공간 중 하나에 속하도록 두 벡터의 합으로 표현하시오. 이 문제를 풀려면 3개의 식으로 이루어진 선형 연립방정식을 풀어야 할 것이다.

> **문제 2.3.3** $\mathcal{U} \subset \mathcal{R}^3$이 기저 집합 $\{[1, 0, 0]^T, [0, 1, 0]^T\}$로 정의된다고 하자. $\mathcal{U}$의 두 가지 가능한 여부분공간의 기본 집합을 설명하시오. 각각의 경우 벡터 $[1, 1, 1]^T$의 분해를 이러한 여부분공간의 벡터 합으로 제시하시오.

> **문제 2.3.4** $\mathcal{U} \subset \mathcal{R}^3$이 기저 집합 $\mathcal{B} = \{[1, 1, 1]^T, [1, -1, 1]^T\}$로 정의된다고 하자. $\mathcal{U}$의 직교 여부분공간 $\mathcal{W}$를 찾기 위한 연립방정식을 세우시오. $\mathcal{U}$와 $\mathcal{W}$의 직교성을 사용하여 벡터 $[2, 2, 1]^T$를 이러한 여부분공간 벡터들의 합으로 표현하는 신속한 방법을 제안하시오.

2.4 행렬 행과 열에 관한 선형대수

$n \times d$ 행렬 A의 행들이나 열들에 의한 생성공간은 벡터 공간이며, 각각 **행공간**과 **열공간**이라고 한다.

정의 2.4.1 행공간과 열공간

$n \times d$ 행렬 A의 경우 열공간은 열들에 의해 생성되는 벡터 공간으로 정의되며 $\mathcal{R}^n$의 부분공간이

다. A의 행공간은 A^T의 열들에 의해 생성되는 벡터 공간으로 정의된다(A^T의 열은 A의 행의 전치변환). A의 행공간은 $\mathcal{R}^d$의 부분공간이다.

선형대수에서 굉장한 결과 중 하나는 $n \times d$ 행렬 A의 행공간(행 순위라고도 함)과 열공간(열 순위라고도 함)의 차원이 동일하다는 것이다. 이 결과는 조금 뒤에 증명할 것이다. 일부 특수한 경우에 이러한 동등성이 성립한다는 점에 대해서는 정방행렬에서 행들이 선형 독립이면 열들도 선형 독립이며 그 역도 성립한다는 사실을 이미 확인한 바 있다(보조정리 2.3.1 참고). 이러한 행렬은 전 순위(full rank) 행렬이라고 한다. 비정방행렬에 대해서는 행들이 선형 독립이거나 열들이 선형 독립일 때 **전 순위 행렬**이라고 한다. 전자는 **행 전 순위**라고 하고 후자는 **열 전 순위**라고 한다.

$n \times d$ 행렬 A의 열들의 생성공간은 $\mathcal{R}^n$의 부분공간일 뿐이고 A의 (전치된) 행들의 생성공간은 $\mathcal{R}^d$의 부분공간일 뿐인데, 이러한 부분공간들의 직교 여부분공간을 어떻게 규정할 수 있을까? 이를 위해 **영공간**(null space)이라는 개념이 사용된다.

정의 2.4.2 영공간

행렬 A의 영공간은 $A\overline{x} = \overline{0}$이 되는 모든 열벡터 $\overline{x} \in \mathcal{R}^d$를 포함하는 $\mathcal{R}^d$의 부분공간이다.

행렬 A의 영공간은 본질적으로 A의 행공간의 직교 여부분공간이다. 그 이유는 조건 $A\overline{x} = \overline{0}$이 $\overline{x}$와 A의 각 행 전치의 (또는 이들의 선형 조합과의) 점곱이 0임을 보장하기 때문이다. $d > n$이면 A의 d차원 행들이 (열벡터로 전치된 후) 생성하는 공간은 $\mathcal{R}^d$의 진부분공간이며, 이에 대한 직교 여부분공간은 항상 비어 있지 않다. 즉, 이 경우 A의 영공간은 비어 있지 않다. 비 특이 정방행렬의 경우 영공간에는 영벡터만 포함된다.

영공간의 개념은 기본적으로 **오른쪽 영공간**을 나타낸다. 이는 영벡터로 계산되는 곱 $A\overline{x}$에서 벡터 $\overline{x}$가 행렬 A의 오른쪽에 나타나기 때문이다. 오른쪽 영공간의 정의와 유사하게 행렬의 **왼쪽 영공간**을 정의할 수 있는데, 이는 행렬의 열들에 의해 생성되는 벡터 공간의 직교 여부분공간으로 정해진다.

정의 2.4.3 왼쪽 영공간

$n \times d$ 행렬 A의 왼쪽 영공간은 $A^T\overline{x} = \overline{0}$이 되는 모든 열벡터 $\overline{x} \in \mathcal{R}^n$을 포함하는 $\mathcal{R}^n$의 부분공간이다. A의 왼쪽 영공간은 A의 열공간에 대해 직교 여부분공간이다.

달리 말하자면, 행렬 A의 왼쪽 영공간에는 $\overline{x}^T A = \overline{0}^T$를 만족하는 모든 벡터 $\overline{x}$가 포함된다. 행공간, 열공간, 오른쪽 영공간, 왼쪽 영공간 등은 선형대수에서 **네 가지 기본 부분공간**으로 불린다.

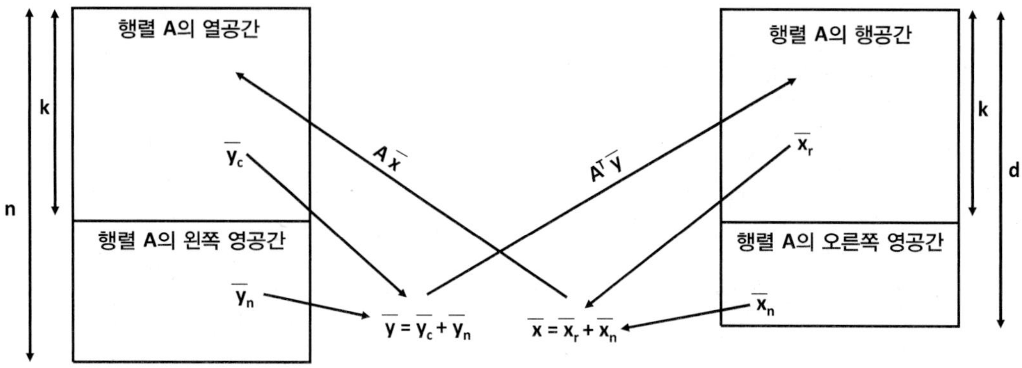

그림 2.8 $n \times d$ 행렬 A에 대한 선형대수의 네 가지 기본 부분공간

그림 2.8에서 $n \times d$ 행렬 A에 대한 선형대수의 네 가지 기본 부분공간 사이의 관계를 보이고 있는데, 여기에서는 n의 값이 d보다 큰 것으로 선택하였다. A에 d차원 벡터 $\overline{x} \in \mathcal{R}^d$를 곱하면 A의 열공간(영벡터 포함)에 사상되는데, 이는 벡터 $A\overline{x}$가 A의 열들의 선형 조합이기 때문이다. 마찬가지로 벡터 $A^T\overline{y}$를 생성하기 위해 A^T에 n차원 벡터 $\overline{y} \in \mathcal{R}^n$을 곱하면 A의 행공간 중 하나가 만들어지는데, 이는 A의 (전치된) 행들의 선형 조합에 해당한다. 그림 2.8에서 또 다른 주목할 점은 **행공간과 열공간의 순위가 같다는** 것이다. 이는 선형대수에서 중요한 사실의 하나이며 나중의 절에서 설명할 것이다. 행 순위와 열 순위는 같으며, 이 값을 행렬 순위라고도 한다. 예를 들어 다음 3×4 행렬을 생각해보자.

$$A = \begin{bmatrix} 1 & 0 & 1 & 0 \\ 0 & 1 & 0 & 1 \\ 1 & 1 & 1 & 1 \end{bmatrix} \tag{2.8}$$

이 행렬에서는 행들이나 열들 모두 선형 독립이 아니다. 행공간을 위한 기저 벡터로는 $[1, 0, 1, 0]^T$와 $[0, 1, 0, 1]^T$를 사용할 수 있고, 열공간을 위한 기저 벡터로는 $[1, 0, 1]^T$와 $[0, 1, 1]^T$를 사용할 수 있다. 따라서 행 순위와 열 순위 모두 행렬 순위 2와 동일하다.

문제 2.4.1 식 2.8에서 행렬 A의 오른쪽 영공간과 왼쪽 영공간 각각에 대한 기저를 찾으시오.

문제 2.4.2 임의의 $n \times d$ 행렬 A에 대해 $\lambda > 0$와 무관하게 행렬 $P = A^TA + \lambda I_d$와 $Q = AA^T + \lambda I_n$가 항상 빈 영공간을 갖는다는 것을 증명하시오.

위의 문제를 해결하기 위한 힌트는 $\overline{x}^T P \overline{x}$가 결코 0이 될 수 없음을 보이는 것이다.

2.5 행렬의 행 사다리꼴 형식

행 사다리꼴 형식은 기본 행 연산들을 사용하여 행렬을 원래의 행렬과 **행 등가성**을 갖지만 보다 단순한 형식으로 변환하는 데 유용하다(기본 행 연산에 대해서는 1.3.1절 참고). 따라서 이 절의 자료는 1.3.1절에서 설명된 행 연산 개념에 기반하고 있다.

정의 2.5.1 행 등가성과 열 등가성

행 교환, 행 덧셈, 0이 아닌 스칼라와의 행 곱셈 등의 일련의 기본 행 연산을 사용하여 하나의 행렬로부터 다른 행렬을 얻을 수 있으면, 그 두 행렬은 행 등가성을 갖는다고 한다. 마찬가지로, 하나의 행렬이 일련의 기본 열 연산을 사용하여 하나의 행렬로부터 다른 행렬을 얻을 수 있으면, 그 두 행렬은 열 등가성을 갖는다고 한다.

기본 행 연산들을 적용해도 행렬의 행들이 생성하는 벡터 공간은 변하지 않는다. 이는 행 교환이나 0배가 아닌 배율조정 연산이 행렬의 (정규화된) 행 집합을 근본적으로 변화시키지 않기 때문이다. 또한, 행벡터 쌍 $\{\overline{r}_i, \overline{r}_j\}$에 의한 생성공간은 0이 아닌 임의의 스칼라 c에 대해 $\{\overline{r}_i, \overline{r}_i + c\overline{r}_j\}$에 의한 생성공간과 동일하기 때문인데, 이는 $\overline{r}_j$를 새로운 행 집합의 원소들을 사용하여 $[(\overline{r}_i + c\overline{r}_j) - \overline{r}_i]/c$와 같이 표현할 수 있기 때문이다. 따라서 원래 행 집합의 생성공간에 있는 임의의 벡터는 새 행 집합의 생성공간에도 있다. 그 역도 성립하는데, 이는 원래의 행들을 사용하여 새로운 행벡터들을 표현할 수 있기 때문이다. 유사한 이유로 열 연산들은 열공간을 변화시키지 않는다. 그러나 행 연산들은 열공간을 변화시키고, 열 연산들은 행공간을 변화시킨다. 이러한 결과는 다음과 같이 요약된다.

보조정리 2.5.1

기본 행 연산은 행들에 의한 생성공간을 변화시키지 않으며, 기본 열 연산은 열에 의한 생성공간을 변화시키지 않는다.

행렬 A에 대해 특히 유용한 행 등가 변환은 $A\overline{x} = \overline{b}$ 형태의 선형 연립방정식 풀이에 유용한 **행 사다리꼴 형식**으로 변환하는 것이다. 연립방정식 $A\overline{x} = \overline{b}$의 행렬 A와 벡터 $\overline{b}$ 모두에 동일한 행 연산을 적용하면 연립방정식을 쉽게 풀 수 있는 형태로 행렬 A를 단순화할 수 있다. 이렇게 얻은 행렬이 행 사다리꼴 형식이며, 이러한 절차는 연립방정식 풀이를 위한 **가우스 소거법**과 동일하다.

정의 2.5.2 행 사다리꼴 형식

$n \times d$ 행렬 A가 행 사다리꼴 형식이 되기 위한 필요충분조건은 다음과 같다. (i) 각 행의 0이 아닌

가장 왼쪽 항의 값은 1이다. (ii) 행 인덱스가 증가할수록 각 행의 0이 아닌 가장 왼쪽 항의 열 인덱스도 증가한다. (iii) 모든 항이 0인 행들은 (그러한 행이 있다면) 행렬의 맨 아래쪽에 모인다.

모든 행 사다리꼴 행렬은 상부삼각 행렬이지만 그 역은 성립하지 않을 수도 있다. 예를 들어, 다음과 같은 한 쌍의 상부삼각 행렬을 생각해보자.

$$A' = \begin{bmatrix} 1 & 7 & 4 & 3 & 5 \\ 0 & 0 & 1 & 7 & 6 \\ 0 & 0 & 0 & 1 & 3 \\ 0 & 0 & 0 & 0 & 1 \end{bmatrix} \qquad B' = \begin{bmatrix} 1 & 7 & 4 & 3 & 5 \\ 0 & 0 & 1 & 7 & 6 \\ 0 & 0 & 1 & 5 & 3 \\ 0 & 0 & 0 & 0 & 1 \end{bmatrix}$$

여기에서 행렬 A'는 행 사다리꼴 형식인 반면 행렬 B'는 아니다. 이는 행렬 B'의 두 번째 행과 세 번째 행에서 0이 아닌 가장 왼쪽 항이 동일한 열 인덱스를 갖기 때문이다. 아래쪽 행으로 갈수록 0이 아닌 선행 항의 열 인덱스가 증가하는 것은 **행 사다리꼴 형식의 행렬에서 전체가 0이 아닌 행들이 항상 선형 독립임을** 보장한다. 행렬의 가장 아래쪽 행에서 가장 위쪽 행으로 진행하는 순서로 행을 하나씩 집합 S에 추가할 때마다 항상 S의 생성공간의 차원이 1씩 증가하게 된다.

가우스 소거법 작업의 대부분은 0이 아닌 가장 왼쪽 항의 열 인덱스가 각 행마다 **다른** 행렬을 만드는 것이다. 여기에 행 교환 연산은 아래쪽 행으로 갈수록 0이 아닌 가장 왼쪽 항의 열 인덱스가 **증가하는** 행렬을 만들 수 있으며, 행 배율조정 연산은 0이 아닌 가장 왼쪽 항을 1로 변경할 수 있다. 전체 프로세스는 세 개의 단계로 이루어진다.

- **행 덧셈 연산**: 0이 아닌 가장 왼쪽 항의 열 인덱스가 동일한 행 쌍들을 찾는 일을 반복한다. 예를 들어, 위의 예에서 행렬 B'의 두 번째 행과 세 번째 행에서 0이 아닌 가장 왼쪽 항의 열 인덱스가 동일하다. 이러한 두 개의 행 중 하나에서 가장 왼쪽 항이 0이 되도록 기본 행 덧셈 연산을 적용한다. 예를 들어, 0이 아닌 가장 왼쪽 항의 열 인덱스가 동일한 두 행 $\overline{r}_1$과 $\overline{r}_2$를 생각해보자. $\overline{r}_1$과 $\overline{r}_2$에서 0이 아닌 가장 왼쪽 항의 값이 각각 3과 7인 경우 행 $\overline{r}_1$을 $\overline{r}_1-(3/7)\overline{r}_2$로 변경하면 $\overline{r}_1$의 가장 왼쪽 항이 0이 되도록 만들 수 있다. $\overline{r}_2$를 $\overline{r}_2-(7/3)\overline{r}_1$로 변경해도 비슷한 효과를 얻을 수 있다. **해당 연산자 행렬이 하부삼각 행렬이면서 아래쪽 행으로 갈수록 선행 0의 개수가 증가하도록 두 행 중 아래쪽 행에 대해 이러한 연산을 수행한다.** 행렬에 $n\times d$개의 항이 포함되어 있고 각 연산은 행렬에서 선행 0의 개수를 증가시키므로 이러한 절차는 $O(nd)$번의 (각각 $O(d)$ 시간을 요하는) 행 덧셈 연산으로 열 인덱스 동일성을 제거할 수 있다. 그러나 원래 행렬의 구성에 따라 0이 아닌 가장 왼쪽 항의 열 인덱스가 아래쪽 행으로 갈수록 항상 증가하는 행렬에 도달하지

못할 수 있다. 예를 들어, 왼쪽 상단 항의 값이 0이고 다른 모든 항의 값이 1인 2×2 행렬은 행 덧셈 연산으로 상부삼각 행렬로 변환할 수 없다.

- **행 교환 연산**: 이 단계에서는 행들의 순서를 변경하여 아래쪽 행으로 갈수록 0이 아닌 가장 왼쪽 항의 열 인덱스가 증가하도록 만든다. 이러한 조건을 만족하지 않는 "위반" 행 쌍이 있으면 이들에 대한 행 순서 변경을 반복한다. 위반 쌍을 무작위로 선택하면 $O(d^2)$번의 교환이 필요하지만 보다 신중한 선택을 통해 $O(d)$번의 교환으로 완료할 수 있다.
- **행 배율조정 연산**: 각 행을 0이 아닌 선행 항으로 나누어 행렬을 행 사다리꼴 형식으로 변환한다.

위의 모든 연산은 1.3.1절에서 설명한 기본 행 연산들로 구현할 수 있다.

2.5.1 LU 분해

LU 분해의 목표는 행렬을 하부삼각 행렬 L과 상부삼각 행렬 U의 곱으로 표현하는 것이다. 이때 L은 정방행렬이지만, U는 비정방행렬일 수도 있다. 그러나 행들에 대한 순서 변경을 먼저 적용하지 않으면 행렬의 LU 분해가 불가능할 수도 있다. 행 순서 변경이 필수적인 예를 들어보자.

관찰 2.5.1 $a_{11} = 0$인 가역 행렬 $A = [a_{ij}]$는 결코 $A = LU$ 형식으로 표현할 수 없다. 여기에서 $L = [l_{ij}]$는 하부삼각 행렬이고 $U = [u_{ij}]$는 상부삼각 행렬이다.

위의 관찰은 $A = LU$가 가능하다고 가정함으로써 귀류법으로 증명할 수 있다. $A = LU$이므로 $a_{11} = l_{11}u_{11}$임을 알 수 있다. a_{11}이 0이 되려면 l_{11}이나 u_{11}이 0이라야 한다. 즉, L의 첫 번째 행이 모두 0이거나 U의 첫 번째 열이 모두 0이라야 한다. 이는 $A = LU$의 첫 번째 행 또는 첫 번째 열이 0임을 의미한다. 즉, A는 가역 행렬일 수 없으며, 이는 모순이다.

상부삼각 행렬 U를 생성하는 가우스 소거 알고리즘의 처음 두 단계(행 덧셈 및 교환 단계)의 효과를 살펴보자. 행 덧셈 연산들을 적용한 결과는 항상 하부삼각 행렬인데, 이는 항상 아래쪽 행을 위쪽 행에서 빼기 때문이다. 또한 일련의 행 교환 연산은 행에 대한 순열이므로 순열 행렬 P로 표현할 수 있다. 따라서 순열 행렬 P와 m번의 행 덧셈 연산들로 가우스 소거 프로세스의 처음 두 단계를 표현할 수 있다. 여기에서 행 덧셈 연산들은 하부삼각 행렬들 $L_1 \ldots L_m$으로 정의된다.

$$PL_mL_{m-1} \ldots L_1A = U$$

양변에 P^T와 하부삼각 행렬들 L_i의 역행렬들을 적절한 순서로 곱하면 다음의 결과를 얻는다.

$$A = \underbrace{L_1^{-1} L_2^{-1} \dots L_m^{-1}}_{L} P^T U$$

하부삼각 행렬들의 역행렬이나 곱은 하부삼각 행렬이다(1장 참고). 따라서 이러한 행렬들을 통합하여 크기가 $n \times n$인 단일 하부삼각 행렬 L을 얻을 수 있다. 즉, 다음의 결과를 얻는다.

$$A = LP^T U$$

그러나 이것은 LU 분해의 표준 형식이 아니다. 연산 순서를 잘 정리하면 하부삼각 행렬 L 앞쪽에 순열 행렬 P^T가 오는 분해를 얻을 수 있다(이 행렬들은 행 순서 변경에 따라 달라질 수 있음).

$$A = P^T LU$$

위의 분해를 $PA = LU$로 표현할 수도 있으며, 이것이 바로 LU 분해의 표준 형식이다.

2.5.2 응용: 기저 집합 찾기

가우스 소거법을 사용하여 (선형 종속일 가능성이 있는) 벡터들로 이루어진 기저 집합을 구할 수 있다. $\overline{a}_1 \dots \overline{a}_n$은 각각 d차원을 갖는 n개의 행벡터로 이루어진 집합이다. 이제 $\overline{a}_1 \dots \overline{a}_n$을 행들로 갖는 $n \times d$ 행렬 A를 만들 수 있다. 앞 절에서 설명한 프로세스를 적용하여 행 사다리꼴 형식을 만들 수 있으며, 행 사다리꼴 행렬에서 전체가 0이 아닌 행들은 0이 아닌 가장 왼쪽 항의 열 인덱스가 다르기 때문에 항상 선형 독립이다. A의 원래 행들이 선형 종속이고 해당 벡터 공간의 순위 k가 n보다 작은 경우 행 사다리꼴 행렬의 아래쪽 $(n-k)$개의 행들은 영벡터가 된다. 영벡터들을 제외한 행벡터들로 이루어지는 기저 집합은 선형 독립이다.

2.5.3 응용: 행렬 역변환

가역 행렬 A를 역변환하기 위해 먼저 행 연산들을 수행하여 행 사다리꼴 형식의 $d \times d$ 상부삼각 행렬 $U = [u_{ij}]$로 변환한다. U와 같은 가역 행렬의 경우 행 연산들만으로 단위행렬로 변환할 수 있다. 먼저, $(d-1)$번째 행에서 d번째 행의 $u_{d-1,d}$배를 빼면 $(d-1)$번째 행의 비 대각 항들은 0이 된다. 그런 다음 $(d-2)$번째 행에서 d번째 행의 $u_{d-2,d}$배와 $(d-1)$번째 행의 $u_{d-2,d-1}$배를 빼면 $(d-2)$번째 행의 비 대각 항들은 0이 된다. 즉, 행 인덱스를 줄여나가는 순서대로 행들을 처리하며, 이 경우 최대 $d(d-1)/2$번의 행 연산이 필요하다. 이러한 방법은 가역 행렬이나 일부 대각 항이 0일 때만 작동한다. A에 대해 이러한 행 연산들을 수행하면 단위행렬에 도달한다. 따라서 단위행렬로 시작하여 동일한 행 연산들을 수행하면 A의 역행렬을 얻을 수 있다. A를 **단위행렬로 변환하는 일련의 행 연산은 단위행렬을** $B=A^{-1}$**로 변환한다**. 기본 아이디어는 식 $AA^{-1}=I$의 양변에 동일한 행 연산들을 수행하자는 것이다. 좌변 AA^{-1}에 대한 행 연산은 A가 단위행렬로 변환될 때까지 수행된다.

2.5.4 응용: 선형 연립방정식 풀이

$A\overline{x}=\overline{b}$를 만족하는 모든 해 $\overline{x}=[x_1, x_2 \ldots x_d]^T$를 구하는 문제를 생각해보자. 여기에서 A는 $n\times d$ 행렬이고 $\overline{b}$는 n차원 열벡터이다. 행렬 A의 열이 $\overline{a}_1 \ldots \overline{a}_d$인 경우, $\overline{b}$는 이러한 열들의 선형 조합으로 표현되어야 한다. 이는 행렬 조건 $A\overline{x}=\overline{b}$를 다음과 같이 A의 열들을 사용하여 표현할 수 있기 때문이다.

$$\sum_{i=1}^{d} x_i \overline{a}_i = \overline{b} \tag{2.9}$$

A와 $\overline{b}$에 따라 세 가지 경우가 발생한다.

1. 벡터 $\overline{b}$가 A의 열공간에 나타나지 않으면, 이 선형 연립방정식에 대해서는 최적합 해는 가능하겠지만 정확한 해는 존재하지 않는다. 이 경우에 대해서는 2.8절에서 자세히 다룬다.

2. 벡터 $\overline{b}$가 A의 열공간에 나타나고 A가 선형 독립 열들을 갖는 경우(즉, 이 열들이 $\mathcal{R}^n$의 d차원 부분공간의 기저를 형성함을 의미함) 고유한 해를 갖는다. 이 결과는 좌표의 고유성을 기반으로 한다(보조정리 2.3.2 참고). A가 정방행렬인 특수한 경우, 해는 $\overline{x}=A^{-1}\overline{b}$로 주어진다.

3. 벡터 $\overline{b}$가 A의 열공간에 나타나고 A의 열들이 선형 종속이면 $A\overline{x}=\overline{b}$에 대해 무수히 많은 해가 존재한다. $\overline{x}_1$과 $\overline{x}_2$가 해들이라면 임의의 실수 λ에 대해 $\lambda\overline{x}_1+(1-\lambda)\overline{x}_2$도 해가 될 수 있다.

첫 번째 상황은 행렬의 행 개수가 열 개수보다 많은 경우, 즉 조건식이 과도하게 많은 선형 연립방정식에서 일반적으로 발생한다. 행 개수가 열 개수보다 적은 행렬에서도 불능인 연립방정식이 발생할 수 있다. 이 점을 이해하기 위해 $\overline{b}=[1, 1]^T$이고, 2×100 행렬 A에 영벡터가 아닌 두 개의 행벡터가 포함되어 있으며, 두 번째 행벡터가 첫 번째 행벡터의 두 배인 경우를 생각해보자. 그러나 $\overline{b}$의 두 번째 성분이 첫 번째 성분의 두 배가 아니면 $A\overline{x}=\overline{b}$에 대해 해를 찾는 것은 불가능하다. 마찬가지로 세 번째 경우는 열의 개수 d가 행의 개수 n보다 큰 경우 일반적으로 발생하지만, $d < n$인 경우에도 선형 종속 열벡터들을 찾을 수 있다. 이러한 어려운 경우에 대한 이해를 돕기 위한 문제들을 풀어보자.

> **문제 2.5.1** 연립방정식 $A\overline{x} = \overline{b}$에 대한 해가 없다고 가정한다. 여기에서 A는 $n \times d$ 행렬이고 $\overline{b}$는 n차원 열벡터이다. $\overline{z}^T A = 0$과 $\overline{z}^T b \neq 0$을 만족하는 n차원 열벡터 $\overline{z}$가 존재함을 보이시오.

위의 문제를 통해 연립방정식이 불능인 경우, 좌변의 합은 0이 되고 우변의 합은 0이 아닌 방정식들의 가중 조합을 항상 찾을 수 있음을 알 수 있다. 이 문제를 해결하기 위한 힌트로 $\overline{b}$는 A의 열공간에 속하지는 않지만 A의 열공간상의 벡터와 왼쪽 영공간상의 벡터의 합으로 표현할 수 있다는 사실을 이용할 수 있다. 벡터 $\overline{z}$는 이러한 분해로부터 유도될 수 있다.

> **문제 2.5.2** 적절하게 선택된 A와 $\overline{b}$에 대해 연립방정식 $\sum_{i=1}^{5} x_i = 1$, $\sum_{i=1}^{2} x_i = -1$, $\sum_{i=3}^{5} x_i = -1$을 $A\overline{x} = \overline{b}$로 표현하시오. 이 연립방정식이 불능인 이유를 설명하시오. 이제 이 연립방정식이 불능임을 보이기 위해 앞 문제의 조건을 만족하는 벡터 $\overline{z}$를 정의하시오.

행 사다리꼴 변환 프로세스는 연립방정식이 불능인지 여부를 확인하거나 불능이 아닌 연립방정식에 대한 해 집합을 규정하는 데 유용하다. 일련의 행 연산을 사용하여 선형 연립방정식 $A\overline{x} = \overline{b}$를 새로운 연립방정식 $A'\overline{x} = \overline{b}'$로 변환할 수 있다. 여기에서 행렬 A'는 행 사다리꼴 형식이다. A에 대해 행 연산이 수행될 때마다 정확히 동일한 연산이 $\overline{b}$에 대해 수행된다. 결과로 만들어지는 연립방정식 $A'\overline{x} = \overline{b}'$는 원래의 연립방정식의 해들에 대한 풍부한 정보를 포함한다. 불능인 연립방정식은 행 사다리꼴 변환 후 A'의 맨 아래쪽에 전체가 0인 행들을 포함하지만 $\overline{b}'$의 해당 행들에는 0이 아닌 항이 있을 것이다(A'이 선형 독립 행들을 갖는다는 사실을 이용하면서 문제 2.5.1을 적용하여 이를 설명해보시오). 이러한 연립방정식은 좌변에는 0 값을 갖고 우변에는 0이 아닌 값을 갖는 등식을 포함하므로 해를 가질 수 없다. 이러한 연립방정식이 해를 갖기 위해서는 A'에서 전체가 0인 행들에 대응되는 $\overline{b}'$의 항들도 0이라야 한다.

불능이 아닌 연립방정식의 경우 고유한 해를 가질 것인지를 어떻게 판단할 수 있을까? 이러한 경우 각 열의 어떤 행엔가는 0이 아닌 가장 왼쪽 항을 포함할 것이다. 일부 행들은 전체가 0이 될 수도 있다. 여기에서 두 개의 예를 제시할 텐데, 첫 번째는 앞서 언급한 특성을 만족하는 행렬이고 두 번째는 해당 특성을 만족하지 않는 행렬이다.

$$M' = \begin{bmatrix} 1 & 7 & 4 \\ 0 & 1 & 2 \\ 0 & 0 & 1 \\ 0 & 0 & 0 \end{bmatrix} \qquad N' = \begin{bmatrix} 1 & 7 & \mathbf{4} & 3 & 5 \\ 0 & 1 & \mathbf{9} & 7 & 6 \\ 0 & 0 & \mathbf{0} & 1 & 3 \\ 0 & 0 & \mathbf{0} & 0 & 1 \end{bmatrix}$$

행렬 N'은 (진한 글씨체로 표시된) 세 번째 열 어디에도 0이 아닌 가장 왼쪽 항을 포함하지 않기 때문에 고유성 조건을 충족하지 못한다. 이러한 열은 그에 대응되는 변수를 자유 매개변수로 볼 수 있으므로 **자유 열**이라고 한다. 자유 열이 없으면 A'에서 전체가 0인 행들과 $\overline{b}'$의 해당 0 항들을 제거하면 정방 삼각 가역 행렬을 얻을 수 있다. 예를 들어, M'에서 전체가 0인 행들을 제거하면 정방 삼각 가역 행렬을 얻는다. 이 행렬은 대각 항들이 모두 1인 상부삼각 행렬이 된다. 이때 **역대입법**을 사용하면 고유한 해를 쉽게 찾을 수 있다. 먼저 $\overline{b}'$의 마지막 성분을 $\overline{x}$의 마지막 성분으로 설정하여 연립방정식에 대입하면 더 작은 크기의 상부삼각 행렬을 얻을 수 있다. $\overline{x}$의 모든 성분을 구하기 위해 이러한 프로세스를 반복한다.

마지막 경우는 어떤 행에도 0이 아닌 가장 왼쪽 항을 포함하지 않는 자유 열이 존재하는 경우이다. 자유 열들에 대응되는 변수들은 임의의 값으로 설정할 수 있으며, 나머지 변수들에 대한 고유한 해는 항상 찾을 수 있다. 이 경우 해 공간에는 무수히 많은 해가 포함된다. 행 사다리꼴 형식의 다음 연립방정식을 생각해보자.

$$\underbrace{\begin{bmatrix} 1 & 2 & 1 & -3 \\ 0 & 0 & 1 & 2 \\ 0 & 0 & 0 & 0 \end{bmatrix}}_{A'} \begin{bmatrix} x_1 \\ x_2 \\ x_3 \\ x_4 \end{bmatrix} = \begin{bmatrix} 3 \\ 2 \\ 0 \end{bmatrix}$$

이 연립방정식에서 두 번째 열과 네 번째 열은 0이 아닌 가장 왼쪽 항을 포함하지 않는다. 따라서 x_2와 x_4를 임의의 숫자 값(예: α와 β)으로 설정하고 전체가 0인 행들을 모두 제거할 수 있다. 또한 x_2와 x_4를 숫자 값으로 설정하면 x_1과 x_3 두 개의 변수만 있는 연립방정식이 만들어진다(이제 α와 β는 변수가 아니라 상수이기 때문이다). 우변 벡터 $\overline{b}'$의 크기도 이러한 수치 상수의 효과를 반영하여 조정된다. 이러한 조정을 수행하면 위의 연립방정식은 다음과 같이 변화된다.

$$\begin{bmatrix} 1 & 1 \\ 0 & 1 \end{bmatrix} \begin{bmatrix} x_1 \\ x_3 \end{bmatrix} = \begin{bmatrix} 3 - 2\alpha + 3\beta \\ 2 - 2\beta \end{bmatrix}$$

이 연립방정식은 α와 β로 고유한 해를 표현할 수 있는 2×2 정방행렬 연립방정식이다. x_3의 값은 $2 - 2\beta$로 정해지고 역치환을 사용하여 $x_1 = 1 - 2\alpha + 5\beta$를 도출할 수 있다. 따라서 해 집합 $[x_1, x_2, x_3, x_4]$는 다음과 같이 정해진다.

$$[x_1, x_2, x_3, x_4] = [1 - 2\alpha + 5\beta, \alpha, 2 - 2\beta, \beta]$$

여기에서 α와 β는 임의의 숫자 값으로 설정할 수 있다. 따라서 이 연립방정식은 무수히 많은 해를 갖는다.

문제 2.5.3 **행 사다리꼴을 사용한 좌표 변환** $\mathcal{B} = \{\overline{a}_1 \dots \overline{a}_d\}$를 기저로 갖는 벡터 공간 $\mathcal{V} \subset \mathcal{R}^n$가 있다고 하자($d < n$). 행 사다리꼴 방법을 사용하여 기저 $\mathcal{B}$에 대해 d개의 값으로 이루어지는 $\overline{v} \in \mathcal{V}$의 좌표를 찾는 방법을 보이시오.

2.6 행렬 순위 개념

모든 행렬은 행 연산과 열 연산만 사용하여 (비정방형) 대각행렬로 만들 수 있다. 이것이 가능한 이유는 먼저 행 연산들을 사용하여 행렬을 행 사다리꼴 형식으로 변환할 수 있기 때문이다. 이렇게 변환된 행렬은 (비정방형) 상부삼각 행렬이다. 이후 열 연산들을 사용하여 대각행렬로 만들 수 있다. 첫째, 열 연산은 모든 자유 열들을 행렬의 오른쪽 끝으로 이동하기 위해 사용된다. 자유 열이 아닌 열들은 대각행렬로 변환된다. 이는 자유 열이 아닌 j번째 열에서 인덱스 $(j-1)$ 이하의 각 열의 적절한 배수를 빼는 작업을 수행함으로써 이루어지는데, 이때 열 인덱스 j를 증가시키는 순서로 수행한다. 이제 자유 열이 아닌 열들에는 0이 아닌 항이 하나씩만 남아 있을 것이며, 자유 열들에 대해서는 자유가 아닌 열의 적절한 배수를 빼서 전체가 0인 열로 만든다. 이렇게 하면 모든 자유 열은 전체가 0인 열로 변환된 상태의 비정방형 대각행렬이 생성된다. 즉, $n \times d$ 행렬 A는 다음과 같은 형식으로 표현할 수 있다.

$$RAC = \Delta$$

여기에서 R은 기본 행 연산자 행렬들의 곱인 $n \times n$ 행렬, C는 기본 열 연산자 행렬들의 곱인 $d \times d$ 행렬, Δ는 $n \times d$ 비정방형 대각행렬이다.

이 결과에는 행렬의 행공간 순위와 열공간 순위가 동일하다는 중요한 의미가 담겨 있다.

보조정리 2.6.1 행렬의 행공간 순위는 열공간 순위와 같다.

증명 개요 $RA = \Delta C^{-1}$라는 조건은 A의 행 순위가 Δ에서 0이 아닌 대각 항의 개수와 동일함을 의미한다(보조정리 2.5.1에 따르면 행 연산은 A의 순위를 변경하지 않으며, ΔC^{-1}은 Δ에서 0이 아닌 대각 항의 개수와 동일한 영벡터가 아닌 선형 독립 행들을 포함하기 때문임). 마찬가지로 조건 $AC = R^{-1}\Delta$는 A의 열 순위가 Δ의 0이 아닌 대각 항의 개수와 동일

함을 의미한다. 따라서 A의 행 순위는 열 순위와 동일하다. ■

행공간 순위와 열공간 순위의 값은 동일하며, 이를 **행렬의 순위**라고 한다.

정의 2.6.1 행렬의 순위

행렬의 순위는 행공간의 순위와 같으며, 이는 열공간의 순위와도 같다.

위 결과에 따른 두 개의 따름정리는 다음과 같다.

따름정리 2.6.1 $n \times d$ 행렬의 순위는 최대 $\min\{n, d\}$이다.

행렬 A에는 d개의 열이 포함되어 있으므로 열공간의 순위는 최대 d이다. 마찬가지로 행공간의 순위는 최대 n이다. 두 순위가 동일하므로 이 값은 최대 $\min\{n, d\}$라야 한다.

따름정리 2.6.2

순위가 $k \leq \min\{n, d\}$인 $n \times d$ 행렬 A가 있다고 하자. 그러면 A의 영공간의 순위는 $d-k$이고 A의 왼쪽 영공간의 순위는 $n-k$이다.

이것은 A의 행들이 d차원 벡터이고 A의 영공간이 A의 (전치된) 행들에 의해 정의되는 벡터 공간의 직교 여부분공간이라는 사실에 기인한다. 따라서 A의 영공간의 순위는 $d-k$라야 한다. A의 왼쪽 영공간에 대해서도 유사한 결론을 내릴 수 있다.

2.6.1 행렬 연산이 순위에 미치는 영향

기계학습에서 행렬 덧셈이나 행렬 곱셈이 많이 사용된다. 이러한 경우 행렬 덧셈이나 곱셈이 순위에 미치는 영향을 이해하는 것이 도움이 된다. 이러한 맥락에서 행렬 연산을 사용하여 얻은 결과에 대해 하한과 상한을 설정해보자.

보조정리 2.6.2 행렬 덧셈에 따른 상한

A와 B를 각각 순위가 a와 b인 두 개의 행렬이라고 가정한다. 그러면 $A+B$의 순위는 최대 $a+b$이다.

증명 $A+B$의 각 행은 A의 행과 B의 행의 선형 조합으로 표현될 수 있다. 따라서 $(A+B)$의 행공간 순위는 최대 $a+b$이다. ■

행렬 덧셈에 따른 하한에 대해서도 유사한 결과를 보일 수 있다.

보조정리 2.6.3 행렬 덧셈에 따른 하한

A와 B를 각각 순위가 a와 b인 두 개의 행렬이라고 가정한다. 그러면 $A+B$의 순위는 최소한 $|a-b|$이다.

증명 이는 보조정리 2.6.2에 따른 직접적 결과인데, 그 이유는 $A+B=C$ 관계는 $A+(-C)=(-B)$ 또는 $B+(-C)=(-A)$로 표현할 수 있기 때문이다. 따라서 A와 B의 순위가 각각 a와 b이면, 보조정리 2.6.2로부터 $-C$의 순위가 $|a-b|$ 이상임을 알 수 있다. ■

곱셈 연산에 따른 상한과 하한도 유도할 수 있다.

보조정리 2.6.4 행렬 곱셈에 따른 상한

A와 B를 각각 순위가 a와 b인 두 개의 행렬이라고 가정한다. 그러면 AB의 순위는 최대 $\min\{a, b\}$이다.

증명 AB의 각 열은 A의 열들의 선형 조합이다. 여기에서 AB의 i번째 열을 정의하는 선형 조합 계수는 B의 i번째 열에 주어진다. 따라서 AB의 열공간 순위는 A의 열공간 순위보다 크지 않다. 그런데 행렬의 열공간 순위는 행렬의 순위와 동일하다. 따라서 AB의 행렬 순위는 A의 행렬 순위보다 크지 않다.

마찬가지로 AB의 각 행은 B의 행들의 선형 조합이다. 여기에서 AB의 i번째 행을 정의하는 선형 조합 계수는 A의 i번째 행에 주어진다. 따라서 AB의 행공간 순위는 A의 행공간 순위보다 크지 않다. 그런데 행렬의 행공간 순위는 행렬의 순위와 동일하다. 따라서 AB의 행렬 순위는 A의 행렬 순위보다 크지 않다. 위의 두 결과를 결합하면 AB의 순위가 $\min\{a, b\}$보다 크지 않다는 사실을 알 수 있다. ■

두 행렬의 곱셈에 따른 순위에 하한을 설정하는 것은 상한을 설정하는 것보다 훨씬 어려우며, 유용한 하한은 일부 특수한 경우에만 존재한다.

보조정리 2.6.5 행렬 곱셈에 따른 하한

A와 B를 각각 순위가 a와 b인 $n\times d$ 행렬과 $d\times k$ 행렬이라고 가정한다. 그러면 AB의 순위는 최소한 $a+b-d$이다.

실베스터의 부등식이라고도 하는 이 결과에 대한 증명은 생략한다. d는 두 행렬의 공유 차원이며(따라서 곱셈이 가능함), 이 결과는 $a+b\leq d$인 경우 별 의미가 없다. 이 경우 순위에 대한 하한은 음수가 되어 모든 행렬에서 당연히 충족되므로 아무런 정보도 제공하지 못한다.

두 행렬의 순위가 (가능한 최댓값인) 공유 차원 d에 가까운 경우 유용한 하한이 설정될 수 있다. 하나 이상의 행렬이 정방행렬이고 정확히 전 순위인 경우는 어떨까? 위의 결과에 따라 자연스럽게 도출되는 따름정리들은 다음과 같다.

따름정리 2.6.3 행렬 A에 전 순위 정방행렬 B를 곱해도 행렬의 순위는 변경되지 않는다.

따름정리 2.6.4 A와 B를 두 개의 정방행렬이라고 하자. 이 경우 AB가 가역 행렬이라는 조건과 A와 B가 모두 가역 행렬이라는 조건은 동치이다.

즉, 두 행렬이 모두 전 순위인 경우에만 행렬 곱도 전 순위이다. 이 결과는 A의 열공간의 **그람 행렬** A^TA의 가역성의 관점에서 중요하다. 그람 행렬은 선형 회귀와 같은 기계학습 응용에서 종종 역변환되어야 한다. 이러한 경우 그람 행렬의 역변환은 닫힌 형식의 해의 일부이다(예: 1장의 식 1.29 참고). 그람 행렬의 가역성은 특징 변수들로 이루어지는 기반 데이터 행렬 안의 열들의 선형 독립성에 의해 결정된다.

보조정리 2.6.6 선형 독립과 그람 행렬

행렬 A^TA는 $n \times d$ 행렬 A의 열공간의 그람 행렬이라고 한다. 행렬 A의 열들이 선형 독립이라는 조건과 A^TA가 가역적이라는 조건은 동치이다.

증명 A^TA가 가역적인 경우를 생각해보자. 이는 A^TA의 순위가 d이므로 A^TA의 각 인수(즉, A^T와 A)의 순위도 d 이상이어야 함을 의미한다. 이는 A의 순위가 d 이상이어야 함을 의미하며, 이는 A의 열 d개가 선형 독립인 경우에만 가능하다.

이제 A의 열들이 선형 독립이라고 가정한다. 이제 영벡터가 아닌 임의의 벡터 $\overline{x}$에 대해 $\overline{x}^T A^T A \overline{x} = \|A\overline{x}\|^2 \geq 0$이 된다. 이 값은 $A\overline{x} = \overline{0}$일 때만 0이 될 수 있다. 그러나 A의 열들이 선형 독립이므로 영벡터가 아닌 임의의 벡터 $\overline{x}$에 대해 $A\overline{x} \neq \overline{0}$이다. 즉, $\overline{x}^T A^T A \overline{x}$는 분명히 양수이며, 이는 $A^TA\overline{x}$가 영벡터가 아닐 경우에만 가능하다. 즉, 영벡터가 아닌 임의의 벡터 $\overline{x}$에 대해 $A^TA\overline{x} \neq 0$이며, 이는 정방행렬 A^TA의 열들이 선형 독립임을 의미한다. 이는 A^TA가 가역적일 경우에만 가능하다(보조정리 2.3.1 참고). ■

위에서와 유사한 방식으로 행렬 A, A^TA, AA^T 등의 순위가 동일하다는 더 강력한 결과를 증명할 수 있다(연습문제 2 참고). 행렬 AA^T는 A의 **행공간**의 그람 행렬이며, **왼쪽 그람 행렬**이라고도 한다.

2.7 직교 기저 집합의 생성

직교 기저 집합은 좌표 변환, 투영, 거리 계산 등의 용이성과 같은 많은 유용한 특성을 갖고 있다. 이 절에서는 그람-슈미트 직교화를 사용하여 비 직교 기저 집합을 직교 기저 집합으로 변환하는 방법에 대해 설명한다. 또한 $\mathcal{R}^n$의 유용한 직교 기저의 예를 제시하는데, 이 기저를 얻기 위해 이산 **코사인 변환**을 사용한다.

2.7.1 그람-슈미트 직교화와 QR 분해

비 직교 벡터들로 구성된 $\mathcal{A}=\{\overline{a}_1 \ldots \overline{a}_d\}$의 생성공간에 대해 직교정규 기저 집합을 찾는 것이 필요하다고 하자. $\mathcal{A}$의 벡터들이 선형 독립이고 기저 벡터들이 정규화되어 있지 않은 단순한 경우에 대해 먼저 설명한다. 각 $\overline{a}_j$는 $\mathcal{R}^n$에서 추출되었으며 $n \geq d$라고 가정한다($\{\overline{a}_1 \ldots \overline{a}_d\}$의 선형 독립성을 보장하기 위함). 이제 $\mathcal{R}^n$의 **부분공간**의 직교 기저를 찾으면 된다.

직교 기저 $\{\overline{q}_1 \ldots \overline{q}_d\}$는 **그람-슈미트 직교화**를 사용하여 찾을 수 있다. 그람-슈미트 직교화의 기본 아이디어는 $\mathcal{A}$에 속하는 벡터에서 이전에 생성된 벡터들의 투영들을 연속적으로 제거함으로써 직교 벡터들을 반복적으로 생성하자는 것이다. 첫 번째 기저 벡터 $\overline{q}_1$을 $\overline{a}_1$으로 설정한다. 다음으로 $\overline{q}_1$에 대한 $\overline{a}_2$의 투영을 제거함으로써 $\overline{a}_2$를 조정하여 $\overline{q}_1$에 직교하는 $\overline{q}_2$를 만든다. 그 후, $\overline{q}_1$과 $\overline{q}_2$에 대한 $\overline{a}_3$의 투영은 다음 기저 벡터 $\overline{q}_3$을 만들기 위해 $\overline{a}_3$에서 제거된다. 이러한 프로세스를 d개의 기저 벡터 모두가 생성될 때까지 반복한다. 집합 $\mathcal{A}$가 선형 독립인 기저 벡터 집합일 경우, 생성된 기저 집합 $\{\overline{q}_1 \ldots \overline{q}_d\}$는 영벡터가 아닌 벡터들만 포함하게 된다(또는 $\overline{q}_j$가 $\overline{0}$이 될 때 $\overline{a}_1 \ldots \overline{a}_j$ 사이에 선형 종속 관계가 발생함). 이러한 벡터 각각을 해당 노옴으로 나누어 정규화할 수도 있다. 그람-슈미트 직교화에서 $\mathcal{A}$의 벡터들이 처리되는 순서에 따라 생성되는 기저 집합이 달라진다.

이제 위의 프로세스를 엄밀하게 설명해보자. 초기 단계에서 $\overline{q}_1$은 다음과 같이 생성된다.

$$\overline{q}_1 = \overline{a}_1 \tag{2.10}$$

이제 $\overline{q}_1 \ldots \overline{q}_{i-1}$을 생성한 후 $\overline{q}_i$를 생성하기 위해 반복 프로세스가 사용된다. 벡터 $\overline{q}_i$는 이미 생성된 벡터들 $\overline{q}_1 \ldots \overline{q}_{i-1}$에 의해 정의된 부분공간에서 $\overline{a}_i$의 투영을 빼서 생성된다. 이전에 생성된 $\overline{q}_r$에 대한 $\overline{a}_i$의 투영은 단순히 $\frac{\overline{a}_i \cdot \overline{q}_r}{\|\overline{q}_r\|}$이다($r < i$). 따라서 $\overline{q}_i$를 생성하는 프로세스는 다음과 같다.

1. $\overline{q}_i = \overline{a}_i - \sum_{r=1}^{i-1} \frac{(\overline{a}_i \cdot \overline{q}_r)}{\|\overline{q}_r\|} \frac{\overline{q}_r}{\|\overline{q}_r\|} = \overline{a}_i - \sum_{r=1}^{i-1} \frac{(\overline{a}_i \cdot \overline{q}_r)}{\overline{q}_r \cdot \overline{q}_r} \overline{q}_r$을 계산한다.

2. i를 1씩 증가시킨다.

이러한 프로세스는 각 $i = 2 \ldots d$에 대해 반복된다. 이 알고리즘을 **비정규 그람-슈미트 방법**이라고 한다. 실제로는 위의 프로세스가 끝난 후 벡터들이 단위 노옴을 갖도록 배율조정 된다.

결과로 얻은 벡터들이 서로 직교한다는 것을 수학적 귀납법으로 증명할 수 있다. 예를 들어, $\overline{q}_1 \cdots \overline{q}_{i-1}$이 직교한다고 귀납적 가정을 하는 경우를 생각해보자. 이제 $\{1 \ldots i-1\}$에 속하는 각 j에 대해 $\overline{q}_i$가 $\overline{q}_j$에 직교함을 보이면 된다.

$$\overline{q}_j \cdot \overline{q}_i = \underbrace{\overline{q}_j \cdot \left[\overline{a}_i - \sum_{r=1}^{i-1} \frac{(\overline{a}_i \cdot \overline{q}_r)}{\|\overline{q}_r\|} \frac{\overline{q}_r}{\|\overline{q}_r\|} \right]}_{\text{[귀납적 가정에 따라 항들을 제거함]}} = \overline{q}_j \cdot \overline{a}_i - \frac{(\overline{q}_j \cdot \overline{q}_j)}{\|\overline{q}_j\|^2} (\overline{q}_j \cdot \overline{a}_i) = 0$$

따라서 상호 직교성에 관한 귀납적 가정은 $\overline{q}_1 \cdots \overline{q}_{i-1}$에서 $\overline{q}_i$로 확장될 수 있다.

생성된 기저의 직교성 외에도 d 이하의 모든 i에 대해 $\overline{q}_1 \cdots \overline{q}_i$의 생성공간이 $\overline{a}_1 \cdots \overline{a}_i$의 생성공간과 동일함을 보일 필요가 있다. 이러한 결과는 수학적 귀납법으로 증명할 수 있다. $i = 1$일 때 이러한 결과는 자명하다. 이제 $\overline{q}_1 \cdots \overline{q}_{i-1}$의 생성공간이 $\overline{a}_1 \cdots \overline{a}_{i-1}$의 생성공간과 동일하다고 귀납적으로 가정한다. 각 반복 단계에서 $\overline{q}_i$를 현재 기저에 추가하는 것은 현재 기저에 $\overline{a}_i$를 추가하는 것과 동일한 효과가 있는데, 이는 이미 기저에 포함되어 있는 벡터 $\{\overline{q}_1 \cdots \overline{q}_{i-1}\}$의 선형 조합을 사용하여 $\overline{a}_i$를 조정한 결과가 $\overline{q}_i$이기 때문이다. 따라서 $\overline{q}_1 \cdots \overline{q}_i$의 생성공간은 $\overline{a}_1 \ldots \overline{a}_i$의 생성공간과 동일하다.

$\mathcal{A}$의 벡터들이 선형 독립이 아니면 어떻게 될까? 이러한 경우 생성된 벡터 $\overline{q}_i$ 중 일부는 영벡터로 판명되며 계산되는 즉시 폐기된다. 이 경우 그람-슈미트 방법은 d보다 적은 개수의 기저 벡터를 반환한다. 구체적인 예로서 $\overline{a}_2 = 3\overline{a}_1$인 경우 $\overline{q}_2 = \overline{a}_2 - 3\overline{q}_1 = \overline{a}_2 - 3\overline{a}_1$이 영벡터라는 것을 쉽게 알 수 있다. 일반적으로 $\overline{a}_i$가 $\overline{a}_1 \ldots \overline{a}_{i-1}$에 선형 종속일 때, $\overline{q}_1 \cdots \overline{q}_{i-1}$에 의해 정의되는 부분공간에 대한 벡터 $\overline{a}_i$의 투영은 그 자체이다. 따라서 이 $\overline{a}_i$에서 $\overline{a}_i$의 투영을 빼면 영벡터가 된다.

문제 2.7.1 A**-직교성** $n \times n$ 가역 행렬 A에 대해 $\overline{x}^T A \overline{y} = 0$인 경우 두 개의 n차원 벡터 $\overline{x}$와 $\overline{y}$는 A-직교라고 한다. $\mathcal{R}^n$으로부터의 선형 독립 벡터 d개로 구성되는 집합이 주어질 경우($d \leq n$), A-직교 기저를 생성하는 방법을 보이시오.

> **문제 2.7.2** **무작위 A–직교성** 그람–슈미트 방법을 사용하여 $\mathcal{R}^n$의 무작위 직교 기저를 구하는 방법을 제안하시오. 그리고 $\mathcal{R}^n$의 무작위 A–직교 기저를 구할 수 있도록 그 방법을 일반화하시오.

2.7.2 QR 분해

먼저 선형 독립 열들을 갖는 $n \times d$ 행렬의 QR 분해에 대해 설명한다. 열들이 선형 독립이므로 $n \geq d$이어야 한다. 그람-슈미트 직교화는 선형 독립 열들을 갖는 $n \times d$ 행렬 A를 직교정규 열들을 갖는 $n \times d$ 행렬 Q과 상부삼각 $d \times d$ 행렬 R의 곱으로 분해하기 위해 사용할 수 있다. 즉, 다음과 같은 QR 분해를 계산하고자 한다.

$$A = QR \tag{2.11}$$

선형 독립 열 $\overline{a}_1 \dots \overline{a}_d$를 갖는 $n \times d$ 행렬 A가 있다고 하자. 이제 앞에서 설명한 대로 그람-슈미트 직교화를 수행하여(정규화 단계 포함), $\mathcal{R}^n$에 속하는 직교정규 열들 $\overline{q}_1 \dots \overline{q}_d$로 행렬 Q를 구성한다. 열들은 그람-슈미트 알고리즘에 의해 $\overline{a}_1 \dots \overline{a}_d$를 처리하는 것과 동일한 순서로 나타난다. 벡터 $\overline{a}_1 \dots \overline{a}_d$는 선형 독립이므로 d개의 직교정규 기저 벡터들로 이루어지는 온전한 집합을 도출하게 될 것이다. 각 $\overline{q}_j$에 대한 $\overline{a}_r$의 투영은 $\overline{q}_j \cdot \overline{a}_r$이며, 이는 새로운 직교정규 기저에서 j번째 좌표가 된다. 따라서 (j, r)번째 항이 $\overline{q}_j \cdot \overline{a}_r$인 $d \times d$ 행렬 R이 정의된다. $j > r$의 경우 $\overline{q}_j$는 $\overline{a}_1 \dots \overline{a}_r$에 의한 생성공간에 직교하며, $\overline{q}_j \cdot \overline{a}_r$의 값은 0이 된다. 따라서 행렬 R은 상부삼각 행렬이다. 곱 QR의 r번째 열은 그람-슈미트 직교화에 의해 정의되는 직교정규 기저의 ($\overline{a}_r$을 산출하기 위한) 적절한 선형 조합임을 쉽게 알 수 있으며, 따라서 $A = QR$이다.

$n \times d$ 행렬 A의 열이 선형 독립이 아니면 어떻게 될까? 이러한 경우 그람-슈미트 알고리즘은 단위 정규화 벡터들이거나 영벡터들인 벡터 $\overline{q}_1 \dots \overline{q}_d$를 생성할 것이다. 벡터 $\overline{q}_1 \dots \overline{q}_d$ 중 k개는 영벡터가 아니라고 가정하자. 영벡터의 좌표는 표현 관점에서 무의미하기 때문에 그람-슈미트 표현에서 영벡터들은 좌표 값들이 모두 0이라고 가정한다. 앞의 예에서처럼 분해 QR(Q의 영벡터 열들과 R의 영벡터 행들을 포함)을 생성한다. 여기에서 Q는 $n \times d$ 행렬이고 R은 $d \times d$ 상부삼각 행렬이다. 그런 다음 Q에서는 영벡터 열들을 모두 제거하고 R에서는 이들에 대응되는 인덱스를 갖는 영벡터 행들을 제거한다. 결과적으로 행렬 Q의 크기는 $n \times k$가 되고 행렬 R의 크기는 $k \times d$가 된다. 이것은 원래 $n \times d$ 행렬 A의 가장 간결하고 일반화된 QR 분해를 제공한다.

> **문제 2.7.3 선형 연립방정식 풀이** QR 분해를 사용하여 역대입법으로 연립방정식 $A\overline{x}=\overline{b}$를 풀이하는 방법을 보이시오. A는 선형 독립 열들을 갖는 $d\times d$ 행렬이고 $\overline{b}$는 d차원 열벡터라고 가정한다.

기븐스 회전과 하우스홀더 반사의 활용

여기에서는 QR 분해를 위한 고급 기법에 대한 간략한 개요를 제시할 텐데, 이 내용을 건너뛰어도 무방하다. A의 열들에 $O(nd)$번의 (2.2절에서 정의된) 기븐스 회전을 적용하여 $n\times d$ 행렬 A에 대한 QR 분해를 수행할 수 있다. 정방행렬 A 앞쪽에 기븐스 회전 행렬을 곱하면 (이미 0인 항들에 영향을 미치지 않으면서) 대각선 아래의 항 한 개를 0으로 변경할 수 있다. 단, 이때 적절한 회전 각도가 선택되어야 하며, 항들을 0으로 변경하는 순서도 적절해야 한다. 항을 0으로 변경하는 것에 대한 기하학적 기본 원리는 2차원 벡터는 항상 좌표 중 하나가 0이 될 때까지 적절한 각도로 회전할 수 있다는 것이다. A 앞쪽에 $n\times n$ 기븐스 회전 행렬을 곱하면 A의 각 열벡터에 대해 연산이 수행된다. A의 열벡터는 2차원이 아니지만 기븐스 회전은 항상 다른 좌표에 영향을 주지 않고 2차원 투영에서 회전을 수행한다. 따라서 그러한 각도는 항상 존재한다.

$n\times d$ 행렬 A가 주어지면, 위의 방식은 A 앞쪽에 $n\times n$ 기븐스 회전 행렬을 연속적으로 곱하여 대각선 아래의 한 항을 0으로 전환한다(이미 0으로 전환된 항들에는 영향을 미치지 않음). 직교 행렬들을 앞쪽에 곱하여 얻게 되는 행렬은 변수 R로 표시되며, 이 행렬은 이러한 프로세스를 마칠 때 상부삼각 행렬이 된다. $Q_1 \dots Q_s$가 이러한 방식에 따라 연속적으로 선택되는 기븐스 행렬이라고 하면, 다음과 같은 반복 프로세스로 진행될 것이다.

$$A = \underbrace{Q_1^T Q_1}_{I} A = Q_1^T \underbrace{Q_2^T Q_2}_{I} \underbrace{Q_1 A}_{R} = \dots = \underbrace{(Q_1^T \dots Q_s^T)}_{\text{직교 행렬 } Q} \underbrace{(Q_s Q_{s-1} \dots Q_1 A)}_{\text{삼각 행렬 } R}$$

따라서 이러한 접근방식은 최대 $O(nd)$번의 기븐스 회전이 필요하며, 특히 희소 행렬의 경우에는 훨씬 적은 회전이 필요하게 될 것이다. 가장 작은 열 인덱스 j를 갖는 (대각선 아래) 항이 먼저 0이 되는데, 행 인덱스 i가 감소하는 순서대로 동일한 열 인덱스를 갖는 항들이 선택된다. 2.2절의 표기법에 따라 A가 변환된 현재 상태의 R 앞쪽에 곱할 기븐스 행렬은 $G_c(i-1, i, \alpha)$이며, 여기에서 α는 실행 변수 R이 나타내는 현재 행렬의 (i, j)번째 항을 0으로 만들기 위해 선택된다. $G_c(i-1, i, \alpha)$와 R의 곱은 R의 각 열의 $(i-1)$번째와 i번째 항에만 영향을 미친다. 인덱스 j 앞쪽에 위치한 열들의 하부삼각 부분이 이미 0으로 설정되어 있을 경우, 기븐스 행렬을 사용한 곱셈은 이들에 영향을 미치지 않는다(영벡터의 회전은 영벡터이므로). 따라서 앞쪽 열 항들을 0으로 만들기 위해 이미 수행된 작업은 영향을 받지 않는다. 현재 항들을 0으로 만들어야 할 열의 인덱스가 j라고 하자. 현재 행렬 R이 항 r_{ij}를 포함하고 있으면, 2차원 벡터 $[r_{i-1,j}, r_{ij}]^T$의 회전에 해당하는 기븐스 행렬 $G_c(i-1, i, \alpha)$와 R의 곱 부분을 아래와 같이 정리할 수 있다.

$$\begin{bmatrix} \cos(\alpha) & -\sin(\alpha) \\ \sin(\alpha) & \cos(\alpha) \end{bmatrix} \begin{bmatrix} r_{i-1,j} \\ r_{ij} \end{bmatrix} = \begin{bmatrix} \sqrt{r_{i-1,j}^2 + r_{ij}^2} \\ 0 \end{bmatrix}$$

위의 연립방정식에 대한 해가 아래의 α 값을 산출하는지 확인할 수 있다.

$$\sin(\alpha) = \frac{-r_{ij}}{\sqrt{r_{ij}^2 + r_{i-1,j}^2}}, \quad \cos(\alpha) = \frac{r_{i-1,j}}{\sqrt{r_{ij}^2 + r_{i-1,j}^2}} \tag{2.12}$$

$r_{i-1,j}$는 0인데 r_{ij}가 0이 아닌 경우 α는 (절대) 값 90°를 취한다. 또한 r_{ij}가 이미 0일 때 α는 0° 또는 180°이며 회전을 수행할 필요가 없다(180° 회전은 $r_{i-1,j}$의 부호만 바꿀 뿐이기 때문임). $O(nd)$개의 항들을 처리하는 순서는 이미 0으로 변환된 항들이 추가 회전으로 인해 영향을 받지 않도록 정할 필요가 있다. 이러한 프로세스를 위한 의사코드는 다음과 같다.

```
Q ⇐ I; R ⇐ A;
 for j = 1 to d−1 do
   for i = n down to (j+1) do
     식 2.12에 따라 α를 선택한다;
     Q ⇐ QG_c(i, i−1, α)^T; R ⇐ G_c(i, i−1, α)R;
   endfor
 endfor
 return Q, R;
```

$n \geq d$이고 행렬 A가 선형 독립 열들을 갖는 경우, 위의 방식은 $n \times n$ 행렬 Q와 $n \times d$ 행렬 R을 생성한다. 이러한 행렬은 그람-슈미트 방법으로 얻은 행렬보다 크다. 그러나 R의 하단 $(n-d)$ 행은 모두 0이 되므로 결과에 영향을 주지 않고 Q의 마지막 $(n-d)$ 열과 R의 하단 $(n-d)$ 행을 제거할 수 있다. 이는 $n \times d$ 행렬 Q와 $d \times d$ 행렬 R을 사용하는 더 작은 QR 분해를 생성한다.

기븐스 회전 행렬 대신에 하우스홀더 반사 행렬로 Q와 R을 반복적으로 수정하는 이 접근 방식을 사용할 수도 있다. 이 경우 각 반복에서 특정 열에 대해 대각선 아래의 모든 항을 0으로 만들 수 있기 때문에(그리고 마지막 항은 무시할 수 있음), 최대 $(d-1)$번의 반사로 주어

진 행렬을 삼각 행렬로 만들 수 있다. 열 인덱스가 증가하는 순서대로 열들이 처리된다. 기하학적 기본 원리는 임의의 n차원 좌표 벡터(A의 첫 번째 열)의 이미지가 첫 번째 좌표만 0이 아닌 점에 사상될 수 있도록 원점을 통과하는 $(n-1)$차원 "거울"의 방향을 지정하는 것이 항상 가능하다는 것이다. 이러한 변환은 하우스홀더 반사 행렬을 사용한 곱셈으로 정의된다. 점 $[x, y]^T$가 $[\sqrt{x^2+y^2}, 0]^T$에 사상되는 2차원 공간상의 1차원 반사 평면의 모습을 생각해보기 바란다. 이러한 원리는 더욱 일반화되어 A의 첫 번째 열 $\overline{c}_1$과 같은 n차원 공간의 벡터에도 적용된다. 첫 번째 반복에서 ("거울" 초평면에 대한 정규 벡터) $\overline{c}_1$을 같은 길이를 갖고 첫 번째 성분만 0이 아닌 열벡터 $\|\overline{c}_1\|[1, 0, ..., 0]^T$에 연결하는 단위벡터로 $\overline{v}_1$을 선택할 수 있다. 따라서 $\overline{v}_1 \propto (\overline{c}_1 - \|\overline{c}_1\|[1, 0, ..., 0]^T)$를 얻게 되며, 이는 다시 단위 노옴을 갖도록 배율조정할 수 있다. 이제 하우스홀더 행렬 $Q_1 = (I - 2\overline{v}_1\overline{v}_1^T)$을 계산할 수 있다. A 앞쪽에 Q_1을 곱하면 A의 첫 번째 열 $\overline{c}_1$의 아래쪽 $(n-1)$개의 항이 0이 된다. 이후의 반복에서 결과 행렬 $R = Q_1A$의 첫 번째 행의 항들은 현재 값으로 고정된 상태로 유지되며, 모든 변경은 아래쪽 $(n-1)$개의 행에서만 수행된다. 따라서 두 번째 반복에서 $n \times n$ 하우스홀더 반사 행렬 $Q_2 = (I - 2\overline{v}_2\overline{v}_2^T)$가 선택되고 모든 변경은 아래쪽 $(n-1)$개의 행에서만 발생한다. 두 번째 반복은 현재 행렬 R의 두 번째 열 $\overline{c}_2$의 아래쪽 $(n-2)$개의 항을 0으로 만든다. 이를 위해 먼저 $\overline{c}_2$를 $\overline{c}_{2,n-1}$에 복사한 다음 $\overline{c}_{2,n-1}$의 첫 번째 항을 0으로 변경한다. 이어서 단위벡터 $\overline{v}_2 \propto \overline{c}_{2,n-1} - \|\overline{c}_{2,n-1}\|[0, 1, 0, ..., 0]^T$를 계산하고 갱신작업 $R \Leftarrow R(I - 2\overline{v}_2\overline{v}_2^T)$를 수행한다. 다음 반복에서는 처음 두 항이 0으로 설정된 벡터 $\overline{c}_3$의 부분 복사본으로 $\overline{c}_{3,n-2}$를 정의함으로써 하우스홀더 행렬을 계산한다. 단위벡터 $\overline{v}_3 \propto \overline{c}_{3,n-2} - \|\overline{c}_{3,n-1}\|[0, 0, 1, 0, ..., 0]^T$를 계산하고 갱신작업 $R \Leftarrow R(I - 2\overline{v}_3\overline{v}_3^T)$를 수행한다. 이러한 프로세스는 R의 각 열에 대해 적절한 개수의 항을 0으로 만들기 위해 반복적으로 적용된다. QR 분해의 최종 직교 행렬은 $Q_1^T \dots Q_{d-1}^T$가 된다. 수치 오차를 줄이기 위해서는 구현 과정에서 신중한 선택이 필요하다. 예를 들어, 첫 번째 반복에서 $\overline{c}_1$을 $\|\overline{c}_1\|[1, 0, ..., 0]^T$로 반사할 수도 있고 $-\|\overline{c}_1\|[1, 0, ..., 0]^T$로 반사할 수도 있는데, 이들 중 더 먼 쪽을 선택하면 수치 오차가 줄어든다.

2.7.3 이산 코사인 변환

그람-슈미트 기저는 좌표들로 인해 벡터의 특정 특성들을 노출하지 않는다. 반면에 2.3.4절에서 논의된 웨이블릿 기저는 시계열의 국부적 변이를 노출하는 직교 기저이다. **이산 코사인 변환**(discrete cosine transform)은 시계열의 주기성을 노출하기 위해 삼각함수 특성을 갖는 기저를 사용한다.

동일한 시간 간격으로 $\mathcal{R}^n$에서 추출된 n개의 값(예: 온도)을 갖는 시계열을 생각해보자. 특정 주기를 갖는 코사인 시계열의 균일 간격 표본들을 포함하는 기저 벡터들로 이루어진 기저를 선택하면, 기저 벡터의 좌표가 시계열의 서로 다른 주기를 갖는 성분의 진폭으로 해석될 수 있는 변환이 허용된다. 예를 들어, 10년에 걸친 온도를 나타내는 시계열은 낮-밤 변이와 여름-겨울 변이를 갖게 되며, 이는 서로 다른 기저 벡터(주기적 성분)들의 좌표로 표현될 것이다. 이러한 좌표는 여러 기계학습 응용에서 유용하다.

$\mathcal{R}^n$에서 열벡터로 표시되는 길이 n의 고차원 시계열을 생각해보자. 가능한 최대 주기를 갖는 이 시계열의 n차원 기저 벡터는 0과 π 라디안 범위의 코사인 함수의 n개의 균일 간격 표본들을 사용한다. 코사인 함수의 표본들은 π/n 라디안의 간격을 두고 있는데, 이때 발생하는 자연스러운 질문은 첫 번째 표본을 선택할 수 있는 위치에 관한 것이다. 이산 코사인 변환의 다양한 변형마다 코사인 함수에서 첫 번째 표본을 선택하는 위치가 다르지만, 가장 일반적인 선택은 표본이 $\pi/2$에 대해 대칭을 보장하는 것이며, 따라서 첫 번째 표본 위치는 $\pi/2n$이 된다. 이 경우 다음과 같은 기저 벡터 $\overline{b}$가 생성된다.

$$\overline{b} = [\cos(\pi/2n), \cos(3\pi/2n), \ldots, \cos([2n-1]\pi/2n)]^T$$

길이가 n인 시계열의 경우, 이는 가능한 최대 주기이며, 전체 기저 벡터는 (π 라디안에 걸친) 코사인 파형 절반에 해당하는 n차원 표본이다. 데이터에서 이보다 짧은 주기성을 처리하려면 더 많은 수의 (즉, π보다 큰 각도에 걸친) 코사인 파형들로부터 n차원 표본을 추출하여 얻는 기저 벡터들이 더 많이 필요하다. 즉, $\{1 \ldots n\}$에 속하는 각 j 값에 대해 0과 $(j-1)\pi$ 사이의 n개 지점에서 코사인 함수로부터 표본을 추출하여 n개의 코사인 함수 표본을 얻는다.

$$\overline{b}_j = [\cos([j-1]\pi/2n), \cos(3[j-1]\pi/2n), \ldots, \cos([2n-1][j-1]\pi/2n)]^T$$

$j=1$로 설정하면 $\overline{b}_1$은 1들로 구성된 열벡터로 생성되며, 이는 주기성을 갖지는 않지만 상수 편차를 표현하는 데 유용한 기저 벡터이다. $j=2$의 경우는 위에서 설명한 것처럼 코사인 파형의 절반에 해당한다.

위에서 설명한 기저 벡터들을 열로 포함하는 정규화되지 않은 기저 행렬 $B=[\overline{b}_1 \ldots \overline{b}_n]$을 생성할 수 있다. j번째 기저 벡터 $\overline{b}_j$의 i번째 성분을 b_{ij}로 표시하기로 하자. 즉, B의 (i, j)번째 항은 b_{ij}이며 다음과 같이 정의된다.

$$b_{ij} = \cos\left(\frac{\pi(2i-1)(j-1)}{2n}\right), \quad \forall i, j \in \{1 \ldots n\}$$

위의 기저 행렬은 비 주기성 (특수) 기저 벡터를 포함하며, 각 열의 노옴이 1이 아니기 때문에 정규화 상태가 아니다. 요점은 기저 행렬 B의 열들이 직교한다는 것이다.

보조정리 2.7.1 기저 벡터의 직교성

$p \neq q$일 때 이산 코사인 변환의 기저 벡터 쌍 $\overline{b}_p$와 $\overline{b}_q$의 점곱은 0이다.

증명 개요 항등식 $\cos(x)\cos(y) = [\cos(x+y) + \cos(x-y)]/2$를 사용한다. 이 항등식을 사용하면 $\overline{b}_p$와 $\overline{b}_q$의 점곱이 다음과 같음을 알 수 있다.

$$\overline{b}_p \cdot \overline{b}_q = \frac{1}{2}\sum_{i=1}^{n} \cos\left(\frac{[p+q][2i-1]\pi}{2n}\right) + \frac{1}{2}\sum_{i=1}^{n} \cos\left(\frac{[p-q][2i-1]\pi}{2n}\right)$$

우변은 등차수열 인수를 갖는 두 코사인 급수의 합으로 분할될 수 있다. 이것은 표준 삼각함수 등식의 하나이다[73]. 등차수열 인수를 갖는 코사인 급수의 합에 대한 공식을 사용하면 이러한 합이 $\sin(n\delta/2)\cos(n\delta/2)/\sin(\delta/2) \propto \sin(n\delta)/\sin(\delta/2)$에 비례한다는 것을 보일 수 있다. 이때 첫 번째 코사인 급수에서는 $\delta = (p+q)\pi/n$이고, 두 번째 코사인 급수에서는 $\delta = (p-q)\pi/n$이다. $\sin(n\delta)$의 값은 두 개의 δ 값 모두에 대해 0이므로 두 급수의 합은 0이 된다. ■

보조정리 2.7.2 기저 벡터의 노옴

이산 코사인 변환의 특수 기저 벡터 $\overline{b}_1$의 노옴은 $\sqrt{n}$ 인 반면, $p \in \{2 \dots n\}$일 때 $\overline{b}_p$의 노옴은 $\sqrt{n/2}$ 이다.

증명 개요 $\overline{b}_1$에 대한 증명은 자명하다. $p > 1$의 경우 $\overline{b}_p$의 노옴 제곱은 등차수열 인수를 갖는 코사인 제곱의 합이다. 여기에서 삼각함수 항등식 $\cos^2(x) = (1+\cos(2x))/2$를 사용할 수 있다. 따라서 다음의 결과를 얻는다.

$$\|\overline{b}_p\|^2 = \frac{n}{2} + \underbrace{\frac{1}{2}\sum_{i=1}^{n} \cos\left(\frac{p[2i-1]\pi}{n}\right)}_{0}$$

앞의 보조정리 증명에서와 같이 등차수열 각도를 갖는 코사인 급수의 합은 0이다. 따라서 $\overline{b}_p$의 노옴은 $\sqrt{n/2}$ 이 된다. ■

기저 행렬 B는 행렬 정규화 후 직교성을 갖는다. 모든 행렬 항들을 $\sqrt{n}$ 으로 나눈 다음 열 2부터 n까지 $\sqrt{2}$ 를 곱하여 행렬 B를 정규화 할 수 있다. 예를 들어 코사인 변환에 대한

8×8 정규화 된 기저 행렬은 다음과 같다.

$$B = \frac{1}{2}\begin{bmatrix} \frac{1}{\sqrt{2}} & \cos(\frac{\pi}{16}) & \cos(\frac{2\pi}{16}) & \cos(\frac{3\pi}{16}) & \cos(\frac{4\pi}{16}) & \cos(\frac{5\pi}{16}) & \cos(\frac{6\pi}{16}) & \cos(\frac{7\pi}{16}) \\ \frac{1}{\sqrt{2}} & \cos(\frac{3\pi}{16}) & \cos(\frac{6\pi}{16}) & \cos(\frac{9\pi}{16}) & \cos(\frac{12\pi}{16}) & \cos(\frac{15\pi}{16}) & \cos(\frac{18\pi}{16}) & \cos(\frac{21\pi}{16}) \\ \frac{1}{\sqrt{2}} & \cos(\frac{5\pi}{16}) & \cos(\frac{10\pi}{16}) & \cos(\frac{15\pi}{16}) & \cos(\frac{20\pi}{16}) & \cos(\frac{25\pi}{16}) & \cos(\frac{30\pi}{16}) & \cos(\frac{35\pi}{16}) \\ \frac{1}{\sqrt{2}} & \cos(\frac{7\pi}{16}) & \cos(\frac{14\pi}{16}) & \cos(\frac{21\pi}{16}) & \cos(\frac{28\pi}{16}) & \cos(\frac{35\pi}{16}) & \cos(\frac{42\pi}{16}) & \cos(\frac{49\pi}{16}) \\ \frac{1}{\sqrt{2}} & \cos(\frac{9\pi}{16}) & \cos(\frac{18\pi}{16}) & \cos(\frac{27\pi}{16}) & \cos(\frac{36\pi}{16}) & \cos(\frac{45\pi}{16}) & \cos(\frac{54\pi}{16}) & \cos(\frac{63\pi}{16}) \\ \frac{1}{\sqrt{2}} & \cos(\frac{11\pi}{16}) & \cos(\frac{22\pi}{16}) & \cos(\frac{33\pi}{16}) & \cos(\frac{44\pi}{16}) & \cos(\frac{55\pi}{16}) & \cos(\frac{66\pi}{16}) & \cos(\frac{77\pi}{16}) \\ \frac{1}{\sqrt{2}} & \cos(\frac{13\pi}{16}) & \cos(\frac{26\pi}{16}) & \cos(\frac{39\pi}{16}) & \cos(\frac{52\pi}{16}) & \cos(\frac{65\pi}{16}) & \cos(\frac{78\pi}{16}) & \cos(\frac{91\pi}{16}) \\ \frac{1}{\sqrt{2}} & \cos(\frac{15\pi}{16}) & \cos(\frac{30\pi}{16}) & \cos(\frac{45\pi}{16}) & \cos(\frac{60\pi}{16}) & \cos(\frac{75\pi}{16}) & \cos(\frac{90\pi}{16}) & \cos(\frac{105\pi}{16}) \end{bmatrix}$$

2.3.4절에서 웨이블릿 변환에 대해 사용된 것과 동일한 예인 시계열 $\overline{s} = [8, 6, 2, 3, 4, 6, 6, 5]^T$를 생각해보자. 이 시계열은 좌표 $\overline{x}$를 계산하기 위해 연립방정식 $B\overline{x} = \overline{s}$를 풀면 이산 코사인 변환의 기저로 변환될 수 있다. B는 직교 행렬이므로 해 $\overline{x}$는 $\overline{x} = B^T\overline{s}$로 주어진다. 공간 효율적인 희소 표현을 사용하기 위해 아주 작은 계수들은 0으로 설정할 수 있다.

주기성을 표현하는 데 초점을 맞추면 이산 코사인 변환은 웨이블릿 변환과 상당히 달라진다. 이산 코사인 변환은 **이산 푸리에 변환**과 밀접한 관련이 있으며(2.11.1절 참고) jpeg **압축**과 같은 일부 응용에서 많이 사용되는 변환이다. 이산 코사인 변환에는 기저 벡터를 생성하기 위해 코사인 함수에서 표본을 추출하는 방법에 따라 많은 변형이 있다. 이 절에서 제시된 버전은 DCT-II라고 하며, 가장 많이 사용되는 이산 코사인 변환 버전이다[121].

2.8 최적화 관점의 선형 연립방정식

선형대수는 기계학습에서 자주 반복되는 많은 선형 최적화 문제들과 밀접한 관련이 있다. 실제로 기계학습에서 가장 근본적인 문제 중 하나인 **선형 회귀**라고 하는 특별한 경우에서 선형 연립방정식을 푸는 것이 필요하다. 연립방정식 $A\overline{x} = \overline{b}$를 푸는 한 가지 방법은 목적함수 $\|A\overline{x} - \overline{b}\|^2$를 최소화하려는 최적화 문제로 보는 것이다. 이것은 기계학습에서 수많은 모델들의 기원에 해당하는 고전적인 최소제곱 회귀이다. 최소제곱 회귀는 정확한 해를 찾는 것이 아니라 주어진 연립방정식에 **가장 적합한** 해를 찾는 것이 목표이다. 목적함수의 가능한 최솟값은 0이며, $A\overline{x} = \overline{b}$에 대해 실행 가능한 해가 존재할 때 최솟값 0에 도달할 수 있다. 그러나 연립방정식이 불능일 때 최적화 문제에서는 0이 아닌 (즉, 양의 값을 갖는) 최적 값을 가장 적합한 값으로 반환한다. 따라서 이때의 목표는 다음과 같은 목적함수를 최소화하는 것이다.

$$J = \underbrace{\|A\overline{x} - \overline{b}\|^2}_{\text{최적합}}$$

미적분을 사용하여 이 문제를 해결할 수도 있지만(4.7절 참고), 여기에서는 기하학적 접근 방식을 사용한다. 한 지점에서 초평면에 이르는 가장 가까운 길은 항상 초평면에 직교한다. 점 $\overline{b}$와 A의 열공간으로 정의되는 초평면상에서 그 점에 가장 가까운 근사값 $\overline{b}' = A\overline{x}$를 연결하는 벡터 $(\overline{b} - A\overline{x}) \in \mathcal{R}^n$은 항상 그 초평면과 직교하게 되며, 따라서 A의 모든 열들에도 직교한다(그림 2.9 참고). 따라서 **정규 방정식** $A^T(\overline{b} - A\overline{x}) = 0$을 얻게 되며, 이로부터 다음의 결과를 얻는다.

$$\overline{x} = (A^T A)^{-1} A^T \overline{b} \tag{2.13}$$

여기에서 A^TA는 가역적이라고 가정되는데, 이는 A의 열들이 선형 독립인 경우에만 가능하다(보조정리 2.6.6에 따름). 이것은 $n \times d$ 행렬 A가 "세로" 행렬(즉, $n \geq d$)인 경우에만 발생할 수 있다. 행렬 $L = (A^TA)^{-1}A^T$는 행렬 A의 **좌 역행렬**이라고 하며, 이는 역행렬의 개념을 비정방행렬에 대해 일반화한 것이다. 이 경우 명백히 $LA = (A^TA)^{-1}(A^TA) = I_d$가 성립한다. 단위행렬 I_d의 크기는 $d \times d$이다. 그러나 AL은 (아마도 더 큰) $n \times n$ 행렬이 될 것이며, $n > d$일 때 단위행렬이 될 수 없다. 따라서 좌 역행렬은 **단측 역행렬**이다.

중요한 점은 행렬 A가 $d < n$을 만족하고 선형 독립인 열들을 가질 때 $L'A = I_d$인 행렬 L'이 많이 존재한다는 것이다(물론 그 중에서 $(A^TA)^{-1}A^T$가 선호된다). 이 점을 이해하기 위해 $\overline{z}_1 \dots \overline{z}_d$가 $\overline{z}_iA = \overline{0}$인 n차원 행벡터들로 이루어진 임의의 집합이라고 하자. 세로 행렬 A의 순위가 n보다 작을 때(즉, 왼쪽 영공간이 비어 있지 않을 때), 이러한 영벡터가 아닌 벡터 집합을 항상 찾을 수 있다. A의 왼쪽 영공간의 순위가 1인 경우에도 서로 스칼라 배가 되는 d개의 벡터를 찾을 수 있다. 이러한 d개의 벡터를 벡터 $\overline{z}_i$가 i번째 행에 위치하도록 쌓아 $d \times n$ 행렬을 만들 수 있다. 그러면 임의의 $d \times n$ 행렬 L_z는 A의 좌 역행렬이 된다(앞서 언급한 절차에 따라 Z가 선택됨).

$$L_z = (A^T A)^{-1} A^T + Z$$

L_z가 A의 좌 역행렬임을 보이는 식은 다음과 같다.

$$L_z A = ((A^T A)^{-1} A^T + Z)A = \underbrace{(A^T A)^{-1}(A^T A)}_{I} + \underbrace{ZA}_{0} = I$$

L_z를 사용하여 연립방정식 $\overline{x} = L_z\overline{b}$를 풀 때, 연립방정식에 대한 정확한 해가 존재할 경우에는 $\overline{x} = (A^TA)^{-1}A^T\overline{b}$라는 동일한 해를 얻게 될 것이다. 그러나 최적화 관점의 선형 연립방정식에서 도출된 것이 아니기 때문에 **불능인** 연립방정식에 동일한 수준의 **최적합** 해를 제공하지 못한다. 이것이 다른 좌 역행렬들도 존재하지만, 그 중 하나만을 선호하는 이유이다.

$n < d$이거나 (A^TA)가 가역적이지 않으면 어떻게 될까? 이러한 경우 무수히 많은 최적합 해가 존재하며, 이들 모두 동일한 최적 값을 갖는다(반드시 그런 것은 아니지만 일반적으로 0인 경우가 많음[3]). 무수히 많은 최적합 해가 존재하더라도 **간결성 기준**을 사용하여 더 구분할 수 있다. 이에 따르면 (1차 기준으로) $\|A\overline{x} - \overline{b}\|^2$를 최소로 하는 해들 중에서 (2차 기준으로) $\|\overline{x}\|^2$가 최소가 되는 해를 구한다. 간결성 기준은 기계학습에서 잘 알려진 원칙으로, 복잡한 해보다 단순한 해를 선호한다(4장 참고). A의 **행**들이 선형 독립인 경우 가장 간결한 해 $\overline{x}$는 다음과 같다(연습문제 31 참고).

$$\overline{x} = A^T(AA^T)^{-1}\overline{b} \tag{2.14}$$

행렬 $R = A^T(AA^T)^{-1}$은 $AR = (AA^T)(AA^T)^{-1} = I_n$이기 때문에 A의 **우 역행렬**이라고 한다. 행들의 선형 독립성은 A의 열공간의 생성공간이 $\mathcal{R}^n$ 전체임을 보장하므로, 위의 연립방정식은 **임의의** 벡터 $\overline{b}$에 대해 일관성을 갖는다. $A\overline{x} = (AA^T)(AA^T)^{-1}\overline{b} = \overline{b}$임을 확인하는 것도 어렵지 않다.

> **문제 2.8.1** 단일 열벡터 $[a, b, c]^T$를 포함하는 행렬의 좌 역행렬을 구하시오.

행렬 A가 정방행렬이고 가역적인 특수한 경우는 좌 역행렬과 우 역행렬이 동일한 것으로 판명되는 "양호한" 상황이다.

> **문제 2.8.2** 행렬 A가 정방행렬이고 가역적이라면 좌 역행렬과 우 역행렬이 모두 A^{-1}임을 보이시오.

> **문제 2.8.3** 선형 독립인 행들을 갖는 $n \times d$ 행렬 A가 있다고 하자($n < d$). $AR = I_n$을 만족하는 행렬 R은 몇 개나 있을까?

2.8.1 무어-펜로즈 의사 역행렬

A의 행들도 열들도 선형 독립이 아닌 경우(따라서 A^TA와 AA^T 모두 가역적이 아닌 경

---

3) $n < d$일 때 선형 종속 행들이나 열들을 갖는 불능 연립방정식 $A\overline{x} = \overline{b}$가 존재할 수 있다. 두 개의 식 $\sum_{i=1}^{10} x_i = 1$, $\sum_{i=1}^{10} x_i = -1$로 이루어진 연립방정식이 그러한 예이다. 그러나 행들의 선형 독립성과 $n < d$는 무수히 많은 개수의 일관된 해들의 존재를 보장한다.

우), $A\overline{x}=\overline{b}$ 형식의 불능인 선형 연립방정식을 어떻게 풀 수 있을까? 다음 설명은 나중의 장들에서 도출되는 몇 가지 최적화 결과를 필요로 하지만, 여기에서 설명의 목표는 선형 연립방정식과 관련된 다양한 사례에 대한 (그리고 최적화나 기계학습과의 연결성에 대한) 전체적인 그림을 제시하는 것이다. 따라서 이 절의 일부 내용에서는 나중의 장들에서 도출되는 결과들을 이용한다(이 단계에서 도출의 세부사항을 알아야 할 필요는 없음).

A의 행들도 열들도 선형 독립이 아닌 경우, 불능인 선형 연립방정식을 해결하는 자연스러운 접근방식은 **최적합** 해와 **간결한** 해를 **결합**하는 것이다. 이는 다음과 같은 목적함수를 최소화함으로써 달성될 수 있다.

$$J = \underbrace{\|A\overline{x} - \overline{b}\|^2}_{\text{최적합}} + \underbrace{\lambda(\sum_{i=1}^{d} x_i^2)}_{\text{간결함}}$$

목적함수에 추가된 항은 **정칙화 항**으로, 벡터 $\overline{x}$의 작은 절대 성분을 선호하는 경향이 있다. 이것이 바로 앞의 절에서 논의된 간결성 기준이다. 값 $\lambda > 0$은 최적합 항과 간결성 항의 상대적 중요성을 조절하는 정칙화 매개변수이다.

위의 최적화 문제에 대한 해를 계산하기 위해 필요한 방법은 아직 소개하지 않았다(4.7절 참고). 지금으로서는 이 최적화 문제가 다음과 같은 두 가지 형태의 해를 가지고 있다는 사실만 언급해둔다.

$$\overline{x} = (A^T A + \lambda I_d)^{-1} A^T \overline{b} \qquad \text{[정칙화된 좌 역행렬 형식]}$$

$$\overline{x} = A^T (A A^T + \lambda I_n)^{-1} \overline{b} \qquad \text{[정칙화된 우 역행렬 형식]}$$

위의 두 형식은 앞의 절에서 소개한 좌 역행렬이나 우 역행렬과 대단히 유사하며, 따라서 각기 정칙화된 좌 역행렬과 우 역행렬이라고 부른다. 두 가지 해 모두 **푸시 스루 항등식**으로 인해 **동일한 것으로 판명되어 있다**(연습문제 1.2.13 참고). 정칙화 형태의 해가 앞의 절에서 제시된 해와 구별되는 중요한 차이점은 A의 행들이나 열들의 선형 독립성과 관계없이 $\lambda > 0$일 때 행렬 $(A^TA+\lambda I_d)$와 $(AA^T+\lambda I_n)$ 모두 가역적이라는 점이다(문제 2.4.2 참고). 매개변수 $\lambda > 0$을 어떻게 선택해야 할까? 주요 목표가 최적합 해를 찾는 것이고 정칙화 항의 (제한된) 목적이 적합성이 동일한 해 사이에서 결정하는 역할을 하는 것이라면(2차 간결성 기준으로 사용됨), 무한소 λ를 허용하는 것이 합리적일 것이다.

$\lambda \to 0+$ 극한에서 동등한 위의 행렬들은 무어-펜로즈 의사 역행렬과 동일하다. 이로부터 다음과 같은 **극한 기반 정의**가 가능하다.

$$\lim_{\lambda \to 0^+} (A^T A + \lambda I_d)^{-1} A^T = \lim_{\lambda \to 0^+} A^T (A A^T + \lambda I_n)^{-1} \qquad \text{[무어-펜로즈 의사 역행렬]}$$

λ는 오른쪽에서 0에 접근하며, 해당 함수는 가장 일반적인 경우 $\lambda = 0$에서 불연속일 수 있다. 일반 역행렬, 좌 역행렬, 우 역행렬 등은 모두 무어-펜로즈 의사 역행렬의 특수한 경우이다. 행렬 A가 가역적이면 4개의 역행렬은 모두 같다. A의 열들만 선형 독립인 경우 무어-펜로즈 의사 역행렬은 좌 역행렬이다. A의 행들만 선형 독립인 경우 무어-펜로즈 의사 역행렬은 우 역행렬이다. A의 행들도 열들도 선형 독립이 아닌 경우 무어-펜로즈 의사 역행렬은 이러한 특수한 경우들이 제공할 수 없는 일반화된 역행렬을 제공한다. 따라서 **무어-펜로즈 의사 역행렬은 좌 역행렬이나 우 역행렬처럼 최적합성 기준과 간결성 기준을 모두 갖추고 있다.**

무어-펜로즈 의사 역행렬은 다음과 같이 계산된다. 순위 r의 $n \times d$ 행렬 A는 $A = QR$ 형식의 **일반화된** QR 분해를 갖는다. 여기에서 Q는 직교 열들이 있는 $n \times r$ 행렬이고 R은 행 전 순위의 **비정방형** $r \times d$ 상부삼각 행렬이다. 따라서 행렬 RR^T는 가역적이다. 이제 A의 의사 역행렬은 다음과 같다.

$$A^+ = \lim_{\lambda \to 0^+}(R^T R + \lambda I_d)^{-1} R^T Q^T = \lim_{\lambda \to 0^+} R^T (RR^T + \lambda I_n)^{-1} Q^T = R^T (RR^T)^{-1} Q^T$$

첫 번째 단계에서는 $Q^T Q = I$를 사용하고 두 번째 단계에서는 푸시 스루 항등식을 사용한다. 특이값 분해를 사용하는 또 다른 방법에 대해서는 7.4.4절에서 설명한다.

2.8.2 투영 행렬

$d < n$이고 조건식이 과도하게 많은 연립방정식을 풀기 위한 최적화 중심 해법은 불능인 연립방정식 $A\bar{x} = \bar{b}$에 대한 근사 해를 제공하기 때문에 (행 사다리꼴 방법과 비교할 때) 보다 일반적인 접근방식이다. 최적화 중심 접근방식은 $\bar{b}$가 A의 열들에 의한 생성공간에 있지 않을 때 선형 연립방정식이 불능임을 인식한다. 따라서 A의 열들에 의해 정의되는 초평면상에 $\bar{b}$를 투영한 다음 이 투영 $\bar{b}'$를 사용하여 수정된 (일관성을 갖춘) 연립방정식 $A\bar{x} = \bar{b}'$를 푸는 방법으로 불능인 연립방정식 $A\bar{x} = \bar{b}$를 "풀" 수도 있다. 결국, $\bar{b}'$는 A의 열들에 의한 생성공간 내에서 $\bar{b}$에 가장 가까운 근사치이다. $\bar{b}$에서 $\bar{b}'$로의 사상은 **투영 행렬**에 의한 선형 변환의 맥락에서 이해할 수도 있다. 이 절에서는 선형대수 및 최적화의 여러 상황에서 유용한 선형 연산자로 판명된 투영 행렬의 특성을 알아볼 것이다.

먼저 A의 열들이 직교정규인 간단한 경우를 고려할 텐데, 이때 (직교 행렬에 대해 일반적으로 사용되는) $Q = A$ 표기법을 사용하여 직교성을 강조한다. 따라서 연립방정식은 $Q\bar{x} = \bar{b}$로 주어진다. d차원 직교정규 기저 시스템에 n차원 벡터 $\bar{b}$를 투영하는 것은 계산하기 쉽다 $(d < n)$. 예를 들어, $n \times d$ 행렬 Q가 d개의 직교 열을 포함하는 경우 이러한 벡터들에 대한 $\bar{b}$의 좌표는 열들과의 점곱으로 주어진다. 즉, 좌표들은 d차원 벡터 $\bar{x} = Q^T\bar{b}$로 표현된다. 또한 이러한 좌표들에 따른 Q의 열들에 대한 실제 선형 조합은 $\bar{b}' = Q\bar{x} = QQ^T\bar{b}$이다[4]. 벡터

$\overline{b}'$은 Q의 열들에 의해 생성된 d차원 평면상의 $\overline{b}$의 투영이다. 원래의 행렬 Q가 정방형이면 직교정규 열들은 $QQ^T = Q^TQ = I$이며, 따라서 $\overline{b}' = QQ^T\overline{b} = \overline{b}$이다. 완전한 n차원 공간에서 n차원 벡터의 투영은 그 자체이기 때문에 이것은 특별히 놀라운 것은 아니다. Q의 열들이 직교정규성을 갖지만 행렬 Q가 $d < n$을 만족하는 경우, 행렬 $P = QQ^T$는 투영 행렬이다. 앞쪽에 P를 곱하여 열벡터를 투영하면 생성되는 벡터가 달라질 수 있다. 그러나 앞쪽에 P를 한 번 더 곱하여 다시 투영해도 투영이 더 이상 변경되지는 않는다. 예를 들어, $\mathcal{R}^3$의 벡터를 2차원 평면에 투영하면 평면에 벡터의 "그림자"가 생긴다. 같은 평면에 이 그림자 벡터를 다시 투영해도 더 이상 변경되지 않는다. 따라서 투영 행렬은 항상 $P^2 = P$를 만족한다.

$$P^2 = (QQ^T)(QQ^T) = Q\underbrace{(Q^TQ)}_{I}Q^T = QQ^T = P \tag{2.15}$$

이를 투영 행렬의 **멱등성 특성**이라고 한다.

이제 전 순위를 갖는 보다 일반적인 $n \times d$ 행렬 A의 투영 행렬에 대해 살펴보자. $\overline{x}$가 A의 열공간의 기저에 $\overline{b}'$의 좌표를 포함하면 $\overline{b}' = A\overline{x}$가 된다. 투영은 항상 평면까지의 가장 짧은 거리이기 때문에 거리 제곱 $\|\overline{b}' - \overline{b}\|^2 = \|A\overline{x} - \overline{b}\|^2$를 최소화하고자 한다. 이는 앞의 절에서 설명한 최적화 관점에서 설명한 것과 정확히 동일한 문제이다. $d < n$과 선형 독립 열들을 가정하므로 우 역행렬을 사용하여 다음의 식을 얻을 수 있다.

$$\overline{x} = (A^TA)^{-1}A^T\overline{b} \tag{2.16}$$

$\overline{x}$는 A의 열들에 대한 좌표 벡터에 해당하며, 이로부터 최상의 근사 $A\overline{x} = \overline{b}'$를 얻을 수 있다. A의 d개의 선형 독립 열들에 의해 정의되는 평면상의 $\overline{b}$의 투영은 투영 행렬을 이용하여 다음과 같이 표현될 수 있다.

$$\overline{b}' = A\overline{x} = \underbrace{A(A^TA)^{-1}A^T}_{P}\overline{b} \tag{2.17}$$

따라서 $n \times n$ 투영 행렬은 $P = A(A^TA)^{-1}A^T$이다. 투영 행렬은 항상 대칭이며 $P^T = P$를 만족한다. A의 열들이 직교정규성을 갖고 $d < n$이면 $A^TA = I$이고 투영 행렬은 AA^T로 단순화된다. 또한 대칭 투영 행렬은 항상 $P^2 = P$를 만족한다.

4) A의 열들은 직교정규성을 갖는다. $d < n$의 경우 $Q^TQ = I_d$이지만 $QQ^T \neq I_n$이다. 정방행렬의 경우에만 $Q^TQ = QQ^T = I$이다.

$$P^2 = A\underbrace{(A^TA)^{-1}(A^TA)}_{I}(A^TA)^{-1}A^T = A(A^TA)^{-1}A^T = P \tag{2.18}$$

사실 $P^2 = P$를 만족하는 모든 대칭행렬은 투영 행렬이다. n개 미만의 벡터로 정의된 평면상에서 그 평면에 있지 않은 점을 나타내는 n차원 벡터 $\bar{b}$의 가장 가까운 근사치를 찾는 데 유용한 것이 투영 행렬이다. 최소제곱 회귀라는 고전적인 문제는 n차원 반응변수들의 투영을 나타내는 d개의 좌표를 포함하는 계수 벡터를 사용하여 **반응변수**들로 구성되는 n차원 열벡터를 d차원 평면상에서 **간결하게 모델링된 근사**에 투영하려는 것으로 볼 수 있다. 이 상황을 그림 2.9에서 보이고 있다. 여기에서 3×2 행렬 A가 있으며 3차원 벡터 $\bar{b}$는 그림에 표시된 A의 두 열에 의한 생성공간 안에 위치하지 않는다고 가정한다. $\bar{b}$에 3×3 투영 행렬을 곱하면 두 열의 생성공간상에 있으면서 $\bar{b}$에 가장 가까운 근사치 $\bar{b}'$를 얻을 수 있다. 결과적으로 두 개의 열로 $\bar{b}'$의 2차원 좌표 벡터 $\bar{x}$를 표현할 수 있으며, 이는 $A\bar{x} = \bar{b}'$에 대한 해를 계산하는 것과 동일하다. 결과 벡터 $\bar{x}$는 정확히 최소제곱 회귀에 대한 해이다(4.7절 참고).

$n\times d$ 행렬 A에 임의의 $d\times d$ 가역 행렬 B를 곱하면 A와 동일한 투영 행렬을 갖는 행렬 AB가 생성된다. 왜냐하면 투영 행렬 $(AB)([AB]^TAB)^{-1}(AB)^T$는 B와 B^T를 각자의 역행렬로 상쇄함으로써 A의 투영 행렬로 간소화할 수 있기 때문이다. 이는 **A의 투영 행렬이 A의 열들로 생성되는 벡터 공간에만 종속되고** A 뒤쪽에 가역 행렬을 곱해도 열들의 생성공간이 변경되지 않기 때문이다. 따라서 투영 행렬과 $\bar{b}$의 투영 $\bar{b}'$을 계산하는 효율적인 방법은 QR 분해 $A = QR$을 사용하여 투영 행렬을 $P = QQ^T$로 계산하는 것이다. Q는 A와 같이

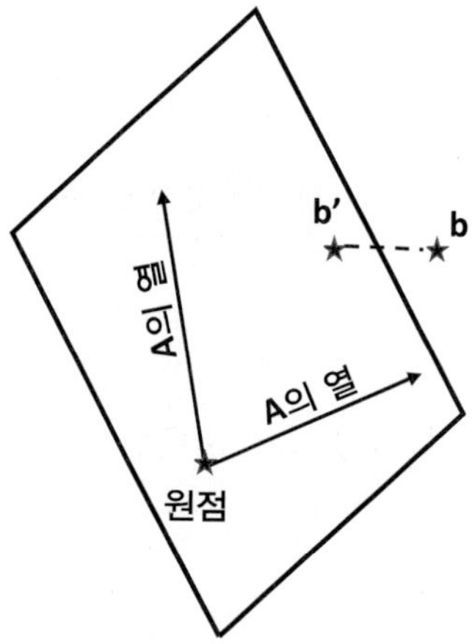

그림 2.9 3차원 벡터 $\bar{b}$에 대해 3×2 행렬 A의 열들로 정의된 2차원 평면상에 있으면서 $\bar{b}$에 가장 가까운 3차원 점 $\bar{b}'$로의 투영을 불능인 연립방정식 $A\bar{x} = \bar{b}$에 대해 보인다. $\bar{b}$에 3×3 투영 행렬을 곱하면 $\bar{b}'$를 얻는다.

$n \times d$ 행렬이고 R은 $d \times d$ 상부삼각 행렬이다. 투영 $\bar{b}'$는 $QQ^T\bar{b}$로 계산할 수 있다. $A\bar{x} = \bar{b}$에 대한 최적합 해 $\bar{x}$는 다음과 같이 $QR\bar{x} = \bar{b}'$에 대한 해이다.

$$R\bar{x} = Q^T\bar{b}' = Q^T QQ^T \bar{b} = Q^T \bar{b} \tag{2.19}$$

역대입법을 사용하여 $R\bar{x} = Q^T\bar{b}$를 풀 수 있다. 투영 행렬을 계산하기 위해 QR 분해를 사용하는 예를 제시한다.

$$A = \begin{bmatrix} 1 & 2 \\ 0 & 2 \\ 1 & 2 \end{bmatrix} = QR = \begin{bmatrix} 1/\sqrt{2} & 0 \\ 0 & 1 \\ 1/\sqrt{2} & 0 \end{bmatrix} \begin{bmatrix} \sqrt{2} & 2\sqrt{2} \\ 0 & 2 \end{bmatrix}$$

투영 행렬 P는 다음과 같이 계산할 수 있다.

$$P = A(A^T A)^{-1} A^T = QQ^T = \begin{bmatrix} 1/2 & 0 & 1/2 \\ 0 & 1 & 0 \\ 1/2 & 0 & 1/2 \end{bmatrix}$$

문제 2.8.4 **직교 여 투영** $P = QQ^T$가 투영 행렬이고 Q는 직교 열들을 갖는 $n \times d$ 행렬이라고 가정한다. $(I - P)$는 또한 P의 투영 공간에 대한 직교 여 벡터 공간의 투영 행렬임을 보이시오. 힌트는 $(I - P)$가 $Q_1 Q_1^T$로 표현될 수 있음을 보이는 것이다.

2.9 불량 조건 행렬과 불량 조건 연립방정식

불량 조건 행렬은 "거의" 특이행렬이며, 비 특이성을 갖는 일부의 경우는 행렬을 계산하는 과정에서 알고리즘이 수행한 수치 근사의 결과일 뿐이다. 이러한 행렬을 역변환하려고 하면 매우 큰 항 값, 수치 오버플로, 여러 유형의 반올림 오차 등이 발생할 수 있다. 즉, 이전의 오차들이 크게 증폭된다. 아래에 주어진 행렬 A와 그에 대한 교란 A_ϵ를 생각해보자.

$$A = \begin{bmatrix} 1 & 1 \\ 1 & 1 \end{bmatrix}, \quad A_\epsilon = \begin{bmatrix} 1 + 10^{-8} & 1 \\ 1 & 1 + 10^{-8} \end{bmatrix}$$

행렬 A는 특이성을 갖는 반면, 행렬 A_ϵ는 역변환이 가능하다. 행렬 A_ϵ는 A로 의도된 값을 계산하는 과정에서 컴퓨터의 유한 정밀도에 따른 오차로 인해 쉽게 발생할 수 있다. 행렬 A_ϵ의 역행렬은 다음과 같이 근사치로 계산될 수 있다.

$$A_\epsilon^{-1} \approx \frac{10^8}{2}\begin{bmatrix} 1+10^{-8}/2 & -1+10^{-8}/2 \\ -1+10^{-8}/2 & 1+10^{-8}/2 \end{bmatrix} = \frac{10^8}{2}\begin{bmatrix} 1.000000005 & -0.999999995 \\ -0.999999995 & 1.000000005 \end{bmatrix}$$

위의 역행렬에는 매우 큰 항들이 포함되어 있으며 원래의 행렬과 정확한 곱셈을 수행하려면 여러 항들을 매우 높은 정밀도로 표현해야 한다. 이러한 조건들이 결합될 경우 반올림 오차 효과의 엄청난 증폭이나 수치 오버플로의 가능성이 크게 증가되어 행렬 곱셈의 결과가 이상해지기 쉽다. 이러한 유형의 역변환에서 발생하는 문제를 이해하기 위해 연립방정식 $A\overline{x}=\overline{b}$를 생각해보자. A_ϵ의 특성 중 하나는 (행렬 A_ϵ의 가역성으로 인해) $A_\epsilon\overline{x}$가 결코 영벡터가 될 수 없다는 것이다. 예를 들어, $\overline{x}=[1, 1]$을 선택하면 $\|A\overline{x}\| \approx \sqrt{2}$가 된다. 반면에 $\overline{x}=[1, -1]^T$를 선택하면 $\|A\overline{x}\|=10^{-8}\sqrt{2}$가 된다.

이러한 유형의 변동은 특이행렬에 아주 가까울 경우 수치 문제를 발생시킬 수 있다. A_ϵ^{-1}의 일부 항들이 매우 크기 때문에 $\overline{b}$에서의 작은 변화는 해 $\overline{x}$에 크고 불안정한 변화로 이어질 수 있다. A_ϵ의 비 특이성이 계산 오차로 인해 발생한 경우 계산된 해는 무의미할 수 있다. 예를 들어, $A_\epsilon\overline{x}=\overline{b}$에 대한 해를 항상 구할 수 있지만 어떤 경우에는 (작은 계산 오차가 증폭된 결과로) 해가 너무 커져서 수치 오버플로가 발생할 수도 있다. 위의 경우 $\overline{b}=[1, -1]^T$를 사용하면 모든 항이 10^8 정도가 되어버리는 수치 문제가 발생할 수 있다. 불량 조건으로 인한 문제는 행렬 연산이나 선형대수에서 어디에나 존재한다. **조건수**(condition number)라는 개념을 사용하여 가역 정방행렬 A의 불량 조건을 정량화할 수 있다.

정의 2.9.1 조건수

A는 $d\times d$ 가역 행렬이며, $\|A\overline{x}\|/\|\overline{x}\|$를 벡터 $\overline{x}$에 대한 배율조정 비율이라고 하자. 이제 A의 조건수는 모든 d차원 벡터에 대한 최소 배율조정 비율과 (모든 d차원 벡터에 대한) A의 최대 배율조정 비율 사이의 비율로 정의된다.

단위행렬이나 임의의 직교 행렬의 경우 조건수는 항상 1이며, 이는 가능한 가장 작은 조건수 값이다. 이는 직교 행렬은 벡터를 배율조정 하지 않고 회전하거나 반사만 하기 때문이다. 특이행렬에 대해서는 조건수가 정의되지 않으며, 특이행렬에 아주 가까울 경우 매우 큰 조건수를 갖는다. **특이값 분해**(7.4.4.1절 참고)라는 방법을 사용하여 행렬의 조건수를 계산할 수 있다. 직관적으로 설명하자면, 특이값 분해가 선형 변환에서 (특이값이라고도 불리는) 다양한 배율조정 계수에 대해 알려준다는 것이다. 따라서 가장 큰 배율과 가장 작은 배율의 비율로 조건수가 결정된다. 불량 조건 시스템을 해결하는 방법들에 대해서는 7.4.4.1절을 참조하기 바란다.

2.10 내적: 기하학적 관점

점곱(dot product)은 벡터 공간에서 유사성을 측정하기 위한 자연스러운 접근방식이다. 내적(inner product)은 이러한 개념을 일반화한 것이다. 일부 공학 응용에서는 두 개의 실수 값 벡터 사이의 유사성을 구하기 위해 선형 변환 A를 사용하여 벡터들을 "중요한" 방향으로 늘린 후 점곱을 계산한다. 따라서 $\mathcal{R}^n$에서만 작동하지만 실용적이고 시각화하기 쉬운 내적의 정의를 먼저 제시한다.

정의 2.10.1 내적: 제한적 정의

$\overline{x}, \overline{y} \in \mathcal{R}^n$에서 $\langle \overline{x}, \overline{y} \rangle \in \mathcal{R}$로의 사상이 내적이라는 것은 $\langle \overline{x}, \overline{y} \rangle$가 어떤 $n \times n$ 가역 행렬 A에 대해 $A\overline{x}$와 $A\overline{y}$ 사이의 점곱과 항상 같다는 것을 의미한다. 내적 $\langle \overline{x}, \overline{y} \rangle$는 다음과 같이 그람 행렬 $S = A^T A$를 사용하여 표현할 수도 있다.

$$\langle \overline{x}, \overline{y} \rangle = (A\overline{x})^T (A\overline{x}) = \overline{x}^T [A^T A] \overline{y} = \overline{x}^T S \overline{y}$$

선형 변환 A가 회전 반사 행렬이면 행렬 S는 단위행렬이고 내적은 일반 점곱과 같다. 내적은 또한 변환 A와 관련하여 코사인과 거리를 유도한다.

$$\text{cosine}_A(\overline{x}, \overline{y}) = \frac{\langle \overline{x}, \overline{y} \rangle}{\sqrt{\langle \overline{x}, \overline{x} \rangle} \sqrt{\langle \overline{y}, \overline{y} \rangle}} = \frac{\overline{x}^T S \overline{y}}{\sqrt{\overline{x}^T S \overline{x}} \sqrt{\overline{y}^T S \overline{y}}} = \frac{(A\overline{x})^T (A\overline{y})}{\|A\overline{x}\|_2 \, \|A\overline{y}\|_2}$$

$$\text{distance}_A(\overline{x}, \overline{y})^2 = \langle \overline{x} - \overline{y}, \overline{x} - \overline{y} \rangle = (\overline{x} - \overline{y})^T S (\overline{x} - \overline{y}) = \|A\overline{x} - A\overline{y}\|_2^2$$

유도된 거리와 각도는 벡터들에 대한 선형 변환을 수행하기 위해 행렬 A를 사용할 때 길이와 각도에 대한 일반적인 기하학적 의미와 일치한다는 것을 알 수 있다. $\sqrt{\langle \overline{x} - \overline{y}, \overline{x} - \overline{y} \rangle}$ 값은 거리라고 불리며, 삼각 부등식과 같은 유클리드 기하학의 모든 법칙을 충족한다. 이것은 변환된 공간에서 유클리드 거리라는 점을 감안할 때 특별히 놀라운 것은 아니다.

(추상적인 벡터 공간과 같이) $\mathcal{R}^n$을 벗어나서도 의미를 갖는 내적의 보다 일반적인 정의는 특정 공리적 규칙들을 기반으로 한다.

정의 2.10.2 내적: 일반적 정의

실수 값 $\langle \overline{u}, \overline{v} \rangle$는 모든 $\overline{u}$와 $\overline{v}$에 대해 다음 공리들을 충족하는 경우 $\overline{u}$와 $\overline{v}$ 사이의 내적이다.

덧셈 공리: $\langle \overline{u}, \overline{v} + \overline{w} \rangle = \langle \overline{u}, \overline{v} \rangle + \langle \overline{u}, \overline{w} \rangle$, $\langle \overline{v} + \overline{w}, \overline{u} \rangle = \langle \overline{v}, \overline{u} \rangle + \langle \overline{w}, \overline{u} \rangle$

곱셈 공리: $\langle c\overline{u}, \overline{v} \rangle = c \langle \overline{u}, \overline{v} \rangle$, $\langle \overline{u}, c\overline{v} \rangle = c \langle \overline{u}, \overline{v} \rangle \quad \forall c \in \mathcal{R}$

교환법칙: $\langle \overline{u}, \overline{v} \rangle = \langle \overline{v}, \overline{u} \rangle$

양의 정부호성: $\langle \overline{u}, \overline{u} \rangle \geq 0$, 영벡터에 대해서만 등호가 적용됨

위의 공리들을 만족하는 $\mathcal{R}^n$의 모든 유한 차원 내적 $\langle \overline{x}, \overline{y} \rangle$는 신중하게 선택된 어떤 그람 행렬 $S = A^T A$에 대해 $\overline{x}^T S \overline{y}$와 동일함을 보일 수 있다. 따라서 최소한 $\mathcal{R}^n$의 유한 차원 벡터 공간들에 대해 **선형 변환** 정의와 $\langle \overline{x}, \overline{y} \rangle$의 공리적 정의는 동등하다. 아래의 문제에서는 이러한 행렬 S가 내적의 공리적 정의로부터 어떻게 구성될 수 있는지 보여준다.

> **문제 2.10.1** **공리적 내적은 변환된 점곱임** 모든 벡터 쌍 $\overline{x}, \overline{y} \in \mathcal{R}^n$에 대해 내적 $\langle \overline{x}, \overline{y} \rangle$가 공리적 정의를 충족한다고 가정한다. 내적 $\langle \overline{x}, \overline{y} \rangle$도 $\overline{x}^T S \overline{y}$로 표현할 수 있음을 보이시오. 여기에서 S의 (i, j)번째 항은 $\langle \overline{e}_i, \overline{e}_j \rangle$이다. 여기에서 $\overline{e}_i$는 $n \times n$ 단위행렬의 i번째 열이다. 다음 장에서는 S와 같은 행렬이 양의 정부호성 공리로 인해 $n \times n$ 행렬 A에 대해 항상 $A^T A$로 표현될 수 있음을 보일 것이다. $\langle \overline{x}, \overline{y} \rangle$가 $A\overline{x}$와 $A\overline{y}$ 사이의 점곱과 같은 이유를 설명하시오.

> **문제 2.10.2** $\mathcal{R}^n$에 있는 n개의 선형 독립 벡터에서 가져온 모든 벡터 쌍에 대해 계산된 $n \times n$개의 실수 값 내적이 주어져 있다고 가정한다. 내적의 기본 공리들을 사용하여 임의의 $\overline{x}, \overline{y} \in \mathcal{R}^n$에 대해 $\langle \overline{x}, \overline{y} \rangle$를 계산하는 방법을 보이시오.

2.11 복소수 벡터 공간

이 장의 앞부분에서 설명했듯이 벡터 공간은 **필드 공리**들을 만족하는 모든 **필드**에 대해 정의할 수 있다. 필드의 한 예는 복소수 영역이다. 복소수는 $a + ib$ 형식의 값이며, 여기에서 $i = \sqrt{-1}$이다. 복소수는 종종 극좌표 형식 $r[\cos(\theta) + i\sin(\theta)]$로 표현되기도 하며, 여기에서 $r = \sqrt{a^2 + b^2}$이고 $\theta = \cos^{-1}(a/r)$이다. 지수 급수와 삼각함수 급수의 테일러 전개식을 비교함으로써 다음과 같은 **오일러 항등식**을 증명할 수도 있다(문제 1.5.1 참고).

$$\exp(i\theta) = \cos(\theta) + i\sin(\theta)$$

이 공식이 성립하기 위해서는 각도 θ를 라디안으로 표시해야 한다. 따라서 복소수는 $r \cdot \exp(i\theta)$로 표현할 수 있다. 극좌표 형식 표현은 많은 선형대수 연산에서 매우 편리하다. 두 복소수에 대한 곱셈은 각도 지수를 더하고 그 크기를 곱하는 간단한 문제이기 때문이다. 이러한 특성은 다양한 유형의 행렬 곱셈에서 이용된다.

$\mathcal{R}^n$에서와 같이 $\mathcal{C}^n$에서의 동일한 덧셈 및 곱셈 특성을 사용하여 복소수 영역에 대한 **벡터 공간**을 정의할 수 있다.

정의 2.11.1 $\mathcal{C}^n$의 벡터 공간

$\mathcal{C}^n$의 어떤 부분집합에 대응되는 벡터 집합 $\mathcal{V}$가 다음 특성들을 만족하는 경우 벡터 공간이다.

1. $\overline{x} \in \mathcal{V}$이면 모든 스칼라 $c \in \mathcal{C}$에 대해 $c\overline{x} \in \mathcal{V}$이다.

2. $\overline{x}, \overline{y} \in \mathcal{V}$이면 $\overline{x} + \overline{y} \in \mathcal{V}$이다.

여기에서 **곱셈 스칼라가 복소수 영역에서 선택된다**는 점에 유의할 필요가 있다. 예를 들어 c의 값은 $1+i$와 같은 숫자일 수 있다. 이것은 실수 벡터 공간에 대한 정의 2.3.2와 중요한 차이점이다. 이러한 사실에 따른 결과는 $\mathcal{C}^n$상의 임의의 벡터를 나타내기 위해 여전히 표준 기저 $\overline{e}_1 \ldots \overline{e}_n$을 사용할 수 있다는 것이다. 여기에서 각 $\overline{e}_i$는 i번째 항은 1이고 나머지 항들은 0인 n차원 벡터이다. $\overline{e}_i$는 실수 성분을 갖지만 모든 실수 벡터는 복소수 벡터의 특수한 경우이다. 임의의 벡터 $\overline{x} = [x_1 \ldots x_d]^T \in \mathcal{C}^n$은 표준 기저로 표현할 수 있다. 여기에서 벡터 $\overline{x}$의 i번째 좌표는 복소수 x_i이다. 요점은 벡터 공간이 복소수 필드에 대해 정의되기 때문에 좌표가 복소수 값일 수도 있다는 것이다. 좌표 표현을 생성하기 위해서는 투영과 같은 작업을 수행할 수 있어야 한다. 이것은 복소수 내적 개념으로 달성된다.

실수 내적의 경우와 마찬가지로 (길이나 각도 개념 같은) 유클리드 공간의 기하학적 특성을 유지할 수 있다면 좋을 것이다. 실수 영역에서 복소수 영역으로 내적을 일반화하는 것은 까다로울 수 있다. 실수 값 유클리드 공간에서는 벡터에 대해 자신과의 점곱이 노옴 제곱이 되는데, **이러한 정의는 복소수 벡터에는 적용되지 않는다**. 예를 들어, $\overline{v} = [1, 2i]^T$에 대해 노옴 제곱의 실수 값 정의를 맹목적으로 적용하여 계산하면 다음과 같은 결과가 발생한다.

$$\overline{v}^T \overline{v} = [1, 2i] \begin{bmatrix} 1 \\ 2i \end{bmatrix} = 1^2 + 4i^2 = 1 - 4 = -3 \tag{2.20}$$

길이의 제곱에 해당하는 노옴 제곱의 값으로 부적절한 **음의** 값이 발생한 것이다. 따라서 복소수 내적 $\langle \overline{u}, \overline{v} \rangle$에 대해서는 공리들을 수정할 필요가 있다.

덧셈 공리: $\langle \overline{u}, \overline{v} + \overline{w} \rangle = \langle \overline{u}, \overline{v} \rangle + \langle \overline{u}, \overline{w} \rangle$, $\langle \overline{v} + \overline{w}, \overline{u} \rangle = \langle \overline{v}, \overline{u} \rangle + \langle \overline{w}, \overline{u} \rangle$

곱셈 공리: $\langle c\overline{u}, \overline{v} \rangle = c^* \langle \overline{u}, \overline{v} \rangle$, $\langle \overline{u}, c\overline{v} \rangle = c \langle \overline{u}, \overline{v} \rangle \quad \forall c \in \mathcal{C}$

켤레 대칭성: $\langle \overline{u}, \overline{v} \rangle = \langle \overline{v}, \overline{u} \rangle^*$

양의 정부호성: $\langle \overline{u}, \overline{u} \rangle \geq 0$, 영벡터에 대해서만 등호가 적용됨

위 첨자 '*'는 복소수의 **켤레**를 나타내며, 이는 주어진 복소수의 허수 부분의 부호를 변경하여 구한다. 식 2.20의 내적 계산은 양의 정부호성 특성을 위반하기 때문에 유효하지 않다.

스칼라 복소수의 경우 노옴 제곱은 켤레와의 곱으로 정의된다. 예를 들어 $a+ib$의 노옴 제곱은 $(a-ib)(a+ib)=a^2+b^2$이다. 벡터의 경우 내적을 정의하기 위해 전치와 켤레를 결합할 수 있다. 복소수 벡터나 복소수 행렬의 **켤레 전치**는 다음과 같이 정의된다.

정의 2.11.2 벡터 및 행렬의 켤레 전치

복소수 벡터 $\overline{v}$의 켤레 전치 $\overline{v}^*$는 벡터를 전치한 다음 각 항을 복소수 켤레로 대체하여 얻는다. 복소수 행렬 V의 켤레 전치 V^*는 행렬을 전치한 다음 각 항을 복소수 켤레로 대체하여 얻는다.

따라서 $[1,\ 2i]^T$의 켤레 전치는 $[1, -2i]$ 이고, $[1+i, 2+3i]^T$의 켤레 전치는 $[1-i,\ 2-3i]$ 이다.

벡터 $\overline{u},\ \overline{v} \in \mathcal{C}^n$ 사이의 내적에 대한 일반적인 정의[5]는 다음과 같으며, 이는 점곱에 대응된다.

$$\langle \overline{u}, \overline{v} \rangle = \overline{u}^* \, \overline{v} \tag{2.21}$$

내적은 복소수일 수도 있다. $\mathcal{R}^n$ 상의 벡터와 달리 복소수 영역에서의 내적에 대해서는 교환법칙이 성립하지 않는다. 이는 $\langle \overline{u},\ \overline{v} \rangle$가 $\langle \overline{v},\ \overline{u} \rangle$의 복소수 켤레이기 때문이다(즉, 켤레 대칭성). 벡터 $\overline{v} \in \mathcal{C}^n$의 노옴 제곱은 $\overline{v}^T \overline{v}$가 아니라 $\overline{v}^* \overline{v}$로 정의되며, 이것은 벡터에 대한 자신과의 내적이다. 이 정의에 따라 $[1,\ 2i]^T$의 노옴 제곱은 $[1, -2i][1, 2i]^T$이며, 즉 $1^2 + 2^2 = 5$이다. 마찬가지로 $[1+i,\ 2+3i]^T$의 노옴 제곱은 $(1+i)(1-i)+(2+3i)(2-3i)=1+1+4+9=15$이다. 둘 다 양수이며, 이는 양의 정부호성 특성에 부합된다.

실수 영역에서와 같이 두 개의 복소수 벡터는 내적이 0일 때 직교한다. 이 경우 복소수 켤레 $\langle \overline{u},\ \overline{v} \rangle$와 $\langle \overline{v},\ \overline{u} \rangle$ 모두 0이다.

정의 2.11.3 $\mathcal{C}^n$에서의 직교성

$\mathcal{C}^n$상의 두 벡터 $\overline{u}$와 $\overline{v}$는 $\overline{u}^* \overline{v} = \overline{v}^* \overline{u} = 0$인 경우에만 직교한다.

$\mathcal{C}^n$상에서 $\overline{v}_i^* \overline{v}_j$가 $i=j$일 때는 1이고 그렇지 않으면 0인 임의의 벡터 집합 $\overline{v}_1 \ldots \overline{v}_n$은 직교정규 벡터 집합이다. 표준 기저도 $\mathcal{C}^n$에서 직교한다. 실수 영역에서와 같이 $\mathcal{C}^n$의 직교 열들

5) 일부 저자는 $\langle \overline{u}, \overline{v} \rangle = \overline{v}^* \overline{u}$로 정의한다(위의 정의의 켤레에 해당됨). 일관성 있게 사용하는 한 어느 정의를 선택해도 무방하다.

을 포함하는 $n \times n$ 행렬을 직교행렬 또는 유니타리(unitary) 행렬이라고 한다.

정의 2.11.4 복소수 항을 갖는 직교 행렬

복소수 값 항을 갖는 행렬 V는 $VV^* = V^* V = I$이면 직교행렬 또는 유니타리 행렬이라고 한다.

켤레 전치를 계산함으로써 직교 행렬의 역을 계산하는 것은 비교적 쉬우며, 이러한 아이디어는 이산 푸리에 변환에 적용된다.

2.11.1 이산 푸리에 변환

이산 푸리에 변환은 이산 코사인 변환과 밀접한 관련이 있으며 복소수 영역에서 시계열에 대한 직교정규 기저를 찾을 수 있다. 높은 주기성을 갖는 실수 값 시계열에 대해 이산 코사인 변환(2.7.3절 참고)의 대안으로 이산 푸리에 변환이 사용된다.

복소수 직교 기저로 변환하고 싶은 복소수 값 시계열 $\overline{s} \in \mathcal{C}^n$가 있다고 하자. 푸리에 기저는 $\mathcal{C}^n$으로부터의 n개의 상호 직교 기저 벡터 $\overline{b}_1 \ldots \overline{b}_n$을 사용한다. 이때 기저 벡터 $\overline{b}_j$는 다음과 같이 정의된다.

$$\overline{b}_j = [1, \exp(\omega[j-1]i), \ldots, \underbrace{\exp(\omega[k-1][j-1]i)}_{k\text{번째 성분}}, \ldots, \exp(\omega[n-1][j-1]i)]^T / \sqrt{n}$$

위의 i 값은 변수가 아니라 허수 $\sqrt{-1}$을 나타낸다. ω의 값은 $2\pi/n$(라디안)이므로 각 복소수는 극좌표 형식으로 표현된다.

보조정리 2.11.1 푸리에 기저의 직교정규성

푸리에 변환의 기저 벡터 $\overline{b}_1 \ldots \overline{b}_n$은 직교정규성을 갖는다.

증명 $\overline{b}_p^* \overline{b}_p = \left[\sum_{k=0}^{n-1} (1/n)\exp(0)\right] = 1$임을 쉽게 확인할 수 있다. $p \neq q$의 경우 $\overline{b}_p^* \overline{b}_p$을 계산할 때, 지수들에 대한 기하급수의 합산이 필요하다.

$$\overline{b}_p^* \overline{b}_q = \sum_{k=0}^{n-1} \exp(k[q-p]\omega i) = \frac{\exp([n\omega][q-p]i) - 1}{\exp([q-p]\omega i) - 1} = \frac{\overbrace{\exp(2\pi[q-p]i)}^{1} - 1}{\exp([q-p]\omega) - 1} = 0$$

위의 간소화 과정에서 θ가 2π의 배수일 때 $\exp(i\theta)$가 1이라는 사실을 이용한다. ■

따라서 기저 벡터 $\overline{b}_1 \ldots \overline{b}_n$을 열들로 포함하는 기저 행렬 B를 생성할 수 있다. 예를 들어,

$\mathcal{C}^8$에서 벡터 변환을 위한 8×8 기저 행렬은 다음과 같다.

$$\underbrace{\frac{1}{\sqrt{8}}\begin{bmatrix} 1 & 1 & 1 & 1 & 1 & 1 & 1 & 1 \\ 1 & \exp(\frac{2\pi i}{8}) & \exp(\frac{4\pi i}{8}) & \exp(\frac{6\pi i}{8}) & \exp(\frac{8\pi i}{8}) & \exp(\frac{10\pi i}{8}) & \exp(\frac{12\pi i}{8}) & \exp(\frac{14\pi i}{16}) \\ 1 & \exp(\frac{4\pi i}{8}) & \exp(\frac{8\pi i}{8}) & \exp(\frac{12\pi i}{8}) & \exp(\frac{16\pi i}{8}) & \exp(\frac{20\pi i}{8}) & \exp(\frac{24\pi i}{8}) & \exp(\frac{28\pi i}{8}) \\ 1 & \exp(\frac{6\pi i}{8}) & \exp(\frac{12\pi i}{8}) & \exp(\frac{18\pi i}{8}) & \exp(\frac{24\pi i}{8}) & \exp(\frac{30\pi i}{8}) & \exp(\frac{36\pi i}{8}) & \exp(\frac{42\pi i}{8}) \\ 1 & \exp(\frac{8\pi i}{8}) & \exp(\frac{16\pi i}{8}) & \exp(\frac{24\pi i}{8}) & \exp(\frac{32\pi i}{8}) & \exp(\frac{40\pi i}{8}) & \exp(\frac{48\pi i}{8}) & \exp(\frac{56\pi i}{8}) \\ 1 & \exp(\frac{10\pi i}{8}) & \exp(\frac{20\pi i}{8}) & \exp(\frac{30\pi i}{8}) & \exp(\frac{40\pi i}{8}) & \exp(\frac{50\pi i}{8}) & \exp(\frac{60\pi i}{8}) & \exp(\frac{70\pi i}{8}) \\ 1 & \exp(\frac{12\pi i}{8}) & \exp(\frac{24\pi i}{8}) & \exp(\frac{36\pi i}{8}) & \exp(\frac{48\pi i}{8}) & \exp(\frac{60\pi i}{8}) & \exp(\frac{72\pi i}{8}) & \exp(\frac{84\pi i}{8}) \\ 1 & \exp(\frac{14\pi i}{8}) & \exp(\frac{28\pi i}{8}) & \exp(\frac{42\pi i}{8}) & \exp(\frac{56\pi i}{8}) & \exp(\frac{70\pi i}{8}) & \exp(\frac{84\pi i}{8}) & \exp(\frac{98\pi i}{8}) \end{bmatrix}}_{B}$$

행렬 B는 직교하므로 이 기저 변환은 **길이 보존** 특성을 갖는다.

$$\|B\overline{s}\|^2 = (Bs)^*(Bs) = s^* \underbrace{(B^*B)}_{I} s = \|s\|^2$$

$\mathcal{C}^8$로부터의 **복소수 값** 시계열 $\overline{s}$가 주어지면 연립방정식 $B\overline{x} = \overline{s}$를 풀어 푸리에 기저로 변환할 수 있다. 이 연립방정식에 대한 해는 $\overline{x} = B^*\overline{s}$이며, 이는 시계열에 대한 복소수 계수들을 제공한다. 실제적으로 이러한 접근방식은 실수 값 시계열에 사용된다. 예를 들어, 웨이블릿 변환에 관한 2.3.4절에서 사용되었던 시계열 $\overline{s} = [8, 6, 2, 3, 4, 6, 6, 5]^T$에 관한 예제를 생각해 보자. 이 시계열이 복소수 시계열의 특수한 경우라고 가정하고 $\overline{x} = B^*\overline{s}$로 푸리에 계수들을 계산할 수 있다. 이 접근방식의 주된 문제는 $\overline{x}$의 좌표가 허수 성분을 갖기 때문에 시계열을 $\mathcal{R}^8$에서 $\mathcal{C}^8$로 변환한다는 것이다. 이 문제에 대한 단순한 해결책은 $\overline{x}$의 각 성분의 실수 부분과 허수 부분을 모두 포함하는 $\mathcal{R}^{16}$상의 표현을 생성하는 것이다. 따라서 푸리에 변환에서 원래 시계열보다 실수 값 계수의 개수가 두 배로 늘어난다. 계수 개수의 증가는 실수 값 시계열을 복소수 값 시계열의 특수한 경우로 취급한 결과이다. 원래의 시계열이 실수 값 시계열이며, 따라서 좌표 벡터 $\overline{x}$에서 모든 k에 대해 k번째 성분은 항상 $(8-k)$번째 성분의 켤레 복소수이므로 좌표 벡터 $\overline{x}$에 불필요한 중복성이 존재한다. 따라서 벡터 $\overline{x} \in \mathcal{C}^8$의 처음 4개 성분만 유지하고 이 4개의 복소수의 실수 부분과 허수 부분을 $\mathcal{R}^8$로 펼칠 수 있다. 또한 작은 값의 푸리에 계수들은 0으로 설정함으로써 공간 효율적인 희소 벡터 표현을 만드는 것이 실용적이다.

문제 2.11.1 이 절에서 제안된 8×8 푸리에 행렬을 사용하여 $\overline{s} = [8, 6, 2, 3, 4, 6, 6, 5]^T$의 푸리에 표현을 생성하시오.

2.12 요약

기계학습 응용에서 종종 선형대수의 기본 구성요소에 해당하는 행렬을 사용하여 덧셈 변환이나 곱셈 변환을 적용한다. 이러한 행렬들은 QR 분해나 LU 분해와 같은 다양한 유형의 분해에 활용된다. 이러한 분해는 기계학습의 많은 행렬 기반 문제에 대한 해법의 핵심 요소이다. 구체적인 예로 선형 연립방정식 풀이나 선형 회귀의 풀이를 들 수 있다.

2.13 추가 자료

선형대수에 대한 교재로는 Strang[122, 123], David Lay[77], Hoffman-Kunze[62] 등이 있다. 행렬 계산에 관한 Golub and Van Loan[52]는 중요한 수치 방법들을 다루고 있다. 선형대수와 최적화를 결합한 수치해석에 대해서는 [99]를 참고하기 바란다.

2.14 연습문제

1. 정방행렬 A가 $A^2 = I$를 만족하면 항상 $A = \pm I$이다. 이 문장을 증명하거나 반례를 제시하시오.

2. 임의의 $n \times d$ 행렬 A에 대해 A, AA^T, A^TA는 모두 항상 동일한 순위를 갖는다는 것을 보이시오. $A\overline{x} = \overline{0}$과 $A^TA\overline{x} = \overline{0}$가 동치임을 보이는 것으로 증명을 시작하시오.

3. A가 반시계 방향 60° 회전을 나타내는 2×2 회전 행렬일 때 A^9의 기하학적 의미를 기술하시오.

4. 순위 6의 6×10 행렬 A와 B가 있다고 하자. 6×6 행렬 AB^T에 대해 가능한 최소 순위와 최대 순위는 얼마인가? 각 경우에 해당하는 A와 B의 예를 제시하시오.

5. 가우스 소거법을 사용하여 $\{[1, 2, 1]^T, [2, 1, 1]^T, [3, 3, 2]^T\}$의 생성공간을 위한 기저 집합을 구하시오. 또 그람-슈미트 직교화를 사용하여 기저 집합을 구하시오. 각 기저 집합에서 $[1, 1, 1]^T$의 최적합 좌표는 무엇인가? 두 경우에서 최적합 벡터가 동일함을 확인하시오.

6. (어쩌면 선형 종속인) 벡터들의 두 집합이 동일한 벡터 공간을 생성하는지 확인하기 위해 그람-슈미트 직교화를 사용하는 테스트를 제안하시오.

7. $A^T = -A$를 만족하는 $d \times d$ 행렬을 반대칭행렬이라 한다. 반대칭행렬의 모든 대각 항은 0임을 보이시오. 각 $\overline{x} \in \mathcal{R}^d$가 $A\overline{x}$에 직교함과 A가 반대칭행렬임이 동치임을 보이시오. 순수한 90° 회전과의 차이점은 무엇인가?

8. 2.2절의 표기법에 따른 4×4 기븐스 행렬 $G_c(2, 4, 90)$을 생각해보자. 이 행렬은 두 번째 및 네 번째 차원의 평면상에서 4차원 열벡터에 대해 반시계 방향으로 90° 회전을 수행한다. 이 행렬을 두 개의 하우스홀더 반사 행렬의 곱으로 표현하는 방법을 보이시오. 이 문제를 해결하려면 2.2절에 기초하여 기하학적으로 접근할 필요가 있다. 이 질문에 대한 답은 고유한가?

9. 열벡터를 반시계 방향으로 90° 대신 10° 회전하는 기븐스 행렬에 대해 연습문제 8을 반복하시오.

10. 각각 순위가 5, 2, 4인 5×5 행렬 A, B, C가 있을 때, $(A+B)C$에 대해 가능한 최소 순위와 최대 순위는 얼마인가?

11. 가우스 소거법을 사용하여 다음 연립방정식을 푸시오.

$$\begin{bmatrix} 0 & 1 & 1 \\ 1 & 1 & 1 \\ 1 & 2 & 1 \end{bmatrix} \begin{bmatrix} x_1 \\ x_2 \\ x_3 \end{bmatrix} = \begin{bmatrix} 2 \\ 3 \\ 4 \end{bmatrix}$$

이제 이러한 행 연산들을 사용하여 LU 분해를 생성하시오. 순열 행렬을 사용하지 않고 이 행렬의 LU 분해를 수행할 수 있는가?

12. QR 분해를 사용하여 앞의 연습문제의 연립방정식을 푸시오. 직교화에는 그람-슈미트 방법을 사용하고, 역행렬 계산에는 QR 분해를 사용하시오.

13. 행렬 AB의 열공간이 A의 열공간의 부분공간이 되는 이유를 설명하시오. 어떤 정수 k에 대해 A^{k+1}의 네 가지 기본 부분공간이 A^k의 네 가지 기본 부분공간과 동일한 이유를 설명하시오.

14. 벡터 공간 $\mathcal{V} \subset \mathcal{R}^3$와 $\mathcal{V}$에 대해 가능한 기저 집합 두 개 $\mathcal{B}_1 = \{[1, 0, 1]^T, [1, 1, 0]^T\}$와 $\mathcal{B}_2 = \{[0, 1, -1]^T, [2, 1, 1]^T\}$가 있다고 하자. $\mathcal{B}_1$과 $\mathcal{B}_2$가 동일한 벡터 공간에 대한 기저 집합임을 보이시오. 이 벡터 공간의 차원은 얼마인가? 이제 기저 $\mathcal{B}_1$에서 좌

표가 $[1,\ 2]^T$인 벡터 $\overline{v} \in \mathcal{V}$를 생각해보자. 여기에서 좌표의 순서는 나열된 기저 벡터의 순서와 일치한다. $\overline{v}$의 표준 기저 표현은 무엇인가? $\mathcal{B}_2$에서 $\overline{v}$의 좌표는 무엇인가?

15. QR 방법을 사용하여 다음 행렬의 투영 행렬을 구하시오.

$$A = \begin{bmatrix} 3 & 6 \\ 0 & 1 \\ 4 & 8 \end{bmatrix}$$

투영 행렬을 사용하여 벡터 $\overline{b} = [1,\ 1,\ 0]^T$가 A의 열공간에 속하는지 여부를 확인하는 방법을 제시하시오. $A\overline{x} = \overline{b}$에 대한 해를 (또는 최적합 해를) 구하시오.

16. 연습문제 15에서 $A^T\overline{x} = \overline{c}$에 대한 해가 존재하는가($\overline{c} = [2,\ 2]^T$)? 해가 존재하지 않는다면 최적합 해를 구하시오. 한 개 이상의 해가 존재하는 경우 $\|\overline{x}\|$가 최소인 해를 구하시오.

17. **투영 행렬을 사용한 그람-슈미트:** $\mathcal{R}^n$ 상의 선형 독립 벡터 m개로 이루어진 집합 $\overline{a}_1 \ldots \overline{a}_m$이 주어져 있다($m < n$). $\{1 \ldots m\}$에 속하는 각 r에 대해 $A_r = [\overline{a}_1,\ \overline{a}_2,\ \ldots,\ \overline{a}_r]$로 정의한다. $\overline{q}_1 = \overline{a}_1$로 초기화 한 후 $\overline{a}_2 \ldots \overline{a}_m$에 대한 정규화되지 않은 그람-슈미트 벡터 $\overline{q}_2 \ldots \overline{q}_m$은 아래와 같이 투영 행렬 P를 사용하여 재귀법을 이용하지 않고 계산할 수 있음을 보이시오.

$$\overline{q}_{s+1} = [I - A_s(A_s^T A_s)^{-1} A_s^T]\overline{a}_{s+1} = \overline{a}_{s+1} - [P_s \overline{a}_{s+1}] \quad \forall s \in \{1, \ldots, m-1\}$$

18. 오른쪽 영공간이 열공간과 동일한 $d \times d$ 행렬 A가 있다고 하자. 이때 d는 짝수임을 보이고, 그러한 행렬의 예를 제시하시오.

19. $f(\overline{x}) = A\overline{x}$가 일대일 함수임과 $n \times d$ 행렬 A의 열들이 선형 독립임은 동치임을 보이시오.

20. $n \times n$ 행렬 A가 있다고 하자. 영벡터가 아닌 모든 $\overline{x} \in \mathcal{R}^n$에 대해 벡터 $A\overline{x}$의 길이가 벡터 $\overline{x}$의 길이보다 작다면 $(A - I)$가 가역적임을 보이시오.

21. $n \times n$ 투영 행렬 P는 모든 $\overline{b} \in \mathcal{R}^n$에 대해 항상 $\|P\overline{b}\| \leq \|\overline{b}\|$를 만족한다는 것은 직관적으로 명백하다. 왜냐하면 $P\overline{b}$가 저차원 초평면상에 $\overline{b}$를 투영하기 때문이다. 임의의 $\overline{b} \in \mathcal{R}^n$에 대해 $\|P\overline{b}\| \leq \|\overline{b}\|$임을 대수적으로 증명하시오. [힌트: $n \times d$ 행렬 Q에 대해

순위 d의 투영 행렬 $P = QQ^T$를 표현하고 $\|QQ^T\overline{b}\| = \|Q^T\overline{b}\|$를 보이는 것으로 시작한다. $Q^T\overline{b}$와 $QQ^T\overline{b}$의 기하학적 의미는 무엇인가?]

22. A가 10×10 행렬이라고 하자. A^2의 순위가 6이면 A에 대해 가능한 최소 순위와 최대 순위를 구하시오. 각 경우에 해당하는 행렬의 예를 제시하시오.

23. 어떤 $n \times d$ 행렬 A에 대해 연립방정식 $A\overline{x} = \overline{b}$가 주어져 있다고 하자. 새로운 연립방정식 $BA\overline{x} = B\overline{b}$를 얻기 위해 위의 방정식의 양변에 영행렬이 아닌 $m \times n$ 행렬 B를 곱한다. 두 연립방정식에 대한 해의 집합이 동일하지 않을 수도 있음을 보여주는 예를 제시하시오. 일반적으로 해 집합들은 어떤 관계에 있는가? 동일한 해 집합을 갖기 위한 비정방행렬 B에 대한 충분조건의 한 예를 제시하시오. [스칼라 방정식의 경우, 양변에 0이 아닌 스칼라 값을 곱해도 방정식이 변경되지 않는다. 이 연습문제는 벡터 방정식의 양변에 어떤 행렬을 곱하는 것이 보다 복잡한 효과를 발생시킬 수 있음을 보여준다.]

24. 모든 $n \times n$ 하우스홀더 반사 행렬은 $Q_1Q_1^T - Q_2Q_2^T$로 표현될 수 있음을 보이시오. 여기에서 Q_1과 Q_2의 열들을 연결하면 $n \times n$ 직교 행렬이 생성되고 Q_2는 한 개의 열만 포함한다. Q_2에 둘 이상의 열이 포함되는 경우 이러한 선형 변환의 특성은 무엇인가?

25. $k \geq 1$의 특정 값에 대해 B^k가 B^{k+1}과 동일한 순위를 갖는 경우, 모든 $r \geq 1$에 대해 B^k가 B^{k+r}과 동일한 순위를 갖는다는 것을 보이시오.

26. $n \times n$ 행렬 B의 순위가 $(n-1)$이고 행렬 B^k의 순위가 $(n-k)$인 경우, 1에서 k까지의 r에 대해 각 행렬 B^r의 순위가 $(n-r)$임을 보이시오. $i > 1$에 대해 $B\overline{v}_i = \overline{v}_{i-1}$이고 $B\overline{v}_1 = \overline{0}$인 벡터 체인 $\overline{v}_1 \ldots \overline{v}_k$를 구성하는 방법을 보이시오. [참고: 3장에서 비슷하지만 더 복잡한 조던 체인을 만나게 될 것이다.]

27. 특정 $k \geq 2$에 대해 $B^k\overline{v} = \overline{0}$이고 모든 $r < k$에 대해 $B^r\overline{v} \neq \overline{0}$인 어떤 벡터 $\overline{v}$가 있다고 가정한다. 벡터 $\overline{v}$, $B\overline{v}$, $B^2\overline{v} \ldots B^{k-1}\overline{v}$가 선형 독립임을 보이시오.

28. QR 분해를 사용한 역행렬: $A = QR$로 $d \times d$ 가역 행렬 A의 QR 분해를 수행한다고 하자. 이 분해 관계를 사용하여 A의 역행렬을 찾는 방법을 보이시오. d개의 서로 다른 삼각 행렬로 주어지는 선형 연립방정식들을 역대입법으로 풀면 된다. QR 분해와 역대입법을 사용하여 행렬의 좌 역행렬과 우 역행렬을 계산하는 방법을 보이시오.

29. QR 분해에 의한 최소 오차 제곱: 연립방정식 $A\overline{x} = \overline{b}$에서 A는 선형 독립 열들을 갖는

$n \times d$ 행렬이라고 가정한다. $A = QR$와 같이 분해한다고 가정하자. 여기에서 Q는 직교 열들을 갖는 $n \times d$ 행렬이고 R은 $d \times d$ 상부삼각 행렬이다. (최소제곱 모델을 사용하여 구한) 최적합 오차가 $\|\bar{b}\|^2 - \|Q^T\bar{b}\|^2$로 주어짐을 보이시오. A가 선형 독립인 열들이나 행들을 갖지 않는 경우 QR 분해를 통해 최소 오차 제곱을 어떻게 구할 수 있을까? [힌트: 투영 행렬의 관점에서 기하학적으로 접근한다.]

30. $\|A\bar{x} - \bar{b}\|^2 + \bar{c}^T\bar{x}$를 최소화하는 수정된 최소제곱 문제를 생각해보자. 여기에서 A는 $n \times d$ 행렬, $\bar{x}$와 $\bar{c}$는 d차원 벡터, $\bar{b}$는 n차원 벡터이다. $\bar{c}$가 A의 행공간에 있는 한 수정된 최소제곱 문제는 표준 최소제곱 문제로 귀결될 수 있음을 보이시오. $\bar{c}$가 A의 행공간에 있지 않으면 어떻게 될까? [힌트: 먼저 이 문제의 단일 변수 버전을 조사하시오.]

31. 우 역행렬은 간결한 해를 산출함: $\bar{x} = \bar{v}$가 일관성 있는 연립방정식 $A\bar{x} = \bar{b}$에 대한 해라고 가정하자. 여기에서 $n \times d$ 행렬 A는 선형 독립 행들을 포함하고 있다고 한다. $\bar{v}_r = A^T(AA^T)^{-1}\bar{b}$를 우 역행렬을 사용하여 구한 해라고 하자. 이제 다음의 결과를 보이시오.

$$\|\bar{v}\|^2 = \|\bar{v} - \bar{v}_r\|^2 + \|\bar{v}_r\|^2 + 2\bar{v}_r^T(\bar{v} - \bar{v}_r) \geq \|\bar{v}_r\|^2 + 2\bar{v}_r^T(\bar{v} - \bar{v}_r)$$

이제 $\bar{v}_r^T(\bar{v} - \bar{v}_r) = 0$이며, 따라서 $\|\bar{v}\|^2 \geq \|\bar{v}_r\|^2$임을 보이시오.

32. 모든 2×2 기븐스 회전 행렬은 최대 두 개의 하우스홀더 반사 행렬의 곱임을 보이시오. 대수적 풀이에 들어가기 전에 기하학적으로 접근하시오. 이제 이 증명을 $d \times d$ 행렬로 일반화하시오.

33. 동일한 열공간을 갖는 두 개의 전 순위 세로 행렬은 동일한 투영 행렬을 갖는다는 것을 대수적으로 보이시오.

34. 서로 배수 관계에 있지는 않지만 선형대수의 기본 부분공간 4개가 동일한 순위 2의 4×3 행렬 A와 B를 구성하시오. [힌트: $A = UV$]

35. 모든 하우스홀더 반사 행렬 $(I - 2\bar{v}\bar{v}^T)$는 다음과 같이 표현될 수 있음을 보이시오.

$$(I - 2\bar{v}\,\bar{v}^T) = \begin{bmatrix} \cos(\theta) & \sin(\theta) \\ \sin(\theta) & -\cos(\theta) \end{bmatrix}$$

$\bar{v}$와 θ의 기하학적 관계를 설명하시오.

36. 임의의 벡터 $\overline{v} \in \mathcal{R}^n$에 대해 $\overline{w} = cH\overline{v}$을 사용하여 $\overline{w} \in \mathcal{R}^n$으로 변환할 수 있음을 보이시오. 여기에서 c는 스칼라이고 H는 $n \times n$ 하우스홀더 반사 행렬이다. 이 연습문제를 해결하려면 기하학적 접근이 도움이 될 것이다.

37. 블록 상부삼각 행렬은 정방형의 대각선 블록들 위쪽으로는 0이 아닌 항을 허용하는 블록 대각행렬(1.2.3절 참고)의 일반화이다. 가역적인 대각선 블록들을 갖는 블록 상부삼각 행렬을 생각해보자. 왜 그러한 행렬이 가역 블록 대각행렬과 행 동등성을 갖는지 설명하시오. A가 블록 상부삼각 행렬일 때 $A\overline{x} = \overline{b}$ 형식의 선형 연립방정식을 풀 수 있도록 역대입법을 일반화하시오. 대각선 블록은 쉽게 역변환할 수 있다고 가정해도 좋다.

38. P가 투영 행렬이면 모든 $\lambda > 0$에 대해 $(P + \lambda I)$는 가역적임을 보이시오. [힌트: 모든 $\overline{x}$에 대해 $\overline{x}^T(P + \lambda I)\overline{x} > 0$ 이므로 $(P + \lambda I)\overline{x} \neq 0$이다.]

39. R이 하우스홀더 반사 행렬인 경우 $(R + I)$는 항상 특이행렬인 반면 모든 $\lambda \notin \{1, -1\}$에 대해 $(R + \lambda I)$는 가역적임을 보이시오.

40. **길이 보존 변환은 직교성을 가짐:** A가 $n \times n$ 직교 행렬이면 모든 $\overline{x} \in \mathcal{R}^n$에 대해 $\|A\overline{x}\| = \|\overline{x}\|$임은 이미 알려져 있다. 이 결과의 역, 즉 모든 $\overline{x} \in \mathcal{R}^n$에 대해 $\|A\overline{x}\| = \|\overline{x}\|$이면 A가 직교성을 갖는다는 것을 증명하시오.

41. $(A + I)$의 순위가 $(n-2)$인 $n \times n$ 정방행렬 A가 있다고 하자. 다항식 $f(x) = x^3 + x^2 + x + 1$가 주어질 때, $f(A)$의 순위는 최대 $(n-2)$임을 보이시오. 또한, A가 대칭행렬이면 $f(A)$의 순위는 정확히 $(n-2)$임을 보이시오.

42. $d \times d$ 행렬 A와 d개의 벡터 $\overline{x}_1 \ldots \overline{x}_d$가 있으며, $i \neq j$인 경우에만 $\overline{x}_i^T A \overline{x}_j$가 0이 된다고 하자. 벡터 $\overline{x}_1 \ldots \overline{x}_d$가 선형 독립임을 보이시오. 이때 A가 대칭행렬일 필요는 없다.

43. $d \times d$ **대칭행렬** S와 d개의 벡터 $\overline{x}_1 \ldots \overline{x}_d$가 있으며, $i \neq j$인 경우에만 $\overline{x}_i^T S \overline{x}_j$가 0이 되고 $i = j$일 때는 양의 값을 갖는다고 하자. 모든 $\overline{x}, \overline{y} \in \mathcal{R}^d$에 대해 $\langle \overline{x}, \overline{y} \rangle = \overline{x}^T S \overline{y}$가 유효한 내적임을 보이시오. [힌트: 양의 정부호성 공리가 어려운 부분이다.]

44. **일반 내적에 대한 코시-슈바르츠 부등식과 삼각 부등식:** $\overline{u}$와 $\overline{v}$를 $\langle \overline{u}, \overline{u} \rangle = \langle \overline{v}, \overline{v} \rangle = 1$인 두 벡터라고 하자. 내적에 관한 공리만을 사용하여 $|\langle \overline{u}, \overline{v} \rangle| \leq 1$임을 보이시오. 이제 $\overline{x}$와 $\overline{y}$를 사용하여 $\overline{u}$와 $\overline{v}$를 적절하게 정의함으로써 보다 일반화된 아래의 코시-슈바르츠 부등식을 증명하시오.

$$|\langle \overline{x}, \overline{y} \rangle| \leq \sqrt{\langle \overline{x}, \overline{x} \rangle \langle \overline{y}, \overline{y} \rangle}$$

이제 이 결과(그리고 내적에 관한 공리)를 사용하여 $\overline{x}$, $\overline{y}$, 원점 등으로 형성된 삼각형에 대해 아래의 삼각 부등식을 증명하시오.

$$\sqrt{\langle \overline{x}, \overline{x} \rangle} + \sqrt{\langle \overline{y}, \overline{y} \rangle} \geq \sqrt{\langle \overline{x} - \overline{y}, \overline{x} - \overline{y} \rangle}$$

45. 다항식 함수 $f(A) = \sum_{i=0}^{d} c_i A^i$에 의해 계산된 행렬의 순위가 A의 순위보다 크기 위한 계수 $c_0 \cdots c_d$에 대한 조건은 무엇인가?

46. S는 대칭행렬이고 $g(S) = S^3 - S^2 + S$이다. 다음 장의 결과를 이용하지 않고 $g(S)$가 S와 동일한 순위를 갖는다는 것을 보이시오.

47. A는 $n \times m$ 행렬이고 B는 $k \times d$ 행렬이다. 임의의 $m \times k$ 행렬 X에 대해 AXB의 열공간은 항상 A의 열공간의 부분공간이고 AXB의 행공간은 B의 행공간의 부분공간임을 보이시오.

48. A는 $n \times m$ 행렬이고 B는 $k \times d$ 행렬이며, 두 행렬 모두 비정방행렬로서 전 순위를 갖는다고 가정한다. $C = AXB$가 되는 $m \times k$ 행렬 X를 구하고자 한다. 여기에서 C는 알려진 $n \times d$ 행렬이다. 연립방정식의 일관성을 **보장하려면** A와 B 각각은 어떤 모양을 가져야 하는가(즉, 세로 행렬인가 또는 가로 행렬인가)? 이 경우 A, B, C를 사용하여 해 X에 대해 닫힌 형식의 공식을 유도하시오. 이 해가 고유성을 갖기 위한 조건은 무엇인가?

49. A는 $n \times m$ 행렬이고 B는 $k \times d$ 행렬이며, 두 행렬 모두 비정방행렬로서 전 순위를 갖는다고 가정한다. A는 세로 행렬이고 B는 가로 행렬이며, 연립방정식 $C = AXB$는 불능이라고 하자. $\|C - AXB\|_F^2$를 최소로 하는 **최적합** $m \times k$ 행렬 X를 찾고자 한다. 여기에서 C는 알려진 $n \times d$ 행렬이다. 따라서 $Y \approx XB$로 모델링하고 먼저 Y를 $\|C - AY\|_F^2$에 대한 최적합 해로 고정한다. 그런 다음 고정된 Y에 대해 $\|Y - XB\|_F^2$에 대한 최적합 해를 구한다. 일반 방정식을 사용하여 X와 Y에 대한 닫힌 형식의 표현식을 유도하시오. X에 대한 닫힌 형식의 해와 C에 최적합 해 C'가 다음과 같이 주어짐을 보이시오.

$$X = \underbrace{(A^T A)^{-1} A^T}_{\text{좌 역행렬}} C \underbrace{B^T (BB^T)^{-1}}_{\text{우 역행렬}}, \quad C' = \underbrace{A(A^T A)^{-1} A^T}_{\text{열들을 투영함}} C \underbrace{B^T (BB^T)^{-1} B}_{\text{행들을 투영함}}$$

[참고: (Y나 X와 같은) 변수들에 대한 순차적 최적화는 일반적으로 최적 해를 찾지 못하지만, 이 경우에는 최적 해를 찾는다.]

50. 도전 문제: A는 $n \times m$ 행렬이고 B는 $k \times d$ 행렬이다. $C = AXB$가 되는 $m \times k$ 행렬 X를 구하고자 한다. 여기에서 C는 알려진 $n \times d$ 행렬이다. A, B, C의 행 또는 열의 선형 독립성에 대해서는 알려진 바가 없다. 연립방정식 $C = AXB$를 풀기 위해 가우스 소거법의 변형을 제안하시오. 불능인 연립방정식이나 해의 수가 무수히 많은 연립방정식을 판단하기 위한 조건은 무엇인가? [참고: 4장 연습문제 23의 닫힌 형식의 해]

51. 무어-펜로즈 의사 역행렬의 극한 기반 정의를 사용하여 $A^T A A^+ = A^T$와 $B^+ B B^T = B^T$를 보이시오. [참고: QR/SVD에 기반한 간단한 증명이 있다.]

52. 연립방정식 $A\overline{x} = \overline{b}$에 대한 최적의 해는 $\overline{x}^* = A^+ \overline{b}$로 주어진다. 주어진 연립방정식이 불능일 경우 $A\overline{x}^* = AA^+ \overline{b} \neq \overline{b}$가 된다. A^+에 대한 극한 기반 정의를 사용하여 행렬 AA^+가 대칭이고 멱등성을 갖는다는 것을 보이시오(대칭성과 멱등성은 투영 행렬이 되기 위한 필요충분조건임). 여기에서 AA^+는 어떤 유형의 투영을 수행하는가?

Chapter 3

고유벡터와 대각화 가능 행렬

"수학은 서로 다른 것들에 같은 이름을 부여하는 예술이다."

– Henri Poincare

3.1 서론

크기가 $d \times d$인 임의의 정방행렬 A는 d차원 열벡터 $\overline{x}$를 d차원 벡터 $A\overline{x}$에 사상하는 선형 연산자로 간주할 수 있다. 선형 변환 $A\overline{x}$는 벡터 $\overline{x}$에 대한 회전, 반사, 배율조정 등과 같은 연산들의 조합이다.

대각화 가능 행렬은 d개의 서로 다른 방향을 따라 동시에 배율조정을 수행하는 특별한 유형의 선형 연산자이다. 이러한 d개의 서로 다른 방향을 **고유벡터**(eigenvector)라고 하며, d개의 배율조정 계수를 **고윳값**(eigenvalue)이라고 한다. 이러한 모든 행렬은 $d \times d$ 가역 행렬 V와 $d \times d$ 대각행렬 Δ를 사용하여 분해할 수 있다.

$$A = V\Delta V^{-1}$$

V의 열들은 d개의 고유벡터를 포함하며, Δ의 대각 항들은 고윳값들을 포함한다. 임의의 $\overline{x} \in \mathcal{R}^d$에 대해 분해를 사용하여 $A\overline{x}$를 기하학적으로 해석한다면, 다음과 같은 3개의 변환의 연속에 해당한다. (i) $\overline{x}$와 V^{-1}의 곱은 V의 열(고유벡터)들에 해당하는 (비 직교일 가능성이 있는) 기저 시스템에서 $\overline{x}$의 좌표를 계산한다. (ii) Δ와 $V^{-1}\overline{x}$를 곱하여 $\Delta V^{-1}\overline{x}$를 생성하면 이러한 좌표들이 고유벡터 방향을 따라 Δ의 배율들로 배율조정 된다. (iii) 마지막으로 V를 곱하여 $V\Delta V^{-1}\overline{x}$를 생성하면, 좌표들을 원래의 기저 시스템(즉, 표준 기저)으로 다시 변환한다. 전체 결과는 d개의 고유벡터 방향의 비등방성 배율조정이다. 이러한 방식으로 표현할 수 있는 선형 변환은 대각화 가능 행렬에 해당한다. **$d \times d$ 대각화 가능 행렬은 d개의 선형 독립 방향의 비등방성 배율조정에 해당하는 선형 변환을 나타낸다.**

행렬 V의 열들이 직교정규 벡터이면 $V^{-1} = V^T$가 된다. 이 경우 배율조정은 상호 직교 방향을 따라 수행되고 행렬 A는 항상 대칭이다. 그 이유는 $A^T = V\Delta^T V^T = V\Delta V^T = A$이

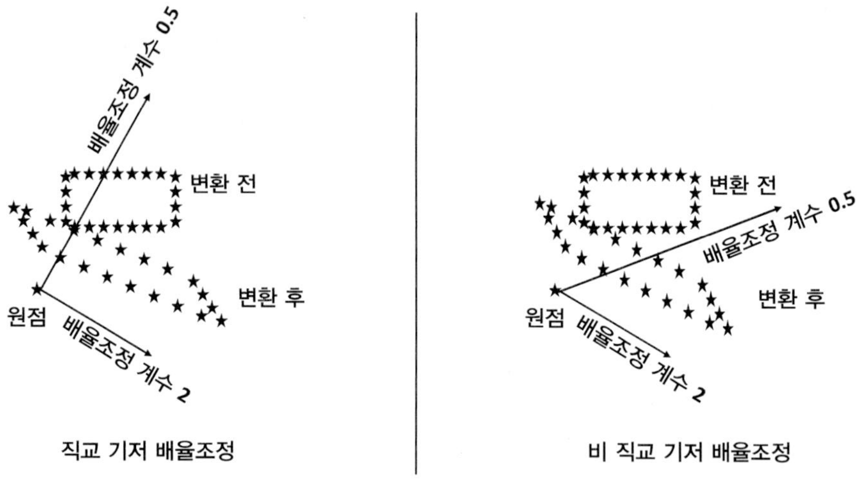

그림 3.1 대각행렬에 의한 변환의 예. 왼쪽의 변환은 행렬 A가 대칭일 때 발생한다.

기 때문이다. 그림 3.1에는 직교 기저 시스템과 비 직교 기저 시스템을 사용한 비등방성 배율조정의 두 가지 경우를 보이고 있다. 여기에서 두 방향의 배율조정 계수는 각각 수축과 팽창에 해당하는 0.5와 2이다.

이 장에서는 고유벡터와 대각화 가능 행렬의 특성, 그리고 이들의 응용에 대해 살펴본다. 행렬식 개념은 3.2절에서 소개한다. 대각화, 고유벡터, 고윳값 등의 개념은 3.3절에서 다룬다. 대칭행렬의 특별한 경우도 3.3절에서 논의한다. 기계학습 응용과 대칭행렬의 예는 3.4절에서 제시된다. 대각행렬의 고유벡터와 고윳값을 구하기 위한 수치 알고리즘은 3.5절에서 다룬다. 3.6절에서는 요약을 제시한다.

3.2 행렬식

d차원 물체 하나의 윤곽을 표현하는 n개의 좌표 벡터 $\overline{x}_1 \ldots \overline{x}_n \in \mathcal{R}^d$에 대한 산포도를 생각해보자. 이 벡터들에 $d \times d$ 행렬 A를 곱하여 벡터 $A\overline{x}_1 \ldots A\overline{x}_n$을 생성할 수 있는데, 이는 물체의 모양에 변형을 초래할 것이다. 행렬 A가 대각화 가능할 때 이러한 변형은 물체의 "부피"에 영향을 미치는 비등방성 배율조정에 해당한다. 행렬을 사용한 곱셈이 내포하는 변환의 배율조정 계수를 어떻게 결정할 수 있을까? 이를 위해서는 먼저 객체의 부피에 대한 선형 변환의 효과에 대한 개념을 이해해야 할 것이다. 이것은 "부피"의 정량화로 볼 수 있는 정방행렬의 **행렬식**(determinant) 개념으로 설명된다. 행렬식에 대한 대략적인 직관적 정의는 다음과 같다.

정의 3.2.1 행렬식: 기하학적 관점

$d \times d$ 행렬의 행렬식은 행렬의 행벡터(또는 열벡터)들에 의해 정의되는 d차원 평행 다면체의 (부호를 갖는) 부피이다.

행렬 A의 행렬식은 $\det(A)$로 표시된다. 정방행렬에 대해 행벡터로 정의되는 부피와 열벡터로 정의되는 부피가 동일하다는 것을 수학적으로 증명할 수 있으며, 따라서 위의 정의는 자체적 일관성이 있다. 그러나 이 정의는 $\det(A)$의 부호를 정의하지 않기 때문에 불완전하다. 행렬식의 부호는 A와의 곱셈이 기저 시스템의 **방향**에 대해 갖는 효과에 대해 알려준다. 예를 들어, 하우스홀더 반사 행렬은 변환하는 벡터의 방향을 변경하기 때문에 항상 행렬식에 -1을 곱하는 효과를 갖는다. (행들이 나타내는) 오른손의 2차원 산포도를 나타내는 $n \times 2$ 데이터 행렬을 2×2 반사 행렬과 곱하면 오른손의 산포도가 왼손의 산포도로 변경된다는 점에 주목하기 바란다. 행렬식의 부호는 선형 변환에 따른 이러한 방향 효과를 추적한다. 기하학적 관점은 행렬식이 절댓값 측면에서 실제로 계산하는 것이 무엇인가에 관한 직관적인 아이디어를 제공하기 때문에 유용하다. 다음의 두 행렬에 대해 생각해보자.

$$A = \begin{bmatrix} 1 & 0 & 0 \\ 0 & 1 & 0 \\ 0 & 0 & 1 \end{bmatrix}, \quad B = \begin{bmatrix} 1 & 0 & 0 \\ 1 & 1 & 0 \\ 0 & 0 & 1 \end{bmatrix} \tag{3.1}$$

각 행렬의 행들에 의해 형성되는 평행 육면체를 각각 그림 3.2(a)와 (b)에 보이고 있다. 두 행렬 모두 행렬식은 1임을 보일 수 있으며, 두 평행 육면체의 밑면의 면적은 1이고 높이는 1이다. 이 행렬들 중 첫 번째 행렬은 직교 행렬이며 바로 단위행렬이다. 직교 행렬은 항상 단위 입방체를 형성하므로 이러한 행렬식의 절댓값은 항상 1이다.

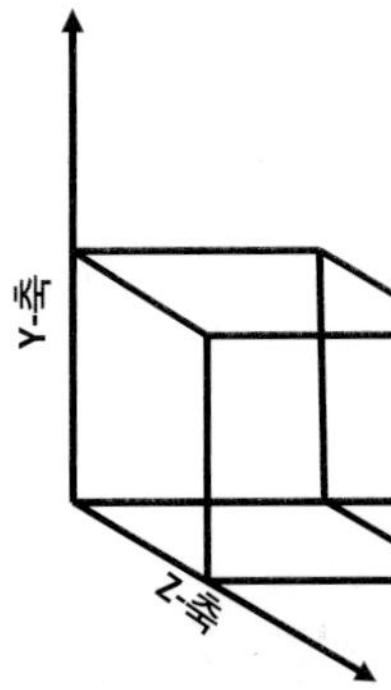

(a) 직교 행(단위행렬)

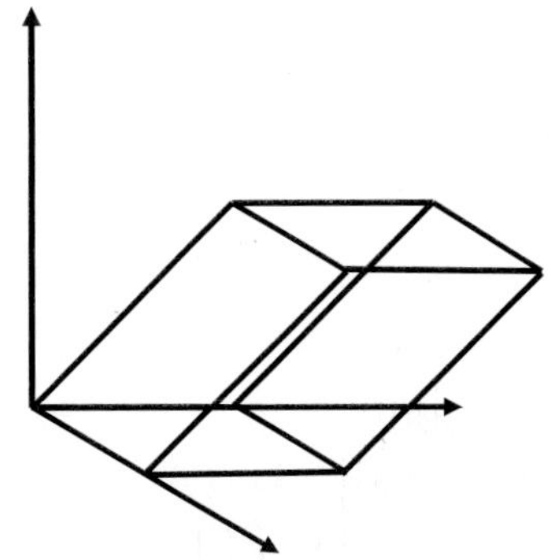

(b) 비 직교 행(두 번째 행이 [1, 1, 0]으로 수정됨)

그림 3.2 3×3 단위행렬에 대한 행 연산 전후의 평행 육면체

행렬식이 0이 아니려면 행렬이 정칙이어야 (즉, 가역적이어야) 한다. 예를 들어, 순위가 2인 3×3 행렬의 경우 3개의 행벡터는 모두 동일한 2차원 평면에 있어야 한다. 따라서 이러한 3개의 행벡터에 의해 형성되는 평행 육면체는 0이 아닌 3차원 부피를 가질 수 없다. $d\times d$ 행렬 A의 행렬식은 A의 $(d-1)\times(d-1)$ 부분 행렬들을 사용하여 정의할 수도 있다.

정의 3.2.2 행렬식: 재귀적 정의

$A=[a_{ij}]$가 $d\times d$ 행렬이고 A_{ij}는 나머지 행들과 열들의 상대적 순서는 유지한 채로 A의 i번째 행과 j번째 열만 제거하여 형성된 $(d-1)\times(d-1)$ 행렬이라고 하자. 행렬식 $\det(A)$는 다음과 같이 재귀적으로 정의된다.

1. A가 1×1 행렬이면 행렬식은 행렬 안의 단일 스칼라와 같다.
2. A가 1×1 행렬보다 크면 행렬식은 $\{1\ldots d\}$에 속하는 고정 값 j에 대해 다음 식으로 주어진다.

$$det(A)=\sum_{i=1}^{d}(-1)^{(i+j)}a_{ij}\,det(A_{ij}) \qquad [\text{열 } j\text{는 고정}] \tag{3.2}$$

위의 계산에서 열 j를 고정시킨 상태에서 해당 열의 모든 항을 사용하여 전개한다. 어떤 j를 선택하더라도 계산되는 행렬식은 동일하다. 행 i를 고정시키고 해당 행을 따라 전개할 수도 있다.

$$\det(A)=\sum_{j=1}^{d}(-1)^{(i+j)}a_{ij}\det(A_{ij}) \qquad [\text{행 } j\text{는 고정}] \tag{3.3}$$

재귀적 정의는 행렬에 따라서는 행렬식 계산이 쉬운 경우도 있음을 의미한다.

- **대각행렬**: 대각행렬의 행렬식은 대각 항들의 곱이다.
- **삼각 행렬**: 삼각 행렬의 행렬식은 대각 항들의 곱이다.
- 전체가 0인 행이나 열을 포함하는 행렬의 행렬식은 0이다.

다음 행렬을 생각해보자.

$$A=\begin{bmatrix} a & b \\ c & d \end{bmatrix} \tag{3.4}$$

위의 규칙을 사용하여 첫 번째 열을 따라 전개하면 A의 행렬식이 $ad-bc$임을 알 수 있다. 이제 조금 더 큰 행렬을 생각해보자.

$$A = \begin{bmatrix} a & b & c \\ d & e & f \\ g & h & i \end{bmatrix} \tag{3.5}$$

이 경우 첫 번째 열을 따라 전개하면 다음의 결과를 얻을 수 있다.

$$\begin{aligned} \det(A) &= a \cdot \det\begin{bmatrix} e & f \\ h & i \end{bmatrix} - d \cdot \det\begin{bmatrix} b & c \\ h & i \end{bmatrix} + g \cdot \det\begin{bmatrix} b & c \\ e & f \end{bmatrix} \\ &= a(ei - hf) - d(bi - hc) + g(bf - ec) \\ &= aei - ahf - dbi + dhc + gbf - gec \end{aligned}$$

위의 식에서 바로 관찰할 수 있는 것은 행렬식에 3! = 6개의 항이 포함되어 있다는 점이며, 이는 3개의 항에 대한 순열의 수와 같다. 사실, 이러한 관점은 행렬식의 순열 중심 정의를 제공하며, 이를 **라이프니츠 공식**이라고도 한다.

정의 3.2.3 행렬식: 명시적 공식

$d \times d$ 행렬 $A = [a_{ij}]$에 대해 Σ가 $\{1 \ldots d\}$에 대한 $d!$개의 전체 순열 집합이라고 하자. 즉, 각 $\sigma = \sigma_1\sigma_2 \ldots \sigma_d \in \Sigma$에 대해, σ_i값은 $\{1 \ldots d\}$의 순열 상의 정수이다. 순열 $\sigma \in \Sigma$의 부호 값 ($sgn(\sigma)$으로 표시)은 $\{1 \ldots d\}$에서 짝수 번의 항 교환으로 σ에 도달할 수 있는 경우 +1이고, 그렇지 않으면 −1이다. 이제 A의 행렬식은 다음과 같이 정의된다.

$$det(A) = \sum_{\sigma \in \Sigma} \left(sgn(\sigma) \prod_{i=1}^{d} a_{i\sigma_i} \right) \tag{3.6}$$

행렬식의 순열 중심 정의는 계산에 사용하기 어렵고 직관적이지도 않지만 가장 직접적인 정의라고 할 수 있다.

문제 3.2.1 $d \times d$ 비가역 행렬 A가 있다고 하자. 행렬 A의 각 항에 독립적이고 동일 분포를 따르며 분산이 λ인 가우스 잡음을 추가하면 거의 확실하게 가역 행렬이 되는 이유에 대해 행렬식의 기하학적 관점을 적용하여 설명하시오.

행렬식의 유용한 속성

행렬식의 재귀적 정의와 기하학적 정의는 다음 속성들을 의미한다.

1. 행렬 A의 두 행(또는 열)을 교환하면 행렬식의 부호가 반대로 된다.

2. 행렬의 행렬식은 그 전치행렬의 행렬식과 같다.

$$\det(A) = \det(A^T) \tag{3.7}$$

3. 두 개의 동일한 행을 갖는 행렬의 행렬식은 0이다. 이것은 또한 행렬의 행 j의 배수를 행 i에서 더하거나 빼고 그 결과로 행 i를 대체해도 행렬식이 변경되지 않음을 의미한다. (그림 3.2에서와 같이) 행 i와 행 j로 정의되는 2차원 평면상에서 부피 변화 없이 평행 육면체를 밀어 변형시킬 수 있다.

4. 행렬 A의 행 한 개에 c를 곱하여 새로운 행렬 A'를 생성하면 그 행렬식은 A의 행렬식에 계수 c를 곱한 것과 같다(왜냐하면 행렬이 나타내는 평행 다면체의 부피를 c배로 배율조정하기 때문이다).

$$\det(A') = c \cdot \det(A) \tag{3.8}$$

위 결과에 따라 자연스럽게 도출되는 따름정리는 전체 $d \times d$ 행렬에 c를 곱하면 행렬식이 c^d배로 조정된다는 것이다.

5. 행렬 A의 행렬식은 정칙행렬의 (즉, 가역적인) 경우에만 0이 아니다. 기하학적으로 선형 종속 벡터들로 표현되는 평행 다면체는 저차원 평면에 존재하며 부피는 0이다.

이상의 결과들은 **행렬 곱에 관한** 행렬식의 중요한 속성을 도출하기 위해 이용될 수 있다.

보조정리 3.2.1 두 행렬 A와 B의 곱의 행렬식은 각 행렬의 행렬식의 곱과 같다.

$$det(AB) = det(A) \cdot det(B) \tag{3.9}$$

증명 두 개의 행렬 A와 B를 생각해보자. 행렬 A와 AB에 동일한 기본 행 덧셈 및 교환 연산을 적용하여 A'와 $[AB]'$를 생성하면서 $A'B = [AB]'$를 유지할 수 있다. 또한 행렬 B와 AB에 동일한 기본 열 연산을 적용하여 B'와 $[AB]'$를 생성하면서 $AB' = [AB]'$을 유지할 수 있다. A에서 행 덧셈 연산을 수행하거나 B에서 열 덧셈 연산을 수행하면 $\det(A) \cdot \det(B)$에 영향을 주지 않으며, 동일한 행/열 연산이 AB에서 수행될 때 $\det(AB)$에도 영향을 주지 않는다. A에서 행 교환을 수행하거나 B에서 열 교환을 수행하면 AB에서 동일한 연산이 수행될 때 $\det(AB)$에서 발생하는 부호 변경 효과가 $\det(A) \cdot \det(B)$에도 동일하게 적용된다. A에 대한 행 덧셈/교환 연산과 B에 대한 열 덧셈/교환 연산을 사용하여 상부삼각 행렬 A'와 B'를 얻을 수 있다(2장 참고). $A'B'$ 역시 상부삼각 행렬인데, 이는 상부삼각 행렬의 곱은 상부삼각 행렬이기 때문이다. 또한 $A'B'$의 각 대각 항은 A'와 B'의 해당 대각 항의 곱이다. 상부삼각 행렬의 행렬식은 대각 항들의 곱과 같기 때문에 A'와 B'의 행렬식의 곱이 $A'B'$의 행렬식과 같다는 것을 쉽게 보여줄 수 있다. 따라서 AB에서 $A'B'$을 얻기 위한 행 및 열 연산의 순서는 각각 A'와 B'를 얻기 위해 A에 대한 행 연산과 B에 대한 열 연산의 순서와 동일하므로 A, B, AB에 대해서도 동일한 결과가 유지된다. 이미 논의했듯이 이러한 각 연산은 $\det(AB)$에서와 같이 $\det(A) \cdot \det(B)$에 동일한 영향을 미친다. 이로서 증명을 마친다. ■

위의 결과에 따른 따름정리는 역행렬의 행렬식은 원래 행렬의 행렬식의 역이라는 것이다.

$$\det(A^{-1}) = \frac{\det(I)}{\det(A)} = \frac{1}{\det(A)} \tag{3.10}$$

행렬 곱에 관한 행렬식 속성은 평행 다면체 부피의 관점에서 기하학적으로 설명할 수 있다.

1. 행렬 A와 행렬 B를 곱하면 (순서에 관계없이) 항상 B의 (평행 육면체) 부피가 A의 부피 배로 배율조정 된다. 따라서 (일반적으로) $AB \neq BA$이지만, 이들의 부피는 항상 동일하다.
2. 행렬 A를 대각 항 값이 $\lambda_1 \ldots \lambda_d$인 대각행렬과 곱하면$A$의 부피는 $\lambda_1 \lambda_2 \ldots \lambda_d$배로 배율조정 된다. 대각행렬과의 곱이 각 대각 항 값만큼의 배율로 해당 축을 늘이거나 줄이는 작용을 하며, 따라서 해당 평행 다면체의 부피가 이러한 배율들에 따라 변화하는 것은 당연하다.
3. A를 회전 행렬과 곱하는 것은 단순히 평행 다면체를 회전시킬 뿐이며 A의 행렬식을 변경하지 않는다.
4. 평행 다면체를 거울 이미지에 반사하면 부피는 변경되지 않고 부호만 변경된다. 행렬식의 부호는 A와의 곱셈 변환을 사용하여 생성되는 데이터의 방향에 대해 중요한 사실을 알려준다. 예를 들어, 행에 오른손의 2차원 산포도를 나타내는 $n \times 2$ 데이터 세트 D를 생각해보자. 2×2 행렬 A의 행렬식에 대한 부호 변경은 $n \times 2$ 데이터 세트 D에 대한 A와의 곱셈 변환이 D가 나타내는 오른손의 산포도를 DA에서 (어쩌면 배율조정과 회전이 적용된) 왼손의 산포도로 변경됨을 의미한다.
5. 모든 선형 변환은 회전, 반사, 배율조정 등의 조합이기 때문에(7장 참고), 변환의 배율조정 부분에만 초점을 맞춰 선형 변환이 행렬식의 절댓값에 미치는 효과를 계산할 수 있다.

행렬 곱에 관한 행렬식 속성은 특별한 구조를 갖는 행렬에서 특히 유용할 수 있다. 예를 들어, 직교 행렬은 $A^TA = I$를 만족하므로 $\det(A)\det(A^T) = \det(I) = 1$이 된다. A와 A^T의 행렬식이 같으므로 A의 행렬식의 **제곱**은 1이다.

보조정리 3.2.2 직교 행렬의 행렬식은 +1 또는 −1이다.

이 결과를 사용하여 직교 행렬을 포함하는 다양한 유형의 분해를 이용하여 행렬식의 계산을 간소화할 수 있다.

문제 3.2.2 $A = Q\Sigma P^T$ 형식으로 분해되는 $d \times d$ 행렬 A를 생각해보자. 여기에서 Q와 P는 $d \times d$ 직교 행렬이고 Σ는 **음이 아닌 값** $\sigma_1 \dots \sigma_d$를 포함하는 $d \times d$ 대각행렬이다. A의 행렬식의 **절댓값**을 구하시오. 이 행렬식의 부호가 음수가 될 수 있는가? 그 이유는 무엇인가? $Q = P$라면 대답이 달라지는가?

문제 3.2.3 **행렬식의 제한적 아핀 속성** 정확히 한 행(예: i번째 행)만 다른 두 개의 행렬 A와 B가 있다고 하자. 모든 스칼라 λ에 대해 $\det(\lambda A + [1-\lambda]B) = \lambda det(A) + [1-\lambda]\det(B)$임을 보이시오.

위의 문제를 해결하기 위한 힌트는 행렬식의 재귀적 정의를 이용하는 것이다.

문제 3.2.4 1장에서 소개한 모든 기본 행 연산자 행렬의 행렬식을 계산하시오.

문제 3.2.5 정방행렬에 대한 QR 분해나 LU 분해로부터 행렬식을 계산하는 방법을 제시하시오.

문제 3.2.6 $A = -A^T$가 되는 $d \times d$ 정방행렬 A가 있다고 하자. 행렬식의 속성을 사용하여 d가 홀수이면 이 행렬은 특이행렬임을 보이시오.

문제 3.2.7 모든 항의 절댓값이 1보다 크지 않은 $d \times d$ 행렬이 있다고 하자. 그 행렬식의 절댓값이 $(d)^{d/2}$보다 크지 않음을 보이시오. 행렬식이 이 상한값과 같은 2×2 행렬의 예를 제시하시오. [힌트: 기하학적 관점의 행렬식 개념을 이용하시오.]

3.3 대각화 가능 변환과 고유벡터

먼저 고유벡터(eigenvector)의 개념을 엄밀하게 정의한다.

정의 3.3.1 고유벡터와 고윳값

d차원 열벡터 $\overline{x}$는 어떤 스칼라 λ에 대해 아래의 관계가 만족되는 경우 $d \times d$ 행렬 A의 고유벡터라고 한다.

$$A\overline{x} = \lambda\overline{x} \tag{3.11}$$

이때 스칼라 λ는 고윳값(eigenvalue)이라고 한다.

고유벡터는 행렬의 "신축 방향"으로 볼 수 있다. 여기에서 벡터에 행렬을 곱하면 벡터에 신축이 발생한다. 예를 들어, 벡터 $[1, 1]^T$와 $[1, -1]^T$는 아래 행렬의 고유벡터이며 각각의 고윳값은 3과 −1이다.

$$\begin{bmatrix} 1 & 2 \\ 2 & 1 \end{bmatrix}\begin{bmatrix} 1 \\ 1 \end{bmatrix} = 3\begin{bmatrix} 1 \\ 1 \end{bmatrix}, \quad \begin{bmatrix} 1 & 2 \\ 2 & 1 \end{bmatrix}\begin{bmatrix} 1 \\ -1 \end{bmatrix} = -1\begin{bmatrix} 1 \\ -1 \end{bmatrix}$$

표준 기저의 각 원소는 대각행렬의 고유벡터이며, 고윳값은 i번째 대각 항과 같다. 모든 벡터는 단위행렬의 고유벡터이다.

$d \times d$ 행렬 A의 고유벡터 개수는 다양할 수 있지만, 대각화 가능 행렬만이 d개의 선형 독립 방향으로의 비등방성 배율조정을 나타낸다. 따라서 d개의 **선형 독립 고유벡터를 찾을 수 있어야 한다.** $\overline{v}_1 \dots \overline{v}_d$가 d개의 선형 독립 고유벡터이고 $\lambda_1 \dots \lambda_d$가 대응되는 고윳값들이라고 하자. 따라서 고유벡터 조건은 아래의 각 경우에 성립된다.

$$A\overline{v}_i = \lambda_i\overline{v}_i, \quad \forall i \in \{1 \dots d\} \tag{3.12}$$

이 조건을 행렬 형식으로 표현하면 다음과 같다.

$$A[\overline{v}_1 \dots \overline{v}_d] = [\lambda_1\overline{v}_1 \dots \lambda_d\overline{v}_d] \tag{3.13}$$

V는 $\overline{v}_1 \dots \overline{v}_d$을 열들로 포함하는 $d \times d$ 행렬이고, Δ는 대각 항이 $\lambda_1 \dots \lambda_d$인 대각행렬이라고 하자. 이제 식 3.13은 다음과 같이 표현할 수 있다.

$$AV = V\Delta \tag{3.14}$$

양변의 뒤쪽에 V^{-1}을 곱하면 행렬 A의 **대각화**를 달성할 수 있다.

$$A = V\Delta V^{-1} \tag{3.15}$$

V는 **선형 독립**인 고유벡터들을 포함하는 $d \times d$ 가역 행렬이고, Δ는 A의 고윳값들을 대각 항으로 갖는 $d \times d$ 대각행렬이다. 선형 변환 A는 기저를 V의 열들로 **변경하면** 대각행렬 Δ

가 되기 때문에 행렬 V는 **기저 변환 행렬**이라고 한다.

대각화 가능 행렬의 행렬식은 고윳값들의 곱으로 정의된다. 대각화 가능 행렬은 임의의 방향으로 비등방성 배율조정에 해당하는 선형 변환을 나타내므로, 대각화 가능 변환은 이러한 배율조정 계수들의 곱에 따라 객체의 부피를 배율조정 한다. 아래 식이 나타내는 바와 같이 단위행렬의 직교정규 열들에 해당하는 단위 평행 다면체에 대해 수행하는 변환 측면에서 행렬 A를 생각하면 이해에 도움이 될 것이다.

$$A = AI$$

이 변환은 d개의 방향의 배율조정 계수 $\lambda_1 \dots \lambda_d$로 이 단위 평행 다면체를 배율조정한다. i번째 배율조정은 평행 다면체의 부피를 λ_i배로 만든다. 결과적으로 단위행렬에 의해 정의된 평행 다면체의 (모든 배율조정 후) 최종 부피는 $\lambda_1 \dots \lambda_d$의 곱이다. 이러한 직관에 따라 다음의 결과를 얻는다.

보조정리 3.3.1 대각화 가능 행렬의 행렬식은 그 고윳값들의 곱과 같다.

증명 A를 아래와 같이 대각화되는 $d \times d$ 행렬이라고 하자.

$$A = V\Delta V^{-1} \tag{3.16}$$

양변의 행렬식을 취하면 다음의 결과를 얻는다.

$$\begin{aligned}\det(A) &= \det(V\Delta V^{-1}) = \det(V)\det(\Delta)\det(V^{-1}) \qquad \text{[행렬 곱 속성]} \\ &= \det(\Delta) \qquad [\det(V^{-1}) = 1/\det(V)\text{이므로}]\end{aligned}$$

대각행렬의 행렬식은 대각 항들의 곱과 같으므로 정리의 결과를 얻는다. ■

고윳값 중에 0이 존재한다는 것은 행렬 A의 행렬식이 0이며, 따라서 A가 특이행렬임을 의미한다. 또한 대응되는 고유벡터 $\overline{v}$가 $A\overline{v} = \overline{0}$을 만족한다는 관찰로부터도 이 사실을 추론할 수 있다. 즉, 행렬 A는 영공간이 비어 있지 않기 때문에 전 순위를 갖지 않는다. 대각화 가능 가역 행렬은 다음 관계식을 이용하여 쉽게 역변환할 수 있다.

$$(V\Delta V^{-1})^{-1} = V\Delta^{-1}V^{-1} \tag{3.17}$$

Δ^{-1}은 Δ의 대각선상에 있는 각 고윳값을 역수로 대체하여 얻을 수 있다. 0의 역수는 정의되지 않기 때문에 고윳값 중에 0이 있는 행렬은 가역 행렬이 아니다.

문제 3.3.1 A를 정방형 대각행렬이라고 하자. A'를 생성하기 위해 A의 각 대각 항에 α를 더하는 상황을 생각해보자. A'가 A와 동일한 고유벡터들을 갖고 그 고윳값들은 A의 고윳값들과 α 만큼씩 차이가 있음을 보이시오.

i번째 고유벡터 $\overline{v}_i$는 $(A-\lambda_i I)\overline{v}_i = 0$이기 때문에 $A-\lambda_i I$의 영공간에 속한다는 점에 주목하기 바란다. 즉, $A-\lambda_i I$의 행렬식은 0이어야 한다. 고윳값들을 근으로 갖는 이 다항식을 A의 특성 다항식이라고 한다.

정의 3.3.2 특성 다항식

$d \times d$ 행렬 A의 **특성 다항식**은 $\det(A-\lambda I)$를 전개하여 얻은 λ에 관한 d차 다항식이다.

이것은 **대수의 기본 정리**에 따라 (중근이나 복소수 근을 포함하여) 항상 d개의 근을 갖는 d차 다항식이다. 임의의 $d \times d$ 행렬의 특성 다항식의 d개의 근은 그 고윳값들이다.

관찰 3.3.1 $d \times d$ 행렬 A의 특성 다항식 $f(\lambda)$는 다음 형식의 λ에 관한 다항식이다. 여기에서 $\lambda_1 \ldots \lambda_d$는 A의 고윳값들이다.

$$\det(A - \lambda I) = (\lambda_1 - \lambda)(\lambda_2 - \lambda)\ldots(\lambda_d - \lambda) \tag{3.18}$$

따라서 행렬 A의 고윳값과 고유벡터는 다음과 같이 계산할 수 있다.

1. A의 고윳값들은 $\det(A-\lambda I)$를 λ의 다항식으로 전개하고 0으로 설정한 다음 λ에 대해 풀면 계산된다.
2. 이 다항식의 각 근 λ_i에 대해 한 개 이상의 고유벡터를 얻기 위해 연립방정식 $(A-\lambda_i I)\overline{v} = 0$을 푼다. 따라서 고윳값이 λ_i인 선형 독립 고유벡터들은 $(A-\lambda_i I)$의 오른쪽 영공간의 기저를 정의한다.

$d \times d$ 단위행렬의 특성 다항식은 $(1-\lambda)^d$이다. 이것은 단위행렬이 d개의 중복 고윳값 1을 가지며 모든 d차원 벡터가 $A-\lambda I$의 영공간에 속하는 고유벡터라는 사실에 부합된다. 또 다른 예로 다음 행렬을 생각해보자.

$$B = \begin{bmatrix} 1 & 2 \\ 2 & 1 \end{bmatrix} \tag{3.19}$$

이제 행렬 $B-\lambda I$는 아래와 같이 표현될 수 있다.

$$B - \lambda I = \begin{bmatrix} 1-\lambda & 2 \\ 2 & 1-\lambda \end{bmatrix} \tag{3.20}$$

위의 식에서 행렬식 $(1-\lambda)^2 - 4 = \lambda^2 - 2\lambda - 3$은 $(3-\lambda)(-1-\lambda)$와 같다. 이 식을 0으로 설정함으로써 고윳값 3과 −1을 얻는다. 이에 대응되는 고유벡터는 각각 $[1, 1]^T$와 $[1, -1]^T$이며, 각 $(A - \lambda_i I)$의 영공간으로부터 얻을 수 있다.

B는 $V\Delta V^{-1}$로 대각화할 필요가 있다. 행렬 V는 고유벡터들을 열로 쌓아 구성할 수 있다. 열들에 대한 정규화는 한 가지로 정해져 있지는 않지만 단위 열들을 갖도록 V를 선택하는 것이 일반적이다(이 경우 V^{-1}는 단위 행들을 갖게 됨). 이제 아래와 같이 $B = V\Delta V^{-1}$로 대각화할 수 있다.

$$B = \begin{bmatrix} 1/\sqrt{2} & 1/\sqrt{2} \\ 1/\sqrt{2} & -1/\sqrt{2} \end{bmatrix} \begin{bmatrix} 3 & 0 \\ 0 & -1 \end{bmatrix} \begin{bmatrix} 1/\sqrt{2} & 1/\sqrt{2} \\ 1/\sqrt{2} & -1/\sqrt{2} \end{bmatrix}$$

문제 3.3.2 다음 각 행렬에 대해 고유벡터, 고윳값, 대각화를 구하시오.

$$A = \begin{bmatrix} 1 & 0 \\ -1 & 2 \end{bmatrix}, \quad B = \begin{bmatrix} 1 & 1 \\ -2 & 4 \end{bmatrix}$$

문제 3.3.3 $A = -A^T$인 $d \times d$ 행렬 A가 있다고 하자. 0이 아닌 모든 고윳값들은 쌍으로 발생하므로 고윳값 쌍 중의 하나는 다른 하나에서 부호만 변경된 것임을 보이시오.

스칼라 다항식을 계산하는 것과 같은 방식으로 정방행렬 A의 다항식을 계산할 수 있다. 주요 차이점은 스칼라의 0이 아닌 누승이 A의 누승으로 대체되고 다항식에서 스칼라 항 c가 cI로 대체된다. 특성 다항식에 해당 행렬을 대입하여 계산하면 항상 영행렬을 얻게 된다. 예를 들어, 앞에서 언급한 특성 다항식 $\lambda^2 - 2\lambda - 3$에 행렬 B를 대입하면 행렬 $B^2 - 2B - 3I$를 얻게 되며, 이를 정리한 결과는 아래와 같이 0이 된다.

$$B^2 - 2B - 3I = \begin{bmatrix} 5 & 4 \\ 4 & 5 \end{bmatrix} - 2\begin{bmatrix} 1 & 2 \\ 2 & 1 \end{bmatrix} - 3\begin{bmatrix} 1 & 0 \\ 0 & 1 \end{bmatrix} = 0$$

이 결과를 케일리-해밀턴 정리라고 하며, 대각화 가능 여부에 관계없이 모든 행렬에 적용된다.

보조정리 3.3.2 케일리–해밀턴 정리

A를 특성 다항식 $f(\lambda) = \det(A - \lambda I)$를 갖는 행렬이라고 하자. 이 경우 $f(A)$를 계산하면 영행렬이 된다.

케일리-해밀턴 정리는 일반적으로 모든 정방행렬 A에 대해 성립하지만 일부 특수 행렬의 경우에는 보다 쉬운 증명 방법이 있다. 예를 들어 A가 대각화 가능하면 다항식 함수 $f(\cdot)$에 대해 다음의 결과를 보이는 것은 쉽다.

$$f(A) = Vf(\Delta)V^{-1}$$

다항식 함수를 대각행렬에 적용하는 것은 각 대각 항(고윳값)에 다항식 함수를 적용하는 것과 같다. 특성 다항식에 고윳값을 대입하면 0이 된다. 따라서 $f(\Delta)$는 영행렬이며 이는 $f(A)$가 영행렬임을 의미한다. 케일리-해밀턴 정리의 한 가지 흥미로운 결과는 가역 행렬의 역이 항상 차수 $(d-1)$의 다항식으로 표현될 수 있다는 것이다.

보조정리 3.3.3 역행렬의 다항식 표현

$d \times d$ 가역 행렬 A의 역행렬은 차수 $(d-1)$ 이하의 다항식으로 표현될 수 있다.

증명 특성 다항식의 상수항은 고윳값의 곱이며, 이 값은 기역행렬의 경우 0이 아니다. 따라서 가역 행렬의 경우에만 0이 아닌 어떤 스칼라 상수 c와 차수 $(d-1)$의 행렬 다항식 $g(A)$에 대해 $f(A) = A[g(A)] + cI$ 형식으로 케일리-해밀턴 행렬 다항식 $f(A)$를 표현할 수 있다. 케일리-해밀턴 다항식 $f(A)$를 계산하면 0이 되기 때문에, 위의 식을 재정렬하여 $A\underbrace{[-g(A)/c]}_{A^{-1}} = I$를 얻을 수 있다. ■

> **문제 3.3.4** 임의의 $d \times d$ 행렬에 대한 행렬 다항식은 항상 차수 $(d-1)$ 이하의 행렬 다항식으로 축소될 수 있음을 보이시오.

위의 보조정리는 왜 역행렬이 행렬 다항식이 갖는 많은 특별한 속성들을 갖는지 설명한다(예: 역행렬과의 곱셈이 갖는 교환법칙 특성). 마찬가지로 삼각 행렬에 대한 다항식과 역행렬 모두 삼각 행렬이다. 삼각 행렬은 주 대각선상에 고윳값들을 갖는다.

보조정리 3.3.4 A를 $d \times d$ 삼각 행렬이라고 하자. 이 경우 주 대각선상의 항들인 $\lambda_1 \ldots \lambda_d$는 A의 고윳값들이다.

증명 모든 고윳값 λ_i에 대해 $A - \lambda_i I$는 특이행렬이며, 따라서 삼각 행렬 $A - \lambda_i I$의 대각 항 중 적어도 하나는 0이어야 한다. 이는 λ_i가 A의 대각 항 중 하나인 경우에만 발생할 수 있다. 그 역도 유사한 방법으로 증명할 수 있다. ■

3.3.1 복소수 고윳값

행렬의 특성 다항식이 복소수 근을 가질 수 있다. 이러한 경우 실수 값 행렬은 복소수 고유벡터/고윳값을 사용하여 대각화할 수 있다. 실수 고윳값으로 대각화할 수 없는 회전 변환의 경우를 생각해보자. 90°의 회전 변환 후 원래 벡터와 같은 방향을 가리키는 실수 고유벡터를 상상하기는 어렵다. 그러나 복소수 필드에서는 이것이 실제로 가능하다. 요점은 허수 i를 곱하면 복소수 벡터는 직교 방향으로 회전한다는 것이다. 복소수 내적의 정의(2.11절 참고)를 사용하여 복소수 벡터 $\overline{u}=\overline{a}+i\overline{b}$ 가 항상 벡터 $\overline{v}=i[\overline{a}+i\overline{b}]$에 직교한다는 것을 확인할 수 있다.

열벡터에 대한 다음의 90° 회전 행렬을 생각해보자.

$$A=\begin{bmatrix}\cos(90) & -\sin(90)\\ \sin(90) & \cos(90)\end{bmatrix}=\begin{bmatrix}0 & -1\\ 1 & 0\end{bmatrix}$$

A의 특성 다항식은 실수 근을 갖지 않는 (λ^2+1)이다. 이 다항식의 두 복소수 근은 $-i$와 i이다. 이들에 대응되는 고유벡터는 각각 $[-i,1]^T$와 $[i,1]^T$이며, 이러한 고유벡터들은 선형 연립방정식 $(A-iI)\overline{x}=0$과 $(A+iI)\overline{x}=0$을 풀어 구할 수 있다. 복소수 계수 필드에서 선형 연립방정식을 푸는 것은 실수 영역에서 수행되는 방법과 근본적으로 다르지 않다. 대응되는 고유벡터들이 고윳값 배율조정 조건을 만족하는지 아래와 같이 확인해 볼 수 있다.

$$\begin{bmatrix}0 & -1\\ 1 & 0\end{bmatrix}\begin{bmatrix}-i\\ 1\end{bmatrix}=-i\begin{bmatrix}-i\\ 1\end{bmatrix},\quad \begin{bmatrix}0 & -1\\ 1 & 0\end{bmatrix}\begin{bmatrix}i\\ 1\end{bmatrix}=i\begin{bmatrix}i\\ 1\end{bmatrix}$$

각 고유벡터는 i 또는 $-i$와의 곱셈으로 90°만큼 회전한다. 이제 이러한 (정규화 후의) 고유벡터들을 V의 열들에 넣고 복소수 행렬 V^{-1}을 계산할 수 있다. A의 대각화 결과는 다음과 같다.

$$A=V\Delta V^{-1}=\begin{bmatrix}-i/\sqrt{2} & i/\sqrt{2}\\ 1/\sqrt{2} & 1/\sqrt{2}\end{bmatrix}\begin{bmatrix}-i & 0\\ 0 & i\end{bmatrix}\begin{bmatrix}i/\sqrt{2} & 1/\sqrt{2}\\ -i/\sqrt{2} & 1/\sqrt{2}\end{bmatrix}$$

복소수를 사용하면 대각화할 수 있는 행렬 군이 크게 확장된다는 것은 분명하다. 실제로 다음과 같이 각도 θ(라디안 단위)의 회전을 수행하는 2×2 회전 행렬은 다음과 같이 표현할 수 있다.

$$\begin{bmatrix}\cos(\theta) & -\sin(\theta)\\ \sin(\theta) & \cos(\theta)\end{bmatrix}=\begin{bmatrix}-i/\sqrt{2} & i/\sqrt{2}\\ 1/\sqrt{2} & 1/\sqrt{2}\end{bmatrix}\begin{bmatrix}e^{-i\theta} & 0\\ 0 & e^{i\theta}\end{bmatrix}\begin{bmatrix}i/\sqrt{2} & 1/\sqrt{2}\\ -i/\sqrt{2} & 1/\sqrt{2}\end{bmatrix}\tag{3.21}$$

오일러 공식 $e^{i\theta}=\cos(\theta)+i\sin(\theta)$는 널리 알려져 있다. 벡터에 θ-회전 행렬의 m 제곱을

곱하면 그 벡터를 m번 회전하여 전체적으로 $m\theta$의 회전이 된다는 것은 기하학에서 직관적으로 알 수 있다. 위의 대각화는 θ-회전 행렬의 m 제곱의 대각 항들이 $e^{\pm im\theta}$가 되기 때문에 θ-회전 행렬의 m 제곱이 $m\theta$ 만큼의 회전을 생성한다는 것은 **대수적으로** 명백하다.

> **문제 3.3.5** 실수 행렬의 모든 복소수 고윳값은 $a+bi$와 $a-bi$ 형태의 켤레 쌍으로 발생함을 보이시오. 또한 이들에 대응되는 고유벡터들도 유사한 형태인 $\overline{p}+i\overline{q}$와 $\overline{p}-i\overline{q}$의 쌍으로 발생함을 보이시오.

3.3.2 좌 고유벡터와 우 고유벡터

이 책 전체에서 고유벡터는 어떤 스칼라 λ에 대해 $A\overline{x}=\lambda\overline{x}$를 만족하는 **열벡터**로 정의된다. 이러한 고유벡터는 $\overline{x}$가 곱 $A\overline{x}$의 오른쪽에 나타나기 때문에 우 고유벡터이다. "좌/우" 언급 없이 "고유벡터"라고 하면 기본적으로 **우 고유벡터**를 말한다.

좌 고유벡터는 어떤 스칼라 λ에 대해 $\overline{y}A=\lambda\overline{y}$가 되는 **행벡터** $\overline{y}$이다. $\overline{y}$가 곱 $\overline{y}A$의 왼쪽에 나타나려면 $\overline{y}$가 행벡터라야 한다. 행렬 A가 대칭이 아닌 한, 행렬의 우 고유벡터가 (그 전치 표현이) 좌 고유벡터일 필요가 없으며 그 반대의 경우도 마찬가지이다. 행렬 A가 대칭이면 좌/우 고유벡터는 서로에 대한 전치이다.

보조정리 3.3.5

행렬 A가 대칭이면 행벡터를 열벡터로 전치함으로써 각 좌 고유벡터는 우 고유벡터가 된다. 마찬가지로 각 우 고유벡터를 전치하면 좌 고유벡터인 행벡터가 생성된다.

증명 $\overline{y}$를 좌 고유벡터라고 하자. 그러면 $(\overline{y}A)^T=\lambda\overline{y}^T$이다. 이때 좌변은 $A^T\overline{y}^T=A\overline{y}^T$로 간소화할 수 있다. 간소화된 좌변으로 다시 작성하면 아래와 같이 정리할 수 있다.

$$A\overline{y}^T=\lambda\overline{y}^T \tag{3.22}$$

따라서 $\overline{y}^T$는 A의 우 고유벡터이다. 유사한 방식을 사용하여 각 우 고유벡터가 전치 후에 좌 고유벡터가 된다는 것을 보일 수 있다. ■

좌/우 고유벡터 간의 이 관계는 대칭행렬에만 적용된다. 고윳값의 경우는 어떨까? 좌 고윳값과 우 고윳값은 행렬이 대칭인지 여부에 관계없이 동일하다. 두 경우 모두 특성 다항식이 $\det(A-\lambda I)=\det(A^T-\lambda I)$이기 때문이다.

다음과 같이 대각화 행렬 Δ로 변환될 수 있는 $d\times d$ 대각화 가능 행렬 A를 생각해보자.

$$A = V\Delta V^{-1} \tag{3.23}$$

이 경우 우 고유벡터들은 $d \times d$ 행렬 V의 d개의 열이다. 그러나 좌 고유벡터는 행렬 V^{-1}의 행들이다. 이는 A의 좌 고유벡터가 전치 후 A^T의 우 고유벡터가 되기 때문이다. A를 전치하면 다음의 결과를 얻는다.

$$A^T = (V\Delta V^{-1})^T = (V^{-1})^T \Delta V^T$$

즉, A^T의 우 고유벡터들은 V^{-1}의 행들을 전치하여 얻은 $(V^{-1})^T$의 열들이다.

문제 3.3.6 대각화 가능 행렬 $A = V\Delta V^{-1}$의 우 고유벡터들은 V의 열들인 반면 좌 고유벡터들은 V^{-1}의 행들이다. 이 사실을 이용하여 대각화 가능 행렬의 좌/우 고유벡터 간의 관계를 도출하시오.

3.3.3 대각화의 존재 및 고유성

특성 다항식은 대각화의 존재와 고유성에 대한 통찰을 제공한다. 이 절에서는 원래 행렬은 실수 값 행렬이지만 복소수 값 대각화가 허용된다고 가정한다. 대각화를 수행하려면 d개의 선형 독립 고유벡터가 필요하다. d개의 선형 독립 고유벡터를 행렬 V의 열들에 배치하고 Δ의 대각선을 따라 고윳값들을 넣어 대각화 $V\Delta V^{-1}$을 수행할 수 있다. 특성 다항식은 적어도 하나의 (복소수일 수도 있는) 근을 가지며, 동일한 근이 d번 중복될 때 근의 개수가 최소가 된다. 근 λ가 주어지면 행렬 $A - \lambda I$는 행렬식이 0이기 때문에 특이행렬이다. 따라서 $(A - \lambda I)$의 영공간에서 벡터 $\overline{x}$를 찾을 수 있다. 이 벡터는 $(A - \lambda I)\overline{x} = 0$을 만족하므로 고유벡터이다. 이 결과를 요약하면 다음과 같다.

관찰 3.3.2 특성 다항식의 각기 다른 근에 대해 고유벡터를 구하기 위한 잘 정의된 절차가 존재한다. 특성 다항식은 적어도 하나의 (복소수일 수도 있는) 근을 가지므로 모든 실수 행렬은 최소한 한 개의 (복소수를 포함할 수도 있는) 고유벡터를 갖는다.

근이 중복될 때 하나의 고윳값에 대해 한 개 이상의 고유벡터를 찾을 수도 있다. 이는 행렬이 대각화 가능한지 여부를 결정하는 핵심 요소이다. 먼저 서로 다른 고윳값에 속하는 고유벡터들은 선형 독립이라는 중요한 결과를 보인다.

보조정리 3.3.6 각기 다른 고윳값에 속하는 고유벡터들은 선형 독립이다.

증명 개요 $d \times d$ 행렬 A의 특성 다항식이 k개의 서로 다른 근 $\lambda_1 \dots \lambda_k$를 갖는 상황을 생각해보자($k \leq d$). 이때 $\overline{v}_1 \dots \overline{v}_k$는 각각의 고윳값에 속하는 고유벡터들을 나타낸다.

고유벡터들이 선형 종속이고 따라서 (최소한 일부는 0이 아닌) 스칼라 $\alpha_1 \dots \alpha_k$에 대해 $\sum_{i=1}^{k} \alpha_i \overline{v}_i = 0$이라고 가정하자. 이제 아래의 식을 얻기 위해 벡터 $\sum_{i=1}^{k} \alpha_i \overline{v}_i$ 앞쪽에 행렬 $(A - \lambda_2 I)(A - \lambda_3 I) \dots (A - \lambda_k I)$를 곱할 수 있다.

$$\alpha_1 [\prod_{i=2}^{k} (\lambda_1 - \lambda_i)] \overline{v}_1 = 0$$

고윳값들이 서로 다르기 때문에 $\alpha_1 = 0$이 된다. 유사한 방식으로 $\alpha_2 \dots \alpha_k$ 각각이 0이 된다는 것을 보일 수 있다. 이는 선형 종속성 가정에 모순된다. ■

행렬 A가 d개의 고윳값을 갖는 특별한 경우 고유벡터들로부터 가역 행렬 V를 구성할 수 있다. 이는 행렬 A를 대각화 가능하게 만든다.

보조정리 3.3.7

특성 다항식의 근들이 모두 다를 때 d개의 선형 독립 고유벡터를 찾을 수 있다. 따라서 d개의 서로 다른 근을 갖는 실수 값 행렬 A의 (복소수 값을 포함할 수도 있는) 대각화 $A = V \Delta V^{-1}$이 항상 존재한다.

특성 다항식의 근들이 모두 서로 다른 경우, 대각화의 존재를 보일 수 있을 뿐만 아니라 대각화가 거의 고유한 방식으로 수행될 수 있음을 보일 수도 있다(고유벡터나 고윳값이 복소수를 포함할 수도 있음). 여기에서 "거의"라는 표현을 사용하는 이유는 고유벡터에 임의의 스칼라를 곱할 수 있으며, 이 경우에도 배율조정된 고유벡터의 고윳값은 그대로이기 때문이다. V의 i번째 열을 c배로 배율조정 하면 결과에 영향을 주지 않고 V^{-1}의 i번째 행을 $1/c$배로 배율조정할 수 있다. 또한 곱에 영향을 주지 않고 동일한 방식으로 V^{-1}와 V 안의 좌/우 고유벡터나 Δ 안의 고윳값들의 순서를 섞을 수 있다. 단조감소 고유벡터 순서와 대각화에 대한 정규화 및 부호 규칙(예: 첫 번째 0이 아닌 성분은 양수인 단위 정규화된 고유벡터만 허용)을 적용함으로써 고유한 대각화를 달성할 수 있다.

반면에 특성 다항식이 $\prod_i (\lambda_i - \lambda)^{r_i}$ 형식일 때, 적어도 하나의 r_i가 1보다 큰 경우 특성 다항식이 모두 서로 다른 근을 갖지는 못한다. 이 경우 $(A - \lambda_i I)\overline{x} = 0$에 대한 해는 r_i보다 작은 차원을 갖는 벡터 공간일 수 있다. 그 결과로 대각화를 위해 행렬 V를 생성하기 위해 필요한 d개의 고유벡터 전체를 찾을 수도 있고 그렇지 못할 수도 있다.

고윳값 λ_i의 **대수적 중복도**는 특성 다항식에서 $(A-\lambda_i I)$가 인수로 나타나는 횟수이다. 예를 들어, A가 $d\times d$ 행렬인 경우 특성 다항식에는 항상 d개의 인수가 포함된다(중복 인수나 복소수 값 인수 포함). 이미 앞에서 각 고윳값의 대수적 중복도가 모두 1이라는 것은 대각화가 존재하는 단순한 경우임을 보인 바 있다. 일부 고윳값의 대수적 중복도가 1보다 큰 경우 다음 중 하나가 발생한다.

- 대수적 중복도가 r_i인 각 고윳값에 대해 정확히 r_i개의 선형 독립 고유벡터가 존재한다. 이러한 고유벡터들에 대한 임의의 선형 조합도 고유벡터이다. 즉, 고유벡터들에 의한 벡터 공간의 순위는 r_i이며, 이 벡터 공간의 기저는 유효한 고유벡터 집합이다. 이와 같이 특정 개별 고윳값에 대응되는 벡터 공간을 **고유공간**(eigenspace)이라고 한다. 이 경우 모든 하부 고유공간의 기저 벡터들로 V의 열들을 선택하는 방법은 무수히 많으며, 따라서 대각화 $A=V\Delta V^{-1}$을 수행하는 방법도 무수히 많다.
- 대수적 중복도가 r_i인 고윳값에 대해 r_i보다 적은 수의 고유벡터가 존재할 경우 대각화가 존재하지 않는다. 대각화에 가장 가까운 것은 조던 정규형이다(3.3.4절 참고). 이러한 행렬은 **부족행렬**(defective matrix)이라고 한다.

위의 첫 번째 경우에는 고유벡터에 정규화 및 부호 규칙을 적용한 후에도 더 이상 고유한 대각화를 얻을 수 없다.

대수적 중복도가 r_i인 고윳값 λ_i의 경우 연립방정식 $(A-\lambda_i I)\overline{x}=0$은 r_i개 만큼의 해를 가질 수 있다. 동일한 고윳값에 대해 두 개 이상의 서로 다른 고유벡터(예: $\overline{v}_1$와 $\overline{v}_2$)가 존재하는 경우 이들에 대한 임의의 선형 조합 $\alpha\overline{v}_1+\beta\overline{v}_2$도 모든 스칼라 α와 β에 대해 고유벡터가 된다. 따라서 대각화 $A=V\Delta V^{-1}$을 생성하기 위해 V의 열들을 구성할 수 있는 방법은 무수히 많다. 이러한 상황의 가장 좋은 예는 단위행렬인데, 이 경우 임의의 단위벡터가 고윳값 1을 갖는 고유벡터가 될 수 있다. (이미 대각행렬인) 단위행렬 I에 대해 Δ는 I와 동일하게 정하고 V를 임의의 가역 행렬로 선택함으로써 무수히 많은 방법으로 $I=V\Delta V^{-1}$와 같이 "대각화" 할 수 있다.

또한 중복 고윳값들로 인해 대각화가 존재하지 않을 수도 있다. 이것은 하나의 고윳값에 대한 선형 독립 고유벡터의 수가 대수적 중복도보다 적을 때 발생한다. 특성 다항식에 d개의 근(중복 포함)이 있더라도 고유벡터의 수는 d개보다 적을 수 있다. 이 경우 행렬은 대각화할 수 없다. 다음 행렬 A를 생각해보자.

$$A=\begin{bmatrix} 1 & 1 \\ 0 & 1 \end{bmatrix} \tag{3.24}$$

특성 다항식은 $(1-\lambda)^2$이다. 따라서 대수적 중복도가 2인 한 개의 고윳값 $\lambda=1$을 얻는다. 그러나 행렬 $(A-\lambda I)$의 순위는 1이고 고유벡터는 $[1,\ 0]^T$ 하나뿐이다. 따라서 이 행렬은 대각화할 수 없다. **중복 고윳값을 포함하고 중복 고윳값에 누락된 고유벡터가 있는 행렬은 대각화할 수 없다.** 개별 고윳값의 고유벡터 수는 **기하학적 중복도**라고 하며, 그 최솟값은 1이고 최댓값은 대수적 중복도이다.

3.3.4 삼각화의 존재 및 고유성

부족행렬의 "누락 고유벡터"들은 어디로 갔을까? 중복도가 k인 고윳값 λ가 있다고 하자. 특성 다항식은 $(A-\lambda I)^k$의 영공간이 차원 k를 갖는다는 것을 말해주지만 $(A-\lambda I)$에 대해서는 이를 보장하지 않는다. 요점은 연립방정식 $(A-\lambda I)\overline{x}=0$의 해의 개수는 1과 k 사이이지만 연립방정식 $(A-\lambda I)^k\overline{x}=0$에 대해서는 k개의 선형 독립인 해를 보장한다는 것이다. 대각화에 가까운 것을 얻기 위해 이러한 사실을 어떻게 이용할 수 있을까?

연립방정식 $(A-\lambda I)\overline{x}=0$이 r개의 해를 갖는다고 하자($r<k$). $(A-\lambda I)^k\overline{x}=0$의 k개의 해 모두는 **일반화된** 고유벡터들이고 그 중 r개는 **보통의 고유벡터**이다($r<k$). k개의 일반화된 고유벡터 집합을 r개의 **조던 체인**들로 분해할 수 있다. i번째 조던 체인은 k개의 고유벡터 중 $m(i)$개의 (일반화된) 고유벡터의 순서가 지정된 열을 포함하므로 $\sum_{i=1}^{k} m(i)=k$이다. i번째 조던 체인에 대한 일반화된 고유벡터의 열은 $\overline{v}_1 \ldots \overline{v}_{m(i)}$로 표시되며, 따라서 첫 번째 고유벡터 $\overline{v}_1$은 $A\overline{v}_1=\lambda\overline{v}_1$을 만족하는 보통의 고유벡터이고 나머지는 $j>1$에 대해 연쇄 관계 $A\overline{v}_j=\lambda\overline{v}_j+\overline{v}_{j-1}$을 만족한다. 이러한 연쇄 벡터들은 본질적으로 1에서 $m(i)-1$까지의 각 r에 대해 $\overline{v}_{m(i)-r}=(A-\lambda I)^r\overline{v}_{m(i)}$로 구하게 된다. 조던 체인의 존재에 대한 완전한 증명은 매우 복잡하여 생략하기로 한다.

행렬 V는 열들에 일반화된 고유벡터들을 포함하며, 동일한 조던 체인에 속하는 고유벡터들은 연쇄 관계와 동일한 순서로 연속으로 발생하고 보통의 고유벡터는 이 열 그룹의 가장 왼쪽에 배치된다. 이 행렬 V는 상부삼각 행렬 U를 사용하여 행렬 A를 대각화에 가까운 **조던 정규형**을 만드는 데 사용할 수 있다.

$$A=VUV^{-1} \tag{3.25}$$

상부삼각 행렬 U는 대각행렬에 가까우며 대각선상에는 V에서 대응되는 일반화된 고유벡터들과 동일한 순서로 고윳값들을 포함한다. 또한 대각선 바로 위에 위치하는 항의 값은 0 또는 1로 제한되며, 이러한 위치의 항의 개수는 최대 $(d-1)$개다. 대각선 바로 위에 위치하는 항의 값은 대응되는 고유벡터가 보통의 고유벡터이면 0이고 그렇지 않으면 1이 된다. $AV=$

VU가 (연쇄 관계를 포함하여) 모든 고유벡터 관계에 대한 행렬 표현임을 확인하는 것은 어렵지 않으며, 이는 $A = VUV^{-1}$임을 의미한다. 대각선 바로 위의 각 항을 **초대각 항**이라고 한다. 큰 행렬 중에는 때로 소수의 중복 고윳값만을 포함하는 경우가 있으며, 이때 대각선 위쪽의 0이 아닌 항의 수는 항상 이러한 중복에 의해 한계가 정해진다. 따라서 조던 정규형은 0이 아닌 대각 항 외에도 추가로 소수의 초대각 항에 1들을 포함한다. 대각화 가능 행렬의 경우 조던 정규형은 행렬의 대각화와 같다.

조던 정규형이 존재한다는 것은 실수 행렬이 복소수 고유벡터나 복소수 고윳값을 가질 수 있지만, 모든 정방행렬은 삼각화 가능하다는 것을 의미한다. 행렬의 삼각화는 고유하게 정해지지 않는다. 기저 벡터와 삼각 행렬에 서로 다른 유형의 제약조건을 적용하여 서로 다른 유형의 삼각화를 생성할 수 있다. 예를 들어 조던 정규형은 특별한 구조의 상부삼각 행렬 U를 갖지만 V의 기저 벡터에 대한 구조적 제약은 없다. 삼각화의 또 다른 형태는 기저 변경 행렬 P가 직교하고 상부삼각 행렬 U가 다른 특별한 속성 없이 대각선상에 고윳값을 포함하는 **슈어 분해**이다.

$$A = PUP^T \tag{3.26}$$

슈어 분해는 반복적인 QR 분해를 적용하여 구할 수 있으며, 행렬의 고윳값들을 계산하는 방법 중 하나이다(3.5.1절 참고). 대칭행렬의 슈어 분해는 대각화와 동일하다. 왜냐하면 $A = A^T$이면 $PUP^T = PU^TP^T$이어야 하며, 이는 $P(U - U^T)P^T = 0$과 같다. P는 가역 행렬이므로 $U = U^T$라야 하는데, 이는 U가 대각행렬일 때만 가능하다. (대각화가 고유하지 않은 것처럼) 고유하지 않을 수도 있지만 실수 행렬의 (복소수 값을 포함할 수도 있는) 슈어 분해는 항상 존재한다.

대각화 가능성과 삼각화 가능성: 기하학적 관점

조던 정규형을 기하학적으로 어떻게 해석할 수 있을까? 연속적인 행 쌍에 대해 아래쪽에서 위쪽으로 진행하는 순서로 기본 행 덧셈 연산을 수행하는 경우 초대각선상의 값이 1인 항들은 그 아래의 행과의 기본 행 덧셈 연산을 사용하여 0으로 만들 수 있다. 앞에서 살펴보았듯이 기본 행 덧셈 연산은 **전단 행렬**에 해당한다. 전단 행렬을 사용한 곱셈은 그림 3.2(a)의 정육면체를 그림 3.2(b)의 평행 육면체로 변형하는 유형의 변환을 일으킨다. 사실 그림 3.2(a)를 그림 3.2(b)로 변형하는 변환은 대각화 가능 변환이 아니다. 정육면체를 직육면체가 아닌 평행 육면체로 변형하려면 임의의 방향으로 신축시킬 수 있어야 하므로 평행 육면체 모서리의 방향도 축-평행 방향과 달라지기 때문에 순전히 특정 방향을 따르는 신축 연산으로 표현할 수 없다. 축-평행 모서리에 대한 임의의 방향 조정 효과의 예는 그림 3.1을 참고하기 바란다. 따라서 방향을 다시 맞추기 위한 추가 회전들이 필요하다. **대각화 불가능 행렬에는 항상 이러한**

유형의 "잔여" 회전들이 포함된다.

대각화 가능 변환은 공간의 배율조정에 적용할 수 있는 (비 직교일 가능성이 있는) 기저 시스템이 존재하는 변환이다. 비 대각행렬의 경우 배율조정만으로는 충분하지 않다. 배율조정 후 약간의 회전을 허용하는 경우 대각화 불가능 변환도 표현할 수 있다. 7장의 보조정리 7.2.2에서 기술하겠지만, 모든 정방행렬은 대각행렬과 "잔여" 회전 행렬의 곱으로 분해될 수 있다. 이러한 분해를 행렬의 **극 분해**라고 한다. 회전 행렬은 복소수 고윳값을 가질 수도 있지만 대각화 가능하다. 따라서 모든 실수 행렬은 최대 (복소수 고윳값을 가질 수도 있는) 두 개의 대각화 가능 행렬의 곱으로 표현될 수 있다.

3.3.5 고윳값을 공유하는 유사 행렬 집단

유사 행렬은 다음과 같이 정의된다.

정의 3.3.3

두 행렬 A와 B는 $B = VAV^{-1}$일 때 유사하다고 한다.

유사성은 교환법칙과 전이성이 성립하는 속성이다. 즉, A와 B가 유사하면 B와 A도 유사하다. 또한 A와 B가 유사하고 B와 C가 유사하면 A와 C도 유사하다. 따라서 유사한 행렬은 관련 행렬의 **집단**을 형성한다.

유사한 행렬이란 무엇을 의미할까? 두 개의 유사 행렬 A와 B가 있을 때 어떤 벡터에 A나 B를 곱하면, 각 경우에 기저를 적절하게 선택하는 한 해당 벡터에 동일한 변환이 발생한다. 예를 들어, 크기가 3×3인 두 개의 유사 행렬이 각각 3차원 벡터의 60° 회전에 해당하지만 회전축은 다를 수 있다. 마찬가지로, 두 개의 유사 변환이 서로 다른 방향으로 동일한 계수에 따라 벡터를 배율조정 할 수도 있다. 이를 조던 정규형으로 설명할 수 있다.

보조정리 3.3.8 유사 행렬의 조던 정규형

A와 B를 $B = VAV^{-1}$을 만족하는 두 개의 유사 행렬이라고 가정한다. 그러면 (복소수 고윳값을 포함할 수도 있는) 이들의 조던 정규형 사이의 관계는 다음과 같다.

$$A = V_1 U V_1^{-1}, \quad B = V_2 U V_2^{-1}$$

행렬 V_2와 V_1 사이의 관계는 $V_2 = VV_1$으로 주어진다.

위의 보조정리는 관계 $B = VAV^{-1}$에서 A를 조던 정규형으로 직접 대체함으로써 쉽게 증명할 수 있다. 위의 보조정리에서 파생되는 중요한 결과는 **유사 행렬들이 동일한 고윳값들을**

갖는다는 것이다(그리고 이들에 대응되는 중복도도 동일함). 또한 어떤 유사 행렬 집단에 속하는 한 행렬이 대각화 가능하면 해당 집단의 다른 행렬들도 대각화 가능하며, 대각행렬도 해당 집단에 포함된다.

2장에서 소개한 것처럼 행렬의 대각 항들의 합을 대각합이라고 한다. **행렬 A의 대각합은 대각화 가능 여부에 관계없이 고윳값들의 합과 같다.**

보조정리 3.3.9 유사 행렬들의 대각합은 동일하며 해당 집단의 고윳값들의 합과 같다(대각화 가능 여부에 관계없음).

증명 여기에서 정방행렬 G와 H에 대해 $\mathrm{tr}(GH) = \mathrm{tr}(HG)$인 대각합의 속성을 사용할 것이다. A와 B를 $A = VBV^{-1}$인 유사 행렬이라고 하자. 그러면 다음의 결과를 얻는다.

$$\mathrm{tr}(A) = \mathrm{tr}(V[BV^{-1}]) = \mathrm{tr}([BV^{-1}]V) = \mathrm{tr}(B[V^{-1}V]) = \mathrm{tr}(B)$$

따라서 유사 행렬의 대각합은 동일하다. 이것은 또한 행렬의 대각합이 조던 정규형의 상부삼각 행렬의 (해당 집단의 고윳값들의 합과 동일한) 대각합과 동일함을 의미한다. ■

유사 행렬들은 유사한 연산을 수행하지만 적용되는 기저 시스템이 다르다. 예를 들어, **대각화 가능** 행렬의 유사 행렬 집단은 동일한 계수로 비등방성 배율조정을 수행하지만, 이때 고유벡터 방향들은 완전히 다르다.

문제 3.3.7 **하우스홀더 집단** 모든 하우스홀더 반사 행렬들은 유사 행렬들이며, 해당 집단은 항 하나만 단위행렬과 다른 기본 반사 행렬을 포함하고 있음을 보이시오.

위의 문제를 해결하기 위한 힌트는 이 행렬이 대각화 가능하다는 점이다.

문제 3.3.8 **투영 집단** 2.8.2절에서는 열 전 순위가 d이고 $n > d$인 $n \times d$ 행렬 A에 대해 $n \times n$ 투영 행렬 $P = A(A^TA)^{-1}A^T$를 소개한 바 있다. (n과 d는 고정한 채로) A를 변화시켜 얻은 모든 투영 행렬 P가 유사 행렬임을 보이시오. 또한 P의 대각합을 구하시오. 그리고 $(I-P)$와 $(I-2P)$의 기하학적 의미를 설명하시오.

이 문제를 해결하기 위한 힌트는 먼저 A의 QR 분해를 사용하여 QQ^T 형식으로 투영 행렬을 표현하는 것이다. 여기에서 Q는 직교 행렬이다. 이제 Q의 속성을 사용하여 투영 행렬의 고유벡터와 고윳값을 추출하고, n과 d의 고정 값에 대해 고윳값이 항상 동일한지 확인하면 된다.

> **문제 3.3.9** **기븐스 집단** 동일한 회전각도를 갖는 모든 기븐스 행렬 G_1과 G_2 쌍에 대해 $G_2 = PG_1P^T$인 순열 행렬 P를 찾을 수 있다. 따라서 동일한 회전각도를 갖는 모든 기븐스 행렬이 유사함을 보이시오. 이제 순열 행렬이 아닌 직교 행렬 Q를 생각해보자. QG_1Q^T의 기하학적 의미를 설명하시오.

그래프의 인접 행렬 표현에 익숙한 독자들은 (아니면 10장을 학습한 후) 다음 문제를 풀어 보기 바란다.

> **문제 3.3.10** **그래프 이론에서의 유사성** 인접 행렬로 A를 갖는 그래프 G_A를 생각해보자. G_A의 정점들의 순서를 변경하여 얻은 동형 그래프 G_B의 인접 행렬 B가 행렬 A와 유사함을 보이시오. A와 B 사이의 기저 변환을 위해 어떤 유형의 행렬이 사용되는가?

대각합의 기하학적 의미

행렬의 대각합은 유사성 변환에도 변하지 않으므로 기하학적 의미를 설명할 수 있는지에 대한 자연스러운 의문이 발생한다. 정방행렬의 대각합에 대한 해석은 단순하지 않다. 특히 하부 행렬이 대칭이 아닐 때 더욱 그렇다. 다행스럽게도 기계학습에서 접하는 많은 정방행렬은 그람 행렬 A^TA의 형태로 나타난다. 여기에서 A는 $n \times d$ 데이터 세트 또는 그에 대한 전치이다. 이러한 행렬의 예로는 **정규화된 그래프 인접 행렬**, **공분산 행렬**, **점곱 유사성 행렬** 등이 있다.

관찰 3.3.3 그람 행렬 A^TA의 대각합은 그 기본 행렬 A의 에너지와 같다.

위의 관찰은 1장의 식 1.23으로 주어진 에너지 정의의 직접적 결과이다. 이 관찰에서 파생된 한 가지 결과는 $n \times d$ 행렬 A가 나타내는 데이터 세트에 대해 직교정규 유사성 변환 AP를 적용하면 $P^T(A^TA)P$의 대각합과 같은 그 에너지는 변경되지 않는다. 이 사실을 이용하여 평균 중심 데이터 세트에서 모든 차원의 분산들의 합은 기저의 선택에 관계없이 항상 동일하다는 결과를 추론할 수 있다.

> **문제 3.3.11** **공분산 집단** D는 n개의 행과 d차원을 갖는 평균 중심의 $n \times d$ 데이터 세트라고 하고, P는 $d \times d$ 직교 행렬이라고 하자. DP를 새로운 직교 기저 시스템에서 변환된 $n \times d$ 데이터 세트라고 하자. 공분산 행렬은 $d \times d$ 행렬이며, (i, j)번째 항은 차원 i와 j 사이의 공분산이며, 대각 항들은 분산을 나타낸다. 직교 행렬 P의 서로 다른 선택에 대한 DP의 모든 공분산 행렬이 유사하며, 따라서 동일한 대각합을 갖는다는 것을 보이시오.

3.3.6 고유벡터를 공유하는 대각화 가능 행렬 집단

(고윳값은 공유하지 않더라도) 고유벡터를 공유하는 대각화 가능 행렬 집단을 **동시 대각화 가능**이라고 한다. 이 개념은 고윳값을 공유하지만 고유벡터는 공유하지 않는 대각화 가능 유사 행렬의 개념과 보완적이다.

정의 3.3.4 동시 대각화 가능

$d \times d$ 가역 행렬 V가 존재하고 V의 열들이 A와 B 모두의 고유벡터들인 경우, 두 개의 대각화 가능 행렬 A와 B는 동시 대각화 가능하다고 한다. 따라서 다음의 관계를 얻는다.

$$A = V\Delta_1 V^T$$
$$B = V\Delta_2 V^T$$

여기에서 Δ_1과 Δ_2는 대각행렬들이다.

동시 대각화 가능 행렬들의 기하학적 해석은 동일한 방향들로 비등방성 배율조정을 수행한다는 것이다. 그러나 대각행렬이 다르기 때문에 배율조정 계수들은 다를 수 있다. 동시 대각화 가능성은 행렬의 교환법칙 특성과 밀접하게 연관된 속성이다.

보조정리 3.3.10 대각화 가능 행렬들은 교환법칙이 성립되는 경우에만 동시 대각화 가능하다.

문제 3.3.12 A와 B를 동일한 고유벡터 집합을 공유하는 두 개의 대각화 가능 행렬이라고 하자. 이 경우 $AB = BA$인 이유를 기하학적으로 설명하시오.

문제 3.3.13 **기븐스 교환법칙 집단** 2보다 높은 차원에서는 회전 행렬의 곱셈에서 일반적으로 교환법칙이 성립하지 않는다. 그러나 i, j가 고정되고 θ는 변화할 수 있을 때 $d \times d$ 기븐스 회전 행렬 집단 $G_c(i, j, \theta)$에 대해서는 교환법칙이 성립하는 것으로 알려져 있다. 이러한 교환법칙 특성에 대한 기하학적 의미를 설명하시오. 이제 식 3.21을 $d \times d$ 행렬로 일반화하여 동시 대각화 가능성 측면에서 대수적 의미를 설명하시오.

3.3.7 대칭행렬

기계학습에서 대칭행렬은 자주 발생한다. 이는 공분산 행렬, 점곱 행렬, (무방향) 그래프의 인접 행렬, 유사성 (커널) 행렬 등이 기계학습에서 자주 사용되기 때문이다. 또한 이러한 행렬들과 관련된 많은 응용에서는 여러 유형의 대각화가 필요하다. 대칭행렬의 기본 속성 중 하나는 항상 대각화 가능하고 직교정규 고유벡터들을 갖는다는 것이다. 이러한 결과를 **스펙트럼 정리**라고 한다.

정리 3.3.1 스펙트럼 정리

A를 실수 항들로 이루어진 $d \times d$ 대칭행렬이라고 하자. 이 경우 A는 항상 실수 고윳값들로 대각화 가능하며 직교정규 실수 값 고유벡터들을 갖는다. 즉, A는 직교 행렬 V를 사용하여 $A = V\Delta V^T$ 형식으로 대각화될 수 있다.

증명 먼저 A의 고윳값들이 실수임을 보일 필요가 있다. $(\overline{v}, \lambda)$는 실수 행렬에 대한 고유벡터-고윳값 쌍을 나타낸다고 하자. 이 쌍에 복소수들이 포함될 수 있다는 가장 일반적인 가정으로 시작한다. 방정식 $A\overline{v} = \lambda\overline{v}$의 양변 앞쪽에 $\overline{v}$의 켤레 전치 $\overline{v}^*$를 곱하면 $\overline{v}^* A\overline{v} = \lambda\overline{v}^*\overline{v} = \lambda\|\overline{v}\|^2 = \lambda$가 된다. 즉, $\overline{v}^* A\overline{v} = \lambda$이다. 이 1×1 "행렬"의 양변에 대한 켤레 전치를 취하면 다음을 얻을 수 있다.

$$\lambda^* = [\overline{v}^* A\overline{v}]^* = \overline{v}^* A^* [\overline{v}^*]^* = \overline{v}^* A^* \overline{v} = \overline{v}^* A\overline{v} = \lambda$$

위의 유도 과정에서 A의 대칭성과 실수 행렬이라는 점이 이용되었다. 따라서 고윳값 λ는 켤레와 같고 실수이다. 고유벡터 $\overline{v}$도 실수 행렬 $(A - \lambda I)$의 영공간에 속하기 때문에 실수이다.

중복도가 1보다 큰 고윳값에는 고유벡터 누락이 없다고 주장한다. 누락된 고유벡터가 있는 경우 $A\overline{v}_1 = \lambda\overline{v}_1$이고 $A\overline{v}_2 = \lambda\overline{v}_2 + \overline{v}_1$인 영벡터가 아닌 두 개의 벡터 $\overline{v}_1$과 $\overline{v}_2$가 조던 체인에 존재해야 한다(3.3.3절 참고). 이제 고유벡터 조건을 연속적으로 적용하면 $(A - \lambda I)^2\overline{v}_2 = 0$이 된다. 따라서 $\overline{v}_2^T(A - \lambda I)^2\overline{v}_2$도 0이다. 동시에 행렬 A의 대칭성을 적용하여 아래와 같이 그 값은 0이 아니라는 모순된 결과를 보일 수 있다.

$$\overline{v}_2^T(A - \lambda I)^2\overline{v}_2 = [\overline{v}_2^T(A^T - \lambda I^T)][(A - \lambda I)\overline{v}_2] = \|(A - \lambda I)\overline{v}_2\|^2 = \|\overline{v}_1\|^2 \neq 0$$

이러한 모순으로부터 고유벡터 누락이 없음을 결론지을 수 있으므로 A는 대각화 가능함을 알 수 있다. 다음으로 모든 고유벡터가 서로 직교함을 보일 필요가 있다. 중복 고윳값의 고유공간 내에서 항상 고유벡터들로 이루어지는 직교정규 기저를 선택할 수 있다. 또한 서로 다른 고윳값 λ_1과 λ_2에 속하는 두 개의 고유벡터 $\overline{v}_1$과 $\overline{v}_2$도 직교한다. 이는 스칼라 $\overline{v}_1^T A\overline{v}_2$를 전치하면 동일한 스칼라 $\overline{v}_2^T A^T\overline{v}_1 = \overline{v}_2^T A\overline{v}_1$이 생성되기 때문이다. 이를 사용하여 다음의 결과를 보일 수 있다.

$$\overline{v}_1^T \underbrace{[A\overline{v}_2]}_{\lambda_2\overline{v}_2} = \overline{v}_2^T \underbrace{[A\overline{v}_1]}_{\lambda_1\overline{v}_1}$$
$$\lambda_1(\overline{v}_1 \cdot \overline{v}_2) = \lambda_2(\overline{v}_1 \cdot \overline{v}_2)$$
$$(\lambda_1 - \lambda_2)(\overline{v}_1 \cdot \overline{v}_2) = 0$$

이것은 두 고유벡터의 점곱이 0일 때만 가능하다. ∎

직교 행렬의 역은 그 전치와 같으므로 대칭행렬의 대각화를 $A = V\Delta V^{-1}$ 대신 $A = V\Delta V^T$ 형식으로 표현하는 것이 일반적이다. 데이터 행렬 D에 대칭행렬을 곱하는 것은 직교 축 방향들을 따라 행들에 대한 비등방성 배율조정을 나타낸다. 이러한 배율조정의 예를 그림 3.1의 왼쪽에 보이고 있다.

대칭행렬 A의 고유벡터는 직교일 뿐만 아니라 A-직교이다.

정의 3.3.5 A–직교성

열벡터 집합 $\overline{v}_1 \ldots \overline{v}_d$는 $i \neq j$인 모든 쌍 $[i, j]$에 대해 $\overline{v}_i^T A \overline{v}_j = 0$이면 A–직교이다.

A-직교성의 개념은 직교성의 일반화이며 $A = I$로 설정하면 위의 정의는 일반적인 직교성 개념과 같다. $\overline{v}_i^T A \overline{v}_j$는 단순한 일반 점곱과는 다른 내적의 선택이라는 점에 유의하기 바란다 (정의 2.10.1 참고).

보조정리 3.3.11 $d \times d$ 대칭행렬 A의 고유벡터들은 A–직교이다.

증명 고윳값 λ_i와 λ_j에 대응되는 모든 고유벡터 쌍 $\overline{v}_i$와 $\overline{v}_j$에 대해 다음이 성립한다.

$$\overline{v}_i^T A\overline{v}_j = \overline{v}_i^T[\lambda_j\overline{v}_j] = \lambda_j\overline{v}_i^T\overline{v}_j = 0$$

따라서 정리의 결과를 얻는다. ∎

그람-슈미트 직교화(문제 2.7.1 참고)의 일반화를 이용하여 A-직교 기저 집합을 구할 수 있으며, 이는 고유벡터 계산보다 더 효율적인 선택이다. **켤레 경사하강법**과 같은 여러 응용에서 최적화 함수의 헤시안 행렬 A에 대해 A-직교 방향들을 찾는 경우가 많다.

문제 3.3.14 프로베니우스 노옴 대 고윳값 실수 고윳값들을 갖는 행렬을 생각해보자. 프로베니우스 노옴 제곱이 고윳값 제곱의 합 이상이며 대칭행렬에 대해서는 두 값이 같다는 것을 보이시오. 슈어 분해가 도움이 될 것이다.

3.3.8 양의 준정부호 행렬

대칭행렬은 모든 고윳값이 음수가 아닌 경우에만 **양의 준정부호성**(positive semidefinite)을 갖는다. 기하학적 관점에서 d차원 벡터들의 집합 $\overline{x}_1 \ldots \overline{x}_n$의 앞쪽에 $d \times d$ 양의 준정부호 행렬 A를 곱하여 $A\overline{x}_1 \ldots A\overline{x}_n$을 생성하면, 벡터들의 산포도는 **음이 아닌** 배율조정 계수로 각 고유벡터 방향을 따라 신축되며 따라서 산포도에 왜곡이 발생한다($d=2$에 대한 그림 3.3 참고). 예를 들어, 그림 3.3의 배율조정 계수는 2와 0.5이다. 배율조정 계수들이 음의 값이 아니며, 이는 변환된 벡터가 원래 벡터를 기준으로 90°보다 큰 각도를 갖지 않게 한다. 데이터 벡터 $\overline{x}$와 변환된 표현 $\overline{x}' = A\overline{x}$ 사이의 각도는 그림 3.3에 나와 있다. 배율조정 계수가 음수가 아니기 때문에 이 각도는 90°보다 크지 않다. 이러한 각도의 코사인은 음이 아니므로 열벡터 $\overline{x} \in \mathcal{R}^d$와 변환된 표현 $A\overline{x}$ 사이의 점곱 $\overline{x}^T(A\overline{x})$는 음이 아니다. 이러한 관찰로부터 양의 준정부호 행렬의 정의를 얻는다.

정의 3.3.6 양의 준정부호 행렬

$d \times d$ 대칭행렬 A는 영벡터가 아닌 임의의 벡터 $\overline{x} \in \mathcal{R}^d$에 대해 다음이 성립할 때 양의 준정부호 행렬이다.

$$\overline{x}^T A \overline{x} \geq 0 \tag{3.27}$$

그림 3.3은 정의 3.3.6이 의미하는 바가 고윳값이 음이 아니라는 것과 동일한 이유에 대한 직관을 그림으로 보여준다. 다음의 보조정리에서 이 결과를 엄밀하게 증명한다.

보조정리 3.3.12 $d \times d$ 대칭행렬 A의 양의 준정부호성에 관한 정의 3.3.6은 A가 음이 아닌 고윳값들을 갖는다고 말하는 것과 동치이다.

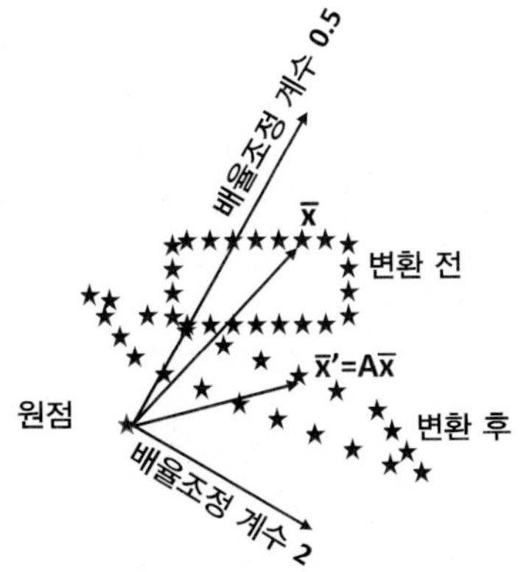

그림 3.3 양의 준정부호 변환은 점들의 각도 방향을 90° 넘게 변경하지 않는다.

증명 스펙트럼 정리에 따르면 대칭행렬 A는 항상 $V\Delta V^T$로 대각화할 수 있다. Δ 안의 고윳값 $\lambda_1 \dots \lambda_d$는 모두 음이 아니라고 가정하자. 이제 임의의 열벡터 $\overline{x}$에 대해 $\overline{y} = V^T\overline{x}$로 표시한다. 또한, $\overline{y}$의 i번째 성분을 y_i로 표시한다. 따라서 다음의 결과를 얻는다.

$$\overline{x}^T A\overline{x} = \overline{x}^T V\Delta V^T\overline{x} = (V^T\overline{x})^T\Delta(V^T\overline{x}) = \overline{y}^T\Delta\overline{y} = \sum_{i=1}^{d}\lambda_i y_i^2$$

각 λ_i는 음이 아니며, 따라서 가장 오른쪽의 최종 결과 또한 음이 아니다. 따라서 행렬 A는 정의 3.3.6에 따라 양의 준정부호성을 갖는다.

그 역을 증명하기 위해 정의 3.3.6에 따라 A가 양의 준정부호성을 갖는다고 가정하자. 따라서 임의의 $\overline{x}$에 대해 $\overline{x}^T A\overline{x} \geq 0$이 성립한다. 이제 $\overline{x}$를 V의 i번째 열(i번째 고유벡터이기도 함)로 선택하자. 그러면 V의 열들이 갖는 직교정규성으로 인해 $V^T\overline{x} = \overline{e}_i$가 되는데, 여기에서 $\overline{e}_i$는 i번째 위치에 한 개의 1을 갖고 나머지 위치들에는 0을 갖는 단위벡터이다. 결과적으로 다음의 식을 얻는다.

$$\overline{x}^T A\overline{x} = \overline{x}^T V\Delta V^T\overline{x} = (V^T\overline{x})^T\Delta(V^T\overline{x}) = \overline{e}_i^T\Delta\overline{e}_i = \lambda_i$$

따라서 $\overline{x}^T A\overline{x} \geq 0$이라고 가정하였으므로 λ_i는 음이 아니어야 한다. 이것으로 증명을 마친다. ■

양의 준정부호(positive semidefinite) 행렬의 개념에 대한 미세한 변형은 양의 정부호(positive definite) 행렬 개념이며, 이 경우 행렬 A가 특이행렬일 수 없다.

정의 3.3.7 양의 정부호 행렬

$d \times d$ 대칭행렬 A는 영벡터가 아닌 임의의 벡터 $\overline{x} \in \mathcal{R}^d$에 대해 다음이 참인 경우 양의 정부호 행렬이다.

$$\overline{x}^T A\overline{x} > 0 \tag{3.28}$$

이러한 행렬은 양의 고윳값들을 갖는다.

보조정리 3.3.13 대칭행렬 $A = V\Delta V^T$는 고윳값들이 모두 양인 경우 양의 정부호성을 가지며, 그 역도 성립한다.

양의 준정부호 행렬과 달리 양의 정부호 행렬은 가역성이 보장된다. 역행렬은 $V\Delta^{-1}V^T$로 주어지며, 이때 Δ^{-1}은 고윳값들이 0이 아니기 때문에 항상 계산할 수 있다.

모든 고윳값이 양수가 아니고 각 열벡터 $\overline{x}$에 대해 $\overline{x}^T A\overline{x} \leq 0$이 성립하는 행렬로 **음의 준정부호 행렬**을 정의할 수도 있다. 음의 준정부호 행렬은 행렬의 각 항의 부호를 반대로 하여 양의 준정부호 행렬로 변환할 수 있다. 음의 정부호 행렬은 모든 고윳값이 완전히 음수인 행렬이다. 양의 고윳값과 음의 고윳값을 모두 갖는 대칭행렬은 **부정부호 행렬**이라고 한다.

BB^T 또는 B^TB 형식(즉, 그람 행렬 형식)의 모든 행렬은 항상 양의 정부호 행렬이다. 그람 행렬은 기계학습의 기본이며 다양한 형태로 반복적으로 나타난다. B가 정방행렬일 필요는 없다. 이것은 양의 준정부호성에 대한 또 다른 정의를 제공한다.

보조정리 3.3.14 $d \times d$ 행렬 A가 어떤 행렬 B에 대해 B^TB 형식으로 표현될 수 있는 경우 양의 준정부호 행렬이며, 그 역도 성립한다.

증명 영벡터가 아닌 임의의 열벡터 $\overline{x} \in \mathcal{R}^d$에 대해 다음의 결과를 얻는다.

$$\overline{x}^T B^T B\overline{x} = (B\overline{x})^T(B\overline{x}) = \|B\overline{x}\|^2 \geq 0$$

따라서 A는 양의 준정부호 행렬이다.

역을 증명하기 위해 임의의 행렬 A가 양의 준정부호성을 갖는다고 가정하면, **고유분해**(eigendecomposition) 형식 $A = Q\Sigma^2 Q^T = (Q\Sigma)(Q\Sigma)^T$로 표현할 수 있다. 이제 $B = (Q\Sigma)^T$로 설정하면 $A = B^TB$ 형식을 얻는다. ■

B^TB 대신 BB^T를 사용하여 위의 보조정리를 기술할 수도 있으며 그 증명은 비슷하다. 위의 결과는 9장에서 커널 특징 공학에 광범위하게 사용될 것이다.

문제 3.3.15 C가 양의 준정부호 행렬이면 다음을 만족하는 제곱근 행렬 $\sqrt{C}$가 있음을 보이시오.

$$\sqrt{C}\sqrt{C} = C$$

문제 3.3.16 C가 양의 정부호 행렬이면 C^{-1}도 양의 정부호 행렬임을 보이시오.

위의 문제를 해결하기 위한 힌트는 보조정리 3.3.14의 증명에 사용된 고유분해 기법을 이용하는 것이다.

3.3.9 촐레스키 인수분해: 대칭 LU 분해

양의 정부호 행렬이 대칭적으로 그람 행렬 형식의 인수분해가 가능하다는 사실은 기계학습의 커널법에 유용한 결과이다. 이러한 목표를 달성하기 위해 고유분해를 사용하는 것은 자연스러운 선택이지만 유일한 선택은 아니다. $A = BB^T$ 형식으로 인수분해되는 $d \times d$ 행렬의 경우 임의의 $d \times d$ 직교 행렬 P를 사용하여 또 다른 인수분해 $A = B(PP^T)B^T = (BP)(BP)^T$를 생성할 수 있다. A의 대칭적 인수분해에 대한 이렇게 무수히 많은 선택 중 하나는 B가 하부삼각 행렬인 경우이다. 즉, LL^T 형식으로 양의 정부호 행렬 A를 표현할 수 있다. 여기에서 $L = [l_{ij}]$는 어떤 $d \times d$ 하부삼각 행렬이다. 이것을 **촐레스키 인수분해**라고 한다.

촐레스키 분해는 LU 분해의 특별한 경우이며 양의 정부호 행렬에만 사용할 수 있다. 행렬에는 무수히 많은 LU 분해가 있을 수 있지만, 양의 정부호 행렬에는 고유한 촐레스키 인수분해가 있다. 일반 LU 분해보다 양의 정부호 행렬에 대한 촐레스키 분해를 계산하는 것이 계산적으로 더 효율적이다.

행렬 $L = [l_{ij}]_{d \times d}$의 열을 $\bar{l}_1 \dots \bar{l}_d$로 표시하자. 또한 행렬 $A = [a_{ij}]_{d \times d}$가 대칭이기 때문에 역대입법을 사용하여 쉽게 풀 수 있는 연립방정식을 세우기 위해 하부삼각 항 $a_{ij}(i \geq j)$에만 초점을 맞출 것이다. 먼저 임의의 i, $j(i \geq j)$에 대해 다음의 조건을 얻는다.

$$a_{ij} = \underbrace{\sum_{k=1}^{d} l_{ik} l_{jk}}_{A_{ij}=(LL^T)_{ij}} = \underbrace{\sum_{k=1}^{j} l_{ik} l_{jk}}_{\text{하부삼각 } L}$$

인덱스 k는 하부삼각 행렬의 경우 $i \geq j$일 때 d까지가 아니라 j까지만 도달한다. 이러한 조건은 **계산을 올바른 순서로 수행할 경우** 이미 계산된 항을 다시 역대입하면서 L의 각 열에 있는 항들을 하나씩 계산하기 위한 간단한 연립방정식을 쉽게 설정한다. 예를 들어, $j = 1$로 설정한 다음 모든 $i(i \geq j)$에 대해 반복함으로써 L의 첫 번째 열을 계산할 수 있다.

$$l_{11} = \sqrt{a_{11}}$$
$$l_{i1} = a_{i1}/l_{11} \quad \forall i > 1$$

동일한 프로세스를 반복하여 L의 두 번째 열을 다음과 같이 계산할 수 있다.

$$l_{22} = \sqrt{a_{22} - l_{21}^2}$$
$$l_{i2} = (a_{i2} - l_{i1} l_{21})/l_{22} \quad \forall i > 2$$

j번째 열에 대한 반복을 일반화하면, 촐레스키 인수분해를 위한 의사코드를 아래와 같이 표현할 수 있다.

$L=[0]_{d\times d}$로 초기화한다;
for j = 1 to d do
  $l_{jj}=\sqrt{a_{jj}-\Sigma_{k=1}^{j-1}l_{jk}^2}$;
  for $i=j+1$ to d do
    $l_{ij}=(a_{jj}-\Sigma_{k=1}^{j-1}l_{ik}l_{jk})/l_{jj}$;
  endfor
endfor
return $L=[l_{ij}]$;

각각의 l_{ij} 계산에는 $O(d)$ 시간이 필요하므로 촐레스키 방법은 $O(d^3)$ 시간을 요한다. 위의 알고리즘은 양의 정부호 행렬에 대해 작동한다. 특이행렬이고 양의 준정부호성을 갖는 경우 적어도 하나의 l_{jj}는 0이 된다. 이로 인해 l_{ij} 계산 중에 분모가 0인 경우가 발생하며, 이 경우 값이 정의되지 않는다. 분해는 더 이상 고유하지 않으며, 이러한 경우 촐레스키 인수분해가 존재하지 않는다. 한 가지 가능성은 A의 각 대각 항에 작은 양의 값을 추가하여 양수로 만든 다음 인수분해를 다시 시작하는 것이다. 행렬 A가 부정부호이거나 음의 준정부호성을 갖는 경우, 적어도 하나의 l_{jj}를 계산하는 동안 드러날 것이며, 이때 음수의 제곱근을 계산해야 한다. 촐레스키 인수분해는 행렬의 양의 정부호성 테스트에 선호되는 방법이다.

문제 3.3.17 **연립방정식 풀이** 두 개의 삼각 연립방정식을 연속적으로 풀어서 연립방정식 $(LL^T)\overline{x}=\overline{b}$를 풀 수 있는 방법을 보이시오. 이때 첫 번째 삼각 연립방정식은 $L\overline{y}=\overline{b}$이다. 이 사실을 이용하여 특정 유형의 연립방정식에서 촐레스키 인수분해의 유용성을 설명하시오. 이러한 방식이 적용되지 않는 경우는 어떤 경우인가?

문제 3.3.18 **임의의 대칭 분해에서 촐레스키 인수분해** $d\times d$ 양의 정부호 행렬 A에 대한 대칭 인수분해 B^TB가 이미 주어졌다고 가정한다. 여기에서 B는 선형 독립 열들을 갖는 세로 행렬이다. B의 QR 분해를 수행함으로써 A의 촐레스키 인수분해를 도출할 수 있음을 보이시오.

3.4 기계학습과 최적화 응용

이 장에서 다루는 선형대수 개념들은 기계학습과 최적화에서 자주 이용된다. 이 절에서는 이 책 전체에서 사용될 가장 중요한 예제들에 대한 개요를 제공한다.

3.4.1 기계학습에서 빠른 행렬 연산

어떤 양의 정수 k에 대해 A^k를 계산하는 상황을 생각해보자. 행렬 곱셈의 반복은 높은 비용을 요할 수 있다. 또한 k의 극한이 ∞일 때 A^k를 계산할 수 없다. 대각화는 복소수 값을 포함하는 경우에도 매우 유용하다는 것이 밝혀져 있는데, 이는 A^k를 다음과 같이 표현할 수 있기 때문이다.

$$A^k = V\Delta^k V^{-1} \tag{3.29}$$

대각선을 따라 개별 항의 누승을 계산하기만 하면 되므로 Δ^k를 계산하기는 쉽다. 이 방법을 사용하면 비교적 적은 연산만으로 A^k를 계산할 수 있다. $k \to \infty$일 때 최대 고윳값이 1보다 작은지 또는 1보다 큰지에 따라 A^k가 0에 수렴하거나 매우 큰 값으로 발산하게 된다. Δ에 관한 다항식 함수를 계산함으로써 A에 관한 다항식 함수를 쉽게 계산할 수 있다. 이러한 유형의 응용은 그래프의 인접 행렬에 대한 작업에서 자주 발생한다(10장 참고).

3.4.2 기계학습에서 대각화 가능 행렬의 예

기계학습 응용에서 반복적으로 발생하는 몇 가지 양의 준정부호 행렬이 있다. 이 절에서는 이러한 행렬들에 대한 개요를 제공한다.

점곱 유사성 행렬

$n \times d$ 데이터 행렬 D의 점곱 유사성 행렬은 D의 행들 쌍 사이의 점곱들을 나타내는 $n \times n$ 행렬이다.

정의 3.4.1

D는 n차원 점들을 행들로 나타내는 $n \times d$ 데이터 행렬이고, S는 점들 사이의 $n \times n$ 유사성 행렬이라고 하자. 이때 (i, j)번째 항은 D의 i번째 행과 j번째 행 사이의 점곱이다. 따라서 유사성 행렬 S과 D의 관계는 다음과 같다.

$$S = DD^T \tag{3.30}$$

점곱 행렬은 그람 행렬의 형태이기 때문에 양의 준정부호성을 갖는다(보조정리 3.3.14 참고).

관찰 3.4.1 데이터 세트의 점곱 유사성 행렬은 양의 준정부호성을 갖는다.

점곱 유사성 행렬은 데이터 세트를 지정하는 또 다른 방법이다. 점곱 유사성 행렬에 회전과 반사를 적용하여 원래의 데이터 세트 D를 복구할 수 있기 때문이다. 이는 유사성 행렬의 대칭 인수분해 $S = D'D'^T$를 수행하는 계산 절차에 따라 생성되는 D'는 다르지만, 그 점곱 행렬은 동일하기 때문이다. 사용되는 계산 절차의 예로는 고유분해와 촐레스키 인수분해가 있으며, 이들은 모두 동일한 점곱 행렬을 생성한다. 이는 점곱이 좌표계의 축 회전에 영향을 받지 않기 때문이다. 그리고 D'은 D의 회전 및 반사 버전으로 볼 수 있다. 기계학습 응용에서는 점들의 상대적 위치만 의미가 있으며, 따라서 대부분의 경우 이러한 유형의 불확실한 복구로 충분하다. 유사성 행렬에서 데이터 행렬을 "복구하는" 가장 일반적인 방법 중 하나는 고유분해를 사용하는 것이다.

$$S = Q\Delta Q^T \tag{3.31}$$

행렬 Δ에는 양의 준정부호 유사성 행렬의 음이 아닌 고윳값들만 포함되어 있으므로, 고윳값의 제곱근을 포함하는 새로운 대각행렬 Σ를 만들 수 있다. 따라서 유사성 행렬 S는 다음과 같이 표현할 수 있다.

$$S = Q\Sigma^2 Q^T = \underbrace{(Q\Sigma)}_{D'}\underbrace{(Q\Sigma)^T}_{D'^T} \tag{3.32}$$

여기에서 $D' = Q\Sigma$는 n개의 점의 n차원 표현을 나타내는 $n \times n$ 데이터 세트이다. 새로운 행렬 $D' = Q\Sigma$가 $n \times n$ 행렬이라는 것은 다소 이상하게 보일 수 있다. 결국 유사성 행렬이 d차원 데이터 점 간의 점곱을 나타낼 경우($d \ll n$), 복구된 행렬 D'는 d차원에서 D의 회전된 표현일 것으로 예상해야 한다. 추가적인 $(n-d)$차원은 무엇일까? 여기에서 요점은 유사성 행렬 S가 실제로 d차원 점들에 대해 점곱을 사용하여 생성되는 경우 DD^T의 순위도 d를 넘지 못한다는 것이다. 따라서 Δ의 $(n-d)$개 이상의 고윳값은 좌표에서 자리만 채우는 0이 된다.

그러나 D에서 S를 계산하기 위해 점곱 유사성을 사용하지 않는다면 어떻게 될까? 다른 유사성 함수를 사용하면 어떨까? 이러한 아이디어가 기계학습에서 커널법의 본질이라는 것이 밝혀져 있다(9장 참고). 두 점 사이에 점곱 $\overline{x} \cdot \overline{y}$를 사용하는 대신 다음과 같은 유사성 함수가 종종 사용된다.

$$\text{Similarity}(\overline{x}, \overline{y}) = \exp(-\|\overline{x} - \overline{y}\|^2/\sigma^2) \tag{3.33}$$

여기에서 σ는 점 간 거리에 대한 유사성 함수의 민감도를 제어하는 매개변수이다. 이러한 유사성 함수를 **가우시안 커널**이라고 한다. 점곱 대신 이러한 유사성 함수를 사용하면 복구된 데이터 세트가 유사성 생성의 기초가 된 원래 데이터 세트와 달라질 수 있다. 실제로 이 복구된 데이터 세트에는 자리만 채우는 좌표가 없을 수 있으며 모든 n차원이 활용될 수 있다($n > d$). 또한 이러한 유사성 함수에서 복구된 표현 $Q\Sigma$는 원래 데이터 세트보다 기계학습 응용에서 더 나은 결과를 산출할 수도 있다. 데이터를 새로운 표현으로 바꾸는 이러한 유형의 근본적

변환을 **비선형 특징 공학**이라고 하며, 선형대수에서 흔히 볼 수 있는 회전과 같은 자연스러운 (선형) 변환을 넘어선 변환이라 할 수 있다. 실제로 유사성만 지정된 **임의의** 객체 데이터 세트들로부터 다차원 표현을 추출하는 것도 가능하다. 예를 들어 n개의 그래프 또는 시계열 객체 세트가 있고 이러한 객체의 $n \times n$ 유사성 행렬만 주어진 경우(다차원 표현은 없음), 기성 학습 알고리즘에서 사용할 각 객체의 다차원 표현을 생성하기 위해 앞서 언급한 접근방식을 이용할 수 있다.

> **문제 3.4.1** n개의 임의의 객체(예: 그래프)들에 대해 (점곱 대신) 임의의 경험치(휴리스틱) 함수를 사용하여 구성된 유사성 행렬 S가 주어졌다고 가정한다. 이러한 행렬은 대칭이지만 양의 준정부호성을 갖지는 않는다. 행렬 S에서 자기 유사성 (즉, 대각선) 항들만 수정함으로써 행렬이 양의 준정부호성을 갖도록 만드는 방법을 설명하시오.

위의 문제를 해결하기 위한 힌트는 고윳값들로 이루어지는 대각 항들에 상수 값을 더할 때의 효과를 조사하는 것이다. 이 기법은 기계학습에서 **커널법**을 적용하면서 임의의 경험치 함수를 사용하여 유사성 행렬을 구성할 때 자주 이용된다.

공분산 행렬

기계학습에서 많이 나타나는 또 다른 행렬은 **공분산 행렬**이다. 유사성 행렬이 행렬 D의 행 사이의 점곱을 계산하는 것처럼 공분산 행렬은 **행렬의 평균 중심을 맞춘 후** D**의 열** 사이의 (배율조정된) 점곱을 계산한다. 스칼라 값 집합 $x_1 \ldots x_n$이 있다고 하자. 이 값들의 평균 μ와 분산 σ^2는 다음과 같이 정의된다.

$$\mu = \frac{\sum_{i=1}^{n} x_i}{n}$$
$$\sigma^2 = \frac{\sum_{i=1}^{n}(x_i - \mu)^2}{n} = \frac{\sum_{i=1}^{n} x_i^2}{n} - \mu^2$$

두 열의 값이 각각 $x_1 \ldots x_n$과 $y_1 \ldots y_n$인 데이터 행렬이 있다고 하자. 또한 이들의 평균이 각각 μ_x와 μ_y라고 가정한다. 이 경우 공분산 σ_{xy}는 다음과 같이 정의된다.

$$\sigma_{xy} = \frac{\sum_{i=1}^{n}(x_i - \mu_x)(y_i - \mu_y)}{n} = \frac{\sum_{i=1}^{n} x_i y_i}{n} - \mu_x \mu_y$$

$\sigma_x^2 = \sigma_{xx}$는 단순히 $x_1 \ldots x_n$의 분산이며, 따라서 공분산 개념은 분산의 확장이다. 데이터가 $\mu_x = \mu_y = 0$으로 평균 중심화 되어 있을 때, 공분산은 다음과 같이 간소화된다.

$$\sigma_{xy} = \frac{\sum_{i=1}^{n} x_i y_i}{n} \qquad \text{[평균 중심 데이터의 경우]}$$

x 값들과 y 값들을 $n \times 2$ 행렬로 표현하면 우변의 식은 **열** 사이의 점곱을 단순히 배율조정한 버전이다. 공분산이 모든 **행** 쌍 사이의 점곱을 나타내는 유사성 행렬과 밀접한 관계에 있음에 주목하기 바란다. 따라서 평균 중심 $n \times d$ 데이터 행렬 D가 주어진 경우, 이 방법으로 열 i와 열 j 사이의 공분산을 계산할 수 있다. 이러한 행렬을 **공분산 행렬**이라고 한다.

정의 3.4.2 평균 중심 데이터의 공분산 행렬

D가 $n \times d$ 평균 중심 데이터 행렬이라고 하자. D의 공분산 행렬 C는 다음과 같이 정의된다.

$$C = \frac{D^T D}{n}$$

배율조정 계수 n이 분모에 사용되지 않아 행렬의 **배율조정 없는 버전을 산포도 행렬**이라고 한다. 즉, 산포도 행렬은 단순히 $D^T D$이다. 산포도 행렬은 D의 열공간의 그람 행렬인 반면 유사성 행렬은 D의 행공간의 그람 행렬이다. 유사성 행렬과 마찬가지로 산포도 행렬과 공분산 행렬은 보조정리 3.3.14에 따라 양의 준정부호성을 갖는다.

공분산 행렬은 **주성분 분석**에 자주 사용된다(7.3.4절 참고). $d \times d$ 공분산 행렬 C는 양의 준정부호성을 가지며, 따라서 다음과 같이 대각화할 수 있다.

$$C = P \Delta P^T \tag{3.34}$$

데이터 세트 D는 $D' = DP$로 변환되며, 이는 P의 열들이 나타내는 방향들로 이루어지는 축 시스템에서 원래 행렬 D의 각 행을 표현하는 것과 같다. 이 새로운 데이터 세트는 공분산 구조 측면에서 몇 가지 흥미로운 속성을 가지고 있다. 대각행렬을 $\Delta = P^T C P$로 표현할 수도 있다. 대각행렬 Δ는 변환된 데이터 $D' = DP$의 새로운 공분산 행렬이다. 이것이 성립하는 이유를 확인하기 위해 먼저 열들의 합이 0임을 보일 수 있으며, 따라서 변환된 데이터는 평균 중심임에 주목하자. 따라서 변환된 데이터의 공분산 행렬은 $D'^T D'/n = (DP)^T (DP)/n = P^T (D^T D) P/n$이다. 이 식은 $P^T C P = \Delta$로 간소화된다. 즉, 이 변환은 **데이터에서 상관관계가 제거된 버전**을 나타낸다.

Δ의 대각 항들은 변환된 데이터상의 개별 차원들의 분산이며, 양의 준정부호 행렬 C의 음이 아닌 고윳값들을 나타낸다. 일반적으로 (상대적으로) 큰 값을 갖는 대각 항은 몇 개 정도에 불과하며, 데이터의 분산 대부분은 이들에 기인한다. 작은 분산을 갖는 나머지 방향들은 변환된 표현에서 제거할 수 있다. $d \times k$ 변환 행렬 P_k를 생성하기 위해 가장 큰 고윳값들에 대응되는 P의 열들의 작은 부분집합을 선택할 수 있다($k \ll d$). $d \times k$ 크기의 변환된 데이터

행렬은 $D_k' = DP_k$로 정의된다. 각 행은 데이터 세트의 새로운 k차원 표현이다. 이 표현은 차원이 크게 감소했지만 여전히 대부분의 데이터 변동성(예: 점 간의 유클리드 거리)을 유지한다. 평균 중심 데이터의 경우, DP에서 버린 $(d-k)$개의 열은 모두 0에 매우 가깝기 때문에 별 의미가 없다. 실제로 최적화 방법을 사용하여 이 표현이 데이터의 분산 손실을 최소화하면서 k차원(또는 **주성분**)에서 데이터를 간결하게 표현하고 있음을 보일 수 있다. 이 문제는 7장과 8장에서 다시 살펴볼 것이다.

3.4.3 2차 최적화의 대칭행렬

많은 기계학습 응용은 제곱 형태의 목적함수에 대한 최적화 문제로 제시된다. 이러한 목적함수는 다항식의 최고차항 차수가 2이기 때문에 **2차함수**이다. 이러한 2차함수의 가장 간단한 버전은 $\overline{x}^T A \overline{x}$로 표현할 수 있다. 여기에서 A는 $d \times d$ 행렬이고 $\overline{x}$는 최적화 변수들로 이루어진 d차원 열벡터이다. 이러한 최적화 문제를 해결하는 프로세스를 **2차계획법**이라고 한다. 2차계획법은 최적화에서 매우 중요한 문제인데, 이는 임의의 함수에 대해 **테일러 전개식**을 사용하여 2차함수로 좁은 구간에서 근사할 수 있기 때문이다(1.5.1절 참고). 이 원리는 **뉴턴법**(5장 참고)과 같은 많은 최적화 기법의 토대를 형성한다.

함수 $\overline{x}^T A \overline{x}$의 모양은 행렬 A의 특성에 따라 크게 달라진다. A가 양의 준정부호 행렬일 때 이 함수는 사발 모양의 **볼록 함수**에 해당하며 최소점은 갖지만 최대점은 갖지 않는다. A가 음의 준정부호 행렬일 때 이 함수는 **오목 함수**로 뒤집힌 사발 모양을 취한다. 볼록 함수와 오목 함수의 예는 그림 3.4에 나와 있다. 볼록 함수와 오목 함수는 벡터 쌍 $\overline{x}_1$과 $\overline{x}_2$, 그리고 임의의 스칼라 $\lambda \in (0, 1)$에 대해 다음 속성을 만족한다.

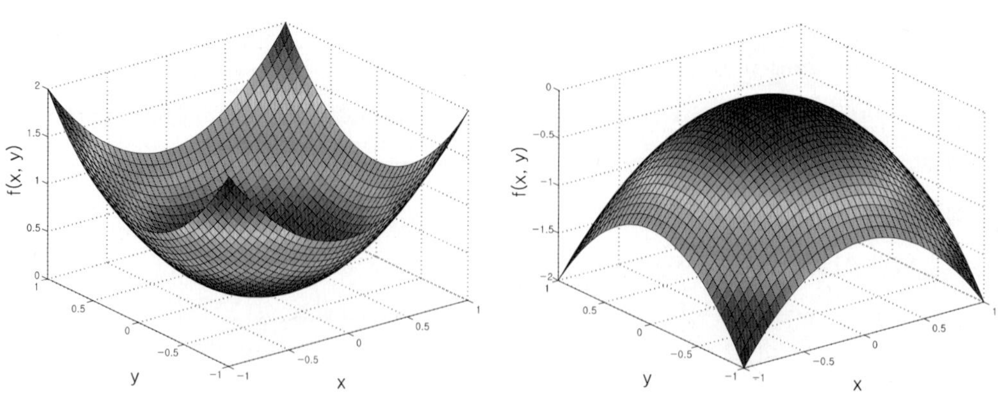

(a) 볼록 함수 $f(x, y) = x^2 + y^2$ (b) 오목 함수 $f(x, y) = -(x^2 + y^2)$

그림 3.4 볼록 함수와 오목 함수

$$f(\lambda\overline{x}_1 + (1-\lambda)\overline{x}_2) \leq \lambda f(\overline{x}_1) + (1-\lambda) f(\overline{x}_2) \qquad \text{[볼록 함수]}$$
$$h(\lambda\overline{x}_1 + (1-\lambda)\overline{x}_2) \geq \lambda h(\overline{x}_1) + (1-\lambda) h(\overline{x}_2) \qquad \text{[오목 함수]}$$

A가 양의 준정부호도 음의 준정부호도 아닐 때(즉, A가 부정부호일 때), 위의 목적함수는 전역 최대점도 전역 최소점도 갖지 않는다. 이러한 2차함수는 해당 지점에 접근하는 방향에 따라 최대점 또는 최소점처럼 보이는 변곡점인 **안장점**을 갖는다. 부정부호 함수의 예는 그림 3.6에 나와 있다.

볼록 함수이고 (0, 0)에서 단일 전역 최소점을 갖는 2차함수 $f(x_1, x_2) = x_1^2 + x_2^2$를 생각해 보자. 이 함수를 x_1과 x_2를 나타내는 두 개의 수평 축과 $f(x_1, x_2)$를 나타내는 수직 축을 사용하여 3차원으로 표현하면 그림 3.4(a)와 같이 바로 놓인 사발 모양을 얻는다. $f(x, y)$를 다음과 같이 행렬 형식으로 표현할 수도 있다.

$$f(x_1, x_2) = [x_1, x_2] \begin{bmatrix} 1 & 0 \\ 0 & 1 \end{bmatrix} \begin{bmatrix} x_1 \\ x_2 \end{bmatrix}$$

이 경우 함수는 완전한 원형 사발을 나타내며 타원 $\overline{x}^T A \overline{x} = r^2$을 나타내는 해당 행렬 A는 가장 기본적인 형태를 갖는 양의 준정부호 2×2 단위행렬이다. 또한 그림 3.4(a)에 표시된 원형 사발의 다양한 수직 단면들을 사용하여 **등고선 그래프**를 만들 수 있으며, 동일 등고선상의 각 지점에서 $f(x_1, x_2)$ 값은 일정하다. 그림 3.5(a)에서 원형 사발 모양의 등고선 그래프를 보이고 있다. 단위행렬에 -1을 곱하여 얻은 음의 준정부호 행렬을 사용하면 그림 3.4(b)와 같이 거꾸로 놓은 사발 모양이 생성된다. 볼록 함수에서 부호만 바꾸면 항상 오목 함수이며 그 반대의 경우도 마찬가지이다. 따라서 오목 함수를 최대화하는 것은 볼록 함수를 최소화하는 것과 거의 같다.

함수 $f(\overline{x}) = \overline{x}^T A \overline{x}$는 A가 단위행렬일 때 **완전한 원형** 사발 모양에 해당한다(그림 3.4(a)와 3.5(a) 참고). A를 단위행렬에서 변경하면 몇 가지 흥미로운 일반화로 이어진다. 첫째, A의 대각 항들이 다른 (음수가 아닌) 값으로 설정되면 원형 사발이 타원형이 된다. 예를 들어 사발이 다른 방향에 비해 한 방향으로 두 배 늘어난 경우 대각 항은 $2^2 : 1 = 4 : 1$ 비율이 된다. 이러한 함수의 예는 다음과 같다.

$$f(x_1, x_2) = 4x_1^2 + x_2^2$$

다음과 같이 행렬 형식으로 이 타원을 표현할 수도 있다.

$$f(x_1, x_2) = [x_1, x_2] \begin{bmatrix} 4 & 0 \\ 0 & 1 \end{bmatrix} \begin{bmatrix} x_1 \\ x_2 \end{bmatrix}$$

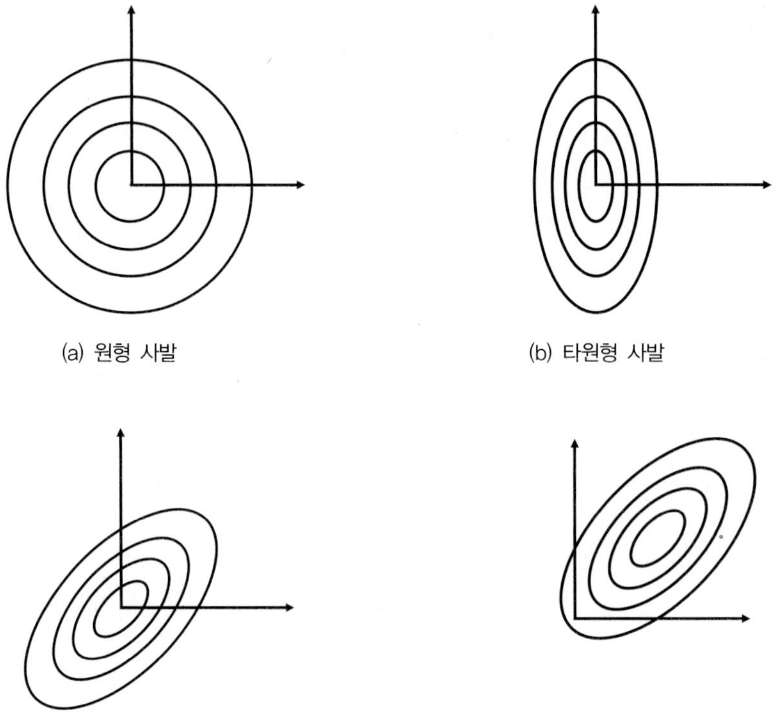

(a) 원형 사발 (b) 타원형 사발

(c) 회전 후의 타원형 사발 (d) 회전 및 평행이동 후의 타원형 사발

그림 3.5 2×2 양의 준정부호 행렬로 생성된 2차함수의 등고선 그래프

이 경우에 대한 등고선 그래프는 그림 3.5(b)에 나와 있다. x_1 방향의 대각 항이 4이지만 늘어나는 것은 세로 방향 x_2쪽이다. 대각 항은 배율조정 계수의 **역의 제곱**을 값으로 갖는다.

지금까지는 축과 평행한 방향을 따라 배율조정 되는 2차함수만을 고려하였다. 이제 대각행렬 Δ로 시작하고 기저 행렬 P를 사용하여 회전하는 경우를 생각해보자. 여기에서 P는 축들에 대해 45° 방향인 두 벡터를 나타낸다. 따라서 다음 회전 행렬을 생각해보자.

$$P = \begin{bmatrix} \cos(45) & \sin(45) \\ -\sin(45) & \cos(45) \end{bmatrix} \tag{3.35}$$

이 경우 $\overline{x}^T A \overline{x}$를 정의하기 위해 $A = P\Delta P^T$를 사용한다. 이 방법에서는 $\overline{x}$의 좌표를 $\overline{y} = P^T \overline{x}$로 계산한 다음 $f(\overline{x}) = \overline{x}^T A \overline{x} = \overline{y}^T \Delta \overline{y}$를 계산한다. 새로운 기저의 좌표에 배율조정을 적용하고 있음을 유의하기 바란다. 결과는 P의 열들로 정의되는 기저 방향으로 늘어난 타원이다(P는 열벡터들을 시계 방향으로 45° 회전시키는 행렬). 이 경우 행렬 A는 다음과 같이 계산할 수 있다.

$$A = \begin{bmatrix} \cos(45) & \sin(45) \\ -\sin(45) & \cos(45) \end{bmatrix} \begin{bmatrix} 4 & 0 \\ 0 & 1 \end{bmatrix} \begin{bmatrix} \cos(45) & \sin(45) \\ -\sin(45) & \cos(45) \end{bmatrix}^T = \begin{bmatrix} 5/2 & -3/2 \\ -3/2 & 5/2 \end{bmatrix}$$

이에 대응되는 함수는 다음과 같이 표현할 수 있다.

$$f(x_1, x_2) = [x_1, x_2] \begin{bmatrix} 5/2 & -3/2 \\ -3/2 & 5/2 \end{bmatrix} \begin{bmatrix} x_1 \\ x_2 \end{bmatrix} = \frac{5}{2}(x_1^2 + x_2^2) - 3x_1x_2$$

x_1x_2를 포함하는 항들은 속성 x_1과 x_2 사이의 상호작용을 반영한다. 이것은 더 이상 축 방향과 일치하지 않는 기저 변경의 직접적인 결과이다. 축과 45° 어긋난 타원의 등고선 그래프를 그림 3.5(c)에 보이고 있다.

이 모든 경우는 $f(x_1,\ x_2)$에 대한 최적 해가 (0, 0)이고 결과 함수 값이 0인 상황을 나타낸다. $\overline{b}$에서 최적점이 발생하고 최적 값은 (스칼라) c인 함수를 어떻게 일반화 할 수 있을까? 그와 같은 함수는 아래의 형식을 갖는다.

$$f(\overline{x}) = (\overline{x} - \overline{b})^T A(\overline{x} - \overline{b}) + c \tag{3.36}$$

행렬 A는 2차함수의 **헤시안 행렬**의 절반에 해당한다. d개의 변수를 갖는 함수의 $d \times d$ 헤시안 행렬 $H = [h_{ij}]$는 각 변수 쌍에 관한 2차 도함수들을 나타내는 대칭행렬이다.

$$h_{ij} = \frac{\partial^2 f(\overline{x})}{\partial x_i \partial x_j} \tag{3.37}$$

$\overline{x}^T H \overline{x}$는 함수 $f(\overline{x})$의 $\overline{x}$ 방향의 2차 **방향** 도함수를 나타내고(4장 참고), $\overline{x}$ 방향을 따라 이동할 때 $f(\overline{x})$ 변화율의 2차 도함수를 나타낸다. 이 값은 볼록 함수에 대해서는 $\overline{x}$에 관계없이 항상 음이 아니며, 따라서 각 방향 $\overline{x}$를 따라 $f(\overline{x})$ 변화율의 1차 도함수가 0일 때 $f(\overline{x})$ 값이 최소가 된다. 즉, 헤시안 행렬은 양의 준정부호성을 가져야 한다. 이것은 1차원 볼록 함수에서의 조건 $g''(\overline{x}) \geq 0$의 일반화에 해당한다. 이로부터 다음의 결과를 얻는데, 이에 대한 엄밀한 정리는 4장에서 제시된다.

관찰 3.4.2 2차 항이 $\overline{x}^T A \overline{x}$ 형식인 2차함수를 생각해보자. 그러한 2차함수는 행렬 A가 양의 준정부호인 경우에만 볼록 함수이며, 그 역도 성립한다.

기계학습의 많은 2차함수가 위와 같은 형식을 갖는다. 구체적인 예로 서포트 벡터 머신의 쌍대 목적함수를 들 수 있다(6장 참고).

그림 3.5(c)의 45° 방향의 원점 중심 타원을 평행이동 함으로써 2차함수의 일반적인 형태의 예를 구성할 수 있다. 예를 들어 타원 목적함수의 중심을 [1, 1]에 두고 최적 값에 2를 더하면

함수 $(\overline{x}^T - [1,\ 1])A(\overline{x} - [1,\ 1]^T) + 2$가 된다. 이를 정리한 목적함수는 아래와 같으며, [1, 1]에서 최적 값 2를 갖는다.

$$f(x_1, x_2) = \frac{5}{2}(x_1^2 + x_2^2) - 2(x_1 + x_2) - 3x_1x_2 + 4 \tag{3.38}$$

이러한 유형의 2차 목적함수는 많은 기계학습 알고리즘에서 나타난다. 타원을 평행이동 하여 그린 등고선 그래프의 예는 그림 3.5(d)에 표시되어 있지만 2만큼의 수직 평행이동은 표시하지 못하고 있다.

다중 변수 2차함수의 가장 일반적인 형태는 다음과 같다.

$$f(\overline{x}) = \overline{x}^T A' \overline{x} + \overline{b}'^T \overline{x} + c' \tag{3.39}$$

여기에서 A'는 $d \times d$ 대칭행렬, $\overline{b}'$는 d차원 열벡터, c'는 스칼라이다. 1차원의 경우 A'와 $\overline{b}'$는 스칼라로 대체되고, 단일 변수 2차함수의 익숙한 형태인 $ax^2 + bx + c$를 얻는다. 또한, $\overline{b}'$가 A'의 열공간에 속하는 경우 일반 형식의 식 3.39를 정점 형식의 식 3.36으로 변환할 수 있다. 최적 해가 존재하기 위해서는 $\overline{b}'$가 A'의 열공간에 속하는 것이 중요하다. 예를 들어, 2차원 함수 $G(x_1,\ x_2) = x_1^2 + x_2$는 함수가 x_2에 대해 부분 선형성을 갖기 때문에 최소점이 없다. 식 3.39의 정점 형식은 함수의 모든 단면이 2차인 순수 2차함수만 대상으로 한다. 선형함수에는 일반적으로 최대점이나 최소점이 없기 때문에 순수 2차함수에 대해서만 최적화의 의미가 있다. 식 3.36과 식 3.39의 계수들의 관계는 다음과 같다.

$$A' = A, \quad \overline{b}' = -2A\overline{b}, \quad c' = \overline{b}^T \overline{b} + c$$

A', $\overline{b}'$, c' 등이 주어지면, 정점 형식의 식 3.36에 도달할 수 있는 주된 조건은 $\overline{b}'$이 A'의 열공간에서 발생할 경우에만 해가 존재한다는 두 번째 조건 $\overline{b}' = -2A\overline{b} = -2A'\overline{b}$이다.

마지막으로 함수 $\overline{x}^T A \overline{x}$의 생성에 사용된 행렬 A가 부정부호이고 양의 고윳값과 음의 고윳값을 모두 갖는 경우에 대해 설명한다. 이러한 함수의 예는 다음과 같다.

$$g(x_1, x_2) = [x_1, x_2] \begin{bmatrix} 1 & 0 \\ 0 & -1 \end{bmatrix} \begin{bmatrix} x_1 \\ x_2 \end{bmatrix} = x_1^2 - x_2^2$$

(0, 0)에서의 경사도는 0이며 최적의 점인 것처럼 보인다. 그러나 이 점은 2차 도함수를 검토할 때 최대인 동시에 최소인 점처럼 동작한다. x_1 방향에서 이 점에 접근하면 최소점처럼 보이고, x_2 방향에서 접근하면 최대점처럼 보인다. 이는 x_1 방향과 x_2 방향의 2차 방향 도함수들이 단순히 대각 항들의 두 배이기 때문이다(부호는 반대임). 목적함수의 모양은 승마용

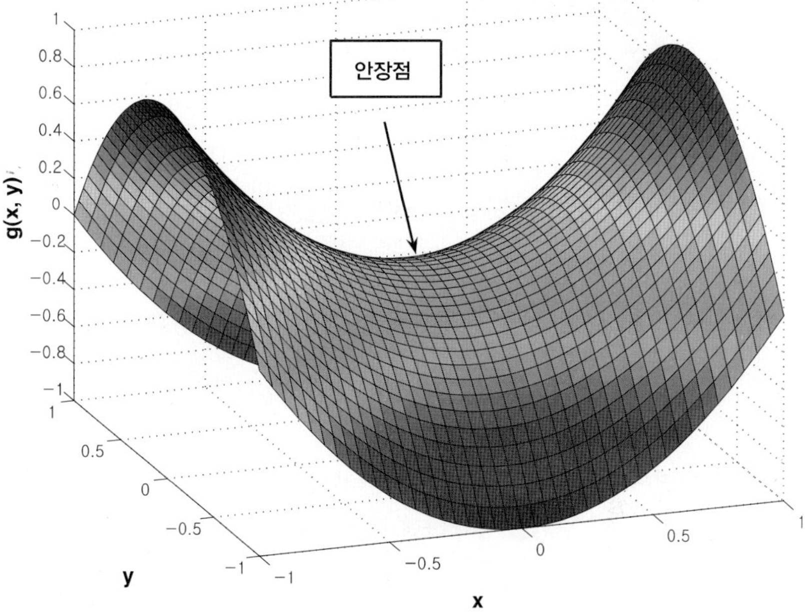

그림 3.6 부정부호 행렬에 의해 생성된 2차함수 $g(x,\ y) = x^2 - y^2$

안장의 모양과 유사하며, 점 (0, 0)을 **안장점**이라고 한다. 이러한 유형의 목적함수의 예가 그림 3.6에 주어져 있다. 이러한 점을 포함하는 목적함수는 최적화하기에 대단히 어려운 경우들이 종종 있다.

3.4.4 대각화 응용: 최적화를 위한 변수 분리

2차함수 $f(\overline{x}) = \overline{x}^T A \overline{x} + \overline{b}^T \overline{x} + c$를 생각해보자. 대칭행렬 A가 대각행렬이 아닐 경우 이 함수에는 $x_i x_j$ 형식의 항이 포함된다. 이러한 항들을 **상호작용 항**이라고 한다. 대부분의 현실 2차함수에는 이러한 항들이 포함된다. 다변수 2차함수는 입력 변수들에 대한 기저 변환을 통해 (상호작용 항 없이) 덧셈 형식 분리 가능한 함수로 변환할 수 있다. 이러한 유형의 기저 변화는 선형대수 기법 문제로 환원된다. 덧셈 형식 분리 가능한 함수는 최적화 문제를 개별 변수에 대한 더 작은 최적화 문제로 분해할 수 있기 때문에 훨씬 더 쉽게 최적화할 수 있다. 예를 들어, 다변수 2차함수는 (간단히 최적화할 수 있는) 단일 변수 2차함수들의 단순한 합으로 나타날 것이다. 이 장에서 배운 선형대수 기법들을 사용하여 이러한 결과를 보일 수 있다. 먼저 분리 가능 함수의 개념을 정의한다.

정의 3.4.3 덧셈 형식 분리 가능한 함수

d개의 변수를 갖는 함수 $F(x_1, x_2 \ldots x_d)$는 적절하게 선택된 단일 변수 함수 $f_1(\cdot)$, $f_2(\cdot)$ $\ldots f_d(\cdot)$에 대해 아래와 같이 표현될 수 있는 경우 덧셈 형식 분리 가능한 함수라고 한다.

$$F(x_1, x_2, \ldots, x_d) = \sum_{i=1}^{d} f_i(x_i)$$

d차원 벡터 $\overline{x} = [x_1 \ldots x_d]^T$에 대해 정의되는 다음 2차함수를 생각해보자.

$$f(\overline{x}) = \overline{x}^T A \overline{x} + \overline{b}^T \overline{x} + c$$

A는 $d \times d$ 대칭행렬이므로 $A = V \Delta V^T$로 대각화하고 변수 변환 $\overline{x} = V\overline{x}'$ ($\overline{x}' = V^T \overline{x}$와 동일함)을 사용할 수 있다. 이 변환을 수행하면 다른 기저에서 원래 함수와 동일한 새로운 함수 $g(\overline{x}') = f(V\overline{x}')$를 얻게 된다. 이 2차함수는 아래와 같이 표현될 수 있다.

$$f(V\overline{x}') = \overline{x}'^T \Delta \overline{x}' + \overline{b}^T V \overline{x}' + c$$

이러한 변수 변환 후에 행렬 Δ가 대각행렬이기 때문에 덧셈 형식 분리 가능한 함수를 얻는다. d번의 단일 변수 최적화를 사용하여 $\overline{x}'$를 구한 다음 $\overline{x} = V\overline{x}'$을 사용하여 $\overline{x}'$을 $\overline{x}$로 다시 변환할 수 있다.

이러한 접근방식은 최적화를 단순화하지만, 문제는 A의 고유벡터 계산이 복잡해질 수 있다는 것이다. 그러나 이 아이디어를 일반화하여 일부 대각행렬 Δ에 대해 $A = V \Delta V^T$를 만족하는 행렬 (비 직교 열들을 포함할 수도 있는) V를 찾으려고 시도할 수 있다. V의 열들이 직교정규가 아닐 경우 $A = V \Delta V^T$는 A의 진정한 대각화가 되지 못할 것이다.[6] 그러나 여기에서 정말로 중요한 최적화를 위해 분리 가능한 변환을 생성하는 것으로 충분하다. 이러한 비직교 행렬의 열들은 진정한 고유벡터들보다 계산하기가 훨씬 더 쉬우며, 이때 변환된 변수를 **켤레 방향**이라고 한다. V의 열들은 (각기 다른) 임의의 열 $\overline{v}_i$와 $\overline{v}_j$ 쌍에 대해 $\overline{v}_i^T A \overline{v}_j = \Delta_{ij} = 0$이기 때문에 **$A$-직교 방향**들이라고 한다. 켤레 방향을 만드는 방법은 무수히 많으며 고유벡터는 그 중 하나의 특별한 경우에 해당한다. 실제로 그람-슈미트 방법의 일반화는 그러한 방향들을 찾기 위해 사용될 수 있다(문제 2.7.1 참고). 이러한 기본 아이디어는 5.7.1절에서 논의될 **켤레 경사하강법**의 원리를 형성하며, 이는 2차함수가 아닌 경우에도 사용될 수 있다. 여기에서는 현재 점 $\overline{x} = \overline{x}_t$에서 임의의 (2차함수가 아닐 수도 있는) 함수 $h(\overline{x})$에 대한 반복

6) 진정한 대각화는 $V^T = V^{-1}$을 만족해야 한다.

형 켤레 경사하강법의 개념적 개요를 제시한다.

1. $\overline{x}=\overline{x}_t$에서 $h(\overline{x})$에 대한 2차 테일러 전개식을 사용하여 2차함수가 아닌 $h(\overline{x})$에 대한 2차 근사 $f(\overline{x})$를 만든다.
2. 위에서 논의된 변수 분리 최적화 접근방식을 사용하여 2차함수 $f(\overline{x})$를 d개의 단일 변수 최적화 문제의 집합으로 취급하고 최적 해 $\overline{x}^*$를 계산한다.
3. $\overline{x}_{t+1}=\overline{x}^*$로 설정하고 $t \Leftarrow t+1$로 둔다. 단계 1로 돌아간다.

이러한 프로세스는 수렴에 이를 때까지 반복된다. 위에 기술된 알고리즘은 켤레 경사하강법에 대한 개념적 기초를 제공한다. 자세한 방법은 5.7.1절에서 제시된다.

3.4.5 노옴 제약 2차계획법의 고유벡터

다양한 유형의 기계학습 설정에서 자주 발생하는 문제는 $\overline{x}^T A\overline{x}$를 최적화하는 문제이다. 이때 $\overline{x}$는 단위 노옴으로 제약된다. 여기에서 A는 $d\times d$ **대칭** 데이터 행렬이다. 이러한 유형의 문제는 **주성분 분석**, **특이값 분해**, **스펙트럼 군집화** 등과 같은 많은 특징 공학 및 차원 축소 응용에서 발생한다. 이러한 최적화 문제는 다음 형식으로 제시된다.

$$\overline{x}^T A\overline{x}\text{를 최적화한다.}$$
$$\text{제약조건:}$$
$$\|\overline{x}\|^2=1$$

최적화 문제는 최소화 형식으로 주어지거나 최대화 형식으로 주어진다. 벡터 $\overline{x}$를 단위벡터로 제한하면 최적화 문제의 특성이 근본적으로 변경된다. 앞의 절과 달리 행렬 A의 양의 준정부호성 여부는 더 이상 중요하지 않다. 행렬 A가 부정부호인 경우에도 잘 정의된 최적 해를 가질 수 있다. 벡터의 노옴을 제한하면, 행렬 A가 부정부호인 경우에도 크기가 제한되지 않는 벡터나 (영벡터와 같은) 무의미한 해를 피하는 데 도움이 된다.

$\overline{v}_1 \ldots \overline{v}_d$가 대칭행렬 A의 d개의 직교정규 고유벡터라고 하자. 고유벡터 집합은 $\mathcal{R}^d$를 위한 기저를 생성하므로 모든 d차원 벡터 $\overline{x}$는 아래와 같이 $\overline{v}_1 \ldots \overline{v}_d$의 선형 조합으로 표현될 수 있다.

$$\overline{x}=\sum_{i=1}^{d}\alpha_i\overline{v}_i \tag{3.40}$$

이 최적화 문제에서 매개변수 $\alpha_1 \ldots \alpha_d$를 사용하여 $\overline{x}$를 대체함으로써 최적화 문제의 매개변수를 변경한다. 이러한 대체를 수행하고 각 $A\overline{v}_i=\lambda_i\overline{v}_i$를 설정함으로써, 아래와 같이 매개변수가 변경된 최적화 문제를 얻는다.

$$\sum_{i=1}^{d}\lambda_i\alpha_i^2\text{를 최적화한다.}$$

제약조건:

$$\sum_{i=1}^{d}\alpha_i^2=1$$

제약조건의 $\|\overline{x}\|^2$ 표현은 $(\sum_{i=1}^{d}\alpha_i\overline{v}_i)\cdot(\sum_{i=1}^{d}\alpha_i\overline{v}_i)$로 풀어쓸 수 있다. 분배법칙 특성을 사용하여 이 식을 전개하고, 고유벡터들의 직교성을 사용하여 $\overline{v}_i\cdot\overline{v}_j=0$을 설정한다. 목적함수 값은 $\sum_i\lambda_i\alpha_i^2$이다. 여기에서 α_i^2들의 합은 1이다. 이 목적함수의 가능한 최솟값이나 최댓값은 λ_i 하나의 가중치 α_i^2를 1로 설정함으로써 구할 수 있으며, 이는 최소 또는 최대 고윳값에 해당한다(최적화 문제가 최소화 또는 최대화 형식으로 제기되는지 여부에 따라 달라짐).

> 노옴 제약 2차 최적화 문제의 최댓값은 $\overline{x}$를 A의 가장 큰 고유벡터로 설정하여 구한다. 최솟값은 $\overline{x}$를 A의 가장 작은 고유벡터로 설정하여 구한다.

이 문제는 k차원 부분공간을 찾는 것으로 일반화할 수 있다. 즉, $\sum_i\overline{x}_i^TA\overline{x}_i$가 최적화되는 직교정규 벡터 $\overline{x}_1\ldots\overline{x}_k$을 찾는 문제는 아래와 같이 제시된다.

$$\sum_{i=1}^{k}\overline{x}_i^TA\overline{x}_i\text{를 최적화한다.}$$

제약조건:

$$\|\overline{x}_i\|^2=1\quad\forall i\in\{1\ldots k\}$$

$\overline{x}_1\ldots\overline{x}_k$는 서로 직교한다.

이 문제에 대한 최적 해는 위에서와 유사한 절차를 사용하여 도출할 수 있다. 6.6절에서는 라그랑주 완화법을 사용하여 대안 해법을 제시한다. 여기에서는 최적 해법을 간략히 기술한다.

> 노옴 제약 2차 최적화 문제의 최댓값은 A의 가장 큰 고유벡터 k개를 사용하여 구한다. 최솟값은 A의 가장 작은 고유벡터 k개를 사용하여 구한다.

직관적으로 이러한 결과는 A와 같은 대칭행렬에 의해 발생하는 비등방성 배율조정의 관점에서 기하학적 의미를 갖는다. 행렬 A는 고유벡터에 해당하는 직교정규 방향을 따라 고윳값에 해당하는 배율조정 계수로 공간을 변형한다. 목적함수는 원래 벡터 $\overline{x}_i$에서 변형된 벡터 $A\overline{x}_i$의 투영 합을 최대화하거나 최소화하는데, 이 합은 $\overline{x}_i$와 $A\overline{x}_i$ 사이의 점곱의 합에 해당한다. 가장 큰 고유벡터(배율조정 방향) k개를 선택하면 이 합이 최대가 된다. 반면에 가장 작은 k개를 선택하면 이 합이 최소가 된다.

3.5 고유벡터를 찾기 위한 수치 알고리즘

$d \times d$ 행렬 A의 고유벡터를 찾는 가장 간단한 방법은 먼저 방정식 $\det(A - \lambda I) = 0$의 d개의 근 $\lambda_1 \ldots \lambda_d$을 찾는 것이다. 일부 근은 중복될 수 있다. 다음 단계에서는 $(A - \lambda_j I)\overline{x} = 0$ 형식의 선형 연립방정식을 풀어야 한다. 이것은 가우스 소거법을 사용하여 수행할 수 있다(2.5.4절 참고). 그러나 다항 방정식 풀이 소프트웨어는 때때로 수치적으로 불안정하고 현실 문제에서 불량 조건을 확대재생산하는 경향이 있다. 다항식의 근을 찾는 것은 행렬의 고윳값을 찾는 것보다 수치적으로 더 어렵다. 사실, 공학 분야에서 고차 다항식을 푸는 여러 방법 중 하나는 먼저 주어진 다항식과 동일한 특성 다항식을 갖는 동반 행렬을 구성하고 그 고윳값들을 찾는 것이다.

문제 3.5.1 **동반 행렬** 다음 행렬을 생각해보자.

$$A_2 = \begin{bmatrix} 0 & 1 \\ -c & -b \end{bmatrix}$$

이 행렬의 고윳값들을 사용하여 다항식 $x^2 + bx + c = 0$의 근을 계산할 수 있는 이유를 설명하시오. 또한 다음 3×3 행렬의 고윳값들을 찾으면 $x^3 + bx^2 + cx + d = 0$의 근이 산출된다는 것을 보이시오.

$$A_3 = \begin{bmatrix} 0 & 1 & 0 \\ 0 & 0 & 1 \\ -d & -c & -b \end{bmatrix}$$

위의 행렬에는 영벡터가 아닌 행이 있고, 또 1들로 이루어진 초대각선이 있음에 주목하기 바란다. 다항식 $x^t + \sum_{i=0}^{t-1} a_i x^i = 0$의 풀이에 필요한 $t \times t$ 행렬 A_t의 일반 형식을 제시하시오.

경우에 따라서는 고윳값들을 찾기 위한 알고리즘이 고유벡터를 부산물로 산출하며, 이는 특히 편리하다. 이제 고윳값 찾기와 고유벡터 찾기에 대한 대안들을 살펴보자.

3.5.1 슈어 분해를 통한 QR 방법

QR 알고리즘은 다음 두 단계를 반복한다.

1. 2.7.2절에서 설명한 QR 알고리즘을 사용하여 행렬 $A = QR$을 분해한다. 여기에서 R은 상부삼각 행렬이고 Q는 직교 행렬이다.

2. $A \Leftarrow Q^T A Q$로 두고 이전 단계로 이동한다.

행렬 $Q^T A Q$는 A의 유사 행렬이며, 따라서 동일한 고윳값을 갖는다. 핵심 결과[7]는 변환 $A \Leftarrow Q^T A Q$를 A에 반복적으로 적용하면 슈어 분해의 상부삼각 행렬 U가 생성된다는 것이다. 사실, QR 분해를 사용하여 얻은 직교 행렬 $Q_1 \dots Q_s$을 (나열된 순서대로) 추적하여 이들의 곱 $Q_1 Q_2 \dots Q_s$를 계산하고 하나의 직교 행렬 P로 표시하면, 다음 형식으로 A의 슈어 분해를 얻을 수 있다.

$$A = PUP^T$$

이때의 수렴 행렬 U의 대각 항들은 고윳값들을 갖는다. 일반적으로 행렬의 삼각화는 고윳값들을 찾는 자연스러운 방법이다. 고윳값 $\lambda_1 \dots \lambda_d$를 찾으면 고유벡터들은 2.5.4절의 방법을 사용하여 $(A - \lambda_j I)\overline{x} = 0$ 형식의 방정식을 풀어 찾을 수 있다. 이 접근방식은 계산 속도에 완전히 최적화되어 있지 않으며, 먼저 행렬을 **헤센베르크 형식**으로 변환함으로써 개선할 수 있다. 자세한 사항은 [52]를 참조하기 바란다.

3.5.2 우세 고유벡터를 찾기 위한 누승법

누승법은 행렬에서 **절댓값**이 가장 큰 고윳값을 갖는 고유벡터를 찾는다. 이를 **우세 고유벡터** 또는 **주 고유벡터**라고 한다. 한 가지 주의할 점은 행렬의 주 고윳값이 복소수일 수도 있다는 것이다. 이 경우 누승법이 작동하지 않을 수 있다. 아래 설명에서는 행렬이 실수 값 고유벡터/고윳값을 갖는다고 가정하며, 이는 많은 현실 응용에 적용된다. 더욱이 모든 고유벡터가 필요하지는 않지만 상위 몇 개의 고유벡터만 필요한 경우가 많다. 누승법은 최상위 고유벡터만 찾도록 설계되었지만, 일부 수정을 통해 여러 개의 상위 고유벡터를 찾도록 변경할 수 있다. QR 방법과 달리 고유벡터와 고윳값을 동시에 찾을 수 있으며, 따라서 고윳값들을 찾은 후 연립방정식을 푸는 방식의 절차는 필요하지 않다. 누승법은 반복형 방법이며 토대가 되는 반복을 **폰 미제스 반복**이라고도 한다.

7) 여기에서 이 결과에 대한 증명을 제공하지 않는다. [52]를 참조하기 바란다.

실수 고윳값으로 대각화 가능한 $d \times d$ 행렬 A를 생각해보자. A는 대각화 가능 행렬이므로 A를 곱하면 비등방성 배율조정이 발생한다. 임의의 열벡터 $\overline{x} \in \mathcal{R}^d$에 대해 $A\overline{x}$를 생성하기 위해 A와 곱하면 더 큰 (절대) 고윳값에 해당하는 방향이 더 크게 늘어나는 방식으로 $\overline{x}$의 선형 왜곡이 발생한다. 결과적으로, $A\overline{x}$와 가장 큰 고유벡터 $\overline{v}$ 사이의 (예각) 각도는 $\overline{x}$와 $\overline{v}$ 사이의 각도보다 줄어들 것이다. 이 프로세스를 계속 반복하면 변환은 결국 가장 큰 (절대) 고유벡터 방향을 가리키는 벡터를 산출하게 될 것이다. 따라서 누승법은 먼저 벡터 $\overline{x}$의 d개의 성분을 구간 [−1, 1]의 균일 분포에서 선택된 난수 값들로 초기화하는 것으로 시작된다. 그 후 아래의 폰 미제스 반복이 수렴에 이를 때까지 반복된다.

$$\overline{x} \Leftarrow \frac{A\overline{x}}{\|A\overline{x}\|}$$

과도하게 크거나 작은 값이 발생하는 오버플로나 언더플로를 방지하려면 각 반복에서 벡터의 정규화가 필수적이다. 주 고유벡터 $\overline{v}$에 수렴한 후, 해당 고윳값에 대해 $\overline{v}^T A\overline{v}$ 대 $\|\overline{v}\|^2$의 비율을 계산할 수 있는데, 이를 **롤리 지수**라고 한다.

이제 벡터에 대한 정규화가 왜 필요한지 엄밀하게 조사해보자. 시작 벡터 $\overline{x}$를 아래와 같이 d개의 고유벡터로 이루어진 기저 $\overline{v}_1 \dots \overline{v}_d$와 계수 $\alpha_1 \dots \alpha_d$를 사용하여 선형 조합으로 표현하는 상황을 생각해보자.

$$\overline{x} = \sum_{i=1}^{d} \alpha_i \overline{v}_i \tag{3.41}$$

$\overline{v}_i$의 고윳값이 λ_i인 경우 A^t를 곱하면 다음과 같은 결과를 얻는다.

$$A^t\overline{x} = \sum_{i=1}^{t} \alpha_i A^t \overline{v}_i = \sum_{i=1}^{t} \alpha_i \lambda_i^t \overline{v}_i \propto \sum_{i=1}^{t} \alpha_i (-1)^t \frac{|\lambda_i|^t}{\sum_{j=1}^{t} |\lambda_j|^t} \overline{v}_i$$

t가 큰 값일 때 우변의 값은 가장 큰 고유벡터의 효과에 의해 지배된다. 이것은 λ_1이 (확실하게) 가장 큰 고윳값일 때 인수 $|\lambda_1^t|$가 첫 번째 고유벡터의 비례 가중치를 증가시키기 때문이다. (절댓값이) 가장 큰 고유벡터에 대해서는 $|\lambda_1^t| / \sum_{j=1}^{t} |\lambda_j^t|$로 계산되는 비율 값이 1로, 나머지 고유벡터들의 경우 0에 수렴된다. 그 결과로 $A^t\overline{x}$의 정규화 된 버전은 (절댓값이) 가장 큰 고유벡터 $\overline{v}_1$의 방향을 가리키게 된다. 이 증명은 λ_1이 그 다음 고윳값보다 확실하게 크다는 사실에 의존하며, 그렇지 않을 경우 수렴이 발생하지 않는다. 또한 상위 2개의 고윳값의 차이가 크지 않으면 수렴이 느려진다. 그러나 기계학습에서 (공분산 행렬과 같이) 큰 행렬들에서는 상위 몇 개의 고윳값이 크기가 상당히 다르고 유사한 고윳값의 대부분은 값이 0 근처

에 집중되어 있는 경우가 많다. 더욱이 동일한 고윳값들이 있을 때 누승법은 동률 고유벡터들의 생성공간 내에 있는 벡터를 찾는 경향이 있다.

> **문제 3.5.2** **역행렬 누승 반복** A가 가역 행렬이라고 하자. A^{-1}을 사용하여 절대 크기에서 A의 가장 작은 고유벡터와 고윳값을 찾는 방법에 대해 설명하시오.

대칭행렬에 대한 상위 k개의 고유벡터 찾기

대부분의 기계학습 응용에서 최상위 고유벡터 하나를 찾기보다는 상위 k개의 고유벡터를 찾는다. 누승법을 사용하여 최상위 k개의 고유벡터를 찾을 수 있다. 대칭행렬에서 기저 행렬 V의 열들을 정의하는 고유벡터 $\overline{v}_1 \ldots \overline{v}_d$는 아래의 대각화에 따라 직교정규성을 갖는다.

$$A = V\Delta V^T \tag{3.42}$$

위의 관계는 V의 열벡터들과 Δ의 고윳값 $\lambda_1 \ldots \lambda_d$을 사용하여 아래와 같이 표현할 수도 있다.

$$A = V\Delta V^T = \sum_{i=1}^{d} \lambda_i [\overline{v}_i \overline{v}_i^T] \tag{3.43}$$

이 결과는 모든 행렬 곱은 외적의 합으로 표현될 수 있다는 사실에 기인한다(보조정리 1.2.1 참고). 보조정리 1.2.1을 $(V\Delta)$와 V^T의 곱에 적용하면 위의 결과가 나온다. 식 3.43에 의해 암시되는 분해는 행렬 A의 **스펙트럼 분해**라고 한다. 각 $\overline{v}_i\overline{v}_i^T$는 크기 $d \times d$의 순위 1 행렬이고 λ_i는 이 행렬 항에 대한 가중치이다. 7.2.3절에서 논의하겠지만 스펙트럼 분해는 **특이값 분해**라고 하는 아이디어를 사용하여 (대칭행렬뿐만 아니라) 모든 유형의 행렬에 적용할 수 있다.

고윳값이 λ_1인 최상위 고유벡터 $\overline{v}_1$을 이미 찾은 경우를 생각해보자. 이 경우 아래와 같이 수정된 행렬을 만들어 최상위 고윳값의 효과를 제거할 수 있다.

$$A' = A - \lambda_1 \overline{v}_1 \overline{v}_1^T \tag{3.44}$$

결과적으로 A의 **두 번째로 큰** 고윳값이 A'의 우세 고윳값이 된다. 따라서 A'의 누승을 반복하면 두 번째로 큰 고유벡터를 결정할 수 있다. 이 프로세스는 여러 번 반복될 수 있다.

행렬 A가 희소한 경우 이 방법의 한 가지 단점은 A'가 희소하지 않을 수도 있다는 것이다. 희소성은 희소 행렬 연산의 공간 및 시간 효율성으로 인해 행렬 표현의 바람직한 속성이다. 그러나 고밀도 행렬 A'을 명시적으로 표현할 필요는 없다. 누승법에서 행렬 곱셈 $A'\overline{x}$는 다음 관계를 사용하여 수행될 수 있다.

$$A'\overline{x} = A\overline{x} - \lambda_1 \overline{v}_1(\overline{v}_1^T \overline{x}) \tag{3.45}$$

우변의 두 번째 항을 어떻게 괄호로 묶었는지 주목할 필요가 있다. 이것은 (고밀도의) 순위 1 행렬에 대한 명시적인 계산을 피하고 $\overline{v}_1$과 $\overline{x}$ 사이의 간단한 점곱 계산으로 수행할 수 있다. 이것은 행렬 곱셈의 결합법칙 특성이 행렬 곱셈에서 최상의 효율성을 확보하기 위해 자주 사용된다는 사실의 예이다. $(r+1)$번째 고유벡터를 찾을 때 A에서 상위 r개의 고유벡터의 효과를 제거하는 이러한 아이디어를 일반화함으로써 상위 k개의 고유벡터를 찾을 수 있다.

문제 3.5.3 **비대칭행렬로 일반화** 누승법은 한 개의 최대 고유벡터를 찾기 위해 설계되었다. 상위 k개의 고유벡터를 찾기 위한 접근방식은 대칭행렬에 관한 추가적인 가정을 필요로 한다. 이 절에서 대칭행렬 가정이 어디에서 사용되었는지 설명하시오. 그리고 상위 k개의 고윳값이 각기 다르다는 가정 하에 누승법을 임의의 행렬로 일반화하는 방법을 찾을 수 있는지 설명하시오.

위의 문제에 대한 힌트는 좌 고유벡터와 우 고유벡터가 (대칭행렬의 경우와는 달리) 비대칭 행렬에서는 동일하지 않을 수 있으며, 우세 고유벡터의 효과를 제거하기 위해서는 좌/우 고유벡터 둘 다 필요하다는 것이다.

문제 3.5.4 **최대 고유벡터 찾기** 누승법은 절대 크기가 가장 큰 상위 k개의 고유벡터를 찾는다. 대부분의 응용에서는 고유벡터의 부호도 중요하다. 즉, 부호까지 고려할 때 +1이라는 고윳값은 −2보다 크다. 부호까지 고려할 때, 대칭행렬의 상위 k개의 고유벡터를 찾기 위해 누승법을 어떻게 수정할 수 있는지 보이시오.

이 문제에서 핵심은 이 절에서 이미 논의한 아이디어를 사용하여 행렬을 수정함으로써 고윳값들을 음이 아닌 값으로 이동시키는 것이다.

3.6 요약

대각화 가능 행렬은 벡터를 그러한 행렬과 곱하면 (비 직교일 가능성이 있는) 방향들로 벡터에 대한 비등방성 배율조정이 발생하는 유형의 선형 변환을 나타낸다. 모든 행렬이 대각화 가능한 것은 아니다. 대칭행렬은 항상 대각화가 가능하며 상호 직교 방향의 배율조정 변환으로 표현될 수 있다. 대칭행렬의 배율조정 계수가 음이 아닌 경우 양의 준정부호 행렬이라고 한다. 이러한 행렬은 다양한 유형의 기계학습 응용에서 자주 발생한다. 따라서 이 장에서는 이러한 유형의 행렬과 고유분해 속성에 대해 초점을 맞추었다. 또한 이러한 행렬의 여러 주요 최적화 응용을 소개함으로써 이후의 장들에서 더 자세히 논의하기 위한 토대를 마련하였다.

3.7 추가 자료

대각화 개념은 Strang[122, 123], David Lay[77], Hoffman-Kunze[62], Golub and Van Loan[52] 등의 책에서 논의된다. 선형대수와 최적화를 결합한 수치적 방법에 대한 논의는 [99]에서 제공된다. 볼록 최적화 분야는 [22]에 자세히 조사되어 있다.

3.8 연습문제

1. 2장에서 모든 $d\times d$ 직교 행렬 A는 $O(d^2)$번의 기븐스 회전과 최대 한 번의 기본 반사로 분해될 수 있음을 배운 바 있다. A의 행렬식 부호로 반사가 필요한지 여부를 결정하는 방법에 대해 설명하시오.

2. 2장에서 모든 $d\times d$ 행렬 A는 최대 $O(d)$번의 하우스홀더 반사로 분해될 수 있음을 배운 바 있다. 하우스홀더 반사 횟수에 대한 행렬식 부호의 영향에 대해 설명하시오.

3. 행렬 A가 $A^2=4I$를 만족할 경우 A의 모든 고윳값은 2와 −2임을 보이시오.

4. 어떤 4×4 대칭행렬이 고윳값 4, 3, 2, 2를 갖는다고 하자. 고윳값 4와 3에 속하는 고유벡터 값이 주어질 경우, 전체 행렬을 재구성하는 절차를 제시하시오. [힌트: 하나의 고윳값이 반복되고 행렬은 대칭이다.]

5. A가 $d\times d$ 정방행렬이라고 가정한다. 각 i에 대해 A의 i번째 행에 γ_i를 곱하고 A의 i번째 열을 γ_i로 나눈 결과로 얻은 행렬을 A'이라고 하자. A의 고유벡터는 A'의 고유벡터와 어떤 관련이 있을까? [힌트: A와 A'를 행렬 연산자들과 연관 지으시오.]

6. 특성 다항식에서 얻은 다음과 같은 고윳값 목록을 갖는 4×4 행렬 A에 대해 다음 각 경우에 행렬의 대각화 가능 여부, 역변환 가능 여부를 판정하시오. (a) $\{\lambda_1, \lambda_2, \lambda_3, \lambda_4\}=\{1, 3, 4, 9\}$ (b) $\{\lambda_1, \lambda_2, \lambda_3, \lambda_4\}=\{1, 3, 3, 9\}$ (c) $\{\lambda_1, \lambda_2, \lambda_3, \lambda_4\}=\{0, 3, 4, 9\}$ (d) $\{\lambda_1, \lambda_2, \lambda_3, \lambda_4\}=\{0, 3, 3, 9\}$ (e) $\{\lambda_1, \lambda_2, \lambda_3, \lambda_4\}=\{0, 0, 4, 9\}$

7. 홀수 차원의 실수 행렬에는 실수 고윳값이 하나 이상 있어야 한다. 이와 관련하여 실수

고윳값이 없는 실수 행렬의 행렬식은 항상 양수라는 사실을 보이시오. 또한, 음수 행렬식을 갖는 짝수 차원의 실수 값 행렬은 두 개 이상의 서로 다른 실수 값 고윳값을 갖는다는 것을 보이시오. [힌트: 다항식 근의 속성]

8. 조던 정규형 $A = VUV^{-1}$에서 상부삼각 행렬 U는 **블록 대각 형태**이며, 그 안의 더 작은 상부삼각 행렬 $U_1 \ldots U_r$은 U의 대각선을 따라 배치된다. 개별 블록 $U_1 \ldots U_r$에 다항식 함수 $f(U)$를 적용한 효과는 무엇인가? 이 사실을 이용하여 케일리-해밀턴 정리의 일반적인 증명을 제시하시오. [힌트: 순 삼각 행렬은 멱영 행렬이다.]

9. 제곱이 대각화 가능한 부족행렬의 예를 제시하시오. [힌트: 조던 정규형으로 특이행렬을 구성한다.]

10. A와 B를 $d \times d$ 행렬이라고 하자. 행렬 $AB - BA$가 영행렬이 아니면 절대 양의 준정부호일 수 없음을 보이시오. [힌트: 대각합의 속성을 이용한다.]

11. 실수 고윳값이 없는 행렬의 제곱을 실수 고윳값으로 대각화할 수 있을까? 아니라면 증명을 하고, 맞다면 예를 제시하시오.

12. 행렬 A, B, AB 등이 모두 대칭이면 행렬 A와 B 모두 대각화 가능하다는 것을 보이시오. [힌트: 1장 문제 1.2.7 참고]

13. $d \times d$ 행렬 S가 양의 준정부호 대칭행렬이고 행렬 D의 크기가 $n \times d$라고 가정한다. DSD^T 또한 양의 준정부호 대칭행렬임을 보이시오. DSD^T는 D의 행들 간의 내적들로 이루어지는 행렬이며 점곱 행렬 DD^T의 일반화임에 주목하기 바란다.

14. S를 양의 준정부호 행렬이라고 하자. 따라서 그람 행렬 형식 $S = B^TB$ (보조정리 3.3.14)로 표현할 수 있다. 이 사실을 이용하여 대각 항들이 음수가 될 수 없음을 보이시오. 이것은 2차함수의 볼록성에 대해 무엇을 의미하는가?

15. 행렬 P가 $P^2 = P$를 만족하면 모든 고윳값이 1 또는 0임을 보이시오.

16. 행렬 A는 항상 그 전치행렬 A^T의 유사행렬임을 보이시오. [힌트: A가 U와 유사하면 A^T는 U^T와 유사함을 보인다. 그런 다음 순열 행렬을 사용하여 조던 정규형의 행렬 U가 그 전치행렬과 유사함을 보인다.]

17. $\overline{x}$를 고윳값이 λ_r인 정방행렬 A의 우 고유벡터(열벡터)라고 하자. $\overline{y}$를 고윳값이 $\lambda_l = \lambda_r$인 A의 좌 고유벡터(행벡터)라고 하자. $\overline{x}$와 $\overline{y}^T$가 직교함을 보이시오. [힌트: 스펙트

럼 정리에는 이 결과의 특별한 경우가 포함되어 있다. 문제 3.3.6 또한 대각행렬이라는 특별한 경우를 다루고 있다.]

18. 다음 문장들의 참 또는 거짓을 판단하시오. (a) 모든 고윳값이 0인 행렬은 영행렬이다. (b) 모든 고윳값이 0인 대칭행렬은 영행렬이다.

19. λ가 AB의 0이 아닌 고윳값이면 λ는 또한 BA의 0이 아닌 고윳값임을 보이시오. 이 주장이 0인 고윳값에 대해서는 성립하지 않는 이유는 무엇인가? 또한 A 또는 B가 가역적이면 AB와 BA가 유사함을 보이시오.

20. 2차함수 $f(x_1, x_2, x_3) = 2x_1^2 + 3x_2^2 + 2x_3^2 - 3x_1x_2 - x_2x_3 - 2x_1x_3$은 볼록 함수인가? 함수 $g(x_1, x_2, x_3) = 2x_1^2 - 3x_2^2 + 2x_3^2 - 3x_1x_2 - x_2x_3 - 2x_1x_3$의 경우는 어떤가? 각 경우에 $[x_1, x_2, x_3]^T$의 노옴이 1이라는 제약조건에 따라 목적함수의 최소점을 찾으시오.

21. 함수 $f(x_1, x_2) = x_1^2 + 3x_1x_2 + 6x_2^2$를 생각해보자. 새로운 변수들을 사용하여 함수를 분리할 수 있도록 변수들에 대한 선형 변환을 제시하시오. 분리 가능 형태의 목적함수를 사용하여 최적 해를 구하시오.

22. 두 행렬이 동일하지 않을 경우, 두 개의 유사 대칭행렬 간의 차는 부정부호임을 보이시오. [힌트: 대각합의 속성을 이용한다.]

23. 복소수 근을 허용하는 $d \times d$ 대각화 가능 행렬의 n 제곱근을 항상 구할 수 있음을 보이시오. 근이 실수 값 행렬인 경우 원래 행렬과의 관계 측면에서 결과 행렬의 기하학적 의미를 설명하시오.

24. 중심은 $[1, -1, 1]^T$에 위치하고 축들의 방향은 직교 벡터 $[1, 1, 1]^T$, $[1, -2, 1]^T$, $[1, 0, -1]^T$인 타원체의 방정식을 생성하시오. 타원체는 각 축 방향에 따라 1 : 2 : 3 비율로 늘어난 형태를 갖는다. 이 질문에 대한 답은 고유하지 않으며, 타원체의 크기에 따라 달라질 것이다. 이 장에서 논의한 타원체의 행렬 형식을 사용하시오. [크기와 상대적 순서 측면에서 이 행렬의 고윳값에 대한 신축 비율의 사상에 주의하시오.]

25. A와 B가 각각 고윳값이 $[\lambda_1, \lambda_2]$와 $[\gamma_1, \gamma_2]$인 대칭행렬일 경우 $A-B$의 고윳값은 $[\lambda_1 - \gamma_2, \lambda_2 - \gamma_1]$임을 보이시오. [$(A-B)$와 벡터의 곱셈 효과에 대한 기하학적 의미를 생각해보시오. 또한 적절하게 선택된 C에 대한 $\overline{x}^T C \overline{x}$의 노옴 제약조건 최적화 문제를 생각해보시오.]

26. **멱영 행렬**: 어떤 k에 대해 $A^k=0$을 만족하는 영행렬이 아닌 정방행렬 A를 생각해보자. 이러한 행렬을 멱영이라고 한다. 모든 고윳값이 0인 멱영 행렬은 부족 행렬임을 보이시오.

27. (i) $A^2=A$를 만족하는 경우, (ii) $A^2=I$를 만족하는 경우 등의 각 경우에 A가 대각화 가능함을 보이시오.

28. **기본 행 덧셈 행렬은 부족 행렬임**: 대각 항이 모두 1이고 0이 아닌 비 대각 항이 한 개 있는 $d\times d$ 기본 행 덧셈 행렬은 대각화할 수 없음을 보이시오.

29. **멱등 대칭행렬**: $P^2=P$와 $P=P^T$를 만족하는 모든 $n\times n$ 행렬 P는 열들이 직교하는 어떤 $n\times d$ 행렬 Q에 대해 QQ^T 형식으로 표현될 수 있음을 보이시오(따라서 이것은 투영 행렬의 대안적 정의이기도 함).

30. **대각성 및 멱영성**: 모든 정방행렬은 대각화 가능 행렬과 멱영 행렬의 합으로 표현될 수 있음을 보이시오(둘 중 하나는 영행렬이 될 수도 있음).

31. 양의 정부호 행렬 A의 촐레스키 분해 LL^T가 주어져 있다고 가정한다. 역대입법을 여러 번 적용함으로써 A의 역행렬을 계산하는 방법을 보이시오.

32. **임의의 축에 관한 3차원 회전**: $[1, 0, 0]^T$가 아래 기븐스 행렬을 사용하는 열벡터의 반시계 방향 θ 회전에서 축인 것처럼 벡터 $[1, 2, -1]^T$가 반시계 방향 θ 회전의 축이라고 가정한다.

$$R_{[1,0,0]}=\begin{bmatrix} 1 & 0 & 0 \\ 0 & \cos(\theta) & -\sin(\theta) \\ 0 & \sin(\theta) & \cos(\theta) \end{bmatrix}$$

$[1, 2, -1]^T$를 포함하는 $\mathcal{R}^3$의 새로운 직교 기저 시스템을 생성하시오. 이제 유사성 개념 $R_{[1,2,-1]}=PR_{[1,0,0]}P^T$를 사용하여 $[1, 2, -1]^T$ 축을 중심으로 60° 회전 행렬 M을 생성하시오. 요점은 앞서 언급한 직교 기저 시스템에서 P를 도출하는 방법을 찾는 것이다. $\det(P)$를 검사함으로써 기저 변환 과정에서 의도하지 않은 반사를 방지하여야 한다. 이제 복소수 대각화를 사용하여 M으로부터 축과 회전 각도를 도출하는 방법을 보이시오. [힌트: 고윳값은 유사 행렬의 경우 동일하며, 회전축은 고윳값에 영향받지 않는 고정 방향을 갖는다.]

33. 행렬의 조던 정규형을 사용하여 순위와 4개의 기본 부분공간을 빠르게 식별하는 방법을 보이시오.

34. 다음 2차함수를 생각해보자.

$$f(x_1, x_2, x_3) = x_1^2 + 2x_2^2 + x_3^2 + a\,x_1x_2 + x_2x_3$$

함수 $f(x_1, x_2, x_3)$는 어떤 조건에서 볼록한가?

35. 커널법에 유용함: $n \times n$ 행렬 B의 왼쪽 그람 행렬인 $n \times n$ 비 특이행렬 $A = BB^T$를 생각해보자. B를 입력으로 취하고 A가 각 B_i의 왼쪽 그람 행렬인 100개의 서로 다른 행렬 $B_1 \ldots B_{100}$을 생성하는 알고리즘을 제시하시오. 그러한 행렬이 얼마나 많이 존재하는가? A처럼 대칭인 B_i를 얻을 수 있는가? B_i는 삼각 행렬인가? [참고: $n \times n$ 유사성 행렬 A의 경우 B_i의 k번째 행은 k번째 객체의 다차원 표현이다.]

36. P를 각 항이 음이 아니고 각 행의 확률의 합은 1인 $n \times n$ 확률적 전이 행렬이라고 하자. 검사를 통해 고윳값이 1인 우 고유벡터를 구하시오. 고윳값이 1보다 클 수 없음을 증명하시오.

37. $A = V\Delta V^{-1}$이 대각화 가능 행렬이라고 가정한다. 행렬 $\lim_{n\to\infty}(I + A/n)^n$이 항의 값들이 유한한 행렬로 존재함을 보이시오. [이 결과는 모든 정방행렬에 적용되며 일반적인 경우에 대한 증명은 상당히 어려운 도전 과제이다.]

38. 고윳값은 특정 방향에 따른 배율조정 계수이다. A의 각 고윳값이 절대 크기가 1보다 작고 $A\overline{x}$의 길이가 $\overline{x}$의 길이보다 크다는 조건 하에서 2×2 대각화 가능 행렬 A와 2차원 벡터 $\overline{x}$를 구성하시오. 이러한 행렬 A는 대칭일 수 없음을 증명하시오. 두 현상을 기하학적으로 설명하시오.

39. 마할라노비스 거리: $C = D^TD/n$을 $n \times d$ 평균 중심 데이터 세트의 공분산 행렬이라고 가정한다. D의 i번째 행 $\overline{X_i}$에서 데이터 세트의 평균(이 경우 원점)까지 마할라노비스 거리의 제곱은 다음과 같이 주어진다.

$$\delta_i^2 = \overline{X}_i C^{-1} \overline{X}_i^T$$

$C = P\Delta P^T$를 C의 대각화라고 하고 각 행벡터 $\overline{X}_i$를 $\overline{Z}_i = \overline{X}_i P$로 변환한다. 변환된 데이터 행렬 DP의 각 속성을 표준편차로 나누어 각 차원에 대해 분산이 1이 되도록

정규화하여 새로운 행 $\overline{Z}_1' \ldots \overline{Z}_n'$을 생성한다. 마할라노비스 거리 δ_i가 $\|\overline{Z}_n'\|$와 같다는 것을 보이시오.

40. 대칭행렬의 비 직교 대각화: 어떤 대칭행렬에 대한 다음과 같은 대각화를 생각해보자.

$$\begin{bmatrix} 3 & 0 & 1 \\ 0 & 4 & 0 \\ 1 & 0 & 3 \end{bmatrix} = \begin{bmatrix} 1/\sqrt{2} & 0 & 1/\sqrt{2} \\ 0 & 1 & 0 \\ 1/\sqrt{2} & 0 & -1/\sqrt{2} \end{bmatrix} \begin{bmatrix} 4 & 0 & 0 \\ 0 & 4 & 0 \\ 0 & 0 & 2 \end{bmatrix} \begin{bmatrix} 1/\sqrt{2} & 0 & 1/\sqrt{2} \\ 0 & 1 & 0 \\ 1/\sqrt{2} & 0 & -1/\sqrt{2} \end{bmatrix}$$

V의 일부 열들의 쌍이 직교하지 않는 또 다른 대각화 $V\Delta V^{-1}$을 찾으시오. [힌트: 동일한 고윳값을 갖는 고유벡터들을 사용하여 위의 대각화를 수정해보시오.]

41. 100000×100 희소 행렬 D가 주어져 있을 때 왼쪽 그람 행렬 DD^T의 우세 고유벡터를 계산하고자 한다. 불행히도 DD^T는 크기가 100000×100000인 비 희소 행렬이므로 계산을 감당하기가 어렵다. 희소 행렬과 벡터 사이의 곱셈만 사용하여 누승법을 구현하는 방법을 제시하시오.

42. 객관식: d개의 벡터 $\overline{x}_1 \ldots \overline{x}_d$와 $d \times d$ 대칭행렬 A에 대해 $\overline{x}_i^T A \overline{x}_i > 0$을 가정한다. 이 경우 A가 항상 양의 정부호성을 갖게 되는 것은 서로 다른 $\overline{x}_i$들이 (i) 선형 독립일 때, (ii) 직교할 때, (iii) A-직교할 때, (iv) 앞의 모든 경우, (v) 앞의 어느 경우도 아님 중 어떤 경우인가? 그 이유를 설명하시오.

43. 연습문제 40의 대각화를 그람 행렬 형태 $A = B^T B$로 변환한 다음 QR 분해 $B = QR$을 사용하여 촐레스키 분해 $A = LL^T = R^T R$을 계산하시오.

Chapter 4

최적화 기초: 기계학습 관점

"모든 것을 최적화하면 항상 불행해질 것이다." – Donald Knuth

4.1 서론

많은 기계학습 모델은 종종 다중 변수 연속 최적화 문제로 설정된다. 이러한 문제의 가장 간단한 예는 선형대수학에서 기본적인 문제로 간주되는 최소제곱 회귀이다. 이는 (일관성을 갖춘) 연립방정식을 푸는 것이 최소제곱 회귀의 특별한 경우이기 때문이다. 최소제곱 회귀에서는 불능이거나 그렇지 않을 수도 있는 연립방정식에 대한 **최적합** 해를 찾으며, 이때의 손실 값은 최적합의 오차 제곱합에 해당한다. 최소제곱 회귀에서 일관성을 갖춘 연립방정식이 나타나는 것은 특별한 경우이며, 이때의 손실 값은 0이 된다. 최소제곱 회귀는 선형대수, 최적화, 기계학습 등에서 특별한 위치를 차지하는데, 이는 세 분야 모두에서 최소제곱 회귀가 기초 문제로 사용되기 때문이다. 최소제곱 회귀는 역사적으로 기계학습의 분류 문제보다 앞서 나타났으며, 분류를 위한 최적화 모델은 종종 최소제곱 회귀 모델의 수정 버전으로 시작한다. 최소제곱 회귀와 분류의 주요 차이점은 예측 목표변수가 최소제곱 회귀에서는 수치 값인데 반해 분류에서는 이산(일반적으로 이진) 값이라는 것이다. 따라서 선형 회귀를 위한 최적화 모델은 이산적인 목표변수에 사용할 수 있도록 "보정해야" 한다. 이 장에서는 최소제곱 회귀가 어떻게 기계학습의 토대가 되는지 보여줄 것이다.

대부분의 연속 최적화 방법에서는 어떤 형태로든 미분학을 사용한다. 미분학은 오래된 학문이며 17세기에 뉴턴과 라이프니츠가 각기 독립적으로 창안하였다. 미분의 주요 개념은 인수인 각 변수에 대한 목적함수의 **순간적인** 변화율을 정량화하는 것이다. 미분에 기반한 최적화 방법은 최적화 변수의 특정 값 집합에서 목적함수의 변화율이 최적화 변수를 반복적으로 변경하여 최적 해에 더 가깝게 만드는 방법에 대한 힌트를 제공한다는 사실을 사용한다. 이러한 반복 알고리즘은 현대식 컴퓨터에서 쉽게 구현할 수 있다. 비록 컴퓨터가 17세기에 발명되지는 않았지만 뉴턴은 최적화 문제를 (다소 장황한 작업이기는 하지만) 수동으로 해결할 수 있는 체계적인 방법을 제공하기 위한 몇 가지 반복적인 방법을 제안하였다. 나중에 컴퓨터가 발명되었을 때 이러한 방법들은 자연스럽게 계산 알고리즘으로 변환되었다.

이 장에서는 최적화의 기본 사항들과 함께 최적화 관련 계산 알고리즘들을 소개한다. 이후의 장들에서 이러한 아이디어를 확장할 것이다. 이 장은 다음과 같이 구성된다. 다음 절에서는 최적화의 기본 사항들에 대해 설명한다. 볼록성의 개념은 기계학습에서의 중요성 때문에 4.3절에서 소개된다. 경사하강법의 중요한 세부사항은 4.4절에서 다룬다. 최적화 문제가 기계학습에서는 여러 가지 다른 방식으로 나타나며, 기존 응용에서의 최적화와도 다른 점이 있다. 이 문제는 4.5절에서 논의될 것이다. 벡터에 대한 목적함수의 도함수를 계산하기 위해 유용한 행렬 미적분 표기법이나 항등식들에 대해서는 4.6절에서 소개한다. 최소제곱 회귀 문제는 4.7절에 소개되어 있다. 이산적인 대상을 갖는 기계학습 알고리즘의 설계는 4.8절에서 다룬다. 다중 분류를 위한 최적화 모델은 4.9절에서 다룬다. 좌표하강법은 4.10절에서 설명한다. 4.11절에서는 요약을 제시한다.

4.2 최적화의 기초

최적화 문제에는 **최적화 변수**라고 하는 변수들로 정의되는 **목적함수**가 있다. 최적화 문제의 목표는 목적함수를 최대화하거나 최소화하는 변수들의 값을 계산하는 것이다. 기계학습에서는 최소화 형태의 목적함수를 사용하는 것이 일반적이며 해당 목적함수를 종종 **손실함수**라고 한다. "손실함수"라는 용어는 종종 의미상 특정 변수 설정과 연계된 음이 아닌 "비용"을 정량화하기 위한 목적함수를 나타낸다. 이 용어는 계량 경제학, 통계학, 기계학습 등의 분야에서 사용되지만, "목적함수"라는 용어는 "손실함수"라는 용어보다 더 일반적인 개념이다. 예를 들어 손실함수는 항상 최소화 목적함수와 연관되어 있으며 종종 음이 아닌 값을 갖는 비용으로 해석된다. 기계학습에서 대부분의 목적함수는 여러 변수에 대한 다변량 손실함수이다. 먼저, 단일 변수에 대해 정의되는 간단한 최적화 함수를 살펴볼 것이다.

4.2.1 단일 변량 최적화

아래와 같은 단일 변수 목적함수 $f(x)$를 생각해보자.

$$f(x) = x^2 - 2x + 3 \tag{4.1}$$

이 목적함수는 아래로 볼록한 포물선이며, $f(x) = (x-1)^2 + 2$ 형식으로도 표현할 수 있다. 이 목적함수는 그림 4.2(a)에 나와 있으며, 음이 아닌 항 $(x-1)^2$가 0으로 떨어지는 $x = 1$에서 최솟값을 갖는다. 최솟값에서 x에 대한 $f(x)$의 변화율은 0이다. 그 지점에서 그래프의 접선은 수평이다. x에 대한 함수 $f(x)$의 1차 미분 $f'(x)$를 계산하고 0으로 설정함으로써 이 최적점을 찾을 수도 있다.

$$f'(x) = \frac{\mathrm{d}f(x)}{\mathrm{d}x} = 2x - 2 = 0 \tag{4.2}$$

따라서 $x=1$을 최적점으로 얻는다. 직관적으로, 함수 $f(x)$는 $x=1$에서 x의 값에 미세한 변화를 줄 때 변화율이 거의 0이며, 이는 $x=1$이 최적점임을 나타낸다. 그러나 이러한 분석만으로는 이 점이 최소점이라는 결론을 내리기에 충분하지 않다. 이러한 사항을 이해하기 위해 $g(x)=-f(x)$로 설정하여 얻은 **위로 볼록한** 포물선을 생각해보자.

$$g(x) = -f(x) = -x^2 + 2x - 3 \tag{4.3}$$

$g(x)$의 미분을 0으로 설정하면 $x=1$이라는 정확히 동일한 해가 생성된다.

$$g'(x) = 2 - 2x = 0 \tag{4.4}$$

그러나 이 경우 해 $x=1$은 최소점이 아니라 최대점이다. 또한, 함수 $F(x)=x^3$의 경우 $x=0$에서 미분이 0이더라도 점 $x=0$은 이 함수의 **변곡점** 또는 **안장점**이다(그림 4.1 참고). 이러한 점은 최대점도 아니고 최소점도 아니다.

1차 미분이 0인 모든 점을 최적화 문제의 **임계점**이라고 한다. 임계점은 최대점이나 최소점일 수도 있고, 안장점일 수도 있다. 임계점에 대해 서로 다른 경우를 어떻게 구별할 수 있을까? 한 가지 관찰사항은 함수가 최소점에서는 똑바로 세운 사발처럼 보이며, 이는 1차 미분이

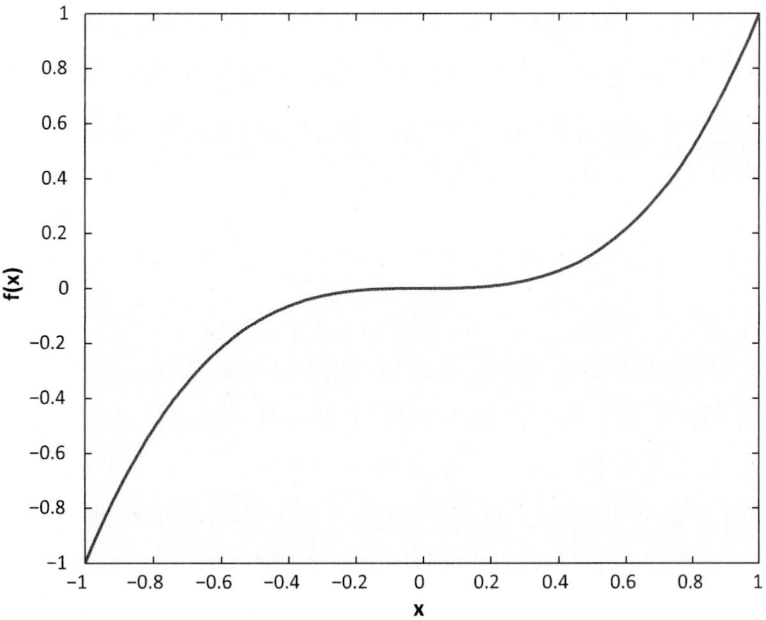

그림 4.1 1차원 함수의 예 $F(x)=x^3$

최소점에서 증가함을 의미한다. 즉, (미분의 미분인) 2차 미분이 최소점에서 양수가 될 것이다 (이 규칙에는 몇 가지 예외가 있음). 예를 들어, 위에서 논의된 두 2차함수 $f(x)$와 $g(x)$에 대한 2차 미분은 각각 다음과 같다.

$$f''(x) = 2 > 0, \qquad g''(x) = -2 < 0$$

2차 미분이 0인 경우는 이러한 점이 최소점이나 최대점일 수도 있고, 변곡점일 수도 있기 때문에 다소 모호한 상황이다. 이러한 임계점을 퇴화 임계점이라고 한다. 따라서 최소화 형식의 단일 변수 최적화 함수 $f(x)$의 경우 $f'(x) = 0$과 $f''(x) > 0$을 모두 만족하면 이 지점이 인접 영역에서 최소점임을 보장하기에 충분하다. 이러한 지점을 국소 최소점이라고 한다. 그러나 이것은 해당 지점이 x 값의 전체 범위에서 전역 최소점임을 의미하지는 않는다.

보조정리 4.2.1 무제약 최적화의 최적성 조건

단일 변량 함수 $f(x)$는 $f'(x_0) = 0$과 $f''(x_0) > 0$을 모두 만족하는 경우 인접 영역 내에서는 $x = x_0$에서 최솟값을 갖는다.

이러한 조건을 최소화를 위한 1차 및 2차 조건이라고 한다. 위의 조건은 어떤 점이 무한소의 인접 영역에 대해 최소점이 되기에 **충분하며** 또한 "거의" 필요조건이기도 하다. 점 x_0이 $f'(x_0) = 0$ 및 $f''(x_0) = 0$을 만족할 수도 있는 퇴화 임계점의 경우를 해결하기 위해 "거의"라는 표현을 사용하고 있다. 이러한 유형의 설정은 점 x_0이 최소점이 될 수도 있고 아닐 수도 있는 모호한 상황이다. 이러한 모호성의 예로서 함수 $F(x) = x^3$과 $G(x) = x^4$는 $x = 0$에서 1차 미분과 2차 미분 모두 0이 되지만 $G(x)$만 최솟값을 갖는다. 작은 인접 영역 $x_0 + \Delta$ 내에서 함수 $f(x)$의 테일러 전개식을 사용함으로써 보조정리 4.2.1의 최적성 조건을 분석해보자(1.5.1절 참고).

$$f(x_0 + \Delta) \approx f(x_0) + \underbrace{\Delta f'(x_0)}_{0} + \frac{\Delta^2}{2} f''(x_0)$$

Δ^2는 항상 양수이지만 Δ는 양수일 수도 있고 음수일 수도 있다. $|\Delta|$의 값은 아주 작으며 이후의 항들은 급속히 감소하는 것으로 가정한다. 따라서 $f(x_0)$와 $f(x_0 + \Delta)$를 의미 있게 비교하기 위해 위의 전개식에서 0이 아닌 첫 번째 항만 남겨두어도 무방할 것이다. $f'(x_0)$이 0이므로 0이 아닌 첫 번째 항은 $f''(x_0)$을 포함하는 2차 항이다. 또한 Δ^2와 $f''(x_0)$이 양수이므로 $f(x_0 + \Delta) = f(x_0) + \epsilon$이 된다. 여기에서 ϵ은 양수이다. 이는 Δ가 양수이든 음수이든 작은 값에 대해서는 $f(x_0)$가 $f(x_0 + \Delta)$보다 작다는 것을 의미한다. 즉, x_0은 인접 영역에 대해서는 최소점이다.

테일러 전개식은 또한 퇴화 상황인 $f'(x_0)=f''(x_0)=0$이 문제가 되는 이유에 대한 설명을 제공한다. $f''(x_0)$가 0인 경우, 0이 아닌 첫 번째 항에 도달할 때까지 테일러급수를 계속 전개해야 한다. 0이 아닌 첫 번째 항이 양수이면 $f(x_0+\Delta)<f(x_0)$이 된다. 이러한 함수의 예는 $x_0=0$에서 $f(x)=x^4$이다. 이 경우 x_0은 실제로 해당 인접 영역에 대해서는 최소점이다. 그러나 0이 아닌 첫 번째 항이 음수이거나 Δ의 부호에 따라 달라지는 경우 최대점이나 안장점이 될 수도 있다. 해당 예는 그림 4.1에서 보이고 있으며, 여기에서 원점은 x^3의 변곡점이다.

문제 4.2.1 2차함수 $f(x)=ax^2+bx+c$를 생각해보자. $a>0$일 때 $f(x)$가 (최소화를 위한) 최적성 조건을 만족하는 지점을 찾을 수 있음을 보이시오. $a<0$일 때 (최대화를 위한) 최적성 조건이 만족됨을 보이시오.

2차함수는 2차 항의 부호에 따라 하나의 최소점이나 최대점이 존재하는 다소 간단한 경우이다. 그러나 다른 함수들에는 여러 전환점이 있을 수 있다. 예를 들어 $\sin(x)$ 함수는 주기적이며 $x\in(-\infty,+\infty)$에 대해 무수히 많은 최소점과 최대점을 갖는다. 보조정리 4.2.1의 최적성 조건은 인접 영역에서 최소점을 정의하는 데만 초점을 맞추고 있다. 즉, 그 점은 무한소의 인접 영역에 대해 최소점이다. 인접 영역에 대해서만 최소점인 점을 **국소 최소점**이라고 한다. 직관적으로 "국소"라는 단어는 그 점이 무한히 작은 인접 영역 내에서만 최소라는 사실을 나타낸다. 최적화 변수 값의 전체 영역에 대한 최소점은 **전역 최소점**이다. 보조정리 4.2.1의 조건은 해당 점이 전역 최소점인지 여부를 명확하게 알려주지 않는다. 그러나 이러한 조건은 해당 점이 최소한 국소 최소점이 되기 위한 충분조건이며, 국소 최소점이 되기 위해 "거의" 필요한 조건이다(즉, 앞서 논의한 2차 미분이 0인 퇴화 임계점의 경우를 제외하고는 필요함).

다음으로, 국소 최소점과 전역 최소점을 모두 갖는 아래의 목적함수를 생각해보자.

$$F(x)=(x^4/4)-(x^3/3)-x^2+2$$

이 함수는 그림 4.2(b)에 표시되어 있으며, 두 가지 가능한 최소점이 있다. $x=-1$에서의 최소점은 **국소 최소점**이고 $x=2$에서의 최소점은 **전역 최소점**이다. 국소 최소점과 전역 최소점은 그림 4.2(b)에 나와 있다. x에 대해 $F(x)$를 미분하고 0으로 설정하면 다음 조건을 얻는다.

$$x^3-x^2-2x=x(x+1)(x-2)=0$$

근은 $x\in\{-1, 0, 2\}$이다. 2차 미분은 $3x^2-2x-2$로, -1과 2(최소점)에서 양수이고 $x=0$(최대점)에서 음수이다. 두 최소점에서 함수의 값은 다음과 같다.

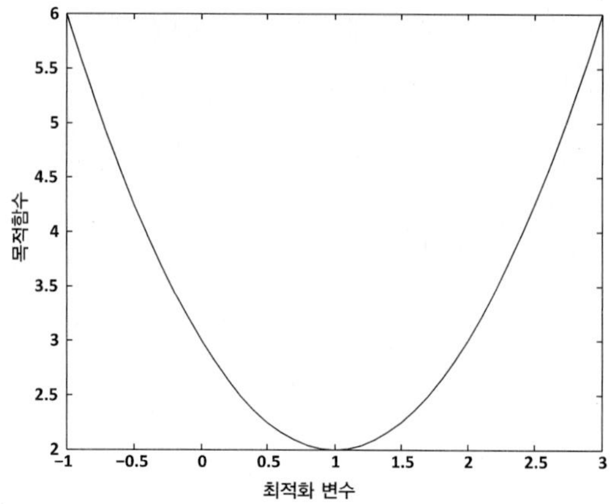

(a) 단일 전역 최소점
$f(x) = x^2 - 2x + 3$

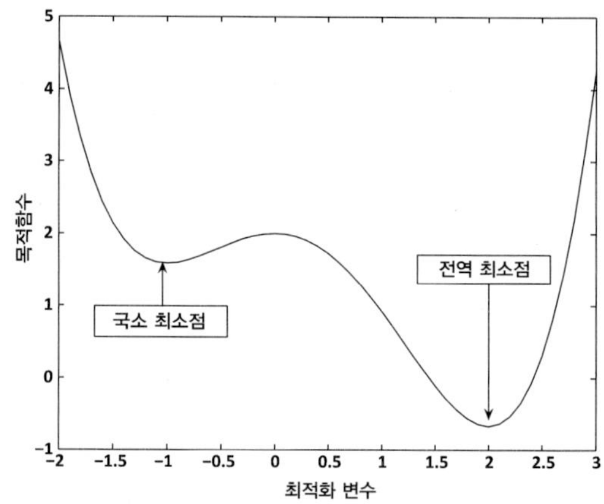

(b) 전역 최소점과 국소 최소점
$F(x) = (x^4/4) - (x^3/3) - x^2 + 2$

그림 4.2 국소 최소점과 전역 최소점

$$F(-1) = 1/4 + 1/3 - 1 + 2 = 19/12$$
$$F(2) = 4 - 8/3 - 4 + 2 = -2/3$$

따라서 $x = 2$는 전역 최소점이고 $x = -1$은 국소 최소점이다. $x = 0$은 $F(0) = 2$를 만족하는 (국소) 최대점이라는 것이 주목할 만하다. 그림 4.2(b)에서 이 국소 최대점은 $x = 0$에서 봉우리를 갖는 작은 언덕으로 나타난다. 국소 최적점들은 최적화 문제를 어렵게 만든다. 최적성 조건을 만족하는 해가 전역 최적점인지 여부를 알 수 있는 방법이 없는 경우가 많기 때문이다. 볼록 함수라고 하는 특정 유형의 최적화 함수는 단일 전역 최소점을 갖도록 보장된다. 볼록 함수의 예는 그림 4.2(a)의 단일 변량 2차 목적함수이다. 볼록 함수를 논의하기 전에 보조정리 4.2.1의 조건을 만족하는 해에 도달하는 문제(및 다중 변수에 대한 일반화)에 대해 논의할 것이다.

문제 4.2.2 함수 $F(x) = x^4 - 4x^3 - 2x^2 + 12x$가 $x = -1$과 $x = 3$에서 최솟값을 취하고, $x = 1$에서 최댓값을 취하는 것을 보이시오. 이들 중 국소 최소점은 어느 것인가?

문제 4.2.3 $F(x) = (x-1)^2[(x-3)^2 - 1]$의 국소 최적점과 전역 최적점을 구하시오. 이들 중 최대점은 어느 것이고 최소점은 어느 것인가?

4.2.1.1 경사하강법이 필요한 이유

x에 대한 방정식 $f'(x) = 0$을 풀면 임계점에 대한 해를 얻는다. 불행히도 이러한 해를 닫

힌 형식으로 계산하는 것이 항상 가능하지는 않다. 미분 $f'(x)$ 자체가 x에 관한 복잡한 함수일 수도 있기 때문에 방정식 $f'(x)=0$을 정확히 푸는 것이 어려운 경우가 종종 있다. 즉, 위의 예와 같은 닫힌 형식의 해가 존재하지 않는 경우도 많다. 예를 들어 최소화해야 하는 다음 함수를 생각해보자.

$$f(x) = x^2 \cdot \log_e(x) - x \tag{4.5}$$

이 함수의 1차 미분을 0으로 설정하면 다음 조건이 생성된다.

$$f'(x) = 2x \cdot \log_e(x) + x - 1 = 0$$

이러한 방정식을 풀기 위한 반복형 방법이 존재하지만 풀기가 다소 어렵다. 시행착오를 통해 운이 좋으면 $x=1$이 $f'(1)=2\log_e(1)+1-1=0$을 만족하기 때문에 $x=1$이 실제로 1차 최적성 조건에 따른 해라는 것을 알 수 있을 것이다. 또한 2차 미분 $f''(x)$는 $x=1$에서 양수임을 보일 수 있으며, 따라서 이 점은 최소한 국소 최소점이다. 그러나 이와 같은 방정식을 수치적으로 풀려고 하면 모든 유형의 수치 문제와 계산 문제가 발생한다. 이러한 종류의 어려움은 단일 변량 최적화보다 다변량 최적화에서 더욱 증폭된다.

목적함수를 최적화하기 위해 (함수 형태에 관계없이) 널리 사용되는 접근방식은 **경사하강법**(gradient descent)을 사용하는 것이다. 경사하강법에서는 시작점 $x=x_0$에서 시작하여 **가장 가파른 하강 방향**을 사용하여 아래와 같이 x를 연속적으로 갱신해나간다.

$$x \Leftarrow x - \alpha f'(x)$$

여기에서 $\alpha > 0$은 단계 크기를 조절하며, **학습률**이라고도 한다. 단일 변량의 경우, 이동 방향이 두 가지(즉, x 증가 또는 x 감소)뿐이므로 "가장 가파름" 개념을 인식하기 어렵다. 이 방향 중 하나는 상승을 유발하고 다른 방향은 하강을 유발한다. 그러나 다변량 문제에서는 가능한 하강 방향이 무수히 많을 수 있으며 단일 변량 미분 개념을 일반화하면 가장 가파른 하강 방향 개념으로 이어진다. x의 값은 각 반복에서 $\delta x = -\alpha f'(x)$만큼 변경된다. 매우 작은 학습률 값 $\alpha > 0$에 대해 위의 갱신은 항상 $f(x)$를 감소시킨다. 이는 매우 작은 α의 경우 1차 테일러 전개식을 사용하여 다음의 결과를 얻을 수 있기 때문이다.

$$f(x+\delta x) \approx f(x) + \delta x f'(x) = f(x) - \alpha[f'(x)]^2 < f(x) \tag{4.6}$$

$\alpha > 0$의 매우 작은 값을 사용하는 것은 알고리즘이 수렴하는 데 오랜 시간이 걸리므로 권장되지 않는다. 반면에 큰 α 값을 사용하면 계산된 경사도와 관련하여 갱신 효과를 예측하기가 어려울 수 있다(1차 테일러 전개식이 더 이상 좋은 근사가 아니므로). 결국 경사도는 순간적인 변화율일 뿐이며 더 큰 범위에는 적용되지 않는다. 따라서 단계 크기에 따라 경사도 부

호가 변경되는 상황에서 큰 단계 값을 사용하면 계산되는 해가 최적점을 지나쳐버릴 수 있다. 매우 큰 학습률 값을 사용할 경우 해가 발산할 수도 있으며, 이때 해는 큰 절댓값을 향해 증가하는 속도로 이동하고 수치 오버플로를 발생시키며 종료되는 경우가 많다.

다음에서는 식 4.5의 함수에 대한 경사하강법 절차에서 두 번의 반복을 보여준다. 최적점 $x=1$보다 큰 $x_0=2$에서 시작하는 경우를 생각해보자. 이 시점에서 $f'(x)$의 값은 $2\log_e(2)+1 \approx 2.4$로 표시될 수 있다. $\alpha=0.2$를 사용하면 x 값은 x_0에서 다음과 같이 갱신된다.

$$x_1 \Leftarrow x_0 - 0.2 * 2.4 = 2 - 0.48 = 1.52$$

이 새로운 x 값은 최적 해에 더 가깝다. 그런 다음 $x_1=1.52$에서 미분을 다시 계산하고 갱신 $x \Leftarrow 1.52 - 0.2 * f'(1.52)$를 수행할 수 있다. 이러한 갱신을 반복 수행함으로써 x_0, x_1, $x_2 \ldots x_t$ 열을 구성할 것이며, 이 열은 결국 t의 큰 값에 대해 최적의 $x_t=1$ 값에 수렴할 것이다. 여기에서 α의 선택은 중요하다. 예를 들어 $\alpha=0.8$을 선택하면 다음과 같은 갱신이 발생한다.

$$x_1 \Leftarrow x_0 - \alpha f'(x_0) = 2 - 2.4 * 0.8 = 0.08$$

이 경우 해는 $x=1$의 최적점을 지나쳤지만 초기점 $x_0=2$보다는 여전히 최적점에 더 가깝다. 해가 여전히 최적점에 수렴한다는 것을 보일 수 있겠지만, 수렴에 더 많은 시간이 걸릴 것이다. 나중에 살펴보겠지만 이조차도 모든 경우에 보장되는 것은 아니다.

4.2.1.2 경사하강법의 수렴

경사하강법에서 갱신 절차를 실행하면 일반적으로 최적화 변수에 대해 x_0, $x_1 \ldots x_t$와 같은 값들의 열이 생성되며, 점차 최적 해에 가까워질 것이다. x_t의 값이 최적점에 가까워짐에 따라 미분 $f'(x_t)$도 0에 가까워지는 경향이 있다(따라서 보조정리 4.2.1의 1차 최적성 조건을 충족함). 즉, 절대 단계 크기는 알고리즘 실행 과정에서 감소하는 경향이 있다. 경사하강법이 최적의 해에 가까워지면 목적함수도 더 느린 속도로 개선된다. 이러한 관찰은 (현재 해가 최적 값에 충분히 가까울 때) 알고리즘 종료와 관련된 결정에 관한 몇 가지 자연스러운 아이디어를 제공한다. 한 가지 아이디어는 알고리즘이 진행됨에 따라 반복 인덱스 t와 $f(x_t)$의 현재 값에 대한 그래프를 표시하는 것이다. 경사하강법 과정에서 좋은 진행의 전형적인 예가 그림 4.3(a)에 나와 있다. X축에는 반복 인덱스가 포함되고 Y축에는 목적함수 값이 포함된다. 목적함수 값은 알고리즘 진행 과정에서 단조감소할 필요는 없지만 어느 시점 이후에는 (중요한 장기적 방향을 보이지 않고) 작은 잡음성 변화를 보이는 경향이 있다. 이러한 상황은 알고리즘을 종료할 좋은 지점으로 간주될 수 있다. 그러나 경우에 따라 단계 크기를 적절하게 선택하지 않으면 갱신 단계가 최적의 해로부터 발산하는 것으로 나타날 수도 있다.

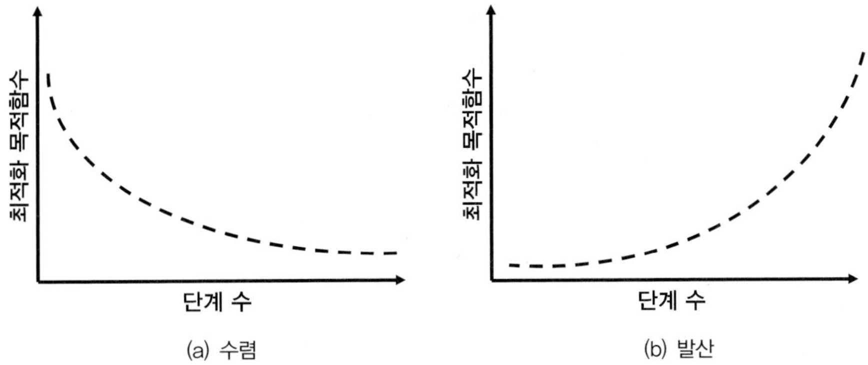

그림 4.3 수렴 과정과 발산 과정에서 목적함수의 일반적인 동작

4.2.1.3 발산의 문제

매우 큰 학습률 α를 선택하면 최적 해를 지나쳐버리는 일이 발생할 수 있으며 일부 경우에는 발산할 수도 있다. 이 점을 이해하기 위해 $x=1$에서 최적 값을 취하는 그림 4.2(a)의 2차 함수 $f(x)$를 생각해보자.

$$f(x)=x^2-2x+3$$

이제 시작점이 $x_0=2$이고 큰 학습률 $\alpha=10$을 선택하는 상황을 생각해보자. 미분 $f'(x)=2x-2$는 $f'(x_0)=f'(2)=2$로 계산된다. 첫 번째 단계 갱신의 결과는 다음과 같다.

$$x_1 \Leftarrow x_0 - 10*2 = 2-20=-18$$

새로운 점 x_1은 지나쳐버림 문제로 인해 최적인 $x=1$ 값에서 너무 멀어진다. 더 나쁜 것은 이 시점에서 절대 경사도가 매우 커서 $f'(-18)=-38$로 계산된다는 것이다. 이 학습률을 고수하면 해는 이번에는 반대 방향으로 지난번보다 더 빠른 속도로 이동한다.

$$x_2 \Leftarrow x_1 - 10*(-38) = -18+380=362$$

이 경우 해가 방향은 원래 방향으로 맞게 이동하지만 과잉 이동으로 인해 최적 해에서 훨씬 더 멀어지게 된다. 추가적인 갱신은 점점 더 큰 진폭을 가지면서 전후 이동을 초래한다.

$$x_3 \Leftarrow x_2 - 10*722 = 362-7220=-6858, \qquad x_4 \Leftarrow x_3 + 10*13718 = 130322$$

각 반복은 현재 해의 부호를 변경하고 약 20배 정도 크기를 증가시킨다. 즉, 해는 수치 오버플로로 이어질 때까지 최적 해에서 점점 더 빠르게 멀어져간다. 발산 과정에서 목적함수의 동작에 대한 예는 그림 4.3(b)에 나와 있다.

알고리즘 진행 과정에서 학습률을 줄여나가는 것이 일반적이며, 이러한 접근방식의 여러 목적 중 하나는 발산을 방지하는 것이다. 그러나 경우에 따라서는 특히 초기 학습률이 큰 경우 이러한 접근방식으로 발산을 방지하지 못할 수도 있다. 따라서 분석자가 경사하강법에서 매개변수 벡터의 크기가 빠르게 증가하는 것처럼 보이는 상황(최적화 목적함수가 악화됨)에 직면하게 되면, 이를 발산의 징후로 보아야 한다. 우선적인 조정사항은 더 작은 초기 학습률로 실험하는 것이다. 그러나 너무 작은 학습률을 선택하면, 불필요하게 진행 속도가 느려지고 전체 절차에 너무 많은 시간이 소요될 수 있다. 올바른 단계 크기를 찾거나 알고리즘 진행 과정에서 이를 조정하는 방법에 관한 많은 문헌이 있다. 이러한 쟁점 중 일부는 이후의 절들에서 논의될 것이다.

4.2.2 이 변량 최적화

단일 변량 최적화 시나리오는 다소 비현실적이며, 현실 설정에서 대부분의 최적화 문제에는 여러 개의 변수들이 있다. 단일 변수 최적화와 다중 변수 최적화의 미묘한 차이를 이해하기 위해 먼저 두 개의 변수를 포함하는 최적화 함수의 경우를 고려할 것이다. 이러한 설정을 **이 변량 최적화**라고 하며 단일 변수 최적화와 다변량 최적화 사이의 복잡성 격차를 메우는 데 도움이 될 것이다. 이해의 편의를 위해 그림 4.2에서 단일 변량 최적화 함수에 대한 이 변량 일반화를 고려할 것이다. 아래와 같이 그림 4.2에 나타나는 단일 변량 함수를 두 개씩 더하여 이 변량 함수들을 구성한다.

$$g(x,y) = f(x) + f(y) = x^2 + y^2 - 2x - 2y + 6$$
$$G(x,y) = F(x) + F(y) = ([x^4 + y^4]/4) - ([x^3 + y^3]/3) - x^2 - y^2 + 4$$

이러한 함수들은 단순하며, 또 **덧셈 형식 분리 가능**이라는 매우 특별한 구조를 가지고 있다. 덧셈 형식 분리 가능 함수는 단일 변량 항들이 덧셈으로 연결되고 서로 상호작용하지 않는 함수이다. 즉, 덧셈 형식 분리 가능한 함수는 $\sin(x^2)$와 $\sin(y^2)$와 같은 항들을 포함할 수 있지만 $\sin(xy)$는 포함할 수 없다. 그렇지만 이렇게 단순화된 다항식 함수로 다중 변수 최적화와 관련된 복잡성을 보여주기에 충분하다. 사실, 3.4.4절에서 논의된 바와 같이 모든 2차함수는 덧셈 형식 분리 가능한 형태로 표현될 수 있다(비 2차함수에는 해당되지 않음). 두 개의 이 변량 함수 $g(x, y)$와 $G(x, y)$는 각각 그림 4.4(a), (b)에 나와 있다. 그림 4.4(a), (b)의 목적함수의 단일 변수 단면이 그림 4.2(a), (b)의 1차원 함수와 유사하다. 그림 4.4(a)의 목적함수는 (그림 4.2(a)의 1차원 2차함수와 같이) 한 개의 전역 최적점을 갖는다. 그러나 그림 4.4(b)의 목적함수에는 4개의 최소점이 있으며 그 중 하나인 $[x, y] = [2, 2]$만 전역 최소점이다. 국소 최소점과 전역 최소점의 예는 그림 4.4(b)에 표시되어 있다.

이 경우 경사하강법을 수행하기 위해 (그림 4.2의) 목적함수 $g(x, y)$와 $G(x, y)$의 **편미분**

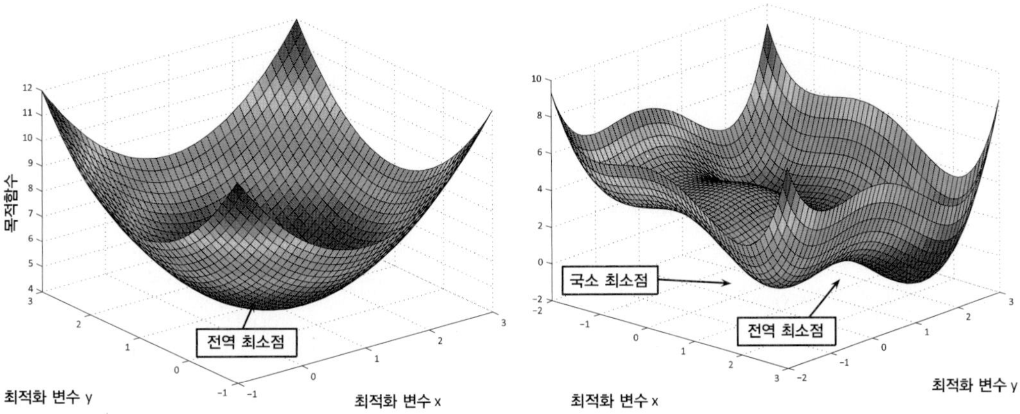

(a) 단일 전역 최소점
$g(x,\, y) = x^2 + y^2 - 2x - 2y + 6$

(b) 전역 최소점과 국소 최소점
$G(x,\, y) = ([x^4 + y^4]/4) - ([x^3 + y^3]/3) - x^2 - y^2 + 4$

그림 4.4 국소 최소점과 전역 최소점

을 계산할 수 있다. 편미분은 특정 변수에 대한 미분을 계산하는 것인데, 이때 다른 변수는 상수로 취급한다. 실제로 "경사도"는 자연스럽게 편미분들의 벡터로 정의된다. 그림 4.4(a)의 함수 $g(x,\, y)$의 경사도를 다음과 같이 계산할 수 있다.

$$\nabla g(x,y) = \left[\frac{\partial g(x,y)}{\partial x}, \frac{\partial g(x,y)}{\partial y}\right]^T = \left[\begin{array}{c} 2x-2 \\ 2y-2 \end{array}\right]$$

함수 앞에 "∇" 기호가 추가되어 경사도를 나타낸다. 이 기호는 이 책에서 일관되게 사용되며, 경사도 계산 목표변수의 선택을 명확히 하기 위해 때때로 $\nabla_{x,y}\, g(x,\, y)$에서와 같이 첨자를 추가한다. 이 경우, 경사도는 두 개의 최적화 변수 x와 y가 있기 때문에 두 개의 성분이 있는 열벡터이다. 2차원 벡터의 각 성분은 두 변수 중 하나에 대한 목적함수의 편미분이다. 위의 최적화 문제를 해결하기 위한 가장 간단한 방법은 경사도 $\nabla g(x,\, y)$를 0으로 설정하는 것이다. 그러면 해 $[x,\, y] = [1,\, 1]$을 얻는다. 4.2.3절에서 (최대점, 최소점, 변곡점 등을 구분하기 위한) 2차 최적성 조건에 대해 살펴볼 것이다.

목적함수의 경사도를 0으로 설정하는 간단한 접근방식이 항상 닫힌 형식의 해를 갖는 연립방정식으로 이어지지는 않는다. 일반적인 해법은 아래와 같이 최적화 변수 $[x,\, y]$에 대하여 경사하강 갱신을 사용하는 것이다.

$$\left[\begin{array}{c} x_{t+1} \\ y_{t+1} \end{array}\right] \Leftarrow \left[\begin{array}{c} x_t \\ y_t \end{array}\right] - \alpha\nabla g(x_t, y_t) = \left[\begin{array}{c} x_t \\ y_t \end{array}\right] - \alpha\left[\begin{array}{c} 2x_t-2 \\ 2y_t-2 \end{array}\right]$$

지금까지 단순한 구조를 갖는 덧셈 형식 분리 가능한 함수만을 살펴보았다. 이제 좀 더 복잡한 함수를 고려해보자.

$$H(x, y) = x^2 - \sin(xy) + y^2 - 2x$$

이 경우 $\sin(xy)$라는 항은 함수가 덧셈 형식 분리 가능하지 않도록 만든다. 이러한 경우 함수의 경사도는 다음과 같이 표시될 수 있다.

$$\nabla H(x, y) = \left[\frac{\partial H(x, y)}{\partial x}, \frac{\partial H(x, y)}{\partial y}\right]^T = \begin{bmatrix} 2x - y\cos(xy) - 2 \\ 2y - x\cos(xy) \end{bmatrix}$$

편미분 성분은 더 이상 개별 변수에 대해 표현되지 않지만 경사하강 갱신은 앞의 경우와 유사한 방식으로 수행할 수 있다.

단일 변량 최적화의 경우와 마찬가지로 국소 최적점의 존재는 일관된 문제로 남아 있다. 예를 들어 그림 4.4(b)에 보이는 함수 $G(x, y)$의 경우 국소 최적점이 명확하게 표시된다. 모든 임계점은 아래와 같이 경사도 $\nabla G(x, y)$를 0으로 설정함으로써 찾을 수 있다.

$$\nabla G(x, y) = x^3 - x^2 - 2xy^3 - y^2 - 2y = 0$$

이 최적화 문제는 흥미로운 구조를 가지고 있다. 왜냐하면 9개의 쌍 $(x, y) \in \{-1, 0, 2\} \times \{-1, 0, 2\}$ 중 어느 것이라도 1차 최적성 조건을 만족하며, 따라서 임계점이기 때문이다. 이 중 한 개는 전역 최소점, 3개는 국소 최소점, 그리고 (0, 0)에 한 개의 국소 최대점이 있다. 나머지 4개는 안장점이다. 최소점, 최대점, 또는 안장점 등으로 점들을 분류할 수 있기 위해서는 보조정리 4.2.1의 단일 변량 최적성 조건의 직접적인 일반화에 해당하는 다변량 2차 조건을 사용해야 한다. 다변량 사례에 대한 2차 최적성 조건에 대해서는 4.2.3절에서 다룬다. 최적화 문제에 하나가 아닌 두 개의 변수가 포함된 경우 최적성 조건을 만족하는 임계점 수가 급격히 증가한다. 일반적으로 다변량 문제가 단일 변량 함수들의 합으로 제시되면, 국소 최적점의 수는 최적화 변수의 수에 따라 기하급수적으로 증가할 수 있다.

문제 4.2.4 최적성 조건 $f'(x) = 0$을 만족하는 x 값이 k개인 단일 변량 함수 $f(x)$를 생각해보자. $G(x, y) = f(x) + f(y)$를 이 변량 목적함수라고 하자. $\nabla G(x, y) = 0$을 만족하는 쌍 (x, y)은 k^2개 있음을 보이시오. d차원 함수 $H(x_1 \dots x_d) = \sum_{i=1}^{d} f(x_i)$에 대한 1차 최적성 조건을 만족하는 투플 $[x_1 \dots x_d]^T$는 몇 개나 될까?

그림 4.4(b)의 목적함수의 경우, 4개의 사분면마다 한 개씩 (국소 또는 전역) 최적점이 존재한다. 또한 특정 사분면에서 (낮은 학습률로) 경사하강법을 시작하면 각 사분면에 자체의 사발이 포함되어 있기 때문에 해당 사분면에서 하나의 최적점에 수렴한다는 것을 알 수 있다.

더 높은 학습률에서는 경사하강법이 국소/전역 최적점을 지나쳐 다른 사발로 이동할 수 있다(또는 수치 오버플로로 인해 예측할 수 없는 방식으로 동작할 수도 있음). 따라서 경사하강법의 종착점은 시작점이나 학습률과 같은 계산 절차의 작은 세부사항들에 따라 달라진다. 4.4절에서 이러한 세부사항들에 대해 논의할 것이다.

그림 4.4(a)의 함수 $g(x, y)$에는 하나의 전역 최적점이 있고 국소 최적점은 없다. 이러한 경우 경사하강법 절차를 시작하는 위치에 관계없이 전역 최적점에 도달할 가능성이 더 높다. 이 경우 더 나은 결과를 얻는 것은 최적화 문제 구조에 따른 것이다. 기계학습에서 발생하는 많은 최적화 문제는 그림 4.4(a)의 양호한 구조를 (또는 그와 매우 유사한 구조를) 가지고 있으며, 그 결과 국소 최적점으로 인한 문제가 언뜻 생각하기보다 많지 않다.

4.2.3 다변량 최적화

대부분의 기계학습 문제는 여러 최적화 변수를 포함하는 큰 매개변수 공간에서 정의된다. 최적화 문제의 변수는 기계학습 문제의 관측된 속성들이나 은닉 속성들에 대한 예측 함수를 생성하기 위해 사용되는 매개변수이다. 예를 들어, 선형 회귀 문제에서 최적화 변수 w_1, $w_2 \ldots w_d$는 독립변수 $x_1 \ldots x_d$에서 아래와 같이 종속변수 y를 예측하기 위해 사용된다.

$$y = \sum_{i=1}^{d} w_i x_i$$

이 절에서부터는 $w_1 \ldots w_d$만이 최적화 변수를 나타내는 반면, x_i나 y와 같은 다른 "변수"는 현재 데이터 세트에서 실제로 관측된 값(최적화 관점에서는 상수)을 나타내는 것으로 가정한다. 이 표기법은 기계학습 문제에서는 일반적이다. 목적함수는 종종 위의 변수 y와 같은 특정 속성의 관측 값과 예측 값의 차이에 페널티를 준다. 예를 들어, $[x_1, x_2 \ldots x_d, y]$ 형식의 관측된 투플이 많이 있는 경우, 관측된 모든 투플에 대해 $(y - \sum_{i=1}^{d} w_i x_i)^2$의 값을 합산할 수 있다. 이러한 목적함수는 종종 기계학습 용어에서 손실함수라고 한다. 따라서 이 장의 나머지 부분에서 "목적함수"라는 용어를 "손실함수"로 바꾸어 부르는 경우도 자주 있을 것이다. 이 절에서는 손실함수 $J(\overline{w})$가 여러 개의 최적화 변수 $\overline{w} = [w_1 \ldots w_d]^T$로 구성된 벡터의 함수라고 가정한다. 이전 절들의 설명에서와 달리 $w_1 \ldots w_d$는 최적화 변수 표기에 사용하며, $\overline{X}$, x_i, $\overline{y}$, y_i 등은 (값이 관측되는) 데이터의 속성 표기를 위해 예약된다. 속성은 기계학습 용어에서 "변수"(예: 종속변수, 독립변수)라고도 하지만 최적화 문제의 관점에서 이들은 변수가 아니다. 속성 값은 항상 훈련 중에 관측된 데이터에 기초하여 고정되므로, 최적화 문제의 (상수) 계수로 나타난다. 혼란스럽게도 (상수인 관측 값을 갖는) 이러한 속성들은 기계학습 알고리즘이 모델링하려는 예측 함수의 인수이기 때문에 기계학습에서 "변수"라고도 한다. 속성들을 나타내기 위해 $\overline{X}$, x_i, $\overline{y}$, y_i 등을 사용하는 것은 기계학습 분야에서 일반적인 관행이다. 따라서 이 장의 이후 논의는 이러한 관행을 따른다. d의 값은 당면한 문제의 최적화 변수 개수에 해당하고, 매개변수 벡터 $\overline{w}=[w_1 \ldots w_d]^T$는 열벡터로 가정된다.

d개의 변수를 갖는 목적함수에 대한 경사도 계산은 앞의 절에서 설명한 이 변량 경우와 유사하다. 주요 차이점은 편미분들로 이루어지는 2차원 벡터 대신 d차원 벡터를 계산한다는 것이다. d차원 경사도 벡터의 i번째 성분은 i번째 매개변수 w_i에 대한 J의 편미분이다. 최적화 문제를 (경사하강법을 사용하지 않고) 직접 해결하는 가장 간단한 방법은 경사도 벡터를 영벡터로 설정하는 것이다. 그러면 다음과 같은 d개의 조건이 생성된다.

$$\frac{\partial J(\overline{w})}{\partial w_i} = 0, \quad \forall i \in \{1 \ldots d\}$$

이러한 조건은 매개변수 $w_1 \cdots w_d$을 결정하기 위해 풀 수 있는 d개의 식을 갖는 연립방정식으로 이어진다. 단일 변량 최적화의 경우와 마찬가지로 (경사도가 0인) 임계점이 최대점, 최소점, 또는 변곡점인지 특정할 방법이 필요하며, 이는 2차 조건으로 인도한다. 단일 변수 최적화에서 $f(w)$가 최소가 되는 조건은 $f''(w) > 0$이다. 다변량 최적화에서 이러한 원리는 **헤시안 행렬**을 사용하여 일반화된다. 스칼라 2차 미분 대신, 서로 다른 변수 쌍에 대한 J의 편미분들을 나타내는 $d \times d$ 2차 미분 행렬이 생성된다. 최적화 변수 $w_1 \cdots w_d$에 관한 손실함수 $J(\overline{w})$의 헤시안 행렬은 $d \times d$ 대칭행렬 H에 의해 주어지며, 여기에서 (i, j)번째 항 H_{ij}는 아래와 같이 정의된다.

$$H_{ij} = \frac{\partial^2 J(\overline{w})}{\partial w_i \partial w_j} \tag{4.7}$$

슈바르츠의 정리에 따라 편미분에 대해 교환법칙이 성립하기 때문에 헤시안 행렬의 (i, j)번째 항은 (j, i)번째 항과 같다. 헤시안 행렬이 대칭행렬이라는 사실은 행렬의 고유분해를 요하는 많은 계산 알고리즘에서 유용하다.

헤시안 행렬은 단일 변량 2차 미분 $f''(w)$에 대한 직접적인 일반화이다. 단일 변량 함수의 경우 헤시안 행렬은 $f''(w)$을 유일한 항으로 포함하는 1×1 행렬이다. 헤시안 행렬은 $\overline{w}$의 **함수**이며 간결함을 위해 H로 표시하지만 엄밀하게는 $H(\overline{w})$로 표시해야 한다. $J(\overline{w})$가 2차함수인 경우 헤시안 행렬의 항은 매개변수 벡터 $\overline{w}=[w_1 \ldots w_d]^T$에 종속되지 않는다. 이것은 $f(w)$가 2차함수일 때 2차 미분 $f''(w)$가 상수인 단일 변량 함수의 경우와 유사하다. 그러나 일반적으로 헤시안 행렬은 계산에 사용되는 매개변수 벡터 $\overline{w}$의 값에 따라 달라진다. 경사도가 0인 매개변수 벡터 $\overline{w}$(즉, 임계점)의 경우 단일 변량 함수에서 $f''(w)$를 테스트하는 것과 동일한 방식으로 헤시안 행렬 H를 테스트해야 한다. 점 $\overline{w}$가 최소점이 되려면 $f''(w)$가 양수

여야 하는 것처럼, 최소점이 되려면 헤시안 행렬 H가 양의 **정부호성**을 가져야 한다. 이 점을 이해하기 위해 $\overline{v}$ 방향과 작은 반경 $\epsilon > 0$에 의해 정해지는 $\overline{w}_0$의 인접 영역에서 $J(\overline{w})$의 2차 다변량 테일러 전개식을 생각해보자.

$$J(\overline{w}_0 + \epsilon\overline{v}) \approx J(\overline{w}_0) + \epsilon\,\overline{v}^T \underbrace{[\nabla J(\overline{w}_0)]}_{0} + \frac{\epsilon^2}{2}[\overline{v}^T H \overline{v}] \tag{4.8}$$

매개변수 벡터에 종속된 헤시안 행렬 H가 $\overline{w} = \overline{w}_0$에서 계산되는 경우를 생각해보자. $\overline{v}^T H\overline{v} > 0$ 일 때 목적함수$J(\overline{w}_0)$는 $J(\overline{w}_0 + \epsilon\overline{v})$보다 작을 것임이 분명하다. $\overline{v}^T H\overline{v} < 0$ 인 방향 $\overline{v}$를 하나라도 찾을 수 있다면, $\overline{w}$는 명백히 인접 영역에서 최소점이 아니다. $\overline{v}^T H\overline{v} > 0$ 을 만족하는 행렬 H는 양의 정부호성을 갖는다(3.3.8절 참고). 헤시안 행렬의 양의 정부호성 개념은 단일 변량 함수에 대한 2차 미분 조건 $f''(w) > 0$에 대한 직접적인 일반화에 해당한다. 결국 단일 변량 함수의 헤시안 행렬은 2차 미분을 포함하는 1×1 행렬이다. 이 1×1 행렬이 양의 정부호성을 가지려면 이 행렬의 단일 항이 양수여야 한다.

임계점 $\overline{w}$에서 경사도가 0이라고 가정하고, 다음과 같이 2차 최적성 조건을 요약할 수 있다.

1. 헤시안 행렬이 $\overline{w} = [w_1 \dots w_d]^T$에서 양의 정부호성을 갖는 경우, $\overline{w}$는 국소 최소점이다.
2. 헤시안 행렬이 $\overline{w} = [w_1 \dots w_d]^T$에서 음의 정부호성을 갖는 경우, $\overline{w}$는 국소 최대점이다.
3. 헤시안 행렬이 $\overline{w}$에서 부정부호성을 갖는 경우, $\overline{w}$는 안장점이다.
4. 헤시안 행렬이 양이나 음의 준정부호성을 갖는 경우, 국소 최적점일 수도 있고 안장점일 수도 있기 때문에 테스트가 결정적이지 않다.

이러한 조건은 단일 변량 최적성 조건에 대한 직접적인 일반화를 나타낸다. 부정부호 헤시안 행렬의 안장점이 어떤 모습인지 조사하는 것이 도움이 될 것이다. 최적화 목적함수 $g(w_1, w_2) = w_1^2 - w_2^2$를 생각해보자. 이 2차함수의 헤시안 행렬은 매개변수 벡터 $[w_1, w_2]^T$에 독립이며 다음과 같이 정의된다.

$$H = \begin{bmatrix} 2 & 0 \\ 0 & -2 \end{bmatrix}$$

이 헤시안 행렬은 두 개의 대각 항 중 하나가 음수이기 때문에 명백히 부정부호 대각행렬이다. 점 [0, 0]에서 경사도가 0이기 때문에 이 점은 임계점이다. 그러나 이 점은 헤시안 행렬의

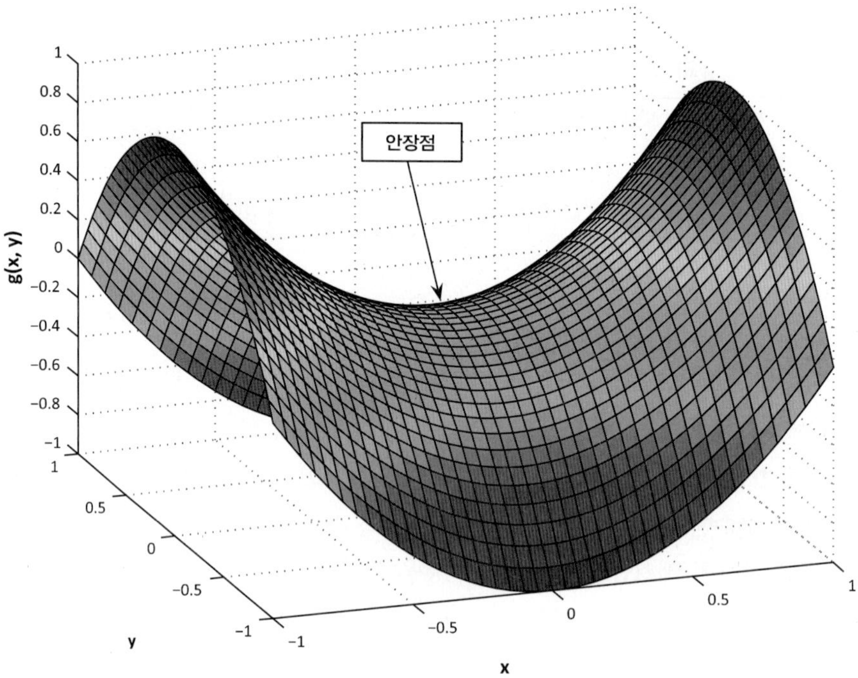

그림 4.5 그림 3.6의 재해석: 부정부호 헤시안 행렬에 의해 생성된 안장점

부정부호 특성 때문에 안장점이다. 이 안장점은 그림 4.5에 나와 있다.

> **문제 4.2.5** 목적함수 $J(\overline{w})$의 경사도는 0이고, 헤시안 행렬의 행렬식은 $\overline{w} = \overline{w}_0$에서 음수이다. $\overline{w}_0$은 최소점, 최대점, 또는 안장점 중 어느 것인가?

목적함수의 경사도를 0으로 설정하여 만들어지는 연립방정식을 푸는 것은 대개 계산적으로 어렵다. 따라서 경사하강법이 사용된다. 즉, 학습률 α로 다음 갱신을 반복한다.

$$[w_1 \dots w_d]^T \Leftarrow [w_1 \dots w_d]^T - \alpha \left[\frac{\partial J(\overline{w})}{\partial w_1} \dots \frac{\partial J(\overline{w})}{\partial w_d} \right]^T \tag{4.9}$$

$\overline{w}$에 대한 목적함수의 경사도를 이용하여 위의 식을 아래와 같이 표현할 수도 있다.

$$\overline{w} \Leftarrow \overline{w} - \alpha \nabla J(\overline{w})$$

여기에서 $\nabla J(\overline{w})$는 열벡터 $\overline{w}$ 안의 매개변수들에 대한 $J(\overline{w})$의 편미분들을 나타내는 열벡터이다. 여기에서는 학습률 α가 상수로 표시되어 있지만, 일반적으로 알고리즘 진행 중에 변화한다(4.4.2절 참고).

4.3 볼록 목적함수

국소 최소점의 존재는 경사하강법 알고리즘의 효과에 대한 불확실성을 초래한다. 이상적으로는 국소 최소점 없는 목적함수를 원할 것이다. 이러한 속성을 갖는 특별한 유형의 목적함수는 **볼록 함수**이다. 볼록 함수는 볼록 정의역에 대해서만 정의되므로 먼저 **볼록 집합**의 개념을 정의할 필요가 있다.

정의 4.3.1 볼록 집합

S에 속하는 임의의 한 쌍의 점 $\overline{w}_1$, $\overline{w}_2$이 주어질 때 모든 $\lambda \in (0,1)$에 대해 점 $\lambda\overline{w}_1+[1-\lambda]\overline{w}_2$도 S에 속할 경우, 집합 S는 볼록하다.

즉, 볼록 집합에서는 한 쌍의 점을 연결하는 직선 전체가 그 집합에 포함되지 않는 점 한 쌍을 찾는 것이 불가능하다. **닫힌 볼록 집합**은 집합의 경계점(즉, 극한점)들이 집합에 포함되는 반면, 열린 볼록 집합은 경계 내부의 모든 점은 포함하지만 경계 자체는 포함하지 않는 집합이다. 예를 들어, 1차원 공간에서 집합 [−2, +2]는 닫힌 볼록 집합이고, 집합 (−2, +2)는 **열린 볼록 집합**이다.

볼록 집합과 볼록하지 않은 집합의 예는 그림 4.6에 나와 있다. 원, 타원, 정사각형 또는 반달은 모두 볼록 집합이다. 그러나 원의 3/4은 집합 내부의 두 점 사이에 일부가 집합을 벗어나는 선분을 그릴 수 있으므로 볼록 집합이 아니다(그림 4.6 참고).

볼록 함수 $F(\overline{w})$는 임의의 $\lambda \in (0, 1)$에 대해 다음 조건을 만족하는 볼록 정의역을 갖는 함수로 정의된다.

$$F(\lambda\overline{w}_1 + (1-\lambda)\overline{w}_2) \leq \lambda F(\overline{w}_1) + (1-\lambda)F(\overline{w}_2) \tag{4.10}$$

아래의 문제에서 제시하고 있는 것처럼 볼록성 조건을 k개의 점으로 일반화할 수 있다.

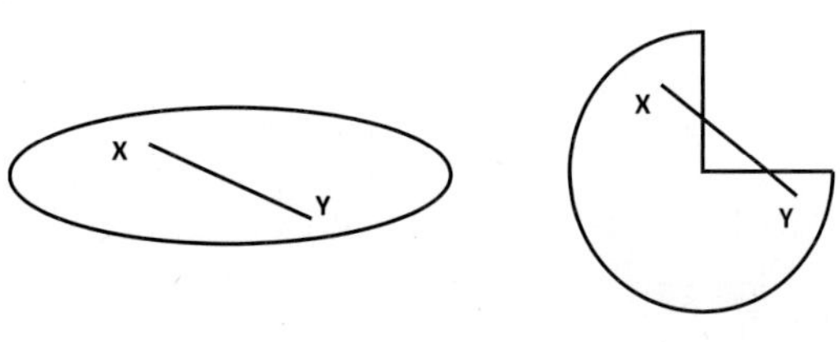

그림 4.6 볼록 집합과 볼록하지 않은 집합의 예

문제 4.3.1 볼록 함수 $F(\cdot)$와 k개의 매개변수 벡터 $\overline{w}_1 \ldots \overline{w}_k$가 주어질 때, $\sum_i \lambda_i = 1$을 만족하는 임의의 $\lambda_1 \ldots \lambda_k \geq 0$에 대해 아래의 식이 참임을 보이시오.

$$F(\sum_{i=1}^{k} \lambda_i \overline{w}_i) \leq \sum_{i=1}^{k} \lambda_i F(\overline{w}_i)$$

볼록 목적함수의 가장 간단한 예는 선행 (2차) 항에 음이 아닌 계수가 있는 2차함수이다.

$$f(w) = a \cdot w^2 + b \cdot w + c$$

여기에서 함수가 볼록으로 간주되려면 a가 음이 아니어야 한다. 위의 볼록성 조건을 사용하여 이러한 결과를 증명할 수 있다. 선형 함수의 경우 식 4.10의 볼록성 조건이 등식으로 성립되기 때문에 모든 선형 함수는 볼록 함수이다.

보조정리 4.3.1 벡터 $\overline{w}$에 관한 선형 함수는 항상 볼록하다.

볼록 함수에는 실제 응용에서 활용되는 여러 유용한 속성이 있다.

보조정리 4.3.2 볼록 함수는 다음 속성을 갖는다.

1. 볼록 함수들의 합은 항상 볼록하다.
2. 볼록 함수들의 최댓값은 볼록하다.
3. 음이 아닌 볼록 함수의 제곱은 볼록하다.
4. $F(\cdot)$가 단일 인수를 갖는 볼록 함수이고 $G(\overline{w})$가 스칼라 출력을 갖는 선형 함수이면, $F(G(w))$는 볼록하다.
5. $F(\cdot)$가 볼록 감소함수이고 $G(\overline{w})$가 스칼라 출력을 갖는 오목 함수이면, $F(G(w))$는 볼록하다.
6. $F(\cdot)$가 볼록 증가함수이고 $G(\overline{w})$가 스칼라 출력을 갖는 볼록 함수이면, $F(G(w))$는 볼록하다.

이러한 결과에 대한 자세한 증명은 연습용 문제로 남긴다(식 4.10에서 유도될 수 있음).

문제 4.3.2 볼록성의 정의를 사용하여 보조정리 4.3.2의 모든 결과를 증명하시오.

언뜻 보기에는 볼록할 것으로 예상되지만 자세히 살펴보면 볼록하지 않은 것으로 판명되는 볼록 함수들의 몇 가지 자연스러운 조합이 있다. 두 볼록 함수의 곱이 반드시 볼록한 것은 아니다. 함수 $f(x)=x$와 $g(x)=x^2$는 볼록 함수이지만 그 곱 $h(x)=f(x)\cdot g(x)=x^3$은 볼록하지 않다(그림 4.1 참고). 또한 두 개의 볼록 함수의 합성이 반드시 볼록한 것은 아니며 미확정 형태이거나 오목할 수 있다. 구체적인 예로, 선형 볼록 함수 $f(x)=-x$와 2차 볼록 함수 $g(x)=x^2$을 생각해보자. 이들의 합성함수 $f(g(x))=-x^2$는 오목이 된다. 함수 합성에 대한 결과는 심층 신경망의 관점에서 중요하다(11장 참고). **신경망의 개별 노드는 일반적으로 볼록 함수를 계산하지만, 후속 노드들에 의해 계산되는 함수들의 합성은 종종 볼록하지 않다.**

볼록 함수가 갖는 바람직한 속성은 국소 최소점이 또한 전역 최소점이 된다는 것이다. 두 개의 "국소" 최소점이 있는 경우 위의 볼록성 조건은 이들을 연결하는 전체 선분이 동일한 목적함수 값을 갖도록 보장한다.

문제 4.3.3 볼록성 조건을 사용하여 볼록 함수의 모든 국소 최소점은 또한 전역 최소점임을 보이시오.

모든 국소 최소점이 전역 최소점이라는 사실은 볼록성의 기하학적 정의를 사용하여 규정할 수도 있다. 1차 미분 조건이라고도 하는 이 기하학적 정의는 그림 4.7에서 보이고 있듯이, 전체 볼록 함수가 항상 볼록 함수에 대한 접선 위쪽에 위치한다는 것이다. 이 그림은 수평 방향이 함수에 대한 인수(즉, 최적화 변수)이고, 수직 방향이 목적함수 값인 2차원 볼록 함수를 보여준다. 볼록성의 중요한 결과는 경사하강법에서 수렴에 성공하면, 전역 최적점에 도달하는 것이 보장되는 경우가 많다는 것이다.

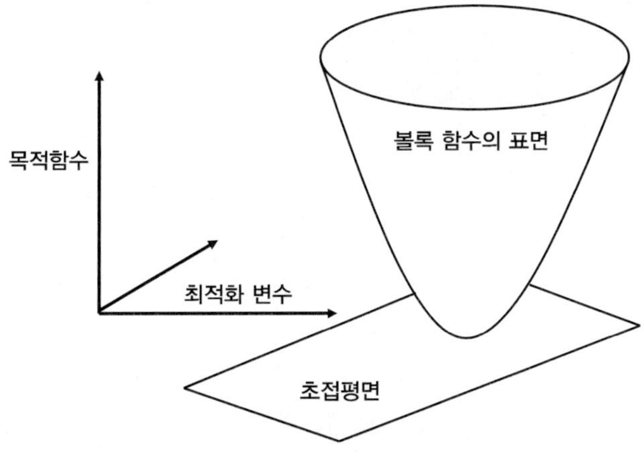

그림 4.7 볼록 함수 전체가 항상 표면의 접평면 위쪽에 위치한다. 이 보기는 2차원 함수를 보여주며, 여기에서 두 개의 수평 축은 최적화 변수이고 수직 축은 목적함수 값이다.

그림 4.7의 조건은 주어진 점 $\overline{w}_0$에서 볼록 함수의 경사도를 사용하여 대수적으로 표현할 수도 있다. 실제로 이 조건은 볼록성에 대한 대안적 정의를 제공한다. 이 조건을 아래에 요약한다.

보조정리 4.3.3 볼록성의 1차 미분 특성화

미분 가능 함수 $F(\overline{w})$는 임의의 $\overline{w}_0$, $\overline{w}$ 쌍에 대해 아래의 식이 참인 경우 볼록 함수이며, 그 역도 성립한다.

$$F(\overline{w}) \geq F(\overline{w}_0) + [\nabla F(\overline{w}_0)] \cdot (\overline{w} - \overline{w}_0)$$

위의 보조정리에 대한 자세한 증명은 생략한다. $\overline{w} = \overline{w}_0$에서 $F(\overline{w})$의 경사도가 0이면, 모든 $\overline{w}$에 대해 $F(\overline{w}) \geq F(\overline{w}_0)$을 의미한다. 즉, $\overline{w}_0$은 전역 최소점이다. 따라서 **1차 미분 조건**을 만족하는 모든 임계점은 전역 최소점이다. (볼록성의 직접적인 정의와 관련하여) 1차 미분 조건의 주된 단점은 미분 가능 함수에만 적용된다는 것이다. 흥미롭게도, 2차 미분을 이용하여 볼록성을 식별하는 세 번째 볼록성 규정 방법이 있다.

보조정리 4.3.4 2차 미분을 이용한 볼록성 정의

두 번 미분 가능한 함수 $F(\overline{w})$는 $F(\cdot)$의 정의역에서 매개변수 $\overline{w}$의 모든 값에 양의 준정부호 헤시안 행렬이 있는 경우 볼록 함수이며, 그 역도 성립한다.

2차 미분 조건은 함수 $F(\overline{w})$를 두 번 미분할 수 있어야 한다는 단점이 있다. 따라서 다음의 볼록성 정의들은 $\mathcal{R}^d$에 대해 정의된 두 번 미분 가능한 함수에 대해 동등한 정의이다.

1. **직접적 정의**: 볼록성 조건 $F(\lambda\overline{w}_1 + [1-\lambda]\overline{w}_2) \leq \lambda F(\overline{w}_1) + (1-\lambda)F(\overline{w}_2)$가 모든 $\overline{w}_1$, $\overline{w}_2$와 $\lambda \in (0, 1)$에 대해 만족된다.
2. **1차 미분 조건**: $F(\overline{w}) \geq F(\overline{w}_0) + [\nabla F(\overline{w}_0)] \cdot (\overline{w} - \overline{w}_0)$이 모든 $\overline{w}$, $\overline{w}_0$에 대해 만족된다.
3. **2차 미분 조건**: $F(\overline{w})$의 헤시안 행렬은 모든 $\overline{w}$에 대해 양의 준정부호성을 갖는다.

볼록성의 정의로 위의 조건 중 하나를 임의로 가정하면 나머지 두 가지 조건을 유도할 수 있다. 그러나 직접적 정의는 미분 가능성에 의존하지 않기 때문에 약간 더 일반적이며 다른 정의에는 미분 가능성에 대한 추가 요구사항이 있다. 예를 들어 함수 $F(\overline{w}) = \|\overline{w}\|_1$은 볼록하지만 $\overline{w}$의 성분에 0이 포함되어 있는 모든 점에서 미분 가능성이 없기 때문에 첫 번째 정의만

사용할 수 있다. 미분 가능한 경우의 다양한 정의의 동등성에 대한 자세한 증명에 대해서는 [10, 15, 22]를 참조하기 바란다. 주어진 함수의 볼록성을 증명하려고 할 때 특정 정의가 다른 정의보다 사용하기 쉬운 경우가 종종 있다. 많은 기계학습 목적함수는 $F(G(\overline{w}))$ 형식을 갖는다. 여기에서 $G(\overline{w})$는 d차원 데이터 점 $\overline{X}$를 포함하는 행벡터에 대한 선형 함수 $\overline{w}\cdot\overline{X}^T$이고 $F(\cdot)$는 단일 변량 함수이다. 이러한 경우, 보조정리 4.3.2의 마지막 부분을 기반으로 단일 변량 함수 $F(\cdot)$가 볼록하다는 것을 증명하기만 하면 된다. 단일 변량 함수들에 대해서는 2차 미분 조건 $F''(\cdot)\geq 0$을 사용하는 것이 특히 쉽다. 구체적인 예로, 대수 로지스틱 손실 함수의 볼록성을 보여주는 문제를 제공한다. 이 함수는 로지스틱 회귀의 볼록성을 보일 때 유용하다.

문제 4.3.4 2차 미분 조건을 사용하여 단일 변량 함수 $F(x) = \log_e(1+\exp(-x))$가 볼록함을 보이시오.

문제 4.3.5 2차 미분 조건을 사용하여 단일 변량 함수 $F(x)$가 볼록한 경우 함수 $G(x) = F(-x)$도 볼록함을 보이시오.

볼록성보다 약간 더 강한 조건은 볼록성 조건의 부등식에서 등호가 제거되는 **순 볼록성**이다. 순 볼록 함수 $F(\overline{w})$는 $\lambda\in(0, 1)$에 대해 다음 조건을 만족하는 함수로 정의된다.

$$F(\lambda\overline{w}_1 + (1-\lambda)\overline{w}_2) < \lambda F(\overline{w}_1) + (1-\lambda)F(\overline{w}_2)$$

예를 들어 바닥이 평평한 사발은 볼록하지만 순 볼록하지는 않다. 순 볼록 함수는 고유한 전역 최소점을 갖는다. 1차 미분 조건을 순 볼록 함수에 맞게 수정할 수도 있다. 함수 $F(\cdot)$는 아래의 조건이 모든 $\overline{w}$와 $\overline{w}_0$에 대해 성립하는 경우에만 순 볼록함을 보일 수 있다.

$$F(\overline{w}) > F(\overline{w}_0) + [\nabla F(\overline{w}_0)]\cdot(\overline{w}-\overline{w}_0)$$

그러나 2차 미분 조건은 순 볼록성으로 완전히 일반화될 수 없다. 함수가 모든 곳에서 양의 정부호 헤시안 행렬을 갖는 경우 순 볼록성이 보장된다. 그러나 그 역이 반드시 성립하는 것은 아니다. 예를 들어, 함수 $f(x)=x^4$는 순 볼록하지만 2차 미분은 $x=0$에서 0이다. 순 볼록 함수의 중요한 속성 하나는 다음과 같다.

보조정리 4.3.5

순 볼록 함수는 최대 하나의 임계점을 포함할 수 있다. 이러한 점이 존재하면 순 볼록 함수의 전역 최소점이 된다.

위의 속성은 순 볼록성의 직접적 정의나 1차 미분 조건을 사용하여 쉽게 증명할 수 있다. 기계학습에서 볼록 함수와 순 볼록 함수를 더하여 목적함수를 구성하는 경우가 많다. 이러한 함수들의 합은 순 볼록하다.

보조정리 4.3.6 볼록 함수와 순 볼록 함수의 합은 순 볼록하다.

이 보조정리의 증명은 두 볼록 함수의 합에 대한 보조정리 4.3.2의 증명과 크게 다르지 않다. 기계학습의 많은 목적함수는 볼록하며, 순 볼록 정칙화기(regularizer)를 추가하여 순 볼록으로 만들 수 있는 경우가 종종 있다.

볼록 함수의 특별한 경우는 2차 볼록 함수의 경우로, 양의 준정부호 헤시안 행렬로 직접 표현할 수 있다. 함수의 헤시안 행렬은 주어진 지점에서 매개변수 벡터의 값에 따라 달라지지만, 2차함수의 경우 상수 행렬이다. 다음은 상수 헤시안 행렬 H에 대한 2차 볼록 함수 $f(\overline{w})$의 예이다.

$$f(\overline{w}) = \frac{1}{2}[\overline{w} - \overline{b}]^T H[\overline{w} - \overline{b}] + c$$

여기에서 $\overline{b}$는 d차원 열벡터이고 c는 스칼라이다. 이러한 볼록 함수의 속성은 3장에서 논의된 바 있다. 볼록 목적함수는 경사하강법 알고리즘에 이상적인 설정이며, 국소 최소점에 갇히는 일이 없을 것이다. (신경망과 같은) 복잡한 기계학습 모델의 목적함수는 볼록하지 않지만 종종 볼록에 가까우며, 따라서 경사하강법은 국소 최적점들이 존재하더라도 상당히 잘 작동한다.

임의의 볼록 함수 $F(\overline{w})$가 주어질 때, 임의의 상수 b에 대해 $F(\overline{w}) \leq b$로 경계가 지정된 공간 영역은 볼록 집합이다. 이러한 유형의 제약은 최적화 문제에서 자주 발생한다. 이러한 문제는 매개변수 벡터를 위한 검색 대상 공간의 볼록성 때문에 해결하기가 더 쉽다.

4.4 경사하강법의 세부사항

앞에서 기계학습에서 최적화 문제해결에 많이 이용되는 경사하강법을 소개한 바 있다. 그러나 4.2.1.3절의 예에서 볼 수 있듯이 미세한 세부사항들이 중요하다. 경사하강법에서 학습률을 잘못 선택하면, 수렴이 아닌 발산이 발생할 수 있다. 이 절에서는 이러한 중요한 세부사항들에 대해 설명한다.

4.4.1 유한 차분으로 경사도 정확성 확인

많은 기계학습 알고리즘은 수백만 개의 매개변수가 있는 복잡한 목적함수를 사용한다. 경사도는 해석적으로 계산되어 알고리즘 상에 코드로 반영되기도 하고, 신경망과 같은 응용에서 자동 미분법을 사용하여 계산되기도 한다(11장 참고). 이러한 모든 경우에 해석 오류나 코딩 오류가 실제로 발생할 가능성이 많으며, 이는 실행 중에 드러날 수도 있고 그렇지 않을 수도 있다. 알고리즘의 성능이 불량한 원인을 파악하는 것은 단순히 알고리즘을 디버깅 할 것인지 아니면 근본적인 설계를 변경할 것인지 결정하는 데 있어 중요한 단계이다.

목적함수 $J(\overline{w}) = J(w_1 \dots w_d)$의 경사도를 계산하는 상황을 생각해보자. **유한 차분 방법**에서는 $w_1 \dots w_d$로부터 몇 개의 최적화 매개변수를 표본추출하고, 유한 차분 근사를 사용하여 이들의 편미분을 확인한다. 기본 아이디어는 최적화 매개변수 w_i를 소량인 Δ만큼 교란시키고 목적함수의 교란된 값과 원래 값의 차이를 사용하여 w_i에 대한 편미분을 근사하는 것이다.

$$\frac{\partial J(\overline{w})}{\partial w_i} \approx \frac{J(w_1 \dots, w_i + \Delta, \dots, w_d) - J(w_1, \dots, w_i, \dots, w_d)}{\Delta}$$

이러한 경사도 추정 방법을 유한 차분 근사라고 한다. 이름에서 알 수 있듯이 이러한 방식으로 편미분의 정확한 값을 얻지는 못할 것이다. 그러나 경사도가 부정확하게 계산되는 경우, 유한 차분 근삿값이 해석적인 값과 너무 크게 다르기 때문에 오류가 자명해지는 경우가 많다. 일반적으로 경사도 계산에서 매개변수의 작은 부분집합에 대한 편미분을 확인하는 것으로 시스템적인 문제를 감지하는 데 충분하다.

4.4.2 학습률 감소와 과감한 운전자 알고리즘

고정된 학습률은 종종 분석자에게 딜레마를 제기한다. 초기에 낮은 학습률을 사용하면 알고리즘이 최적 해 가까이 도달하는 데 너무 오랜 시간이 걸린다. 반면에 초기 학습률이 크면 알고리즘이 처음에는 좋은 해에 상당히 접근하다가 이후 오랜 시간 동안 최적점 주변에서 진동할 수 있다. 시간이 지남에 따라 학습률이 감소하도록 허용하면, 자연스럽게 바람직한 학습률 조정을 달성함으로써 이러한 문제를 피할 수 있다. 따라서 감쇠 학습률 α_t는 시간 t를 첨자로 가지며, 이때 갱신은 다음과 같이 표현된다.

$$\overline{w} \Leftarrow \overline{w} - \alpha_t \nabla J$$

시간 t는 일반적으로 모든 훈련 점들에 걸친 사이클 수로 측정된다. 가장 일반적인 두 가지 감쇠 함수는 **지수 감쇠**와 **역 감쇠**이다. 학습률 α_t는 초기 감쇠율 α_0와 시간 t를 사용하여 다음과 같이 표현할 수 있다.

$$\alpha_t = \alpha_0 \exp(-k \cdot t) \qquad \text{[지수 감쇠]}$$

$$\alpha_t = \frac{\alpha_0}{1 + k \cdot t} \qquad \text{[역 감쇠]}$$

매개변수 k는 감쇠 속도를 제어한다. 또 다른 접근방식은 경사하강법에서 몇 단계를 진행할 때마다 학습률이 특정 요인에 따라 감소하는 단계 감쇠를 사용하는 것이다.

학습률 조정에 많이 사용되는 또 다른 접근방식은 과감한 운전자(bold-driver) 알고리즘이다. 과감한 운전자 알고리즘에서는 목적함수가 개선되는지 악화되는지에 따라 학습률이 변경된다. 각 단계에서 목적함수가 개선되는 동안은 학습률은 각 반복에서 약 5%씩 증가한다. 목적함수가 악화되면 해당 단계를 **취소하고**, 학습률이 약 50% 감소된 상태에서 다시 시도된다. 이 프로세스는 수렴에 이를 때까지 계속된다. **과감한 운전자 알고리즘**의 까다로운 측면은 데이터 표본을 사용하여 목적함수가 근사되는 경사하강법의 일부 잡음 방식 설정에서 작동하지 않는다는 것이다. 이러한 잡음 방식 설정의 예는 이 장의 뒷부분에서 설명하는 **확률적 경사하강법**이다. 이러한 경우 단일 단계가 아니라 m 단계를 진행한 후에 목적함수를 테스트하고 학습률을 조정하는 것이 중요하다. 목적함수의 변화는 여러 단계에서 보다 안정적으로 측정할 수 있으며, 이때 목적함수가 악화되면 m 단계 전부를 취소해야 한다.

4.4.3 직선탐색법

직선탐색법은 최상의 개선을 제공하기 위해 최적의 단계 크기를 직접 사용한다. 보통의 경사하강법에서는 (계산 비용이 많이 들기 때문에) 직선탐색법이 거의 사용되지 않지만, 경사하강법의 일부 특수 변형에서 유용하다. 일부 부정확한 변형(예: **아르미호 규칙**)은 우수한 효율성을 갖추고 있어 보통의 경사하강법에서도 사용할 수 있다.

$J(\overline{w})$는 최적화 대상 목적함수이고, $\overline{g}_t$는 매개변수 벡터가 $\overline{w}_t$인 t번째 단계의 시작 부분에서 하강 방향이라고 가정한다. 가장 가파른 하강 방법에서 방향 $\overline{g}_t$는 $-\nabla J(\overline{w}_t)$와 동일하지만, 고급 방법(5장 참고)들에서는 다른 하강 방향을 사용할 수 있다. 이후의 설명에서 $\overline{g}_t$가 가장 가파른 하강 방향이라고 가정하지 않을 텐데, 이는 설명의 일반성을 유지하기 위한 것이다. 분명히 매개변수 벡터의 갱신은 다음과 같이 이루어진다.

$$\overline{w}_{t+1} \Leftarrow \overline{w}_t + \alpha_t \overline{g}_t$$

직선탐색법에서는 $\overline{w}_{t+1}$에서 목적함수의 값을 최소화하기 위해 각 단계마다 학습률 α_t를 선택한다. 단계 크기 α_t는 다음과 같이 계산된다.

$$\alpha_t = \text{argmin}_\alpha J(\overline{w}_t + \alpha \overline{g}_t) \tag{4.11}$$

t번째 단계를 수행한 후 다음 단계를 위한 경사도는 $\overline{w}_{t+1}$에서 계산된다. $\overline{w}_{t+1}$에서의 경사도는 탐색 방향 $\overline{g}_t$에 수직일 텐데, 그렇지 않으면 α_t는 최적이 아닐 것이기 때문이다. 이 결과는 $\overline{w}_t + \alpha_t \overline{g}_t$에서 목적함수의 경사도와 현재 이동 방향 $\overline{g}_t$의 점곱이 0이 아닌 경우,

$\overline{w}_{t+1}$에서 $\overline{g}_t$ 방향을 따라 $+\delta$ 또는 $-\delta$만큼 이동하여 목적함수를 개선할 수 있다는 사실을 관찰함으로써 알 수 있다.

$$J(\overline{w}_t + \alpha_t\overline{g}_t \pm \delta\,\overline{g}_t) \approx J(\overline{w}_t + \alpha_t\overline{g}_t) \pm \delta\,\underbrace{\overline{g}_t^T[\nabla J(\overline{w}_t + \alpha_t\overline{g}_t)]}_{0} \quad \text{[테일러 전개식]}$$

따라서 다음의 결과를 얻는다.

$$\overline{g}_t^T[\nabla J(\overline{w}_t + \alpha_t\overline{g}_t)] = 0$$

이상의 결과를 요약하면 다음과 같다.

보조정리 4.4.1 직선탐색법의 최적 지점에서의 경사도는 항상 현재 탐색 방향과 직교한다.

식 4.11의 최소화가 어떻게 수행되는지에 관한 질문이 자연스럽게 생길 것이다. 일반적인 직선탐색법 상황의 중요한 속성 중 하나는 α를 사용하여 표현되는 목적함수 $H(\alpha) = J(\overline{w}_t + \alpha\overline{g}_t)$가 종종 단봉 함수라는 것이다. 그 주된 이유는 직선탐색법을 사용하는 일반적인 기계학습 상황이 탐색이 수행되는 원래 목적함수의 2차 볼록 근사치를 사용하기 때문이다. 이러한 기법의 예로는 **뉴턴법**과 **켤레 경사하강법** 등이 있다(5장 참고).

첫 번째 단계는 탐색을 수행할 범위 $[0, \alpha_{max}]$를 식별하는 것이다. 이것은 α 값을 기하급수적으로 (매번 2배씩) 증가시키면서 목적함수 값을 계산해봄으로써 효율적으로 수행할 수 있다. 이후 **이진탐색법**, **황금분할 탐색법**, **아르미호 규칙** 등의 다양한 방법을 사용하여 구간을 좁힐 수 있다. 이진탐색법과 황금분할법은 정확한 방법들이며, 단계 크기 α에 대해 목적함수가 단봉 함수라는 사실을 활용한다. 아르미호 규칙은 정확하지 않은 방법이며, $H(\alpha) = J(\overline{w}_t + \alpha\overline{g}_t)$가 α에 대해 봉우리가 여러 개이거나 볼록함수가 아닌 경우에도 작동한다. 따라서 아르미호 규칙은 단순한 형태의 경사하강법에서는 정확한 직선탐색법보다 광범위하게 사용된다. 이제 앞서 언급한 여러 가지 방법에 대해 살펴보자.

4.4.3.1 이진탐색

α에 대한 이진탐색 간격을 $[a, b] = [0, \alpha_{max}]$로 초기화하는 것으로 시작한다. $[a, b]$에 대한 이진탐색에서는 $(a+b)/2$ 근처에 근접한 두 지점에서 목적함수를 평가하여 구간을 좁힌다. $(a+b)/2$와 $(a+b)/2+\epsilon$에서 목적함수를 계산하는데, 이때 ϵ은 10^{-6}과 같이 아주 작은 수치이다. 달리 말하자면, $H[(a+b)/2]$와 $H[(a+b)/2+\epsilon]$를 계산한다. 이를 통해 두 값 중 어느 쪽이 더 큰지 결정하여 함수가 $(a+b)/2$에서 증가하는지 감소하는지 여부를 판단할 수 있다. 함수가 $(a+b)/2$에서 증가하면 간격이 $[a, (a+b)/2+\epsilon]$로 좁혀지고, 그렇지 않으면

$[(a+b)/2, b]$로 좁혀진다. 요구되는 정확도 수준에 도달할 때까지 이러한 프로세스가 반복된다.

4.4.3.2 황금분할 탐색

이진탐색의 경우와 마찬가지로 $[a, b]=[0, \alpha_{\max}]$로 초기화하는 것으로 시작한다. 그러나 구간을 좁혀나가는 프로세스는 다르다. 황금분할 탐색의 기본 원칙은 구간 $[a, b]$에서 α에 대해 한 쌍의 표본 m_1, m_2를 선택하면$(a<m_1<m_2<b)$, 적어도 구간 $[a, m_1]$과 $[m_2, b]$ 중 하나는 제외시킬 수 있다는 사실을 사용하는 것이다. 경우에 따라 $[a, m_2]$나 $[m_1, b]$와 같이 더 큰 구간을 제외시킬 수도 있다. 이는 단봉 함수의 경우 a, m_1, m_2, b 중에서 α를 선택할 때 $H(\alpha)$가 최소가 되는 값에 인접한 구간에 항상 최소점이 있기 때문이다. $H(\alpha)$가 $\alpha=a$에서 최솟값을 가질 경우 구간 $(m_1, b]$를 제외시킬 수 있으며, $H(\alpha)$가 $\alpha=b$에서 최솟값을 가질 경우 구간 $[a, m_2)$를 제외시킬 수 있다. $\alpha=m_1$에서 최소이면 구간 $(m_2, b]$을 제외시킬 수 있고, $\alpha=m_2$에서 최소이면 구간 $[a, m_1)$를 제외시킬 수 있다. 구간에 대한 새로운 경계 $[a, b]$는 이러한 제외 대상을 기반으로 재설정된다. 이러한 프로세스가 끝나면 0개 또는 1개의 평가 지점을 포함하는 하나의 구간이 남는다. 평가 지점이 없는 구간일 경우 먼저 (재설정된) 구간 $[a, b]$에서 임의의 점 $\alpha=p$를 선택한 다음 두 구간 $[a, p]$와 $[p, b]$ 중에서 더 큰 구간에서 또 다른 임의의 점 $\alpha=q$를 선택한다. 반면에 한 개의 평가 지점 $\alpha=p$를 포함하는 구간 $[a, b]$가 남는다면, 두 구간 $[a, p]$와 $[p, b]$ 중 더 큰 구간에서 $\alpha=q$를 선택한다. 이것은 황금분할 탐색을 적용할 수 있는 또 다른 4개의 지점을 포함하는 집합을 산출한다. 이러한 프로세스가 요구되는 정확도 수준에 도달할 때까지 반복된다.

4.4.3.3 아르미호 규칙

아르미호 규칙의 기본 아이디어는 시작점 $\overline{w}_t$(즉, $\alpha=0$)에서 계산된 하강 방향 벡터 $\overline{g}_t$를 사용하여 계속 이동하는 것이 목적함수의 개선률 측면에서 점차 저하되는 일이 종종 발생한다는 것이다. 시작점에서 탐색 방향에 따른 목적함수의 개선률은 $|\overline{g}_t^T[\nabla F(\overline{w}_t)]|$이다. 따라서 α의 특정 값에서 목적함수의 (전형적인) 개선은 대부분의 실세계 목적함수의 경우 낙관적으로 볼 때 $\alpha|\overline{g}_t^T[\nabla F(\overline{w}_t)]|$이다.[8] 아르미호 규칙은 이러한 개선의 일부에 해당하는 $\mu\in(0, 0.5)$ 정도의 비율로 만족된다. μ의 일반적인 값은 대략 0.25이다. 즉, 다음을 만족하는 가장 큰 단계 크기 α를 찾는 것이 목표이다.

$$F(\overline{w}_t)-F(\overline{w}_t+\alpha\overline{g}_t)\geq\mu\alpha|\overline{g}_t^T[\nabla F(\overline{w}_t)]|$$

8) 이와는 거리가 먼 병적인 반례를 구성할 수도 있다.

α 값이 충분히 작으면 위의 조건은 항상 만족된다. 실제로 유한차분 근사법을 사용하여 α 값이 무한히 작은 경우 위의 조건이 $\mu = 1$에서 만족된다는 것을 보일 수 있다. 그러나 보다 빠른 진행을 보장하려면 더 큰 단계 크기가 필요하다. 사용할 수 있는 가장 큰 단계 크기는 얼마일까? 위의 조건에 대해 연속적으로 감소하는 α 값을 테스트해보고 위의 조건이 만족되는 첫 번째 값에서 멈춘다. 백트래킹 직선탐색법에서는 위의 조건이 만족될 때까지 $H(\alpha_{\max})$, $H(\beta\alpha_{\max})\ldots H(\beta^r\alpha_{\max})$ 등의 값을 테스트한다. 위의 조건이 만족되는 시점에서 $\alpha = \beta^r\alpha_{\max}$를 사용한다. 여기에서 β는 (0, 1)에서 선택된 매개변수이며, 일반적인 값은 0.5이다.

직선탐색법은 언제 사용되는가

직선탐색법은 최소한 국소 최적점에 수렴하는 것을 증명할 수 있지만, 비용이 많이 드는 방법이다. 이것이 보통의 경사하강법에서 직선탐색법이 거의 사용되지 않는 이유이다. 그러나 직선탐색법은 뉴턴법과 같은 경사하강법의 일부 특수한 변형에서 사용된다(5.4절 참고). 이러한 변형 중 일부에서는 정확한 직선탐색이 필요하지만, 보통의 경사하강법에서는 아르미호 규칙과 같이 빠르되 정확하지 않은 방법을 사용할 수 있다. 정확한 직선탐색이 요구되는 경우 단계 수는 상대적으로 적은 경우가 많으며, 이때 개별 단계의 비싼 비용을 보상할 수 있을 정도로 충분히 단계 수를 줄인다. 직선탐색법을 사용할 때 중요한 점은 결과로 얻는 해가 국소 최적점일 수는 있지만 수렴은 보장된다는 것이다.

4.4.4 초기화

경사하강법 절차는 항상 시작점에서 출발하여 특정 학습률로 매개변수 벡터를 계속 개선해 나간다. 시작점을 어떻게 선택할 것인지는 대단히 중요한 문제이다. (이 장에서 다룬 것과 같은) 비교적 간단한 기계학습 문제의 경우, 시작점의 벡터 성분들을 [−1, +1]에서 임의의 작은 값들로 선택할 수 있다. 매개변수가 음이 아닌 것으로 제한되는 경우, 벡터 성분들은 [0, 1]에서 선택할 수 있다.

그러나 이렇게 간단한 초기화 방법은 보다 복잡한 알고리즘들에서는 때로 문제를 일으킬 수 있다. 예를 들어 신경망의 경우 매개변수들은 복잡한 상호 종속성을 가지며, 좋은 시작점을 선택하는 것이 대단히 중요할 수 있다. 다른 경우에도 부적절한 크기의 초기 매개변수를 선택하면, 갱신 과정에서 수치 오버플로나 언더플로가 발생할 수 있다. 때로는 초기화를 위해 경험치 함수를 이용한 최적화를 사용하는 것이 효과적이다. 이러한 접근방식은 최적 지점 근처에서 초기화하도록 알고리즘을 **사전 훈련한다**. 일반적으로 경험치 함수의 선택은 알고리즘에 따라 달라진다. 신경망과 같은 일부 학습 알고리즘에는 사전 훈련의 수행이나 양호한 초기화의 선택을 위한 체계적인 방법이 있다. 이 장에서는 경험치 함수를 이용하는 초기화의 예를 몇 개 살펴볼 것이다.

4.5 기계학습의 최적화 속성

기계학습의 최적화 문제에는 다른 일반 최적화 설정에서 종종 발생하지 않는 몇 가지 속성이 있다. 이 절에서는 기계학습의 최적화에 특정된 이러한 속성들에 대한 개요를 제공한다.

4.5.1 일반적인 목적함수와 덧셈 형식 분리 가능성

기계학습에서 대부분의 목적함수는 **관측 값**과 **예측 값** 사이의 편차에 대해 어떤 형태로든 페널티를 준다. 예를 들어 최소제곱 회귀의 목적함수는 다음과 같다.

$$J(\overline{w}) = \sum_{i=1}^{n} \|\overline{w} \cdot \overline{X}_i^T - y_i\|^2 \tag{4.12}$$

여기에서 $\overline{X}_i$는 n개의 훈련 점 중 i번째를 포함하는 d차원 행벡터이고, $\overline{w}$는 최적화 변수의 d차원 열벡터이며, y_i는 i번째 훈련 점의 실수 관측 값을 포함한다. 이 목적함수는 실제 데이터에서 **예측 값** $\hat{y}_i = \overline{w} \cdot \overline{X}_i^T$와 **관측 값** y_i 사이의 차이 제곱들의 합이며, 이는 덧셈 형식 분리 가능한 합이다.

또 다른 형태의 페널티 함수로 **우도(likelihood)**에 **음의 로그**를 **취하는 목적함수**가 있다. 이 형태의 목적함수는 모델의 종속변수 예측이 데이터에서 관측된 값과 일치할 확률을 사용한다. 분명히 확률 값이 클수록 바람직하며, 따라서 이 모델은 이러한 확률(또는 **우도**)을 최대화하는 매개변수를 학습해야 한다. 예를 들어, 이러한 모델은 이진 분류 상황에서 각 클래스의 확률을 출력할 수 있으며, 실제 (관측된) 클래스의 확률을 최대화하는 것이 바람직하다. i번째 훈련 점의 경우 이 확률은 $P(\overline{X}_i, y_i, \overline{w})$로 표시되며, 매개변수 벡터 $\overline{w}$와 훈련 쌍 $(\overline{X}_i, y_i)$에 따라 달라진다. 모든 훈련 점에 대한 정확한 예측 확률은 모든 $(\overline{X}_i, y_i)$에 대한 확률($P(\overline{X}_i, y_i, \overline{w})$)들의 곱으로 주어진다. 이 곱에 음의 로그를 적용하여 최대화 문제를 최소화 문제로 변환한다(반복 곱셈으로 인한 수치 언더플로 문제 해결이 필요함).

$$J(\overline{w}) = -\log_e \left[\prod_{i=1}^{n} P(\overline{X}_i, y_i, \overline{w})\right] = -\sum_{i=1}^{n} \log_e \left[P(\overline{X}_i, y_i, \overline{w})\right] \tag{4.13}$$

로그를 사용하면 목적함수가 훈련 점들에 대해 **덧셈 형식 분리 가능한** 합으로 표시된다.

앞서 언급한 예에서 알 수 있듯이, 많은 기계학습 문제는 제곱 손실이 사용되는지 또는 우도 로그 손실이 사용되는지 여부에 관계없이 덧셈 형식 분리 가능한 데이터 중심 목적함수를 사용한다. 이는 각 개별 데이터 점이 목적함수의 작은 (덧셈) 구성요소를 생성함을 의미한다.

각각의 경우 목적함수에는 덧셈 형식 분리 가능한 n개의 항이 포함되어 있으며, [최소제곱 회귀에서 $J_i = (y_i - \overline{w} \cdot \overline{X}_i^T)^2$와 같은] 각 점에서의 오차는 각 점에서의 손실로 볼 수 있다. 따라서 전체 목적함수는 다음과 같이 각 점에서의 손실의 합으로 표현할 수 있다.

$$J(\overline{w}) = \sum_{i=1}^{n} J_i(\overline{w}) \tag{4.14}$$

이러한 유형의 선형 분리성은 **확률적 경사하강법** 및 **미니 배치(mini-batch) 확률적 경사하강법**과 같은 빠른 최적화 방법을 사용할 수 있기 때문에 유용하다. 여기에서 목적함수를 표본추출된 근삿값으로 대체할 수 있다.

4.5.2 확률적 경사하강법

기계학습에서 목적함수의 선형 특성이나 덧셈 형식 특성은 확률적 경사하강법이라고 하는 기법의 사용을 가능하게 한다. **확률적 경사하강법**은 데이터 세트가 매우 크고 데이터의 적당한 규모의 표본을 사용하여 종종 적절한 하강 방향을 추정할 수 있는 경우에 특히 유용하다. n개의 데이터 점 $\overline{X}_1 \ldots \overline{X}_n$로 이루어지는 표본 S를 생각해보자. 여기에서 S는 $\{1 \ldots n\}$ 중 관련 데이터 점들의 인덱스를 포함하며, 데이터 점 집합 S를 **미니 배치**라고 한다. 다음과 같이 표본 중심 목적함수 $J(S)$를 설정할 수 있다.

$$J(S) = \frac{1}{2} \sum_{i \in S} (y_i - \overline{w} \cdot \overline{X}_i^T)^2 \tag{4.15}$$

미니 배치 확률적 경사하강법의 핵심 아이디어는 **매개변수 벡터 $\overline{w}$에 대한 $J(S)$의 경사도가 전체 목적함수 J의 경사도에 대한 훌륭한 근사치라는 것이다.** 따라서 식 4.9의 경사하강 갱신은 다음과 같은 미니 배치 확률적 경사하강 갱신으로 수정된다.

$$[w_1 \ldots w_d]^T \Leftarrow [w_1 \ldots w_d]^T - \alpha \left[\frac{\partial J(S)}{\partial w_1} \cdots \frac{\partial J(S)}{\partial w_d} \right]^T \tag{4.16}$$

이 방법을 미니 배치 확률적 경사하강법이라고 한다. $J(S)$의 경사도를 계산하는 것은 전체 목적함수의 경사도를 계산하는 것에 비해 계산 강도가 훨씬 낮다. 미니 배치 확률적 경사하강법의 특별한 경우는 집합 S에 무작위로 선택된 단일 데이터 점이 포함되는 경우이다. 이 접근 방식을 확률적 경사하강법이라고 한다. 확률적 경사하강법의 사용은 드물며, 미니 배치 방법을 더 자주 사용하는 경향이 있다. 일반적인 미니 배치 크기는 64, 128, 256 등과 같이 2의 누승이다. 이는 수학적 이유보다는 순전히 실용적 이유에 따른 것이다. 미니 배치 크기에 2의 누승을 사용하면 GPU(Graphics Processor Unit)와 같은 자원을 가장 효율적으로 사용할 수 있다.

확률적 경사하강법은 일반적으로 데이터 점을 무작위로 표본추출하는 것이 아니라 전체 데이터 세트를 순회한다. 즉, 데이터 점은 임의의 순서로 재배열되고 이 순서에 따라 데이터 점들을 추출한다. 따라서 하나의 데이터 점을 처리한 후 다시 되돌아오기 전에 나머지 점들을 처리하게 된다. 미니 배치 확률적 경사하강법 절차의 각 주기를 **세대**(epoch)라고 한다. 미니 배치 크기가 1인 경우 한 세대에 n번의 갱신이 포함된다. 여기에서 n은 훈련용 데이터 크기이다. 미니 배치 크기가 k인 경우 한 세대에 $\lceil n/k \rceil$ 번의 갱신이 포함된다. 한 세대에서는 기본적으로 훈련용 데이터 세트의 모든 점을 정확히 한 번씩 처리하고 지나가게 된다.

확률적 경사하강법은 각 단계에서 소량의 데이터 표본만 처리하며, 따라서 순수 경사하강법보다 메모리 요구량이 훨씬 적다. 갱신할 때마다 교란은 조금 더 커지지만 표본추출에 따른 경사도를 훨씬 빠르게 계산할 수 있다. 따라서 갱신 횟수는 증가하더라도 전체 프로세스는 훨씬 빠르다. 확률적 경사하강법이 기계학습에서 그토록 잘 작동하는 이유는 무엇일까? 미니 배치 방법의 핵심은 무작위 표본추출을 사용하는 것이며, 데이터의 무작위 부분집합을 사용하여 손실함수의 경사도를 추정한다. 경사하강법의 시작 시점에서 매개변수 벡터 $\overline{w}$의 정확도는 워낙 낮은 경우가 많다. 따라서 데이터의 작은 부분집합만으로도 하강 방향을 상당히 양호하게 추정할 수 있는 경우가 많다. 미니 배치 확률적 경사하강법에서의 갱신은 (훨씬 적은 계산 노력으로) 전체 데이터를 사용할 때와 거의 비슷한 수준의 추정이 가능하며, 이는 실행 시간을 크게 개선하는 데 기여한다. 하강 과정에서 매개변수 벡터 $\overline{w}$가 최적 값에 가까워지면 표본추출 오류의 영향은 더 커진다. 흥미롭게도 이러한 유형의 오류는 **정칙화**라는 효과로 인해 기계학습 응용에서 실제로 도움이 된다는 것이 밝혀져 있다. 그 이유는 최적화가 기계학습 응용에서 사용되는 방식과 전통적인 응용에서 사용되는 방식 사이의 미묘한 차이와 관련이 있다. 이 내용에 대해서는 다음 절에서 논의하게 될 것이다.

4.5.3 기계학습의 최적화는 어떻게 다른가

기계학습에서 최적화가 사용되는 방식과 기존 응용에서 최적화가 사용되는 방식에는 미묘한 차이가 있다. 중요한 차이점은 기존 최적화는 가능한 한 목적함수를 최적화하기 위해 매개변수 학습에 초점을 맞추고 있다는 것이다. 그러나 기계학습에서는 **훈련용 데이터**와 (대략적으로는 비슷하지만) 학습에 사용되지 않은 **테스트용 데이터**를 구별한다. 예를 들어, 기업가는 종속변수 예측의 오차 제곱을 최소화함으로써 (예상 판매량과 같은) **독립 속성**들이 (실제 판매량과 같은) **종속변수**들과 어떻게 연관되는지에 대해 과거자료를 기반으로 최적화 모델을 구축할 수 있다. 기업가가 아직 알려지지 않은 미래 예측을 하기 위해 이러한 모델을 사용하는 것으로 가정되고 있으며, 따라서 이러한 모델의 평가에는 새로운 데이터가 사용되어야 한다. 훈련용 데이터를 정확하게 예측한다고 해서 경험하지 않은 테스트용 데이터를 더 정확하게 예측하는 데 항상 도움이 되는 것은 아니다. 일반적으로 최적화된 모델은 테스트용 데이터의 종속변수보다 (모델링 과정에서 직접 사용된) 훈련용 데이터의 종속변수를 더 정확하게 예측하는 경우가 거의 대부분이다. 이러한 차이로 인해 최적화 알고리즘에 대해 몇 가지 중요한 설계상의 선택이 이루어진다.

훈련용 예제 $(\overline{X}_1, y_1)\ldots(\overline{X}_n, y_n)$와 별도의 테스트용 예제 $(\overline{Z}_1, y'_1)\ldots(\overline{Z}_{t}, y'_t)$가 있는 선형 회귀의 예를 생각해보자. 테스트용 예제는 실제 응용의 경우 예측에서 사용하기 위한 것이 아니라 기계학습 알고리즘의 실제 정확도를 평가하는 검토 단계에서 사용하기 위한 것이다. 따라서 테스트용 예제는 훈련 과정에서 사용할 수 없다. **기계학습에서는 훈련용 예제에 대한 예측 정확도가 아니라 경험하지 않은 테스트용 예제에 대한 예측 정확도에만 관심을 갖는다.** 훌륭하게 설계된 최적화 방법이 훈련용 데이터에 대해서는 우수한 성능을 보이지만, 테스트용 데이터에서는 대단히 나쁜 결과를 발생시킬 수 있다. 훈련용 데이터와 테스트용 데이터 간의 이러한 분리는 기계학습 알고리즘들에 대한 벤치마킹에서도 적용되는데, 이때 하나로 통합되어 있는 데이터 세트로부터 모의구성된 훈련용 데이터 세트와 테스트용 데이터 세트를 추출하여 사용한다. 즉, 전체 데이터 중 일부를 테스트용 데이터로 사용하기 위해 숨기고, 나머지를 훈련용 데이터로 사용한다. 훈련용 데이터를 기반으로 모델을 구축한 후, **훈련 단계에서 경험하지 않은 테스트용 데이터에 대해 모델의 성능을 평가한다.** 이것이 핵심적인 차이인데, 이는 데이터 세트의 일부만 사용하여 모델이 구성되고, 최적화 알고리즘에 대한 성능 평가에는 (유사하지만) 다른 데이터 세트가 사용되기 때문이다. 이러한 차이는 대단히 중요한데, 이는 훈련용 데이터에 대해서는 우수한 성능을 보이는 모델이 테스트용 데이터에서는 그렇지 못할 수도 있기 때문이다. 즉, 모델은 경험하지 않은 테스트용 데이터에 대해서도 양호한 성능을 가져야 한다. 모델이 훈련용 데이터에서는 양호하지만 경험하지 않은 테스트용 데이터에서는 그렇지 못한 현상을 **과적합**(overfitting)이라고 한다.

이 점을 이해하기 위해 개개인에 대한 4차원 데이터 세트의 경우를 생각해보자. 여기에서 x_1, x_2, x_3, x_4 등의 네 가지 속성은 양 팔을 펼친 길이, 주근깨 수, 모발 길이, 손톱 길이 등에 해당한다. 양 팔을 펼친 길이는 개인이 팔을 넓게 뻗을 때 양쪽 손가락 끝 사이의 최대 거리로 정의된다. 목표 속성은 개인의 키이다. 사람이 양 팔을 펼친 길이는 (인종, 성별, 개인차 등에 따른 약간의 변동이 있지만) 그 사람의 키와 거의 같은 것으로 알려져 있는데, 기계학습 응용의 목표는 데이터 기반 방식으로 이 사실을 **추론하는** 것이다. 개인의 키를 예측하기 위한 모델은 선형 함수 $\hat{y}=w_1x_1+w_2x_2+w_3x_3+w_4x_4+w_5$이다. 예측된 $\hat{y}$와 관측된 y 사이의 손실 제곱을 최소화함으로써 최적합 계수 $w_1\ldots w_5$를 데이터 기반 방식으로 학습할 수 있다. 개인의 키는 양 팔을 펼친 길이와 높은 상관관계가 있다고 생각할 수 있지만, 주근깨의 수, 모발 길이, 또는 손톱 길이 등은 비슷한 수준의 상관관계를 가질 것으로 생각하지 않을 것이다. 그에 따라 일반적으로 w_1x_1이 예측에 대부분의 기여를 할 것이며, 다른 세 가지 속성은 거의 기여하지 않거나 잡음 수준 정도일 것으로 예상할 것이다. 훈련용 예제의 수가 많으면, 일반적으로 이러한 유형의 동작을 보여주는 w_i 값들을 학습하게 될 것이다. 그러나 훈련용 예제의 수가 적으면, 다른 상황이 발생한다. 5개의 매개변수 $w_1 \ldots w_5$를 갖는 문제의 경우, 매개변수 벡터에 대한 해(일반적으로 훈련용 데이터에 대해서는 오차도 없음)가 무수히 많이 존재하는 상황을 피하기 위해 최소 5개의 훈련용 예제가 필요하다. 이는 $y = w_1x_1 + w_2x_2 + w_3x_3 + w_4x_4 + w_5$ 형식의 연립방정식이 변수 수보다 방정식이 적을 경우, 동일하게 양호한 최적합 해를 무수히 많이 갖기 때문이다. 사실, w_1이 0이고 오차 제곱 $(y - \sum_{i=1}^{4} w_ix_i - w_5)^2$가 훈련용 데이터에 대해 가능한 최소의 값인 0이 되는 해를 적어도 한 개 찾을 수 있다. 이러한 사실에도 불구하고 테스트용 데이터의 오차는 일반적으로 매우 높다. 다음 3개의 데이터 점을 포함하는 훈련용 데이터 세트의 예를 생각해보자.

양 팔을 펼친 길이 (인치)	주근깨 (개수)	모발 길이 (인치)	손톱 길이 (인치)	키 (인치)
61	2	3	0.1	59
40	0	4	0.5	40
68	0	10	1.0	70

이 경우, w_1을 1로 설정하고 나머지 계수들을 0으로 설정하는 것은, **무수히 많은 훈련용 예제가 갖추어진 경우** 발생할 법한 상황에 기초한 "올바른" 해이다. 이 해는 위의 표가 나타내는 특정 훈련용 데이터 세트에 대해서는 훈련 오차를 0으로 만들어주지 않는데, 이는 개인 간에는 항상 경험치 차이가 있기 때문이다. (이 표의 경우와는 달리) 많은 예제가 있는 경우, 예측의 오차 제곱만큼의 페널티를 주는 손실함수를 사용하여 모델이 이 동작을 잘 학습할 수도 있다. 그러나 훈련용 예제가 3개뿐이지만 훈련 오차가 없는 다른 해들도 많이 있다. 예를 들어 $w_1 = 0$, $w_2 = 7$, $w_3 = 5$, $w_4 = 0$, $w_5 = 20$으로 설정하면 훈련용 데이터에 대해서는 오차가 0이 된다. 여기에서 양 팔을 펼친 길이와 손톱 길이는 전혀 사용되지 않는다. 그리고 $w_1 = 0$, $w_2 = 21.5$, $w_3 = 0$, $w_4 = 60$, $w_5 = 10$으로 설정하는 경우에도 훈련용 데이터에 대해서는 오차가 0이 된다. 이 해는 양 팔을 펼친 길이나 모발 길이를 사용하지 않는다. 또한 이러한 계수들에 대한 임의의 볼록한 조합도 훈련용 데이터에 대한 오차를 0으로 만든다. 따라서 무관한 속성을 사용하는 무수히 많은 수의 해가 양 팔을 펼친 길이를 사용하는 자연스럽고 직관적인 해보다 더 나은 훈련 오차를 제공한다. 이것은 주로 특정 훈련용 데이터에 대한 과적합 때문이다. 이러한 해는 경험하지 않은 테스트용 데이터에 대해서는 제대로 일반화되지 않는다.

현실 상황에서 모든 기계학습 응용은 경험하지 않은 테스트용 데이터에 대해 사용된다. 따라서 훈련용 데이터에서는 잘 수행되지만 테스트용 데이터에서는 제대로 수행되지 않는 모델은 용인될 수 없다. **불충분한 일반화는 특정 훈련용 데이터 세트의 특이함과 무작위적인 특성에 모델이 적응한 결과이며, 이러한 결과는 훈련용 데이터가 작을 때 발생할 가능성이 높다.** 훈련용 데이터 개수가 속성의 수보다 적을 경우 똑같이 "양호한" 해가 무수히 많이 존재한다. 이러한 경우 이 문제를 방지하기 위한 조치를 취하지 않는다면, 잘못된 일반화는 거의 불가피하다. 따라서 기계학습에는 여러 가지 특수한 최적화 속성이 있다.

1. 전통적인 최적화에서는 목적함수를 개선하기 위해 가능한 한 최대한으로 매개변수를 최적화한다. 그러나 기계학습에서는 매개변수 벡터의 최적화가 특정 지점을 넘어서면 종종 과적합이 발생한다. 한 가지 접근방식은 분류된 데이터의 일부(유보 데이터라고 함)를 숨긴 상태에서 최적화를 수행하고 이 유보 데이터에 대해 항상 **표본 외 정확도**를 계산하는 것이다. 최적화 프로세스가 끝날 무렵, (훈련용 데이터에 대한 손실 값이 계속 감소하는 경우에도) 표본 외 데이터에 대한 정확도가 증가하기 시작한다. 이 시점에서 학습이 종료된다. 따라서 기계학습에서 종료 기준은 기존 최적화와는 다르다.

2. 확률적 경사하강법은 훈련용 데이터에 대해서는 (표본추출 근사화로 인해) 경사하강법보다 정확도가 낮지만, 테스트용 데이터에 대해서는 비슷한 성능을 발휘하는 경우가 종종 있다. 이는 최적화 과정에서 훈련용 사례의 무작위 표본추출이 과적합을 줄여주기 때문이다.

3. 목적함수는 때때로 가중치 벡터의 노옴 제곱에 페널티를 적용하여 수정된다. 수정되지 않은 목적함수는 훈련용 데이터에 대한 성능을 가장 직접적으로 반영하지만, 페널티를 반영하여 수정된 목적함수는 표본 외 테스트용 데이터에 대한 성능이 우수한 경향이 있다. 더 작은 노옴 제곱을 갖는 간결한 매개변수 벡터는 과적합 가능성이 적다. 이러한 접근방식을 정칙화(regularization)라고 한다.

전통적인 최적화와 기계학습 간의 이러한 차이점은 중요한데, 이는 기계학습의 거의 모든 최적화 절차의 설계에 영향을 미치기 때문이다.

4.5.4 초 매개변수 조정

앞에서 살펴본 것처럼 학습 프로세스에서는 학습률, 정칙화 가중치, 기타 등등과 같은 여러 초 매개변수를 지정해야 한다. "초 매개변수(hyperparameter)"라는 용어는 (학습 속도나 정칙화와 같은) 모델의 설계를 조절하는 매개변수를 구체적으로 지칭하는 데 사용되며, 선형 회귀 모델의 가중치와 같은 보다 기본적인 매개변수들과는 다르다. 기계학습은 항상 모델에서 매개변수의 2계층 구성을 사용한다. 여기에서 가중치와 같은 기본 모델 매개변수는 수동으로 또는 **튜닝** 단계를 사용하여 초 매개변수를 고정한 후에만, (확률적 경사하강법과 같은) 계산 기반 학습 알고리즘으로 최적화된다. 여기에서 경사하강법에 사용되는 것과 동일한 데이터를 사용하여 초 매개변수를 조정해서는 안된다는 점에 유의해야 한다. 이보다는 데이터의 일부가 **검증용 데이터**로 유보되고, 모델의 성능에 대한 테스트는 검증용 데이터 세트에 대해 이루어지는데, 이때 초 매개변수 값들을 다양하게 설정해본다. 이러한 유형의 접근방식을 사용하면 튜닝 프로세스가 훈련용 데이터 세트에 대해 과적합하게 되는 것을 방지할 수 있다.

초 매개변수 최적화의 주요 과제는 다양한 초 매개변수 조합의 성능을 테스트해야 한다는 것이다. 가장 잘 알려진 기법은 최적의 선택을 결정하기 위해 선택한 초 매개변수 값의 모든 조합을 테스트하는 **격자탐색**(grid search)이다. 격자탐색의 한 가지 문제는 초 매개변수의 수가 많을 때 격자점 수가 초 매개변수의 수에 따라 기하급수적으로 증가한다는 것이다. 예를 들어, 5개의 초 매개변수가 있고 각 초 매개변수에 대해 10개의 값을 테스트하는 경우 정확도를 테스트하기 위해 훈련 절차를 $10^5=100000$번 실행해야 한다. 따라서 일반적으로 사용되는 기법은 처음에는 굵은 격자로 시작하는 것이다. 나중에 특정 관심 범위로 좁혀졌을 때 더 미세한 격자가 사용된다. 선택한 최적의 초 매개변수가 격자 범위의 가장자리에 있을 때 주의해야 한다. 더 나은 값이 있는지 확인하려면 범위를 넘어서 테스트해야 하기 때문이다.

이러한 테스트 방식은 굵게 시작하여 미세한 격자로 진행하는 프로세스를 사용하는 경우에도 비용이 너무 많이 들 수 있다. 어떤 경우에는 격자 범위 내에서 균일하게 초 매개변수를 무작위로 표본추출하는 것이 합리적일 수 있다[14]. 격자 범위의 경우와 마찬가지로 표본추출 방식에서도 다중 해상도 표본추출을 수행할 수 있다. 여기에서 첫 번째 표본은 전체 격자 범위에서 추출된다. 그런 다음 이전에 탐색한 표본의 최적 매개변수를 중심으로 이전 격자 범위보다 기하학적으로 작고 새로운 격자 범위를 생성한다. 이 작은 격자 범위에서 표본추출이 반복된다. 이러한 전체 프로세스가 여러 번 반복되어 매개변수를 개선해나간다.

초 매개변수 유형에 따라서는 초 매개변수 자체가 아니라 초 매개변수의 로그에 대해 균일하게 표본추출하는 경우가 있다. 이러한 초 매개변수의 두 가지 예에는 정칙화 속도와 학습률이 있다. 예를 들어, 0.1과 0.001 사이에서 학습률 α를 표본추출하는 대신 먼저 -1과 -3 사이에서 균일하게 $\log_{10}(\alpha)$를 표본추출한 다음 10의 누승의 지수로 이용한다. 균일 분포에서 탐색할 필요가 있는 초 매개변수들도 일부 있지만, 로그 공간에서 초 매개변수를 탐색하는 것이 보다 일반적이다.

4.5.5 특징 전처리의 중요성

서로 다른 매개변수에 대한 손실함수의 민감도의 변동성이 크면 학습에 불리하게 작용하는 경향이 있으며, 이 측면은 특징들에 대한 배율조정으로 제어된다. 다음과 같이 개인의 재산이 연령 x_1([0, 100] 범위)과 고등교육 기간 x_2([0, 10] 범위, 단위는 년)의 선형 함수로 모델링되는 모델을 생각해보자.

$$y = w_1 x_1^2 + w_2 x_2^2 \tag{4.17}$$

이 경우 편미분 $\frac{\partial y}{\partial w_1} = x_1^2$와 $\frac{\partial y}{\partial w_2} = x_2^2$는 각각 w_1과 w_2에 대한 오차 경사도의 성분에서 곱셈 항으로 나타날 것이다. x_1^2는 대개 x_2^2보다 훨씬 크며(종종 100배), 따라서 w_1에 대한 오차 경사도 성분은 일반적으로 w_2에 대한 성분보다 크기가 훨씬 더 크다. 종종 w_2 방향으로 작은 단계를 사용하면 w_1 방향으로는 큰 단계를 사용하게 된다(따라서 w_1 방향으로 최적 값을 지나쳐 버리게 됨). 큰 단계들의 적용 후 w_1 방향으로의 과도한 이동을 보상하기 위해 종종 연속 단계들에서 w_1 방향 경사도 성분의 부호를 계속 변경하는 경우가 종종 있다. 실제로 이것은 w_1 방향으로는 앞뒤로 "진동" 동작을 일으키고 w_2 방향으로는 작은 (그러나 일관된) 진전들로 이어진다. 결과적으로 수렴은 매우 느려질 것이다. 이러한 유형의 동작은 다음 장에서 자세히 논의한다. 따라서 특징들이 유사한 분산을 갖는 것이 종종 도움이 된다. 기계학습 알고리즘에 사용되는 두 가지 형태의 특징 전처리가 있다.

1. **평균 중심화**: 많은 모델에서 특정 유형의 편향 효과를 제거하기 위해 데이터를 평균 중심화하는 것이 유용할 수 있다. 기존 기계학습의 많은 알고리즘(예: 주성분 분석)에서도 평균 중심 데이터를 가정한다. 이러한 경우 각 데이터 점에서 열 별 평균들로 구성되는 벡터를 뺀다.

2. **특징 정규화**: 일반적인 정규화 유형은 각 특징 값을 표준편차로 나누는 것이다. 이러한 유형의 특징 배율조정이 평균 중심화와 결합되면 데이터가 **표준화되었다고** 한다. 기본 아이디어는 각 특징이 평균이 0이고 분산이 1인 **표준정규분포**에서 추출된 것으로 가정된다는 것이다.

   최소-최대 정규화는 데이터가 (0, 1) 범위에 들어가도록 배율조정 할 필요가 있을 때 유용하다. min_j와 max_j를 j번째 속성의 최솟값과 최댓값으로 설정한다. 그런 다음 i번째 점의 j차원에 대한 각 특징 값 x_{ij}는 다음과 같이 최소-최대 정규화에 의해 배율조정 된다.

$$x_{ij} \Leftarrow \frac{x_{ij} - min_j}{max_j - min_j} \tag{4.18}$$

특징 정규화는 불량 조건을 방지하고 경사하강법이 훨씬 더 부드럽게 수렴하도록 보장한다.

4.6 벡터에 대한 미분 계산

기계학습에서 접하는 전형적인 최적화 모델에서 스칼라 목적함수들을 (또는 벡터 량을 갖는 목적함수들을) 매개변수의 벡터에 대해 미분하는 경우가 있다. 이는 손실함수 $J(\overline{w})$가 종종 매개변수 벡터 $\overline{w}$의 함수이기 때문이다. 벡터의 각 성분에 대해 많은 수의 편미분을 표시하는 대신 행렬 미적분 표기법으로 이러한 미분을 표현하는 것이 편리하다. **행렬 미적분 표기법**에서 다른 스칼라, 벡터 또는 행렬에 대한 스칼라, 벡터 또는 행렬의 미분을 계산할 수 있다. 결과는 스칼라, 벡터, 행렬, 또는 텐서 등으로 나타날 수 있다. 최종 결과는 종종 편미분 벡터/행렬로 간결하게 표현될 수 있다(따라서 성분 별 형식으로 장황하게 계산할 필요가 없다). 이 책에서는 대체로 다른 스칼라/벡터에 대해 스칼라/벡터의 미분을 계산하는 것으로 제한한다. 가끔 행렬에 대한 스칼라의 미분을 이용할 것이며, 그 결과는 항상 스칼라, 벡터, 또는 행렬이다. 다른 변수 그룹에 대해 변수 그룹을 미분할 수 있다는 것은 간결함과 빠른 계산의 관점에서 유용하다. 행렬 미적분 분야는 매우 광범위하지만, 여기에서는 실무에서 자주 나타나는 기계학습 문제 해결에 유용한 몇 개의 중요한 항등식에 초점을 맞출 것이다.

4.6.1 행렬 미적분 표기법

행렬 미적분 표기법의 가장 단순하고 일반적인 예는 경사도 계산 과정에서 발생한다. 예를 들어, 이전 절에서 설명한 대로 다변량 최적화 문제에 대한 경사하강 갱신을 생각해보자.

$$\overline{w} \Leftarrow \overline{w} - \alpha \nabla J$$

경사도 ∇J에 해당하는 식은 행렬-미적분 표기법으로 $\frac{\partial J(\overline{w})}{\partial \overline{w}}$이다. 이 식은 스칼라 대 벡터 미분이며, 항상 벡터를 반환한다. 따라서 다음과 같이 표현할 수 있다.

$$\nabla J = \frac{\partial J(\overline{w})}{\partial \overline{w}} = \left[\frac{\partial J(\overline{w})}{\partial w_1} \dots \frac{\partial J(\overline{w})}{\partial w_d} \right]^T$$

여기에서 행렬 미적분을 처리할 때 열벡터에 대한 스칼라의 미분이 행벡터인지 아니면 열벡터인지 여부와 관련하여 다양한 학술 집단에 따라 일관된 관행을 따르지 않는 모호함이 있다는 점에 유의하기 바란다. 이 책에서는 열벡터에 대한 스칼라의 미분도 열벡터라는 관행을 적용한다. 이러한 관행을 **분모 배치법**이라고 한다(미분이 행벡터인 **분자 배치법**이 더 많이 사용됨). 분모 배치법을 사용하는 이유는 (기계학습에서 매우 일반적인) $\overline{w}$에서 경사하강 갱신을 수행하기 위해 항상 행벡터를 열벡터로 전치해야 하는 표기적 혼란에서 벗어날 수 있기 때문이다. 실제로, 학술 집단에 따라 분자 배치법을 사용할 것인지 분모 배치법을 사용할 것인지에 대한 선택은 종종 이러한 유형의 표기 편의성에 의해 규제된다. 따라서 여기에서는 아래와 같이 행렬 미적분 표기법으로 갱신을 직접 표현할 수 있다.

$$\overline{w} \Leftarrow \overline{w} - \alpha \left[\frac{\partial J(\overline{w})}{\partial \overline{w}} \right]$$

행렬 미적분 표기법은 벡터에 대한 벡터의 미분도 허용한다. 이러한 미분은 **야코비안**이라는 행렬을 생성한다. 재귀적으로 중첩된 다변량 함수의 경사도를 계산할 때 야코비안 행렬이 자주 발생한다. 구체적인 예로 다층 신경망의 경우를 들 수 있다(11장 참고). 예를 들어, d차원 열벡터 $\overline{w} = [w_1 \ldots w_d]^T$에 대한 m차원 열벡터 $\overline{h} = [h_1 \ldots h_m]^T$의 미분은 분모 배치법으로 $d \times m$ 행렬이다. 이 행렬의 (i, j)번째 항은 w_i에 대한 h_j의 미분이다.

$$\left[\frac{\partial \overline{h}}{\partial \overline{w}} \right]_{ij} = \frac{\partial h_j}{\partial w_i} \tag{4.19}$$

야코비안 행렬의 (i, j)번째 항은 항상 $\dfrac{\partial h_i}{\partial w_j}$이므로 식 4.19에 표시된 행렬 $\dfrac{\partial \overline{h}}{\partial \overline{w}}$의 전치이다.

다른 유형의 행렬 인수분해에서 자주 발생하는 또 다른 유용한 미분은 $m \times n$ 행렬 W에 대한 스칼라 목적함수 J의 미분이다. 분모 배치법에서 결과는 분모의 행렬 모양을 상속한다. 미분의 (i, j)번째 항은 W의 (i, j)번째 항에 대한 J의 미분이다.

$$\left[\frac{\partial J}{\partial W} \right]_{ij} = \frac{\partial J}{\partial W_{ij}} \tag{4.20}$$

행렬 미적분 표기법 및 관행에 대한 요약이 표 4.1로 제공된다.

4.6.2 유용한 행렬 미적분 항등식

이 절에서는 기계학습에서 자주 사용되는 여러 행렬 미적분 항등식을 소개한다. 기계학습에서 일반적으로 발생하는 일반적인 식은 다음과 같은 형식을 갖는다.

$$F(\overline{w}) = \overline{w}^T A \overline{w} \tag{4.21}$$

여기에서 A는 상수 값의 $d \times d$ 대칭행렬이고 $\overline{w}$는 최적화 변수들로 구성된 d차원 열벡터이다. 이러한 유형의 목적함수는 최소제곱 회귀와 같은 거의 모든 볼록 2차 손실함수나 (쌍대) 서포트 벡터 머신에서 발생한다. 이 경우 경사도 $\nabla F(\overline{w})$는 다음과 같이 표현될 수 있다.

$$\nabla F(\overline{w}) = \frac{\partial F(\overline{w})}{\partial \overline{w}} = 2A\overline{w} \tag{4.22}$$

표 4.1: 분자 배치법과 분모 배치법에 따른 행렬 미적분 연산

미분	~에 대한	출력 크기	i번째 또는 (i, j)번째 요소
스칼라 J	스칼라 x	스칼라	$\frac{\partial J}{\partial x}$
m차원 열벡터 $\overline{h}$	스칼라 x	m차원 열벡터	$\left[\frac{\partial \overline{h}}{\partial x}\right]_i = \frac{\partial h_i}{\partial x}$
스칼라 J	m차원 열벡터 $\overline{w}$	d차원 행벡터	$\left[\frac{\partial J}{\partial \overline{w}}\right]_i = \frac{\partial J}{\partial w_i}$
m차원 열벡터 $\overline{h}$	m차원 열벡터 $\overline{w}$	$m \times d$ 행렬	$\left[\frac{\partial \overline{h}}{\partial \overline{w}}\right]_{ij} = \frac{\partial h_i}{\partial w_j}$
스칼라 J	$m \times n$ 행렬 W	$n \times m$ 행렬	$\left[\frac{\partial J}{\partial W}\right]_{ij} = \frac{\partial J}{\partial W_{ji}}$

(a) 분자 배치법

미분	~에 대한	출력 크기	i번째 또는 (i, j)번째 요소
스칼라 J	스칼라 x	스칼라	$\frac{\partial J}{\partial x}$
m차원 열벡터 $\overline{h}$	스칼라 x	m차원 열벡터	$\left[\frac{\partial \overline{h}}{\partial x}\right]_i = \frac{\partial h_i}{\partial x}$
스칼라 J	m차원 열벡터 $\overline{w}$	d차원 행벡터	$\left[\frac{\partial J}{\partial \overline{w}}\right]_i = \frac{\partial J}{\partial w_i}$
m차원 열벡터 $\overline{h}$	m차원 열벡터 $\overline{w}$	$d \times m$ 행렬	$\left[\frac{\partial \overline{h}}{\partial \overline{w}}\right]_{ij} = \frac{\partial h_j}{\partial w_i}$
스칼라 J	$m \times n$ 행렬 W	$m \times n$ 행렬	$\left[\frac{\partial J}{\partial W}\right]_{ij} = \frac{\partial J}{\partial W_{ij}}$

(b) 분모 배치법

스칼라 경우에 대한 미분과의 대수적 유사성은 상당한 주목을 끈다. 독자들은 각 원소 별로 편미분을 계산하고 위의 식이 실제로 정확한지 확인해보아도 좋을 것이다. 여기에서 $\nabla F(\overline{w})$는 열벡터이다.

기계학습에서 많이 사용되는 또 다른 목적함수로 아래와 같이 표현되는 $G(\overline{w})$가 있다.

$$G(\overline{w}) = \overline{b}^T B\overline{w} = \overline{w}^T B^T \overline{b} \tag{4.23}$$

여기에서 B는 상수 값의 $n \times d$ 행렬이고 $\overline{w}$는 최적화 변수들로 구성된 d차원 열벡터이다.

또한 $\overline{b}$는 $\overline{w}$에 종속되지 않은 n차원 상수 벡터이다. 따라서 이것은 $\overline{w}$에 관한 선형 함수이며 경사도의 모든 성분은 상수이다. 스칼라의 전치는 동일한 스칼라이기 때문에 $\overline{b}^T B\overline{w}$와 $\overline{w}^T B^T \overline{b}$의 값은 동일하다. 이러한 경우 $G(\overline{w})$의 경사도는 다음과 같이 계산된다.

$$\nabla G(\overline{w}) = \frac{\partial G(\overline{w})}{\partial \overline{w}} = B^T \overline{b} \tag{4.24}$$

이 경우 경사도의 모든 성분은 상수이다. 이러한 결과들에 대한 증명은 연습용 문제로 남긴다.

표 4.2: 분모 배치법에 따른 행렬 미적분 주요 항등식 목록. A는 $d\times d$ 상수 행렬, B는 $n\times d$ 상수 행렬, $\overline{b}$는 매개변수 벡터 $\overline{w}$에 독립인 n차원 상수 벡터, C는 $k\times d$ 행렬

	목적함수 J	$\overline{w}$에 관한 J의 미분
(i)	$\overline{w}^T A\overline{w}$	$2A\overline{w}$ (A는 대칭) $(A+A^T)\overline{w}$ (A는 비대칭)
(ii)	$\overline{b}^T B\overline{w}$ 또는 $\overline{w}^T B^T \overline{b}$	$B^T\overline{b}$
(iii)	$\lVert B\overline{w}+\overline{b}\rVert^2$	$2B^T(B\overline{w}+\overline{b})$
(iv)	$f(g(\overline{w}))$ [$g(\overline{w})$는 스칼라: 아래의 예 참고]	$f'(g(\overline{w}))\,\nabla_w g(\overline{w})$
(v)	$f(\overline{w}\cdot\overline{a})$ [예: $g(\overline{w})=\overline{w}\cdot\overline{a}$]	$f'(\overline{w}\cdot\overline{a})\overline{a}$

(a) 스칼라 대 벡터 미분

	벡터 $\overline{h}$	$\overline{w}$에 관한 $\overline{h}$의 미분
(i)	$\overline{h}=C\overline{w}$	C^T
(ii)	$\overline{h}=F(\overline{w})$ [$F(\cdot)$는 성분 별 함수]	(i, i)번 항에는 w_i에 관한 $F(\overline{w})$의 i번째 성분에 대한 편미분을 갖는 대각행렬
(iii)	변수 곱 항등식 $\overline{h}=f_s(\overline{w})\overline{x}$ [$f_s(\overline{w})$는 벡터-스칼라 함수]	$\frac{\partial f_s(\overline{w})}{\partial \overline{w}}\overline{x}^T + f_s(\overline{w})\frac{\partial \overline{x}}{\partial \overline{w}}$

(b) 벡터 대 벡터 미분

> **문제 4.6.1** $A=[a_{ij}]$는 상수 값들로 구성된 $d \times d$ 대칭행렬, $B=[b_{ij}]$는 상수 값들로 구성된 $n \times d$ 행렬, $\overline{w}$는 최적화 변수들로 구성된 d차원 열벡터, $\overline{b}$는 상수들로 구성된 n차원 열벡터라고 가정한다. $F(\overline{w})=\overline{w}^T A\overline{w}$ 그리고 $G(\overline{w})=\overline{b}^T B\overline{w}$로 둔다. 성분 별 편미분을 사용하여 $\nabla F(\overline{w}) = 2A\overline{w}$와 $\nabla G(\overline{w})=B^T\overline{b}$임을 보이시오.

위의 문제에서는 행렬과 벡터의 스칼라 값들을 사용하여 각 식을 전개해야 한다. 그러면 빠른 계산을 위한 행렬 미적분 방식의 간결함을 이해할 수 있을 것이다. 일반적으로 사용되는 항등식 목록은 표 4.2에 제시되어 있다. 이러한 항등식 중 다수는 기계학습 모델에서 유용하게 사용된다.

매개변수 열벡터에 대해 경사도를 계산하는 것이 일반적이므로 이러한 모든 항등식은 열벡터에 대한 미분을 나타낸다. 표 4.2(b)는 항상 야코비안 행렬의 전치로 이어지는 간단한 벡터 대 벡터 미분을 나타낸다. 많이 사용되는 이러한 항등식을 넘어서 행렬 미적분을 자세히 다루는 것은 이 책의 범위를 벗어난다. 관심 있는 독자는 [20]을 참조하기 바란다.

4.6.2.1 응용: 무제약 2차계획법

2차계획법에서 목적함수는 $\overline{w}^T A\overline{w}$ 형식의 2차 항, 선형 항 $\overline{b}^T\overline{w}$, 그리고 상수를 포함한다. 무제약 2차계획법의 형식은 다음과 같다.

$$\frac{1}{2}\overline{w}^T A\overline{w}+\overline{b}^T\overline{w}+c\text{를 최소화하는 }\overline{w}\text{를 구한다.}$$

여기에서 A는 **양의 정부호** $d \times d$ 행렬, $\overline{b}$는 d차원 열벡터, c는 스칼라 상수, 최적화 변수는 d차원 열벡터 $\overline{w}$에 포함되어 있다고 가정한다. 무제약 2차계획법은 $\frac{1}{2}ax^2+bx+c$와 같은 1차원 2차함수를 직접 일반화한 것이다. $a>0$일 때 1차원 2차함수의 경우 $x=-b/a$에 최솟값이 존재하고, A가 양의 정부호일 때 다차원 2차함수의 경우 최솟값이 존재한다.

목적함수의 두 항은 표 4.2(a)의 (i), (ii)의 항등식들을 사용하여 $\overline{w}$에 대해 미분할 수 있다. 행렬 A는 양의 정부호이므로 헤시안 행렬 A는 $\overline{w}$의 값에 관계없이 양의 정부호이다. 따라서 목적함수는 순 볼록하고, 경사도를 0으로 설정하는 것은 목적함수의 최소화를 위한 필요충분조건이다. 표 4.2(a)의 (i), (ii)의 항등식들을 사용하여 다음과 같은 최적성 조건을 얻는다.

$$A\overline{w}+\overline{b}=\overline{0}$$

따라서 $\overline{w}=-A^{-1}\overline{b}$를 해로 얻는다. 이것은 1차원 2차함수에 대한 해를 직접 일반화한 것이다. A가 특이행렬이면 A가 양의 준정부호인 경우에도 해가 보장되지 않는다. 예를 들어

A가 영행렬인 경우 목적함수는 최솟값을 갖지 않는 선형함수가 된다. A가 양의 준정부호인 경우, $\overline{b}$가 A의 열공간에 있는 경우에만 최솟값이 존재함을 보일 수 있다(연습문제 8 참고).

4.6.2.2 응용: 노옴 제곱의 미분

무제약 2차계획법의 특별한 경우는 그 자체가 다른 벡터의 선형 함수(추가로 상수 절편을 포함할 수 있음)인 벡터의 노옴이다. 이러한 문제는 이전 절의 2차계획법과 같은 닫힌 형식의 해(4.7절 참고)를 갖는 것으로 알려진 최소제곱 회귀에서 발생한다. 이 특정 목적함수의 형식은 다음과 같다.

$$\begin{aligned} J(\overline{w}) &= \|B\overline{w} + \overline{b}\|^2 \\ &= \overline{w}^T B^T B\overline{w} + 2\overline{b}^T B\overline{w} + \overline{b}^T \overline{b} \end{aligned}$$

여기에서 B는 $n \times d$ 데이터 행렬, $\overline{w}$는 d차원 벡터, $\overline{b}$는 n차원 벡터이다. 이 형태의 목적함수는 최소제곱 회귀에서 자주 발생한다. 여기에서 B는 관측된 데이터 행렬 D로 설정되고 상수 벡터 $\overline{b}$는 응답 벡터 $\overline{y}$의 (-1)배로 설정된다. 갱신을 수행하려면 $\overline{w}$에 대한 경사도를 계산해야 한다.

위의 행렬 벡터 곱에 대해 노옴 제곱을 전개하는데, 개별 항들은 표 4.2(a)의 (i), (ii)와 동일한 형태이다. 이러한 경우 표 4.2(a)의 (i), (ii)의 스칼라 대 벡터 미분을 대체하여 $\overline{w}$에 대한 노옴 제곱의 미분을 계산할 수 있다. 따라서 다음과 같은 결과를 얻는다.

$$\frac{\partial J(\overline{w})}{\partial \overline{w}} = 2B^T B\overline{w} + 2B^T \overline{b} \tag{4.25}$$

$$= 2B^T (B\overline{w} + \overline{b}) \tag{4.26}$$

이러한 형태의 경사도는 최소제곱 회귀에서 자주 사용된다. 이 경사도를 0으로 설정하면 최소제곱 회귀에 대한 닫힌 형식의 해가 생성된다(4.7절 참고).

4.6.3 벡터화된 미분에 대한 연쇄법칙

미적분의 연쇄법칙은 함수의 합성을 미분할 때 매우 유용하다. 스칼라 값을 갖는 단일 변량 함수들의 경우 법칙은 매우 간단하다. 예를 들어, 다음과 같이 스칼라 목적함수 J가 스칼라 w의 함수인 경우를 생각해보자.

$$J = f(g(h(w))) \tag{4.27}$$

$f(\cdot)$, $g(\cdot)$, $h(\cdot)$는 모두 스칼라 함수로 가정된다. 이 경우 스칼라 w에 대한 J의 미분은 간단히 $f'(g(h(w)))g'(h(w))h'(w)$이다. 이 법칙을 미분의 단일 변량 연쇄법칙이라고

한다. 스칼라 곱은 교환법칙 특성을 갖기 때문에 곱셈의 순서는 중요하지 않다.

마찬가지로, 함수 중 하나가 벡터 대 스칼라 함수인 다음의 경우를 생각해보자.

$$J = f(g_1(w), g_2(w), \ldots, g_k(w))$$

이러한 경우 **다변량 연쇄법칙**은 함수의 모든 인수를 사용하여 얻은 편미분의 곱들의 합으로서 w에 대한 J의 미분을 계산할 수 있다고 명시한다.

$$\frac{\partial J}{\partial w} = \sum_{i=1}^{k} \left[\frac{\partial J}{\partial g_i(w)}\right] \left[\frac{\partial g_i(w)}{\partial w}\right]$$

함수가 벡터 대 벡터 함수인 경우를 고려하여 위의 **두 결과**를 하나의 형식으로 일반화할 수 있다. 벡터 대 벡터 미분은 행렬이므로 스칼라 대신 행렬을 함께 곱할 것이다. 놀랍게도 상당히 많은 기계학습 알고리즘은 표 4.2(b)에 나와 있는 두 가지 유형의 함수만 반복적으로 합성한다. **스칼라 연쇄법칙의 경우와 달리 행렬과 벡터를 다룰 때는 곱셈 순서가 중요하다.** 합성함수에서 인수의 미분을 항상 함수의 미분 앞에 곱한다. 많은 경우에 행렬 곱셈과 관련된 크기 제약으로 인해 곱셈 순서가 자명하게 정해진다. 벡터화된 연쇄법칙을 다음과 같이 엄밀하게 정의한다.

정리 4.6.1 벡터화된 연쇄법칙

다음 형식의 합성 함수를 생각해보자.

$$\overline{o} = F_k(F_{k-1}(\ldots F_1(\overline{x})))$$

각 $F_i(\cdot)$는 n_i차원 열벡터를 입력으로 받아 n_{i+1}차원 열벡터를 출력한다고 가정한다. 따라서 입력 $\overline{x}$는 n_1차원 벡터이고 최종 출력 값 $\overline{o}$는 n_{k+1}차원 벡터이다. 간결함을 위해 $F_i(\cdot)$의 벡터 출력을 $\overline{h}_i$로 표시한다. 이제 벡터화된 연쇄법칙은 다음과 같이 표현된다.

$$\underbrace{\left[\frac{\partial \overline{o}}{\partial \overline{x}}\right]}_{n_1 \times n_{k+1}} = \underbrace{\left[\frac{\partial \overline{h}_1}{\partial \overline{x}}\right]}_{n_1 \times n_2} \underbrace{\left[\frac{\partial \overline{h}_2}{\partial \overline{h}_1}\right]}_{n_2 \times n_3} \cdots \underbrace{\left[\frac{\partial \overline{h}_{k-1}}{\partial \overline{h}_{k-2}}\right]}_{n_{k-1} \times n_k} \underbrace{\left[\frac{\partial \overline{o}}{\partial \overline{h}_{k-1}}\right]}_{n_k \times n_{k+1}}$$

이 경우 행렬 곱셈의 크기 제약을 따르고 있음을 쉽게 확인할 수 있다.

4.6.3.1 벡터화된 미분의 유용한 예

이제 기계학습에서 자주 사용되는 벡터화된 미분의 예를 살펴보자. 함수 $g(\cdot)$가 d차원 벡터 인수를 갖고 그 출력이 스칼라라고 하자. 또한 함수 $f(\cdot)$는 스칼라 대 스칼라 함수이다.

$$J = f(g(\overline{w}))$$

이 경우 벡터화된 연쇄법칙을 적용하여 다음 식을 얻을 수 있다.

$$\nabla J = \frac{\partial J}{\partial \overline{w}} = \nabla g(\overline{w}) \underbrace{f'(g(\overline{w}))}_{\text{스칼라}} \tag{4.28}$$

이 경우 곱의 인자 중 하나가 스칼라이기 때문에 곱셈 순서는 중요하지 않다. 이 결과는 기계학습에서 자주 사용되는데, 이는 기계학습의 많은 손실함수가 스칼라 함수 $f(\cdot)$를 훈련 점 $\overline{a}$와 $\overline{w}$의 점곱에 적용하여 계산되기 때문이다. 즉, $g(\overline{w}) = \overline{w} \cdot \overline{a}$이다. $\overline{w} \cdot \overline{a}$는 $\overline{w}^T(I)\overline{a}$로 쓸 수도 있다($I$는 단위행렬). 이것은 표 4.2(a)의 행렬 항등식 중 하나의 형식을 이용한 것이다[항등식 (ii) 참고]. 이러한 경우 연쇄법칙을 사용하여 다음 식을 얻을 수 있다.

$$\frac{\partial J}{\partial \overline{w}} = \underbrace{[f'(g(\overline{w}))]}_{\text{스칼라}} \overline{a} \tag{4.29}$$

이 결과는 매우 유용하며 최소제곱 회귀, SVM, 로지스틱 회귀 등과 같은 많은 손실함수의 미분 계산에 사용할 수 있다. 벡터 $\overline{a}$는 단순히 현재 훈련 점 벡터로 대체된다. 함수 $f(\cdot)$는 현재 모델에 대한 손실함수를 정의한다. 위의 식은 표 4.2(a)의 결과 (iv), (v)를 사용하여 얻은 것이다.

표 4.2(b)에는 벡터 대 벡터 함수의 유용한 미분이 많이 포함되어 있다. 첫 번째는 선형 변환 $\overline{h} = C\overline{w}$인데, 여기에서 C는 매개변수 벡터 $\overline{w}$에 종속되지 않은 행렬이다. $\overline{w}$에 대한 $\overline{h}$의 벡터 대 벡터 미분은 C^T이다 [표 4.2(b)의 항등식 (i) 참고]. 이러한 유형의 변환은 **순방향 신경망의 선형 계층들에서** 많이 사용된다. 많이 사용되는 또 다른 벡터 대 벡터 함수는 원소 별 함수 $F(\overline{w})$인데 신경망에서도 (활성화 함수로) 사용된다. 이 경우 해당 미분은 표 4.2(b)의 두 번째 항등식에 표시된 대로 원소 별 편미분을 포함하는 대각행렬이다.

마지막으로, 미분에서 **곱 항등식**의 일반화에 대해 생각해보자. 두 스칼라 변수의 곱을 미분하는 대신 스칼라와 벡터 변수의 곱을 고려한다. 벡터와 스칼라의 곱인 관계 $\overline{h} = f_s(\overline{w})\overline{x}$를 생각해보자. 여기에서 $f_s(\cdot)$는 벡터 대 스칼라 함수이고 $\overline{x}$는 $\overline{w}$에 종속된 열벡터이다. 이러한 경우, $\overline{w}$에 대한 $\overline{h}$의 미분은 행렬 $\frac{\partial f_s(\overline{w})}{\partial \overline{w}} \overline{x}^T + f_s(\overline{w}) \frac{\partial \overline{x}}{\partial \overline{w}}$이다[표 4.2(b)의 항등식 (iii) 참고]. 첫 번째 항은 두 벡터 $\frac{\partial f_s(\overline{w})}{\partial \overline{w}}$와 $\overline{x}$의 외적이며, 두 번째 항은 벡터 대 벡터 미분의 스칼라 배이다.

4.7 선형 회귀: 수치 목표를 사용한 최적화

선형 회귀에서는 대개 최소제곱 목적함수를 사용하기 때문에 최소제곱 회귀라고도 한다. 최소제곱 회귀는 연립방정식 풀이에 대한 최적화 중심의 관점을 제시하기 위해 2.8절에서 간략하게 소개된 바 있다. 최소제곱 회귀에 대한 보다 자연스러운 응용은 특징 변수들에 대한 목표 변수의 종속성 모델로 사용하는 경우일 것이다. $\{1 \ldots n\}$에 속하는 i에 대해 n쌍의 관측치 $(\overline{X}_i, y_i)$가 주어져 있다. 목표 값 y_i는 $\hat{y}_i \approx \overline{W} \cdot \overline{X}_i^T$를 사용하여 예측된다. $\hat{y}_i$ 위에 있는 삿갓 기호는 예측 값임을 나타낸다. 여기에서 $\overline{W} = [w_1 \ldots w_d]^T$는 최적화 매개변수의 d차원 열벡터이다.

각 벡터 $\overline{X}_i$는 독립변수 또는 **회귀변수**의 집합이라고 하며, 변수 y_i는 목표변수, 반응변수, **피회귀변수** 등으로 불린다. 기계학습에서 데이터 점이 데이터 행렬의 행으로 표시되는 것이 일반적이기 때문에 각 $\overline{X}_i$는 행벡터이다. 따라서 열벡터 $\overline{W}$와의 점곱을 수행하기 전에 행벡터 $\overline{X}_i$를 전치해야 한다. $\hat{y}_i = \overline{W} \cdot \overline{X}_i^T$가 가능한 한 각 y_i에 가까워지도록 데이터 기반 방식으로 벡터 $\overline{W}$를 학습해야 한다. 따라서 목적함수를 생성하기 위해 각 훈련용 데이터 점에 대해 손실 $(y_i - \overline{W} \cdot \overline{X}_i^T)^2$을 계산한 다음 이들을 더한다.

$$J = \frac{1}{2}\sum_{i=1}^{n}(y_i - \overline{W} \cdot \overline{X}_i^T)^2 \tag{4.30}$$

앞서 언급한 목적함수를 최적화하여 훈련용 데이터에서 벡터 $\overline{W}$를 학습하면, 경험하지 않은 테스트 사례 $\overline{Z}$(d차원 행벡터)의 목표변수의 수치 값을 $\overline{W} \cdot \overline{Z}^T$로 예측할 수 있다.

이 목적함수를 $n \times d$ 데이터 행렬로 표현하면 편리하다. $n \times d$ 데이터 행렬 D는 n개의 행 $\overline{X}_1 \ldots \overline{X}_n$을 누적하여 생성된다. 마찬가지로 $\overline{y}$는 i번째 성분이 y_i인 반응변수들의 n차원 열벡터이다. $D\overline{W}$는 이상적으로는 관측 벡터 $\overline{y}$와 동일한 n차원 **예측** 열벡터이다. 따라서 오차 벡터는 $(D\overline{W} - \overline{y})$로 주어지며, 오차 벡터의 노옴 제곱은 손실함수이다. 따라서 최소제곱 회귀의 최소화 손실함수는 다음과 같이 표현할 수 있다.

$$J = \frac{1}{2}\|D\overline{W} - \overline{y}\|^2 = \frac{1}{2}[D\overline{W} - \overline{y}]^T[D\overline{W} - \overline{y}] \tag{4.31}$$

위의 식을 전개하면 다음과 같다.

$$J = \frac{1}{2}\overline{W}^T D^T D\overline{W} - \frac{1}{2}\overline{W}^T D^T \overline{y} - \frac{1}{2}\overline{y}^T D\overline{W} + \frac{1}{2}\overline{y}^T \overline{y} \tag{4.32}$$

D^TD는 2차 항에서 양의 준정부호 헤시안 행렬이기 때문에 위의 식이 볼록함수를 표현하고 있음을 쉽게 알 수 있다. 즉, 경사도가 0인 벡터 $\overline{W}$의 값(즉, 임계점)을 찾으면 목적함수의 전역 최소점이 된다.

$\overline{W}$에 대한 J의 경사도를 계산하기 위해 4.6.2.2절의 노옴 제곱 결과를 사용하여 다음 식을 얻을 수 있다.

$$\nabla J = D^T D\overline{W} - D^T\overline{y} \tag{4.33}$$

경사도를 0으로 설정하면 다음 조건이 생성된다.

$$D^T D\overline{W} = D^T\overline{y} \tag{4.34}$$

양변 앞쪽에 $(D^TD)^{-1}$을 곱하면 다음 식을 얻는다.

$$\overline{W} = (D^T D)^{-1} D^T\overline{y} \tag{4.35}$$

이 공식은 연립방정식(2.8절 참고)을 풀기 위해 D의 좌 역행렬을 사용하는 것과 동일하며, 2.8절의 유도 과정은 미적분 대신 정규 방정식을 사용한다. 연립방정식 풀이 문제는 최소제곱 회귀의 특수한 경우로, 연립방정식에 실행 가능 해가 있는 경우 최적 해는 훈련용 데이터에 대해서는 손실이 0이다. 연립방정식이 불능인 경우 최적합 해를 얻는다.

D^TD가 가역적일 때 어떻게 $\overline{W}$를 효율적으로 계산할 수 있을까? 이는 $D=QR$로 행렬 D를 QR 분해함으로써 달성할 수 있다(2.8.2절의 끝 부분 참고). 여기에서 Q는 직교정규 열들을 갖는 $n\times d$ 행렬이고 R은 $d\times d$ 상부삼각 행렬이다. 식 4.34에서 $D=QR$을 대입하고 $Q^TQ=I_d$를 사용하여 다음 식을 얻을 수 있다.

$$R^T R\overline{W} = R^T Q^T\overline{y} \tag{4.36}$$

양변에 $(R^T)^{-1}$을 곱하면 $R\overline{W}=Q^T\overline{y}$가 된다. 이 삼각 연립방정식은 역대입법을 사용하여 효율적으로 풀 수 있다.

위의 해는 행렬 D^TD가 가역적이라고 가정한다. 그러나 데이터 점 개수가 적은 경우 행렬 D^TD는 가역적이 아닐 수도 있다. 이러한 경우 이 연립방정식에 무수히 많은 해가 존재하는데, 이는 훈련용 데이터에 과적합 현상을 발생시키며, 위의 방법은 경험하지 않은 테스트용 데이터로 쉽게 일반화되지 않는다. 이러한 경우 정칙화가 중요하다.

4.7.1 티호노프 정칙화

최적화 변수의 수가 점 개수보다 많은 부정인 경우에는 문제에 대한 닫힌 형식의 해를 얻을 수 없다. 한 가지 가능한 해결책은 제약조건이 있는 최적화 문제로 간주하여 데이터에서 변수 수를 줄이는 것이다. 즉, 0이 아닌 w_i의 최대 개수는 k라는 엄격한 제약조건을 적용하면서 동일한 손실함수를 최적화하려고 할 수 있다. 그러나 이렇게 제한적인 최적화 문제는 풀기가 어렵다. 이보다 매끄러운 해결책은 w_i가 0이 아닌 값을 갖는 것을 억제하기 위해 각 w_i의 절댓값에 작은 페널티를 부과하는 것이다. 이렇게 만들어진 손실함수는 다음과 같다.

$$J = \frac{1}{2}\|D\overline{W} - \overline{y}\|^2 + \frac{\lambda}{2}\|\overline{W}\|^2 \tag{4.37}$$

여기에서 λ은 정칙화 매개변수이다($\lambda > 0$). 노옴 제곱 페널티를 추가함으로써 학습에 절대적으로 필요한 경우가 아니라면 각 w_i의 크기를 줄이는 방향으로 작용한다. 볼록 최소제곱 회귀 손실함수에 순 볼록 항 $\lambda\|\overline{W}\|^2$를 더함으로써 정칙화된 목적함수가 순 볼록 함수가 된다(볼록 함수와 순 볼록 함수의 덧셈에 관한 보조정리 4.3.6 참고). 순 볼록 목적함수에는 고유한 최적해가 존재한다.

J의 경사도를 0으로 설정하여 최적화 문제를 풀 수 있다. 더해진 항 $\lambda\|\overline{W}\|^2/2$의 경사도는 4.6.2.2절에서 논의한 바에 따라 $\lambda\overline{W}$이다. J의 경사도를 0으로 설정하면 다음과 같은 수정된 조건을 얻는다.

$$(D^T D + \lambda I)\overline{W} = D^T\overline{y} \tag{4.38}$$

양변 앞쪽에 $(D^TD+\lambda I)^{-1}$을 곱하면 다음 식을 얻는다.

$$\overline{W} = (D^T D + \lambda I)^{-1} D^T\overline{y} \tag{4.39}$$

여기에서 $(D^TD+\lambda I)$는 행렬이 양의 정부호이기 때문에 0보다 큰 λ에 대해 항상 가역적이다(문제 2.4.2 참고). 결과로 얻은 해는 정칙화되어 표본 외 데이터에 대해 훨씬 더 좋은 결과를 보인다. 푸시 스루 항등식(문제 1.2.13 참고)을 이용하여 해를 다음의 형식으로 표현할 수도 있다.

$$\overline{W} = D^T(DD^T + \lambda I)^{-1}\overline{y} \tag{4.40}$$

4.7.1.1 의사 역행렬 및 정칙화와의 관계

티호노프 정칙화의 특별한 경우는 2.8.1절에 소개된 **무어-펜로즈 의사 역행렬**이다. 행렬 D의 무어-펜로즈 의사 역행렬 D^+는 양의 λ가 무한히 작아지는 티호노프 정칙화의 극한 값에 해당한다.

$$D^+ = \lim_{\lambda\to 0+}(D^T D + \lambda I)^{-1}D^T = \lim_{\lambda\to 0+}D^T(DD^T + \lambda I)^{-1} \tag{4.41}$$

따라서 무어-펜로즈 의사 역행렬을 이용하여 해를 $\overline{W} = D^+ \overline{y}$로 간단히 표현할 수 있다.

4.7.2 확률적 경사하강법

기계학습에서 식 4.39와 같은 닫힌 형식의 해를 얻는 경우는 드물다. 대부분의 경우 다음 형식의 (확률적) 경사하강 갱신을 사용한다.

$$\overline{W} \Leftarrow \overline{W} - \alpha \nabla J \tag{4.42}$$

(확률적) 경사하강법의 한 가지 장점은 메모리 요구사항 측면과 계산 효율성 측면에서 효율적인 해법이라는 것이다. 최소제곱 회귀의 경우 식 4.42의 갱신은 다음과 같이 구체화할 수 있다.

$$\overline{W} \Leftarrow \overline{W}(1 - \alpha\lambda) - \alpha D^T \underbrace{(D\overline{W} - \overline{y})}_{\text{오차 벡터 } \overline{e}} \tag{4.43}$$

여기에서 α는 학습률이다($\alpha > 0$). 위의 접근방식을 효율적으로 구현하기 위해 먼저 위의 방정식에 표시된 n차원 오차 벡터 $\overline{e} = (D\overline{W} - \overline{y})$를 계산한다. 그 다음에 갱신을 위해 d차원 벡터 $D^T\overline{e}$가 계산된다. 이러한 접근방식은 큰 행렬이 될 수도 있는 D^TD를 계산하는 대신 행렬-벡터 곱셈만 사용한다.

데이터 행렬 D에서 예제(행)의 부분집합을 선택하여 미니 배치 확률적 경사하강법을 수행할 수도 있다. S를 현재 미니 배치의 훈련용 예제 세트라고 하자. 여기에서 S의 각 예제에는 특징-목표 쌍 $(\overline{X}_i, y_i)$가 포함된다. 이제 경사하강 갱신을 다음과 같이 미니 배치 갱신으로 수정할 수 있다.

$$\overline{W} \Leftarrow \overline{W}(1 - \alpha\lambda) - \alpha \sum_{(\overline{X}_i, y_i) \in S} \overline{X}_i^T \underbrace{(\overline{W} \cdot \overline{X}_i^T - y_i)}_{\text{오차 값}} \tag{4.44}$$

식 4.44는 갱신 시점에 미니 배치에 해당하는 (더 작은) 행렬만 사용할 수 있다고 가정하고 식 4.43에서 직접 유도할 수도 있다.

4.7.3 편향의 사용

기계학습에서는 목표변수에서 설명되지 않은 상수 효과를 설명하기 위해 추가로 편향 변수를 도입하는 경우가 많다. 예를 들어, 목표변수가 열대 도시의 화씨온도이고 두 개의 특징 변수가 각각 연초 이후 경과 일수와 자정 이후 경과한 분 단위 시간에 해당하는 경우를 생각해보자. 모델 $y_i = \overline{W} \cdot \overline{X}_i^T$는 설명되지 않은 상수 효과로 인해 큰 오차로 이어질 수 있다. 예를 들어 두 특징 변수가 모두 0이면 새해 전야 자정에 해당한다. 새해 전날 자정 열대 도시의 기온은 0보다 훨씬 더 큰 값을 가질 것이다. 그러나 모델 $y_i = \overline{W} \cdot \overline{X}_i^T$는 항상 예측 값으로 0을 산출한다. 이 문제는 편향 변수 b를 사용하여 피할 수 있으며, 따라서 새 모델은 $y_i = \overline{W} \cdot \overline{X}_i^T + b$가 된다. 편향 변수는 추가적인 상수 효과(즉, 현재 도시에 특정한 편향)를 흡수하며 $\overline{W}$의 다른 매개변수처럼 학습해야 한다. 이러한 경우 식 4.44의 경사하강 갱신은 다음과 같이 수정된다.

$$\overline{W} \Leftarrow \overline{W}(1-\alpha\lambda) - \alpha \sum_{(\overline{X}_i, y_i)\in S} \overline{X}_i^T \underbrace{(\overline{W} \cdot \overline{X}_i^T + b - y_i)}_{\text{오차 값}}$$

$$b \Leftarrow b(1-\alpha\lambda) - \alpha \sum_{(\overline{X}_i, y_i)\in S} \underbrace{(\overline{W} \cdot \overline{X}_i^T + b - y_i)}_{\text{오차 값}}$$

(편향이 없는) 원래의 모델을 변경하지 않고도 위의 갱신과 **정확히** 동일한 효과를 얻을 수 있다는 것이 밝혀져 있다. 방법은 훈련용 데이터와 테스트용 데이터에 1이라는 상수 값을 갖는 차원을 하나 추가하는 것이다. 따라서 벡터 $\overline{W}$에 추가로 $(d+1)$번째 매개변수 w_{d+1}을 두고, $\overline{X} = [x_1 \ldots x_d]$에 대한 목표변수는 다음과 같이 예측된다.

$$\hat{y} = [\sum_{i=1}^{d} w_i x_i] + w_{d+1}(1)$$

이것이 편향이 있는 함수와 정확히 동일한 예측 함수라는 것을 확인하는 것은 어렵지 않다. 이 추가 차원의 계수 w_{d+1}은 편향 변수 b이다. 편향 변수는 특징 공학 기법과 통합될 수 있으므로 이 책의 대부분의 기계학습 응용에서는 대부분 생략된다. 그러나 실질적인 문제로서 바람직하지 않은 상수 효과를 피하기 위해 어떤 형태로든 편향을 사용하는 것은 매우 중요하다.

4.7.3.1 경험적 지식을 이용한 초기화

초기화를 잘 선택하면 갱신 속도를 높이는 데 크게 도움이 될 수 있다. $n \times d$ 데이터 행렬 D를 사용하는 선형 회귀 문제를 생각해보자. 대부분의 경우 훈련용 예제 수 n은 특징 개수 d보다 훨씬 크다. 경험적 지식을 이용한 초기화를 위한 간단한 접근방식은 무작위로 선택된 d개의 훈련 점을 선택하고 2장에서 논의된 방법 중 하나를 사용하여 $d \times d$ 연립방정식을 푸는 것이다. 선형 연립방정식을 푸는 것은 선형 회귀의 특별한 경우에 해당하며, 선형 회귀에 비해 훨씬 간단하다. 선형 연립방정식의 해는 가중치 벡터에 대한 훌륭한 초기 시작점이다.

문제 4.7.1 **행렬 최소제곱** 숫자 목표의 $n \times d$ 세로 데이터 행렬 D와 $n \times k$ 크기의 수치 목표 행렬 Y를 생각해보자. $\|DW - Y\|_F^2$을 가능한 한 작게 만드는 $d \times k$ 가중치 행렬 W를 구하려고 한다. D는 선형 독립 열들을 갖는다고 가정하고, 최적 가중치 행렬이 $W = (D^T D)^{-1} D^T Y$임을 보이시오. 세로 행렬 D의 좌 역행렬이 우 역행렬 관계 $DR \approx I_n$을 만족하는 행렬 R에 대한 최상의 최소제곱 해이고 이렇게 얻은 I_n의 근사치가 투영 행렬임을 보이시오.

4.8 이진 목표변수를 위한 최적화 모델

최소제곱 회귀는 수치 특징 변수(독립변수 또는 회귀변수)와 수치 목표변수(종속변수 또는 회귀변수)의 연관성을 학습한다. 많은 응용에서 목표변수는 실수 값이 아니라 이산 값을 갖는다. 이러한 목표의 예로 {Blue, Green, Red}와 같은 색상을 들 수 있다. 목표변수가 이진이 아닐 경우, 수치 목표변수의 경우와 달리 이러한 목표 값 사이에는 자연스러운 순서가 정해져 있지 않다.

이산 대상의 특별한 경우는 목표변수 y가 이진이고 {−1, +1}에서 추출되는 경우이다. 라벨이 +1인 인스턴스를 **양성 클래스 인스턴스**라고 하고, 라벨이 −1인 인스턴스를 **음성 클래스 인스턴스**라고 한다. 예를 들어, 암 진단 응용의 특징 변수는 환자의 임상 측정에 해당할 수 있으며 클래스 변수는 환자가 암에 걸렸는지 여부를 나타내는 지표가 될 수 있다. 이진 클래스의 경우 가능한 두 목표 값 사이에 순서를 지정할 수 있다. 즉, 목표를 수치로 취급하여 선형 회귀를 수행할 수 있다. 이러한 방법을 **최소제곱 분류**라고 하며 다음 절에서 설명한다. 이산 목표들을 수치로 취급하는 데 따른 단점들이 있다. 따라서 이러한 단점을 피할 수 있는 이산 (이진) 데이터에 대한 많은 손실함수들이 대안으로 제안되었다. 예로는 서포트 벡터 머신이나 로지스틱 회귀를 들 수 있다. 다음에 이러한 모델들에 대한 개요를 제시하고 이들 사이의 관계를 간략히 설명한다. 이러한 관계를 논의하는 동안 최소제곱 회귀라는 오래된 문제가 이산 값 목표에 대한 이러한 모든 (상대적으로 최근의) 모델들에 대한 조상 모델이며 출발점 역할을 한다는 것이 명백해질 것이다.

4.8.1 최소제곱 분류: 이진 목표에 대한 회귀

최소제곱 분류에서 선형 회귀는 이진 목표들에 직접 적용된다. $n \times d$ 데이터 행렬 D는 여전히 수치들을 포함하며, 그 행들인 $\overline{X}_1 \dots \overline{X}_n$은 d차원 행벡터들이다. 그러나 n차원 목표 벡터 $\bar{y} = [y_1 \dots y_n]^T$는 −1 또는 +1인 이진 값들만 포함한다. 최소제곱 분류에서는 이진 목표를 실수 값인 것처럼 취급한다. 따라서 각 목표를 $y_i \approx \overline{W} \cdot \overline{X}_i^T$로 모델링한다. 여기에서 $\overline{W} = [w_1 \dots w_d]^T$는 가중치를 포함하는 열벡터이다. 이진 목표를 수치 목표의 특수한 경우로 취급하면서 최소제곱 회귀와 동일한 제곱 손실함수를 설정한다. 결과적으로 $\overline{W}$에 대해 동일한 닫힌 형식의 해가 생성된다.

$$\overline{W} = (D^T D + \lambda I)^{-1} \overline{y} \tag{4.45}$$

$\overline{W} \cdot \overline{X}_i^T$가 (회귀에서처럼) 인스턴스 $\overline{X}_i$에 대한 실수 값 예측을 산출하더라도 초평면 $\overline{W} \cdot \overline{X}^T = 0$을 **분할면**이나 **모델링된 결정 경계**로 보는 것이 더 합리적이다. 여기에서 라벨로 +1을 갖는 임의의 인스턴스 $\overline{X}_i$는 $\overline{W} \cdot \overline{X}_i^T > 0$을 만족하고, 라벨로 −1을 갖는 임의의 인스턴스는 $\overline{W} \cdot \overline{X}_i^T < 0$을 만족한다. 모델이 훈련되는 방식으로 인해 대부분의 **훈련** 점은 분할면의 양 편으로 나뉜다. 그래서 훈련 라벨 y_i의 부호는 $\overline{W} \cdot \overline{X}_i^T$의 부호와 일치한다. 2차원 공간에 설정되어 있는 2-클래스 데이터 세트의 예가 그림 4.8에 제시되어 있다. 그림에서 두 클래스는 각각 '+'와 '*'로 표시된다. 이 경우 $\overline{W} \cdot \overline{X}_i^T = 0$은 분할선상의 점들에 대해서만 참이 된다. 분할선의 양 편으로 나뉜 훈련 점들은 $\overline{W} \cdot \overline{X}_i^T < 0$ 또는 $\overline{W} \cdot \overline{X}_i^T > 0$을 만족한다. 두 클래스 사이의 분할선 $\overline{W} \cdot \overline{X}^T = 0$이 모델링 된 결정 경계이다. 데이터 분포에 따라서는 그림 4.8과 같이 깔끔하게 분리되지 않을 수도 있다. 이러한 경우 오차를 수용하거나 선형 분리성을 얻기 위해 특징 변환 기법들을 사용해야 한다. (**커널법**과 같은) 이러한 기법들에 대해서는 9장에서 다룬다.

일단 훈련 단계에서 가중치 벡터 $\overline{W}$에 대한 학습이 이루어지면, 경험하지 않은 테스트 인스턴스 $\overline{Z}$에 대해 분류가 수행된다. 테스트 인스턴스 $\overline{Z}$는 행벡터이고 $\overline{W}$는 열벡터이므로 $\overline{W}$와 $\overline{Z}^T$ 사이의 점곱을 계산하기 전에 테스트 인스턴스를 전치해야 한다. 이 점곱은 실수 값

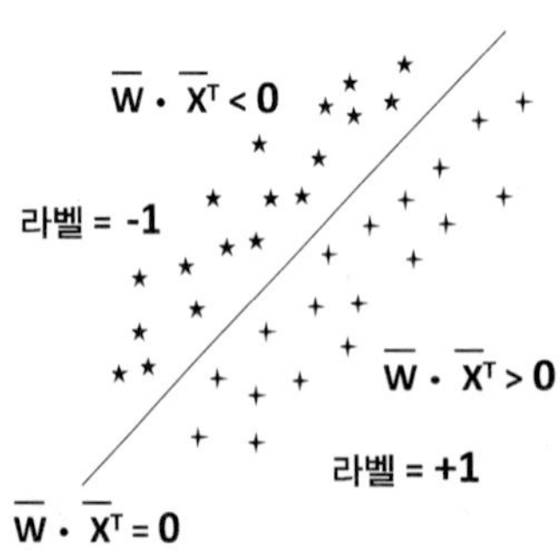

그림 4.8 두 클래스가 선형 분리되는 예

예측을 산출하며, 이 값은 다시 부호 함수를 사용하여 이진 예측으로 변환된다.

$$\hat{y} = \text{sign}\{\overline{W} \cdot \overline{Z}^T\} \tag{4.46}$$

실제로 이러한 모델은 양의 클래스와 음의 클래스를 구분하는 선형 초평면 $\overline{W} \cdot \overline{X}^T = 0$을 학습한다. $\overline{W} \cdot \overline{Z}^T > 0$인 모든 테스트 인스턴스는 양의 클래스에 속할 것으로 예측되고, $\overline{W} \cdot \overline{Z}^T < 0$인 모든 인스턴스는 음의 클래스에 속할 것으로 예측된다.

실수 값 목표의 경우와 마찬가지로 이진 목표에 대한 회귀를 위해 미니 배치 확률적 경사하강법을 사용할 수도 있다. S를 특징 변수와 목표로 구성되는 미니 배치 쌍 $(\overline{X}_i, y_i)$라고 하자. 각 $\overline{X}_i$는 데이터 행렬 D의 행이고 y_i는 {−1, +1}에서 추출된 목표 값이다. 그러면 최소제곱 분류에 대한 미니 배치 갱신은 최소제곱 회귀의 갱신과 동일하다.

$$\overline{W} \Leftarrow \overline{W}(1 - \alpha\lambda) - \alpha \sum_{(\overline{X}_i, y_i) \in S} \overline{X}_i^T (\overline{W} \cdot \overline{X}_i^T - y_i) \tag{4.47}$$

여기에서 양의 값 α는 학습률이고 양의 값 λ는 정칙화 매개변수이다. 이 갱신은 식 4.44의 갱신과 동일하다. 그러나 각 목표 y_i는 {−1, +1}에서 추출하기 때문에 $y_i^2 = 1$이라는 사실을 사용하여 목표를 표현하는 다른 방법도 있다. 다음은 갱신을 다른 형식으로 표현한 예이다.

$$\begin{aligned}\overline{W} &\Leftarrow \overline{W}(1 - \alpha\lambda) - \alpha \sum_{(\overline{X}_i, y_i) \in S} \underbrace{y_i^2}_{1} \overline{X}_i^T (\overline{W} \cdot \overline{X}_i^T - y_i) \\ &= \overline{W}(1 - \alpha\lambda) - \alpha \sum_{(\overline{X}_i, y_i) \in S} y_i \overline{X}_i^T (y_i[\overline{W} \cdot \overline{X}_i^T] - y_i^2)\end{aligned}$$

$y_i^2 = 1$로 설정하면 다음 식을 얻는다.

$$\overline{W} \Leftarrow \overline{W}(1 - \alpha\lambda) + \alpha \sum_{(\overline{X}_i, y_i) \in S} y_i \overline{X}_i^T (1 - y_i[\overline{W} \cdot \overline{X}_i^T]) \tag{4.48}$$

이 형식의 갱신은 이 장의 뒷부분에서 설명하는 다른 분류 모델들의 갱신과 더욱 밀접하게 연관되어 있으므로 더욱 편리하다. 이러한 모델의 예로는 **서포트 벡터 머신**과 **로지스틱 회귀**가 있다. 손실함수는 {−1, +1}에서 추출한 이진 목표에 대한 보다 편리한 표현으로 변환할 수도 있다.

손실함수의 대안적 표현

앞서 언급된 대안적 형식의 갱신은 대안적 형식의 손실함수에서 유도될 수도 있다. (정칙화가 추가된) 최소제곱 분류의 손실함수는 다음과 같이 표현할 수 있다.

$$J = \frac{1}{2}\sum_{i=1}^{n}(y_i - \overline{W} \cdot \overline{X}_i^T)^2 + \frac{\lambda}{2}\|\overline{W}\|^2 \tag{4.49}$$

이진 목표에 대해 $y_i^2 = 1$이라는 사실을 이용하여 다음과 같이 목적함수를 수정할 수 있다.

$$\begin{aligned} J &= \frac{1}{2}\sum_{i=1}^{n} y_i^2 (y_i - \overline{W} \cdot \overline{X}_i^T)^2 + \frac{\lambda}{2}\|\overline{W}\|^2 \\ &= \frac{1}{2}\sum_{i=1}^{n}(y_i^2 - y_i[\overline{W} \cdot \overline{X}_i^T])^2 + \frac{\lambda}{2}\|\overline{W}\|^2 \end{aligned}$$

이제 $y_i^2 = 1$로 설정하면 다음의 손실함수를 얻는다.

$$J = \frac{1}{2}\sum_{i=1}^{n}(1 - y_i[\overline{W} \cdot \overline{X}_i^T])^2 + \frac{\lambda}{2}\|\overline{W}\|^2 \tag{4.50}$$

이 손실함수를 미분하면 식 4.48이 된다. 최소제곱 분류의 경우 목표의 이진 특성을 사용하므로 표면적으로 최소제곱 회귀의 경우와 다르게 보일 수 있지만, 최소제곱 분류의 손실함수와 갱신은 최소제곱 회귀의 손실함수와 갱신과 동일하다는 점에 유의하기 바란다.

최소제곱 분류 갱신은 위드로우-호프 갱신[132]이라고도 한다. 이 규칙은 신경망 학습의 맥락에서 제안되었으며, 주요 신경 학습 알고리즘으로는 퍼셉트론[109] 다음으로 제안된 두 번째 알고리즘이다. 흥미롭게도 신경망 모델들은 최소제곱 회귀에 대한 고전적 문헌과는 연계성 없이 제안되었지만, 최소제곱 회귀와 동일한 갱신을 사용하고 있다.

경험적 지식을 이용한 초기화

경험적 지식을 이용한 초기화를 수행하는 좋은 방법은 먼저 각기 음의 클래스와 양의 클래스에 속하는 점들의 평균 $\overline{\mu}_0$과 $\overline{\mu}_1$을 결정하는 것이다. 두 평균의 차이 $\overline{w}_0 = \overline{\mu}_1^T - \overline{\mu}_0^T$는 $\overline{w}_0 \cdot \overline{\mu}_1^T \geq \overline{w}_0 \cdot \overline{\mu}_0^T$을 만족하는 d차원 열벡터이다. $\overline{W} = \overline{w}_0$을 선택하는 것은 훌륭한 시작점이다. 왜냐하면 양의 클래스 인스턴스는 (평균적으로) 음의 클래스 인스턴스보다 $\overline{w}_0$과의 점곱이 더 크기 때문이다. 많은 실제 응용에서 두 클래스는 선형 초평면으로 대략적인 분리가 가능하며, 클래스 중심점들을 연결하는 직선에 수직인 초평면은 분할면으로 훌륭한 출발점이다.

4.8.1.1 최소제곱 분류 손실함수에 보정이 필요한 이유

최소제곱 분류 모델에는 아래와 같은 손실함수를 조사해보면 드러나는 중요한 약점이 있다.

$$J = \frac{1}{2}\sum_{i=1}^{n}(1 - y_i[\overline{W} \cdot \overline{X}_i^T])^2 + \frac{\lambda}{2}\|\overline{W}\|^2$$

이제 $\overline{W} \cdot \overline{X}_i^T = 100$이 확실하게 양수 쪽으로 분류되는 양의 클래스 인스턴스를 생각해보자. 이것은 적어도 예측 관점에서 보면 분명히 바람직한 상황인데, 이는 훈련용 인스턴스가 두 클래스 사이의 선형 분할면의 올바른 편으로 확실하게 분류되기 때문이다. 그러나 훈련 모델의 손실함수는 이 예측에 대해 $\left(1 - y_i\left[\overline{W} \cdot \overline{X}_i^T\right]\right)^2 = (1-(1)(100))^2 = 99^2 = 9801$이라는 상당히 큰 손실 값을 갖는 것으로 취급한다. 따라서 올바른 쪽의 초평면 $\overline{W} \cdot \overline{X}^T = 0$에서 멀리 떨어진 곳에 위치한 훈련용 인스턴스에 대해 큰 경사하강 갱신이 수행된다. 이러한 상황은 최소제곱 분류를 혼란시키는 경향이 있기 때문에 바람직하지 않다. 초평면 $\overline{W} \cdot \overline{X}^T = 0$의 올바른 편에 있는 이러한 점에서 갱신하면 잘못 분류된 일부 점과 같은 방향으로 초평면이 밀리는 경향이 있다. 이 문제를 해결하기 위해 많은 기계학습 알고리즘들은 이러한 점들을 보다 미묘한 방식으로 처리한다. 이러한 미묘한 방식에 대해서는 다음 절에서 다룬다.

4.8.2 서포트 벡터 머신(SVM)

최소제곱 분류 모델의 경우와 같이 $\{1 \ldots n\}$에 속하는 i에 대해 $(\overline{X}_i, y_i)$ 형식을 갖는 n개의 훈련 쌍이 있다고 하자. 각 $\overline{X}_i$는 d차원 행벡터이고, $\{-1, +1\}$에 속하는 각 y_i는 라벨이다. 이제 $\overline{W} \cdot \overline{X}_i^T$의 부호가 클래스 라벨을 올바르게 산출하는 d차원 열벡터 $\overline{W}$를 찾고자 한다.

SVM(Support Vector Machine)은 **잘 분리된 점**들에 대해 손실함수에서 전혀 페널티를 주지 않음으로써 보다 신중한 방식으로 처리한다. 잘 분리된 점이란 어떤 점일까? 점은 $y_i\left[\overline{W} \cdot \overline{X}_i^T\right] > 0$일 때 최소제곱 분류 모델에 의해 올바르게 분류된다. 즉, y_i는 $\overline{W} \cdot \overline{X}_i^T$와 같은 부호를 갖는다. 또한 $y_i\left[\overline{W} \cdot \overline{X}_i^T\right] > 1$일 때 점은 잘 분리된 것으로 간주되며, 따라서 이 조건을 만족하면 손실을 0으로 설정함으로써 최소제곱 분류의 손실함수를 수정할 수 있다. 최소제곱 손실함수를 SVM 손실함수로 변경하기 위해 다음과 같이 수정한다.

$$J = \frac{1}{2}\sum_{i=1}^{n}\max\left\{0, \left(1 - y_i[\overline{W} \cdot \overline{X}_i^T]\right)\right\}^2 + \frac{\lambda}{2}\|\overline{W}\|^2 \qquad [L_2\text{-손실 SVM}]$$

최소제곱 분류 모델과의 유일한 차이점은 잘 분리된 점의 손실을 0으로 설정하기 위해 최대화 항을 사용하는 것이다. 일단 벡터 $\overline{W}$에 대한 학습이 이루어지면, 경험하지 않은 테스트 인스턴스에 대한 SVM에서의 분류 프로세스는 최소제곱 분류의 경우와 동일하다. 경험하지 않은 테스트 인스턴스 $\overline{Z}$의 경우 $\overline{W} \cdot \overline{Z}^T$의 부호로 클래스 라벨을 산출한다.

SVM 손실의 더 일반적인 형태는 **경첩(hinge) 손실**이다. 경첩 손실은 위의 (제곱) 손실의 L_1 버전이다.

$$J = \sum_{i=1}^{n} \max\{0, (1 - y_i[\overline{W} \cdot \overline{X}_i^T])\} + \frac{\lambda}{2}\|\overline{W}\|^2 \qquad \text{[경첩 손실 SVM]} \tag{4.51}$$

위의 두 가지 목적함수 모두 볼록 함수이다.

보조정리 4.8.1

L_2–손실 SVM과 경첩 손실은 모두 매개변수 벡터 $\overline{W}$에 대해 볼록하다. 또한 이러한 함수들은 정칙화 항이 포함될 경우 순 볼록하다.

증명 위 보조정리의 증명은 보조정리 4.3.2에 열거된 속성들로부터 도출된다. 개별 점에서의 경첩 손실은 (하나는 선형이고 다른 하나는 상수인) 두 개의 볼록 함수 값 중 큰 값으로 계산되며, 따라서 이 역시 볼록 함수이다. L_2-손실 SVM은 음이 아닌 경첩 손실을 제곱한다. 음이 아닌 볼록 함수의 제곱은 볼록(보조정리 4.3.2에 따름)이므로 개별 점에서의 L_2-손실은 볼록하다. 개별 점에서의 손실(볼록 함수)들의 합은 보조정리 4.3.2에 따라 볼록하다. 따라서 정칙화 전의 손실은 볼록하다.

정칙화 손실: 이미 4.7.1절에서 L_2 정칙화 항이 순 볼록하다는 것을 보인 바 있다. 보조정리 4.3.6에 따라 볼록 함수와 순 볼록 함수의 합이 순 볼록하므로 두 목적함수(정칙화 항 포함)는 모두 순 볼록하다. ■

따라서 경사하강법을 사용하여 SVM의 **전역 최적점**을 찾을 수 있다.

4.8.2.1 경사도 계산

L_1-손실 (경첩 손실) 및 L_2-손실 SVM의 목적함수는 모두 $J = \sum_i J_i + \Omega(\overline{W})$ 형식을 갖는다. 여기에서 J_i는 개별 점에서의 손실이고, $\Omega(\overline{W}) = \lambda\|\overline{W}\|^2/2$는 경사도가 $\lambda\overline{W}$인 정칙화 항이다. 가장 어려운 문제는 개별 점에서의 손실 J_i의 경사도를 계산하는 것이다. 여기에서 핵심은 L_1-손실(경첩 손실)과 L_2-손실을 사용하는 경우 모두 적절하게 선택된 함수 $f(\cdot)$에 대해 개별 점에서의 손실을 표 4.2(a)의 항등식 (v)의 형식으로 표현할 수 있다는 것이다.

$$J_i = f_i(\overline{W} \cdot \overline{X}_i^T)$$

여기에서 함수 $f_i(\cdot)$는 경첩 손실과 L_2-손실 SVM에 대해 다음과 같이 정의된다.

$$f_i(z) = \begin{cases} \max\{0, 1 - y_i z\} & \text{[경첩 손실]} \\ \frac{1}{2}\max\{0, 1 - y_i z\}^2 & [L_2\text{–손실}] \end{cases}$$

따라서 표 4.2(a)(그리고 수식 4.29 참고)에 따라 $\overline{W}$에 대한 J_i의 경사도는 다음과 같다.

$$\frac{\partial J_i}{\partial \overline{W}} = \overline{X}_i^T f_i'(\overline{W} \cdot \overline{X}_i^T) \tag{4.52}$$

L_1-손실 SVM과 L_2-손실 SVM에 대한 미분은 아래 두 경우에서 정의된 대로 $f_i(z)$의 미분에 따라 정해진다.

$$f_i'(z) = \begin{cases} -y_i I([1 - y_i z] > 0) & \text{[경첩 손실]} \\ -y_i \max\{0, 1 - y_i z\} & [L_2\text{–손실}] \end{cases}$$

여기에서 $I(\cdot)$는 지시 함수로 내부 조건이 참이면 1, 그렇지 않으면 0을 값으로 갖는다. 따라서 식 4.52의 $f'(z)$ 값을 대입하면 두 가지 경우 별로 다음과 같은 손실 미분을 얻을 수 있다.

$$\frac{\partial J_i}{\partial \overline{W}} = \begin{cases} -y_i \overline{X}_i^T I([1 - y_i(\overline{W} \cdot \overline{X}_i^T)] > 0) & \text{[경첩 손실]} \\ -y_i \overline{X}_i^T \max\{0, 1 - y_i(\overline{W} \cdot \overline{X}_i^T)\} & [L_2\text{–손실}] \end{cases}$$

이러한 개별 점에서의 손실 미분은 확률적 경사하강 갱신의 유도에 사용할 수 있다.

4.8.2.2 확률적 경사하강법

일반성을 최대화하기 위해 훈련용 인스턴스 집합 S에 $(\overline{X}_i, y_i)$ 형식의 특징 라벨 쌍이 포함되는 미니 배치 확률적 경사하강법을 사용한다. 경첩 손실 SVM의 경우 먼저 $y_i\left[\overline{W} \cdot \overline{X}_i^T\right] < 1$인 훈련용 인스턴스의 집합 $S^+ \subseteq S$를 결정한다.

$$S^+ = \{(\overline{X}_i, y_i) : (\overline{X}_i, y_i) \in S, y_i[\overline{W} \cdot \overline{X}_i^T] < 1\} \tag{4.53}$$

부분집합 S^+ 안의 인스턴스들은 이전 절의 지시 함수 $I(\cdot)$가 1의 값을 취하는 인스턴스들에 해당한다. 이러한 인스턴스는 두 가지 유형이다. $y_i\left[\overline{W} \cdot \overline{X}_i^T\right] < 0$에 해당하는 인스턴스들은 결정 경계의 잘못된 쪽으로 오분류된 인스턴스인 반면, $y_i\left[\overline{W} \cdot \overline{X}_i^T\right] \in (0, 1)$에 해당하는 나머지 인스턴스들은 결정 경계의 올바른 쪽으로 분류되어 있기는 하지만 결정 경계에 불편할 정도로 가까이 위치한다. 이러한 유형의 인스턴스는 모두 SVM에서 갱신을 유발한다. 즉, 잘 분리된 점들은 갱신에서 아무 역할도 하지 않는다. 손실함수의 경사도를 사용하면 L_1-손실

SVM의 갱신을 다음과 같이 표현할 수 있다.

$$\overline{W} \Leftarrow \overline{W}(1-\alpha\lambda) + \sum_{(\overline{X}_i, y_i)\in S^+} \alpha y_i \overline{X}_i^T \tag{4.54}$$

이 알고리즘을 기본 서포트 벡터 머신 알고리즘이라고 한다. 경첩 손실 갱신은 최소제곱 분류 갱신과 다소 차이가 있는데, 주된 이유는 최소제곱 분류 모델이 제곱 손실함수를 사용하는 반면 경첩 손실은 구간별 선형 함수이기 때문이다. 최소제곱 분류 갱신과의 유사성은 L_2-손실을 이용한 SVM 갱신과 최소제곱 분류 갱신을 비교할 때 더욱 분명해진다. L_2-손실을 이용한 SVM의 갱신은 다음과 같다.

$$\overline{W} \Leftarrow \overline{W}(1-\alpha\lambda) + \alpha \sum_{(\overline{X}_i, y_i)\in S} y_i \overline{X}_i^T (\max\{1 - y_i[\overline{W}\cdot \overline{X}_i^T], 0\})$$

이 경우 L_2-손실 SVM 갱신은 잘 분리된 점들의 처리 측면에서만 최소제곱 분류(식 4.48 참고) 갱신과 다르다는 것이 분명하다. **잘못 분류된 점들과 결정 경계 근처의 점들에 대해서는 동일한 갱신이 수행되는 반면, 결정 경계의 올바른 쪽에 있는 잘 분리된 점들에 대해서는 갱신이 수행되지 않는다.** 이러한 갱신 특성의 차이는 L_2-손실 SVM과 최소제곱 분류 간의 차이를 완전히 설명한다. L_2-손실 SVM의 손실함수는 경첩 손실 SVM에 대한 코르테스와 바프닉의 논문[30]보다 훨씬 일찍 힌턴[60]에 의해 제안되었다는 점이 주목할 만하다. 흥미롭게도 힌턴은 L_2-손실을 위드로우-호프 손실(즉, 최소제곱 분류 손실)을 보정하는 방법으로 제안했는데, 이는 직관적 관점에서 합리적이다. 힌턴의 연구는 초기에 SVM을 연구하는 연구자 집단의 주목을 받지는 못하였지만, 최근 딥러닝에 많은 관심이 쏠리면서 초창기 작업들이 재검토되는 와중에 힌턴의 접근방식도 재발견되었다.

4.8.3 로지스틱 회귀

이전 절과 동일한 표기법을 사용하여 $\{1\ldots n\}$에 속하는 i에 대해 $(\overline{X}_i, y_i)$ 형식을 갖는 n개의 훈련 쌍이 있다고 하자. 각 $\overline{X}_i$는 d차원 행벡터이고, $\{-1, +1\}$에 속하는 각 y_i는 라벨이다. 이제 $\overline{W}\cdot\overline{X}_i^T$의 부호가 $\overline{X}_i$의 클래스 라벨을 올바르게 산출하는 d차원 열벡터 $\overline{W}$를 찾고자 한다.

로지스틱 회귀는 경첩 손실 SVM과 매우 유사한 모양의 손실함수를 사용한다. 그러나 경첩 손실은 구간별 선형인 반면 로지스틱 회귀는 매끄러운 손실함수이다. 로지스틱 회귀는 데이터 점에 대해 로그 우도 손실함수를 사용하여 확률론적 해석을 한다. 로지스틱 회귀의 손실함수는 다음과 같은 식으로 정의된다.

$$J = \sum_{i=1}^{n} \underbrace{\log(1+\exp(-y_i[\overline{W} \cdot \overline{X}_i^T]))}_{J_i} + \frac{\lambda}{2}\|\overline{W}\|^2 \quad \text{[로지스틱 회귀]} \tag{4.56}$$

이 절의 모든 로그는 자연 로그이다. $\overline{W} \cdot \overline{X}_i^T$가 절대 크기가 크고 y_i와 같은 부호를 가질 때, 개별 점에서의 손실 J_i는 $\log(1+\exp(-\infty))=0$에 가깝다. 반면 y_i와 $\overline{W} \cdot \overline{X}_i^T$의 부호가 일치하지 않을 때, 손실은 $\log(1+\exp(0))=\log(2)$보다 크다. 부호가 일치하지 않는 경우 $\overline{W} \cdot \overline{X}_i^T$의 크기가 점점 커짐에 따라 손실은 $\overline{W} \cdot \overline{X}_i^T$에 거의 비례하여 증가한다. 이는 다음의 관계 때문이다.

$$\lim_{z \to -\infty} \frac{\log(1+\exp(-z))}{-z} = \lim_{z \to -\infty} \frac{\exp(-z)}{1+\exp(-z)} = \lim_{z \to -\infty} \frac{1}{1+\exp(z)} = 1$$

위의 극한은 극한의 분자와 분모를 미분하는 **로피탈 규칙**을 사용하여 계산된다. SVM의 경첩 손실은 $z = y_i \overline{W} \cdot \overline{X}_i^T < 1$인 경우 항상 $(1-z)$이다. 엄청 잘못 분류된 인스턴스의 경우 로지스틱 손실이 1의 상수 편차 정도로 경첩 손실과 차이가 난다는 것을 보일 수 있다.

문제 4.8.1 $lim_{z \to -\infty} \underbrace{(1-z)}_{SVM} - \underbrace{log(1+exp(-z))}_{Logistic} = 1$ 임을 보이시오.

상수 편차는 경사하강법에 영향을 주지 않으므로 로지스틱 손실과 경첩 손실은 엄청 잘못 분류된 훈련용 인스턴스를 유사한 방식으로 처리한다. 그러나 경첩 손실과 달리 모든 인스턴스에서 로지스틱 손실은 0이 될 수 없다. SVM과 마찬가지로 로지스틱 회귀의 손실함수는 볼록하다.

보조정리 4.8.2 로지스틱 회귀의 손실함수는 볼록 함수이다. 정칙화 항을 추가하면 손실함수가 순 볼록해진다.

증명 이 결과는 개별 점에서의 손실이 $\log[1+\exp(G(\overline{X}))]$ 형식이라는 사실을 사용하여 증명할 수 있다. 여기에서 $G(\overline{X}_i)$는 선형 함수 $G(\overline{X}_i) = -y_i(\overline{W} \cdot \overline{X}_i^T)$이다. 또한 함수 $\log[1+\exp(-z)]$는 볼록하다(문제 4.3.4 참고). 이제 볼록 함수와 선형 함수의 합성에 보조정리 4.3.2를 적용하면 개별 점에서의 손실이 볼록함은 명백하다. 모든 개별 점에서의 손실을 더하면 동일한 보조정리의 첫 번째 부분에 따라 볼록 함수가 생성됨을 알 수 있다. 또한 정칙화 항을 추가하면 정칙화 항이 순 볼록하기 때문에 보조정리 4.3.6에 따라 함수가 순 볼록하게 된다. ■

실제로 정칙화 없이도 로지스틱 회귀가 순 볼록하다는 것을 보여줄 수 있다. 이 결과에 대한 증명은 연습용 문제로 남긴다.

문제 4.8.2 로지스틱 회귀에서 손실함수는 정칙화 없이도 순 볼록하다는 것을 보이시오.

4.8.3.1 경사도 계산

로지스틱 회귀 손실함수는 순 볼록하기 때문에 확률적 경사하강법을 사용하여 전역 최적점에 도달할 수 있다. SVM의 경우와 마찬가지로 로지스틱 회귀의 목적함수는 $J = \sum_i J_i + \Omega(\overline{W})$ 형식을 갖는다. 여기에서 J_i는 개별 점에서의 손실이고, $\Omega(\overline{W}) = \lambda \|\overline{W}\|^2/2$는 경사도가 $\lambda\overline{W}$인 정칙화 항이다. 또한 개별 점에서의 손실 J_i의 경사도를 계산해야 한다. 로지스틱 손실은 적절하게 선택된 함수 $f(\cdot)$에 대해 표 4.2(a)의 항등식 (v)의 형식으로 표현할 수 있다.

$$J_i = f_i(\overline{W} \cdot \overline{X}_i^T)$$

여기에서 함수 $f_i(\cdot)$는 상수 y_i에 대해 다음과 같이 정의된다.

$$f_i(z) = \log(1 + \exp(-y_i z))$$

따라서 표 4.2(a)(그리고 수식 4.29 참고)에 따라 $\overline{W}$에 대한 J_i의 경사도는 다음과 같다.

$$\frac{\partial J_i}{\partial \overline{W}} = \overline{X}_i^T f_i'(\overline{W} \cdot \overline{X}_i^T) \tag{4.57}$$

해당 미분은 다음과 같다.

$$f_i'(z) = \frac{-y_i \exp(-y_i z)}{1 + \exp(-y_i z)} = \frac{-y_i}{1 + \exp(y_i z)}$$

따라서 $z = \overline{W} \cdot \overline{X}_i^T$를 설정한 후 식 4.57의 $f'_i(z)$ 값을 대입하면 다음과 같은 손실 미분을 얻을 수 있다.

$$\frac{\partial J_i}{\partial \overline{W}} = \frac{-y_i \overline{X}_i^T}{(1 + \exp(y_i[\overline{W} \cdot \overline{X}_i^T]))}$$

이러한 개별 점에서의 손실 미분은 확률적 경사하강 갱신의 유도에 사용할 수 있다.

4.8.3.2 확률적 경사하강법

특징-목표 $(\overline{X}_i, y_i)$ 쌍들로 구성되는 S의 미니 배치가 주어지면, S의 훈련용 인스턴스의

손실만 사용하는 목적함수 $J(S)$를 정의할 수 있다. $|S|/n$으로 정칙화 매개변수의 크기를 재조정할 수 있으므로 정칙화 항은 변경되지 않는다. 다음과 같이 미니 배치 S를 기반으로 경사도 $\nabla J(S)$를 계산한다.

$$\nabla J(S) = \lambda\overline{W} - \sum_{(\overline{X}_i, y_i)\in S} \frac{y_i \overline{X}_i^T}{(1+\exp(y_i[\overline{W}\cdot\overline{X}_i^T]))} \tag{4.58}$$

따라서 미니 배치 확률적 경사하강법은 다음과 같이 구현할 수 있다.

$$\overline{W} \Leftarrow \overline{W}(1-\alpha\lambda) + \sum_{(\overline{X}_i, y_i)\in S} \frac{\alpha y_i \overline{X}_i^T}{(1+\exp(y_i[\overline{W}\cdot\overline{X}_i^T]))} \tag{4.59}$$

로지스틱 회귀는 경첩 손실 SVM과 유사한 갱신을 수행한다. 가장 큰 차이점은 잘 분리된 점들에 대한 처리인데, SVM은 갱신을 수행하지 않는데 로지스틱 회귀는 (작은) 갱신을 수행한다.

4.8.4 선형 회귀는 어떻게 기계학습에서 부모 문제로 작용하는가?

많은 이진 분류 모델은 이진 목표변수를 처리하기 위해 최소제곱 회귀 손실함수를 수정한 손실함수를 사용한다. 이러한 상속 관계의 가장 극단적인 예는 최소제곱 분류로, {−1, +1}의 라벨을 숫자 값인 것처럼 취급하여 회귀 손실함수를 직접 사용한다. 4.8.1.1절에서 논의했듯이 회귀 손실함수의 이러한 직접적인 상속은 이진 데이터에 바람직하지 않은 결과를 초래한다. 최소제곱 분류에서는 $\overline{W}\cdot\overline{X}^T \le 1$인 한 $\overline{W}\cdot\overline{X}^T$가 증가함에 따라 처음에는 손실의 값이 감소한다. 그러나 $\overline{W}\cdot\overline{X}^T$가 1을 넘어서 증가할 때 여전히 양의 인스턴스이지만 손실 값은 증가한다. 이는 점 분류의 정확도가 향상되고 있는데 손실이 증가한다는 점에서 직관에 반하는 동작이다. 어쨌든 예측된 클래스 라벨의 부호는 $\overline{W}\cdot\overline{X}^T$의 양수 값이 증가해도 변하지 않는다. 이러한 상황은 최소제곱 분류가 분류 문제에 대한 선형 회귀의 맹목적인 적용이고 클래스 변수의 이산적 특성을 조정하지 않기 때문에 발생한다. 서포트 벡터 머신에서는 (양의 클래스 인스턴스의 경우) 손실함수가 $\max\{1-\overline{W}\cdot\overline{X}^T, 0\}$이기 때문에 $\overline{W}\cdot\overline{X}^T=1$인 점을 넘어 결정 경계에서 올바른 방향으로 더 멀어질 때 보상도 페널티도 주지 않는다. 이 지점을 서포트 벡터 머신에서는 **여백 경계**라고 한다. 로지스틱 회귀에서는 훈련 점 $\overline{X}$가 초평면 $\overline{W}\cdot\overline{X}^T=0$에서 올바른 방향으로 멀어지면 약간의 보상이 주어진다.

최소제곱 분류, SVM, 로지스틱 회귀 간의 차이를 보여주기 위해 라벨이 $y=+1$인 양성 훈련 점 $\overline{X}$에 대해 다양한 $\overline{W}\cdot\overline{X}^T$ 값에 따라 손실 값이 어떻게 달라지는지 보여주고 있다[그림 4.9(a) 참고]. 따라서 정확한 예측을 위해서는 양의 값을 갖고 증가하는 $\overline{W} \cdot \overline{X}^T$가 바람직하다. 로지스틱 회귀와 서포트 벡터 머신의 손실함수는 전자가 매끄러운 함수이고 SVM이 $\overline{W} \cdot \overline{X}^T \geq 1$을 넘어설 때 손실이 갑자기 0이 되면서 최솟값을 갖는다는 점을 제외하면 놀랍도록 비슷해 보인다. 이러한 손실함수의 유사성은 두 모델이 종종 유사한 결과를 제공한다는 것을 발견하는 기계학습 실무자의 실제 경험과도 일치한다. 최소제곱 분류 모델은 $\overline{W} \cdot \overline{X}^T$의 크기가 증가하면 올바르게 분류된 인스턴스의 손실이 증가하는 손실함수를 이용하는 유일한 모델이다. 그림 4.9(b)는 서로 다른 손실함수 간의 의미론적 관계를 보여준다. 모든 (목표변수의 이진 특성을 보장하기 위한 조정을 수행하는) 이진 분류 모델이 최소제곱 회귀에서 손실함수의 기본 구조를 상속한다는 것은 분명하다.

손실함수 간의 이러한 관계는 경사하강법에서 갱신 간의 관계로도 반영된다. 세 모델 모두에서 갱신은 훈련 쌍 $(\overline{X}_i, y_i)$에 대한 모델 별 **실패 함수**(mistake function) $\delta(\overline{X}_i, y_i)$를 사용하여 통합된 방식으로 표현할 수 있다. 특히, 위의 모든 알고리즘의 확률적 경사하강 갱신은 다음과 같은 형식을 갖는다.

$$\overline{W} \Leftarrow \overline{W}(1 - \alpha\lambda) + \alpha y_i [\delta(\overline{X}_i, y_i)] \overline{X}_i^T \tag{4.60}$$

실패 함수 $\delta(\overline{X}_i, y_i)$는 최소제곱 회귀 및 분류의 경우 $(y_i - \overline{W} \cdot \overline{X}_i^T)$, SVM의 경우 지시변수, 로지스틱 회귀의 경우 확률 값이다.

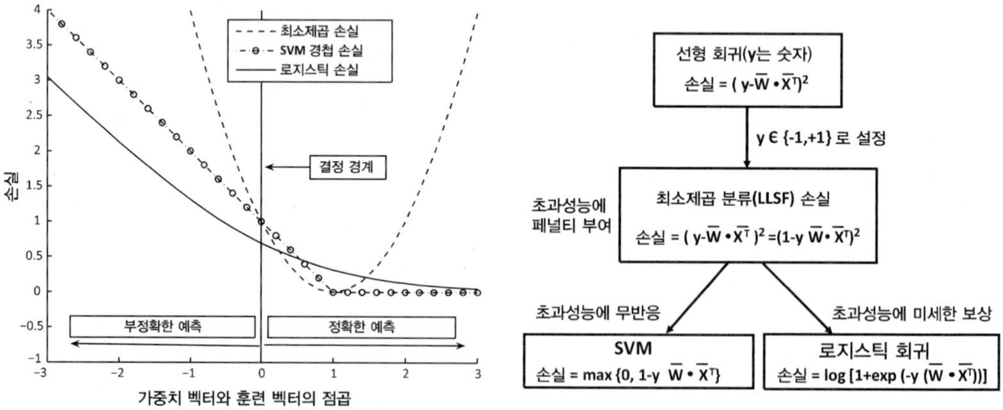

(a) 최적화 모델의 손실함수 (b) 선형 모델 간의 관계

그림 4.9 (a) $\overline{W} \cdot \overline{X}^T$의 다양한 값에서 양성 클래스에 속하는 훈련용 인스턴스 $\overline{X}$에 대한 손실. 로지스틱 회귀는 SVM 경첩 손실의 매끄러운 변형으로 볼 수 있다. 최소제곱 분류는 일부 영역에서 분류가 더욱 정확해질수록 손실이 증가하는 유일한 경우이다. (b) 분류의 모든 선형 모델은 선형 회귀라는 부모 문제에서 파생되었다.

4.9 다중 클래스 설정을 위한 최적화 모델

다중 클래스 분류에서 이산 라벨은 더 이상 이진이 아니다. 라벨들은 순서가 정해져 있지 않은 k개의 가능한 값들의 집합에서 추출되며, 값들의 인덱스는 $\{1 \ldots k\}$이다. 예를 들어, 물체의 색상이 라벨이 될 수 있으며, 이때 목표 값 사이에는 순서가 없다. 목표 속성들 사이에 순서가 정해져 있지 않다는 특성으로 인해 알고리즘에 대한 추가적인 수정이 필요하다.

각 훈련용 인스턴스 $(\overline{X}_i, c(i))$는 d차원 특징 벡터 $\overline{X}_i$(행벡터)와 관측된 클래스의 인덱스 $c(i)$를 포함한다($c(i) \in \{1 \ldots k\}$). 여기에서 찾고자 하는 것은 각 $r = c(i)$에 대해 $\overline{W}_{c(i)} \cdot \overline{X}_i^T$의 값이 $\overline{W}_r \cdot \overline{X}_i^T$보다 크게 되는 k개의 서로 다른 열벡터 $\overline{W}_1 \ldots \overline{W}_k$이다. 즉, 훈련용 인스턴스 $\overline{X}_i$는 $\overline{W}_r \cdot \overline{X}_i^T$의 값이 가장 커지는 클래스 r로 예측된다. 훈련 후 테스트 인스턴스는 가중치 벡터와의 점곱이 가장 큰 클래스로 예측된다.

4.9.1 웨스턴-왓킨스 서포트 벡터 머신

i번째 훈련용 인스턴스 $\overline{X}_i$의 경우 (각 $j = c(i)$에 대해) $\overline{W}_{c(i)} \cdot \overline{X}_i^T - \overline{W}_j \cdot \overline{X}_i^T$가 0보다 크기를 바란다. 서포트 벡터 머신의 여백 개념에 따라, 잘못된 분류뿐만 아니라 "간신히 정확한" 예측에 대해서도 페널티를 부과한다. 즉, $\overline{W}_{c(i)} \cdot \overline{X}_i^T - \overline{W}_j \cdot \overline{X}_i^T$가 고정된 양수 여백 값보다 작은 경우에 페널티를 부과한다. 이 여백 값은 1로 설정해도 좋은데, 이는 다른 값 a를 사용하면 단지 동일한 계수인 a배로 매개변수를 배율조정 하는 것이기 때문이다. 즉, 손실이 0인 "이상적인" 설정이란 각 $j = c(i)$에 대해 다음 조건이 충족되는 설정이다.

$$\overline{W}_{c(i)} \cdot \overline{X}_i^T - \overline{W}_j \cdot \overline{X}_i^T \geq 1 \tag{4.61}$$

따라서 i번째 훈련용 인스턴스에 대한 손실 값 J_i는 다음과 같이 설정할 수 있다.

$$J_i = \sum_{j:j \neq c(i)} \max(\overline{W}_j \cdot \overline{X}_i^T - \overline{W}_{c(i)} \cdot \overline{X}_i^T + 1, 0) \tag{4.62}$$

이 손실함수와 이진 SVM 손실함수의 유사성을 확인하는 것은 어렵지 않다. 전체 목적함수는 개별 훈련용 인스턴스들에 대한 손실을 더하고 정칙화 항 $\Omega(\overline{W}_1 \ldots \overline{W}_k) = \lambda \Sigma_r \|\overline{W}_r\|^2/2$를 더하여 계산할 수 있다.

$$J = \sum_{i=1}^{n} \sum_{j:j \neq c(i)} \max(\overline{W}_j \cdot \overline{X}_i^T - \overline{W}_{c(i)} \cdot \overline{X}_i^T + 1, 0) + \frac{\lambda}{2} \sum_{r=1}^{k} \|\overline{W}_r\|^2$$

웨스턴-왓킨스 손실함수가 볼록하다는 사실은 이진 사례와 매우 유사한 방식으로 증명할 수 있다. 먼저 J_i의 각 덧셈 항이 매개변수 벡터에 대해 볼록하다는 것을 보여줄 필요가 있다. 결국 이 덧셈 항들은 선형 함수와 최대화 함수의 합성이다. 이것은 J_i도 볼록하다는 것을 보여주기 위해 사용될 수 있다. 이 증명은 연습용 문제로 남긴다.

문제 4.9.1 웨스턴-왓킨스 손실함수는 매개변수에 대해 볼록하다.

이전 모델의 경우와 마찬가지로 경사하강법을 사용하여 가중치 벡터를 학습할 수 있다.

4.9.1.1 경사도 계산

경사도 계산에서 중요한 부분은 $\overline{W}_r$에 대한 J_i의 벡터 미분이다. 위의 경사도는 J_i에 $\max\{v_{ji}, 0\}$ 형식의 덧셈 항들이 포함되어 있음을 파악함으로써 연쇄법칙을 사용하여 계산한다. 여기에서 v_{ji}는 다음과 같이 정의된다.

$$v_{ji} = \overline{W}_j \cdot \overline{X}_i^T - \overline{W}_{c(i)} \cdot \overline{X}_i^T + 1$$

또한 $\overline{W}_r$에 대한 J_i의 미분은 다음과 같이 다변량 연쇄법칙을 사용하여 표현할 수 있다.

$$\frac{\partial J_i}{\partial \overline{W}_r} = \sum_{j=1}^{k} \underbrace{\frac{\partial J_i}{\partial v_{ji}}}_{\delta(j,\overline{X}_i)} \frac{\partial v_{ji}}{\overline{W}_r} \tag{4.63}$$

v_{ji}에 대한 $J_i = \sum_r \max\{v_{ri}, 0\}$의 편미분은 v_{ji}에 대한 $\max\{v_{ji}, 0\}$의 편미분과 같다. v_{ji}에 대한 함수 $\max\{v_{ji}, 0\}$의 편미분은 양의 v_{ji}에 대해 1이고 그렇지 않으면 0이다. 이 값을 $\delta(j, \overline{X}_i)$로 표시한다. 즉, $\overline{W}_{c(i)} \cdot \overline{X}_i^T < \overline{W}_j \cdot \overline{X}_i^T + 1$일 때 이진 값 $\delta(j, \overline{X}_i)$는 1이며, 따라서 충분한 여백이 있는 클래스 j에 대해서는 올바른 클래스를 선호하지 않게 된다.

식 4.63의 우변에서는 $\overline{W}_r$에 대해 $v_{ji} = \overline{W}_j \cdot \overline{X}_i^T - \overline{W}_{c(i)} \cdot \overline{X}_i^T + 1$의 미분을 계산해야 한다. 어떤 가중치 벡터 $\overline{W}_r$가 v_{ji}에서 양의 부호를 갖는지 주의 깊게 추적하면, 선형성을 갖는 이 미분은 계산하기 쉽다. $r \neq c(i)$(잘못된 클래스에 대한 분할선)인 경우 $\overline{W}_r$에 대한 v_{ji}의 미분은 $j = r$일 때 $\overline{X}_i^T$이고 그렇지 않으면 0이다. $r = c(i)$인 경우 미분은 $j \neq r$일 때 $-\overline{X}_i^T$이고, 그렇지 않으면 0이다. 이 값을 대입하면 다음과 같이 $\overline{W}_r$에 대한 J_i의 경사도를 얻는다.

$$\frac{\partial J_i}{\partial \overline{W}_r} = \begin{cases} \delta(r, \overline{X}_i)\overline{X}_i^T & r \neq c(i) \\ -\sum_{j \neq r} \delta(j, \overline{X}_i)\overline{X}_i^T & r = c(i) \end{cases}$$

각기 다른 J_i의 기여분들과 $\lambda \overline{W_r}$의 정칙화 성분을 합산하여 $\overline{W_r}$에 대한 J의 경사도를 얻을 수 있다. 따라서 확률적 경사하강법의 갱신은 다음과 같다.

$$\begin{aligned} \overline{W}_r &\Leftarrow \overline{W}_r(1-\alpha\lambda) - \alpha \frac{\partial J_i}{\partial \overline{W}_r} \quad \forall r \in \{1 \ldots k\} \\ &= \overline{W}_r(1-\alpha\lambda) - \alpha \begin{cases} \delta(r, \overline{X}_i)\overline{X}_i^T & r \neq c(i) \\ -\sum_{j \neq r} \delta(j, \overline{X}_i)\overline{X}_i^T & r = c(i) \end{cases} \quad \forall r \in \{1 \ldots k\} \end{aligned}$$

중요하게 다루어야 할 특수한 경우는 클래스가 두 개 뿐인 경우이다. 이러한 경우 양성 클래스에 속하는 분할선 갱신은 경첩 손실 SVM의 갱신과 동일함을 보일 수 있다. 또한, 매개변수가 이러한 방식으로 초기화된다는 가정하에 $\overline{W_1} =- \overline{W_2}$ 관계는 항상 유지될 것이다. 이는 각 분할선에 대한 갱신이 나머지 분할선에 대한 갱신의 (−1)배가 되기 때문이다. 이 결과에 대한 증명은 연습용 문제로 남긴다.

문제 4.9.2 두 개의 클래스만 있는 특수한 경우에는 웨스턴–왓킨스 SVM이 이진 경첩 손실 SVM으로 환원된다는 것을 보이시오.

이진 사례에서 $\overline{W_1} =- \overline{W_2}$ 관계에서 한 가지 관찰은 다중 클래스 SVM의 매개변수 개수에는 약간의 중복성이 있다는 것이다. 이는 k개의 클래스를 모델링하기 위해서는 실제로 필요한 것은 $(k-1)$개의 분할선이며, 따라서 하나의 구분 기호가 남기 때문이다. 그러나 k번째 분할선의 갱신은 항상 다른 $(k-1)$개의 분할선의 갱신에 의해 정확하게 정의되기 때문에 이러한 중복성에 따른 차이는 없다.

문제 4.9.3 다중 클래스 SVM에 대한 자연스러운 L_2–손실함수를 제안하시오. 또 이 경우 확률적 경사하강법의 경사도와 세부사항을 유도하시오.

4.9.2 다항 로지스틱 회귀

다항 로지스틱 회귀는 로지스틱 회귀를 여러 클래스로 일반화한 것이다. 웨스턴-왓킨스 SVM의 경우와 마찬가지로 각 훈련용 인스턴스 $(\overline{X}_i, c(i))$에는 d차원 특징 벡터 $\overline{X}_i$(행벡터)와 관측된 클래스의 인덱스 $c(i)$가 포함된다$(c(i) \in \{1 \ldots k\})$. 또한 웨스턴-왓킨스 SVM과 마찬가지로 매개변수 벡터가 $\overline{W}_1 \ldots \overline{W}_k$인 k개의 서로 다른 분할선을 학습한다. 테스트용 인스턴스에 대한 예측 규칙도 웨스턴-왓킨스 SVM과 동일하다. 가장 큰 점곱 $\overline{W}_j \cdot \overline{Z}^T$를 갖는 클래스 j가 테스트 인스턴스 Z의 클래스로 예측되기 때문이다. 다항 로지스틱 회귀는 점이 r번째 클래스에 속할 **확률**을 모델링한다. 훈련 점 $\overline{X}_i$가 클래스 r에 속할 확률은 다음과 같이 softmax **함수**를 $\overline{W}_1 \cdot \overline{X}_i^T \ldots \overline{W}_k \cdot \overline{X}_i^T$에 적용하여 계산된다.

$$P(r|\overline{X}_i) = \frac{\exp(\overline{W}_r \cdot \overline{X}_i^T)}{\sum_{j=1}^{k} \exp(\overline{W}_j \cdot \overline{X}_i^T)} \tag{4.64}$$

$\overline{W}_r$과 $\overline{X}_i^T$ 사이의 점곱이 증가함에 따라 $\overline{X}_i$가 r번째 클래스에 속할 확률이 기하급수적으로 증가한다는 것을 쉽게 확인할 수 있다.

$\overline{W}_1 \ldots \overline{W}_k$ 학습의 목표는 각 인스턴스 $\overline{X}_i$에 대해 클래스 $c(i)$에 속할 확률이 높도록 보장하는 것이다. 이는 인스턴스 $\overline{X}_i$가 올바른 클래스 $c(i)$에 속할 확률에 대한 음의 로그로 주어지는 **교차 엔트로피 손실**을 사용하여 달성된다.

$$J = -\sum_{i=1}^{n} \underbrace{\log[P(c(i)|\overline{X}_i)]}_{J_i} + \frac{\lambda}{2} \sum_{r=1}^{k} \|\overline{W}_r\|^2$$

이항 로지스틱 회귀의 경우와 유사한 접근방식을 사용하여 각 $J_i = -\log[P(c(i)|\overline{X}_i)]$가 볼록하다는 것을 보이는 것은 비교적 쉽다.

4.9.2.1 경사도 계산

각 $\overline{W}_r$에 대한 J의 경사도를 결정하고자 한다. J의 경사도는 (정칙화 항의 경사도와 함께) $J_i = \log[P(c(i)|\overline{X}_i)]$의 경사도들의 합으로 분해할 수 있다. 이 양을 $\frac{\partial J_i}{\partial \overline{W}_r}$로 표시한다. v_{ji}가 양 $\overline{W}_j \cdot \overline{X}_i^T$를 나타낸다. 그런 다음 $\frac{\partial J_i}{\partial \overline{W}_r}$의 값은 다음과 같이 연쇄법칙을 사용하여 계산된다.

$$\frac{\partial J_i}{\partial \overline{W}_r} = \sum_j \left(\frac{\partial J_i}{\partial v_{ji}}\right) \frac{\partial v_{ji}}{\partial \overline{W}_r} = \frac{\partial J_i}{\partial v_{ri}} \underbrace{\frac{\partial v_{ri}}{\overline{W}_r}}_{\overline{X}_i^T} = \overline{X}_i^T \frac{\partial J_i}{\partial v_{ri}} \tag{4.65}$$

위의 단순화에서 $j \neq r$일 때 v_{ji}가 $\overline{W}_r$에 대해 경사도가 0이라는 사실을 사용하였다. 따라서 $j = r$의 경우를 제외하고 합산의 모든 항이 0이 된다. 남은 것은 v_{ri}에 대한 J_i의 편미분 계산이다. 먼저 J_i를 아래와 같이 $v_{1i},\ v_{2i} \cdots v_{ki}$ 등의 함수로 표현한다.

$$J_i = -\log[P(c(i)|\overline{X}_i)] = -\overline{W}_{c(i)} \cdot \overline{X}_i^T + \log[\sum_{j=1}^{k} \exp(\overline{W}_j \cdot \overline{X}_i^T)] \qquad \text{[식 4.64 사용]}$$

$$= -v_{c(i),i} + \log[\sum_{j=1}^{k} \exp(v_{ji})]$$

따라서 다음과 같이 v_{ri}에 대한 J_i의 편미분을 계산할 수 있다.

$$\frac{\partial J_i}{\partial v_{ri}} = \begin{cases} -\left(1 - \frac{\exp(v_{ri})}{\sum_{j=1}^{k}\exp(v_{ji})}\right) & \text{if } r = c(i) \\ \left(\frac{\exp(v_{ri})}{\sum_{j=1}^{k}\exp(v_{ji})}\right) & \text{if } r \neq c(i) \end{cases}$$
$$= \begin{cases} -(1 - P(r|\overline{X}_i)) & \text{if } r = c(i) \\ P(r|\overline{X}_i) & \text{if } r \neq c(i) \end{cases}$$

식 4.65에 편미분 $\frac{\partial J_i}{\partial v_{ri}}$ 값을 대입하여 다음 식을 얻는다.

$$\frac{\partial J_i}{\partial \overline{W}_r} = \begin{cases} -\overline{X}_i^T (1 - P(r|\overline{X}_i)) & \text{if } r = c(i) \\ \overline{X}_i^T P(r|\overline{X}_i) & \text{if } r \neq c(i) \end{cases} \tag{4.66}$$

4.9.2.2 확률적 경사하강법

이제 개별 점에서의 경사도를 사용하여 확률적 경사하강 갱신을 계산할 수 있다.

$$\overline{W}_r \Leftarrow \overline{W}_r(1 - \alpha\lambda) + \alpha \begin{cases} \overline{X}_i^T (1 - P(r|\overline{X}_i)) & \text{if } r = c(i) \\ -\overline{X}_i^T P(r|\overline{X}_i) & \text{if } r \neq c(i) \end{cases} \quad \forall r \in \{1 \ldots k\} \tag{4.67}$$

위 갱신의 확률은 식 4.64를 사용하여 대체할 수 있다. 갱신은 각 분할선을 변경하기 위해 **실수를 범할 확률**을 사용한다. 이에 비해 최소제곱 회귀와 같은 방법은 갱신에서 확률 대신 **실수의 크기**를 사용한다. softmax 방법은 확률 모델이기 때문에 이러한 차이는 당연하다. 위의 확률적 경사하강법은 미니 배치 크기를 1로 제안한다. 미니 배치 S에 대한 유도 과정은 연습용 문제로 남긴다.

문제 4.9.4 본문에서 미니 배치 크기가 1인 다항 로지스틱 회귀에서 확률적 경사하강법의 갱신을 유도한 바 있다. $(\overline{X}, c)$ 형식의 쌍을 포함하는 미니 배치 S에 대한 각 분할선 $\overline{W}_r$의 갱신은 다음과 같이 주어지는데, 이러한 갱신을 직접 유도해보시오.

$$\overline{W}_r \Leftarrow \overline{W}_r(1-\alpha\lambda) + \alpha \sum_{(\overline{X},c)\in S, r=c} \overline{X}^T \cdot (1-P(r|\overline{X})) - \alpha \sum_{(\overline{X},c)\in S, r\neq c} \overline{X}^T \cdot P(r|\overline{X}) \quad (4.68)$$

웨스턴-왓킨스 SVM이 두 개의 클래스만 있는 특수한 경우에 대해 경첩 손실 SVM으로 환원되는 것처럼 다항 로지스틱 회귀는 두 개의 클래스만 있는 특수한 경우에 로지스틱 회귀로 환원된다. 이 결과에 대한 증명은 연습용 문제로 남긴다.

문제 4.9.5 두 개의 클래스만 있는 특수한 경우에 다항 로지스틱 회귀는 로지스틱 회귀로 환원됨을 보이시오.

4.10 좌표하강법

좌표하강법은 목적함수를 한 번에 변수 하나씩 최적화하는 방법이다. 따라서 d차원 벡터 변수의 함수인 목적함수 $J(\overline{w})$가 주어진 경우 다른 모든 매개변수는 고정된 상태로 벡터 $\overline{w}$ 안의 변수 중 하나인 w_i를 최적화할 수 있다. 이는 다음의 최적화 문제에 해당한다.

$$\overline{w} = \text{argmin}_{[w_i\text{만 변함}]} J(\overline{w}) \qquad [w_i\text{를 제외한 모든 매개변수가 고정됨}]$$

이것은 보통은 해결하기가 훨씬 더 간단한 단일 변수 최적화 문제이다. 경우에 따라서는 닫힌 형식의 해를 이용할 수 없어서 w_i를 결정하기 위해 직선탐색법을 사용해야 할 수도 있다. 모든 변수에 대한 순회에도 개선이 없으면 수렴에 도달한 것이다. 최적화된 함수가 볼록하고 최소화 형식이며 미분 가능한 경우, 수렴 지점의 해가 최적 해가 된다. 볼록하지 않은 함수의 경우 시스템이 국소 최소점을 벗어나지 못할 수 있으므로 최적성이 보장되지 않는다. 볼록하지만 미분할 수 없는 함수의 경우에도 좌표하강법이 최선이 아닌 해에 도달할 수 있다. 좌표하강법에 관한 중요한 사실은 기본적으로 1차 경사 이상의 정보를 사용한다는 것이다. 결국, 최적화 대상 변수와 관련하여 최적의 해를 찾는다. 결과적으로 확률적 경사하강법에 비해 좌표하강법에서 수렴이 더 빨라질 수 있다. 좌표하강법에 대한 또 다른 중요한 사실은 결과로 얻은 해가 국소 최적점일 수는 있겠지만 대체적으로 수렴이 보장된다는 것이다.

좌표하강법에는 두 가지 주요 문제가 있다. 첫째, 본질적으로 순차적이다. 좌표하강법은 한 번에 하나의 변수씩 최적화하므로, 다음 최적화 단계를 수행하려면 하나의 변수에 대해 최적화가 완료되어야 한다. 따라서 좌표하강법의 병렬화는 항상 어려운 일이다. 둘째, 최선이 아닌

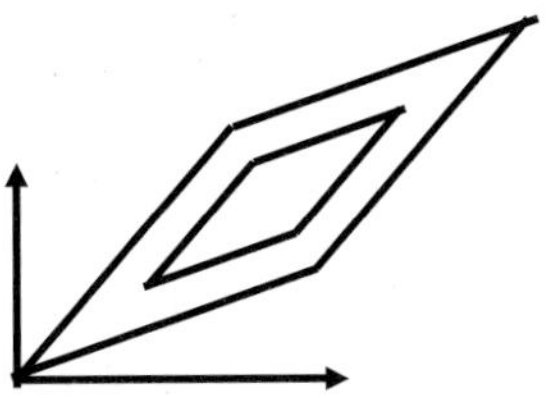

그림 4.10 미분 불가능 함수의 등고선 그래프를 보이고 있다. 평행사변형과 같은 등고선 그래프의 중심이 최적점이다. 예각 꼭짓점으로부터 축에 평행하게 이동하면 목적함수를 악화시키기만 할 것이다.

지점(국소 최소점)에서 벗어나지 못할 수 있다. 국소 최소점으로의 수렴은 보장되지만, 변수를 하나씩 사용하는 것은 때로 근시안적일 수 있다. 이러한 유형의 문제는 함수를 미분할 수 없는 경우 볼록 함수에서도 발생할 수 있다. 예를 들어 다음 함수를 생각해보자.

$$f(x, y) = |x + y| + 2|x - y| \tag{4.69}$$

이 목적함수는 볼록하지만 미분 가능 함수가 아니다. 이 함수의 최적점은 (0, 0)이다. 그러나 좌표하강법에서 점 (1, 1)에 도달하면 해의 개선 없이 두 변수에 대한 순환을 마친다. 문제는 **축 평행 방향의 이동을 이용하여 최적 해에 도달하는 경로가 없다는 것이다**. 이러한 상황은 뾰족한 등고선 그래프를 갖는 미분 불가능 함수들에서 발생할 수 있다. 등고선 그래프의 꼭짓점 중 하나에 도달한 경우 목적함수를 개선할 수 있는 적절한 축 평행 방향의 이동이 존재하지 않을 수 있다. 이러한 시나리오의 예를 그림 4.10에 보이고 있다. 이러한 상황은 미분 가능 함수에서는 절대 발생할 수 없는데, 이는 축 평행 방향 중 적어도 하나는 항상 목적함수를 개선하기 때문이다.

여기에서 생기는 자연스러운 질문은 미분 불가능 함수의 최적화에서 좌표하강법이 잘 작동하는 조건을 특정하는 것이다. 한 가지 관찰은 식 4.69의 함수 $f(x, y)$가 볼록하기는 하지만 덧셈 성분들을 개별 변수들에 관한 함수로 분리할 수 없다는 것이다. 일반적으로 좌표하강법이 전역 최적 해에 도달하기 위한 충분조건은 **다변량 함수에서 미분할 수 없는 부분의 덧셈 성분들이 개별 변수에 관한 함수로 표현되어야 하고 각각이 볼록해야 한다는 것이다**. 이러한 결과의 일반화된 버전을 요약한다.

보조정리 4.10.1 다음 형식으로 표현할 수 있는 다변량 함수 $F(\overline{w})$를 생각해보자.

$$F(\overline{w}) = G(\overline{w}) + \sum_{i=1}^{d} H_i(w_i)$$

함수 $G(\overline{w})$는 볼록하고 미분 가능 함수인 반면, 각 $H_i(w_i)$는 w_i에 관한 볼록한 단일 변량 함수이며 미분 불가능하다. 이제 좌표하강법은 함수 $F(\overline{w})$의 전역 최적점에 수렴할 것이다.

볼록한 미분 불가능 함수 $H_i(w_i)$의 예는 $H_i(w_i) = |w_i|$이다. 이 함수는 L_1-정칙화에 사용된다. 5.8.1.2절에서 L_1-정칙화 회귀에 대한 좌표하강법의 사용에 대해 논의할 것이다.

덧셈 형식 분리 가능성 문제는 중요하며, 미분 불가능 부분을 덧셈 형식으로 분리할 수 있도록 변수 변환을 수행하는 것이 때로 도움이 된다. 예를 들어, 식 4.69의 목적함수의 일반화를 생각해보자.

$$f(x, y) = g(x, y) + |x + y| + 2|x - y| \tag{4.70}$$

$g(x,\ y)$가 미분 가능하다고 가정한다. 이제 변수 변환 $u = x + y$와 $v = x - y$를 만든다. 그러면 변수 변환 후 목적함수를 $f([u+v]/2,\ [u-v]/2)$로 표현할 수 있다. 즉, 다음 식을 얻기 위해 x는 모두 $[u+v]/2$로, y는 모두 $[u-v]/2$로 대체한다.

$$F(u, v) = g([u + v]/2, [u - v]/2) + |u| + 2|v| \tag{4.71}$$

각각의 미분 불가능 성분은 볼록 함수이다. 이제 u와 v에 대해 아무런 문제없이 좌표하강법을 수행할 수 있다. 이 기법의 요점은 변수 변환이 이동 방향을 변경하여 최적 해에 대한 경로가 존재하게 되었다는 것이다.

흥미롭게도 미분 불가능 함수가 좌표하강법에 문제를 발생시키기는 하지만, 이러한 함수(및 이산 최적화 문제)는 경사하강법보다 좌표하강법에 의해 더 잘 해결되는 경우가 많다. 이는 좌표하강법이 종종 복잡한 문제를 더 작은 하위 문제들로 분해할 수 있기 때문이다. 이러한 분해의 구체적인 예로서, 잘 알려진 k-평균 알고리즘이 어려운 **혼합정수계획법**에 적용될 때 어떻게 좌표하강법의 적용 사례가 되는지 보여줄 것이다(4.10.3절 참고).

4.10.1 좌표하강법을 사용한 선형 회귀

(훈련용 인스턴스들을 나타내는 행들로 이루어지는) $n \times d$ 데이터 행렬 D, n차원 반응변수 열벡터 $\overline{y}$, d차원 열벡터 $\overline{W} = [w_1 \dots w_d]^T$가 있다고 하자. 식 4.31에서도 표현한 바 있는 선형 회귀 목적함수로 돌아가 보자.

$$J = \frac{1}{2}\|D\overline{W} - \overline{y}\|^2 \tag{4.72}$$

모든 변수에 대한 경사도는 기본 경사하강법에서 사용된다(식 4.33 참고).

$$\nabla J = D^T(D\overline{W} - \overline{y}) \tag{4.73}$$

좌표하강법은 한 번에 하나의 변수에 대해서만 목표를 최적화한다. w_i에 대해 최적화하려면 ∇J의 i번째 성분을 선택하여 0으로 설정해야 한다. $\overline{d_i}$는 D의 i번째 열이고, $\overline{r}$은 n차원 잔차 벡터 $\overline{y} - D\overline{W}$라고 하자. 이제 다음의 조건을 얻는다.

$$\begin{aligned}
&\overline{d_i}^T(D\overline{W} - \overline{y}) = 0 \\
&\overline{d_i}^T(\overline{r}) = 0 \\
&\overline{d_i}^T\overline{r} + w_i\overline{d_i}^T\overline{d_i} = w_i\overline{d_i}^T\overline{d_i}
\end{aligned}$$

좌변에서는 w_i를 포함하는 두 항이 서로 상쇄되기 때문에 w_i가 없다. 이것은 항 $\overline{d_i}^T\overline{r}$이 $w_i\overline{d_i}^T\overline{d_i}$를 상쇄하는 $-w_i\overline{d_i}^T\overline{d_i}$에 기여하기 때문이다. 양변 중 하나가 w_i에 종속되지 않기 때문에, **단일 반복으로** w_i의 최적 값을 산출하는 갱신을 얻는다.

$$\overline{w}_i \Leftarrow \overline{w}_i + \frac{\overline{d_i}^T\overline{r}}{\|\overline{d_i}\|^2} \tag{4.74}$$

위의 갱신에서 $\overline{d_i}^T\overline{d_i}$가 $\overline{d_i}$의 노옴 제곱과 같다는 사실을 이용하였다. 데이터 행렬의 각 열을 평균은 0, 분산은 1이 되도록 표준화하는 것이 일반적이다. 이 경우 $\|\overline{d_i}\|^2$의 값은 1이 되며, 갱신은 다음과 같이 더욱 단순화된다.

$$\overline{w}_i \Leftarrow \overline{w}_i + \overline{d_i}^T\overline{r} \tag{4.75}$$

이 갱신은 매우 효율적이다. 모든 변수를 순회하는 좌표하강법의 전체주기는 모든 점을 순회하는 확률적 경사하강법의 전체주기와 점근적으로 유사한 시간을 요한다. 그러나 좌표하강법에 필요한 주기의 수는 최소제곱 회귀의 경우보다 적은 경향이 있다. 따라서 좌표하강법 방식이 더 효율적이다. 정칙화가 추가된 최소제곱 회귀를 위한 일종의 좌표하강법을 유도할 수도 있다. 이 문제는 연습용으로 남긴다.

> **문제 4.10.1** 티호노프 정칙화가 최소제곱 회귀에서 매개변수 λ와 함께 사용되면 식 4.74의 갱신을 다음과 같이 수정해야 함을 보이시오.
>
> $$w_i \Leftarrow \frac{w_i\|\overline{d_i}\|^2 + \overline{d_i}^T\overline{r}}{\|\overline{d_i}\|^2 + \lambda}$$

(다른 변수는 고정된 상태로 유지하면서) 한 번에 하나의 변수를 해결함에 따라 생성되는 최적화 하위 문제들의 단순화는 좌표하강법에서 매우 중요하다.

4.10.2 블록 좌표하강법

블록 좌표하강법은 단일 변수가 아니라 한 번에 여러 개의 변수로 이루어진 블록을 최적화함으로써 좌표하강법을 일반화한다. 블록 좌표하강법의 각 단계가 더 많은 비용이 들지만 요구되는 단계의 수는 더 적다. 블록 좌표하강법의 예는 행렬 인수분해에 자주 사용되는 **교대최소제곱법**이다(8.3.2.3절 참고). 블록 좌표하강법은 목적함수가 볼록하지 않은 다중 볼록 문제에서 자주 사용되지만 각 변수 블록은 볼록 하위 문제를 생성하기 위해 사용할 수 있다. 또는 각 블록은 일부 변수가 이산형인 경우에도 쉬운 최적화를 허용한다. 신중하게 선택한 몇 개의 변수만 고려할 때 제약조건이 자체적으로 단순화되는 경향이 있기 때문에 좌표하강법으로 제약조건이 있는 최적화 문제를 처리하기가 쉽다. 이러한 유형의 설정에 대한 구체적인 예로 k-평균 알고리즘을 들 수 있다.

4.10.3 블록 좌표하강법으로서의 K-평균 알고리즘

k-평균 알고리즘은 특정 변수 블록을 신중하게 선택하면 다른 변수 블록들에 대해서도 교대로 최소화할 수 있는 방법을 보여주는 좋은 예이다. 실제로 k-평균 알고리즘은 근본적으로 좌표하강법의 중요한 아이디어에 뿌리를 두고 있지만, k-평균 알고리즘은 종종 단순한 휴리스틱 방법으로 간주되기도 한다.

d차원 행벡터 $\overline{X}_1 \ldots \overline{X}_d$가 나타내는 총 n개의 데이터 점이 있다고 가정한다. k-평균 알고리즘은 가장 가까운 프로토타입과 데이터 점 사이의 거리 제곱의 합이 최소화되는 k개의 **프로토타입**을 생성하며 $\overline{z}_1 \ldots \overline{z}_k$로 표시한다. y_{ij}를 점 i가 군집 j에 할당되는지 여부에 대한 0-1 지표라고 하자. 각 점은 단일 군집에만 할당되므로 $\sum_j y_{ij} = 1$이 된다. 따라서 **실수 값** d차원 프로토타입 행벡터 $\overline{z}_1 \ldots \overline{z}_k$와 이산 할당 변수의 행렬 $Y = [y_{ij}]_{n \times k}$에 대해 k-평균 문제를 **혼합정수계획법** 문제로 구성할 수 있다.

$$\underbrace{\sum_{j=1}^{k} \sum_{i=1}^{n} y_{ij} \|\overline{X}_i - \overline{z}_j\|^2}_{O_j} \text{ 을 최소화한다.}$$

제약조건:

$$\sum_{j=1}^{k} y_{ij} = 1$$

$$y_{ij} \in \{0, 1\}$$

이것은 혼합정수계획법 문제이며 이러한 최적화 문제는 일반적으로 해결하기 매우 어려운 것으로 알려져 있다. 그러나 이 경우 변수 블록을 신중하게 선택하는 것이 중요하며, 변수 블록을 신중하게 선택하면 하부의 제약조건도 단순화된다. 이번 경우에 변수들은 벡터 $\overline{z}_1 \dots \overline{z}_k$의 $k \times d$ 프로토타입 변수에 해당하는지 $n \times k$ 할당 변수 $Y = [y_{ij}]$에 해당하는지에 따라 두 개의 블록으로 나뉜다. 이 두 변수 블록에 대해 번갈아 최소화하는데, 이는 이러한 방법이 문제를 더 작은 하위 문제들로 분해하는 최선의 방법이기 때문이다. 프로토타입 변수가 고정되면 그 결과에 따른 할당 문제는 극히 단순해지는데, 각 점을 가장 가까운 프로토타입에 할당하기만 하면 된다. 반면에 군집 할당이 고정된 경우, 목적함수는 군집 별 목적함수들로 분해될 수 있다. j번째 군집이 기여한 목적함수 O_j 부분은 위의 최적화 수식에서 밑받침으로 표시된다. 각 군집에 대해 관련 최적 해 $\overline{z}_j$는 해당 군집에 할당된 점들의 평균이다. 이 결과는 각 $\overline{z}_j$에 대한 목적함수 O_j의 경사도를 0으로 설정함으로써 보여줄 수 있다.

$$\frac{\partial O_j}{\partial z_j} = 2\sum_{i=1}^{n} y_{ij}(\overline{X}_i - \overline{z}_j) = 0 \quad \forall j \in \{1 \dots k\} \tag{4.76}$$

군집 j에 속하지 않는 점에 대해서는 $y_{ij} = 0$이기 때문에 이러한 점들은 위의 조건에서 빠지게 된다. 결과적으로 $\overline{z}_j$는 단순히 해당 군집에 있는 점들의 평균이다. 따라서 가장 가까운 프로토타입에 점들을 할당하고, 할당에 의해 정의된 군집의 중심들로 프로토타입들을 설정해야 한다. 이것은 잘 알려진 k-평균 알고리즘의 단계이다. 중심 계산은 연속 최적화 단계인 반면, 군집 할당은 (좌표하강법의 분해 접근방식으로 크게 단순화되는) 이산 최적화 단계이다.

4.11 요약

이 장에서는 기계학습의 기본 최적화 모델들을 소개하고, 최적성 조건과 전역 최적점이 보장되는 경우들을 살펴보았다. 기계학습의 최적화 문제에는 종종 개별 데이터 점들에 걸치는 성분들로 분리될 수 있는 목적함수가 존재하는 경우가 있다. 이러한 특성을 이용하면 확률적 경사하강법에서와 같은 효율적인 표본추출 방법을 사용할 수 있다. 기계학습의 최적화 모델은 훈련용 데이터에 대해 정의된 원래 최적화 문제가 아니라 표본 외 데이터에 대한 성능을 최대화해야 한다는 점에서 기존 최적화와 크게 다르다. 선형 회귀, 서포트 벡터 머신, 로지스틱 회귀 등과 같은 기계학습 최적화의 몇 가지 예를 살펴보았으며, 다중 클래스 모델에 대한 일반화도 논의되었다. 확률적 경사하강법의 대안의 하나인 좌표하강법이 상황에 따라서는 더 효율적일 수도 있다.

4.12 추가 자료

최적화는 여러 분야에서 응용되는 분야이며 일반적인 내용에 초점을 맞춘 책으로 [10, 15, 16, 22, 99] 등이 있다. [22]의 연구는 볼록 최적화에 대한 자세한 설명을 제공한다는 점에서 특히 주목할 만하다. 선형대수에 관한 책 중에는 수치적 작업에 초점을 맞추고 선형 최적화 알고리즘에 대한 몇 가지 세부사항을 제공하는 경우도 있다[130]. 수치 최적화를 위한 방법들은 [52]에서 다루고 있다. 기초 선형대수 책[122, 123] 중 일부는 최적화의 기초사항들을 다룬다. 선형 회귀 방법에 대한 자세한 설명은 선형대수, 최적화, 기계학습 분야의 책들에서 찾을 수 있다. 다양한 기계학습 응용을 다루는 기계학습 서적으로 [1-4, 18, 19, 39, 46, 53, 56, 85, 94, 95] 등을 추천한다.

최소제곱 회귀 및 분류는 위드로우-호프 알고리즘[132]과 티호노프-아르세닌의 기념비적 연구[127]로 거슬러 올라간다. 회귀 분석에 대한 자세한 설명은 [36]에서 찾을 수 있다. 피셔 행렬식은 1936년 Ronald Fisher[45]에 의해 제안되었으며, 이는 이항 반응변수가 피회귀변수로 사용되는 최소제곱 회귀의 특수한 경우로 밝혀진 바 있다[18]. 서포트 벡터 머신은 일반적으로 코르테스와 바프닉의 업적[30]으로 간주되지만, L_2-손실 SVM에 대한 기본 방법은 Hinton[60]에 의해 그보다 몇 년 전에 제안되었다. 이 접근방식은 2차 손실 곡선의 절반만 유지하고 나머지를 0으로 설정하여 경첩 손실의 매끄러운 버전을 생성함으로써 최소제곱 분류에서 손실함수를 보정한다(그림 4.9(a)에서 시도해보기 바람). 이 기여의 구체적인 중요성은 신경망에 대한 광범위한 문헌에서 사라져버렸다. LIBSVM의 여러 실용적 구현들이 [27]에서 제공되며, 선형 분류기의 구현들은 LIBLINEAR[44]에서 제공된다. SVM에 대한 자세한 설명은 [31]에서 찾을 수 있다. 로지스틱 회귀를 위한 수치 최적화 기법들은 [93]에서 다룬다. 좌표하강법은 Hastie et al.[56]과 보다 최근의 [134] 등에서 다루고 있다.

4.13 연습문제

1. 다음 함수의 안장점, 최소점, 최대점 등을 찾으시오.

(a) $F(x) = x^2 - 2x + 2$

(b) $F(x, y) = x^2 - 2x - y^2$

2. $\overline{y}$가 매우 작은 노옴 $\epsilon = \|\overline{y}\|_2$를 갖는 d차원 벡터라고 하자. $\overline{w} = \overline{w}_0$에서 경사도가 0이고 헤시안 행렬 H를 갖는 연속적이고 미분 가능한 목적함수 $J(\overline{w})$를 생각해보자. $\overline{y}^T H \overline{y}$가 $\overline{y}/\|\overline{y}\|$ 방향으로 ϵ만큼 $\overline{w} = \overline{w}_0$를 교란시켜 발생하는 $J(\overline{w})$ 변화의 두 배와

거의 같다는 것을 보이시오.

3. 최적화 함수 $J(\overline{w})$가 $\overline{w}=\overline{w}_0$에서 0의 경사도를 갖는다고 하자. 또한 $\overline{w}=\overline{w}_0$에서 $J(\overline{w})$의 헤시안 행렬은 양의 고윳값과 음의 고윳값을 모두 갖는다. 헤시안 행렬을 사용하여 (i) $\overline{w}_0$에서 벡터 방향으로든 반대 방향으로든 무한소의 움직임이 $J(\overline{w})$를 감소시키는 벡터 방향을 찾으시오. (ii) $\overline{w}_0$에서 벡터 방향으로든 반대 방향으로든 무한소의 움직임이 $J(\overline{w})$를 증가시키는 벡터 방향을 찾으시오. $\overline{w}_0$은 최대점, 최소점, 안장점 중 어떤 것인가?

4. 두 개의 볼록 함수 값 중 큰 값을 취하는 함수가 볼록 함수라는 것을 알고 있다. 두 개의 볼록 함수 값 중 작은 값을 취하는 함수는 볼록한가? 두 볼록 집합의 교집합은 볼록한가? 두 볼록 집합의 합집합은 볼록한가? 각 경우에 대해 이유를 설명하시오.

5. 각 문장을 증명하거나 반례를 제시하시오. (i) $f(x)$와 $g(x)$가 볼록하면 $F(x, y)=f(x)+g(y)$는 볼록하다. (ii) $f(x)$와 $g(x)$가 볼록하면 $F(x, y)=f(x)\cdot g(y)$는 볼록하다.

6. **여백 없는 경첩 손실**: 다음과 같이 최대화 함수 내에서 상수 값을 제거하여 4.8.2절의 경첩 손실을 수정했다고 가정한다.

$$J=\sum_{i=1}^{n}\max\{0,(-y_i[\overline{W}\cdot\overline{X}_i^T])\}+\frac{\lambda}{2}\|\overline{W}\|^2$$

이 손실함수는 **퍼셉트론 기준**이라고 불린다. 이 손실함수에 대한 확률적 경사하강 갱신을 유도하시오.

7. 이전 연습문제의 퍼셉트론 기준을 $\overline{W}$의 크기에 대한 민감도 측면에서 경첩 손실과 비교하시오. 이전 연습문제의 최적화 문제에 대해 항상 최적의 해가 되지만, 아무런 유용한 정보도 갖지 않는 가중치 벡터 $\overline{W}$ 하나를 제시하시오. 이러한 관찰을 이용하여 두 클래스의 점들이 선형 초평면으로 분리될 수 없을 때, (적절한 수정 없는) 퍼셉트론은 SVM에 훨씬 더 나쁜 해를 제공할 수 있는 이유를 설명하시오.

8. $\overline{w}^T A\overline{w}+\overline{b}^T\overline{w}+c$ 형식의 무제약 2차계획법 문제를 생각해보자. 여기에서 $\overline{w}$는 최적화 변수의 d차원 벡터이고 $d\times d$ 행렬 A는 양의 준정부호이다. 상수 벡터 $\overline{b}$는 d차원이다. $\overline{b}$가 A의 열공간에 있는 경우에만 이 2차계획법 문제에 대한 전역 최소점이 존재함을 보이시오.

9. 이 책의 본문에서 웨스턴-왓킨스 SVM의 확률적 경사하강 갱신을 살펴보았지만 미니 배치 갱신에 대해서는 살펴보지 못하였다. 미니 배치 S에 $(\overline{X}, c)$ 형식의 훈련 쌍들이 포함된 설정을 생각해보자. 여기에서 $\{1 \ldots k\}$에 속하는 각 c는 범주형 클래스 라벨이다. 학습률 α에서 각 분할선 $\overline{W}_r$에 대한 확률적 경사하강법 단계를 보이시오.

$$\overline{W}_r \Leftarrow \overline{W}_r(1-\alpha\lambda) + \alpha \sum_{(\overline{X},c)\in S, r=c} \overline{X}^T [\sum_{j\neq r} \delta(j, \overline{X})] - \alpha \sum_{(\overline{X},c)\in S, r\neq c} \overline{X}^T [\delta(r, \overline{X})] \quad (4.77)$$

여기에서 $\overline{W}_r$은 이 장의 본문과 같은 방식으로 정의된다.

10. 함수 $f(x, y) = x^2 + 2y^2 + axy$가 오목, 볼록, 결정할 수 없음 등에 해당하는 a의 값들은 무엇인가?

11. 이 변량 함수 $f(x, y) = x^3/6 + x^2/2 + y^2/2 + xy$가 볼록 함수가 되는 정의역을 규정하시오.

12. 이진 분류를 위한 L_1-손실함수를 생각해보자. 여기에서 특징 클래스 쌍 $(\overline{X}_i, y_i)$와 d차원 매개변수 벡터 $\overline{W}$에 대해 i번째 인스턴스에 대한 개별 점에서의 손실은 다음과 같이 정의된다.

$$L_i = \|y_i - \overline{W} \cdot \overline{X}_i^T\|_1$$

여기에서 $y_i \in \{-1, +1\}$이고, $\overline{X}_i$는 d차원 특징 행벡터이다. 위에서 사용된 노옴은 최소 제곱 분류의 L_2-노옴 대신 L_1-노옴이다. $y_i \in \{-1, +1\}$의 경우 손실함수가 다음과 같이 표현될 수 있는 이유를 설명하시오.

$$L_i = \|1 - y_i \overline{W} \cdot \overline{X}_i^T\|_1$$

확률적 경사하강 갱신이 다음과 같이 표현될 수 있음을 보이시오.

$$\overline{W} \Leftarrow \overline{W}(1-\alpha\lambda) + \alpha y_i \overline{X}_i^T \operatorname{sign}(1 - y_i \overline{W} \cdot \overline{X}_i^T)$$

여기에서 λ는 정규화 매개변수이고 α는 학습률이다. 이 갱신을 SVM을 위한 경첩 손실 갱신과 비교하시오.

13. $\overline{x}$가 n_1차원 벡터이고 W가 $n_2 \times n_1$차원 행렬이라고 하자. 벡터 대 벡터 연쇄법칙을 사용하여 $\overline{x}$에 대한 $(W\overline{x}) \odot (W\overline{x})$의 벡터 미분을 계산하는 방법을 보이시오. 결과로

얻은 벡터 미분은 스칼라, 벡터, 또는 행렬인가? 이제 $F((W\overline{x})\odot(W\overline{x}))$에 대해 이 연습문제를 반복하시오. 여기에서 $F(\cdot)$는 인수들을 스칼라로 합산하는 함수이다.

14. $\overline{x}$가 n_1차원 벡터이고 W가 $n_2 \times n_1$차원 행렬이라고 하자. 벡터 대 벡터 연쇄법칙을 사용하여 $\overline{x}$에 대한 $W(\overline{x}\odot\overline{x}\odot\overline{x})$의 벡터 미분을 계산하는 방법을 보이시오. 결과로 얻은 벡터 미분은 스칼라, 벡터, 행렬 중 어떤 것인가? 이제 $G(W(\overline{x}\odot\overline{x}\odot\overline{x})-\overline{y})$에 대해 이 연습문제를 반복하시오. 여기에서 $\overline{y}$는 n_2차원의 상수 벡터이고 $G(\cdot)$는 인수들의 절댓값을 스칼라로 합산하는 함수이다.

15. 만약 스칼라 L이 $m \times d$ 행렬 W와 d차원 벡터 $\overline{x}$에 대해 $L=f(W\overline{x})$로 표현될 수 있다면, $\frac{\partial L}{\partial W}$는 함수 $f(\cdot)$의 선택에 관계없이 항상 순위가 1인 행렬이거나 영행렬이 될 것임을 보이시오. [이러한 유형의 미분은 신경망에서 자주 발생한다.]

16. **점들이 추가되는 증분 선형 회귀**: 선형 회귀에서 데이터 행렬 D와 목표 벡터 $\overline{y}$가 주어져 있다고 하자. 어렵게 (D^TD)를 역변환하여 닫힌 형식의 해 $\overline{W}=(D^TD)^{-1}D^T\overline{y}$를 계산하였더니, 이제 추가 훈련 점 $(\overline{X}, y)$가 주어지고 갱신된 매개변수 벡터 $\overline{W}$를 다시 계산하라는 메시지가 표시된다고 하자. 처음부터 행렬을 역변환하지 않고도 이를 효율적으로 수행할 수 있는 방법을 제시하시오. 이 결과를 사용하여 증분 선형 회귀를 위한 효율적인 전략을 제시하시오. [힌트: 행렬 역변환 보조정리]

17. **특징들이 추가되는 증분 선형 회귀**: 점들의 수는 고정되어 있지만 (데이터 과학자가 계속해서 측정 및 설문 조사를 수행함에 따라) 차원의 수가 계속 증가하는 데이터 세트가 있다고 하자. 정칙화를 통해 증분 선형 회귀를 위한 효율적인 전략을 제시하시오. [힌트: 문제 1.2.13의 푸시 스루 항등식 때문에 선형 회귀에서 닫힌 형식의 해를 표현하는 방법에는 여러 가지가 있다.]

18. **행렬 미분에 대한 프로베니우스 노옴**: A는 $n \times d$ 상수 행렬이고 V는 $d \times k$ 매개변수 행렬이라고 하자. $\overline{v}_i$는 V의 i번째 행이고 $\overline{V}_j$는 V의 j번째 열이라고 하자. J는 V의 항들에 관한 스칼라 함수이다.

(a) $\frac{\partial J}{\partial v_i}$, $\frac{\partial J}{\partial V}$ 각각과 $\frac{\partial J}{\partial V}$ 사이의 관계에 대해 설명하시오. 이 관계를 통해 스칼라 대 행렬 미분에 대해 이 장에서 스칼라 대 벡터 항등식을 사용할 수 있다.

(b) $J=\|V\|_F^2$라고 하자. $\frac{\partial J}{\partial V}=2V$임을 보이시오. 프로베니우스 노옴을 벡터 노옴의

합으로 표현한 다음 스칼라 대 벡터 항등식을 사용하는 것이 도움이 될 수 있다.

(c) $J=\|AV\|_F^2$라고 하자. 벡터 노옴과 V의 열을 사용하여 J를 표현하시오. 이 장에서 논의한 스칼라 대 벡터 항등식을 사용하여 $\frac{\partial J}{\partial V}=2A^TAV$임을 보이시오. 이제 $J=\|AV+B\|^2$의 미분이 $2A^T(AV+B)$임을 보이시오. 여기에서 B는 $n\times k$ 행렬이다. 방금 도출한 것은 행렬 인수분해에서의 경사하강법이다.

19. $J(w_1w_2\ldots w_{100})=\sum_{i=1}^{100} J_i(w_i)$ 형식의 덧셈 형식 분리 가능 다변량 함수가 주어져 있다고 하자. 각 $J_i(w_i)$는 하나의 전역 최적점과 하나의 국소 최적점을 갖는 단일 변량 함수이다. 무작위로 선택한 시작점을 사용하여 전역 최적점에 도달할 수 있는 좌표하강법 확률이 왜 극히 낮은지 설명하시오.

20. L_2-손실 SVM을 풀기 위해 단일 변수 좌표하강법을 사용하는 계산 절차를 제안하시오. 각 단일 변량 문제에 대해 직선탐색법을 사용할 수 있다. 제안한 절차를 자신이 선택한 프로그래밍 언어로 구현하시오.

21. 다음 형식의 이 변량 2차 손실함수가 주어져 있다고 하자.

$$f(x,y)=a\,x^2+b\,y^2+2c\,xy+d\,x+e\,y+f$$

a와 b가 음이 아니고 c가 절대 크기에서 a와 b의 기하 평균 이상일 경우에만 $f(x,y)$가 볼록하다는 것을 보이시오.

22. 함수 $f(\overline{x})=\sqrt{\langle \overline{x},\overline{x}\rangle}$와 $g(\overline{x})=\langle \overline{x},\overline{x}\rangle$ 모두 볼록함을 보이시오. 내적에 대해서는 기본 공리들과 코시-슈바르츠 부등식, 삼각형 부등식 등만 사용할 수 있다.

23. **양측 행렬 최소제곱:** A가 $n\times m$ 행렬이고 B가 $k\times d$ 행렬이라고 하자. $J=\|C-AXB\|_F^2$가 최소화되는 $m\times k$ 행렬 X를 구하려고 한다. 여기에서 C는 알려진 $n\times d$ 행렬이다. X에 대한 J의 미분을 유도하고 최적성 조건들을 제시하시오. 최적성 조건에 대한 한 가지 가능한 해는 $X=A^+CB^+$이며, 여기에서 A^+와 B^+는 각각 A와 B의 무어-펜로즈 의사 역행렬을 나타낸다. [힌트: X의 개별 성분에 대한 스칼라 미분을 계산한 다음 행렬 미적분 형식으로 변환한다. 2장의 연습문제 47-51도 참고하시오.]

24. k-평균 알고리즘(4.10.3절)에 대한 유클리드 거리 제곱합 목표를 맨해튼 거리 합 목표로 대체한다고 가정한다. 블록 좌표하강법의 결과로 k-중앙값 군집화 알고리즘이 생성된다. 여기에서 각 차원의 "중심" 대표는 해당 차원을 따른 군집의 중앙값으로 선택되

고 대표에 대한 점 할당은 유클리드 거리 대신 맨해튼 거리를 사용하여 수행된다. [흥미로운 사실: k-최빈값, k-중간값(medoid) 등의 다른 많은 대표 기반 군집화 변형은 좌표하강법 알고리즘이다.]

25. 3차 다항식 목적함수 $f(x) = ax^3 + bx^2 + cx + d$가 주어져 있다고 하자. 이 목적함수는 어떤 조건에서 임계점을 갖지 않는가? $[-\infty, +\infty]$에서 순증가하기 위한 조건은 무엇인가?

26. 3차 다항식 목적함수 $f(x) = ax^3 + bx^2 + cx + d$가 주어져 있다고 하자. 이 목적함수는 어떤 조건에서 정확히 한 개의 임계점을 갖게 되는가? 어떤 종류의 임계점인가? 이러한 목적함수의 예를 들어보시오.

27. $f(x)$를 n차의 단일 변량 다항식이라고 하자. 이 다항식의 최대 임계점 수는 몇 개인가? 최소점, 최대점, 안장점 등의 최대 개수는 몇 개인가?

28. d차원 n차 다변량 다항식의 최대 임계점 수는 몇 개인가? 이 최댓값이 충족되는 다항식의 예를 들어보시오.

29. $\overline{h}$와 $\overline{x}$가 열벡터이고 W_1, W_2, W_3이 $\overline{h} = W_1 W_2 \overline{x} - W_2^2 W_3 \overline{x} + W_1 W_2 W_3 \overline{x}$를 만족하는 행렬이라고 하자. $\dfrac{\partial \overline{h}}{\partial \overline{x}}$에 대한 표현식을 유도하시오.

30. $\{1 \dots n\}$에 속하는 i에 대해 $\overline{h_i} = W_i W_{i-1} \overline{h}_{i-1}$인 상황을 생각해보자. 여기에서 각 W_i는 행렬이고 각 $\overline{h}_i$는 벡터이다. 벡터 대 벡터 연쇄법칙을 사용하여 $\dfrac{\partial \overline{h}_i}{\partial \overline{h}_0}$에 대한 표현식을 유도하시오.

Chapter 5

고급 최적화 해법

"천 마일의 여정은 한 걸음으로 시작된다." - Lao Tzu

5.1 서론

이전 장에서는 경사하강법을 위한 몇 가지 기본 알고리즘을 소개하였다. 그러나 이러한 알고리즘은 다음과 같은 이유들로 항상 제대로 작동하지는 않는다.

- **평탄 영역과 국소 최적점**: 기계학습 알고리즘의 목적함수는 손실 표면(loss surface) 안에 국소 최적점이나 평탄 영역을 가질 수 있다. 이에 따른 결과로 학습 프로세스가 너무 느리거나 잘못된 해에 도달할 수 있다.
- **미분 곡률**: 경사하강법의 방향은 최선의 **순간** 이동 방향일 뿐이며, 일반적으로 유한 길이의 단계들을 지나면서 변경된다. 따라서 가장 가파른 하강 방향도 해당 방향으로 유한 단계만큼 진행한 후에는 더 이상 가장 가파른 방향으로 남아 있지 않게 된다. 단계가 너무 크면 경사도의 성분마다 부호가 변경될 수 있으며, 목적함수가 악화될 수 있다. 그 방향으로 경사도가 급격히 변하면 해당 방향이 고도 곡률을 나타낸다고 한다. 분명히 고도 곡률의 방향은 경사하강법의 결과에 불확실성을 야기한다.
- **미분 불가능 목적함수**: 일부 목적함수는 미분 불가능 함수여서 경사하강법에 문제를 일으킨다. 상대적으로 적은 수의 점들에서 미분 가능성이 위반되고 손실함수가 대부분의 영역에서 도움이 되는 경우 약간의 수정으로 경사하강법을 사용할 수 있다. 목적함수가 넓은 영역에서 절벽이나 평탄 표면을 갖고 경사도가 전혀 도움이 되지 않는 경우 다루기가 더욱 어려운 문제들이 발생한다.

평탄 영역과 미분 곡률을 모두 해결하는 가장 간단한 방법은 수렴 불량을 설명하기 위해 어떤 방식으로든 경사도를 조정하는 것이다. 이러한 방법은 매개변수 별로 목적함수의 경사도를 곡률을 사용하여 조정한다. 이러한 기술의 예로는 **모멘텀 방법**, RMSProp, Adam 등과 같은 계산 알고리즘과 보통의 경사하강법을 결합하는 방법이 있다.

또 다른 종류의 방법은 2차 미분을 사용하여 곡률을 **명시적으로** 측정한다. 어쨌든 2차 미분은 경사도의 **변화율**이며, 이는 유한한 크기의 단계 하나를 진행하는 동안 일정한 경사도 방향을 사용함에 따른 예측 불가능성의 직접적 척도이다. 헤시안이라고도 하는 2차 미분 행렬은 최대의 곡률이 발생하는 방향에 대한 풍부한 정보를 포함한다. 따라서 헤시안 행렬은 하강의 방향에 따른 가파른 정도와 곡률 사이의 절충을 통해 이동 방향을 조정하기 위해 **뉴턴법**과 같은 많은 2차 미분 기법들에서 이용된다.

마지막으로 미분 불가능 목적함수의 문제에 대해 살펴보자. 매개변수 공간의 일부 지점에서 미분 불가능한 아래의 L_1-손실함수를 생각해보자.

$$f(x_1, x_2) = |x_1| + |x_2|$$

점 $(x_1, x_2) = (0, 0)$은 위 함수의 미분 불가능 점이다. 이러한 유형의 설정은 공간 내 소수의 미분 불가능 점에 대한 특별한 규칙을 적용하여 쉽게 해결할 수 있다. 그러나 도움이 되지 않는 손실 표면이 평탄 영역과 수직 절벽만을 포함하는 경우도 있다. 예를 들어, 순위 기반 목적함수를 직접 최적화하려고 하면 넓은 영역에서 미분 불가능성이 발생한다. $\overline{X}_1 \ldots \overline{X}_n$을 훈련 점들로 포함하는 다음 목적함수를 생각해보자. 훈련 점들의 부분집합인 S는 양성 클래스에 속한다고 하자(예: 가짜 인스턴스 대 일반 인스턴스).

$$J(\overline{W}) = \sum_{i \in S} \text{Rank}(\overline{W} \cdot \overline{X}_i)$$

여기에서 “Rank” 함수는 n개의 훈련 점에 대해 $\overline{W} \cdot \overline{X}_i$ 값들을 정렬한 상태에서 각 $\overline{X}_i$의 순위를 반환함으로써 1부터 n까지의 값을 계산한다. 함수 $J(\overline{W})$를 최소화하면 양성의 점들이 음성의 점들보다 항상 앞선 순위를 갖도록 $\overline{W}$를 설정한다. 이러한 종류의 목적함수는 $\overline{W}$에 대해 평탄 표면과 수직 절벽만 포함하게 된다. 왜냐 하면 순위가 매개변수 벡터 $\overline{W}$의 특정 값에서 갑자기 변경될 수 있기 때문이다. 대부분의 영역에서는 $\overline{W}$를 약간 변경해도 순위가 변경되지 않으므로 $J(\overline{W})$ 대부분의 영역에서 경사도가 0이다. 이러한 유형의 설정은 경사도가 전혀 도움이 되는 정보를 제공하지 않기 때문에 경사하강법에 심각한 문제를 일으킬 수 있다. 이러한 경우 근위 경사하강법과 같은 더 복잡한 방법을 사용할 필요가 있다. 이 장에서는 이러한 선택들에 대해 논의한다.

이 장은 다음과 같이 구성된다. 다음 절에서는 미분 가능 함수의 최적화와 관련된 어려운 과제들에 대해 논의한다. 곡률을 반영하기 위해 손실함수의 1차 미분을 수정하는 방법은 5.3절에서 다룬다. 뉴턴법은 5.4절에서 소개된다. 뉴턴법을 기계학습에 적용하는 방법은 5.5절에서 다룬다. 뉴턴법과 관련된 어려운 과제들은 5.6절에서 논의된다. 뉴턴법의 계산적으로 효율적인 근사는 5.7절에서 다룬다. 미분 불가능 함수의 최적화는 5.8절에서 다룬다. 5.9절에서는 요약을 제시한다.

5.2 경사도 기반 최적화의 과제

이 절에서는 경사도 기반 최적화와 관련된 두 가지 주요 문제에 대해 설명한다. 첫 번째 문제는 평탄 영역과 국소 최적점에 관련되어 있는 반면 두 번째 문제는 서로 다른 방향마다 다양한 곡률 수준과 관련이 있다. 이러한 문제들을 이해하는 것은 좋은 해법을 설계함에 있어 핵심 요소 중 하나이다. 따라서 이 절에서는 이러한 문제들에 대해 자세히 살펴볼 것이다.

5.2.1 국소 최적점과 평탄 영역

이전 장에서는 볼록 함수에 해당하는 몇 가지 최적화 모델에 대해 논의하였다. 이 모델들은 하나의 전역 최적점만 갖고 국소 최적점은 갖지 않는다. 그러나 신경망과 같은 더 복잡한 기계학습 설정은 일반적으로 볼록하지 않으며 여러 국소 최적점을 가질 수 있다. 이러한 국소 최적점은 경사하강법에 어려운 과제를 던진다.

다음의 1차원 함수를 생각해보자.

$$F(x) = (x-1)^2[(x-3)^2 - 1]$$

미분을 계산하고 0으로 설정하면 다음 조건이 생성된다.

$$F'(x) = 2(x-1)[(x-1)(x-3) + (x-3)^2 - 1] = 0$$

이 방정식의 해는 $x=1,\ \frac{5}{2}-\sqrt{\frac{3}{2}}=1.634,\ \frac{5}{2}+\sqrt{\frac{3}{2}}=3.366$이다. 2차 미분 조건을 이용

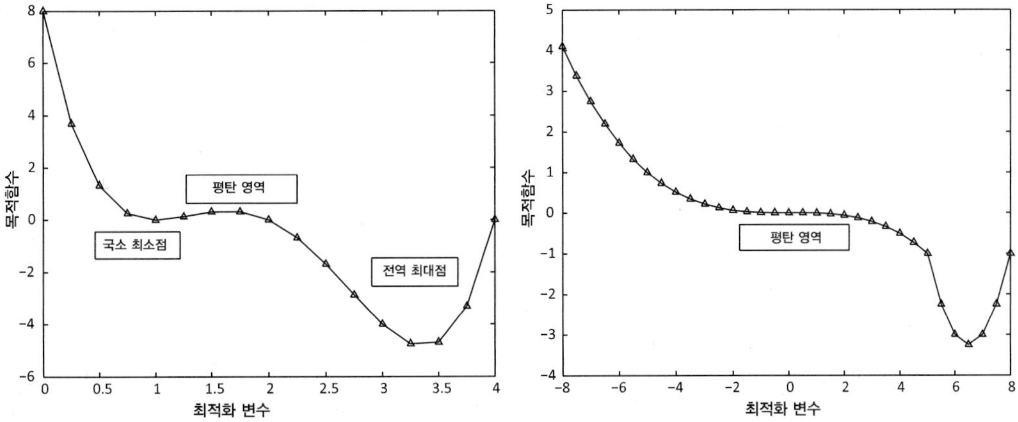

(a) 평탄 영역이 있으며 국소 최적점 발생 (b) 평탄 영역이 있어도 전역 최적점만 발생

그림 5.1 국소 최적화와 평탄 영역

하여 첫 번째와 세 번째 근은 $F''(x) > 0$이므로 최소점들이고 두 번째 근은 $F''(x) < 0$이므로 최대점임을 보일 수 있다. 함수 $F(x)$를 이 지점들에서 계산해보면 $F(1) = 0$, $F(1.634) = 0.348$, $F(3.366) = -4.848$을 얻는다. 이 함수의 그래프는 그림 5.1(a)에 나와 있다. 첫 번째 최적점은 국소 최소점이고, 두 번째 최적점은 국소 최대점이다. 마지막 최적점 $x = 3.366$이 찾고자 하는 **전역 최소점**이다.

이 경우 최적성 조건을 사용하여 최소점 두 개를 모두 구할 수 있으며, 이 값들을 대입하여 어느 것이 전역 최소점인지 결정할 수 있다. 하지만 경사하강법을 시도하면 어떻게 될까? 문제는 경사하강법을 1.634보다 작은 점에서 시작하면 국소 최소점에 도달한다는 것이다. 더욱이 (여러 번 실행하면서도 항상 잘못된 시작점을 선택하는 경우) 전역 최소점에 도달하지 못할 수 있으며, 더 나은 최소점이 존재하는지 알 수조차 없다. 이 문제는 다중 차원의 경우 더욱 심각해지고 국소 최소점 수는 크게 늘어난다. 이전 장의 문제 4.2.4에서 차원이 증가함에 따라 지역 최소점들이 기하급수적으로 빠르게 늘어나는 사례를 제시한 바 있다. 각기 다른 변수 $x_1 \dots x_d$를 사용하는 d개의 단일 변량 함수들이 있고 i번째 함수가 k_i개의 국소/전역 최소점을 갖는 경우, 이러한 함수들의 합에 의해 생성된 d차원 함수는 $\prod_{i=1}^{d} k_i$개의 국소/전역 최소점을 갖게 될 것이다. 예를 들어, 앞에서 예로 든 함수 $F(x)$를 서로 다른 10개의 변수 각각에 적용하는 10개의 함수의 인스턴스의 합으로 정의되는 10차원 함수는 10개의 차원에서 각 변수 값을 {1, 3.366} 중 하나로 설정하여 얻은 $2^{10} = 1024$개의 최소점을 갖는다. 분명히 국소 최소점의 개수와 위치를 모르는 경우 경사하강법이 수렴하는 지점의 최적성에 대해 확신하기 어려울 것이다.

또 다른 문제는 목적함수에 평탄 영역이 있다는 것이다. 예를 들어, 그림 5.1(a)의 목적함수는 국소 최소점과 국소 최대점 사이에 평탄 영역을 가지고 있다. 이러한 유형의 상황은 자주 발생하며 국소 최적점이 없는 목적함수에서도 가능하다. 아래의 목적함수를 생각해보자.

$$F(x) = \begin{cases} -(x/5)^3 & \text{if } x \leq 5 \\ x^2 - 13x + 39 & \text{if } x > 5 \end{cases}$$

이 목적함수는 그림 5.1(b)에 나와 있다. 이 목적함수에는 [−1, +1] 범위의 평탄 영역이 있으며, 여기에서 경사도의 절댓값은 0.1 미만이다. 반면에 $x > 5$인 경우 경사도가 빠르게 증가한다. 평탄 영역이 문제가 되는 이유는 무엇일까? 주요 문제는 하강 속도가 (학습률이 고정된 경우) 경사도의 크기에 따라 달라진다는 것이다. 이러한 경우 최적화 절차는 공간의 평탄 영역을 지나는 데 오랜 시간이 걸린다. 이것은 최적화 프로세스를 극도로 느리게 만든다. 나중에 살펴보겠지만 모멘텀 방식과 같은 기법에서는 모멘텀의 한 유형으로 이전 단계의 하강 속도를 상속하기 위해 물리학에서와 유사한 아이디어를 사용한다. 기본 아이디어는 구슬을 언덕 아래로 굴리면, 굴러 내려가면서 속도가 빨라지며 모멘텀으로 인해 작은 구덩이나 평탄 영역을 잘 헤쳐 나갈 수 있다는 것이다. 이 원리는 5.3.1절에서 더 자세히 논의될 것이다.

5.2.2 미분 곡률

다차원 설정에서 경사도의 성분들마다 크기의 차이가 클 수 있으며, 이는 경사하강법에 문제를 일으킨다. 예를 들어, 신경망에서는 다른 계층의 매개변수들에 관한 편미분들의 크기에서 크게 차이가 나는 경우가 종종 있다. 이러한 현상은 일반적으로 **경사도 소실 및 경사도 폭주 문제**라고 한다. 이러한 문제는 볼록 2차 목적함수와 같은 단순한 경우에서도 작게나마 발생하며, 이로부터 문제의 근원과 가능한 해결책에 대한 탁월한 통찰력을 얻을 수 있기 때문에 이러한 간단한 사례를 먼저 살펴보기로 한다.

단일 전역 최소점을 갖는 사발 모양의 볼록한 2차 목적함수의 가장 간단한 경우를 생각해 보자. 두 개의 이러한 조건에 해당하는 이 변량 손실함수를 그림 5.2에서 보이고 있다. 이 그림에는 손실함수의 등고선 그래프가 표시되어 있으며, 각 선은 손실함수가 동일한 값을 갖는 XY 평면상의 점들에 대응된다. 가장 가파른 하강 방향은 항상 이 선에 수직이다. 첫 번째 손실함수는 $L = x^2 + y^2$ 형태로, 높이를 목적함수 값이라 할 때 완벽하게 원형의 사발 모양을 취한다. 이 손실함수는 x와 y를 대칭적으로 취급한다. 두 번째 손실함수는 타원형 사발인 $L = x^2 + 4y^2$ 형태이다. 이 손실함수의 경우 구체적 감도는 데이터 점의 위치에 따라 달라지지만 x 값의 변화에 비해 y 값의 변화에 더 민감하다. 즉, 손실 $L = x^2 + 4y^2$의 경우 **2차 미분** $\frac{\partial^2 L}{\partial x^2}$와 $\frac{\partial^2 L}{\partial y^2}$가 다르다. 2차 미분 값이 크면 경사도 변경 속도에 영향을 더 많이 미치기 때문에 큰 2차 미분 값을 가질 때 고도 곡률(high curvature)을 갖는다고도 한다. 이는 경사 하

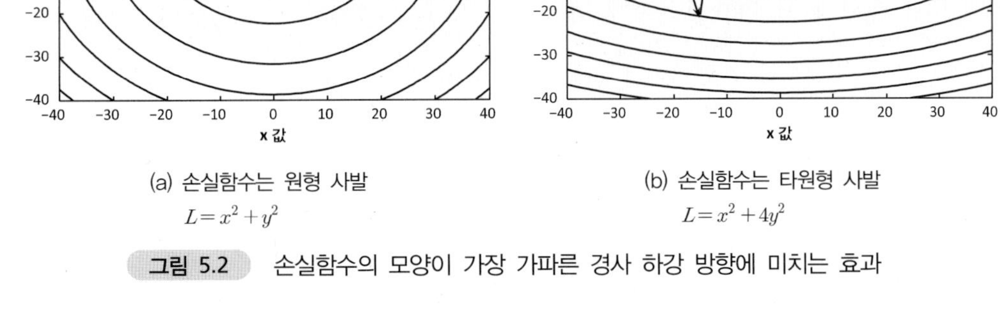

(a) 손실함수는 원형 사발 $L = x^2 + y^2$

(b) 손실함수는 타원형 사발 $L = x^2 + 4y^2$

그림 5.2 손실함수의 모양이 가장 가파른 경사 하강 방향에 미치는 효과

강의 관점에서 중요한데, 그것은 일부 방향은 급변하지 않는 보다 일관된 경사도를 갖는다는 것을 알려주기 때문이다. 경사하강법 단계 크기를 더 크게 만들 수 있기 위해서는 일관된 경사가 더 바람직하다.

그림 5.2(a)의 원형 사발의 경우 경사도는 최적점을 직접 가리키며, 올바른 단계 크기를 사용한다면 한 번의 단계로도 최적점에 도달할 수 있다. 그러나 x 방향 경사도에 비해 y 방향 경사도가 더 중요한 경우가 많은 그림 5.2(b)의 손실함수에서는 그렇지 않다. 또한 경사도가 최적점을 가리키는 경우는 없으므로, 하강 과정에서 여러 번의 진로 수정이 필요하다. 주목할 만한 사실은 y 방향의 단계가 크지만 후속 단계에서 이전 단계의 효과를 상쇄한다는 것이다. 반면에 x 방향에 따른 진전은 일관되지만 작다. 즉, 각 방향에 따른 장기적인 진전은 매우 제한적이다. 따라서 장시간의 훈련에도 진전이 거의 없는 상황에 처할 수 있다.

위의 예는 기계학습의 실제 설정과 비교하여 간단한 시나리오를 나타내는 매우 간단한 덧셈 형식 분리 가능한 2차 볼록 함수를 나타낸다. 사실, **아주 소수의 예외를 제외하면 대부분의 목적함수에서 가장 가파른 하강 경로는 최선의 움직임의 순간적인 방향일 뿐이며, 장기적으로는 올바른 하강 방향이 아니다.** 즉, "진로 수정"을 수행하는 작은 단계들이 항상 필요하다. 가장 가파른 하강 방향을 사용하는 갱신으로 최적에 도달하는 유일한 방법은 **대단히 많은 수의 작은 갱신들과 진로 수정을** 사용하는 것이다. 이는 분명히 매우 비효율적이다. 언뜻 보기에 이것은 거의 절망적으로 생각될 수 있지만, 이러한 문제를 해결하기 위해 다양한 복잡성을 갖는 수많은 해법들이 제시되어 왔으며, 가장 간단한 예는 특징 정규화이다.

5.2.2.1 특징 정규화에 대한 재검토

4장에서 논의했듯이 경사하강법을 적용하기 전에 특징을 표준화하는 경우가 많다. 특징에 배율조정을 적용하는 중요한 이유는 경사하강법의 성능을 향상시키기 위한 것이다. 이 점을 이해하기 위해 예제를 살펴보기로 한다. 행복 지수와 함께 다양한 국가의 지출에서 고전적인 총과 버터의 절충에 대한 정보를 포함하는 (가상의) 데이터 세트가 주어져 있다고 하자. 목표는 1인 당 총기 수 x_1과 1인 당 버터 소비량 x_2(온스)의 함수로 국가의 행복 지수 y를 예측하는 것이다. 3개의 데이터 점으로 이루어진 장난감 규모의 데이터 세트의 예가 표 5.1에 주어져 있다. 선형 회귀 모델은 총기 수와 버터 소비량으로부터 행복 지수를 예측하기 위해 총기 수에 대한 계수 w_1과 버터 소비량에 대한 계수 w_2를 사용한다.

$$y = w_1 x_1 + w_2 x_2$$

이제 다음과 같이 최소제곱 목적함수를 모델링할 수 있다.

$$\begin{aligned} J &= (0.1w_1 + 25w_2 - 7)^2 + (0.8w_1 + 10w_2 - 1)^2 + (0.4w_1 + 10w_2 - 4)^2 \\ &= 0.81w_1^2 + 825w_2^2 + 29w_1w_2 - 6.2w_1 - 450w_2 + 66 \end{aligned}$$

표 5.1: 총, 버터, 행복의 가상 데이터 세트

총기(1인 당 개수)	버터 소비량(1인 당 온스)	행복 지수(지수)
0.1	25	7
0.8	10	1
0.4	10	4

이 목적함수는 w_1에 비해 w_2에 훨씬 더 민감하다. 이것은 버터 소비량 특징이 총기 수 특징보다 훨씬 더 큰 분산을 가지며, 이 점이 목적함수의 계수들을 통해 반영되기 때문이다. 결과적으로 경사도는 w_2 방향을 따라서는 진동하는 경우가 종종 있는 반면 w_1 방향을 따라서는 아주 조금씩 진전되는 경향을 보인다. 그러나 표 5.1의 각 열에 대해 평균이 0이고 분산이 1이 되도록 표준화하면 w_1^2과 w_2^2의 계수들이 훨씬 더 가까워진다. 결과적으로 경사하강법의 진동 동작이 감소한다. 이 목적함수의 경우, $w_1 w_2$ 형식의 상호작용 항은 타원이 원래 축들에 대해 일정 각도만큼 방향을 틀도록 만든다. 이로 인해 원래 축과 평행하지 않은 방향을 따라 경사하강법이 진동하게 되며 이에 따른 추가적인 문제들을 발생시킨다. 이러한 상호작용 항들은 백색화(whitening)라는 절차에 의해 처리될 수 있으며, 이는 주성분 분석법 응용의 한 예이다(7.4.6절 참고).

5.2.3 어려운 토폴로지의 예: 절벽과 계곡

손실 표면에서 고도 곡률 토폴로지의 여러 특정 징후를 조사해볼 필요가 있다. 곡률이 높은

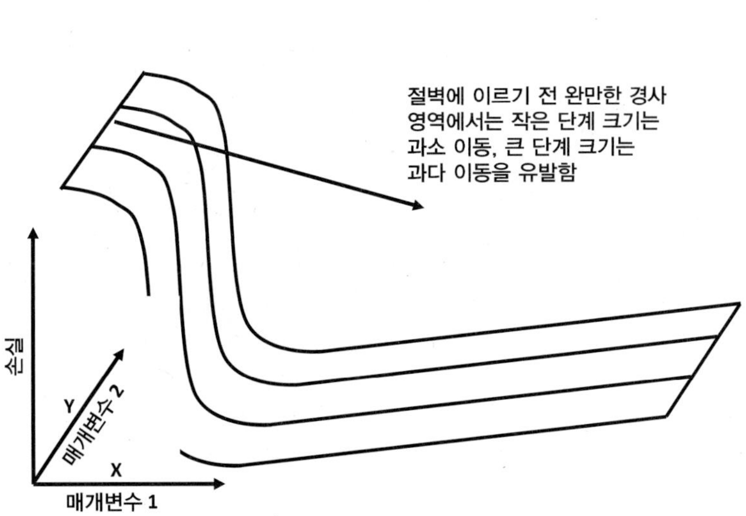

그림 5.3 손실 표면에서 절벽의 예

표면의 두 가지 예는 절벽과 계곡이다. 절벽의 예를 그림 5.3에서 보이고 있다. 이 경우 급격히 절벽으로 변하는 완만한 경사의 표면이 있다. 그러나 그림에 표시된 변수 x에 관한 1차 편미분만 계산하면 완만한 경사만 보인다. 이에 따른 결과로 중간 정도의 학습률을 사용할 경우 완만한 경사 영역에서 매우 느린 진행을 유발할 수 있는 반면, 동일한 학습률이 급격한 경사 영역에서는 갑자기 최적점으로부터 먼 지점으로 과다한 이동을 유발할 수 있다. 이 문제는 곡률의 특성(즉, 경사도 변경)으로 인해 발생하며, 1차 경사도에는 갱신 크기의 제어에 필요한 정보가 포함되어 있지 않다. 나중에 살펴보겠지만, 몇 가지 계산적 해법들은 곡률을 반영하기 위해 직접 또는 간접적으로 2차 미분을 사용한다. 절벽은 손실함수에서 일정 수준의 불안정성을 나타내기 때문에 바람직하지 않다. 이는 일부 가중치의 작은 변화가 국소 토폴로지를 갑자기 변경하여 연속 최적화 알고리즘(예: 경사하강법)이 어려움을 겪을 수 있음을 의미한다.

곡률의 구체적 효과는 경사 형태나 구불구불한 계곡 형태의 손실함수를 만날 때 특히 분명해진다. 경사진 계곡의 예를 그림 5.4에서 보이고 있다. 계곡은 경사하강법에서 위험한 지형이며, 특히 계곡의 바닥이 가파르고 빠르게 변화하는 (좁은 계곡을 만드는) 표면인 경우에 더욱 위험하다. 좁은 계곡에서 경사하강법은 장기적으로 가장 큰 진전을 얻을 수 있는 완만하게 경사진 방향으로는 많은 진전을 보이지 않고, 계곡의 가파른 측면을 따라 급격하게 진동할 것이다. 이 장의 뒷부분에서 볼 수 있듯이 많은 계산 방법은 (전후 진동을 방지하기 위해) 일관된 이동 방향을 따라 경사도 성분들을 확대한다. 가장 가파른 하강 방향을 임시방편의 방법들을 사용하여 수정하는 방법도 있고, 2차 미분을 이용하여 곡률을 명시적으로 반영하는 방법도 있다. 이 중 전자의 방법을 다음 절에서 논의한다.

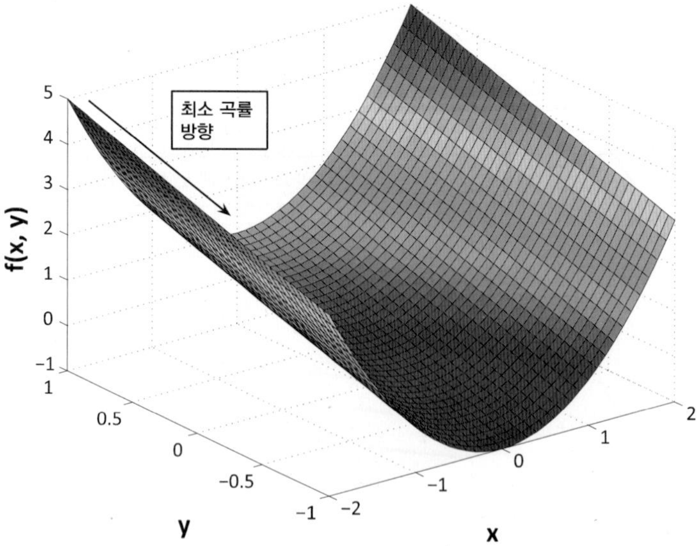

그림 5.4 계곡의 곡률 효과

5.3 하강을 위한 1차 미분 조정

이 절에서는 1차 미분을 수정하는 계산 방법들을 탐색한다. 이러한 방법은 경사도 성분들을 수정하는 동안 곡률을 고려함으로써 2차 미분 정보를 묵시적으로 사용한다. 이러한 방법 중 다수는 매개변수마다 다른 학습률을 사용한다. 큰 편미분을 갖는 매개변수는 종종 진동하거나 갈지자로 진행하는 반면, 작은 편미분을 갖는 매개변수는 일관성이 높지만 동일한 방향으로 이동하는 경향이 있다. 이러한 방법들은 계산적으로 효율적인 구현이 용이하여 2차 미분 기법들보다 많이 사용된다.

5.3.1 모멘텀 기반 학습

모멘텀 기반 방법은 손실 토폴로지에서 국소 왜곡 효과를 줄임으로써 **중장기적 일관된 이동 방향을 강조하는 것**이 유익하다는 토대에서 국소 최적점, 평탄 영역, 곡률 관련 갈지자 진행 등의 문제를 다룬다. 결과적으로 경사 하강 절차의 속도를 높이기 위해 이전 단계들로부터의 피드백에 대한 집합적 측정이 사용된다. 비유를 들자면, 많은 구덩이나 다른 변형들이 있는 경사진 표면 아래로 굴러 내려가는 구슬은 종종 그 모멘텀을 이용하여 그와 같은 사소한 장애물들을 극복할 수 있을 것이다.

매개변수 벡터 $\overline{W}$에 대해 경사하강을 수행하는 설정을 생각해보자. 목적함수 J에 대한 경사하강을 위한 일반적인 갱신은 다음과 같다.

$$\overline{V} \Leftarrow -\alpha \frac{\partial J}{\partial \overline{W}}; \quad \overline{W} \Leftarrow \overline{W} + \overline{V}$$

여기에서 α는 학습률이다. 여기에서는 ∇J 대신 행렬 미적분 표기법 $\frac{\partial J}{\partial \overline{W}}$를 사용하고 있다. 4장에서 논의한 바와 같이, 열벡터에 대한 스칼라의 미분은 행렬 미적분의 분모 배치법에 해당하는 열벡터(4.6.1절 참고)라는 관행을 사용한다.

$$\nabla J = \frac{\partial J}{\partial \overline{W}} = \left[\frac{\partial J}{\partial w_1} \cdots \frac{\partial J}{\partial w_d} \right]^T$$

모멘텀 기반 하강에서 벡터 $\overline{V}$는 현재 경사도와 함께 이전 단계 속도의 일정 비율(β)을 상속한다. 여기에서 구간 (0, 1)에 속하는 β는 모멘텀 매개변수이다.

$$\overline{V} \Leftarrow \beta \overline{V} - \alpha \frac{\partial J}{\partial \overline{W}}; \quad \overline{W} \Leftarrow \overline{W} + \overline{V}$$

$\beta = 0$으로 설정하면 기본 경사하강법으로 돌아간다. (0, 1)에 속하는 β 값이 클수록 접근 방식이 올바른 방향으로 일정한 속도 $\overline{V}$를 선택하는 데 도움이 된다. 매개변수 β는 **모멘텀 매개변수** 또는 **마찰 매개변수**라고도 한다. "마찰"이라는 단어는 β의 작은 값이 마찰처럼 "브레이크" 역할을 한다는 사실에 따른 것이다.

모멘텀은 경사하강법 프로세스가 그림 5.1에 표시된 것과 같은 평탄 영역이나 국소 최적점을 헤쳐 나갈 수 있도록 돕는다. 모멘텀 기반 방법에 대한 좋은 비유는 구슬이 사발을 굴러 내려오는 것과 유사한 방식으로 시각화하는 것이다. 구슬 속도가 높아지면 표면의 평탄 영역을 빠르게 지나가며 사발 안의 작은 홈 같은 곳을 벗어날 수 있다. 이는 누적된 모멘텀이 움푹 들어간 곳을 벗어나는 데 도움이 되기 때문이다. 그림 5.5는 복잡한 손실 표면을 따라 (점차 속도를 높여가며) 아래로 굴러 내려가는 구슬을 보여준다. 모멘텀을 사용하면, 사발 안에서 굴러 내려가는 구슬이 과다 이동할 수 있는 것처럼, 속도가 빨라지는 방향으로 해에 다소 과다한 이동을 유발하는 경우가 종종 있다. 그러나 적절한 β를 선택하면 모멘텀이 사용되지 않는 경우보다 여전히 더 나은 성능을 발휘한다. 사발을 굴러 내려가는 구슬의 속도가 빨라지는 것과 같은 현상은 일반적으로 모멘텀 기반 방법이 더 좋은 성능을 달성하는 데 도움이 된다. 이는 최적의 해에 더 빨리 도달하는 장점이 목표 방향으로 과다한 이동으로 인한 단점을 보상하고도 남는 정도이기 때문이다. 과다 이동은 국소 최적점을 피하는 데 도움이 될 정도의 수준이 바람직하다. 매개변수 β는 손실 표면을 굴러 내려가는 동안 구슬이 겪는 마찰의 양을 제어한다. β 값을 증가시키면 국소 최적점을 피하는 데 도움이 되지만, 마지막 단계들에서 진동을 증가시킬 수도 있다. 이런 의미에서 모멘텀 기반 방법은 복잡한 손실 표면을 굴러 내려가는 구슬에 작용하는 물리학으로 깔끔하게 해석된다. $\beta > 1$로 설정하면 경사하강을 제어할 수 없

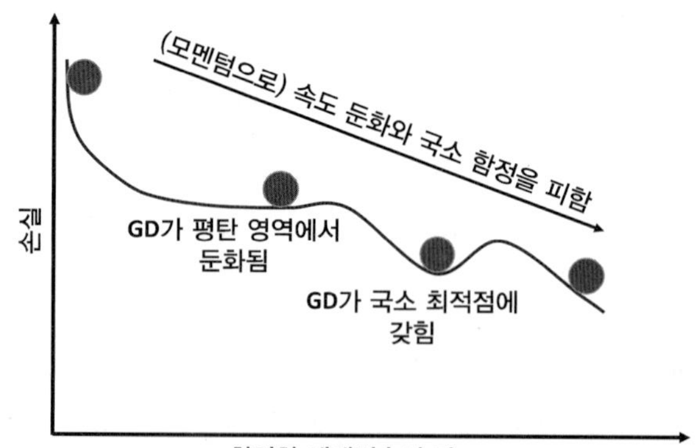

그림 5.5 복잡한 손실 표면을 헤쳐 나갈 때 모멘텀의 효과. "GD"는 모멘텀을 사용하지 않는 순수한 경사하강법을 나타낸다. 모멘텀은 최적화 프로세스가 손실 표면의 평탄 영역에서 속도를 유지하고 국소 최적점을 피하는 데 도움이 된다.

을 정도로 속도를 높일 수 있기 때문에 불안정성과 발산이 발생할 수 있다.

또한 모멘텀 기반 방법은 목적함수의 손실 표면에서 곡률의 바람직하지 않은 영향을 줄이는 데 도움이 된다. 모멘텀 기반 기법에서는 경사하강 과정의 갈지자 진행은 단계들이 서로를 상쇄하며 결과적으로 올바른 (장기적) 방향의 단계 유효 크기를 줄이는 매우 모순적인 효과를 유발한다는 점의 인식에서 출발하고 있다. 이러한 갈지자 진행 시나리오의 예는 그림 5.2(b)에서 보여주고 있다. 올바른 방향으로 더 큰 이동을 얻기 위해 단순히 단계의 크기를 늘리면, 실제로 현재 해를 최적 해에서 훨씬 더 멀어지게 이동할 수 있다. 이러한 관점에서 최근 몇 단계의 "평균" 방향으로 이동하여 갈지자 진행을 완화하는 것이 훨씬 더 합리적이다. 이러한 유형의 평균화는 이전 단계들의 모멘텀을 사용하여 달성된다. 방향이 오락가락하는 것은 갱신에 일관된 속도를 제공하지 못한다.

모멘텀 기반 하강에서는 일반적으로 최적의 해에 더 가까운 방향으로 이동하고 쓸모없이 "옆길로 새는" 진동이 제거되기 때문에 학습이 가속화된다. 기본 아이디어는 여러 단계에 걸쳐 **일관된** 방향을 선호하는 것이며, 이는 하강에서 대단히 중요하다. 이를 통해 옆길 방향의 "폭주" 없이 올바른 방향으로 진행하면서 단계 크기를 증가시킬 수 있다. 결과적으로 학습은 가속화된다. 모멘텀 사용의 예를 그림 5.6에서 보여주고 있다. 그림 5.6(a)에서 모멘텀이 올바른 방향으로 경사도의 상대적 성분을 증가시키는 것은 명백하다. 갱신에 대한 해당 효과는 그림 5.6(b)와 (c)에서 보여주고 있다. 모멘텀 기반 갱신이 더 적은 수의 갱신으로 최적의 해에

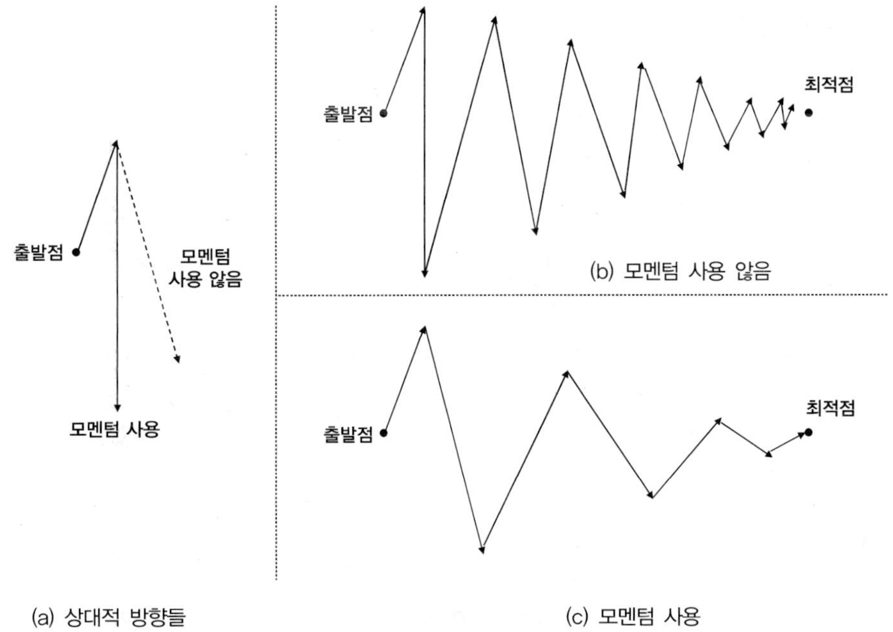

그림 5.6 갈지자 진행 완화 갱신에서 모멘텀의 영향

도달할 수 있음이 명백하다. 그림 5.4의 계곡 아래로 구슬이 움직이는 것을 시각화하여 이 개념을 이해할 수도 있다. 구슬이 완만한 경사의 계곡을 따라 속도가 빨라지면 계곡의 측면을 따라 진동하는 효과가 시간이 지남에 따라 제거된다.

5.3.2 AdaGrad

AdaGrad 알고리즘[38]에서는 진행 과정에서 각 매개변수에 관한 편미분 크기 제곱의 집계를 추적한다. 이 값의 제곱근은 해당 매개변수에 대한 경사도의 제곱 평균 제곱근에 **비례한다** (계속되는 집계로 인해 절대적인 값은 세대 수에 따라 계속 증가함).

i번째 매개변수에 대한 집계 값을 A_i라고 한다. 따라서 각 반복에서 목적함수 J에 대해 다음 갱신이 수행된다.

$$A_i \Leftarrow A_i + \left(\frac{\partial J}{\partial w_i}\right)^2; \quad \forall i \tag{5.1}$$

i번째 매개변수 w_i에 대한 갱신은 다음과 같다.

$$w_i \Leftarrow w_i - \frac{\alpha}{\sqrt{A_i}}\left(\frac{\partial J}{\partial w_i}\right); \quad \forall i$$

원하는 경우 $\sqrt{A_i}$ 대신 분모에 $\sqrt{A_i+\epsilon}$을 사용하여 불량 조건을 방지할 수 있다. 여기에서 ϵ은 10^{-8}과 같은 작은 양수 값이다.

$\sqrt{A_i}$를 분모로 사용하여 미분 값을 배율조정 하는 것은 일종의 "신호 대 잡음" 정규화인데, 이는 A_i가 경사도의 부호가 아니라 경사도의 크기 이력만 측정하기 때문이다. 이러한 배율조정은 경사도의 부호를 일정하게 유지하면서 완만한 경사 방향을 따른 이동을 **상대적으로** 더 빨라지게 하는 효과가 있다. i번째 방향의 경사도 성분이 +100과 −100 사이에서 계속 크게 변동하는 경우, 이러한 유형의 경사도 크기 정규화는 (일정한 부호를 유지하면서) 0.1 부근의 값을 지속적으로 받는 다른 경사도 성분보다 훨씬 더 많이 해당 성분에 페널티를 부과한다. 예를 들어, 그림 5.6에서 진동 방향을 따르는 이동은 축소될 것이며, 일관된 방향을 따르는 이동은 강조될 것이다. 그러나 모든 성분을 반영한 절대적인 이동은 시간이 지남에 따라 느려지는 경향이 있으며, 이는 이 접근방식의 주요 문제이다. 속도 저하는 A_i가 전체 편미분 내역의 **집계 값**이라는 사실에 기인한다. 이것은 배율조정 된 미분 값을 감소시킬 것이다. 그에 따른 결과로 AdaGrad의 진행이 너무 느려질 수 있으며 결국에는 (거의) 진행을 멈출 것이다. 또 다른 문제는 집계 배율조정 계수가 너무 오래 지난 단계들까지 반영하고 있어 점차 무의미해질 수 있다는 것이다. RMSProp의 지수 평균은 두 가지 문제를 모두 해결할 수 있다.

5.3.3 RMSProp

RMSProp 알고리즘[61]은 경사도의 절대 크기 $\sqrt{A_i}$로 "신호 대 잡음" 정규화를 수행한다는 점에서 AdaGrad와 유사한 면이 있다. 그러나 A_i를 추정하기 위해 경사도 제곱을 단순히 합산하는 대신 **지수 평균**을 사용한다. 값을 **집계하는** 대신 **평균화**를 사용하여 정규화하기 때문에, 지속적으로 증가하는 배율조정 계수 A_i로 인해 진행 속도가 너무 이르게 느려지는 것을 방지할 수 있다. 기본 아이디어는 구간 (0, 1)에 속하는 감쇠 계수 ρ를 사용하고 t번의 갱신이 지난 편미분 제곱에 ρ^t만큼의 가중치를 부여하는 것이다. 이는 현재 제곱 집계에 ρ를 곱한 값과 현재 편미분(제곱)에 $(1-\rho)$를 곱한 값을 더하면 쉽게 계산된다. 현재 제곱 집계는 0으로 초기화된다. 이로 인해 초기 반복에서는 일부 (바람직하지 않은) 편향이 발생하지만, 반복이 길어짐에 따라 사라진다. 따라서 A_i가 i번째 매개변수 w_i의 지수 평균인 경우, 다음과 같은 방법으로 A_i를 갱신할 수 있다.

$$A_i \Leftarrow \rho A_i + (1-\rho)\left(\frac{\partial J}{\partial w_i}\right)^2; \quad \forall i \tag{5.2}$$

각 매개변수에 대한 이 값의 제곱근은 경사도 정규화에 사용된다. 그런 다음 (전역) 학습률이 α일 때 다음과 같은 갱신이 사용된다.

$$w_i \Leftarrow w_i - \frac{\alpha}{\sqrt{A_i}}\left(\frac{\partial J}{\partial w_i}\right); \quad \forall i$$

원하는 경우 $\sqrt{A_i}$ 대신 분모에 $\sqrt{A_i+\epsilon}$을 사용하여 불량 조건을 방지할 수 있다. 여기에서 ϵ은 10^{-8}과 같은 작은 양수 값이다. AdaGrad에 비해 RMSProp의 또 다른 장점은 오래된 경사도의 중요성이 시간이 지남에 따라 기하급수적으로 감소한다는 것이다. RMSProp의 단점은 2차 모멘텀에 대한 추정치 A_i가 0으로 초기화되기 때문에 초기 반복에서 편향된다는 것이다.

5.3.4 Adam

Adam 알고리즘은 AdaGrad나 RMSProp와 유사한 "신호 대 잡음" 정규화를 사용하지만, 추가로 갱신에 모멘텀을 반영한다. 또한 순수 RMSProp의 지수 평활화에 내재된 초기화 편향을 직접 해결한다.

RMSProp의 경우와 마찬가지로 A_i를 i번째 매개변수 w_i의 지수 평균으로 둔다. 이 값은 구간 (0, 1)에 속하는 감쇠 매개변수 ρ를 사용하여 RMSProp와 동일한 방식으로 갱신된다.

$$A_i \Leftarrow \rho A_i + (1-\rho)\left(\frac{\partial J}{\partial w_i}\right)^2; \quad \forall i \tag{5.3}$$

동시에 i번째 성분이 F_i로 표시되는 경사도에 대해 지수적으로 평활화 된 값이 유지된다. 이 평활화는 다른 감쇠 매개변수 ρ_f로 수행된다.

$$F_i \Leftarrow \rho_f F_i + (1-\rho_f)\left(\frac{\partial J}{\partial w_i}\right); \quad \forall i \tag{5.4}$$

ρ_f를 사용하는 이러한 유형의 기하급수적 평활화는 5.3.1절에서 논의된 모멘텀 방법(ρ_f 대신 마찰 매개변수 β를 사용함)의 변형이다. 그런 다음 t번째 반복에서 학습률은 α_t이며, 사용되는 갱신은 다음과 같다.

$$w_i \Leftarrow w_i - \frac{\alpha_t}{\sqrt{A_i}} F_i; \quad \forall i$$

RMSProp 알고리즘과는 두 가지 주요 차이점이 있다. 첫째, 모멘텀을 반영하기 위해 경사도가 지수적으로 평활화 된 값으로 대체된다. 둘째, 학습률 α_t는 이제 반복 인덱스 t에 따라 달라지며 다음과 같이 정의된다.

$$\alpha_t = \alpha \underbrace{\left(\frac{\sqrt{1-\rho^t}}{1-\rho_f^t}\right)}_{\text{편향 조정}} \tag{5.5}$$

학습률에 대한 조정은 실제로 두 가지 지수 평활화 메커니즘들의 비현실적인 초기화 때문에 적용되는 편향 보정 요소이며 특히 초기 반복들에서 중요하다. F_i와 A_i는 모두 0으로 초기화되어 초기 반복에서 편향이 발생한다. 편향이 이 두 양에 미치는 영향은 다르며, 식 5.5의 비율은 이러한 점을 고려하여 설정되었다. ρ와 ρ_f 모두 구간 (0, 1)에 속하기 때문에 ρ^t와 ρ_f^t는 각각 큰 t에 대해 0에 수렴한다는 점에 주목할 필요가 있다. 그 결과, 식 5.5의 초기화 편향 보정 계수는 1에 수렴하고 α_t는 α에 수렴한다. 최초의 Adam 논문[72]에 따르면 ρ_f와 ρ의 기본 제안 값은 각각 0.9와 0.999이다. ρ와 ρ_f의 선택에 사용되는 기타 기준(예: 매개변수 희소성)들에 대한 자세한 내용은 [72]를 참조하길 바란다. 다른 방법들과 마찬가지로 Adam은 불량 조건을 방지하기 위해 갱신 분모에 ($\sqrt{A_i}$ 대신) $\sqrt{A_i+\epsilon}$을 사용한다. Adam 알고리즘은 다른 알고리즘들의 장점을 대부분 살리고 다른 방법 중 최상의 방법과 경쟁할 만한 성능을 보이기 때문에 많이 사용된다[72].

5.4 뉴턴법

2차 미분의 사용은 최근 몇 년 사이에 어느 정도 예전의 인기를 회복하였다. 이러한 방법은 손실함수의 고도 곡률로 인한 일부 문제를 부분적으로 완화할 수 있다. 이는 2차 미분이 각 방향의 경사도 변화율을 표현하기 때문이며, 이는 곡률 개념에 대한 보다 수학적인 표현이기도 하다. 뉴턴법은 충분히 가파른 동시에 급격하게 변화하는 경사도가 없는 방향으로 내려가기 위해 1차 미분과 2차 미분 간의 절충을 사용한다. 이러한 지침을 통해 더 적은 수의 단계를 사용하고 개별 손실을 개선할 수 있다. 2차 손실함수라는 특별한 경우 뉴턴법은 단 한 번의 단계로 충분하다.

5.4.1 뉴턴법의 기본 형식

매개변수 벡터 $\overline{W}=[w_1 \cdots w_d]^T$을 생각해보자. 목적함수 $J(\overline{W})$의 2차 미분은 다음의 형식을 갖는다.

$$H_{ij} = \frac{\partial^2 J(\overline{W})}{\partial w_i \partial w_j}$$

편미분은 분모에서 모든 매개변수 쌍을 사용한다. 따라서 매개변수가 d개인 신경망의 경우 (i, j)번째 항이 H_{ij}인 $d \times d$ **헤시안 행렬** H를 얻게 된다.

헤시안 행렬은 가중치 벡터에 대한 경사도의 **야코비안 행렬**로 정의할 수도 있다. 4장에서 논의된 바와 같이 야코비안 행렬은 행렬 미적분에서 벡터 대 벡터 미분이므로 결과는 행렬이다. d차원 열벡터에 관한 m차원 열벡터의 미분은 행렬 미적분의 분모 배치법에서 $d \times m$ 행렬인 반면 분자 배치법에서는 $m \times d$ 행렬이다(4.6.1절 참고). 야코비안 행렬은 $m \times d$ 행렬이므로 분자 배치법을 따른다. 이 책에서는 일관되게 분모 배치법을 사용하며, 따라서 d차원 벡터 $\overline{w}$에 관한 m차원 벡터 $\overline{h}$의 야코비안 행렬은 벡터 대 벡터 미분의 **전치**로 정의된다.

$$\text{Jacobian}(\overline{h}, \overline{w}) = \left[\frac{\partial \overline{h}}{\partial \overline{w}}\right]^T = \left[\frac{\partial h_i}{\partial w_j}\right]_{m \times d \text{ 행렬}} \tag{5.6}$$

그러나 대칭인 헤시안 행렬의 경우 전치가 실제로 중요하지 않다. 따라서 헤시안 행렬은 다음과 같이 정의할 수도 있다.

$$H = \left[\frac{\partial \nabla J(\overline{W})}{\partial \overline{W}}\right]^T = \frac{\partial \nabla J(\overline{W})}{\partial \overline{W}} \tag{5.7}$$

헤시안 행렬은 다변량 데이터에 대한 2차 미분의 자연스러운 일반화로 볼 수 있다. 2차 미분의 단일 변량 테일러급수 전개와 마찬가지로, 스칼라 2차 미분을 헤시안 행렬로 대체하여 다변량 테일러급수 전개에 사용할 수 있다. 스칼라 w_0에 관한 단일 변량 함수 $f(w)$의 (2차) 테일러급수 전개는 다음과 같이 정의될 수 있다(1.5.1절 참고).

$$f(w) \approx f(w_0) + (w - w_0)f'(w_0) + \frac{(w - w_0)^2}{2}f''(w_0) \tag{5.8}$$

$|w - w_0|$이 작을 때 테일러 근사가 정확하며, $|w - w_0|$가 증가하면서 (고차 항들의 기여분이 증가함에 따라) 비 2차함수에 대한 정확도는 떨어지기 시작한다. 아래의 **테일러 전개식**을 사용하여 매개변수 벡터 $\overline{W}_0$ 근처에서 **다변량 손실함수** $J(\overline{W})$의 2차 근사를 표현할 수도 있다.

$$J(\overline{W}) \approx J(\overline{W}_0) + [\overline{W} - \overline{W}_0]^T[\nabla J(\overline{W}_0)] + \frac{1}{2}[\overline{W} - \overline{W}_0]^T H[\overline{W} - \overline{W}_0] \tag{5.9}$$

단일 변량 전개의 경우와 마찬가지로 이 근사의 정확도는 $\overline{W}$와 $\overline{W}_0$ 사이의 유클리드 거리인 $\|\overline{W} - \overline{W}_0\|$의 값이 증가함에 따라 떨어진다. 헤시안 행렬 H는 $\overline{W}_0$에서 계산된다. 여기에서 매개변수 벡터 $\overline{W}$와 $\overline{W}_0$은 d차원 열벡터이다. 이것은 2차 근사이며, 단순히 경사도를 0으로 설정함으로써 2차 근사에 대해 다음과 같은 최적성 조건을 생성할 수 있다.

$\nabla J(\overline{W}) = \overline{0}$, [손실함수의 경사도]

$\nabla J(\overline{W}_0) + H[\overline{W} - \overline{W}_0] = \overline{0}$, [테일러 근사의 경사도]

위의 최적성 조건은 하나의 임계점을 찾아주는 것으로 그치지만, 손실함수의 볼록성은 이 임계점이 최소점임을 보장한다. 위의 최적성 조건을 정돈하여 다음과 같은 뉴턴 갱신을 얻을 수 있다.

$$\overline{W}^* \Leftarrow \overline{W}_0 - H^{-1}[\nabla J(\overline{W}_0)] \tag{5.10}$$

이 갱신의 흥미로운 특징 중 하나는 최적성 조건에서 직접 구한 것이며, 따라서 학습률이 없다는 것이다. 즉, 이 갱신은 사발 모양의 2차함수로 손실함수를 근사하고, **한 번의 단계로** 사발의 바닥으로 **정확하게** 이동한다. 학습률은 이미 묵시적으로 반영되어 있다. 그림 5.2에서 1차 미분 방법은 고도 곡률 방향을 따라 진동을 유발한다는 점을 상기하기 바란다. 물론 2차 근사의 하단은 진정한 손실함수에 대한 하단이 아니므로 여러 번의 뉴턴 갱신이 필요할 것이다. 따라서 비 2차함수에 대한 기본 뉴턴법은 $\overline{W}$를 시작점 $\overline{W}_0$으로 초기화하고 다음과 같이 갱신을 수행한다.

1. 현재 매개변수 벡터 $\overline{W}$에서 경사도 $\nabla J(\overline{W})$와 헤시안 행렬 H를 계산한다.

2. 뉴턴 갱신을 수행한다.

$$\overline{W} \Leftarrow \overline{W} - H^{-1}[\nabla J(\overline{W})]$$

3. 수렴에 도달하지 않은 경우 단계 1로 돌아간다.

위의 알고리즘은 반복형이지만, 뉴턴법은 2차함수라는 특별한 경우에 한 단계의 이동으로 충분하다. 가장 가파른 방향을 따른 경사하강의 갱신과 식 5.10의 주요 차이점은 가장 가파른 방향 $(\nabla J(\overline{W_0}))$ 앞쪽에 헤시안 행렬의 역을 곱한 것이다. 헤시안 행렬의 역을 사용한 이 곱셈은 가장 가파른 경사하강의 방향을 변경하는 데 핵심적인 역할을 하며, 변경된 방향의 **순간 변화율**이 가장 가파른 하강 방향만큼 크지 않을 경우에도 해당 방향으로 더 큰 크기의 이동 단계들을 취할 수 있다(결과적으로 목적함수의 개선 속도를 높여줌). 이는 헤시안 행렬이 경사도가 각 방향으로 얼마나 빠르게 변하는지 표현하기 때문이다. 하나의 단계에서 경사도의 많은 성분의 부호가 변경되는 경우 의도치 않게 목적함수가 악화될 수 있으므로, 경사도를 변경하는 것은 갱신 규모가 클 경우 적합하지 않다. 경사도의 변화율에 대한 경사도의 비율이 큰 방향으로 이동하는 것이 유리한데, 이는 그와 같은 이동이 예상치 못한 변화를 일으키지 않는다는 확신을 가지고 보다 큰 규모의 단계를 취할 수 있기 때문이다. 헤시안 행렬의 역을 앞쪽에 곱함으로써 이러한 목표를 달성한다. 가장 가파른 하강 방향 앞쪽에 헤시안 행렬의 역을 곱한 효과는 그림 5.7에 나와 있다. 이 그림을 그림 5.2의 사발 모양의 2차함수의 예와 비교해보면 이해에 도움이 될 것이다. 어떤 의미에서 헤시안 행렬의 역을 앞쪽에 곱하는 것은 학습 단계들을 낮은 곡률 방향으로 편향시킨다. 이 상황은 그림 5.4에서 보이는 것과 같은 계곡에서도 발생한다. 헤시안 행렬의 역을 앞쪽에 곱하는 것은 완만한 경사 (그러나 낮은 곡률

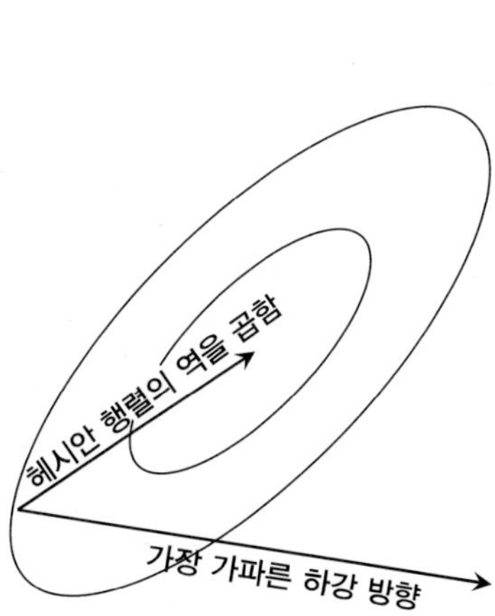

그림 5.7 가장 가파른 하강 방향 앞쪽에 헤시안 행렬의 역을 곱한 효과

의) 방향을 선호하는 경향이 있으며, 이는 장기적 이동에서 더 나은 방향이다. 또한 헤시안 행렬이 특정 지점에서 (양의 준정부호가 아닌) 음의 준정부호이면 뉴턴법이 (최소가 아닌) 최대 방향으로 잘못된 방향으로 이동할 수 있다. 경사하강법과 달리 뉴턴법은 최소점을 찾는 것이 아니라 임계점을 찾는다.

5.4.2 비 2차함수에 대한 직선탐색법의 중요성

비 2차함수에 대한 갱신은 테일러 전개식으로 인한 국소 2차 근사의 바닥으로 이동하기 때문에 다소 예측 불가능할 수 있다. 이 국소 2차 근사는 테일러 근사 지점에서 멀어질 때 매우 부정확할 수 있다. 따라서 단순히 **국소 2차 근사**의 바닥으로 이동하면, 뉴턴 단계가 목적함수를 악화시킬 수 있다. 이 점을 이해하기 위해 그림 5.8에서 원래 함수와 2차 근사가 모두 표시된 단일 변량 함수를 생각해보자. 뉴턴 단계의 출발점과 종료점이 모두 표시되어 있는데, (출발점이 동일한 데도) 종료점의 목적함수 값은 실제 함수와 2차 근사 간에 상당히 다르다. 결과적으로 뉴턴 단계는 목적함수 값을 실제로 **악화시킨다**. 이러한 상황을 경사하강법이 직면하는 문제와 유사한 방식으로 살펴볼 수 있다. 경사하강법은 2차함수에서도 문제에 직면하지만, (진동 동작 측면에서) 뉴턴 기법과 같이 "2차함수를 잘 다루는" 방법들은 고차 함수의 경우 문제에 직면한다.

이 문제는 4.4.3절에서 논의되었듯이 정확한 직선탐색법이나 근사 직선탐색법으로 완화할 수 있다. 직선탐색법은 단계의 크기를 조정하여 진정한 목적함수 값에 보다 가까운 지점에서 종료한다. 예를 들어, 그림 5.8의 목적함수에 직선탐색법을 사용하면 단계의 크기가 훨씬 작아진다. 또한 이때의 실제 목적함수의 값이 훨씬 작다. 직선탐색법은 보통의 뉴턴법으로 계산된

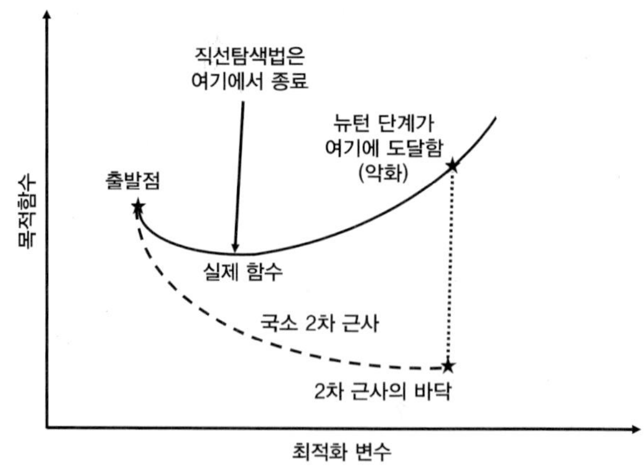

그림 5.8 뉴턴 단계는 2차 근사가 실제 함수에서 점점 멀어지기 때문에 비 2차함수에 대해 큰 단계에서 목적함수를 악화시킬 수 있다. 직선탐색법은 악화를 개선할 수 있다

것보다 더 작은 단계를 생성할 수도 있고 더 큰 단계를 생성할 수도 있음을 유의하기 바란다.

5.4.3 예제: 사발 모양의 2차함수에서의 뉴턴법

그림 5.2의 사발 모양의 2차함수에서 뉴턴법이 어떻게 작동하는지 다시 살펴보기로 하자. 그림 5.2(b)에서 논의된 것과 동일한 아래 타원형 목적함수를 생각해보자.

$$J(w_1, w_2) = w_1^2 + 4w_2^2$$

이것은 최적점이 원점인 매우 단순한 볼록 2차함수이다. $[w_1, w_2] = [1, 1]$과 같은 지점에서 출발하는 것으로 기본 경사하강법을 적용하면 그림 5.2(b)와 같은 유형의 진동 동작이 나타난다. 반면에 $[w_1, w_2] = [1, 1]$ 지점에서 출발하는 뉴턴법을 생각해보자. 경사도는 $\nabla J(1, 1) = [2w_1, 8w_2]^T = [2, 8]^T$로 계산될 수 있다. 또한 이 함수의 헤시안 행렬은 $[w_1, w_2]^T$와는 독립적인 상수이다.

$$H = \begin{bmatrix} 2 & 0 \\ 0 & 8 \end{bmatrix}$$

뉴턴 갱신을 적용하면 다음과 같은 결과를 얻는다.

$$\begin{bmatrix} w_1 \\ w_2 \end{bmatrix} \Leftarrow \begin{bmatrix} 1 \\ 1 \end{bmatrix} - \begin{bmatrix} 2 & 0 \\ 0 & 8 \end{bmatrix}^{-1} \begin{bmatrix} 2 \\ 8 \end{bmatrix} = \begin{bmatrix} 0 \\ 0 \end{bmatrix}$$

즉, 이 2차함수의 최적점에 도달하는 데 한 단계이면 충분하다. 이것은 2차함수의 2차 테일러 "근사"가 정확하며 뉴턴법이 각 반복에서 이 근사를 풀기 때문이다. 물론 실제 응용상의 함수들은 2차함수가 아닐 것이며, 이 경우 일반적으로 여러 단계가 필요하다.

5.4.4 예제: 비 2차함수에서의 뉴턴법

이 절에서는 이전 절의 목적함수를 수정하여 2차함수가 아닌 경우로 만든다. 해당 함수는 다음과 같다.

$$J(w_1, w_2) = w_1^2 + 4w_2^2 - \cos(w_1 + w_2)$$

w_1과 w_2는 라디안 단위로 표현되는 것으로 가정한다[9]. 이 목적함수의 최적점은 여전히 $[w_1, w_2] = [0, 0]$이다. $J(0, 0)$의 값이 이 지점에서 −1이며, 이때 위 식의 각 항들은 최솟값을 갖는다. 다시 $[w_1, w_2] = [1, 1]$에서 출발할 텐데, 이 경우 한 번의 반복으로 더 이상 충분

9) 이는 단순성을 보장하는데, 모든 미적분 연산에서는 각도가 라디안으로 표현된다고 가정하기 때문이다.

하지 않음을 보일 것이다. 이때 경사도와 헤시안 행렬은 다음과 같음을 보일 수 있다.

$$\nabla J(1,1) = \begin{bmatrix} 2+\sin(2) \\ 8+\sin(2) \end{bmatrix} = \begin{bmatrix} 2.91 \\ 8.91 \end{bmatrix}$$

$$H = \begin{bmatrix} 2+\cos(2) & \cos(2) \\ \cos(2) & 8+\cos(2) \end{bmatrix} = \begin{bmatrix} 1.584 & -0.416 \\ -0.416 & 7.584 \end{bmatrix}$$

헤시안 행렬의 역은 다음과 같다.

$$H^{-1} = \begin{bmatrix} 0.64 & 0.035 \\ 0.035 & 0.134 \end{bmatrix}$$

따라서 다음과 같은 뉴턴 갱신을 얻는다.

$$\begin{bmatrix} w_1 \\ w_2 \end{bmatrix} \Leftarrow \begin{bmatrix} 1 \\ 1 \end{bmatrix} - \begin{bmatrix} 0.64 & 0.035 \\ 0.035 & 0.134 \end{bmatrix} \begin{bmatrix} 2.91 \\ 8.91 \end{bmatrix} = \begin{bmatrix} 1 \\ 1 \end{bmatrix} - \begin{bmatrix} 2.1745 \\ 1.296 \end{bmatrix} = \begin{bmatrix} -1.1745 \\ -0.2958 \end{bmatrix}$$

확실히 최적점에 도달하지는 않지만 최적의 목적함수 값에 보다 가까이 도달한다. 이것은 이 경우 목적함수가 2차함수가 아니고 목적함수의 근사인 사발 모양의 2차함수의 바닥에 도달하는 것에 그치기 때문이다. 그러나 뉴턴법은 실제 목적함수 값 측면에서 보다 나은 점을 찾기는 한다. 헤시안 행렬의 근사 특성은 단계 크기를 제어하기 위해 정확한 직선탐색법이나 근사 직선탐색법을 사용해야 하는 이유이다. 단계 크기로 기본 값 1 대신 0.6을 사용하면 다음의 갱신을 얻을 수 있다.

$$\begin{bmatrix} w_1 \\ w_2 \end{bmatrix} \Leftarrow \begin{bmatrix} 1 \\ 1 \end{bmatrix} - 0.6 \begin{bmatrix} 2.1745 \\ 1.296 \end{bmatrix} = \begin{bmatrix} -0.30 \\ 0.22 \end{bmatrix}$$

이것은 최적의 단계 크기에 대한 아주 대략적인 근사치일 뿐이지만 $[w_1, w_2] = [0, 0]$이라는 실제 최적점에 훨씬 더 가까이 도달한다. 또한 이 매개변수 세트가 훨씬 더 나은 목적함수 값을 산출한다는 것을 비교적 쉽게 확인할 수 있다. 최적의 해에 더 가까워지려면 이 단계를 반복해야 할 것이다.

5.5 기계학습에서의 뉴턴법

이 절에서는 기계학습에서 뉴턴법이 사용되는 몇 가지 예를 제공한다.

5.5.1 선형 회귀를 위한 뉴턴법

선형 회귀 손실함수부터 시작해보자. 선형 회귀는 1차 미분 방법들을 사용하여 비교적 쉽게 풀 수 있지만, 이러한 접근방식은 뉴턴법을 선형 회귀에 대한 가장 단순한 닫힌 형식의 해와 연관시킬 수 있기 때문에 유용하다(4.7절 참고). $n \times d$ 데이터 행렬 D, n차원 목표변수 열벡터 $\overline{y}$, d차원 매개변수 열벡터 $\overline{W}$ 등에 대한 선형 회귀의 목적함수는 다음과 같다.

$$J(\overline{W}) = \frac{1}{2}\|D\overline{W} - \overline{y}\|^2 = \frac{1}{2}[D\overline{W} - \overline{y}]^T[D\overline{W} - \overline{y}] \tag{5.11}$$

뉴턴법을 사용하려면 경사도와 헤시안 행렬을 모두 계산해야 한다. 경사도 계산을 먼저 하고, 다음에 헤시안 행렬을 계산하기 위해서 경사도의 야코비안 행렬을 계산한다. 손실함수는 $\overline{W}^T D^T D\overline{W}/2 - \overline{y}^T D\overline{W} + \overline{y}^T\overline{y}/2$로 전개할 수 있다. 4장의 표 4.2(a)의 항등식 (i), (ii)를 사용하여 개별 항들의 경사도를 계산할 수 있다. 따라서 다음과 같은 손실함수 경사도를 얻는다.

$$\nabla J(\overline{W}) = D^T D\overline{W} - D^T\overline{y} \tag{5.12}$$

헤시안 행렬은 이 경사도의 야코비안 행렬을 계산하여 얻는다. 경사도의 두 번째 항은 상수이므로 더 미분하면 0이 된다. 따라서 첫 번째 항만 미분하면 된다. $\overline{W}$에 대한 경사도의 첫 번째 항의 벡터 대 벡터 미분을 계산할 때 헤시안 행렬이 $D^T D$라는 사실을 이용한다. 이 관찰은 4장의 표 4.2(b)의 행렬 미적분 항등식 (i)을 사용하여 직접 확인할 수 있다. 이 관찰을 다음과 같이 요약한다.

관찰 5.5.1 **제곱 손실의 헤시안** $J(\overline{W}) = \frac{1}{2}\|D\overline{W} - \overline{y}\|^2$를 $n \times d$ 데이터 행렬 D, n차원 목표변수 열벡터 $\overline{y}$, d차원 매개변수 열벡터 $\overline{W}$ 등에 대한 선형 회귀의 손실함수라고 가정한다. 이제 손실함수의 헤시안 행렬은 $D^T D$로 주어진다.

헤시안 행렬을 개별 점에서의 헤시안 행렬의 합으로 보는 것도 도움이 되는데, 이는 임의의 선형 덧셈 함수의 헤시안 행렬은 개별 항의 헤시안 행렬의 합이기 때문이다.

관찰 5.5.2 **손실 제곱에 대한 개별 점에서의 헤시안 행렬** $J_i = \frac{1}{2}(\overline{W} \cdot \overline{X}_i - \overline{y}_i)^2$를 단일 훈련 쌍 $(\overline{X}_i, y_i)$에 대한 선형 회귀의 손실함수라고 가정한다. 그런 다음 J_i의 손실 제곱에 대한 개별 점에서의 헤시안 행렬은 외적 $\overline{X}_i^T\overline{X}_i$로 주어진다.

모든 행렬 곱셈은 외적의 합으로 분해될 수 있기 때문에 $D^T D$는 단순히 모든 $\overline{X}_i^T\overline{X}_i$의 합이다(1장의 보조정리 1.2.1).

$$D^T D = \sum_{i=1}^{n} \overline{X}_i^T \overline{X}_i$$

이것은 전체 데이터에 관한 손실함수의 헤시안 행렬이 개별 점에서의 헤시안 행렬의 합이라는 사실에 부합된다.

이제 헤시안 행렬과 경사도를 결합하여 뉴턴 갱신을 얻을 수 있다. 최소제곱 회귀 및 분류에 대한 뉴턴 갱신이 4장에서 논의된 선형 회귀 결과의 닫힌 형식의 해로 단순화된다는 깔끔한 결과를 확인할 수 있다. 현재 벡터를 $\overline{W}$라고 하면, 뉴턴 갱신은 다음과 같다(식 5.10에 기초함).

$$\begin{aligned}\overline{W} &\Leftarrow \overline{W} - H^{-1}[\nabla J(\overline{W})] = \overline{W} - (D^T D)^{-1}[D^T D\overline{W} - D^T\overline{y}] \\ &= \underbrace{\overline{W} - \overline{W}}_{0} + (D^T D)^{-1}D^T\overline{y} = (D^T D)^{-1}D^T\overline{y}\end{aligned}$$

우변에는 $\overline{W}$가 없으며, 따라서 닫힌 형식의 "갱신" 단계 한 번으로 충분하다. 이 해법은 4장의 식 4.39와 동일한데, 이러한 동등성은 사실 놀라운 일은 아니다. 4장의 닫힌 형식의 해는 손실함수의 경사도를 0으로 설정하여 얻을 수 있다. 뉴턴법은 손실함수의 경사도를 2차 테일러 전개식(2차함수의 경우에는 정확한 함수)을 사용하여 표현한 후 0으로 설정한다.

> **문제 5.5.1** 매개변수가 λ인 티호노프 정칙화를 사용할 때($\lambda > 0$), 최소제곱 회귀에 대한 뉴턴 갱신을 유도하시오. 최종 해가 $\overline{W}^* = (D^T D + \lambda I)^{-1} D^T \overline{y}$임을 보이시오. 이는 4장에서 도출된 것과 동일한 정칙화된 해이다.

5.5.2 서포트 벡터 머신을 위한 뉴턴법

다음으로 이진 클래스 변수 $\overline{y} = [y_1 \cdots y_n]^T$를 사용하는 서포트 벡터 머신의 경우를 살펴보자. 여기에서 각 y_i는 {−1, +1}의 원소이다. D, $\overline{W}$, $\overline{X}_i$ 등의 다른 모든 표기법은 이전 절의 표기법과 동일하다. 경첩 손실은 특정 지점에서 미분할 수 없기 때문에 뉴턴법에서는 일반적으로 사용하지 않는다. 미분 불가능성은 기본 경사하강법에서는 아주 많은 문제를 일으키지는 않지만(4.8.2절 참고), 2차 미분 방법들에서는 문제가 커질 수 있다. 미분 가능한 **후버 손실** 근사를 생성할 수 있지만[28], 여기에서는 L_2-SVM에 대해서만 다룰 것이다. 행렬 D의 행들과 $\overline{y}$의 성분들을 사용하여 목적함수를 표현할 수 있다($D = \overline{X}_1 \ldots \overline{X}_n$, $\overline{y} = y_1 \cdots y_n$).

$$J(\overline{W}) = \frac{1}{2}\sum_{i=1}^{n} \max\left\{0, \left(1 - y_i[\overline{W} \cdot \overline{X}_i^T]\right)\right\}^2 \quad [L_2\text{–손실 SVM}]$$

단순화를 위해 정칙화 항은 생략하였다. 이 손실은 $J(\overline{W}) = \sum_i J_i$로 분해될 수 있다. 여기에서 J_i는 개별 점에서의 손실이다. i번째 점에서의 손실은 4장 표 4.2(a)의 항등식 (v)에 해당하는 형식으로 표현할 수 있다.

$$J_i = f_i(\overline{W} \cdot \overline{X}_i^T) = \frac{1}{2}\max\left\{0, \left(1 - y_i[\overline{W} \cdot \overline{X}_i^T]\right)\right\}^2$$

위 식에서 사용된 함수 $f_i(\cdot)$는 L_2-손실 SVM에 대해 다음과 같이 정의된다.

$$f_i(z) = \frac{1}{2}\max\{0, 1 - y_i z\}^2$$

이 함수는 결국 경사하강 과정에서 미분되어야 한다.

$$\frac{\partial f_i(z)}{\partial z} = f_i'(z) = -y_i \max\{0, 1 - y_i z\}$$

따라서 $J_i = f_i(z_i)$를 얻게 되는데, 여기에서 $z_i = \overline{W}_j \cdot \overline{X}_i^T$이다. $\overline{W}$에 관한 $J_i = f_i(z_i)$의 미분은 연쇄법칙을 사용하여 계산된다.

$$\frac{\partial J_i}{\partial \overline{W}} = \frac{\partial f_i(z_i)}{\partial \overline{W}} = \frac{\partial f_i(z_i)}{\partial z_i} \underbrace{\frac{\partial z_i}{\partial \overline{W}}}_{\overline{X}_i^T} = -y_i \max\{0, 1 - y_i(\overline{W} \cdot \overline{X}_i)\}\overline{X}_i^T \tag{5.13}$$

이 미분은 표 4.2(a)의 항등식 (v)과 동일한 형식이다. 최소제곱 분류의 경사도와 L_2-SVM의 경사도를 비교하기 위해 아래와 같이 나란히 배치해보자.

$$\frac{\partial J_i}{\partial \overline{W}} = -y_i(1 - y_i(\overline{W} \cdot \overline{X}_i^T))\overline{X}_i^T \quad \text{[최소제곱 분류]}$$

$$\frac{\partial J_i}{\partial \overline{W}} = -y_i \max\{0, 1 - y_i(\overline{W} \cdot \overline{X}_i^T)\}\overline{X}_i^T \quad [L_2\text{-SVM}]$$

최소제곱 분류와 L_2-SVM은 유사한 경사도를 가지고 있지만, 확실한 방법으로 올바르게 분류된 인스턴스(예: $y_i(\overline{W}_j \cdot \overline{X}_i^T) \geq 1$을 만족하는 인스턴스)의 기여분은 SVM에 포함되지 않는다. 아래와 같이 지시 함수를 사용하여 L_2-SVM의 경사도를 다시 표현하기 위해 $y_i^2 = 1$을 사용할 수 있다.

$$\frac{\partial J_i}{\partial \overline{W}} = \underbrace{(\overline{W} \cdot \overline{X}_i^T - y_i) I([1 - y_i(\overline{W} \cdot \overline{X}_i^T)] > 0)}_{\text{스칼라}} \underbrace{\overline{X}_i^T}_{\text{벡터}} \quad [L_2\text{-SVM}]$$

이진 지시 함수 $I(\cdot)$는 그 안의 조건이 충족되면 값이 1이 된다. 따라서 $\overline{W}$에 관한 $J(\overline{W})$의 전체 경사도는 다음과 같이 표현할 수 있다.

$$\nabla J(\overline{W}) = \sum_{i=1}^{n} \frac{\partial J_i}{\partial \overline{W}} = \sum_{i=1}^{n} \underbrace{(\overline{W} \cdot \overline{X}_i^T - y_i) I([1 - y_i(\overline{W} \cdot \overline{X}_i^T)] > 0)}_{\text{스칼라}} \underbrace{\overline{X}_i^T}_{\text{벡터}}$$
$$= D^T \Delta_w (D\overline{W} - \overline{y})$$

여기에서 Δ_w는 (i, i)번째 항에 i번째 훈련용 인스턴스에 대한 지시 함수 $I([1-y_i(\overline{W}_j \cdot \overline{X}_i^T)] > 0)$가 포함된 $n \times n$ 대각행렬이다.

다음으로 헤시안 행렬의 계산을 살펴보자. 먼저 개별 점에서의 헤시안 행렬을 계산하기 위해 개별 점에서의 경사도 $\frac{\partial J_i}{\partial \overline{W}}$의 야코비안 행렬을 계산한 다음, 개별 점에서의 헤시안 행렬들을 더하면 된다. 중요한 점은 경사도가 스칼라 $s = -y_i \max\{0,\, 1-y_i(\overline{W}_j \cdot \overline{X}_i^T)\}$($\overline{W}$에 따라 다름)와 벡터 $\overline{X}_i^T$($\overline{W}$에 무관)의 곱이라는 것이다. 이 사실은 표 4.2(b)의 변수 곱 항등식을 사용하여 개별 점에서의 헤시안 행렬 H_i(즉, 경사도에 대한 벡터 미분의 전치)의 계산을 단순화한다.

$$H_i = \overline{X}_i^T \left[\frac{\partial s}{\partial \overline{W}}\right]^T = \overline{X}_i^T \left[y_i^2 I([1 - y_i(\overline{W} \cdot \overline{X}_i^T)] > 0)\overline{X}_i\right]$$
$$= I([1 - y_i(\overline{W} \cdot \overline{X}_i^T)] > 0)[\overline{X}_i^T \overline{X}_i] \quad [y_i^2 = 1\text{로 설정}]$$

전체 헤시안 행렬 H는 개별 점에서의 헤시안 행렬들의 합이다.

$$H = \sum_{i=1}^{n} H_i = \sum_{i=1}^{n} \underbrace{I([1 - y_i(\overline{W} \cdot \overline{X}_i^T)] > 0)}_{\text{이진 표시기}} \underbrace{[\overline{X}_i^T \overline{X}_i]}_{\text{외적}}$$

L_2-SVM의 헤시안 행렬은 최소제곱 분류와 어떻게 다를까? 최소제곱 분류의 헤시안 행렬은 개별 점에서의 외적들의 합, 즉 $\sum_i \overline{X}_i^T \overline{X}_i$로 표현할 수 있다. L_2-SVM의 헤시안 행렬도 여백 조건(충분한 여백을 갖고 올바르게 분류됨)을 만족하는 점들을 버리기 위해 지시 함수를 사용하는 것을 제외하고는 외적을 합산한다. 버려지는 점들은 헤시안 행렬에 기여하지 않는다. 따라서 다음과 같이 L_2-SVM 손실의 헤시안 행렬을 표현할 수 있다.

$$H = D^T \Delta_w D$$

여기에서 Δ_w는 경사도를 위한 식에 사용된 것과 동일한 $n \times n$ 이진 대각행렬이다. Δ_w의 값은 학습 과정에서 시간이 지남에 따라 변경되는데, 이는 훈련용 인스턴스들이 올바르게 분류되기도 하고 잘못 분류되기도 하면서 Δ_w에 기여하는 방식이 인스턴스마다 변화하기 때문이다. 요점은 $\overline{W}$가 변경됨에 따라 경사도와 헤시안 행렬에 대한 기여도 측면에서 행들이 포함되기도 하고 빠지기도 한다는 것이다. 이것이 매개변수 벡터에 종속되어 있음을 나타내기 위해 w를 Δ의 첨자로 표시한 이유이다.

따라서 매개변수 벡터에 주어지는 임의의 값에서 L_2-손실 SVM의 뉴턴 갱신은 다음과 같다.

$$\begin{aligned}\overline{W} &\Leftarrow \overline{W} - H^{-1}[\nabla J(\overline{W})] = \overline{W} - (D^T\Delta_w D)^{-1}[D^T\Delta_w(D\overline{W} - \overline{y})] \\ &= \underbrace{\overline{W} - \overline{W}}_{0} + (D^T\Delta_w D)^{-1}D^T\Delta_w\overline{y} = (D^T\Delta_w D)^{-1}D^T\Delta_w\overline{y}\end{aligned}$$

이 형식은 확실하게 올바로 분류된 인스턴스들을 버린다는 점을 제외하면 최소제곱 분류와 거의 동일하다. 언뜻 보기에 L_2-SVM은 벡터 $\overline{W}$가 우변에서 사라졌기 때문에 최소제곱 회귀와 같이 한 번의 반복으로 충분할 것처럼 보일 수 있다. 그러나 이것은 우변이 $\overline{W}$와 무관하다는 것을 의미하지는 않는다. 행렬 Δ_w는 가중치 벡터에 **종속되며** $\overline{W}$가 갱신되면 변경된다. 따라서 각 반복에서 Δ_w를 다시 계산하고 위의 단계를 반복하여 수렴에 이르러야 한다.

두 번째 요점은 L_2-SVM의 **각 갱신에서 직선탐색법이 중요해진다는 것이다. 이는 더 이상 2차함수를 다루는 것이 아니기 때문이다.** 따라서 t번째 반복에서 학습률 α_t를 계산하기 위해 직선탐색법을 추가할 수 있다. 그 결과로 다음과 같은 갱신이 주어진다.

$$\begin{aligned}\overline{W} &\Leftarrow \overline{W} - \alpha_t(D^T\Delta_w D)^{-1}[D^T\Delta_w D\overline{W} - D_w^T\Delta_w\overline{y}] \\ &= \overline{W}(1-\alpha_t) + \alpha_t(D^T\Delta_w D)^{-1}D^T\overline{y}\end{aligned}$$

직선탐색법으로 1보다 큰 α_t 값을 얻을 수도 있으므로 첫 번째 항의 계수 $(1-\alpha_t)$는 음수가 될 수 있다. 정칙화 된 SVM에 대한 갱신 형식을 유도할 수도 있는데, 이 문제는 연습용으로 남긴다.

> **문제 5.5.2** 매개변수가 λ인 티호노프 정칙화를 사용할 때($\lambda > 0$), L_2–SVM에 대한 직선탐색법 없이 뉴턴 갱신을 유도하시오. 뉴턴법의 반복 갱신이 $\overline{W} \Leftarrow (D^T\Delta_w D + \lambda I)^{-1}D^T\Delta_w\overline{y}$임을 보이시오. 모든 표기법은 이 절의 L_2–SVM에 사용된 표기법과 동일하다.

뉴턴 갱신이 L_2-SVM의 비 2차 목적함수의 2차 테일러 전개식을 사용한다는 점은 주목할 만하다. 따라서 2차 테일러 전개식은 근사일 뿐이다. 반면에 최소제곱 회귀에는 이미 2차 목적함수가 있으며 2차 테일러 근사는 정확하다. 이러한 관점은 최소제곱 회귀와 같은 특정 목적함수에 대해 뉴턴 갱신은 한 번으로 충분한 반면 SVM과 같은 다른 방법에서는 그렇지 않은지 이해함에 있어 중요하다.

> **문제 5.5.3** L_2-SVM에 대한 뉴턴법에서 학습이 끝날 때 헤시안 행렬이 특이행렬이 될 가능성이 더 높은 이유를 설명하시오. 헤시안 행렬의 비가역성으로 인한 문제를 어떻게 해결할 수 있을까? 또한 이러한 경우 직선탐색법의 중요성에 대해 설명하시오.

5.5.3 로지스틱 회귀를 위한 뉴턴법

$(\overline{X_i}, y_i)$ 형식의 훈련 쌍들을 사용하여 로지스틱 회귀(4.8.3절 참고)를 다시 살펴보기로 한다. 여기에서 각 $\overline{X_i}$는 d차원 행벡터이고, 각 y_i는 {−1, +1}에 속한다. 총 n개의 훈련 쌍이 있으므로 모든 d차원 행을 누적하면 $n \times d$ 행렬 D가 생성된다. 결과로 얻는 손실함수(4.8.3절 참고)는 다음과 같다.

$$J(\overline{W}) = \sum_{i=1}^{n} \log(1 + \exp(-y_i[\overline{W} \cdot \overline{X_i}^T]))$$

(나중에) 연쇄법칙을 사용할 수 있도록 로지스틱 손실함수를 정의하는 것으로 시작한다.

$$f_i(z) = \log(1 + \exp(-y_i z)) \tag{5.14}$$

z_i가 $\overline{W} \cdot \overline{X_i}^T$로 설정되면 함수 $f_i(z_i)$에는 i번째 훈련 점에 대한 손실이 포함된다. $f_i(z_i)$의 미분은 다음과 같다.

$$\frac{\partial f_i(z_i)}{\partial z_i} = -y_i \frac{\exp(-y_i z_i)}{1 + \exp(-y_i z_i)} = -y_i \underbrace{\frac{1}{1 + \exp(y_i z_i)}}_{p_i}$$

위 식에서 수량 $p_i = 1/(1 + \exp(y_i z_i))$는 $z_i = \overline{W} \cdot \overline{X_i}^T$일 때 모델이 실수할 확률[10]로 해석된다. 따라서 $f_i(z_i)$의 미분을 다음과 같이 표현할 수 있다.

$$\frac{\partial f_i(z_i)}{\partial z_i} = -y_i p_i$$

이러한 장치와 표기법을 이용하여 로지스틱 회귀의 목적함수를 개별 손실들을 사용하여 표현할 수 있다.

---

10) 이 결론은 올바른 예측의 확률이 $p'_i = 1/(1 + \exp(-y_i z_i))$라는 로지스틱 회귀 분석의 모델링 가정에서 비롯된다. $p_i + p'_i = 1$임은 쉽게 보일 수 있다.

$$J(\overline{W}) = \sum_{i=1}^{n} f_i(\overline{W} \cdot \overline{X}_i^T) = \sum_{i=1}^{n} f_i(z_i)$$

이제 다음과 같이 연쇄법칙을 사용하여 손실함수의 경사도를 계산할 수 있다.

$$\nabla J(\overline{W}) = \sum_{i=1}^{n} \underbrace{\frac{\partial f_i(z_i)}{\partial z_i}}_{-y_i p_i} \underbrace{\frac{\partial z_i}{\partial \overline{W}}}_{\overline{X}_i^T} = -\sum_{i=1}^{n} y_i p_i \overline{X}_i^T \tag{5.15}$$

$\overline{W}$에 대한 $z_i = \overline{W} \cdot \overline{X}_i^T$의 미분은 표 4.2(a)의 항등식 (v)을 기반으로 한다. 행렬을 사용하여 경사도를 간결하게 표현하기 위해 $n \times n$ 대각행렬 Δ_w^p를 도입할 수 있다. 여기에서 i번째 대각 항에는 확률 p_i가 포함된다.

$$\nabla J(\overline{W}) = -D^T \Delta_w^p \overline{y} \tag{5.16}$$

Δ_w^p는 L_2-SVM에 사용되는 이진 행렬 Δ_w의 소프트 버전으로 볼 수 있다. 따라서 확률적(probabilistic) 행렬임을 나타내기 위해 행렬 Δ_w^p에 위첨자 p를 추가하였다.

헤시안 행렬은 경사도의 야코비안 행렬로 주어진다.

$$H = \left[\frac{\partial \nabla J(\overline{W})}{\partial \overline{W}}\right]^T = -\sum_{i=1}^{n} \left[\frac{\partial [y_i p_i \overline{X}_i^T]}{\partial \overline{W}}\right]^T = -\sum_{i=1}^{n} y_i \left[\frac{\partial [p_i \overline{X}_i^T]}{\partial \overline{W}}\right]^T \tag{5.17}$$

벡터 $\overline{X}_i$는 $\overline{W}$에 독립인 반면, p_i는 $\overline{W}$에 종속인 스칼라이다. 분모 배치법에서 열벡터 $\overline{W}$에 관한 열벡터 $p_i\overline{X}_i^T$의 미분은 행렬 $\frac{\partial p_i}{\partial \overline{W}}\overline{X}_i$이다(표 4.2(b) (iii)의 항등식 이용). 따라서 헤시안 행렬은 행렬 미적분 표기법으로 $H = -\sum_i y_i \left[\frac{\partial p_i}{\partial \overline{W}} \overline{X}_i\right]^T$가 된다. $\overline{W}$에 관한 p_i의 경사도는 중간 변수 $z_i = \overline{W} \cdot \overline{X}_i^T$에 대한 연쇄법칙을 사용하여 다음과 같이 계산할 수 있다.

$$\frac{\partial p_i}{\partial \overline{W}} = \frac{\partial p_i}{\partial z_i}\frac{\partial z_i}{\partial \overline{W}} = \frac{\partial p_i}{\partial z_i}\overline{X}_i^T = -\frac{y_i \exp(y_i z_i)}{(1+\exp(y_i z_i))^2}\overline{X}_i^T = -y_i p_i (1-p_i)\overline{X}_i^T \tag{5.18}$$

식 $H = -\sum_i y_i \left[\frac{\partial p_i}{\partial \overline{W}} \overline{X}_i\right]^T$에서 식 5.18의 p_i의 경사도를 대입하면 다음의 식을 얻을 수 있다.

$$H = \sum_i \underbrace{y_i^2}_{=1} p_i(1-p_i)\overline{X}_i^T \overline{X}_i \tag{5.19}$$

이제 위의 식은 행렬들에 대한 가중 합이며, 여기에서 각 행렬은 어떤 벡터와 자신 사이의 외적이다. 이러한 형태의 식은 행렬의 스펙트럼 분해(3장의 식 3.43 참고)에도 사용되며, 가중치는 대각행렬로 표현된다. 따라서 헤시안 행렬을 다음과 같이 데이터 행렬 D를 사용하는 형식으로 변환할 수 있다.

$$H = D^T \Lambda_w^u D \tag{5.20}$$

여기에서 Λ_w^u는 i번째 대각 항이 단순히 $p_i(1-p_i)$인 **불확실성**의 대각행렬이다. 여기에서 p_i는 가중치 벡터가 $\overline{W}$일 때 i번째 훈련용 인스턴스에서 실수할 확률이다. 훈련용 인스턴스가 확실하게 분류될 때, p_i의 값은 항상 0에 가까워진다. 반면에 모델이 클래스 라벨에 대해 확실하지 않을 경우, p_i의 값은 커진다. Λ_w^u는 매개변수 벡터의 값에 종속되며, 매개변수 벡터에 종속된 불확실성 행렬임을 강조하기 위해 w, u 첨자들을 추가하였다. 로지스틱 회귀의 헤시안 행렬은 선형 회귀의 "부모 문제"의 헤시안 행렬 D^TD나 L_2-SVM의 헤시안 행렬 $D^T\Lambda_w^u D$의 형태를 갖는다. L_2-SVM은 **올바르게** 분류된 것이 확실한 행들을 명시적으로 제외시키는 반면, 로지스틱 회귀는 분류의 (정확성보다는) **불확실성** 수준에 따라 각 행에 가변 가중치(soft weight)를 부여한다.

이제 헤시안 행렬과 경사도를 위한 식들을 대입하여 로지스틱 회귀를 위한 뉴턴 갱신에 관한 식을 유도할 수 있다. 매개변수 벡터 $\overline{W}$ 값이 주어지면 갱신은 다음과 같이 계산된다.

$$\overline{W} \Leftarrow \overline{W} + (D^T \Lambda_w^u D)^{-1} D^T \Delta_w^p \overline{y}$$

수렴에 이를 때까지 이 갱신이 반복된다. Δ_w^p는 해당 훈련용 인스턴스에 대해 실수할 확률에 따라 {−1, +1}에 속하는 클래스 라벨에 가중치를 부여한다. 따라서 오류 확률이 더 큰 인스턴스들이 갱신에 더 큰 가중치가 적용된다. 이는 잘못 분류되거나 여백 사이에 속하는 것으로 분류된 인스턴스만 사용하고 다른 "확실하게 올바른" 인스턴스는 버리는 L_2-SVM과의 중요한 차이점이기도 하다. 또한 로지스틱 회귀의 갱신은 "불확실성 가중치" 행렬 Λ_w^u를 사용한다. 마지막으로, 앞서 언급한 갱신을 다음과 같이 수정하기 위해 학습률 α와 함께 직선탐색법을 사용하는 경우가 많다.

$$\overline{W} \Leftarrow \overline{W} + \alpha(D^T \Lambda_w^u D)^{-1} D^T \Delta_w^p \overline{y}$$

문제 5.5.4 매개변수가 λ인 티호노프 정칙화가 사용될 때 로지스틱 회귀에 대한 뉴턴 갱신을 유도하시오. 갱신이 다음과 같이 수정될 수 있음을 보이시오.

$$\overline{W} \Leftarrow \overline{W} + \alpha(D^T \Lambda_w^u D + \lambda I)^{-1}\{[D^T \Delta_w^p \overline{y}] - \lambda \overline{W}\}$$

이 문제의 표기법은 이 절에서 사용한 표기법과 동일하다.

5.5.4 모델들 사이의 연관성과 통합 프레임워크

최소제곱 회귀, L_2-SVM 및 로지스틱 회귀 등에 대응하는 여러 모델들을 위한 뉴턴 갱신들은 서로 밀접하게 연관되어 있다. 손실함수가 밀접하게 연관되어 있기 때문에 이것은 당연한 일이다(4장의 그림 4.9 참고). 다음 표에는 비교할 수 있도록 다양한 뉴턴법들을 위한 갱신들이 나열되어 있다.

방법	갱신 (직선탐색법 사용 않음)	갱신 (직선탐색법 사용)
선형 회귀 및 분류	$\overline{W} = (D^T D)^{-1} D^T \overline{y}$ (단일 단계: 반복 없음)	직선탐색법 불필요 (단일 단계: 반복 없음)
L_2-SVM	$\overline{W} \Leftarrow (D^T \Delta_w D)^{-1} D^T \Delta_w \overline{y}$ (Δ_w는 이진 대각행렬) (Δ_w는 선택된 점들을 제외함)	$\overline{W} \Leftarrow (1-\alpha_t)\overline{W} + \alpha_t (D^T \Delta_w D)^{-1} D^T \Delta_w \overline{y}$ (Δ_w는 이진 대각행렬) (Δ_w는 선택된 점들을 제외함)
로지스틱 회귀	$\overline{W} \Leftarrow \overline{W} + (D^T \Lambda_w^u D)^{-1} D^T \Delta_w^p \overline{y}$ (Λ_w^u, Δ_w^p는 가변 대각행렬) (행렬은 가변 가중치를 사용함)	$\overline{W} \Leftarrow \overline{W} + \alpha t (D^T \Lambda_w^u D)^{-1} D^T \Delta_w^p \overline{y}$ (Λ_w^u, Δ_w^p는 가변 대각행렬) (행렬은 가변 가중치를 사용함)

모든 갱신이 매우 유사하다는 것이 비교를 통해 드러나는데, 손실함수의 유사점과 차이점으로 갱신의 차이점을 설명할 수 있다. 예를 들어, L_2-SVM을 최소제곱 분류와 비교할 때 주요 차이점은 충분히 "확실하게"(즉, 여백 요구 사항을 충족함) 올바로 분류된 점들에 대해 손실이 0이라고 가정한다는 점이다. 마찬가지로 L_2-SVM의 경우에 사용된 헤시안 행렬과 경사도를 최소제곱 분류에 사용된 것과 비교할 때, 이진 대각행렬 Δ_w를 사용하여 이렇게 올바르게 분류된 점들의 효과를 제거한다(반면에 최소제곱 분류에서는 이러한 점들을 포함함). 로지스틱 회귀의 경우 손실함수 변경의 영향은 더욱 복잡하다. 높은 확신을 갖고 올바르게 분류한 점들은 경사도에서 낮은 가중치를 받으며, 모델이 (정확한지 또는 부정확한지 여부에 관계없이) 확신을 갖는 점들은 헤시안 행렬에서 낮은 가중치를 받는다. 또한 L_2-SVM과 달리 로지스틱 회귀는 상수 가중치가 아닌 가변 가중치를 사용한다. 이러한 모든 연관성은 당연히 손실함수 간의 연관성과 관련이 있다(4장의 그림 4.9 참고). 로지스틱 회귀 갱신은 최소제곱 회귀에 대한 닫힌 형식의 해의 가변적인 반복형 버전으로 간주된다. 결과적으로 로지스틱 회귀를 위한

뉴턴법은 반복적으로 가중치가 변경되는 최소제곱 알고리즘이라 할 수 있다.

또한 많은 기계학습 모델에 대한 정칙화 된 손실함수를 다음과 같이 표현할 수 있는 통합 프레임워크의 맥락에서 이러한 모든 갱신을 이해할 수 있다.

$$J = \sum_{i=1}^{n} f_i(\overline{W} \cdot \overline{X}_i^T) + \frac{\lambda}{2}\|\overline{W}\|^2$$

각 $f_i(\cdot)$는 또한 관측 값 y_i를 사용하여 손실을 계산하고 $L(y_i, \overline{W} \cdot \overline{X}_i^T)$로 표현할 수도 있다. 모든 갱신은 아래의 결과에 기술된 대로 하나의 통합된 형식으로 표현될 수 있다.

보조정리 5.5.1 기계학습을 위한 통합 뉴턴 갱신

d차원 매개변수 벡터 $\overline{W}$와 행(특징 벡터) $\overline{X}_1 \ldots \overline{X}_n$을 포함하는 $n \times d$ 데이터 행렬 D로 주어지는 기계학습 문제에 대한 목적함수는 다음과 같다.

$$J = \sum_{i=1}^{n} L(y_i, \overline{W} \cdot \overline{X}_i^T) + \frac{\lambda}{2}\|\overline{W}\|^2$$

여기에서 $\overline{y} = [y_1 \ldots y_n]^T$는 행렬 D에 대해 관측된 종속변수 매개변수 벡터이다. 이제 정칙화 된 뉴턴 갱신은 다음 형식으로 표현할 수 있다.

$$\overline{W} \Leftarrow \overline{W} - \alpha(D^T \Delta_2 D + \lambda I)^{-1}(D^T \Delta_1 \overline{1} + \lambda \overline{W})$$

여기에서 Δ_2는 대각 항이 각 $(\overline{X}_i, y_i)$에서 계산된 $[z_i = \overline{W} \cdot \overline{X}_i^T$에 관한$]$ 2차 미분 $L''(y_i, z_i)$인 $n \times n$ 대각행렬이고, Δ_1은 대각 항이 각 $(\overline{X}_i, y_i)$에서 계산된 1차 미분 $L'(y_i, z_i)$인 $n \times n$ 대각행렬이다.

이 보조정리의 증명은 연습문제로 남겨둔다(연습문제 14 참고).

5.6 뉴턴법: 도전과 해결책

뉴턴법은 경사하강법과 관련된 많은 문제를 피할 수 있지만, 또한 나름의 문제들이 있다.

5.6.1 특이행렬이거나 부정부호인 헤시안 행렬

뉴턴법은 본질적으로 양의 정부호 헤시안 행렬을 갖는 볼록 2차함수를 위해 설계되었다. 헤시안 행렬은 때로 특이행렬이거나 부정부호일 수 있다. 예를 들어, (비 정칙화) L_2-SVM의 경우, 헤시안 행렬은 예측 측면에서 여백 범위 내에서 정확하거나 부정확한 점들의 외적 $\overline{X_i}\overline{X_i}^T$의 (부호 있는) 합계이다. 이러한 개별 점에서의 헤시안 행렬은 각각 순위 1 행렬이다. 전 순위 d의 $d \times d$ 헤시안 행렬을 생성하려면 적어도 개별 점에서의 행렬 d개가 필요한데(보조정리 2.6.2 참고), 그 근처에도 도달하지 못할 수 있다.

헤시안 행렬이 가역적이지 않은 경우, (정칙화를 위해) 헤시안 행렬에 λI를 더하거나 헤시안 행렬의 의사 역행렬을 사용할 수도 있다. 정칙화는 충분히 큰 λ 값을 사용하여 부정부호 헤시안 행렬을 양의 정부호 행렬로 변환할 수도 있다. 특히 λ를 (헤시안 행렬에 대해) 절댓값이 가장 큰 음의 고윳값의 절댓값보다 약간 더 크게 선택하면 양의 정부호 헤시안 행렬이 된다. 헤시안 행렬이 특이행렬에 가까울 때, 정칙화에도 불구하고 불량 조건 문제가 계속 발생할 수 있다(2.9절과 7.4.4.1절 참고)는 점에 대해서는 주목할 필요가 있다.

5.6.2 안장점 문제

지금까지 볼록 함수에 대한 뉴턴법의 성능을 살펴보았다. 비 볼록 함수는 **안장점**과 같은 다른 유형의 문제들을 야기한다. 안장점은 손실함수의 헤시안 행렬이 부정부호일 때 발생한다. 안장점은 경사도가 0이어서 경사하강법의 임계점이지만 최소점이나 최대점은 아니다. 안장점은 접근하는 방향에 따라 최소점이나 최대점인 것처럼 보이는 **변곡점**이다. 따라서 뉴턴법의 2차 근사는 근처 안장점에 대한 현재 매개변수 벡터의 정확한 위치에 따라 매우 다른 모양을 생성한다. 다음은 안장점을 갖는 1차원 함수의 예이다.

$$f(x) = x^3$$

이 함수는 그림 5.9(a)에 나와 있으며 $x = 0$에서 변곡점을 가지고 있다. $x > 0$에서의 2차 근사는 바로 놓인 사발 모양으로 보이지만 $x < 0$에서의 2차 근사는 거꾸로 놓인 사발 모양으로 보일 것이다. $x = 1$과 $x = -1$에서 2차 테일러 근사는 다음과 같다.

$$F(x) = 1 + 3(x-1) + \frac{6(x-1)^2}{2} = 3x^2 - 3x + 1 \quad [x = 1 \text{ 에서}]$$
$$G(x) = -1 + 3(x+1) - \frac{6(x+1)^2}{2} = -3x^2 - 3x - 1 \quad [x = -1 \text{ 에서}]$$

이러한 함수 중 하나가 한 개의 최소점을 갖지만 최대점은 없는 바로 놓인 사발 모양(볼록 함수)이고 다른 하나는 한 개의 최대점을 갖지만 최소점은 없는 거꾸로 놓인 사발 모양(오목 함수)인지 확인하는 것은 어렵지 않다. 따라서 뉴턴 최적화는 매개변수 벡터의 현재 값에 따라 예측할 수 없는 방식으로 작동한다. 또한 최적화 과정에서 $x = 0$에 도달하더라도 2차 미분

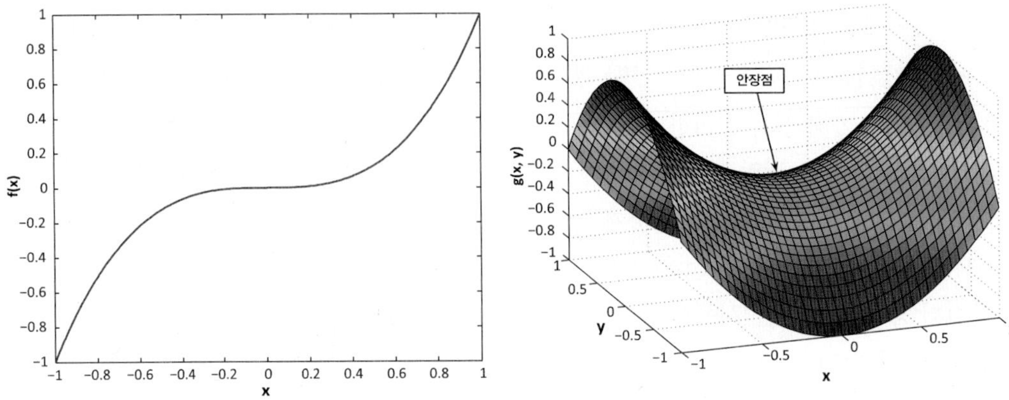

(a) 1차원 안장점 (b) 2차원 안장점

그림 5.9 안장점

과 1차 미분은 모두 0이 된다. 따라서 뉴턴 갱신은 0/0 형식을 취하고 부정이 되어 버린다. 이러한 점은 수치적 최적화의 관점에서 볼 때 퇴화 점이다. 일반적으로 퇴화 임계점은 (경사도가 0이라는 1차 미분 조건과 함께) 헤시안 행렬이 특이행렬이 되는 점이다. 퇴화 임계점이 진정한 최적점이거나 안장점일 수도 있다는 사실 때문에 문제는 더욱 복잡해진다. 예를 들어, 함수 $h(x) = x^4$는 $x = 0$에서 1차 미분과 2차 미분이 모두 0인 퇴화 임계점을 갖는다. 그러나 점 $x = 0$은 진정한 최소점이다.

헤시안 행렬이 특이행렬이 아닌 다변량 함수에서 안장점의 경우를 조사하는 것도 도움이 될 것이다. 다음은 안장점을 갖는 2차원 함수의 예이다.

$$g(x, y) = x^2 - y^2$$

이 함수는 그림 5.9(b)에 나와 있다. 안장점은 (0, 0)이며, 이 함수의 헤시안 행렬은 다음과 같다.

$$H = \begin{bmatrix} 2 & 0 \\ 0 & -2 \end{bmatrix}$$

이 함수의 모양은 승마용 안장과 비슷하다. 이 경우 x 방향에서 접근할 때와 y 방향에서 접근할 때 아주 다른 2차 근사가 생성된다. 한 경우에는 함수가 최소점인 것처럼 보이지만, 다른 경우에는 함수가 최대점인 것처럼 보인다. 또한 안장점 [0, 0]은 최대점이나 최소점은 아니지만 뉴턴 갱신의 관점에서는 임계점이다. 안장점은 손실함수의 두 언덕 사이의 영역에서 자주 발생하며, 뉴턴법에 문제가 되는 지형을 나타낸다. 흥미롭게도, 기본 경사하강법은 안장점에서 벗어날 수 있는데[54], 그 이유는 단순히 그러한 점에 흡인되지 않기 때문이다. 반면에 뉴턴법은 (최대점이든 안장점이든) 모든 임계점에 무차별적으로 흡인된다. 고차원 목적함수는 진정한 최적점 수에 비해 많은 수의 안장점을 포함하는 경향이 있다(연습문제 14 참고). 뉴턴법이 항상 경사하강법보다 더 나은 성능을 발휘하는 것은 아니며, 개별 손실함수의 지형이 중요한 역할을 할 수 있다. 복잡한 곡률을 갖지만 안장점이 너무 많지 않은 손실함수의 경우 뉴턴법이 유용하다. 경사하강법과 계산 알고리즘(예: Adam)의 결합은 묵시적 방식으로 2차 미분 방법들의 여러 장점을 반영하는 방식으로 가장 가파른 방향을 변경한다. 따라서 실무자들은 종종 Adam과 같은 계산 알고리즘이 결합된 경사하강법을 선호한다. 최근 2차 미분 방법들에서 안장점을 해결하기 위한 몇 가지 방법이 제안되었다[32].

5.6.3 비 2차함수에서의 수렴 문제 및 해법

1차 경사하강법은 볼록 함수인 SVM이나 로지스틱 회귀를 사용할 경우 잘 작동한다. 볼록 함수의 경우 경사하강법은 단계 크기만 적절하게 선택하면 거의 항상 최적점에 수렴한다. 그러나 놀라운 사실은 (더 정교한) 뉴턴법이 최적점에 수렴한다는 보장이 없다는 것이다. 또한 가장 기본적인 형태의 뉴턴법을 사용할 경우 주어진 갱신으로 목적함수 값을 향상시킬 수 있다는 보장조차 없다.

여기에서 뉴턴법은 경사도와 헤시안 행렬의 계산 모두에서 현재 매개변수 벡터 $\overline{W}$에서 국소 테일러 근사를 사용한다는 점을 이해할 필요가 있다. 매개변수 벡터 $\overline{W}$에서 거리가 멀어짐에 따라 2차 근사가 급격히 악화되면 결과가 불확실할 수 있다. 1차 경사하강법이 가장 가파른 하강의 순간적인 방향을 근삿값으로 사용하는 것처럼 2차 방법은 공간의 극소 영역에서만 정확한 국소 테일러 근사를 사용한다. 단계가 커지면 단계의 효과가 불확실할 수 있다.

이 점을 이해하기 위해 함수 라벨 쌍이 (1, 1), (2, 1), (3, −1) 등인 간단한 1차원 분류 문제를 살펴보자. 학습해야 하는 단일 매개변수를 w라고 하자. 최소제곱 분류의 목적함수는 다음과 같다.

$$J = (1-w)^2 + (1-2w)^2 + (1+3w)^2$$

이것은 2차 목적함수이고, 개별 손실은 위 식에 있는 3개의 항이다. 총 손실은 $J = 14w^2 + 3$으로 표현할 수 있다. 따라서 세 개의 개별 점에서의 손실함수들과 총 손실은 모두 2차함수이다. 이것이 이 문제의 경우 뉴턴법이 최소제곱 분류/회귀의 단계 한 번으로 최적점에 도달하는 이유이며, 이때의 테일러 "근사"는 정확하다.

이제 이 목적함수가 L_2-SVM에 의해 어떻게 수정되는지 살펴보자.

$$J = \max\{(1-w), 0\}^2 + \max\{(1-2w), 0\}^2 + \max\{(1+3w), 0\}^2$$

이 목적함수는 손실에 최대화 함수를 사용하기 때문에 더 이상 2차함수가 아니다. 결과적으로 테일러 근사는 더 이상 정확하지 않으며, 유한 크기의 단계는 테일러 근사가 악화되는 점으로 이동하게 만들 수 있다. 점들마다 각기 다른 w 값에서 0이 아닌 값을 보탠다. 따라서 유한 크기의 모든 뉴턴 단계에 대해 점들은 탈락되거나 손실에 값을 보태게 되며, 이는 예기치 않은 결과로 이어질 수 있다. 예를 들어, 최적 해에 가까워짐에 따라 훈련용 데이터의 잡음이나 오차로 인해 많은 훈련 점들이 잘못 분류될 수 있다. 이 상황에서 뉴턴법은 신뢰할 수 없는 훈련 점들에 기초하여 가중치 벡터의 갱신을 정의한다. 이것이 뉴턴법에서 직선탐색법이 중요한 이유 중 하나이다. 또 다른 해법은 **신뢰영역 방법**을 사용하는 것이다.

5.6.3.1 신뢰영역 방법

신뢰영역(trust region) 방법은 직선탐색법에 대한 보완책으로 볼 수 있다. 직선탐색법은 방향을 선택한 후 단계 크기를 선택하는 반면 신뢰영역 방법은 단계 크기(신뢰영역)를 선택한 후 방향을 선택하는데, 이는 이동 방향을 선택하기 위한 최적화 수식에 포함된다. 목적함수 $J(\overline{W})$를 최적화 과정의 t번째 반복에서 $\overline{W} = \overline{a}_t$로 두어 매개변수 벡터의 값을 설정한다. 마찬가지로 $\overline{a}_t$에서 계산할 때 손실함수의 헤시안 행렬을 H_t로 둔다. 이제 신뢰영역 방법은 신뢰영역 크기를 제어하는 δ_t를 사용하여 다음 하위 문제를 푼다($\delta_t > 0$).

$$F(\overline{W}) = J(\overline{a}_t) + (\overline{W} - \overline{a}_t)^T[\nabla J(\overline{a}_t)] + \frac{1}{2}(\overline{W} - \overline{a}_t)^T H_t(\overline{W} - \overline{a}_t)\text{을 최소화한다.}$$

제약조건:

$$\|\overline{W} - \overline{a}_t\| \leq \delta_t$$

목적함수 $F(\overline{W})$는 현재 매개변수 벡터 $\overline{a}_t$ 부근에서 실제 목적함수 $J(\overline{W})$에 대한 2차 테일러 근사이다. 이 접근방식은 사발 모양 2차함수의 바닥으로 이동하지 않는다는 점을 제외하고는 뉴턴법처럼 대략적인 사발 모양 2차함수에도 적용되며, 신뢰 반경 δ_t를 사용하는 제약조건으로 이동량을 제한한다. 이러한 유형의 제약조건을 **신뢰 제약조건**이라고 한다. 여기에서 요점은 최상의 이동 방향도 최대 단계 크기에 대한 정칙화의 영향을 받는다는 것이며, 이는 직선탐색법에 대한 보완책으로 작용한다. 예를 들어 최대 단계 크기 δ_t를 매우 작게 선택하면, 이동 방향은 헤시안 행렬의 역에 편향되는 뉴턴법이 아니라 보통의 경사하강법과 매우 비슷해진다. 기본 아이디어는 전개 지점에서 거리가 멀어짐에 따라 테일러 근사의 신뢰성이 점점 낮아지므로, 더 나은 개선을 얻으려면 반경을 제한해야 한다는 것이다. 제약조건을 갖는 이러한 볼록 최적화 문제를 해결하는 광범위한 프로세스는 6장에서 다룰 것이며, 이러한 유형의 최적화 문제를 해결하기 위한 구체적인 방법 하나를 6.5.1절에서 제시할 것이다.

여기에서 핵심은 반경 δ_t를 선택하는 방법이다. 테일러 근사 $F(\overline{W})$의 개선 $F(\overline{a_t}) - F(\overline{a}_{t+1})$을 실제 목표함수의 개선 $J(\overline{a}_t) - J(\overline{a}_{t+1})$과 비교하여 반지름 δ_t를 증가시키거나

감소시킨다.

$$I_t = \frac{J(\overline{a}_t) - J(\overline{a}_{t+1})}{F(\overline{a}_t) - F(\overline{a}_{t+1})} \qquad \text{[개선률]}$$

직관적 목표는 테일러 근사뿐만 아니라 실제 목적함수를 최대한으로 개선하는 것이다. 실제 목적함수가 아닌 테일러 근사를 최적화하기 때문에, 개선률 값 I_t는 대개 1보다 작다. 예를 들어, δ_t 값을 아주 작게 선택하면 개선률이 1에 가까워지지만, 충분한 진전을 달성하는 측면에서 도움이 되지 않는다.

따라서 개선률이 너무 보수적인지 여부에 따라 반복마다 δ_t를 변화시킨다. 마찬가지로 다음 반복에서 신뢰영역의 크기를 증가시키고자 할 때, 최적화 해 $\overline{W} = \overline{a}_{t+1}$는 신뢰 제약조건 $\|\overline{W} - \overline{a}_t\| \leq \delta_t$를 엄격하게 만족해야 한다. 개선률이 너무 작으면(예: 0.25 미만), 다음 반복에서 신뢰 반경 δ_t를 1/2로 감소시켜야 한다. 개선률이 너무 크고(예: 0.75 이상) 현재 반복에서 δ_t 크기의 단계가 사용된 경우(즉, 신뢰 제약조건의 경계 끝에 도달함)에는 신뢰 반경 δ_t를 늘려야 한다. 그렇지 않은 경우에는 신뢰 반경을 변경하지 않는다. 또한 개선률이 임계점보다 작은 경우(예: 음수), 현재 단계를 진행하는 대신 $\overline{a}_{t+1} = \overline{a}_t$로 설정하고 단계 크기를 더 작게 줄인 다음 최적화 문제를 다시 풀어본다. 이러한 과정은 수렴에 이를 때까지 반복된다. 신뢰영역 방법을 사용한 로지스틱 회귀 구현의 예는 [80]에 나와 있다.

5.7 뉴턴법의 계산 효율을 개선하는 변형

뉴턴법은 보통의 경사하강법보다 반복 횟수는 적지만 각 반복의 비용은 더 높다. 가장 큰 문제는 헤시안 행렬의 역변환이다. 매개변수의 수가 많으면 헤시안 행렬이 너무 커서 명시적으로 저장하거나 계산할 수 없다. 이러한 상황은 신경망 최적화와 같은 영역에서 흔히 발생한다. 수백만 개의 매개변수를 갖는 신경망은 드물지 않지만, $10^6 \times 10^6$ 헤시안 행렬의 역을 계산하는 것은 비현실적이다. 따라서 뉴턴법의 많은 근사와 변형이 개발되었다. 이러한 모든 방법들은 뉴턴법의 2차 근사 원리를 차용하지만 보다 효율적으로 구현될 수 있다. 이러한 방법의 예로는 **켤레 경사하강법**[19, 59, 86, 87], 헤시안 행렬을 근사하는 준 뉴턴법 등이 있다. 켤레 경사하강법은 헤시안 행렬의 근사조차도 실현하지 않지만, 뉴턴 단계를 d번의 보다 간단한 단계들로 이루어지는 열로 표현한다. 여기에서 d는 데이터의 차원이다. 이러한 d개의 단계 방향들을 **켤레 방향**이라고 하며, 이것이 이 방법의 이름이 파생된 근원이다. 헤시안 행렬은 명시적으로 계산되지 않으므로 이 기법을 **헤시안 행렬 없는 최적화**라고도 한다.

5.7.1 켤레 경사하강법

켤레 경사하강법(conjugate gradient method)[59]은 (단일 뉴턴 단계 대신) 2차 손실함수의 최적 해에 도달하기 위해 d번의 단계를 요한다. 기본 아이디어는 변수의 적절한 기저 변환을 사용하여 모든 2차함수를 덧셈 형식 분리 가능한 단일 변량 함수의 합으로 변환할 수 있다는 것이다(3.4.4절 참고). 이러한 변수들은 서로 상호작용하지 않는 데이터의 방향들을 나타낸다. 이러한 비 상호작용 방향들은 직선탐색법을 사용하여 독립적으로 최적화할 수 있기 때문에 최적화에 매우 편리하다. 2차 손실함수에 대해서만 이러한 방향들을 찾을 수 있으므로 먼저 목적함수 $J(\overline{W})$가 2차함수라는 가정 하에 켤레 경사하강법에 대해 설명한다. 나중에 비 2차함수에 대한 일반화에 대해 논의할 것이다.

2차의 볼록 손실함수 $J(\overline{W})$는 그림 5.10에 표시된 유형의 타원 등고선 그래프를 가지며 최적화 공간의 모든 영역에 대해 상수인 헤시안 행렬이 있다. 대칭 헤시안 행렬의 직교 고유벡터 $\overline{q}_1 \cdots \overline{q}_{d-1}$ 등은 타원 등고선 그래프의 축 방향들을 나타낸다. 고유벡터들을 기저 벡터로 사용하여 정의되는 새로운 좌표 공간에서 손실함수를 다시 표현함으로써(3.4.4절 참고), **서로 다른 변수를 쓰는 단일 변량 2차함수들로 구성되는 덧셈 형식 분리 가능한 합을 생성할 수 있다.** 이는 새 좌표계가 $x_i x_j$ 유형의 2차 상호작용 항이 없으며 기저 축에 맞춘 타원을 생성하기 때문이다. 따라서 각 변환된 변수는 다른 변수와 독립적으로 최적화될 수 있다. 또는 (변환 전의) 원래 변수로 작업하고 헤시안 행렬의 각 고유벡터를 따라 직선탐색법을 수행하여 단계 크기를 선택할 수도 있다. 이동의 특성은 그림 5.10(a)에 설명되어 있다. j번째 고유벡터를

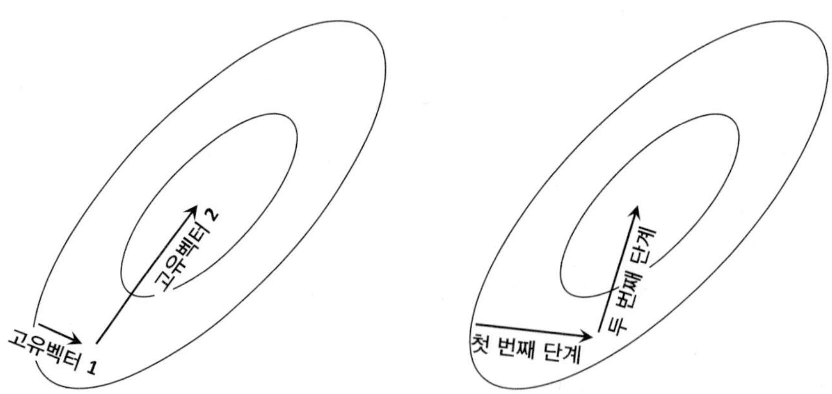

(a) 헤시안 행렬의 고유벡터들
상호 직교: $\overline{q}_i^T \overline{q}_j = 0$

(b) 임의 켤레 쌍
비 직교: $\overline{q}_i^T H \overline{q}_j = 0$

그림 5.10 2차함수의 헤시안 행렬의 고유벡터들은 2차 타원체의 직교 축들을 나타내며 또한 상호 직교한다. 헤시안 행렬의 고유벡터들은 직교하는 켤레 방향들이다. 켤레성의 일반화된 정의에 따르면 비 직교 방향의 켤레들을 발생시킬 수 있다.

따른 이동이 다른 고유벡터를 따른 작업을 방해하지 않으므로 d번의 단계는 2차 손실함수에서 최적의 해에 도달하는 데 충분하다.

헤시안 행렬의 고유벡터들을 계산하는 것은 비실용적이지만 유사한 속성을 만족하는 다른 효율적으로 계산 가능한 방향들이 있는데, 이러한 핵심 속성을 벡터의 **상호 켤레성**이라고 한다. 헤시안 행렬의 두 고유벡터 $\overline{q}_i$와 $\overline{q}_j$는 대칭행렬 고유벡터들의 직교성 때문에 $\overline{q}_i^T\overline{q}_j = 0$을 만족한다. 또한 $\overline{q}_j$는 H의 고유벡터이므로 $H\overline{q}_j = \lambda_j\overline{q}_j$인 스칼라 고윳값 λ_j가 존재한다. 양변에 $\overline{q}_i^T$를 곱하면 헤시안 행렬의 고유벡터가 쌍대 방식으로 $\overline{q}_i^T H\overline{q}_j = 0$을 만족한다는 것을 쉽게 보여줄 수 있다. 조건 $\overline{q}_i^T H\overline{q}_j = 0$은 선형대수에서는 H-직교성이라고 하며, 최적화에서는 **상호 켤레성 조건**이라고도 한다. 선형으로 분리되는 변수들을 생성할 수 있는 것은 바로 이러한 상호 켤레성 조건때문이다. 그러나 고유벡터들이 상호 켤레성 조건을 만족하는 유일한 집합은 아니다. 무수히 많은 직교정규 기저 집합이 존재하는 것처럼 d차원 공간에는 무수히 많은 H-직교 기저 집합이 있다. 사실, 표현 $\langle\overline{q}_i, \overline{q}_j\rangle = \overline{q}_i^T H\overline{q}_j$는 **내적**이라고 하는 일반화된 형태의 점곱이며, 이는 타원형 헤시안 행렬을 사용하는 2차함수 최적화에서 상당히 중요하다. H-직교 방향들을 축으로 갖는 **임의의** 좌표계에서 2차 손실함수를 다시 작성하면, 목적함수는 변환된 변수들을 사용하는 단일 변량 2차함수들의 합이 될 것이다. 이렇게 되는 이유를 이해하기 위해 열들이 H-직교 방향인 $d\times d$ 행렬 $Q=[\overline{q}_0 \cdots \overline{q}_{d-1}]$를 생각해보자. 따라서 $\Delta = Q^T HQ$는 H-직교성의 정의에 따라 대각행렬이다. 이제 헤시안 행렬 H를 사용하는 2차 목적함수는 항상 $J(\overline{W}) = \overline{W}^T H\overline{W}/2 + \overline{b}^T\overline{W} + c$ 형식을 갖는다. 여기에서 $\overline{b}$는 d차원 벡터이고 c는 스칼라이다. 이 2차함수는 $\overline{W} = Q\overline{W}'$를 만족하는 변환된 변수 $\overline{W}'$를 사용하여 다음과 같이 표현할 수 있다.

$$
\begin{aligned}
J\left(Q\overline{W}'\right) &= \overline{W}'^T\left[Q^T HQ\right]\overline{W}'/2 + \overline{b}^T Q\overline{W}' + c \\
&= \overline{W}'^T \Delta\overline{W}'/2 + \overline{b}^T Q\overline{W}' + c
\end{aligned}
$$

위의 목적함수에서 2차 항은 대각행렬 Δ를 사용한다. 여기에서 $\overline{W}'$은 켤레 방향에 해당하는 기저에 따른 매개변수 벡터의 좌표들을 나타낸다. 물론, 덧셈 형식 분리 가능한 목적함수로 기저 변환을 수행하는 것을 명시적으로 드러낼 필요는 없다. 오히려 d번의 단계로 2차함수 최적화 문제를 풀기 위해 (원래 변수들의 관점에서) 이러한 d개의 H-직교 방향 각각을 따라 개별적으로 최적화할 수 있다. 이러한 최적화 단계 각각은 각 H-직교 방향을 따른 직선탐색법을 사용하여 수행할 수 있다. 헤시안 행렬의 고유벡터들은 직교성도 갖는 H-직교 방향의 다소 특별한 집합을 나타낸다. 그림 5.10(b)에 표시된 것과 같이 헤시안 행렬의 고유벡터 이외의 켤레 방향은 서로 직교하지 않을 수도 있다. 따라서 켤레 경사하강법은 손실함수를 비 직교 기저로 묵시적으로 변환하여 목적함수가 각 덧셈 항이 단일 변량 2차함수인 덧셈 형식 분리 가능한 표현이 되도록 만든 다음 2차의 목적함수를 최적화한다. 이 관찰을 다음과 같이 표현할 수 있다.

관찰 5.7.1 **H–직교 방향의 속성** H를 2차함수 목적함수의 헤시안 행렬이라고 하자. 이동을 위해 d개의 H–직교 방향 집합이 선택되면, 함수의 변환된 표현에서 분리 가능한 변수들을 따라 암시적으로 이동한다. 따라서 2차함수 최적화에는 최대 d번의 단계가 필요하다.

상호작용하지 않는 각 방향을 따라 독립적으로 최적화(직선탐색법 포함)하면, 각 켤레 방향을 따른 경사도 성분은 0이 된다. 순 볼록 손실함수는 선형 독립인 켤레 방향들을 갖는다(연습문제 9 참고). 즉, 최종 경사도는 d개의 선형 독립인 방향과의 점곱이 0이 된다. 이는 최종 경사도가 영벡터일 때만 가능하며(연습문제 10 참고) 볼록 함수에 대한 최적성을 의미한다. 실제로 d개보다 훨씬 적은 갱신으로 거의 최적에 가까운 해에 도달할 수 있다. 켤레 방향을 어떻게 식별할 수 있을까? 가장 간단한 접근방식은 H-직교 방향을 생성하기 위해 2차함수의 헤시안 행렬에 일반화된 그람-슈미트 직교화를 사용하는 것이다(2장의 문제 2.7.1과 이 장의 연습문제 11 참고). 이러한 직교화는 임의의 벡터를 출발점으로 사용하여 쉽게 달성할 수 있다. 그러나 그람-슈미트 방법의 반복 생성에서 각 방향 $\overline{q}_t$는 이전의 **모든** 방향 $\overline{q}_0 \cdots \overline{q}_{t-1}$을 사용해야 하기 때문에 이 프로세스의 비용은 상당히 높을 수 있다. 각 방향은 d차원 벡터이고 프로세스의 끝 부분에서는 이러한 방향이 $O(d)$개나 있으므로 각 단계에는 $O(d^2)$ 시간이 필요하다. 이 시간을 $O(d^2)$에서 $O(d)$로 줄이기 위해 바로 앞의 방향만 사용하여 이를 수행하는 방법이 있을까? 놀랍게도 가장 가파른 하강 방향을 반복 생성에 사용할 때, 다음 방향의 생성에 가장 최근의 켤레 방향만 필요하다[99, 114]. 즉, 그람-슈미트 직교화에서 임의의 벡터들을 사용해서는 안 되며, 가장 가파른 하강 방향들을 직교화할 원시 벡터로 사용해야 한다. 이러한 선택은 보다 효율적인 직교화 형식을 보장하는 데 있어 큰 차이를 만드는데, 이것은 쉽게 확인할 수 있는 단순한 내용은 아니다(연습문제 12 참고). 따라서 방향 $\overline{q}_{t+1}$은 조합 매개변수 β_t를 사용하여 이전 켤레 방향 $\overline{q}_t$와 현재 가장 가파른 하강 방향 $\nabla J(\overline{W}_{t+1})$의 선형 조합으로 정의된다.

$$\overline{q}_{t+1} = -\nabla J(\overline{W}_{t+1}) + \beta_t \overline{q}_t \tag{5.21}$$

양변 앞쪽에 $\overline{q}_t^T H$를 곱하고 켤레성 조건을 사용하여 좌변을 0으로 설정하면 β_t에 대해 풀 수 있다.

$$\beta_t = \frac{\overline{q}_t^T H[\nabla J(\overline{W}_{t+1})]}{\overline{q}_t^T H \overline{q}_t} \tag{5.22}$$

위의 결과를 이용하여 $\overline{q}_0 = -\nabla J(\overline{W}_0)$으로 초기화하고 $t=0,\ 1,\ 2 \ldots T$에 대해 $\overline{q}_{t+1}$을 반복적으로 계산하는 반복형 갱신 프로세스를 얻는다.

1. $\overline{W}_{t+1} \Leftarrow \overline{W}_t + \alpha_t \overline{q}_t$를 갱신한다. 여기에서 단계 크기 α_t는 손실함수를 최소화하기 위해 직선탐색법을 사용하여 계산된다.

2. $\overline{q}_{t+1} = -\nabla J(\overline{W}_{t+1}) + \left(\dfrac{\overline{q}_t^T H[\nabla J(\overline{W}_{t+1})]}{\overline{q}_t^T H \overline{q}_t}\right)\overline{q}_t$를 설정한다. t를 1만큼 증가시킨다.

$\overline{q}_{t+1}$이 이전의 모든 $\overline{q}_i$에 대해 켤레성을 만족한다는 것을 보일 수 있다[99, 114]. 이 증명의 체계적인 로드맵은 연습문제 12에서 제공된다.

켤레 경사하강법은 헤시안 행렬 없는 최적화라고도 한다. 그러나 위의 갱신에는 행렬 H가 포함되어 있기 때문에 위의 갱신은 헤시안 행렬이 **있는 것처럼 보인다**. 그러나 실제 계산에는 특정 방향들을 따른 헤시안 행렬의 **투영**만 필요하다. 헤시안 행렬의 개별 항들을 명시적으로 계산하지 않고도 유한 차분 방법을 사용하여 간접적으로 계산할 수 있음을 확인하게 될 것이다. $\overline{v}$를 투영 $H\overline{v}$를 계산해야 하는 벡터 방향이라고 하자. 유한 차분 방법은 근사를 수행하기 위해 어떤 작은 δ 값에 대해 현재 매개변수 벡터 $\overline{W}$와 $\overline{W}+\delta\overline{v}$에서 손실 경사도를 계산한다.

$$H\overline{v} \approx \frac{\nabla J(\overline{W} + \delta\overline{v}) - \nabla J(\overline{W})}{\delta} \propto \nabla J(\overline{W} + \delta\overline{v}) - \nabla J(\overline{W}) \tag{5.23}$$

우변에는 헤시안 행렬이 없다. 위의 조건은 2차함수에 대해서는 근사가 아니라 정확하다. 헤시안 행렬 없는 갱신에 대한 다른 대안들은 [19]에서 다루고 있다.

지금까지 헤시안 행렬이 상수 행렬(즉, 현재 매개변수 벡터에 독립임)인 2차의 손실함수의 단순화된 경우에 대해 논의하였다. 그러나 기계학습에서 대부분의 손실함수는 2차함수가 아니므로, 헤시안 행렬은 매개변수 벡터 $\overline{W}_t$의 현재 값에 종속된다. 이것은 비 2차함수에 대해 수정된 알고리즘을 생성할 수 있는 방법과 관련하여 몇 가지 선택으로 이어진다. 먼저 한 지점에서 2차 근사를 생성한 다음 몇 번의 반복 동안 해당 지점에 고정된 헤시안 행렬(2차 근사)을 사용하여 풀 것인가? 아니면 매개변수 벡터의 변경과 함께 반복마다 헤시안 행렬을 변경할 것인가? 전자는 **선형 켤레 경사하강법**, 후자는 **비선형 켤레 경사하강법**이라고 한다.

비선형 켤레 경사하강법에서는 헤시안 행렬이 한 단계에서 다음 단계로 변경됨에 따라 방향의 상호 켤레성(즉, H-직교성)이 시간이 지남에 따라 퇴화된다. 이것은 한 단계에서 다음 단계로의 전체적인 진행에 예측할 수 없는 영향을 미칠 수 있다. 또한, 켤레 방향들의 계산은 상호 켤레성이 퇴화됨에 따라 몇 단계마다 다시 시작해야 한다. 퇴화가 너무 빠르게 발생하면 재시작이 매우 자주 발생하고 켤레성이 크게 도움이 되지 못한다. 반면에 선형 켤레 경사하강법의 각 2차 근사는 정확하게 풀 수 있으며 일반적으로 d번보다 훨씬 적은 횟수의 반복으로 (거의) 풀린다. 따라서 각 반복에서 뉴턴법과 유사한 진전을 이룰 수 있다. 2차 근사로 높은 품질을 얻을 수 있는 경우에는 아주 많은 근사 횟수가 필요한 경우는 드물 것이다. 비선형 켤레 경사하강법은 역사적 관점에서 전통적인 기계학습에 광범위하게 사용되어 왔지만[19], 최근 연구[86, 87]는 선형 켤레 경사하강법의 사용을 옹호하고 있다. [86, 87]의 실험 결과는 선형 켤레 경사하강법이 다소 유리하다는 것을 시사한다.

5.7.2 준 뉴턴법과 BFGS

약어 BFGS는 Broyden–Fletcher–Goldfarb–Shanno 알고리즘을 나타내며 뉴턴법의 근사로 유도되었다. 뉴턴법의 전형적인 갱신은 다음과 같다.

$$\overline{W}^* \Leftarrow \overline{W}_0 - H^{-1}[\nabla J(\overline{W}_0)] \tag{5.24}$$

준 뉴턴법에서는 헤시안 행렬의 역에 대한 일련의 근사들이 다양한 단계에서 사용된다. t번째 단계에서 헤시안 행렬의 역의 근사값을 G_t로 표시한다. 첫 번째 반복에서 G_t의 값은 단위행렬로 초기화되는데, 이는 가장 가파른 하강 방향을 따르는 이동에 해당한다. 이 행렬은 (1장의 행렬 역변환 보조정리에서 유도된) 저 순위 갱신을 사용하여 G_t에서 G_{t+1}로 연속적으로 갱신된다. 헤시안 행렬의 역 $G_t \approx H_t^{-1}$을 사용하는 뉴턴 갱신을 직접 수정하면 다음과 같이 표현할 수 있다.

$$\overline{W}_{t+1} \Leftarrow \overline{W}_t - G_t[\nabla J(\overline{W}_t)] \tag{5.25}$$

위의 갱신은 G_t와 같은 헤시안 행렬의 역에 대한 근사를 사용하는 비 2차 손실함수에 대해 최적화된 학습률 α_t로 개선할 수 있다.

$$\overline{W}_{t+1} \Leftarrow \overline{W}_t - \alpha_t G_t[\nabla J(\overline{W}_t)] \tag{5.26}$$

최적화된 학습률 α_t는 직선탐색법으로 식별된다. 켤레성의 유지가 더 이상 중요하지 않기 때문에 (켤레 경사하강법에서처럼) 직선탐색법을 정확하게 수행할 필요가 없다. 그렇지만 이 방법에서 단위행렬로 시작할 때 초기 방향 집합의 대략적인 켤레성이 유지된다. (선택사항으로) d번의 반복마다 G_t를 단위행렬로 재설정할 수 있다(이러한 재설정이 수행되는 경우는 거의 없음).

이제 행렬 G_{t+1}이 G_t로부터 어떻게 근사되는지에 대한 논의만 남았다. 이를 위해 **할선 조건**(secant condition)이라고도 하는 **준 뉴턴 조건**이 필요하다.

$$\underbrace{\overline{W}_{t+1} - \overline{W}_t}_{\text{매개변수 변경}} = G_{t+1} \underbrace{[\nabla J(\overline{W}_{t+1}) - \nabla J(\overline{W}_t)]}_{\text{1차 미분 변경}} \tag{5.27}$$

위의 공식은 단순히 유한 차분 근사이다. 직관적으로 2차 미분 행렬(즉, 헤시안 행렬)에 매개변수 변경(벡터)을 곱하면 대략적으로 경사도 변경을 얻는다. 따라서 헤시안 행렬의 역에 대한 근사 G_{t+1}에 경사도 변경을 곱하면 매개변수 변경을 얻는다. 목표는 식 5.27을 만족하는 대칭행렬 G_{t+1}을 찾는 것이지만, 결과적으로 위의 식은 무수히 많은 해가 존재하는 부정 연립방정식을 나타낸다. 이 중 BFGS는 현재 G_t에 가장 가까운 대칭 G_{t+1}을 선택하고 **가중 프로베니우스 노옴**의 형태로 최소화 목적함수 $\|G_{t+1} - G_t\|_w$를 설정하여 이 목표를 달성한다. 즉, 다음을 만족하는 G_{t+1}을 찾고자 한다.

$\|G_{t+1} - G_t\|_w$를 최소화한다(이를 위한 G_{t+1}을 찾는다)

제약조건:

$$\overline{W}_{t+1} - \overline{W}_t = G_{t+1}[\nabla J(\overline{W}_{t+1}) - \nabla J(\overline{W}_t)]$$
$$G_{t+1}^T = G_{t+1}$$

노옴의 아래 첨자는 노옴의 가중 형태[11]임을 나타내기 위해 "w"로 표시된다. 이 가중치는 헤시안 행렬의 "평균" 버전이며, 평균 계산 방법에 관한 자세한 내용은 [99]를 참조하기 바란다. 가중 프로베니우스 노옴을 사용하도록 제한된 것은 아니며, 노옴을 생성하는 방식의 다른 변형들은 준 뉴턴법의 다른 변형들로 이어진다. 예를 들어, 헤시안 행렬의 역 대신 헤시안 행렬을 사용할 경우 동일한 목적함수와 할선 조건을 세울 수 있으며, 이러한 방법을 DFP(Davidson-Fletcher-Powell) 방법이라고 한다. 아래 설명에서는 헤시안 행렬의 역을 고수할 것이며, 이는 BFGS 방법의 사용을 의미한다.

가중 노옴이 (가중 행렬과 함께) 프로베니우스 노옴을 사용하기 때문에, 위의 내용은 선형 제약조건을 갖는 2차함수 최적화 문제이다. 이러한 제약조건을 갖는 최적화 문제는 6장에서 논의된다. 일반적으로 2차 목적함수와 쌍을 이루는 선형 등식 제약조건이 주어질 때, 최적화 문제의 구조는 매우 간단하며 때로는 닫힌 형식의 해를 찾을 수 있다. 이는 등식 제약조건이 (가우스 소거법과 같은 방법을 사용하여) 해당 변수와 함께 소거될 수도 있고, 제약조건 없는 2차 최적화 문제가 나머지 변수들로 정의될 수도 있기 때문이다. 이러한 문제는 때로 최소제곱 회귀와 같은 닫힌 형식의 해를 갖기도 한다. 이 경우 위의 최적화 문제에 대한 닫힌 형식의 해는 다음과 같다.

11) 목적함수의 형태는 노옴 $\|A^{1/2}(G_{t+1} - G_t)A^{1/2}\|_F$이다. 여기에서 A는 다양한 길이의 단계에 대한 헤시안 행렬의 평균 버전이다. 자세한 내용은 [99]를 참조하기 바란다.

$$G_{t+1} \Leftarrow (I - \Delta_t \overline{q}_t \overline{v}_t^T) G_t (I - \Delta_t \overline{v}_t \overline{q}_t^T) + \Delta_t \overline{q}_t \overline{q}_t^T \tag{5.28}$$

여기에서 열벡터 $\overline{q}_t$와 $\overline{v}_t$는 매개변수 변경 벡터와 경사도 변경 벡터를 나타낸다. 스칼라 $\Delta_t = 1/(\overline{q}_t^T \overline{v}_t)$는 이 두 벡터의 점곱의 역이다.

$$\overline{q}_t = \overline{W}_{t+1} - \overline{W}_t; \quad \overline{v}_t = \nabla L(\overline{W}_{t+1}) - \nabla L(\overline{W}_t)$$

식 5.28의 갱신을 전개하여 유지해야 할 임시 행렬의 수를 줄임으로써 공간 효율성을 높일 수 있다. 이러한 갱신의 구현 세부사항과 유도 과정에 대해서는 [83, 99, 104]를 참조하기 바란다.

BFGS에서 헤시안 행렬의 역을 근사하는 것이 도움이 되지만, 한 반복에서 다음 반복으로 크기 $O(d^2)$의 행렬 G_t를 전달해야 한다. L-BFGS(limited memory BFGS)는 이전 반복으로부터의 행렬 G_t를 전달하지 않음으로써 메모리 요구 사항을 $O(d^2)$에서 $O(d)$로 크게 줄인다. L-BFGS 방법의 가장 기본적인 버전에서는 G_{t+1}을 도출하기 위해 행렬 G_t가 식 5.28의 단위행렬로 대체된다. 보다 세련된 선택은 $m \approx 30$개의 가장 최근 벡터 $\overline{q}_t$와 $\overline{v}_t$를 저장하는 것이다. 그러면 L-BFGS는 G_{t-m+1}을 단위행렬로 초기화하고 식 5.28을 m번 반복 적용하여 G_{t+1}을 유도하는 것과 같다. 실제로 구현은 G_{t-m+1}에서 G_t까지의 큰 중간 행렬을 명시적으로 저장하지 않고 벡터들로부터 이동 방향을 직접 계산하도록 최적화되어 있다.

5.8 미분 불가능 최적화 함수

기계학습의 최적화 함수 중에는 미분 불가능인 것들도 있다. 간단한 예로 L_1-손실 또는 L_1-정칙화가 사용되는 경우를 들 수 있다. 요점은 벡터 $\overline{v} = [v_1 \ldots v_d]$의 L_1-노옴은 노옴 $\sum_{i=1}^{d} |v_i|$의 각 벡터 성분의 절댓값 $|v_i|$를 사용한다는 것이다. $|v_i|$의 도함수는 $v_i = 0$에서 미분 불가능이다. 또한 모든 유형의 L_1-손실은 미분 불가능이다. 예를 들어, 서포트 벡터 머신의 경첩 손실은 미분 불가능이다.

보다 심각한 형태의 미분 불가능성은 **순위 목적함수**와 같이 본질적으로 이산적인 목적함수를 최적화하려고 하는 경우이다. 많은 희귀 클래스 분류 상황에서 라벨 중 하나는 다른 라벨들에 비해 빈도가 훨씬 낮다. 예를 들어, 침입 레코드 데이터베이스에서 침입 레코드는 정상 레코드에 비해 빈도가 낮다. 이러한 경우, 목적함수는 종종 **희귀 클래스에 속하는 성향과 관련하여 인스턴스 순위 함수**를 기반으로 정의된다. 예를 들어 실제로 (실측 정보를 기반으로) 희귀 클래스에 속하는 인스턴스들의 (알고리즘이 결정한) 순위의 합을 최소화할 수 있다. 매개변수 벡터에서 큰 변경이 알고리즘이 정하는 순위에 전혀 영향을 미치지 않는 경우도 종종

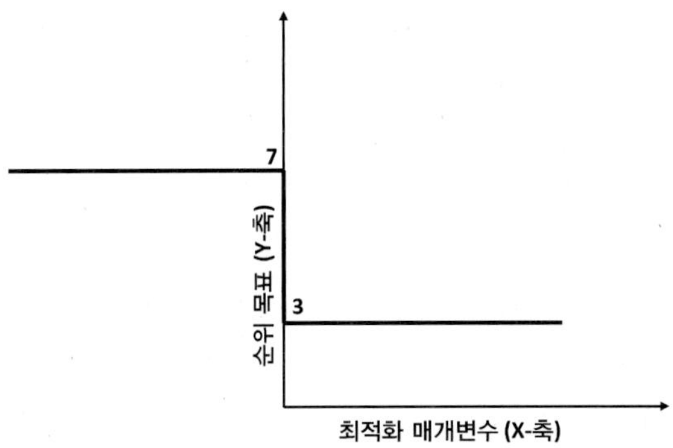

그림 5.11 순위 목적함수로 인해 발생하는 미분 불가능 최적화 문제의 예

발생할 수 있는 반면, 매개변수 벡터에서 아주 작은 변경이 순위에 큰 영향을 미치는 경우도 발생할 수 있기 때문에 그 결과로 수직 벽과 평탄 영역을 갖는 손실함수가 만들어지며, 따라서 인스턴스 순위 함수는 미분 불가능 함수이다. 구체적인 예로서 $w \cdot x$ 값이 감소함에 따라 점의 순위가 매겨지는 1차원 예를 생각해보자. 여기에서 x는 1차원 특징 값이고 w는 스칼라 매개변수이다. 4개의 훈련 라벨 쌍은 (1, +1), (2, +1), (−1, −1), (−2, −1) 등이다. 이상적으로는 w의 값을 선택하여 모든 양수 예제에 음수 예제보다 높은 순위를 매길 수 있다. 이 간단한 문제에서 $w > 0$ 값을 선택하면 양수인 두 예제의 순위가 1과 2인 이상적인 순위가 생성된다. 따라서 양수 인스턴스 순위의 합은 3이다. $w < 0$을 선택하면 최악의 순위가 생성된다. 바로 두 개의 양수 인스턴스의 순위가 3과 4(합계 7)인 순위이다. $w = 0$을 선택하면 모든 훈련용 인스턴스에 대해 2.5의 동률 순위가 되고 순위의 합은 5가 된다. 그림 5.11에서는 (양수 인스턴스만의) 순위의 합에 해당하는 목적함수를 보이고 있다. 이 계단 모양 목적함수의 문제는 경사하강법의 관점에서 볼 때 실제로 도움이 되지 않는다는 것이다. 손실함수는 단일 지점을 제외하고 거의 모든 곳에서 미분 가능이지만, 모든 지점에서 경사도가 0이어서 최상의 하강 방향에 대한 단서를 제공하지 않는다.

이러한 유형의 미분 불가능성은 기반 최적화 알고리즘을 근본적으로 변경하거나 매끄럽게 만들기 위해 손실함수를 변경하여 해결되는 경우가 많다. 결국, 기계학습 알고리즘의 손실함수는 거의 항상 이산 목적함수(예: 분류 정확도)에 대한 매끄러운 근사이다. 이 절에서는 기계학습에서 미분 불가능성의 처리에 사용되는 다양한 유형의 방법들에 대한 개요를 제공한다.

5.8.1 서브그래디언트 방법

서브그래디언트 방법은 목적함수가 미분 불가능인 몇 개의 지점을 제외하고 대부분의 지점에서 경사도가 도움이 되는 볼록 최소화 문제에 적용될 수 있도록 설계되었다. 이러한 경우, **서브그래디언트**(subgradient)는 주로 최적화 문제를 미분 불가능인 "틈새"를 벗어나게 하려는

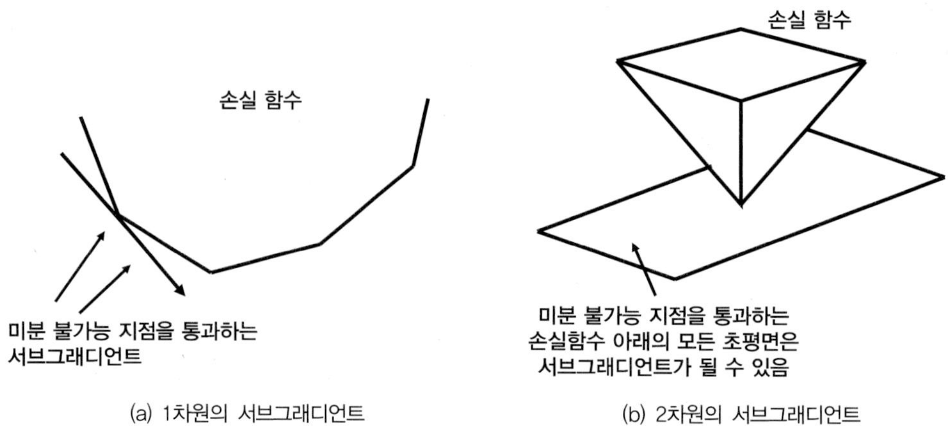

그림 5.12 1차원 및 2차원의 서브그래디언트. 손실함수와 초평면 사이의 접촉점에서 시작되며 초평면 상에 있는 모든 벡터는 서브그래디언트이다. 수직 방향은 각 경우의 손실함수 값이다.

목적으로 사용된다. 이 함수는 대부분의 다른 지점들에서는 미분할 수 있기 때문에 이 미분 불가능 틈새에서 벗어나기만 하면 최적화 측면에서 많은 문제를 겪지는 않는다.

미분 불가능성의 주요 문제는 **좌미분과 우미분이 다르다**는 것이다. 예를 들어 $|x|$의 우미분은 +1이고 좌미분은 −1이다. 서브그래디언트는 구간 [−1, +1]에 해당한다. 서브그래디언트 방법에 대한 최적성 조건은 서브그래디언트 안에 영벡터가 존재해야 한다는 것이다. 그림 5.12(a)에서는 1차원 함수에 대해 가능한 서브그래디언트 예 하나를 보여 준다. 직관적으로 서브그래디언트는 그림 5.12(a)에 표시된 것처럼 항상 손실함수 "아래"에 위치한다. 이 경우 손실함수 아래에 무수히 많은 방법으로 선을 구성할 수 있기 때문에 무수히 많은 서브그래디언트를 얻을 수 있다. $\overline{w}$의 L_1-노옴 $\|\overline{w}\|_1$에 해당하는 d차원 함수의 경우, 각 성분이 (−1, 1)에서 무작위로 균일하게 추출된 d차원 벡터를 선택하여 서브그래디언트를 만들 수 있다. 그림 5.12(a)에서는 1차원 함수에 대한 서브그래디언트의 예를 보여준다. 볼록 함수에 대해 미분 불가능 점에서 무수히 많은 "접선(tangent)"을 그릴 수 있으며, (더 정확하게는) 이들을 미분 불가능 점에서의 **서브탄젠트**(subtangent)라고 한다. 이러한 각 서브탄젠트는 서브그래디언트에 해당한다. 다차원 함수의 경우 서브그래디언트는 그림 5.12(b)에 표시된 것처럼 손실함수 아래에 위치하는 모든 초평면으로 정의된다. 미분 가능 함수의 경우 접선 초평면을 하나만 그릴 수 있다. 그러나 미분 불가능 함수는 무수히 많은 가능성을 허용한다.

점 $\overline{w}_0$에서 함수 $J(\overline{w})$의 서브그래디언트는 공식적으로 다음과 같이 정의된다.

정의 5.8.1 서브그래디언트

$J(\overline{w})$를 d차원에서 다변량 볼록 손실함수라고 하자. 점 $\overline{w}_0$의 서브그래디언트는 임의의 $\overline{w}$에 대

해 다음을 만족하는 d차원 벡터 $\overline{v}$이다.

$$J(\overline{w}) \geq J(\overline{w_0}) + \overline{v} \cdot (\overline{w} - \overline{w_0})$$

서브그래디언트의 개념은 기본적으로 임의의 함수가 아니라 (일반 경사도의 경우와 같이) 주로 **볼록** 함수에 대해 사용된다. 볼록하지 않은 함수에 대해 위의 정의를 적용할 수도 있지만, 이러한 경우 정의는 유용성을 잃는다. 함수를 미분할 수 없는 지점에서 서브그래디언트는 고유하게 정해지지 않는다. 미분할 수 있는 지점에서 서브그래디언트는 그냥 경사도이다. 서브그래디언트들의 임의의 볼록 조합은 서브그래디언트이다.

문제 5.8.1 정의 5.8.1을 사용하여 $\overline{v}_1$과 $\overline{v}_2$가 $\overline{w} = \overline{w}_0$에서 $J(\overline{w})$의 서브그래디언트일 경우, 구간 (0, 1)에 속하는 모든 λ에 대해 $\lambda\overline{v}_1 + (1-\lambda)\overline{v}_2$는 $J(\overline{w})$의 서브그래디언트임을 보이시오.

위의 문제는 서브그래디언트 집합이 볼록하고 닫힌 집합임을 보여준다. 또한 영벡터가 $\overline{w}_0$에서 서브그래디언트이면 정의 5.8.1은 모든 $\overline{w}$에 대해 $J(\overline{w}) \geq J(\overline{w}_0)$임을 의미한다. 즉, $\overline{w}_0$이 최적의 해이다. 다음에서는 서브그래디언트의 몇 가지 주요 속성에 대해 기술한다.

1. 미분할 수 있는 지점의 경사도는 해당 지점에서 고유한 서브그래디언트이다.
2. 볼록 함수의 경우 최적화 변수 $\overline{w}_0$의 특정 값에 대한 최적성 조건은 $\overline{w}_0$에서의 서브그래디언트 집합에 영벡터가 포함되어야 한다는 것이다.
3. 임의의 점 $\overline{w}_0$에서 $J_1(\overline{w}_0)$의 임의의 서브그래디언트와 $J_2(\overline{w}_0)$의 임의의 서브그래디언트의 합은 $(J_1 + J_2)(\overline{w}_0)$의 서브그래디언트이다. 즉, 덧셈 형식 분리 가능한 함수의 서브그래디언트를 구성요소 별 서브그래디언트로 분해할 수 있다. 이 속성은 개별 훈련 점의 손실 기여도를 더하는 다양한 기계학습 알고리즘의 손실함수에서 중요하다.

당장 명확하지는 않았겠지만 4장의 경첩 손실 SVM에서 (암묵적으로) 서브그래디언트 방법을 사용한 바 있다. 여기에서 훈련 쌍 $(\overline{X_i}, y_i)$에 기초한 경첩 손실 SVM의 목적함수를 돌이켜 보자(4장의 식 4.51 참고).

$$J = \sum_{i=1}^{n} \max\{0, (1 - y_i[\overline{W}^T \cdot \overline{X}_i])\} + \frac{\lambda}{2}\|\overline{W}\|^2 \qquad \text{[경첩 손실 SVM]}$$

4장의 그림 4.9에서 알 수 있듯이 최대화 함수를 사용하면 경첩 손실 함수의 날카로운 "경첩"에서 미분 불가능성이 발생한다. 이들은 max 함수의 두 번째 인수가 임의의 훈련 점에 대해 0이 되는 $\overline{W}$의 값이다. 그렇다면 이 점들에서 무슨 일이 발생한 것일까? SVM의 갱신은 두 번째 인수가 0이 아닌 훈련 점만 사용한다. 따라서 미분 불가능 점에서 경사도는 유효한 서브그래디언트인 0으로 설정된다. 따라서 경첩 손실 SVM의 기본 갱신은 사용이 간단하고 자연스럽지만 암묵적으로 서브그래디언트 방법을 사용한다. 이 경우 서브그래디언트는 (무한소 단계의 경우) 목적함수를 악화시키는 순간 이동 방향을 가리키지 않는다. 이것은 서브그래디언트 방법을 보다 적극적으로 사용하는 경우에는 해당되지 않는다.

5.8.1.1 응용: L_1-정칙화

L_1-정칙화를 사용하는 최소제곱 회귀에서는 서브그래디언트 방법을 보다 적극적으로 사용한다.

$$J = \underbrace{\frac{1}{2}\|D\overline{W} - \overline{y}\|^2}_{\text{예측 오차}} + \underbrace{\lambda \sum_{j=1}^{d} |w_j|}_{L_1-\text{정칙화}} \text{ 을 최소화한다.}$$

여기에서 D는 행에 훈련 인스턴스가 포함된 $n \times d$ 데이터 행렬이고, $\overline{y}$는 n차원 목표변수 열벡터이다. $\overline{W}$는 매개변수 열벡터이다. 이제 정칙화 항은 L_2-노옴이 아니라 매개변수 벡터의 L_1-노옴을 사용한다. 함수 J는 성분 w_j가 한 개라도 0인 모든 $\overline{W}$에 대해 미분 불가능이다. 특히, w_j가 0보다 무한소만큼 크면 $|w_j|$의 편미분은 +1인 반면, w_j가 0보다 무한소만큼 작으면 $|w_j|$의 편미분은 −1이다. 이 방법의 경우 0에서 w_j의 편미분은 [−1, +1]에서 무작위로 선택되는 반면, 0과 다른 값의 미분은 경사도와 동일한 방식으로 계산된다. w_j의 서브그래디언트를 s_j로 표시한다. 이제 단계 크기 $\alpha > 0$의 경우 갱신은 다음과 같다.

$$\overline{W} \Leftarrow \overline{W} - \alpha\lambda[s_1, s_2, \ldots, s_d]^T - \alpha D^T \underbrace{(D\overline{W} - \overline{y})}_{\text{오차}}$$

여기에서 각 s_j는 w_j의 서브그래디언트이며 다음과 같이 정의된다.

$$s_j = \begin{cases} -1 & w_j < 0 \\ +1 & w_j > 0 \\ \text{구간}[-1, +1]\text{로부터의 표본} & w_j = 0 \end{cases} \tag{5.29}$$

이 경우, [−1, +1]에서 s_j를 임의로 선택하기 때문에 서브그래디언트를 따라 이동하면 목적함수 값이 악화될 수 있다. 따라서 임의의 반복에서 얻은 최상의 값을 항상 $\overline{W}_{best}$에 유지한다. 프로세스가 시작될 때 $\overline{W}$와 $\overline{W}_{best}$는 모두 동일한 랜덤 벡터로 초기화된다. $\overline{W}$가 갱신될 때마다 $\overline{W}$에 대해 목적함수 값이 평가되고, $\overline{W}$가 제공하는 목적함수 값이 $\overline{W}_{best}$에 저장된 값보다 더 나은 경우 $\overline{W}_{best}$는 최근 갱신된 $\overline{W}$로 설정된다. 프로세스가 끝나면 벡터 $\overline{W}_{best}$가 알고리즘의 최종적인 답으로 반환된다. $s_j = 0$은 $w_j = 0$에서의 서브그래디언트의 하나이며, 사용되는 경우가 가끔 있다.

5.8.1.2 좌표하강법과 서브그래디언트의 결합

서브그래디언트 방법은 또한 학습 중인 좌표에 서브그래디언트 최적성 조건을 적용함으로써 좌표하강법(4.10절 참고)과 결합될 수 있다. 한 번에 하나의 변수만 최적화되기 때문에 이러한 학습 문제는 종종 좌표하강법에서 크게 단순화된다. 모든 좌표하강법에서와 같이 최적화를 수행하기 위해 모든 변수를 하나씩 순회한다.

선형 회귀에서 좌표하강법을 사용하는 예를 살펴보자. 이전 절에서와 같이 D는 행에 훈련 인스턴스가 포함된 $n \times d$ 데이터 행렬이고, $\overline{y}$는 n차원 반응변수 열벡터이다. d차원 매개변수 열벡터는 $\overline{W} = [w_1 \ldots w_d]^T$로 표시된다. L_1-정칙화를 사용하는 최소제곱 회귀의 목적함수가 아래에서 반복된다.

$$J = \underbrace{\frac{1}{2}\|D\overline{W} - \overline{y}\|^2}_{\text{예측 오차}} + \underbrace{\lambda \sum_{j=1}^{d} |w_j|}_{L_1-\text{정칙화}} \text{ 을 최소화한다.}$$

4.10절에서 논의했듯이 좌표하강법은 미분 불가능 함수로 인해 국소 최소점에 갇힐 수 있다. 그러나 좌표하강법이 볼록 손실함수에 대해 작동하기에 충분한 조건은 미분 불가능 부분이 분리 가능한 단일 변량 함수들로 분해될 수 있다는 것이다(4장의 보조정리 4.10.1 참고). 이 경우 정칙화 항은 분리 가능한 함수와 볼록 함수의 합이다. 따라서 국소 최적점에 갇히지 않고 좌표하강법을 사용할 수 있다. 모든 변수들에 대한 서브그래디언트는 다음과 같다.

$$\nabla J = D^T(D\overline{W} - \overline{y}) + \lambda[s_1, s_2, \ldots s_d]^T \tag{5.30}$$

여기에서 각 s_i는 [−1, +1]에서 추출된 서브그래디언트이다. i번째 변수에 대해서만 최적화하고 있으므로 ∇J의 i번째 성분만 0으로 설정하면 된다. $\overline{d}_i$를 D의 i번째 열이라고 하고, $\overline{r}$은 n차원 잔차 벡터 $\overline{y} - D\overline{W}$를 나타낸다고 하자. 이제 이러한 변수들을 사용하여 i번째 성분에 대한 최적성 조건을 다음과 같이 표현할 수 있다.

$$\overline{d}_i^T(\overline{y} - D\overline{W}) - \lambda s_j = 0$$
$$\overline{d}_i^T \overline{r} - \lambda s_j = 0$$
$$\overline{d}_i^T \overline{r} + w_i \overline{d}_i^T \overline{d}_i - \lambda s_j = w_i \overline{d}_i^T \overline{d}_i$$

항 $\overline{d}_i^T \overline{r}$이 $w_i \overline{d}_i^T \overline{d}_i$를 상쇄하는 $-w_i \overline{d}_i^T \overline{d}_i$에 기여하기 때문에 좌변에는 w_i가 없다. 따라서 w_i에 대한 좌표 갱신은 다음과 같다.

$$w_i \Leftarrow w_i + \frac{\overline{d}_i^T \overline{r} - \lambda s_i}{\|\overline{d}_i\|^2} \tag{5.31}$$

서브그래디언트 s_i의 값은 이전 절에서와 같은 방식으로 정의된다. 주요 문제는 w_i의 갱신된 값이 0에 충분히 가까울 때 각 s_i가 −1과 +1 사이 임의의 값으로 선택될 수 있다는 것이다. 이러한 값 중 하나만 최적의 해에 도달하게끔 해준다. 이러한 경우 목적함수를 최적화하는 s_i의 정확한 값을 어떻게 결정할 수 있을까? 이것은 w_i에 대해 0에 "충분히 가까운" 값에 관한 **가변 임계값**을 사용하여 달성된다. w_i의 가변 임계값은 자동으로 s_i 값을 −1과 +1 사이의 적절한 중간 값으로 설정한다. 따라서 각 w_i의 값은 다음과 같이 설정된다.

$$w_i \Leftarrow \begin{cases} 0, & -\frac{\lambda}{\|\overline{d}_i\|^2} \le w_i + \frac{\overline{d}_i^T \overline{r}}{\|\overline{d}_i\|^2} \le \frac{\lambda}{\|\overline{d}_i\|^2} \\ w_i + \frac{\overline{d}_i^T \overline{r} - \lambda \text{sign}(w_i)}{\|\overline{d}_i\|^2}, & \text{그렇지 않으면} \end{cases} \tag{5.32}$$

모든 형태의 좌표하강법에서와 같이 수렴에 이를 때까지 변수들을 하나씩 순회한다. **신축망**(Elastic-Net)은 L_1-정칙화와 L_2-정칙화를 결합하며, 그 결과로 발생하는 갱신의 유도는 연습용 문제로 남긴다.

문제 5.8.2 **신축망 회귀** 목적함수가 다음과 같은 신축망 회귀 문제를 생각해보자.

$$J = \frac{1}{2}\|D\overline{W} - \overline{y}\|^2 + \lambda_1 \sum_{j=1}^{d} |w_j| + \frac{\lambda_2}{2} \sum_{j=1}^{d} w_j^2 \text{ 을 최소화한다.}$$

좌표하강법 갱신이 다음과 같이 표현될 수 있음을 보이시오.

$$w_i \Leftarrow \begin{cases} 0, & -\frac{\lambda_1}{\|\overline{d}_i\|^2+\lambda_2} \le \frac{w_i\|\overline{d}_i\|^2 + \overline{d}_i^T \overline{r}}{\|\overline{d}_i\|^2+\lambda_2} \le \frac{\lambda_1}{\|\overline{d}_i\|^2+\lambda_2} \\ \frac{w_i\|\overline{d}_i\|^2 + \overline{d}_i^T \overline{r} - \lambda_1 sign(w_i)}{\|\overline{d}_i\|^2+\lambda_2}, & \text{그렇지 않으면} \end{cases}$$

좌표하강법의 주요 과제는 미분 불가능성으로 인해 지역 최적점에 갇히지 않도록 하는 것이다(예: 4장의 그림 4.10 참고). 많은 경우에 변수 변환을 사용하여 목적함수를 전역 최적점으로의 수렴이 보장되는 형식(보조정리 4.10.1 참고)으로 변환할 수 있다. 암묵적으로 변수 변환을 사용하는 **그래프 LASSO**[48]가 하나의 예이다.

5.8.2 근위 경사하강법

근위 경사하강법은 최적화 함수 $J(\overline{W})$를 $G(\overline{W})$와 $H(\overline{W})$ 두 부분으로 나눌 수 있을 때 특히 유용하다. 이 중 하나는 미분 가능이고 다른 하나는 미분 불가능이다.

$$J(\overline{W}) = G(\overline{W}) + H(\overline{W})$$

이 형식에서 $G(\overline{W})$ 부분은 미분 가능이고 $H(\overline{W})$는 미분 불가능인 것으로 가정한다. 두 함수 모두 볼록한 것으로 가정된다. 근위 경사하강법은 반복을 사용하는데, 각 반복은 $G(\cdot)$에서 **경사도 단계**를 수행하고 $H(\cdot)$에서 **근위 단계**를 수행한다. 근위 단계는 기본적으로 매개변수 벡터 $\overline{W}=\overline{w}$의 현재 값의 위치에서 $H(\cdot)$의 최솟값이다. $\overline{w}$ 주변의 **국소 영역**에서 이러한 유형의 최솟값은 매개변수 벡터의 현재 값에서 얼마나 멀리 이동하는지에 따라 $H(\overline{W})$에 2차함수 페널티를 더함으로써 발견할 수 있다. 여기에서 핵심은 함수 $H(\cdot)$에 대한 **근위 연산자**를 정의하는 것이다. 근위 연산자 $\mathcal{P}$는 다음과 같이 단계 크기 매개변수 α를 사용하여 정의된다.

$$\mathcal{P}_{H,\alpha}(\overline{w}) = \text{argmin}_{\overline{u}} \left\{ \alpha H(\overline{u}) + \frac{1}{2}\|\overline{u}-\overline{w}\|^2 \right\} \tag{5.33}$$

즉, $\overline{w}$로부터의 거리에 페널티를 주기 위해 2차의 페널티 항을 추가하여 $\overline{w}$에 근접한 함수 $H(\cdot)$를 최소화하려고 한다. 따라서 근위 연산자는 $\overline{w}$보다 "더 나은" $\overline{u}$를 찾으려고 하지만 $\overline{w}$로부터의 거리에 따른 2차함수 페널티를 받기 때문에 $\overline{w}$의 부근에서만 찾아야 한다. 이제 몇 개의 예를 통해 무슨 일이 발생하는지 살펴보자.

- $H(\overline{w})$가 상수로 설정되면 $\mathcal{P}_{H,\alpha}(\overline{w}) = \overline{w}$이 된다. 이는 현재의 인수에서 더 이상 $\overline{w}$를 개선할 수 없고 2차함수 페널티가 현재 지점에 머물도록 작용하기 때문이다.
- $H(\overline{w})$가 미분 가능인 경우 근위 연산자는 단계 크기 α에서 대략적인 경사 하강 이동을 수행한다. 식 5.33의 argmin 안의 표현식의 경사도를 0으로 설정하여 다음의 결과를 도출할 수 있다.

$$\overline{u} = \overline{w} - \alpha \frac{\partial H(\overline{u})}{\partial \overline{u}} \tag{5.34}$$

이 단계는 $H(\cdot)$의 경사도가 $\overline{w}$가 아닌 $\overline{u}$에서 계산된다는 점을 제외하면 경사 하강과 유사하다. 그러나 2차함수 페널티는 단계 크기가 상대적으로 작도록 만들며, $H(\overline{u})$의 경사도 계산은 $\overline{w}$에 근접한 곳으로 제한된다. 이것이 이 기법의 핵심 원리이다. 근위 연산자는 $H(\cdot)$가 미분 가능일 때 합리적인 이동을 제공하지만, 미분 불가능 함수에서도 작동한다.

근위 연산자에 대한 정의를 이용하여 아래와 같은 두 개의 반복 단계를 반복하는 방식으로 근위 경사 알고리즘을 표현할 수 있다.

1. 단계 크기 α를 사용하여 미분 함수 $G(\cdot)$에서 표준 경사하강법 단계를 수행한다.

$$\overline{w} \Leftarrow \overline{w} - \alpha \left[\frac{\partial G(\overline{w})}{\partial \overline{w}} \right]$$

2. 단계 크기 α를 사용하여 미분 불가능 함수 $H(\cdot)$에 근위 하강 단계를 수행한다.

$$\overline{w} \Leftarrow \mathcal{P}_{H,\alpha}(\overline{w}) = \text{argmin}_{\overline{u}} \left\{ \alpha H(\overline{u}) + \frac{1}{2}\|\overline{u} - \overline{w}\|^2 \right\}$$

함수 $H(\cdot)$가 미분 가능인 경우 위의 방법은 대략적으로 $G(\cdot)$와 $H(\cdot)$에 경사하강법을 번갈아 적용하는 방식에 해당한다.

또 다른 핵심사항은 근위 연산자를 계산하는 것이 얼마나 어려운지이다. 이 접근방식은 근위 연산자가 계산하기 쉬운 "단순한" 경우의 문제에만 사용된다. 또한 기반 함수에는 미분 불가능인 소수의 점들이 있다. 이러한 미분 불가능 함수의 전형적인 예는 벡터의 L_1-노옴이다. 이러한 이유로 근위 방법은 서브그래디언트 방법보다 일반성이 낮다. 그러나 적용 가능한 경우에는 보다 나은 성능을 제공한다.

5.8.2.1 응용: L_1-정칙화 회귀의 대안

이전 절에서는 L_1-정칙화를 사용한 최소제곱 회귀에 대한 서브그래디언트 방법을 소개하였다. 이 절에서는 근위 경사하강법을 기반으로 한 대안에 대해 설명한다. 최소제곱 회귀의 목적함수를 다시 작성하고 다음과 같이 미분 가능 부분과 미분 불가능 부분으로 분리한다.

$$J = \underbrace{\frac{1}{2}\|D\overline{W} - \overline{y}\|^2}_{G(\overline{W})} + \underbrace{\lambda \sum_{j=1}^{d} |w_j|}_{H(\overline{W})} \text{ 을 최소화한다.}$$

여기에서 핵심은 $\overline{W}$의 L_1-노옴인 함수 $H(\overline{W})$에 대한 근위 연산자를 정의하는 것이다.

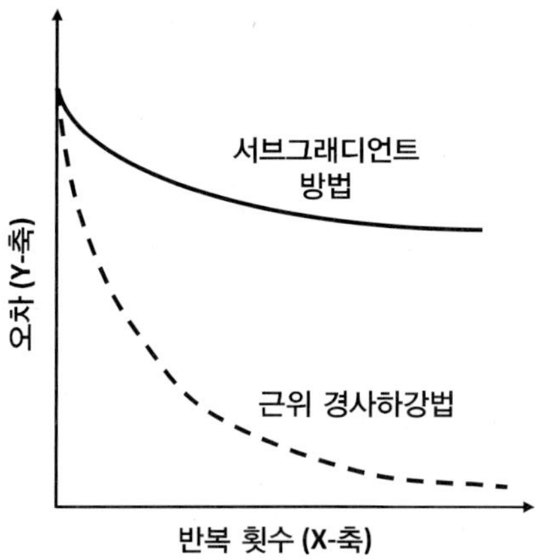

그림 5.13 전형적인 동작 측면에서 서브그래디언트 방법과 근위 경사하강법의 비교를 위한 그래프

$H(\overline{W})$에 대한 근위 연산자는 다음과 같이 단계 크기 매개변수 α를 사용하여 정의된다.

$$[\mathcal{P}_{H,\alpha}]_j = \begin{cases} w_j + \alpha\lambda & w_j < -\alpha\lambda \\ 0 & -\alpha\lambda \leq w_j \leq \alpha\lambda \\ w_j - \alpha\lambda & w_j > \alpha\lambda \end{cases} \tag{5.35}$$

근위 연산자는 미분 불가능 점에서 멀리 떨어져 있는 지점에 대해서는 기본적으로 각 w_j를 정확히 $\alpha\lambda$만큼 축소한다. 그러나 미분 불가능 점에 충분히 가까우면 그냥 0으로 이동한다. 이것이 미분 가능인 모든 점에서 항상 어느 방향으로든 정확히 $\alpha\lambda$만큼 갱신하고 미분 불가능 점에서는 $[-\alpha\lambda, \alpha\lambda]$에서 무작위로 선택한 표본으로 갱신하는 서브그래디언트 방법과의 주요 차이점이다. 그 결과로 서브그래디언트 방법은 미분 불가능 점 부근에서는 근위 경사하강법에 비해 진동할 가능성이 더 높다. 그림 5.13에는 서브그래디언트 방법과 근위 경사하강법의 "전형적인" 수렴 동작에 대한 비교가 그래프로 주어져 있다. 대부분의 경우 근위 경사하강법은 서브그래디언트 방법보다 훨씬 빠르다. 보다 빠른 수렴은 미분 불가능 점 부근에서 사용되는 임계값 적용 방식 때문인데, 이러한 방식을 ISTA(iterative soft thresholding algorithm), 즉 반복형 가변 임계값 알고리즘이라고 한다.

5.8.3 조합 최적화를 위한 대리 손실함수 설계

일련의 훈련용 인스턴스들의 순위를 최적화하는 것과 같은 문제들은 본질적으로 조합론 문제이며, 이러한 유형의 문제들은 대부분의 공간 영역에서 도움이 되는 손실 표면을 제공하지 않는다. 예를 들어, 그림 5.11에서 볼 수 있듯이 양수 클래스 인스턴스의 순위 합계는 최적화 관점에서 도움 되는 정보를 제공하지 않는 함수가 된다. 이 함수는 여러 지점에서 미분 불가능일 뿐만 아니라 모든 미분 가능 점에서도 계단 특성으로 인해 경사도가 0이다. 즉, 경사하강법 절차는 어느 방향으로 진행해야 할지 알지 못한다. 이러한 유형의 문제는 (서브그래디언트 방법을 사용 가능하게 하는) L_1-노옴과 같은 목적함수에서는 발생하지 않는다. 이러한 조합 최적화 문제에 대해서는 대리 손실함수를 설계하는 것이 합리적이다. 이 접근방식은 본질적으로 새로운 것이 아니다. 분류를 위한 **거의 모든 목적함수는 어쨌든 대리 손실함수이다**. 엄밀히 말하면 분류 문제는 매개변수 $\overline{W}$에 대해 분류 정확도를 직접 최적화해야 한다. 그러나 분류 정확도는 또 다른 계단형 함수이다. 따라서 지금까지 살펴본 모든 모델은 최소제곱 (분류) 손실, 경첩 손실, 로지스틱 손실 등과 같이 어떤 형태로든 대리 손실을 사용한다. 따라서 이러한 방법을 순위 문제로 확장하는 것은 적어도 방법론적 관점에서 볼 때 근본적인 혁신은 아니다. 그러나 순위 기반 목적함수에 대한 해법들에는 그 자체의 고유한 특성들이 있다. 이 절에서는 분류를 위한 순위 문제를 위해 설계된 몇 가지 대리 목적함수들을 조사한다.

대부분의 분류용 목적함수는 경첩 손실(목표 값 +1과 −1에 대한 일방적 페널티)과 같은 어떤 대리 손실을 사용하여 분류의 정확도에 관련된 페널티를 주도록 설계되었다. 순위 기반 목적함수도 정확히 동일한 원칙을 기반으로 한다. 유일한 차이점은 대리 손실함수를 사용하되 이상적인 순위의 편차에 페널티를 적용한다는 것이다. 이러한 손실함수의 두 가지 예로 **쌍 기반** 접근방식과 **목록 기반** 접근방식이 있다. 먼저 손실함수를 정의하는 간단한 쌍 기반 접근방식에 대해 살펴보자.

5.8.3.1 응용: 순위 기반 서포트 벡터 머신

이제 순위 기반 SVM에 대한 최적화 모델 수식을 구성한다. 먼저 훈련용 데이터가 쌍 기반 예제로 변환된다. 예를 들어, 희귀 클래스 순위 문제에서 양수 및 음수 클래스 인스턴스 쌍을 생성하고 항상 양수 클래스를 음수 클래스보다 높은 순위에 둔다. 훈련용 데이터 $\mathcal{D}_R$은 다음과 같은 순위 쌍 집합으로 주어진다.

$$\mathcal{D}_R = \{(\overline{X}_i, \overline{X}_j) : \overline{X}_i \text{는 } \overline{X}_j \text{ 보다 순위가 높아야 한다 }\}$$

순위 기반 서포트 벡터 머신에서 이러한 각 쌍에 대해 목표는 d차원 가중치 벡터 $\overline{W}$를 학습하여 $\overline{X}_i$가 $\overline{X}_j$보다 높은 순위를 가질 때 $\overline{W} \cdot \overline{X}_i^T > \overline{W} \cdot \overline{X}_j^T$가 되도록 하는 것이다. 따라서 경험하지 않은 테스트용 인스턴스 집합 $\overline{Z}_1 \ldots \overline{Z}_t$이 주어지면, 각각의 $\overline{W} \cdot \overline{Z}_i^T$를 계산하고 이 값을 기준으로 테스트 인스턴스들의 순위를 정할 수 있다.

일반 서포트 벡터 머신에서는 결정 경계에 불편할 정도로 가까운 점들에 페널티를 적용하여 항상 **여백 요구사항**을 부과한다. 이에 따라 순위 기반 SVM에서 $\overline{W} \cdot \overline{X}_i^T$와 $\overline{W} \cdot \overline{X}_j^T$의 차이가 충분히 크지 않은 쌍에 페널티를 준다. 따라서 다음과 같은 보다 강력한 요구사항이 적용된다.

$$\overline{W} \cdot (\overline{X}_i - \overline{X}_j)^T > 1$$

이 조건을 위반할 경우, 목적함수에 대해 $1 - \overline{W} \cdot (\overline{X}_i - \overline{X}_j)^T$라는 페널티가 적용된다. 따라서 이 문제를 위한 수식은 다음과 같다.

$$J = \sum_{(\overline{X}_i, \overline{X}_j) \in \mathcal{D}_R} \max\{0, [1 - (\overline{W} \cdot [\overline{X}_i - \overline{X}_j]^T)]\} + \frac{\lambda}{2}\|\overline{W}\|^2 \text{ 을 최소화한다.}$$

여기에서 $\lambda > 0$은 정칙화 매개변수이다. 각 쌍 $(\overline{X}_i, \overline{X}_j)$을 새로운 특징 세트 $\overline{X}_i - \overline{X}_j$로 대체할 수 있다. 즉, 각 $\overline{U}_p$은 훈련용 데이터의 순위 쌍 $(\overline{X}_i, \overline{X}_j)$에 대해 $\overline{U}_p = \overline{X}_i - \overline{X}_j$ 형식으로 주어진다. 이제 순위 기반 SVM에서 훈련용 데이터의 t개의 쌍에 대응되는 특징 $\overline{U}_1 \ldots \overline{U}_t$를 사용하여 구성한 최적화 문제 수식은 다음과 같다.

$$J = \sum_{i=1}^{t} \max\{0, [1 - \overline{W} \cdot \overline{U}_i^T]\} + \frac{\lambda}{2}\|\overline{W}\|^2 \text{ 을 최소화한다.}$$

일반 서포트 벡터 머신과의 유일한 차이점은 이 최적화 수식에 클래스 변수 y_i가 없다는 것이다. 그러나 4.8.2절에서 논의된 모든 최적화 기법들에 이러한 변경을 반영하는 것은 매우 쉬운 일이다. 각 경우에 클래스 변수 y_i는 4.8.2절에서 논의된 다양한 방법의 해당 경사하강법 단계에서 1로 대체된다.

5.8.4 순차적 결정을 최적화하기 위한 동적 프로그래밍

동적 프로그래밍은 순차 결정을 최적화하기 위해 사용되는 접근방식이며, 이 접근방식의 가장 잘 알려진 기계학습 응용은 **강화 학습**에서 발생한다[6]. 가장 일반적인 형태의 강화 학습은 목적함수 $J(a_1 \ldots a_m)$을 최적화한다. 여기에서 $a_1 \ldots a_m$은 일련의 행동이나 결정이다. 예를 들어, 방향성 비순환 그래프에서 한 지점에서 다른 지점으로의 최단 경로 또는 최장 경로를 찾으려면 다음 단계에서 어떤 노드를 선택할지에 관한 일련의 결정이 필요하다. 마찬가지로, 틱택토(tic-tac-toe)와 같은 2인용 게임에서도 반대의 목표를 가지고 번갈아 결정을 내리는 상대가 있기는 하지만, 게임 내에서 수행할 동작에 대한 일련의 결정이 필요하다. 이러한 원칙은 강화 학습에서 게임 학습 전략에 사용된다. 또 다른 예는 두 문자열 사이의 편집 거리를 찾는 것으로 편집 행위에 관한 일련의 결정이 필요하다. 이 모든 경우에, 일련의 결정 $a_1 \ldots a_m$을 내려야 하며, 하나의 결정을 내릴 때마다 해결해야 할 하위 문제가 작아진다. 예를 들어, 그래프상의 출발점에서 도착점까지의 최단 경로를 선택해야 한다면, 출발점에서 나가는 첫 번째 노드 i를 선택한 후에도 i에서 도착점까지의 최단 경로를 계산해야 한다. 즉, 동적 프로그래밍은 큰 문제를 보다 작은 하위 문제들로 나누고 **각 하위 문제를 최적으로 해결해야 한다**. 동적 프로그래밍은 모두 중요한 최적 하부 구조 속성을 갖는 시나리오에서 정확하게 작동한다.

속성 5.8.1 최적 하위 구조 속성 동적 프로그래밍은 큰 문제를 동일한 특성의 작은 하위 문제들로 나눌 수 있는 최적화 설정에 적용 가능하다. 즉, 큰 문제에 대한 모든 최적 해에는 작은 하위 문제들에 대한 최적 해들이 포함되어야 한다.

여기에서 핵심은 해의 수가 아주 많더라도, 최적의 하부 구조 속성을 사용하면 해들의 작은 부분집합만 고려해도 된다는 것이다. 예를 들어, 그래프상의 출발점에서 도착점까지의 경로 수는 기하급수적으로 많아질 수 있지만, 출발점에서 모든 노드에 이르는 최단 경로들에서 포함되는 노드 수가 2개 이내로 제한된다면 최단 경로들을 쉽게 계산할 수 있다. 최적의 하부 구조 속성으로 인해 이러한 경로는 선형 시간에 최대 3개의 노드를 포함하는 경로로 확장될 수 있다. 그래프의 전체 노드 수에 도달할 때까지 노드 수를 증가시켜가며 이러한 프로세스를 반복할 수 있다. 동적 프로그래밍의 구현은 일반적으로 작은 하위 문제를 먼저 해결하고 해당 해를 저장하는 반복적인 테이블 채우기 방식을 통해 이루어진다. 큰 문제는 최적의 하부 구조 속성을 사용하여 작은 문제의 알려진 해들에 관한 함수를 사용하여 해결된다. 이 점을 설명하기 위해 연쇄 행렬 곱셈에서 연산 횟수를 최적화하는 예를 살펴보기로 하자.

5.8.4.1 응용: 빠른 행렬 곱셈

행렬 A_1, A_2, A_3, A_4, A_5를 순서대로 곱하는 문제를 생각해보자. (행렬의 나열 순서가 변경되지 않는 한) 행렬 곱셈의 결합법칙 특성으로 인해 결과를 변경하지 않고 다양한 방식으로 곱셈을 그룹화 할 수 있다. 예를 들어, 곱셈을 $[(A_1A_2)(A_3A_4)](A_5)$로 그룹화 할 수도 있고 곱셈을 $[(A_1)(A_2A_3)](A_4A_5)$로 그룹화 할 수 있다. 홀수 i에 대한 각 A_i가 1×1000 행렬이고 짝수 i에 대한 각 A_i가 1000×1 행렬인 경우를 생각해보자. 이 경우 첫 번째 그룹화는 크기 1×1000의 최종 결과를 생성하기 위해 약 3000회의 스칼라 곱셈만 필요하다. 모든 중간 결과는 단일 스칼라가 된다. 반면에 두 번째 그룹화는 1000×1000 크기의 큰 중간 행렬을 생성하며 계산에는 백만 회의 스칼라 곱셈이 필요하다. 분명히 그룹화가 수행되는 방식은 행렬 곱셈의 효율성에 중요하다.

이 경우의 결정 문제는 하위 문제가 동일하고 비슷한 방식으로 해결할 수 있으므로 최상위 그룹화를 선택하는 것이다. 예를 들어, 첫 번째 경우의 최상위 그룹화는 $[A_1A_2A_3A_4](A_5)$이고 위의 두 번째 경우의 최상위 그룹화는 $[A_1A_2A_3](A_4A_5)$이다. 가능한 최상위 그룹화는 4가지뿐이며, 각 경우의 작업 수를 계산하고 그 중에서 최상의 경우를 선택하면 된다. 각 그룹화에 대해 $[A_1A_2A_3]$이나 (A_4A_5)와 같은 작은 하위 문제들도 최적으로 해결해야 한다. 각각 크기 $p\times q$와 $q\times r$의 $A_1A_2A_3$이나 A_4A_5와 같은 두 개의 중간 행렬을 곱하는 복잡도는 pqr

이다. 이러한 추가 부담은 두 하위 문제의 복잡도에 더해져 해당 그룹화의 복잡도가 산출된다.

행렬 $A_1A_2\ldots A_m$을 생각해보자. 행렬 A_i의 크기는 $n_i \times n_{i+1}$이고 행렬 i부터 행렬 j까지의 곱셈에 필요한 최적의 연산 수는 $N[i, j]$라고 하자. 이로 인해 $N[1, m]$ 계산에 대해 다음과 같은 **동적 프로그래밍 재귀**가 발생한다.

$$N[i,j] = \min_{k \in [i+1,j]}\{N[i,k-1] + N[k,j] + n_i n_k n_j\} \tag{5.36}$$

우변의 값들은 **반복적인 테이블 채우기**를 사용하여 좌변의 값보다 먼저 계산된다. 여기에서 $j-i$가 1, 2… $(m-1)$ 등과 같이 증가하는 순서에 따라 모든 $N[i, j]$를 계산한다. 값을 채울 테이블에는 최대 $O(m^2)$개의 항이 있으며, 각 항의 계산에는 식 5.36의 우변에 대한 계산이 필요하다. 이 계산에는 최대 $(m-1)$가지의 가능성에 걸친 최소화가 필요하며, 각 가능성에는 더 작은 하위 문제의 계산에 대한 두 개의 테이블 조회가 필요하다. 따라서 식 5.36의 각 계산에는 $O(m)$ 시간이 필요하고 전체 복잡도는 $O(m^3)$이다. 이 알고리즘을 다음과 같이 요약할 수 있다.

```
모든 i에 대해 N[i, i] = 0, Split[i, i] = -1 등으로 초기화한다;
for δ = 1 to m-1 do
  for i = 1 to m-δ do
    N[i, i+δ] = min_{k∈[i+1, i+δ]} {N[i, k-1] + N[k, i+δ] + n_i n_k n_{i+δ}};
    Split[i, i+δ] = argmin_{k∈[i+1, i+δ]} {N[i, k-1] + N[k, i+δ] + n_i n_k n_{i+δ}}:
  endfor;
endfor
```

또한 그룹화의 재구성을 위해 별도의 테이블상의 원소 Split[i, j]에서 각 쌍 [i, j]에 대한 최적의 분할 위치를 추적해야 한다. 예를 들어 행렬을 $A_1 \cdots A_{k-1}$과 $A_k \cdots A_m$의 두 그룹으로 나누기 위해 먼저 k=Split[1, m] 값을 받아온다. 이후 Split[1, $k-1$]과 Split[k, m] 값을 받아와서 개별 하위 문제에 대한 최상위 그룹화를 찾는다. 이러한 프로세스는 단일 행렬에 도달할 때까지 반복된다.

"동적 프로그래밍"이라는 단어는 순수한 최적화 이외의 설정에서도 사용된다. 작업의 중복을 피하여 다항식 복잡도를 달성하는 많은 유형의 반복적인 테이블 채우기는 동적 프로그래밍으로 간주된다(최적화가 발생하지 않는 경우도 포함). 예를 들어 역전파 알고리즘(11장 참고)은 동적 프로그래밍 재귀에서 합산 연산을 사용하지만 여전히 동적 프로그래밍으로 간주된다. (비순환 그래프에서) 출발점-도착점 쌍 사이의 최단 경로 알고리즘을 핵심적인 테이블 채우기 단계의 형태를 약간 변경하여 출발점-도착점 쌍 사이의 경로 수를 찾는 알고리즘으로 쉽게 변경할 수 있다. 출발점 노드 s에 인접한 각 노드 i를 사용하여 최단 경로를 계산하는 대신 (출발점에 인접한) 각 노드 i에서 도착점까지의 경로 수 합계를 계산할 수 있다. 요점은 하위 구조 속성의 **덧셈** 버전을 유지한다는 것이다. 이때 출발점에서 도착점으로의 경로 수는 (출발점에 인접한) 각 노드 i에서 도착점까지의 경로 수를 합한 것과 같다. 그러나 이것은 최적화 문제가 아니다. 따라서 동적 프로그래밍 원리는 다양한 버전의 하위 구조 속성을 활용함으로써 최적화 이외의 문제 설정에서도 작동하는 일반적인 컴퓨터 프로그래밍 패러다임으로 볼 수도 있다. 일반적으로 이러한 하위 구조 속성은 상향식 테이블 채우기를 통해 하위 구조의 통계치로부터 상위 구조의 통계치를 계산할 수 있어야 한다.

5.9 요약

이 장에서는 단순한 경사하강법이 그다지 효과적이지 않은 상황에서 최적화를 위한 여러 고급 방법들을 소개한다. 가장 간단한 방법은 경사하강법을 수정하고 2차 미분 방법의 몇 가지 아이디어를 하강 과정에 반영하는 것이다. 두 번째 접근방식은 뉴턴법과 같은 2차 미분 방법을 직접 적용하는 것이다. 뉴턴법은 한 번의 단계로 2차함수 최적화 문제를 해결할 수 있지만, 국소 2차 근사를 사용하여 비 2차함수 문제의 해결에 사용할 수도 있다. 켤레 경사하강법이나 준 뉴턴법과 같은 뉴턴법의 여러 변형을 사용하여 계산 효율성을 높일 수도 있다. 마지막으로, 미분 불가능 최적화 문제는 다양한 기계학습 설정에서 중요한 과제를 제시한다. 가장 간단한 접근방식은 손실함수를 미분 가능 대리 손실함수로 변경하는 것이다. 다른 해법으로 서브그래디언트 방법, 근위 경사하강법 등의 사용이 포함된다.

5.10 추가 자료

경사하강법의 모멘텀 방법에 대한 논의는 [106]에서 제공된다. 경사하강법에 대한 네스테로프의 알고리즘은 [97]에서 찾을 수 있다. Delta-bar-Delta 방법은 [67]에서 제안되었으며, AdaGrad 알고리즘은 [38]에서 제안되었다. RMSProp 알고리즘은 [61]에서 다루고 있다. 확률적 경사하강법을 사용하는 또 다른 적응 알고리즘인 AdaDelta는 [139]에서 논의된다. 이 알고리즘은 2차 미분 방법, 특히 [111]의 방법과 몇 가지 유사점을 공유한다. 이러한 아이디어를 더욱 개선시킨 Adam 알고리즘은 [72]에서 논의된다. 폴랴크의 평균화 전략은 [105]에서 논의된다.

몇 가지 2차 미분 경사 최적화 방법(예: 뉴턴법)에 대한 설명은 [19, 66, 83]에서 제공된다. 뉴턴법을 사용한 SVM 접근방식의 구현은 [28]에 나와 있으며 로지스틱 회귀 구현은 [80]에 나와 있다. 로지스틱 회귀(뉴턴법 포함)를 위한 다양한 수치 최적화 기법에 대한 논의는 [93]에 제공된다. 켤레 경사하강법의 기본 원리는 여러 고전적인 책과 논문[19, 59, 114]에 설명되어 있으며, [86, 87]의 연구는 신경망에 대한 응용을 논의한다. [89]의 작업은 빠른 경사하강법을 위해 크로네커 인수분해 곡률 행렬을 활용한다. 뉴턴법을 근사하는 또 다른 방법은 준 뉴턴법 [78, 83]이며, 가장 간단한 근사는 대각 헤시안 행렬[13]이다. 약어 BFGS는 Broyden-Fletcher-Goldfarb-Shanno 알고리즘을 나타낸다. L-BFGS(limited memory BFGS)[78, 83]로 알려진 변형은 많은 메모리를 필요로 하지 않는다. 또 다른 인기 있는 2차 미분 방법은 레벤베르크-마쿼드 알고리즘안데, 그 개요는 [51, 83]에서 찾을 수 있다.

미분 불가능 최적화를 위한 방법들은 [96, 116]에서 논의된다. L_1-정칙화 회귀를 위한 좌표하강법의 사용은 [135]에서 논의된다. 그래프 LASSO라고 하는 또 다른 변형은 [48]에서 논의된다. 여기에는 서브그래디언트 방법과 근위 경사하강법에 대한 논의가 포함된다. 근위 알고리즘의 개요는 [100]에서 찾을 수 있다. L_1-정칙화를 처리하는 방법에 대한 심도 있는 논의는 [57]에 나와 있다. 반복형 수축 임계값 설정 알고리즘의 빠른 버전이 [12]에 나와 있다. 순위 기반 문제들에 대한 학습 알고리즘들은 [81]에 제시되어 있다.

5.11 연습문제

1. 손실함수 $L = x^2 + y^{10}$을 생각해보자. 좌표가 초기화 지점에서 최적 값인 0까지 변하는 동안 좌표 변화를 그래프로 표현하기 위해 가장 가파른 하강 알고리즘을 구현하시오. (0.5, 0.5), (2, 2) 등 2개의 초기화 지점에 대해 상수 학습률을 사용하여 각 경우의 궤적에 대한 그래프를 표시하시오. 이 두 가지 경우에 대한 알고리즘 동작에 대해 무엇을 관찰할 수 있는가?

2. 이 장의 그림 5.2와 같은 예제에서 볼 수 있듯이 경사하강법이 수행하는 단계 수는 변수의 배율조정에 매우 민감하다. 이 연습문제에서는 뉴턴법이 변수의 배율조정에 전혀 영향 받지 않음을 보일 것이다. $\overline{x}$를 특정 최적화 문제에 대한 최적화 변수 집합이라고 하자. 가역 행렬 B를 사용하여 선형 배율조정 $\overline{y} = B\overline{x}$에 의해 $\overline{x}$를 $\overline{y}$로 변환한 다음 $\overline{y}$를 사용하여 동일한 최적화 문제를 제기한다고 가정한다. 목적함수는 2차함수가 아닐 수도 있다. 뉴턴법을 반복적으로 적용하여 얻은 열 $\overline{x}_0, \overline{x}_1 \ldots \overline{x}_r$과 $\overline{y}_0, \overline{y}_1 \ldots \overline{y}_r$은 다음의 관계를 갖는다는 것을 보이시오

$$\overline{y}_k = B\overline{x}_k \quad \forall k \in \{1 \ldots r\}$$

[참고로, 특징들에 대한 전처리와 배율조정은 기계학습에서 매우 일반적이며 최적화 변수의 배율조정에도 영향을 미친다.]

3. $x=0$에 대한 다음 함수 각각의 2차 테일러 전개식을 작성하시오. (a) x^2; (b) x^3; (c) x^4; (d) $\cos(x)$.

4. 2차함수 $f(x)=ax^2+bx+c$가 있다고 가정한다($a>0$). 이 2차함수가 $x=-b/2a$에서 최솟값을 갖는다는 것은 잘 알려져 있다. 임의의 지점 $x=x_0$에서 시작하는 한 번의 뉴턴 단계로 시작 지점 x_0에 관계없이 항상 $x=-b/2a$에 도달한다는 것을 보이시오.

5. 목적함수 $f(x)=[x(x-2)]^2+x^2$를 생각해보자. $x=1$에서 시작하는 이 목적함수에 대한 뉴턴 갱신을 작성하시오.

6. 목적함수 $f(x)=\sum_{i=1}^{4} x^i$를 생각해보자. $x=1$에서 시작하는 뉴턴 갱신을 작성하시오.

7. 뉴턴 갱신이 최소점이 아니라 최대점에 도달할 수 있을까? 이유를 설명하시오. 뉴턴법이 최소점이 아니라 최대점에 도달하도록 보장하는 함수 유형은 무엇인가?

8. 각도 x가 라디안 단위로 측정되는 목적함수 $f(x)=\sin(x)-\cos(x)$를 생각해보자. $x=\pi/8$에서 시작하는 뉴턴 갱신을 작성하시오.

9. 순 볼록 2차함수의 헤시안 행렬 H는 영벡터가 아닌 임의의 $\overline{x}$에 대해 항상 $\overline{x}^T H\overline{x}>0$을 만족한다. 이러한 문제의 경우 모든 켤레 방향들이 선형 독립임을 보이시오.

10. d차원 벡터 $\overline{v}$가 d개의 선형 독립 벡터들과의 점곱이 0이면 $\overline{v}$는 영벡터임을 보이시오.

11. 이 장에서는 가장 가파른 하강 방향을 사용하여 켤레 방향을 반복적으로 생성한다. d개의 선형 독립인 임의의 방향 $\overline{v}_0 \dots \overline{v}_{d-1}$을 선택한다고 가정한다. (적절한 β_{ti}를 선택하고) $\overline{q}_0=\overline{v}_0$로 시작하여 다음 형식으로 후속 켤레 방향들을 생성할 수 있음을 보이시오.

$$\overline{q}_{t+1}=\overline{v}_{t+1}+\sum_{i=0}^{t}\beta_{ti}\overline{q}_i$$

이 방법이 이 장에서 논의한 방법보다 비용이 높은 이유를 설명하시오.

12. 5.7.1절에서 β_t의 정의는 $\overline{q}_t$가 $\overline{q}_{t+1}$에 켤레임을 보장한다. 이 연습문제는 $i\le t$인 임의의 방향 $\overline{q}_i$가 $\overline{q}_i^T H\overline{q}_{t+1}=0$을 만족한다는 것을 체계적으로 보인다. [힌트: (a)에 주목하면서 t에 관한 수학적 귀납법으로 (b), (c), (d)를 함께 증명하시오.]

(a) 식 5.23에서 2차함수인 손실함수에 대해 $H\overline{q}_i=[\nabla J(\overline{W}_{i+1})-\nabla J(\overline{W}_i)]/\delta_i$임을 밝히고 있다. 여기에서 δ_i는 i번째 단계 크기에 종속된다. 이 조건을 식 5.21과 결

합하여 모든 $i \leq t$에 대해 다음을 보이시오.

$$\delta_i[\overline{q}_i^T H \overline{q}_{t+1}] = -[\nabla J(\overline{W}_{i+1}) - \nabla J(\overline{W}_i)]^T [\nabla J(\overline{W}_{t+1})] + \delta_i \beta_t (\overline{q}_i^T H \overline{q}_t)$$

또한 $[\nabla J(\overline{W}_{t+1}) - \nabla J(\overline{W}_t)] \cdot \overline{q}_i = \delta_t \overline{q}_i^T H \overline{q}_t$임을 보이시오.

(b) $i \leq t$인 각 i에 대해 $\nabla J(\overline{W}_{t+1})$이 각 $\overline{q}_i$에 직교함을 보이시오.

(c) 손실 경사도 $\overline{W}_0 \ldots \overline{W}_{t+1}$은 상호 직교함을 보이시오.

(d) $i \leq t$인 각 i에 대해 $\overline{q}_i^T H \overline{q}_{t+1} = 0$임을 보이시오. [$i = t$의 경우는 자명하다.]

13. 정칙화 된 L_2-손실 SVM과 가로 데이터 행렬 D에 대해 뉴턴법을 사용하는 것을 생각해보자. 더 작은 행렬을 역변환함으로써 이 장 본문의 갱신을 보다 효율적으로 만들 수 있는 방법을 설명하시오. [힌트: $D_w = \sqrt{\Delta_w} D$를 정의하고 문제 1.2.13의 푸시-스루 항등식을 사용하시오. 표기법은 본문과 동일하다.]

14. 안장점은 높은 차원의 공간에서 급증함: 단일 변량 함수 $f(x) = x^3 - 3x$에 대해 다음과 같은 자연스러운 다변량 확장을 생각해보자.

$$F(x_1 \ldots x_d) = \sum_{i=1}^{d} f(x_i)$$

이 함수는 최소점 1개, 최대점 1개, $2d - 2$개의 안장점을 갖는다는 것을 보이시오. 왜 고차원 함수에 안장점이 급증하는지 설명하시오.

15. 보조정리 5.5.1의 기계학습을 위한 통합 뉴턴 갱신에 대해 증명하시오.

16. 역전파 준비: 출발점 노드 s와 도착점 t가 정해져 있는 방향성 비순환 그래프 G를 생각해보자. 각 간선에는 길이와 승수가 연계되어 있다. s에서 t까지의 경로 길이는 경로상의 간선 길이의 합과 같으며 경로의 승수는 경로상의 간선 승수들의 곱이다. (i) s에서 t까지의 가장 긴 경로, (ii) s에서 t까지의 최단 경로, (iii) s에서 t까지의 평균 경로 길이, (iv) s에서 t까지의 모든 경로들에 대한 경로 승수들의 합 등을 구하기 위한 동적 프로그래밍 알고리즘들을 고안하시오. [(iv)는 역전파 알고리즘의 핵심 아이디어임]

17. 뉴턴법이 각각 최대점과 최소점으로 종료되는 두 개의 시작점과 함께 단일 변량 3차 목적함수의 예를 제시하시오.

18. L_1-손실을 갖는 선형 회귀는 데이터 행렬 D와 목표 벡터 $\overline{y}$에 대해 $\|D\overline{W} - \overline{y}\|_1$을 최소화한다. 이 경우에 뉴턴법을 사용할 수 없는 이유를 설명하시오.

Chapter 6

제약조건이 있는 최적화 문제와 쌍대성

"군자는 종종 자신이 굴복하는 제약에 대해 자신이 고취한 무료함으로 복수한다." – 공자

6.1 서론

음이 아닌 가중치를 사용하는 회귀나 **경계상자**(bounding box) **회귀**와 같은 많은 기계학습 설정에서 최적화 변수에 제약조건이 부과된다. 따라서 이러한 제약조건을 충족하는 최적화 공간 영역에서만 최적의 해를 찾아야 한다. 이 영역은 최적화 용어에서 **실행 가능 영역**(feasible region)이라고 한다. 무제약 단계는 최적화 변수가 최적화 문제의 실행 가능 영역 밖으로 이동할 수 있기 때문에 경사하강 절차를 단순하게 적용하는 것은 작동하지 않을 수도 있다. 일반적으로 최적화 제약조건을 처리하는 방법에는 두 가지가 있다.

1. **원본 접근방식**: 원본(primal) 접근방식에서는 공간의 실행 가능 영역 내에 머물도록 경사하강을 수정하려고 시도한다. 경사하강법, 좌표하강법, 뉴턴법 등과 같이 이전 장에서 논의한 많은 방법을 공간의 실행 가능 영역을 벗어나지 않도록 수정할 수 있다.
2. **쌍대 접근방식**: 쌍대(dual) 접근방식은 원본 제약조건이 쌍대 변수로 변환되는 새로운 쌍대 문제를 생성하기 위해 라그랑주 완화를 사용한다. 쌍대 문제의 구조가 해결하기에 더욱 간단한 경우가 많다. 그러나 쌍대 문제도 제약조건을 갖는 경우가 종종 있으며, 제약조건을 다룰 수 있는 (위의 원본 방법과) 유사한 최적화 방법이 필요할 수도 있다.

이 장에서는 제약조건이 있는 최적화를 위한 원본 및 쌍대 방법에 대해 설명한다. **페널티 방법**과 같은 일부 기법은 원본 방법과 쌍대 방법의 기술들을 모두 반영한다.

최적화 문제의 복잡성은 제약조건의 구조에 따라 다르다. 다행히도 많은 기계학습 응용에는 두 가지 간단한 유형의 제약조건이 포함된다.

1. **선형 및 볼록 제약조건**: 선형 제약조건은 $F(\overline{w}) \leq b$ 형식 또는 $G(\overline{w}) = c$ 형식이다. 여기에서 $F(\overline{w})$와 $G(\overline{w})$는 선형 함수이다. 보다 일반적인 제약조건 유형은 $H(\overline{w}) \leq d$ 형식의 볼록 제약조건이다. 여기에서 $H(\overline{w})$는 볼록하다.

2. **노옴 제약조건**: 많은 기계학습 문제는 노옴 제약조건을 갖는데, 이 경우 $\|\overline{w}\|^2 = 1$이라는 제약 하에서 $F(\overline{w})$를 최소화하거나 최대화하려고 한다. 이러한 문제는 스펙트럼 군집화나 주성분 분석에서 발생한다.

이 장은 다음과 같이 구성된다. 다음 절에서는 (원본) 경사하강법에 대한 제약조건 방법을 소개한다. 좌표하강법은 6.3절에서 설명한다. 라그랑주 완화 접근방식은 6.4절에서 소개된다. 페널티 방법은 6.5절에서 논의된다. 노옴 제약조건 최적화 방법은 6.6절에서 설명한다. 원본 및 쌍대 방법의 상대적 이점에 대한 논의는 6.7절에서 제공된다. 6.8절에서는 요약을 제시한다.

6.2 원본 경사하강법

투영된 경사하강법은 **실행 가능 방향 방법**이라고도 한다. 이러한 방법은 (실행 가능성을 유지하며) 경사 하강 방향의 투영을 따라 단계를 수행하거나 실행 가능 공간 외부로의 이동을 실행 가능 해로 즉시 "고친다". 가장 기본적인 형태에서는 무제약의 가장 가파른 하강 갱신이 먼저 수행된다. 그러나 이러한 갱신은 현재 최적화 변수를 실행 가능 공간 밖으로 이동시킬 수 있다. 이 시점에서 실행 가능 공간에서 가장 가까운 지점에 매개변수 벡터를 투영한다. 핵심은 최적화 문제에 다음과 같은 볼록 구조가 있는 한 이러한 두 단계 과정이 잘 작동한다는 것이다.

정의 6.2.1 볼록 집합에 대한 볼록 목적함수

볼록 집합에 대한 볼록 목적함수를 최소화하는 문제는 다음과 같이 정의된다.

$$F(\overline{w})\text{을 최소화한다.}$$
$$\text{제약조건:}$$
$$\overline{w} \in C$$

여기에서 $F(\overline{w})$는 볼록 함수이고 C는 볼록 집합이다.

위의 정의는 이러한 유형의 최적화 문제의 가장 일반적인 형태이다. 그러나 기계학습에서 흔히 발생하는 집합 C의 특수한 경우가 많이 있다.

1. **선형 제약조건**: 집합 C는 $f_i(\overline{w}) \leq 0$ 형식 또는 $f_i(\overline{w}) = 0$ 형식의 선형 제약들의

교집합이다($i \in \{1 \ldots m\}$). 여기에서 각 $f_i(\overline{w})$는 선형 함수이다. 등식 제약조건은 두 선형 부등 제약조건 $f_i(\overline{w}) \le 0$과 $-f_i(\overline{w}) \le 0$의 교집합으로 표현될 수 있다. 따라서 부등 제약조건은 더 어려운 최적화 문제를 생성하지만, 부등 제약조건은 등식 제약조건보다 더 일반적이다.

2. **볼록 제약조건**: 집합 C는 $f_i(\overline{w}) \le 0$ 형식의 볼록 제약조건들의 교집합이다($i \in \{1 \ldots m\}$). 여기에서 각 $f_i(\overline{w})$는 볼록 함수(선형 함수일 가능성 포함)이다.

이제 실행 가능 방향 방법에 대한 일반적인 알고리즘을 제시하고, 특수한 경우들에 대한 알고리즘의 단순화를 제시한다. 정의 6.2.1의 일반 최적화 문제의 경우 실행 가능 방향 방법은 다음 두 단계를 반복한다.

1. 현재 매개변수 벡터 $\overline{w}$에서 다음과 같은 가장 가파른 하강 갱신을 수행한다.

$$\overline{w} \Leftarrow \overline{w} - \alpha \nabla F(\overline{w})$$

여기에서 α은 단계 크기이다($\alpha > 0$). 이 단계는 $\overline{w}$를 실행 가능 집합 C 밖으로 이동시킬 수 있다.

2. 집합 C에서 가장 가까운 지점에 $\overline{w}$를 투영한다. 이 투영은 다음 형식의 최적화 문제로 표현될 수 있다.

$$\overline{w} \Leftarrow \text{argmin}_{\overline{v} \in C} \|\overline{w} - \overline{v}\|^2$$

이 단계는 첫 번째 단계가 실행 가능 영역 밖으로 $\overline{w}$를 이동시킬 때만 필요하다.

이 두 단계는 수렴에 이를 때까지 반복된다. 집합 C가 볼록하고 목적함수 $F(\overline{w})$도 볼록한 경우, 이 접근방식은 최적의 해에 수렴한다는 것을 보일 수 있다. 두 번째 단계는 그 자체가 (보다 단순한 구조의) 최적화 문제이다. 투영 경사하강법은 그림 6.1에 그림으로 설명되어 있다.

6.2.1 선형 등식 제약조건

선형 제약조건을 갖는 특정 유형의 최적화 문제는 기계학습에서 자주 발생한다. 일반적인 예는 목적함수가 $\overline{w}^T Q \overline{w} + \overline{c}^T \overline{w}$ 형식의 2차 항과 선형 항을 포함하고 제약조건이 선형인 **2차 계획법**의 경우이다. 여기에서 $\overline{w}$는 d차원 매개변수 벡터, $\overline{c}$는 d차원 열벡터, Q는 $d \times d$ 행렬이다. 목적함수가 선형일 때 문제 구성 수식은 **선형계획법**이라고 한다.

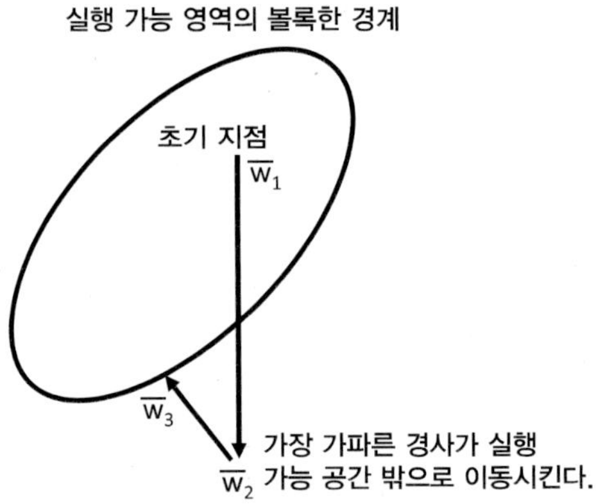

그림 6.1 투영 경사하강법. 가장 가파른 하강은 먼저 실행 가능 영역 밖으로 이동시킨 다음 실행 가능 영역 내부에서 가장 가까운 지점으로 다시 투영한다.

선형 등식 제약조건은 무제약 목적함수를 생성하기 위해 등식 제약조건 문제의 변수를 제거할 수 있기 때문에 무제약 문제 버전과 거의 동일한 것으로 간주될 수 있다. 이러한 유형의 제거는 부등 제약조건 문제에서는 달성할 수 없다. 일반적으로 최적화 문제의 등식 제약조건은 부등 제약조건(제약조건이 선형이든 아니든)보다 다루기가 더 간단하다. 이는 등식 제약조건이 항상 변수나 제약조건의 일부를 제거할 수 있는 가능성을 허용하기 때문이다.

관찰 6.2.1 가우스 소거법을 사용하여 최적화 문제에서 변수 및 제약조건의 부분집합을 제거함으로써 선형 등식 제약조건이 있는 최적화 문제를 무제약 형식으로 변환할 수 있다.

이 점을 이해하기 위해 제약조건 $x+y=1$하에서 목적함수 x^2+y^2를 최소화하는 경우를 생각해보자. 이 경우 다음과 같은 무제약 목적함수를 생성하기 위해 $y=1-x$로 대체하고 y와 제약조건을 제거한다.

$$J = x^2 + (1-x)^2$$

x의 최적 값이 1/2임은 쉽게 확인할 수 있다. 제약조건이 많을 때 행 사다리꼴 형식을 만들기 위해 행 축소를 사용한다. 결과적으로, (0이 아닌 선행 항이 존재하지 않는) 나머지 모든 자유 변수들을 사용하여 행 사다리꼴 형식의 A에서 (선행 0이 아닌 항이 존재하는) 변수들을 표현할 수 있다. 결과적으로 무제약 목적함수는 자유 변수로만 표현할 수 있다. 이러한 유형의 제거에 대한 예는 2.5.4절에 나와 있다. 결과적으로 최적화 문제를 해결하기 위해 무제약 목적함수에 간단한 경사하강법을 사용할 수 있다.

가우스 소거법을 사용하여 변수(및 제약조건)의 부분집합을 제거할 수 있음에도 불구하고 등식 제약조건 하에서 투영 경사하강법을 사용할 수도 있다. 3차원 공간에서 2차원 초평면 공

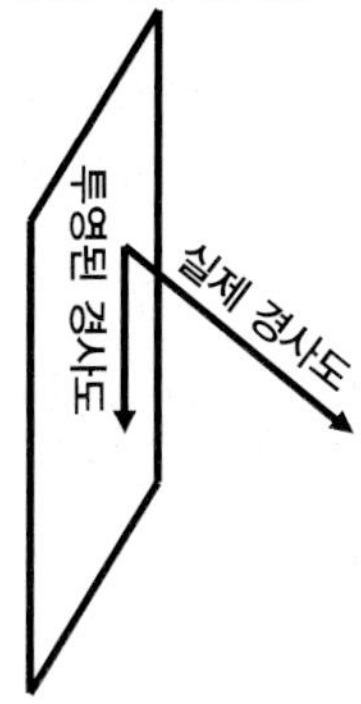

그림 6.2 다양한 유형의 선형 제약조건 하의 투영 경사하강법

간의 예를 그림 6.2에서 보이고 있다. 이 특별한 경우에 가장 가파른 방향 이동과 투영의 두 반복 단계를 분리할 필요는 없다. 오히려 하강을 수행하기 위해 경사도를 선형 초평면에 직접 투영할 수 있다. 2차원 초평면에서 가장 가파른 하강 방향의 해당 투영은 그림 6.2에 표시되어 있다.

가장 가파른 하강 방향이 대수적으로 무엇을 의미하는지 이해할 필요가 있다. 제약조건 연립방정식 $A\overline{w} = \overline{b}$ 하에서 $F(\overline{w})$를 최소화하는 상황을 생각해보자. 여기에서 $\overline{w}$는 d차원 열 벡터이고 A는 $m \times d$ 행렬이다($m \leq d$). 따라서 벡터 $\overline{b}$는 m차원이다. 이때 $m \leq d$는 중요한데, 그렇지 않으면 제약조건 집합이 실행 불가능할 수 있다. 단순화를 위해 A의 행들은 **선형 독립**이라고 가정한다.

현재 매개변수 벡터가 $\overline{w} = \overline{w}_t$인 상황을 생각해보자. $\overline{w}_t$가 이미 실행 가능하고 따라서 최적화 문제의 제약조건 $A\overline{w}_t = \overline{b}$를 충족한다고 가정한다. 그러면 현재 가장 가파른 하강 방향은 $\overline{g}_t = \nabla F(\overline{w}_t)$로 주어진다. $A\overline{g}_t = 0$이면 점 $\overline{w}_t - \alpha\overline{g}_t$는 더 이상 실행 가능하지 않다. 이것은 $A[\overline{w}_t - \alpha\overline{g}_t] = \overline{b} - \alpha A\overline{g}_t = \overline{b}$이기 때문이다. 이 상황은 그림 6.2에 나와 있는데, 가장 가파른 하강 방향이 실행 가능한 초평면에서 벗어나는 경우이다.

따라서 가장 가파른 하강 단계가 가능하도록 하려면 벡터 $\overline{g}_t$를 초평면 $A\overline{w} = \overline{0}$에 투영해야 한다. 따라서 투영된 벡터 $\overline{g}'_t$가 $A\overline{g}'_t = \overline{0}$을 충족한다. 즉, 투영된 가장 가파른 하강은 $\overline{g}_t$를 A의 오른쪽 영공간에 투영한다. 이것은 A의 행들에 대응되는 부분공간상의 부분 $\overline{g}_{\parallel}$와 A의 행들에 대한 직교 여부분공간의 부분 $\overline{g}_{\perp}$를 사용하여 $\overline{g}_t = \overline{g}_{\parallel} + \overline{g}_{\perp}$와 같이 표현함으로써 달성된다(직교 여부분공간에 대해서는 2장의 정의 2.3.10 참고). 초평면 $A\overline{w} = \overline{0}$에 놓인 부분이 $\overline{g}_{\perp}$임에 주목하자. 투영된 벡터 $\overline{g}'_t = \overline{g}_{\perp}$의 예가 그림 6.2에 나와 있다. 기호 $\perp$는 벡터 $\overline{g}_{\perp}$가 A의 행들에 의해 정의되는 부분공간에 수직이라는 사실을 나타낸다. 이러한 벡터는 실제

로 초평면 $A\overline{w}=\overline{0}$에 **평행한데**, 초평면에 평행한 벡터에 (수직을 의미하는) "⊥"를 사용하는 것에 독자들이 혼란스러울 수도 있기에 이 점을 명확하게 언급한다. 여기에서 벡터가 초평면 $A\overline{w}=\overline{b}$에 평행하더라도 A의 행들의 직교 여부분공간에 있어야 한다는 점에 유의하기 바란다. 일반적으로 초평면 $A\overline{w}=\overline{0}$ 상의 모든 점의 좌표 $\overline{w}$는 A의 행들에 직교하는 벡터 공간을 형성한다. 따라서 기호 "⊥"는 초평면에 평행함을 의미하는 직관적 개념이나 기하학적 개념이 아니라 직교 여부분공간이라는 **선형대수** 개념을 나타낸다. 따라서 A의 행들의 생성공간 상의 $\overline{g}_t$에서 성분 $\overline{g}_{\|}$을 빼야 한다. A의 행들이 선형 독립이라고 가정할 수 있는 (즉, 중복된 제약조건이 없는) 경우, 가장 간단한 방법은 2장의 식 2.17에서 논의된 **투영 행렬**[12)]을 행 단위로 사용하는 것이다. 즉, $\overline{g}'_t$를 다음과 같이 닫힌 형태로 간단히 표현할 수 있다.

$$\overline{g}'_t = \overline{g}_t - \overline{g}_{\|} = [I - A^T(AA^T)^{-1}A]\overline{g}_t \tag{6.1}$$

A의 행들이 선형 독립이 아닌 경우, r개의 직교정규 벡터 $\overline{v}_1 \dots \overline{v}_r$를 생성하기 위한 A의 m개의 행들에 대한 그람-슈미트 직교화(2.7.1절 참고)를 통해 $\overline{g}'_t=\overline{g}_{\perp}$의 계산을 쉽게 수행할 수 있다($r<m$). 이제 $\overline{g}_{\perp}$는 다음과 같이 계산할 수 있다.

$$\overline{g}_{\|} = \sum_{i=1}^{r} [\overline{g}_t \cdot \overline{v}_i]\,\overline{v}_i$$

$$\overline{g}_{\perp} = \overline{g}_t - \overline{g}_{\|}$$

이제 반복형 투영 경사하강법 단계는 다음과 같이 표현할 수 있다.

1. $\overline{g}_t = \nabla F(\overline{w}_t)$를 계산하고, 위에서 설명한 대로 $\overline{g}_t$로부터 $\overline{g}_{\perp}$를 계산한다.

2. $\overline{w}_{t+1} \Leftarrow \overline{w}_t - \alpha\overline{g}_{\perp}$를 갱신하고, t를 1만큼 증가시킨다.

수렴에 이를 때까지 위의 두 단계를 반복한다. 이 절차는 벡터 $\overline{w}=\overline{w}_0$을 임의의 실행 가능한 값으로 초기화할 수 있다. 초기 실행 가능 값은 2장에서 논의된 방법 중 하나를 사용하여 연립방정식 $A\overline{w}=\overline{b}$를 풀면 찾을 수 있다.

12) 투영 행렬(식 2.17 참고)의 기본 정의는 항상 열 단위 투영 행렬인 A의 열들의 생성공간으로 투영한다. 여기에서는 A의 행들의 생성공간으로 투영하므로 식 2.17에서 A를 전치하는 것으로 수정되었다.

> **문제 6.2.1** 볼록 함수 및 선형 등식 제약조건 하에서 투영 경사하강법에 대한 각 반복에서 단계 크기 α를 결정하기 위해 직선탐색법을 사용한다고 가정한다. 일련의 투영된 하강 방향들은 항상 서로 직교함을 보이시오.

6.2.1.1 등식 제약조건이 있는 볼록 2차계획법 문제

4.6.2.1절에서 무제약 2차계획법의 문제를 이미 다룬 바 있다. 이 절에서는 등식 제약조건을 사용하는 2차계획법에 대해 설명한다. 2차계획법 문제는 다음과 같이 정의된다.

$$J(\overline{w}) = \frac{1}{2}\overline{w}^T Q \overline{w} + \overline{p}^T \overline{w} + q \text{ 을 최소화한다.}$$

제약조건:

$$A\overline{w} = \overline{b}$$

여기에서 Q는 $d \times d$ 양의 정부호 행렬, $\overline{p}$와 $\overline{w}$는 d차원 열벡터, q는 스칼라이다. 이 목적함수는 모든 곳에서 양의 정부호 헤시안 행렬 Q를 가지므로 순 볼록하다. 간단히 설명하기 위해 행렬 A에 선형 독립 행들이 있다고 가정한다. 따라서 A는 $m \leq d$인 $m \times d$ 행렬이고, 벡터 $\overline{b}$는 m차원이다.

이미 4.6.2.1절에서 양의 정부호 헤시안 행렬을 갖는 무제약 2차계획법 문제가 닫힌 형식의 해를 갖는다는 것을 알고 있다. 가우스 소거법을 사용하면 등식 제약조건을 항상 제거할 수 있으므로, 이 경우에도 닫힌 형식의 해를 찾을 수 있어야 한다. 결국, 선형 초평면 $A\overline{w} = \overline{b}$에서 순 볼록 함수의 투영도 순 볼록함을 유지할 것이므로 이 경우 닫힌 형식의 해를 찾을 수 있어야 한다. 그러나 이러한 목표를 달성하려면 목적함수가 선형으로 분리 가능한 변수들을 포함하도록 **변수 변환**을 사용해야 한다(3.4.4절 참고). 이러한 프로세스는 단일 변량 2차함수를 정점 형태로 변환하는 프로세스와 유사하다. 먼저 $Q = P\Delta P^T$라고 표현한다. 여기에서 Δ는 모든 대각 항이 양의 값을 갖는 대각행렬이다. 따라서 행렬 $\sqrt{\Delta}$과 $\Delta^{-1/2}$를 모두 정의할 수 있다. 목적함수는 다음과 같이 다시 작성할 수 있다.

$$\begin{aligned}
J(\overline{w}) &= \frac{1}{2}\overline{w}^T Q \overline{w} + \overline{p}^T \overline{w} + q \\
&= \frac{1}{2}\overline{w}^T [P\Delta P^T] \overline{w} + \overline{p}^T \overline{w} + q \\
&= \frac{1}{2}\|\sqrt{\Delta} P^T \overline{w} + \Delta^{-1/2} P^T \overline{p}\|^2 + [q - \frac{1}{2}\overline{p}^T \underbrace{[P\Delta^{-1} P^T]}_{Q^{-1}} \overline{p}]
\end{aligned}$$

수정된 상수항은 $q' = q - \frac{1}{2}\overline{p}^T[P\Delta^{-1}P^T]\overline{p}$로 정의된다. 이 문제를 풀기 위해 다음과 같은

변수 변환을 수행한다.

$$\overline{w}' = \sqrt{\Delta}P^T\overline{w} + \Delta^{-1/2}P^T\overline{p} \tag{6.2}$$

이 변수 변환은 가역적이다. 양변의 앞쪽에 $P\Delta^{-1/2}$를 곱함으로써 $\overline{w}'$로 $\overline{w}$를 표현할 수도 있기 때문이다.

$$\begin{aligned} P\Delta^{-1/2}\overline{w}' &= \overline{w} + P\Delta^{-1}P^T\overline{p} \\ &= \overline{w} + Q^{-1}\overline{p} \end{aligned}$$

즉, $\overline{w}$는 다음과 같이 $\overline{w}'$로 표현할 수 있다.

$$\overline{w} = P\Delta^{-1/2}\overline{w}' - Q^{-1}\overline{p} \tag{6.3}$$

선형 제약조건 $A\overline{w} = \overline{b}$는 다음과 같이 새로운 변수 $\overline{w}'$로 표현할 수 있다.

$$\begin{aligned} &A\overline{w} = \overline{b} \\ &A[P\Delta^{-1/2}\overline{w}' - Q^{-1}\overline{p}] = \overline{b} \\ &\underbrace{[AP\Delta^{-1/2}]}_{A'}\overline{w}' = \underbrace{\overline{b} + AQ^{-1}\overline{p}}_{\overline{b}'} \end{aligned}$$

따라서 새로운 행렬/벡터 A'와 $\overline{b}'$로 표현되는 선형 제약조건을 얻게 된다. 즉, 앞의 최적화 문제를 다음과 같은 형식으로 표현할 수 있다.

$$J(\overline{w}') = \frac{1}{2}\|\overline{w}'\|^2 + q'\text{을 최소화한다.}$$

제약조건:

$$A'\overline{w}' = \overline{b}'$$

A'의 행들은 A의 행들처럼 선형 독립이다. A'는 A에 전 순위의 정방행렬을 곱하여 얻기 때문이다. 이것은 바로 2.8절에서 논의된 최적화 문제이다. 여기에서 A'의 우 역행렬을 사용하여 $\overline{w}'$에 대한 해를 구할 수 있다.

$$\overline{w}' = A'^T(A'A'^T)^{-1}\overline{b}' \tag{6.4}$$

이것은 원래 계수와 최적화 변수 측면에서 무엇을 의미할까? $A' = AP\Delta^{-1/2}$를 대입하면 $A'A'^T = A(P\Delta^{-1}P^T)A^T = AQ^{-1}A^T$임을 알 수 있다. 따라서 원래 계수들로 표현된 $\overline{w}$를 얻을 수 있다.

$$\begin{aligned}\overline{w} &= P\Delta^{-1/2}\overline{w}' - Q^{-1}\overline{p} \\ &= P\Delta^{-1/2}[\Delta^{-1/2}P^T A^T (AQ^{-1}A^T)^{-1}\overline{b}'] - Q^{-1}\overline{p} \\ &= Q^{-1}A^T[AQ^{-1}A^T]^{-1}\overline{b}' - Q^{-1}\overline{p} \\ &= Q^{-1}\{A^T[AQ^{-1}A^T]^{-1}[\overline{b} + AQ^{-1}\overline{p}] - \overline{p}\}\end{aligned}$$

이 해를 다음의 형식으로 표현할 수도 있다.

$$\overline{w} = -Q^{-1}\overline{p} + \underbrace{Q^{-1}A^T[AQ^{-1}A^T]^{-1}[\overline{b} + AQ^{-1}\overline{p}]}_{\text{제약조건으로 인한 조정}} \tag{6.5}$$

(다른 표기법을 사용하였지만) 4.6.2.1절에서 논의된 바와 같이, 문제의 무제약 버전에 대한 해는 $-Q^{-1}\overline{p}$이다. 이것은 위의 해에서 첫 번째 부분과 동일하다. 위의 해에서 두 번째 부분은 등식 제약조건으로 인한 조정이다. 조정에는 $\overline{b} - A[\overline{z}]$가 인수로 포함되어 있으며, 여기에서 $\overline{z} = -Q^{-1}\overline{p}$는 무제약 문제에 대한 해이다. 즉, 무제약 해로부터의 조정은 무제약 해가 실행 가능 영역에서 얼마나 떨어져 있는지에 직접적으로 종속된다.

6.2.1.2 응용: 등식 제약조건이 있는 선형 회귀

등식 제약조건이 있는 볼록 2차계획법 문제에 대한 닫힌 형식의 해를 찾을 수 있다는 사실은 등식 제약조건을 사용하여 최소제곱 회귀 문제를 해결할 수도 있음을 의미한다. 결국, 선형 회귀의 목적함수는 볼록 2차함수이기도 하다. 특징 변수를 포함하는 $n \times d$ 데이터 행렬 D와 n차원 반응 벡터 $\overline{y}$가 있다고 하자. d차원 계수 벡터 $\overline{w}$가 제약조건 연립방정식 $A\overline{w} = \overline{b}$의 적용을 받기 때문에, 데이터에 대한 도메인 지식이 있다고 가정한다. 여기에서 A는 $m \le d$인 $m \times d$ 행렬이고, $\overline{b}$는 m차원 벡터이다. 이 경우 최적화 문제는 다음과 같이 표현될 수 있다.

$$J(\overline{w}) = \frac{1}{2}\|D\overline{w} - \overline{y}\|^2 + \frac{\lambda}{2}\|\overline{w}\|^2 \text{ 을 최소화한다.}$$

$$\text{제약조건:}$$

$$A\overline{w} = \overline{b}$$

이 목적함수는 6.2.1.1절의 볼록 2차계획법 문제와 정확히 동일한 형식이다. 이것은 식 6.5의 닫힌 형식의 해를 사용할 수 있음을 의미한다. 핵심은 문제를 같은 형태로 변환할 수 있다는 것인데, 이 변환은 연습용 문제로 남긴다.

문제 6.2.2 식 6.5에서 $Q = D^T D + \lambda I$와 $\overline{p} = D^T \overline{y}$를 사용하여 6.2.1.1절의 2차함수 최적화 문제에 대한 해와 동일한 형식으로 등식 제약조건 선형 회귀에 대한 해를 표현할 수 있음을 보이시오.

6.2.1.3 응용: 등식 제약조건이 있는 뉴턴법

뉴턴법은 선형 등식 제약조건이 있는 모든 볼록 함수에 적용할 수 있다(목적함수가 2차가 아니더라도). 전체적인 아이디어는 5장에서 논의한 것과 동일하다. 등식 제약조건 $A\overline{w}=\overline{b}$ 하에서 임의의 볼록 함수 $J(\overline{w})$를 최소화하는 경우를 생각해보자. 여기에서 A는 $m\times d$ 행렬이고, $\overline{w}$는 d차원 최적화 변수 벡터이다. 뉴턴법은 먼저 $\overline{w}=\overline{w}_0$과 같이 초평면 $A\overline{w}=\overline{b}$상의 실행 가능한 점으로 초기화한다. 그런 다음 $t=0$으로 시작하고 다음 단계를 반복적으로 수행한다.

1. $\overline{w}=\overline{w}_t$에 중심을 두고 함수 $J(\overline{w})$의 2차 테일러 근사를 계산한다(1.5.1절 참고).
2. 테일러 근사에 대한 식 6.5를 사용하여 $\overline{w}_{t+1}$을 계산한다.
3. t를 1만큼 증가시킨 다음 단계 1로 이동한다.

2차 테일러 근사는 항상 식 6.5의 형태로 표현될 수 있으므로 닫힌 형식의 해를 직접 대입할 수 있다. 이러한 반복형 접근방식은 경사하강법보다 적은 수의 단계로 최적의 해에 수렴할 수 있다.

6.2.2 선형 부등 제약조건

선형 부등 제약조건은 선형 등식 제약조건보다 다루기가 훨씬 더 어렵다. 이는 더 이상 가우스 소거법을 사용하여 변수들이나 제약조건들을 동시에 제거할 수 없기 때문이다. 부등 제약조건은 **조건부 경사 최적화 문제**로 만들어 처리된다. $\overline{w}_t$가 매개변수 벡터의 현재 값이고, 실행 가능 제약조건을 만족하면서 가능한 한 목적함수를 감소시키는 새로운 값 $\overline{w}_{t+1}$로 이동하려는 경우를 생각해보자. 이 $\overline{w}_{t+1}$ 값은 1차 테일러 전개를 기반으로 하는 목적함수를 사용하여 대략적으로 계산된다.

$$\overline{w}_{t+1} = \text{argmin}_{\overline{w}} \underbrace{F(\overline{w}_t)+[\nabla F(\overline{w}_t)]\cdot[\overline{w}-\overline{w}_t]}_{\text{1차 테일러 전개}}$$

$$\text{제약조건:}$$

$$A\overline{w}\leq\overline{b}$$

여기서, 하나의 최적화 문제를 다른 문제의 하위 문제로 해결하고 있다는 점에 유의하기 바란다. 이러한 접근방식이 유용하기 위해서는 하위 문제가 단순해야 한다. 위에 나타난 하위 문제는 **선형계획법 문제**이기 때문에 목적함수와 제약조건이 모두 선형이며, 따라서 원래 문제보다 실제로 훨씬 쉽다. 이러한 문제는 기성의 최적화 풀이 소프트웨어를 사용하여 효율적으로 해결할 수 있으며, 선형 최적화에 대한 소개는 [16]을 참조하기 바란다. 따라서 조건부 경사하강법은 단순히 위의 최적화 문제를 수렴에 이를 때까지 반복적으로 푼다.

위의 최적화 문제의 주된 쟁점은 $\overline{w}_{t+1}$을 결정하기 위해 $\overline{w}_t$에서 순간 경사도를 사용하기 때문에 목적함수를 최소화하는 것이 반드시 최적점으로 이어지지는 않는다는 것이다. 분명히, $\overline{w}_t$에서 $\overline{w}_{t+1}$로 이동함에 따라 경사도가 변할 것이고, $\overline{w}_{t+1}$에 가까워질수록 목적함수가 악화되기 시작할 수도 있다. 이 문제는 다음과 같이 부분적으로 해결할 수 있다. 먼저 $\overline{w}_{t+1}$의 임시 값을 찾기 위해 위의 최적화 문제를 푼다. 이 시점에서는 이동 방향 $\overline{q}_t = \overline{w}_{t+1} - \overline{w}_t$만 얻는다. 이후 갱신은 $\overline{w}_t + \alpha_t \overline{q}_t$로 수정되며, 여기에서 α_t는 직선탐색법을 사용하여 선택된다. 그러나 이 경우 실행 가능성과 최적의 해를 모두 보장할 수 있는 α_t를 선택해야 한다.

6.2.2.1 경계상자 제약조건

경계상자 제약조건은 기계학습에서 자주 발생하며, $A\overline{w} \leq \overline{b}$ 형식의 선형 제약조건의 특별한 경우에 해당한다. 모든 경계상자 제약조건은 $l_i \leq w_i \leq u_i$ 형식이다. 따라서 실행 가능 영역은 d차원 공간의 입방체이다($l_i = -\infty$ 또는 $u_i = \infty$일 때 상자는 열린 집합일 수 있음). 경계상자 제약조건은 실행 불가능한 해를 상자의 가장 가까운 지점에 쉽게 투영할 수 있기 때문에 상대적으로 다루기 쉽다. 그림 6.3에서 경계상자 제약조건 위반의 예를 보여준다. 각각의 경우 상자에서 가장 가까운 지점은 위반된 제약조건의 변수 값을 위반된 경계로 설정하기만 하면 된다. 그림 6.3은 두 가지 경우를 보여준다. 첫 번째 경우에는 경사하강법 단계에서 한

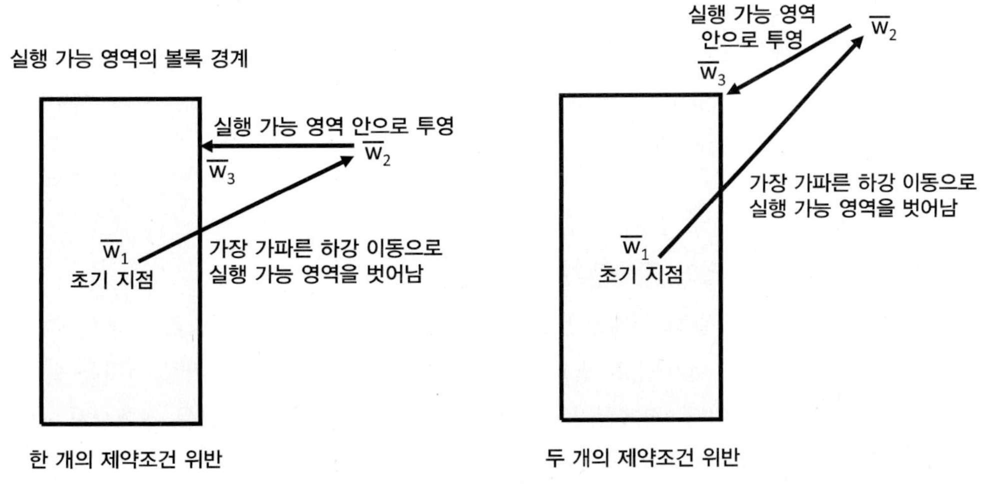

그림 6.3 경계상자 제약조건 위반

개의 제약조건만 위반하는 반면 두 번째 경우에는 경사하강법 단계에서 두 개의 제약조건을 위반한다. 각각의 경우에 위반된 제약조건에 관련된 변수 값은 투영 단계에 의해 경계로 설정된다. 따라서 계산 알고리즘은 다음과 같다.

1. 경사하강법 단계 $\overline{w} \Leftarrow \overline{w} - \alpha[\nabla F(\overline{w})]$를 수행한다.
2. $\overline{w}$에서 간격 경계(경계상자 제약조건)를 위반한 성분을 찾고 위반된 간격의 끝점으로 성분 값을 설정한다.

위의 두 단계는 수렴에 이를 때까지 반복된다. 초기화 지점은 실행 가능 상자 내에서 선택하도록 주의를 기울여야 한다.

문제 6.2.3 **경계상자 제약조건이 있는 선형 회귀** 다음 목적함수를 최적화하는 선형 회귀 문제를 생각해보자.

$$J = \|D\overline{w} - \overline{y}\|^2$$

여기에서 D는 $n \times d$ 데이터 행렬, $\overline{w} = [w_1 \ldots w_d]^T$는 최적화 변수 벡터, $\overline{y}$는 반응변수로 구성된 n차원 열벡터이다. 각 최적화 변수 w_i에 대해 $l_i \leq w_i \leq u_i$ 형식의 경계상자 제약조건을 추가한다고 가정한다. 이 경우 투영된 경사하강법을 적용하는 방법에 대해 설명하시오.

서포트 벡터 머신의 쌍대 문제는 경계상자 제약조건이 있는 볼록 최적화 문제이기도 하다. 이 문제는 6.4.4.1절에서 설명한다.

문제 6.2.4 L_2-손실 SVM을 목적함수로 사용하는 문제를 생각해보자(4.8.2절 참고). 그러나 이 문제에서 모든 계수들이 0 이상이라는 응용 지식을 추가로 알고 있다고 하자(아마도 함수와 클래스 라벨 간의 알려진 양의 상관관계 때문일 수 있음). 이러한 경우에 L_2-SVM 최적화 문제를 해결하는 방법을 설명하시오.

6.2.2.2 투영 경사하강법이 작동하기 위한 일반 조건

경계상자 제약조건은 위반된 제약조건을 사용하여 가장 가까운 투영 점을 비교적 쉽게 찾을 수 있는 간단한 경우를 나타낸다. 필요한 일은 모든 변수를 상자에서 가장 가까운 실행 가능한 점으로 설정하는 것이다. 경계상자 제약조건의 경우, 이는 위반된 모든 경계상자 제약조건에 대해 등호를 적용하여 충족되도록 현재 점에 가장 가까운 점을 찾는 것과 같다.

경계상자 제약조건의 경우 위의 접근방식이 성공적인데, 그러면 이 접근방식을 일반적인 경

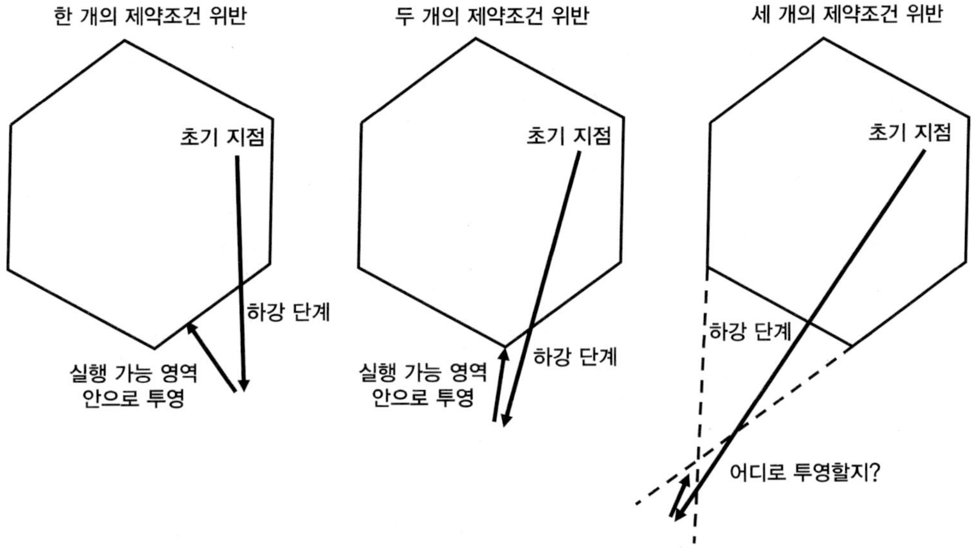

그림 6.4 선형 종속인 위반들은 처리하기 어려울 수 있다.

우에 적용할 수 있는지 궁금할 것이다. 즉, $A\overline{w} \leq \overline{b}$ 하에서 $J(\overline{w})$를 최소화하는 문제를 생각해보자. 무제약 경사하강법을 사용하여 실행 가능한 점 $\overline{w}_t$에서 (실행 불가능한) 점 $\overline{w}_{t+1}$로 이동하는 상황을 생각해보자. 위반된 제약조건의 부분집합이 $A_v\overline{w} \leq \overline{b}_v$라고 가정한다. 여기에서 A_v와 $\overline{b}_v$는 각각 A와 $\overline{b}$에서 해당 행들을 추출하여 얻는다. 경계상자 제약조건의 경우와 같이, 여기에서도 위반된 제약조건을 등호를 적용하여 충족되도록 $A_v\overline{w} = \overline{b}_v$를 만족하는 $\overline{w}_{t+1}$에 가장 가까운 점 $\overline{w}$를 간단히 찾을 수 있을까? 불행히도 A_v의 행들이 **선형 종속인** 경우 그럴 수 없다. 경계상자 제약조건은 위반된 모든 초평면이 서로 직교한다는 속성을 갖는다. 따라서 그러한 상황은 발생하지 않는다. 또한 이 문제는 가우스 소거법을 사용하여 선형 종속 제약조건을 제거할 수 있는 선형 등식 제약조건에서도 발생하지 않는다. 불행히도 이러한 제거 방법은 선형 부등 제약조건으로 작업할 때에는 사용할 수 없다.

선형 종속 부등 제약이 왜 문제를 일으킬 수 있는지 이해하기 위해 6개의 부등 제약조건에 의해 생성되는 2차원 공간에서 볼록 영역의 예를 사용한다. 이 볼록 영역은 그림 6.4에 나와 있다. 2차원 공간에서 작업할 때 3개의 제약조건을 어떻게 선택하든 선형 종속이다. 그림 6.4에서 볼 수 있듯이 이러한 제약조건이 선형 독립인 경우 위반된 제약조건의 교집합에서 가장 가까운 지점으로 다시 투영할 수 있다. 이 상황은 그림 6.4의 왼쪽과 중간 예에 해당한다. 그러나 그림 6.4의 오른쪽에는 3개의 제약조건이 위반되고 이러한 제약조건이 선형 종속인 경우가 있다. 불행히도 제약조건의 교집합은 공집합이 되며, 이러한 제약조건 중 두 개만 선택하면 실행 불가능한 해가 된다. 일반적으로 다음과 같은 관찰을 할 수 있다.

관찰 6.2.2 $A\overline{w} \leq \overline{b}$ 하에서 $J(\overline{w})$를 최소화하는 최적화 문제는 A의 행들이 선형 독립일 때 풀기가 훨씬 더 간단하다. 먼저 무제약 경사하강 단계를 만들고, 위반된 제약조건을 식별하고, 등호를 통해 위반된 제약조건을 충족하는 가장 가까운 지점에 투영하는 절차를 통해 투영 경사하강법을 사용할 수 있다.

즉, 실행 가능한 점 $\overline{w}_0$에서 시작한 다음, $t=0$으로 시작하는 다음과 같은 경사하강 단계를 수행한다.

1. $\overline{w}'_{t+1} \Leftarrow \overline{w}_t - \alpha_t \nabla J(\overline{w}_t)$ 단계를 수행한다. 여기에서 α_t는 단계 크기이다.

2. 위반된 제약조건 $A_v\overline{w} \leq \overline{b}_v$를 추출한다. A의 행들이 선형 독립이기 때문에 A_v의 행들이 선형 독립이라고 가정한다.

3. $\overline{w}_{t+1} \Leftarrow \overline{w}'_{t+1} + A_v^T(A_v A_v^T)^{-1}[\overline{b}_v - A_v\overline{w}'_{t+1}]$을 갱신한다. 이 식의 양변에 A_v를 곱함으로써 $A_v\overline{w}_{t+1}$이 $\overline{b}_v$와 정확히 같게 된다는 것을 보일 수 있다. 이 갱신은 2.8절의 우 역행렬 결과를 사용하기 위해 원점에 $\overline{w}'_{t+1}$로의 평행이동을 적용함으로써 유도할 수도 있다. 그런 다음 $\overline{w}'_{t+1}$을 다시 더하면 된다. 원점을 $\overline{w}'_{t+1}$로 평행이동 하는 이유는 $A_v\overline{w} = \overline{b}_v$ 상에서 $\overline{w}'_{t+1}$에 가장 가까운 점을 찾고자 함이며, 2.8절의 우 역행렬을 사용하는 것이 $A_v\overline{w} = \overline{b}_v$(즉, 원점에 가장 가까운 점)에 대한 가장 간결한 해법이다. 그러나 이러한 방식으로 원점을 이동하면 벡터 $\overline{b}_v$가 $[\overline{b}_v - A_v\overline{w}'_{t+1}]$로 변환되며, 따라서 변환된 공간의 가중치 벡터는 $A_v^T(A_v A_v^T)^{-1}[\overline{b}_v - A_v\overline{w}'_{t+1}]$이 된다. 이제 $\overline{w}'_{t+1}$을 다시 더하여 갱신을 완성한다.

4. t를 1만큼 증가시키고 단계 1로 돌아간다.

이러한 단계는 수렴에 이를 때까지 반복된다. 여기에서 중요한 점은 투영 단계가 다른 (이미 충족된) 제약조건을 위반하지 않는다는 것이다. 이는 제약조건이 선형 독립일 때 볼록 집합에서 가장 가까운 점이 위반된 모든 제약조건들의 교집합에 위치하도록 보장되기 때문이다.

행렬 A의 행들이 선형 독립이 아닐 때 이러한 접근방식을 어떻게 사용할 수 있는지는 대단히 중요한 질문이다. 여기에서 중요한 관찰은 전체 집합 A에서 행들의 선형 독립을 요구하는 강력한 기준이 아니라 위반 집합 A_v에 대해서만 행들의 선형 독립을 요구한다는 것이다. 따라서 이 접근방식은 A의 행들이 어중간하게 선형 종속이지만 선형 종속 행들을 포함하는 행렬 A_v를 만나지 않는 경우에도 작동한다. A_v의 행들이 선형 종속이 되지 않도록 하는 한 가지 방법은 위반된 제약조건이 선형 종속이 되지 않도록 α_t에 대해 직선탐색법을 사용하고 단계 크기를 제한하는 것이다. 이러한 수정을 통해 앞서 언급한 접근방식을 직접 사용할 수 있다. 그러나 이러한 접근방식이 실제 응용에서 잘 작동하는 경향이 있지만, 이러한 접근방식으로 최적 해로의 수렴이 보장되지는 않는다.

6.2.2.3 순차 선형계획법

지금까지 이 절에서는 $A\overline{w} \leq \overline{b}$ 형식의 선형 부등 제약조건이 있는 경우만 고려하였다. 그러나 제약조건이 선형이 아니지만 $i \in \{1 \ldots m\}$에 대해 $f_i(\overline{w}) \leq 0$ 형식의 임의의 볼록 제약조건인 경우에는 어떻게 될까? 목적함수 $F(\overline{w})$는 볼록한 것으로 가정한다. 이러한 경우 목적함수뿐만 아니라 제약조건도 선형으로 만들 수 있다. 즉, 목적함수와 제약조건 **모두에 대해** 1차 테일러 전개를 사용한다. 따라서 문제에 대한 실행 가능한 현재의 해가 $\overline{w}_t$이면, 문제를 풀기 위해 다음과 같은 선형 모델을 세울 수 있다.

$$\overline{w}_{t+1} = \text{argmin}_{\overline{w}} \underbrace{F(\overline{w}_t) + [\nabla F(\overline{w}_t)] \cdot [\overline{w} - \overline{w}_t]}_{\text{1차 테일러 전개}}$$

$$\text{제약조건:}$$

$$\underbrace{f_i(\overline{w}_t) + \nabla f_i(\overline{w}_t)[\overline{w} - \overline{w}_t]}_{\text{테일러 전개}} \leq 0, \quad \forall i \in \{1 \ldots m\}$$

이 접근방식의 한 가지 문제는 선형 제약조건이 유한한 크기로 제한된 볼록 영역이 아닐 수도 있다는 것이다. 예를 들어, 제약조건이 (반경 1의 원을 경계로 갖는) $\overline{w}^2 \leq 1$ 형식이면 선형 근사는 $\overline{w}_t^2 + 2\overline{w}_t(\overline{w} - \overline{w}_t) \leq 1$이 된다. 즉, 선형화된 제약조건은 $\overline{w}_t$를 지나는 동심원의 접선인데, 원의 중심(이 경우 원점)이 속하는 쪽이 실행 가능 공간으로 포함된다. 접선의 한쪽에 있는 실행 가능 영역이 유한한 크기로 제한되지 않기 때문에 목적함수의 특성에 따라 하위 문제에 대한 해가 제한되지 않을 수도 있다. 단계 크기를 제한하기 위해 여분의 경계상자 제약조건을 추가하는 등 여러 가지 방법으로 이 문제를 처리할 수 있다. 그러나 경계상자 제약조건을 추가해도 원래 제약조건을 충족하지 않는 $\overline{w}_{t+1}$ 값이 발생할 수 있다. 이러한 경우 가능한 해법 중 하나는 $\overline{w}_t$와 $\overline{w}_{t+1}$ 사이의 영역에서 직선탐색법을 수행하고 단계 크기를 줄여 해가 실행 가능한 상태에 있도록 유지하는 것이다. 그러나 이 문제를 처리하는 다른 여러 방법들이 있으며 자세한 내용에 대해서는 [99]를 참조하기 바란다.

6.2.3 순차 2차계획법

순차 2차계획법은 순차 선형계획법의 자연스러운 일반화로, 목적함수에 대해 각 지점에서

1차 테일러 전개 대신 2차 테일러 전개가 사용된다. 또한 문제를 충분히 단순하게 유지하기 위해 제약조건이 선형화된다. 선형 제약조건이 있는 2차계획법 문제에 대한 해법은 라그랑주 완화 기법들을 사용할 경우 비교적 간단하다. 이러한 방법들에 대해서는 이 장의 뒷부분에서 논의할 것이며, 연습문제 7에서는 라그랑주 완화 기법들을 2차계획법 문제에 적용하는 하나의 방안을 제시한다.

$i \in \{1 \ldots m\}$에 대해 볼록 제약조건 $f_i(\overline{w}) \leq 0$ 하에서 볼록 함수 $F(\overline{w})$를 최소화하는 최적화 문제를 생각해보자. 또한 $i \in \{1 \ldots k\}$에 대해 $h_i(\overline{w}) = 0$ 형식의 등식 제약조건이 있다고 가정한다. 그러면 이 최적화 문제에 대한 2차 근사는 다음과 같이 주어진다.

$$\overline{w}_{t+1} = \text{argmin}_{\overline{w}} \underbrace{F(\overline{w}_t) + [\nabla F(\overline{w}_t)] \cdot [\overline{w} - \overline{w}_t] + [\overline{w} - \overline{w}_t]^T H_F^t [\overline{w} - \overline{w}_t]}_{\text{2차 테일러 전개}}$$

$$\begin{aligned} &\text{제약조건:} \\ &\underbrace{f_i(\overline{w}_t) + \nabla f_i(\overline{w}_t)[\overline{w} - \overline{w}_t]}_{\text{1차 테일러 전개}} \leq 0, \quad \forall i \in \{1 \ldots m\} \\ &\underbrace{h_i(\overline{w}_t) + \nabla h_i(\overline{w}_t)[\overline{w} - \overline{w}_t]}_{\text{1차 테일러 전개}} = 0, \quad \forall i \in \{1 \ldots k\} \end{aligned}$$

여기에서 H_F^t는 $\overline{w}_t$ 지점에서 $F(\cdot)$의 헤시안 행렬을 나타낸다. 이 헤시안 행렬은 볼록 함수만 다루기 때문에 양의 준정부호이다. 헤시안 행렬 H_F^t가 양의 정부호이면 이 문제는 제약조건 없이도 유한한 크기로 제한된 전역 최소점을 갖는다. 2차계획법 문제는 하위 문제로서는 선형계획법 문제보다 풀기가 더 어렵지만, 2차계획법 문제보다 풀기 어려운 선형계획법 문제들도 많다(연습문제 7 참고). 이후 절에서 논의되는 많은 방법(예: 라그랑주 완화)은 볼록 2차계획법 문제에 대한 효과적 해결에 사용될 수 있다. 주요 문제는 선형화된 문제에 대한 해가 이 문제에 대한 원래 제약조건에 대해 실행 가능하지 않을 수 있다는 것이다. 해결 방법에 대한 자세한 내용은 [21, 99]를 참조하기 바란다. 특히 [99]에서 논의되는 실용적인 직선탐색법은 이러한 맥락에서 매우 유용하다.

6.3 원본 좌표하강법

좌표하강법은 4.10절에서 설명한 바 있다. 좌표하강법의 기본 아이디어는 한 번에 하나씩 변수를 최적화하는 것이다. 변수들로 구성된 d차원 벡터의 함수인 목적함수 $F(\overline{w})$를 생각해보자. 좌표하강법에서는 벡터 $\overline{w}$의 변수 중 하나인 w_i를 최적화하고 다른 모든 매개변수는 t

번째 반복에서 $\overline{w}_t$ 값으로 고정된다. 이로 인해 t번째 반복에서 다음 갱신이 발생한다.

$$\overline{w}_{t+1} = \text{argmin}_{[\overline{w}\text{의 } i\text{번째 성분}]} F(\overline{w}) \qquad [w_i\text{를 제외한 모든 매개변수는 } \overline{w}_t\text{로 고정됨}]$$

여기에서 i는 i번째 변수의 인덱스이고, 다른 변수는 $\overline{w}_t$의 해당 값으로 고정된다. 수렴에 이를 때까지 한 번에 하나씩 변수를 순회한다. 예를 들어, 각 변수를 최적화하는 하나의 사이클이 진행되는 동안 개선이 발생하지 않으면 현재의 해가 전역 최적이라는 의미이다. 블록 좌표하강법에서는 하나의 시점에 변수들로 구성되는 블록 하나를 최적화하며, 한 번에 하나씩 블록들을 순회한다.

좌표하강법은 특히 제약조건이 있는 최적화에 적합하다. 그 이유는 한 번에 하나씩 변수를 최적화함으로써 결과로 발생하는 하위 문제의 구조를 상당히 단순화하기 때문이다. 실제로 문제는 단일 변량 최적화 문제로 축소된다. 블록 좌표하강법은 단일 변량 최적화 문제를 생성하는 것은 아니지만 여전히 상당한 단순화가 이루어진다. 일부 변수 값들이 반복에서 고정되기 때문에, 여러 변수들에 연계된 제약조건을 반복에서 제거할 수 있는 경우가 매우 자주 발생한다. 이러한 상황의 구체적인 예는 4.10.3절에서 논의된 k-평균 알고리즘이다.

6.3.1 볼록 집합에 대한 볼록 최적화를 위한 좌표하강법

좌표하강법은 다변량 최적화 문제를 일련의 단일 변량 최적화 문제로 축소한다. 볼록 집합에 대해 좌표하강법을 사용할 때 매우 유용한 관찰은 **임의의 단일 변량 볼록 집합이 연속 구간**이고 해당 변수 w가 **경계상자 제약조건** $l_i \leq w \leq u_i$의 형태로 표현될 수 있다는 것이다. 이 사실은 볼록 집합은 그 집합을 통과하는 모든 직선이 집합에 속하는 정확히 하나의 연속 구간을 갖는 집합으로 정의된다는 사실에서 도출된다. 따라서 그림 6.5와 같이 수평선 또는 수직

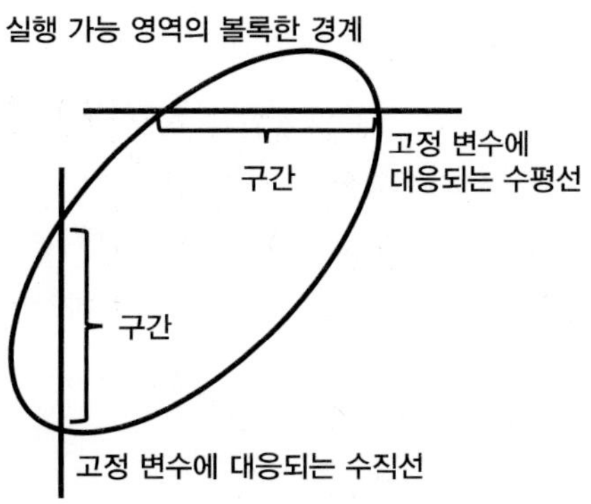

그림 6.5 실행 가능 영역이 볼록할 때 변수를 고정하면 나머지 변수에 대한 구간 제약이 발생한다.

선이 볼록 집합을 통과하면 실행 가능 영역은 이미 연속 구간에 해당한다.

예를 들어, 3차원에서 실행 가능한 영역에 대해 어떤 함수 $F(w_1, w_2, w_3)$를 최적화하는 경우를 생각해보자. 이 3차원 영역은 다음 제약조건으로 정의된다.

$$w_1^2 - w_1 \cdot w_2 + w_2^2/4 + 3w_2 \cdot w_3 + 4w_3^2 \leq 4$$
$$2w_1 + w_2 - 3w_3 \leq 4$$

제약조건은 2차 및 선형이므로 이전 절에서 고려한 선형 제약조건보다 문제가 더 복잡하다. 이제 좌표하강법을 수행하는 과정에서 $F(w_1, w_2, w_3)$가 최소화되도록 (w_2와 w_3은 고정된 상태에서) 최적 값 w_1을 계산하려고 한다. w_2와 w_3의 값은 각각 2와 0으로 설정된다. 이러한 w_2와 w_3 값을 대입하면 다음과 같은 제약조건 쌍을 얻을 수 있다.

$$w_1^2 - 2w_1 - 3 = (w_1 - 3)(w_1 + 1) \leq 0$$
$$w_1 \leq 1$$

첫 번째 제약조건은 $w_1 \in [-1, 3]$을 의미하고 두 번째 제약조건은 $w_1 \in (-\infty, 1]$을 의미한다. 따라서 두 제약조건을 결합하면 변수 w_1이 [−1, +1] 안에 있어야 한다는 사실을 얻는다. 또한 목적함수를 $G(w_1) = F(w_1, 2, 0)$로 단순화할 수 있으므로 하위 문제는 어떤 구간에서 단일 변량 볼록 함수 $G(w_1)$을 최적화하는 것으로 축소된다.

어떤 구간에서 단일 변량 볼록 함수를 어떻게 최적화할까? 한 가지 가능성은 (최적화되는 유일한 변수 w에 대한) 볼록 함수의 미분을 0으로 설정하고 결과 방정식을 풀어서 변수 w의 값을 구하는 것이다. 이 시점에서 최적점이 양쪽 끝 중 하나에 위치하는지 확인하기 위해 구간의 양쪽 끝을 확인해야 한다. 이러한 간단한 접근방식을 사용할 수 있는 이유는 최적화 함수의 볼록성 때문이다. 또는 4.4.3절에서 설명한 직선탐색법을 사용할 수 있다. 수렴에 이를 때까지 이러한 반복형 접근방식을 사용하여 변수들을 순회한다.

목적함수나 최적화 변수의 구조에 따라 좌표하강법의 단일 변량 하위 문제는 종종 매우 간단한 구조를 갖는다. 따라서 복잡한 문제에 직면했을 때 최적화를 위한 좌표하강법의 아이디어를 시도하는 것이 좋다. 경우에 따라 좌표하강법은 **혼합정수계획법 문제**와 같은 어려운 최적화 문제에 대한 좋은 휴리스틱 해법을 제공할 수도 있다. 이는 좌표하강법의 하위 문제들이 원래 문제보다 풀기가 훨씬 쉽기 때문이다. 구체적인 예로 변수들에 정수 제약이 있는 k-평균 알고리즘의 경우를 들 수 있다(4.10.3절 참고). 그러나 좌표하강법이 실패하는 경우들도 존재한다(연습문제 19 참고).

6.3.2 기계학습 응용: 경계상자 회귀

경계상자 회귀 문제는 회귀 변수에 제약조건이 추가되는 선형 회귀 문제를 개선한 것이다.

문제 6.2.3에서 알 수 있듯이 경계상자 회귀 문제는 투영된 경사하강법을 사용하여 해결할 수 있다. 이 절에서는 좌표하강법을 사용하여 이 문제를 해결한다.

경계상자 제약조건이 있는 선형 회귀 문제는 다음과 같이 제기할 수 있다.

$$J = \frac{1}{2}\|D\overline{w} - \overline{y}\|^2 + \frac{\lambda}{2}\|\overline{w}\|^2 \text{을 최소화한다.}$$

$$\text{제약조건:}$$

$$l_i \leq w_i \leq u_i, \quad \forall i \in \{1 \ldots d\}$$

여기에서 D는 $n \times d$ 특징 값 행렬, $\overline{w} = [w_1 \cdots w_d]^T$는 d차원 계수 벡터, $\overline{y} = [y_1 \cdots y_n]^T$는 n차원 반응 값 벡터이다.

무제약 선형 회귀의 경우 다음 공식을 사용하여 w_i 값이 갱신된다(4장의 문제 4.10.1 참고).

$$w_i \Leftarrow \frac{w_i\|\overline{d_i}\|^2 + \overline{d_i}^T \overline{r}}{\|\overline{d_i}\|^2 + \lambda}$$

여기에서 $\overline{r} = \overline{y} - D\overline{w}$는 n차원 잔차 벡터이다. 이 경우 유일한 차이점은 변수를 해당 경계로 되돌리기 위해 각 좌표 하강 단계 후에 추가로 절삭 연산자 $T_i(\cdot)$를 사용한다는 것이다.

$$w_i \Leftarrow T_i\left[\frac{w_i\|\overline{d_i}\|^2 + \overline{d_i}^T \overline{r}}{\|\overline{d_i}\|^2 + \lambda}\right]$$

여기에서 절삭 연산자 $T_i(\cdot)$는 다음과 같이 정의된다.

$$T_i(x) = \begin{cases} l_i & x < l_i \\ x & l_i \leq x \leq u_i \\ u_i & u_i < x \end{cases}$$

즉, 각 좌표는 좌표 갱신 후 즉시 하한 경계 또는 상한 경계로 절삭 처리된다. 이제 다음과 같은 관찰 결과를 얻을 수 있다.

관찰 6.3.1 음이 아닌 최소제곱 회귀는 모든 계수의 하한이 0이지만 상한이 없는 경계상자 회귀의 특별한 경우이다. 음이 아닌 최소제곱 회귀는 위의 알고리즘의 특수한 경우로 직접 구현할 수 있다.

6.4 라그랑주 완화와 쌍대

라그랑주 완화는 목적함수 내에서 제약조건 위반에 대한 페널티를 부과하면서 최적화 문제의 제약조건을 완화하는 접근방식이다. 페널티의 규모는 **라그랑주 승수**라고 하는 인수에 따라 달라진다. 최소화 문제의 경우 라그랑주 완화는 라그랑주 승수의 값에 관계없이 항상 최적 해의 하한을 제공한다. 요점은 볼록 제약조건이 있는 볼록 목적함수와 같은 특정 유형의 최적화 문제의 경우, 완화된 문제에 대한 적절한 승수를 선택하여 원래 문제에 대한 정확한 최적 해를 구할 수 있다는 것이다.

다음 형식의 최소화 문제를 생각해보자.

$$P = \text{Minimize } F(\overline{w})$$

제약조건:

$$f_i(\overline{w}) \leq 0, \quad \forall i \in \{1 \ldots m\}$$

이 문제를 최적화 용어에서 **원본 문제**라고 하며, 여기에서 P는 최적의 해를 나타내는 기호이다. 라그랑주 완화 방법론은 함수 $F(\overline{w})$와 각 $f_i(\overline{w})$가 볼록할 때 특히 유용하다. 라그랑주 완화는 **음이 아닌** 라그랑주 승수 $\overline{\alpha}=[\alpha_1 \cdots \alpha_m]^T$을 사용하여 정의된다.

$$L(\overline{\alpha}) = \text{Minimize}_{\overline{w}} \, F(\overline{w}) + \sum_{i=1}^{m} \alpha_i f_i(\overline{w})$$

제약조건:

$\overline{w}$에 대한 제약 없음

기호 $L(\overline{\alpha})$은 매개변수 벡터 $\overline{\alpha}$의 특정 값에서 완화된 문제에 대한 해를 나타낸다. $\overline{w}$의 매개변수만 최소화에 관련되어 있으며, 값이 고정된 $\overline{\alpha}$의 매개변수는 관련이 없다. 제약조건 위반에 페널티 부과를 보장하기 위해 각 α_i는 음이 아니라는 점에 유의하기 바란다. 제약조건을 위반하면 $f_i(\overline{w}) > 0$이 되고 페널티 $\alpha_i f_i(\overline{w})$도 음이 아니게 된다. $L(\overline{\alpha})$은 $\overline{\alpha}$의 모든 값에 대해 정의되지만 음이 아닌 $\overline{\alpha}$ 값만 고려해도 무방하다. 예를 들어 α_i 값이 음수일 경우, i번째 제약조건을 위반하면 오히려 보상을 받게 될 것이다.

등식 제약조건의 경우 라그랑주 승수에는 비 음수 제약조건이 없다. 다음과 같은 등식 제약조건이 있는 최적화 문제를 생각해보자.

$F(\overline{w})$을 최소화한다.

제약조건:

$$f_i(\overline{w}) = 0, \quad \forall i \in \{1 \ldots m\}$$

각 등식 제약조건은 각각 음이 아닌 라그랑주 승수 $\alpha_{i,1}$과 $\alpha_{i,2}$를 사용하여 한 쌍의 부등 제약조건 $f_i(\overline{w}) \leq 0$과 $-f_i(\overline{w}) \leq 0$으로 변환될 수 있다. 그런 다음 라그랑주 완화에는 $f_i(\overline{w})(\alpha_{i,1} - \alpha_{i,2})$ 형식의 항이 포함된다. 대신 $\alpha_i = \alpha_{i,1} - \alpha_{i,2}$를 **부호 제약이 없는** 라그랑주 승수로 취급할 수 있다. 그러나 이 장에서 대부분의 논의는 부등 제약조건에 초점을 맞출 것이다.

라그랑주 완화 문제가 원래 최적화 문제에 대한 해의 하한을 제공하는 이유를 살펴보자. $\overline{w}^*$는 원래 최적화 문제에 대한 최적의 해, $\overline{\alpha}$는 음이 아닌 라그랑주 매개변수 벡터라고 가정한다. $\overline{w}^*$는 원래 문제에 대한 실행 가능한 해이므로 각 $f_i(\overline{w}^*)$는 0보다 크지 않다. 따라서 "페널티" $\alpha_i f_i(\overline{w}^*)$는 0보다 크지 않다. 즉, 페널티가 0이 아닌 경우, 페널티가 오히려 $\overline{w}^*$와 같은 원본의 실행 가능 해에 대한 보상이 될 수 있다. 따라서 다음의 결과를 얻게 된다.

$$
\begin{aligned}
L(\overline{\alpha}) &= \text{Minimize}_{\overline{w}}\, F(\overline{w}) + \sum_{i=1}^{m} \alpha_i f_i(\overline{w}) \\
&\leq F(\overline{w}^*) + \underbrace{\sum_{i=1} \alpha_i f_i(\overline{w}^*)}_{\leq 0} \quad [\overline{w}^*\text{는 완화에 최적이 아닐 수도 있음}] \\
&\leq F(\overline{w}^*) = P
\end{aligned}
$$

즉, **임의의** 비 음수 벡터 $\overline{\alpha}$에 대한 $L(\overline{\alpha})$ 값은 항상 원본 문제에 대한 최적 해보다 크지 않다. 음이 아닌 모든 $\overline{\alpha}$에 대해 $L(\overline{\alpha})$을 최대화하고 목적함수 D를 사용하여 **쌍대 문제**를 위한 수식을 구성함으로써 그 차이를 줄일 수 있다.

$$
\begin{aligned}
D &= \text{Maximize}_{\,\overline{\alpha} \geq 0}\; L(\overline{\alpha}) \\
&= \text{Maximize}_{\overline{\alpha} \geq 0}\, \text{Minimize}_{\overline{w}}\, [F(\overline{w}) + \sum_{i=1}^{m} \alpha_i f_i(\overline{w})]
\end{aligned}
$$

원본과 쌍대의 관계는 다음과 같이 요약될 수 있다.

$$
D = L(\overline{\alpha}^*) \leq P
$$

이 결과를 **약한 쌍대성** 원칙이라고 한다. 라그랑주 최적화 문제는 겹침이 없는 최소화 변수들과 최대화 변수들을 포함하는 **최소최대** 문제라는 점에 주목할 필요가 있다. 최소화와 최대화는 지정된 순서로 수행된다. **최소최대 최적화 문제의 경우 최소화와 최대화 사이의 순서는 중요하다.**

> **문제 6.4.1** 2차원 함수 $G(x, y) = \sin(x+y)$에 대해 $\min_x \max_y G(x, y) = 1$이고 $\max_y \min_x G(x, y) = -1$임을 보이시오.

최소최대 문제에서 최소화와 최대화의 순서가 갖는 효과는 수학에서 폰노이만의 **최소최대 정리**[37]로 요약되어 있다. 정리에 따르면 최소화 변수와 최대화 변수를 모두 포함하는 함수에서 "min-max"는 "max-min"에 대한 상한이다. 또한 함수가 최소화 변수에 대해 볼록하고 최대화 변수에 대해 오목할 때 두 순서에 따른 결과는 정확히 같다. 예를 들어, 함수 $H(x, y) = \sin(x+y)$는 x와 y 어느 변수에 대해서도 오목하지도 볼록하지도 않다. 해당 그래프는 그림 6.6(a)에 주어져 있다. 문제 6.4.1에서 볼 수 있듯이 이러한 경우에는 최소화와 최대화 사이의 순서가 중요하다. 반면, 함수 $H(x, y) = x^2 - y^2$는 최소화 변수 x에 대해 볼록하고 최대화 변수 y에 대해 오목하다. 이 함수의 그래프는 그림 6.6(b)에 주어져 있다. 따라서 이 함수는 하나의 **안장점**을 가지며, 이는 두 가지 최소최대 문제에 대한 최적의 해이다.

최소최대 문제에서 최소화와 최대화 사이의 순서의 중요성에 대한 이해를 바탕으로 이러한 순서가 라그랑주 완화에 미치는 영향을 다시 검토해보자. 라그랑주 완화의 최소최대 최적화 함수를 $H(\overline{w}, \overline{\alpha})$로 표시한다.

$$H(\overline{w}, \overline{\alpha}) = F(\overline{w}) + \sum_{i=1}^{m} \alpha_i f_i(\overline{w}) \tag{6.6}$$

여기에서 $\overline{w}$는 최소화 변수들을 포함하고 $\overline{\alpha}$는 최대화 변수들을 포함한다. 쌍대에서는 (원본에

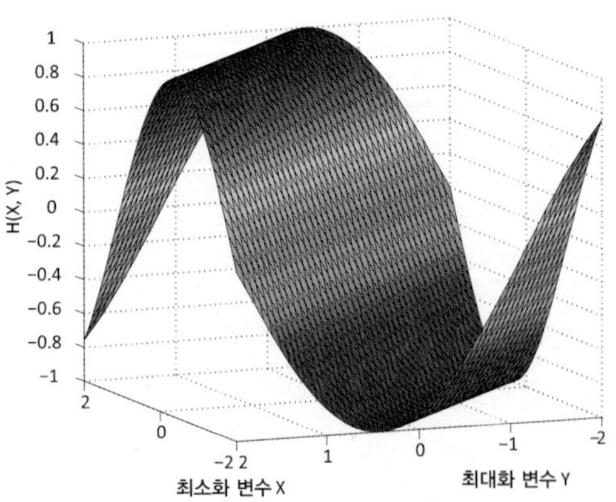

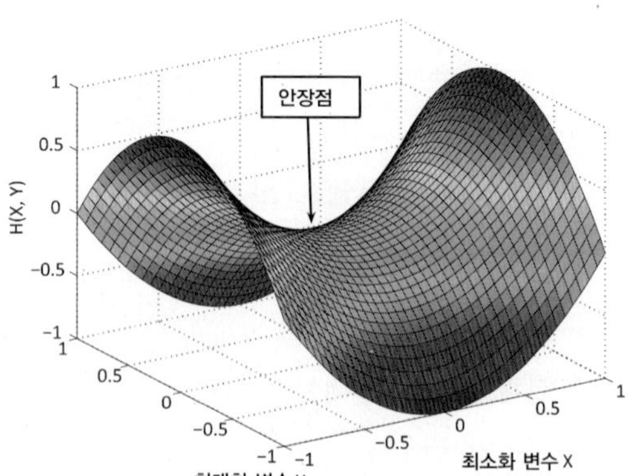

그림 6.6 최소화 변수 하나와 최대화 변수 하나가 있는 두 개의 최소최대 함수. 첫 번째는 두 변수 모두에 대해 오목하지도 볼록하지도 않다. 두 번째는 최소화 변수에 대해 볼록하고 최대화 변수에 대해 오목하며 잘 정의된 안장점을 갖는다.

대한 하한인) $\max_{\overline{\alpha}\geq 0} \min_{\overline{w}} H(\overline{w}, \overline{\alpha})$을 계산하는 반면, 순서를 반대로 하여 $\min_{\overline{w}} \max_{\overline{\alpha}\geq 0} H(\overline{w}, \overline{\alpha})$를 계산하면 하면 원래 문제가 볼록 목적함수를 갖는지 또는 볼록 제약조건을 갖는지 여부에 관계없이 항상 원래의 (원본) 최적화 문제로 돌아간다. 이 결과를 아래에 요약한다.

보조정리 6.4.1 최소최대 원본 문제

식 6.6의 $H(\overline{w}, \overline{\alpha})$는 제약조건이 있는 완화되지 않은 원본 문제의 라그랑주 완화를 나타낸다. 그러면 무제약 최소최대 문제 $\min_{\overline{w}} \max_{\overline{\alpha}\geq 0} H(\overline{w}, \overline{\alpha})$는 원래 문제의 볼록성 구조에 관계없이 원래의 완화되지 않은 원본 문제와 동일하다.

증명 식 6.6의 라그랑주 목적함수 $H(\overline{w}, \overline{\alpha})$를 생각해보자. 그러면 $\max_{\overline{\alpha}\geq 0} H(\overline{w}, \overline{\alpha})$의 값은 원래의 원본 제약조건 중 하나 이상을 위반하는 $\overline{w}$의 고정 값에서 ∞이다. 이는 위반된 제약조건의 해당 α_i를 ∞로 설정하여 달성된다. 따라서 $\min_{\overline{w}} \max_{\overline{\alpha}\geq 0} H(\overline{w}, \overline{\alpha})$의 원본 문제는 $f_i(\overline{w}) \leq 0$ 형식의 제약조건을 위반하는 (최소최대) 최적성을 갖는 $\overline{w}$에 대한 해를 산출하지 않는다. 즉, $\min_{\overline{w}} \max_{\overline{\alpha}\geq 0} H(\overline{w}, \overline{\alpha})$의 최소최대 최적성은 항상 각 $f_i(\overline{w}) \leq 0$을 만족하는 $\overline{w}$에 대한 해를 산출한다.

각 $f_i(\overline{w}) \leq 0$을 만족하는 임의의 $\overline{w}$ 값에 대해 $H(\overline{w}, \overline{\alpha})$에서 페널티 항의 기여분은 각 i에 대해 $\alpha_i f_i(\overline{w}) \leq 0$이므로 양수가 아니다. 따라서 원본 제약조건을 충족하는 $\overline{w}$의 고정 값에 대해 α_i 값이 $f_i(\overline{w}) < 0$을 만족하는 각 i에 대해 0으로 설정될 때만 함수 $H(\overline{w}, \overline{\alpha})$가 $\overline{\alpha}$에 대해 최대화된다. 이는 해당 $\alpha_i f_i(\overline{w})$ 값이 0이 되도록 보장하므로, 최소최대 최적성에서 $H(\overline{w}, \overline{\alpha})$에 대한 페널티 항 $\sum_{i=1}^{m} \alpha_i f_i(\overline{w})$의 기여도가 0이 된다.

위의 두 가지 사실은 원본 제약조건에 대한 $F(\overline{w})$의 최적화가 $\min_{\overline{w}} \max_{\overline{\alpha}\geq 0} H(\overline{w}, \overline{\alpha})$와 동일한 문제임을 의미한다. 두 번째 문제의 최적 해에서 원본 제약조건이 충족되며 (페널티 기여분이 0으로 떨어지기 때문에) 목적함수도 동일하다. ■

식 6.6의 라그랑주 완화 $H(\overline{w}, \overline{\alpha})$에 대한 몇 가지 중요한 관찰을 정리해본다.

1. **쌍대는 최소최대 문제임**: 라그랑주 최적화의 쌍대 문제는 최소최대 최적화가 특정 순서로 수행되는 식 6.6의 완화를 기반으로 한다.

$$D = \max_{\overline{\alpha}\geq 0} \min_{\overline{w}} H(\overline{w}, \overline{\alpha}) \tag{6.7}$$

2. **원본은 쌍대와 동일한 목적함수의 최소최대 문제임(그러나 순서가 다름)**: 제약조건이 있는 완화되지 않은 원본 문제 수식은 식 6.6의 함수 $H(\overline{w}, \overline{\alpha})$에 대해 쌍대와는

다른 순서의 최소최대 최적화로 표현할 수 있다.

$$P = \min_{\overline{w}} \max_{\overline{\alpha} \geq 0} H(\overline{w}, \overline{\alpha}) \tag{6.8}$$

3. **라그랑주 완화의 쌍대성 결과는 보다 일반적인 최소최대 정리에서 유도될 수 있음**: $D \leq P$라는 약한 쌍대성 결과는 폰노이만의 최적화의 최소최대 정리[37]에서도 유도될 수 있다. 최적화의 최소최대 정리는 겹침이 없는 최소화 변수들과 최대화 변수들의 집합을 포함하는 일반 최소최대 함수를 위해 설계되었다(이 중 라그랑주 완화는 특별한 경우임). 정리에 따르면 max-min은 항상 min-max 이상으로 제한되며, 이는 $D \leq P$를 의미한다. 또한, 최소최대 정리는 최적화 함수가 최소화 (원본) 변수에 대해 볼록하고 최대화 (쌍대) 변수에 대해 오목할 때 정확한 등가성 $D = P$가 발생한다고 명시하고 있다.

라그랑주 완화가 원본 해와 쌍대 해 사이에 정확한 등가성을 보여주는 최적화 문제 유형은 무엇일까? 첫째, 함수 $H(\overline{w}, \overline{\alpha})$는 최대화 변수에 대해 선형이므로 최대화 변수에 대한 오목함이 항상 충족된다. 둘째, 함수 $H(\overline{w}, \overline{\alpha})$는 $F(\overline{w})$와 다양한 $f_i(\overline{w})$의 음이 아닌 배수의 합이다($i \in \{1 \ldots m\}$). 따라서 $F(\overline{w})$와 각각의 $f_i(\overline{w})$가 $\overline{w}$에 대해 볼록하면 $H(\overline{w}, \overline{\alpha})$는 최소화 변수에 대해 볼록하게 된다. 이것은 강한 쌍대성을 위한 주요 전제조건이다.

보조정리 6.4.2 강한 쌍대성

다음 최적화 문제를 생각해보자.

$$P = Minimize\ F(\overline{w})$$

제약조건:

$$f_i(\overline{w}) \leq 0, \quad \forall i \in \{1 \ldots m\}$$

$F(\overline{w})$와 각각의 $f_i(\overline{w})$를 볼록 함수라고 하자. 그러면 라그랑주 완화를 사용하여 생성된 쌍대 문제의 최적 목적함수 값은 거의 항상 원본 문제의 경우와 동일하다.

슬레이터의 조건이라고 하는 상대적으로 약한 조건도 필요하기 때문에 "거의 항상"이라는 수식어를 사용한다. 이는 각 i에 대해 $f_i(\overline{w}) < 0$을 만족하는 한 개 이상의 엄격하게 실행 가능한 점이 존재함을 나타낸다. 대부분의 기계학습 문제에서 이러한 조건은 기본적으로 유지된다. 설명의 단순성을 위해 이후의 설명에서는 이 조건을 삭제한다. 서포트 벡터 머신이나 로지스틱 회귀와 같은 기계학습의 많은 최적화 문제는 강한 쌍대성을 충족한다.

6.4.1 쿤–터커 최적성 조건

먼저 원본 및 쌍대 최소최대 최적화 문제를 다시 기술한다.

$$P = \min_{\overline{w}} \max_{\overline{\alpha} \geq 0} H(\overline{w}, \overline{\alpha}) \quad \text{(OP1)}$$
$$D = \max_{\overline{\alpha} \geq 0} \min_{\overline{w}} H(\overline{w}, \overline{\alpha}) \quad \text{(OP2)}$$

이러한 원본 및 쌍대 최적화 문제를 각각 OP1과 OP2라고 부른다. 이제 다음과 같은 관찰이 가능한데, 이것은 원본 최적화 문제의 볼록성 구조와 관계없이 성립한다.

> 해 $(\overline{w}, \overline{\alpha})$가 원본 최소최대 문제(OP1)에 최적이 되려면 $\overline{w}$는 각 i에 대해 $f_i(\overline{w}) \leq 0$을 충족하는 실행 가능한 해라야 한다(보조정리 6.4.1 참고). 또한 제약조건 $f_i(\overline{w}) \leq 0$이 엄격한 부등 관계로 충족되는 경우 $\alpha_i = 0$을 설정하면 $\overline{\alpha}$에 대해 (OP1)이 최대화된다. 이렇게 하면 (OP1)에 대한 임의의 최적 해에서 각 i에 대해 $\alpha_i f_i(\overline{w}) = 0$이 된다.

조건 $\alpha_i f_i(\overline{w}) = 0$을 **상보여유 조건**(complementary slackness condition)이라고 한다. 수학의 (일반) 최소최대 정리는 최적 쌍 $(\overline{w}, \overline{\alpha})$이 원본 및 쌍대 최소최대 문제[즉, (OP1) 및 (OP2)]의 두 경우에서 동일하다는 것을 알려준다. $(\overline{w}, \overline{\alpha})$는 $\overline{w}$에 대해 볼록하고 $\overline{\alpha}$에 대해 오목하다. (OP1)에 대해서만 상보여유 조건을 보여 주었지만, 볼록 구조를 갖는 문제의 경우 (OP1)에 대해 최적인 임의의 해 $(\overline{w}, \overline{\alpha})$는 (OP2)에 대해 최적이어야 하며 그 반대도 마찬가지이다. 따라서 볼록 구조를 갖는 문제에서 상보여유 조건은 (OP1)과 (OP2) 모두에 대해 유지되어야 한다. 원본 제약조건은 $f_i(\overline{w}) \leq 0$ 형식이고 해당 쌍대 제약조건은 $\alpha_i \geq 0$ 형식이다. 상보여유 조건은 이러한 상보조건 중 많아야 한 개만 "여유로울" (즉, 엄격한 부등 관계로 만족될) 수 있음을 의미한다.

충족해야 할 다른 중요한 조건은 $\overline{\alpha}$의 각 고정 값에서 이 목적함수를 최소화하기 때문에, 원본 변수 $\overline{w}$에 대한 $H(\overline{w}, \overline{\alpha})$의 경사도를 쌍대에서는 0으로 설정해야 한다는 것이다. 이것은 다음과 같은 **안정성 조건**(stationarity condition)으로 이어진다.

$$\nabla_{\overline{w}} H(\overline{w}, \overline{\alpha}) = \nabla F(\overline{w}) + \sum_{i=1}^{m} \alpha_i \nabla f_i(\overline{w}) = \overline{0}$$

쿤-터커 조건은 원본 실행 가능성 조건, 쌍대 실행 가능성 조건, 상보여유 조건, 안정성 조건 등을 결합하여 구성된다. 이들은 볼록 목적함수의 경우 필요충분한 1차 최적성 조건들이다.

정리 6.4.1 쿤-터커 최적성 조건

$\{1 \ldots m\}$에 속하는 i에 대해 $f_i(\overline{w}) \leq 0$ 형식의 볼록 제약조건에 따라 볼록 목적함수 $F(\overline{w})$를 최소화하는 최적화 문제를 생각해보자. 그러면 다음과 같은 경우에만 해 $\overline{w}$가 원본에 최적이고 해 $\overline{\alpha}$가 쌍대에 최적이다.

- **실행 가능성**: $\overline{w}$는 각 $f_i(\overline{w}) \leq 0$을 만족하므로 원본에 대해 실행 가능하고, $\overline{\alpha}$는 음이 아니므로 쌍대에 대해 실행 가능하다.
- **상보여유**: $\{1 \ldots m\}$에 속하는 각 i에 대해 $\alpha_i f_i(\overline{w}) = 0$이다.
- **안정성**: 원본 변수와 쌍대 변수의 관계는 다음과 같이 정해진다.

$$\nabla F(\overline{w}) + \sum_{i=1}^{m} \alpha_i \nabla f_i(\overline{w}) = 0$$

볼록 최적화 문제의 경우 2차 최적성 조건에 대해 걱정할 필요가 없다. 쿤-터커 최적성 조건은 다음과 같이 제약조건 집합에 따른 실행 가능한 해를 찾기만 하면 최적화 문제를 해결하는 대안적 접근방식을 제공하기 때문에 유용하다.

관찰 6.4.1 볼록 최적화 문제의 경우, 원본 실행 가능성 $f_i(\overline{w}) \leq 0$, 쌍대 실행 가능성 $\alpha_i \geq 0$, 상보여유 조건 $\alpha_i f_i(\overline{w}) = 0$, 안정성 조건 등을 충족하는 모든 쌍 $(\overline{w}, \overline{\alpha})$이 원래 최적화 문제에 대한 최적의 해이다.

안정성 조건은 원본 변수와 쌍대 변수의 관계를 정하고 있으므로 라그랑주 완화에서 원본 변수를 제거하는 데 유용한 경우가 종종 있다. 또한 최적 해에서 원본 변수와 쌍대 변수의 관계를 정하고 있으므로 PD(primal–dual) 제약조건이라고도 한다. 안정성 조건은 종종 쌍대 변수들을 사용하여 최소최대 쌍대 문제의 수식들을 구성하기 위해 사용된다(따라서 순수 최대화 문제를 생성함). 다음 절에서 이러한 일반 절차에 대해 설명한다.

6.4.2 쌍대성 이용을 위한 일반 절차

제약조건이 있는 최적화에서 쌍대성을 이용하는 일반 절차는 전체 문제들에서 다소 유사하다. 첫 번째 단계는 원본 변수를 제거한 후 쌍대 문제(OP2)의 목적함수인 $L(\overline{\alpha})$을 위한 수식들을 구성하는 것이다.

$$L(\overline{\alpha}) = \min_{\overline{w}} H(\overline{w}, \overline{\alpha}) \tag{6.9}$$

원본 변수 $\overline{w}$에 대한 $H(\overline{w}, \overline{\alpha})$의 경사도를 0으로 설정하여 $L(\overline{\alpha})$에서 원본 변수 $\overline{w}$를 제거할 수 있다. 원본 변수에 대한 경사도를 0으로 설정하면 원본 변수의 수와 똑같은 수의 조건이 생성된다. 이는 쿤-터커 최적성 조건의 부분집합을 나타내는 이전 절의 안정성 조건에 해당한다. 또한 이러한 조건은 원본 변수와 쌍대 변수의 관계를 정하고 있으므로 **PD (primal-dual) 제약조건**이라고 한다. PD 제약조건은 원본 변수 $\overline{w}$를 대체(및 제거)하기 위해 사용할 수 있으며, $\overline{\alpha}$로 표현되는 순수한 최대화 목적함수 $L(\overline{\alpha})$을 얻을 수 있다. 경우에 따라 실행 가능성 및 상보여유 조건도 제거 프로세스에 사용된다. 결국 원본으로부터 쌍대를 생성하는 과정은 거의 순전히 쿤-터커 조건에 기반한 기계적 및 대수적 과정이다. 구체적 메커니즘은 세부사항 측면에서 다소 다를 수 있지만, 기본 원칙은 여러 문제에서 동일하게 유지된다. 6.4.3절에서 L_1-손실 SVM에 대한 이 절차의 예를 제공한다. 또한 L_2-손실 SVM과 로지스틱 회귀 각각에 관한 일련의 연습문제들이 있으니 각각 순서대로 차근차근 풀어보기 바란다.

6.4.2.1 최적 쌍대 해로부터 최적 원본 해의 추론

해석이 가능한 해를 얻으려면 최적의 원본 변수를 계산해야 한다. 따라서 최적의 쌍대 해 $\overline{\alpha}$에서 최적의 원본 해 $\overline{w}$를 어떻게 추론할 수 있는지에 관한 질문이 자연스럽게 생길 것이다. 이러한 맥락에서 PD 제약조건(즉, 안정성 조건)은 최적의 쌍대 변수 값을 대체하고 원본 변수 값들을 구하기 위해 사용할 수 있기 때문에 매우 유용하다(대수적 접근방식은 문제마다 달라질 수 있음).

6.4.3 응용: SVM 쌍대 문제를 위한 수식 구성

기계학습에서 쌍대성이 어떻게 사용되는지 설명하기 위해 SVM(Support Vector Machine)을 다시 살펴보자. 4.8.2절에서 SVM에 대해 원본 확률적 경사하강법이 어떻게 사용될 수 있는지 이미 논의한 바 있다. 식 4.51의 목적함수를 다시 기술한다.

$$J = \frac{1}{\lambda}\sum_{i=1}^{n} \max\{0, (1 - y_i[\overline{W} \cdot \overline{X}_i^T])\} + \frac{1}{2}\|\overline{W}\|^2 \qquad \text{[경첩 손실 SVM]}$$

사실 이 목적함수는 식 4.51에 배율조정 계수 $1/\lambda$을 추가한 것이다. 쌍대 SVM 최적화에 대한 문헌에서 여유 페널티 $C = 1/\lambda$에 해당하는 표현을 자주 사용하기 때문에 이러한 외관 조정을 하였다. 이 표현은 이후에 이 수식을 다시 이용할 때에도 사용할 것이다. 쌍대를 생성하기 위해, 최대화 연산자 없이 목적함수를 단순화하면서 문제를 제약조건이 있는 최적화 문제로 재구성하고자 한다. 이는 다음과 같이 **여유 변수** $\xi_1 \ldots \xi_n$을 사용하여 달성된다.

$$J = \frac{1}{2}\|\overline{W}\|^2 + C\sum_{i=1}^{n}\xi_i \text{ 을 최소화한다.}$$

제약조건:

$$\xi_i \geq 1 - y_i[\overline{W} \cdot \overline{X}_i^T] \ \ \forall i \in \{1 \dots n\} \qquad \text{[여백 제약조건]}$$

$$\xi_i \geq 0 \ \ \forall i \in \{1 \dots n\} \qquad \text{[비 음수 제약조건]}$$

이상적인 상황은 $\xi_i = \max\left\{0, (1 - y_i[\overline{W} \cdot \overline{X}_i^T])\right\}$인 경우이다. 제약조건은 $\max\left\{0, (1 - y_i[\overline{W} \cdot \overline{X}_i^T])\right\}$보다 큰 ξ_i 값을 허용하지만 이러한 값은 최적이 될 수 없다. 첫 번째 제약조건 집합은 "여백" 제약조건 집합이라고 하는데, 이 제약조건은 여기를 넘어가는 점들은 페널티를 받지 않는 y_i의 예측 값에 대한 여백을 정의하기 때문이다. 예를 들어, $\overline{W} \cdot \overline{X}_i^T$가 y_i와 동일한 부호를 갖고 그 절댓값이 1의 여백만큼 "충분히" 양수이면 ξ_i는 0으로 떨어진다. 따라서 그 점은 페널티를 받지 않는다. 엄밀히 말하면 제약조건에 −1을 곱하여 "≤" 형식으로 변환해야 하지만, 완화 과정에서 페널티에 −1을 곱하는 것으로 대신할 수 있다. n개의 여백 제약조건 중 i번째에 대한 라그랑주 승수 α_i와 ξ_i에 대한 비 음수 제약조건을 위한 승수 γ_i를 도입한다. 이러한 기호들을 이용하여 표현된 라그랑주 완화는 다음과 같다.

$$L_D(\overline{\alpha}, \overline{\gamma}) = \text{Minimize } J_r = \frac{1}{2}\|\overline{W}\|^2 + C\sum_{i=1}^{n}\xi_i - \underbrace{\sum_{i=1}^{n}\alpha_i(\xi_i - 1 + y_i(\overline{W} \cdot \overline{X}_i^T))}_{\text{여백 제약조건의 완화}} - \underbrace{\sum_{i=1}^{n}\gamma_i\xi_i}_{\xi_i \geq 0\text{의 완화}}$$

여기에서 J_r는 완화된 목적함수이다. 완화된 제약조건은 부등식이므로 완화가 의미가 있으려면 α_i와 γ_i가 모두 음이 아니어야 한다. 따라서 α_i나 γ_i와 같은 쌍대 변수를 최적화할 때 최적화 문제는 경계상자 제약 구조를 가지므로 다소 간단하게 풀 수 있다. 이러한 유형의 쌍대 문제에서는 먼저 원본 변수(쌍대 변수는 고정됨)를 최소화하여 $L_D(\overline{\alpha}, \overline{\gamma})$를 구한 다음 쌍대 변수에 대해 $L_D(\overline{\alpha}, \overline{\gamma})$를 최대화하는 동시에 경계상자 제약조건을 적용한다. 이러한 유형의 최소최대 최적화 문제를 다음과 같이 표현할 수 있다.

$$L_D^* = \max_{\alpha_i, \gamma_i \geq 0} L_D(\overline{\alpha}, \overline{\gamma}) = \max_{\alpha_i, \gamma_i \geq 0} \min_{\overline{W}, \xi_i} J_r$$

이전 절에서 논의했듯이 쌍대 문제를 푸는 일반적인 접근방식은 쌍대 변수들로 순수한 최대화 문제를 생성하기 위해 PD 제약조건을 사용하여 원본 변수들을 제거하는 것이다. PD 제약조건은 원본 변수들에 대한 최소최대 목적함수의 경사도를 0으로 설정하여 얻을 수 있다. 이때 정확히 원본 변수 개수만큼의 제약조건이 만들어지며, 이는 원본 변수들을 모두 제거하기 위해 필요한 제약조건 개수이다.

$$\frac{\partial J_r}{\partial \overline{W}} = \overline{W} - \sum_{i=1}^{n} \alpha_i y_i \overline{X}_i^T = \overline{0}, \text{ [}\overline{W}\text{에 대한 경사도는 0이다.]} \tag{6.10}$$

$$\frac{\partial J_r}{\partial \xi_i} = C - \alpha_i - \gamma_i = 0, \quad \forall i \in \{1 \ldots n\} \tag{6.11}$$

ξ_i에 관한 편도함수로 인한 방정식은 ξ_i와 무관하지만 결과로 만들어지는 방정식은 J_r에서 ξ_i를 제거하는 데 여전히 유용하다. 이는 J_r에서 ξ_i의 계수가 $(C - \alpha_i - \gamma_i)$이기 때문이며, 이 계수는 식 6.11에 따라 0이 된다. ξ_i를 버릴 수 있는 것은 ξ_i들에 대한 J_r의 선형성의 직접적인 결과이다. J_r에서 ξ_i의 선형 계수는 또한 ξ_i에 관한 미분 값이며, 최적성 조건에서 0으로 설정된다. 또한 식 6.10에 따라 J_r에서 $\overline{W}$가 나타나면 모두 $\overline{W} = \sum_{i=1}^{n} \alpha_i y_i \overline{X}_i^T$로 대체할 수 있다. ξ_i와 관련된 항들을 삭제하고 $\overline{W}$를 대체하면, J_r은 다음과 같이 간소화된다.

$$\begin{aligned}
J_r &= \frac{1}{2}\|\overline{W}\|^2 + \sum_{i=1}^{n} \alpha_i (1 - y_i(\overline{W} \cdot \overline{X}_i^T)), \quad \text{[}\xi_i\text{와 관련된 항들을 삭제]} \\
&= \frac{1}{2}\|\sum_{j=1}^{n} \alpha_j y_j \overline{X}_j^T\|^2 + \sum_{i=1}^{n} \alpha_i (1 - y_i \sum_{j=1}^{n} \alpha_j y_j \overline{X}_i \cdot \overline{X}_j), \quad \text{[}\overline{W} = \textstyle\sum_{j=1}^{n} \alpha_j y_j \overline{X}_j^T\text{로 대체]} \\
&= \sum_{i=1}^{n} \alpha_i - \frac{1}{2} \sum_{i=1}^{n} \sum_{j=1}^{n} \alpha_i \alpha_j y_i y_j \overline{X}_i \cdot \overline{X}_j, \quad \text{[대수적 간소화]}
\end{aligned}$$

이 목적함수는 순전히 쌍대 변수들로 표현된다. 또한 변수 γ_i가 최적화 수식에서 제거되었다. 그렇지만 제약조건 $\gamma_i \geq 0$에서도 γ_i를 $C - \alpha_i$로 대체하여 다음과 같이 수정해야 한다(식 6.11 참고).

$$\gamma_i = C - \alpha_i \geq 0$$

따라서 변수 α_i는 경계상자 제약조건 $0 \leq \alpha_i \leq C$를 만족한다. 목적함수에 -1을 곱하여 최대화 문제를 최소화 문제로 전환할 수 있다.

$$\text{Minimize}_{0 \leq \overline{\alpha} \leq C} \, \frac{1}{2} \sum_{i=1}^{n} \sum_{j=1}^{n} \alpha_i \alpha_j y_i y_j \overline{X}_i \cdot \overline{X}_j - \sum_{i=1}^{n} \alpha_i$$

(최소화 형식의) 쌍대 문제가 항상 볼록하다(연습문제 12 참고)는 사실을 넘어서, 위의 2차의 목적함수에서 선행 항은 $\overline{\alpha}^T H \overline{\alpha}$ 형식을 갖는다. 여기에서 양의 준정부호 H는 점들 사이

의 유사성 행렬이다. 이것은 쌍대 문제를 볼록하게 만든다. 이에 따라 다음과 같은 사실을 관찰할 수 있다.

관찰 6.4.2 쌍대 SVM에서 2차 항 $\sum_{i=1}^{n}\sum_{j=1}^{n}\alpha_i\alpha_j y_i y_j \overline{X}_i \cdot \overline{X}_j$는 $\overline{\alpha}^T BB^T\overline{\alpha}$ 형식으로 표현할 수 있다. 여기에서 B는 i번째 행에 $y_i\overline{X}_i$를 포함하는 $n \times d$ 행렬이다. 즉, B의 i번째 행에는 {−1, +1}에 속하는 클래스 라벨 y_i가 곱해진 i번째 데이터 인스턴스가 포함된다.

이 결과는 $\overline{\alpha}^T BB^T\overline{\alpha}$의 (i, j)번째 항을 전개하는 것만으로도 확인할 수 있다. 3장의 보조정리 3.3.14에서 볼 수 있듯이 BB^T 형식의 행렬은 항상 양의 준정부호이다. 따라서 이것은 볼록 최적화 문제이다.

6.4.3.1 최적 쌍대 해로부터 최적 원본 해의 추론

절 6.4.2.1에서 살펴본 바와 같이, PD 제약조건은 쌍대 변수들로부터 원본 변수들을 추론하기 위해 사용될 수 있다. SVM의 경우에 제약조건은 식 6.10-6.11에 해당한다. 이러한 제약조건 중에서 식 6.10은 아래와 같이 쌍대 변수들로 모든 원본 변수들을 직접 산출하기 때문에 특히 유용한 형식이다.

$$\overline{W} = \sum_{i=1}^{n} \alpha_i y_i \overline{X}_i^T$$

원본 변수 간의 제약조건을 사용하고 $\overline{W}$의 추론된 값을 대체하여 여유 변수 ξ_i들을 구할 수 있다.

6.4.4 SVM 쌍대를 위한 최적화 알고리즘

쌍대는 제약조건이 있는 최적화 문제이지만 경계상자 제약조건을 사용하기 때문에 간단하다. 이 장의 앞부분에서 논의한 거의 모든 원본 최적화 기법들이 쌍대 풀이에 사용될 수 있다. 따라서 쌍대로 작업하는 경우에도 제약조건이 있는 최적화를 위해서는 여전히 원본 알고리즘이 필요하다. 이 절에서는 몇 가지 계산 알고리즘을 살펴본다.

6.4.4.1 경사하강법

경계상자 제약조건을 갖는 최소화 형식의 쌍대 문제는 다음과 같다.

$$L_D = \frac{1}{2}\sum_{i=1}^{n}\sum_{j=1}^{n}\alpha_i\alpha_j y_i y_j \overline{X}_i \cdot \overline{X}_j - \sum_{i=1}^{n}\alpha_i \text{ 을 최소화한다.}$$

제약조건:

$0 \leq \alpha_i \leq C \quad \forall i \in \{1 \ldots n\}$

α_k에 대한 L_D의 편미분은 다음과 같다.

$$\frac{\partial L_D}{\partial \alpha_k} = y_k \sum_{s=1}^{n} y_s \alpha_s \overline{X}_k \cdot \overline{X}_s - 1 \quad \forall k \in \{1 \ldots n\} \tag{6.12}$$

다음과 같은 표준 경사하강법 절차를 사용할 수 있다.

$$\overline{\alpha} \Leftarrow \overline{\alpha} - \eta \left[\frac{\partial L_D}{\partial \overline{\alpha}} \right]$$

한 가지 문제는 갱신으로 인해 α_k 값 중 일부가 실행 가능성 제약조건을 위반할 수 있다는 것이다. 이 경우 그림 6.3과 같이 실행 불가능한 $\overline{\alpha}$ 성분을 실행 가능 경계상자에 투영한다. 즉, 각 α_k의 값이 음수가 되면 0으로 재설정되고, C를 초과하면 C로 재설정된다. 따라서 라그랑주 매개변수 벡터 $\overline{\alpha}=[\alpha_1 \ldots \alpha_n]$을 0으로 구성된 n차원 영벡터로 설정하여 시작하고, 학습률 η로 다음의 갱신 단계들을 사용한다.

```
repeat
  {1...n}에 속하는 각 k에 대해 α_k ⇐ α_k + η[1 − y_k Σ_{s=1}^{n} y_s α_s X̄_k · X̄_s]로 갱신한다;
      { 이 갱신은 ᾱ ⇐ ᾱ − η[∂L_D/∂ᾱ]와 동등함 }
  for each k ∈ {1...n} do begin
    α_k ⇐ min{α_k, C};
    α_k ⇐ max{α_k, 0};
  endfor;
until (수렴에 도달함)
```

경사하강법 절차가 한 번에 모든 성분 $\alpha_1 \cdots \alpha_n$을 갱신한다는 점은 주목할 만하다. 이것은 한 번에 성분 하나를 갱신하고 해당 성분을 위한 개별 학습률을 선택하여 특정 α_k 값을 최적화하는 좌표하강법과의 주요 차이점이다. 이것이 다음 절에서 논의의 요점이다.

6.4.4.2 좌표하강법

좌표하강법에서 α_k에 대한 갱신은 갱신된 값이 최적화되도록 해야 한다. 즉, α_k에 대한 쌍대 목적함수 L_D의 편미분이 0으로 설정되어야 한다. 식 6.12를 사용하여 α_k에 대한 편미분을

0으로 설정하면 다음 조건을 얻을 수 있다.

$$y_k \sum_{s=1}^{n} y_s \alpha_s \overline{X}_k \cdot \overline{X}_s - 1 = 0$$

α_k와 관련된 모든 항을 한쪽으로 가져 오면 다음을 얻는다.

$$\alpha_k \|\overline{X}_k\|^2 y_k^2 = 1 - y_k \sum_{s \neq k} y_s \alpha_s \overline{X}_k \cdot \overline{X}_s$$

각 y_k는 {−1, +1}에 속하므로 $y_k^2 = 1$로 설정할 수 있다.

$$\alpha_k = \frac{1 - y_k \sum_{s \neq k} y_s \alpha_s \overline{X}_k \cdot \overline{X}_s}{\|\overline{X}_k\|^2} = \alpha_k + \frac{1 - y_k \sum_{s=1}^{n} y_s \alpha_s \overline{X}_k \cdot \overline{X}_s}{\|\overline{X}_k\|^2}$$

마지막 간소화는 우변에 α_k를 더하고 뺀 결과이다. 위의 내용은 α_k가 학습률 $\eta_k = 1/\|\overline{X}_k\|^2$로 갱신되는 반복 갱신(예: 경사하강법)으로 간단히 처리할 수 있다.

$$\alpha_k \Leftarrow \alpha_k + \eta_k \left[1 - y_k \sum_{s=1}^{n} y_s \alpha_s \overline{X}_k \cdot \overline{X}_s \right]$$

$$\alpha_k \Leftarrow \alpha_k - \eta_k \left[\frac{\partial L_D}{\partial \alpha_k} \right] \quad \text{[동등한 갱신]}$$

즉, 좌표하강법을 위한 갱신은 성분 별 학습률을 사용하여 성분 단위로 수행된다는 점을 제외하면 경사하강법과 비슷하다.

```
repeat
  for each k ∈ {1...n} do begin
    α_k ⇐ α_k + η_k[1 − y_k Σ_{s=1}^{n} y_s α_s X̄_k · X̄_s]로 갱신한다;
      { 이 갱신은 ᾱ ⇐ ᾱ − η_k[∂L_D/∂ᾱ]와 동등함 }
    α_k ⇐ min{α_k, C};
    α_k ⇐ max{α_k, 0};
  endfor;
until (수렴에 도달함)
```

좌표하강법을 위한 의사코드를 이전 절의 경사하강법을 위한 의사코드와 비교해보면 도움이 될 것이다. 주요 차이점은 경사하강법(학습률은 휴리스틱 방식으로 선택됨)에서는 $\overline{\alpha}$의 모든 성분이 갱신되는 반면, 좌표하강법(최적성을 보장하기 위해 특별히 선택된 학습률 사용)에서는 한 번에 하나의 성분만 갱신된다는 것이다. 좌표하강법 절차는 항상 경사하강법 절차보다 빠른 수렴을 달성한다. 또한 한 번에 둘 이상의 변수를 선택하는 블록 좌표하강법이 훨씬 더 효율적이다. 사실, 플랫의 유명한 순차 최소 최적화(SMO)[102]는 블록 좌표하강법의 예이다. 또한 이 책에서는 쌍대 문제를 구성하고 풀어보는 체계적인 훈련을 위해 L_2-SVM에 관한 일련의 연습용 문제를 제공한다. 아마 경첩 손실 SVM에 대해 제공된 해법을 지침으로 사용하여 아래의 문제를 풀어보면 좋을 것이다. 이러한 연습용 문제를 풀어보면 쌍대 최적화 문제를 푸는 방법에 대해 자신감을 얻을 수 있다.

문제 6.4.2 **L_2-SVM의 완화** 다음의 L_2-SVM 문제를 생각해보자.

$$J = \frac{1}{2}\|\overline{W}\|^2 + C\sum_{i=1}^{n}\xi_i^2 \text{ 을 최소화한다.}$$

제약조건:

$$\xi_i \geq 1 - y_i[\overline{W} \cdot \overline{X}_i^T], \quad \forall i \in \{1 \dots n\}$$

경첩 손실 SVM과 비교하여 매개변수 ξ_i는 목적함수에서 제곱으로 나타나고 ξ_i에 대한 비 음수 제약조건이 삭제되었다. ξ_i에 대한 비 음수 제약조건을 삭제해도 이 경우 최적 해에 영향을 주지 않는 이유를 설명하시오. 원본 변수와 쌍대 변수를 모두 포함하는 최소최대 라그랑주 완화를 작성하시오. 경첩 손실 SVM과 비교할 수 있도록 i번째 여유 제약조건에 라그랑주 매개변수 α_i를 사용하시오.

문제 6.4.3 **L_2-SVM의 원본-쌍대 제약조건** α_i를 i번째 여유 제약조건과 관련된 라그랑주 매개변수라고 하자. 라그랑주 완화의 (원본 변수에 관한) 경사도를 0으로 설정하면 다음과 같은 원본-쌍대 제약조건이 생성된다는 것을 보이시오.

$$\overline{W} = \sum_{i=1}^{n}\alpha_i y_i \overline{X}_i^T$$

$$\xi_i = \alpha_i / 2C$$

문제 6.4.4 **L_2-SVM의 쌍대 문제 구성** 앞의 두 문제에서의 라그랑주 완화와 원본-쌍대 제약조건을 사용하여 최소최대 문제 수식에서 원본 변수를 제거하시오. 이제 L_2-SVM의 쌍대 문제는 다음과 같이 표현될 수 있음을 보이시오.

$$Maximize_{\overline{\alpha}\geq 0} \sum_{i=1}^{n} \alpha_i - \frac{1}{2}\sum_{i=1}^{n}\sum_{j=1}^{n} \alpha_i \alpha_j y_i y_j (\overline{X}_i \cdot \overline{X}_j + \delta_{ij}/2C)$$

여기에서 $i = j$이면 δ_{ij}는 1이고 그렇지 않으면 0이다. 경첩 손실 SVM의 쌍대 문제 수식과의 주요 차이점은 명시적 제약조건 $\alpha_i \leq C$ 대신 가변 방식으로 α_i^2의 크기를 제약하기 위해 점곱 $\overline{X}_i \cdot \overline{X}_j$에 $\delta_{ij}/2C$를 덧셈하는 것이다.

문제 6.4.5 **L_2–SVM 쌍대를 위한 최적화 알고리즘** 6.4.4.1절과 6.4.4.2절에서 경첩 손실 SVM에 대한 경사하강법 및 좌표하강법 의사코드를 주의 깊게 조사하시오. 각 α_k의 실제 갱신에는 항상 각 s에 대해 $\overline{X}_k \cdot \overline{X}_s$가 곱해지는 항이 포함된다. 쌍대 L_2–SVM에 대한 경사하강법 및 좌표하강법 알고리즘이 각 갱신 식 내의 점곱 $\overline{X}_k \cdot \overline{X}_s$가 $[\overline{X}_k \cdot \overline{X}_s + (\delta_{ks}/2C)]$로 대체된다는 점을 제외하고는 경첩 손실 SVM의 경우와 동일함을 보이시오. 여기에서 $k = s$이면 δ_{ks} 값은 1이고 그렇지 않으면 0이다. 또한 α_i의 값이 C보다 클 때 C로 재설정되지 않는다.

6.4.5 무제약 문제를 위한 라그랑주 완화

라그랑주 완화는 제약조건이 있는 문제에 맞게 설계되었으며 라그랑주 승수는 자동으로 쌍대 변수를 생성한다. 최적화 문제가 제약조건을 갖지 않는 경우 어떻게 쌍대를 생성할 수 있을까? 이 목표를 달성하기 위한 몇 가지 접근방식이 있으며 그 중 하나가 라그랑주 완화를 사용하는 것이다. 예를 들어, 로지스틱 회귀에 대한 쌍대 이용 방식은 매개변수화 접근방식을 사용한다[68]. 다른 형태의 쌍대성에 대해서는 이 장 끝의 추가 자료 절에 언급된 내용을 참고하기 바란다.

여기에서 최적화 문제의 수식 구성이 고유한 방식으로 이루어질 필요가 없다는 점을 이해할 필요가 있다. 무제약 최적화 문제는 목적함수에서 다양한 항에 추가의 변수들을 도입하고 제약조건에서 이러한 변수들을 정의함으로써 항상 제약이 있는 문제로 다시 변환할 수 있다. 경첩 손실 SVM에 대해 쌍대가 생성되는 방식은 이미 쌍대 문제의 구성에 보다 친숙한 형식이 무엇인지에 대한 힌트를 제공한다. 예를 들어 4.8.2절에 있는 SVM 수식 구성은 여유 변수를 사용하지 않는 반면, 이전 절의 쌍대 SVM은 목적함수의 특정 부분을 위한 여유 변수들을 도입한 다음 제약조건에서 이러한 여유 변수들을 정의한다. 목적함수에서 특정 항에 대한 추가 변수를 생성하는 이러한 접근방식은 라그랑주 완화를 생성하는 자연스러운 방법을 제공한다. 따라서 무제약 문제의 라그랑주 완화를 만들기 위한 기본 접근방식을 요약한다.

목적함수의 특정 부분을 대체하기 위한 새로운 변수들을 도입하고 제약조건에 서 해당 변수들을 정의한다.

여기에서 새로운 변수를 정의하는 방법은 여러 가지가 있으며, 이에 따라 다른 쌍대를 얻을 수 있고, 어떤 구조는 다른 구조보다 최적화에 보다 적합할 수 있다. 올바른 변수와 제약조건을 어떻게 정의해야 할지는 종종 기술과 경험의 문제이다.

제약조건을 갖지 않는 다음과 같은 간단한 2-변수 최적화 문제를 생각해보자.

$$J = (x-1)^2/2 + (y-2)^2/2 \text{ 을 최소화한다.}$$

경사하강법을 사용하거나 각 편도함수를 0으로 설정하는 등 여러 가지 방법으로 이 문제를 쉽게 풀 수 있다. 어느 방법을 사용하든 최적의 해는 $x=1$과 $y=2$가 될 것이며, 이에 대응되는 목적함수 값은 0이다. 그러나 이 최적화 문제의 쌍대를 이용하는 것이 도움이 될 수 있다. 이 경우 두 개의 새로운 변수 $\xi = x-1$과 $\beta = y-2$를 선택한다. 그 결과로 다음의 최적화 문제를 얻는다.

$$
\begin{aligned}
&J = \xi^2/2 + \beta^2/2 \text{ 을 최소화한다.}\\
&\quad \text{제약조건:}\\
&\quad \xi = x - 1\\
&\quad \beta = y - 2
\end{aligned}
$$

등식 제약조건이 사용되고 있으므로 라그랑주 승수에도 비 음수 제약조건이 없다는 점을 유의하기 바란다. 첫 번째 제약조건에는 라그랑주 승수 α_1, 두 번째 제약조건에는 승수 α_2를 도입한다. 이러한 결과에 따른 라그랑주 완화는 다음과 같다.

$$L(\alpha_1, \alpha_2) = \text{Minimize}_{\ \xi,\beta,x,y,}\ \xi^2/2 + \beta^2/2 + \alpha_1(\xi - x + 1) + \alpha_2(\beta - y + 2)$$

최소화는 원본 변수에 대해서만 수행되며, 쌍대 변수에 대해서는 $L(\alpha_1, \alpha_2)$가 최대화되어야 한다. 4개의 원본 변수를 제거하려면 각각에 대한 편도함수를 0으로 설정하고 PD 제약조건이라고도 하는 4개의 안정성 제약조건을 구해야 한다. 그러나 이 경우에 PD 제약조건은 다음과 같은 간단한 형식을 갖는다.

$$
\begin{aligned}
\frac{\partial J}{\partial \xi} &= \xi + \alpha_1, \quad \frac{\partial J}{\partial \beta} = \beta + \alpha_2\\
\frac{\partial J}{\partial x} &= -\alpha_1, \quad \frac{\partial J}{\partial y} = -\alpha_2
\end{aligned}
$$

ξ와 β에 관한 처음 두 도함수를 0으로 설정하면 ξ와 β를 각각 $-\alpha_1$과 $-\alpha_2$로 대체할 수

있다. 그러나 x와 y에 관한 두 번째 두 도함수를 0으로 설정하면 $\alpha_1 = \alpha_2 = 0$이 되어 목적함수의 페널티 부분을 제거할 수 있다. 그러나 이전 절에서 살펴본 바와 같이 쌍대 문제에서 원본 변수들에 독립인(즉, $\alpha_1 = \alpha_2 = 0$) 제약조건들을 포함할 필요가 있다[13]. 그 결과로 다음과 같이 무의미한 쌍대 문제가 만들어진다.

$$\alpha_1^2 + \alpha_2^2 \text{ 을 최대화한다.}$$

제약조건:

$$\alpha_1 = 0, \quad \alpha_2 = 0$$

이 경우 실행 가능 공간에는 목적함수 값이 0인 점이 하나만 포함된다. 따라서 최적의 쌍대 목적함수 값은 $\alpha_1 = \alpha_2 = 0$에서 0이다. 또한 (안정성 제약조건에 따라) ξ와 β는 각기 $-\alpha_1$과 $-\alpha_2$와 같으므로, $\xi = x-1 = 0$과 $\beta = y-2 = 0$을 갖게 된다. $x=1$과 $y=2$라는 이 해는 단지 원본 목적함수의 도함수를 0으로 설정함으로써 구할 수 있다.

6.4.5.1 기계학습 응용: 선형 회귀의 쌍대

무제약 최적화 문제의 또 다른 예는 선형 회귀이다. 훈련용 데이터에는 n개의 특징-값 쌍 $(\overline{X_i}, y_i)$이 포함되고, 목표 값 $\hat{y}_i$는 $\hat{y}_i \approx \overline{W} \cdot \overline{X_i}^T$를 사용하여 예측된다. 각 $\overline{X_i}$는 $n \times d$ 데이터 행렬 D의 행이다. 반응변수 열벡터는 $\overline{y} = [y_1 \ldots y_n]^T$으로 표시된다. 목적함수는 모든 훈련 인스턴스에서 제곱합 오차를 최소화한다.

$$J = \frac{1}{2}\sum_{i=1}^{n}(y_i - \overline{W} \cdot \overline{X_i}^T)^2 + \frac{\lambda}{2}\|\overline{W}\|^2 \tag{6.13}$$

이것은 다시 무제약 문제이지만, 어떻게든 쌍대를 생성하기 위해 라그랑주 완화를 만들고자 할 경우 각 데이터 점의 오차에 대해 새로운 변수 $\xi_i = y_i - \overline{W} \cdot \overline{X_i}^T$를 도입하여 새로운 변수와 새로운 제약조건을 생성한다. 이렇게 구성된 최적화 문제는 다음과 같다.

$$J = \frac{1}{2}\sum_{i=1}^{n}\xi_i^2 + \frac{\lambda}{2}\|\overline{W}\|^2 \text{ 을 최소화한다.}$$

제약조건:

$$\xi_i = y_i - \overline{W} \cdot \overline{X_i}^T, \quad \forall i \in \{1 \ldots n\}$$

---

13) 이전 절에서 살펴본 바와 같이 제약조건 $C - \alpha_i - \gamma_i = 0$이 쌍대 변수들만 포함할 경우 경첩 손실 SVM에서도 이러한 상황이 발생한다. 이 경우 제약조건 $C - \alpha_i - \gamma_i = 0$은 쌍대에서 γ_i의 제거에 사용됨으로써 수식 구성에 암묵적으로 포함된다.

i번째 제약조건을 위해 쌍대 변수 α_i를 도입하여 다음과 같은 쌍대 목적함수를 생성한다.

$$L(\overline{\alpha}) = \text{Minimize}_{\overline{W},\xi_i} J = \frac{1}{2}\sum_{i=1}^{n}\xi_i^2 + \frac{\lambda}{2}\|\overline{W}\|^2 + \sum_{i=1}^{n}\alpha_i(-\xi_i + y_i - (\overline{W}\cdot\overline{X}_i^T))$$

다음으로 모든 원본 변수에 대해 목적함수를 미분하고 0으로 설정하여 PD 제약조건을 생성한다.

$$\frac{\partial J}{\partial \overline{W}} = \lambda\overline{W} - \sum_{i=1}^{n}\alpha_i\overline{X}_i^T = \overline{0}$$
$$\frac{\partial J}{\partial \xi_i} = \xi_i - \alpha_i = 0, \quad \forall i \in \{1\ldots n\}$$

$\xi_i = \alpha_i$와 $\overline{W} = \sum_{j=1}^{n}\alpha_j\overline{X}_j^T/\lambda$를 대입하면 순전히 쌍대 변수만을 사용하여 $L(\overline{\alpha})$를 다음과 같이 표현할 수 있다.

$$L(\overline{\alpha}) = \frac{1}{2}\sum_{i=1}^{n}\alpha_i^2 + \frac{1}{2\lambda}\sum_{i=1}^{n}\sum_{j=1}^{n}\alpha_i\alpha_j\overline{X}_i\cdot\overline{X}_j + \sum_{i=1}^{n}\alpha_i\left(-\alpha_i + y_i - \overline{X}_i^T\cdot[\sum_{j=1}^{n}\alpha_j\overline{X}_j^T]/\lambda\right)$$
$$= \sum_{i=1}^{n}\alpha_i y_i - \sum_{i=1}^{n}\alpha_i^2/2 - \frac{1}{2\lambda}\sum_{i=1}^{n}\sum_{j=1}^{n}\alpha_i\alpha_j\overline{X}_i\cdot\overline{X}_j$$

d차원 행벡터 $\overline{X}_1\ldots\overline{X}_n$을 하나의 $n\times d$ 행렬 D로 대체함으로써 위의 목적함수를 아래와 같은 행렬 형식으로 표현할 수 있다. 이때 D는 행벡터 $\overline{X}_1\ldots\overline{X}_n$을 그 순서 그대로 행들로 포함한다. 또한 스칼라 변수들은 $\overline{\alpha} = [\alpha_1\ldots\alpha_n]^T$, $\overline{y} = [y_1\ldots y_n]^T$ 등과 같은 벡터 형식으로 변환된다.

$$L(\overline{\alpha}) = \overline{\alpha}^T\overline{y} - \frac{1}{2}\|\overline{\alpha}\|^2 - \frac{1}{2\lambda}\overline{\alpha}^T DD^T\overline{\alpha}$$
$$= \overline{\alpha}^T\overline{y} - \frac{1}{2\lambda}\overline{\alpha}^T(DD^T + \lambda I)\overline{\alpha}$$

목적함수의 경사도를 0으로 설정하는 것으로 $\overline{\alpha}$에 대해 닫힌 형식의 해를 구할 수 있다. 행렬 미적분을 사용하여 목적함수의 경사도를 계산하면 다음 식을 얻을 수 있다.

$$(DD^T + \lambda I)\overline{\alpha} = \lambda\overline{y}$$
$$\overline{\alpha} = \lambda(DD^T + \lambda I)^{-1}\overline{y}$$

이제 PD 제약조건을 사용하여 최적의 쌍대 변수와 최적의 원본 변수의 관계만 찾으면 된다. PD 제약조건으로부터 이미 $\overline{W} = \sum_{j=1}^{n} \alpha_j \overline{X}_j^T / \lambda = D^T \overline{\alpha} / \lambda$임을 알고 있다. 따라서 원본 변수 $\overline{W}$에 대한 최적의 해는 다음과 같다.

$$\overline{W} = D^T(DD^T + \lambda I_n)^{-1}\overline{y} \tag{6.14}$$

여기에서 I_n은 $n \times n$ 단위행렬이다. 이 해를 원본 손실함수의 경사도를 0으로 설정하여 얻은 해(4.7절 참고)와 비교해보면 좋을 것이다. 4.7절의 해를 위한 식 4.39를 여기에 다시 표시한다.

$$\overline{W} = (D^T D + \lambda I_d)^{-1} D^T \overline{y} \tag{6.15}$$

언뜻 보기에 두 개의 해가 달라 보이지만 실제로는 동일하며, 아래에 표시되어 있는 푸시-스루 항등식(1장의 문제 1.2.13 참고)으로부터 이러한 사실을 도출할 수 있다. 특히 다음 식이 성립함을 보일 수 있다.

$$D^T(DD^T + \lambda I_n)^{-1} = (D^T D + \lambda I_d)^{-1} D^T \tag{6.16}$$

무제약 문제의 또 다른 예는 4.8.3절에서 논의되는 로지스틱 회귀이다. 아래에 제시된 일련의 문제는 로지스틱 회귀의 쌍대를 구성하는 방법에 대한 단계별 가이드를 제공한다[140]. 로지스틱 회귀는 기계학습의 근본적인 문제이므로 깊이 있는 이해를 위해 이 문제들을 풀어보기 바란다.

문제 6.4.6 **로지스틱 회귀의 완화** 로지스틱 회귀는 4장의 식 4.56에 있는 목적함수에서 알 수 있듯이 무제약 최적화 문제이다. 로지스틱 회귀에 대한 다음 수식을 생각해보자.

$$J = \frac{1}{2}\|\overline{W}\|^2 + C\sum_{i=1}^{n} log(1 + exp[\xi_i]) \text{ 을 최소화한다.}$$

제약조건:

$$\xi_i = -y_i(\overline{W} \cdot \overline{X}_i^T)$$

C를 적절하게 선택하여 이 목적함수가 식 4.56과 동일한 이유를 설명하시오. 다른 표기법은 식 4.56과 같다고 가정한다. 이 문제의 라그랑주 완화를 구성하시오. 여기에서 $\overline{X}_i$에 연계되는 i번째 제약조건에 사용되는 쌍대 변수로 α_i를 사용한다.

이 경우 라그랑주 승수에는 부호 제약이 없고 제약조건은 등식 제약이므로, α_i에 어떤 부호를 사용하느냐에 따라 앞의 문제에 대한 두 가지 가능한 답 각각을 얻을 수 있다. 이러한 점은 다음의 문제에서도 마찬가지이다. 다음 문제에서 α_i의 부호를 바꾸어서 문제를 서술할 수도 있다.

문제 6.4.7 **로지스틱 회귀의 원본–쌍대 제약조건** α_i를 i번째 여유 제약조건과 관련된 라그랑주 매개변수라고 하자. 라그랑주 완화의 (원본 변수에 관한) 경사도를 0으로 설정하면 다음과 같은 원본–쌍대 제약조건이 생성된다는 것을 보이시오.

$$\overline{W} = \sum_{i=1}^{n} y_i \alpha_i \overline{X}_i^T$$
$$\alpha_i = \frac{C}{1 + exp(-\xi_i)}$$

이제 (경첩 손실 SVM의 경우와 마찬가지로) α_i가 원본–쌍대 제약조건에 따라 구간 $(0, C)$ 안에 있어야 하는 이유를 설명하시오.

원본 로지스틱 회귀 목적함수와 원본 경첩 손실 SVM 목적함수의 유사성을 이미 확인한 바 있으며(4.8.4절 참고), 따라서 로지스틱 쌍대와 경첩 손실 SVM 쌍대의 유사성은 당연한 결과이다.

문제 6.4.8 로지스틱 회귀의 쌍대가 다음과 같이 최소화 형식으로 표현될 수 있음을 보이시오.

$$Minimize_{\overline{\alpha}} \ \frac{1}{2}\sum_{i=1}^{n}\sum_{j=1}^{n}\alpha_i\alpha_j y_i y_j (\overline{X}_i \cdot \overline{X}_j) + \sum_{i=1}^{n}\alpha_i log(\alpha_i) + \sum_{i=1}^{n}(C-\alpha_i)log(C-\alpha_i)$$

로그 함수는 양의 인수만 가질 수 있으므로 로지스틱 회귀의 목적함수는 $\alpha_i \in (0, C)$에 대해서만 의미가 있다. 정의되지 않는 목적함수를 피하기 위해 실제 응용에서는 제약조건 $\alpha_i \in (0, C)$를 명시적으로 추가한다. 이것은 전체 수식을 경첩 손실 SVM 쌍대와 매우 유사하게 만든다. 6.4.4.1절의 의사코드를 직접 사용할 수 있지만 $(0, C)$ 안으로 제한되는 엄격한 경계상자 제약조건에 따라 갱신을 수행해야 한다. 또 다른 차이점은 α_k가 다음과 같이 갱신된다는 것이다.

$$\alpha_k \Leftarrow \alpha_k + \eta\left[\log\frac{C-\alpha_k}{\alpha_k} - y_k\sum_{s=1}^{n} y_s\alpha_s \overline{X}_k \cdot \overline{X}_s\right]$$

$\log([C-\alpha_k]/\alpha_k)$ 항은 의사코드에서 1을 대체하고 α_k를 구간 $(0, C)$의 중간 근처에 유지하는 역할을 한다.

6.5 페널티 기반 방법 및 원본-쌍대 방법

라그랑주 완화 방법은 페널티 변수를 사용하여 원본 제약조건을 완화하는 방식으로 최적화 문제의 쌍대를 구성한다. 이러한 아이디어의 배경은 이렇게 완화된 버전이 항상 약한 쌍대성을 충족한다는 것이다. 따라서 원본 제약조건을 충족하는 완화된 버전(적절한 페널티 승수 값 포함)을 찾을 수 있다면 결과로 산출되는 해는 원래 문제(즉, 제약조건이 있는 완화되지 않은 원본 문제)에 대한 최적의 해이기도 하다. 이러한 유형의 접근방식에서는 원본 제약조건이 충족될 때까지 페널티 변수를 계속 수정하고 완화된 문제에 대한 경사하강법을 수행해야 한다. 어떤 경우이든 완화된 문제에 대한 해는 페널티 변수를 증가시킬지 감소시킬지에 대한 힌트를 제공한다. 예를 들어 완화된 문제를 풀 때 원본 제약조건을 위반하면, 위반된 원본 제약조건에 대한 페널티 변수를 증가시켜야 한다. 제약조건의 위반이 없을 경우 제약조건을 가까스로 충족한 경우가 아니면 원본 제약조건에 대한 페널티 변수를 감소시킬 수 있다. 페널티의 형태는 전통적인 라그랑주 완화와 다른 경우도 있고 정확히 같거나 거의 동등한 경우도 있다. 후자의 경우 원본 변수와 쌍대 변수를 동시에 학습하기 때문에 **원본-쌍대 방법**이라고도 한다. 페널티 제약의 형태가 전통적인 라그랑주 완화와 동일하지 않은 경우에도 큰 원칙은 비슷하다. 이 점을 이해하기 위해 먼저 단일 제약조건이 있는 최적화 문제의 예를 살펴보자.

6.5.1 단일 제약조건이 있는 페널티 방법

거리 제약조건에 따라 볼록 함수를 최소화하는 아래의 최적화 문제를 생각해보자. 즉, 벡터 $\overline{w}$와 상수 벡터 $\overline{a}$ 사이의 거리가 δ 이내라는 제약조건 하에서 볼록 목적함수 $F(\overline{w})$의 최적점을 찾고자 한다. 이 문제는 뉴턴법과 함께 신뢰영역 최적화를 사용할 때 기계학습에서 자주 발생한다(5.6.3.1절 참고). 이 문제는 다음과 같이 서술된다.

$$F(\overline{w}) \text{ 을 최소화한다.}$$
$$\text{제약조건:}$$
$$\|\overline{w}-\overline{a}\|^2 \le \delta^2$$

첫 번째 단계는 제약조건을 무시하고 최적화 문제를 해결하는 것이다. 이렇게 구한 최적의 해가 이미 제약조건을 충족하는 경우, 다른 작업을 수행할 필요가 없으며 그냥 종료하면 된다. 반면에 제약조건의 위반이 발생해 있을 경우, 페널티 매개변수 α를 사용하여 다음과 같은 완화된 문제 버전을 구성한다($\alpha > 0$).

$$F(\overline{w}) + \alpha\left(\max\{\|\overline{w}-\overline{a}\|^2 - \delta^2, 0\}\right)^2 \text{ 을 최소화한다.}$$

제약조건이 충족된 경우 페널티도 보상도 없다. 이것은 완화된 문제의 목적함수 값이 실행 가능한 공간에서 작동하는 한 원래 문제의 목적함수 값과 동일하다는 것을 보장한다. 매우 작은 α 값을 선택하면 제약조건을 위반할 수 있다. 반면에 충분히 큰 α 값을 선택하면 항상 실행 가능한 해가 생성되며, 이 경우 페널티는 목적함수에 아무런 영향을 주지 않는다. 페널티 함수에 대한 중요한 관찰은 다음과 같다.

관찰 6.5.1 제약조건 위반에 따른 페널티가 목적함수에 추가되는 제약조건 있는 최적화 문제의 페널티 기반 변형을 생각해보자. 또한 실행 가능 점에는 페널티나 보상이 없다. 페널티 기반 완화에 대한 최적의 해가 원래 문제의 제약조건에 대해 실행 가능한 경우, 해당 해는 원래 문제에도 최적이다.

위의 관찰은 페널티 기반 방법에 대한 성공의 핵심이다. 충분히 작은 α 값으로 시작하여 완화가 실행 가능한 해를 산출할 때까지 계속해서 점점 더 큰 α 값을 테스트하면 된다. $\alpha = 1$ 에서 시작하여 최적화 문제를 푸는 방식으로 이 문제를 풀 수도 있다. 제약조건이 충족되면 종료하고, 매개변수 벡터 $\overline{w}$의 해당 값을 최적으로 보고한다. 해가 실행 가능하지 않으면, α 값을 두 배로 늘리고 매개변수 벡터 $\overline{w}$의 최적 값을 찾기 위해 경사하강법을 다시 수행할 수 있다. 한 번의 반복이 끝나는 시점의 매개변수 벡터 $\overline{w}$를 다음 반복에서 경사하강법의 시작점으로 사용할 수 있다(증가된 α 값을 사용). 이렇게 하면 다음 반복에서 작업이 줄어든다. α를 증가시키는 이러한 접근방식은 제약조건의 위반이 없어질 때까지 계속된다. 또한 목적함수와 제약조건이 볼록할 때 완화된 목적함수도 볼록하다는 점도 주목할 만하다.

6.5.2 페널티 방법: 일반 구성

볼록 최적화 문제의 일반적인 구성은 다음과 같다.

$$
\begin{aligned}
&F(\overline{w})\text{을 최소화한다.}\\
&\quad \text{제약조건:}\\
&\quad f_i(\overline{w}) \le 0, \quad \forall i \in \{1 \dots m\}\\
&\quad h_i(\overline{w}) = 0, \quad \forall i \in \{1 \dots k\}
\end{aligned}
$$

이 문제의 볼록성을 보장하기 위해 함수 $F(\overline{w})$는 볼록하고 모든 함수 $f_i(\cdot)$는 볼록해야 하며 모든 함수 $h_i(\cdot)$는 선형이다. 이러한 조건이 충족되지 않는 경우에도 페널티 방법을 사용할 수 있지만, 이러한 경우 전역 최적점을 얻지 못할 수도 있다. 이 경우 다음과 같은 이 문제의 완화된 목적함수를 사용할 수 있다.

$$R(\overline{w}, \alpha) = F(\overline{w}) + \frac{\alpha}{2}\left(\sum_{i=1}^{m} \max\{0, f_i(\overline{w})\}^2 + \sum_{i=1}^{k} h_i(\overline{w})^2\right) \text{을 최소화한다.} \tag{6.17}$$

등식 제약조건과 부등 제약조건이 처리되는 방식의 차이에 유의하기 바란다. 페널티 매개변수 α는 항상 0보다 크다. 이제 다음 사실을 관찰할 수 있다.

관찰 6.5.2 **완화의 볼록성** $F(\overline{w})$가 볼록하고 각 $f_i(\overline{w})$가 볼록하고 각 $h_i(\overline{w})$가 선형이면, 식 6.17의 완화된 목적함수는 α에 대해 볼록하다($\alpha > 0$).

$\overline{w}$에 대한 이 목적함수의 경사도는 다음과 같이 계산할 수 있다.

$$\nabla_{\overline{w}} R(\overline{w}, \alpha) = \nabla F(\overline{w}) + \alpha \sum_{i=1}^{m} \max\{f_i(\overline{w}), 0\} \nabla f_i(\overline{w}) + \alpha \sum_{i=1}^{k} h_i(\overline{w}) \nabla h_i(\overline{w})$$

단일 변수 페널티 방법의 경우와 마찬가지로 α의 어떤 고정 값에서 경사하강법을 수행한다. 종료 시점의 해 $\overline{w}$가 실행 가능한 경우 이 매개변수 벡터를 최적의 해로 사용한다. 그렇지 않으면 α를 증가시키고 프로세스를 반복한다. 다음 반복에서는 이전 반복에서 얻은 벡터 $\overline{w}$를 출발점으로 시작할 수 있다.

처음에 가능한 가장 큰 α 값으로 시작해서는 안 되는 이유가 무엇인지에 대한 의문이 생길 것이다. 결국 큰 α 값을 선택하면 원래 문제의 제약조건과 관련하여 해의 실행 가능성이 보장된다. 매우 큰 α 값을 사용할 때의 주된 문제는 방향에 따른 경사도의 민감성 변화가 아주 큰 경우 경사하강의 중간 단계에서 종종 불량 조건이 발생한다는 것이다. 5장에서 살펴본 것처럼 이러한 유형의 상황은 경사하강법에서 문제("진동" 동작 등)를 유발할 수 있으며 수렴에 도달하지 못할 수 있다. 이것이 일반적으로 더 작은 α 값으로 시작하여 점차 증가시켜야 하는 이유이다. 이렇게 하면 알고리즘이 우수한 수렴 동작을 보인다.

6.5.3 장벽법과 내부점법

페널티 기반 방법은 실행 가능한 중간 값 $\overline{w}$를 산출하지 않는다. 반면에 장벽법(barrier method)은 실행 가능할 뿐만 아니라 엄격하게 실행 가능한 $\overline{w}$ 값을 항상 유지한다. 엄격한 실행 가능성 개념은 부등 제약에 대해서만 의미가 있다. 따라서 장벽법은 $f_i(\overline{w}) \geq 0$ 형식의 부등 제약조건에 대해서만 설계되었다. 표기상의 편의를 위해 부등호의 방향을 뒤집었음에 유의하기 바란다. 점 $\overline{w}$는 각 제약조건에 대해 $f_i(\overline{w}) > 0$인 경우에만 엄격하게 실행 가능하다. 분명히 그러한 점은 실행 가능 영역이 공간에서 0이 아닌 부피를 가질 때만 존재한다. 이것이 장벽법이 등식 제약조건의 경우에 설계되지 않는 이유이다. 다음 최적화 문제를 생각해보자.

$$F(\overline{w}) \text{ 을 최소화한다.}$$
$$\text{제약조건:}$$
$$f_i(\overline{w}) \geq 0, \quad \forall i \in \{1 \ldots m\}$$

그러면 **장벽 함수** $B(\overline{w}, \alpha)$는 매개변수 벡터 $\overline{w}$의 실행 가능한 값에 대해서만 잘 정의되며 다음과 같이 정의된다.

$$B(\overline{w}, \alpha) = F(\overline{w}) - \alpha \sum_{i=1}^{m} \log(f_i(\overline{w}))$$

다른 선택 사항(예: 역 장벽 함수)도 존재하지만 이것은 **로그 장벽 함수** 사용의 한 예이다. 관찰할 수 있는 한 가지 사실은 $F(\overline{w})$가 볼록하고 각 $f_i(\overline{w})$가 오목한 경우 장벽 함수가 볼록하다는 것이다.

오목 함수의 로그는 오목하므로[14] 음의 로그는 볼록하다. 볼록 함수의 합은 볼록하므로 장벽 함수는 볼록하다. 부등 제약조건이 $f_i(\overline{w}) \leq 0$이 아니라 $f_i(\overline{w}) \geq 0$의 형태이기 때문에 각 $f_i(\overline{w})$가 볼록하지 않고 오목해야 한다.

요점은 주어진 단계에서 목적함수에 대한 의미 있는 계산을 위해서는 각 $f_i(\overline{w})$가 0보다 **엄격하게** 커야 한다는 것이다. 이는 0이나 또는 음수 값에 대해 로그를 계산할 수는 없기 때문이다. 따라서 장벽법은 데이터 내부의 실행 가능한 해 $\overline{w}$로 시작한다. 또한 페널티 방법과 달리 초기 반복에서 큰 α 값으로 시작하며 이 값은 점차 감소한다. 임의의 고정된 α 값에서 $\overline{w}$에 대한 경사하강법을 수행하여 가중치 벡터를 최적화한다. α 값이 작을수록 $\overline{w}$가 제약조건에 의해 정의된 실행 가능 영역의 경계에 더 가깝게 접근할 수 있다. 이는 장벽 함수가 α 값에 관계없이 항상 경계 근처에서 ∞에 접근하지만 α 값이 작을수록 더 가깝게 접근할 수 있기 때문이다. 그러나 α 값이 작을수록 심각한 불량 조건을 발생시킬 수 있어 작은 α 값을 일찍

---

14) 로그는 오목하며, 따라서 다음 식이 성립한다.

$$\log[\lambda f_i(\overline{w}_1) + (1-\lambda) f_i(\overline{w}_2)] \geq \lambda \log[f_i(\overline{w}_1)] + (1-\lambda)\log[f_i(\overline{w}_2)] \tag{6.18}$$

또한 $f_i(\cdot)$가 오목하기 때문에 $f_i(\lambda\overline{w}_1 + (1-\lambda)\overline{w}_2) \geq \lambda f_i(\overline{w}_1) + (1-\lambda) f_i(\overline{w}_2)$임을 알 수 있다. 로그는 증가하는 함수이므로 양변에 로그를 취하면 $\log[f_i(\lambda\overline{w}_1 + (1-\lambda)\overline{w}_2)] \geq \log[\lambda f_i(\overline{w}_1) + (1-\lambda) f_i(\overline{w}_2)]$가 된다. 전이성을 사용하여 이 부등식을 식 6.18과 결합하면 $\log[f_i(\lambda\overline{w}_1 + (1-\lambda)\overline{w}_2)] \geq \lambda\log[f_i(\overline{w}_1)] + (1-\lambda)\log[f_i(\overline{w}_2)]$가 된다. 즉, $\log(f_i(\cdot))$는 오목하다. 이것으로 $g(\cdot)$가 증가함수일 경우 두 오목 함수의 합성 $g(f(\cdot))$는 오목하다는 것을 보이기 위해 필요한 모든 단계를 수행한 것이다. 이와 밀접하게 연관된 결과가 보조정리 4.3.2에서 제공된다.

사용하는 것은 수렴에 좋지 않다. 예를 들어 초기 단계에서 큰 α 값을 사용하는 것이 가중치 벡터 $\overline{w}$의 엄격한 실행 가능성을 유지하는 데 도움이 된다.

진정한 최적 해가 실행 가능 영역의 경계 가까이에 있지 않은 경우, 최적 해에 빠르게 접근하고 수렴이 원활한 경우들이 종종 있다. 이러한 경우 제약조건이 불필요할 수도 있으며 이 경우 무제약 버전의 문제가 동일한 해를 생성할 것이다. 이보다 복잡한 상황은 최적의 가중치 벡터가 실행 가능 영역의 경계 근처에 있는 경우이다. 실행 가능한 가중치 벡터 $\overline{w}$가 경계 $f_i(\overline{w}) \geq 0$에 충분히 가까워짐에 따라 페널티의 기여는 "장벽"처럼 빠르게 증가하고 경계 $f_i(\overline{w}) = 0$에 도달하면 ∞로 증가한다. 따라서 실행 가능성을 보장하기 위해 상대적으로 작은 α 값을 사용하는 것만으로 충분하다. 그러나 α 값이 작으면 경계 근처에서 함수에 불량조건이 발생하게 된다. 따라서 장벽법은 큰 α 값에서 시작하여 점차적으로 감소시키면서 $\overline{w}$에 대해 고정 α 값으로 경사하강법을 수행한다. 특정 반복 종료 시점의 최적 벡터 $\overline{w}$가 다음 반복에서 출발점으로 사용된다(감소된 α 값을 사용).

경사하강법의 경우 목적함수의 경사도는 다음과 같다.

$$\nabla_{\overline{w}} B(\overline{w}, \alpha) = \nabla F(\overline{w}) - \alpha \sum_{i=1}^{m} \frac{\nabla f_i(\overline{w})}{f_i(\overline{w})}$$

이 경사도를 0으로 설정하면 최적성 조건이 생성된다. 이 최적성 조건을 라그랑주 완화 $L(\overline{w}, \overline{\alpha}) = F(\overline{w}) - \sum_i \alpha_i f_i(\overline{w})$의 원본-쌍대 PD 제약조건과 비교해보기 바란다.

$$\nabla_{\overline{w}} L(\overline{w}, \overline{\alpha}) = \nabla F(\overline{w}) - \sum_{i=1}^{m} \alpha_i \nabla f_i(\overline{w}) = \overline{0}$$

여기에서는 $\alpha_1 \ldots \alpha_k$을 라그랑주 매개변수로 사용하는데, 아래 첨자를 포함함으로써 페널티 매개변수 α와 구별된다. 또한 라그랑주 완화는 "$\leq$" 형식의 제약조건($-f_i(\overline{w}) \leq 0$)을 사용하여 계산되기 때문에 각 페널티 항 앞에 음의 부호가 있다. $\alpha / f_i(\overline{w})$의 값은 전통적인 라그랑주 완화 $L(\overline{w}, \overline{\alpha}) = F(\overline{w}) - \sum_i \alpha_i f_i(\overline{w})$을 사용하는 경우 라그랑주 승수 α_i의 추정치이다. 흥미롭게도 이것은 $\alpha_i f_i(\overline{w}) = \alpha$임을 의미한다. 이것은 0을 작은 값 α로 대체했다는 점을 제외하고는 거의 라그랑주 완화의 상보여유 조건과 같다. 따라서 작은 α 값에서 장벽 함수를 라그랑주 완화로 볼 때 (전통적인) 쌍대 완화의 최적성 조건이 거의 충족된다. 장벽법은 실행 가능한 공간의 내부에서 최적의 해에 접근하는 **내부점법**(interior point method) 중의 하나이다. 따라서 이러한 방법의 한 가지 이점은 원본 값을 산출하는 것 외에도 라그랑주 쌍대 변수의 추정치를 산출한다는 것이다.

6.6 노옴 제약조건 최적화

노옴 제약조건 최적화에서 고유벡터의 사용은 3.4.5절에서 논의된 바 있다. 이 문제는 주성분 분석, 특이값 분해, 스펙트럼 군집화 등과 같은 다양한 유형의 기계학습 문제에서 반복적으로 나타난다. 3.4.5절에서 소개한 최적화 문제를 다시 살펴보자.

$$\sum_{i=1}^{k} \overline{x}_i^T A \overline{x}_i \text{ 을 최소화한다.}$$

제약조건:

$\|\overline{x}_i\|^2 = 1, \quad \forall i \in \{1 \ldots k\}$

$\overline{x}_1 \ldots \overline{x}_k$는 서로 직교한다.

여기에서 A는 $d \times d$ **대칭행렬**이고 $\overline{x}_1 \ldots \overline{x}_k$는 최적화 변수를 포함하는 d차원 벡터에 해당한다. 이 경우 A의 대칭적 특성은 직교성 제약조건의 처리를 단순화하기 때문에 중요하다. 이 문제는 기본적으로 모든 i에 대한 $\overline{x}_i^T A \overline{x}_i$의 합을 가능한 한 최소화하는 상위 k개의 d차원 직교 벡터를 찾으려고 한다. k의 값은 d 이하라고 가정한다. 그렇지 않으면 문제에 실행 가능한 해가 없을 것이다. 3.4.5절에서 논의된 문제와의 한 가지 차이점은 여기에서는 목적함수를 최소화하려는 반면 3.4.5절의 문제는 최소화일 수도 있고 최대화일 수도 있다는 점이다. 최대화의 경우도 다를 바 없지만, 선명하고 모호하지 않은 라그랑주 완화를 만들기 위해 여기에서는 최소화만 다룬다. 직교성 제약조건은 모든 $i < j \leq k$에 대해 $\overline{x}_i \cdot \overline{x}_j = 0$ 형식의 $\binom{k}{2}$개의 제약조건으로 표현할 수 있다. $\|\overline{x}_i\|^2 = 1$ 형식의 각 제약조건과 함께 라그랑주 승수 $-\alpha_i$를 도입한다. 그러나 직교성 제약조건을 완화하지는 않는다. 이것은 라그랑주 완화가 모든 제약조건을 완화하여 동등한 해를 얻을 수 있지만, 모든 제약조건을 완화하지 않도록 선택할 수도 있다는 사실의 예이다. 여기에서 부등 제약조건이 아니라 등식 제약조건을 완화하고 있기 때문에, 라그랑주 승수는 음이 아닌 값들로 제한되지 않는다. 또한 (나중에 설명하겠지만) 대수적으로 라그랑주 승수를 고윳값으로 해석할 수 있도록 승수 앞에 마이너스 부호를 추가한다. 이에 따라 다음과 같이 라그랑주 완화를 표현할 수 있다.

$$L(\overline{\alpha}) = \text{Minimize}_{\overline{x}_1 \ldots \overline{x}_k \text{ 는 직교}} \sum_{i=1}^{k} \overline{x}_i^T A \overline{x}_i - \sum_{i=1}^{k} \alpha_i (\|\overline{x}_i\|^2 - 1)$$

각 $\overline{x}_i$에 대한 라그랑주 완화의 경사도를 0으로 설정하면 다음의 결과를 얻는다.

$$A\overline{x}_i = \alpha_i \overline{x}_i, \quad \forall i \in \{1 \ldots k\}$$

앞서 논의했듯이, 원본 변수를 제거하고 쌍대 변수로 표현된 최적화 문제를 얻기 위해 PD 제약조건을 사용한다. 제약조건 $A\overline{x}_i = \alpha_i \overline{x}_i$는 α_i의 실행 가능한 공간이 A의 고윳값 d개로 제한된다는 것을 의미한다. 대칭행렬 A의 고유벡터가 직교이기 때문에 벡터 $\overline{x}_1 \ldots \overline{x}_k$에 대한 직교성 제약조건은 자동으로 충족된다. PD 제약조건을 사용하여 라그랑주 완화 안에서 $A\overline{x}_i = \alpha_i \overline{x}_i$를 대입하면 다음의 결과를 얻을 수 있다.

$$\begin{aligned} L(\overline{\alpha}) &= \text{Minimize}_{[\overline{x}_1 \ldots \overline{x}_k \text{ 는 직교 }]} \sum_{i=1}^{k} \alpha_i \overline{x}_i^T \overline{x}_i - \sum_{i=1}^{k} \alpha_i (\|\overline{x}_i\|^2 - 1) \\ &= \text{Minimize}_{[\ A \text{ 의 고윳값 }]} \sum_{i=1}^{k} \alpha_i \end{aligned}$$

분명히 위의 목적함수는 A의 가장 작은 고윳값들에 대해 최소화된다. 따라서 다음과 같은 단순한 쌍대 문제를 얻는다.

$$L(\overline{\alpha}) = \sum_{i=1}^{k} \alpha_i \text{ 을 최대화한다.}$$

제약조건:

$\alpha_1 \ldots \alpha_k$는 A의 가장 작은 고윳값들이다.

위의 쌍대 문제는 한 개의 점만이 실행 가능한 해이다. 원본 해 $\overline{x}_1 \ldots \overline{x}_k$는 PD 제약조건 $A\overline{x}_i = \alpha_i \overline{x}_i$로 인해 A의 가장 작은 고유벡터들에 해당한다. 요점은 행렬 A가 대칭이라고 가정했지만 양의 준정부호성에 대해서는 가정하지 않았다는 것이다. 따라서 목적함수는 볼록하지 않을 수 있다. 즉, 강한 쌍대성이 보장되지 않으며 원본 해와 쌍대 해 사이에 간격이 있을 수 있다. 쌍대 해에서 유도된 원본 해의 최적성을 확인하는 한 가지 방법은 간격이 있는지 명시적으로 확인하는 것이다. 즉, 유도된 원본 해를 원본 목적함수에 대입하고 최적의 쌍대 목적함수 값과 비교한다. 이 대입을 통해 원본 목적함수가 가장 작은 k개의 고윳값의 합이라는 것을 확인할 수 있다. 따라서 유도된 원본 해와 쌍대 해 사이에는 전혀 간격이 없다. 따라서 이 절의 결과는 볼록하지 않은 목적함수의 경우에도 때로 어떻게 라그랑주 완화를 사용할 수 있는지에 대한 예를 제공한다. 이 절은 또한 3.4.5절에 소개된 노옴 제약조건 최적화 문제에 대한 자세한 증명을 제시하고 있다.

이 문제의 최대화 변형은 매우 유사하다.

$$\sum_{i=1}^{k} \overline{x}_i^T A \overline{x}_i \text{ 을 최대화한다.}$$

제약조건:

$$\|\overline{x}_i\|^2 = 1, \quad \forall i \in \{1 \ldots k\}$$

$\overline{x}_1 \ldots \overline{x}_k$는 서로 직교한다.

(직교성 제약조건으로 인해) 이 문제의 최소화 버전의 경우와 마찬가지로 행렬 A가 대칭이 되는 것이 중요하다. 최대화 변형에 대한 접근방식은 매우 유사하며 A의 가장 큰 고유벡터들을 선택함으로써 최상의 해를 얻을 수 있음을 보일 수 있다. 이러한 결과에 대한 증명은 연습용 문제로 남긴다.

문제 6.6.1 목적함수 $\sum_{i=1}^{k} \overline{x}_i^T A \overline{x}_i$를 사용하는 노옴 제약조건 최적화의 최대화 변형에 대한 최적 해가 대칭행렬 A의 가장 큰 k개의 고유벡터에 해당함을 보이시오.

6.7 원본 방법 대 쌍대 방법

성능 측면에서 원본 방법이 나은지 쌍대 방법이 나은지에 관한 의문은 자연스럽다. 예를 들어, 서포트 벡터 머신의 경우 쌍대 방법이 보편적으로 사용되며 최적화 문제를 해결하는 유일한 합리적인 방법이라는 인상을 주기도 한다. 흥미롭게도, SVM과 같은 많은 기계학습 문제는 목적함수 안에 최대화(예: max{x, 0})와 같은 함수를 허용하는 한, 원본(4.8.2절 참고)에서 순수하게 무제약 문제로 제시될 수 있다. 따라서 원본 방법에서는 경사하강법을 위한 복잡한 기법은 필요하지 않은 경우가 종종 있다. 원본에 제약조건이 있는 경우에도 (원본) 투영 경사하강법과 같은 기법을 사용할 수 있다. 흥미롭게도 쌍대 문제를 만들기 위해 실제로 원본에 **제약과 변수를 추가하여** 라그랑주 완화를 만들 수 있다(6.4.5절 참고). 기계학습 계통에서 쌍대의 지배력은 기념비적인 논문[28]에서 다음과 같은 진술된 바 있다.

> "서포트 벡터 머신(SVM)을 소개하는 많은 교재나 기사는 대개 먼저 원본 최적화 문제를 설명한 다음 바로 쌍대 버전으로 옮겨간다. 독자는 이것이 SVM을 훈련할 수 있는 유일한 방법이라는 인상을 받게 된다."

일부 데이터 과학자들 사이에서 잘못된 인식은 쌍대가 특징 값이 아닌 점 간 유사성을 사용하여 커널 SVM을 해결하는 데 유용하지만 원본은 특징 값만 사용하여 해결할 수 있다는 것이다. 여기에서 한 가지 관찰은 $n \times d$ 데이터 행렬 D에 대한 원본 최적화 문제는 종종 **산포도 행렬** D^TD를 사용하여 제시되는 반면 쌍대 최적화 문제는 종종 **유사성 행렬** DD^T를 사용하여 제시된다는 것이다. 이 장에서 제시된 모든 쌍대 최적화 문제는 목적함수 내에서 점곱 유사성 $\overline{X}_i \cdot \overline{X}_j$를 포함한다. 따라서 i번째 점과 j번째 점 사이의 유사성만으로 목적함수를 표현할 수 있다. 이 관찰은 특징 표현 대신 임의의 점 간 유사성을 사용하려는 경우에 유용하다. 어떤 경우에는 도메인 특정 유사성, 기타 커널 기반 유사성(9장 참고), 또는 본질적으로 다차원이 아닌 객체 간의 휴리스틱 유사성 함수 등을 사용할 수도 있다. 이러한 기법들을 **커널법**이라고 한다. 그러나 커널법을 사용하기 위해 쌍대 목적함수가 필수적이라는 생각은 널리 퍼진 오해이다. 9장에서 볼 수 있듯이, 이 장이나 이전 장에서 논의된 모든 원본 목적함수를 유사성을 이용하여 재구성할 수 있는 체계적인 방법이 있다. 이 접근방식은 **표현 정리**(representer theorem)로 알려진 선형대수학의 기본 아이디어를 사용한다. 쌍대 문제는 (단순한 경계상자 제약조건의 경우도 있기는 하지만) 원본과 같이 제약조건 있는 최적화 문제인 경우가 많다. 따라서 쌍대 버전으로 달성할 수 있는 모든 것은 문제에 대한 또 다른 관점을 제시하는 것이며, 이는 (상대적으로 사소한) 이점이 될 수도 있다.

예를 들어, n개의 데이터 점과 d차원을 갖는 문제에 대한 계산 효율성 문제를 생각해보자. (원본에서 사용되는) 산포도 행렬에는 $O(d^2)$개의 항이 있는 반면 (쌍대에서 사용되는) 유사성 행렬에는 $O(n^2)$개의 항이 있다. 따라서 차원이 점의 수보다 작을 때 원본 값을 푸는 것이 더 저렴하다. 이러한 상황은 제법 자주 발생한다. 반면에 점의 수가 차원보다 적으면 쌍대 방법이 더 저렴할 수 있다. 그러나 표현 정리(9장 참고)와 같은 일부 원칙은 원본에 대한 기법들이 쌍대와 유사한 복잡도를 가질 수 있도록 한다.

유념해야 할 또 다른 점은 대부분의 경사하강법이 최적의 목적함수 값 근처까지만 도달한다는 것이다. 결국, 계산 최적화와 관련된 많은 실질적인 과제들이 있으며 종종 수치적으로 근사한 해에 도달한다. 그러나 원본은 당초에 원하는 목적함수를 직접 최적화하기 때문에 최종 근사 수준이 보장된다는 이점이 있다. 반면에 최종 쌍대 해는 PD 제약조건을 통해 원본 해에 사상되어야 한다. 예를 들어, 경첩 손실 SVM에서 쌍대 변수 $\alpha_1 \ldots \alpha_n$을 계산할 때, 원본 해는 $\overline{W} = \sum_i \alpha_i y_i \overline{X}_i^T$로 계산된다. 쌍대 목적함수를 근사적으로 최적화하면 원본에 대해서는 상당히 불량한 해가 만들어질 수도 있다. 원본 및 쌍대 목적함수 값은 최적성에서 정확히 동일하지만(SVM과 같은 볼록 목적함수의 경우), **근사** 최적 해의 경우에는 그렇지 않다. 근사적인 쌍대 목적함수 값($\alpha_1 \ldots \alpha_n$의 함수)은 원본 해로 변환될 때 최종 목적함수 값과 상당히 다를 수 있다. 마지막으로 중간 원본 해는 쌍대 해보다 높은 해석력을 갖는다. 이러한 해석력은 실용적인 관점에서 이점이 있으며, 계산 제약조건이 있는 경우 조기 종료가 더 용이하게 이루어진다. 서포트 벡터 머신과 같은 모델에서는 과거부터 쌍대 접근방식이 선호되었다. 그러나 원본 최적화에 사용할 수 있는 수많은 간단한 방법을 고려할 때 그렇게 해야 할 본질적인 이유는 없다. **가급적 항상 원본 방법을 사용할 것을 권고한다.**

6.8 요약

많은 최적화 문제에는 제약조건이 있어 해법을 더욱 어렵게 만든다. 이 장에서는 투영 경사하강법, 좌표하강법, 라그랑주 완화 등과 같이 제약조건 있는 최적화를 처리하는 몇 가지 방법을 논의하고 있다. 페널티 기반 방법이나 장벽법은 원본 버전과 쌍대 버전의 아이디어를 조합한다. 이러한 방법 중 원본 방법은 우수한 해석력에 따른 몇 가지 장점이 있다. 그렇지만 쌍대 문제는 점들의 개수가 변수 수보다 적은 경우와 같은 일부 설정에서도 잘 작동할 수 있다.

6.9 추가 자료

SVM에 대한 쌍대 알고리즘은 코르테스와 바프닉의 논문[30]에서 소개되었다. 로지스틱 회귀에 대한 쌍대의 수식은 [68, 140]에서 논의되고 다양한 수치 알고리즘은 [93]에서 비교된다. 표현 정리에 기반한 커널 로지스틱 회귀 기법은 [142]에 제시되어 있다. SVM에 대한 쌍대 방법의 자세한 설명은 [31]에서 제공된다. SVM 및 로지스틱 회귀를 위한 쌍대 좌표하강법은 [64, 136]에서 제안되었다. 라그랑주 완화가 문제의 쌍대를 구성하는 가장 일반적인 접근방식이지만 유일한 방법은 아니다. 추가 변수를 사용하여 문제에 매개변수를 설정할 수 있을 경우, 최소최대 버전의 해가 진정한 최적점을 제공할 수 있도록 쌍대 문제를 구성하기 위해 사용할 수 있다. 그러한 접근방식을 로지스틱 회귀에 적용한 예가 [68]에 나와 있다.

6.10 연습문제

1. 반지름 1의 원 안에 새길 수 있는 가장 큰 면적의 직사각형을 찾고 싶다고 가정하자. 이 문제를 해결하기 위해 제약조건이 있는 2-변수 최적화 문제를 구성하시오. 이 문제를 무제약 단일 변수 최적화 문제로 변환하는 방법을 제시하시오.

2. 다음 최적화 문제를 생각해보자.

$$x^2 + 2x + y^2 + 3y\text{을 최소화한다.}$$

제약조건:

$$x + y = 1$$

(x_0, y_0)이 제약조건 $x + y = 1$을 충족하는 점이라고 가정한다. (x_0, y_0)에서의 투영된 경사도를 계산하시오.

3. 가우스 소거법을 사용하여 연습문제 2에서 제약조건과 변수 y를 모두 제거하시오. 그 결과로 생성된 무제약 문제의 최적 해를 계산하시오. 최적의 목적함수 값은 얼마인가?

4. 연습문제 2에서 목적함수의 쌍대를 구성하시오. 최적 해와 그에 따른 목적함수 값을 계산하시오.

5. 경계상자 제약조건이 있는 선형 회귀를 위한 경사 하강 알고리즘을 구현하시오. 파이썬 또는 본인이 선택한 다른 프로그래밍 언어를 사용해도 좋다.

6. **선형계획법 쌍대**: 원본 변수 $\overline{w}=[w_1 \dots w_d]^T$에 관한 다음의 선형계획법 최적화 문제를 생각해보자.

$$\sum_{i=1}^{d} c_i w_i \text{ 을 최소화한다.}$$

$$\text{제약조건:}$$

$$A\overline{w} \leq \overline{b}$$

여기에서 A는 $n \times d$ 행렬이고 $\overline{b}$는 n차원 열벡터이다. 쌍대 변수만 사용하는 라그랑주 완화를 이용하여 이 최적화 문제의 쌍대를 구성하시오. 강한 쌍대성이 성립되기 위한 조건이 필요한가?

7. **2차계획법 쌍대**: 원본 변수 $\overline{w}=[w_1 \dots w_d]^T$에 관한 다음의 2차계획법 최적화 문제를 생각해보자.

$$\frac{1}{2}\overline{w}^T Q \overline{w} + \sum_{i=1}^{d} \overline{c}^T \overline{w} \text{ 을 최소화한다.}$$

$$\text{제약조건:}$$

$$A\overline{w} \leq \overline{b}$$

여기에서 Q는 $d \times d$ 행렬, A는 $n \times d$ 행렬, $\overline{c}$는 d차원 열벡터, $\overline{b}$는 n차원 열벡터이다. 쌍대 변수만 사용하는 라그랑주 완화를 이용하여 이 최적화 문제의 쌍대를 구성하시오. Q가 가역적이라고 가정한다. 강한 쌍대성이 성립되기 위한 조건이 필요한가?

8. 편향 변수 b를 명시적으로 허용하는 SVM 최적화 문제를 생각해보자. 즉, 원본 SVM 최적화 문제의 목적함수는 다음과 같다.

$$J = \sum_{i=1}^{n} \max\{0, (1 - y_i[\overline{W} \cdot \overline{X}_i^T] + b)\} + \frac{\lambda}{2}\|\overline{W}\|^2$$

이 장에서 설명한 것과 유사한 단계를 사용하여 이 최적화 문제의 쌍대를 구성하시오. 경사하강법 과정에서 쌍대 문제의 추가 제약조건은 어떻게 되는가?

9. 9장에서 배우게 되겠지만, 최소제곱 회귀에 대한 원본 문제의 목적함수는 데이터 점 쌍 간의 유사성 s_{ij}를 사용하여 다음과 같이 표현할 수 있다.

$$J = \frac{1}{2}\sum_{i=1}^{n}(y_i - \sum_{p=1}^{n}\beta_p s_{pi})^2 + \frac{\lambda}{2}\sum_{i=1}^{n}\sum_{j=1}^{n}\beta_i\beta_j s_{ij}$$

여기에서 s_{ij}는 점 i와 점 j 사이의 유사성을 나타낸다. 이 무제약 최적화 문제를 제약조건 있는 문제로 변환하고, s_{ij}를 사용하여 문제의 쌍대를 구성하시오.

10. $\overline{z} \in \mathcal{R}^d$가 타원체 $\overline{x}^T A \overline{x} + \overline{b}^T \overline{x} + c \leq 0$ 외부에 있다고 가정한다. 여기에서 A는 $d \times d$ 양의 준정부호 행렬이고 $\overline{x} \in \mathcal{R}^d$이다. 이 볼록한 타원체에서 $\overline{z}$의 가장 가까운 투영을 찾아서 투영 경사하강법을 시행하려고 한다. 라그랑주 완화를 사용하여 투영 점 $\overline{z}_0$이 다음 식을 충족해야 함을 보이시오.

$$\overline{z} - \overline{z}_0 \propto 2A\overline{z}_0 + \overline{b}$$

이 조건을 타원체에 대한 접선 측면에서 기하학적으로 해석하시오.

11. 다음 최적화 문제를 생각해보자.

$$x^2 - y^2 - 2xy + z^2 \text{ 을 최소화한다.}$$

제약조건:

$$x^2 + y^2 + z^2 \leq 2$$

y와 z가 각각 1과 0으로 설정된 경우 현재 변수 x를 최적화하는 좌표하강법을 사용한다고 상상해보자. x를 먼저 구하시오. 그런 다음 x와 z를 현재 값으로 설정하여 y를 구하시오. 마지막으로 같은 방법으로 z를 구하시오. 좌표하강의 전체 주기를 한 번 더 수행하여 좌표하강이 더 이상 향상되지 않는지 확인하시오. 더 나은 목적함수 값을 갖는 해를 제시하시오. 좌표하강이 최적의 해를 찾지 못한 이유를 설명하시오.

12. 라그랑주 완화의 쌍대 목적함수를 쌍대 변수만의 함수라고 생각해보자.

$$L(\overline{\alpha}) = \text{Minimize}_{\overline{w}} [F(\overline{w}) + \sum_{i=1}^{m}\alpha_i f_i(\overline{w})]$$

여기에서 $F(\cdot)$와 $f_i(\cdot)$에 대한 표기법은 6.4절에서 사용된 것과 동일하다. $L(\overline{\alpha})$는

원래 최적화 문제의 볼록성 구조에 관계없이 $\overline{\alpha}$에서 항상 오목함을 보이시오.

13. **비 음수 경계상자 회귀:** L_2-정칙화 선형 회귀 $D\overline{w} \approx \overline{y}$에 대해 $n \times d$ 데이터 행렬 D, 피회귀 벡터 $\overline{y}$, 그리고 매개변수 벡터에서 비 음수 제약조건 $\overline{w} \geq 0$을 사용하여 라그랑주 쌍대를 구성하시오.

14. **고정 정칙화:** 티호노프 정칙화 대신 구형 제약조건 $\|\overline{x}\| \leq r$에 따라 $\|A\overline{x} - \overline{b}\|^2$를 최소화하는 선형 회귀 문제를 생각해보자. 쌍대 변수 α로 이 문제의 라그랑주 쌍대를 구성하시오($\alpha \geq 0$). 최적점에서 원본 변수와 쌍대 변수의 관계는 아래의 티호노프 정칙화의 경우와 유사하다는 것을 보이시오.

$$\overline{x} = (A^T A + \alpha I)^{-1} A^T \overline{b}$$

α는 어떤 조건에서 0이 되는가? α가 0이 아닐 경우 다음의 고유방정식의 해와 같다는 것을 보이시오.

$$\overline{b}^T A(A^T A + \alpha I)^{-2} A^T \overline{b} = r^2$$

15. 앞의 연습문제의 고정 정칙화 모델에 대한 (원본) 경사하강법 알고리즘을 제안하시오. 투영 경사하강법을 사용하면 되는데, 핵심은 투영 단계를 어떻게 수행할지 아는가이다.

16. 최상의 부분집합 선택: d차원 피회귀 벡터 $\overline{y}$에 관련된 크기 k의 최상의 특징 부분집합을 찾고자 할 경우의 $n \times d$ 데이터 행렬 D를 생각해보자. 따라서 다음 혼합정수계획법 문제는 d차원 실수 벡터 $\overline{w}$, d차원 이진 벡터 $\overline{z}$, $\overline{w}$의 각 계수에 대한 선험적 (상수) 상한 M 등을 사용하여 구성된다. 최적화 문제는 아래 제약조건에 따라 $\|D\overline{w} - \overline{y}\|^2$을 최소화하는 것이다.

$$\overline{z} \in \{0, 1\}^d, \quad \overline{w} \leq M\overline{z}, \quad \overline{1}^T \overline{z} = k$$

기호 $\overline{1}$은 1들로 구성된 d차원 벡터를 나타낸다. 이 문제에 대해 블록 좌표하강법을 사용하는 알고리즘을 제안하시오. 여기에서 최적화된 각 블록에는 두 개의 정수 변수가 포함되며, 블록의 나머지 변수들은 모두 실수 변수들이다.

17. **쌍대성 간격:** SVM에 대해 쌍대 경사하강법 알고리즘을 실행하고 있고 현재 반복에서 (최적이 아닐 수 있는) 쌍대 변수 $\alpha_1 \cdots \alpha_n$이 있다고 가정한다. 이 쌍대 해가 최적성과 얼마나 멀리 떨어져 있는지에 대한 상한을 추정하는 신속한 계산 절차를 제안하시오. [힌트: 현재의 쌍대 해를 사용하여 원본 해를 구성할 수 있다.]

18. 다음 최소최대 함수 $f(x, y)$가 폰노이만의 강한 쌍대성 조건을 충족하는지 여부를 밝히시오. 여기에서 x는 최소화 변수이고 y는 최대화 변수이다. (i) $f(x, y) = x^2 + 3xy - y^4$, (ii) $f(x, y) = x^2 + xy + y^2$, (iii) $f(x, y) = \sin(y - x)$, (iv) $f(x, y) = \sin(y - x)$ $(0 \leq x \leq y \leq \pi/2)$.

19. 좌표하강법의 실패: 제약조건 $x + y \geq 1$에 따른 $x^2 + y^2$의 최소화 문제를 생각해보자. 라그랑주 완화를 사용하여 최적 해가 $x = y = 0.5$임을 보이시오. $x = 1,\ y = 0$에서 이 문제에 대한 좌표하강법을 시작한다고 가정한다. 좌표하강법이 실패하는 이유를 설명하시오.

20. 좌표하강법이 재구성된 문제에서 작동하도록 연습문제 19에 대한 선형 변수 변환을 제안하시오.

21. 사전 지식에 따르면 ({−1, +1}에서 추출되는) 이진 목표는 각 특징과 음이 아닌 상관관계가 있는 것으로 알려져 있을 경우, 경첩 손실 SVM의 변형을 구성하시오. 실행 가능한 방향들만 사용하도록 경사하강법의 변형을 제안하시오.

Chapter 7

특이값 분해

"SVD는 절대적으로 선형대수의 최고 정점이다."

– Gilbert Strang and Kae Borre

7.1 서론

3장에서 양의 준정부호 행렬이라고 하는 특정 유형의 행렬이 다음 형식으로 표현될 수 있음을 배운 바 있다.

$$A = V\Delta V^T$$

여기에서 V는 직교 열들을 갖는 $d\times d$ 행렬이고, Δ는 A의 **음이 아닌** 고윳값을 갖는 $d\times d$ 대각행렬이다. 직교 행렬 V는 회전/반사 행렬로 볼 수도 있고, 대각행렬 Δ는 축 방향에 따른 비 음수 배율조정 행렬로 볼 수도 있다. 행렬 V^T는 V의 전치행렬이다. 행렬 A를 더욱 간단한 행렬들로 **인수분해**하여 선형 변환을 일련의 (회전이나 배율조정과 같은) 더욱 간단한 선형 변환들로 표현하고 있다. 이 장에서는 이러한 유형의 인수분해를 임의의 행렬로 일반화하는 방법을 탐색한다. 이렇게 일반화된 형태의 인수분해를 **특이값 분해**(SVD; Singular Value Decomposition)라고 한다.

특이값 분해는 정방형이 아닐 수도 있는 임의의 행렬에 대한 인수분해 방식을 일반화한다. $n\times d$ 행렬 B가 주어지면 특이값 분해는 다음과 같이 분해한다.

$$B = Q\Sigma P^T$$

여기에서 B는 $n\times d$ 행렬, Q는 직교정규 열을 갖는 $n\times n$ 행렬, Σ는 **음이 아닌** 항들을 갖는 $n\times d$ **비정방형** 대각행렬, P는 직교정규 열을 갖는 $d\times d$ 행렬이다. 비정방형 대각행렬의 개념은 (i, i) 형식의 인덱스를 갖는 항만 0이 아닌 행렬로 1장의 그림 1.3을 통해 설명한 바 있다. Q의 열들과 P의 열들을 각각 **좌 특이벡터**들과 **우 특이벡터**들이라고 한다. Σ의 항들은 **특이값**이라고 하며, (관례에 따라) 내림차순으로 정렬된다. 대각행렬 Σ의 항들은 음이 아님을 유념하기 바란다.

특이값 분해는 행렬 B의 네 가지 기본 부분공간을 모두 발견할 수 있다는 측면에서 의미 있는 선형대수 속성을 가지고 있다. 또한 정확한 분해가 필수적이지 않은 경우, 특이값 분해는 인수 행렬 Q, P, Σ 등의 작은 부분들만으로도 B를 아주 잘 근사할 수 있다. 이것은 **최적화 관점에 따른** 특이값 분해의 특성이다. 최적화 관점은 자연스럽게 많은 기계학습 응용의 핵심인 **저 순위 행렬 인수분해**라는 보다 넓은 개념으로 일반화된다(8장 참고).

먼저 행렬의 행공간과 열공간을 탐색하는 하나의 방법으로 선형대수 관점에서 특이값 분해를 살펴볼 것이다. 그러나 이러한 관점은 특이값 분해의 압축 중심 속성에 대한 이해를 제공하지 않기 때문에 불완전하다. 따라서 압축 및 차원 축소에 대한 자연스러운 응용과 함께 최적화 관점에서 특이값 분해를 설명할 것이다.

이 장은 다음과 같이 구성된다. 다음 절에서는 선형대수의 관점에서 특이값 분해를 소개한다. 특이값 분해에 대한 최적화 관점은 7.3절에 나와 있다. 이 두 관점은 특이값 분해의 다소 다른 속성들을 보여준다. 특이값 분해는 기계학습에서 다양한 응용 분야를 가지고 있으며 7.4절에서 개요를 제공한다. 특이값 분해를 위한 수치 알고리즘은 7.5절에서 소개된다. 7.6절에서는 요약을 제시한다.

7.2 SVD: 선형대수 관점

특이값 분해(SVD)는 3장에서 논의된 대각화 개념의 일반화이다. 음이 아닌 고윳값 및 직교 고유벡터를 사용한 대각화는 양의 준정부호 정방형 대칭행렬에 대해서만 보장되지만, 특이값 분해는 크기나 기타 속성에 관계없이 모든 행렬에 대해 보장된다. 정방행렬의 대각화에 대해서는 이미 탐색한 바 있으므로, 여기에서는 특이값 분해가 어떻게 대각화의 자연스러운 일반화인지 보여주기 위해 먼저 정방행렬의 특이값 분해를 살펴볼 것이다. 그런 다음 이러한 아이디어를 비정방행렬로 일반화한다.

7.2.1 정방행렬의 특이값 분해

이 절에서는 $m \times m$ 행렬 B의 특이값 분해의 존재에 대해 논의할 것이다. 첫째, 행렬 B^TB와 BB^T가 양의 준정부호이고 대칭이라는 점에 유의한다(3장의 보조정리 3.3.14 참고). 따라서 이러한 행렬들은 직교정규 고유벡터와 음이 아닌 고윳값으로 대각화할 수 있다. 이제 이러한 행렬들이 고윳값을 공유하며, 이들의 고유벡터도 서로 연관되어 있음을 보일 것이다.

보조정리 7.2.1

B를 $m \times m$ 정방행렬이라고 하자. 그러면 다음 결과들이 성립한다.

1. $\overline{p}$가 고윳값 λ가 0이 아닌 B^TB의 단위 고유벡터인 경우, $B\overline{p}$는 고윳값 λ가 동일한 BB^T의 고유벡터이다. 또한 $B\overline{p}$의 노옴은 $\sqrt{\lambda}$이다.

2. $\overline{q}$가 0이 아닌 고윳값 λ를 갖는 BB^T의 단위 고유벡터인 경우, $B^T\overline{q}$는 동일한 고윳값 λ를 갖는 B^TB의 고유벡터이다. 또한 $B^T\overline{q}$의 노옴은 $\sqrt{\lambda}$이다.

증명 두 번째 부분의 증명은 증명 전체에서 B 대신 B^T를 사용하면 첫 번째 부분의 증명과 동일하기 때문에 위 결과의 첫 번째 부분만 증명한다. $\overline{p}$가 고윳값이 λ인 B^TB의 고유벡터이면 다음의 결과를 얻는다.

$$B^TB\overline{p} = \lambda\overline{p}$$
$$BB^T[B\overline{p}] = \lambda[B\overline{p}] \quad \text{\{앞쪽에 } B\text{를 곱함\}}$$

즉, $B\overline{p}$는 고윳값이 λ인 BB^T의 고유벡터이다.

$B\overline{p}$의 노옴 제곱은 다음과 같이 계산할 수 있다.

$$\|B\overline{p}\|^2 = [p^TB^T][B\overline{p}] = p^T\underbrace{[B^TB\overline{p}]}_{\lambda\overline{p}}$$
$$= \overline{p}^T[\lambda\overline{p}] = \lambda\|\overline{p}\|^2 = \lambda$$

마지막 등식은 $\overline{p}$가 단위 고유벡터라는 사실에서 비롯된다. $B\overline{p}$의 노옴 제곱은 λ이므로 $B\overline{p}$의 노옴은 $\sqrt{\lambda}$이다. ■

B^TB와 BB^T의 고유벡터/고윳값 짝은 다음의 따름정리로 정리할 수도 있다.

따름정리 7.2.1 고유벡터 짝

B를 $m \times m$ 정방행렬이라고 하자. 그러면 행렬 B^TB와 BB^T는 동일한 고윳값 집합 $\lambda_1 \dots \lambda_m$을 갖는다. 대칭행렬 B^TB의 m개의 직교정규 고유벡터를 $\overline{p}_1 \dots \overline{p}_m$로 표시하며, 이들의 고윳값은 $\lambda_1 \dots \lambda_m$이다. 그러면 다음의 식이 성립하는 BB^T의 m개의 직교정규 고유벡터 $\overline{q}_1 \dots \overline{q}_m$을 찾을 수 있다.

$$\overline{q}_i\sqrt{\lambda_i} = B\overline{p}_i$$

증명 이 증명을 위해 각 $\overline{q}_i$를 $\overline{p}_i$의 함수로 정의한다. r개의 0이 아닌 고윳값이 있다고 하자 $(r \leq m)$. $\overline{p}_i$가 0이 아닌 고윳값과 연계된 경우 $\overline{q}_i = B\overline{p}_i / \sqrt{\lambda_i}$를 정의하면, 보조정리 7.2.1은 각 $\overline{q}_i$가 BB^T의 단위 고유벡터임을 보장한다. 0이 아닌 고윳값에 대해 추출된 고유벡터

$\overline{q}_1 \cdots \overline{q}_r$은 다음과 같이 서로 직교함을 알 수 있다.

$$\overline{q}_i^T \overline{q}_j = (B\overline{p}_i)^T (B\overline{p}_j)/\lambda = \overline{p}_i^T ([B^T B]\overline{p}_j)/\lambda = \overline{p}_i^T \overline{p}_j = 0$$

다음으로, B^TB와 BB^T 모두의 나머지 $(m-r)$개의 영벡터인 고유벡터에 초점을 맞춘다. BB^T의 영벡터인 고유벡터 $\overline{q}_i$와 B^TB의 영벡터인 고유벡터는 당연히 $\overline{q}_i\sqrt{\lambda_i} = B\overline{p}_i$를 만족시키는데, 이는 양변 모두 영벡터가 되기 때문이다. 요점은 $B^TB\overline{p}_i = \overline{0}$은 $B\overline{p}_i = \overline{0}$을 의미한다는 것이다(2장의 연습문제 2 참고). 따라서 B^TB와 BB^T의 영벡터인 고유벡터들은 임의로 짝지을 수 있다. ■

따름정리 7.2.1은 조건 $\overline{q}_i\sqrt{\lambda_i} = B\overline{p}_i$가 모든 고유벡터 짝 $(\overline{p}_i, \overline{q}_i)$에 대해 항상 충족되는 방식으로 B^TB와 BB^T의 고유벡터들을 짝짓는 방법을 제공한다. 이러한 관찰은 이러한 짝 관계를 행렬 형식으로 표현하는 데 이용될 수 있다. 이러한 짝을 표현하는 방식을 특이값 분해라고 한다.

정리 7.2.1 SVD의 존재

$m\times m$ 행렬 P의 열에 $m\times m$ 행렬 B^TB의 m개의 직교정규 고유벡터를 포함하고, Σ는 해당 고윳값의 제곱근을 포함하는 대각선 항을 갖는 $m\times m$ 대각행렬로 설정한다. 관례에 따라 P와 Σ의 열들은 특이값들에 대해 내림차순으로 정렬된다. 이제 아래 식이 성립하도록 만들면서 BB^T의 직교정규 고유벡터들을 포함하는 $m\times m$ 직교 행렬 Q를 찾을 수 있다.

$$B = Q\Sigma P^T$$

증명 따름정리 7.2.1은 모든 정렬된 B^TB 고유벡터 집합 $\overline{p}_1 \cdots \overline{p}_m$에 대해 아래 관계를 만족하면서 정렬된 BB^T 고유벡터 집합 $\overline{q}_1 \cdots \overline{q}_m$이 존재한다는 것을 보장한다.

$$\overline{q}_i\sqrt{\lambda_i} = B\overline{p}_i \quad \forall i \in \{1 \ldots m\}$$

위의 m개의 벡터 관계를 한 개의 행렬 관계로 표현할 수 있다.

$$[\overline{q}_1, \ldots, \overline{q}_m]\Sigma = B[\overline{p}_1 \ldots \overline{p}_m]$$

여기에서 Σ는 (i, i)번째 항이 $\sqrt{\lambda_i}$인 $m\times m$ 대각행렬이다. 위의 관계를 다음 형식으로 표현할 수 있다.

$$Q\Sigma = BP$$

여기에서 P는 $\overline{p}_1 \cdots \overline{p}_m$을 포함하는 열들로 구성되는 $m\times m$ 직교 행렬이며, Q는 $\overline{q}_1 \cdots \overline{q}_m$

을 포함하는 열들로 구성되는 $m \times m$ 직교 행렬이다. 양변 뒤쪽에 P^T를 곱하고 $PP^T = I$로 설정하면 $Q\Sigma P^T = B$가 된다. 따라서 정방행렬 B의 특이값 분해가 항상 존재한다. ■

다음 행렬 B와 그로부터 유도된 산포도 행렬 B^TB를 생각해보자.

$$B = \begin{bmatrix} 14 & 8 & -6 \\ 21 & 11 & 14 \\ 16 & -6 & 2 \end{bmatrix}, \quad B^TB = \begin{bmatrix} 893 & 247 & 242 \\ 247 & 221 & 94 \\ 242 & 94 & 236 \end{bmatrix}$$

B^TB의 고유분해를 수행하면 $[3, 1, 1]^T$, $[1, -1, -2]^T$, $[1, -7, 4]^T$에 비례하는 고유벡터들을 얻는다(단, P를 생성하기 위해 벡터들은 단위 정규화해야 함). 대응되는 고윳값은 1052, 162, 232이며, 이러한 고윳값의 제곱근은 특이값들로 대각행렬 Σ를 만드는 데 사용할 수 있다. $B = Q\Sigma P^T$이므로 행렬 Q는 다음과 같이 $BP\Sigma^{-1}$로 계산할 수 있다.

$$Q = \underbrace{\begin{bmatrix} 14 & 8 & -6 \\ 21 & 11 & 14 \\ 16 & -6 & 2 \end{bmatrix}}_{B} \underbrace{\begin{bmatrix} 3/\sqrt{11} & 1/\sqrt{6} & 1/\sqrt{66} \\ 1/\sqrt{11} & -1/\sqrt{6} & -7/\sqrt{66} \\ 1/\sqrt{11} & -2/\sqrt{6} & 4/\sqrt{66} \end{bmatrix}}_{P} \underbrace{\begin{bmatrix} 4\sqrt{66} & 0 & 0 \\ 0 & 9\sqrt{2} & 0 \\ 0 & 0 & 2\sqrt{33} \end{bmatrix}^{-1}}_{\Sigma^{-1}}$$

이 곱셈을 수행하면 열이 $[1, 2, 1]^T$, $[1, -1, 1]^T$, $[-1, 0, 1]^T$에 비례하며 단위 정규화 되어 있는 행렬 Q를 얻는다. 따라서 행렬 B의 SVD는 다음과 같이 $Q\Sigma P^T$로 표현할 수 있다.

$$\underbrace{\begin{bmatrix} 1/\sqrt{6} & 1/\sqrt{3} & -1/\sqrt{2} \\ 2/\sqrt{6} & -1/\sqrt{3} & 0 \\ 1/\sqrt{6} & 1/\sqrt{3} & 1/\sqrt{2} \end{bmatrix}}_{Q} \underbrace{\begin{bmatrix} 4\sqrt{66} & 0 & 0 \\ 0 & 9\sqrt{2} & 0 \\ 0 & 0 & 2\sqrt{33} \end{bmatrix}}_{\Sigma} \underbrace{\begin{bmatrix} 3/\sqrt{11} & 1/\sqrt{6} & 1/\sqrt{66} \\ 1/\sqrt{11} & -1/\sqrt{6} & -7/\sqrt{66} \\ 1/\sqrt{11} & -2/\sqrt{6} & 4/\sqrt{66} \end{bmatrix}^T}_{P^T}$$

한 가지 중요한 점은 BB^T와 B^TB를 독립적으로 대각화하는 대신 P에서 Q를 도출했으며, 전자를 수행하면 Q와 P 사이의 부호 종속성으로 인해 잘못된 결과가 발생할 수 있다는 것이다. 예를 들어 행렬의 곱을 변경하지 않으면서 분해 행렬로 $-Q$와 $-P$를 사용할 수 있다. 그러나 $-Q$와 P를 사용하여 SVD를 생성할 수는 없다. 특이벡터 짝의 부호들도 상호 종속 관계에 있다.

SVD는 또한 다음과 같이 대각화 불가능한 행렬도 분해할 수 있다.

$$\begin{bmatrix} 0 & -7 \\ 0 & 0 \end{bmatrix} = \underbrace{\begin{bmatrix} -1 & 0 \\ 0 & 1 \end{bmatrix}}_{Q} \underbrace{\begin{bmatrix} 7 & 0 \\ 0 & 0 \end{bmatrix}}_{\Sigma} \underbrace{\begin{bmatrix} 0 & 1 \\ 1 & 0 \end{bmatrix}}_{P^T}$$

위의 행렬은 멱영이므로 대각화가 불가능하다(3장의 연습문제 26 참고). 그러나 유효한 특이값 분해는 가능하다. 또한 이 행렬의 고윳값들은 모두 0이지만 0이 아닌 특이값 7을 가지며, 이 값은 변환의 주요 **배율조정 계수** 중 하나이다. 실제로 SVD는 **극 분해**를 사용하여 임의의 (정방) 행렬을 양의 준정부호 행렬과 연관시키는 깔끔한 속성을 가지고 있으며, 이는 회전 반사 행렬을 배율조정 (양의 준정부호) 행렬로부터 명시적으로 분리한다.

보조정리 7.2.2 극 분해

모든 정방행렬은 US 형식으로 표현할 수 있다. 여기에서 U는 직교 행렬이고 S는 양의 준정부호 대칭행렬이다.

증명 정방행렬의 SVD를 $Q\Sigma P^T = (QP^T)(P\Sigma P^T)$로 표현할 수 있다. 행렬 QP^T는 U로 설정될 수 있으며 직교 행렬은 곱셈에서 닫혀있기 때문에 직교한다(2장 참고). 또한 Σ가 음이 아니기 때문에 S는 양의 준정부호성을 갖는 $P\Sigma P^T$로 설정할 수 있다. ■

극 분해는 모든 행렬 곱셈이 음이 아닌 배율조정 계수를 사용하여 직교 방향을 따라 비등방성 배율조정을 일으킨 다음 회전반사를 유발한다는 것을 알려주기 때문에 기하학적 이해에 도움이 된다. 회전반사 성분이 누락된 경우 결과 행렬은 양의 준정부호이다. $[\cos(\theta), \sin(\theta)]^T$가 극좌표 $r[\cos(\theta), \sin(\theta)]^T$에 가장 가까운 단위벡터인 것처럼 행렬 U는 B에 가장 가까운 직교 행렬이기도 하다.

> **문제 7.2.1** B가 음의 준정부호 대칭 정방행렬이라고 하자. B의 특이값 분해가 $B = Q\Sigma P^T$ 형식임을 보이시오(여기에서 $Q = -P$).

위의 문제에서 중요한 점은 특이값이 음수가 아니어야 한다는 사실이다. 이 사실을 강조하기 위해 또 다른 문제를 제공한다.

> **문제 7.2.2** $m \times m$ 행렬 B와 $B = Q\Sigma P^T$ 형태의 분해가 주어져 있다고 하자. 여기에서 Q와 P는 모두 $m \times m$ 크기의 직교 행렬이고 Σ는 $m \times m$ 대각행렬이다. 그러나 Σ의 일부 항들은 음수라고 한다. 주어진 분해를 표준 형태의 특이값 분해로 변환하기 위해 분해를 조정하는 방법을 제시하시오.

> **문제 7.2.3** 3×3 대칭행렬 A의 고유분해가 다음과 같이 주어져 있다.

$$A = V\Delta V^T = \begin{bmatrix} v_{11} & v_{12} & v_{13} \\ v_{21} & v_{22} & v_{23} \\ v_{31} & v_{32} & v_{33} \end{bmatrix} \begin{bmatrix} 5 & 0 & 0 \\ 0 & -2 & 0 \\ 0 & 0 & -3 \end{bmatrix} \begin{bmatrix} v_{11} & v_{21} & v_{31} \\ v_{12} & v_{22} & v_{32} \\ v_{13} & v_{23} & v_{33} \end{bmatrix}$$

이 행렬의 특이값 분해는 무엇인가?

0이 아닌 특이값의 수는 원래 행렬의 순위를 산출한다.

보조정리 7.2.3

B를 순위 k의 $m \times m$ 행렬이라고 하자($k \leq m$). 또 B의 특이값 분해를 $B = Q\Sigma P^T$라고 하자. 여기에서 Q, Σ, P^T는 $m \times m$ 행렬이다. 이제 정확히 $m-k$개의 특이값은 0이어야 한다.

증명 따름정리 2.6.3에서 논의된 바와 같이, 비 특이 (또는 직교) 행렬을 사용한 곱셈은 행렬의 순위를 변경하지 않는다. 따라서 $B = Q\Sigma P^T$의 순위는 Σ의 순위와 동일하다. Σ의 순위는 0이 아닌 특이값의 수와 같으며, 따라서 정리는 성립한다. ■

7.2.2 패딩을 통한 정방형 SVD에서 비정방형 SVD로 확장

$n \times d$ 행렬 D에 0 값의 행들이나 열들을 추가하여 $m = \max\{n, d\}$개의 행과 열을 갖는 정방행렬 B를 얻는 경우를 생각해보자. 이러한 유형의 패딩은 패딩이 추가된 행렬의 (불필요하게 큰) 인수분해 된 행렬의 일부를 추출하여 패딩 전 원래 행렬의 분해를 생성할 수 있기 때문에 비정방행렬의 SVD를 자연스럽게 수행하는 방식으로 이어진다. 예를 들어, D로 표시된 $n \times d$ 행렬을 $n \times n$ 직교 행렬, $n \times d$ 비정방형 대각행렬, $d \times d$ 직교 행렬 등으로 분해할 수 있다. 이 세 개의 (작은) 행렬은 $m \times m$ 행렬 B의 세 개의 (더 큰) 인수 행렬들의 일부분들을 취하는 방식으로 직접 추출할 수 있다. 정방행렬 B를 생성하기 위해 $n \times d$ 행렬 D를 0 값(행 또는 열)들로 채우는 상황을 생각해보자. 이러한 경우 특이값 분해는 다음 두 가지 유형의 인수 행렬 블록 대각선 구조 중 하나를 갖는다는 것을 보일 수 있다.

보조정리 7.2.4 패딩이 추가된 SVD의 블록 대각선 구조

$n \times d$ 행렬 D를 0 값(행 또는 열)들로 채워 생성한 $m \times m$ 행렬을 B라고 하자($m = \max\{n, d\}$). 이제 n과 d 중 어느 값이 더 큰지에 따라 다음 두 가지 유형의 형식 중 하나에 따른 특이값 분해 $B = Q\Sigma P^T$가 존재한다.

$$B = [D\ 0] = Q \underbrace{\begin{bmatrix} \Sigma_1 & 0 \\ 0 & 0 \end{bmatrix}}_{\Sigma} \underbrace{\begin{bmatrix} P_1 & 0 \\ 0 & P_2 \end{bmatrix}^T}_{P^T}, \qquad [d < n\text{일 때}]$$

$$B = \begin{bmatrix} D \\ 0 \end{bmatrix} = \underbrace{\begin{bmatrix} Q_1 & 0 \\ 0 & Q_2 \end{bmatrix}}_{Q} \underbrace{\begin{bmatrix} \Sigma_1 & 0 \\ 0 & 0 \end{bmatrix}}_{\Sigma} P^T, \qquad [n < d\text{일 때}]$$

행렬 Q, P, Σ는 일반적으로 정방형 SVD의 경우에서처럼 모두 $m \times m$ 크기이다. 행렬 P_1의 크기는 $d \times d$이고 Q_1의 크기는 $n \times n$이다. 행렬 P_2와 Q_2의 크기는 각각 $(m-d) \times (m-d)$와 $(m-n) \times (m-n)$이다. 행렬 Σ_1의 크기는 $\min\{n, d\} \times \min\{n, d\}$이다.

증명 개요 $B = [D\ 0]$이고 $d < n$인 위의 첫 번째 경우를 생각해보자. 이 경우 B^TB는 좌측 상단 구석에 크기 $d \times d$의 0이 아닌 블록 한 개만 가질 것이다. 그 결과로 최대 d개의 0이 아닌 고윳값을 갖게 되는데, 이들의 제곱근은 $d \times d$ 대각행렬 Σ_1을 생성하기 위해 사용된다. 좌측 상단 블록의 고유벡터들은 $d \times d$ 행렬 P_1에 포함된다. $(n-d) \times (n-d)$ 행렬 P_2는 $\mathcal{R}^{(n-d)}$의 임의의 직교정규 열벡터 $(n-d)$개를 쌓아서 생성한다. 위의 첫 번째 관계의 오른쪽에 표시된 블록 구조를 사용하여 P_1, P_2, Σ_1 등으로 행렬 P와 Σ를 구성하는 경우 (i) P는 B^TB의 고유벡터 중 영벡터인 것들과 영벡터가 아닌 것들을 모두 포함한다. (ii) 행렬 Σ_2에는 B^TB의 고윳값들이 포함된다. (i), (ii)가 성립함을 보이는 것은 P의 i번째 열이 Σ_2의 i번째 대각 항에 포함된 해당 고윳값을 갖는 B^TB의 우 고유벡터임을 보임으로써 달성할 수 있다. 이러한 결과가 성립하는 것은 $i \leq d$에 대해 고유벡터와 고윳값이 크기가 $d \times d$인 B^TB의 좌측 상단 블록의 고유벡터에서 상속되기 때문이다. 이러한 고유벡터들은 P_1에 포함되며, 패딩은 B^TB의 i번째 열과 P의 i번째 열에 모두 0 값을 추가한다. $i > d$의 경우 처음 d개의 성분이 모두 0인 모든 n차원 벡터는 B^TB의 블록 구조로 인해 B^TB의 고유벡터(고윳값 0)가 된다. 또한, 행렬 P는 직교 행렬인데, 이는 P의 두 블록이 모두 직교 행렬이기 때문이다. 행렬 Q는 정리 7.2.1의 증명에서 논의된 방법을 사용하여 B, Σ, P에서 추출할 수 있다. 따라서 위의 첫 번째 경우($n > d$일 때)에서 블록 대각선 구조를 고려한 SVD를 생성할 수 있다. $n < d$에 대한 두 번째 경우도 유사한 방식으로 증명할 수 있다. ■

패딩이 추가된 행렬 B에 특이값 분해를 사용하는 대신 패딩이 추가된 SVD의 블록 구조의 일부분을 꺼내는 방식으로 행렬 D를 직접 분해할 수 있다.

$$D = Q \begin{bmatrix} \Sigma_1 \\ 0 \end{bmatrix} P_1^T, \qquad [d < n\text{일 때}]$$

$$D = Q_1[\Sigma_1\ 0]P^T, \qquad [n < d\text{일 때}]$$

Q와 P는 모두 정방형이고, $n \times d$ 대각행렬 Σ만 위의 두 관계에서 비정방형이다. 정방형

의 부분행렬 Σ_1의 크기는 $\min\{n, d\} \times \min\{n, d\}$이고 $n \times d$ 행렬 Σ에는 $|n-d|$개의 0 값 행이나 열을 추가한다. B의 SVD와 달리 D의 우 특이벡터와 좌 특이벡터는 더 이상 동일한 차원을 갖지 않는다. 좌 특이벡터 행렬의 크기는 항상 $n \times n$이고 우 특이벡터 행렬의 크기는 항상 $d \times d$이다. 이것은 비정방형 특이값 분해의 표준 형태이다. 그러나 훨씬 더 경제적인 특이값 분해의 다른 변형들이 있으며, 다음 절에서 이들에 대해 살펴본다.

7.2.3 비정방형 특이값 분해의 여러 정의

앞의 절에서 유도된 비정방형 SVD에 대한 공식적인 요약을 다음 정의에서 제시한다.

정의 7.2.1 특이값 분해

실수 항들을 갖는 $n \times d$ 행렬 D를 생각해보자. 이러한 행렬은 항상 다음과 같이 3개의 행렬로 분해될 수 있다.

$$D = Q\Sigma P^T$$

여기에서 Q는 좌 특이벡터들을 나타내는 직교정규 열들을 갖는 $n \times n$ 행렬이고, Σ는 음이 아닌 특이값들을 내림차순으로 포함하는 대각 항들을 갖는 $n \times d$ 비정방형 "대각" 행렬이며, P는 우 특이벡터들을 나타내는 직교 열들을 갖는 $d \times d$ 행렬이다.

아래에서 좌/우 특이벡터의 여러 가지 중요한 속성을 정리하고 있다. 이러한 속성은 이전 절의 논의에 따른 직접적 결과이다.

1. 좌 특이벡터라고 하는 Q의 n개의 열은 $n \times n$ 행렬 DD^T의 n개의 고유벡터에 해당한다. DD^T가 대칭행렬이기 때문에 이러한 고유벡터들은 직교정규한다.
2. 우 특이벡터에 해당하는 P의 d개의 열은 $d \times d$ 행렬 D^TD의 고유벡터들에 해당한다. D^TD가 대칭행렬이기 때문에 이러한 고유벡터들은 직교정규한다.
3. $n \times d$ 비정방형 대각행렬 Σ의 대각 항들에는 D^TD 또는 DD^T의 $\min\{n, d\}$개의 가장 큰 고윳값들의 제곱근인 특이값이 들어간다.
4. 관례적으로 Q, P, Σ의 열들은 내림차순의 특이값에 따라 정렬된다.

위의 특이값 분해 형식을 **전체 특이값 분해**라고도 한다. $n = d$일 때 Q 또는 P는 원본 행렬 D보다 크고, $n \times d$ 행렬 Σ는 원본 행렬과 크기가 같다. 사실, Q와 P 중에 큰 쪽은 Σ의 $\min\{n, d\}$개의 대각 항들에 나타나지 않는 $|n-d|$개의 **짝 없는** 고유벡터들을 포함한다. 이것은 낭비처럼 보일 것이다.

보다 경제성이 높은 형태의 분해는 행렬의 **스펙트럼 분해**에서 유도될 수 있는 **절약형 특이값 분해**이다. σ_{rr}을 Σ의 (r, r)번째 항, $\overline{q}_r$을 Q의 r번째 열, $\overline{p}_r$을 P의 r번째 열이라고 하자. 이제 행렬 곱 $Q\Sigma P^T$를 순위 1 행렬들의 합으로 분해할 수 있다.

$$D = Q\Sigma P^T = \sum_{r=1}^{\min\{n,d\}} \sigma_{rr}\overline{q}_r\overline{p}_r^T \tag{7.1}$$

위의 결과에서 우변은 행렬 곱셈을 특성화하는 기본적인 방법 중 하나(1장의 보조정리 1.2.1 참고)를 행렬 $(Q\Sigma)$와 P^T의 곱에 적용하는 것만으로 얻을 수 있다. 위의 분해 형태는 행렬 D의 스펙트럼 분해라고도 한다. 위의 합에서 $\min\{n,d\}$개의 항(즉, $n\times d$ 행렬 $\sigma_{rr}\overline{q}_r\overline{p}_r^T$) 각각을 **잠재 성분**이라고 한다. 이 항들은 행렬 D에 **잠재되어**(숨겨져) 있는 독립적인 요소를 나타내기 때문에 **잠재 성분**이라고 하는 것이다. 각 $\overline{q}_r^T\overline{p}_r$은 크기가 $n\times d$인 순위 1 행렬인데, 이는 n차원 열벡터와 d차원 행벡터의 곱으로 계산되기 때문이다. 위의 스펙트럼 분해 형식은 **절약형 특이값 분해**라고 하는 SVD 형식을 제안하는 데 필요한 배경지식을 제공한다. 아이디어는 분해 행렬 각각에서 $p=\min\{n, d\}$개의 열 중 하나를 생성하기 위해 식 7.1의 각 항이 사용될 수 있다는 것이다.

정의 7.2.2 절약형 특이값 분해

$n\times d$ 실수 값 행렬 D를 생각해보자. 이러한 행렬은 항상 다음과 같이 3개의 행렬로 분해될 수 있다.

$$D = Q\Sigma P^T$$

여기에서 Q는 좌 특이벡터를 나타내는 직교정규 열들을 갖는 $n\times p$ 행렬이고, Σ는 음이 아닌 특이값들을 내림차순으로 포함하는 대각 항들을 갖는 $p\times p$ 대각행렬, P는 우 특이벡터들을 나타내는 직교정규 열들을 갖는 $d\times p$ 행렬이다($p=\min\{n, d\}$).

전체 특이값 분해에서 두 행렬 Q와 P 중 더 큰 쪽에서 짝 없는 특이벡터들을 제거하므로, 두 행렬 중 하나는 더 이상 정방형이 아닐 수도 있다.

σ_{rr}의 $\min\{n,d\}$개의 값 중 일부가 0일 수 있다는 사실을 이용하여 분해의 크기를 더 줄일 수 있다. 이러한 상황은 순위 k가 $\min\{n,d\}$보다 엄격하게 작은 행렬 D의 경우에 발생한다. 이러한 경우 합에 영향을 주지 않고 k개의 **양의** 특이값만 유지할 수 있다. 특이값이 내림차순으로 정렬되어 $\sigma_{11}\geq\sigma_{22}\geq\ldots\geq\sigma_{kk}$라고 가정한다. 이 경우 위의 분해를 다음과 같이 표현할 수 있다.

$$D = \sum_{r=1}^{k} \sigma_{rr} \overline{q}_r \overline{p}_r^T \tag{7.2}$$

위의 합은 k개의 양의 특이값을 모두 사용한다. 이것은 **조밀 특이값 분해**(compact SVD) 또는 **축약 특이값 분해**(reduced SVD)라고 하는 약간 다른 형태의 특이값 분해로 이어진다. 조밀 SVD는 다음과 같이 정의된다.

정의 7.2.3 조밀 특이값 분해

순위 k의 $n \times d$ 실수 값 행렬 D를 생각해보자($k \leq \min\{n, d\}$). 이러한 행렬은 항상 다음과 같이 3개의 행렬로 분해될 수 있다.

$$D = Q\Sigma P^T$$

여기에서 Q는 좌 특이벡터들을 나타내는 직교정규 열들을 갖는 $n \times k$ 행렬이고, Σ는 모든 양의 특이값들을 내림차순으로 포함하는 대각 항들을 갖는 $k \times k$ 대각행렬, P는 우 특이벡터들을 나타내는 직교정규 열들을 갖는 $d \times k$ 행렬이다.

특이값 분해의 조밀 버전은 특히 $k \ll \min\{n, d\}$인 경우 행렬을 훨씬 더 작은 행렬들로 분해할 수 있다. D에서 항의 수는 $n \cdot d$인 반면, 인수분해 된 세 행렬의 항의 총 개수는 $(n+d+k) \cdot k$이다. 후자의 값 쪽이 훨씬 더 작은 경우가 종종 있다. 이러한 논지의 연장선에서 약간의 표현 정확도를 희생해도 무방할 경우, **절삭**(truncated) SVD라는 방법을 통해 인수분해 된 행렬들의 크기를 더 줄일 수 있다. 절삭 SVD는 사실 SVD가 실제 응용에서 사용되는 주된 방법이다.

7.2.4 절삭 특이값 분해

많은 실제 응용에서 행렬을 **근사적으로** 재구성할 수 있으면 충분하다. 이전 절의 논의를 기반으로 행렬 D의 스펙트럼 분해를 생각해보자.

$$D = Q\Sigma P^T = \sum_{r=1}^{\min\{n,d\}} \sigma_{rr} \overline{q}_r \overline{p}_r^T \tag{7.3}$$

$\sigma_{rr} = 0$인 덧셈 성분들만 삭제하는 대신 σ_{rr}이 매우 작은 성분들도 삭제할 수 있다. 즉, k가 0이 아닌 특이값의 수보다 작을 수 있다는 점을 제외하면 조밀 SVD에서처럼 분해에서 σ_{rr}의 상위 k개의 값을 유지한다. 이러한 경우, 원래 행렬 D의 **근사** D_k를 얻게 되며, 이것은 $n \times d$ 행렬 D의 **순위 k 근사**라고도 한다.

$$D \approx D_k = \sum_{r=1}^{k} \sigma_{rr} \overline{q}_r \overline{p}_r^T \tag{7.4}$$

절삭 특이값 분해에 대한 식 7.4는 조밀 특이값 분해에 대한 식과 동일하다(식 7.2 참고). 유일한 차이점은 정보 무손실을 보장하도록 k 값이 선택되는 것이 아니라는 사실이다. 따라서 절삭 특이값 분해는 다음과 같은 행렬 인수분해로 표현할 수 있다.

$$D \approx D_k = Q_k \Sigma_k P_k^T \tag{7.5}$$

여기에서 Q_k는 상위 k개의 좌 특이벡터를 나타내는 열들을 갖는 $n \times k$ 행렬이고, Σ_k는 상위 k개의 특이값을 포함하는 $k \times k$ 대각행렬이고, P_k는 상위 k개의 우 특이벡터를 나타내는 열들을 갖는 $d \times k$ 행렬이다. 행렬 D_k가 순위 k임을 확인하는 것은 어렵지 않으며, 따라서 D_k는 D의 **저 순위 근사**로 간주된다.

특이값 분해를 포함한 거의 모든 형태의 행렬 인수분해는 원래 행렬의 저 순위 근사이다. 절삭 특이값 분해는 $\min\{n, d\}$보다 훨씬 작은 k 값을 사용하여 놀랍도록 높은 수준의 정확도를 유지할 수 있다. 이는 실제 응용에서 발생하는 행렬에서 매우 작은 비율의 특이값만 큰 값을 갖기 때문이다. 이러한 경우 D_k는 몇 개의 큰 특이벡터만 유지함으로써 D의 훌륭한 근사가 된다.

절삭 특이값 분해의 유용한 속성 하나는 기저를 P_k로 변경하여 더 낮은 차원의 데이터 표현을 만들 수도 있다는 것이며, 이때 각 d차원 데이터 점이 k차원으로만 표현된다. 즉, 기저 벡터가 P_k의 열에 대응되도록 축을 변경한다. 이 변환은 데이터 행렬 D 뒤쪽에 P_k를 곱하여 $n \times k$ 행렬 U_k를 얻는다. 식 7.5의 뒤쪽에 P_k를 곱하고 $P_k^T P_k = I_k$를 사용하여 다음의 결과를 얻는다.

$$U_k = DP_k = Q_k \Sigma_k \tag{7.6}$$

U_k의 각 행에는 D의 해당 행에 대한 축소된 k차원 표현이 포함되어 있다. 따라서 데이터 행렬 뒤쪽에 우세한 우 특이벡터들을 포함하는 행렬을 곱하여 데이터의 축소 표현을 얻을 수 있다(즉, DP_k를 사용). 또는 우세한 좌 특이벡터들을 특이값들로 간단히 배율조정할 수 있다(즉, $Q_k \Sigma_k$를 사용). 이 두 가지 유형의 방법은 n과 d 중에 어느 쪽이 더 큰지에 따라 실제 응용에서 선택적으로 사용된다.

차원 축소는 이미지나 텍스트와 같은 일부 영역에서 매우 중요할 수 있다. 이미지 데이터는 종종 픽셀에 대응되는 숫자들의 행렬로 표현된다. 예를 들어 807×611 숫자 행렬에 해당하는 이미지가 그림 7.1(a)에 나와 있다. 그림 7.1(b)에는 처음 75개의 특이값만 표시되어 있다. 나머지 611−75=536개의 특이값은 매우 작기 때문에 표시하지 않았다. 특이값의 급속한 감소

(a) 807×611 이미지

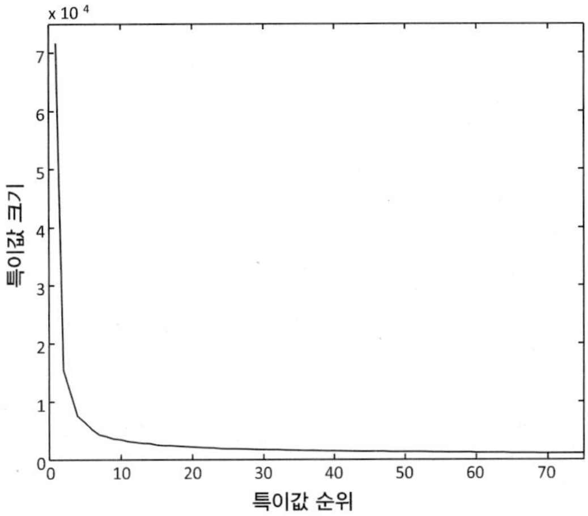

(b) 처음 75개의 특이값

그림 7.1 807×611 이미지에 대한 특이값의 급속한 감소

는 그림에서 아주 분명하게 드러난다. 정확성을 잃지 않고 효과적인 절삭을 가능하게 하는 것은 바로 이 급속한 감소이다. 텍스트 도메인에서 각 문서는 단어 수만큼의 차원을 갖는 행렬의 행들로 표현된다. 각 항의 값은 해당 문서에서 특정 단어의 빈도이다. 이러한 행렬은 희소 행렬이며, SVD의 표준적인 사용 사례의 하나이다. 단어-빈도 행렬 D에서 $n=10^6$, $d=10^5$일 수 있다. 이러한 경우 절삭 SVD는 $k \approx 400$을 사용하여 행렬의 우수한 근사를 생성할 수 있다. 이는 표현 차원의 급속한 감소 수준을 나타낸다. 텍스트에서 SVD를 사용하는 것은 스펙트럼 분해의 순위 1 행렬로 표시되는 잠재적 (은닉된) 주제를 발견할 수 있기 때문에 **잠재 의미 분석**이라고도 한다.

7.2.4.1 절삭 손실과 특이값의 관계

절삭으로 인한 정확도 손실이 어느 정도인지 궁금할 것이다. 여기에서 SVD의 스펙트럼 분해는 **프로베니우스 내적** 측면에서 **프로베니우스 직교인** 행렬들의 합으로 행렬을 표현한다는 것을 이해하는 것이 중요하다.

정의 7.2.4 프로베니우스 내적과 직교성

$n \times d$ 행렬 $A=[a_{ij}]$와 $B=[b_{ij}]$ 사이의 프로베니우스 내적 $\langle A, B \rangle_F$는 $\sum_i \sum_j a_{ij} b_{ij}$이며, 이는 $A^T B$의 대각합과 동일하다.

$$\langle A, B \rangle_F = \langle B, A \rangle_F = tr(A^T B) = tr(AB^T)$$

프로베니우스 내적이 0인 경우 두 행렬은 프로베니우스 직교이다.

프로베니우스 노옴 제곱은 프로베니우스 내적의 특별한 경우이다. 행렬의 프로베니우스 직교성은 각 행렬을 벡터 표현으로 변환함으로써 벡터 쌍 단위의 직교성과 유사한 방식으로 확인할 수 있다. 각 행렬에 대한 평탄화를 통해 모든 항들을 하나의 벡터에 넣은 다음 그 사이의 점곱을 계산한다. 직교 벡터 쌍 단위의 합에 관한 여러 가지 노옴 속성도 행렬에 의해 상속된다. 이는 모든 $n \times d$ 행렬의 집합을 $\mathcal{R}^{n \times d}$의 벡터 공간으로 볼 수 있으며 내적은 점곱과 유사하게 동작하기 때문에 특별히 놀라운 것은 아니다. 예를 들어, 프로베니우스 내적도 피타고라스 정리를 만족한다.

보조정리 7.2.5 A와 B를 프로베니우스 직교인 두 개의 $n \times d$ 행렬이라고 하자. 이제 $(A+B)$의 프로베니우스 노옴 제곱은 다음과 같이 A와 B의 프로베니우스 노옴들로 표현할 수 있다.

$$\|A+B\|_F^2 = \|A\|_F^2 + \|B\|_F^2$$

증명 위의 결과는 행렬의 대각합을 사용하여 프로베니우스 노옴을 표현함으로써 비교적 쉽게 보일 수 있다.

$$\begin{aligned}\|A+B\|_F^2 &= \text{tr}[(A+B)^T(A+B)] = \text{tr}(A^TA) + \underbrace{\text{tr}(A^TB) + \text{tr}(B^TA)}_{=0} + \text{tr}(B^TB) \\ &= \|A\|_F^2 + \|B\|_F^2\end{aligned}$$

프로베니우스 직교성을 사용하여 항들의 일부를 0으로 설정하였음에 유의하기 바란다. ■

위의 보조정리를 재귀적으로 적용함으로써 위의 결과를 임의의 개수의 행렬의 합으로 일반화할 수 있다.

따름정리 7.2.2 $A_1 \ldots A_k$는 모두 서로에 대해 프로베니우스 직교인 동일한 크기의 행렬 k개로 이루어지는 임의의 집합이라고 하자. 이제 이러한 행렬의 합의 프로베니우스 노옴 제곱을 개별 행렬의 프로베니우스 노옴들을 사용하여 다음과 같이 표현할 수 있다.

$$\|\sum_{i=1}^{k} A_i\|_F^2 = \sum_{i=1}^{k} \|A_i\|_F^2$$

위의 결과를 행렬의 가중 합이 사용되는 경우로 일반화할 수 있다. 일반화된 결과에 대한 증명은 연습용 문제로 남긴다.

따름정리 7.2.3 $A_1 \ldots A_k$는 모두 서로에 대해 프로베니우스 직교인 동일한 크기의 행렬 k개로 이루어지는 임의의 집합이라고 하자. 이제 이러한 행렬의 선형 조합의 프로베니우스 노옴 제곱을 개별 행렬의 프로베니우스 노옴들을 사용하여 다음과 같이 표현할 수 있다.

$$\| \sum_{i=1}^{k} \sigma_i A_i \|_F^2 = \sum_{i=1}^{k} \sigma_i^2 \| A_i \|_F^2$$

여기에서 각 σ_i는 스칼라 가중치이다.

다음으로 스펙트럼 분해의 순위 1 행렬들이 모두 서로에 대해 프로베니우스 직교임을 보일 것이다.

보조정리 7.2.6 $\overline{q}_i$와 $\overline{q}_j$는 서로 직교하고, 또한 $\overline{p}_i$와 $\overline{p}_j$는 서로 직교한다고 하자. 순위 1 행렬 $D_i = \overline{q}_i \overline{p}_i^T$와 $D_j = \overline{q}_j \overline{p}_j^T$는 프로베니우스 직교이다.

증명 $D_i^T D_j$의 대각합이 0임을 보임으로써 행렬 D_i와 D_j가 프로베니우스 직교임을 보일 수 있다. 따라서 다음의 결과를 얻는다.

$$\text{tr}(D_i^T D_j) = \text{tr}([\overline{p}_i \overline{q}_i^T][\overline{q}_j \overline{p}_j^T]) = \text{tr}(\overline{p}_i \underbrace{[\overline{q}_i^T \overline{q}_j]}_{0} \overline{p}_j^T) = 0$$

위의 증명에서 $\overline{q}_i$와 $\overline{q}_j$의 직교성을 사용했지만, $\overline{p}_i$와 $\overline{p}_j$의 직교성은 사용하지 않았다. 이 보조정리는 벡터 쌍 $(\overline{q}_i, \overline{q}_j)$와 $(\overline{p}_i, \overline{p}_j)$ 중 하나가 직교한다는 더 약한 조건에서도 성립한다는 것을 보일 수 있다. ■

스펙트럼 분해에서 행렬 $\overline{q}_i \overline{p}_i^T$는 단위 노옴을 갖는 두 벡터의 외적이다. 이러한 행렬의 프로베니우스 노옴은 1이다.

보조정리 7.2.7 $\overline{p}_i$와 $\overline{q}_i$를 단위 노옴을 갖는 벡터 쌍이라고 하자. $D_i = \overline{q}_i \overline{p}_i^T$ 형식의 순위 1 행렬의 프로베니우스 노옴은 1이다.

증명 D_i의 프로베니우스 노옴은 다음과 같이 대각합으로 표현할 수 있다.

$$\| D_i \|_F^2 = \text{tr}(D_i^T D_i) = \text{tr}(\overline{p}_i \underbrace{[\overline{q}_i^T \overline{q}_i]}_{=1} \overline{p}_i^T) = \text{tr}(\overline{p}_i \overline{p}_i^T) = \text{tr}(\underbrace{\overline{p}_i^T \overline{p}_i}_{=1}) = 1$$

이제 절삭 SVD에 의해 생성된 행렬의 스펙트럼 분해를 살펴보자. 여기에 식 7.4의 순위 k

절삭 SVD의 스펙트럼 분해를 다시 제시한다.

$$D \approx D_k = Q_k \Sigma_k P_k^T = \sum_{r=1} \sigma_{rr} \overline{q}_r \overline{p}_r^T \tag{7.7}$$

위의 식에서 우변의 스펙트럼 분해에 프로베니우스 직교 행렬들이 포함된다. 이러한 각 행렬의 프로베니우스 노옴은 1이지만 σ_{rr}에 따라 가중치가 부여된다. 따라서 식 7.7의 모든 표현식에 대한 프로베니우스 노옴을 취하면 다음 식을 얻는다(따름정리 7.2.3을 이용함).

$$\|D\|_F^2 \approx \|D_k\|_F^2 = \|\sum_{r=1}^{k} \sigma_{rr} \overline{q}_r \overline{p}_r^T\|_F^2 = \sum_{r=1}^{k} \sigma_{rr}^2 \underbrace{\|\overline{q}_r \overline{p}_r^T\|_F^2}_{=1} = \sum_{r=1}^{k} \sigma_{rr}^2$$

따라서 순위 k 근사의 프로베니우스 노옴 제곱은 상위 k개의 특이값의 제곱 합과 같다는 결과를 얻는다. 행렬의 프로베니우스 노옴 제곱을 **에너지**라고 한다(1.2.6절 참고). 따라서 손실된 에너지는 (상위 k개의 특이값을 제외한) **가장 작은** 특이값들의 제곱의 합과 같으며, 이는 근사에 대한 오차 제곱의 척도이기도 하다. 실제로 7.3절에서는 SVD가 행렬 D에 대해 **모든 가능한 순위 k 근사** 중 가장 작은 오차 제곱을 갖는 순위 k 근사를 제공한다는 것을 보인다.

7.2.4.2 순위 k 절삭의 기하학적 의미

순위 k 절삭은 순위 k 근사 $D_k = Q_k \Sigma_k P_k^T$가 더 이상 표현을 위해 d차원을 필요로 하지 않기 때문에 데이터의 차원을 감소시킨다. 대신에 k차원으로 표현할 수 있으며($k \ll d$), 이는 상당한 공간 절약을 의미한다. 추가적인 정확도 손실 없이 절삭된 표현을 회전시켜 k차원 기저 중 하나에 도달할 수 있다. 식 7.6에서 논의된 바와 같이, 다음과 같은 $n \times k$ 축소 표현 행렬 U_k를 얻을 수 있다.

$$U_k = DP_k = Q_k \Sigma_k \tag{7.8}$$

$U_k = DP_k$의 각 행에는 D의 해당 행에 대한 k차원 표현이 포함된다. P_k의 k개의 열에는 산포도 행렬 $D^T D$의 최상위 고유벡터들이 포함되어 있으며, 가능한 모든 방향 중에서 가능한 가장 큰 산포도를 갖는 방향들을 유지한다. 최적화 관점의 SVD를 제시하는 7.3절에서 이러한 결과를 명시적으로 증명할 것이다. 그림 7.2에서 이러한 상황의 예를 3차원 데이터 세트로 보이고 있으며, 여기에서 대부분의 에너지는 산포도가 가장 큰 한두 개의 고유벡터에 보존된다. 따라서 이러한 새로운 축 시스템에 데이터를 투영함으로써 원점에 관한 데이터 산포도(즉, 에너지)의 대부분을 1차원 또는 2차원으로 보존할 수 있다.

특이값 분해에 의해 달성된 차원 축소의 기하학적 효과를 이해하기 위해 모든 점이 원점을 중심으로 완벽한 타원체로 정규 분포되고 타원체의 i번째 축을 따른 표준편차가 β_i인 대규모

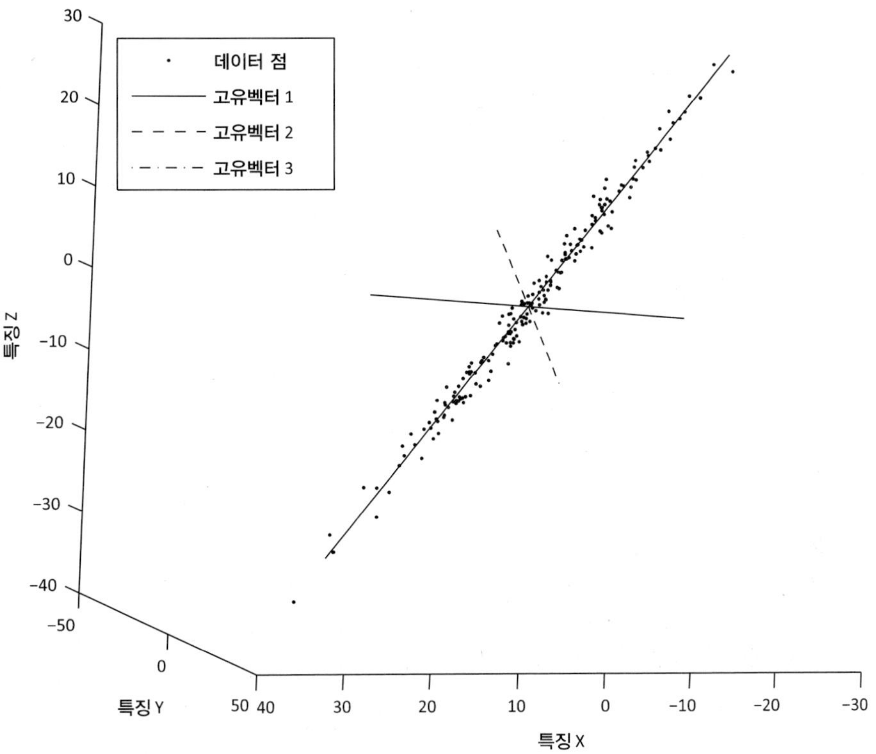

그림 7.2 데이터의 대부분의 에너지는 3×3 행렬 D^TD의 가장 큰 한두 개의 고유벡터를 따른 투영 안에 유지된다.

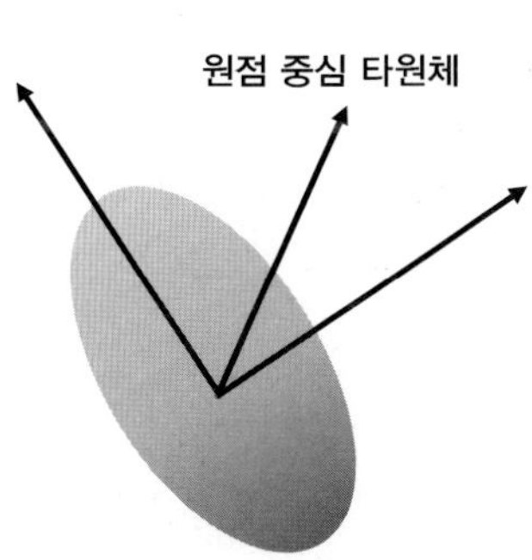

그림 7.3 SVD는 데이터가 원점에 중심을 둔 타원체 안에 분포되도록 모델링한다.

데이터 세트를 생각해보자. 이 타원체의 모든 축은 특이값 분해에서 우 특이벡터로 나타날 것이며, i번째 특이값은 $\sigma_i = \beta_i$가 된다. 원점 중심 타원체와 3개의 축 방향을 포함하는 예를 그림 7.3에 보이고 있다. 이 세 개의 축 방향은 우 특이벡터들이다. 데이터 세트의 전치행렬에 동일한 접근방식을 적용하여 좌 특이벡터들을 구할 수 있다.

7.2.4.3 절삭 SVD의 예

6개의 문서와 6개의 단어로 구성된 작은 텍스트 데이터를 사용하여 절삭 SVD의 예를 든다. 데이터 행렬 D의 (i, j)번째 항은 문서 i에서 단어 j의 빈도를 나타낸다. 6×6 데이터 행렬 D는 다음 어휘에 대해 정의된다.

lion, tiger, cheetah, jaguar, porsche, ferrari

데이터 행렬 D의 각 문서에서 단어의 빈도는 다음과 같다.

$$D = \begin{pmatrix} & \text{lion} & \text{tiger} & \text{cheetah} & \text{jaguar} & \text{porsche} & \text{ferrari} \\ \text{Document-1} & 2 & 2 & 1 & 2 & 0 & 0 \\ \text{Document-2} & 2 & 3 & 3 & 3 & 0 & 0 \\ \text{Document-3} & 1 & 1 & 1 & 1 & 0 & 0 \\ \text{Document-4} & 2 & 2 & 2 & 3 & 1 & 1 \\ \text{Document-5} & 0 & 0 & 0 & 1 & 1 & 1 \\ \text{Document-6} & 0 & 0 & 0 & 2 & 1 & 2 \end{pmatrix}$$

이 행렬은 자동차와 고양이 양쪽에 관련된 주제를 나타낸다. 처음 3개의 문서는 주로 고양이와 관련이 있고 네 번째 문서는 둘 다에 관련되며 마지막 두 문서는 주로 자동차와 관련이 있다. "jaguar"라는 단어는 자동차와 고양이 모두에 해당할 수 있기 때문에 모호하다. 순위 2의 SVD를 수행하여 다음과 같이 데이터 안의 두 가지 잠재 성분을 포착한다.

$$\begin{aligned} D &\approx Q_2 \Sigma_2 P_2^T \\ &\approx \begin{pmatrix} -0.41 & 0.17 \\ -0.65 & 0.31 \\ -0.23 & 0.13 \\ -0.56 & -0.20 \\ -0.10 & -0.46 \\ -0.19 & -0.78 \end{pmatrix} \begin{pmatrix} 8.4 & 0 \\ 0 & 3.3 \end{pmatrix} \begin{pmatrix} -0.41 & -0.49 & -0.44 & -0.61 & -0.10 & -0.12 \\ 0.21 & 0.31 & 0.26 & -0.37 & -0.44 & -0.68 \end{pmatrix} \\ &= \begin{pmatrix} 1.55 & 1.87 & 1.67 & 1.91 & 0.10 & 0.04 \\ 2.46 & 2.98 & 2.66 & 2.95 & 0.10 & -0.03 \\ 0.89 & 1.08 & 0.96 & 1.04 & 0.01 & -0.04 \\ 1.81 & 2.11 & 1.91 & 3.14 & 0.77 & 1.03 \\ 0.02 & -0.05 & -0.02 & 1.06 & 0.74 & 1.11 \\ 0.10 & -0.02 & 0.04 & 1.89 & 1.28 & 1.92 \end{pmatrix} \end{aligned}$$

재구성된 행렬은 원래 데이터 행렬 D의 훌륭한 근사이다. $DP_2 = Q_2\Sigma_2$와 같이 D의 각 행에 대한 2차원 임베딩을 얻을 수도 있다.

$$DP_2 = Q_2\Sigma_2 \approx \begin{pmatrix} -3.46 & 0.57 \\ -5.44 & 1.03 \\ -1.95 & 0.41 \\ -4.74 & -0.66 \\ -0.83 & -1.49 \\ -1.57 & -2.54 \end{pmatrix}$$

첫 세 행의 축소 표현이 매우 유사하다는 것은 분명하며, 이는 당연한 일이다. 이들에 대응되는 모든 문서는 유사한 주제를 다룬다. 또한 마지막 두 행의 축소 표현도 유사하다. 네 번째 행은 두 주제의 조합을 포함하기 때문에 다소 다른 것 같다. 따라서 잠재 성분들은 데이터 행렬에 은닉된 "개념"을 포착하는 것처럼 보인다. 위의 데이터에서 이러한 은닉된 개념은 고양이와 자동차에 해당한다.

7.2.5 SVD에 대한 두 가지 해석

이 절에서는 SVD에 대한 **데이터 중심** 해석과 **변환 중심** 해석에 대해 살펴볼 것이다. 데이터 중심 해석에서 SVD는 데이터 행렬 D의 행공간과 열공간 모두에 대한 직교 기저를 제공하는 방법으로 간주된다. QR 분해(2.7.2절 참고)는 (원래의 행렬에 대해 수행되는지 또는 전치에 대해 수행되는지에 따라) 행공간 또는 열공간에 대한 직교정규 기저를 제공할 수 있지만, 동시에 둘 다 제공할 수는 없다. 순위 k의 $n\times d$ 데이터 행렬 D의 조밀 SVD를 생각해보자.

$$D = Q\Sigma P^T$$

$d\times k$ 행렬 P는 열들에 있는 D의 (전치된) 행의 d차원 기저 벡터들을 나타낸다. 원래 데이터 행렬의 순위가 k이기 때문에 k개의 기저 벡터가 있다. $n\times k$ 행렬 Q는 열들에 있는 D 열의 n차원 기저 벡터들을 나타낸다. 즉, **SVD는 데이터 행렬의 (전치된) 행과 열 모두의 기저 집합을 동시에 찾는다.** 행렬 Σ의 i번째 대각 항의 제곱은 i번째 우 특이벡터를 따라 투영하여 얻은 1차원 데이터 세트 $D\overline{p}_i$의 에너지를 정량화한다. 방향이 갖는 산포도가 클수록 분명히 데이터 세트에 대한 더 많은 정보를 갖는다. 예를 들어, 특이값 σ_{ii}가 작을 때 $D\overline{p}_i$의 각 값은 0에 가까운 경향이 있다. 조밀 SVD 대신 절삭 SVD를 사용하면 정확한 기저 집합이 아닌 **근사 기저 집합**을 찾는 것으로 제한된다. 즉, 이러한 기저 집합을 사용하여 데이터 행렬의 모든 행을 근사적으로 표현할 수 있지만, 정확히 표현하지는 못한다. 절삭 SVD가 행공간과 열공간에 대한 근사값을 동시에 찾을 수 있음을 그림 7.4에서 보여주고 있다. k개의 항 $\sigma_{ii}\,\overline{q}_i\overline{p}_i^T$ 각각은 행렬의 잠재 (또는 은닉) 성분들에 해당하는 D의 일부분을 나타낸다. 따라서 절삭 SVD는 우세 은닉 성분들로 행렬을 표현한다.

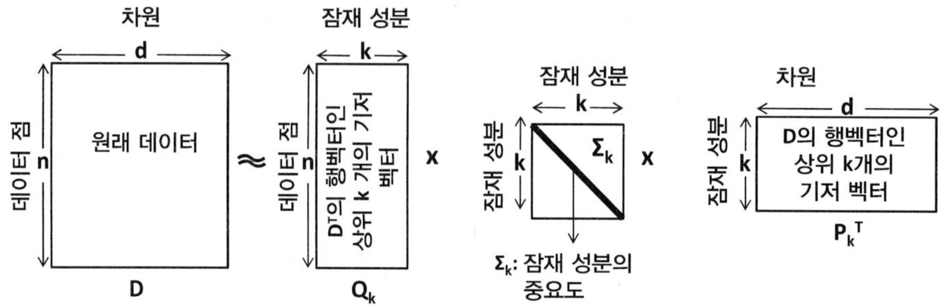

그림 7.4 D의 행과 열의 기저 벡터 측면에서 SVD 해석

SVD는 특히 정방행렬에 대해 수행되는 경우 변환 중심의 관점에서 해석될 수도 있다. $n \times d$ 데이터 행렬 D의 d차원 행을 $n \times d$ 행렬 DA의 d차원 행으로 변환하는 데 사용되는 $d \times d$ 정방행렬 A를 생각해보자. A를 회전/반사, 비등방성 배율조정, 또 다른 회전/반사 등으로 이루어지는 열에 해당하는 SVD $Q\Sigma P^T$로 대체할 수 있다. 이것은 양의 준정부호 행렬의 대각화에서 발생하는 변환 열과 매우 유사하다. 유일한 차이점은 두 번의 회전/반사가 양의 준정부호 행렬 대각화에서 상쇄되는 반면 SVD에서는 상쇄되지 않는다는 것이다. **SVD는 모든 선형 변환이 회전/반사와 배율조정의 조합으로 표현될 수 있음을 의미한다.** 이러한 해석에 대한 또 다른 시각은 다음과 같다. d차원의 원점 중심 타원체를 산포도 그래프로 갖는 $n \times d$ 데이터 행렬 D가 있고, 이를 **임의의** $d \times d$ 행렬 A와 곱하여 행렬 DA를 생성할 경우 결과 산포도 그래프는 여전히 타원체인데, 크기나 방향은 변경되어 있을 것이다. 좌/우 특이벡터는 모두 최종 방향에 영향을 미치고, 특이값은 배율조정에 영향을 미친다. 2차원 산포도 변환의 예를 그림 7.5에서 보인다.

앞서 언급한 두 해석은 모두 선형대수에 기반을 두고 있다. SVD는 최적화 중심의 관점에서

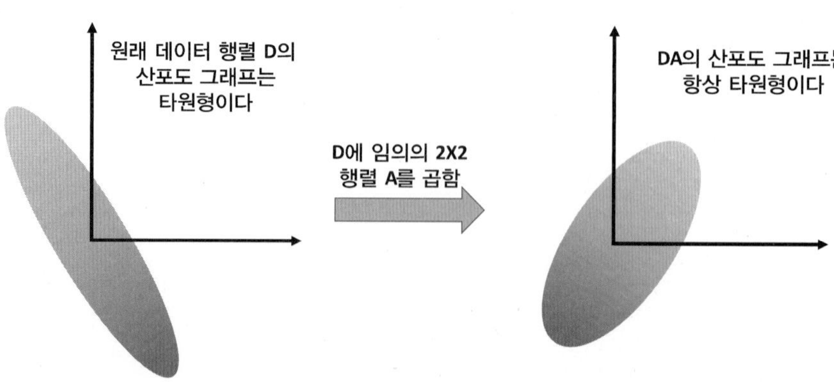

그림 7.5 한 쌍의 회전/반사와 왜곡으로 보는 SVD의 변환 중심 해석

도 해석될 수 있는데, 이때 데이터 세트에서 최대 에너지를 보유하는 근사 인수분해를 구한다. 7.3절에서 보다 일반적인 형태의 행렬 인수분해(8장 참고)의 관문인 최적화 중심 해석을 탐색할 것이다.

7.2.6 특이값 분해는 고유한가?

SVD는 QR 방법과 같은 다른 유형의 분해에 비해 상대적으로 제한된 형태의 분해이다. 예를 들어 QR 분해는 직교화된 벡터들을 처리하는 순서에 따라 크게 달라진다. 그러나 SVD는 훨씬 더 특화되어 있으며, 사용된 수치 알고리즘에 관계없이 고유한 값에 가까울 수 있다. 중복 고윳값이 없는 경우 정방행렬의 대각화가 고유하다(부호 및 정규화 관행을 적용한 후)는 것을 3.3.3절에서 배운 바 있다. 특이값 분해는 양의 준정부호 행렬(직교정규 **고유벡터** 사용)을 대칭이나 정방형이 아닌 행렬(직교정규 **특이벡터** 사용)로 대각화하는 일반화로 볼 수 있다. 흥미롭게도 0이 아닌 특이값들은 서로 달라야 한다는 특이값 분해의 고유성 조건은 대각화의 경우와 유사하다.

먼저 정방행렬 B의 특이값 분해를 생각해보자. 특이값 분해는 B^TB와 BB^T의 모든 고윳값이 서로 다른 경우에만 거의 고유하다. 이러한 경우 특이값 분해는 Q의 임의의 열에 -1을 곱하고 P의 임의의 열에 -1을 곱할 수 있다는 점을 제외하면 고유하게 정해진다. Q의 i번째 열에 -1을 곱하고 P의 i번째 열에 -1을 곱해도 곱 $Q\Sigma P^T$는 변경되지 않는다. 이 장 전체에서 "고유성"이라는 단어의 정의는 이러한 유형의 반사를 허용하기 위해 약간 완화되었다.

보조정리 7.2.8 고유성 조건

B^TB (및 BB^T)의 모든 고윳값이 서로 다른 $m \times m$ 크기의 정방행렬 B를 생각해보자. B의 특이값 분해는 특이벡터들에 -1을 곱할 수 있다는 점을 제외하면 고유하게 정해진다.

특이값이 서로 다르지 않은 경우 B^TB의 중복 고윳값의 고유공간에 대한 직교정규 기저를 P^T에서 대응되는 우 특이벡터들로 선택할 수 있다. 대응되는 좌 특이벡터들은 각각의 우 특이벡터 앞쪽에 B를 곱하고 그 결과를 단위 노옴을 갖도록 배율조정 하여 얻는다(보조정리 7.2.1 참고). 사실, 중복 고유벡터에 대응되는 부분공간에서 선택할 수 있는 가능한 (직교정규) 기저 시스템은 무수히 많이 존재한다(중복 고유벡터의 임의의 기저를 선택하면 됨). 따라서 특이값에 중복이 발생하면 특이값 분해는 근본적으로 고유하게 정해질 수 없다.

위의 논의는 정방행렬의 특이값 분해에만 적용된다. 비정방행렬의 특이값 분해는 어떨까? 0이 아닌 특이값만 포함되는 특이값 분해의 조밀 변형을 사용하는 한, 보조정리 7.2.8의 고유성 결과를 비정방형 특이값 분해로 일반화할 수 있다.

보조정리 7.2.9 조밀 SVD의 고유성

0이 아닌 모든 특이값이 서로 다른 $n \times d$ 행렬 D를 생각해보자. D의 조밀 특이값 분해는 특이벡터에 −1을 곱할 수 있다는 점을 제외하면 고유하게 정해진다.

또한 분해에서 보존되는 특이값들이 서로 다를 경우 절삭 SVD도 고유하다. 절삭 특이값 분해는 실제 응용에서 고유할 가능성이 매우 높은데, 특이값 (정확하거나 근사한) 중복의 대부분은 종종 0이나 그 근처의 하위 특이값들에서 발생하기 때문이다. 절삭 프로세스는 이러한 특이값의 대부분을 제거한다.

7.2.7 2원 분해와 3원 분해

특이값 분해는 본질적으로 3원 분해인 $Q\Sigma P^T$로 정의된다. 여기에서 가장 왼쪽 인수인 Q는 열공간에 대한 기저를 제공하고, 가장 오른쪽 인수 P^T는 행공간에 대한 기저를 제공하며, 대각행렬 Σ는 기저 벡터들의 상대적 중요도에 대한 정량화를 제공한다. 이러한 역할 분담은 우아하지만 행렬 인수분해에 대한 문헌에서는 2원 분해가 더 많이 나타난다. 2원 분해에서 $n \times d$ 행렬 D는 $n \times k$ 행렬 U와 $d \times k$ 행렬 V로 분해된다. 여기에서 k는 분해의 순위이다.

$$D \approx UV^T \tag{7.9}$$

원래 행렬 D의 순위가 k보다 큰 경우 위의 분해는 근사일 뿐이다(절삭 SVD처럼). SVD와 같은 3원 인수분해를 다음과 같이 2원 인수분해로 변환할 수 있다.

$$D \approx \underbrace{(Q\Sigma)}_{U} \underbrace{P^T}_{V^T}$$

SVD의 경우 $U = Q\Sigma$는 $V = P$의 열에 대응되는 k차원 기저 공간에서 데이터 점의 좌표를 제공하기 때문에, Q 내부로 대각행렬을 흡수하는 것은 자연스럽다. 3원 분해를 2원 분해로 변환할 때 일반적으로 선호하는 것은 오른쪽 인수의 정규화를 유지하고, 왼쪽 인수에서 대각행렬을 흡수하는 것이다. 그러나 현실은 2원 분해가 3원 분해에 비해 훨씬 낮은 수준의 고유성을 갖는다는 것이다. 예를 들어, U 대신 V^T에서 Σ를 흡수할 수 있다. 또한 곱 UV^T에 영향을 주지 않고 온갖 방식으로 U와 V를 배율조정할 수 있다. 예를 들어, U의 각 항에 2를 곱하고 V의 각 항을 2로 나누어 동일한 곱 UV^T를 얻을 수 있다. 또한 이러한 조작을 U와 V 각각의 특정(예: r번째) 열에만 적용하여 동일한 결과를 얻을 수도 있다. 이러한 의미에서 2원 인수분해는 인수 중 하나에 대한 명확한 정규화 규칙을 갖지 않는 한 종종 모호하게 정의된다. 그럼에도 불구하고 2원 분해는 최적화 수식에서 두 개의 행렬만 사용하는 단순성 때문에 다른 형태의 차원 축소(예: 비 음수 행렬 인수분해)에서 매우 유용하다. 많은 형태의 인수분해에서 경사하강법과 같은 최적화 알고리즘의 관점에서 상대적으로 간단한 2개의 인수에 대한 최적화 모델을 사용한다. 아래에 설명된 절차를 사용하면 2원 인수분해를 항상 SVD와 같은 표준화된 3원 인수분해로 변환할 수 있다는 좋은 소식이 있다.

특이값 분해에서 (r, r)번째 대각 항은 가장 왼쪽의 인수 행렬 Q와 가장 오른쪽 인수 행렬 P의 r번째 열이 단위 노옴으로 정규화되도록 선택된다. 즉, 대각행렬은 배율조정 계수들을 포함하는데, 2원 인수분해에서 이러한 배율조정 계수들을 U와 V 중 어느 쪽에 분포시킬지에 따른 모호성이 발생한다. $n \times k$ 행렬 U와 $d \times k$ 행렬 V로 분해하는 2원 행렬 인수분해 $D \approx UV^T$를 생각해보자. 이러한 분해를 다음 형식의 (열의 반사를 무시할 때) 거의 고유한 3원 행렬 인수분해로 변환할 수 있다.

$$D \approx Q\Sigma P^T \tag{7.10}$$

여기에서 Q는 **정규화된** $n \times k$ 행렬(U에서 도출됨), P는 **정규화된** $d \times k$ 행렬(V에서 도출됨), Σ는 대각 항에 음이 아닌 정규화 계수들을 포함하는 $k \times k$ 대각행렬이다. Q와 P의 각 열은 L_2-노옴(또는 L_1-노옴)이 하나의 단위라는 제약조건을 충족한다. 특이값 분해와 같은 방법에서는 L_2-정규화를 사용하고 **비 음수 행렬 인수분해**의 일부 변형(8장 참고)에서는 L_1-정규화를 사용하는 것이 일반적이다. 여기에서는 L_2-정규화를 사용하는 것으로 가정한다. 이제 2원 인수분해에서 3원 인수분해로의 변환은 다음과 같이 수행할 수 있다.

1. $\{1 \ldots k\}$에 속하는 각 r에 대해 U의 r번째 열 $\overline{U_r}$을 L_2-노옴 $\|\overline{U_r}\|$로 나눈다. 결과 행렬은 Q로 표시된다.
2. $\{1 \ldots k\}$에 속하는 각 r에 대해 V의 r번째 열 $\overline{V_r}$을 L_2-노옴 $\|\overline{V_r}\|$로 나눈다. 결과 행렬은 P로 표시된다.
3. (r, r)번째 대각 항이 음이 아닌 값 $\|\overline{U_r}\| \cdot \|\overline{V_r}\|$인 $k \times k$ 대각행렬 Σ를 만든다.

행렬 Q, Σ, P 등이 다음 관계를 만족한다는 것을 쉽게 보일 수 있다.

$$Q\Sigma P^T = UV^T \tag{7.11}$$

Σ의 모든 대각 항은 정규화가 수행되는 방식으로 인해 항상 음이 아니다. 다음 절에서 논의되는 최적화 관점의 SVD에서는 간결한 최적화 수식을 생성하기 위해 2원 분해를 사용한다. 일반적으로 행렬(및 최적화 변수) 수가 적은 것이 작업하기 간단하다는 이유로 최적화 중심 행렬 인수분해에서 2원 분해가 더 많이 사용된다.

7.3 SVD: 최적화 관점

이전 절에서 논의된 선형대수 관점의 특이값 분해는 **전체** SVD 또는 **조밀** SVD의 존재 및 고유성에 대한 이해를 제고하지만, 행렬의 최상의 저 순위 근사에 대한 **절삭** SVD의 상대적 정확도에 대해서는 언급하지 않는다. 또 다른 중요한 점은 선형대수를 사용하여 전체 SVD를 도출할 수 있지만, 다른 형태의 행렬 인수분해에는 선형대수 기법이 통하지 않을 수 있다는 것이다. 인수들에 대한 제약조건으로 인해 벡터 공간의 속성에서 멀어지는 경우도 많다. 예를 들어, 인수들에 임의의 제약조건(예: 음이 아닌 인수)을 적용하려는 경우 선형대수 기법을 사용하기가 매우 어려워진다. 문제는 음이 아닌 벡터의 공간이 벡터 공간이 아니므로, 선형대수의 원리가 더 이상 적용되지 않는다는 것이다. 다음 장에서 볼 수 있듯이 여러 형태의 행렬 인수분해는 인수분해의 속성을 제어하기 위해 다양한 목적함수와 제약조건을 사용한다. 인수분해의 속성들을 제어하는 것은 다양한 유형의 기계학습 모델에서 이들을 사용하기 위한 핵심이며, 이러한 속성들에 대해서는 8장에서 살펴볼 것이다. 최적화 관점은 이러한 모든 경우에 유용하다. 최적화 중심 분석에서 발생하는 가장 중요한 결과는 다음과 같다.

절삭 SVD는 오차 제곱 측면에서 행렬에 대한 최상의 순위 k 근사를 제공한다.

중요한 점은 SVD가 U와 V 각각의 열들이 직교하는 인수분해 $D \approx UV^T = Q\Sigma P^T$를 제공한다는 것이다. 그러나 U와 V 각각의 열이 반드시 직교하지는 않는 인수분해 $D \approx UV^T$를 허용하더라도, 정확도 측면에서 이러한 완화가 아무 보탬도 되지 못할 것이다. 즉, D를 U와 V^T로 분해하는 **무제약** 저 순위 인수분해의 오차 제곱을 최소화하는 최적화 문제의 경우에도 최적화 대안 중 하나는 각 행렬의 열들이 직교하는 행렬 U, V 쌍이다. 이 절에서는 최적화 관점에서 접근하여 SVD의 이러한 멋진 속성을 보여줄 것이다.

이 절에서는 3원 인수분해 $D \approx Q\Sigma P^T$ 대신 일관되게 2원 인수분해 $D \approx UV^T$를 이용할 것이다. 여기에서 D는 $n \times d$ 행렬, U는 $n \times k$ 행렬, V는 $d \times k$ 행렬이다. 초 매개변수 k는 인수분해의 순위이다. 이 경우 U와 V 각각의 열들은 서로 직교하지만 이러한 열들의 배율조정 방법에 약간의 모호함이 있다. 따라서 V의 열들이 단위 노옴을 갖도록 배율조정 된다고 가정한다.

7.3.1 기저 직교성 가정 하의 최대화 수식 구성

먼저 행렬 V의 열들의 직교정규성을 가정하는 최적화 모델을 제시한다. 이러한 경우, $V^TV = I$이므로 D의 축소 표현은 $U = DV$로 얻을 수 있다. 따라서 특이값 분해 문제를 구성하는 한 가지 방법은 다음과 같이 행렬 $U = DV$의 에너지를 최대화하는 것이다.

$$
\begin{aligned}
&\text{Maximize}_V \|DV\|_F^2 \quad \text{(OP)}\\
&\text{제약조건:}\\
&V^T V = I_k
\end{aligned}
$$

이 최적화 문제를 (OP)라고 한다. 여기에서 V는 $d \times k$ 행렬이고 $n \times k$ 행렬 $U = DV$는 최적화 수식에 포함되지 않는다. **이 문제의 목적함수(최소화 형식)는 $k=1$일 때와 같은 이 문제의 간단한 버전에서도 볼록하지 않다.** 그럼에도 불구하고 문제의 특화된 구조 때문에 여전히 최적 해를 구할 수 있다. DV의 k개의 열에 대한 L_2-노옴의 합으로 $\|DV\|_F^2$를 분해할 수 있다는 점에 유의하기 바란다. 따라서 $\overline{V}_r$이 V의 r번째 열이면 다음과 같이 목적함수를 단순화할 수 있다.

$$
\|DV\|_F^2 = \sum_{r=1}^{k} \|D\overline{V}_r\|^2 = \sum_{r=1}^{k} \overline{V}_r^T [D^T D] \overline{V}_r
$$

이 최적화 문제는 6.6절에서 소개된 노옴 제약조건 최적화 문제와 동일하다. 이 문제에 대한 해는 D^TD의 상위 k개의 고유벡터에 해당한다. 이전 절에서 D^TD의 고윳값이 D의 특이값들의 제곱에 해당하는 $\sigma_{11}^2 \ldots \sigma_{rr}^2$이었음을 상기하기 바란다. 또한 DV의 보유 에너지는 6.6절의 논의에 따라 $\sum_{r=1}^{k} \sigma_{rr}^2$과 동일하다. 이는 절삭 SVD의 보유 에너지와 일치한다(7.2.4절 참고). 따라서 절삭 SVD의 보유 에너지는 가능한 모든 직교정규 기저 시스템 V 중에서 최대이다. 이 결과를 다음과 같이 요약한다.

보조정리 7.3.1 최적화 문제 (OP)에 대한 최적 해 V는 D^TD에서 가장 큰 고유벡터들을 V의 열들로 설정하여 얻는다.

변환된 표현 $U = DV$가 DD^T는 (배율조정된) 고유벡터들을 나타낸다.

보조정리 7.3.2 (OP)를 사용하여 V를 구할 때 $U = DV$를 데이터의 변환된 표현이라고 하자. 이 경우 U는 DD^T의 배율조정 된 고유벡터들을 나타낸다.

증명 n차원 열벡터 $\overline{U}_r$에 DV의 r번째 열이 포함되도록 한다. 이것은 $D\overline{V}_r$과 동일하며, 여기에서 $\overline{V}_r$은 V의 r번째 열을 포함한다. 즉, 다음과 같다.

$$
\overline{U}_r = D\overline{V}_r
$$

양변에 DD^T를 곱하면 다음을 얻는다.

$$DD^T\overline{U}_r = (DD^T)D\overline{V}_r = D\underbrace{[(D^TD)\overline{V}_r]}_{\propto \overline{V}_r} \propto D\overline{V}_r = \overline{U}_r$$

즉, $\overline{U}_1 \ldots \overline{U}_k$는 DD^T의 고유벡터들이다. 유일한 차이점은 V의 열들은 단위 노옴으로 배율 조정되는 반면, U의 열들은 그렇지 않다는 것이다. ■

DD^T는 대칭행렬이므로 고유벡터 $\overline{U}_1 \ldots \overline{U}_k$도 상호 직교한다. 이 최적화 모델은 V의 열들이 직교한다는 가정만 사용하며, 이로부터 $U = DV$의 열들이 서로 직교한다는 사실을 자동으로 유도할 수 있다.

7.3.2 잔차를 사용한 최소화 수식 구성

앞서 언급한 최적화 모델은 투영 행렬 DV에서 **보유 에너지** $\|U\|_F^2 = \|DV\|_F^2$를 **최대화**하려고 한다. 대안적인 접근방식은 $\|D - UV^T\|_F^2$인 **손실 에너지**를 **최소화**하는 것이다. 행렬 $R = (D - UV^T)$는 일반적으로 근사 인수분해 $D \approx UV^T$로부터의 **잔차 행렬**(residual matrix)이라고 한다.

V의 열들에서 직교정규성 제약조건을 삭제하여 얻은 다음과 같은 **무제약** 최적화 문제를 생각해보자.

$$\text{Minimize}_{U,V}\ J = \|D - UV^T\|_F^2$$

이러한 최적화 문제는 **무제약 행렬 인수분해**라고도 한다. 여기에서 U는 $n \times k$ 행렬이고, V는 $d \times k$ 행렬이다. **이 목적함수는 볼록하지 않지만 쉽게 최적화할 수 있다.** 이 최적화 문제는 모든 비 볼록 문제를 푸는 것이 불가능하지는 않다는 사실의 한 예이다.

첫째, 이 문제는 제약조건을 갖지 않지만 직교정규 열들을 갖는 최적의 V를 하나 이상 찾을 수 있다. 이는 최적의 해 쌍 $(U, V) = (U^0, V^0)$을 쌍 (U^0R^T, Q)로 교체할 수 있기 때문이다. 여기에서 $V^0 = QR$은 V^0의 QR 분해이고 Q, R은 각각 $d \times k$, $k \times k$ 행렬이다. 두 행렬 쌍의 곱이 $U^0R^TQ^T$이므로 두 해 모두 목적함수 값이 같다. 또한 8장의 그림 8.1에서 볼 수 있듯이 이 행렬 인수분해 문제의 최적성에 필요한 조건은 다음과 같다.

$$DV - UV^TV = 0$$

V의 직교정규 열들로 주어지는 해(임의의 최적 V^0의 QR 분해를 통해 얻음)는 $V^TV = I$를 충족하므로 최적성 조건은 $U = DV$로 단순화된다. 최적화 수식에서 U를 대체하면, 무제약 행렬 인수분해 문제는 제약조건 $V^TV = I_k$에 따라 $\|D - UV^T\|^2 = \|D - DVV^T\|_F^2$를

최소화하는 것과 동일한 목적함수 값을 갖는다. DV와 $D-DVV^T$의 프로베니우스 노옴 제곱의 합은 상수 $\|D\|_F^2$이며[15], 따라서 이 최소화 문제는 DV의 프로베니우스 노옴의 최대화 문제로 축소된다. 이것이 바로 이전 절의 문제 (OP)이다. 따라서 **잔차를 사용하여 구성된 무제약 최소화 수식은 각각 U와 V에 대한 DD^T와 D^TD의 상위 고유벡터들을 최적 해의 대안 중 하나로 생성한다**. 즉, 다음과 같은 중요한 결과를 얻는다.

정리 7.3.1 절삭 특이값 분해는 무제약 행렬 인수분해에 대한 최적 해의 대안 중 하나를 제공한다.

7.3.3 행렬 인수분해 방법에 대한 일반화

이전 절에 포함된 문제 구성은 최적화 중심 행렬 인수분해의 가장 기본적인 형태이다. 목적함수와 제약조건을 변경하여 다른 형태의 행렬 인수분해를 지원할 수 있다. 모든 행렬 인수분해 방법은 다음과 같은 일반적인 형식을 갖는다.

D와 UV^T의 항들 간의 유사성을 최대화한다.
제약조건:
U와 V에 대한 제약조건

예를 들어, **확률적** 행렬 인수분해 방법은 최적화 함수로 프로베니우스 노옴이 아닌 로그 우도 함수를 사용한다. 마찬가지로 다양한 유형의 비 음수 행렬 인수분해는 U와 V에 비 음수 제약조건을 부과한다. 로지스틱 행렬 인수분해 방법은 특정 항이 1일 확률을 구체화하기 위해 UV^T 항들에 로지스틱 함수를 적용한다. 이러한 접근방식은 이진 항들을 갖는 행렬에 적합하다. 따라서 무제약 행렬 인수분해의 최적화 구조는 다른 속성을 갖는 인수분해 문제를 위한 출발점을 제공한다. 이러한 방법들에 대해서는 8장에서 자세히 설명한다. **대부분의 행렬 인수분해 수식은 볼록하지 않다**. 그렇지만 경사하강법은 이러한 경우에 제법 잘 작동한다.

7.3.4 주성분 분석

주성분 분석(PCA; Principal Component Analysis)은 SVD와 매우 밀접한 관계가 있다. SVD는 k차원 부분공간을 찾으려고 하므로 해당 부분공간의 데이터 점을 투영하면 원점과의 총 거리 제곱이 최대화된다. 반대로 주성분 분석은 **데이터 평균**과의 총 거리 제곱을 유지하려

15) DV와 DVV^T는 동일한 에너지를 가지며(연습문제 18 참고), 후자는 $(D-DVV^T)$에 프로베니우스 직교이다. 따라서 DV와 $D-DVV^T$의 프로베니우스 노옴 제곱의 합은 그냥 $\|D\|_F^2$이다.

고 한다. 데이터 평균과의 총 거리 제곱은 분산으로 포착된다(**평균** 형식으로 계산됨). 결과적으로 데이터 세트 D가 주어지면 SVD와 PCA 간의 관계는 다음과 같다.

> PCA는 **평균 중심** 데이터 세트 D에서 SVD와 정확히 동일한 차원 축소를 수행한다.

데이터가 미리 평균 중심으로 주어지지 않을 경우 PCA와 SVD는 다른 결과를 산출한다. PCA에서는 먼저 다음과 같이 각 행에서 전체 데이터 세트 D의 d차원 평균 벡터를 빼서 데이터 세트를 평균 중심화 한다.

$$M = D - \underbrace{\overline{1}\,\overline{\mu}}_{n \times d}$$

여기에서 $\overline{1}$은 n개의 1로 구성되는 열벡터이고, $\overline{\mu}$는 d차원 각각의 평균값을 나타내는 d차원 행벡터이다. 따라서 $\overline{1}\,\overline{\mu}$는 각 행이 평균 벡터 $\overline{\mu}$인 $n \times d$ 행렬이다. 공분산 행렬 C를 다음과 같이 계산한다.

$$C = \frac{M^T M}{n}$$

공분산 행렬 C는 $d \times d$ 행렬이며, 여기에서 (i, j)번째 항은 단순히 차원 i와 j 사이의 공분산이다. 대각 항은 차원 별 분산이다. SVD의 산포도 행렬 $D^T D$와 마찬가지로 SVD의 공분산 행렬도 양의 준정부호이다. 공분산 행렬은 다음과 같이 순위 k에서 근사적으로 대각화될 수 있다.

$$C \approx V \Delta V^T$$

여기에서 V는 상위 k개의 고유벡터를 나타내는 열들을 갖는 $d \times k$ 행렬이고, Δ는 상위 k개의 고윳값(양의 준정부호 행렬 $C \propto M^T M$에 대해 항상 음이 아님)을 포함하는 대각 항들을 갖는 $k \times k$ 대각행렬이다. 따라서 (r, r)번째 대각 항은 음이 아닌 값 λ_r^2로 표시되고 r번째 고윳값을 나타낸다. 나중에 살펴보겠지만 λ_r^2의 값은 행렬 D의 k차원 투영 DV의 r번째 열의 분산과 같다. 고유벡터를 (SVD에서와 같이) 특이벡터로 부르는 대신 PCA의 **주성분**이라고 부른다. 평균 중심 행렬 M에서 특이값 분해를 수행하는 경우 우 특이벡터는 PCA 고유벡터이며, SVD의 r번째 특이값 σ_{rr}과 PCA의 고윳값 λ_r^2의 관계는 다음과 같다.

$$\lambda_r^2 = \frac{\sigma_{rr}^2}{n}$$

분모의 추가 인수 n은 공분산 행렬을 얻기 위해 $M^T M$을 n으로 나누는 것에서 온 것이다.

D의 n개 행들에 대한 k차원 표현을 나타내는 $n \times k$ 행렬 U는 M의 행들을 V의 열들에 투영하여 정의된다.

$$U = MV$$

PCA에 대해 다음의 사실들을 관찰할 수 있다.

1. 행렬 U는 평균 중심 데이터 세트 M과 마찬가지로 평균 중심이다. 즉, 데이터의 축소 표현도 평균 중심이다. U의 행들의 합은 $\overline{1}U = \overline{1}[MV] = \underbrace{[\overline{1}M]}_{\overline{0}} V$ 이다.

2. 행렬 U의 공분산은 대각행렬 Δ이다. 행렬 V에 k개의 열 $\overline{v}_1 \ldots \overline{v}_k$이 포함된 경우를 생각해보자. 행렬 U는 평균 중심이므로 공분산 행렬은 $U^T U/n$으로 주어지며, 다음과 같이 간소화할 수 있다.

$$\frac{U^T U}{n} = V^T \frac{[M^T M]}{n} V = [\overline{v}_1 \ldots \overline{v}_k]^T (C[\overline{v}_1 \ldots \overline{v}_k])$$
$$= [\overline{v}_1 \ldots \overline{v}_k]^T [\lambda_1^2 \overline{v}_1 \ldots \lambda_k^2 \overline{v}_k] = \Delta$$

위의 간소화에서 각 $\overline{v}_i$가 공분산 행렬 C의 고유벡터들이고 이러한 k개의 벡터가 직교한다는 사실을 사용하였다. 따라서 $\overline{v}_i \cdot \overline{v}_j$는 $i = j$일 때 1이고 그렇지 않으면 0이다. 결과적으로 Δ의 대각 항에는 $\lambda_1^2 \ldots \lambda_k^2$이 포함된다.

3. 데이터에서 유지되는 분산은 $\sum_{i=1}^{k} \lambda_i^2$로 주어지며, 이는 U의 공분산 행렬이 Δ이기 때문이다. 따라서 대각 항의 합인 $\sum_{i=1}^{k} \lambda_i^2$는 유지되는 분산을 생성한다.

위의 모든 결과는 PCA가 SVD와 매우 유사한 속성을 가지고 있음을 보여준다. U와 V^T로부터 데이터를 완전히 재구성하려면, 데이터의 평균 중심화에 사용된 평균 벡터 $\overline{\mu}$도 저장해야 한다. 즉, 원래의 (중심화 되지 않은) 데이터 세트는 다음과 같이 재구성할 수 있다.

$$D \approx D_{pca} = UV^T + \overline{1}\,\overline{\mu} \tag{7.12}$$

$\overline{\mu}$를 저장하기 위한 오버헤드의 양은 크지 않으며, 대용량 데이터 세트의 경우 점근적으로 사라진다.

PCA의 평균 중심화는 근사 정확도를 개선하는 데 도움이 된다. 이 점을 이해하기 위해 그림 7.6에서 원래 평균 중심이 아닌 3차원 데이터 세트의 예를 보여주고 있다. 대부분의 데이터는 원점에서 멀리 떨어진 평면 근처에 분산되어 있다(사전 처리 또는 평균 중심화 전). 이 경우 2차원 초평면이 데이터를 잘 근사할 수 있으며, 평균 중심화 프로세스는 PCA 초평면이

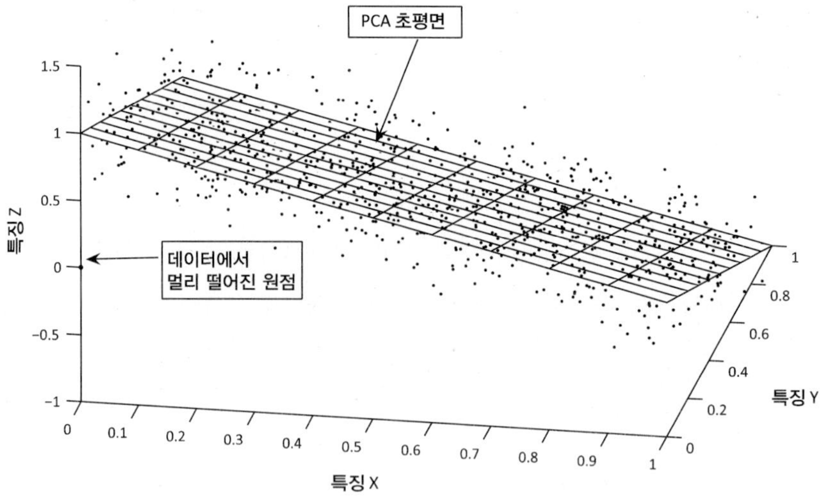

그림 7.6 원래 평균 중심이 아닌 데이터에 대한 PCA

원래 데이터 세트의 평균을 통과하도록 보장한다. 3차원을 모두 사용하지 않고 데이터를 근사하는 데 어려움을 겪는 SVD의 경우에는 이렇지 못하다. PCA의 정확도는 동일한 수의 고유벡터에 대해 최소한 SVD의 정확도만큼 우수하다는 것을 명시적으로 보일 수 있다.

문제 7.3.1 절삭 SVD와 PCA를 사용한 순위 k 근사가 각각 D_{svd}와 D_{pca}인 $n \times d$ 데이터 세트 D가 있다고 하자(식 7.12 참고). 그러면 다음과 같이 PCA의 정보 손실은 SVD의 정보 손실보다 클 수 없음을 보이시오.

$$\|D - D_{pca}\|_F^2 \leq \|D - D_{svd}\|_F^2$$

평균 중심 데이터의 경우 $D_{svd} = D_{pca}$이기 때문에 두 방법의 정확도는 동일하다.

위의 문제에 대한 기하학적 직관은 PCA는 **데이터의 평균**을 통과해야 하는 k차원 초평면을 찾는 반면 SVD는 **원점**을 통과하는 k차원 초평면을 찾는다는 것이다. 재구성에서는 PCA가 유리하다. 그러나 다음 문제에서 알 수 있듯이 일반적으로 그 차이는 별로 크지 않다.

문제 7.3.2 $k \geq 1$일 때 절삭 순위 $(k+1)$ SVD의 오차 제곱이 절삭 순위 k PCA의 오차 제곱보다 크지 않음을 보이시오.

위의 문제를 해결하기 위한 힌트는 2장의 보조정리 2.6.2를 사용하여 평균 보정된 재구성 D_{pca}(식 7.12 참고)의 순위가 최대 $(k+1)$임을 보이는 것이다. 순위-$(k+1)$에서 D의 SVD는 최적성 속성으로 인해 더 우수한 순위-$(k+1)$ 재구성을 제공한다.

7.4 특이값 분해의 응용

특이값 분해는 기계학습에서 수많은 응용 분야를 가지고 있다. 이 절에서는 특이값 분해의 주요 응용에 대한 개요를 제공한다.

7.4.1 차원 축소

특이값 분해와 주성분 분석이 가장 널리 사용되는 응용은 차원 축소이다. $d \times k$ 기저 행렬 V가 주어지면 PCA와 SVD 모두 $n \times d$ 데이터 행렬 D를 $n \times k$ 데이터 행렬 DV로 변환한다. 즉, D의 각 d차원 행은 DV의 k차원 행으로 변환된다.

이러한 차원 축소는 PCA나 SVD를 사용하여 수행할 수 있다. 어떤 유형의 데이터 세트가 PCA에 더 적합하고 어떤 유형의 데이터 세트가 SVD에 더 적합할까? PCA는 종종 희소하지 않은 적당한 차원의 수치 데이터에 사용되는 반면, SVD는 희소한 고차원 데이터에 자주 사용된다. PCA보다 SVD 사용에 더 적합한 데이터의 고전적인 예는 텍스트 데이터이다. 텍스트 데이터에 PCA를 사용하려고 하면 평균 중심화 프로세스가 데이터의 희소성을 망가뜨리며, 이 경우 실용적 관점에서 볼 때 계산적으로 처리하기 어려운 밀집(dense) 행렬이 생성된다. SVD가 텍스트 데이터에 사용되는 경우 이를 **잠재 의미 분석**(LSA; latent semantic analysis)이라고 한다. 텍스트의 잠재 의미 분석에 관한 자세한 설명은 [2]에서 제공된다.

특이값 분해는 종종 이미지 압축에 사용된다. 이미지는 픽셀 행렬로 표현될 수 있으며, SVD를 사용하여 압축할 수 있다. 이미지에 여러 색상이 사용되는 경우 각 색상 채널은 별도의 행렬로 처리된다. 저 순위 이미지 행렬은 매우 작은 특이값들을 갖지만, 이미지 행렬이 전

(a) 순위 5 (b) 순위 50 (c) 순위 200 (d) 원본 (순위 611)

그림 7.7 여러 순위에서의 SVD 재구성. 순위 200의 재구성은 전 순위 이미지와 거의 동일함

순위를 갖는 경우도 자주 발생한다. 그림 7.7은 611번째 특이값이 0이 아닌 크기가 807×611인 이미지의 경우를 보여준다. 따라서 이미지 행렬의 순위는 611이고 그림 7.7(d)의 전 순위 재구성은 원본 이미지와 동일하다. 분명히 전 순위 재구성 시 공간적 이점은 없으며 절삭을 사용해야 한다. 5와 같이 너무 낮은 순위를 사용하면 많은 정보를 잃게 되고, 결과 이미지에 너무 많은 세부사항들이 없어져 버린다(그림 7.7(a) 참고). 순위 50의 SVD는 그림 7.7(b)에서 볼 수 있듯이 약간의 세부사항만 잃는다. 또한 순위 200의 SVD는 사실상 원본 이미지와 구별할 수 없다(그림 7.7(c) 참고).

특정 유형의 이미지에서는 중간 정도의 순위 값을 사용함으로써 SVD 절삭으로 이미지의 인공적 노이즈 효과를 제거할 수도 있다. 하위 성분들을 폐기하면, 이미지의 정보 부분이 아닌 입자성 노이즈 성분들이 제거되기 때문이다. 따라서 저 순위 재구성의 "손실성"이 때로 유용할 수 있으며, 이에 대해서는 다음 절에서 논의한다.

7.4.2 노이즈 제거

차원 축소의 한 가지 흥미로운 부수효과는 종종 데이터에서 노이즈 양을 감소시킨다는 것이다. 예를 들어, 이미지 데이터가 약간의 노이즈로 손상된 경우 절삭 SVD로 재구성하는 것이 도움이 되는 경우가 많다. 기본적인 직관은 소량의 노이즈가 데이터의 전체적 패턴과 무관하다는 것이다. 따라서 이러한 노이즈는 종종 SVD의 하위 성분들에서 나타나며, 이는 상위 성분들의 지배적인 패턴과 거의 무관하다. 특이값 분해가 검색 정확도를 향상시키는 경우가 자주 발생하는 텍스트 데이터에서도 이러한 성향이 나타난다. 텍스트 데이터의 경우, 특이값 분해는 언어들에 본질적으로 따르는 노이즈와 모호성 효과를 줄여준다. 이러한 모호성 효과의 두 가지 예는 **동의어**와 **다의성**이다. 예를 들어, 하나의 단어가 여러 의미를 가질 수 있다는 사실은 SVD의 하위 성분에서 나타나는 일종의 노이즈로 볼 수 있다. SVD의 상위 성분들은 상관관계에 초점을 맞추는 경향이 있으므로 문맥에 따라 단어의 의미를 명확하게 하는 데 훨씬 더 효과적이다. SVD의 노이즈 제거 효과에 대한 자세한 설명은 [7, 33]에서 찾을 수 있다. 이러한 성향은 이미지 데이터 재구성의 경우에도 관찰된다. 대부분의 경우, 중간 정도의 순위 값을 사용하면 흐릿한 이미지의 재구성 품질이 더 높아진다.

7.4.3 네 가지 선형대수 기본 부분공간 찾기

선형대수의 네 가지 기본 부분공간은 행공간, 열공간, 오른쪽 영공간과 왼쪽 영공간이다(2.4절 참고). 순위가 r인 $n \times d$ 행렬 D를 생각해보자($r \leq \min\{n, d\}$). D의 전체 SVD가 $D = Q\Sigma P^T$와 같이 주어져 있다고 하자. 그러면 선형대수의 네 가지 기본 부분공간은 다음과 같이 주어진다.

1. D의 영벡터가 아닌 r개의 우 특이벡터는 D의 행공간을 위한 직교 기저를 정의한다. 이는 $\mathcal{R}^n$에 속하는 임의의 $\overline{x}$에 대해 벡터 $D^T\overline{x} = P\Sigma^T[Q^T\overline{x}] = [P\Sigma^T]\overline{y}$가 항상 영벡터가 아닌 우 특이벡터[$P\Sigma^T$의 영벡터가 아닌 열]들의 선형 조합이기 때문이다.

2. D의 영벡터가 아닌 r개의 좌 특이벡터는 D의 열공간을 위한 직교 기저를 정의한다. 이는 $\mathcal{R}^d$에 속하는 임의의 $\overline{x}$에 대해 벡터 $D\overline{x} = Q\Sigma[P^T\overline{x}] = [Q\Sigma]\overline{z}$가 항상 영벡터가 아닌 좌 특이벡터[$Q\Sigma$의 영벡터가 아닌 열]들의 선형 조합이기 때문이다.

3. P의 열들에 포함된 $(d-r)$개의 영벡터인 우 특이벡터는 D의 오른쪽 영공간에 대한 직교 기저를 정의한다. 이는 오른쪽 영공간이 D의 행공간에 대한 직교 여공간이기 때문이다.

4. Q의 열들에 포함된 $(n-r)$개의 영벡터인 좌 특이벡터는 D의 왼쪽 영공간에 대한 직교 기저를 정의한다. 이는 왼쪽 영공간이 D의 열공간에 대한 직교 여공간이기 때문이다.

문제 7.4.1 2장에서 행렬의 행 순위와 열 순위는 동일함을 보인 바 있다. 이 값을 행렬 순위라고 하며 이 장 전체에서 사용된다. SVD의 존재가 행렬의 행 순위와 열 순위가 동일함에 대한 증명을 대신할 수 있는 이유를 설명하시오.

7.4.4 무어-펜로즈 의사 역행렬

무어-펜로즈 의사 역행렬은 선형 연립방정식을 풀거나 선형 회귀 문제에 대한 해를 제공하기 위해 사용할 수 있다(4.7.1.1절 참고). SVD는 무어-펜로즈 의사 역행렬을 효율적으로 계산하기 위해 사용할 수 있다. 순위 k의 $n \times d$ 행렬 D의 조밀 SVD를 생각해보자($k \leq \min\{n, d\}$).

$$D = Q\Sigma P^T$$

여기에서 Q는 $n \times k$ 행렬이고, Σ는 대각 항이 모두 양수인 $k \times k$ 대각행렬이며, P는 $d \times k$ 행렬이다. Σ의 대각 항은 모두 양수이고 Σ는 전체 SVD가 아닌 조밀 SVD를 사용하기 때문에 정방행렬이다. 이제 D의 의사 역행렬 D^+는 다음과 같이 주어진다.

$$\begin{aligned} D^+ &= \lim_{\lambda \to 0^+}(D^T D + \lambda I_d)^{-1} D^T = \lim_{\lambda \to 0^+} P(\Sigma^2 + \lambda I_k)^{-1}\Sigma Q^T \\ &= P\underbrace{[\lim_{\lambda \to 0^+}(\Sigma^2 + \lambda I_k)^{-1}\Sigma]}_{\Sigma^{-1}} Q^T = P\Sigma^{-1}Q^T \end{aligned}$$

행렬 Σ^{-1}은 Σ의 각 대각 항을 역수로 대체하여 얻는다.

7.4.4.1 불량 조건 정방행렬

2.9절에서 논의된 바와 같이, 특이 (정방형) 행렬은 해당 행렬에 도달하는 동안 고정 정밀도 컴퓨터의 계산 오차로 인해 가끔 비 특이행렬인 것처럼 보일 수 있다. 이러한 행렬을 직접 역변환하면 수치 오버플로가 발생할 수 있다. 그러한 경우, 이 상황을 탐지하고 직접적인 역행렬이 아닌 가장 가까운 특이 근사의 의사 역행렬을 계산하는 방법을 사용할 수 있다. 이 상황은 $\mathcal{R}^d$에 속하는 모든 벡터 $\overline{x}$에 대해 $\|D\overline{x}\|/\|\overline{x}\|$의 최댓값과 최솟값의 비율로 정의되는 $d\times d$ 행렬 D의 조건수를 사용하여 탐지할 수 있다(2장의 정의 2.9.1 참고). 흥미로운 결과는 조건수를 행렬의 특이값들의 비율로 표현할 수 있다는 것이다.

보조정리 7.4.1 행렬의 조건수는 가장 큰 특이값과 가장 작은 특이값의 비율이다.

위의 보조정리는 벡터 $\overline{x}$의 배율조정 비율 $\|D\overline{x}\|/\|\overline{x}\|$는 행렬의 가장 큰 우 특이벡터로 $\overline{x}$를 선택하면 최대화되고, 가장 작은 우 특이벡터를 선택하면 배율조정 비율이 최소화됨을 보임으로써 증명할 수 있다. 결과적으로 조건수는 그 두 값의 비율이다.

보조정리 7.4.2 $m\times m$ 행렬 D에 대한 $\|D\overline{x}\|$의 최댓값은 단위벡터 $\overline{x}$의 경우 σ_1이며, 여기에서 σ_1은 가장 큰 특이값이다. $\|D\overline{x}\|$의 최솟값에 대해서도 유사한 결과가 성립된다.

증명 회전 행렬인 Q와 P에 대해 $Q\Sigma P^T$를 표현할 수 있다. 따라서 $P^T\overline{x}$는 다른 단위벡터 $\overline{x}'$로 나타낼 수 있다. $\overline{x}'$의 성분들을 $x_1\dots x_m$이라고 하자. 단위벡터 $\overline{x}'$의 첫 번째 성분이 1이고 다른 모든 성분이 0일 때, $\Sigma\overline{x}'$의 노옴은 σ_1이 된다. $\overline{x}$를 D의 가장 큰 우 특이벡터로 선택하면 이러한 벡터 $\overline{x}'$을 얻게 된다. 또한 임의의 다른 벡터 $\overline{x}'=[f_1\dots f_m]$에 대한 $\Sigma\overline{x}'$의 노옴 제곱은 $\sum_{i=1}^m f_i^2\sigma_i^2$이며, 이때 $\sum_{i=1}^m f_i^2=1$이다. 노옴 제곱은 $\sigma_1^2\dots\sigma_m^2$의 가중 평균이며, 이 값은 σ_1^2보다 클 수 없다. 이로서 증명을 마친다. ■

문제 7.4.2 정방행렬의 실수 고윳값은 행렬의 가장 큰 특이값보다 클 수 없음을 보이시오. 또한 실수 고윳값은 행렬의 가장 작은 특이값보다 작을 수 없음을 보이시오.

모든 특이값이 양수이지만 값의 차이가 아주 클 경우 SVD에서 불량 조건의 행렬임이 드러나게 될 것이다. 이러한 행렬을 어떻게 오버플로 발생 없이 역변환할 수 있을까? SVD에서 모든 양의 특이값을 사용할 필요는 없다. 오히려 절삭 SVD를 사용하여 작은 특이값들을 제거할 수 있다. 즉, 순위 k의 절삭 SVD가 $Q_k \Sigma_k P_k^T$이면 그 역행렬은 $P_k \Sigma_k^{-1} Q_k^T$이다. 놀랍게도, 최소제곱 회귀와 같은 기계학습 응용에서 무어-펜로즈 의사 역행렬을 사용할 때, 매우 작은 특이값들을 절삭하는 것은 종종 예측 정확도 측면에서 도움이 된다. 이는 컴퓨터에서 부동소수점 표현의 수치적 부정확성으로 인한 계산 오차의 영향을 줄이는 데 도움이 되기 때문이다. 이러한 계산 오차는 10^{-6}과 같은 작은 값을 취하고자 하면 0이 되어버리는 특이값을 유발할 수 있다. 이러한 접근방식은 불량 조건 연립방정식을 해결하는 데도 도움이 될 수 있다. 또한, 선형 회귀와 같은 기계학습 문제에 대한 해를 계산하면서 무어-펜로즈 의사 역행렬을 사용할 때, 작은 특이값들을 절삭하면 정칙화 효과를 얻는다. 이는 표본 외 예측의 성능을 향상시킨다. 이 문제는 다음 절에서 논의되며, 기계학습의 최적화 목표가 일반 최적화의 목표와 종종 다르다는 사실의 예이다(4.5.3절 참고).

7.4.5 선형 방정식과 선형 회귀 풀기

동차 선형 방정식을 푸는 문제는 동차 연립방정식 $A\overline{x}=0$에 대한 해를 찾는 것이다. 여기에서 A는 $n \times d$ 행렬이고 $\overline{x}$는 d차원 열벡터이다. 즉, A의 오른쪽 영공간을 구하고자 한다. 우 특이벡터에는 A 행들의 기저가 포함되어 있고 값이 0인 특이값은 영공간에 대응되기 때문에 특이값 분해는 이러한 목표를 달성하는 자연스러운 방법이다. $\overline{x}$가 특이값이 0인 A의 우 특이벡터인 경우, A의 고유벡터 속성도 $A\overline{x}=0$을 생성한다. 값이 0인 특이값이 없다면 어떻게 될까? 이 경우 $\|A\overline{x}\|^2$가 최소화되는 (단위 정규화 되는) 해 $\overline{x}$를 찾을 수 있지만, 이 선형 연립방정식에 대한 해는 존재하지 않는다. 보조정리 7.4.2에서 볼 수 있듯이 **최솟값은 가장 작은 특이값이다**. 또한 이 $\overline{x}$의 최적 값은 우 특이벡터이다. 이 문제는 연습용으로 남긴다.

> **문제 7.4.3** $\|A\overline{x}\|^2$을 최소화하는 문제에 대한 단위 정규화 된 해는 A의 가장 작은 우 특이벡터임을 보이시오.

특이값 분해는 연립방정식 $A\overline{x}=\overline{b}$의 풀이에도 사용할 수 있다. 여기에서 $\overline{b}$는 n차원 열벡터이다. 연립방정식 $A\overline{x}=\overline{b}$의 풀이는 $\|A\overline{x}-\overline{b}\|^2$을 최소화하는 (보다 일반적인) 문제의 특별한 경우이다. 이것은 선형 회귀 문제와 동일하다. 무어-펜로즈 의사 역행렬을 사용하여 최소제곱 회귀에 대한 해를 계산할 수 있다(4.7.1.1절 참고).

$$\overline{x} = A^{+}\overline{b} \tag{7.13}$$

SVD 대신 절삭 SVD를 사용하면 정칙화 관점에서 도움이 된다. 원래의 데이터 행렬 A가 평균 중심이고 절삭 SVD를 사용하여 의사 역행렬을 계산하는 해법을 **주성분 회귀**라고 한다.

7.4.6 기계학습에서 특징 전처리와 백색화

주성분 분석은 먼저 데이터의 차원을 축소한 다음 새로 변환된 특징들을 정규화하여, 각 변환된 방향에 따른 분산이 동일하도록 기계학습에서 특징 전처리에 사용된다. V_k를 주성분 분석에서 찾은 상위 k개의 고유벡터를 나타내는 $d \times k$ 행렬이라고 하자. 이제 첫 번째 단계는 평균 중심 데이터 행렬 D를 다음과 같이 k차원 표현 U_k로 변환하는 것이다.

$$U_k = DV_k$$

다음 단계는 U_k의 각 열을 그 표준편차로 나누는 것이다. 결과적으로 원래의 데이터 분포는 대략 구형이 된다. 이러한 유형의 접근방식을 **백색화**(whitening)라고 한다.

이러한 유형의 데이터 분포는 경사하강법 알고리즘에서 훨씬 더 효과적으로 작동한다. 이는 방향마다 분산 차이가 크면, 방향마다 곡률 수준이 다른 손실함수로 이어지기 때문이다. 곡률 수준이 서로 다른 두 손실함수의 예는 5장의 그림 5.2에 나타나 있다. 그림 5.2(a)와 같은 손실함수는 경사하강법 알고리즘으로 더 쉽게 최적화되는 경향이 있다. 모든 방향에서 단위 분산을 갖도록 데이터를 정규화하면, 손실함수에서 명백한 형태의 불량 조건이 감소하는 경향이 있다. 그 결과 경사하강법이 훨씬 빨라지게 된다. 또한 이러한 방식으로 데이터를 정규화하면, 일부 특징들이 최종 결과에 과도한 영향을 미치는 것을 방지할 수 있다.

이러한 유형의 전처리는 이상치 탐지와 같은 비지도 학습 응용에서도 사용된다. 실제로 백색화는 데이터에서 서로 다른 방향의 상대적 중요성에 대한 지침을 제공하는 라벨이 없기 때문에 비지도 학습 응용에서 더 중요하다. 타원형 데이터 분포에 대한 백색화의 예를 그림 7.8에 보인다. 결과 데이터 분포는 구형이 된다.

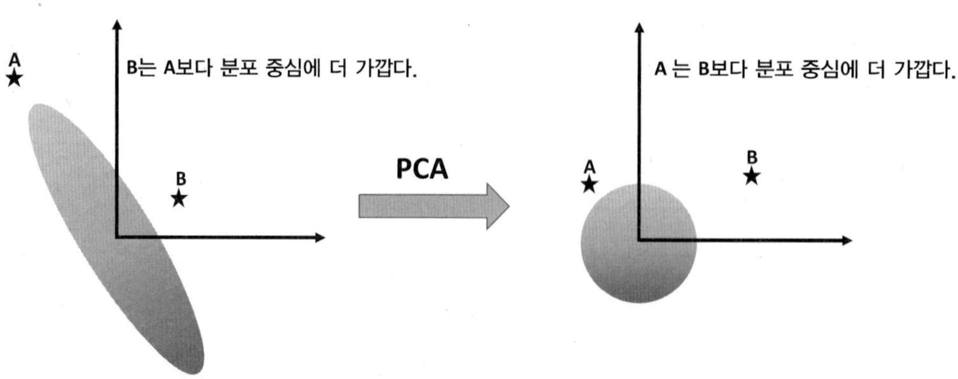

그림 7.8 주성분 분석에 의한 타원형 데이터 분포의 백색화와 이상치 탐지에서의 사용 예

7.4.7 이상치 탐지

이전 절에서 설명한 백색화 접근방식은 이상치 탐지에도 사용된다. 이러한 기법을 소프트 PCA 또는 마할라노비스 방법이라고도 한다. 전체적인 접근방식은 두 단계를 사용한다.

1. 첫째, $n \times d$ 데이터 행렬 D는 평균 중심이며, PCA는 이를 $n \times k$ 데이터 행렬 $U_k = DV_k$로 변환하는 데 사용된다. 여기에서 V_k는 공분산 행렬의 상위 k개의 고유벡터를 나타낸다. U_k의 각 열은 단위 분산을 갖도록 정규화된다. 이러한 유형의 접근방식에서는 저 분산 방향을 따라 이탈하는 이상치의 경우 데이터 평균과의 절대 거리가 증가하는 경향이 있다. 실제로 저 차원 데이터의 경우 순위 k의 값은 전체 차원이 될 수 있지만, 타원형 데이터 분포가 구형 분포로 변형되면 각 점을 이상치로 판정하는 상대적인 성향은 변경된다.

2. 각 점에 대해 데이터 평균과의 거리 제곱이 이상치 점수로 보고된다.

계산 오차로 인해 분산이 발생하는 방향을 피하기 위해 낮은 분산을 갖는 일부 주성분들이 삭제될 수 있지만, 백색화의 주된 목표는 주성분 방향을 따른 **상대적** 변이를 강조하기 위해 독립적인 방향들의 상대적 중요도를 변경하는 것이다. 명확하지 않은 이상치를 발견하는 데 핵심이 되는 것은 데이터 분포 형태의 변형이다. 예를 들어, 그림 7.8에서 점 A는 점 B에 비해 원래 데이터 분포의 중심에서 더 멀리 떨어져 있다. 그러나 점 A는 타원의 장축 방향에 위치하므로 전체 분포 모양에서 변이 정도는 상대적으로 낮다. 이러한 패턴은 데이터 분포에 주성분 분석을 적용할 때 더욱 분명해진다. 주성분 분석은 B와 같은 점을 데이터 분포에서 분리하는 경향이 있으며, 변형된 데이터 분포의 중심으로부터의 거리에 따라 점 B에 점 A보다 큰 이상치 점수를 부여한다. 이러한 방법은 낮은 분산을 갖는 방향들을 절삭하는 대신 데이터 분포에 대한 변형을 사용하므로 소프트 PCA라고 한다. 사실, 이 경우 이상치를 발견하기 위해서는 낮은 분산을 갖는 방향들이 더 중요하다. 이러한 접근방식은 PCA 기반 정규화 후 데이터 분포 중심에서 각 점의 거리가 마할라노비스 거리와 동일하기 때문에 마할라노비스 방법이라고도 한다. 직관적으로, 마할라노비스 거리는 원래의 데이터가 타원 모양이라고 가정하는 가우스 분포의 누승 지수에 해당한다. 주성분 방향에 따른 백색화가 하는 일은 단순히 이러한 가우스 분포에 속하지 않을 것 같은 점을 발견하는 것이다.

정의 7.4.1 마할라노비스 거리

$\overline{X}$는 데이터 세트에 포함된 하나의 d차원 행벡터이고, $\overline{\mu}$는 데이터 세트의 평균(행벡터)이라고 하자. (i, j)번째 항이 차원 i와 j 사이의 공분산인 d차원 데이터 세트의 $d \times d$ 공분산 행렬을 C라고 하자. 이제 점 $\overline{X}$의 제곱 마할라노비스 거리는 다음과 같이 주어진다.

$$Maha(\overline{X}, \overline{\mu})^2 = (\overline{X} - \overline{\mu})C^{-1}(\overline{X} - \overline{\mu})^T \tag{7.14}$$

언뜻 보기에 마할라노비스 거리는 PCA나 주성분에 따른 표준편차에 의한 점의 정규화와 거의 관련이 없는 것처럼 보인다. 그러나 요점은 공분산 행렬을 $V\Delta V^T$로 표현할 수 있다는 것이다. 여기에서 V의 열들은 고유벡터들을 나타낸다. 이제 마할라노비스 거리는 다음과 같이 고유벡터들로 표현할 수 있다.

$$\begin{aligned}
Maha(\overline{X}, \overline{\mu})^2 &= (\overline{X} - \overline{\mu})C^{-1}(\overline{X} - \overline{\mu})^T && (7.15)\\
&= (\overline{X} - \overline{\mu})[V\Delta V^T]^{-1}(\overline{X} - \overline{\mu})^T && (7.16)\\
&= \underbrace{[(\overline{X} - \overline{\mu})V]}_{\text{기저 변경}} \Delta^{-1}[(\overline{X} - \overline{\mu})V]^T && (7.17)
\end{aligned}$$

$(\overline{X} - \overline{\mu})V$가 표현하는 것은 $\overline{\mu}$로 평균 중심화 한 다음 V의 열들이 나타내는 직교정규 기저 시스템으로 변환하는 것이다. 여기에 $\Delta^{-1/2}$를 곱하면 각 차원이 그 표준편차의 역으로 배율조정 된다. 데이터 점의 배율조정 된 좌표를 나타내는 행벡터 $\overline{Z}$에 대한 다음 정의를 생각해보자.

$$\overline{Z} = (\overline{X} - \overline{\mu})V\Delta^{-1/2}$$

행렬 $\Delta^{-1/2}$는 각 주성분을 따라 표준편차의 역을 포함하는 대각행렬이다. 이 접근방식은 평균 중심 행벡터 $(\overline{X} - \overline{\mu})$를 새로운 기저로 변환하고 각 주성분을 따라 표준편차로 정규화한다. 행벡터 $\overline{Z}$가 행벡터 $\overline{X}$의 백색화된 좌표 표현이고 마할라노비스 거리 제곱이 $\|\overline{Z}\|^2$로 주어짐을 확인하는 것은 어렵지 않다. 또한 $\|\overline{Z}\|^2 = ZZ^T$가 식 7.17에서 마할라노비스 거리의 공분산 기반 정의를 간소화한다는 것을 쉽게 확인할 수 있다. 마할라노비스 방법에 대한 자세한 설명에 대해서는 [4]를 참조하기 바란다. 명확하지 않은 이상치를 발견하기 위해 마할라노비스 방법과 특징 공학(feature engineering)을 결합할 수도 있다. 이러한 특징 공학 접근방식의 한 예는 다음 절에서 설명한다.

7.4.8 특징 공학

특이값 분해는 점곱 유사성 행렬 DD^T의 고유벡터를 좌 특이벡터로 사용하며, 산포도 행렬 D^TD의 고유벡터는 우 특이벡터이다. 분해 $D = Q\Sigma P^T$는 Q의 열에 좌 특이벡터를 제공하고 P의 열에 우 특이벡터를 제공한다. (배율조정 된) 좌 특이벡터 $Q\Sigma$는 임베딩을 제공하는 반면, 우 특이벡터 P는 기저를 제공한다. 두 행렬 중 아무거나 하나를 사용하여 SVD의 표준 버전에서 변환된 데이터를 계산할 수 있다. 기저가 갖는 직관적인 장점으로 인해 우 특이벡터의 직접적인 추출이 보다 일반적이지만, 좌 특이벡터는 기저에 신경 쓸 필요 없이 임베딩을 직접 제공할 수 있다. 일부 응용 상황에서는 데이터의 다차원 표현을 이용할 수 없고 유사성 행렬 S만 주어지는 경우도 있다. 예를 들어 S가 작은 그래프 객체들에 대해 쌍 별 유사성을 나타낼 수 있다. 이러한 경우 제공되는 유사성 행렬이 그래프 객체의 다차원 표현을 나타내는 행들을 갖는 어떤 알려지지 않은 $n \times n$ 행렬 D에 대한 DD^T에 해당한다고 가정할 수 있다. n개의 객체로 구성되는 집합은 (원점과 함께) 항상 n차원 평면을 정의하기 때문에 행렬 D는 n차원이 될 수 있다. 이러한 경우 다음과 같이 S를 간단히 대각화할 수 있다.

$$S = DD^T = Q\Sigma^2 Q^T = (Q\Sigma)(Q\Sigma)^T$$

$n \times n$ 행렬 $Q\Sigma$는 행들에서 점들의 다차원 임베딩을 제공한다. 유사성 행렬 S가 다차원 데이터에 대한 점곱을 사용하여 도출된 경우 결과 표현은 D에 대한 보통의 SVD 임베딩을 제공한다. $(DV)(DV)^T = D(V^T V)D = DD^T$이므로 D의 회전된 표현 DV도 동일한 임베딩을 제공한다. 최종 임베딩 $Q\Sigma$에서 미지의 행렬 D가 어떤 기저로 표현될지 제어할 수 없으며, 특이값 분해는 임베딩된 표현의 열들이 직교하도록 기저를 선택한다. 이러한 유형의 접근방식은 Σ^2의 고윳값들이 음이 아니어야 하므로 유사성 행렬 S가 양의 준정부호인 경우에만 작동한다. 이러한 유사성 행렬을 **커널 행렬**이라고 한다. 9장에서 커널 행렬에 대해 더 많은 내용을 소개할 것이다.

이러한 유형의 접근방식은 임의의 객체(예: 그래프) 사이의 쌍 별 유사성을 사용하여 다차원 표현으로 변환할 수 있기 때문에 **특징 공학**(feature engineering)이라고 한다. 예를 들어, 이상치 탐지를 위한 마할라노비스 방법(이전 절 참고)을 이 절에서 설명하는 특징 공학 접근방식과 결합할 수 있다. n개의 그래프로 구성된 집합이 있고 그에 대한 $n \times n$ 유사성 행렬이 S라고 하자. 이제 이상치로 분류할 그래프를 식별하려고 한다. 대각화 $S = Q\Sigma^2 Q^T$에서 임베딩 $Q\Sigma$를 추출할 수 있다. 표현에 백색화를 적용함으로써 각 열이 단위 분산을 갖는 임베딩 Q를 얻는다. Q의 행 평균에서 Q의 각 행에 이르는 거리는 커널 마할라노비스 이상치 점수를 제공한다. 다차원 데이터의 경우에도 DD^T에서 점곱을 점 간의 다른 유사성 함수로 대체하여 보다 의미 있는 특징을 추출할 수 있다. 9장에서는 이러한 유사성 함수의 구체적인 예들을 제공한다.

7.5 SVD를 위한 수치 알고리즘

이 절에서는 특이값 분해를 위한 몇 가지 간단한 알고리즘에 대해 설명한다. 이러한 알고리즘은 효율성 측면에서 최적화되지 않았지만, 몇 가지 고급 알고리즘에 대한 기본 아이디어를 제공한다. $n \times d$ 행렬 D가 주어질 때, 가장 단순한 접근방식은 3.5절에서 논의된 접근방식을 사용하여 D^TD나 DD^T의 고유벡터를 찾는 것이다. D^TD를 사용할지 DD^T를 사용할지에 대한 선택은 어떤 행렬이 더 작은지에 따라 달라진다. D^TD를 사용하면 우 특이벡터를 찾는 데 도움이 되고, DD^T를 사용하면 좌 특이벡터를 찾는 데 도움이 된다. 대부분의 경우 상위 k개의 특이벡터만 찾으면 된다($k \ll \text{mbox}\{n, d\}$). D^TD를 사용하여 우 특이벡터들을 나타내는 $d \times k$ 행렬 P를 계산하면, 좌 특이벡터들은 $n \times k$ 행렬 $Q = DP\Sigma^{-1}$에 포함된다. $k \times k$ 행렬 Σ는 대각 항들에 고윳값들의 제곱근을 배치하여 계산된다. 영벡터가 아닌 특이벡터에만 관심이 있으므로, Σ는 가역적이라고 가정할 수 있다. 반면에 DD^T를 대각화하여 좌 특이벡터를 찾으면, 행렬 P는 $P = D^TQ\Sigma^{-1}$로 계산될 수 있다.

이 접근방식은 희소 행렬의 경우 비효율적이다. 예를 들어, 각 행에 0이 아닌 값이 약 100개 정도 포함되어 있지만 행의 차원 d가 10^5인 텍스트 데이터 세트가 있다고 하자. 마찬가지로 데이터 세트에는 오늘날의 기준으로는 별로 크지 않은 10^6개의 문서가 포함되어 있다고 한다. D의 0이 아닌 항의 수는 10^8개로 D의 총 항 개수보다 훨씬 적다. 따라서 이것은 특수 데이터 구조를 사용할 수 있는 희소 행렬이다. 반면에 D^TD는 10^{10}개의 항을 포함하는 밀집 행렬이다. 따라서 D^TD로 작업하는 것은 D로 작업하는 것에 비해 비효율적이다. 아래에서는 3.5절에서 논의된 누승법을 일반화하여 D^TD 대신 D로 작업하는 방법을 제시한다. 이 방법은 효율성에 최적화되어 있지 않지만, 란초스 알고리즘[52]과 같은 효율적인 방법을 이해하기 위한 출발점을 제공한다. 최근에는 QR 분해를 기반으로 한 방법이 대중화되었으며, 구체적인 예로 골럽-카안 알고리즘[52]을 들 수 있다.

누승법

누승법은 임의의 행렬(예: D^TD와 같은)의 우세 고유벡터를 찾을 수 있는 방법이며, 먼저 무작위 d차원 열벡터 $\overline{p}_1$로 초기화 한 다음 앞쪽에 해당 행렬(D^TD)을 곱하고 단위 노옴을 갖도록 배율조정 하는 일을 반복한다. D^TD는 밀집 행렬이므로 이러한 작업을 수행하는 방식에 주의해야 한다. 연산의 수를 줄이려면 $[D^T(D\overline{p})]$에서 괄호로 지정된 순서대로 계산하는 것이 좋다. 따라서 수렴에 이를 때까지 다음 단계를 반복한다.

$$\overline{p}_1 \Leftarrow \frac{[D^T(D\overline{p}_1)]}{\|[D^T(D\overline{p}_1)]\|}$$

벡터 $\overline{p}_1$에 대한 데이터 행렬 D의 투영은 첫 번째 특이값의 제곱과 동일한 에너지를 갖는다. 따라서 첫 번째 특이값 σ_{11}은 벡터 $D\overline{p}_1$의 L_2-노옴을 사용하여 구한다. Q의 첫 번째 열 $\overline{q}_1$은 다음 단계를 한 번 실행하여 구한다.

$$\overline{q}_1 \Leftarrow \frac{D\overline{p}_1}{\sigma_{11}} \tag{7.18}$$

위의 결과는 $Q = DP\Sigma^{-1}$의 1차원 단순화이다. 이것으로 첫 번째 특이벡터들과 특이값 세트의 결정이 완료된다. 그 다음 고유벡터와 고윳값 쌍은 식 7.1의 스펙트럼 분해를 사용하여 구한다. 한 가지 가능성은 다음과 같이 데이터 행렬을 조정하여 첫 번째 특이벡터/특이값 세트가 기여한 순위 1 성분을 제거하는 것이다.

$$D \Leftarrow D - \sigma_{11}\overline{q}_1\overline{p}_1^T \tag{7.19}$$

첫 번째 성분의 영향이 제거되면 수정된 행렬에서 두 번째 특이벡터 세트를 구하기 위해 위의 프로세스를 반복할 수 있다. 이 접근방식의 주된 문제는 스펙트럼 성분을 제거하면 D의 희소성이 손상된다는 것이다.

따라서 D의 희소성을 손상시키지 않으려면 D에서 순위 1 행렬 $\overline{q}_1\overline{p}_1^T$을 명시적으로 제거하는 대신, 원래 행렬 D를 그대로 두고 다음 단계를 반복하여 두 번째 특이벡터 집합을 계산할 수 있다(반복 내에서 첫 번째 성분의 효과를 제거함).

$$\overline{p}_2 \Leftarrow (D^T - \sigma_{11}\overline{p}_1\overline{q}_1^T)([D - \sigma_{11}\overline{q}_1\overline{p}_1^T]\overline{p}_2)$$
$$\overline{p}_2 \Leftarrow \frac{\overline{p}_2}{\|\overline{p}_2\|}$$

$[D - \sigma_{11}\overline{q}_1\overline{p}_1^T]\overline{p}_2$를 계산할 때, $D\overline{p}_2$와 $\overline{q}_1[\overline{p}_1^T\overline{p}_2]$를 별도로 계산한다. 큰 밀집 행렬을 저장할 필요가 없도록, $[\overline{q}_1\overline{p}_1^T]\overline{p}_2$의 계산 순서보다 $\overline{q}_1[\overline{p}_1^T\overline{p}_2]$ 순서가 선호된다. 따라서 행렬 곱셈의 결합법칙 특성은 항상 벡터 간 또는 벡터와 희소 행렬 간 곱셈으로 작업할 수 있도록 하는 데 유용하다. 이러한 기본 아이디어를 다음과 같이 일반화하여 k번째 특이벡터를 찾을 수 있다.

$$\overline{p}_k \Leftarrow (D^T - \sum_{r=1}^{k-1}\sigma_{rr}\overline{p}_r\overline{q}_r^T)([D - \sum_{r=1}^{k-1}\sigma_{rr}\overline{q}_r\overline{p}_r^T]\overline{p}_k)$$
$$\overline{p}_k \Leftarrow \frac{\overline{p}_k}{\|\overline{p}_k\|}$$

각 경우에 행렬의 곱셈 순서를 제어할 수 있으므로, 밀집 행렬에 대해 계산할 필요가 없다. 특이값 σ_{kk}는 $D\overline{p}_k$의 노옴이다. k번째 좌 특이벡터는 다음과 같이 k번째 우 특이벡터에서 도출될 수 있다.

$$\overline{q}_k \Leftarrow \frac{D\overline{p}_k}{\sigma_{kk}} \tag{7.20}$$

순위 m 특이값 분해를 얻기 위해서는 전체 프로세스를 m번 반복한다.

7.6 요약

특이값 분해는 행렬 인수분해라는 부류의 방법들 중에서 가장 기본적인 기법의 하나이다. 특이값 분해에 대한 선형대수 관점과 최적화 관점을 소개하였다. 이러한 관점들은 각기 다른 통찰력을 제공한다.

- 선형대수 관점은 특이값 분해가 존재함을 보이고 또 특이벡터가 DD^T와 D^TD의 고유벡터임을 보이는 데 유용하다.
- 최적화 관점은 특이값 분해가 최소 오차로 행렬 인수분해를 제공함을 보여준다. 최적화 관점은 다른 형태의 행렬 인수분해로 일반화될 수 있으며, 이는 다음 장의 주제이다.

특이값 분해는 최소제곱 회귀와 같은 여러 기계학습 응용에서 다양하게 이용될 수 있다. 또한 특이값 분해의 기본 아이디어는 9장에서 논의되는 커널법의 토대를 형성한다.

7.7 추가 자료

다양한 선형대수 책에서 SVD를 다루고 있다[77, 122, 123, 130]. SVD가 무제약 행렬 분해에 대한 최적의 해를 제공한다는 사실은 에카르트-영 정리[41]에서 처음 제시되었다. 특이값 분해를 위한 다양한 유형의 수치 알고리즘은 [52, 130]에서 논의된다. 특이값 분해의 노이즈 감소 특성은 [7]에서 논의된다. 이상치 탐지에서 특이값 분해 방법의 사용은 [4]에서 논의된다.

7.8 연습문제

1. SVD를 사용하여 임의의 $n \times d$ 행렬 D와 스칼라 λ에 대해 문제 1.2.13의 푸시 스루 항등식을 보이시오($\lambda > 0$).

$$(\lambda I_d + D^T D)^{-1} D^T = D^T (\lambda I_n + DD^T)^{-1}$$

이 연습문제는 1장의 문제 1.2.13과 거의 같다.

2. D는 $n \times d$ 데이터 행렬, $\bar{y}$는 선형 회귀의 종속 변수들을 나타내는 n차원 열벡터라고 하자. 선형 회귀에 대한 티호노프 정칙화 해(4.7.1절 참고)는 다음 식을 사용하여 테스

트 인스턴스 $\overline{Z}$의 종속 변수들을 예측한다.

$$\text{Prediction}(\overline{Z}) = \overline{Z}\,\overline{W} = \overline{Z}(D^T D + \lambda I)^{-1} D^T \overline{y}$$

여기에서 벡터 $\overline{Z}$와 $\overline{W}$는 각각 $1\times d$ 행렬과 $d\times 1$ 행렬로 취급된다. 연습문제 1의 결과를 사용하여 훈련 점 간의 유사성 또는 $\overline{Z}$와 훈련 점 간의 유사성만을 사용하여 위의 예측을 표현하는 방법을 보이시오.

3. 순위 k의 절삭 SVD $D \approx Q\Sigma P^T$가 주어진다고 가정한다. 이 해를 사용하여 Q(또는/와 P)의 단위 열들이 서로 직교하지 않을 수도 있고 절삭 오차는 동일한 대안적 순위 k 분해 $Q'\Sigma' P'^T$를 도출하는 방법을 보이시오.

4. 순위 k의 절삭 SVD $D \approx Q\Sigma P^T$가 주어진다고 가정한다. 0이 아닌 특이값 중 두 개가 동일하며, 이들에 대응되는 우 특이벡터는 $[1, 0, 0]^T$와 $[0, 1, 0]^T$이다. 이 해를 사용하여 절삭 오차가 동일한 대안적 순위 k SVD $Q'\Sigma' P'^T$를 도출하는 방법을 보이시오. 최소한 행렬 Q'와 P'의 일부 열은 Q와 P의 해당 열과 복잡하게 달라야 한다(즉, 단순히 Q의 i번째 열에 -1이나 +1을 곱하여 Q'의 i번째 열을 만들 수 없어야 함). 복잡하게 다른 해를 얻기 위해 우 특이벡터를 어떻게 조작할지에 관한 구체적인 예를 제시하시오.

5. 연립방정식 $A\overline{x} = \overline{b}$를 만족하는 특정 해 $\overline{x} = \overline{x}_0$이 주어진다고 가정한다. 여기에서 A는 $n\times d$ 행렬, $\overline{x}$는 d차원 변수 벡터, $\overline{b}$는 n차원 상수 벡터이다. 이 연립방정식에 대해 가능한 모든 해가 $\overline{x}_0 + \overline{v}$ 형식임을 보이시오. 여기에서 $\overline{v}$는 벡터 공간 V에서 가져온 벡터이다. V는 SVD를 사용하여 쉽게 찾을 수 있음을 보이시오. [힌트: 연립방정식 $A\overline{x} = 0$을 생각해보자.]

6. $n\times d$ 행렬 D가 주어질 때, 다음과 같이 $(n+d)\times(n+d)$ 행렬 B를 구성한다.

$$B = \begin{bmatrix} 0 & D^T \\ D & 0 \end{bmatrix}$$

B는 정방형 대칭행렬이다. B를 대각화하면 D의 SVD를 구성하는 데 필요한 모든 정보가 생성된다는 것을 보이시오. [힌트: B의 고유벡터와 SVD의 특이벡터의 관계를 이용한다.]

7. SVD가 다음과 같이 주어지는 행렬 A를 생각해보자.

$$A = \begin{bmatrix} -1/\sqrt{2} & 1/\sqrt{2} \\ 1/\sqrt{2} & 1/\sqrt{2} \end{bmatrix} \begin{bmatrix} 4 & 0 \\ 0 & 2 \end{bmatrix} \begin{bmatrix} 1 & 0 \\ 0 & 1 \end{bmatrix}^T$$

A를 명시적으로 계산하지 않으면서 A의 역행렬을 계산하시오.

8. 행렬 A에 대한 다음의 2원 인수분해를 생각해보자.

$$A = UV^T = \begin{bmatrix} 4 & 1 \\ 3 & 2 \end{bmatrix} \begin{bmatrix} 1 & 2 \\ 1 & 1 \end{bmatrix}^T$$

다음의 각 조건에 따라 이 인수분해를 3원 인수분해 $Q\Sigma P^T$로 변환하시오.

(a) Q와 P의 각 열의 L_2-노옴은 1이다.

(b) Q와 P의 각 열의 L_1-노옴은 1이다.

두 번째 형태의 인수분해는 확률론적 해석이 가능한 비 음수 인수분해에 사용된다.

9. 순위 r의 $n \times d$ 행렬 D의 각 항에 소량의 노이즈를 추가한다고 가정한다($r \ll d$, $n \gg d$). 노이즈는 D의 가장 작은 0이 아닌 특이값보다 훨씬 작은 λ를 분산으로 갖는 가우스 분포에서 추출된다($\lambda > 0$). D의 0이 아닌 특이값은 $\sigma_{11} \cdots \sigma_{rr}$이다. 수정된 행렬 D'의 순위는 어떻게 될 것으로 예상하는가?

10. SVD에 해당하는 프로베니우스 노옴 $\|D - UV^T\|_F^2$를 최소화하는 무제약 최적화 문제를 생각해보자. 여기에서 D는 $n \times d$ 데이터 행렬, U는 $n \times k$ 행렬, V는 $d \times k$ 행렬이다.

(a) 미적분법을 사용하여 최적 해가 다음 조건을 충족한다는 것을 보이시오.

$$DV = UV^T V$$
$$D^T U = VU^T U$$

(b) $E = D - UV^T$를 현재 해 U와 V의 오차 행렬이라고 하자. 이 최적화 문제를 해결하는 다른 방법은 다음과 같은 경사하강법 갱신을 사용하는 것임을 보이시오.

$$U \Leftarrow U + \alpha EV$$
$$V \Leftarrow V + \alpha E^T U$$

여기에서 α는 단계 크기이다($\alpha > 0$).

(c) 결과로 얻는 해는 반드시 U와 V에 서로 직교하는 열들을 포함하는가?

11. 연습문제 10에서 SVD의 목적함수를 변경하여 큰 매개변수 값에 대한 페널티를 추가한다고 가정한다. 이것은 종종 과적합을 줄이고 해의 일반화 능력을 향상시키기 위해 수행된다. 최소화할 새로운 목적함수는 다음과 같다.

$$J = \|D - UV^T\|_F^2 + \lambda(\|U\|_F^2 + \|V\|_F^2)$$

여기에서 λ는 페널티를 정의한다($\lambda > 0$). 연습문제 10에 대한 답이 어떻게 변하겠는가?

12. 3장에서 정방행렬의 행렬식은 그 고윳값들의 곱과 같다는 사실을 보인 바 있다. 정방행렬의 행렬식은 또한 특이값들의 곱과도 같지만 절대 크기에 있어서만 그러함을 보이시오. $d \times d$ 정방행렬 A의 역행렬의 프로베니우스 노옴이 A의 특이값에 대한 역수들의 제곱 합과 같다는 것을 보이시오.

13. SVD를 사용하여 $AA^T = A^TA$인 경우에만 정방행렬 A가 대칭(즉, $A = A^T$)임을 보이시오.

14. 행렬의 다음과 같은 유효한 SVD가 주어진다고 가정한다.

$$D = \begin{bmatrix} 1 & 0 & 0 \\ 0 & 1/\sqrt{2} & 1/\sqrt{2} \\ 0 & 1/\sqrt{2} & -1/\sqrt{2} \end{bmatrix} \begin{bmatrix} 2 & 0 & 0 \\ 0 & 1 & 0 \\ 0 & 0 & 1 \end{bmatrix} \begin{bmatrix} 1 & 0 & 0 \\ 0 & 1/\sqrt{2} & -1/\sqrt{2} \\ 0 & 1/\sqrt{2} & 1/\sqrt{2} \end{bmatrix}$$

이 행렬의 SVD는 고유한가? 이때 특이벡터에 -1을 곱하는 정도의 고유성 위반은 무시해도 좋다. SVD가 고유한 경우 그 이유를 설명하시오. SVD가 고유하지 않은 경우 이 행렬의 대안적 SVD를 제시하시오.

15. 다음 각 경우에 SVD를 찾는 간단한 방법을 제시하시오. (a) 양수 항도 있고 음수 항도 있으며 각 항의 값은 모두 다른 대각행렬 (b) 직교 행렬. 각 경우에 SVD는 고유한가?

16. $(A + B)$의 가장 큰 특이값은 A와 B 각각의 가장 큰 특이값의 합 이하임을 보이시오. 또한 AB의 가장 큰 특이값은 A와 B 각각의 가장 큰 특이값의 곱 이하임을 보이시오. 마지막으로, 행렬의 가장 큰 특이값은 행렬 항들의 볼록 함수임을 보이시오.

17. A가 정방행렬이면 SVD를 사용하여 AA^T와 A^TA가 유사함을 보이시오. A가 비정방형이면 어떻게 되는가?

18. 행렬 A의 프로베니우스 노옴은 AA^T 또는 A^TA의 대각합으로 정의된다. P는 직교정규 열들을 갖는 $d \times k$ 행렬이라고 하자. D는 $n \times d$ 데이터 행렬이라고 하자. DP의 프로베니우스 노옴 제곱이 DPP^T의 프로베니우스 노옴 제곱과 동일함을 보이시오. P가 D의 SVD의 상위 k개의 우 특이벡터를 나타내는 경우 D와의 관계 측면에서 행렬 DP와 DPP^T를 해석하시오.

19. 동일한 산포도 행렬 $D_1^T D_1 = D_2^T D_2$를 공유하지만 그 외에는 서로 다른 두 개의 데이터 행렬 D_1와 D_2를 생각해보자. 한 행렬의 열들이 다른 행렬 열들의 회전반사이고 그 반대의 경우도 마찬가지임을 보이시오. D_1와 D_2에 대해 $D_1 = Q_1 \Sigma P^T$와 $D_2 = Q_2 \Sigma P^T$가 되도록 부분적으로 공유되는 (전체) 특이값 분해를 찾을 수 있음을 보이시오. 이러한 사실을 사용하여 어떤 직교 행렬 Q_{12}에 대해 $D_2 = Q_{12} D_1$임을 보이시오.

20. $\mathcal{R}^n$에 속하는 벡터 $\overline{a}$, $\overline{b}$에 대해 $A = \overline{a}\,\overline{b}^T$가 순위 1의 행렬이라고 하자. A의 영벡터가 아닌 고유벡터, 고윳값, 특이벡터, 특이값 등을 구하시오.

21. 다음 각 경우에 대한 특이값들은 무엇인가? (i) $d \times d$ 기븐스 회전 행렬, (ii) $d \times d$ 하우스홀더 반사 행렬, (iii) 순위 r의 $d \times d$ 투영 행렬, (iv) 2×2 전단 행렬 $A = [a_{ij}]$에서 대각 항들은 1이고 우측 상단의 a_{12}의 값은 2임.

22. 선형 독립인 열들과 0이 아닌 특이값 $\sigma_1 \dots \sigma_d$을 갖는 $n \times d$ 행렬 A를 생각해보자. $A^T(AA^T)^5$, $A^T(AA^T)^5 A$, $A(A^T A)^{-2} A^T$, $A(A^T A)^{-1} A^T$ 등에 대해 0이 아닌 특이값들을 찾으시오. 이들 중 마지막 행렬을 본 적이 있는가? 이들 중 0인 특이값도 갖고 0이 아닌 특이값도 갖는 절약형 SVD가 존재하는 행렬은 어느 것들인가?

23. 세 축의 길이가 각각 3, 2, 1인 3차원 타원체를 산포도 그래프로 갖는 $n \times 3$ 행렬 D가 주어져 있다고 하자. 이 타원체의 축 방향은 [1, 1, 0], [1, −1, 0], [0, 0, 1] 등이다. 산포도 행렬 D에 3×3 변환 행렬 A를 곱하여 새로운 타원체의 산포도 행렬 $D' = DA$를 얻는다. 여기에서 축 방향은 [1, 1, 1], [1, −2, 1], [1, 0, −1] 등이고, 길이는 각각 12, 6, 5이다. 이러한 변환을 수행할 수 있는 두 가지 행렬에 대해 특이값 분해를 작성하시오. 수치 계산을 거의 사용하지 않고 SVD를 작성할 수 있어야 한다. [두 타원체 간에 점들에 대한 구체적 사상은 알려져 있지 않으며, 따라서 이 질문에 대한 답은 하나로 정해져 있지 않다. 예를 들어, 원래 타원체의 축 방향은 변환된 타원체의 축 방향과 일치할 수도 일치하지 않을 수도 있다.]

24. **정칙화의 영향:** d차원 최적화 벡터 $\overline{x}$, n차원 벡터 $\overline{b}$, 음이 아닌 스칼라 λ와 $n \times d$ 행렬 A에 대해 $\|A\overline{x} - \overline{b}\|^2 + \lambda\|\overline{x}\|^2$를 최소화하는 정칙화된 최소제곱 회귀 문제를 생각해보자. 최적 해 $\overline{x} = \overline{x}^*$의 노옴은 λ가 증가함에 따라 증가하지 않는다(이는 최적화 수식이 갖는 특성에서도 직관적으로 명확하다)는 것을 보이는 방법에는 여러 가지가 있다. SVD를 사용하여 최적 해 $\overline{x}^* = (A^T A + \lambda I_d)^{-1} A^T \overline{b}$의 노옴은 λ가 증가함에 따라 감소한다는 것을 보이시오.

25. 다음과 같은 함수 $f(\lambda)$는 일반적으로 구형 제약조건을 갖는 최소제곱 회귀에서 발생한다.

$$f(\lambda) = \overline{b}^T A(A^T A + \lambda I)^{-2} A^T \overline{b}$$

여기에서 A는 순위 r의 $n \times d$ 행렬이고, $\overline{b}$는 n차원 열벡터이며, 0보다 큰 λ는 최적화 매개변수이다. 또한 $A = Q\Sigma P^T$는 $n \times r$ 행렬 Q, $d \times r$ 행렬 P, $r \times r$ 대각행렬 Σ를 사용하여 생성된 A의 축소된 SVD이다. Σ의 대각 항은 $\sigma_{11} \cdots \sigma_{rr}$이다. $f(\lambda)$가 다음과 같이 스칼라 형식으로 표현될 수 있음을 보이시오.

$$f(\lambda) = \sum_{i=1}^{r} \left(\frac{\sigma_{ii} c_i}{\sigma_{ii}^2 + \lambda} \right)^2$$

여기에서 c_i는 $Q^T \overline{b}$의 i번째 성분이다.

26. **의사 역행렬 속성**: SVD를 사용하여 $AA^+A = A$이고 $A^+AA^+ = A^+$임을 보이시오. 또한 SVD를 사용하여 AA^+가 대칭이고 멱등인 행렬(투영 행렬의 대안적 정의)임을 보이시오.

27. 다음과 같이 주어지는 행렬 A에 대해 무어-펜로즈 의사 역행렬과 조밀 SVD를 계산하시오.

$$A = \begin{bmatrix} 2 & 1 & 3 \\ 1 & 2 & 0 \end{bmatrix}$$

28. **일반화된 특이값 분해**: $n \times d$ 행렬 D의 일반화된 특이값 분해는 $D = Q\Sigma P^T$로 주어진다. 여기에서 $Q^T S_1 Q = I$이고 $P^T S_2 P = I$이다. S_1과 S_2는 각기 $n \times n$, $d \times d$ 크기의 양의 정부호 행렬로 주어진다. 따라서 Q와 P의 특이벡터들은 내적의 일반화된 정의 관점에서 직교한다. D의 수정된 버전에 대해 일반화된 특이값 분해를 특이값 분해로 축소하는 방법을 보이시오. [힌트: 적절한 제곱근 행렬을 D 앞쪽과 뒤쪽에 곱한다.]

Chapter 8

행렬 인수분해

"사건에 대해 자신의 측면만 아는 사람은 사건에 대해 거의 알지 못하는 것이다. 그의 논리는 맞을 수도 있으며, 아무도 반박할 수 없었을 것이다. 그러나 그가 반대편의 논리를 똑같이 반박할 수 없다면, 또 그것이 무엇인지 잘 알지 못한다면 그는 어느 쪽의 의견도 선호할 근거가 없는 것이다."

– John Stuart Mill

8.1 서론

곱셈을 스칼라에서 행렬로 일반화할 수 있는 것처럼 인수분해의 개념도 스칼라에서 행렬로 일반화할 수 있다. 정확한 행렬 인수분해는 행렬 곱셈에 적용되는 크기 및 순위 제약조건을 충족해야 한다. 예를 들어, $n \times d$ 행렬 A가 두 행렬 B와 C(즉, $A = BC$)로 인수분해 될 때 행렬 B와 C는 어떤 상수 k에 대해 $n \times k$와 $k \times d$ 크기여야 한다. 정확한 인수분해가 발생하려면 k의 값이 최소한 A의 순위와 같아야 한다. 이는 A의 순위가 B와 C의 순위의 최솟값과 같기 때문이다. 실제로는 A의 순위보다 훨씬 작은 k 값으로 **근사** 인수분해를 수행하는 경우가 많다.

스칼라에서와 같이 행렬의 인수분해는 고유하지 않다. 예를 들어, 스칼라 12는 2와 6으로 인수분해 되거나 3과 4로 인수분해 될 수 있다. 실수 인수를 허용하면 주어진 스칼라에 대해 무수히 많은 인수분해가 가능하다. 인수의 크기조차 다를 수 있는 행렬도 마찬가지이다. 예를 들어, 동일한 행렬의 다음의 인수분해들을 생각해보자.

$$\begin{bmatrix} 3 & 6 \\ 3 & 6 \end{bmatrix} = \begin{bmatrix} 1 \\ 1 \end{bmatrix} \begin{bmatrix} 3 & 6 \end{bmatrix} = \begin{bmatrix} 1 & 1 \\ 1 & 1 \end{bmatrix} \begin{bmatrix} 2 & 4 \\ 1 & 2 \end{bmatrix}$$

주어진 행렬을 수많은 방법으로 인수분해할 수 있다는 것은 분명하다. 그러나 특정 유형의 속성을 갖는 인수분해는 다른 유형의 속성을 갖는 인수분해보다 더 유용하다. 인수분해에서 일반적으로 요구되는 두 가지 유형의 속성이 있다.

1. **정확한 분해를 갖는 선형대수 속성**: 이 경우 인수분해(factorization)의 개별 성분이 직교성, 행렬의 삼각형 특성 등과 같은 특정 선형대수 속성이나 기하학적 속성을 갖는 분해(decomposition)를 생성하려고 한다. 이러한 유형의 속성은 기저 구성과 같은 다양한 선형대수 응용에 유용하다. LU 분해, QR 분해, SVD 등과 같은 지금까지 살펴본 모든 분해는 선형대수 속성들을 갖는다.

2. **근사 분해를 통한 최적화 및 압축 속성**: 이 경우 훨씬 큰 행렬을 두 개 이상의 작은 행렬로 분해하려고 한다. 절삭 SVD는 이러한 인수분해 유형의 한 예이다. 다음과 같은 인수분해를 생성하기 위해 순위 k로 절삭된 $n \times d$ 행렬 D를 생각해보자.

$$D \approx Q_k \Sigma_k P_k^T \tag{8.1}$$

여기에서 Q_k는 $n \times k$ 직교 행렬, Σ_k는 음이 아닌 항들을 갖는 $k \times k$ 대각행렬, P_k는 $d \times k$ 직교 행렬이다. 세 행렬 모두의 총 항 개수는 $(n+d+k)k$이며, 이는 n과 d의 값이 클 때 원래 행렬의 항 개수 nd보다 훨씬 작다. 예를 들어 $n=d=10^6$이고 $k=1000$이면 D의 항 개수는 10^{12}인 반면 인수분해된 행렬의 총 항 개수는 약 2×10^9이며 이는 원래 항 개수의 0.2%에 불과하다.

특이값 분해는 선형대수 속성(정확한 형식으로 사용되는 경우)과 압축 속성(절삭 형식으로 사용되는 경우) 모두에서 유용한 몇 안 되는 인수분해 중 하나이다. k 값은 인수분해의 순위라고 한다. 최적화 관점의 행렬 인수분해 $D \approx UV^T$는 D, U, V를 다음과 같이 취함으로써 기계학습에 특히 유용하다.

1. D가 문서(D의 행)에서 단어의 빈도(D의 열)를 나타내는 **문서-단어 행렬**인 경우, U의 행들이 문서의 잠재 표현을 제공하는 반면 V의 행들은 단어의 잠재 표현을 제공한다.

2. 평점은 사용자가 하나의 항목(예: 영화)에 부여하는 수치 점수이다. 추천 시스템은 아직 평가하지 않은 항목에 대한 평가를 예측하기 위해 항목에 대한 사용자 평가를 수집한다. D가 사용자-항목 평가 행렬이면, 행은 사용자에 해당하고 열은 항목에 해당한다. D의 항들은 평점을 나타낸다. 행렬 인수분해는 관측된 평점만 사용하여 **불완전한** 행렬 $D \approx UV^T$를 분해한다. U의 행들이 사용자에 대한 잠재 표현을 제공하는 반면, V의 행들은 항목의 잠재 표현이다. 행렬 UV^T는 전체 평점 행렬(누락된 평점에 대한 예측 포함)을 재구성한다.

3. 그래프 인접 행렬 $D \approx UV^T$의 (i, j)번째 항이 노드 i와 j 사이의 간선에 대한

가중치를 나타내도록 구성한다. 이 경우 U와 V의 행들은 노드의 잠재 표현이다. U와 V의 잠재 표현은 군집화나 **링크 예측**과 같은 응용에 사용할 수 있다(9장과 10장 참고).

최적화 관점에서는 최적화 문제의 제약조건(예: 행렬 항들이 음이 아님)으로 분해된 행렬에 특정 속성들을 부과할 수 있다. 이러한 특정 속성은 다양한 유형의 응용에서 유용한 경우들이 종종 있다.

이 장은 다음과 같이 구성된다. 다음 절에서는 행렬 인수분해에 대한 최적화 관점의 개요를 제공한다. 무제약 행렬 인수분해 방법은 8.3절에서 설명한다. 비 음수 행렬 인수분해 방법은 8.4절에 소개되어 있다. 가중 행렬 인수분해 방법은 8.5절에서 소개된다. 로지스틱 및 최대 여백 행렬 인수분해는 8.6절에서 설명한다. 일반화된 저 순위 모델은 8.7절에서 소개된다. 공유 행렬 인수분해 방법은 8.8절에서 설명한다. 인수분해 기계는 8.9절에서 설명한다. 8.10절에서는 요약을 제시한다.

8.2 최적화 기반 행렬 인수분해

최적화 관점의 행렬 인수분해는 기계학습 응용에서 대단히 유용하다. 최적화 관점은 행렬의 **압축된** 표현을 생성하며, 무작위의 인공적 효과를 제거하거나 경험한 데이터에서 경험하지 않은 데이터로 누락된 값의 예측을 일반화하는 데 항상 도움이 된다. 결국, 새로운 데이터 인스턴스에서 누락된 값을 예측하는 데 유용한 데이터의 반복된 패턴은 압축된 표현으로 유지된다.

7.2.7절에 있는 접근방식을 사용하여 임의의 2원 인수분해를 (SVD에서처럼) 3원 인수분해 $Q\Sigma P^T$로 변환할 수 있지만, 여기에서는 $n\times d$ 행렬 D를 $n\times k$ 행렬 U와 $d\times k$ 행렬 V로 2원 인수분해하는 방법에 대해 설명한다. 이러한 인수분해의 주요 목표는 원래의 행렬 D를 재구성하기 위해 UV^T가 사용될 수 있도록 목적함수를 만드는 것이다. 대부분의 최적화 중심 행렬 인수분해 형태는 행렬 U와 V에 대한 다음 최적화 모델의 특별한 경우에 해당한다.

D의 항들과 UV^T의 항들 간의 유사성을 최대화한다.
제약조건:
U와 V에 대한 제약조건

제약조건은 인수 행렬들의 특정 속성을 보장하기 위해 사용된다. 일반적으로 사용되는 제약조건은 행렬 U와 V의 비 음수 제약조건이다. SVD에서 사용되는 가장 간단한 목적함수는

$\|D - UV^T\|_F^2$이며, **로그 우도**나 **I-divergence**와 같은 다른 목적함수도 확률 모델을 만드는 데 사용된다. 대부분의 행렬 인수분해 목적함수는 볼록하지 않다. 그렇지만 경사하강법은 이러한 경우에 제법 잘 작동한다.

어떤 경우에는 목적함수의 특정 행렬 항들에 가중치를 부여할 수 있다. 실제로 특정 유형의 행렬의 경우 행렬 항을 가중치로 해석하는 것이 더 합리적일 수 있다. 모든 항이 이진 값을 갖고 0이 아닌 항의 값은 가중치로 취급되는 추천 시스템의 **암시적 피드백 데이터**의 경우에 이러한 해석이 일반적이다. 예를 들어, 다양한 사용자(행 식별자)에 대한 제품 판매량(열 식별자)을 나타내는 행렬은 사용자가 제품을 구입했는지 여부를 기준삼아 항상 이진으로 간주된다. 이러한 접근방식은 때로 텍스트 응용 영역에서 빈도 행렬의 경우에도 적용된다[101].

로지스틱 행렬 인수분해 방법은 특정 항이 1일 확률을 구체화하기 위해 UV^T 항들에 로지스틱 함수를 적용한다. 이러한 접근방식은 음이 아닌 값을 이진 값의 빈도로 취급해야 하는 행렬에 적합하다. 여기에서 기본 아이디어는 D의 항들이 행렬 $P = \text{Sigmoid}(UV^T)$에 있는 확률로 행렬의 각 항을 반복적으로 표본추출하여 얻은 빈도라고 가정하는 것이다. 시그모이드 함수는 다음과 같이 정의된다.

$$\text{Sigmoid}(x) = \frac{1}{1 + \exp(-x)}$$

D와 P는 같은 크기의 두 행렬이고 D의 빈도는 P의 항에 대략적으로 비례한다.

$$D \sim P\text{에서 표본추출하여 얻은 빈도 표현}$$

최적화 모델은 이 확률 모델을 기반으로 로그 우도 함수를 최대화한다. 기계학습에서 수많은 응용은 행렬 인수분해의 특별한 경우에 해당하는데, 특히 복잡한 목적함수와 제약조건을 인수분해에 반영하는 경우가 많다. 행렬 인수분해는 특징 공학, 군집화, 커널법, 링크 예측, 추천 시스템 등에서도 사용된다. 각각의 경우에 비결은 당면한 문제에 대한 적절한 목적함수와 해당 제약조건을 잘 선택하는 것이다. 구체적 예로서 k-평균 알고리즘이 특별한 제약조건을 갖기는 하지만 행렬 인수분해의 특별한 경우임을 보여줄 것이다.

8.2.1 예제: 제약조건 있는 행렬 인수분해로서의 K-평균

k-평균 알고리즘은 $n \times d$ 데이터 행렬 D의 각 행에 대해 가장 가까운 중심점으로부터의 제곱합 오차가 최소화되도록 k개의 중심점으로 구성되는 집합을 결정한다. 이 알고리즘은 추가 제약조건을 갖는 행렬 인수분해의 특별한 경우이다. 각각 $n \times k$와 $d \times k$ 크기의 인수 행렬 U와 V에 대한 다음 최적화 문제를 생각해보자.

$$\text{Minimize}_{U,V} \|D - UV^T\|_F^2$$

제약조건:

U의 열들은 서로 직교한다.

$u_{ij} \in \{0, 1\}$

이것은 U의 항들이 이진 값으로 제한되기 때문에 **혼합정수계획법 행렬 인수분해 문제**이며, 4.10.3절에서 제시된 최적화 문제와 동등한 문제이다. 이 경우 U의 각 행은 정확히 하나의 1을 포함하며, 이는 해당 행이 어느 군집에 속하는지를 나타낸다. V의 각 열은 k개의 군집 중 하나의 d차원 중심점을 나타낸다. 4.10.3절에서 살펴본 바와 같이 이 최적화 문제는 블록 좌표하강법을 사용하여 해결할 수 있는데, 이 경우 블록 좌표하강법은 **k–평균 알고리즘과 같**다. k-평균이 행렬 인수분해의 특별한 경우라는 사실은 행렬 인수분해 방법들이 다양한 기계 학습 방법에서 활용될 수 있음을 보여주는 하나의 예이다. 따라서 이 장에서는 행렬 인수분해를 수행하는 여러 방법과 이들의 응용에 대해 살펴볼 것이다.

8.3 무제약 행렬 인수분해

무제약 행렬 인수분해 문제는 다음과 같이 정의된다.

$$\text{Minimize }_{U,V}\ J = \frac{1}{2}\|D - UV^T\|_F^2$$

여기에서 D, U, V는 각각 크기가 $n \times d$, $n \times k$, $d \times k$인 행렬이다. k의 값은 대개 행렬 D의 순위보다 훨씬 작다. 7.3.2절에서 논의된 이 문제는 SVD와 동일한 해를 갖는다. 7장에서 논의된 바와 같이 D^TD의 상위 고유벡터들은 V의 열들이 되고 DD^T의 상위 고유벡터들은 U의 열들이 된다. V의 열은 단위 정규화되는 반면, U의 열은 i번째 열의 노옴이 D의 i번째 특이값과 같도록 정규화된다.

그러나 여러 대안적 최적 해가 가능하다. 예를 들어 열의 정규화조차도 고유하지 않다. V의 열을 단위 노옴으로 정규화하는 대신 U의 열을 단위 노옴으로 정규화하고, 그에 따라 V의 각 열의 정규화를 적절하게 조정할 수 있다. 요점은 U와 V의 i번째 열의 노옴의 곱이 D의 i번째 특이값과 같으면 된다는 것이다. 또한 최적 해가 존재하기 위해 U와 V의 열들이 직교정규 집합일 필요는 없다. 최적의 쌍 (U_0, V_0)이 주어지면 V_0의 열공간 기저를 비 직교 기저로 변경하고 U_0을 비 직교 기저 시스템의 해당 좌표로 조정할 수 있으므로, 곱 $U_0V^{T_0}$는 변경되지 않는다. 다음 문제를 풀어보면 이러한 사실의 이해에 도움이 될 것이다.

문제 8.3.1 $D \approx Q_k \Sigma_k P_k^T$를 D의 순위 k SVD라고 하자. 7장의 결과는 행렬 쌍 $(U, V) = (Q_k \Sigma_k, P_k)$가 이 절에서 제기되는 무제약 행렬 인수분해 문제에 대한 순위 k의 최적 해임을 알려준다. 임의의 $k \times k$ 가역 행렬 R_k에 대해 $(U, V) = (Q_k \Sigma_k R_k^T, P_k R_k^{-1})$가 무제약 행렬 인수분해 문제에 대한 대안적인 최적 해임을 보이시오.

8.3.1 완성된 행렬을 사용한 경사하강법

이 절에서는 경사하강법을 사용하여 무제약 최적화 문제에 대한 해를 찾는 방법을 조사한다. 이 접근방식은 특이값 분해에 의해 제공되는 것과 같은 직교 해를 보장하지는 않지만, 문제 구성 수식은 동등하며 (이상적으로는) 동일한 목적함수 값을 갖는 해를 찾을 수 있어야 한다. 이 접근방식은 행렬에 누락된 값이 있는 경우와 같이 보다 어려운 설정에 쉽게 적용할 수 있다는 장점도 있다. 이러한 유형의 접근방식을 자연스럽게 적용할 수 있는 곳은 추천 시스템의 행렬 인수분해이다. 추천 시스템은 SVD와 동일한 최적화 수식을 사용한다. 그러나 인수분해의 결과로 얻는 기저 벡터는 직교성이 보장되지 않는다.

경사하강법을 수행하려면 행렬 $U = [u_{iq}]$와 $V = [v_{jq}]$의 매개변수들에 관한 무제약 최적화 문제의 미분을 계산해야 한다. 가장 간단한 접근방식은 행렬 U와 V의 각 매개변수에 관한 목적함수 J의 미분을 계산하는 것이다. 먼저 다양한 행렬의 개별 항들을 사용하여 목적함수를 표현한다. $n \times d$ 행렬 D의 (i, j)번째 항을 x_{ij}로 표시하자. 이제 목적함수는 다음과 같이 행렬 D, U, V의 항들로 다시 정의할 수 있다.

$$J = \frac{1}{2} \sum_{i=1}^{n} \sum_{j=1}^{d} \left(x_{ij} - \sum_{s=1}^{k} u_{is} \cdot v_{js} \right)^2 \text{ 을 최소화한다.}$$

$e_{ij} = x_{ij} - \sum_{s=1}^{k} u_{is} \cdot v_{js}$는 (i, j)번째 항에 대한 인수분해 오차이다. 목적함수 J는 e_{ij}의 제곱합을 최소화한다. 행렬 U와 V의 매개변수에 대한 목적함수의 편도함수는 다음과 같이 계산할 수 있다.

$$\begin{aligned} \frac{\partial J}{\partial u_{iq}} &= \sum_{j=1}^{d} \left(x_{ij} - \sum_{s=1}^{k} u_{is} \cdot v_{js} \right) (-v_{jq}) \quad \forall i \in \{1 \dots n\}, q \in \{1 \dots k\} \\ &= \sum_{j=1}^{d} (e_{ij})(-v_{jq}) \quad \forall i \in \{1 \dots n\}, q \in \{1 \dots k\} \end{aligned}$$

$$\frac{\partial J}{\partial v_{jq}} = \sum_{i=1}^{n}\left(x_{ij} - \sum_{s=1}^{k} u_{is}\cdot v_{js}\right)(-u_{iq}) \quad \forall j \in \{1\ldots d\}, q \in \{1\ldots k\}$$
$$= \sum_{i=1}^{n}(e_{ij})(-u_{iq}) \quad \forall j \in \{1\ldots d\}, q \in \{1\ldots k\}$$

위의 편도함수들을 행렬로 표현할 수도 있다. $E=[e_{ij}]$를 $n\times d$ 오차 행렬이라고 하자. 행렬 미적분의 분모 배치법에서 편도함수들을 다음과 같이 표현할 수 있다.

$$\frac{\partial J}{\partial U} = -(D - UV^T)V = -EV$$
$$\frac{\partial J}{\partial V} = -(D - UV^T)^T U = -E^T U$$

위의 행렬 미적분 항등식들은 우변에 있는 각 행렬의 (i, q)번째와 (j, q)번째 항들을 전개하고 (대응되는) 스칼라 미분 $\frac{\partial J}{\partial u_{iq}}$, $\frac{\partial J}{\partial v_{jq}}$와 동등하다는 것을 보이는 비교적 장황한 과정을 통해 확인할 수 있다. 4장의 행렬 미적분 항등식을 직접 사용하는 다른 접근방식은 그림 8.1에 나와 있다. 이 그림을 건너뛰어도 이어지는 내용의 이해에 별 영향은 없을 것이다.

이 최적화 문제에 대한 최적성 조건은 이러한 미분들을 0으로 설정하여 구한다. 따라서 최적성 조건 $DV=UV^TV$와 $D^TU=VU^TU$를 얻는다. 이러한 최적성 조건은 SVD $U=Q_k\Sigma_k$와 $V=P_k$로부터 얻은 해에 대해서도 성립된다.

문제 8.3.2 $Q_k\Sigma_kP_k^T$를 행렬 D의 순위 k 절삭 SVD라고 하자. 해 $U=Q_k\Sigma_k$와 $V=P_k$가 최적성 조건 $DV=UV^TV$와 $D^TU=VU^TU$를 만족함을 보이시오.

위의 문제 해결에 유용한 힌트는 SVD의 스펙트럼 분해를 순위 1 행렬들의 합으로 사용하는 것이다.

최적성 조건이 표준 SVD 해 $D\approx[Q_k\Sigma_k]P_k^T$로 이어지지만, 경사하강법을 사용하여 최적해를 찾을 수도 있다. 경사하강법을 위한 갱신은 다음과 같다.

$$U \Leftarrow U - \alpha\frac{\partial J}{\partial U} = U + \alpha EV$$
$$V \Leftarrow V - \alpha\frac{\partial J}{\partial V} = V + \alpha E^T U$$

여기에서 α는 학습률이다($\alpha > 0$).

다음의 목적함수에서 D는 $n \times d$ 행렬이고 U와 V는 순위 k의 행렬들이다.

$$J = \frac{1}{2}\|D - UV^T\|_F^2$$

J에 대한 미분이 U에 관한 것인지 V에 관한 것인지에 따라 프로베니우스 노옴을 행 단위 또는 열 단위벡터 노옴들로 분해한 후 U나 V에 관한 미분 계산에 행렬 미적분을 사용할 수 있다. $\overline{X}_i$는 D의 i번째 행(행벡터), $\overline{d}_j$는 D의 j번째 열(열벡터), $\overline{u}_i$는 U의 i번째 행(행벡터), $\overline{v}_j$는 V의 j번째 행(행벡터)이라고 하자. 이제 프로베니우스 노옴을 행 단위로 분해하면 다음과 같다.

$$J = \frac{1}{2}\sum_{i=1}^{n}\|\overline{X}_i - \overline{u}_i V^T\|^2 = \underbrace{\frac{1}{2}\sum_{i=1}^{n}\overline{X}_i\overline{X}_i^T}_{\text{상수}} - \sum_{i=1}^{n}\overline{X}_i V\overline{u}_i^T + \frac{1}{2}\sum_{i=1}^{n}\overline{u}_i V^T V\overline{u}_i^T$$

두 개의 상수가 아닌 항들에 대해 아래와 같이 $\overline{u}_i$에 관한 미분을 계산하기 위해 4장의 표 4.2(a)의 항등식 (i), (ii)를 사용할 수 있다.

$$\frac{\partial J}{\partial \overline{u}_i^T} = -V^T\overline{X}_i^T + V^T V\overline{u}_i^T$$

$$\frac{\partial J}{\partial[\overline{u}_1^T \ldots \overline{u}_n^T]} = -V^T[\overline{X}_1^T \ldots \overline{X}_n^T] + V^T V[\overline{u}_1^T \ldots \overline{u}_n^T]$$

$$\frac{\partial J}{\partial U^T} = -V^T D^T + V^T V U^T$$

$$\frac{\partial J}{\partial U} = -DV + UV^T V = -(D - UV^T)V$$

V에 관한 미분을 계산하려면 다음과 같이 J의 프로베니우스 노옴 제곱을 열 단위로 분해해야 한다.

$$J = \frac{1}{2}\sum_{j=1}^{d}\|\overline{d}_j - U\overline{v}_j^T\|^2 = \underbrace{\frac{1}{2}\sum_{j=1}^{d}\overline{d}_j^T\overline{d}_j}_{\text{상수}} - \sum_{j=1}^{d}\overline{d}_j^T U\overline{v}_j^T + \frac{1}{2}\sum_{j=1}^{d}\overline{v}_j U^T U\overline{v}_j^T$$

표 4.2(a)의 항등식 (i), (ii)를 다시 사용하여 다음의 결과를 얻는다.

$$\frac{\partial J}{\partial \overline{v}_j^T} = -U^T\overline{d}_j + U^T U\overline{v}_j^T$$

앞의 경우에서와 같이 V의 행들에 대한 미분을 모아 다음의 결과를 얻는다.

$$\frac{\partial J}{\partial V} = -D^T U + VU^T U = -(D - UV^T)^T U$$

그림 8.1 행렬 미적분을 사용한 인수분해 경사도의 유도 과정

최적화 모델은 SVD의 모델과 동일하다. (이전 장의 누승법 대신) 앞서 언급한 경사하강법을 사용하는 경우, 일반적으로 목적함수 값 측면에서 똑같이 우수하지만 U (또는 V) 열은 상호 직교하지 않을 수도 있다. 누승법은 직교 열들을 갖는 해를 생성한다. 일반적으로 경사하강법으로는 표준화된 SVD 해와 같이 직교정규 열들을 갖는 해는 얻지 못하지만, U의 k개의 열은 Q_k의 열들과 동일한 부분공간을 생성하며[16], V의 열들은 P_k의 열들과 동일한 부분공간을 생성한다.

경사하강법은 행렬 D가 희소할 때 갱신을 위해 행렬에서 항들을 표본추출하는 방식으로 효율적 구현이 가능하다. 이것은 본질적으로 확률적 경사하강법이다. 즉, 항 (i, j)을 표본추출하고 오차 e_{ij}를 계산한다. 그 후 U의 i번째 행 $\overline{u}_i$와 V의 j번째 행 $\overline{v}_j$를 다음과 같이 갱신하는데, 이들을 잠재 인수라고도 한다.

$$\overline{u}_i \Leftarrow \overline{u}_i + \alpha e_{ij} \overline{v}_j$$
$$\overline{v}_j \Leftarrow \overline{v}_j + \alpha e_{ij} \overline{u}_i$$

수렴에 이를 때까지 (위의 갱신을 수행하면서) 행렬의 표본추출된 항들을 순환한다. 갱신을 위해 행렬 항들의 표본을 이용할 수 있다는 사실은 잠재 요인들을 학습하기 위해 완성된 행렬이 필요하지 않음을 의미한다. 이러한 기본 아이디어는 추천 시스템의 토대를 형성한다.

> **문제 8.3.3** **정칙화된 행렬 인수분해** D를 순위 k 분해를 사용하여 U와 V로 분해할 $n \times d$ 행렬이라고 하자. 목적함수 $\frac{1}{2}\|D - UV^T\|_F^2$에 정칙화 항 $\frac{\lambda}{2}(\|U\|^2 + \|V\|^2)$를 더한다고 가정한다. 경사하강법 갱신을 다음과 같이 수정해야 함을 보이시오.
>
> $$U \Leftarrow U(1 - \alpha\lambda) + \alpha EV$$
> $$V \Leftarrow V(1 - \alpha\lambda) + \alpha E^T U$$

행렬 U와 V의 항들은 다음과 같이 초기화할 수 있다. 먼저 U의 모든 $n \times k$ 항들은 표준정규분포에서 독립적으로 추출되며, 이후 각 열은 단위벡터로 정규화된다. n이 크면 행렬 U의 열들은 대략적으로 직교하게 된다(1장의 연습문제 18 참고). 행렬 V는 $D^T U$로 선택된다. 이 접근방식은 UV^T가 $UU^T D$를 산출하도록 보장한다. 여기에서 UU^T는 U의 대략적인 직교성 때문에 (대략적인) 투영 행렬이다. 따라서 초기화된 곱은 이미 목표 행렬과 밀접한 관계에 있게 된다.

16) 이렇게 되는 것은 $D^T D$의 상위 k개의 고윳값이 서로 다를 경우이다. 중복 고윳값은 SVD에 대해 고유하지 않은 해를 생성하며, 이는 때때로 순위 k의 해 안에서 가장 작은 고윳값에 대응되는 부분공간에 약간의 차이를 초래할 수 있다.

8.3.2 추천 시스템 응용

D는 d개의 항목에 대해 n명의 사용자가 평가한 점수를 나타내는 $n \times d$ 평점 행렬이라고 하자. 행렬 D의 (i, j)번째 항은 x_{ij}로 표시되며 항목 j에 대한 사용자 i의 평점을 나타낸다. 추천 시스템 응용의 주요 특징은 대부분의 평점이 누락되어 있다는 점이다. 이는 협업 필터링 응용에서 사용자들이 대부분의 항목에 대한 평점을 지정하지 않기 때문이다. 그림 8.2에서 누락된 항들을 갖는 평점 행렬의 예를 보이고 있다. 즉, x_{ij}의 값은 전체 항들의 작은 부분집합에 대해서만 관측된다(알려진다). 추천 문제의 목표는 알려진 평점에서 누락된 평점을 예측하는 것이다.

S는 관측된 모든 평점의 인덱스 집합을 나타내며, 다음과 같이 정의된다.

$$S = \{(i, j) : x_{ij} \text{ 가 관측됨}\} \tag{8.2}$$

전통적인 행렬 인수분해의 경우에서와 같이 S의 항들만 사용하여 **불완전한** 평점 행렬 D를 인수분해하려고 한다. 추천 시스템에서 사용되는 용어로 $n \times k$ 행렬 U는 **사용자 요인 행렬**, $d \times k$ 행렬 V는 **항목 요인 행렬**이라고 한다. 관측된 데이터가 부족하기 때문에 협업 필터링 응용의 경우 정칙화가 특히 중요하다. 따라서 목적함수에 정칙화를 위한 항 $\frac{\lambda}{2}(\|U\|_F^2 + \|V\|_F^2)$가 추가된다.

사용자 요인 행렬과 항목 요인 행렬에 대한 학습이 완료되면, UV^T로 전체 평점 행렬을 재구성할 수 있다. 실제로 다음과 같이 행렬 D의 (i, j)번째 항만 재구성하면 된다.

	GLADIATOR	GODFATHER	BEN-HUR	GOODFELLAS	SCARFACE	SPARTACUS
TOM	1			5		2
JIM		5			4	
JOE	5	3		1		
ANN			3			4
JILL				3	5	
SUE	5		4			

그림 8.2 누락된 평점들이 있는 평점 행렬

$$\hat{x}_{ij} = \sum_{s=1}^{k} u_{is} \cdot v_{js} \tag{8.3}$$

좌변 평점 위의 삿갓 기호는 관측된 값이 아니라 예측된 값임을 나타낸다. 관측된 평점에 대한 예측의 오차는 $e_{ij} = x_{ij} - \hat{x}_{ij}$이다.

이제 D에서 관측된 항들을 사용하여 목적함수를 다음과 같이 표현할 수 있다.

$$J = \frac{1}{2} \sum_{(i,j) \in S} \left(x_{ij} - \sum_{s=1}^{k} u_{is} \cdot v_{js} \right)^2 + \frac{\lambda}{2} \sum_{i=1}^{n} \sum_{s=1}^{k} u_{is}^2 + \frac{\lambda}{2} \sum_{j=1}^{d} \sum_{s=1}^{k} v_{js}^2 \text{ 을 최소화한다.}$$

이전 절의 목적함수와의 주요 차이점은 오차 제곱 계산에 S에서 관측된 항만 사용하고 또 정칙화를 사용한다는 것이다. 이전 절에서처럼 다양한 매개변수에 관한 목적함수의 편미분을 다음과 같이 계산할 수 있다.

$$\frac{\partial J}{\partial u_{iq}} = \sum_{j:(i,j) \in S} (e_{ij})(-v_{jq}) + \lambda u_{iq} \quad \forall i \in \{1 \dots n\}, q \in \{1 \dots k\}$$
$$\frac{\partial J}{\partial v_{jq}} = \sum_{i:(i,j) \in S} (e_{ij})(-u_{iq}) + \lambda v_{jq} \quad \forall j \in \{1 \dots d\}, q \in \{1 \dots k\}$$

이러한 오차를 행렬 미적분 표기법으로 정의할 수도 있다. $n \times d$ 오차 행렬 E의 항들은 각 관측 항 $(i, j) \in S$에 대해서는 e_{ij}로 정의되고 평점 행렬의 각 누락 항에 대해서는 0으로 정의된다. (보통의 SVD와 달리) 오차 행렬 E는 대부분의 항이 지정되지 않기 때문에 희소 행렬이다.

$$\frac{\partial J}{\partial U} = -EV + \lambda U$$
$$\frac{\partial J}{\partial V} = -E^T U + \lambda V$$

이러한 미분의 형태는 정칙화 항과 (누락된 평점을 설명하기 위해) 오차 행렬이 정의되는 방식의 차이를 제외하고는 기존 SVD와 정확히 동일하다. 행렬 U와 V에 대한 경사하강법 갱신은 다음과 같다.

$$U \Leftarrow U - \alpha \frac{\partial J}{\partial U} = U(1 - \alpha\lambda) + \alpha E V$$
$$V \Leftarrow V - \alpha \frac{\partial J}{\partial V} = V(1 - \alpha\lambda) + \alpha E^T U$$

여기에서 α은 학습률이다($\alpha > 0$). 행렬 E는 희소 오차 행렬로 구현될 수 있으며, 희소 행렬 곱셈만 사용하여 위의 갱신을 수행할 수 있다. 이 접근방식은 추천 시스템에 대한 문헌에서 (SVD 최적화 모델과 무제약 행렬 인수분해의 관계로 인해) 특이값 분해로 언급되지만, 이 접근방식으로 U와 V의 직교 열을 얻기는 어렵다.

8.3.2.1 확률적 경사하강법

확률적 경사하강법은 4.5.2절에서 소개한 바 있다. 행렬 인수분해의 관점에서 볼 때, 한 번에 하나씩 갱신을 수행할 때마다 S에서 관측된 항들을 표본추출하는 것이 기본 아이디어이다. 위의 갱신에서 (i, j)번째 오차 항 e_{ij}는 U와 V의 i번째 행에만 영향을 미친다. 확률적 경사하강법은 모든 항에 대한 갱신을 합산하는 것이 아니라 항 별로 갱신을 처리한다. $\overline{u}_i$가 U의 i번째 행을 나타내는 k차원 행벡터이고, $\overline{v}_j$가 V의 j번째 행을 나타내는 k차원 행벡터라고 하자. 확률적 경사하강법은 S에 속하는 각각의 항 (i, j)를 임의의 순서로 순환하면서 다음의 갱신을 수행한다.

$$\overline{u}_i \Leftarrow \overline{u}_i(1 - \alpha\lambda) + e_{ij}\overline{v}_j$$
$$\overline{v}_j \Leftarrow \overline{v}_j(1 - \alpha\lambda) + e_{ij}\overline{u}_i$$

여기에서 α은 학습률이다($\alpha > 0$). 행렬 U와 V에서 정확히 $2k$개의 항이 S의 각 관측 항에 대해 갱신된다. 따라서 관측된 모든 평점을 순환하는 확률적 경사하강법의 한 주기에서 정확히 $2k|S|$번의 갱신이 수행된다. 먼저 행렬 U와 V를 균일분포 구간 $(0, M/\sqrt{k})$에서 무작위로 선택된 값들로 초기화한다. 여기에서 M은 평점의 최댓값이다. 이러한 유형의 초기화를 통해 초기 곱 UV^T는 원래 평점 행렬과 비슷한 크기를 갖는다. 그런 다음 수렴에 이를 때까지 앞서 언급한 갱신을 수행한다. 확률적 경사하강법은 경사하강법보다 빠르게 수렴하는 경향이 있으며, 추천 시스템에서 자주 선택하는 방법이다.

8.3.2.2 좌표하강법

좌표하강법은 4.10절에서 소개된 바 있다. 좌표하강법의 기본 개념은 한 번에 하나의 매개변수를 최적화하는 것이다. 행렬 분해의 경우 이는 U와 V의 단일 매개변수를 최적화하는 것과 같다.

아래에서는 추천 시스템(불완전 행렬 포함)에서 사용되는 목적함수 J를 사용하는데, 이는 보다 일반적인 목적함수 형식이기 때문이다. 관측된 항의 집합 S나 오차 e_{ij}와 같은 모든 표기법은 이전 절에서 사용된 것과 동일하다. u_{iq}에 관한 목적함수 J의 편미분을 0으로 설정하여 각 i, q에 대해 다음의 식을 얻는다($i \in \{1 \dots n\}$, $q \in \{1 \dots k\}$).

$$\frac{\partial J}{\partial u_{iq}} = \sum_{j:(i,j)\in S} (e_{ij})(-v_{jq}) + \lambda u_{iq} = 0$$
$$u_{iq}(\lambda + \sum_{j:(i,j)\in S} v_{jq}^2) = \sum_{j:(i,j)\in S} (e_{ij} + u_{iq}v_{jq})v_{jq}$$
$$u_{iq} = \frac{\sum_{j:(i,j)\in S}(e_{ij} + u_{iq}v_{jq})v_{jq}}{\lambda + \sum_{j:(i,j)\in S} v_{jq}^2}$$

위의 대수 조작의 두 번째 단계에서 안정된 형태의 갱신을 만들기 위해 양변에 $\sum_{j:(i,j)\in S} u_{iq}v_{jq}^2$를 더하였다. 대수 방정식의 최종 형식은 양변에 u_{iq}를 포함하므로 반복적인 갱신을 제공한다. 각 v_{jq}에 대해서도 유사한 반복 갱신을 유도할 수도 있다. u_{iq}와 v_{jq}의 다양한 값에 대한 갱신은 다음과 같이 순차적으로 수행해야 한다.

$$u_{iq} \Leftarrow \frac{\sum_{j:(i,j)\in S}(e_{ij} + u_{iq}v_{jq})v_{jq}}{\lambda + \sum_{j:(i,j)\in S} v_{jq}^2} \quad \forall i, q$$
$$v_{jq} \Leftarrow \frac{\sum_{i:(i,j)\in S}(e_{ij} + u_{iq}v_{jq})u_{iq}}{\lambda + \sum_{i:(i,j)\in S} u_{iq}^2} \quad \forall j, q$$

행렬 U와 V에 무작위 매개변수 값으로 시작하여 위의 갱신을 수행한다. 수렴에 이를 때까지 한 번에 U와 V의 $(m+n)\cdot k$개의 매개변수를 순환하는 갱신을 반복한다.

8.3.2.3 블록 좌표하강법: 교대최소제곱법

교대최소제곱법(ALS; Alternating Least Squares)은 4.10.2절에서 소개된 블록 좌표하강법의 한 형태이다. 초기 행렬 쌍 U와 V를 사용하는 이 접근방식은 U와 V에 대한 갱신을 **번갈아 가며** 수행하는데, 이때 하나의 행렬을 갱신하는 동안 다른 행렬은 고정된다. 따라서 갱신 프로세스는 다음과 같이 작동한다.

1. U를 고정한 상태에서 문제를 최소제곱 회귀 문제로 취급하여 V의 d개의 행 각각에 대해 푼다. S에서 관측된 평점만 최소제곱 모델 구축에 사용할 수 있다. $\overline{v}_j$를 V의 j번째 행이라고 하자. 최적의 벡터 $\overline{v}_j$를 결정하기 위해 $\sum_{i:(i,j)\in S}(x_{ij} - \sum_{s=1}^{k} u_{is}v_{js})^2$를 최소화하는데, 이는 $v_{j1}\dots v_{jk}$에 대한 최소제곱 회귀 문제에 해당한다. 항 $u_{i1}\dots u_{ik}$은 상수 값으로 취급되는 반면, $v_{j1}\dots v_{jk}$는 최적화 변수로 취급된다. 따라서 j번째 항에 대한 k차원 벡터 $\overline{v}_j$는 최소제곱 회귀로 결정된다. 총 d개의 최소제곱 문제를 실행해야 하며, 각 최소제곱 문제에는 k개의 변수가 있다. 각 항목에 대한 최소제곱 문제는 독립적이므로, 이 단계를 쉽게 병렬화할 수 있다.

2. V를 고정한 상태에서 문제를 최소제곱 회귀 문제로 처리하여 U의 n개의 행 각각에 대해 푼다. S에서 지정된 평점만 최소제곱 모델 구축에 사용할 수 있다. $\overline{u}_i$를 U의 i번째 행이라고 하자. 최적의 벡터 $\overline{u}_i$를 결정하기 위해 최소제곱 회귀 문제인 $\sum_{j:(i,j)\in S}(x_{ij}-\sum_{s=1}^{k}u_{is}v_{js})^2$를 최소화하는데, 이는 $u_{i1}\ldots u_{ik}$에 대한 최소제곱 회귀 문제에 해당한다. 항 $v_{j1}\ldots v_{jk}$은 상수 값으로 취급되는 반면, $u_{i1}\ldots u_{ik}$는 최적화 변수로 취급된다. 총 n개의 최소제곱 문제를 실행해야 하며, 각 최소제곱 문제에는 k개의 변수가 있다. 각 사용자에 대한 최소제곱 문제는 독립적이므로, 이 단계를 쉽게 병렬화할 수 있다.

최소제곱 회귀는 4.7절에서 설명한 바 있다.

8.4 비 음수 행렬 인수분해

비 음수 행렬 인수분해는 행렬을 비 음수 요인 행렬의 곱으로 표현한다. 두 개의 비 음수 행렬의 곱은 음이 아니므로, 원래 행렬도 음이 아니어야 한다. 비 음수성은 종종 다음과 같은 빈도수를 포함하는 많은 실제 행렬에 의해 충족된다.

1. 사용자가 구매한 품목의 수량은 음수가 아니다. 행렬의 행은 사용자에 해당하고, 열은 품목에 해당한다. (i, j)번째 항은 품목 j에 대해 사용자 i가 구매한 단위 수에 해당한다.

2. 문서에 나타나는 단어들의 빈도는 음이 아닌 값이다. 이 경우 행은 문서에 해당하고, 열은 어휘집 안의 단어에 해당한다. (i, j)번째 항은 i번째 문서에 있는 j번째 어휘의 빈도에 해당한다.

3. 그래프 응용에서 정방형 인접 행렬은 간선에 연계된 음이 아닌 가중치를 나타낼 수 있다. 예를 들어, 저자 간 출판 네트워크를 나타내는 인접 행렬에서 항 (i, j)는 저자 i와 j가 서로 협력한 횟수를 나타낸다.

요인 행렬의 비 음수성이 유용한 이유는 무엇일까? 나중에 살펴보겠지만, 요인 행렬의 비 음수성은 인수분해에 대한 매우 높은 수준의 해석에서 중요하다. 둘째, 요인 행렬의 비 음수성은 인수분해의 정칙화에서 의미 있는 역할을 한다. 비 음수성과 같은 제약조건이 추가되면, 인수분해의 오차는 항상 증가하지만 인수분해에서 얻은 예측은 종종 표본 외 데이터(예: 누락된 데이터로 예측)에 대해 향상된다. 이것은 기계학습에서 최적화의 목표가 기존 최적화의 목표와 어떻게 다른지 보여주는 예이다(4.5.3절 참고).

8.4.1 프로베니우스 노옴의 최적화 문제

비 음수 행렬 인수분해에 대한 가장 일반적인 문제표현은 프로베니우스 노옴을 목적함수로 사용하고 요인 행렬에 비 음수 제약조건을 적용하는 것이다. $D=[x_{ij}]$ 를 음이 아닌 항들을 갖는 $n\times d$ 데이터 행렬이라고 하자. U와 V는 $D\approx UV^T$가 되는 각각 $n\times k$와 $d\times k$ 크기의 요인 행렬이다. 이제 비 음수 행렬 인수분해 문제는 다음과 같이 표현된다.

$$J=\frac{1}{2}\|D-UV^T\|_F^2+\frac{\lambda}{2}\|U|_F^2+\frac{\lambda}{2}\|V\|_F^2 \text{ 을 최소화한다.}$$

제약조건:

$$U\geq 0,\qquad V\geq 0$$

이 문제는 비 음수 제약조건을 추가한다는 점에서만 무제약 행렬 인수분해와 다르다. 비 음수 제약조건은 최적화 제약조건 중에서 다루기가 용이한 **경계상자 제약조건**에 해당한다(6.3.2절 참고).

8.4.1.1 경계상자 제약조건이 있는 투영 경사하강법

위의 최적화 문제에는 경계상자 제약조건만 있으므로 특히 쉽게 해결할 수 있다. 기본 아이디어는 무제약 최적화에 사용된 것과 동일한 경사하강법을 사용하는 것이다. 그 후 최적화 변수들은 음이 아닌 값으로 재설정된다. 즉, 행렬 U와 V의 모든 음수 항은 0으로 설정된다.

무제약 행렬 분해에 관한 8.3.1절과 8.3.2절에서 논의된 바와 같이, 요인 행렬 U와 V에 대한 목적함수 J의 경사도는 다음과 같다.

$$\frac{\partial J}{\partial U}=-(D-UV^T)V+\lambda U$$
$$\frac{\partial J}{\partial V}=-(D-UV^T)^TU+\lambda V$$

따라서 (비 음수 제약조건을 고려하지 않는) 경사하강법 갱신은 다음과 같다.

$$U\Leftarrow U-\alpha\frac{\partial J}{\partial U}=U(1-\alpha\lambda)+\alpha(D-UV^T)V$$
$$V\Leftarrow V-\alpha\frac{\partial J}{\partial V}=V(1-\alpha\lambda)+\alpha(D-UV^T)^TU$$

주요 차이점은 각 행렬 항의 비 음수성을 보장하기 위해 갱신에 다음의 두 단계를 추가한다는 것이다.

$$U\Leftarrow\max\{U,0\},\qquad V\Leftarrow\max\{V,0\}$$

이 절차는 경계상자 제약조건에 대해 6.3.2절에서 논의된 아이디어를 기반으로 한다. 실제로 투영 경사하강법은 비 음수 행렬 인수분해에 거의 사용되지 않는다.

8.4.2 쌍대를 사용하는 해법

이 절에서는 라그랑주 완화(6.4절 참고)를 사용하여 비 음수성 문제에 대한 해결책을 제공한다. 6.4절에서 사용된 관행과 맞추기 위해 부등 제약조건을 $-U \leq 0$과 $-V \leq 0$ 형식으로 변환한다. 행렬 U와 V의 각 항에 대한 제약조건이 있으므로 행렬 항 개수만큼의 라그랑주 승수가 필요하다. U의 (i, s)번째 항 u_{is}에 대해 라그랑주 승수 α_{is}을 도입하고($\alpha_{is} \geq 0$), V의 (j, s)번째 항 v_{js}에 대해서는 라그랑주 승수 β_{js}을 도입한다($\beta_{js} \geq 0$). 모든 라그랑주 매개변수를 한 개의 벡터에 모아서 $(n+d) \cdot k$차원의 벡터 $(\overline{\alpha}, \overline{\beta})$를 만들 수 있다. 이제 라그랑주 완화는 다음과 같이 표현된다.

$$L = \frac{1}{2}\|D - UV^T\|_F^2 + \frac{\lambda}{2}\|U\|_F^2 + \frac{\lambda}{2}\|V\|_F^2 - \sum_{i=1}^{n}\sum_{r=1}^{k} u_{ir}\alpha_{ir} - \sum_{j=1}^{d}\sum_{r=1}^{k} v_{jr}\beta_{jr} \tag{8.4}$$

라그랑주 최적화의 최소최대 문제는 다음과 같이 표현된다.

$$\text{Max}_{\overline{\alpha}\geq 0, \overline{\beta}\geq 0}\text{Min}_{U,V}\, L \tag{8.5}$$

6.4절에서 논의된 바와 같이, 첫 번째 단계는 (최소화) 최적화 변수 u_{is}, v_{js}에 대한 라그랑주 완화의 경사도를 다음과 같이 계산하는 것이다.

$$\frac{\partial L}{\partial u_{is}} = -(DV)_{is} + (UV^TV)_{is} + \lambda u_{is} - \alpha_{is} \qquad \forall i \in \{1, \ldots, n\}, s \in \{1, \ldots, k\} \tag{8.6}$$

$$\frac{\partial L}{\partial v_{js}} = -(D^TU)_{js} + (VU^TU)_{js} + \lambda v_{js} - \beta_{js} \qquad \forall j \in \{1, \ldots, d\}, s \in \{1, \ldots, k\} \tag{8.7}$$

이러한 편미분을 0으로 설정하여 다음 조건을 얻는다.

$$-(DV)_{is} + (UV^TV)_{is} + \lambda u_{is} - \alpha_{is} = 0 \qquad \forall i \in \{1, \ldots, n\}, s \in \{1, \ldots, k\} \tag{8.8}$$

$$-(D^TU)_{js} + (VU^TU)_{js} + \lambda v_{js} - \beta_{js} = 0 \qquad \forall j \in \{1, \ldots, d\}, s \in \{1, \ldots, k\} \tag{8.9}$$

라그랑주 매개변수를 제거하고 순전히 U와 V로만 최적화 조건을 설정하고자 한다. 이러한 맥락에서 쿤-터커 최적성 조건의 상보여유 성분들은 매우 유용하다. 이러한 조건은 모든 매개변수에 대해 $u_{is}\alpha_{is} = 0$와 $v_{js}\beta_{js} = 0$이다. 식 8.8에 u_{is}를 곱하고 식 8.9에 v_{js}를 곱하면,

순전히 원본 변수로 표현된 조건을 얻는다.

$$-(DV)_{is}u_{is} + (UV^TV)_{is}u_{is} + \lambda u_{is}^2 - \underbrace{\alpha_{is}u_{is}}_{0} = 0 \qquad \forall i \in \{1,\ldots,n\}, s \in \{1,\ldots,k\} \tag{8.10}$$

$$-(D^TU)_{js}v_{js} + (VU^TU)_{js}v_{js} + \lambda v_{js}^2 - \underbrace{\beta_{js}v_{js}}_{0} = 0 \qquad \forall j \in \{1,\ldots,d\}, s \in \{1,\ldots,k\} \tag{8.11}$$

조건의 한 변에서는 하나의 매개변수만 나타나도록 이러한 최적성 조건을 다시 작성할 수 있다.

$$u_{is} = \frac{[(DV)_{is} - \lambda u_{is}]u_{is}}{(UV^TV)_{is}} \qquad \forall i \in \{1,\ldots,n\}, s \in \{1,\ldots,k\} \tag{8.12}$$

$$v_{js} = \frac{[(D^TU)_{js} - \lambda v_{js}]v_{js}}{(VU^TU)_{js}} \qquad \forall j \in \{1,\ldots,d\}, s \in \{1,\ldots,k\} \tag{8.13}$$

반복 갱신을 수행하기 위해 앞서 언급한 조건을 사용할 수 있다. 불량 조건을 피하기 위해 일반적으로 작은 값 ϵ을 분모에 추가한다. 따라서 반복 접근방식은 U와 V의 매개변수를 (0, 1) 구간의 음이 아닌 무작위 값으로 초기화 한 후 다음 갱신을 사용한다.

$$u_{is} \Leftarrow \frac{[(DV)_{is} - \lambda u_{is}]u_{is}}{(UV^TV)_{is} + \epsilon} \qquad \forall i \in \{1,\ldots,n\}, s \in \{1,\ldots,k\} \tag{8.14}$$

$$v_{js} \Leftarrow \frac{[(D^TU)_{js} - \lambda v_{js}]v_{js}}{(VU^TU)_{js} + \epsilon} \qquad \forall j \in \{1,\ldots,d\}, s \in \{1,\ldots,k\} \tag{8.15}$$

이제 수렴에 이를 때까지 이러한 갱신을 반복한다. 개선된 초기화의 사용에 따른 이점은 상당하다[76].

다른 모든 형태의 행렬 인수분해와 마찬가지로, 7.2.7절에서 논의된 접근방식을 사용하여 인수분해 UV^T를 3원 인수분해 $Q\Sigma P^T$로 변환할 수 있다. 비 음수 인수분해의 경우 결과 행렬 Q와 P의 각 열의 합이 1이 되도록 U와 V의 각 열에 대한 L_1-정규화를 사용하는 것이 좋다. 이러한 유형의 정규화를 통해 **확률적 잠재 의미 분석**(PLSA; Probabilistic Latent Semantic Analysis)이라는 인수분해와 유사한 비 음수 인수분해가 만들어진다. PLSA와 비 음수 행렬 인수분해의 주요 차이점은 PLSA가 최대 우도 최적화 함수(또는 I–divergence 목적함수)를 사용하는 반면 비 음수 행렬 인수분해는 대체로 프로베니우스 노옴을 사용한다는 것이다. 8.4.5절을 참조하기 바란다.

8.4.3 비 음수 행렬 인수분해의 해석력

비 음수 행렬 인수분해는 해석력이 높은 분해 형식이다. 이 점을 이해하기 위해 행렬 D가 $n \times d$ 문서-용어 행렬인 경우를 생각해보자. 이에 따라 말뭉치에는 n개의 문서와 d개의 용어가 포함된다. (i, j)번째 항은 문서 i에서 용어 j의 빈도이다. $n \times k$ 행렬 U는 문서 요인들로 볼 수 있고, $d \times k$ 행렬 V는 용어 요인들로 볼 수 있다. k개의 요인 각각은 주제나 관련 문서의 군집으로 볼 수 있다. U와 V 각각의 r번째 열 U_r와 V_r에는 각각 데이터의 r번째 주제(또는 군집)에 대한 문서와 용어의 소속관계 정보가 포함된다. U_r의 n개 항은 r번째 주제에 대한 n개 문서의 비 음수 성분(좌표)에 해당한다. 문서와 주제 r의 연관성이 강하면 U_r에서 큰 양의 좌표를 갖게 된다. 그렇지 않으면 좌표가 0이거나 작은 양수(노이즈를 나타냄)가 된다. 마찬가지로 V의 r번째 열 V_r은 r번째 군집에서 빈번하게 나타나는 어휘를 알려준다. 특정 주제와 밀접하게 연관된 용어는 V_r에서 큰 성분 값을 갖는다. U의 각 행은 해당 문서에 대한 k차원 표현을 제공한다. 이 접근방식을 사용하면 U의 주어진 행이 양의 좌표를 여러 개 가질 수 있기 때문에 문서가 여러 군집에 속할 수 있다. 예를 들어, 과학과 역사를 모두 논의하는 문서의 경우 과학 관련 어휘와 역사 관련 어휘들에 대해 큰 성분 값을 갖게 될 것이다. 이것은 다양한 주제에 따른 말뭉치의 보다 현실적인 "부분합" 분해를 제공하는데, 이것이 가능한 것은 U와 V의 비 음수성에 주로 기인한다. 실제로 문서-용어 행렬을 분해에 의해 포착된 k개의 주제에 대응되는 k개의 서로 다른 순위 1 문서-용어 행렬로 분해할 수 있다. U_r을 $n \times 1$ 행렬로, V_r을 $d \times 1$ 행렬로 취급하기로 하자. r번째 성분이 과학과 관련된 경우 $U_r V_r^T$은 원래 말뭉치의 과학 관련 부분을 나타내는 $n \times d$ 문서-용어 행렬이다. 이제 문서-용어 행렬의 분해는 다음과 같이 성분들의 합으로 정의된다.

$$D \approx \sum_{r=1}^{k} U_r V_r^T \tag{8.16}$$

이 분해는 행렬 곱셈을 외적의 합으로 표현한다. 이 경우, 각 덧셈 요소 $U_r V_r^T$의 비 음수성으로 인해 이를 "문서-용어 행렬"로 해석할 수 있다.

8.4.4 비 음수 행렬 인수분해의 예

비 음수 행렬 인수분해의 의미론적 해석력을 설명하기 위해 7.2.4.3절에서 사용된 예제로 돌아가서 비 음수 행렬 인수분해 측면에서 분해를 생성해보자.

$$D = \begin{pmatrix} & \text{lion} & \text{tiger} & \text{cheetah} & \text{jaguar} & \text{porsche} & \text{ferrari} \\ \text{Document-1} & 2 & 2 & 1 & 2 & 0 & 0 \\ \text{Document-2} & 2 & 3 & 3 & 3 & 0 & 0 \\ \text{Document-3} & 1 & 1 & 1 & 1 & 0 & 0 \\ \text{Document-4} & 2 & 2 & 2 & 3 & 1 & 1 \\ \text{Document-5} & 0 & 0 & 0 & 1 & 1 & 1 \\ \text{Document-6} & 0 & 0 & 0 & 2 & 1 & 2 \end{pmatrix}$$

이 행렬은 자동차와 고양이 양쪽에 관련된 주제를 나타낸다. 처음 3개의 문서는 주로 고양이와 관련이 있고, 네 번째 문서는 둘 다에 관련되며, 마지막 두 문서는 주로 자동차와 관련이 있다. **다의적** 단어 "jaguar"는 두 주제 어느 쪽에나 관련된 문서들에 나타난다.

그림 8.3(a)에서는 해석력이 매우 높은 순위 2의 비 음수 인수분해를 보여주고 있다. 단순성을 위해 정수만을 포함하는 대략적인 분해를 보이고 있지만, 실제 응용에서 최적의 해에는 (거의 항상) 실수 값들이 더 많이 나타날 것이다. 첫 번째 잠재 개념은 고양이와 관련이 있고,

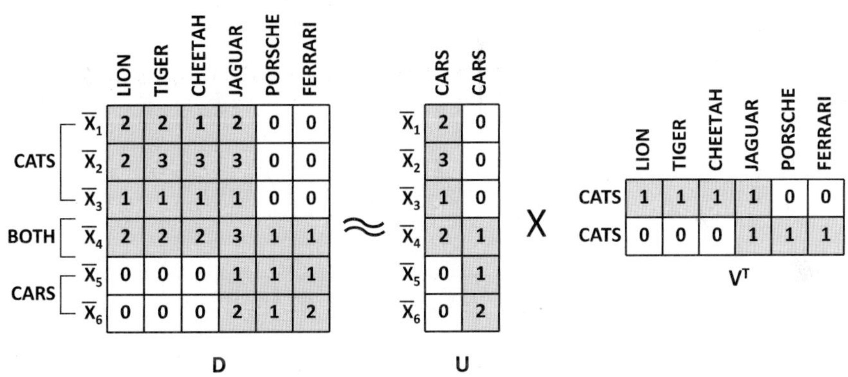

(a) 2원 인수분해

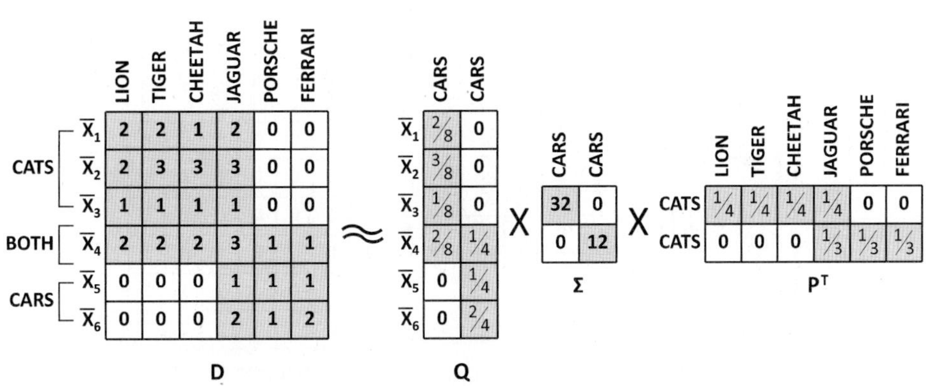

(b) 위의 (a)에 L_1-정규화를 적용한 3원 인수분해

그림 8.3 비 음수 행렬 인수분해에 대한 해석력이 높은 분해

두 번째 잠재 개념은 자동차와 관련이 있음이 분명하다. 또한 문서들은 두 주제에 대한 친화성을 나타내는 두 개의 비 음수 좌표로 표현된다. 이에 따라 처음 세 문서는 고양이에 대해 큰 양의 좌표 값을 가지고 있고, 네 번째 문서는 둘 다에서 큰 양의 좌표 값을 가지고 있으며, 마지막 두 문서는 자동차에만 속한다. 행렬 V는 주제 별 어휘가 다음과 같음을 알려준다.

고양이: lion, tiger, cheetah, jaguar
자동차: jaguar, porsche, ferrari

두 주제 모두의 어휘에 다의적 단어 "jaguar"가 포함되어 있으며, 그 용법은 인수분해 과정에서 문맥(즉, 문서의 다른 단어들)으로부터 자동으로 유추된다. 이 사실은 식 8.16에 따라 원래의 행렬을 두 개의 순위 1 행렬로 분해할 때 특히 분명해진다. 이 분해는 고양이와 자동차에 대한 순위 1 행렬이 표시된 그림 8.4에 나와 있다. 특히 흥미로운 것은 "jaguar"라는 다의적 단어가 두 가지 주제로 잘 나뉘어 있는데, 이는 이러한 주제들에서의 용법에 대략적으로 부합된다.

7.2.7절에서 논의된 바와 같이 2원 행렬 인수분해는 표준화된 3원 인수분해로 변환될 수 있

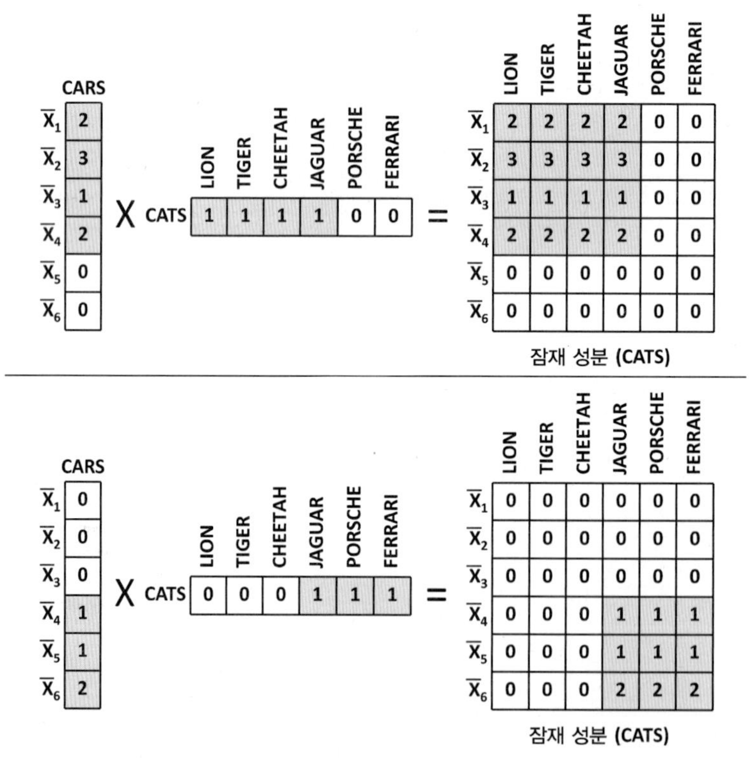

그림 8.4 문서–용어 행렬에 대한 해석력 높은 "부분합" 분해. 이때 분해의 결과로 서로 다른 주제를 나타내는 순위 1의 행렬들이 생성된다.

다. 비 음수 행렬 인수분해의 경우, (SVD에서 사용되는) L_2-정규화 대신 L_1-정규화를 사용하는 경우가 많다. 3원 정규화 표현은 그림 8.3(b)에 나와 있으며, 두 주제의 상대적 빈도에 대해 조금 더 많이 알려준다. Σ의 대각 항은 자동차의 경우 12인 것에 비해 고양이의 경우 32이므로 고양이라는 주제가 자동차보다 더 우세함을 나타낸다. 이것은 수집된 데이터에서 고양이와 관련이 있는 문서나 용어가 자동차에 비해 더 많다는 관찰과 일치한다.

8.4.5 I-Divergence 목적함수

이전 절에서는 D가 최대한 UV^T에 가깝도록 보장하기 위해 프로베니우스 노옴을 사용하였다. 그러나 동일한 목표를 달성하기 위해 I-divergence 함수라고 하는 다른 목적함수를 사용할 수 있다[79]. 이 목적함수는 다음과 같이 표현된다.

$$\text{Minimize}_{\,U,V} \sum_{i=1}^{n}\sum_{j=1}^{d}\left(D_{ij}\log\left\{\frac{D_{ij}}{(UV^T)_{ij}}\right\} - D_{ij} + (UV^T)_{ij}\right)$$

$$\text{제약조건:}$$

$$U \geq 0, \quad V \geq 0$$

이 목적함수는 최솟값으로 $D = UV^T$를 취한다. 다음 문제를 풀어보면 이러한 사실의 이해에 도움이 될 것이다.

문제 8.4.1 다음 함수 $F(x)$를 생각해보자.

$$F(x) = a \cdot log(a/x) - a + x$$

여기에서 a는 상수이다. 이 함수가 $x = a$에서 최솟값을 갖는다는 것을 보이시오.

비 음수 행렬 인수분해에서 함수 $F(x)$는 재구성된 각 항 x와 (대응되는) 관측 항 a에 적용되고, 이 값은 모든 행렬 항에 대해 집계된다. 프로베니우스 노옴의 경우 $F(x)$ 대신 함수 $\|x-a\|^2$가 사용된다. 두 경우 모두 목적함수는 x를 최대한 a에 가깝게 만들려고 한다. 이 모델에는 $U=[u_{is}]$와 $V=[v_{js}]$를 위한 다음과 같은 반복성 해법이 필요하다.

$$u_{is} \Leftarrow u_{is}\frac{\sum_{j=1}^{d}[D_{ij}v_{js}/(UV^T)_{ij}]}{\sum_{j=1}^{d}v_{js}} \quad \forall i, s$$

$$v_{js} \Leftarrow v_{js}\frac{\sum_{i=1}^{n}[D_{ij}u_{is}/(UV^T)_{ij}]}{\sum_{i=1}^{n}u_{is}} \quad \forall j, s$$

2원 분해는 7.2.7절에서 논의된 접근방식을 사용하여 정규화된 3원 인수분해로 변환될 수 있다. 3원 인수분해는 **확률론적 생성 모델**(**확률론적 잠재 의미 분석과 동일함**)의 관점에서 해석될 수 있다.

8.5 가중 행렬 인수분해

가중 행렬 인수분해에서는 어떤 항의 오차가 다른 항의 오차보다 더 중요한 것으로 간주되기 때문에, 가중치는 행렬의 개별 항과 연계된다. 최적화 모델은 8.3절에서 논의된 무제약 행렬 인수분해 모델과 유사하다. 더욱이, 불완전한 데이터에 대한 행렬 인수분해의 적용(8.3.2절 참고)은 가중 행렬 인수분해의 비교적 단순한 경우이다. 이 경우 관측된 항의 가중치는 1로 설정되고, 누락된 항의 가중치는 0으로 설정된다. 그러나 이 절에서 설명할 가장 중요한 (그리고 다소 단순한) 용례는 빈도수를 나타내는 희소 행렬에 대한 비 음수 행렬 인수분해에 대한 대안이다. 암시적 피드백 데이터나 그래프 인접 행렬 같은 응용을 포함하여 수많은 실제 응용이 이 범주에 속한다.

가중 행렬 인수분해에서는 분해할 $n \times d$ 행렬 $D=[x_{ij}]$의 (i, j)번째 항에 가중치 w_{ij}가 연계된다. 무제약 행렬 인수분해의 경우와 마찬가지로, 두 요인 행렬이 $n \times k$ 행렬 U와 $d \times k$ 행렬 V라고 가정한다. 그러면 가중 행렬 인수분해의 목적함수는 다음과 같다.

$$J = \frac{1}{2}\sum_{i=1}^{n}\sum_{j=1}^{d} w_{ij}\left(x_{ij} - \sum_{s=1}^{k} u_{is} \cdot v_{js}\right)^2 + \frac{\lambda}{2}\sum_{i=1}^{n}\sum_{s=1}^{k} u_{is}^2 + \frac{\lambda}{2}\sum_{j=1}^{d}\sum_{s=1}^{k} v_{js}^2 \text{ 을 최소화한다.}$$

이 목적함수는 항의 가중치 w_{ij} 측면에서만 무제약 행렬 인수분해의 경우와 다르다. 다양한 매개변수에 관한 목적함수의 편미분은 인수분해의 오차 $e_{ij}=x_{ij}-\hat{x}_{ij}$를 사용하여 다음과 같이 표현할 수 있다.

$$\frac{\partial J}{\partial u_{iq}} = \sum_{i=1}^{n}\sum_{j=1}^{d}(w_{ij}e_{ij})(-v_{jq}) + \lambda u_{iq} \quad \forall i \in \{1 \dots n\}, q \in \{1 \dots k\}$$
$$\frac{\partial J}{\partial v_{jq}} = \sum_{i=1}^{n}\sum_{j=1}^{d}(w_{ij}e_{ij})(-u_{iq}) + \lambda v_{jq} \quad \forall j \in \{1 \dots d\}, q \in \{1 \dots k\}$$

무제약 행렬 인수분해와의 주요 차이점은 w_{ij}를 사용하여 오차에 가중치를 부여한다는 점이다. 앞서 언급한 도함수를 행렬 형태로 표현하기 위해 E를 (i, j)번째 항이 e_{ij}인 $n \times d$ 오차 행렬로 정의한다. 또한 $W=[w_{ij}]$는 다양한 항의 가중치를 나타내는 $n \times d$ 행렬이다.

$$\frac{\partial J}{\partial U} = -(W \odot E)V + \lambda U$$
$$\frac{\partial J}{\partial V} = -(W \odot E)^T U + \lambda V$$

여기에서 기호 $\odot$은 정확히 동일한 크기의 두 행렬 간의 항 별 곱셈을 나타낸다. 가중치 행렬 W는 기본적으로 경사하강법에서 개별 항의 오차의 중요도를 제어한다. 따라서 행렬 U와 V에 대한 경사하강법 갱신을 다음과 같이 표현할 수 있다.

$$U \Leftarrow U - \alpha\frac{\partial J}{\partial U} = U(1-\alpha\lambda) + \alpha(W \odot E)V$$
$$V \Leftarrow V - \alpha\frac{\partial J}{\partial V} = V(1-\alpha\lambda) + \alpha(W \odot E)^T U$$

여기에서 α은 학습률이다($\alpha > 0$).

8.5.1 비 음수 행렬과 희소 행렬의 실제 용례

흥미롭게도 가중 행렬 인수분해는 암시적 피드백 데이터, 그래프 인접 행렬, 다양한 텍스트 관련 행렬 등과 같은 비 음수 희소 행렬에 대해 자주 사용된다. 이 경우 가중치 행렬 W와 인수분해 대상 행렬 D는 모두 원래의 원자료 **수량 행렬** Q의 함수로 정의된다. 행렬 Q는 고객 구매 행동, 링크-링크 상호작용, 문서-단어 상호작용 등의 발생 횟수를 나타낼 수 있다. $D = Q$를 사용할 수 있지만, 일반적인 접근방식은 Q의 항을 어떤 방식으로든 수정하는 것이다(예: 0인지 여부에 따라 0-1 값으로 설정). 인수분해의 최종 예측이 이진으로 의도된 경우(예: 항목 또는 링크 추천), 항을 이진 값으로 설정하는 것이 좋다. 이 경우 Q 대신 새로운 이진 데이터 행렬 D가 사용되며, 여기에서 $Q=[q_{ij}]$의 해당 항이 0이 아닐 때 D의 (i, j)번째 항 x_{ij}가 1로 설정된다. 원자료 데이터 행렬 Q의 값은 인수분해 전에 "감쇠"되는 응용도 있다. 즉, 각 원자료 항 q_{ij}는 감쇠 값 $x_{ij} = f(q_{ij})$로 대체된다. 여기에서 $f(\cdot)$는 제곱근 또는 로그와 같은 감쇠 함수이다. 이러한 접근방식의 한 예는 텍스트에서 도출된 행렬의 인수분해를 위한 GloVe 임베딩[101]이다(8.5.5절 참고). 가중치 행렬 W는 수량 행렬의 함수로도 도출된다. 이 전체 프로세스는 그림 8.5에 제시되어 있다.

그러나 가중치 행렬 $W=[w_{ij}]$의 선택은 응용에 따라 달라진다. D의 항들이 0이 아닐 때, 가중치 행렬이 D의 항들로 설정되는 경우도 있다. 그러나 0인 항들에도 가중치를 설정해야 한다. 일반적으로 0인 항의 가중치는 상수 값으로 설정되거나 열에 특정된 값으로 설정된다. 0인 항에 0이 아닌 가중치를 허용하는 것은 확률적 경사하강법의 맥락에서 **부정적 표본추출**(negative sampling)을 사용하는 것과 같다. 나중에 살펴보겠지만 이러한 유형의 부정적 표본

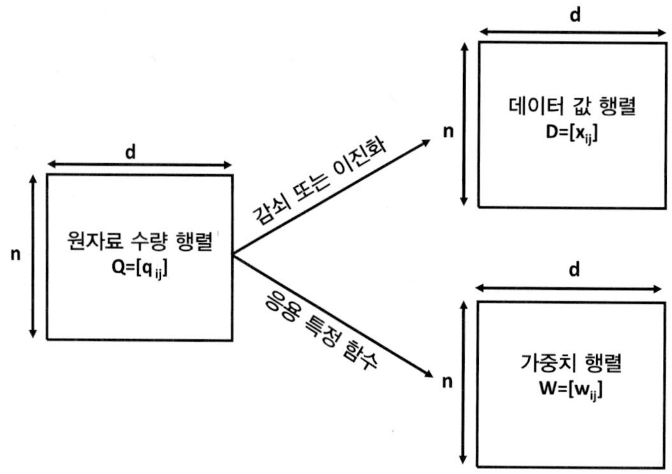

그림 8.5 원자료 수량 행렬로부터 데이터 값과 가중치 행렬의 도출

추출은 많은 응용에서 중요하다. 가중치 행렬은 0인 항에 대한 가중치가 0이 아니기 때문에, 외형상으로는 밀집 행렬이지만 여전히 압축된 형태로 표현할 수 있다. 이는 동일한 열의 모든 0인 항이 동일한 가중치를 가지므로, 열 별 가중치를 저장하기만 하면 되기 때문이다.

이러한 유형의 가중 행렬 인수분해가 보통의 비 음수 행렬 인수분해보다 더 바람직한 상황은 데이터 행렬 Q가 희소하고 대부분의 항이 0인 경우이다. 이러한 경우 항이 0이 아니라는 사실이 해당 값의 구체적 크기보다 더 중요하다. 행렬 항들의 크기 차이가 아주 많을 때, 행렬 Q의 값들을 인수분해하면 문제가 발생할 수 있다. 이러한 유형의 상황은 단어 빈도에 큰 변화가 있는 단어 행렬, 멱 법칙 빈도 분포를 갖는 그래프 등에서 발생할 수 있다. 단순히 값 기반 인수분해를 수행하는 경우, (상대적으로 중요하지 않은) 0 항의 우세와 아주 큰 값을 갖는 소수의 항이 분해에서 너무 큰 역할을 할 수 있다. 결과적으로 행렬의 중요한 항 대부분에 대한 모델링이 부실해질 수 있다. 평점 행렬의 경우 [65]에서 논의된 바와 같이, 원자료 수치를 어떻게 취급할지에 관한 일반적인 원칙은 다음과 같다.

> "명시적 피드백의 수치(밀집 행렬의 값)는 선호도를 나타내는 반면, 암시적 피드백의 수치(희소 행렬의 값)는 신뢰도를 나타낸다."

물론 희소 행렬의 값 0이 반드시 신뢰도 0을 나타내는 것은 아니며, 이것이 기본 값에 0이 아닌 가중치를 설정해야 하는 이유이다. 이 절에서는 희소 값을 가중치로 처리해야 하는 몇 가지 응용 시나리오의 예를 제시한다. 가중 행렬 인수분해의 또 다른 유용한 속성은 대부분의 항이 0일 때 매개변수 학습을 위한 매우 효율적인 조작을 허용한다는 것이다.

8.5.2 확률적 경사하강법

8.3.2.1절의 확률적 경사하강법 절차는 갱신을 수행하기 위해 동일한 확률로 행렬의 각 항을 표본추출한다. 가중 행렬 인수분해에서 항은 가중치에 비례하는 확률로 표본추출된다. 이 절의 앞부분에서 논의된 (결정적) 경사하강법 갱신에서 각 항의 가중치에 갱신에서 발생한 각 항의 오차를 곱한다. 확률적 경사하강법은 명시적 가중치를 가중치가 적용된 표본추출로 대체하는 동시에 갱신 형식을 가중치가 적용되지 않은 경우에서 변경되지 않은 상태로 유지한다. 오차 항이 표본추출되는 방식의 이러한 차이를 제외하고, 대수적 형태의 갱신은 가중치가 적용되지 않은 경우와 다르지 않다.

$$\overline{u}_i \Leftarrow \overline{u}_i(1-\alpha\lambda) + e_{ij}\overline{v}_j$$
$$\overline{v}_j \Leftarrow \overline{v}_j(1-\alpha\lambda) + e_{ij}\overline{u}_i$$

여기에서 α은 학습률이다($\alpha > 0$). 여기에서 $\overline{u}_i$는 $n \times k$ 행렬 U의 i번째 행을 나타내고 $\overline{v}_j$는 $d \times k$ 행렬 V의 j번째 행을 나타낸다. 행렬의 각 항에 대해(즉, 각 (i, j)에 대해) 행렬 U와 V에서 정확히 $2k$개의 항이 갱신된다.

이러한 유형의 가중 행렬 인수분해는 행렬의 대부분의 (원자료) 항이 0일 때 특히 효율적이다. 많은 응용에서 $n \times d$ 행렬 D의 항 수는 매우 많을 수 있지만, 0이 아닌 항의 수는 수백 수천 배 적은 경우도 많다. 이는 $10^6 \times 10^6$ 인접 행렬의 각 행에 0이 아닌 항이 10개만 있을 수 있는 그래프와 같은 응용에서 자주 발생한다. 따라서 가중치 행렬도 희소하며, 긍정적 표본추출 확률(즉, 원래 행렬 D의 0이 아닌 항)만 추적하면 된다. 0인 항들에 대한 모든 가중치는 하나의 부정적 표본추출 확률로 집계된다. 확률적 경사하강법 절차는 다음과 같이 수행된다.

1. 부정적 표본추출 비율과 같은 확률로 동전을 던진다. 동전 던지기가 성공이면, 무작위로 선택된 하나의 항이 부정적 항으로 취급되며 해당 항에 대해 갱신이 수행된다(무작위 항의 관측된 값이 0이라고 가정함).

2. 위의 단계에서 동전 던지기가 실패이면, 긍정적 항 중에서 하나를 가중치에 비례하는 확률로 표본추출한다. 이후 선택된 항에 대해 확률적 경사하강법이 수행된다.

가중치에 비례하여 항을 무작위로 표본추출하는 이 프로세스는 수렴에 이를 때까지 반복된다.

8.5.2.1 부정적 표본추출이 중요한 이유

부정적 표본추출을 사용하는 것이 중요한 경우들이 있으며, 특히 긍정적 항 간에 변동이 많지 않은 경우에 중요하다. 예를 들어 부정적 표본추출 속도를 0으로 설정하면서 이 절차를 희소 이진 행렬에 적용하는 경우, 가능한 "최적" 해 중 하나는 각 항이 $1/\sqrt{k}$인 행렬 U와 V이다. UV^T가 모든 항이 1인 행렬이 된다는 것을 쉽게 알 수 있다. 여기에서 긍정적 항에는 오차가 전혀 없고 부정적 항에는 급격한 오차가 없다. 부정적 표본추출 속도가 0이면 긍정적 항에 대해서만 목적함수를 묵시적으로 정의하므로, 예측 품질이 좋지 않은 경우에도 오차가 없는 최적의 해에 도달할 수 있다. 이 상황을 과적합의 한 유형으로 볼 수 있다. 일반적으로 희소 설정에서 0인 항의 가중치 w_{ij}는 항상 0이 아닌 값으로 설정되어야 한다.

8.5.3 응용: 암시적 피드백 데이터가 있는 추천 시스템

원래의 데이터 세트에 사용자가 항목 j를 구입한 금액이 포함되어 있는 경우를 생각해보자. $Q=[q_{ij}]$가 사용자가 구매한 수량을 나타내는 원래 행렬이라고 하자. 이 경우 사용자가 구매한 수량의 이진 지시 행렬로 $n\times d$ 데이터 행렬 $D=[x_{ij}]$를 생성한다. 따라서 행렬 D의 항은 다음과 같이 정의된다.

$$x_{ij} = \begin{cases} 1 & q_{ij} > 0 \\ 0 & q_{ij} = 0 \end{cases}$$

따라서 $n\times d$ 행렬 D는 이제 이진 지시 행렬이다. 또한, [65]에서는 항 (i, j)의 가중치 w_{ij}를 선택하기 위해 다음과 같은 휴리스틱을 제안한다.

$$w_{ij} = 1 + \theta \cdot q_{ij} \tag{8.17}$$

위의 가중치 체계는 원자료 행렬 Q의 0인 항이 0이 아닌 가중치를 갖도록 한다. 0인 항에 대한 0이 아닌 이러한 가중치는 0인 항들에 대해 합산될 때 부정적 표본추출 확률을 정의한다. [65]에서 제안하는 θ 값은 40이다. 이제 D의 가중치 행렬 인수분해를 사용하여 요인 행렬 U와 V를 구한다. 사용자 i에 대해 $(UV^T)_{ij}$ 값이 가장 큰 항이 (i, j)일 때, 사용자 i를 위한 추천 항목은 j이다.

8.5.4 응용: 인접 행렬에서 링크 예측

링크 예측은 사실상 추천 문제에 해당한다. 사용자-항목 행렬 대신 $n\times n$ 노드-노드 인접 행렬 $Q=[q_{ij}]$가 주어진다. 항 (i, j)의 값 q_{ij}는 간선 (i, j)의 가중치이다. 이러한 그래프는 희소하므로 대부분 q_{ij}의 값은 0이다. 예를 들어 문헌-네트워크에서 이 가중치는 저자 i와 j 사이의 공동 저작물 개수에 해당할 수 있다. 사용자-항목 추천 시스템의 경우와 같이 원자료 $n\times n$ 노드-노드 행렬의 이진화된 버전은 다음과 같이 정의된다.

$$x_{ij} = \begin{cases} 1 & q_{ij} > 0 \\ 0 & q_{ij} = 0 \end{cases}$$

가중치 행렬 설정은 사용자-항목 추천 시스템과 비교하여 추가적인 고려가 필요하다. 한 가지 문제는 이러한 그래프에서 간선의 가중치가 매우 높은 수준의 변동을 갖는다는 것이다. 따라서 가중치를 선택할 때 주의를 기울이지 않으면 몇 개의 가중치가 인수분해를 지배할 수 있다. 이것은 분명히 바람직하지 않다. 따라서 한 가지 가능성은 로그 감쇠를 사용하여 w_{ij}를 정의하는 것이다.

$$w_{ij} = 1 + \theta \cdot \log(1 + q_{ij})$$

θ의 값은 확률적 경사하강법의 표본추출 프로세스에서 배제된 항 집합에 대한 정확도를 테스트하여 조정할 수 있다.

8.5.5 응용: GloVe를 이용한 단어-단어 문맥 임베딩

약어 GloVe는 단어 표현을 위한 전역 벡터(Global Vector)를 의미한다. 목표는 문맥 창의 다른 단어들을 기반으로 단어의 다차원 임베딩을 생성하는 것이다. 따라서 문맥 창에서 가까이 나타나는 단어들은 유사한 임베딩을 갖는 경향이 있다. GloVe의 행렬 Q는 $d \times d$ 단어-단어 문맥 행렬이다. 행렬의 (i, j)번째 항은 문서의 문장에서 단어 i로부터 사전 정의된 거리 δ 내에서 단어 j가 발생하는 횟수를 나타낸다. δ는 일반적으로 4 또는 5와 같은 작은 값을 갖는다. 요인 행렬 U와 V의 행들을 연결(또는 덧셈)하여 개별 단어의 임베딩을 생성할 수 있다. 이러한 행렬들은 단어 수만큼의 행을 갖는다. 이러한 유형의 임베딩은 잠재 의미 분석과 같은 방법에서 얻는 것 이상의 언어적 및 의미론적 중요성을 갖는 경향이 있다.

이제 분해할 값을 포함하는 데이터 행렬 $D = [x_{ij}]$를 생성하기 위해 행렬 Q를 다음과 같이 감쇠시킨다.

$$x_{ij} = \log(1 + q_{ij})$$

이진 데이터 행렬 D는 이 응용에서 더 이상 사용되지 않는다. 가중치 w_{ij}는 다음과 같이 정의된다.

$$w_{ij} = \begin{cases} \min\left\{1, \frac{c_{ij}}{M}\right\}^{\alpha} & q_{ij} > 0 \\ 0 & q_{ij} = 0 \end{cases}$$

M과 α의 값은 경험적 고려에 기초하여 각각 100과 3/4로 권고된다. 편향 변수의 사용과 같은 다양한 방법으로 이 기본 모델을 개선할 수 있다.

GloVe는 부정적 표본추출 확률을 0으로 설정하며, 따라서 거의 전적으로 x_{ij}의 0이 아닌 값들 간의 변동성에 의존한다. 이것은 비정상적이고 논란의 여지가 있는 설계 선택이며, 가중 행렬 인수분해에 대해 알려진 거의 모든 기법들과 매우 다르다. GloVe는 원래의 수량 행렬 $Q=[q_{ij}]$에서 x_{ij}의 이진 값을 추출하려고 시도하지 않는다. x_{ij}에 이진 값을 사용하는 것은 GloVe의 경우 재앙이 될 것이다(연습문제 9 참고). 경쟁 관계에 있다고 볼 수 있는 word2vec 라는 방법은 고품질 결과를 얻기 위해 부정적 표본추출을 크게 강조한다[91, 92]. 주어진 데이터에서 q_{ij}의 값의 변동이 크지 않으면, GloVe에서 과적합 결과가 발생할 수 있다(8.5.2.1절 참고). GloVe가 (연구자와 실무자에 의한 독립적인 평가에 근거하여) 상당히 좋은 결과를 제공하는 것처럼 알려져 있으며, 따라서 그러한 상황이 발생하는 경우는 드문 것으로 보인다. 이것은 아마도 단어-단어 문맥 행렬에서 0이 아닌 빈도수 사이에 (감쇠 이후에도) 충분한 변동이 있다는 사실에 따른 결과일 수 있다. 다른 응용 영역에서는 이러한 속성이 나타나지 않을 수 있으며, 따라서 일반적으로 어떤 형태로든 부정적 표본추출을 사용하지 않는 인수분해라면 주의해야 한다.

8.6 비선형 행렬 인수분해

지금까지 이 장에서 논의된 모든 모델은 행렬을 U와 V 모두에 대해 선형인 $D \approx UV^T$로 인수분해한다. 로지스틱 및 최대 여백 행렬 인수분해는 UV^T의 항 단위 함수를 사용하여 D를 도출함으로써 이러한 선형성에서 벗어난다. 이러한 방법은 이진 희소 행렬에 맞게 설계되었지만, 적절한 예측 함수를 선택하면 비선형 실수 값 행렬로도 확장할 수 있다.

이 절의 이진 행렬의 경우 (i, j)번째 이진 값은 가중치 w_{ij}와 연계된다. 이러한 인수분해는 항 값이 가중치로 취급되는 희소 행렬에도 맞게 설계되었다. 이러한 유형의 인수분해는 가중 행렬 인수분해를 이용하는 모든 응용에 사용할 수 있다. 예를 들어, 로지스틱 및 최대 여백 행렬 인수분해는 (8.5.3-8.5.5절에서 논의된) 추천 시스템, 링크 예측, 텍스트 처리 등의 응용을 직접 지원할 수 있다.

8.6.1 로지스틱 행렬 인수분해

가중 행렬 인수분해와 달리 로지스틱 행렬 인수분해는 확률 모델로 해석될 수 있는 비선형 예측 함수를 사용한다. U와 V를 원래의 $n \times d$ 희소 빈도수 행렬 $Q=[q_{ij}]$에 대한 $n \times k$와 $d \times k$ 크기의 요인 행렬이라고 하자. 로지스틱 행렬 인수분해는 확률 행렬 P를 생성하기 위해 UV^T의 각 항에 로지스틱 시그모이드 함수 $F(x)$를 적용한다.

$$P = F(UV^T)$$

여기에서 함수 $F(\cdot)$는 항 단위로 적용되며 다음과 같이 정의된다.

$$F(x) = \frac{1}{1+\exp(-x)}$$

$n \times d$ 행렬 P의 각 항은 구간 (0, 1)에서 추출된 확률 값이며, 목표는 이러한 확률을 기반으로 관측된 데이터 행렬의 로그 우도를 최대화하는 것이다. 가중 행렬 인수분해의 경우와 같이 이진화된 행렬 $D=[x_{ij}]$를 다음과 같이 생성한다.

$$x_{ij} = \begin{cases} 1 & q_{ij} > 0 \\ 0 & q_{ij} = 0 \end{cases}$$

사용자 주도 매개변수 m이 사용되는데, 이는 부정적인 항의 **총 가중치** 대 긍정적인 항의 총 가중치의 비율이다. 행렬의 각 항에 대한 가중치 w_{ij}는 다음과 같이 정의된다.

$$w_{ij} = \begin{cases} q_{ij} & q_{ij} > 0 \\ m(\sum_{s=1}^{d} q_{is})/d & q_{ij} = 0 \end{cases}$$

m의 값은 응용 영역에 맞추어 설정되며, 종종 5와 같은 작은 정수가 사용된다. 행렬이 희소하다는 가정 하에서 각 행에서 부정적 항의 합은 대략 $m(\sum_{s=1}^{d} q_{is})$가 된다. 따라서 부정적 항의 가중치는 긍정적 항 가중치의 m배이다. 여기에서 m은 사용자 주도 매개변수이다. 이 접근방식을 사용할 경우 명시적으로 정해진 것은 아니지만, 부정적 항은 낮은 가중치를 갖게 된다. 이는 희소 행렬에 긍정적 항보다 수백 배 많은 부정적 항이 포함되는 경우가 많은데, m은 5와 같은 작은 값이기 때문이다.

로지스틱 행렬 인수분해의 핵심은 (학습된) 확률 행렬 $P=[p_{ij}]$에서 x_{ij}가 1일 때 p_{ij} 값이 크고, x_{ij}가 0일 때 p_{ij} 값이 작게 만드는 것이다. 이것은 다음과 같이 정의되는 로그 우도 목적함수로 달성될 수 있다.

$$J = -\sum_{i=1}^{n}\sum_{j=1}^{d} w_{ij}\left[x_{ij}\log(p_{ij}) + (1-x_{ij})\log(1-p_{ij})\right]$$

여기에서 이 손실함수는 항상 비 음수임을 알 수 있으며, $p_{ij}=x_{ij}$일 때 최솟값 0이 된다[17]. 각 p_{ij}는 $F(UV^T)$의 (i, j)번째 항이며 다음과 같이 정의된다.

17) 엄밀히 말하면, p_{ij}가 0 또는 1일 때 이 목적함수는 정의되지 않는다. 그러나 $p_{ij} \rightarrow x_{ij}$의 극한에서의 손실은 0이다. 로지스틱 함수 값 p_{ij}가 정확히 0이나 1이 되지는 않는다.

$$p_{ij} = \frac{1}{1+\exp(-\overline{u}_i \cdot \overline{v}_j)}$$

여기에서 $\overline{u}_i$는 $n \times k$ 행렬 U의 i번째 행이고, $\overline{v}_j$는 $d \times k$ 행렬 V의 j번째 행이다. 따라서 목적함수에서 이 p_{ij} 값을 대입하여 로지스틱 행렬 인수분해에 대한 다음의 손실함수를 얻을 수 있다.

$$J = -\sum_{i=1}^{n}\sum_{j=1}^{d} w_{ij}\left[x_{ij}\log\left(\frac{1}{1+\exp(-\overline{u}_i \cdot \overline{v}_j)}\right) + (1-x_{ij})\log\left(\frac{1}{1+\exp(\overline{u}_i \cdot \overline{v}_j)}\right)\right]$$

이제 로지스틱 행렬 인수분해의 목적함수를 설정하였으므로 경사하강법 단계만 유도하면 된다.

8.6.1.1 로지스틱 행렬 인수분해를 위한 경사하강법 단계

경사하강법 갱신을 수행하려면, k차원 벡터 $\overline{u}_i$와 $\overline{v}_j$에 대한 목적함수의 경사도를 계산해야 한다. 이를 위해 행렬 미적분의 연쇄법칙을 사용한다.

$$\frac{\partial J}{\partial \overline{u}_i} = \sum_{j=1}^{d} \frac{\partial J}{\partial(\overline{u}_i \cdot \overline{v}_j)} \frac{\partial(\overline{u}_i \cdot \overline{v}_j)}{\partial \overline{u}_i} = \sum_{j=1}^{d} \frac{\partial J}{\partial(\overline{u}_i \cdot \overline{v}_j)}\overline{v}_j$$

$$\frac{\partial J}{\partial \overline{v}_j} = \sum_{i=1}^{n} \frac{\partial J}{\partial(\overline{u}_i \cdot \overline{v}_j)} \frac{\partial(\overline{u}_i \cdot \overline{v}_j)}{\partial \overline{v}_j} = \sum_{i=1}^{n} \frac{\partial J}{\partial(\overline{u}_i \cdot \overline{v}_j)}\overline{u}_i$$

$\overline{u}_i$ 또는 $\overline{v}_j$에 대한 $\overline{u}_i \cdot \overline{v}_j$의 편미분은 표 4.2(a)의 항등식 (v)를 사용하여 구한다. 목적함수가 이 양의 함수로 정의되기 때문에, $\overline{u}_i \cdot \overline{v}_j$에 대한 J의 편미분을 계산하는 것은 비교적 쉽다. 이 편미분을 계산하고 위의 방정식에 대입하여 다음 식들을 얻는다.

$$\frac{\partial J}{\partial \overline{u}_i} = -\sum_{j=1}^{d} \frac{w_{ij}x_{ij}\overline{v}_j}{1+\exp(\overline{u}_i \cdot \overline{v}_j)} + \sum_{j=1}^{d} \frac{w_{ij}(1-x_{ij})\overline{v}_j}{1+\exp(-\overline{u}_i \cdot \overline{v}_j)}$$

$$\frac{\partial J}{\partial \overline{v}_j} = -\sum_{i=1}^{n} \frac{w_{ij}x_{ij}\overline{u}_i}{1+\exp(\overline{u}_i \cdot \overline{v}_j)} + \sum_{i=1}^{n} \frac{w_{ij}(1-x_{ij})\overline{u}_i}{1+\exp(-\overline{u}_i \cdot \overline{v}_j)}$$

이러한 편미분을 사용하면 학습률 α에서 간단한 경사하강법 절차를 적용할 수 있다($\alpha > 0$).

$$\overline{u}_i \Leftarrow \overline{u}_i - \alpha\frac{\partial J}{\partial \overline{u}_i} \quad \forall i$$

$$\overline{v}_j \Leftarrow \overline{v}_j - \alpha\frac{\partial J}{\partial \overline{v}_j} \quad \forall j$$

경사하강법은 목적함수의 정확한 도함수를 계산한다. 확률적 경사하강법은 어떨까? 미니 배치 확률적 경사하강법은 로지스틱 행렬 인수분해의 경우 특히 많이 사용된다. 부정적 항의 총 가중치는 긍정적 항 총 가중치의 m배이므로, 확률적 경사하강법을 위해 m개의 부정적 항과 함께 하나의 긍정적 항을 표본추출하는 것이 일반적이다. 흥미롭게도 이러한 유형의 확률적 경사하강법이 갱신에 사용되고 문맥의 빈도로 가중치가 설정된 단어-단어 문맥 행렬에 적용되면, 그 결과에 따른 접근방식은 word2vec 알고리즘의 역전파 기반 갱신과 **동일하다**. i번째 행에 있는 부정적 항의 가중치는 $K_i(\sum_{s=1}^{d} q_{is})^{\alpha}$이며, 여기에서 $\alpha = 3/4$이다. K_i 값은 i번째 행에 있는 부정적 항의 가중치 합계가 대략 $m(\sum_{s=1}^{d} q_{is})$이 되도록 선택된다. 따라서 word2vec는 단순히 로지스틱 행렬 인수분해의 구현이며, 이 장의 앞부분에서 논의한 GloVe 알고리즘에 대한 대안을 제공한다.

> **문제 8.6.1** **정칙화된 로지스틱 행렬 인수분해** L_2–정칙화를 사용하는 로지스틱 행렬 인수분해를 위한 목적함수를 작성하시오. 또 경사하강법 단계를 유도하시오.

8.6.2 최대 여백 행렬 인수분해

로지스틱 회귀가 서포트 벡터 머신과 밀접한 관련이 있는 것처럼(4장의 그림 4.9 참고), 로지스틱 행렬 인수분해는 최대 여백 행렬 인수분해와 밀접한 관계에 있다. 다음 설명은 가중치 사용을 허용하면서 여러 측면에서 알고리즘을 단순화하지만 대략적으로 [120]을 기반으로 한다. 로지스틱 행렬 인수분해의 경우와 같이 **이진** $n \times d$ 데이터 행렬 $D = [x_{ij}]$와 $n \times d$ 가중치 행렬 $W = [w_{ij}]$는 원자료 수량 행렬 $Q = [q_{ij}]$에서 도출된다. [120]의 논문에서는 가중치 사용에 대해 설명하지 않는다. 실제로 로지스틱 행렬 인수분해나 최대 여백 행렬 인수분해와 같은 방법은 가중치가 허용될 때 가장 유용하다. 이는 (암시적 피드백의 현실적 응용 환경에서 나타나는) 많은 희소 행렬에서 0이 아닌 항의 개수가 많지 않기 때문이다. 또한 [120]의 작업은 쌍대 학습 알고리즘을 제공하지만, 여기에서 훨씬 더 간단한 원본 알고리즘을 제시한다.

데이터 행렬 D의 0-1항 x_{ij}는 다음 변환을 사용하여 {−1, +1}에 속하는 값 y_{ij}로 변환할 수 있다.

$$y_{ij} = 2x_{ij} - 1$$

$Y = 2D - \overline{1}_n \overline{1}_d^T$로 정의되는 행렬 $Y = [y_{ij}]$를 도입할 수도 있다. 여기에서 $\overline{1}_k$는 k개의 1로 구성되는 열벡터이므로, $\overline{1}_n \overline{1}_d^T$는 1로 구성된 $n \times d$ 행렬이다. 아래 목적함수에서 x_{ij} 대신 y_{ij}를 사용하는데, 이는 SVM 목적함수와의 유사성을 더 쉽게 보여주기 때문이다. U와 V를 각각 $n \times k$와 $d \times k$ 크기의 요인 행렬이라고 가정한다. U와 V의 i번째 행은 각각 $\overline{u}_i$와 $\overline{v}_i$로

표시된다. 그러면 $\hat{y}_{ij}$로 표시되는 (i, j)번째 항의 예측 값은 다음과 같이 정의된다.

$$\hat{y}_{ij} = \overline{u}_i \cdot \overline{v}_j$$

로지스틱 행렬 인수분해와 달리 예측 값 $\hat{y}_{ij}$는 {0, 1}의 값이 아니라 {−1, +1}의 수량 y_{ij}에 대응시킨다. 여기에서 중요한 점은 절댓값이 큰 $\hat{y}_{ij}$ 항은 부호가 정확하면 페널티를 받지 않는다는 것이다. 이는 이 인수분해가 관측된 값의 절대 편차를 사용하는 대신, UV^T에 부호 함수를 사용하여 원래 항을 예측하기 때문이다.

$$Y \approx \text{sign}(UV^T)$$

이러한 유형의 접근방식은 SVM의 예측 접근방식과 정확히 유사하다. SVM의 경우와 마찬가지로 경첩 손실은 개별 항에 사용된다.

$$\text{Hinge}(i, j) = \max\{0, 1 - y_{ij}\hat{y}_{ij}\} = \max\{0, 1 - y_{ij}[\overline{u}_i \cdot \overline{v}_j]\}$$

이것은 여백 기반 목적함수이다. 왜냐하면 예측 값이 1만큼의 충분한 여백을 갖고 원래 이진 값의 부호와 일치하는 경우에만 항이 페널티를 받지 않기 때문이다. 이제 최대 여백 인수분해의 전체 목적함수(정칙화 없음)가 다음과 같이 표현된다.

$$J = \sum_{i=1}^{n}\sum_{j=1}^{d} w_{ij}\max\{0, 1 - y_{ij}[\overline{u}_i \cdot \overline{v}_j]\}$$

로지스틱 행렬 인수분해의 경우처럼 연쇄법칙을 사용하여 도함수를 계산할 수 있다.

$$\frac{\partial J}{\partial \overline{u}_i} = \sum_{j=1}^{d} \frac{\partial J}{\partial(\overline{u}_i \cdot \overline{v}_j)}\overline{v}_j = -\sum_{j:y_{ij}(\overline{u}_i \cdot \overline{v}_j)<1} w_{ij}y_{ij}\overline{v}_j$$
$$\frac{\partial J}{\partial \overline{v}_j} = \sum_{i=1}^{n} \frac{\partial J}{\partial(\overline{u}_i \cdot \overline{v}_j)}\overline{u}_i = -\sum_{i:y_{ij}(\overline{u}_i \cdot \overline{v}_j)<1} w_{ij}y_{ij}\overline{u}_i$$

L_2-정칙화를 사용하는 것이 일반적이며, 위의 경사도는 각각 $\lambda\overline{u}_i$와 $\lambda\overline{v}_j$로 조정된다. 여기에서 λ은 정칙화 매개변수이다($\lambda > 0$). 따라서 학습률 α에서 최대 여백 행렬 인수분해의 경사하강법 갱신은 다음과 같다($\alpha > 0$).

$$\overline{u}_i \Leftarrow \overline{u}_i(1 - \alpha\lambda) + \alpha \sum_{j:y_{ij}(\overline{u}_i \cdot \overline{v}_j)<1} w_{ij}y_{ij}\overline{v}_j \quad \forall i$$
$$\overline{v}_j \Leftarrow \overline{v}_j(1 - \alpha\lambda) + \alpha \sum_{i:y_{ij}(\overline{u}_i \cdot \overline{v}_j)<1} w_{ij}y_{ij}\overline{u}_i \quad \forall j$$

SVM과 로지스틱 회귀가 이진 라벨 분류에 대해 매우 유사한 결과를 제공하는 것처럼, 로지스틱 행렬 인수분해와 최대 여백 행렬 인수분해는 이진 행렬의 분해에 대해 유사한 결과를 제공한다.

8.7 일반화된 저 순위 모델

이진 데이터에 대해 특수한 형태의 행렬 인수분해(예: 로지스틱 및 최대 여백 인수분해)를 적용할 때 몇 가지 흥미로운 질문이 생긴다. 원래의 데이터 행렬에 서로 다른 유형의 항들이 포함되는 경우 어떻게 될까? 기계학습에서는 숫자, 이진, 범주, 순서 등의 다양한 특징이 데이터 행렬에 나타날 수 있다. 표 8.1은 열마다 데이터 유형이 다른 **혼재성** 데이터 유형을 포함하는 인구 통계학적 데이터 테이블을 보여준다. 이때 발생하는 자연스러운 질문은 어떻게 그렇게 혼란스럽게 여러 데이터 유형을 포함하는 테이블에 대한 인수분해를 수행할 수 있는가이다.

표 8.1: 열마다 데이터 유형이 다른 인구 통계학적 데이터 세트

연령 (숫자)	성별 (이진)	우편번호 (범주)	인종 (범주)	교육수준 (서수)
32	F	10598	백인	학사
41	M	10532	아프리카 계 미국인	학사
36	M	10562	필리핀	고등학교
32	F	10532	히스패닉	석사
29	F	10532	아메리카 원주민	박사

이 경우 **혼재성** 데이터 유형의 $n \times d$ 행렬 $D = [x_{ij}]$가 있고 $W = [w_{ij}]$는 $n \times d$ 가중치 행렬이다. 지금까지 살펴본 시나리오와의 중요한 차이점은 x_{ij}의 데이터 유형이 열 인덱스 j에 종속된다는 것이다. 분해를 수행하기 위해 $n \times k$ 행렬 U와 $r \times k$ 행렬 V를 사용한다. 대부분의 분해 형태에서 V의 행 개수는 D의 열 개수 d와 같지만 이 경우 $r > d$이다. $r > d$인 이유는 무엇일까? 그 이유는 범주형 데이터와 같은 일부 데이터 유형에서는 D의 열 하나에 대해 여러 행이 필요하기 때문이다. 지금까지 살펴본 모델에서는 그런 경우가 없었다. 따라서 "재구성된 행렬" UV^T는 원래 행렬 D와 동일한 크기를 갖지 않는다. 재구성된 행렬은 D와 동일한 수의 행을 갖지만 훨씬 더 많은 수의 열이 있을 수 있다. 따라서 D와 UV^T 사이에서 열 간의 일대일 대응은 더 이상 가능하지 않으며, 현재 데이터 유형에 따라 대응 관계는 달라진다. D의 j번째 열은 UV^T의 여러 열에 연계되며, 이러한 열은 $[l_j, h_j]$ 범위의 열 인덱스를

가지며 UV^T에서 연속적으로 위치한다고 가정한다. D의 열 인덱스 j가 숫자, 순서, 이진 변수 등에 해당하는 경우 $l_j = h_j$가 될 것이며, UV^T의 단일 열은 D의 단일 열에 대응된다. 그러나 범주형 데이터와 같은 일부 데이터 유형의 경우 $h_j > l_j$가 된다. D의 각 열 j에 대해 해당 열에 특정된 손실함수를 정의하는데 사용되는 인수의 개수는 $h_j - l_j + 2$이다. D의 j번째 열의 손실함수 $\mathcal{L}_j(\cdot)$는 다음과 같이 정의된다.

1. D의 j번째 열의 항 (i, j)에 대한 손실함수의 첫 번째 인수는 항 x_{ij}의 관측된 값이다.
2. 손실함수의 나머지 $h_j - l_j + 1$개의 인수는 $r = h_j - l_j + 1$개의 값 $z_{i,l_j} \dots z_{i,l_j+r-1}$를 사용한다. 여기에서 각 q에 대해 $z_{iq} = \overline{u}_i \cdot \overline{v}_q \in \{l_j \dots l_j + r - 1\}$이다.
3. D의 (i, j)번째 항에 대한 손실 값 L_{ij}는 j열에 특정된 손실함수 $\mathcal{L}_j$를 사용하여 정의된다.

$$L_{ij} = \mathcal{L}_j(x_{ij}, z_{i,l_j} \dots z_{i,l_j+r-1})$$

손실함수의 특성은 사용 중인 데이터 유형에 따라 크게 달라진다. 이진 및 숫자 변수를 위한 손실함수의 몇 가지 예를 이미 살펴보았다. 다음에 범주형 및 순서형 변수를 위한 손실함수도 소개한다.

인수분해 전체의 목적함수는 항 별 가중치와 추가적인 정칙화의 함수로 표현할 수 있다.

$$J = \sum_{i=1}^{n}\sum_{j=1}^{d} w_{ij} L_{ij} + \frac{\lambda}{2}\left(\|U\|_F^2 + \|V\|_F^2\right) \text{을 최소화한다.}$$

이미 숫자 및 이진 인수분해를 위한 손실함수가 선형 회귀와 이진 분류의 대응 요소에서 어떻게 직접 유지되는지 살펴본 바 있다. 이에 따라 다항 로지스틱 회귀와 서수 회귀의 대응 요소로부터 범주나 서수 값의 손실함수를 도출할 수도 있다.

8.7.1 범주형 항의 처리

요점은 범주형 항의 모델링에는 범주형 속성의 정확히 서로 다른 고윳값 개수만큼의 항들이 UV^T에 필요하다는 것이다. $s_j = h_j - l_j + 1$개의 가능한 값 $a_1 \dots a_{s_j}$을 가질 수 있는 D의 j번째 열을 생각해보자. 이제 다항 로지스틱 회귀 모델은 값이 a_r인 (i, j)번째 항의 확률을 다음과 같은 식으로 계산한다.

$$P_{ij}(a_r) = \frac{\exp(z_{i,l_j+r-1})}{\sum_{s=1}^{r} \exp(z_{i,l_j+s-1})}$$

이제 이 항의 손실을 다음과 같이 정의할 수 있다.

$$L_{ij} = -\log\left[P_{ij}(x_{ij})\right]$$

이것은 4.9.2절에서 논의된 다항 로지스틱 회귀의 간단한 로그 우도 모델이다.

8.7.2 서수 항의 처리

서수 항은 예측해야 하는 값이 고정된 개수의 순서 값 중의 하나인 항이다. 그러나 이러한 값 사이의 거리는 알려지지 않는다. 예를 들어, 표 8.1에는 순서가 정해진 네 가지 교육수준이 포함되어 있다. 그러나 교육수준 간의 거리를 쉽게 알 수 없다. T_j를 D의 j번째 열(서수형 변수임)에 대해 가능한 고유한 값의 개수로 설정한다. $y_1 \cdots y_m$로 표시되는 $m = T_j - 1$개의 (오름차순으로) 순서가 정해진 임계값을 정의한다. 절편이라고 불리는 이러한 임계값들은 행렬 U와 V의 일부가 아니지만 데이터 기반 방식으로 학습해야 한다. 행렬 V에는 이 서수 열에 대한 인덱스 o_j를 인덱스로 갖는 단일 행 $\overline{v}_{o_j}$가 포함된다. 전통적인 행렬 인수분해의 경우 V의 행 수는 D의 열 수와 같은데, 이는 V의 행과 D의 열간에 일대일 대응이 있기 때문이다. 그러나 범주형 데이터 유형을 포함하는 혼재성 데이터 테이블의 경우에는 이러한 관계가 해당되지 않는다. 서수형 데이터 유형은 V에서 단 하나의 열만 필요하지만, 동일한 행렬에 있는 일부 다른 유형의 데이터(예: 범주형 데이터)는 V에서 두 개 이상의 행이 필요할 수 있기 때문에 o_j 값은 j보다 클 수도 있다. 이로 인해 원래 행렬 D의 인덱스와 잠재 벡터 행렬 V의 인덱스 사이에는 불일치가 지속적으로 발생할 수 있다. D의 (i, j)번째 항에 대한 예측 값은 $\overline{u}_i \cdot \overline{v}_{o_j}$를 계산하고 다음과 같이 서수 값을 취하여 구한다.

$$\hat{x}_{ij} = \begin{cases} \text{첫 번째 서수 값} & z_{i,o_j} \le y_1 \\ q \text{ 번째 서수 값} & q \in [2, m], y_{q-1} \le z_{i,o_j} \le y_q \\ (m+1)\text{번째 서수 값} & z_{i,o_j} > y_m \end{cases}$$

즉, 실수 직선상에서 $(m+1)$개의 구간을 정의하기 위해 순서가 정해진 임계값 $y_1 \cdots y_m$을 사용한다. (i, j)번째 항은 실수 직선상에서 속하는 구간에 따라 해당 서수 값에 사상된다. 다음 논의에서는 (표기법상의 편의를 위해) $y_0 = -\infty$와 $y_{m+1} = +\infty$라고 가정한다. (자명한) 양쪽 끝의 절편들에 대한 학습은 필요하지 않지만, 이러한 가정은 불필요한 사례 별 분석을 줄이는 데 도움이 된다. 예를 들어, $\hat{x}_{ij}$의 예측은 이제 다음과 같이 단일 케이스로 축소될 수 있다.

$$\hat{x}_{ij} = \begin{cases} q\text{번째 서수 값} & q \in [1, m+1], y_{q-1} \le z_{i,o_j} \le y_q \end{cases}$$

서수 항에 대한 손실함수를 설정하는 방법은 여러 가지가 있다. 한 가지 방법은 (i, j)번째 항에 대한 m개의 서로 다른 이진 예측의 손실을 합산하여 서수를 예측하는 **비례 승산 모델**(proportional odds model)을 사용하는 것이다. 이때 q번째 예측은 x_{ij}와 z_{i,o_j}가 y_q를 기준으로 같은 쪽에 있는지 확인한다. 이것은 다중 절편 $y_1 \cdots y_m$을 학습해야 한다는 점을 제외하면 이항 로지스틱 행렬 인수분해에 사용되는 것과 동일한 접근방식이다. 이제 (i, j)번째 항이 y_b의 어느 한 쪽에 있을 확률을 다음과 같이 계산한다.

$$P_{ij}(x_{ij} \le y_b) = \frac{1}{1 + \exp(z_{i,o_j} - y_b)}$$
$$P_{ij}(x_{ij} > y_b) = \frac{1}{1 + \exp(-z_{i,o_j} + y_b)}$$

위의 두 확률의 합이 1임은 쉽게 확인할 수 있다. y_b 값이 클수록 확률 $P_{ij}(x_{ij} \le y_b)$가 증가한다. $b = 0$과 $b = m + 1$에서 y_b의 값은 각각 $-\infty$와 $+\infty$로 고정된다. 이러한 경우, 앞서 언급한 각 확률이 0 또는 1임을 쉽게 확인할 수 있다.

서수형 변수 x_{ij}의 관측 값이 $\{0 \ldots m\}$에 속하는 어떤 s에 대해 y_s와 y_{s+1}의 현재 값 사이에 있다고 가정한다. 이제 $b \le s$일 때 $P(x_{ij} > y_b)$를 최대한 크게 하고 $b > s$일 때 $P(x_{ij} \le y_b)$를 최대한 크게 만들고자 한다. 이것은 다음 손실함수를 사용하여 달성된다.

$$L_{ij} = -\sum_{b=1}^{s} \log[P_{ij}(x_{ij} > y_b)] - \sum_{b=s+1}^{m} \log[P_{ij}(x_{ij} \le y_b)]$$

s가 0이면 첫 번째 합산 항이 사라지며, s가 m이면 두 번째 합산 항이 사라진다. 이 손실함수는 이진 로지스틱 예측과 매우 유사하다. 이진 로지스틱 모델링과의 주요 차이점은 각 임계값 y_s에 대응되는 m개의 서로 다른 이진 예측이 있고 m개의 임계값 각각의 올바른 쪽의 예측을 보상한다는 것이다. 손실함수는 m개의 서로 다른 (음의) 보상의 합을 포함한다. 여기에서 각 y_s는 변수라는 점에 유의해야 한다. 따라서 경사하강법 절차는 요인 행렬들을 갱신해야 할 뿐만 아니라 임계값 $y_1 \cdots y_m$도 갱신해야 한다.

지금까지 살펴본 모든 문제에서 로지스틱 손실이 사용되는 경우 항상 경첩 손실로 대체할 수 있다. 이는 이러한 손실함수들의 유사성 때문이다(4장의 그림 4.9 참고). 서수형 변수 x_{ij}가 $\{0 \ldots m\}$에 속하는 어떤 s에 대해 y_s와 y_{s+1}의 현재 값 사이에 있다고 가정한다. 로지스틱 모델의 경우와 마찬가지로 손실함수를 (자명하지 않은 임계값 y_b마다 하나씩) m개의 서로 다른 이진 예측에 대한 m개의 서로 다른 손실의 합으로 볼 수 있다. 손실함수는 z_{i,o_j}가 각

y_b의 잘못된 쪽에 있거나 올바른 쪽에 있지만 충분한 여유가 없는 경우 페널티를 부과한다. 이것은 손실함수 L_{ij}를 다음과 같이 정의하여 달성된다.

$$L_{ij} = \sum_{b=1}^{s} \max(1 - z_{i,o_j} + y_b, 0) + \sum_{b=s+1}^{m} \max(1 + z_{i,o_j} - y_b, 0)$$

경첩 손실은 미분이 더 간단해진다는 장점이 있다. 이 모델은 [128]에서 논의된 Julia 패키지에서도 사용할 수 있다.

8.8 공유 행렬 인수분해

공유 행렬 인수분해는 여러 행렬을 동시에 인수분해하기 위해 사용된다. 또한 행렬들에는 공통된 차원이 하나 이상 있다. 예를 들어, 각 노드(객체)가 하나의 문서를 나타내는 객체 그래프가 주어질 경우, 각기 그래프 연결 구조를 나타내는 행렬과 노드들에 연계된 문서들에 연계되는 행렬을 생각할 수 있다. 또한 노드와 문서 간에 일대일 대응이 존재하기 때문에, 두 행렬의 차원들 중 하나가 공통되도록 만들 수 있다. 공통된 차원이 존재하지 않을 경우 공유 행렬 인수분해를 수행할 수 없다.

공유 행렬 인수분해의 기본 아이디어는 **공유 요인 행렬**을 사용하여 **공유 차원**을 갖는 두 행렬로 분해를 수행하는 것이다. 각각 크기가 $n \times d$와 $n \times m$인 두 개의 행렬 D와 M을 생각해 보자. 두 행렬의 행 개수는 동일하며, D의 각 행은 M의 어떤 행엔가 대응된다. 예를 들어, D는 문서-용어 행렬(문서의 단어 빈도를 나타냄)에 해당하고 M은 문서-사용자 행렬(사용자가 문서에 "좋아요" 평점을 매겼는지에 대한 이진 정보를 나타냄)에 해당할 수 있다. 따라서 사용자가 해당 문서에 "좋아요" 평점을 매겼는지 여부에 따라 값은 0 또는 1이다. 이것은 암시적 피드백 데이터의 전형적인 예이다. 두 행렬의 중요한 속성은 D의 i번째 행과 M의 i번째 행이 동일한 객체(이 경우 문서)에 해당한다는 것이다. 이러한 일대일 대응은 공유 행렬 인수분해가 작동하는 데 필수적이다. 위에 서술된 콘텐츠 기반 데이터와 피드백 데이터에 기반하여 문서의 잠재 표현을 만들고자 한다. 이러한 유형의 특징 공학 표현은 추천 시스템을 비롯한 다양한 작업에 유용하다. 예를 들어, 이러한 특징 공학 처리된 표현을 사용하는 유사성 검색은 주제와 관심을 모두 고려하는 출력을 제공한다.

문서에 대한 공유 $n \times k$ 요인 행렬 U, 단어에 대한 $d \times k$ 요인 행렬 V, 사용자를 위한 $m \times k$ 요인 행렬 W 등을 도입한다. 이제 다음과 같은 공유 분해를 수행한다.

$$D \approx UV^T \quad \text{문서-단어 인수분해}$$
$$M \approx UW^T \quad \text{문서-사용자 인수분해}$$

이제 인수분해의 목적함수를 다음과 같이 설정할 수 있다.

$$J = \frac{1}{2}\|D - UV^T\|_F^2 + \frac{\beta}{2}\|M - UW^T\|_F^2 + \underbrace{\frac{\lambda}{2}(\|U\|_F^2 + \|V\|_F^2 + \|W\|_F^2)}_{\text{정칙화}} \text{ 을 최소화한다.}$$

여기에서 양의 값 β는 두 분해의 상대적 가중치를 제공하고, 양의 값 λ는 정칙화 매개변수이다. β의 값은 종종 응용 분야별 고려사항에 따라 선택된다.

8.8.1 공유 분해를 위한 경사하강법 단계

이제 이전 절에서 논의한 행렬 인수분해 모델에 대한 경사하강법 단계를 유도한다. U, V, W의 항과 관련하여 J의 경사도를 계산한다. U, V, W의 현재 값에 대해 $e^{D_{ij}}$가 오차 행렬 $(D-UV^T)$의 (i, j)번째 항, $e^{M_{ij}}$는 오차 행렬 $(M-UW^T)$의 (i, j)번째 항을 나타낸다고 하자. J의 편미분은 다음과 같다.

$$\begin{aligned}
\frac{\partial J}{\partial u_{iq}} &= -\sum_{j=1}^{d} e_{ij}^D v_{jq} - \beta \sum_{p=1}^{m} e_{ip}^M w_{pq} + \lambda u_{iq} \quad \forall i \in \{1 \ldots n\},\ \forall q \in \{1 \ldots k\} \\
\frac{\partial J}{\partial v_{jq}} &= -\sum_{i=1}^{n} e_{ij}^D u_{iq} + \lambda v_{jq} \quad \forall j \in \{1 \ldots d\},\ \forall q \in \{1 \ldots k\} \\
\frac{\partial J}{\partial w_{pq}} &= -\beta \sum_{i=1}^{n} e_{ip}^M u_{iq} + \lambda w_{pq} \quad \forall p \in \{1 \ldots m\},\ \forall q \in \{1 \ldots k\}
\end{aligned}$$

이러한 경사도는 단계 크기 α로 $(n+m+d)k$개의 매개변수 전체를 갱신하기 위해 사용할 수 있다. 이 접근방식은 보통의 경사하강법에 해당한다. 행렬에서 무작위로 표본추출된 항들에서 잔차에 관한 경사도를 효과적으로 계산하는 **확률적** 경사하강법을 사용할 수도 있다. 문서-용어 행렬이나 인접 행렬에서 임의의 항 하나를 표본추출한 다음 이 항의 오차에 대해 경사하강법 단계를 수행할 수 있다.

D 또는 M에서 항 하나를 무작위로 표본추출한다.
항 별 손실에 대해 경사하강법 단계를 수행한다.

각 항을 표본추출할 확률은 해당 항이 추출된 행렬에 관계없이 고정된다. 문서-용어 행렬의 (i, j)번째 항이 오차 $e^{D_{ij}}$로 표본추출되는 경우를 생각해보자. 그런 다음 $\{1 \ldots k\}$에 속하는 각 q와 단계 크기 α에 대해 다음 갱신이 실행된다.

$$u_{iq} \Leftarrow u_{iq}(1 - \alpha \cdot \lambda/2) + \alpha e_{ij}^D v_{jq} \quad \forall q \in \{1 \dots k\}$$
$$v_{jq} \Leftarrow v_{jq}(1 - \alpha \cdot \lambda) + \alpha e_{ij}^D u_{iq} \quad \forall q \in \{1 \dots k\}$$

반면에 인접 행렬의 (i, p)번째 항이 표본추출되면 $\{1 \dots k\}$에 속하는 각 q와 단계 크기 α에 대해 다음 갱신이 실행된다.

$$u_{iq} \Leftarrow u_{iq}(1 - \alpha \cdot \lambda/2) + \alpha\beta e_{ip}^M w_{pq} \quad \forall q \in \{1 \dots k\}$$
$$w_{pq} \Leftarrow w_{pq}(1 - \alpha \cdot \lambda) + \alpha\beta e_{ip}^M u_{iq} \quad \forall q \in \{1 \dots k\}$$

이러한 단계는 수렴에 이를 때까지 반복된다.

8.8.2 임의 시나리오에서 공유 모델을 설정하는 방법

공유 행렬 인수분해는 행렬들이 혼재성 응용 영역에서 도출되지만 적어도 일부 연결을 서로 공유하는 모든 시나리오에서 유용하다. 연결 자체도 경우에 따라 행렬로 표현될 수 있다. 예를 들어, 각기 문서와 이미지의 특징 표현에 관한 완전히 독립적인 두 개의 행렬이 존재할 수 있고, 세 번째 행렬에는 문서에서 이미지로의 하이퍼링크가 포함될 수 있다. 이 경우 문서-용어 표현을 위한 $n_1 \times d_1$ 행렬 D_1, 이미지-(시각적 단어) 표현을 위한 $n_2 \times d_2$ 행렬 D_2, 문서와 시각적 단어 간의 연결을 나타내는 $n_1 \times n_2$ 행렬 A를 가질 수 있다. 이에 따라 문서와 이미지에 대해 두 개의 요인 행렬 U_1과 U_2가 필요하고, 텍스트 단어와 시각적 단어에 대한 두 개의 요소 행렬 V_1과 V_2가 필요하다. 따라서 다음과 같이 분해를 수행할 수 있다.

$$D_1 \approx U_1 V_1^T \quad \text{문서-단어 분해}$$
$$D_2 \approx U_2 V_2^T \quad \text{이미지-(시각적 단어) 분해}$$
$$A \approx U_1 U_2^T \quad \text{연결 행렬 분해}$$

세 행렬 모두에 대한 오차 제곱의 합을 최소화하는 목적함수를 설정할 수 있다. 응용에 따라 오차 유형마다 가중치를 다르게 지정할 수도 있다. 경사하강법 단계의 유도는 연습용 문제로 남긴다.

문제 8.8.1 위에서 논의한 대로 행렬 D_1, D_2, A 등의 인수분해를 위한 제곱합 목적함수를 작성하시오. 이러한 행렬의 항에 대한 경사하강법 단계를 유도하시오. 이 문제에 필요한 기호들을 도입해도 좋다.

공유 행렬 인수분해에 사용되는 설정들은 모두 비슷하다. **일부 차원이 공유되는 일련의 행렬이 있으며**, 이러한 행렬에 내포된 공유 관계의 잠재 표현을 추출하는 것이 목표이다. 이 전체 프로세스의 핵심은 추출된 임베딩 내에서 간접 (즉, 잠재) 방식으로 이러한 관계의 영향을 설명할 수 있도록 서로 다른 형태 간에 **공유된 잠재 요인**을 사용하는 것이다. 각 공유 형태에 대해 단일 요인 집합이 도입되고, 각 행렬이 인수분해된다. 제곱합 목적함수는 경사하강법 갱신을 결정하기 위해 사용된다.

8.9 인수분해 기계

인수분해 기계는 공유 행렬 인수분해 방법과 밀접한 관련이 있으며, 각 데이터 인스턴스가 여러 응용 영역의 함수를 포함할 때 특히 적합하다. 예를 들어 사용자가 특정 키워드들로 태그를 지정하고 평가한 항목을 생각해보자. 이러한 경우 특징 집합은 항목 식별자, 가능한 모든 키워드, 사용자 식별자 등에 대응된다. 사용자 식별자, 항목 식별자, 관련 키워드 등의 특징 값은 1로 설정되고 다른 모든 특징 값은 0으로 설정된다. 종속 변수는 평점 값과 동일하다.

인수분해 기계는 희소성에 따른 어려움을 해결하기 위해 회귀 계수에 강력한 정칙화 조건이 적용되는 다항 회귀 기법이다. 희소성은 게시판의 소셜 콘텐츠, 소셜 네트워크 데이터 세트, 채팅 메신저 등과 같은 짧은 텍스트 응용 영역에서 자주 발생한다. 또한 추천 시스템에서도 자주 발생한다.

추천 시스템에서 가져온 데이터 세트의 예가 그림 8.6에 나와 있다. 사용자 속성, 항목 속성, 태그 지정 키워드 등에 대응되는 세 가지 유형의 속성이 드러나 있다. 또한 평점은 피회귀 변수이기도 한 종속 변수에 해당한다. 언뜻 보기에 이 데이터 세트는 회귀 변수의 선형 함수로 평점을 모델링하기 위해 최소제곱 회귀를 적용할 수 있는 일반적인 다차원 데이터 세트와 다르지 않은 것처럼 보인다.

유감스럽게도 그림 8.6에서 발생하는 데이터의 희소성으로 인해 최소제곱 회귀법이 제대로 수행되기는 쉽지 않다. 예를 들어, 각 행에는 0이 아닌 항이 서너 개를 넘지 않는다. 0이 아닌 항의 개수가 조금밖에 없으면, 정보가 거의 제공되지 않기 때문에 선형 회귀는 종속 변수를 잘 모델링하지 못할 수 있다. 따라서 두 번째 가능성은 속성 간의 고차 상호작용을 이용하는 것인데, 이때 모델링을 위해 여러 항의 동시 존재를 이용한다. 실용적인 문제로, 일반적으로 2차 다항식 회귀에 해당하는 속성 간의 2차 상호작용을 사용하도록 선택한다. 그러나 아래에 설명하겠지만 그렇게 하려는 시도는 과적합으로 이어지기 쉬우며, 이는 희소 데이터 표현에 의해 더욱 악화될 수 있다.

$d_1 \ldots d_r$이 텍스트, 이미지, 네트워크 데이터 등등과 같은 각 r개의 데이터 양식의 속성 개

사용자						항목				태그					
DAVID	SAYANI	JOSE	MARK	ANN	JIM	GANDHI	SHREK	SPIDERMAN	TERMINATOR	*boring*	*family fun*	*action*	*ludicrous*	*comics*	RATING
0	1	0	0	0	0	0	1	0	0	0	1	0	0	0	5
1	0	0	0	0	0	0	0	0	1	0	0	1	0	0	4
0	0	0	0	0	1	0	0	1	0	0	0	0	0	1	2
0	1	0	0	0	0	1	0	0	0	1	0	0	0	0	1
0	0	0	1	0	0	0	0	0	1	0	0	0	1	0	1

회귀변수 피회귀변수

그림 8.6 혼재성 속성을 갖는 희소 회귀 모델링 문제의 예

수라고 하자. 따라서 총 속성 개수는 $p = \sum_{k=1}^{r} d_k$로 주어진다. 행의 변수를 $x_1 \ldots x_p$로 나타내는데, 이들의 대부분은 0이고 일부는 0이 아닐 수 있다. 추천 시스템 영역의 많은 응용에서 x_i의 값은 이진일 수 있다. 또한 각 행에 대해 목표 변수가 주어진다고 가정한다. 그림 8.6의 예에서 목표 변수는 원칙적으로 어떤 유형의 종속변수라도 될 수 있지만 여기에서는 각 행에 연계된 평점이다.

이러한 설정에서 회귀 방법론의 사용을 생각해보자. 예를 들어, 가장 단순한 예측은 변수 $x_1 \ldots x_p$과 함께 선형 회귀를 사용하는 것이다.

$$\hat{y}(\overline{x}) = b + \sum_{i=1}^{p} w_i x_i \tag{8.18}$$

여기에서 b는 편향 변수이고 w_i는 i번째 속성의 회귀 계수이다. 이것은 전역 편향 변수 b를 명시적으로 사용한 것을 제외하고는 4장에서 논의된 선형 회귀와 거의 동일한 형태이다. 이 형식은 경우에 따라 합리적인 결과를 제공할 수 있지만, 다양한 속성 간의 상관관계에 의해 많은 정보가 포착되는 희소 데이터에는 충분하지 않은 경우가 많다. 예를 들어 추천 시스템에서 사용자-항목 쌍의 동시 발생은 사용자와 항목의 개별 계수보다 훨씬 더 많은 정보를 제공한다. 따라서 핵심은 i번째 속성과 j번째 속성 간의 상호작용 계수를 나타내는 2차 회귀 계수 s_{ij}를 사용하는 것이다.

$$\hat{y}(\overline{x}) = b + \sum_{i=1}^{p} w_i x_i + \sum_{i=1}^{p} \sum_{j=i+1}^{p} s_{ij} x_i x_j \tag{8.19}$$

0이 아닌 값들에서 변동이 거의 없는 희소 영역에서 x_i가 추출되는 경우가 종종 있지만, 2차 항 $\sum_{i=1}^{p} s_{ii} x_i^2$를 포함할 수도 있다. 다만, 이러한 항을 추가하는 것이 항상 도움이 되는 것은 아니다. 예를 들어, x_i의 값이 이진수이면(자주 발생하는 경우임), x_i^2의 계수는 x_i의 계수와 중복된다.

한 가지 관찰사항은 위의 모델이 2차 다항식 커널에서 커널 회귀를 사용하여 얻을 수 있는 모델과 매우 유사하다는 것이다. 텍스트와 같은 희소 응용 영역에서 이러한 커널은 특히 차원이 크고 데이터가 희소할 때 과적합이 발생하는 경우가 많다. 짧은 텍스트 트윗과 같이 데이터 영역이 하나뿐인 응용의 경우에도 d의 값은 10^5보다 크고 2차 계수의 개수는 10^{10}보다 크다. 10^{10}개 미만의 점을 포함하는 훈련용 데이터 세트를 사용할 경우 성능이 별로 좋지 않을 것이다. 이와 같은 문제는 속성 쌍이 훈련용 데이터에서 여러 번 발생하는 경우가 드물고 또 테스트용 데이터에 다시 나타나는 경우가 드문 희소성에 의해 악화된다. 예를 들어 추천 시스템에서 특정 사용자-항목 쌍은 훈련용 데이터 전체에서 한 번만 발생할 수 있으며, 훈련용 데이터에서 발생하면 테스트용 데이터에서는 아예 발생하지 않을 수 있다. 실제로 테스트용 데이터에서 발생하는 모든 사용자-항목 쌍이 훈련용 데이터에서 발생하지 않을 수도 있다. 그렇다면 그러한 사용자-항목 쌍에 대한 상호작용 계수 s_{ij}를 어떻게 학습할 수 있을까? 마찬가지로, 짧은 텍스트 마이닝 응용의 훈련용 데이터에서 "movie"와 "film"이라는 단어가 함께 나타나는 경우가 있고 "comedy"와 "film"이라는 단어도 함께 나타나는 경우도 있지만, "comedy"와 "movie"라는 단어가 함께 나타나는 경우는 없을 수도 있다. 테스트용 데이터에서 "comedy"와 "movie"라는 단어가 함께 나타날 경우 어떻게 해야 할까?

중요한 관찰사항은 다른 두 쌍(즉, "comedy"/"film"과 "movie"/"'film")에 대해 학습된 s_{ij} 값을 사용하여 "comedy"와 "movie" 쌍을 위한 상호작용 계수에 대한 추론을 할 수 있다는 것이다. 이러한 목표를 어떻게 달성할 수 있을까? 핵심 아이디어는 $d \times d$ 2차 계수 행렬 $S=[s_{ij}]$가 어떤 $d \times k$ 행렬 $V=[v_{is}]$에 대해 다음과 같이 저 순위 구조를 갖는다고 가정하는 것이다.

$$S = VV^T \tag{8.20}$$

여기에서 k는 인수분해의 순위이다. 직관적으로, 식 8.20을 과적합 방지를 위한 (다수의) 2차 계수에 대한 일종의 정칙화 제약조건으로 볼 수 있다. 따라서 $\overline{v_i}=[v_{i1} \ldots v_{ik}]$는 V의 i번째 행을 나타내는 k차원 행벡터이다.

$$s_{ij} = \overline{v}_i \cdot \overline{v}_j \tag{8.21}$$

식 8.19의 예측 함수에 식 8.21을 대입하면 다음 식을 얻을 수 있다.

$$\hat{y}(\overline{x}) = b + \sum_{i=1}^{p} w_i x_i + \sum_{i=1}^{p} \sum_{j=i+1}^{p} (\overline{v_i} \cdot \overline{v_j}) x_i x_j \tag{8.22}$$

학습할 변수는 b, 각각의 w_i, 각각의 벡터 $\overline{v_i}$ 등이다. 상호작용 항의 수가 많아 보일 수 있지만, 대부분은 식 8.22의 희소 설정에서 0이 된다. 이것이 인수분해 기계가 식 8.22의 항의 대부분이 0이 되는 희소 설정에서만 사용되도록 설계된 이유 중 하나이다. 중요한 점은 $[s_{ij}]_{d \times d}$에 있는 $O(d^2)$개의 매개변수 대신 $\overline{v_1} \ldots \overline{v_k}$로 표현되는 $O(d \cdot k)$개의 매개변수만 학습하면 된다는 것이다.

이 문제를 해결하기 위한 자연스러운 접근방식은 확률적 경사하강법을 사용하는 것이며, 이때 관측된 항의 오차에 대한 경사도를 계산하기 위해 종속 변수의 관측 값들을 순환한다. $\{b, w_i, v_{is}\}$에 속하는 모델 매개변수 θ에 대한 갱신 단계는 예측 값과 관측 값 사이의 오차 $e(\overline{x}) = y(\overline{x}) - \hat{y}(\overline{x})$에 따라 달라진다.

$$\theta \Leftarrow \theta(1 - \alpha \cdot \lambda) + \alpha \cdot e(\overline{x}) \frac{\partial \hat{y}(\overline{x})}{\partial \theta} \tag{8.23}$$

여기에서 양의 값 α은 학습률이고, 양의 값 λ은 정칙화 매개변수이다. 갱신 식의 편미분은 다음과 같이 정의된다.

$$\frac{\partial \hat{y}(\overline{x})}{\partial \theta} = \begin{cases} 1 & \theta \text{가 } b \text{ 인 경우} \\ x_i & \theta \text{가 } w_i \text{ 인 경우} \\ x_i \sum_{j=1}^{p} v_{js} \cdot x_j - v_{is} \cdot x_i^2 & \theta \text{가 } v_{is} \text{ 인 경우} \end{cases} \tag{8.24}$$

세 번째 경우의 항 $L_s = \sum_{j=1}^{p} v_{js} \cdot x_j$는 주목할 필요가 있다. 오차 항 $e(\overline{x}) = y(\overline{x}) - \hat{y}(\overline{x})$의 계산을 위해 $\hat{y}(\overline{x})$를 계산하는 동안 계산의 중복을 피하기 위해 이 항을 미리 저장해 둘 수 있다. 이는 식 8.22가 다음과 같이 대수적으로 정돈될 수 있기 때문이다.

$$\begin{aligned} \hat{y}(\overline{x}) &= b + \sum_{i=1}^{p} w_i x_i + \frac{1}{2} \sum_{s=1}^{k} \left([\sum_{j=1}^{p} v_{js} \cdot x_j]^2 - \sum_{j=1}^{p} v_{js}^2 \cdot x_j^2 \right) \\ &= b + \sum_{i=1}^{p} w_i x_i + \frac{1}{2} \sum_{s=1}^{k} \left(L_s^2 - \sum_{j=1}^{p} v_{js}^2 \cdot x_j^2 \right) \end{aligned}$$

또한 매개변수 $\overline{v_i}$와 w_i는 $x_i = 0$일 때 갱신할 필요가 없으며, 이는 0이 아닌 항의 개수와 k 값 둘 다에 선형인 희소 설정에서 갱신 프로세스의 효율성을 높인다.

인수분해 기계는 임의의 (희소 수준이 아주 높은) 분류나 회귀 작업에 사용할 수 있다. 추천 시스템의 평점 예측은 자연스러운 적용의 한 예일 뿐이다. 이 모델은 원래 회귀용으로 설계되었지만 숫자 예측에 로지스틱 함수를 적용하여 $\hat{y}(\overline{x})$가 +1인지 또는 −1인지에 대한 확률을 도출함으로써 이진 분류를 처리할 수 있다. 식 8.22의 예측 함수는 로지스틱 회귀에 사용되는 형식에 맞게 수정된다.

$$P[y(\overline{x}) = 1] = \frac{1}{1 + \exp(-[b + \sum_{i=1}^{p} w_i x_i + \sum_{i=1}^{p} \sum_{j=i+1}^{p} (\overline{v_i} \cdot \overline{v_j}) x_i x_j])} \tag{8.25}$$

이 형식은 4장에서 논의한 로지스틱 회귀 접근방식과 동일하다. 주요 차이점은 예측 함수에서 2차 상호작용 항도 사용한다는 것이다. 경사하강법으로 하부 모델 매개변수를 학습할 수 있도록 로그 우도 기준을 최적화할 수 있다[47, 107, 108].

이 절의 설명은 실제로 널리 사용되는 2차 인수분해 기계를 기반으로 한다. 3차 다항식 회귀에서는 $x_i x_j x_k$ 형식의 상호작용 항에 대응되는 w_{ijk} 형식의 회귀 계수 $O(p^3)$개가 더 추가될 것이다. 이러한 계수들은 텐서 인수분해로 압축될 수 있는 거대한 3차 텐서를 정의하게 된다. 고차 인수분해 기계도 개발되었지만 과도한 계산 복잡성과 과적합으로 인해 비실용적인 경우가 많다. libFM[108]이라고 하는 소프트웨어 라이브러리는 인수분해 기계를 훌륭하게 구현하고 있다. libFM을 사용할 때 주요 작업은 처음 부분의 특징 공학 작업이며, 모델의 유효성은 주로 분석자가 올바른 특징 집합을 추출하는 기술에 달려있다. 다른 유용한 라이브러리로는 fastFM[11]과 libMF[18)][144]가 있으며, 이들은 인수분해 기계를 위한 몇 가지 빠른 학습 방법을 제공한다.

8.10 요약

행렬 인수분해는 기계학습에서 가장 기본적인 도구 중 하나이며, 유용한 선형대수 기법으로서 또 요인 행렬의 압축 속성 측면에서 활용된다. 인수분해의 가장 기본적인 형태 중 하나는 요인 행렬의 열들이 서로 직교하는 특이값 분해이다. 보다 일반적인 형태의 행렬 인수분해는 최적화 모델을 수정하여 다양한 유형의 목적함수, 제약조건, 데이터 유형 등을 허용한다. 비 음수성과 같은 특정 유형의 제약조건은 정칙화 효과를 가지며, 보다 해석력이 높은 행렬 인수분해를 생성하는 데 도움이 된다. 로지스틱 행렬 인수분해, 최대 여백 인수분해, 일반화된 저 순위 모델 등과 같은 방법은 다양한 데이터 유형을 다룰 수 있도록 설계되었다. 공유 행렬 인수분해와 인수분해 기계는 여러 개의 행렬을 분해하도록 설계되었다. 일반적으로 행렬 인수분해라는 광범위한 주제는 다양한 기계학습 시나리오에 활용할 수 있는 다양한 도구를 제공한다.

---

18) libFM 라이브러리와 libMF 라이브러리는 다르다.

8.11 추가 자료

SVD와 무제약 행렬 인수분해에 대한 논의는 선형대수에 관한 책들에서 찾을 수 있다[77, 122, 123, 130]. 추천 시스템에 대한 무제약 행렬 인수분해의 사용은 [3, 75]에서 자세히 설명되어 있다. 추천 시스템에서 행렬 인수분해를 위한 좌표하강법의 사용은 [137]에서 논의된다. 교대최소제곱법은 [69, 141]에서 설명한다.

비 음수 행렬 인수분해는 [79]에서 소개되었으며, 그에 대한 확률론적 버전인 PLSA는 [63]에서 논의된다. I-divergence 목적함수와 PLSA 간의 관계는 [35, 50]에서 논의된다. 암시적 피드백 데이터에서 분해를 위해 별도의 가중치 행렬과 값 행렬을 유도하는 것의 중요성은 [65]에서 논의된다. 다양한 유형의 희소 인수분해 모델을 텍스트 및 그래프 특징 공학에 적용하는 방법은 [2, 55, 91, 92, 101, 103]에서 논의된다. 암시적 피드백 데이터에 대한 로지스틱 행렬 인수분해의 사용은 [70]에서 논의되고, 최대 여백 행렬 인수분해의 사용은 [120]에서 논의된다. 그러나 이 장에서는 최대 여백 행렬 인수분해를 크게 간소화하여 제시하고 있다. 일반화된 저순위 모델은 [128]에서 소개되었다. 서수형 데이터에 대한 회귀 모델은 [90]에서 소개되었다. 다양한 유형의 공유 행렬 인수분해 모델에 대한 개요는 [2, 3, 117]에서 제공된다. 인수분해 기계는 [107, 108]에서 논의된다.

8.12 연습문제

1. **편향된 행렬 인수분해**: 불완전한 $n \times d$ 행렬 D를 $n \times k$ 행렬 U와 $d \times k$ 행렬 V로 분해하는 경우를 생각해보자.

$$D \approx UV^T$$

U의 끝에서 두 번째 열과 V의 마지막 열의 모든 항이 1로 고정된다는 제약조건을 추가한다고 가정한다. 분류 모델에 편향을 추가한 것과 이 모델의 유사성에 대해 설명하시오. 경사하강법은 어떻게 수정되어야 할까?

2. 연습문제 1의 시나리오에서 관측된 평점에 대한 프로베니우스 노옴이 U와 V의 최종 열에 대한 제약조건을 포함하는 경우와 포함하지 않는 경우 중 어느 쪽의 최적화가 나은가? 누락된 항을 추정하는 과정에서 이러한 제약조건을 추가하는 것이 바람직한 이유는 무엇인가?

3. 누락된 항을 갖는 $n \times n$ 유사성 대칭 행렬 D가 있다고 하자. **대칭 인수분해** $D \approx UU^T$

를 사용하여 누락된 항을 복구하기로 결정했다고 하자. 여기에서 U는 $n \times k$ 행렬이고 k는 인수분해의 순위이다.

(a) 프로베니우스 노옴과 L_2-정칙화를 사용하여 최적화 모델에 대한 목적함수를 작성하시오.

(b) 행렬 중심 갱신을 사용하여 경사하강법 단계를 유도하시오.

(c) 인수분해에 아무리 큰 k 값을 사용하더라도 정확한 인수분해가 존재하지 않을 조건에 대해 설명하시오.

4. 목적함수가 $J = \|D - UV^T\|_1$인 L_1-손실 행렬 인수분해를 위한 경사하강법 갱신을 유도하시오.

5. 요인 행렬들에 L_1-정칙화가 사용되는 L_2-손실 행렬 인수분해를 위한 경사하강법 갱신을 유도하시오.

6. SVD에서는 $d \times k$ 기저 행렬 V의 직교정규성 때문에 표본 외 행렬의 표현을 쉽게 계산할 수 있다. $n \times d$ 행렬 D의 SVD 분해가 $D \approx UV^T$일 경우, 표본 외 $m \times d$ 행렬 D_o의 표현을 $D_o V$로 계산할 수 있다. 비 직교정규 인수분해 $D = UV^T$가 주어졌을 때, D_o의 유사한 표본 외 표현을 효율적으로 계산할 수 있는 방법을 제시하시오. m과 k가 n과 d보다 훨씬 작다고 가정한다.

7. 4.10.3절의 k-평균 수식이 8.2.1절의 수식과 동일함을 보이시오. [힌트: 두 문제의 최적화 변수들 간의 일대일 사상을 제안하고, 제약조건과 목적함수가 두 경우에서 동일함을 보인다.]

8. **직교 비 음수 행렬 인수분해**: 프로베니우스 노옴을 목적함수로 사용하여 UV^T로 근사 분해할 $n \times d$ 비 음수 데이터 행렬 D를 생각해보자. $U^T U = I$ 제약조건과 함께 U와 V에 비 음수 제약조건을 추가한다고 가정한다. U의 각 행에서 0이 아닌 항은 몇 개인가? 이 인수분해에서 군집화를 추출하는 방법에 대해 논의하시오. 이 접근방식이 k-평균 최적화 문제와 밀접한 관련이 있음을 보이시오.

9. 수량 행렬 $Q = [q_{ij}]$에서 GloVe를 사용한다고 가정한다. 여기에서 각 카운트 값 q_{ij}는 0 또는 10000인데, 상당수의 카운트 값은 0이다. GloVe가 각 단어가 동일한 임베딩 표현을 갖는 무 오차의 자명한 인수분해를 발견할 수 있음을 보이시오.

10. 로지스틱 손실과 경첩 손실을 사용하는 이진 분류에서 인수분해 기계를 사용하기 위한

경사하강법 갱신 식을 유도하시오.

11. 경사하강법을 사용하여 $n \times d$ 행렬 D의 순위 k 분해 $D \approx UV^T$를 수행한다고 가정한다. D에서 무작위로 추출된 k개의 열에 대한 QR 분해를 사용하여 U와 V에 대한 초기화 방법을 제안하시오.

12. $n \times d$ 크기의 비 음수 희소 행렬 D가 있다고 가정한다. 희소성이 임의의 열 쌍의 점곱에 미치는 영향은 무엇인가? 이 사실을 이전 연습문제에서 도출된 직관과 함께 사용하여 **비 음수 행렬 인수분해**를 위해 D에서 무작위로 추출된 k개의 열을 사용하여 U를 초기화하시오. 이 경우 초기화된 행렬 U와 V는 음수가 아니어야 한다.

13. **양수 행렬의 비선형 행렬 인수분해:** 양수 행렬 $D = [x_{ij}]$의 행렬 인수분해를 위한 비선형 모델을 생각해보자. 여기에서 $D = F(UV^T)$이며, $F(x) = x^2$는 원소 별로 적용된다. 벡터 $\overline{u}_i$와 $\overline{v}_j$는 각각 U와 V의 i번째 행과 j번째 행을 나타낸다. 손실함수는 $\|D - F(UV^T)\|_F^2$이다. 경사하강법 단계는 다음과 같음을 보이시오.

$$\overline{u}_i \Leftarrow \overline{u}_i + \alpha \sum_j (\overline{u}_i \cdot \overline{v}_j)(x_{ij} - F(\overline{u}_i \cdot \overline{v}_j))\overline{v}_j$$

$$\overline{v}_j \Leftarrow \overline{v}_j + \alpha \sum_i (\overline{u}_i \cdot \overline{v}_j)(x_{ij} - F(\overline{u}_i \cdot \overline{v}_j))\overline{u}_i$$

14. **표본 외 요인 학습:** $n \times d$ 행렬 D의 최적 행렬 인수분해 $D \approx UV^T$를 학습한다고 가정한다. 여기에서 U, V는 각각 $n \times k$와 $d \times k$ 행렬이다. 이제 D의 행들과 동일한 방법론을 사용하여 (동일한 d개의 속성과 함께) 수집된 행들을 갖는 새로운 $t \times d$ 크기의 표본 외 데이터 행렬 D_o가 주어진다고 하자. $\|D_o - U_o V^T\|_F^2$를 최소화하는 목적함수를 갖고 이러한 표본 외 데이터 행렬을 $D_o \approx U_o V^T$로 빠르게 인수분해하도록 요청받았다고 하자. 여기에서 V는 이전의 표본 내 인수분해에서 학습된 행렬로 고정된다. 이 문제는 t개의 선형 회귀 문제들로 분해될 수 있으며, 최적 해 U_o는 다음과 같이 주어진다는 것을 보이시오.

$$U_o^T = V^+ D_o^T$$

여기에서 V^+는 V의 의사 역행렬이다. $D_o \approx U_o V^T$의 순위 k 근사가 $D_o P_v$에 의해 주어지며, 여기에서 $P_v = V(V^T V)^{-1} V^T$는 V에 의해 유도된 $d \times d$ 투영 행렬이다. V의 QR 분해와 삼각 연립방정식 역대입법을 사용하여 해를 빠르게 구할 수 있는 접근방식을 제안하시오. 이 문제는 교대 최소화 접근방식과 어떤 관련이 있는가?

15. **표본 외 요인 학습**: 표본 내 데이터 행렬 $D \approx UV^T$와 표본 외 데이터 행렬 D_o가 주어질 때, 표본 외 요인 행렬 U_o를 학습하려는 연습문제 14와 동일한 시나리오를 생각해 보자. 요인 행렬 V는 표본 내 학습을 통해 고정된다. 연습문제 14와 같은 닫힌 형식의 해는 대부분의 행렬 인수분해 설정에서 드물다. U_o를 직접 학습할 수 있도록 이 장에서 논의된 경사하강법 갱신을 수정하는 방법에 대해 논의하시오. (i) 무제약 행렬 인수분해, (ii) 비 음수 행렬 인수분해, (iii) 로지스틱 행렬 인수분해 각각의 경우로 나누어서 구체적으로 설명하시오.

16. 숫자 값을 갖지만 누락 항도 있는 사용자-항목 평점 행렬이 있다고 가정한다. 또한 사용자는 이진 값으로 서로의 신뢰도를 평가하였으며, 이 경우에도 누락 항들이 있다.

(a) 아직 평가하지 않은 항목에 대한 사용자 평점을 추정하기 위해 공유 행렬 인수분해를 사용하는 방법을 제시하시오.

(b) 인수분해 기계를 사용하여 (a)와 유사한 목표를 달성하는 방법을 제시하시오.

17. 행렬 인수분해를 사용하여 행렬에서 이상치 항을 찾는 알고리즘을 제안하시오.

18. n개의 페이지가 있는 대규모 웹 사이트의 링크가 주어져 있으며, 각 페이지에는 크기 d의 어휘집에서 가져온 단어들이 포함되어 있다고 가정한다. 또한 m명의 사용자가 1에서 5까지의 척도로 각 페이지를 어떻게 평가했는지에 대한 정보가 제공되는데, 평가 데이터는 불완전하다. 이상의 세 가지 정보를 모두 결합하여 각 웹 페이지에 대한 임베딩을 생성하는 모델을 제안하시오. [힌트: 이것은 공유 행렬 인수분해 문제이다.]

19. **참 또는 거짓**: k를 충분히 크게 선택하기만 하면, $n \times d$ 비 음수 행렬 D의 무 오차 NMF(Non-negative Matrix Factorization; 비 음수 행렬 인수분해) UV^T는 항상 존재한다. 여기에서 U는 $n \times k$ 행렬이고 V는 $d \times k$ 행렬이다. 어떤 k 값에서 다음 행렬의 정확한 NMF를 얻을 수 있는가?

$$D = \begin{bmatrix} 1 & 1 \\ 1 & 0 \end{bmatrix}$$

20. **참 또는 거짓**: V의 각 열의 합이 1로 제약되는 행렬 D의 정확한 NMF UV^T가 있다고 가정한다. 이러한 정규화 규칙을 따를 경우 D의 NMF는 고유하다는 것을 보이시오.

21. $U_{n \times k}$와 $V_{d \times k}$를 무작위로 초기화 한 후 다음 알고리즘을 사용하여 행렬 인수분해 $D_{n \times d} \approx UV^T$를 수행할 수 있는 이유를 설명하시오.

수렴에 이를 때까지 다음을 반복한다: $U \Leftarrow DV^+$; $V \Leftarrow D^TU^+$

22. L_1-정칙화를 사용하여 무제약 행렬 인수분해의 경사하강법 갱신을 유도하시오. 정칙화 매개변수가 양의 값 λ라고 가정할 수 있다.

23. **교대최소제곱법**: 교대최소제곱법을 사용하는 비 음수 행렬 인수분해 알고리즘을 제안하시오. [힌트: 6장의 비 음수 회귀 참고]

24. **경계설정 행렬 인수분해**: 경계설정 행렬 인수분해에서 인수분해 $D \approx UV^T$의 U와 V의 항들은 특정 값들에 의해 위아래로 경계가 설정된다. (i) 경사하강법과 (ii) 교대최소제곱법을 사용하여 경계설정 행렬 인수분해를 수행하기 위한 계산 알고리즘을 제안하시오.

25. 메모리에 저장할 수 없는 대단히 큰 밀집 행렬 D가 있고, 이를 $D \approx UV^T$로 인수분해하려고 한다고 가정한다. 희소 행렬 곱셈만 사용하는 분해 방법을 제안하시오. [힌트: 추천 시스템 절을 참고하기 바란다.]

26. **시간적 행렬 분해**: t회의 시점에 걸쳐 천천히 진화하는 $n \times d$ 행렬 시퀀스 $D_1 \ldots D_t$를 생각해보자. 시간이 지남에 따라 변하지 않는 하나의 $n \times k$ **정적** 요인 행렬과 시간에 따라 달라지는 여러 개의 $d \times k$ **동적** 요인 행렬을 추론하는 최적화 모델을 만드는 방법을 보이시오. 요인 행렬들을 구하기 위한 경사하강법 단계를 유도하시오.

Chapter 9

유사성 관련 선형대수

"가장 나쁜 형태의 불평등은 불평등한 것을 평등하게 만드는 것이다."
– Aristotle

9.1 서론

점곱 유사성 행렬은 다차원 데이터 세트를 표현하는 또 다른 방법이다. 즉, $n\times d$ 데이터 행렬 D를 (n^2 쌍의 점 간 점곱을 나타내는) $n\times n$ 유사성 행렬 $S=DD^T$로 변환할 수 있다. 기계학습 알고리즘에서 D 대신 S를 사용할 수 있는데, 그 이유는 유사성 행렬에 원래 행렬과 거의 동일한 데이터 정보가 포함되어 있기 때문이다. 이러한 동등성은 **커널법**이라고 하는 기계학습 방법론의 기원이며, 커널법에는 많은 기계학습 방법들이 포함되어 있다. 이 장에서는 기계학습에서 중요한 커널법을 이해하는 데 필요한 선형대수 프레임워크를 구축한다. 커널법이 실제 유용한 것은 점곱을 사용하여 유사성 행렬을 구할 수 없는 경우이다(때로 데이터 행렬을 사용할 수 없는 경우도 있음).

이 장은 다음과 같이 구성된다. 다음 절에서는 유사성 행렬이 어떻게 데이터 행렬의 대안적 표현이 될 수 있는지에 대해 설명한다. 유사성 행렬에서 데이터 행렬을 효율적으로 복구하는 방법은 9.3절에서 설명한다. 유사성 행렬에 대한 다양한 유형의 선형대수 연산은 9.4절에서 다룬다. 유사성 행렬을 사용하는 기계학습 알고리즘의 구현은 9.5절에서 설명한다. 표현 정리는 9.6절에서 논의된다. 선형 분리를 촉발하는 유사성 행렬의 선택은 9.7절에서 설명한다. 9.8절에서는 요약을 제시한다.

9.2 데이터 행렬과 유사성 행렬의 동등성

이 절에서는 데이터 행렬과 유사성 행렬 간의 대략적인 동등성을 확립한다. 먼저 데이터 행렬을 유사성 행렬로 또는 그 반대로 변환하는 방법을 구체적으로 보인다.

9.2.1 데이터 행렬에서 유사성 행렬로의 변환과 역방향 변환

데이터 세트의 i번째 객체에 해당하는 i번째 행이 $\overline{X}_i = [x_{i1}, x_{i2} \cdots x_{id}]$로 표시되는 $n \times d$ 데이터 행렬 D를 생각해보자. n개의 객체 사이에서 **대칭인** $n \times n$ 유사성 행렬 $S = [s_{ij}]$는 다음과 같이 정의할 수 있다.

$$s_{ij} = \overline{X}_i \cdot \overline{X}_j = \sum_{k=1}^{d} x_{ik} x_{jk}$$

위의 유사성 관계를 행렬 형식으로도 표현할 수 있다.

$$S = DD^T$$

유사성 행렬에서 원래 데이터 세트 D를 어떻게 복구할까? 우선 복구는 고유할 수 없음을 유의할 필요가 있는데, 이는 점곱이 회전과 반사에 불변이기 때문이다. 따라서 원점을 중심으로 데이터 세트를 회전하거나 임의의 축을 따라 반사해도 동일한 유사성 행렬이 생성된다. 예를 들어, 본질적으로 회전/반사 행렬인 직교정규 열들을 갖는 $d \times d$ 행렬 P를 생각해보자. 그러면 D의 회전/반사 버전은 다음과 같다.

$$D' = DP$$

이제 D'를 사용한 유사성 행렬 S'는 다음과 같이 S와 동일함을 보일 수 있다.

$$S' = D'D'^T = (DP)(DP)^T = D\underbrace{(PP^T)}_{I}D^T = S$$

즉, D를 사용한 유사성 행렬과 D'를 사용한 유사성 행렬은 동일하다.

$(DP)(DP)^T$와 DD^T는 모두 유사성 행렬 S의 **대칭 인수분해**를 나타낸다. $n \times n$ 행렬의 대칭 인수분해는 S를 $S = UU^T$ 형식의 $n \times k$ 행렬 두 개로 인수분해하는 것이다. 정확한 인수분해를 위해 k 값은 유사성 행렬 S의 순위와 동일하게 정한다. S의 대칭 인수분해 UU^T에서 U의 i번째 행은 i번째 데이터 점의 유효한 특징 집합을 산출한다.

유사성 행렬의 대칭 인수분해를 수행하는 가장 간단한 방법은 **고유분해**를 사용하는 것이다. 우선 S가 실제로 데이터 행렬 D의 점곱을 사용하여 생성된 경우 DD^T 형식이며, 따라서 양의 준정부호성을 갖는다(3장의 보조정리 3.3.14 참고). 따라서 0이 아닌 값의 개수가 $\min\{n, d\}$ 이내인 비 음수 고윳값들로 대각화할 수 있다. 고윳값의 비 음수성을 강조하기 위해 대각행렬을 Σ^2로 표현한다.

$$S = Q\Sigma^2 Q^T = \underbrace{(Q\Sigma)}_{U}(Q\Sigma)^T$$

따라서 $Q\Sigma$는 유사성 행렬 S에서 추출된 표현이며 최대 $\min\{n, d\}$개의 영벡터가 아닌 열을 포함한다. 특히, $Q\Sigma$의 i번째 행에서는 i번째 데이터 점의 임베딩 표현을 나타낸다(유사성 행렬 S의 행/열 순서에 따름). $DD^T = Q\Sigma^2 Q^T$의 고유벡터와 고윳값은 (각각) D의 좌 특이벡터와 특이값 제곱이다.

유사성 행렬의 고유분해는 유사성 행렬의 인수분해에서 얻을 수 있는 무수히 많은 임베딩 중 하나를 제공하며, 영벡터가 아닌 열의 개수 측면에서 가장 간결한 것 중 하나이다. 작은 고유벡터들을 삭제하여 압축성을 더욱 개선할 수 있다. 또 다른 예로, 대칭 촐레스키 인수분해 $S = LL^T$를 추출하고 행렬 L의 행들을 점들의 공학 처리된 표현으로 사용할 수 있는데(3.3.9절 참고), 이때 S를 양의 정부호로 만들기 위해 각 대각 항에 작은 양의 값을 더해야 할 수도 있다. 또 다른 예는 $S = Q\Sigma^2 Q^T = (Q\Sigma Q^T)(Q\Sigma Q^T)^T = (\sqrt{S})^2$에 따라 고유분해에서 추출할 수도 있는 대칭 **제곱근** 행렬이다. 이들 중에서 임의의 임베딩을 선택해도, 점곱(또는 유클리드 거리)에 의존하는 기계학습 알고리즘의 예측에는 영향을 미치지 않는다. 이는 고유분해, 촐레스키 인수분해, 제곱근 행렬 중 어느 방법을 사용하든 예측이 동일하게 유지되기 때문이다.

> **문제 9.2.1 대안적 임베딩들은 직교 관계에 있음** $n \times n$ 크기의 순위 k 유사성 행렬 S가 $n \times k$ 행렬들을 사용하는 $U_1 U_1^T$ 또는 $U_2 U_2^T$로 표현될 수 있을 경우, (i) 좌 특이벡터와 특이값이 두 경우에서 동일하도록 U_1과 U_2 각각의 전체 SVD를 구성할 수 있으며, (ii) $U_2 = U_1 P_{12}$가 되도록 원래의 직교 행렬 P_{12}를 찾을 수 있음을 보이시오.

9.2.2 유사성 행렬에서 데이터 행렬을 복구하는 것은 어떤 경우에 유용할까?

위의 논의는 단순히 데이터 행렬에서 점곱 유사성 행렬을 생성한 다음 그로부터 데이터 세트의 회전/반사 버전을 복구한다는 내용을 다루고 있다. 표면상 이러한 변환이 유용한 작업인지는 분명하지 않다. 그러나 이러한 유형의 데이터 복구 접근방식의 진정한 유용성은 점곱과는 **다른** 방법을 사용하여 데이터에서 유사성 행렬을 구성할 때 발생한다. 사실, 원래 데이터 세트는 다차원 데이터 유형이 아닐 수도 있으며(따라서 점곱 계산이 가능하지 않음), 작은 그래프 객체(예: 화합물), 시계열, 이산 시퀀스 등과 같은 구조적 데이터 객체 집합을 나타낼 수 있다. 유사성 행렬 S는 이러한 객체에 대한 응용 영역 특성에 따른 유사성 함수를 사용하여 생성되었을 수 있다. 이러한 경우, 유사성 행렬 $S = Q\Sigma^2 Q^T$의 배율조정된 고유벡터 행렬 $Q\Sigma$의 행들은 객체의 공학 처리된 특징을 나타낸다. 사실, 임의의 객체 유형에 대한 특징 공학을 위한 가장 일반적인 접근방식은 객체의 유사성 행렬에서 고유벡터를 추출하는 것이다.

다차원 임베딩을 만드는 것이 유용한 이유는 무엇일까? 한 가지 이유는 이산 시퀀스나 화합물의 그래프 표현과 같은 많은 데이터 유형에 기계학습 알고리즘을 적용하기가 어렵기 때문이다. 그러나 각 객체의 다차원 임베딩을 추출하면 다차원 데이터로 작동하는 SVM 또는 로지스틱 회귀와 같은 많은 기계학습 알고리즘을 사용할 수 있는 문이 열린다.

차원 d의 다차원 데이터에 대해 점곱을 사용하여 유사성 행렬이 올바르게 생성되었을 때, $n \times n$ 유사성 행렬의 고유벡터 d개는 영벡터가 아니다. 그러나 다차원 데이터에서 점곱을 사용하여 유사성 행렬을 생성하는 경우는 드물다(실용적이지 않음). 응용 영역 특성에 따른 유사성 함수를 사용하여 생성된 유사성 행렬의 경우, $n \times n$ 유사성 행렬의 n개의 고윳값 모두가 0이 아닐 수도 있다. 임베딩 상의 n개의 점이 원점을 통과하는 n차원 평면상에 있다는 관점에서 이 결과를 해석할 수 있지만, 선형 종속인 경우 이러한 점들이 더 낮은 차원의 평면을 정의할 수도 있다. 인수분해 $S = UU^T$의 행렬 U의 행들은 이 평면의 n차원 직교 기저에 대한 좌표를 나타낸다. 차원 d의 다차원 데이터 집합에 대한 점곱을 사용하여 $n \times n$ 유사성 행렬을 추출할 때, n개의 임베딩된 벡터 간의 선형 종속성 때문에 이러한 n개의 벡터에 의해 정의되는 초평면의 차원이 d를 넘지 않는다($d \ll n$). 그러나 원래 데이터 세트에서 점곱 이외의 유사성 함수를 사용하는 경우에는 그렇지 않으며, 따라서 데이터 세트에서 특징 공학이 발생한다.

9.2.3 어떤 유형의 유사성 행렬이 유효한가?

유사성 행렬은 데이터 세트의 대안적 표현이다(회전과 반사는 무시함). 원래 데이터가 다차원(예: 그래프 객체)이 아닌 경우에도 유사성은 (가상적인) 다차원 객체 간의 점곱을 나타낸다고 가정할 수 있다. 그러나 가상적 임베딩의 존재에 대한 이러한 가정은 중요한 수학적 유효성 테스트를 충족해야 한다. 하나의 작은 예로 유사성 행렬의 대각 항은 임베딩된 객체의 음이 아닌 노옴 제곱이다. 따라서 가상의 임베딩에서도 점곱을 사용하여 음의 대각 항을 갖는 유사성 행렬을 만들 수 없다.

다차원 임베딩은 UU^T 형식으로 표현할 수 있는 경우에만 유사성 행렬 S에서 추출할 수 있다. 이 형식으로 표현할 수 있는 모든 행렬 S는 양의 준정부호여야 한다(3장의 보조정리 3.3.14 참고). 즉, **유효한 임베딩이 존재하려면, 유사성 행렬이 양의 준정부호여야 한다.**

안타깝게도 $n \times n$ 유사성 행렬 S가 응용 영역 특성에 따른 유사성 함수를 사용하여 추출되면, 양의 준정부호성이 보장되지 않는다. 그러한 경우 무엇을 할 수 있을까? 유효한 임베딩이 존재하도록 (유사성 해석을 크게 변경하지 않고) 유사성 행렬을 수정할 수 있다. 아이디어는 유사성 행렬 S의 각 대각 항에 양의 값 δ를 추가하는 것이다. 여기에서 δ는 행렬 S의 절댓값이 가장 큰 음의 고윳값의 크기이다. 이 경우 결과 행렬 $S' = S + \delta I$는 양의 준정부호이다.

$$S' = S + \delta I = Q\Delta Q^T + \delta I = Q \underbrace{(\Delta + \delta I)}_{\geq 0} Q^T$$

이 경우 임베딩은 $Q\sqrt{\Delta + \delta I}$로 추출할 수 있다. 유사성 행렬의 수정은 응용 중심의 해석력 관점에서 볼 때 중요하지 않은 경우가 많다. 유사성 행렬의 수정에서는 쌍별 유사성 값을 변경하지 않으면서 (덜 중요한) 자기 유사성 값만 충분히 크게 만들기 위해 평행이동 한다. 직관적으로, 점곱 계산을 할 때 점 집합 내의 자기 유사성은 (평균적으로) 항상 서로 다른 점 집합 사이의 유사성보다 크다.

> **문제 9.2.2** X와 Y를 두 개의 2차원 점이라고 하자. 두 개의 점곱 자기 유사성 $X \cdot X$와 $Y \cdot Y$의 평균이 적어도 쌍별 점곱 유사성 $X \cdot Y$ 이상임을 보이시오.

달리 말하자면, 위의 문제는 대각 항들의 합이 대각선을 벗어난 항들의 합보다 작은 2×2 대칭 유사성 행렬은 양의 준정부호가 아니라는 것을 의미한다.

> **문제 9.2.3** 유사성 행렬 S의 항 합계가 적절하게 선택된 열벡터 $\overline{y}$에 대해 $\overline{y}^T S \overline{y}$로 표현될 수 있음을 보이시오. 양의 준정부호 유사성 행렬에서 항 합계의 부호에 대해 추론할 수 있는 사실은 무엇인가?

> **문제 9.2.4** $\overline{y}$를 n차원 열벡터라고 하자. 식 $\overline{y}^T S \overline{y}$가 $n \times n$ 유사성 행렬 S에 의해 유도된 임베딩을 포함하는 다차원 공간에서 어떤 벡터의 노옴 제곱을 나타냄을 보이시오.

S의 대각 항을 δ만큼 증가시키면 임베딩 행렬 $Q\sqrt{\Delta + \delta I}$에 영향을 주지만 정규화된 임베딩 행렬 Q에는 영향을 주지 않는다. 실제로 여러 형태의 특징 공학(예: **스펙트럼 임베딩**)이 **정규화된** 임베딩에 적용될 수 있다. 커널법에 대한 기계학습 문헌에서 양의 준정부호성의 중요성이 강조되는 경우가 많지만, 현실은 이 요구사항이 (실용적인 관점에서 볼 때) 생각보다 덜 중요하다는 것이다. 유사성 행렬은 항상 대각선을 따른 자기 유사성 항(의미상 중요도가 낮음)의 값을 증가시키는 방식으로 수정할 수 있다.

9.2.4 최적화 모델로서의 대칭행렬 인수분해

유사성 행렬에서 임베딩을 추출하는 것은 대칭행렬 인수분해의 특별한 경우에 해당한다. 그러나 정확한 인수분해를 수행할 필요는 없다. k차원 임베딩을 생성하려고 할 때($k \ll n$),

$n \times k$ 임베딩 U는 $\|S - UU^T\|_F^2$가 최소화되는 표현을 정의한다. 따라서 $n \times k$ 변수 행렬 U에 대한 무제약 행렬 인수분해 문제로 k차원 임베딩을 찾는 문제를 제시할 수 있다.

$$\text{Minimize}_U \ J = \frac{1}{2}\|S - UU^T\|_F^2$$

이 유사성 행렬 $S = Q_k \Sigma_k^2 Q_k^T$의 상위 k개의 (배율조정된) 고유벡터 $Q_k \Sigma_k$는 이 최적화 문제에 대한 해 중 하나를 나타낸다. 이 해의 특별한 속성은 $U = Q_k \Sigma_k$의 열들이 서로 직교한다는 것이다. 그러나 이 최적화 문제에 대한 다른 대안적 해들도 존재한다. 다음 문제를 풀어보면 이러한 사실의 이해에 도움이 될 것이다.

> **문제 9.2.5** $U = Q_k \Sigma_k$는 위에 제시된 최적화 문제에 대한 최적의 해 중 하나인 것으로 알려져 있다. 여기에서 Q_k는 열에 S의 상위 k개 고유벡터를 나타내는 $n \times k$ 행렬이고, Σ_k는 대각항에 해당 고윳값의 제곱근을 포함하는 대각행렬이다. $U' = Q_k \Sigma_k R_k$ 형식의 해가 이 최적화 문제의 해이기도 함을 보이시오. 여기에서 R_k는 임의의 $k \times k$ 직교 행렬이다. U'의 열들이 반드시 서로 직교할 필요는 없는 이유에 대해 설명하시오.

위 문제의 마지막 부분을 해결하기 위한 힌트는 $U'^T U'$의 표현식을 계산하고 매우 특별한 경우를 제외하고는 일반적으로 대각선이 아님을 보여주는 것이다. 9.3절에서 논의했듯이 열 표본추출이나 확률적 경사하강법과 같은 방법을 사용하여 이러한 대안적 임베딩을 효율적으로 발견할 수 있다.

9.2.5 커널법: 기계학습 용어

기계학습을 위한 커널법에서 유사성 행렬에 대한 선형대수 연산들을 많이 사용한다. 따라서 이러한 선형대수 개념을 기계학습에 사용되는 용어와 연결시킨다. (고유분해를 사용하여) 유사성 행렬에서 추출된 다차원 표현을 **데이터 특정 머서 커널 맵**이라고 한다. 보다 일반적으로 이러한 표현을 **커널 특징 공간** 또는 단순히 **특징 공간**이라고도 부른다.

정의 9.2.1 커널 특징 공간

객체 사이의 양의 준정부호 유사성 행렬을 대각화하여 얻은 다차원 데이터 공간을 데이터 특정 커널 특징 공간 또는 단순히 데이터 특정 특징 공간이라고 한다.

여기에서 커널 특징 공간의 정의는 유사성 값 표본을 포함하는 유한 크기의 유사성 행렬이 이미 주어져 있는 "데이터 특정" 버전이라는 점을 강조해둔다. 유한 크기의 유사성 행렬을 지정하면, 특징 공간의 크기는 유사성 행렬의 크기를 넘지 못한다. 그러나 무한 정의역의 각 객체 쌍 간의 유사성을 **닫힌 형식의 함수**로 정의함으로써, 무한 크기의 유사성 행렬을 (묵시적으로) 지정할 수도 있다. 예를 들어, $\mathcal{R}^d$에 속하는 다차원 벡터 $\overline{x}$에서 새로운 특징 $\Phi(\overline{x})$를 공학 처리하는 상황을 생각해보자. 이러한 경우, 단위 분산을 갖는 다음과 같은 단순화된 **가우시안 커널**로 다차원 객체 $\overline{x}$와 $\overline{y}$ 사이의 유사성 함수를 정의할 수 있다(점곱과는 다름).

$$K(\overline{x}, \overline{y}) = \Phi(\overline{x}) \cdot \Phi(\overline{y}) = \exp(-\|\overline{x} - \overline{y}\|^2/2)$$

닫힌 형식의 표현식을 제공함으로써 무한 집합 $\mathcal{R}^d$에 속하는 임의의 객체 쌍 $\overline{x}$와 $\overline{y}$ 사이의 유사성 행렬을 효과적으로 정의하고 있다. 고유벡터의 차원은 유사성 행렬 크기에 따라 증가하기 때문에, 결과로 발생하는 고유벡터가 무한 차원일 수도 있다[19]. 이러한 무한 차원 벡터 공간은 유한 차원 유클리드 공간의 자연스러운 일반화이며, **힐베르트 공간**이라고 한다. 그러나 이러한 무한 차원 표현의 추상적인 경우에서도 n차원 공간 내의 n개의 객체를 포함하는 유한 크기의 특정 데이터 세트를 표현할 수 있다. 요점은 이러한 n개의 객체 모두를 (그리고 원점도) 포함하는 무한 차원 공간의 n차원 투영이 항상 존재한다는 것이다. 결국, n개의 벡터로 구성되는 임의의 집합은 (최대) n차원 **부분공간**을 정의한다. $n \times n$ 크기의 **표본 행렬**의 고유분해는 이러한 부분공간을 정확하게 발견하는데, 이 부분공간은 **데이터 특정** 특징 공간에 해당한다. 대부분의 기계학습 문제의 경우 데이터 특정 특징 공간만을 필요로 한다. 이 점을 아래에서 강조한다.

> $n \times n$ 크기의 유한한 유사성 행렬의 경우, 유사성 행렬의 고유분해를 사용하여 항상 (최대) n차원의 공학 처리된 표현을 추출할 수 있다. 이것은 점들의 무한한 정의역 상에서 정의되는 (닫힌 형식의) 유사성 함수에 의해 유도된 실제 특징 공간의 차원이 훨씬 더 큰 경우에도 마찬가지이다.

요점은 n개의 점으로 구성되는 유한한 데이터 세트 외부에 있는 점의 표현을 알 필요가 없는 경우, 표현의 차원을 n차원 부분공간으로 제한할 수 있다는 것이다(많은 경우 차원을 훨씬 더 낮출 수 있음). 이 장에서 커널 특징 공간을 언급할 때마다 차원이 점의 개수를 넘지 못하는 데이터 특정 특징 공간을 가리키는 것이다. 특징을 추출하기 위한 유사성 행렬의 고유분해를 **커널 SVD**라고도 한다.

19) 점곱과 같은 일부 닫힌 형식의 함수의 경우 고유벡터들에서 d개의 성분만이 0이 아닌 반면, 가우시안 커널과 같은 다른 함수의 경우 무한 집합인 전체 성분이 필요할 수도 있다.

정의 9.2.2 커널 SVD

$n \times n$ 양의 준정부호 유사성 행렬 S의 고유분해 $S = Q\Sigma^2 Q^T$에 의해 추출된 임베딩 $Q\Sigma$를 커널 SVD라고 한다. $n \times n$ 행렬 $Q\Sigma$는 i번째 행에서 i번째 데이터 점의 임베딩을 나타낸다 ($i \in \{1 \ldots n\}$). S가 이미 $\mathcal{R}^d$에 속하는 점들 사이의 점곱을 나타내고 있는 경우 표준 SVD를 사용하면 된다.

기계학습의 모든 커널법은 "커널 트릭"이라고 하는 방법을 통해 커널 SVD를 사용하여 데이터를 **묵시적으로** 변환한다. 그러나 SVM과 같은 커널의 전통적인 응용들을 다시 살펴보고, 유사성 행렬의 **명시적** 고유분해를 사용하여 이러한 응용들을 구현하는 방법을 보여줄 것이다. 이 접근방식은 다소 특이하지만 고유분해를 피하는 대안에 비해 몇 가지 장점이 있다.

9.3 유사성 행렬에서 효율적인 데이터 복구

임베딩 추출을 위한 가장 기본적인 접근방식은 모든 쌍 별 유사성을 계산한 다음 S의 큰 고유벡터들을 추출하여 n개의 객체에서 $n \times n$ 유사성 행렬 S를 구성하는 것이다. 그러나 이것은 실제로 실행하기 어려울 수 있다. 10억 개의 데이터 객체(예: 화합물)가 있고, 따라서 $n = 10^9$가 되는 상황을 상상해보자. 오늘날의 기준으로 수십억 개의 객체가 포함된 데이터 세트는 감당할 수 없을 정도로 큰 규모로 간주되지는 않는다. 이 경우 유사성 행렬의 항 개수는 10^{18}개이며, 이러한 행렬을 명시적으로 구성하기조차 어려울 수 있다. 각 객체 쌍 간의 유사성을 계산하기 위한 닫힌 형식의 함수가 제공되는 경우도 많지만, 이 함수를 10^{18}번이나 계산하는 일은 드물 것이다. 예를 들어, 한 번의 쌍별 유사성 계산에 한 번의 CPU 사이클이 필요한 경우, 10 GHz 컴퓨터는 모든 유사성을 계산하는 데 (3년도 넘는) 10^8초가 필요하다. 유사성 행렬을 명시적으로 저장하는 데 필요한 공간은 약 10^6 TB이다. 따라서 임베딩 추출을 위한 보통의 방법은 비실용적일 수 있다.

유사성 행렬 $S = [s_{ij}]$에서 항들의 일부만 계산함으로써 대략적인 임베딩을 추출할 수 있다. 요점은 S의 항들 사이에 큰 상관관계가 있다는 것이며, 그러한 결과로 유사성 행렬에는 내재된 중복성이 많다. 예를 들어, s_{ij}와 s_{ik}가 모두 매우 큰 값일 경우 s_{jk}도 매우 큰 값인 경우가 많다. 수학적 측면에서 이러한 관찰은 행렬 S가 종종 물리적 차원 n보다 훨씬 낮은 순위를 갖는다는 사실에 해당한다. 이러한 중복이 있을 경우 표본추출 방법을 사용하여 S의 저 차원 임베딩을 추출할 수 있으며, 이는 일종의 압축에 해당한다. 이러한 목표를 달성하기 위한 두 가지 해법에 대해 살펴볼 것이다. 첫 번째 해법은 이미 논의된 고유분해 기법을 수정하는 행 단위 표본추출 접근방식이다. 두 번째 해법은 8장의 행렬 인수분해 모델을 기반으로 하는 확률적 경사하강법이다.

9.3.1 나이스트롬 표본추출

나이스트롬 방식은 데이터 객체의 부분집합을 표본추출하고 이 (작은) 부분집합에 대해서만 유사성 행렬을 구성하여 임베딩 프로세스의 속도를 높인다. 이러한 부분집합만을 사용하여 프로토타입 임베딩 모델을 생성한 다음, 선형대수의 몇 가지 트릭을 사용하여 표본 외 점들로 일반화한다[133].

첫 번째 단계는 표본으로 p개의 객체 집합을 추출하는 것이며, (i, j)번째 항이 i번째 표본 내 객체와 j번째 표본 내 객체 간의 유사성인 $p \times p$ 크기의 표본 내 유사성 행렬 S_{in}이 구성된다. 마찬가지로, (i, j)번째 항이 i번째 객체와 j번째 **표본 내** 객체 사이의 유사성인 $n \times p$ 유사성 행렬 S_a가 구성된다. S_{in}의 각 행은 S_a의 행이기도 하므로 행렬 S_{in}은 S_a 안에 포함된다. 이제 아래의 두 단계를 사용하여 먼저 표본 내 점의 임베딩을 생성한 다음 표본 내 임베딩을 모든 점(표본 외 점 포함)으로 일반화한다.

- **(표본 내 임베딩)**: $S_{in} = Q\Sigma^2 Q^T$를 대각화한다. 영벡터가 아닌 고유벡터가 p개 미만이면 $n \times k$ 행렬 Q_k와 $k \times k$ 대각행렬 Σ_k에서 영벡터가 아닌 k개의 고유벡터 모두를 추출한다($k < p$). 이 단계에는 $O(p^2 \cdot k)$ 시간과 $O(p^2)$ 공간이 필요하다. p는 일반적으로 수천 정도의 작은 상수이기 때문에, 이 단계는 전체 객체 수에 관계없이 매우 빠르고 공간 효율적이다.
- **(범용 임베딩)**: U_k가 n개의 점 모두에 대한 k차원 표현을 행들로 나타내는 미지의 $n \times k$ 행렬을 표시한다. 표본 내 점의 임베딩은 이미 알고 있지만, 변환된 공간에서 유사성 행렬의 속성을 사용하여 모든 행을 균일한 방식으로 도출한다. U_k의 n개 점과 $Q_k\Sigma_k$의 표본 내 점의 점곱은 U_k와 $(Q_k\Sigma_k)^T$의 행렬 곱으로 계산할 수 있다. 이 $n \times p$ 점곱 집합은 행렬 S_a에 포함되는데, 이는 S_a가 모든 점들과 표본 내 점들에 대한 임베딩 표현의 점곱을 나타낸다고 가정하기 때문이다. 따라서 다음의 식을 얻는다.

$$S_a \approx \underbrace{U_k(Q_k\Sigma_k)^T}_{\text{점곱}} \tag{9.1}$$

위에서 근사가 사용되는 것은 표본 내 점에 의해 정의되는 p차원 이내로 제한하고 있는데, 모든 점에 대한 임베딩은 n차원 공간이 필요할 수 있다는 사실에 기인한다. 양 변의 뒤쪽에 $Q_k\Sigma_k^{-1}$을 곱하고 $Q_k^TQ_k = I_k$를 사용하여 다음 식을 얻는다.

$$U_k \approx S_a Q_k \Sigma_k^{-1} \tag{9.2}$$

따라서 k차원 공간에 n개의 점 모두에 대한 임베딩을 갖는다. 이 단계에서는 $O(n \cdot p \cdot k)$ 시간이 걸리는 단순 행렬 곱셈이 필요한데, 이는 데이터 집합의 객체 수에 대해 선형이다.

U_k의 p개의 표본 내 행은 $Q_k\Sigma_k$의 p개의 행과 동일하다.

전체 데이터를 위한 데이터 특정 특징 공간의 차원은 최대 n까지 될 수 있는 반면, 최대 p차원에서 n개의 점을 나타낼 수 있다는 점은 흥미로운 사실이다. 여기에서 수행한 작업은 특징 공간에서 p개의 점(및 원점)으로 정의된 초평면이 n차원 데이터 특정 특징 공간의 p차원 이하의 투영이며 최대 k개의 좌표로 표현될 수 있다는 사실을 이용한 것이다($k \leq p$). 따라서 먼저 할 일은 p개의 점으로 구성되는 부분집합에 대한 정확한 k차원 표현을 찾는 것이다($k \leq p$). 그런 다음 n차원 특징 공간에서 p개의 점이 있는 k차원 부분공간으로 나머지 $(n-p)$개의 점을 투영한다. 따라서 나머지 $(n-p)$개의 점은 표현의 정확도를 다소 잃는데, 이는 표본추출 방법에서 예상되는 일이다. 실제로 효율성을 더욱 향상시키기 위해 표본 내 임베딩에서 영벡터가 아닌 작은 고유벡터 중 일부를 버릴 수도 있다.

9.3.2 확률적 경사하강법을 사용한 행렬 인수분해

두 번째 방법은 9.2.4절에서 소개한 최적화 모델과 함께 확률적 경사하강법을 사용하는 것이다. 확률적 경사하강법은 유사성 행렬에서 항들을 표본추출하여 갱신을 수행한다. 유사성 행렬의 항들은 상관관계가 높으며, 이는 유사성 행렬이 낮은 근사적 순위를 갖는 경우가 많다는 것을 의미한다. 이러한 경우 잔차 (노이즈) 항의 제곱합을 최소화함으로써 임베딩의 상위 k개 성분을 학습할 수 있다. 이것은 추천 시스템(8.3.2절 참고)의 행렬 인수분해와 유사한 접근방식이며, 행렬 항의 작은 부분집합만으로도 요인 행렬을 학습할 수 있다.

논의의 편의를 위해, 추천 시스템의 평점 행렬에서 항들의 작은 부분집합을 사용할 수 있는 것과 같은 방식으로 유사성 행렬 항들의 작은 부분집합이 미리 구성된다고 가정한다(8.3.2절 참고). 실제로, 확률적 경사하강법에 대한 유사성 값을 항상 진행 과정에서 계산할 수 있지만, "관측된" 항을 미리 고정하면 희소 행렬 곱셈과 보통의 경사하강법을 사용할 수도 있다. $S=[s_{ij}]$가 $n \times n$ 유사성 행렬이며, 이 항들의 부분집합 O만 관측된다고 하자.

$$O = \{(i,j) : s_{ij}\text{가 “관측됨”}\} \tag{9.3}$$

행렬 S가 대칭이라고 가정할 수 있으며, 따라서 관측된 유사성 집합 O는 $s_{ij}=s_{ji}$를 만족하는 대칭 항 쌍으로 그룹을 만들 수 있다. 관측된 항 (i, j)에 대해 U의 i번째 행과 j번째

행의 점곱이 최대한 S의 (i, j)번째 항 s_{ij}에 가깝도록 (사용자가 지정하는 순위 k에 대해) $n \times k$ 임베딩 U를 학습하는 것이 바람직하다. 즉, $\|S - UU^T\|_F^2$의 값은 S의 관측된 항들에 대해 가능한 한 작아야 한다. 이 문제는 다음과 같이 O 안의 "관측된" 항들에 한정된 수식으로 표현될 수 있다.

$$J = \frac{1}{2} \sum_{(i,j) \in O} (s_{ij} - \sum_{p=1}^{k} u_{ip} u_{jp})^2 + \frac{\lambda}{2} \sum_{i=1}^{n} \sum_{p=1}^{k} u_{ip}^2 \text{ 을 최소화한다.}$$

따라서 9.2.4절의 최적화 모델은 S 안에 있는 항들의 아주 작은 부분집합만 사용하는 방식으로 변경되었다. 또한 사용할 부분집합이 작기 때문에 이러한 경우 정칙화가 특히 중요해진다. 이 문제는 추천 시스템의 요인 결정과 유사하며 경사하강법 사용에 적합한 후보이다. 주요 차이점은 인수분해가 대칭이라는 것이다.

$e_{ij} = s_{ij} - \sum_{p=1}^{k} u_{ip} u_{jp}$를 매개변수 행렬 U의 특정 값에서 집합 O의 (i, j)번째 항의 오차라고 가정한다. u_{im}에 관한 J의 편도함수를 계산하면 다음과 같다.

$$\begin{aligned}
\frac{\partial J}{\partial u_{im}} &= \sum_{j:(i,j) \in O} (s_{ij} + s_{ji} - 2 \cdot \sum_{p=1}^{k} u_{ip} u_{jp})(-u_{jm}) + \lambda u_{im} && \forall i \in \{1 \dots n\}, m \in \{1 \dots k\} \\
&= \sum_{j:(i,j) \in O} (e_{ij} + e_{ji})(-u_{jm}) + \lambda u_{im} && \forall i \in \{1 \dots n\}, m \in \{1 \dots k\} \\
&= -2 \sum_{j:(i,j) \in O} e_{ij} u_{jm} + \lambda u_{im} && \forall i \in \{1 \dots n\}, m \in \{1 \dots k\}
\end{aligned}$$

s_{ij}와 s_{ji}는 대칭적 가정으로 인해 관측된 항에 모두 존재하거나 모두 존재하지 않는다. 위의 편도함수를 행렬 형식으로도 표현할 수 있다. $E = [e_{ij}]$를 오차 행렬이라고 하자. 여기에서 (i, j)번째 항은 O에서 관측된 항 (i, j)에 대한 오차로 설정되고, 관측되지 않은 경우 0으로 설정된다. 관측된 항의 수가 많지 않으면 이 행렬은 희소 행렬이 된다. $n \times k$ 크기의 전체 편도함수 행렬 $\left[\frac{\partial J}{\partial u_{im}} \right]_{n \times k}$는 $-2EU$로 주어진다. 이것은 매개변수 행렬 U를 무작위로 초기화한 후 다음과 같은 경사하강법 단계를 사용해야 함을 의미한다.

$$U \Leftarrow U(1 - \alpha\lambda) + 2\alpha EU \tag{9.4}$$

여기에서 α는 단계 크기이며 수렴에 이를 때까지 적용된다($\alpha > 0$). 오차 행렬 E는 희소 행렬이므로, 희소 데이터 구조로 변환하기 전에 O에 있는 항만 계산하면 된다.

인수분해의 최적 순위 k를 결정하기 위해 U에 대한 학습에 사용되지 않는 관측된 항의 작은 부분집합 O_1를 유보할 수 있다($O_1 \subset O$). 이러한 항들은 다양한 k 값을 사용하여 학습된 행렬 U의 오차 제곱 $\sum_{(i,\, j) \in O_1} e_{ij}^2$를 테스트하는 데 사용되며, 유보된 항의 오차가 최소화되는 k 값이 사용된다. 또한 경사하강법에 대한 종료 기준의 결정에 유보된 항들을 사용할 수도 있는데, 유보된 항들의 오차가 상승하기 시작하면 경사하강법 절차가 종료된다. 복구된 행렬 U는 데이터의 k차원 임베딩을 제공하며, 이는 기계학습 알고리즘에서 사용할 수 있다.

O에서 미리 계산된 고정 항 집합을 사용하면 경사하강법을 활용할 수 있다. 반면에 **확률적** 경사하강법을 사용하면 S에서 임의의 위치를 표본추출하고 유사성 값을 즉석에서 계산할 수 있다. 이러한 유형의 접근방식은 O에 포함되어 있는 동일한 항 집합을 순환할 필요가 없다는 이점이 있다. 아마도 유사성 행렬의 항 개수가 너무 많아서 확률적 경사하강법에서 최대한 많은 항을 표본추출하더라도 대부분의 항은 한 번 이상 (또는 전혀) 방문하지 않게 될 것이다. 따라서 확률적 경사하강법 단계는 반복적으로 실행되는 다음 단계로 요약된다.

인덱스 쌍 $[i, j]$를 무작위로 추출하고 유사성 값 s_{ij}를 계산한다;
오차 $e_{ij} = s_{ij} - \sum_{p=1}^{k} u_{ip} u_{jp}$를 계산한다;
$\{1 \ldots k\}$에 속하는 모든 m에 대해 $u_{im}^{+} \Leftarrow u_{im}(1-\alpha\lambda) + 2e_{ij} u_{jm}$로 갱신한다;
$\{1 \ldots k\}$에 속하는 모든 m에 대해 $u_{jm}^{+} \Leftarrow u_{jm}(1-\alpha\lambda) + 2e_{ij} u_{im}$로 갱신한다;
$u_{im} \Leftarrow u_{im}^{+}$와 $u_{jm} \Leftarrow u_{jm}^{+}$로 갱신한다;

유사성 값은 항이 표본추출될 때 즉석에서 계산된다. 이 알고리즘은 양의 준정부호가 아닌 유사성 행렬에도 사용할 수 있다. 대각 항들은 자동으로 학습되어 가장 가까운 양의 준정부호 근사를 생성한다.

문제 9.3.1 S가 양의 준정부호가 아닌 $n \times n$ 대칭행렬이고, r개의 음의 고윳값 $\lambda_1 \cdots \lambda_r$을 갖는다고 하자($r \ll n$). 목적함수 $J = \|S - UU^T\|_F^2$는 $n \times k$ 행렬 U의 k 값에 관계없이 항상 $\sum_{p=1}^{r} \lambda_p^2$ 이상임을 보이시오. 또 이러한 오차가 보장되는 k의 최솟값은 얼마인가?

9.3.3 비대칭 유사성 분해

유사성 행렬 S의 분해 $S = UU^T$는 대칭행렬이다. 그러나 **비대칭 분해** $S \approx UV^T$를 사용할 수도 있다. 여기에서 S는 $n \times n$ 행렬이고, U와 V는 모두 $n \times k$ 행렬이다. 이 경우 U의 i번째 행과 V의 i번째 행을 조합하여 i번째 데이터 점의 임베딩을 생성할 수 있다. 예를 들어 U의 i번째 행 뒤에 V의 i번째 행을 연결하여 i번째 데이터 점의 $2k$차원 임베딩을 만들 수 있다. 이러한 경우 갱신은 $E = S - UV^T$로 정의되는 오차 행렬과 다음과 같이 정의되는 갱신을 사용하여 추천 시스템(8장 참고)과 유사하게 된다.

$$U \Leftarrow U + \underbrace{\alpha E V}_{\Delta U}$$
$$V \Leftarrow V + \underbrace{\alpha E^T U}_{\Delta V}$$

임베딩을 생성하기 위해 분해 성분을 사용하는 방법에는 몇 가지 선택이 있다. 예를 들어 V만 사용하여 임베딩을 만들 수 있다. 그러나 U의 i번째 행과 V의 i번째 행을 연결하여 i번째 객체의 $2k$차원 임베딩을 만들 수도 있다. 행렬 U와 V를 모두 사용해보면 행과 열이 객체 간 유사성의 각기 다른 측면을 포착한다는 사실을 알 수 있다. 예를 들어, 비대칭 구독자-게시자(follower-followee) 링크 행렬에서 구독자의 유사성은 게시자의 유사성과 다르다. 앨리스와 밥은 둘 다 영화배우이며 구독자 측면에서 비슷할 수 있지만, 앨리스와 존은 같은 가족에 속할 수 있으며 누구를 구독하는지(즉, 게시자) 측면에서 비슷할 수 있다. U와 V를 모두 사용하면 두 가지 유형의 유사성을 모두 설명하는 데 도움이 된다.

비대칭 분해를 수행하는 또 다른 방법은 순위 k의 절삭 SVD이다.

$$S \approx Q_k \Sigma_k P_k^T \tag{9.5}$$

여기에서 Σ_k의 배율조정 계수를 무시하면, Q_k는 U와 비슷하고 P_k는 V와 비슷하다. 그리고 S가 실수 고유벡터/고윳값으로 대각화 가능하다면, 고유분해를 사용하여 임베딩을 추출할 수 있다.

$$S = U \Delta U^{-1} \tag{9.6}$$

U의 열들은 고유벡터를 나타내며 반드시 직교정규일 필요는 없다. 이 경우 U의 상위 k개 열(가장 큰 고윳값에 대응)을 추출하여 k차원 임베딩을 생성할 수 있다. 비대칭 분해는 여러 현실 응용에서 발생하는 비대칭 유사성 행렬에 특히 유용하다.

1. 소셜 네트워크에서 한 사용자가 다른 사용자를 구독할 (또는 다른 사용자를 좋아할) 수 있지만, 이러한 "유사성" 관계는 반대 방향으로는 작용하지 않을 수 있다. 마찬가지로 웹 페이지 간의 하이퍼링크도 유사성에 관한 방향성 지표로 볼 수 있다.

2. 간선 가중치가 비대칭 방식으로 정규화되면, 무방향 그래프도 비대칭 유사성 네트워크를 가질 수 있다. 10장에서 볼 수 있듯이, 무방향 그래프의 인접 행렬은 각 행의 합이 1이 되도록 정규화하여 확률적 전이 행렬로 변환할 수 있으며, 이러한 전이 행렬의 우 고유벡터는 시-말릭 임베딩[115]이라고 하는 임베딩을 제공한다. 반면에 동일한 인접 행렬의 대칭 정규화의 대칭 분해는 응-조던-와이스 임베딩[98]으로 알려진 시-말릭 임베딩에 연관된 임베딩으로 이어진다. 두 임베딩은 스펙트럼 군집화와 같은 응용에 사용되는 서로 다른 형태의 스펙트럼 분해이다(10.5.1절 참고).

비대칭 분해는 8장에서 설명한 방법 중 하나를 사용하여 계산할 수 있다. 이 장의 대부분은 대칭 임베딩에 중점을 둔다.

9.4 유사성 행렬에 대한 선형대수 연산

많은 기계학습 응용은 데이터 행렬의 평균/분산 계산과 중심화, 데이터 점 정규화, (점곱 유사성 대신) 쌍 별 유클리드 거리 계산 등등과 같은 데이터 행렬에 대한 기본적인 통계 연산과 기하학적 연산을 사용한다. 이러한 작업은 이미 다차원 데이터 세트에 접근할 수 있는 경우 비교적 쉽게 수행할 수 있다. 그러나 유사성만 제공된다면 어떨까? 유사성 행렬을 사용하거나 수정하여 **간접적으로** 이러한 작업을 수행할 수 있을까? 이러한 유형의 기본 연산들은 종종 다양한 기계학습 응용에서 매우 유용하다.

n개의 객체 $o_1 \dots o_n$에 기반한 $n \times n$ 유사성 행렬 S를 생각해보자. 이러한 객체는 시계열, 시퀀스 등등과 같은 임의 유형의 객체일 수 있다. 각 객체 o_i는 다차원 임베딩 $\Phi(o_i)$을 가지며, 따라서 행렬 S의 (i, j)번째 항 s_{ij}는 다음 점곱에 의해 정의된다.

$$s_{ij} = \Phi(o_i) \cdot \Phi(o_j)$$

이러한 표기법을 사용하여 두 점 간의 기본 연산들을 정의할 것이다.

9.4.1 유사성 행렬의 에너지와 단위구 정규화

i번째 객체 o_i의 다차원 표현 $\Phi(o_i)$의 노옴 제곱은 다음과 같이 유사성으로 계산된다.

$$\|\Phi(o_i)\|^2 = \Phi(o_i) \cdot \Phi(o_i) = s_{ii}$$

위의 계산은 노옴 제곱에 대해 정의된 것으로 노옴은 $\sqrt{s_{ii}}$이다. 데이터 세트의 총 에너지 $E(S)$는 점 별로 계산되는 노옴 제곱들의 합이며, 이는 유사성 행렬의 대각합과 같다.

$$E(S) = \sum_{i=1}^{n} s_{ii} = \text{tr}(S)$$

즉, 데이터 세트의 총 에너지는 유사성 행렬의 대각 항들의 합과 같다.

공학 처리된 모든 점 $\Phi_n(o_i)$는 반지름이 1인 공 모양의 단위구 상에 위치하도록 유사성 행렬을 정규화하기 위해 노옴을 사용할 수 있다. 점곱은 단위 정규화된 점의 코사인 유사성이 된다. 점곱과 달리 코사인 유사성은 정규화의 영향을 받지 않는다. 공학 처리 표현 $\Phi(\cdot)$에 해당하는 정규화되지 않은 유사성 행렬 $S=[s_{ij}]$ 가 주어져 있다고 하자. 이제 이러한 점들을 단위구 상에 위치하는 $\Phi_n(\cdot)$으로 정규화한다.

$$\Phi_n(o_i) \cdot \Phi_n(o_j) = \text{cosine}[\Phi_n(o_i), \Phi_n(o_j)] = \frac{\Phi(o_i) \cdot \Phi(o_j)}{\|\Phi(o_i)\| \cdot \|\Phi(o_j)\|} = \frac{s_{ij}}{\sqrt{s_{ii}}\sqrt{s_{jj}}}$$

각 항 s_{ij}는 위의 정규화된 값으로 대체된다. 정규화된 유사성 행렬의 대각 항은 모두 1이 된다. 이는 $\mathcal{R}^n$의 단위구 상에 위치하도록 데이터 특정 커널 특징을 효과적으로 정규화했기 때문이다.

9.4.2 평균과 분산의 노옴

데이터 세트 평균의 노옴은 다음과 같이 계산할 수 있다.

$$\|\overline{\mu}\|^2 = \|\sum_{i=1}^{n} \Phi(o_i)/n\|^2 = \sum_{i=1}^{n}\sum_{j=1}^{n} \Phi(o_i) \cdot \Phi(o_j)/n^2 = \sum_{i=1}^{n}\sum_{j=1}^{n} s_{ij}/n^2$$

즉, 평균의 노옴 제곱은 유사성 행렬 항들의 평균값과 같다. 이 값은 문제 9.2.3에 따라 항상 비 음수이다.

(유사성 행렬 S에 의해 유도된) 임베딩 공간에 있는 데이터 세트의 (모든 차원에 대한) 총 분산 $\sigma^2(S)$는 정규화된 에너지(즉, 차원 수에 대해 평균화된 에너지)에서 평균의 노옴 제곱을 빼서 계산한다.

$$\sigma^2(S) = \text{Energy}(S)/n - \overline{\mu}^2 = \sum_{i=1}^{n} s_{ii}/n - \sum_{i=1}^{n}\sum_{j=1}^{n} s_{ij}/n^2$$

즉, 분산은 대각 항 평균과 행렬 항 평균 간의 차이이다.

문제 9.4.1 n개의 점을 포함하는 데이터 세트의 분산은 점 사이의 (모든 $\binom{n}{2}$ 쌍에 대해) 쌍별 거리 제곱의 합에 비례한다. 이 결과를 사용하여 유사성 행렬 S에 의해 유도된 데이터의 분산 $\sigma^2(S)$가 $\{1, 2 \ldots n(n-1)/2\}$에 속하는 r에 대해 적절하게 선택된 n차원 벡터 $\overline{y}_r$을 사용하여 다음 형식으로 표현될 수 있음을 보이시오.

$$\sigma^2(S) \propto \sum_{r=1}^{n(n-1)/2} \overline{y}_r^T S \overline{y}_r$$

위의 문제는 유사성 행렬 S가 양의 준정부호인 경우 분산이 음이 아닌 이유를 명확하게 알려준다.

9.4.3 유사성 행렬의 중심화

PCA와 같은 일부 응용에서는 데이터가 평균 중심이라고 가정한다. 그렇지만 임의의 유사성 행렬에 의해 유도된 임베딩이 평균 중심이라는 보장은 없다. 유사성 행렬 $S=Q\Sigma^2 Q^T$에서 데이터 세트 $D=Q\Sigma$를 추출할 수 있는 경우를 생각해보자. 이 경우 유사성 행렬 S는 DD^T로도 표현될 수 있다. M을 1들로 구성된 $n\times n$ 행렬이라고 하자. 그러면 D의 평균 중심화 버전 D_c는 다음과 같이 표현할 수 있다.

$$D_c = (I - M/n)D \tag{9.7}$$

유사성 행렬 S의 평균 중심화 버전 S_c는 $S_c=D_cD_c^T$로 주어진다. 이 유사성 행렬은 다음과 같이 S로 표현할 수 있다.

$$\begin{aligned} S_c = D_cD_c^T &= [(I - M/n)D][(I - M/n)D]^T \\ &= (I - M/n)\underbrace{(DD^T)}_{S}(I - M/n)^T = (I - M/n)S(I - M/n) \end{aligned}$$

데이터 행렬은 종종 다양한 작업에 대한 전처리 단계로서 기계학습에서 평균 중심화 되며, 구체적인 작업의 예로 커널 PCA를 들 수 있다. 유사성 행렬이 평균 중심인지 간단히 확인할 수 있는 방법을 다음과 같이 정리할 수 있다.

관찰 9.4.1 **유사성 행렬의 평균 중심 여부 확인법** 유사성 행렬의 i번째 행(또는 열)의 합은 i번째 점의 임베딩과 임베딩 안의 모든 벡터의 합 사이의 점곱이다. 따라서 평균 중심인 유사성 행렬의 모든 행과 열의 합은 0이다.

9.4.3.1 응용: 커널 PCA

위의 접근방식은 커널 PCA[112]에 이르는 길잡이가 된다. 커널 PCA에서 $n\times n$ 유사성 행렬 S는 먼저 $S_c=(I-M/n)S(I-M/n)$로 평균 중심화 되고, 이어서 $S_c=Q\Sigma^2 Q^T$와 같이 대각화된 후 다시 $(Q\Sigma)(Q\Sigma)^T$와 같이 대칭 인수분해 형식으로 표현될 수 있다. 따라서 임베딩 행렬은 $Q\Sigma$로 주어진다.

정의 9.4.1 **커널 PCA**

S를 크기 $n\times n$의 양의 준정부호 유사성 행렬이라고 하자. 이는 $S_c=(I-M/n)S(I-M/n)$로 평균 중심화 될 수 있다. 여기에서 M은 1들로 구성된 $n\times n$ 행렬이다. 고유분해 $S_c=Q\Sigma^2 Q^T$에 의해 추출된 임베딩 $Q\Sigma$를 점의 커널 PCA 임베딩이라고 한다. 행렬 $Q\Sigma$의 i번째 행은 i번째 점의 커널 PCA 임베딩을 나타낸다.

따라서 PCA가 데이터 행렬의 전처리에서 SVD와 다른 것처럼 커널 PCA는 유사성 행렬의 전처리 측면에서 커널 SVD와 다르다. 위의 정의를 정의 9.2.2와 주의 깊게 비교해보기 바란다.

9.4.4 유사성 행렬에서 거리 행렬로의 변환과 역방향 변환

기계학습의 많은 응용에서 유사성 함수 대신 거리 함수를 사용할 수 있다. 따라서 (점곱) 유사성 행렬을 어떻게 거리 행렬로 변환할지 또 역방향의 변환은 어떻게 할 수 있는지 궁금할 것이다.

유사성 행렬을 거리 행렬로 변환하는 것이 역방향의 변환보다 쉽다. 이 점을 이해하기 위해 먼저 유클리드 거리와 점곱 유사성의 밀접한 관계를 살펴보자.

$$\|\overline{X} - \overline{Y}\|^2 = \overline{X} \cdot \overline{X} + \overline{Y} \cdot \overline{Y} - 2\overline{X} \cdot \overline{Y}$$

따라서 점곱 행렬이 주어지면 각 항에 대해 위의 관계를 사용하여 유클리드 거리 제곱 행렬을 만드는 것은 상대적으로 쉽다. δ_{ij}가 점 i와 j 사이의 유클리드 거리일 경우, 다음과 같이 $S = [s_{ij}]$의 항으로 δ_{ij}를 표현할 수 있다.

$$\delta_{ij}^2 = s_{ii} + s_{jj} - 2s_{ij}$$

위의 관계는 행렬 형식으로도 표현할 수 있다. $\overline{1}_n$은 1로 구성된 n차원 열벡터이고, $\overline{z} = [s_{11}, s_{22} \dots s_{nn}]^T$, 거리 제곱 행렬을 $\Delta = [\delta_{ij}^2]$로 표시한다. 그러면 Δ는 다음과 같이 유사성으로 표현할 수 있다.

$$\Delta = \overline{1}_n \, \overline{z}^T + \overline{z} \, \overline{1}_n^T - 2S \tag{9.8}$$

위의 식에서 우변의 처음 두 행렬은 벡터의 외적으로 계산된다.

유사성 행렬에서 거리 제곱 행렬을 계산할 수도 있다. $\Delta = [\delta_{ij}^2]$를 거리 제곱 행렬이라고 하자. 이제 한 쌍의 점 $\overline{X}$와 $\overline{Y}$ 사이의 유사성은 다음과 같이 거리로 표현할 수 있다.

$$\overline{X} \cdot \overline{Y} = \frac{1}{2}\left(\|\overline{X}\|^2 + \|\overline{Y}\|^2 - \|\overline{X} - \overline{Y}\|^2\right) \tag{9.9}$$

개별 점 $\overline{X}$와 $\overline{Y}$의 노옴 제곱은 거리 측면에서 문제를 표현하는 것을 어렵게 만든다. 노옴 제곱은 원점으로부터의 거리 제곱을 나타내며, 거리 행렬에는 일반적으로 원점으로부터 점의 거리에 대한 정보가 포함되지 않는다. 여기서, 점곱 유사성과 달리 쌍 별 거리는 원점의 이동에 영향을 받지 않는다는 것을 이해할 필요가 있다. 즉, 유사성 행렬은 원점으로 선택한 지점에 따라 달라진다. 자연스러운 선택은 추출할 유사성 행렬이 평균 중심이라고 가정하는 것이다. 이 경우 데이터 점의 노옴 제곱은 평균 지점과 점 사이의 거리 제곱이 된다. 따라서 다음과 같은 결과를 얻을 수 있다.

보조정리 9.4.1 $\Delta = [\delta_{ij}^2]$를 임베딩된 데이터 점 사이의 $n \times n$ 거리 제곱 행렬이라고 하자. 이제 점곱의 평균 중심 유사성 행렬은 다음과 같이 주어진다.

$$S = -\frac{1}{2}\left(I - \frac{M}{n}\right)\Delta\left(I - \frac{M}{n}\right)$$

여기에서 M은 1들로 구성된 $n \times n$ 행렬이다.

증명 유사성 행렬 S가 평균 중심일 경우 관찰 9.4.1은 M이 1들로 구성된 행렬일 때 $MS = SM = 0$임을 의미한다. 따라서 다음의 식이 성립함을 알 수 있다.

$$S = \left(I - \frac{M}{n}\right)S\left(I - \frac{M}{n}\right) \tag{9.10}$$

식 9.8의 양변의 오른쪽과 왼쪽에 $(I - M/n)$을 곱하면 다음 식을 얻을 수 있다.

$$\left(I - \frac{M}{n}\right)\Delta\left(I - \frac{M}{n}\right) = \left(I - \frac{M}{n}\right)[\overline{1}_n\,\overline{z}^T + \overline{z}\,\overline{1}_n^T - 2S]\left(I - \frac{M}{n}\right)$$

$M\overline{1} = n\overline{1}$임에 유의하자. 결과적으로 $\left(I - \frac{M}{n}\right)\overline{1}_n = \overline{0}$과 $\overline{1}_n^T\left(I - \frac{M}{n}\right) = \overline{0}^T$가 된다. 이 결과를 사용하여 위의 식을 다음과 같이 간소화할 수 있다.

$$\begin{aligned}\left(I - \frac{M}{n}\right)\Delta\left(I - \frac{M}{n}\right) &= -2\left(I - \frac{M}{n}\right)[S]\left(I - \frac{M}{n}\right)\\ &= -2S, \text{ [식 9.10 사용]}\end{aligned}$$

양변을 -2로 나누면 원하는 결과를 얻을 수 있다. ■

거리 행렬을 유사성 행렬로 변환하는 것은 거리를 이용할 수 있을 때 커널법을 사용할 수 있으므로 더욱 유용하다. 예를 들어, 시계열 데이터에서 응용 영역에 특화된 방법들 중에는 처음부터 유사성 대신 거리를 제공하는 경우가 있다. 이 경우 임베딩의 생성에 **다차원 배율조정(MDS)** 기법이 사용된다. 거리 제곱 행렬 Δ로 시작하여 위에서 설명한 방식으로 평균 중심 유사성 행렬로 변환된다. 이 유사성 행렬의 큰 고유벡터들은 임베딩 생성에 사용된다.

> **문제 9.4.2** **거의 음의 준정부호인 거리 행렬** 점곱을 사용하여 생성된 유효한 유사성 행렬은 양의 준정부호여야 한다는 것을 알고 있을 것이다. 행렬 S가 임의의 평균 중심 벡터 $\overline{y}$에 대해 $\overline{y}^T S \overline{y} \leq 0$을 만족하는 경우, 거의 음의 준정부호이다. 이 사실과 보조정리 9.4.1을 사용하여 유클리드 공간에서 유효한 임의의 거리 제곱 행렬은 거의 음의 준정부호임을 보이시오.

9.4.4.1 응용: ISOMAP

ISOMAP 접근방식은 다차원 공간에서 곡면체를 곧게 펴는 훌륭한 기법이다[126]. 또한 직선거리가 아닌 곡면체를 따르는 거리(및 유사성)에 해당하는 **측지 거리**와 유사성을 계산할 수 있다. 측지 거리는 실제 응용에서 직선거리에 비해 실제 거리를 더 정확하게 표현한다고 주장할 수 있다. 이러한 거리는 ISOMAP로 알려진 비선형 차원 축소와 임베딩 방법에서 도출된 접근방식을 사용하여 계산할 수 있다. 이 접근방식은 다음 두 단계로 구성된다.

1. 각 점의 k-최근접 이웃을 계산한다. 데이터 점을 나타내는 노드와 이러한 k-최근접 이웃과의 거리를 나타내는 간선 가중치(비용)를 사용하여 가중 그래프 G를 생성한다.
2. 임의의 점 쌍 $\overline{X}$와 $\overline{Y}$에 대해 G에서 해당 노드 간의 최단 경로 길이로 $Dist(\overline{X}, \overline{Y})$를 보고한다. $Dist()$의 계산에는 다익스트라 알고리즘과 같은 그래프 알고리즘을 사용할 수 있다[8].

이어서 거리 제곱 행렬이 구성된다. 이 거리 제곱 행렬은 이 절의 접근방식을 사용하여 유사성 행렬로 변환된다. 유사성 행렬의 고유벡터는 ISOMAP 임베딩을 만드는 데 사용된다. 그림 9.1(a)은 데이터가 나선형을 따라 배열된 3차원 예를 보여주고 있다. 이 그림에서 데이터

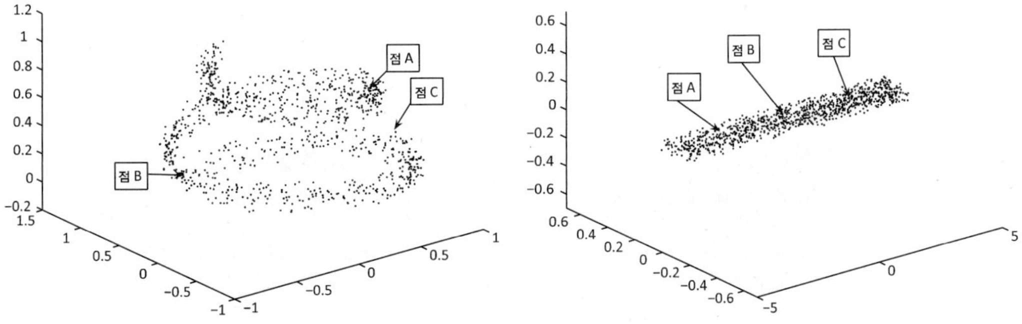

(a) A와 C가 가까운 것으로 보임 (원래 데이터)

(b) A와 C는 실제로 멀리 떨어져 있음 (ISOMAP 임베딩)

그림 9.1 ISOMAP 임베딩이 거리에 미치는 영향

점 A와 C는 데이터 점 B보다 서로 훨씬 더 가까워 보인다. 그러나 그림 9.1(b)의 ISOMAP 임베딩에서 데이터 점 B는 A와 C 각각에 훨씬 더 가깝다. 이 예는 ISOMAP이 유클리드 거리를 순수하게 사용하는 것과 비교하여 유사성과 거리에 대해 완전히 다른 관점을 제시한다는 것을 보여준다.

9.5 유사성 행렬을 사용하는 기계학습

데이터 행렬 대신 유사성 행렬이 주어지는 경우 기계학습 알고리즘을 사용하는 두 가지 방식이 있다.

1. 유사성 행렬 S는 $S = Q\Sigma^2 Q^T$로 분해될 수 있으며 임베딩 $Q\Sigma$를 추출할 수 있다. 경우에 따라서는 상위 고유벡터들만 남길 수도 있고, 품질 향상을 위해 다른 방법으로 표현을 처리(예: 백색화)할 수도 있다. 그런 다음 대표적인 기계학습 알고리즘들이 추출된 표현에 적용된다.

2. 기계학습의 일부 알고리즘은 점 간의 유사성을 사용하여 직접적으로 표현될 수 있다. 예를 들어 SVM에서 쌍대는 점 사이의 점곱으로 표현될 수 있다(6.4.4.1절 참고). 이 경우 최적화 함수 내의 유사성 행렬에서 적절한 항을 대체할 수 있다. 이 접근방식을 **커널 트릭**이라고 한다.

두 가지 선택은 동등한 해법을 제공한다. 실제로 어느 방식이 더 바람직할까? 기계학습 전문가의 일반적인 성향은 커널 트릭을 선호하는 것이다. 그 이유는 커널 트릭이 공간 효율성 측면에서 유리하기 때문이다. 그러나 명시적 특징 공학에는 여러 가지 장점도 있다. 추출된 함수를 후처리하고 쓸모없는 특징들은 버릴 수 있다. 하위 특징(즉, 더 작은 고유벡터)은 때로 쓸모없는 노이즈를 포함할 수 있으며, 명시적 특징 공학 방법은 상위 특징들만 추출하는 경향이 있다. 커널 트릭을 사용할 때 쓸모없는 특징을 포함하여 개선이나 변경 없이 모든 특징을 효과적으로 사용하는 것이다. 특징 공학을 사용할 때 추출된 특징에 백색화와 같은 트릭을 사용할 수도 있다. 이상치 탐지와 같은 일부 문제에서 백색화는 고품질 구현 생성에 절대적으로 필요하다. 커널 트릭에 비해 특징 공학의 추가적인 유연성은 그림 9.2에 제시되어 있다.

공간 또는 시간 효율성 측면에서 우세한 특징들을 효율적으로 추출하기 위해 나이스트롬 표본추출이나 확률적 경사하강법을 사용할 수 있다. 대부분의[20] 응용에서 하위 특징들은 정보 제공 측면에서 별 도움이 되지 않기 때문에 우세한 특징들만 추출하면 된다. 우세한 특징

20) 이상치 탐지는 예외이다.

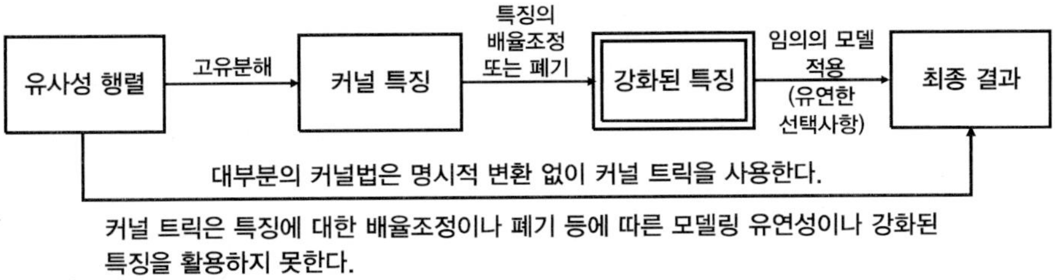

그림 9.2 커널법을 사용하는 알고리즘 설계의 두 가지 선택

들만 추출하는 것은 모든 특징을 추출하는 것보다 훨씬 효율적이다. 아래 절에서는 특징 공학과 커널 트릭에 대해 설명한다.

9.5.1 유사성 행렬에서 특징 공학

이 절에서는 특징 공학을 사용하여 군집화, 분류, 이상치 탐지 등을 위한 알고리즘들에 대해 논의한다. 이 접근방식의 한 가지 장점은 매우 일반적이어서 군집화와 분류에 특정 알고리즘만 사용하도록 제한되지 않는다는 것이다.

9.5.1.1 커널 군집화

n개의 객체(예: 화합물)에 대한 $n \times n$ 유사성 행렬 S가 주어지는 설정을 상상해보자. 이러한 객체를 유사한 그룹들로 군집화하고자 한다. 명시적 특징 공학 방식이라면 다음과 같이 $n \times n$ 유사성 행렬 $S = Q\Sigma^2 Q^T$의 대각화를 이용하게 될 것이다.

$S = Q\Sigma^2 Q^T$와 같이 대각화한다;
$Q\Sigma$의 행들에서 n차원 임베딩을 추출한다;
$Q\Sigma$에서 영벡터 열들을 삭제하여 $Q_0\Sigma_0$을 생성한다;
$Q_0\Sigma_0$의 행들에 임의의 기존 군집화 알고리즘을 적용한다;

Q_0의 열들은 영벡터가 아닌 고유벡터들을 나타내며, $Q_0\Sigma_0$의 n개의 행들은 n개의 점들의 임베딩을 나타낸다. Σ_0을 생성하기 위해 Σ의 영벡터 행과 열이 삭제되었으므로, Q_0은 $n \times r$ 행렬이고 Σ_0은 $r \times r$ 행렬이다. n개의 고유벡터가 모두 추출되지만 영벡터인 고유벡터만 삭제된다는 점을 유의하자. 이러한 영벡터 고유벡터는 $Q\Sigma$에서 영벡터 열로 표시된다. 폐기되는 차원이 없는 경우 임베딩의 차원은 점의 개수인 n 이하가 된다. 따라서 이러한 접근방식의 **공간 요구사항**은 $O(n^2)$이 될 수 있다. 또한, n개의 고유벡터를 모두 추출하기 위한 실행 시간 요구사항은 $O(n^3)$이며, 이는 과도하게 긴 시간일 수 있다. n보다 훨씬 작은 임베딩의 차원을

사용할 수 있는 경우도 많다. 또한 일부 구현에서는 $Q\Sigma$가 아닌 행렬 Q를 사용하여 임베딩을 생성한다. 이러한 접근방식은 간접적인 백색화 형태로 볼 수 있다(7.4.7절 참고). 이러한 형태의 백색화를 사용하는 커널 군집화 방법의 구체적인 예는 **스펙트럼 군집화**이며, 이는 10.5절에서 논의된다.

어쨌든 하위 고유벡터들은 종종 삭제되기 때문에, 우세 고유벡터들에 대한 정보만 보존하는 표본추출 방법을 사용할 수 있다. 구체적인 예로 나이스트롬 표본추출을 들 수 있는데, 여기에서는 s차원 표현을 생성하기 위해 s개의 객체로 구성된 집합을 표본으로 추출한다. 일반적으로 s의 값은 하부 데이터 분포의 복잡성(예: 클러스터 수)에 따라 다르지만 데이터 세트 크기와는 무관하다. 이제 이 접근방식은 다음과 같이 진행된다.

데이터 세트에서 s개의 객체를 표본으로 추출한다;
나이스트롬 방법(9.3.1절 참고)을 사용하여 모든 객체의 s차원 표현을 생성하고, 이를 $n \times s$ 행렬 U_s로 표시한다;
U_s에 임의의 기존 군집화 알고리즘을 적용한다;

임베딩 행렬 U_s를 추출하기 위해 확률적 경사하강법(9.3.2절 참고)을 사용할 수도 있다. 또한 표본추출 기반 방법을 자주 반복하여 여러 개의 모델을 만들 수도 있다. 이러한 여러 모델의 평균을 취하는 모델을 **앙상블**이라고 하며, 우수한 결과를 제공하는 것으로 알려져 있다.

9.5.1.2 커널 이상치 탐지

7.4.7절에서 논의된 마할라노비스 방법은 커널 마할라노비스 방법으로 일반화될 수 있다. 커널 마할라노비스 방법에서 마할라노비스 방법은 데이터의 공학 처리된 표현에 적용된다[5]. 특징 공학 접근방식은 이미 유사성 행렬에서 정규화된 SVD를 추출해 있음을 유의하자. 기술적으로 마할라노비스 방법은 미리 유사성 행렬의 평균 중심화를 요구하는데, 사실 비 평균 중심 행렬을 사용하더라도 실질적인 차이는 없다. $n \times n$ 유사성 행렬 S가 주어지면 커널 마할라노비스 방법은 다음과 같이 진행된다.

$S = Q\Sigma^2 Q^T$와 같이 대각화한다;
$Q\Sigma$의 행들에서 n차원 임베딩을 추출한다;
$Q\Sigma$에서 영벡터 열들을 삭제하여 $Q_0\Sigma_0$을 생성한다;
$Q_0\Sigma_0$의 행들에 임의의 기존 군집화 알고리즘을 적용한다;
Q_0의 모든 행에 대해 계산된 평균과 각 행 사이의 유클리드 거리를 Q_0의 해당 행의 이상치 점수로 보고한다;

여기서는 각 점의 이상치 점수를 계산하기 위해 $Q_0\Sigma_0$ 대신 Q_0을 사용하고 있음에 유의하

자. 이러한 사실이 이상치 탐지에서 특히 중요한데, 이는 이상치들이 하위 특이벡터들 방향의 변동에 숨겨져 있는 경우가 종종 있기 때문이다. Σ_0을 곱하면 이러한 이상치들이 더욱 감추어진다. (항상 $Q\Sigma$를 사용하는 것과 동일한) 커널 트릭과 같은 방법을 사용할 때는 이러한 형태의 백색화나 특징 후처리는 적용할 수 없게 된다. 흥미롭게도 단일 클래스 SVM[113]과 같이 이러한 형태의 백색화를 사용하지 않는 방법 중 일부는 성능이 약한 것으로 알려져 있다[42].

> **문제 9.5.1** 나이스트롬 표본추출을 사용하는 커널 이상치 탐지를 위한 의사코드를 작성하시오.

9.5.1.3 커널 분류

커널 SVM의 구현에 대해 생각해보자. 훈련 객체들에 대한 $n \times n$ 유사성 행렬을 S로 표시한다. 또한 테스트 객체의 개수는 t개이며, 테스트-훈련 유사성 행렬 S_t의 크기는 $t \times n$가 된다. 따라서 S_t의 각 행은 하나의 테스트 객체와 전체 훈련용 객체 사이의 유사성을 나타낸다. S_t의 열들은 S의 훈련용 객체 순서에 따라 동일하게 정렬된다.

훈련용 데이터의 유사성 행렬은 $S = Q\Sigma^2 Q^T$와 같이 대각화된다. 이어서 $Q\Sigma$의 영벡터 열들을 삭제하여 r차원의 $n \times r$ 행렬 $U_0 = Q_0\Sigma_0$을 생성한다($r \leq n$). Q_0은 $n \times r$ 행렬인 반면, Σ_0은 S의 0이 아닌 대각 항(특이값)들로만 구성되는 $r \times r$ 대각행렬이다. 따라서 Σ_0은 가역적이다. U_0의 행들은 훈련용 객체의 **명시적** 변환을 나타낸다. 나이스트롬 표본추출에 사용된 것과 동일한 트릭을 사용하여 테스트용 데이터의 t개의 **표본 외** 객체를 이러한 r차원 표현 U_{test}에 투영할 수도 있다.

$$\underbrace{S_t}_{t\times n} = U_{test}U_0^T = \underbrace{U_{test}}_{t \times r}\underbrace{(Q_0\Sigma_0)^T}_{r\times n} \tag{9.11}$$

위의 관계는 U_{test}와 U_0에 있는 행들의 점곱이 테스트-훈련 유사성에 해당한다는 사실에 따른 결과이다. 양변에 $Q_0\Sigma_0^{-1}$을 곱하고 좌변에서 $Q^{T_0}Q_0 = I$를 사용한 결과는 다음과 같다.

$$U_{test} = S_t Q_0 \Sigma_0^{-1} \tag{9.12}$$

행렬 U_{test}는 테스트 객체의 공학 처리된 표현을 나타낸다. 따라서 커널 SVM를 위한 알고리즘은 다음과 같다.

$S = Q\Sigma^2 Q^T$와 같이 대각화한다;
$Q\Sigma$의 행들에서 n차원 임베딩을 추출한다;

$Q\Sigma$에서 영벡터인 고유벡터들을 삭제하여 $Q_0\Sigma_0$을 생성한다;
{$Q_0\Sigma_0$의 n개 행과 행에 지정되는 클래스 라벨들이 훈련용 데이터를 구성한다.}
$Q_0\Sigma_0$와 클래스 라벨들에 선형 SVM을 적용하여 모델 M을 학습한다;
식 9.12를 사용하여 테스트-훈련 유사성 행렬 S_t를 표현 행렬 U_{test}로 변환한다;
U_{test}의 각 행에 M을 적용하여 예측을 산출한다;

위의 구현은 커널 트릭을 사용하여 구현된 커널 SVM과 **동일하다**(9.5.2.2절 참고). SVM을 **로지스틱 회귀 또는 최소제곱 분류와 같은 임의의 학습 알고리즘으로 대체할 수 있으며**, 이는 명시적 특징 공학의 장점 중 하나이다. 또한 효율성을 향상시키기 위해 나이스트롬 표본추출과 함께 이 접근방식을 사용할 수도 있다.

> **문제 9.5.2** 이 절에서 논의된 커널 SVM 접근방식이 나이스트롬 표본추출로 어떻게 효율적으로 구현될 수 있는지 보이시오.

9.5.2 유사성 행렬의 직접적 사용

(중간 단계로 임베딩을 추출하지 않고) 기계학습 알고리즘을 구현하기 위해 유사성 행렬을 직접 사용하는 것을 **커널 트릭**이라고 한다. 커널 트릭이 이러한 알고리즘을 구현하는 유일한 실용적인 방법으로 선전되는 경우가 많지만 정확한 견해는 아니다. 명시적 특징 공학에는 몇 가지 이점이 있으며, 그 중 가장 중요한 것은 중간 단계에서 특징을 수정하거나 정규화할 수 있다는 사실이다. 이상치 탐지와 같은 일부 응용에서 이것은 대단히 중요한데, 이는 그와 같은 응용에서 커널 트릭을 사용하는 변형이 그다지 효과적이지 않기 때문이다[5, 42].

9.5.2.1 커널 K-평균

$S=[s_{ij}]$를 객체 $o_1 \dots o_n$ 사이의 쌍 별 유사성 정보를 나타내는 $n \times n$ 유사성 행렬이라고 하자. 이러한 객체들은 임의의 유형(예: 시퀀스 또는 화합물 그래프)일 수 있다. 커널 유사성 행렬이 암시하는 임베딩이 $\Phi(\cdot)$로 표시되어 $s_{ij}=\Phi(o_i)\cdot\Phi(o_j)$가 된다고 가정한다.

커널 k-평균 알고리즘은 다음과 같이 진행된다. 먼저 점들을 $C_1 \dots C_k$로 표시되는 k개의 군집에 무작위로 배정하는 것으로 시작한다. k-평균 알고리즘의 일반적인 구현에서는 클러스터의 중심점들을 다음 반복의 대표들로 결정한다. 커널 k-평균 알고리즘은 **변환된 공간**의 다양한 클러스터 중심점들과 각 점의 점곱을 계산하고 다음 반복에서 각 점을 가장 가까운 중심점에 재배정한다. 임베딩 객체 $\Phi(o_i)$와 (변환된 공간에서) C_j의 중심점 $\overline{\mu}_j$ 사이의 점곱을 계산하는 방법은 다음과 같다.

$$\Phi(o_i) \cdot \overline{\mu}_j = \Phi(o_i) \cdot \frac{(\sum_{q \in \mathcal{C}_j} \Phi(o_q))}{|\mathcal{C}_j|} = \frac{\sum_{q \in \mathcal{C}_j} \Phi(o_i) \cdot \Phi(o_q)}{|\mathcal{C}_j|} = \sum_{q \in \mathcal{C}_j} \frac{s_{iq}}{|\mathcal{C}_j|}$$

따라서 주어진 객체 o_i에 대해 해당 클러스터의 모든 점들과의 평균 커널 유사성을 계산하면 된다. 다음 반복을 위한 배정을 새로 계산하기 위해 이 접근방식은 중심점들 대신 클러스터들에 대한 각 점의 배정 현황을 명시적으로 유지해야 한다. 모든 k-평균 알고리즘에서와 마찬가지로 이 접근방식은 수렴에 이를 때까지 반복된다. n개의 점을 포함하는 데이터 세트의 경우, k-평균 알고리즘의 각 반복에서 $O(n^2)$ 시간이 필요하며 이는 대규모 데이터 세트의 경우 시간이 많이 걸릴 수 있다. 이 접근방식은 또한 전체 커널 행렬의 계산을 필요로 하는데, 이를 위해 $O(n^2)$ 저장 공간이 필요할 수 있다. 그러나 유사성 함수를 효율적으로 계산할 수 있다면, 커널 행렬을 미리 저장할 필요가 없으며 필요할 때 즉시 개별 항을 새로 계산하면 된다.

이 알고리즘은 9.5.1.1절에서 임베딩 $Q_0\Sigma_0$이 사용되고 마지막 단계에서 k-평균 알고리즘이 사용되는 경우 절 9.5.1.1에서 설명한 접근방식과 동일하다. 그러나 커널 트릭의 단점은 점간 유사성 함수를 사용하는 군집화 알고리즘 중 제한된 일부(예: k-평균)만 이용할 수 있다는 것이다. 모든 군집화 알고리즘이 커널 트릭 사용에 똑같이 친화적이지는 않다. 또한, 커널 트릭을 통해 간접적으로만 사용되는 경우 추출된 특징의 추가적 공학 처리나 정규화를 수행할 수 없다.

9.5.2.2 커널 SVM

이 절의 다른 문제에서와 같이 각 객체 o_i에 대한 공학 처리 표현이 $\Phi(o_i)$라고 하자. $n \times n$ 유사성 행렬 S는 n개의 객체 간의 유사성을 나타낸다. n개의 훈련 인스턴스의 클래스 라벨 기호는 $y_1 \cdots y_n$로 표시되며, 각각의 값은 {−1, +1}에 속한다. 6.4.4.1절의 SVM의 쌍대 문제(최소화 형식)를 다음과 같이 다시 표시한다.

$$L_D = \frac{1}{2}\sum_{i=1}^{n}\sum_{j=1}^{n} \alpha_i - \left\{ \sum_{i=1}^{n} \alpha_i \alpha_j y_i y_j \underbrace{\Phi(o_i) \cdot \Phi(o_j)}_{s_{ij}} \right\} \text{을 최소화한다.}$$

제약조건:

$0 \leq \alpha_i \leq C \quad \forall i \in \{1 \ldots n\}$

이 문제의 표기법은 6.4.4.1절의 표기법과 동일하다. 각 α_i는 i번째 쌍대 변수이며, 수량 C는 여유 페널티이다. 6.4.4.1절의 목적함수와의 유일한 차이점은 훈련 점 $\overline{X}_i$를 공학 처리된 점 $\Phi(o_i)$로 대체했다는 것이다. 그러나 $\Phi(o_i)$와 $\Phi(o_j)$ 사이의 점곱은 단지 s_{ij}일 뿐이므로 공학 처리된 점은 수식에서 사라지고 유사성으로 대체될 수 있다. α_k에 관한 L_D의 편미분은 다음과 같다.

$$\frac{\partial L_D}{\partial \alpha_k} = y_k \sum_{q=1}^{n} y_q \alpha_q s_{kq} - 1 \quad \forall k \in \{1 \ldots n\} \tag{9.13}$$

이것은 경계상자 제약조건을 갖는 볼록 최적화 문제이다. 따라서 라그랑주 매개변수 벡터 $\overline{\alpha} = [\alpha_1 \ldots \alpha_n]$을 0들로 구성된 n차원 벡터로 설정하는 것으로 시작하고, 학습률 η로 다음 갱신 단계를 수행한다.

```
repeat
  {1...n}에 속하는 각 k에 대해 α_k ⇐ α_k + η[1 − y_k Σ_{q=1}^n y_q α_q s_kq]와 같이 갱신한다;
  { 갱신은 ᾱ ⇐ ᾱ − η[∂L_D/∂ᾱ]와 동일함 }
  for each  k ∈ {1...n} do begin
    α_k ⇐ min{α_k, C};
    α_k ⇐ max{α_k, 0};
  endfor;
until (수렴에 도달함)
```

변수 $\alpha_1 \ldots \alpha_n$에 대한 학습을 마치면, 테스트용 객체들에 대해 훈련용 객체와의 유사성을 사용하여 예측이 이루어진다. 이는 경험하지 않은 테스트 인스턴스 $\overline{Z}$에 대한 분류가 $\overline{W} \cdot \Phi(\overline{Z})$의 부호로 주어지기 때문이다. 6장의 분석은 $\overline{W} = \sum_{j=1}^{n} \alpha_j y_j \Phi(\overline{X}_j)$임을 알려준다. 여기에서 $\Phi(\overline{X}_j)$는 j번째 훈련 점의 공학 처리 표현이다. 따라서 $\overline{Z}$에 대한 예측은 $\sum_{j=1}^{n} \alpha_j y_j \Phi(\overline{X}_j) \cdot \Phi(\overline{Z})$로 주어진다. 이것은 테스트 인스턴스와 훈련 인스턴스들의 유사성에 대한 가중 합이며, 이때 j번째 유사성의 가중치는 $y_j \alpha_j$이다.

이 결과를 훈련-테스트 유사성 행렬로 표현할 수도 있다. S_t를 테스트용 객체와 훈련용 객체들 사이의 훈련-테스트 유사성을 나타내는 $t \times n$ 유사성 행렬이라고 하자. $\overline{\gamma}$를 j번째 성분이 $y_j \alpha_j$인 n차원 열벡터라고 하자. 이전 단락의 분석은 t개의 테스트 인스턴스에 대한 예측이 t차원 벡터 $S_t \overline{\gamma}$의 각 성분의 부호에 의해 정해진다는 것을 보여준다.

이 절에서 논의된 최적화 모델은 9.5.1.3절에서 논의된 것과 **동일하다**(두 경우에 계산 절차는 매우 다름). 그러나 9.5.1.3절의 접근방식은 모델 구축에서 특징 공학을 명확하게 분리하기 때문에 더 유연하며, 따라서 확립된 분류 모델이나 계산 절차와 함께 사용하기가 더 쉽다.

9.6 표현 정리의 선형대수

이 절에서는 간결함을 위해 $\Phi(\cdot)$ 사용을 중단한다. 훈련 점 $\overline{X}_1 \ldots \overline{X}_n$와 테스트 점 $\overline{Z}$는 이미 공학 처리된 표현을 나타낸다. 각 데이터 점에 $\Phi(\cdot)$ 함수를 추가하여 동일한 표현을 만들 수 있지만 불필요하게 수식을 복잡하게 만들 것이다.

커널 트릭을 사용할 때 개별 데이터 점이 아닌 유사성을 사용하는 계산 절차를 식별하는 것이 필수적이다. **표현 정리**는 많은 최적화 수식을 유사성을 사용하는 수식으로 변환할 때 정형화된 방법을 제공하는 선형대수의 유용한 원리이다. 이 접근방식은 다음 두 가지 속성을 충족하는 최적화 모델에 적용할 수 있다.

1. 최적화 문제의 매개변수는 개별 데이터 점과 동일한 다차원 공간에서 하나 이상의 벡터로 표현될 수 있다. 예를 들어, SVM과 같은 문제에서 가중치 벡터 $\overline{W}$는 데이터 점과 동일한 다차원 공간에 위치한다.

2. 최적화 문제의 목적함수는 (i) 점 사이의 점곱, (ii) 매개변수 벡터와 점 사이의 점곱, (iii) 매개변수 벡터 간의 점곱(예: L_2-정칙화) 중 하나 이상으로 구성되는 함수로 표현될 수 있다.

이러한 상황에서 다차원 벡터에 대한 기계학습 문제를 점 간의 유사성만 사용하는 수식으로 변환하기 위해 표현 정리가 사용될 수 있다. 흥미롭게도 지금까지 살펴본 모든 선형 분류 모델이 이 속성을 충족한다. 즉, 최적화 수식은 객체 간의 유사성만 사용하는 식으로 변환할 수 있다.

4장에서 훈련 쌍 $(\overline{X}_1, y_1) \ldots (\overline{X}_n, y_n)$에 대해 논의한 모든 선형 모델의 L_2-정칙화 형식을 생각해보자. 여기에서 각 $\overline{X}_i$는 행벡터이다. 또한 y_i의 예측은 목표 변수의 특성(예: 숫자, 이진, 범주)에 따라 달라지는 어떤 함수 $f(\cdot)$에 대해 $\hat{y}_i = f(\overline{W} \cdot \overline{X}_i^T)$로 수행된다. 손실함수는 각각의 경우에 $L(y_i, \overline{W} \cdot \overline{X}_i^T)$로 표현할 수 있는데, 이는 목적함수는 손실을 결정하기 위해 각각의 경우에 $\overline{W} \cdot \overline{X}_i^T$와 y_i를 비교하기 때문이다. 정칙화를 포함한 전체 목적함수는 다음과 같이 표현할 수 있다.

$$J = \sum_{i=1}^{n} L(y_i, \overline{W} \cdot \overline{X}_i^T) + \frac{\lambda}{2}\|\overline{W}\|^2 \text{ 을 최소화한다.} \tag{9.14}$$

훈련 데이터 점이 차원은 d이지만 모두 2차원 평면상에 위치하는 상황을 생각해보자. 이러한 평면에서 점들의 최적 선형 분리는 항상 이 2차원 평면상의 1차원 직선을 사용하여 달성할

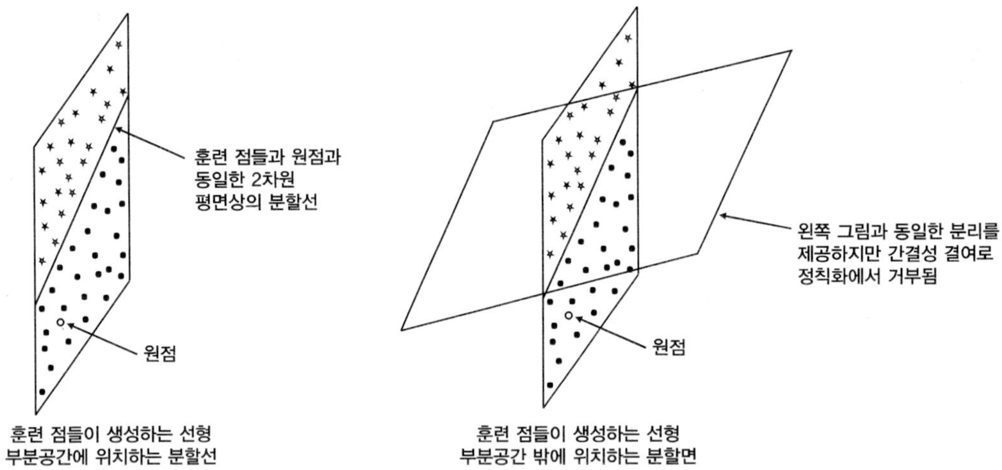

(a) 훈련 점들이 생성하는 부분공간에 위치하는 분할선

(b) 훈련 점들이 생성하는 부분공간 밖에 위치하는 분할면

그림 9.3 (a)와 (b)의 분할선(면)은 (a)의 분할선이 훈련 점들의 선형 조합으로 표현될 수 있다는 점을 제외하면 정확히 동일한 훈련 점 분리를 제공한다. (b)의 분할면은 항상 정칙화기에 의해 거부된다. 표현 정리의 요점은 훈련 점들이 생성하는 평면(부분공간)에 위치하면서 그렇지 않은 분할면과 동일한 분리를 제공하는 분할면 $\overline{W}$를 찾을 수 있다는 것이다.

수 있다. 또한, 이러한 분리는 고차원 분리보다 간결하므로 L_2-정칙화기에서 선호하게 된다. 2차원 평면에 놓인 훈련 점들의 1차원 분할선을 그림 9.3(a)에서 보여주고 있다. 그림 9.3(a)의 1차원 분할선을 통과하는 2차원 평면(예: 그림 9.3(b))을 사용하여 동일한 훈련 점 분리를 얻을 수도 있지만, 이러한 분할면은 간결함이 부족하기 때문에 L_2-정칙화기에서 선호하지 않을 것이다. 즉, $\overline{X}_1 \dots \overline{X}_n$로 표시된 훈련 데이터 점 집합(데이터 행렬의 행벡터들)이 주어지면, 열벡터로 정의되는 분할면 $\overline{W}$는 항상 이러한 벡터들이 (열벡터로 변환된 후) 생성하는 공간에 위치한다. 이 결과는 표현 정리의 매우 단순화된 버전이며, L_2-정칙화를 사용하는 선형 모델들에 한정된다.

정리 9.6.1 단순화된 표현 정리

J를 다음 형식의 최적화 문제라고 하자.

$$J = \sum_{i=1}^{n} L(y_i, \overline{W} \cdot \overline{X}_i^T) + \frac{\lambda}{2}\|\overline{W}\|^2 \text{ 을 최소화한다.}$$

앞서 언급한 문제에 대한 최적의 해 $\overline{W}^*$는 훈련 점 $\overline{X}_1^T \dots \overline{X}_n^T$이 생성하는 부분공간에 위치한다. 즉, 다음 식이 성립하는 실수 값 $\beta_1 \dots \beta_n$이 존재해야 한다.

$$\overline{W}^* = \sum_{i=1}^{n} \beta_i \overline{X}_i^T$$

증명 $\overline{W}^*$는 훈련 점들이 생성하는 부분공간에서 표현될 수 없다고 가정한다. 이제 $\overline{W}^*$를 훈련 점들에 의해 생성되는 부분 $\overline{W}_{\|} = \sum_{i=1}^{n} \beta_i \overline{X}_i^T$와 추가적인 직교 잔차 $\overline{W}_{\perp}$로 분해하면 다음과 같다.

$$\overline{W}^* = \overline{W}_{\|} + \overline{W}_{\perp} \tag{9.15}$$

이제 $\overline{W}_{\perp}$가 영벡터일 때만 $\overline{W}^*$가 최적이 될 수 있음을 보이기만 하면 된다.

각 $(\overline{W}_{\perp} \cdot \overline{X}_i)$는 0이 되어야 하는데, 이는 $\overline{W}_{\perp}$가 훈련 점들이 생성하는 부분공간에 직교하기 때문이다. 최적의 목적함수 값 J^*는 다음과 같이 표현될 수 있다.

$$\begin{aligned}
J^* &= \sum_{i=1}^{n} L(y_i, \overline{W}^* \cdot \overline{X}_i^T) + \frac{\lambda}{2}\|\overline{W}^*\|^2 = \sum_{i=1}^{n} L(y_i, (\overline{W}_{\|} + \overline{W}_{\perp}) \cdot \overline{X}_i^T) + \frac{\lambda}{2}\|\overline{W}_{\|} + \overline{W}_{\perp}\|^2 \\
&= \sum_{i=1}^{n} L(y_i, \overline{W}_{\|} \cdot \overline{X}_i^T + \underbrace{\overline{W}_{\perp} \cdot \overline{X}_i^T}_{0}) + \frac{\lambda}{2}\|\overline{W}_{\|}\|^2 + \frac{\lambda}{2}\|\overline{W}_{\perp}\|^2 \\
&= \sum_{i=1}^{n} L(y_i, \overline{W}_{\|} \cdot \overline{X}_i^T) + \frac{\lambda}{2}\|\overline{W}_{\|}\|^2 + \frac{\lambda}{2}\|\overline{W}_{\perp}\|^2
\end{aligned}$$

$\|W_{\perp}\|^2$는 0이어야 한다. 그렇지 않으면 $\overline{W}_{\|}$이 $\overline{W}^*$보다 나은 해가 될 것이다. 따라서 $\overline{W}^* = \overline{W}_{\|}$는 훈련 점들이 생성하는 부분공간에 위치하게 된다. ■

직관적으로 표현 정리는 특정 계열의 손실함수들에 대해 훈련 점들이 생성하는 부분공간 내에서 항상 최적의 선형 분할면을 찾을 수 있으며(그림 9.3 참고), 정칙화는 이러한 분할면이 이를 위한 간결한 방법임을 보장한다. 결국, 크기 n의 데이터 세트에서 객체의 임베딩이 무한 차원이더라도 각 데이터 객체는 이러한 공간의 n차원 투영에만 위치하게 된다. 이러한 n차원 투영은 n개의 벡터 $\overline{X}_1^T \ldots \overline{X}_n^T$의 생성공간에 의해 정의된다. 매개변수 벡터 $\overline{W}$ 역시 이러한 n차원 부분공간인 생성공간상에 위치한다. 이것이 표현 정리의 본질이다.

표현 정리는 점곱의 함수로 표현되는 최적화 모델을 생성하기 위한 정형화된 방법을 제공한다.

> 식 9.14 형식으로 주어지는 임의의 최적화 모델에 대해 $\overline{W} = \sum_{i=1}^{n} \beta_i \overline{X}_i^T$를 대입하여 $\beta_1 \ldots \beta_n$를 매개변수로 가지며 훈련 점 간의 점곱만으로 표현되는 새

로운 최적화 문제를 얻는다. 또한 테스트 인스턴스 $\overline{Z}$에 대해 $\overline{W} \cdot \overline{Z}^T$를 계산하는 과정에도 동일한 접근방식이 사용된다.

손실함수에 대입하기 위해 $\overline{W} \cdot \overline{X}_i^T$를 계산할 때 어떤 일이 발생하는지 생각해보자.

$$\overline{W} \cdot \overline{X}_i^T = \sum_{p=1}^{n} \beta_p \overline{X}_p^T \cdot \overline{X}_i^T = \sum_{p=1}^{n} \beta_p \overline{X}_p \cdot \overline{X}_i \tag{9.16}$$

또한 정칙화기 $\|\overline{W}\|^2$는 다음과 같이 표현할 수 있다.

$$\|\overline{W}\|^2 = \sum_{i=1}^{n} \sum_{j=1}^{n} \beta_i \beta_j \overline{X}_i \cdot \overline{X}_j \tag{9.17}$$

이 문제를 커널 버전으로 만들기 위해 필요한 일은 점곱을 $n \times n$ 유사성 행렬 S의 유사성 값 $s_{ij} = \overline{X}_i \cdot \overline{X}_j$로 대체하는 것뿐이다. 실제로는 각 $\overline{X}_i$는 객체의 임베딩 표현 $\Phi(o_i)$이다. 따라서 최적화 목적함수는 다음과 같다.

$$J = \sum_{i=1}^{n} L(y_i, \sum_{p=1}^{n} \beta_p s_{pi}) + \frac{\lambda}{2} \sum_{i=1}^{n} \sum_{j=1}^{n} \beta_i \beta_j s_{ij} \qquad \text{[일반형]}$$

즉, 손실함수의 각 $\overline{W} \cdot \overline{X}_i^T$를 $\sum_p \beta_p s_{pi}$로 대체하기만 하면 된다. 따라서 최소제곱 회귀를 위한 손실함수는 다음의 형식을 갖는다.

$$J = \frac{1}{2} \sum_{i=1}^{n} (y_i - \sum_{p=1}^{n} \beta_p s_{pi})^2 + \frac{\lambda}{2} \sum_{i=1}^{n} \sum_{j=1}^{n} \beta_i \beta_j s_{ij} \qquad \text{[최소제곱 회귀]}$$

이진 데이터에 대한 다양한 분류기의 손실함수에 $\overline{W} \cdot \overline{X}_i^T = \sum_p \beta_p s_{pi}$를 대입하면 해당 최적화 수식을 얻을 수 있다.

$$J = \sum_{i=1}^{n} \max\{0, 1 - y_i \sum_{p=1}^{n} \beta_p s_{pi}\} + \frac{\lambda}{2} \sum_{i=1}^{n} \sum_{j=1}^{n} \beta_i \beta_j s_{ij} \qquad \text{[SVM]}$$

$$J = \sum_{i=1}^{n} \log(1 + \exp(-y_i \sum_{p=1}^{n} \beta_p s_{pi})) + \frac{\lambda}{2} \sum_{i=1}^{n} \sum_{j=1}^{n} \beta_i \beta_j s_{ij} \qquad \text{[로지스틱 회귀]}$$

이러한 **무제약** 최적화 문제는 쌍 별 유사성을 사용하여 간편하게 표현될 수 있으며 매개변수는 $\overline{\beta} = [\beta_1 \ldots \beta_n]^T$이다. 4장에서 설명한 최적화 절차를 사용하여 이러한 매개변수를 학습할 수 있다.

유사성을 사용하여 예측을 어떻게 수행할까? 선형 분류기의 예측은 테스트 인스턴스와 $\overline{W}$ 간의 점곱을 사용하여 수행된다. 테스트-훈련 쌍 간 유사성을 나타내는 $t \times n$ 행렬 S_t가 주어지는 경우를 생각해보자. 각 테스트 인스턴스와 $\overline{W}$의 점곱은 훈련 인스턴스의 경우에서와 같이(식 9.16 참고), S_t와 $\overline{\beta}^T$의 대응 행 사이의 점곱에 해당한다. 이는 $\overline{W}$가 모든 공학 처리된 훈련 인스턴스에 대한 합 $\Sigma_i \beta_i \overline{X}_i^T$로 표현될 수 있고 공학 처리된 테스트 인스턴스 $\overline{Z}^T$와의 점곱은 단순히 S_t에서 대응되는 행을 추출하기 때문이다. 해당 행의 항들은 $\overline{Z}^T \cdot \overline{X}_i^T$이다. 따라서 t개의 테스트 인스턴스로 구성되는 전체 집합에 대한 예측은 t차원 벡터 $S_t\overline{\beta}$로 주어질 수 있다. 분류 문제의 경우 이 벡터의 각 요소의 부호를 클래스 라벨의 예측 값으로 사용하게 될 것이다.

9.7 유사성 행렬과 선형 분리 가능성

지금까지 다차원이 아닌 데이터 유형(예: 화합물)에 대한 특징 공학을 위한 수단으로 유사성 행렬의 사용을 정당화했는데, 다차원 데이터 세트가 주어지면 어떻게 될까? 확실히 점곱 행렬을 계산한 다음 고유분해를 통해 점곱 행렬로부터 특징을 추출하는 것은 비합리적일 것이다. 이렇게 하면 원래 데이터 세트의 회전반사만 얻을 수 있다. 여기에서 요점은 점곱을 보다 신중하게 설계된 유사성 함수로 변경하면 데이터 표현을 변경하는 효과가 있어 태생적 제한(예: 선형 모델로 한정함)을 갖는 단순 모델이 훨씬 더 효과적으로 작동한다는 것이다. 이는 유사성 함수를 변경함으로써 하부의 다차원 (공학 처리) 표현도 원래 표현의 비선형 함수로 변경하기 때문이다.

분류 및 회귀 응용에서 종속변수가 특징과 선형적 관계를 갖는 특징 표현을 찾는 경우가 많다. 예를 들어, SVM의 경우 선형 분할면 $\overline{W} \cdot \Phi(\overline{X}) = 0$을 찾는데, 여기에서 $\Phi(\overline{X})$는 유사성 행렬의 대칭 분해로 얻은 공학 처리 표현이다. $\Phi(\overline{X})$는 유사성 행렬에 종속되어 있기 때문에, 클래스 간의 선형 분리를 달성하는 데 있어 어떤 유사성 행렬이 다른 행렬보다 나은지에 대한 자연스러운 질문이 발생한다. 많은 응용에서 분석자는 주어진 응용에서 제공하는 유사성 행렬이나 거리 행렬을 거의 제어하지 못한다. 예를 들어, 시계열 응용에서 거리 행렬이 동적 시간 왜곡 응용에 의해 정의될 수 있는데, 이는 유사성 행렬로 변환될 수 있다(9.4.4절 참고). 그러나 분석자는 여전히 분해가 더 나은 특징을 생성할 수 있도록 행렬을 **후처리**할 수 있는 능력이 있다. 일반적으로 **임베딩 차원이 높을수록 선형 분리 가능성이 높아진다.** $n \times n$ 유사성 행렬의 효과적인 임베딩 차원이 n보다 훨씬 작은 경우가 종종 있는데, 이는 많은 고윳값들이 매우 작기 때문이다. 양의 준정부호 유사성 행렬의 임베딩 차원은 종종 항들에 **초 선형 함수**를 적용하여 증가시킬 수 있다. 즉, 유사성 행렬 S의 각 항 s_{ij}에 **원소 별 초 선형 함수** $F(s_{ij})$를

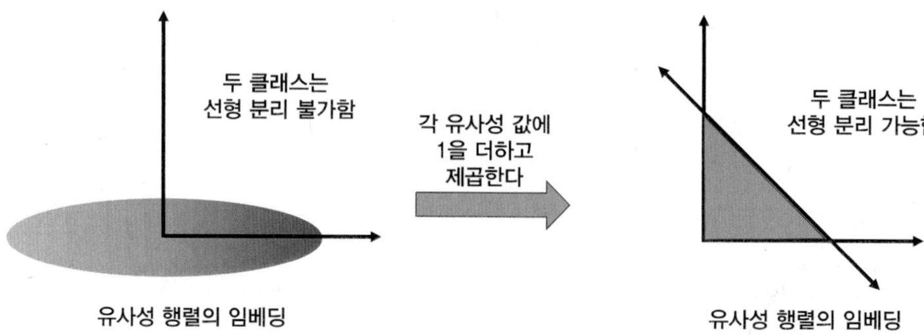

그림 9.4 유사성 행렬에 원소 별 초 선형 함수를 적용하면 종종 신중하게 선택한 투영에서 점이 선형으로 분리될 수 있는 고차원 임베딩이 생성된다. 오른쪽에 임베딩의 2차원 투영이 표시된다.

적용하면 된다. 가장 간단한 원소 별 초 선형 함수는 다항식 함수이다.

$$F(s_{ij}) = (c + s_{ij})^h$$

여기에서 c와 h는 음이 아닌 초 매개변수이다. 예를 들어 $c = 1$와 $h = 2$를 선택하는 것은 유사성 행렬의 각 값에 1을 더하고 제곱하는 것에 해당한다. **위와 같은 특정 유형의 함수의 경우 유사성 행렬의 양의 준정부호성은 이러한 변경으로 인해 손실되지 않는다.**

(유사성 행렬로 암시되는) 원본 임베딩 데이터가 두 클래스 중 하나는 타원 $x^2 + 4y^2 \le 10$ 내부에 있고 다른 클래스는 외부에 있는 데이터인 경우, 유사성 행렬에 대해 이러한 유형의 2차 연산을 수행하면 임베딩에서 적어도 한 가지의 2차원 투영을 산출하게 될 것이며, 이때 타원형 경계가 선형 분할면이 된다. 이 상황은 그림 9.4에 표시되어 있으며, 여기에 임베딩 차원 중 두 개가 표시된다. 9.7.1 문제를 풀어보면 이러한 사실의 이해에 도움이 될 것이다.

문제 9.7.1 2차원 공간에서 두 개의 점 (x_1, y_1), (x_2, y_2)와 점곱 유사성 $s = x_1 \cdot x_2 + y_1 \cdot y_2$이 주어져 있다. 이제 유사성 s를 초 선형 함수 $s' = (1+s)^2$로 수정한다고 하자. s'는 $(x_1^2, y_1^2, x_1y_1\sqrt{2}, x_1\sqrt{2}, y1\sqrt{2}, 1)$과 $(x_2^2, y_2^2, x_2y_2\sqrt{2}, x_2\sqrt{2}, y2\sqrt{2}, 1)$ 사이의 점곱으로 표현될 수 있음을 보이시오.

이제 100000×100000 유사성 행렬 S에 0이 아닌 고윳값이 두 개 있고 S의 고유분해에 의해 추출된 2차원 임베딩 $[x_1, x_2]$이 한 클래스의 모든 구성원이 타원 $x^2 + 4y^2 \le 10$ 내부에 있는 반면, 두 번째 클래스의 모든 구성원이 타원 외부에 있다는 속성을 보여주는 상황을 생각해보자. 각 유사성 항에 1을 더한 다음 제곱하여 수정된 유사성 행렬 S'의 고유분해에 의해 임베딩이 추출되는 경우 두 클래스가 선형 분리될 수 있는 이유를 설명하시오. 수정된 임베딩의 차원(즉, S'의 영벡터가 아닌 고유벡터의 수)은 얼마인가?

임베딩의 차원을 높이고 비선형성을 포착하기 위해 일반적으로 사용되는 두 개의 다른 함수가 있다.

$$F(s_{ij}) = \tanh(\kappa s_{ij} - \delta) \qquad \text{[시그모이드 함수]}$$

$$F(s_{ij}) = \exp(s_{ij}/\sigma^2) \qquad \text{[가우스 함수]}$$

물론 초 선형 함수를 적용하는 것이 항상 도움이 되는 것은 아닌데, 이는 과적합으로 이어질 수 있기 때문이다. 초 선형 함수의 감도 수준은 종종 데이터 기반 방식으로 선택되는 매개변수(예: 위의 가우스 함수의 대역폭 σ)에 따라 달라진다. 예를 들어 σ^2를 선택하기 위해 표본 외 데이터에 대한 분류 정확도를 테스트할 수 있다. 이러한 함수들 중에는 하부의 유사성 행렬의 양의 준정부호 특성을 파괴하지 않는 함수가 많다는 사실에 주목하기 바란다. 9.7.1절에서 이러한 변환 중 몇 가지에 대해 설명한다.

위의 아이디어는 유사성 값 s_{ij}가 점곱의 초 선형 함수로 설정되는 다차원 데이터에 자주 사용된다. $\overline{X}_1 \dots \overline{X}_n$은 n개의 점이고 유사성 s_{ij}는 **커널 함수** $K(\overline{X}_i, \overline{X}_j)$에 의해 정의된다고 하자. 다차원 데이터에 자주 사용되는 커널 함수들이 표 9.1에 정의되어 있다.

표 9.1: 자주 사용되는 커널 함수 표

함수	형식
선형 커널	$K(\overline{X}_i, \overline{X}_j) = \overline{X}_i \cdot \overline{X}_j$
가우스 방사형 기저 커널	$K(\overline{X}_i, \overline{X}_j) = \exp(-\lVert\overline{X}_i - \overline{X}_j\rVert^2/(2 \cdot \sigma^2))$
다항식 커널	$K(\overline{X}_i, \overline{X}_j) = (\overline{X}_i \cdot \overline{X}_j + c)^h,\ c \geq 0$
시그모이드 커널	$K(\overline{X}_i, \overline{X}_j) = \tanh(\kappa \overline{X}_i \cdot \overline{X}_j - \delta)$

표 9.1의 각 커널에는 관련 매개변수가 있으며, 이러한 매개변수들은 데이터 기반 방식으로 학습되어야 한다. 위의 커널들은 유사성 행렬을 수정하기 위해 논의된 기법과 유사하다. 이러한 수정은 서로 다른 클래스 간의 분리 수준을 향상시킨다. 임베딩의 차원은 커널 함수의 특성에 따라 달라진다. 예를 들어 가우시안 커널은 $\mathcal{R}^n \times \mathcal{R}^n$에서 가능한 모든 데이터 쌍을 나타내는 무한 차원 임베딩을 유도하지만, n개의 점을 포함하는 데이터 세트를 위한 데이터 특정 임베딩은 항상 n차원으로 만들어질 수 있다(이 장의 앞부분에서 설명한 고유분해 방법을 사용함).

9.7.1 양의 준정부호성을 유지하는 변환

양의 준정부호 속성을 보존하는 양의 준정부호 행렬의 변환 특성을 이해할 필요가 있다. 아래의 모든 결과는 달리 언급되지 않는 한 $n \times n$ 양의 준정부호 행렬 $S=[s_{ij}]$에 적용된다.

1. 행렬 aS는 양의 값 a에 대해 양의 준정부호이다. $[\overline{x}^T(aS)\overline{x} = a[\overline{x}^T S\overline{x}] \geq 0]$

2. S_1과 S_2가 양의 준정부호이면, $S_1 + S_2$도 양의 준정부호이다. [모든 $\overline{x}$에 대해 $\overline{x}^T(S_1 + S_2)\overline{x} \geq 0$을 보임으로써 쉽게 증명할 수 있다.]

3. 각 항에 음이 아닌 상수 값 c를 포함하는 $n \times n$ 행렬 C는 $\overline{x}^T C\overline{x} = c(\sum_i x_i)^2 \geq 0$이므로 양의 준정부호이다.

4. S_1과 S_2가 같은 크기의 양의 준정부호 행렬이면, $S_1 \odot S_2$는 양의 준정부호 행렬이다. 여기에서 $\odot$는 항 별 곱을 나타낸다. 이 결과를 **슈어의 곱 정리**라고 하는데, 이 증명은 꽤 복잡하다(문제 9.7.2 참고).

5. 행렬을 k번 나열하여 항 별로 곱한 결과인 $\overbrace{S \odot S \odot \dots \odot S}^{k\text{개}}$는 양의 준정부호이다. [위의 결과를 재귀적으로 적용하면 간단히 보일 수 있다.]

6. $f(x)$를 S의 각 항에 적용되는 음이 아닌 계수를 갖는 다항식 함수라고 하자. 그러면 결과 행렬은 양의 준정부호이다. [위의 1~4의 결과를 조합하면 쉽게 증명할 수 있다.]

7. 행렬 $\exp(aS)$는 양의 값 a에 대해 양의 준정부호이다. 여기에서 $\exp(\cdot)$는 행렬의 항 별 지수 함수를 나타낸다. [테일러 전개(1장의 식 1.31 참고)를 사용하여 음이 아닌 계수를 갖는 무한 다항식으로 지수 함수를 표현할 수 있음을 관찰하면 쉽게 알 수 있다. 따라서 행렬의 각 항은 무한 다항식이며, 그에 따라 위의 다항식 사례로 되돌아간다.]

8. $\delta_1 \dots \delta_n$은 n개의 실수 값이라고 하자. 이제 (i, j)번째 항이 $\delta_i s_{ij} \delta_j$인 배율조정된 유사성 행렬은 양의 준정부호이다. [$\overline{x}^T S\overline{x}$는 모든 $\overline{x}$에 대해 음이 아니므로 $[\overline{x} \odot \overline{\delta}]^T S[\overline{x} \odot \overline{\delta}]$ 값도 마찬가지이다. 여기에서 $\overline{\delta} = [\delta_1 \dots \delta_n]^T$이다.]

위의 결과 중 S_1과 S_2가 양의 준정부호일 때 $S_1 \odot S_2$가 양의 준정부호임을 보여주기 위해 사용된 슈어의 곱 정리를 여러 단계로 나누어 증명하는 과정을 연습용 문제로 제시한다.

문제 9.7.2 **슈어의 곱 정리** $S_1 = AA^T$와 $S_2 = BB^T$를 두 개의 양의 준정부호 행렬이라고 하자. $\overline{a}_i$는 A의 i번째 행, $\overline{b}_i$는 B의 i번째 행을 나타낸다.

- 벡터 $\overline{x}$에 대해 $\overline{x}^T(S_1 \odot S_2)\overline{x}$를 다음 형식으로 표현할 수 있음을 보이시오.

$$\overline{x}^T(S_1 \odot S_2)\overline{x} = \sum_i \sum_j x_i x_j [\overline{a}_i \overline{a}_j^T][\overline{b}_i \overline{b}_j^T]$$

- $\overline{a}_i$와 $\overline{b}_i$의 q번째 성분이 각각 a_{iq}와 b_{iq}라고 하자. 위의 식을 다음과 같이 간소화할 수 있음을 보이시오.

$$\overline{x}^T(S_1 \odot S_2)\overline{x} = \sum_i \sum_j x_i x_j [\sum_k a_{ik} a_{jk}][\sum_l b_{il} b_{jl}]$$

- 위의 표현을 다음과 같이 간소화할 수 있음을 보이시오.

$$\overline{x}^T(S_1 \odot S_2)\overline{x} = \sum_k \sum_l [\sum_i x_i a_{ik} b_{il}][\sum_j x_j a_{jk} b_{jl}]$$

이 식은 항상 음이 아니어서 행렬 $S_1 \odot S_2$가 양의 준정부호성을 갖게 되는 이유를 설명하시오.

문제 9.7.3 양의 준정부호 행렬의 각 항에 음이 아닌 값 c를 추가해도 양의 준정부호성에 영향을 미치지 않음을 보이시오.

앞서 언급한 양의 준정부호 행렬의 속성 목록은 (표 9.1에서와 같이 닫힌 형식의) 양의 준정부호 커널의 속성에 사상된다. 먼저 (닫힌 형식의) 양의 준정부호 커널 함수의 개념을 정의한다.

정의 9.7.1

커널 함수는 해당 함수의 인수 표본에 의해 생성될 수 있는 행렬 모두가 양의 준정부호인 경우에만 양의 준정부호이다.

예를 들어, 표 9.1의 다항식 커널이 양의 준정부호임을 보이기 위해, $\mathcal{R}^d$에 속하는 임의의 $\overline{X}_1 \ldots \overline{X}_n$에서 생성된 **임의의** $n \times n$ 유사성 행렬 $P = [p_{ij}]$가 양의 준정부호임을 보여야 한다. 여기에서 $p_{ij} = (c + \overline{X}_i \cdot \overline{X}_j)^h$이고 $c \geq 0$이다. n은 임의의 값일 수 있지만, h는 양의 정수이다.

보조정리 9.7.1 다항식 커널은 양의 준정부호임

$\mathcal{R}^d$에 속하는 임의의 $\overline{X}_1 \ldots \overline{X}_n$와 비 음수 c에 대해 다항식 커널 $p_{ij} = (c + \overline{X}_i \cdot \overline{X}_j)^h$로 정의되는 $n \times n$ 유사성 행렬 $P = [p_{ij}]$는 양의 준정부호이다.

증명 $S = [s_{ij}]$를 $s_{ij} = \overline{X}_i \cdot \overline{X}_j$인 $n \times n$ 행렬이라고 하자. 행렬 S가 점곱 (그람) 행렬이기 때문에 양의 준정부호라는 것은 이미 알려져 있다. C는 모든 항이 c인 $n \times n$ 행렬이라고 하자. $c \geq 0$이므로 C는 양의 준정부호이고, 행렬 $C + S$도 양의 준정부호이다. 다항식 커널 P는 다음 형식으로 표현할 수 있다.

$$P = (C + S) \odot (C + S) \odot \ldots \odot (C + S)$$

슈어의 곱 정리로부터 행렬 P도 양의 준정부호인 값임을 알 수 있다. ■

정의 9.7.1에 따르면 이것은 다항식 커널이 양의 준정부호임을 의미한다. 가우시안 커널이 양의 준정부호임을 보일 수도 있다.

보조정리 9.7.2 가우시안 커널은 양의 준정부호임

$\mathcal{R}^d$에 속하는 임의의 $\overline{X}_1 \ldots \overline{X}_n$에 대해 가우시안 커널 $g_{ij} = \exp(-\|\overline{X}_i - \overline{X}_j\|^2 / (2\sigma^2))$에 의해 정의되는 $n \times n$ 유사성 행렬 $G = [g_{ij}]$는 양의 준정부호이다.

증명 $h_{ij} = \frac{\overline{X}_i}{\sigma} \cdot \frac{\overline{X}_j}{\sigma}$로 두자. 그러면 행렬 $H = [h_{ij}]$는 점곱의 그람 행렬이기 때문에 양의 준정부호이다. 따라서 $s_{ij} = \exp(g_{ij})$로 정의되는 행렬도 양의 준정부호인데, 이는 (원소 별) 지수 연산이 양의 준정부호성에 영향을 미치지 않기 때문이다(이 절 시작 부분의 속성 목록 참고). $\delta_i = \exp(-\|\overline{X}_i - \overline{X}_j\|^2 / (2\sigma^2))$로 정의한다. 그러면 다음의 식을 증명하는 것은 쉽다.

$$\delta_i s_{ij} \delta_j = \exp(-\|\overline{X}_i - \overline{X}_j\|^2 / (2 \cdot \sigma^2)) = g_{ij}$$

행렬 $S = [s_{ij}]$는 양의 준정부호이고 배율조정은 양의 준정부호성에 영향을 주지 않으며, 따라서 행렬 $G = [g_{ij}]$도 양의 준정부호이다. ■

흥미롭게도 시그모이드 커널은 항상 양의 준정부호인 것은 아니지만 실제 응용에서 잘 작동한다. 여러 커널을 조합하여 더 복잡한 커널 함수를 만들 수도 있다.

문제 9.7.4 정의 9.7.1과 함께 양의 준정부호성을 유지하는 행렬 변환 속성(이 절의 시작 부분에 나열되어 있음)을 사용하여 다음의 (i)~(iii)을 증명하시오. (i) 두 커널 함수의 합으로 정의되는 커널 함수가 양의 준정부호이며, (ii) 두 커널 함수의 곱으로 정의되는 커널 함수가 양의 준정부호이고, (iii) 음이 아닌 계수들을 갖는 커널 함수에 대한 임의의 다항식 함수로 정의되는 커널 함수는 양의 준정부호이다.

9.8 요약

많은 형태의 데이터가 다차원이 아닌데, 이산 시퀀스나 이산 그래프가 그러한 예에 해당한다. 이때 객체 간 유사성을 사용할 수 있는 경우도 있지만, 데이터의 다차원 표현이 없을 수도 있다. 선형대수의 고유분해 방법은 이러한 유사성 행렬을 다차원 임베딩으로 변환하는 데 도움이 된다. 이 장에서는 다차원 표현이 아닌 유사성을 사용하여 기계학습 알고리즘을 구현하기 위해, 다차원 표현 대신 유사성 행렬을 사용하는 방법에 대해 설명한다. 유사성 기반 표현은 또한 선형 학습이 보다 효과적일 수 있도록 데이터에서 비선형 관계의 평탄화를 허용한다.

9.9 추가 자료

이 장에서는 유사성 행렬과 커널법 관련 선형대수에 대해 설명한다. 커널법의 기본은 머서의 정리[118]에서 출발하고 있다. 숄코프와 스몰라가 함께 저술한 책[118]은 커널의 수학적 속성과 기계학습에서의 사용에 대해 많은 세부사항을 알려준다. 커널 PCA 기법은 [112]에서 논의되며, ISOMAP 방법은 [126]에서 소개되었다. 커널 이상치 탐지 기법은 [5]에서, 커널 단일 클래스 SVM은 [113]에서 논의된다. 표현 정리는 Wahba[129]의 공헌이다.

9.10 연습문제

1. 객체 간의 유사성에 대한 10×10 이진 행렬이 주어졌다고 가정한다. 처음 4개의 객체에 대한 모든 객체 쌍 간의 유사성은 1이고, 다음 6개 객체에 대한 모든 객체 쌍 간의 유사성도 1이다. 그 외의 모든 유사성은 0이다. 각 객체의 임베딩을 유도하시오.

2. 서로소가 아닌 두 개의 객체 집합 A와 B가 있다고 하자. 집합 $A \cap B$는 제법 큰 객체

표본이며 두 집합 각각에서 추출된 모든 객체 쌍 사이의 유사성이 주어질 경우, 전체 집합 $A \cup B$에 대해 전체 유사성 행렬을 효율적으로 근사하는 방법을 설명하시오. 이 유사성 행렬은 대칭임이 알려져 있다고 한다. [힌트: 행렬 인수분해와 이 설정의 연관성을 생각해본다. 결국 모든 임베딩은 대칭행렬 인수분해로 추출된다. 여기에서는 한 블록의 유사성 행렬만 주어져 있다.]

3. S_1과 S_2가 각각 순위 k_1과 k_2의 $n \times n$ 양의 준정부호 행렬이라고 가정한다(단, $k_2 > k_1$). $S_1 - S_2$는 절대로 양의 준정부호일 수 없음을 보이시오.

4. 대부분의 항이 0인 객체 간의 이진 유사성 행렬이 있다고 하자. 대칭행렬 인수분해에 더욱 적합하게 만들기 위해 8장의 로지스틱 행렬 인수분해 접근방식을 어떻게 조정할지 설명하시오.

5. (연습문제 2와 달리) 완전히 서로소인 두 집합 A와 B에 속하는 객체들 사이의 유사성만 정해져 있는 불완전한 행렬이 주어졌다고 하자. 두 집합의 각 객체에 대한 임베딩을 찾는 방법을 설명하시오. 집합 A의 객체 임베딩과 집합 B의 객체 임베딩이 비교 가능한가?

6. 평균 중심 벡터는 성분들의 합이 0인 벡터이다. 유클리드 공간에 정의된 유효한 거리(제곱) 행렬 $\Delta = [\delta_{ij}^2]$에 대해 임의의 평균 중심 d차원 벡터 $\overline{y}$에 대해 다음 식이 성립함을 보이시오.

$$\overline{y}^T \Delta \overline{y} \leq 0$$

(a) 대칭행렬 Δ에서 모든 대각 항이 0이고 모든 평균 중심 벡터 $\overline{y}$에 대해 항상 $\overline{y}^T \Delta \overline{y} \leq 0$이 충족된다고 가정한다. 적절한 벡터 $\overline{y}$를 선택함으로써 Δ의 모든 항이 비 음수임을 보이시오.

(b) 유클리드 거리(제곱)로 구성되는 거리 행렬 Δ가 0들만으로 구성되는 영행렬이 아닐 경우 항상 부정부호인 이유를 설명하시오.

7. 훈련 점 사이의 $n \times n$ (점곱) 유사성 행렬 S와 테스트 점과 훈련 점 사이의 $t \times n$ 유사성 행렬 S_t가 주어져 있다. n차원 클래스 변수 열벡터는 $\overline{y}$로 표시된다. 또 실제 $n \times d$ 데이터 행렬은 D(즉, $S = DD^T$)이지만 이 행렬은 주어지지 않는다. 4장에서 논의한 바와 같이, 선형 회귀의 d차원 계수 벡터 $\overline{W}$는 다음과 같이 주어진다.

$$\overline{W} = (D^T D + \lambda I)^{-1} D^T \overline{y}$$

여기에서 λ는 정칙화 매개변수이다. 이제 다음의 결과를 보이시오.

(a) $\overline{p}$는 테스트 인스턴스에 대한 예측을 나타내는 t차원 벡터라고 한다. 문제 1.2.13의 푸시 스루 항등식을 사용하여 다음을 보이시오.

$$\overline{p} = S_t(S + \lambda I)^{-1}\overline{y}$$

(b) 위의 문제에서는 가중치 벡터에 대해 미분을 수행하였다. 이 장에서 논의한 표현 정리 기반 손실함수를 사용하고 $\overline{\beta}$에 관한 미분을 통해 (a)의 결과를 보이시오.

(c) 6장의 식 6.14에서 쌍대 접근방식을 사용하여 얻은 계수 벡터와 이 연습문제의 계수 벡터와 비교해보시오. 어떤 사실을 관찰할 수 있는가?

8. 유사성 행렬 S와 표현 정리를 사용하여 로지스틱 회귀의 원본 문제를 위한 경사하강법 단계를 유도하시오.

9. 학생에게 양의 준정부호가 아닌 정방형 대칭 유사성 행렬 S가 주어진다. 학생은 다음과 같이 새로운 행렬을 계산한다.

$$S' = I - S + S^2$$

새로운 유사성 행렬 S'는 항상 양의 준정부호인가? 양의 준정부호이면 증명을 하고, 그렇지 않으면 반례를 제시하시오.

10. 한 학생이 n개의 객체 집합에서 $n \times n$ 유사성 행렬 S_1, S_2, S_3를 추정하기 위해 세 가지 다른 실험 방법을 사용하였다. 이 유사성 행렬들은 모두 양의 준정부호이었다. 그런 다음 학생은 다음과 같이 합성 유사성 행렬 S를 계산하였다.

$$S = S_1 \odot S_2 + S_2 \odot S_3 + S_3 \odot S_1$$

이러한 합성 유사성 행렬은 양의 준정부호인가?

11. $S(\overline{X}_1, \overline{X}_2) = S(\overline{X}_2, \overline{X}_1)$가 벡터 $\overline{X}_1$과 $\overline{X}_2$ 사이의 대칭 유사성 함수라고 가정하는데, 이러한 함수가 유효한 커널이 아닐 수도 있다. 그렇다면 유사성 함수 $K(\overline{X}_1, \overline{X}_2) = S(\overline{X}_1, \overline{X}_2)^2$는 유효한 커널인가? 증명 또는 반례를 제시하시오.

12. S가 양의 준정부호인 커널이고, 열선형(sub-linear) 원소 별 함수 $f(\cdot)$가 S의 각 요소에 적용되어 새로운 행렬 $f(S)$를 생성한다고 가정한다. 다음 각각의 경우에 $f(S)$가 양의 준정부호임을 보이거나 반례를 제시하시오. (i) $f(x)$는 자연 로그 함수이고,

S는 원래 양의 항을 포함한다. (ii) $f(x)$는 비 음수 제곱근 함수이고, S는 원래 비 음수이다.

13. 비 음수 대칭 인수분해: $S \approx UU^T$로 인수분해되는 $n \times n$ 비 음수 대칭 행렬 S를 생각해보자. 여기에서 U는 어떤 k에 대해 $n \times k$ 비 음수 행렬이다($k < n$). 목적함수 $\| W \odot (S - UU^T)\|^2$를 사용하면 대각 항 상의 오차들이 무시된다. 여기에서 W는 대각 항을 제외한 모든 항이 1인 $n \times n$ 이진 가중치 행렬이다. 이 경계상자 제약조건 최적화 문제에 대한 투영 경사하강법 갱신을 유도하시오. 요인 행렬 U가 비 음수인 경우에 해석력이 높은 이유를 설명하시오.

14. S가 양의 준정부호 행렬일 경우, U가 대칭인 대칭 인수분해 $S = UU^T$가 적어도 하나 존재함을 보이시오.

15. 표현 정리를 사용하여 정칙화된 L_2-손실 SVM(5장 참고)의 손실함수를 유사성 행렬로 표현하시오. 여기서는 5장의 정칙화된 뉴턴 갱신을 표현 정리 갱신으로 변환한다. (5장과 동일한 표기법을 사용하여 표현된) 5장의 뉴턴 갱신은 다음과 같다.

$$\overline{W} \Leftarrow (D_w^T D_w + \lambda I_d)^{-1} D_w^T \overline{y}$$

여기에서 $n \times d$ 행렬 $D_w = \Delta_w D$는 특징 공간에서 데이터 행렬 D의 부분 복사본인데, D의 여백 충족 행에 대응되는 D_w의 행은 영벡터로 설정된다는 점을 제외하면 D와 같다. Δ_w는 i번째 대각 항은 D의 i번째 훈련 인스턴스가 여백 위반인 경우에만 1로 설정되는 이진 대각선 행렬이다. 표현 정리 계수로 Δ_w를 계산하는 방법을 설명하시오. 푸시 스루 항등식을 사용하여 이 갱신이 표현 정리 계수 $\overline{\beta}$를 사용하는 다음 갱신과 동일함을 보이시오.

$$D^T \overline{\beta} \Leftarrow D^T \Delta_w (S_w + \lambda I_n)^{-1} \overline{y}$$

다음 식을 이용하여 이 갱신을 묵시적으로 구현할 수 있다.

$$\overline{\beta} \Leftarrow \Delta_w (S_w + \lambda I_n)^{-1} \overline{y}$$

여기에서 $S_w = D_w D_w^T$는 유사성 행렬이다.

16. 다음 형식의 손실함수를 생각해보자(본문과 동일한 표기법을 사용함).

$$J = \sum_{i=1}^{n} L(y_i, \overline{W} \cdot \overline{X_i}) + \frac{\lambda}{2} \|\overline{W}\|^2 \text{ 을 최소화한다.}$$

경사하강법 갱신이 다음과 같음을 보이시오.

$$\overline{W} \Leftarrow \overline{W}(1-\alpha\lambda) - \sum_{i=1}^{n} \frac{\partial L(y_i, \overline{W}\cdot\overline{X_i})}{\partial(\overline{W}\cdot\overline{X_i})}\overline{X}_i^T$$

이제 유사성 $S=[s_{ij}]$만 사용할 수 있다고 상상해보자. 다음과 같이 표현 정리 계수 $\overline{\beta}$를 갱신하여 W를 간접적으로 갱신할 수 있음을 보이시오.

$$\beta_i \Leftarrow \beta_i(1-\alpha\lambda) - \alpha\frac{\partial L(y_i, t_i)}{\partial t_i} \quad \forall i \in \{1\ldots n\}$$

여기에서 $t_i = \sum_{p=1}^{n} s_{ip}$로 정의된다.

Chapter 10

그래프 선형대수

"사람들이 수학이 단순하다고 믿지 않는다면 그것은 삶이 얼마나 복잡한지 깨닫지 못하기 때문이다." – John von Neumann

10.1 서론

그래프는 웹, 소셜 네트워크, 통신 네트워크 등과 같은 많은 현실 설정에서 발생한다. 또한 많은 기계학습 응용이 개념적으로 그래프상의 최적화 문제로 표현된다. 그래프 행렬에는 기계학습에서 활용할 수 있는 여러 가지 유용한 대수적 속성이 있다. 커널과 그래프의 선형대수 사이에는 밀접한 연관성이 있으며, 두 분야에 공통된 고전적인 응용은 **스펙트럼 군집화**이다(10.5절 참고).

이 장은 다음과 같이 구성된다. 다음 절에서는 인접 행렬을 사용하여 그래프와 표현의 기초 사항들을 소개한다. 인접 행렬에 대한 누승의 구조적 속성은 10.3절에서 논의되며, 그래프 행렬의 고유벡터와 고윳값은 10.4절에서 논의된다. 그래프 군집화 선형대수는 10.5절에서 탐색하는 반면, 그래프 순위 알고리즘 선형대수는 10.6절에서 탐색한다. 연결성이 약한 그래프에 관한 선형대수는 10.7절에서 논의되며, 그래프의 기계학습 응용은 10.8절에서 논의된다. 10.9절에서는 요약을 제시한다.

10.2 그래프 기초와 인접 행렬

때로 **네트워크**라고도 불리는 그래프는 객체 간의 "관계"를 나타내기 위해 사용되는 구조이다. 객체는 웹 페이지, 소셜 네트워크 참여자, 화학적 원소 등의 어떤 유형이라도 될 수 있다. 마찬가지로 관계는 웹 링크, 소셜 네트워크 친구 관계, 화학 결합 등과 같이 해당 응용에 관련된 유형을 가질 수 있다. 예를 들어, 화합물 아세트아미노펜과 관련 그래프 구조는 각각 그림 10.1(a)와 (b)에 나와 있다. 소셜 네트워크를 나타내는 그래프는 그림 10.1(c)에 나와 있다.

그래프의 객체를 **정점**(vertex)이라고 하고 이들 간의 관계를 **간선**(edge)이라고 한다. 정점

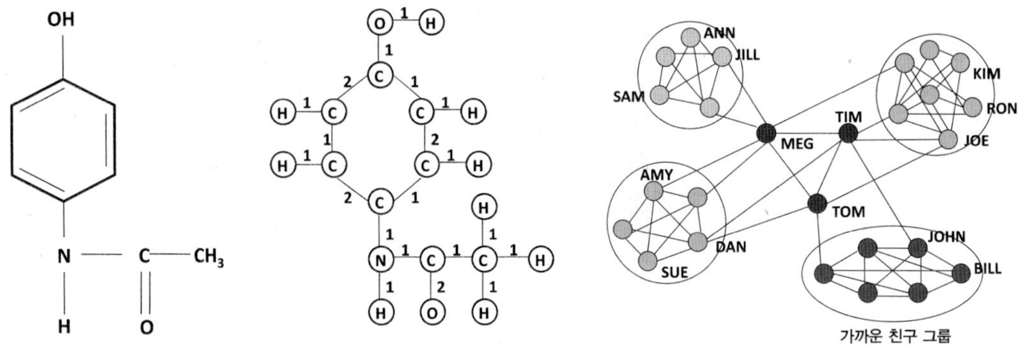

(a) 아세트아미노펜 (b) 아세트아미노펜 그래프 (c) 소셜 네트워크

그림 10.1 무방향 그래프의 예

은 때때로 **노드**(node)라고도 하는데, 이 책에서는 "정점"과 "노드"라는 용어를 같은 의미로 사용한다. 그래프 G는 쌍 (V, E)로 표시되며, 여기에서 V는 정점(노드) 집합이고, E는 간선 집합이다. 그래프에 n개의 정점이 포함되어 있으면 정점이 $V=\{1 \ldots n\}$이라고 가정한다. 마찬가지로 E에 속하는 각 간선 (i, j)는 정점 i와 j 사이의 연결을 나타낸다.

그래프는 **방향성**을 갖거나 갖지 않을 수 있다. **방향 그래프**에서 각 간선에는 방향이 있다. 예를 들어 웹 링크에는 출발지 페이지에서 목적지 페이지로의 방향이 있다. 간선의 출발지를 꼬리라고 하고, 목적지를 머리라고 한다. 따라서 간선은 화살표를 사용하여 표시되는데, 머리는 화살촉을 포함하는 끝에 해당한다. 방향 그래프의 예가 그림 10.2에 나와 있다. 반면에 **무방향 그래프**의 간선에는 방향이 없다. 예를 들어, 페이스북 친구관계나 화학 결합에는 방향이 없다. 그림 10.1에 표시된 모든 그래프는 무방향 그래프이다. 무방향 그래프는 각각의 무방향 간선을 서로 반대 방향인 한 쌍의 방향성 간선으로 대체하여 방향 그래프로 변환될 수 있다.

마지막으로, 그래프에는 **가중치**가 적용되지 않는 경우도 있고 적용되는 경우도 있다. 가중치가 없는 **비 가중 그래프**에서 두 정점 사이에 간선이 있을 수도 있고 없을 수도 있으며, 개별 간선에 연계되는 "강도"는 없다. 대수적 측면에서 표현은 이진이며, 한 쌍의 정점 간의 관계는 그 사이에 간선이 있는지 여부에 따라 1 또는 0의 값을 갖는다. 반면에 많은 응용에서 간선에 가중치가 연계되어 있을 수 있다. 예를 들어, 화학 결합은 공유 전자의 수에 해당하는 강도를

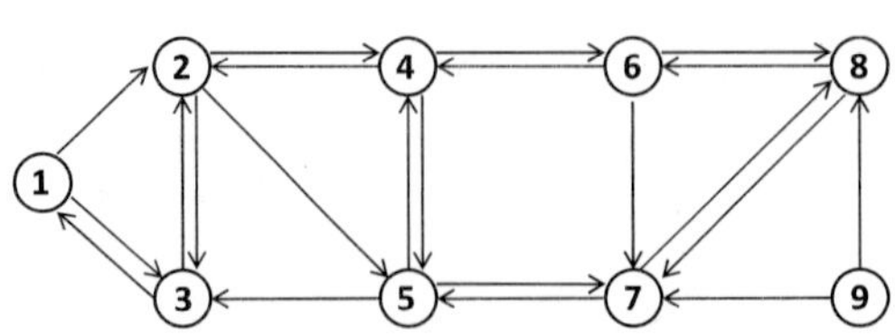

그림 10.2 방향 그래프

가지며, 이에 따른 가중치의 예를 그림 10.1(b)에서 보이고 있다. 이메일 네트워크에서 한 참가자에서 다른 참가자로의 간선 가중치는 해당 간선을 따라 전송된 메시지 수로 정해질 수 있다. **가중 그래프**가 보다 일반적이므로, 이 장에서 설명하는 그래프는 항상 음이 아닌 가중치를 사용한다.

무방향 그래프에서 **정점의 차수**는 해당 정점에 접하는 간선의 수로 정의된다. 예를 들어, 그림 10.1(c)에서 Sam에 해당하는 정점의 차수(degree)는 4이다. 모든 간선은 두 개의 정점에 접하므로, m개의 간선이 있는 무방향 그래프에서 정점의 차수 합계는 항상 $2m$이다. 방향 그래프의 경우 **정점의 진입 차수**와 **정점의 진출 차수**를 구분할 수 있다. 정점의 진입 차수는 정점으로 진입하는 간선의 수이고, 진출 차수는 진출하는 간선의 수이다. 예를 들어, 그림 10.2에서 정점 1의 진입 차수는 1이고, 진출 차수는 2이다. 모든 정점에 대한 진입 차수의 합과 모든 정점에 대한 진출 차수의 합은 모두 간선 수 m과 같다. 이는 각 간선이 정확히 하나의 정점에 진입 간선으로서 접하고 한 정점에 진출 간선으로 접하기 때문이다. 정점 차수의 모든 정의는 각 간선에 대해 기본 가중치 1 대신 간선의 가중치를 추가하는 방식으로 일반화할 수 있다.

그래프의 기본 구조

그래프 상에서 **경로**(walk)는 임의의 정점 시퀀스 $i_1, i_2 \dots i_k$인데, 이때 각 i_r에서 i_{r+1}로의 간선이 존재해야 한다. 방향 그래프의 경우 간선의 꼬리는 i_r에, 머리는 i_{r+1}에 있어야 한다. 무방향 그래프에서 간선은 양방향 어느 쪽으로나 진행할 수 있다. 경로 안에서 정점의 반복에는 제한이 없다. 그림 10.2에서 정점의 시퀀스 2, 3, 1, 2, 4는 경로이다. 경로 $i_1, i_2 \dots i_k$에서 정점이 반복되지 않을 경우, **단순 경로**(path)라고 한다(시작 정점과 정점은 동일할 수 있음). 방향 그래프에서 간선의 방향은 i_r에서 i_{r+1}로 향해야 한다. 따라서 모든 단순 경로는 경로이지만, 모든 경로가 단순 경로는 아니다. 그림 10.2에서 시퀀스 3, 1, 2, 4는 경로이다. **순환**(cycle)은 연속된 각 정점 쌍 사이에 간선이 존재하고, $i_1 = i_k$이고, 그 외의 다른 반복 정점은 없는 일련의 정점 $i_1, i_2 \dots i_k$이다. 즉, 순환은 방향 그래프에서 닫혀 있고 방향성 있는 정점 "루프"이다. 순환은 또한 경로의 특별한 경우이다. 무방향 그래프의 경우 순환은 단순히 무방향 간선의 닫힌 루프이다. 방향 그래프에서 하나의 순환 내의 모든 간선의 방향은 동일해야 한다. 순환을 포함하지 않는 방향 그래프를 **방향성 비순환 그래프**(directed acyclic graph)라고 한다. 예를 들어, 세 개의 정점 {1, 2, 3}과 방향성 간선 (1, 2), (1, 3), (2, 3)이 포함된 방향 그래프를 생각해보자. 이 그래프는 방향성 순환을 포함하지 않으므로 방향성 비순환 그래프이다.

그래프의 **부분그래프**(subgraph)는 그래프에 있는 정점과 간선에 대한 임의의 부분집합이다. 간선이 서브그래프에 포함된 경우 간선의 양 끝 정점들도 포함되어야 한다. 정점 집합 V' ($V' \subseteq V$)에 의해 **유도된** 그래프 $G=(V, E)$의 서브그래프는 그래프 $G'=(V', E')$로 표시하는데, 이때 E'는 V' 안에 있는 정점 사이의 모든 간선을 포함하는 간선 집합이다($E' \subseteq E$).

연결성과 지름

각 정점 쌍 사이에 경로가 있는 무방향 그래프는 연결되었다고 한다. 연결되지 않은 무방향 그래프는 여러 개의 연결된 구성요소(connected component)로 나눌 수 있다. **연결된 구성요소**는 원래 그래프의 정점 부분집합이므로 해당 정점 집합에 의해 유도된 부분그래프는 연결되어 있다. 연결 그래프와 비 연결 무방향 그래프의 예는 각각 그림 10.3의 (a)와 (b)에 나와 있다. 그림 10.3(b)의 그래프에는 두 개의 연결된 구성요소가 있다.

각 정점 쌍 사이에 양 방향의 경로가 모두 존재하는 방향 그래프는 **강하게** 연결되었다고 한다. 즉, 주어진 정점 쌍 $[i, j]$에 대해 i에서 j까지의 경로도 존재하고 j에서 i까지의 경로도 존재해야 한다. 예를 들어, 하나의 순환에 포함되는 정점들로 구성되는 그래프는 강하게 연결되어 있다. 반면에 단일 방향 경로 정점 그래프나 방향성 비순환 그래프는 강하게 연결되지 않는다(특정 **순서**의 정점 쌍 사이에 **방향** 경로가 존재하지 않기 때문임). 그림 10.2의 그래프는 정점 7에서 정점 9로 향하는 경로가 존재하지 않기 때문에 강하게 연결되어 있지 않다. 나중에 살펴보겠지만, 강한 연결 그래프(strongly connected graph)는 유용한 대수적 속성들을 가지고 있다.

방향 그래프에서 한 쌍의 정점 사이의 **거리** 또는 **최단 경로**는 그들 사이의 방향성 경로에 있는 간선의 최소 개수로 정의된다. 방향 그래프의 **지름**은 그래프에서 두 정점 사이의 가장 긴 거리로 정의된다. 정점 i에서 정점 j까지의 거리는 정점 j에서 정점 i까지의 거리와 다를 수 있다. 따라서 그래프 지름을 계산하려면, 그래프에서 $n(n-1)$개의 모든 정점 **순서** 쌍 사이의 거리를 계산하고 그 중 가장 큰 거리를 찾아야 한다. 방향성 경로가 없는 특정 정점 쌍이 존재하는 방향 그래프의 지름은 ∞이다. 따라서 지름이 유한하려면, 방향 그래프가 강하게 연결되어야 한다. 예를 들어, 그림 10.2의 방향 그래프의 지름은 정점 7에서 정점 9까지의 방향 경로가 없기 때문에 ∞이다.

무방향 그래프에서 정점 i에서 j까지의 최단 경로 거리는 정점 j에서 i까지의 최단 경로 거리와 동일하다. 경로가 없는 정점 쌍이 존재한다는 것은 그 그래프가 **연결되어 있지 않음**을 의미하며, 이때 그 정점 쌍 사이의 거리는 ∞가 된다. 무방향 그래프의 지름은 각 정점 쌍 사이의 최단 경로 거리의 최댓값이다. [그림 10.3(b)와 같이] 비 연결 그래프의 지름은 ∞이다.

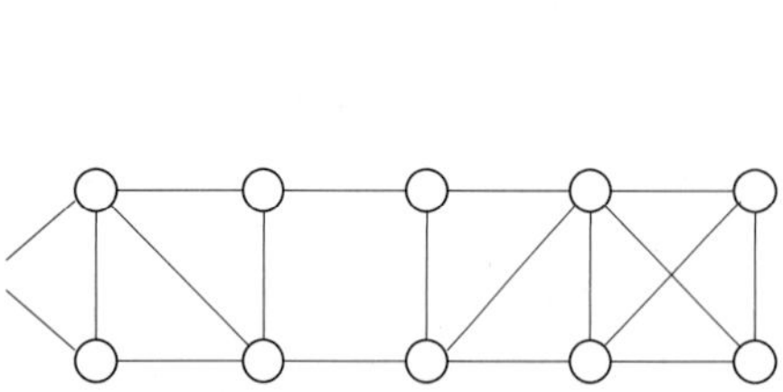

(a) 무방향 연결 그래프

(b) 두 개의 구성요소가 있는 비 연결 그래프

그림 10.3 연결된 무방향 그래프와 연결되지 않은 무방향 그래프의 예

그래프 인접 행렬

무방향 그래프의 **인접 행렬**(adjacency matrix)은 방향 그래프 인접 행렬의 특별한 경우인데, 이는 각 무방향 간선은 동일한 가중치를 갖고 서로 반대 방향을 갖는 두 개의 방향성 간선으로 대체될 수 있기 때문이다. 따라서 보다 일반적인 방향 그래프의 경우에 대해 먼저 논의할 것이다. n개의 정점과 m개의 간선을 포함하는 방향 그래프의 경우 $n \times n$ 정방행렬 $A = [a_{ij}]$가 정의되며, 여기에서 a_{ij}의 값은 정점 i에서 정점 j로의 간선 가중치이다. 정점 i에서 정점 j로 가는 간선이 없으면 해당 항의 값은 0이다. 따라서 m개의 간선을 갖는 방향 그래프의 인접 행렬에는 0이 아닌 항이 m개 포함된다. 가중치가 없는 그래프의 경우 행렬의 모든 항은 0 또는 1이다. 정점의 자체 루프는 그래프에서 매우 드물기 때문에 인접 행렬의 대각 항은 일반적으로 0이다. a_{ij}는 일반적으로 a_{ji}와 같지 않으며, 따라서 방향 그래프의 인접 행렬은 대체로 비대칭이다. 반면에, m개의 간선을 갖는 무방향 그래프는 $2m$개의 0이 아닌 항을 가지며, a_{ij}는 a_{ji}와 동일한 값을 갖기 때문에 대칭이 된다. 무방향 그래프 인접 행렬의 대칭적 특성은 선형대수를 단순화한다. 그 이유는 실수 값의 직교정규 고유벡터들을 갖기 때문이다.

정규화된 인접 행렬

그래프 인접 행렬을 정규화하는 방법에는 여러 가지가 있다. 정규화의 목표는 접하는 간선이 많은 몇 개의 정점이 그래프의 대수적 특성을 지배하는 것을 방지하는 것이다. 대부분의 실제 그래프는 **멱 법칙 차수 분포**[43]를 가지며, 그 결과로 소수의 정점들의 차수의 합이 전체 그래프상의 정점 차수 합의 대부분을 차지하는 경우가 많다. 결과적으로 이러한 정점에 접하는 간선의 구조는 모든 유형의 분석이나 전체 네트워크에 적용되는 기계학습 알고리즘의 결과를 지배한다. 이는 고차 노드의 구조적 동작은 종종 스팸이나 기타 무의미한 노이즈 성 간선으로 인해 발생하기 때문에 바람직하지 않다.

정규화 유형에 따라서는 실제 응용에서 유용한 확률적 해석을 갖는 경우도 있다. 첫 번째 유형의 정규화는 **비대칭** 정규화로, 각 행의 합이 1이 되도록 정규화된다. 따라서 각 행에 대해 항들의 합을 구하고 해당 행의 각 항을 이러한 합으로 나눈다. 이러한 유형의 정규화에 따른 결과는 인접 행렬을 마르코프 체인의 전이 행렬로 변환하는 **확률적 전이 행렬**을 만드는 것이다. 이러한 전이 행렬은 그래프에서 **무작위 경로**(random walk)를 정의하며, 각 정점에서 진출하는 확률은 해당 간선을 따라 이동할 확률을 정의한다. 이러한 결과에 따른 그래프를 무작위 경로 그래프라고 한다. 이러한 유형의 정규화는 무방향 그래프(정규화 전의 인접 행렬이 대칭인 경우)에 대해서도 비대칭 가중치를 생성한다. 그림 10.4에서 비대칭 정규화의 예를 보이고 있다. 여기에서 간선 가중치가 이진인 원래 그래프는 왼쪽에 표시되고, 정규화된 그래프(즉, 무작위 경로 그래프)는 오른쪽에 표시된다. 이러한 유형의 비대칭 정규화는 방향 그래프에도 적용할 수 있다. 이 경우 각 간선의 가중치를 간선 꼬리 쪽 정점에서 **진출하는** 간선의

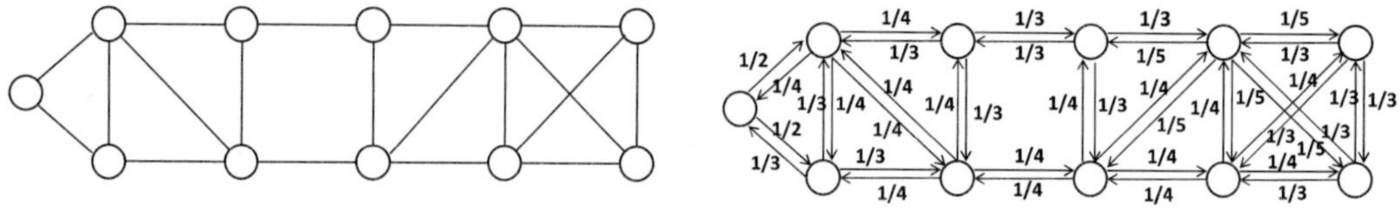

(a) 무방향 그래프 (b) 전이 행렬

그림 10.4 무방향 그래프와 무작위 경로 그래프. 비대칭 정규화는 대칭 인접 행렬을 비대칭으로 만든다.

가중치 합으로 나눈다. 이러한 정규화의 목표는 각 간선 가중치를 주어진 정점에서 **진출하는** 무작위 경로 확률로 해석하는 것이다.

대칭 정규화는 일반적으로 무방향 그래프에 대해 정의된다. 따라서 대칭 인접 행렬로 시작하고, 이때의 목표는 정규화 프로세스에서 그 대칭성을 유지하는 것이다. 대칭 정규화에서는 i번째 행의 음이 아닌 항들을 합산하여 합계 δ_i를 구한다. 행렬이 대칭이기 때문에 i번째 열의 합도 δ_i이다. 즉, 다음과 같다.

$$\delta_i = \sum_{j=1}^{n} a_{ij} = \sum_{j=1}^{n} a_{ji}$$

대칭 정규화에서는 각 항을 행과 열 합계의 **기하 평균**으로 나눈다. 그 결과로 유사성 값 s_{ij}는 다음과 같이 정의된다.

$$s_{ij} \Leftarrow \frac{a_{ij}}{\sqrt{\delta_i \delta_j}}$$

비대칭 정규화에서는 항상 $p_{ij} \Leftarrow a_{ij}/\delta_i$를 사용하므로 각 행의 합은 1이다. 여기에서 p_{ij}는 무작위 경로 그래프의 정점 i에서 정점 j로의 전이 확률을 나타낸다.

위의 정규화를 행렬 곱셈 형식으로 표현할 수도 있다. $A = [a_{ij}]$가 원래 $n \times n$ (무방향) 인접 행렬이고 Δ를 i번째 대각 항이 $\delta_i = \sum_j a_{ij}$인 $n \times n$ 대각 행렬이라고 하자. 행렬 Δ는 A의 차수 행렬이라고 한다. 차수 행렬은 간선의 가중치 a_{ij}에 대한 정보를 반영하고 있다. Δ의 대각선에 있는 값은 접하는 간선의 수가 아니라 접하는 간선의 총 가중치이다. 때로 행렬 Δ를 가중치가 적용된 **차수 행렬**이라고 부르지만, 단순히 "차수 행렬"이라고 부르는 경우도 많다. $P = [p_{ij}]$는 비대칭 정규화된 확률적 전이 행렬이고 $S = [s_{ij}]$는 대칭 정규화된 인접 행렬이라고 하자. 이제 비대칭 정규화 행렬과 대칭 정규화 행렬은 다음과 같이 정의된다.

$$P = \Delta^{-1} A \qquad \text{[비대칭 정규화]}$$

$$S = \Delta^{-1/2} A \Delta^{-1/2} \qquad \text{[대칭 정규화]}$$

앞으로 살펴보겠지만, 서로 연관된 이 두 가지 행렬은 군집화, 분류, 페이지 순위(PageRank) 계산 등을 포함하는 많은 네트워크 응용에서 중요한 역할을 한다.

10.3 인접 행렬의 누승

각 항이 0 또는 1인 방향 그래프의 이진 인접 행렬 A를 생각해보자. A의 누승은 특정 길이의 경로 개수와 연관되어 있다.

속성 10.3.1 A를 어떤 그래프의 이진 인접 행렬이라고 하자. A_k의 (i, j)번째 항의 값은 길이가 정확히 k인 i에서 j까지의 경로 개수와 같다.

이 결과는 수학적 귀납법을 사용하여 증명할 수 있다. $A_1 = A$는 길이가 정확히 1인 모든 경로를 나타내고 있음을 쉽게 확인할 수 있다. 이제 A_k의 (i, j)번째 항이 i에서 j까지 길이 k의 경로 개수를 나타내고 있다면, 길이가 $(k+1)$인 경로 개수는 i에서 j에 연결된 모든 정점(즉, A의 j번째 열에서 값이 1인 모든 정점)까지 길이 k의 경로 개수를 합산하여 얻을 수 있다. 이 값은 $A_kA = A_{k+1}$의 (i, j)번째 항에 의해 정확하게 제공된다. 간선에 가중치가 부여되어 있으면 어떻게 될까? 이 경우 A_k 값은 가중 경로 수와 같으며, 여기에서 각 경로의 기여도는 해당 경로상의 a_{ij} 값들의 곱과 같다.

i에서 j까지 길이가 t 이하인 경로 수는 행렬 $W(t) = \sum_{k=0}^{t} A_t$에서 표현된다. A_0은 단위행렬이며 모든 정점은 길이가 0인 경로로 자체에서 도달할 수 있기 때문에 합산에 포함된다. 많은 경우 경로는 길이가 0이 아닌 것으로 간주되기 때문에 0차 항은 생략되기도 한다. 일반적으로 이 합산은 t가 증가함에 따라 수렴하지 않을 수도 있다. 예를 들어 A가 두 개의 정점을 포함하는 순환일 경우 다음의 결과를 쉽게 확인할 수 있다.

$$A^r = \begin{bmatrix} 0 & 1 \\ 1 & 0 \end{bmatrix} \quad [r\text{은 홀수}]$$

$$A^r = \begin{bmatrix} 1 & 0 \\ 0 & 1 \end{bmatrix} \quad [r\text{은 짝수}]$$

이는 짝수 길이의 경로로 정점에서 자신에 도달하는 방법이 한 가지 뿐이고, 또 홀수 길이의 경로로 정점에서 다른 정점에 도달하는 방법도 한 가지 뿐이기 때문이다. 이러한 행렬에 대한 무한 합산은 수렴 합산을 생성하지 않는다. 또한 A_r의 항은 (일부 유형의 행렬에서) 무한 합산을 통해 자체적으로 발산할 수 있다.

그러나 1 미만의 감쇠 계수 γ을 허용하면 이 합산이 수렴할 수 있다. 의미론적 관점에서 이것은 길이 r의 경로에 가중치 γ^r이 적용됨을 의미한다. 더 긴 길이의 경로가 더 많이 있을 수 있지만, 감쇠 계수는 무한한 합이 결국 수렴하도록 만든다. 분명히 수렴에 필요한 γ의 선택은 그래프의 구조적 특성에 따라 달라진다. 흥미롭게도 이러한 구조적 속성은 인접 행렬의 고유분해에 의해 포착될 수 있다. A의 가장 큰 절대 고윳값의 역수보다 작은 γ를 선택하면, 누승 $(\gamma A)^k$는 무한 합산을 통해 수렴된다. 즉, 1 미만의 감쇠 계수 γ의 누승으로 감쇠를 일으킨 다음 한 쌍의 정점 사이의 모든 경로 가중치를 합산한다.

이 결과는 λ가 A의 고윳값이면 $\gamma\lambda$가 행렬 $A_\gamma = \gamma A$의 고윳값이라는 사실에서 비롯된다. 이것은 $\det(A_\gamma - \lambda\gamma I) = \gamma^n \det(A - \lambda I)$이기 때문이다. 결과적으로 γ를 A의 고윳값의 최대 절대 크기의 역수보다 작게 선택하면, 행렬 $A_\gamma = \gamma A$의 고윳값의 최대 절대 크기가 엄격하게 1보다 작게 된다. 다음 결과는 쉽게 증명할 수 있다.

보조정리 10.3.1 A는 모든 고윳값이 양의 값 γ에 대해 $1/\gamma$보다 작은 절대 크기를 갖는 행렬이라고 하자. 그러면 다음의 결과를 확인할 수 있다.

$$lim_{r \to \infty} (\gamma A)^r = 0$$

증명 개요 γA를 행렬 A_γ로 표시하면, 모든 고윳값의 절대 크기는 1보다 작다. 임의의 행렬은 다음과 같이 (어쩌면 복소수일 수도 있는) 고윳값을 사용하여 조던 정규형(3.3.3절 참고)으로 변환할 수 있다.

$$A_\gamma = VJV^{-1}$$

여기에서 J는 각 대각 항이 크기가 1보다 작은 (어쩌면 복소수일 수도 있는) 고윳값을 포함하는 조던 정규형의 상부삼각 행렬이다. 이러한 경우 다음을 확인할 수 있다.

$$A_\gamma^r = VJ^rV^{-1}$$

r이 ∞로 갈 때 행렬 J^r은 영행렬에 수렴한다는 것을 보일 수 있으며[21], 따라서 행렬 A_γ^r도 영행렬에 수렴하게 된다. ■

이 결과는 임의의 정점 쌍 사이의 감쇠 가중치 적용 경로들의 합계를 계산하기 위한 접근방식을 제공한다.

21) 상부삼각 행렬 J^r의 대각 항은 J의 대각 항의 누승이며 0에 수렴한다. 이러한 순 삼각 행렬은 멱영 행렬로 알려져 있으므로 J^r은 결국 0에 수렴한다.

보조정리 10.3.2 가장 큰 고윳값이 $1/\gamma$ 미만인 인접 행렬 A를 갖는 방향 그래프가 주어지면, 각 정점 쌍 사이의 모든 감쇠 가중치 적용 경로들의 합계는 다음과 같이 행렬 $(I-\gamma A)^{-1}-I$로 표현된다.

$$\sum_{r=1}^{\infty}(\gamma A)^r = (I-\gamma A)^{-1} - I$$

증명 개요 γA의 모든 고윳값은 1보다 작은 크기를 갖는다. γA의 각 고윳값은 $(I-\gamma A)$에서 대응되는 고윳값을 갖는데, 두 고윳값의 합은 1이며 동일한 고유벡터를 갖는다. 따라서 $(I-\gamma A)$의 모든 고윳값은 0이 아니고, 따라서 이 행렬은 특이행렬이 아니다. 즉, 위 결과의 정확성에 영향을 주지 않고 위 방정식의 양변에 $(I-\gamma A)$를 곱할 수 있다. 각 변에 $(I-\gamma A)$를 곱하면, 각 변이 행렬 γA로 정돈된다. 이로서 증명을 마친다. ■

행렬 $(I-\gamma A)^{-1}$은 매우 유용하다. 왜냐하면 (i, j)번째 항은 이 정점 쌍이 직접 연결되지 않은 경우에도 정점 i에서 j까지의 간접적인 연결성 수준을 알려주기 때문이다. 이 행렬은 모든 정점 쌍 사이의 카츠 측정값을 포함한다. **카츠 척도**는 일반적으로 방향 그래프에 사용되지만, 무방향 그래프에도 적용될 수 있다.

정의 10.3.1 카츠 척도

무방향 그래프의 인접 행렬 A가 주어지면 정점 i와 j 사이의 카츠 측정값은 $(I-\gamma A)^{-1}-I$의 (i, j)번째 항이다. 여기에서 γ는 카츠 측정값을 계산하기 위해 사용되는 감쇠 매개변수이다.

카츠 척도는 **링크 예측**에 사용할 수 있다. 이 문제에서 목표는 관심 대상인 그래프(예: 소셜 네트워크)에서 향후 링크가 형성될 가능성이 있는 정점 쌍을 발견하는 것이다. 분명히, 한 쌍의 정점 사이에 많은 (짧은) 경로가 존재하면, 미래에 정점 쌍 사이에 링크가 형성될 가능성이 더 높을 것이다. 예를 들어 소셜 네트워크에서 친구의 친구와 링크를 형성할 가능성이 더 높을 것이다.

이러한 링크 예측 문제는 암시적 피드백을 갖는 추천 시스템 문제와 유사한 방식으로 바라볼 수 있다. 이 문제를 해결하기 위해 먼저 A에서 0이 아닌 항의 작은 부분집합을 0으로 설정하여 A'를 얻고, 해당 간선들을 검증 집합 A_v로 저장한다. 또한 A에서 0인 간선 중 일부를 A_v에 추가한다. 다양한 γ 값에서 $(I-\gamma A')$의 역행렬을 계산해보고 검증 집합 A_v에 대한 링크 예측이 가장 정확한 것을 선택할 수 있다. γ의 값이 결정되면 링크를 형성할 가능성 순서로 간선의 순위를 매기기 위해 행렬 $(I-\gamma A)^{-1}$(모든 간선 포함)을 계산한다.

무방향 및 방향 그래프의 지름과 연결성의 특성을 정하기 위해 인접 행렬의 누승을 사용할 수도 있다. 그래프의 지름이 d이면 각 정점 쌍 사이에 길이가 d 이하인 경로가 존재한다. 즉, d 이하인 r_{ij}가 임의의 정점 i와 j 쌍 사이의 최단 경로 길이이면, $A^{r_{ij}}$의 (i, j)번째 항은 0이 아니다. 이것은 인접 행렬의 누승을 사용하여 그래프의 지름을 정의할 수 있게 해준다.

속성 10.3.2 인접 행렬 A를 갖는 (방향 또는 무방향) 그래프의 지름은 행렬 $\sum_{k=0}^{d} A^k$의 어떤 항도 0이 아닌 가장 작은 d 값이다. 연결된 무방향 그래프 또는 강하게 연결된 방향 그래프의 경우 d 값은 $n-1$ 이하가 된다.

무방향 그래프가 연결되지 않았거나 방향 그래프가 강하게 연결되지 않은 경우 그래프의 지름은 ∞이다. 유한 지름을 갖는 모든 그래프는 최대 $n-1$의 지름 값을 갖기 때문에, 인접 행렬의 누승을 사용하여 (방향 또는 무방향) 그래프의 연결성을 테스트하는 간단한 접근방식은 다음과 같이 정리할 수 있다.

보조정리 10.3.3 무방향 그래프의 연결성

$n \times n$ 인접 행렬 A를 갖는 무방향 그래프는 행렬 $\sum_{k=0}^{n-1} A_k$의 모든 항이 0이 아닌 경우에만 연결된다.

보조정리 10.3.4 방향 그래프의 강한 연결성

$n \times n$ 인접 행렬 A를 갖는 방향 그래프는 행렬 $\sum_{k=0}^{n-1} A_k$의 모든 항이 0이 아닌 경우에만 강하게 연결된다.

연결성을 테스트하는 간단한 방법은 모든 카츠 측정값을 포함하는 행렬을 계산하고 모든 비 대각 항이 0이 아님을 확인하는 것이다.

연결되지 않았거나 강하게 연결되지 않은 무방향 및 방향 그래프는 행렬 $\sum_{k=0}^{n-1} A_k$의 특정 정점 집합 사이에 누락된 간선이 있다. $\sum_{k=0}^{n-1} A_k$에서 누락된 간선들은 0이 아닌 항들로 구성되는 특정 유형의 블록 구조로 이어질 것이다. 예를 들어, 정점들을 집합 1과 2로 나눌 수 있는 방향 그래프를 생각해보자. 각 집합 1과 2의 정점들이 강하게 연결되어 있다고 가정한다. 또한 집합 1의 정점에서 집합 2의 정점으로 가는 간선은 존재하지만 다른 방향으로의 간선은 없다. 이러한 유형의 그래프는 강하게 연결되어 있지 않으며, 인접 행렬은 정점을 적절하게 재정렬하여 항상 **블록 상부삼각 형식**으로 변환할 수 있다.

$$A = \begin{bmatrix} A_{11} & A_{12} \\ 0 & A_{22} \end{bmatrix}$$

대각선을 따라 위치하는 블록은 항상 정방형이지만 대각선 위쪽의 블록은 정방형이 아닐 수 있다. 행렬 A를 몇 번이나 거듭제곱하더라도 아래쪽의 0 블록이 계속 0으로 유지된다는 것을 확인하는 것은 그리 어렵지 않다. 마찬가지로 연결되지 않은 무방향 인접 행렬은 아래와 같은 **블록 대각선 형식**으로 변환할 수 있다.

$$A = \begin{bmatrix} A_{11} & 0 \\ 0 & A_{22} \end{bmatrix}$$

이 행렬을 여러 번 거듭제곱하면 개별 블록이 거듭제곱된다는 것을 비교적 쉽게 확인할 수 있다.

$$A^k = \begin{bmatrix} A_{11}^k & 0 \\ 0 & A_{22}^k \end{bmatrix}$$

두 블록 A_{11}과 A_{22}는 행렬 곱셈에서 서로 상호작용하지 않는다.

10.4 페론–프로베니우스 정리

이 절에서는 방향 및 무방향 그래프 모두에서 인접 행렬의 고유벡터들이 갖는 몇 가지 주요 속성을 살펴볼 것이다. 페론-프로베니우스 정리는 일반적인 경우에 해당하는 **방향** 그래프에 적용되며, 특히 무방향 그래프에 대해서는 몇 가지 추가적인 단순화가 가능하다. 모든 그래프 인접 행렬(방향성 및 무방향성)에는 음이 아닌 항들이 있으며, 그에 따른 결과로 고유벡터들에는 특별한 속성이 있다. 무방향 그래프의 경우 인접 행렬의 대칭성이 직교정규 고유벡터와 실수 고윳값을 보장하기 때문에, 방향 그래프보다 더 흥미로운 속성을 갖는다. 방향 그래프의 인접 행렬은 실수 고윳값과 복소수 고윳값을 모두 포함할 수 있다. 이에 따른 여러 가지 결과들을 묶어 **페론–프로베니우스 정리**라고 한다.

속성 10.4.1 방향 그래프의 인접 행렬은 한 개 이상의 복소수 고윳값을 가질 수 있다. 더욱이, 방향 그래프는 복소수 고윳값이 허용되더라도 대각화 가능한 인접 행렬을 갖도록 보장되지 않는다.

대각화가 불가능한 예로, 각 연속 노드 쌍 $[i, i+1]$ 사이에 양방향 간선이 있고 노드 1에서 노드 4로의 단방향 간선이 하나 있는 노드가 4개인 방향 그래프를 생각해보자.

$$N = \begin{bmatrix} 0 & 1 & 0 & 1 \\ 1 & 0 & 1 & 0 \\ 0 & 1 & 0 & 1 \\ 0 & 0 & 1 & 0 \end{bmatrix}$$

단방향 간선이 없으면 그래프는 대칭이며, 실수이고 직교정규인 고유벡터를 사용하여 대각화가 가능하다. 그러나 노드 1에서 노드 4로 간선 하나를 추가하면, 인접 행렬을 대각화할 수 없게 된다. $\det(N-\lambda I)$를 계산하면, 이 행렬이 고윳값 $\{-\sqrt{3}, \sqrt{3}, 0, 0\}$에 대응되는 특성다항식 $\lambda^4 - 3\lambda^2$를 갖는다는 것을 알 수 있다. 따라서 고윳값 0이 중복된다. 그러나 행렬의 순위가 3이므로, 고윳값이 0인 고유벡터 $[0, 1, 0, -1]^T$는 하나뿐이다. 따라서 이 인접 행렬은 대각화할 수 없다.

대각화 가능한 인접 행렬과 복소수 고윳값을 갖는 방향 그래프의 예로서, 세 개의 정점으로 구성된 방향 순환을 포함하는 다음 인접 행렬을 생각해보자.

$$A = \begin{bmatrix} 0 & 0 & 1 \\ 1 & 0 & 0 \\ 0 & 1 & 0 \end{bmatrix} \tag{10.1}$$

이 행렬은 한 개의 실수 값 고유벡터 $[1, 1, 1]^T$를 가지며, 이에 대응되는 고윳값은 1이다. 다른 두 고윳값은 $(-1+i\sqrt{3})/2$와 $(-1-i\sqrt{3})/2$이며, 이들은 복소수이고 이들에 대응되는 고유벡터도 복소수를 포함한다. 특성 다항식이 $\lambda^3 - 1$이기 때문에 모든 고윳값은 실수이거나 복소수인 1의 세제곱근들임을 알 수 있다. 실제로 하나의 실수 고유벡터-고윳값 쌍을 얻었음에 주목하자. 또한 이 고유벡터는 절댓값[22] 측면에서 가장 큰 고유벡터이며, 나머지 두 고유벡터의 크기는 1이다. 이것은 우연이 아니다. 강하게 연결된 방향 그래프의 인접 행렬은 적어도 하나의 우세한 실수 고유벡터-고윳값 쌍을 갖는다는 것을 증명할 수 있다. 강하게 연결된 그래프의 인접 행렬은 축약 불가(irreducible) 행렬이라고 한다.

정의 10.4.1 축약 불가 행렬

방향 그래프의 인접 행렬은 그래프가 강하게 연결되어 있는 경우에만 축약 불가 행렬이라고 한다.

축약 불가 행렬이 아닌 인접 행렬은 **축약 가능 행렬**이라고 한다. 그래프가 강하게 연결되지 않은 경우(즉, 인접 행렬은 축약 불가임), 그래프 연결이 완전히 끊어져 있거나 아니면 정점들이 한 방향으로만 향하는 간선들을 갖는 두 개의 집합으로 분할될 수 있다(즉, 분할이 생성될 수 있음). 즉, 행렬은 다음과 같이 **블록 상부삼각 형식**으로 표현될 수 있다.

$$A = \begin{bmatrix} A_{11} & A_{12} \\ 0 & A_{22} \end{bmatrix} \tag{10.2}$$

방향 그래프상의 경로 측면에서 보면 A_{12}의 간선들을 통해 블록 1에서 블록 2로 이동한

22) 복소수 $a+ib$의 크기는 $\sqrt{a^2+b^2}$이다.

후에는 블록 1의 어떤 정점으로도 돌아올 수 없음을 의미한다. 위의 행렬에서 정점들은 한 구성요소의 모든 정점이 다른 구성요소의 모든 정점보다 선행하도록 순서가 정해져 있다고 가정된다.

페론-프로베니우스 정리는 축약 불가 인접 행렬로 표현되는 강한 연결 그래프에만 적용된다. 이 결과의 주요 초점은 **주 고유벡터**라고도 하는 **가장 큰** 고유벡터에 있다. (방향 그래프와 같은) 비대칭 행렬의 좌 고유벡터와 우 고유벡터는 서로 다르다. **페론-프로베니우스 정리**의 일반 버전은 다음과 같다.

정리 10.4.1 방향 그래프에 대한 페론-프로베니우스 정리

A를 n개의 정점을 포함하는 방향 그래프에 대해 비 음수 항들로 구성된 정방형의 축약 불가 인접 행렬이라고 하자. 그러면 A의 (절댓값이) 가장 큰 고윳값 중 하나는 항상 양의 실수 값이고 (λ_{max}로 표시), 이 (양수) 고윳값의 다중도는 1이다. 그러나 절댓값이 λ_{max}인 다른 복소수 고윳값이나 음의 고윳값이 존재할 수도 있다. 다음의 결과 또한 성립한다.

- 양의 실수 고윳값 λ_{max}에 대응되는 고유한 좌 고유벡터와 고유한 우 고유벡터에는 양의 실수 항만 포함된다.
- 양의 실수 고윳값 λ_{max}는 다음을 충족한다.

$$average_i \sum_j a_{ij} \leq \lambda_{max} \leq max_i \sum_j a_{ij}$$
$$average_j \sum_i a_{ij} \leq \lambda_{max} \leq max_j \sum_i a_{ij}$$

  즉, 가중치가 적용되지 않은 행렬의 경우, 가장 큰 고윳값은 평균 진입 (및 진출) 차수와 최대 진입 (및 진출) 차수 사이에 있다. 따라서 최대 진입 차수와 최대 진출 차수 중의 작은 값을 λ_{max}에 대한 상한으로 사용할 수 있다.

- **확률적 전이 행렬이라는 특수한 경우**: 확률적 전이 행렬은 각 정점에 대해 진출 차수 가중치를 1로 설정하므로, 위의 결과에 따라 가장 큰 고윳값은 1이 된다. 확률적 전이 행렬 P에 대응하는 우 고유벡터는 P의 각 행 합이 1이 되기 때문에 1로 구성된 n차원 열벡터이다. 이에 대응되는 좌 고유벡터는 $\overline{\pi}^T P = \overline{\pi}^T$에 대한 해인데, PageRank 벡터라고 불린다.

크기에서 가장 큰 고윳값은 양수이지만, 동일한 절대 크기 λ_{max}를 갖는 복소수 또는 음수 고윳값이 존재할 수 있다. 구체적인 예로서 식 10.1의 인접 행렬에서 세 정점의 방향성 순환을 생각해보자. 이 행렬의 고윳값은 1, $(-1+i\sqrt{3})/2$, $(-1-i\sqrt{3})/2$ 등으로 모두 1의 세 제곱근들이다. 세 근의 절대 크기는 모두 1이다. 일반적으로 n개의 정점을 포함하는 방향성 순환에는 1의 n 제곱근들에 해당하는 n개의 고윳값이 있으며, 이들은 실수 또는 복소수이다. 이러한 값들은 $\exp(2i\pi t/n) = \cos(2\pi t/n) + i\sin(2\pi t/n)$로 주어진다($t \in \{0 \ldots n-1\}$). 모든 실수 또는 복소수 고윳값의 절대 크기는 1이다. 축약 가능한 그래프의 경우 가장 큰 (양수) 고윳값에 해당하는 여러 개의 고유벡터가 있을 수 있다. 또한 이러한 경우 주 고유벡터는 더 이상 양의 항만 포함하도록 보장되지 않는다.

페론-프로베니우스 정리의 단순화된 버전은 무방향 그래프에도 적용된다. 무방향 그래프에서 인접 행렬은 대칭이므로 모든 고유벡터는 실수이다. 또한, 그래프는 방향성 네트워크로 간주할 때 항상 강하게 연결되어 있다(두 개의 방향성 간선이 각 무방향 간선을 대체함). 이에 따라 무방향 그래프에 대한 페론-프로베니우스 정리를 다음과 같이 표현할 수 있다.

따름정리 10.4.1 무방향 그래프에 대한 페론-프로베니우스 정리

A가 n개의 정점을 포함하는 무방향 연결 그래프에 대한 비 음수 인접 행렬이라고 하자. 그러면 A의 가장 큰 고윳값 λ_{max}(절대 크기)는 항상 양의 실수 값이다. 동일한 크기의 음의 고윳값이 존재할 수 있지만, 값이 λ_{max}인 고윳값은 하나만 있다. 다음의 결과들이 성립한다.

- 모든 고유벡터와 고윳값은 실수이다. 그래프에 자체 루프가 없는 경우 고윳값들의 합은 A의 대각합과 같은데, 그 값은 0이다. 따라서 일부 고윳값은 항상 음수가 된다. 고윳값 λ_{max}는 항상 절댓값이 가장 큰 음의 고윳값의 절댓값과 같거나 그보다 크다.
- 고윳값 λ_{max}에 대응되는 고유벡터는 단 하나이며, 이 고유벡터의 항들은 모두 양의 값을 갖는다(필요할 경우 −1을 곱함). 그와 같은 고유벡터가 하나뿐이라는 사실은 $A\overline{\pi} = \lambda_{max}\overline{\pi}$에 대한 해가 배율조정 가능하다는 점을 제외하고는 고유함을 의미한다.
- 가장 큰 고윳값은 다음을 충족한다.

$$average_i \sum_j a_{ij} \leq \lambda_{max} \leq max_i \sum_j a_{ij}$$

즉, 가중치가 없는 행렬의 경우 가장 큰 고윳값은 평균 차수와 최대 차수 사이에 있다.

마지막으로, 무방향 그래프의 확률적 전이 행렬들은 대칭이 아니지만, 이들이 파생된 무방향 (대칭) 인접 행렬의 일부 속성을 상속한다. 예를 들어, 무방향 그래프의 확률적 전이 행렬은 이들에 대응되는 대칭 행렬처럼 실수 고유벡터와 실수 고윳값을 갖는다.

보조정리 10.4.2 무방향 그래프의 확률적 전이 행렬

$P = \Delta^{-1}A$가 $n \times n$ 인접 행렬 A와 차수 행렬 Δ를 갖는 무방향 연결 그래프의 정규화된 전이 행렬이라고 하자. 다음의 결과들이 성립한다.

- 모든 고유벡터와 고윳값은 실수이다. 절댓값이 가장 큰 고윳값은 항상 하나뿐이며 값이 1이지만, 값이 −1인 고윳값이 있을 수도 있다.
- 고윳값 1에 대응되는 단 하나의 우 고유벡터는 1로 구성된 n차원 열벡터에 해당한다. 이 벡터는 확률적 전이 행렬에서 각 행의 합이 1이 되기 때문에 유효한 우 고유벡터이다.
- $\overline{\pi}^T P = \overline{\pi}^T$에 대한 좌 고유벡터 해는 배율조정 가능하다는 점을 제외하고는 고유하다. 이 벡터를 PageRank 벡터라고 하며 모든 성분은 양의 값을 갖는다.

가장 큰 고윳값 1에 대응되는 고유벡터는 하나뿐이지만, 고윳값이 −1인 다른 고유벡터가 존재할 수 있다. 따라서 최대 크기의 고유벡터는 고유하지 않다. 구체적인 예로, 두 개의 정점과 그 사이에 하나의 간선이 있는 무방향 그래프의 확률적 전이 행렬을 생각해보자. 인접 행렬 A와 확률적 전이 행렬 P는 모두 다음과 같은 형식을 갖는다.

$$A = P = \begin{bmatrix} 0 & 1 \\ 1 & 0 \end{bmatrix}$$

이 그래프에는 두 개의 정점을 포함하는 방향성 순환, 또 이와 동일한 인접 행렬이 있다. 고윳값은 −1과 +1이다.

정규화된 인접 행렬의 고유벡터는 스펙트럼 군집화나 순위 지정과 같은 응용을 위한 기계 학습에서 광범위하게 사용된다. 좌 고유벡터는 순위 지정 노드와 같은 응용에 사용되는 반면, 우 고유벡터는 스펙트럼 군집화에 사용되며 이는 다음 절의 주제이다.

10.5 그래프 행렬의 우 고유벡터

이 절에서는 **스펙트럼 군집화**라고 하는 특정 유형의 **그래프 군집화**에 사용되는 **무방향** 그래프의 우 고유벡터의 선형대수에 대해 논의한다. 이 절 전체에서 실수 고윳값과 고유벡터를 보장하는 대칭 인접 행렬을 갖는 무방향 그래프의 사용을 가정한다.

인접 행렬 A를 갖는 무방향 그래프를 생각해보자. 그래프 군집화를 적용하기 전에 전처리 단계가 인접 행렬 A에 적용된다. 이 전처리 단계의 목표는 그래프에서 가중치가 낮은 링크를 끊고 그 가중치를 0으로 설정하는 것이다. 이렇게 하면 군집 간 링크가 차별적으로 제거되고 군집화가 훨씬 더 깔끔해진다. 이를 수행하기 위한 여러 가지 방법이 있으며, 다음의 두 방법 모두 제거할 링크를 결정하기 위해 임계값 매개변수를 사용한다.

1. 인접 행렬 A에서 임계값 ϵ보다 작으면서 0이 아닌 모든 항은 0으로 설정된다. 즉, a_{ij}가 ϵ보다 작으면 0으로 설정된다.

2. 각 정점 i에 대해 j가 일부 사용자 주도 매개변수 κ에 대해 i의 κ-최근접 이웃에 속하지 않으면 항 a_{ij}를 0으로 설정한다. 그러나 이러한 변경은 행렬을 비대칭으로 만든다. 따라서 κ-최근접 이웃 대신 **상호** κ-최근접 이웃을 선호한다. 즉, i와 j가 서로 κ-최근접 이웃인 경우에만 a_{ij}와 a_{ji}를 0으로 설정한다.

이러한 유형의 방법은 휴리스틱 방법이며, 최종 인접 행렬 A가 대칭성을 갖기만 한다면 약한 링크를 끊기 위해 타당성 있는 어떤 휴리스틱을 사용하더라도 대체로 무방하다. 대칭 인접 행렬을 유지하는 것은 스펙트럼 군집화에서 실수 값 고유벡터와 고윳값을 보장함에 있어 중요하다. **이 절에서는 행렬 A가 약한 링크들이 제거된 인접 행렬을 나타낸다고 가정한다.** 인접 행렬은 대각 항들이 0이기 때문에 양의 준정부호는 아니지만 유사성 행렬(또는 커널)의 한 형태이다. 데이터 점을 객체로 취급하고 간선의 가중치를 가우시안 커널(9장 참고)을 기반으로 한 유사성 값으로 취급하여 다차원 데이터 세트를 그래프로 변환하는 경우가 많다. 실제로 약한 링크를 끊지 않고 이러한 그래프를 사용하면, 결과로 발생하는 군집화는 커널 k-평균의 군집화와 매우 유사하다(특징 선택과 정규화와 관련된 미세한 세부사항만 다름).

약한 링크를 제거하면 인접 행렬의 각 항이 다른 항들의 값에 종속된다. 이러한 유형의 유사성 함수를 **데이터 종속** 커널이라고 한다. 순수한 가우시안 커널(9장 참고)과 달리 데이터 종속 커널은 두 인수의 함수로 순수하게 계산될 수 없으며 유사성 행렬의 나머지 부분에 종속된다. 이 절에서는 커널 관점, 라플라시안 관점, 행렬 인수분해 관점 등에 대응되는 스펙트럼 군집화의 세 가지 동등한 관점을 제시한다.

10.5.1 커널 관점의 스펙트럼 군집화

스펙트럼 군집화를 논의하기 전에 먼저 무방향 그래프의 대칭 인접 행렬을 유사성 행렬로 취급함으로써 얻게 되는 가장 명백한 커널법에 대해 논의한다. 이 논의는 스펙트럼 방법을 이 커널법의 변형으로 이해하는 단계를 상정한다. (약한 링크들을 제거한 후) 인접 행렬은 $A = [a_{ij}]$로 표시된다고 가정한다. 무방향 그래프의 $n \times n$ 인접 행렬 A는 대칭인 유사성 행렬인데, 고윳값의 합(즉, 행렬 대각합)이 0이기 때문에 양의 준정부호는 아니다. 그렇지만 대칭 인접 행렬은 항상 $A = Q\Lambda Q^T$로 대각화할 수 있으며, Q의 상위 k개의 열을 공학 처리된 표현으로서 사용한다. k-평균과 같은 임의의 군집화 알고리즘을 임베딩에 적용할 수 있다(9.5.1.1절 참고). 유사성 행렬(즉, 인접 행렬)의 양의 준정부호성의 결여로 인해 이것은 커널법이 아니라고 생각할 수 있겠지만 그것은 잘못된 생각이다. 가장 큰 절댓값을 갖는 음의 고윳값의 절댓값 γ를 각 대각 항에 더함으로써 행렬 A를 조정할 수 있다. 행렬 $A+\gamma I= Q(\Lambda+\gamma I)Q^T$는 **정확히 동일한 고유벡터를 갖는** 양의 준정부호 행렬이며, 고윳값은 사용하지 않는다. 이것은 커널 트릭을 통해 고윳값의 제곱근으로 고유벡터를 묵시적으로 배율조정 하는 커널 k-평균(9.5.2.1절 참고)과 약간 다르다. 스펙트럼 군집화는 고윳값의 배율조정 효과를 무시하고 **백색화된** 표현에 적용된다(7.4.6절 참고). 또한 상위 k개의 고유벡터만 사용하므로, 가변 고윳값 가중치를 이산 선택으로 대체한다. 이러한 유형의 정규화와 특징 선택 차이는 (스펙트럼 방법에서와 같이) 커널 트릭 대신 특징 공학을 사용하는 경우 항상 발생한다.

위에서 논의된 접근방식은 (스펙트럼 군집화와 관련된) 커널법이지만, 정확한 스펙트럼 군집화는 아니다. 인접 행렬(유사성 행렬)을 직접 사용할 때의 한 가지 문제는 행렬의 항이 몇 개의 정점에 의해 지배된다는 것이다. 현실에서 발생하는 대부분의 그래프는 극히 일부의 정점(일반적으로 1% 미만)이 그래프 간선의 대부분을 차지하는 **멱 법칙 차수 분포**[43]를 따른다. 결과적으로 임베딩은 일부 정점의 토폴로지 구조에 의해 지배되며, 이는 바람직하지 않다. 스펙트럼 군집화는 **정점 차수 정규화**로 이 문제를 해결한다.

대칭 정규화에서 i번째 대각 항에 차수 $\delta_i=\sum_j a_{ij}$를 포함하는 $n\times n$ 대각행렬인 차수 행렬 Δ를 계산한다. 각 항 a_{ij}는 고차 정점의 영향을 줄이기 위해 δ_i와 δ_j의 기하학적 평균으로 나눈다. 10.2절에서 논의된 것처럼 대칭 정규화된 유사성 행렬 S는 다음과 같이 정의된다.

$$S=\Delta^{-1/2}A\Delta^{-1/2} \tag{10.3}$$

이 유사성 행렬 $S= Q_{(s)}\Lambda Q_{(s)}^T$를 대각화한 다음, $Q_{(s)}$의 상위 k개의 열(즉, 가장 큰 고유벡터)을 임베딩을 나타내는 $n\times k$ 행렬 $Q_{(s),k}$로 사용할 수 있다. 대칭 정규화를 강조하기 위해 임베딩을 나타내는 행렬 $Q_{(s),k}$에 첨자 '(s)'를 표시한다. $Q_{(s),k}$의 i번째 행은 i번째 정점의 k차원 임베딩을 나타낸다. 이러한 임베딩을 **응-조던-와이스 임베딩**[98]이라고 한다. k-평균과 같은 임의의 군집화 알고리즘을 이 임베딩에 적용할 수 있다. k-평균 알고리즘을 적용하기 직전에 $n\times k$ 행렬 $Q_{(s),k}$의 각 행을 단위 노옴으로 정규화하는 것이 일반적이다. $Q_{(s),k}$의 각행을 정규화하면 열들이 더 이상 정규화되지 않는 임베딩 행렬이 생성된다.

이 접근방식의 변형은 대칭 정규화된 행렬 대신 확률적 전이 행렬을 사용하는 **시-말릭 알고리즘**[115]이다. 즉, 다음의 정규화는 비대칭이다.

$$P=\Delta^{-1}A$$

P를 유사성 행렬로 볼 수도 있다. 그러나 주된 문제는 그것이 비대칭이라는 것이며, 이 경우

양의 준정부호성에 대해 언급하는 것조차 불가능하다.

9.3.3절에서 논의된 바와 같이, 비대칭성을 허용하기 위해 유사성 정의를 완화하는 경우 비대칭 유사성 행렬에서 임베딩을 추출하는 것은 여전히 가능하다. 이 경우 비대칭 분해가 사용된다.

$$P = Q_{(a)} \Lambda Q_{(a)}^{-1}$$

이 분해는 항상 확률적 전이 행렬에 대한 페론-프로베니우스 정리에 따라 실수 값 고유벡터와 고윳값을 포함한다(따름정리 10.4.2 참고). $Q_{(a)}$의 열은 P의 우 고유벡터를 나타낸다. 행렬이 비대칭 유사성 행렬에서 추출된다는 사실을 강조하기 위해 행렬에 첨자 '(a)'를 표시한다. $n \times k$ 임베딩 행렬 $Q_{(a),k}$를 생성하기 위해 $Q_{(a)}$의 상위 k개의 열이 추출된다. 이 행렬의 i번째 행은 i번째 정점의 k차원 임베딩을 나타내며, 이를 시-말릭 임베딩이라고 한다. 이 임베딩에는 확립된 임의의 군집화 알고리즘을 적용할 수 있다. 이 임베딩에서 최상위 고유벡터에 대한 관측을 수행하는데, 이에 대해서는 확률 행렬에 대한 페론-프로베니우스 정리에도 명시되어 있다(따름정리 10.4.2 참고).

속성 10.5.1 시-말릭 임베딩에서 가장 큰 고유벡터는 1들로 구성된 열이다.

이 고유벡터는 군집화 관점에서 별로 도움이 되지 않으며 때때로 폐기된다(포함해도 별 차이는 없는 것으로 보임).

10.5.1.1 시-말릭 임베딩과 응-조던-와이스 임베딩의 관계

시-말릭 임베딩과 응-조던-와이스 임베딩은 거의 동일하다. 사실 간단한 후처리 단계를 통해 한 임베딩에서 다른 임베딩을 얻을 수 있다. 이는 대칭 정규화된 행렬 S와 전이 행렬 P의 관계는 $S = \Delta^{1/2} P \Delta^{-1/2}$이기 때문이며, 그 결과로 두 행렬은 비슷해진다. 이들의 고윳값은 동일하고 고유벡터는 서로 연관되어 있다.

보조정리 10.5.1

Δ를 인접 행렬 A의 차수 행렬이라고 하자. S와 P를 대칭 정규화된 A의 확률적 전이 행렬이라고 하자. 그러면 $\overline{x}$가 고윳값이 λ인 P의 고유벡터인 경우에만 $\sqrt{\Delta}\,\overline{x}$가 고윳값이 λ인 S의 고유벡터이다.

증명 $\overline{x}$가 $A\overline{x} = \lambda \Delta \overline{x}$를 만족하는 A의 일반화된 고유벡터인 경우에만 위의 두 문구가 성립함을 보인다.

먼저, $P\overline{x} = \lambda \overline{x}$는 $\Delta^{-1} A\overline{x} = \lambda \overline{x}$인 경우에만 성립되는 것을 알 수 있다. 이는 $A\overline{x} = \lambda \Delta \overline{x}$

라는 주장과 동일하다.

둘째, $S[\sqrt{\Delta}\,\overline{x}] = \lambda[\sqrt{\Delta}\,\overline{x}]$는 $\Delta^{-1/2}A\overline{x} = \lambda[\sqrt{\Delta}\,\overline{x}]$인 경우에만 성립되며, $A\overline{x} = \lambda\Delta\overline{x}$라는 주장과 동일하다. 이로서 증명을 마친다. ■

시-말릭 임베딩의 첫 번째 고유벡터는 1로 구성된 열이므로 응-조던-와이스 임베딩의 첫 번째 고유벡터는 $\sqrt{\Delta}[1, 1, \dots 1]^T = [\sqrt{\delta_1}, \sqrt{\delta_2}, \dots, \sqrt{\delta_n}]^T$에 비례한다.

따름정리 10.5.1 대칭 정규화된 인접 행렬 $S = \Delta^{-1/2}A\Delta^{-1/2}$의 첫 번째 고유벡터는 가중치가 적용된 정점 차수들의 제곱근을 나타내는 n차원 벡터에 비례한다.

중요한 점은 응-조던-와이스 임베딩은 k-평균을 적용하기 전에 행을 정규화하는 반면 시-말릭 임베딩은 k-평균을 적용하기 전에 행을 정규화하지 않는다는 것이다. 즉, 전자는 k-평균을 적용하기 전에 **행 정규화**하고 후자는 k-평균을 적용하기 전에 **열 정규화**한다. 이것은 대칭 커널 행렬 $S = \Delta^{-1/2}A\Delta^{-1/2}$를 사용하여 두 임베딩 모두를 추출할 수 있는 통합 추출 방법이 존재할 수 있음을 의미한다.

보조정리 10.5.2

R을 대칭행렬 $S = \Delta^{-1/2}A\Delta^{-1/2}$의 열에 있는 상위 k 개의 (단위 정규화된) 고유벡터를 나타내는 $n \times k$ 행렬이라고 하자. 이제 다음 후처리 단계를 사용하여 R에서 시–말릭 임베딩과 응–조던–와이스 임베딩을 모두 얻을 수 있다.

- 응–조던–와이스 임베딩은 $n \times k$ 행렬 R의 각 행을 단위 노옴으로 정규화하여 얻는다.
- 시–말릭 임베딩은 $n \times k$ 행렬 $\Delta^{-1/2}R$의 각 열을 단위 노옴으로 정규화하여 얻는다.

이 관찰은 두 방법이 매우 유사하며 동일한 행렬의 행/열에 대한 배율조정/정규화 등의 사소한 사후 처리 단계만 차이가 있음을 보여준다.

10.5.2 라플라시안 관점의 스펙트럼 군집화

스펙트럼 군집화에 대한 라플라시안 관점은 대부분의 교재나 동향조사 논문[84]에서 스펙트럼 군집화를 소개할 때 가장 많이 사용되는 방식이다. 스펙트럼 군집화와 커널법의 관계가 더 근본적이기 때문에 이 책에서는 스펙트럼 군집화를 설명하기 위한 주요 항목으로 선택하지 않았지만, 라플라시안 관점을 간략하게 소개하고 커널 관점과의 관계를 설명할 것이다. (커널 관점을 넘어서) 라플라시안 관점이 추가적으로 기여한 부분은 알고리즘의 정규화되지 않은 변형이다(사용되는 경우는 거의 없음).

10.5.2.1 그래프 라플라시안

A는 무방향 그래프의 인접 행렬이고, Δ는 차수 행렬이라고 하자. 기호 P와 S는 각각 확률적 전이 행렬과 대칭 정규화된 인접 행렬을 나타낸다. **라플라시안**은 무방향 그래프 응용에서 사용되는 경우가 대부분이지만, 아래의 정의를 방향 그래프로 쉽게 확장할 수 있다. 그래프 응용에서 일반적으로 사용되는 세 가지 유형의 라플라시안이 있다. 첫 번째는 **정규화되지 않은 라플라시안** L이다.

$$L = \Delta - A \tag{10.4}$$

Δ와 A가 모두 대칭이기 때문에 무방향 그래프의 라플라시안은 대칭이다. 이 라플라시안은 각 행의 합이 0이기 때문에 항상 특이행렬이다. 따라서 이 라플라시안의 고윳값 중 하나는 0이다.

비대칭 정규화된 라플라시안 L_a는 위에서 소개한 행렬 L에 단측 정규화를 적용한다.

$$L_a = \Delta^{-1}L = \Delta^{-1}(\Delta - A) = I - P \tag{10.5}$$

여기에서 P는 앞에서 소개된 확률적 전이 행렬 $P = \Delta^{-1}A$이다. 따라서 비대칭 정규화된 라플라시안은 확률적 전이 행렬 P에 밀접하게 연관되어 있다. P가 대칭이 아니기 때문에, 이 라플라시안은 대칭이 아니다. 대칭 정규화된 라플라시안 L_s은 L에 양측 정규화가 적용된다는 점을 제외하면 비슷한 방식으로 정의된다.

$$L_s = \Delta^{-1/2}L\Delta^{-1/2} = \Delta^{-1/2}(\Delta - A)\Delta^{-1/2} = I - S \tag{10.6}$$

따라서 **대칭 정규화된 라플라시안**은 대칭 유사성 행렬 S와 밀접한 관련이 있다.

그래프 라플라시안은 다차원 공간에 정점을 임베딩하는 측면에서 몇 가지 흥미로운 해석을 제공한다. 가장 간단한 경우로 각 정점 i가 실수 x_i에 임베딩되는 설정을 생각해보자. 이때 $\overline{x}^T\overline{x} = 1$로 정규화된 벡터 $\overline{x} = [x_1 \ldots x_n]^T$을 생성할 수 있다. 먼저 식 10.4의 정규화되지 않은 라플라시안 L을 조사해보면, 다음 결과를 증명할 수 있다.

보조정리 10.5.3 L이 무방향 인접 행렬의 정규화되지 않은 라플라시안이면, $\overline{x}^T L\overline{x}$는 다음과 같이 가중치가 a_{ij}인 각 쌍 (x_i, x_j)의 거리 제곱의 가중 합에 비례한다.

$$\overline{x}^T L\overline{x} = \frac{1}{2}\sum_{i=1}^{n}\sum_{j=1}^{n} a_{ij}(x_i - x_j)^2$$

증명 이 결과를 보이기 위해, 위의 식에서 양변에 있는 표현식을 전개하고 양변의 각 항의 계수를 조사할 수 있다. $i = j$의 경우 $x_i x_j$ 형식의 항의 계수가 양변에서 $-(a_{ij}+a_{ji})$임을 보일 수 있으며, 또한 어떤 i에 대해서나 x_i^2의 계수는 $\frac{1}{2}\sum_{j=1}^{n}(a_{ij}+a_{ji})$임을 보일 수 있다. ■

위의 결과에서 몇 가지 사실을 관찰할 수 있다. 이러한 관찰은 그래프의 기계학습 응용에서 다양한 방식으로 사용된다.

1. 명백한 사실은 보조정리 10.5.3에 따라 임의의 $\overline{x}$에 대해 $\overline{x}^T L \overline{x}$가 음이 아니라는 것이며, 따라서 양의 준정부호이다.

2. 정규화되지 않은 그래프 라플라시안이 양의 준정부호라는 사실은 대칭 정규화된 그래프 라플라시안으로 쉽게 확장될 수 있다(문제 10.5.1 참고). 양의 준정부호성 개념은 대칭 그래프에 대해서만 정의되지만, 비대칭 정규화된 그래프 라플라시안은 음이 아닌 고윳값을 가지며 모든 $\overline{x}$에 대해 $\overline{x}^T L_a \overline{x} \geq 0$을 충족한다. 즉, 비대칭 그래프에 대한 확장된 개념의 양의 준정부호성을 충족한다. 각 유형의 라플라시안은 항상 고윳값 중 하나는 0이 되는데, 이는 라플라시안이 순위가 1 이상인 영공간을 갖는 특이행렬이기 때문이다. 연결 그래프의 경우 영공간의 순위는 정확히 1이다. 라플라시안들의 고윳값은 항상 비 음수이므로 0은 최소의 고윳값이며, 연결 그래프의 경우 단 한 개의 고윳값만 0이다.

3. $\overline{x}^T L \overline{x}$를 최소화하는 단위벡터 $\overline{x}$를 찾으면 무거운 가중치 a_{ij}를 갖는 간선 (i, j)로 연결된 정점 쌍 $[i, j]$가 $(x_i - x_j)^2$의 값 측면에서 서로 가깝게 되는 정점들의 1차원 임베딩을 찾을 수 있다. 이것은 보조정리 10.5.3의 $\overline{x}^T L \overline{x}$에 대한 가중 제곱합 해석에서 쉽게 추론할 수 있다. 즉, 이러한 유형의 목적함수는 군집화에 친화적인 임베딩을 찾으며, 이는 이러한 유형의 목적함수가 스펙트럼 군집화에 유용한 이유이다.

다음 결과는 보조정리 10.5.3과 행렬식의 일부 속성을 사용하여 비교적 쉽게 증명할 수 있다.

문제 10.5.1 비 음수 간선 가중치를 갖는 무방향 그래프에 대해 L, $L_a = \Delta^{-1}L$, $L_s = \Delta^{-1/2}L\Delta^{-1/2}$를 각각 정규화되지 않은 라플라시안, 비대칭 정규화된 라플라시안, 대칭 정규화된 라플라시안이라고 하자. 이제 다음의 사실들이 성립함을 보이시오. (i) 임의의 $\overline{x}$에 대해 $\overline{x}^T L_s \overline{x}$의 값은 항상 음이 아니다. (ii) L_s와 L_a의 고윳값들은 동일하다. (iii) $\overline{x}^T L_a \overline{x}$의 값은 항상 비 음수이다.

스펙트럼 군집화에 대한 전반적인 접근방식은 다음과 같이 진행된다.

1. 세 개의 라플라시안 L, L_s, L_a 중 하나를 선택한다. 선택된 라플라시안의 **가장 작은** k개의 고유벡터를 찾고, 단위 노옴을 갖도록 선택된 고유벡터들을 배율조정 한 후 열에 이러한 고유벡터들을 넣어 $n \times k$ 행렬 Q_k를 생성한다. Q_k의 각 행은 정점의 k차원 임베딩에 해당한다.

2. 첫 번째 단계에서 대칭 라플라시안 L_s를 선택한 경우, Q_k의 각 행을 단위 노옴을 갖도록 정규화하는 추가적인 단계를 수행한다.

3. 다른 정점들의 임베딩 표현에 k-평균 알고리즘을 적용한다.

중요한 점은 유사성 행렬에 대해서는 큰 고유벡터들을 사용하는 반면, 라플라시안에 대해서는 작은 고유벡터들을 사용한다는 것이다. 둘 사이의 관계 때문에 이것은 자연스러운 일이다. 예를 들어, 대칭 정규화된 인접 행렬 S와 대칭 라플라시안 L_s의 관계는 $L_s = I - S$와 같다. 그 결과로 **두 행렬의 고유벡터들은 동일하며 대응되는 고윳값들의 합은 1이 된다**. 이러한 결과를 커널 관점 스펙트럼 군집화와 라플라시안 관점 스펙트럼 군집화의 동등성 측면에서 요약하면 다음과 같다.

보조정리 10.5.4 커널 관점과 라플라시안 관점의 동등성

A는 $n \times n$ 인접 행렬, P는 확률적 전이 행렬, S는 대칭 정규화된 인접 행렬로 설정한다. $L_a = I - P$와 $L_s = I - S$를 각각 비대칭 라플라시안과 대칭 라플라시안이라고 하자. 그러면 다음 사실들이 성립한다.

- 확률적 전이 행렬 P의 가장 큰 k개의 고유벡터는 비대칭 라플라시안 L_a의 가장 작은 k개의 고유벡터와 동일하다.
- 대칭 정규화된 인접 행렬 S의 가장 큰 k개의 고유벡터는 대칭 라플라시안 L_s의 가장 작은 k개의 고유벡터와 동일하다.

증명 여기에서 대칭 라플라시안 S의 경우에 대한 결과를 증명해 보인다. 비대칭 라플라시안에 대한 증명은 비슷하다. 고윳값이 λ인 임의의 행렬 S의 고유벡터는 고윳값이 $1-\lambda$인 행렬 $(I-S)$의 고유벡터이기도 하다. 이는 $(I-S)\overline{x} = (1-\lambda)\overline{x}$가 성립하는 경우에만 $S\overline{x} = \lambda\overline{x}$가 성립하기 때문이다. 따라서 S의 큰 고유벡터들은 $L_s = (I-S)$의 작은 고유벡터들에 대응된다. ■

정규화되지 않은 라플라시안 L의 작은 고유벡터들은 인접 행렬 A의 큰 고유벡터들과 정확히 동일하지 않다는 점은 주목할 만하다. 어쨌든 대부분의 실제 응용에서 정규화되지 않은 변형을 사용하는 일은 비교적 드물다.

10.5.2.2 라플라시안을 사용하는 최적화 모델

라플라시안의 작은 고유벡터들이 임베딩에 사용된다는 사실은 라플라시안을 이용하는 최적화 모델을 사용하여 도출할 수도 있다. 사실, 이 접근방식은 대부분의 교재나 동향조사 논문 [84]에서 널리 사용되는 설명 방식이다. $\overline{x}^T L\overline{x}$가 데이터 점 쌍 사이의 가중 제곱합 거리를 제공하는 보조정리 10.5.3의 결과를 요약한다.

$$\overline{x}^T L\overline{x} = \frac{1}{2}\sum_{i=1}^{n}\sum_{j=1}^{n} a_{ij}(x_i - x_j)^2$$

여기에서 $\overline{x}$는 각 정점에 대해 하나의 좌표를 나타내는 n차원 벡터이다. k개의 벡터 $\overline{x}_1 \ldots \overline{x}_k$을 사용하여 이 결과를 각 정점의 k차원 임베딩으로 쉽게 확장할 수 있다. 이 경우 n차원 벡터 $\overline{x}_i$는 n개의 서로 다른 정점 중 i번째 정점의 좌표를 나타낸다. 이러한 경우 k개의 서로 다른 $\overline{x}_i^T L\overline{x}_i$ 값에 대한 합은 임베딩에 대한 유클리드 거리 가중 제곱합이다. 따라서 군집화 친화적 임베딩은 다음 최적화 모델에 의해 정의될 수 있다.

$$\sum_{i=1}^{k} \overline{x}_i^T L\overline{x}_i \text{ 을 최소화한다.}$$

제약조건:

$\|\overline{x}_i\|^2 = 1 \quad \forall i \in \{1 \ldots k\}$

$\overline{x}_1 \ldots \overline{x}_k$ 는 서로 직교한다.

이 최적화 모델은 유클리드 거리 가중 제곱합이 최소화되도록 각 정점의 k차원 임베딩을 찾으려고 한다. 위의 모델은 3.4.5절에서 논의된 노옴 제약조건 최적화 문제의 특별한 경우이다. 3.4.5절에서 논의된 것처럼 L의 가장 작은 k개의 고유벡터는 이 최적화 문제에 대한 해를 제공한다. 위 모델에서 L을 L_s로 대체함으로써 대칭 정규화된 라플라시안에 대해 정확히 동일한 모델을 사용할 수 있다. 비대칭 라플라시안의 경우는 문제가 다음과 같이 요약되며, 따라서 대칭 정규화의 경우와 조금 다르다.

$$\sum_{i=1}^{k} \overline{x}_i^T L \overline{x}_i \text{ 을 최소화한다.}$$

제약조건:

$\overline{x}_1 \ldots \overline{x}_k$는 Δ-직교정규

원래의 최적화 문제와 유일한 차이점은 벡터가 Δ-직교정규라는 것이다. Δ-직교정규성의 개념은 다음과 같이 정의된다.

$$\overline{x}_i^T \Delta \overline{x}_j = \begin{cases} 1 & i = j \\ 0 & i \neq j \end{cases}$$

Δ-직교정규성을 부과하면 고차 정점의 영향을 줄여준다. 최적의 해는 $\Delta^{-1}L$의 가장 작은 k개의 고유벡터이다. 이 결과에 대한 증명은 연습용 문제로 남긴다.

> **문제 10.5.2** 비대칭 스펙트럼 군집화의 최적화 모델에 대한 최적 해가 $L_a = \Delta^{-1}L$의 가장 작은 고유벡터에 해당함을 보이시오.

위의 문제를 위한 핵심 힌트는 각 $\overline{x}_i = \sum_{j=1}^{n} \beta_{ij} \overline{p}_j$가 $\Delta^{-1}L$의 단위 고유벡터들로 구성되는 기저 시스템의 선형 조합으로 표현되는 변수 변환을 사용하는 것이다. 이어서 계수 β_{ij}들을 풀고, 이러한 계수 변수들을 사용하여 목적함수와 제약조건을 변환한다. 고유벡터 $\overline{p}_1 \ldots \overline{p}_n$은 Δ-직교임을 보이고, 이러한 사실을 이용하여 β_{ij} 값들로 목적함수를 간소화한다. 모든 β_{ij} 값이 $1/\sqrt{\Delta}$ 또는 0이다.

10.5.3 행렬 인수분해 관점의 스펙트럼 군집화

스펙트럼 군집화는 행렬 인수분해의 한 형태이다. 비대칭 및 대칭 스펙트럼 군집화는 모두 다음과 같은 인수분해를 사용하여 구할 수 있다.

$$S = \underbrace{Q_{(s)}}_{U} \underbrace{\Lambda Q_{(s)}^T}_{V^T} \qquad \text{[대칭]}$$

$$P = \underbrace{Q_{(a)}}_{U} \underbrace{\Lambda Q_{(a)}^{-1}}_{V^T} \qquad \text{[비대칭]}$$

즉, 두 인수분해 모두 UV^T 형식으로 표현할 수 있다. 또한 8장의 경사하강법을 사용하여 S

또는 P를 UV^T로 근사 인수분해할 수 있다. U와 V는 모두 $n \times k$ 행렬이며, 여기에서 k는 인수분해의 순위이다. 이후 U의 k차원 행과 V의 k차원 행을 연결하여 각 정점의 $2k$차원 임베딩 표현을 생성할 수 있다. 이 결과는 스펙트럼 군집화의 결과와 정확히 동일하지는 않지만, 이러한 일반화된 접근방식은 종종 스펙트럼 군집화와 유사한 결과를 제공한다. 이 일반화 관점은 스펙트럼 군집화를 직접 적용할 수 없는 경우에 유용하다. 예를 들어, 방향 그래프의 경우 인접 행렬은 실수 값 고유벡터와 고윳값으로 대각화할 수 없다. 이러한 경우 방향 그래프에서 일반화된 형태의 인수분해를 사용할 수 있다.

A를 방향 그래프의 인접 행렬이라고 하자. 무방향 인접 행렬의 경우처럼 각 정점에서 상위 k개의 진입 간선과 상위 k개의 진출 간선에 속하지 않는 간선들을 제거하는 방식으로 약한 링크들을 제거한다. (애초에 그래프가 방향성을 갖기 때문에) 행렬 A는 약한 링크를 제거하기 전에도 또 제거한 후에도 대칭이 아니다. δ_i^{in}는 i번째 정점의 가중치가 부여된 진입 차수, 즉 A의 i번째 열의 (이진이 아닐 수도 있는) 항들의 합이라고 하자. 마찬가지로 δ_i^{out}는 i번째 정점의 가중치가 부여된 진출 차수, 즉 A의 i번째 행의 항들의 합이다. 대각 항이 각기 δ_i^{in}와 δ_i^{out}인 $n \times n$ 대각 행렬을 Δ_{in}와 Δ_{out}으로 표시한다. 이제 각 간선 (i, j)는 i의 진출 차수와 j의 진입 차수의 기하 평균을 사용하여 정규화된다.

$$a_{ij} \Leftarrow \frac{a_{ij}}{\sqrt{\delta_i^{out}}\sqrt{\delta_j^{in}}}$$

정규화된 행렬 N을 사용하여 이 관계를 행렬 형식으로 표현할 수 있다.

$$N = \Delta_{out}^{-1/2} A \Delta_{in}^{-1/2}$$

일단 행렬 N이 계산되면 8장에서 논의된 방법 중 하나를 사용하여 $N \approx UV^T$로 인수분해할 수 있다. 여기에서 U와 V는 $n \times k$ 행렬이며, k는 분해의 순위이다. U의 i번째 행은 i번째 정점의 **진출 계수**(또는 **발신자 계수**)를 제공하며, 다음 절에서 논의되는 중심성 척도와 연관되어 있다. V의 i번째 행은 i번째 정점의 **진입 계수**(또는 **수신자 계수**)를 제공한다. 이러한 표현들을 연결하여 각 정점의 $2k$차원 표현을 생성할 수 있다. 이후 이 표현을 군집화에 사용할 수 있다.

10.5.3.1 기계학습 응용: 방향성 링크 예측

앞서 언급한 접근방식을 방향성 링크 예측에 사용할 수 있다. 이러한 유형의 접근방식은 트위터와 같은 방향성 구독자-게시자 네트워크에서 링크 예측에 유용할 수 있다. 정규화된 행렬 N이 $N \approx UV^T$로 인수분해되면, 그 재구성인 UV^T는 인접 행렬의 방향성 링크를 예측한다. 일반적으로 링크 예측은 무방향 그래프에서 사용하지만, 일부 응용에서는 방향 그래프에서 링크 예측을 사용할 수도 있다. UV^T의 (i, j)번째 항이 UV^T의 (j, i)번째 항과 동일하지 않을 수 있다는 점에 유의하기 바란다. 즉, 링크 예측은 방향에 민감하다. 이를 테면, 트위터에서 10대 청소년이 유명한 록 스타를 구독할 확률은 록 스타가 그 10대 청소년을 구독할 확률과 같지 않다.

10.5.4 어떤 관점의 스펙트럼 군집화가 가장 도움이 될까?

이 절에서는 스펙트럼 군집화에 대한 여러 방식의 설명을 제시하였다. 이제 스펙트럼 군집화에 대한 다양한 관점들을 종합해보자.

1. **인접 행렬을 사용하는 커널 관점**: 스펙트럼 군집화의 **정규화된** 변형은 명시적 특징 공학을 사용하는 유사성 기반 군집화 방법의 특수한 경우로 볼 수 있다(9.5.1.1절 참고). 스펙트럼 군집화와 이러한 방법들의 주요 차이점은 약한 링크를 제거하기 위해 행렬이 전처리되는 방식에 있다. 커널 관점의 주요 장점은 9장에서 지금까지 살펴본 다른 모든 커널법과 통합된 관점을 제시한다는 것이다. 스펙트럼 방법은 커널 k-평균처럼 방대한 커널법 계열에 속하는 방법의 하나일 뿐이며, 그 이상도 그 이하도 아니다. 주요 특징은 유사성 행렬의 휴리스틱 희소화/정규화와 공학 처리된 함수의 정규화(백색화)이다.

2. **라플라시안 관점**: 라플라시안을 사용하여 스펙트럼 군집화를 설명하는 것은 널리 이용되는 방식이다[84]. 커널법이나 인수분해 방법과 비교하여 이러한 설명 방식이 갖는 특성이 다르기 때문에, 다른 연관된 임베딩 방법과는 매우 다른 관점에서 스펙트럼 군집화를 바라볼 수 있다. 라플라시안 관점은 종종 정규화된 그래프에서 최소 개수의 분할을 찾는 이산 최적화 문제로 해석된다[115]. 그러나 스펙트럼 군집화의 실제 최적화 문제는 이 문제의 **연속 근사**일 뿐이며, 이산 버전의 근사로는 얼마든지 부실해질 수 있다.

3. **행렬 인수분해 관점과 그 확장**: 비대칭 형태의 스펙트럼 군집화를 행렬 인수분해의 맥락에서 바라볼 수 있다. 가장 중요한 것은 이 관점이 **방향** 그래프를 군집화하는 접근방식의 일반화를 제공한다는 것이다. 이는 일반 버전의 스펙트럼 군집화에서는 불가능하다.

어떤 방법을 잘 이해하는 데 있어 한 가지 중요한 원칙은 다른 유사한 방법과의 관계를 이해하는 것이다. 이러한 유형의 이해는 유용한 확장과 응용을 촉진한다. 스펙트럼 군집화는 **명시적 특징 공학과 데이터 종속 커널을 사용하는 커널 군집화 방법의 특별한 경우이다**. 스펙트럼 군집화는 함수에 k-평균을 적용하기 전에 커널에서 추출한 함수를 후처리하기 때문에, 커널 트릭(예: 커널 k-평균)과 함께 사용할 수 없다.

10.6 그래프 행렬의 좌 고유벡터

이전 절에서 논의했듯이 인접 행렬 A의 확률적 전이 행렬의 우 고유벡터는 군집화를 위한 시-말릭 임베딩을 생성하기 위해 사용된다. 이 절에서는 확률적 전이 행렬의 좌 고유벡터를 탐색하는데, 이전 절의 설명과 몇 가지 차이점이 있다. 먼저 페론-프로베니우스 정리에 따라 고윳값이 1인 **주 (즉, 가장 큰) 고유벡터**의 특성만 조사한다. 둘째, (군집화가 아니라) 웹의 그래프 구조와 관련된 응용을 검토할 것이므로, 무방향 그래프가 아닌 방향 그래프에 초점을 맞출 것이다. 결국 웹 페이지 연결 구조는 대칭이 아니다. 마지막으로, 이전 절에서 설명한 군집화 응용은 약한 링크들을 제거하기 위해 항상 인접 행렬을 수정한다. 이 절에서 설명하는 응용에 대해서는 이러한 수정이 적용되지 않는다. 오히려 방향 그래프를 강하게 연결하는 데 초점을 맞춘 다른 유형의 수정이 사용된다.

웹과 같은 많은 응용에서 높은 수준의 **명성**을 갖는 정점들을 찾는다. 직관적으로 많은 웹 페이지가 참조하는 웹 페이지는 높은 수준의 명성을 갖는다. 그러나 페이지를 참조하는 웹 페이지의 수를 사용하는 것은 그 페이지를 참조하는 페이지 자체의 품질이 낮을 수 있기 때문에, 페이지의 명성에 대한 기만적인 지표가 될 수 있다. 따라서 이용자들은 일반적으로 다른 높은 명성의 페이지들이 참조하는 페이지를 검색하고자 할 것이다. 그래프에서 **무작위 경로**라는 개념을 사용하여 이러한 유형의 재귀 관계를 모델링할 수 있다.

인접 행렬 A, 가중 차수 행렬 Δ, 확률적 전이 행렬 $P=\Delta^{-1}A$ 등을 갖는 방향 그래프를 생각해보자. 무작위 웹 이용자가 전이 확률 벡터 $[p_{i1}, p_{i2} \cdots p_{in}]$를 사용하여 i에서 진출하는 정점을 선택한다는 가정 하에 P의 각 항 p_{ij}를 웹 페이지 i에서 웹 페이지 j로 그 이용자가 전이할 확률로 해석할 수 있다. 이러한 전이 확률의 합은 1이다. PageRank 기반 정점(웹 페이지)의 명성은 해당 정점(웹 페이지)을 방문하는 임의의 이용자의 안정 상태 확률로 정의된다. 흥미롭게도 방금 기술한 프로세스는 정확히 **마르코프 체인**의 전이 프로세스이다. 마르코프 체인은 상태(정점) 집합과 이들 사이의 전이(확률이 있는 간선) 집합으로 구성된다. 따라서 마르코프 체인은 이 절에서 소개되는 그래프 구조로 완벽하게 기술된다. 또한, 마르코프 체인에는 전이 행렬의 고유벡터들을 사용하여 안정 상태 확률을 찾기 위한 잘 정의된 절차가 있다.

여기에서 발생하는 한 가지 질문은 마르코프 체인이 무작위 이용자의 시작 정점에 독립적인 안정 상태 확률을 갖는 조건에 관한 것이다. 이러한 마르코프 체인을 에르고딕(ergodic)하다고 하며 다음 조건을 충족해야 한다.

정의 10.6.1 에르고딕 마르코프 체인

마르코프 체인은 전이 행렬이 강하게 연결되어 있는 경우, 에르고딕하다고 정의된다.

강하게 연결되지 않은 그래프에서 경로에 대한 안정 상태 확률들은 경로 시작점에 종속될 수 있다. 예를 들어, 강하게 연결되지 않은 그림 10.5(b)의 방향 그래프를 생각해보자. 이 경우 정점 1에서 무작위 경로를 시작하면, 구성요소 A1의 정점 사이에만 분포되는 안정 상태 확률들이 생성된다. 그러나 정점 6에서 시작된 경로는 구성요소 A1 쪽으로 진행할 수도 있고, A2 쪽으로 진행할 수도 있다.

이러한 요구사항으로 인해 발생하는 즉각적인 문제는 많은 실제 응용이 강하게 연결된 방향 그래프를 생성하지 않는다는 것이다. 예를 들어, 웹은 확실히 강하게 연결된 방향 그래프가 아니다. 새로운 웹 사이트를 구축할 때 다른 많은 웹 사이트를 참조할 수 있지만, 다른 누구도 새로 구축된 웹 사이트를 알거나 참조할 수 없다. 이것은 안정 상태 확률 계산 측면에서 문제가 될 수 있다.

이 문제는 **재시작 확률**을 사용하여 해결된다. 각 단계에서 무작위 이용자는 확률 α로 네트워크상의 무작위 정점에서 다시 시작하거나 확률 $(1-\alpha)$로 현재의 무작위 경로를 계속할 수 있다($\alpha < 1$). α 값은 응용에 특정된 방식으로 선택되는 초 매개변수이다. 전이 행렬 P는 다음과 같이 이전의 전이 행렬 P_o로부터 계산된다.

$$P \Leftarrow (1-\alpha)P_o + \alpha M/n$$

여기에서 M은 1들로 구성되는 $n \times n$ 행렬이다. 행렬 M/n은 $1/n$의 확률로 임의의 정점에서 다른 임의의 정점으로 이동할 수 있는 전이 행렬이다. 따라서 이것은 강하게 연결된 재시작 행렬이다. 최종 전이 행렬 P는 원래의 전이 행렬과 재시작 행렬의 가중 조합이다. 이제부터는 항상 전이 행렬이 강하게 연결되어 있고 재시작 행렬이 전처리 단계로 통합되었다고 가정한다.

10.6.1 전이 행렬의 좌 고유벡터로서의 PageRank

π_i를 무작위 경로 모델에서 정점 i의 안정 상태 확률이라고 하자. 이제 특정 정점 i를 방문할 확률 π_i는 각 정점에서 해당 정점으로 전이할 확률의 합으로 주어진다. 정점 j에서 정점 i로 전이할 확률은 $\pi_j p_{ji}$로 주어진다. 이 관계를 $\{1 \dots n\}$에 속하는 각 정점 i에 대해 다음과 같이 표현할 수 있다.

$$\pi_i = \sum_{j=1}^{n} \pi_j p_{ji} \quad \forall i \in \{1 \dots n\}$$

이는 n개의 변수 $\pi_1 \dots \pi_n$에 관한 n개의 방정식에 해당한다. n개의 변수로 구성된 벡터를 $\overline{\pi} = [\pi_1, \pi_2, \dots \pi_n]^T$로 표시한다. 앞의 연립방정식은 다음과 같이 벡터 형식으로 표현할 수 있다.

$$\overline{\pi}^T = \overline{\pi}^T P$$

이것은 정확히 고윳값 1에 대한 왼쪽-고유벡터 방정식이다. 페론-프로베니우스 정리로부터 이미 강하게 연결된 그래프와 관련된 확률적 전이 행렬에 대해 고윳값 1을 갖는 고유한 고유벡터가 존재한다는 것을 알고 있다.

확률적 전이 행렬의 주 고유벡터인 $\overline{\pi}$를 풀기 위해 누승법(3.5.2절 참고)을 사용할 수 있다. 이 접근방식은 $\overline{\pi}$를 0과 1 사이의 무작위 양수 값 벡터로 초기화한 다음, 모든 값의 합이 1이 되도록 배율조정 하는 방식으로 작동한다. 이후 다음의 프로세스가 수렴에 이를 때까지 반복된다.

1. $\overline{\pi}^T \Leftarrow \overline{\pi}^T P$

2. 성분들의 합이 1이 되도록 $\overline{\pi}$를 정규화한다.

> **문제 10.6.1** **효율적인 계산** 재시작을 사용하는 데 따른 한 가지 문제점은 그래프가 희소한 경우에도 전이 행렬 P를 밀집하게 만든다는 것이다. 희소 행렬 연산만 사용하여 $\overline{\pi}$를 계산할 수 있도록 P의 재시작 항들을 보다 신중하게 처리하는 방법을 논의하시오.

위의 문제를 해결하기 위한 힌트는 최종 전이 행렬이 $(1-\alpha)P_o + \alpha \overline{1}_n \overline{1}_n^T / n$과 같이 원래의 전이 행렬 P_o로 표현될 수 있다는 것이다. 여기에서 $\overline{1}_n$은 1들로 구성된 n차원 열벡터이다.

10.6.2 명성 및 중심성의 척도

PageRank 알고리즘은 각 무방향 간선을 서로 반대 방향의 두 방향성 간선들로 대체하는 방식으로 무방향 네트워크에도 쉽게 적용할 수 있다. 방향성 네트워크에 적용될 때 PageRank는 **명성 척도**이고, 무방향 네트워크에 적용될 때 PageRank는 **중심성 척도**이다. 정점의 명성은 비대칭 척도에 따른 중요도를 계산하며, 다른 여러 정점들로부터 도달할 수 있을 때 높아진다. 그러나 한 정점이 많은 정점들을 참조하지만 매우 적은 수의 정점에서 도달할 수 있을 때, 해당 PageRank가 매우 낮을 수 있다. 무방향 네트워크의 대칭적 특성으로 인해 진입 연결성과 진출 연결성을 구분할 수 없으며, 따라서 중심성 척도로 간주된다. PageRank는 네트워크의 중심성과 명성 계산에 사용되는 많은 메커니즘 중 하나일 뿐이다. 그 중 첫 번째는 확률적 전이 행렬과 달리 (정규화되지 않은) 인접 행렬의 우세 좌 고유벡터를 사용하는 고유벡터 중심성이다.

정의 10.6.2 고유벡터 중심성

A가 무방향 그래프의 $n \times n$ 인접 행렬이라고 하자. 이제 우세 좌 고유벡터의 n개의 성분은 정점의 고유벡터 중심성을 정의한다. 즉, n개의 정점 각각의 고유벡터 중심성은 n차원 벡터 $\overline{\pi}^T A = \lambda \overline{\pi}^T$로 표현된다. 여기에서 λ는 A의 가장 큰 고윳값이다.

페론-프로베니우스 정리에 따르면 가장 큰 고윳값은 행렬의 최대 차수와 평균 차수 사이에 있다. PageRank와 마찬가지로 고유벡터 중심성은 누승법을 사용하여 계산할 수 있다. 방향 그래프의 경우 고유벡터 명성을 계산할 수 있다.

정의 10.6.3 고유벡터 명성

A가 방향 그래프의 $n \times n$ 인접 행렬이라고 하자. 이제 우세 좌 고유벡터의 n개의 성분은 정점의 고유벡터 명성을 정의한다. 즉, n개의 정점 각각의 고유벡터 명성은 n차원 벡터 $\overline{\pi}^T A = \lambda \overline{\pi}^T$로 표현된다. 여기에서 λ는 A의 가장 큰 고윳값이다.

PageRank의 경우처럼 그래프가 강하게 연결되어 있지 않으면, 가장 큰 고유벡터가 고유하지 않을 수 있다. 따라서 행렬 A는 강한 연결성을 위해 재시작 행렬 M/n을 사용하여 평균화해야 할 수도 있다. 여기에서 M은 1들로 구성되는 행렬이다. PageRank에서와 같이 평활화 매개변수 α를 사용하여 가중 방식으로 평균화가 수행된다.

마지막으로 대칭 정규화된 행렬의 좌 고유벡터에 대한 탐색은 흥미로운 일이다. A가 무방향 네트워크의 인접 행렬이고, Δ가 i번째 대각 항이 차수 δ_i인 가중 차수 행렬이라고 하자. 이제 대칭 정규화된 행렬은 다음과 같이 주어진다.

$$S = \Delta^{-1/2} A \Delta^{-1/2}$$

행렬 S는 대칭이므로 좌/우 고유벡터는 동일하다. 이 행렬의 주 고유벡터는 정점 차수의 제곱근들을 포함한다. 이 결과는 따름정리 10.5.1에 나와 있다. 정점의 차수는 그 **차수 중심성**이다.

차수 중심성은 인접 행렬에서 쉽게 계산할 수 있으므로 고유벡터 계산은 불필요하다. 그렇지만 모든 고유벡터가 어떤 방식으로든 중심성 척도와 연관된다는 것은 흥미로운 사실이다. 또 이에 대응되는 **차수 명성** 개념은 방향 그래프에서 각 정점의 차수에 의해 정의된다. 실질적으로 유용하지는 않지만 신중한 정규화 후 인접 행렬의 고유벡터에 차수 명성을 연관시킬 수 있다. 중요한 것은 정규화는 A의 가중 진출 차수(즉, 행 합계)가 아니라 진입 차수(즉, 열 합계)로만 수행할 수 있다는 것이다. A는 처음부터 대칭이 아니기 때문에 S도 대칭이 아니다.

표 10.1: 명성 및 중심성 척도에 대한 다양한 고유벡터들의 관계

	중심성 (무방향)	명성 (방향)
정규화되지 않은 행렬 A	고유벡터 중심성 $\lambda \overline{\pi}^T = \overline{\pi}^T A$	고유벡터 명성 $\lambda \overline{\pi}^T = \overline{\pi}^T A$
좌측 정규화된 행렬 $P = \Delta^{-1} A$	PageRank 중심성 $\overline{\pi}^T = \overline{\pi}^T P$	PageRank 명성 $\overline{\pi}^T = \overline{\pi}^T P$
양측 정규화된 행렬 무방향: $S = \Delta^{-1/2} A \Delta^{-1/2}$ 방향: $S_d = \Delta_{in}^{-1/2} A \Delta_{in}^{-1/2}$	차수 중심성 $\overline{\pi}^T = \overline{\pi}^T S$	차수 명성 $\overline{\pi}^T = \overline{\pi}^T S_d$

방향 그래프가 **명성 척도**를 정점의 **진입 차수**와 연계시키는 것처럼, **군집성 척도**를 정점의 **진출 차수**와 연계시킬 수 있다. 직관적으로 정점의 군집성은 방향성 경로를 통해 다른 정점에 쉽게 도달할 수 있는지에 대한 정점의 성향에 의해 정의된다. 이것은 다른 정점에서 방향성 경로를 통해 높은 명성을 갖는 정점에 쉽게 도달할 수 있는가에 관한 명성 척도에 대한 보완적인 개념이다. 즉, 주요 차이점은 두 경우의 간선 방향 측면이다. 이 문제의 모델링은 연습용 문제로 남긴다.

문제 10.6.2 **군집성** 세 가지 명성 척도(즉, 고유벡터, PageRank, 차수)에는 각각 대응되는 군집성 척도가 있다. 차이점은 명성은 진입 링크 정점을 측정하는 반면, 군집성은 진출 링크 정점을 측정한다는 것이다. 예를 들어, 차수 군집성은 정점의 진출 차수이다. 적절하게 선택된 행렬의 고유벡터들을 사용하여 방향 그래프의 다양한 군집성 척도들을 정의하시오. 이 행렬은 (방향성) 인접 행렬 A, 진출 차수 행렬 Δ_{out}, 진입 차수 행렬 Δ_{in} 등의 함수로 정의되어야 한다.

10.6.3 좌 고유벡터의 링크 예측 응용

확률적 전이 행렬의 좌 고유벡터는 링크 예측에도 사용할 수 있다. 링크 예측에서는 그들 사이에 링크가 없지만 미래에 연결될 가능성이 높은 정점 쌍을 찾는다(이러한 정점들이 유사한 정점들에 연결되어 있다는 사실을 기반으로 함). 방향성 링크 예측에도 이 방식을 사용할 수 있지만, 이 절에서는 무방향 링크 예측의 경우를 가정한다(문제 10.6.3 참고). 정점 i가 주어지면 미래에 연결될 모든 정점을 찾고자 한다. PageRank와의 주요 차이점은 재시작 확률이 설정되는 방식이다. 임의의 정점에서 재시작하는 대신 관심 대상 정점 i에서만 재시작할 수 있다. 따라서 먼저 $n \times n$ 재시작 행렬 $R = [r_{ij}]$를 계산한다. 행렬 R은 확률적 전이 행렬이기

도 한데, i번째 열의 모든 항은 1로 설정되고 나머지 항들은 0으로 설정된다. 이제 무방향 그래프의 현재 전이 행렬 P는 재시작 확률 α를 사용하여 다음과 같이 수정된다(α는 구간 (0, 1)에 속함).

$$P \Leftarrow (1-\alpha)P + \alpha R$$

결과적으로 P의 좌 고유벡터의 성분들은 정점 i에 대한 **개인화된 PageRank** 값을 제공한다. α 값은 개인화 수준과 정점의 사회적 지명도 사이의 절충을 제공한다.

> 문제 10.6.3 **방향성 링크 예측** 주어진 정점의 (i) 진입 링크와 (ii) 진출 링크를 예측하기 위해 적절하게 선택된 행렬의 좌 고유벡터를 사용하는 방법을 제안하시오.

10.7 축약 가능한 행렬의 고유벡터

페론-프로베니우스 정리는 강한 연결성 가정에 기초한다. 이 절에서는 이러한 가정이 적용되지 않는 경우를 검토한다.

10.7.1 무방향 그래프

$n \times n$ 인접 행렬 A, 차수 행렬 Δ, 확률적 전이 행렬 $P = \Delta^{-1}A$ 등을 갖는 무방향 그래프를 생각해보자. 무방향 그래프가 연결되어 있지 않으면 인접 행렬과 확률적 전이 행렬을 모두 블록 대각선 형식으로 표현할 수 있다. 특히 두 개의 연결된 성분을 포함하는 그래프의 확률적 전이 행렬은 다음과 같이 표현할 수 있다.

$$P = \begin{bmatrix} P_{11} & 0 \\ 0 & P_{22} \end{bmatrix}$$

일반적으로 r개의 연결된 구성요소가 있는 그래프는 대각선을 따라 r개의 정방형 블록을 갖는다. 대각선을 따라 나타나는 각 블록 P_{ii}는 해당 정점 부분집합 내의 확률적 전이 행렬이다.

페론-프로베니우스 정리에 따르면, 연결 그래프의 확률적 전이 행렬의 가장 큰 고유벡터는 한 개뿐이고 그 고윳값은 1이다. 인접 행렬의 가장 큰 고유벡터의 고유성은 연결 그래프가 아닐 경우 더 이상 유지되지 않는다. 예를 들어 연결 요소가 2개인 인접 행렬의 경우, 첫 번째 연결 요소에 대응되는 성분들의 값은 1이고 두 번째 연결 요소에 대응되는 성분들의 값은 0인 고유벡터는 고윳값으로 1을 갖는다. 이는 블록 P_{11}이 그 자체로 전이 행렬이며 고유벡터의 0이 아닌 부분과 상호작용하는 P의 유일한 부분이기 때문이다. 마찬가지로 첫 번째 연결 요소에 대응되는 성분들의 값은 0이고 두 번째 연결 요소에 대응되는 성분들의 값은 1인 고유벡터를 만들 수 있다. 이 고유벡터도 고윳값으로 1을 갖는다. 즉, 고윳값 1에 대응되는 **고유공간**(eigenspace)의 차원은 연결 요소의 수와 같다. 서로 다른 연결 요소에 대응되는 고유벡터들은 이 고유공간의 기저를 형성한다.

속성 10.7.1 무방향 그래프의 확률적 전이 행렬의 가장 큰 고유벡터(즉, 고윳값이 1인 고유벡터)에 대응되는 벡터 공간의 차원은 연결 요소의 수와 같다.

또한 선형대수를 사용하여 그래프에서 연결 요소의 수를 계산할 수 있다.

속성 10.7.2 P가 무방향 그래프의 확률적 전이 행렬인 경우, $(P-I)$의 영공간 차원은 그래프에서 연결 요소의 수와 같다.

속성 10.7.1에서 행렬 P의 (고윳값 1에 대한) 고유공간이 $(P-I)$의 영공간임은 명백하다. 행렬의 영공간은 SVD를 사용하여 쉽게 계산할 수 있다.

10.7.2 방향 그래프

연결성 개념은 방향 그래프에서 더 복잡한데, 이는 강한 연결성과 같은 개념의 정의에서 간선 방향이 중요하기 때문이다. 여기에서는 무방향 그래프의 경우처럼 확률적 전이 행렬을 사용한다고 가정한다. 첫째, 일부 정점에는 **진출** 간선이 없을 수도 있으므로, 방향성 인접 행렬에서 확률적 전이 행렬을 생성하는 것이 항상 가능한 것은 아니다. 즉, 인접 행렬의 해당 행에는 0이 포함되지만, 해당 열에는 0이 아닌 항이 포함된다. 이러한 행의 합계가 1이 되도록 정규화하는 것은 불가능하다. 따라서 아래의 분석에서는 이러한 막다른 노드가 존재하지 않는다고 가정한다. 이러한 막다른 노드가 존재하는 경우, 분석을 용이하게 하기 위해 1의 확률을 갖는 자체 루프를 추가할 수 있다. 이러한 유형의 자체 루프 추가는 종종 PageRank나 집단 분류(collective classification)와 같은 수많은 기계학습 알고리즘에서 수행된다(막다른 노드가 있는 경우). 분석을 용이하게 하기 위한 또 다른 가정은 간선의 방향을 무시하면 그래프가 완전히 연결된다는 것이다.

그래프가 강하게 연결되지 않은 경우 행렬은 블록 상부 삼각형이 된다. 이 경우 대각선을 따라 강한 연결 요소에 대응되는 정방형 블록들이 있으며, 이러한 대각선 블록 위쪽에 0이 아닌 항들이 추가로 존재한다. 이러한 추가 항들은 정점 블록(집합) 사이의 단방향 경로만 허용한다. 이러한 유형의 블록 구조는 무작위 경로 측면에서 접근하는 것이 이해하기 쉽다. 강하게 연결된 그래프는 안정 상태 확률이 무작위 경로가 시작되는 위치에 종속되지 않는 **에르고딕 마르코프 체인**을 생성한다. 또한 모든 정점은 안정 상태에 도달할 확률이 0이 아니다.

강하게 연결되지 않은 그래프는 이러한 속성을 충족하지 않는다. 이러한 그래프는 두 가지 유형의 정점을 포함한다.

1. 첫 번째 유형은 그래프의 과도기적(transient) 정점 집합이다. **과도기적 정점 집합**은 과도기적 집합에 속하는 정점과 다른 모든 정점 사이의 간선 방향이 항상 과도기적 집합에 속하는 정점에서 진출하는 최대 정점 집합이다. 과도기적 집합의 정점들은 서로 연결되거나 강하게 연결되거나 연결되지 않을 수 있으며, 따라서 과도기적 정점들로 구성되는 부분그래프에서 간선 구조는 어떤 형태라도 가질 수 있다. 무작위 경로는 안정 상태에서 이러한 정점을 방문하지 않을 것이며, 따라서 이러한 정점을 과도기적 상태라고 한다. 경로가 일단 과도기적 구성요소를 벗어나면, 안정 상태에서 더 이상 이 구성요소로 돌아갈 수 없다. 예를 들어 그림 10.5(a)의 경우 정점 9가 유일한 과도기적 정점이다. 반면 그림 10.5(b)에서는 정점 1, 4, 5, 6, 7이 과도기적 정점이다. 이 그림에서 과도기적 정점은 'T'로 표시된다. 이러한 정점 중 하나에서 시작하는 임의의 경로가 언젠가 이 집합 외부의 정점에 도달하면 이러한 정점 중 하나를 다시 방문할 수 없게 되는지 확인해보기 바란다. 과도기적 구성요소는 축약 가능한(reducible) 그래프가 되기 위한 필수 속성이다. 과도기적 구성요소가 없는 연결된 그래프는 강한 연결 그래프이다.

2. 과도기적 정점 집합 외에도 그래프에는 **흡수 요소**라고 하는 서로 정점이 겹치지 않는 구성요소들이 포함된다. 각 흡수 요소의 정점 집합에 의해 유도된 부분그래프는 강하게 연결된다. 또한 흡수 요소는 과도기적 정점에서 들어오는 간선만 있고 다른 흡수 요소에는 연결되지 않으며 외부로 진출하는 간선이 없다. 각 흡수 요소는 네트워크상의 임의의 정점에서 시작하는 무작위 경로에서 안정 상태로 방문할 확률이 0이 아니다. 그러나 안정 상태에서 방문 확률은 무작위 경로가 시작되는 정점에 따라 달라진다. 그림 10.5(a)에는 정점 9를 제외한 모든 정점을 포함하는 한 개의 흡수 요소가 있다. 반면에 그림 10.5(b)에는 'A1'과 'A2'로 표시되는 두 개의 흡수 요

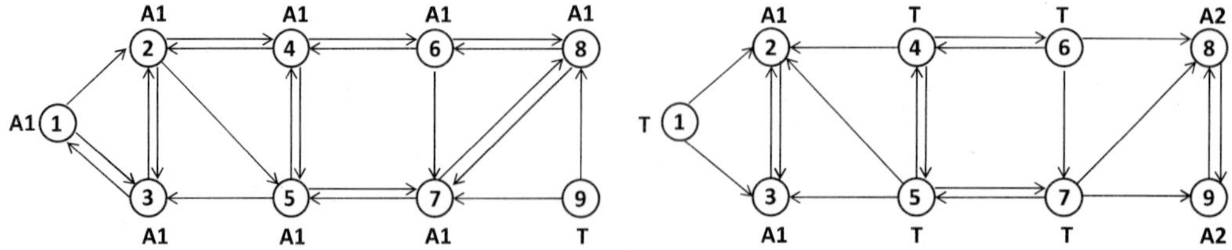

(a) 하나의 흡수 요소　　(b) 두 개의 흡수 요소

그림 10.5 강하게 연결되지 않은 방향 그래프의 예. 과도기적 정점은 'T'로 라벨이 지정되고, 흡수 요소에 속하는 정점은 'A1' 또는 'A2'로 라벨이 지정된다.

소가 있다. 정점 1에서 시작하는 무작위 경로는 항상 흡수 요소 A1에 도달하지만 흡수 요소 A2에는 도달하지 않는다. 정점 4에서 경로를 시작하면 A1과 A2에 모두 도달할 수 있다.

(일반성을 잃지 않고) 이러한 그래프의 정점이 다음과 같이 정렬되어 있다고 가정한다. 이 그래프의 첫 번째 블록은 모든 과도기적 정점을 포함한다. 이 집합의 경우 a_{ij}는 각 과도기적 정점 i에 대해 0이 아닐 수 있으며, j는 1에서 n까지 아무 값이나 될 수 있다. 다른 모든 흡수 요소는 무방향 행렬의 경우와 같이 블록 대각선 형태로 배열된다. 예를 들어, 한 개의 과도기적 집합과 3개의 흡수 요소가 있는 그래프는 정점 인덱스를 적절하게 재정렬 할 때 아래와 같은 블록 구조의 확률적 전이 행렬을 갖는다(과도기적 정점들을 먼저 배치하고 흡수 요소의 정점들을 차례대로 연속적으로 배치함).

$$P = \begin{bmatrix} P_{11} & P_{12} & P_{13} & P_{14} \\ 0 & P_{22} & 0 & 0 \\ 0 & 0 & P_{33} & 0 \\ 0 & 0 & 0 & P_{44} \end{bmatrix}$$

정방형 블록 P_{22}, P_{33}, P_{44} 등은 흡수 요소 내의 간선들에 해당하며 완전한 확률적 전이 행렬이다. 이 행렬은 고윳값 1에 속하는 고유공간에 3개의 고유벡터를 갖는다. 이러한 고유벡터 각각은 하나의 흡수 요소에 의해 정의될 수 있다. 설명하기 쉬운 좌 고유벡터에 대해 살펴보기로 하자. 먼저 (흡수 요소에 해당하는) 블록 P_{22}, P_{33}, P_{44}의 우세 좌 고유벡터를 개별적으로 계산할 수 있다. 흡수 부분행렬의 각 고유벡터는 더 큰 고유벡터의 나머지 성분들을 0으로 설정함으로써 P의 좌 고유벡터를 정의하기 위해 사용할 수 있다. 따라서 이러한 축약 가능한 그래프에 의해 정의되는 마르코프 체인은 안정 상태 방정식 $\overline{\pi}^T P = \overline{\pi}^T$에 대해 둘 이상의 해를 갖는다.

방향 그래프가 완전하게 연결이 끊어질 수 있지만(즉, 간선 방향에 관계없이 연결이 끊어짐), 이러한 상황이 기계학습 응용에서 발생하는 경우는 드물다. 이 장에서는 이러한 경우를 무시하는데, 이는 응용 관점에서 별로 흥미롭지 않기 때문이다. 모든 연결된 축약 불가 그래프에는 강하게 연결된 구성요소 쪽으로 단방향 연결이 있는 과도기적 정점들이 존재한다. 축약 가능한 그래프의 기본 구조는 그래프가 완전하게 연결이 끊어져 있지 않다고 가정할 때 항상 그림 10.6의 형태로 나타난다. 과도기적 정점은 부분그래프로 간주될 때 강하게 연결될 (또는 아예 연결될) 필요가 없다. 예를 들어, 그림 10.5(b)의 과도기적 정점('T'로 표시됨)들은 부분그래프로 간주할 때 서로 연결되지 않는다. 그림 10.6의 각 위성 구성요소는 흡수 요소이다. 전체 그래프에서 무작위 경로가 전개되면서 일단 흡수 요소에 들어가면 그 요소를 벗어나지 못한다. 일부 정점이 과도기적인 경우 축약 가능한 네트워크에 흡수 요소가 하나만 존재할 수

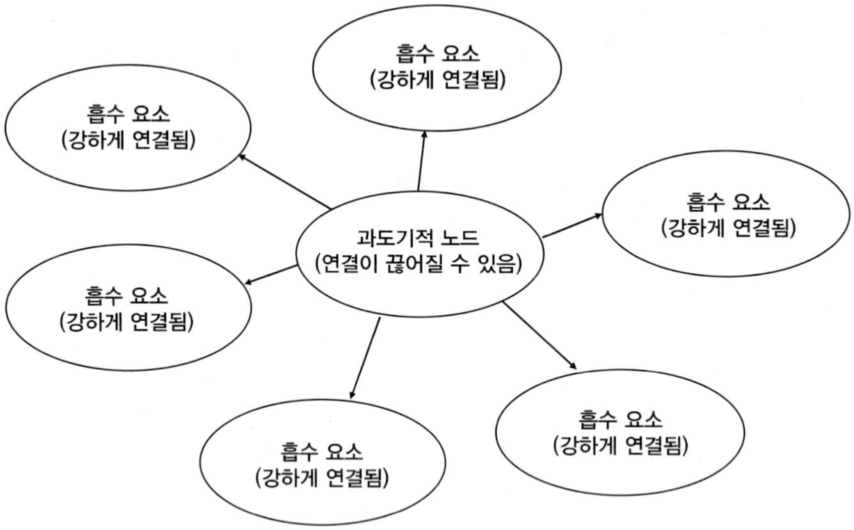

그림 10.6 그래프가 강하게 연결되어 있지 않으면 강하게 연결된 구성요소 쪽으로 단방향 연결을 갖는 과도기적 정점이 존재한다.

있다. 실제로 연결된 방향 그래프에 대한 인접 행렬은 과도기적인 정점이 그래프 상에 존재하는 경우에만 축약 가능하다.

여기에서 이러한 유형의 축약 가능 행렬에 대한 여러 속성을 제시한다. P가 한 개 이상의 과도기적 정점과 l개의 흡수 요소를 갖는 연결된(그렇지만 강하게 연결되지는 않은) 방향 그래프의 $n \times n$ 확률적 전이 행렬이라고 하자. P에서 주 고유공간에 대한 직관적인 해석은 다음과 같다.

1. 주 고윳값 1에 대응되는 고유공간의 총 순위는 항상 l이다. 여기에서 l은 흡수 요소의 수이다.

2. 각 고유벡터가 어떤 흡수 요소엔가 "속하도록" 우세 좌 고유벡터의 고유공간 기저를 구성할 수 있다. j번째 흡수 요소에 속하는 좌 고유벡터의 i번째 성분은 j번째 흡수 요소에서 시작하는 무작위 경로에서 정점 i의 안정 상태 확률을 나타낸다.

3. 각 고유벡터가 어떤 흡수 요소엔가 "속하도록" 우세 우 고유벡터의 고유공간 기저를 구성할 수 있다. j번째 흡수 요소에 속하는 우 고유벡터의 i번째 성분은 정점 i에서 시작하는 경로가 흡수 요소 j에서 종료될 확률을 나타낸다. 이 확률은 과도기적 노드의 경우 1보다 작을 수 있으며, 흡수 요소 j에 속하는 노드의 경우 1이다. 이러한 l개의 고유벡터의 합은 그 자체가 1들로 구성되는 고유벡터라는 점에 유의하기 바란다(축약 불가능한 경우에 얻게 되는 고유벡터임). 이러한 l개의 고유벡터

로 구성되는 이 기저는 **집단 분류**와 같은 응용에서 매우 유용하다(다음 절과 문제 10.8.1 참고).

10.8 기계학습 응용

이 절에서는 그래프의 다양한 기계학습 응용에 대해 살펴볼 것이다.

10.8.1 정점 분류 응용

축약 가능한 행렬은 그래프에서 정점 분류에 대한 응용에 사용할 수 있다. 정점 분류 문제는 **집단 분류**라고도 한다. 집단 분류 문제는 대칭 인접 행렬 A를 갖는 무방향 그래프에 적합하다. 집단 분류에서 정점의 부분집합에는 $\{1 \ldots k\}$로 표시되는 k개의 라벨 중의 하나가 지정된다. 일부 정점에는 라벨이 지정되지 않을 수도 있다. 목표는 그래프의 구조와 알려진 라벨들을 기반으로 라벨이 없는 정점들을 분류하는 것이다. 이 문제는 소셜 네트워크에서 종종 발생하는데, 이러한 속성을 갖는 다른 (알려진) 행위자들을 기반으로 특정 속성(예: 특정 제품에 대한 관심)을 갖는 행위자를 찾으려고 한다. 따라서 알려진 행위자는 그 속성에 따라 라벨을 지정할 수 있다. 그림 10.7(a)에는 'A' 또는 'B'로 라벨이 지정된 정점들의 부분집합을 갖는 무방향 그래프의 예가 나와 있다. 따라서 이 특정 예는 $k=2$인 이진 라벨 설정에 해당한다. 논의의 편의를 위해 인접 행렬 A의 간선 가중치가 이진이라고 가정한다. 그림 10.7(a)에서 다수의 정점은 라벨이 지정되어 있지 않으며, 목표는 이러한 정점들을 정확하게 분류하는 것이다.

이 문제를 해결하기 위한 기본 원칙은 소셜 네트워크의 **동종 선호** 원칙을 사용하는 것이다. 아이디어는 정점이 유사한 속성을 갖는 정점과 연결되는 경향이 있다는 것이다. 따라서 라벨이 없는 정점에서 시작하는 무작위 경로가 처음 도달하는 라벨이 지정된 정점은 라벨 값이 자신의 속성에 맞는 정점일 가능성이 높다. 따라서 이 문제를 해결하기 위한 확률적 접근방식은 다음과 같다.

> 라벨이 없는 정점이 주어지면, 라벨이 지정된 정점에 도달할 때까지 인접 행렬의 확률적 전이 행렬을 사용하여 무작위 경로를 전개한다. 무작위 경로가 시작되는 (라벨이 지정되지 않은) 정점의 클래스 라벨 예측 값으로 도착 (라벨이 지정된) 정점의 관측된 라벨을 출력한다.

견고성의 향상을 위해 각 클래스의 정점에 도달할 **확률**을 계산할 수 있다. 이 접근방식에 대한 직관은 경로가 시작 정점 i 근처의 라벨이 지정된 정점에서 종료될 가능성이 높다는 것이다. 따라서 특정 클래스의 많은 정점이 근접해있을 때, 정점 i는 해당 클래스로 라벨이 지정될 가능성이 높다. 그림 10.7(a)의 경우 테스트 정점 X에서 시작하는 임의의 경로는 그래프의 토폴로지로 인해 항상 라벨 'B'가 아닌 라벨 'A'에 먼저 도달한다. 그러나 라벨 'A'와 라벨 'B' 어느 쪽에도 도달할 확률이 0이 아닌 테스트 정점을 선택할 수도 있다. 예를 들어 테스트 정점 Y에서 무작위 경로를 시작하면 라벨 'A'에 해당하는 정점에 먼저 도달할 수도 있고, 라벨 'B'에 해당하는 정점에 먼저 도달할 수도 있다.

중요한 가정은 그래프가 **라벨 연결성**을 가져야 한다는 것이다. 즉, 라벨이 지정되지 않은 모든 정점은 무작위 경로에서 라벨이 지정된 정점에 도달할 수 있어야 한다. 무방향 그래프의 경우 이는 그래프의 모든 연결 요소가 라벨이 지정된 정점을 하나 이상 포함해야 함을 의미한다. 다음 논의에서는 전체 무방향 그래프가 연결되어 있다고 가정한다. 연결 요소가 한 개뿐인 무방향 그래프는 항상 라벨 연결성을 갖는 수정된 전이 행렬로 이어진다.

이러한 접근방식은 무작위 경로를 기반으로 하므로, 첫 번째 단계는 무방향 $n \times n$ 인접 행렬 A에서 (방향성) 확률적 전이 행렬 P를 생성하는 것이다. Δ가 주 대각선의 i번째 항에 가중 차수 $\delta_i = \sum_j a_{ij} = \sum_j a_{ji}$를 포함하는 (대각) 차수 행렬이라고 하자. 이 장의 다른 모든 응용의 경우와 마찬가지로 인접 행렬은 왼쪽 정규화를 사용하여 확률적 전이 행렬로 변환된다.

$$P = \Delta^{-1}A \tag{10.7}$$

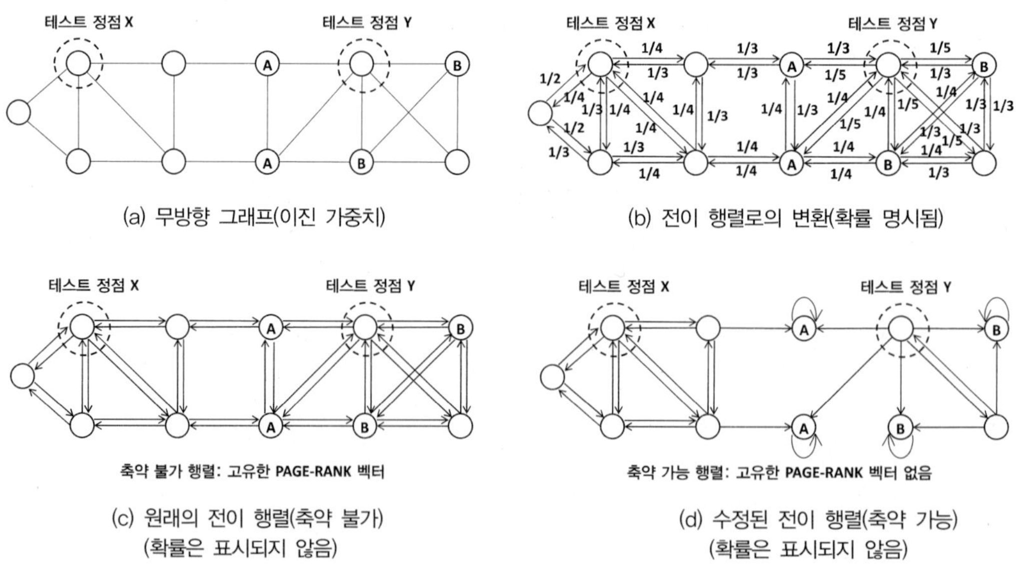

그림 10.7 무방향 그래프에서 방향성 전이 그래프 생성

이 전이 행렬은 무방향 그래프에서 유도되므로 항상 축약 불가 행렬이 된다. 강하게 연결된 해당 그래프는 그림 10.7(b)에 표시되어 있으며 다양한 간선에 대한 확률이 명시적으로 표시된다. 동일한 그림이 그림 10.7(c)에 표시되지만 (혼잡을 피하기 위해) 간선에 확률이 생략되어 있다.

이 전이 행렬을 사용하여 그래프에서 무작위 경로를 모델링할 수 있지만, 이러한 접근방식은 경로의 **첫 번째 종료 지점**을 제공하지 않는다. 즉, 라벨이 지정된 정점에 처음 도착할 때 항상 종료되는 방식으로 무작위 경로를 모델링해야 한다. 라벨이 지정된 정점에서 진출하는 간선을 제거하고 자체 루프로 대체하면 된다. 이로 인해 **흡수 정점**이라고 하는 한 개의 정점만 포함하는 단일 정점 흡수 요소가 생성된다. 이러한 정점은 진입 전이 후 무작위 경로를 가두어버리므로 흡수 정점이라고 한다. 이러한 흡수 정점들을 생성할 때의 목표는 라벨이 지정된 첫 번째 노드에 도달할 때 무작위 경로를 가둘 수 있도록 하는 것이다.

확률적 전이 행렬 P는 정점 흡수 효과를 고려하여 수정해야 한다. 각 흡수 정점 i에 대해 P의 i번째 행은 단위행렬의 i번째 행으로 대체된다. 이제부터는 기호 P로 표시된 행렬이 이러한 수정을 반영한다고 가정한다(따라서 식 10.7에 따른 $\Delta^{-1}A$와 정확히 같지 않음). 최종 전이 그래프의 예를 그림 10.7(d)에서 보이고 있다. 결과 그래프가 더 이상 강하게 연결되어 있지 않기 때문에 결과 행렬은 더 이상 축약 불가하지 않으며, 흡수 정점에서는 다른 어떤 정점에도 도달할 수 없다. 이 그래프는 각 흡수 요소가 단일 (라벨이 지정된) 정점으로 구성되며, 라벨이 지정되지 않은 모든 정점은 과도기적이기 때문에 그림 10.6의 구조와 정확히 일치한다. 전이 행렬 P는 축약 가능하기 때문에 고윳값이 1인 고유한 고유벡터를 갖지 않으며, 고윳값이 1인 주 고유벡터들을 흡수 정점의 개수만큼 갖는다.

주어진 임의의 시작 정점 i에 대해 안정 상태 확률 분포는 라벨이 지정된 정점에서만 양의 값을 갖는다. 이는 무작위 경로가 결국 라벨 연결 그래프에서 흡수 정점에 도달하고 해당 정점에서 나오지 않기 때문이다. 따라서 라벨이 지정되지 않은 시작 정점 i에 대해 라벨이 지정된 노드의 안정 상태 확률 분포를 추정할 수 있다면, 각 클래스에서 라벨이 지정된 정점의 확률 값을 집계할 수 있다. 확률이 가장 높은 클래스가 라벨이 없는 정점 i의 해당 라벨로 보고된다.

P^r의 (i, j)번째 항은 임의의 정점 i에서 시작하여 임의의 정점 j에서 끝나는 길이 r의 무작위 경로 확률을 산출한다. 흡수 정점의 자체 루프로 인해 길이가 r 미만인 모든 경로가 확률에 자동으로 포함된다(나머지 단계는 자체 루프 내에서 완료될 수 있음). 따라서 P^∞는 안정 상태 확률 행렬이며, P^∞의 (i, j)번째 항이 정점 i에서 시작하는 경로가 정점 j에서 종료될 확률을 제공한다. 각 행에 대해 다른 라벨에 속하는 클래스의 확률을 집계하고자 할 경우, 아래에서 볼 수 있듯이 이것은 간단한 행렬 곱셈으로 달성할 수 있다.

$n \times k$ 행렬 Y는 i번째 정점이 클래스 $c \in \{1 \ldots k\}$로 라벨이 지정되는 경우, (i, c)번째 항

이 1인 행렬로 정해진다고 하자. 이제 P^{∞}의 각 행에서 라벨이 지정된 정점의 확률 집계는 행렬 $P^{\infty}Y$에 의해 주어진다. 즉, 다음과 같이 다양한 정점에 대한 클래스 확률을 나타내는 $n \times k$ 행렬 Z를 구할 수 있다.

$$Z = P^{\infty}Y \tag{10.8}$$

라벨이 지정되지 않은 정점(행) i에 대해 Z에서 최대 확률을 갖는 클래스는 정점 i의 클래스 라벨로 보고될 수 있다. 이러한 접근방식을 라벨 전파에 대한 **랑데부 방식**[9]이라고도 한다. P^{∞}는 어떻게 계산될까? 한 가지 가능성은 P^{∞}를 계산하기 위해 P를 계속 곱하는 것이다. 고유분해 트릭을 사용하여 계산 속도를 높일 수 있지만, (P^{∞}과 같이) 크기 $n \times n$의 큰 행렬에 대한 계산은 부담스러울 것이며, 따라서 보다 효율적인 (그러나 동등한) 접근방식은 **반복성 라벨 전파**이다[143].

반복성 라벨 전파에서는 $Z^{(0)} = Y$로 초기화 한 다음 반복 인덱스 t의 값을 증가시켜가며 아래의 갱신을 반복한다.

$$Z^{(t+1)} = PZ^{(t)} \tag{10.9}$$

$Z^{(\infty)}$가 식 10.8의 Z 값과 동일하다는 것을 쉽게 확인할 수 있다. 또한 Z의 각 열은 수렴에서 P의 우세 우 고유벡터이다. 각각의 주 고유벡터는 한 개의 흡수 요소가 아니라 여러 개의 흡수 요소를 갖는 라벨에 해당한다. 또한 이 경우의 흡수 요소들은 단일 정점으로 구성된다. 아래의 문제에서는 이 아이디어를 일반화하여 특별한 구조를 갖지 않는 흡수 요소의 주 고유벡터들을 찾는다.

> 문제 10.8.1 **우세 우 고유벡터** 이미 라벨 표시가 완료된 l개의 흡수 요소를 갖는 방향 그래프를 생각해보자. 반복성 라벨 전파 아이디어를 사용하여 다음의 속성을 충족하는 l개의 우세 우 고유벡터로 구성되는 기저를 생성하는 방법을 설명하시오. j번째 주 고유벡터의 i번째 성분은 노드 i에서 시작하는 경로가 흡수 요소 j에서 끝날 확률과 같아야 한다.

10.8.2 다차원 데이터에 대한 응용

그래프는 다차원 데이터에 대한 다양한 기계학습 응용에도 적용할 수 있는데, 이는 모든 유형의 다차원 데이터 세트를 **유사성 그래프**로 모델링할 수 있기 때문이다. $\overline{X}_1 \ldots \overline{X}_n$로 표시된 n개의 데이터 인스턴스가 있는 다차원 데이터 세트를 생각해보자. 첫 번째 단계는 각 데이터 점의 k-최근접 이웃을 계산하는 것이다. 임의의 한 쌍의 점 $\overline{X}_i$와 $\overline{X}_j$ 사이의 유사성은 가우시안 커널을 사용하여 계산할 수 있다.

$$K(\overline{X}_i, \overline{X}_j) = e^{-\|\overline{X}_i - \overline{X}_j\|^2/(2\cdot\sigma^2)} \quad (10.10)$$

여기에서 σ는 가우시안 커널의 대역폭이다(9장의 표 9.1 참고). 지도 학습 응용의 경우 σ 값은 종종 표본 외 데이터를 사용하여 조정된다. 비지도 학습 응용의 경우 σ 값은 점 사이의 모든 쌍별 유클리드 거리의 중앙값 크기에 맞추어 선택된다.

i번째 정점이 데이터 점 $\overline{X}_i$에 대응되는 그래프가 구성된다. 유사성 값은 10.5절에서 논의된 것처럼 상호 k-최근접 이웃 그래프를 계산하기 위해 사용할 수 있다. 간선의 가중치는 식 10.10에서 소개된 커널 유사성 값으로 설정된다. 이후 이 그래프에 대해 (이 장에서 논의된) 군집화나 분류와 같은 임의의 응용을 적용할 수 있다. 분류의 경우 그래프에는 라벨이 있는 정점도 포함되고 라벨이 없는 정점도 포함된다. 따라서 기존 분류와 달리 분류는 데이터에서 라벨이 지정되지 않은 표본을 활용한다. 이러한 유형의 접근방식은 라벨이 지정된 인스턴스 수가 적을 때 유용할 수 있다. 분류 성능 향상을 위해 라벨이 없는 인스턴스들을 사용하는 것을 **반-지도 분류**(semi-supervised classification)라고 한다. 또한 이러한 접근방식은 다차원 데이터뿐만 아니라 객체 간에 유사성 함수를 계산할 수 있는 모든 유형의 데이터에 적용할 수 있다. 다양한 형태의 그래프 임베딩(예: 스펙트럼 임베딩)을 커널법의 특수한 경우로 볼 수 있다. 다른 커널법과 마찬가지로 유사성 그래프와 임베딩은 모든 데이터 유형에 사용할 수 있다.

10.9 요약

이 장에서는 그래프의 선형대수에 대해 설명한다. 정점 사이의 경로나 연결성과 같은 그래프의 많은 중요한 구조적 속성은 인접 행렬에 관한 선형대수를 사용하여 추론할 수 있다. 그래프의 스펙트럼 분석에 대한 주요 결과들을 뒷받침하는 기본 결과는 페론-프로베니우스 정리이다. 그래프와 관련하여 특히 중요한 유형의 행렬은 확률적 전이 행렬이며, 그 주 고유벡터는 고윳값으로 1을 갖는다. 확률적 전이 행렬의 우세 좌 고유벡터와 우세 우 고유벡터는 주요 응용 유형이 다르다. 우세 좌 고유벡터는 순위 지정에 사용되는 반면 우세 우 고유벡터는 군집화에 사용된다. 또한 군집화를 위해 대칭 정규화된 인접 행렬을 사용할 수도 있는데, 이는 커널법 사용과 거의 동일하다. 인접 행렬에 대한 다양한 형태의 정규화는 다양한 중심성과 명성 측정값을 추출하는 데 도움이 된다. 그래프의 집단 분류를 수행하기 위해 수정된 버전의 확률적 전이 행렬의 고유벡터들을 계산할 수도 있다. 모든 그래프 기반 기계학습 응용은 하부의 객체들에 대한 적절한 유사성 그래프를 구성하여 임의의 데이터 유형으로 일반화할 수 있다.

10.10 추가 자료

스펙트럼 그래프 이론의 기초사항은 [25, 29]에서 제공된다. 보다 응용 중심적인 접근방식은 [40]에서 찾을 수 있다. 그래프 라플라시안과 스펙트럼 군집화의 기초사항은 Luxburg[84]의 유명한 조사에서 찾을 수 있다. 스펙트럼 군집화의 대칭 및 비대칭 변형은 [98, 115]에서 제안되었다. 대칭 변형이 커널법과의 관계가 더 명확하지만, 두 변형은 거의 동일하다. 원래의 PageRank 알고리즘은 [24]에서 제안되었다. 다양한 유형의 중심성 척도에 관한 논의는 [138]에서 찾을 수 있다. 라벨 전파 알고리즘에 관한 설명은 [9, 143]에서 제공된다. 그래프의 정점 분류에 대한 조사는 [17, 82]에서 찾을 수 있다.

10.11 연습문제

1. 두 그래프의 $n \times n$ 인접 행렬 A_1과 A_2를 생각해보자. 두 그래프는 동형임이 알려져 있다고 가정한다. 정점들을 재정렬하여 한 그래프를 다른 그래프에서 얻을 수 있는 경우, 두 그래프는 동형이라고 한다. 동형 그래프는 동일한 고윳값을 갖는다는 것을 보이시오. [힌트: 대수 형식으로 표현된 이러한 인접 행렬 사이의 관계의 특성은 무엇인가? 필요할 경우 새로운 행렬을 도입해도 좋다.]

2. 무방향 그래프의 확률적 전이 행렬 P의 고유벡터들과 고윳값들이 주어져 있다고 하자. 이러한 고유벡터와 고윳값을 사용하여 P^∞를 빠르게 계산하는 방법을 설명하시오.

3. Δ는 $n \times n$ (무방향) 인접 행렬 A의 가중 행렬 차수이고, $\overline{e}_1 \ldots \overline{e}_n$는 확률적 전이 행렬 $P = \Delta^{-1}A$의 n개의 고유벡터이다. 임의의 고유벡터 쌍 $\overline{e}_i$와 $\overline{e}_j$가 Δ-직교임을 보이시오. 즉, 임의의 고유벡터 쌍 $\overline{e}_i$와 $\overline{e}_j$는 다음을 충족해야 한다.

$$\overline{e}_i^T \Delta \overline{e}_j = 0$$

4. 연결된 무방향 그래프의 확률적 전이 행렬의 모든 고유벡터(첫 번째 고유벡터 제외)가 양수와 음수 성분을 모두 포함한다는 것을 보이시오.

5. $n \times n$ 무방향 이분 그래프의 인접 행렬 A를 생각해보자. 이분 그래프에서 n개의 정점은 (모든 간선이 V_1의 정점과 V_2의 정점 사이에서 발생하도록) 각각 n_1개와 n_2개의 정점을 갖는 두 정점 집합 V_1과 V_2로 나눌 수 있다. 이러한 그래프의 인접 행렬은 항상 $n_1 \times n_2$ 행렬 B에 대해 다음과 같은 형식을 갖는다.

$$A = \begin{bmatrix} 0 & B \\ B^T & 0 \end{bmatrix}$$

A가 대칭이더라도 B는 대칭이 아닐 수 있다. A의 고유벡터와 고윳값이 주어지면 B의 SVD를 빠르게 수행할 수 있는 방법을 설명하시오(또한 반대 방향의 수행 방법을 설명하시오).

6. n개의 정점에 대해 정의되는 완전 방향 그래프는 각 정점 쌍(자체 루프 제외) 사이의 양방향에서 가능한 모든 $n(n-1)$개의 간선을 포함한다. 각 간선의 가중치는 1이라고 하자.

(a) 이 그래프의 인접 행렬에 대한 모든 고윳값이 실수인 이유를 간단히 설명하시오.
(b) 이 그래프의 인접 행렬에 대한 고윳값들의 합이 0이 되는 이유를 간단히 설명하시오.
(c) 이 그래프의 인접 행렬에 대한 한 개의 고윳값은 $(n-1)$이고 $(n-1)$개의 고윳값은 −1임을 보이시오. [인접 행렬을 $\overline{1}\,\overline{1}^T - I$로 표현한다.]

7. 완전 이분 그래프(연습문제 5 참고)가 4개의 정점에 대해 정의되어 있고, 각 분할에는 2개씩의 정점이 포함된다. 두 분할의 각 정점 쌍 사이에 가중치 1의 간선이 양방향으로 존재한다. 이 그래프의 고윳값들을 찾으시오. 이 결과를 각 분할에 n개의 정점이 포함된 $2n$개의 정점을 포함하는 완전 이분 그래프의 경우로 일반화할 수 있는가?

8. 무방향 인접 행렬 A에 대해 대칭 정규화된 인접 행렬 $S = \Delta^{-1/2} A \Delta^{-1/2}$를 생성한다고 가정한다. 일부 정점은 "중요"하며 스펙트럼 군집화와 유사한 임베딩에서 상대 가중치 γ가 1보다 크게, 나머지 정점의 가중치는 1로 결정한다.

(a) 목적함수에서 "중요" 정점의 상대적 가중치가 γ인 임베딩을 생성하는 가중치 행렬 분해 모델을 제안하시오. 이 행렬 분해 모델은 $\gamma = 1$에서 대칭 스펙트럼 군집화와 동일한 임베딩을 생성해야 한다.
(b) 그래프의 일부 정점에 라벨이 지정된 경우 이 접근방식으로 클래스-민감 임베딩을 만드는 방법을 보이시오.
(c) 다차원 데이터를 사용하는 블랙박스 분류기가 주어진다고 하자. 어떻게 γ를 적절하게 선택할지, 또 이를 부분적으로 라벨이 지정된 그래프의 라벨이 지정되지 않은 정점들의 집단 분류에 어떻게 이용할 것인지에 대해 설명하시오.

9. 10.8.2절에서 제안된 유사성 그래프의 개념을 사용하는 다차원 데이터의 이상치 탐지를 위한 임베딩 기반 알고리즘을 제안하시오. 임베딩의 적절한 차원의 선택을 설명하고, 또 이 선택이 군집화 문제의 경우와 어떻게 다른지 설명하시오.

10. (스펙트럼 군집화를 위한) 대칭 유사성 행렬 S를 이용 가능한 디스크 공간에 저장할 수 없는 매우 큰 그래프가 있다고 가정한다. 이 커널 행렬의 데이터 종속적 특성으로 인해 나이스트롬 표본추출이 어려운 이유를 설명하시오. 스펙트럼 군집화를 위한 나이스트롬 표본추출의 대략적인 근사를 제안하시오. [질문의 마지막 부분에 대해서는 여러 가지 답이 있을 수 있다.]

11. 대각화할 수 없는 방향 그래프의 2×2 인접 행렬의 예를 제시하시오.

12. 이분 그래프는 분할된 정점 집합 $V_1\cup V_2$를 갖는 그래프 $G=(V_1\cup V_2)$로 정의되므로, 단일 분할의 정점들 내에서는 E의 간선이 존재하지 않는다. 즉, E에 속하는 모든 (i, j)에 대해 i, j 모두 V_1에 속할 수도 없고, i, j 모두 V_2에 속할 수도 없다. λ가 무방향 이분 그래프의 인접 행렬의 고윳값이면 $-\lambda$도 고윳값임을 보이시오.

13. **차수 조정**: 무방향 그래프의 인접 행렬 A가 있다고 가정한다. 페론-프로베니우스 정리를 사용하여 각 노드 i의 (가중) 차수를 i번째 대각 항에 더하면 양의 준정부호 행렬이 생성되는 이유를 설명하시오. 이 장의 본문은 A의 각 항의 부호를 바꾸고 차수 행렬을 더하면 양의 준정부호 라플라시안이 생성된다는 것을 이미 보인 바 있다. 또한 페론-프로베니우스 정리를 사용하여 정규화되지 않은 라플라시안의 양의 준정부호성에 대한 대안적 증명을 제시하시오.

14. (대각 항이 0인 항을 제외하고) A의 모든 항이 UU^T에 의해 잘 근사되는 무방향 (가중) 그래프 인접 행렬의 대칭 인수분해 $A\approx UU^T$가 주어졌다고 가정한다. 또한 $n\times k$ 행렬 U의 모든 항은 비 음수이다. 이 인수분해를 사용하여 A를 k개의 순위 1 인접 행렬의 합으로 표현하는 방법을 설명하시오. U에 대한 검사를 통해 그래프의 중첩 허용 군집화를 생성하기 위해 이러한 분해를 사용하는 방법을 설명하시오. 비 음수 행렬 인수분해의 해석력 이점에 대해 설명하시오.

15. P가 무방향 연결 그래프의 확률적 전이 행렬이라고 하자. 우세 좌 고유벡터(즉, PageRank 벡터)를 제외한 P의 모든 좌 고유벡터는 성분들의 합이 0임을 보이시오. [힌트: 행렬의 좌 고유벡터와 우 고유벡터 사이의 각도는 얼마인가?]

16. S를 무방향 그래프의 스펙트럼 군집화의 대칭 정규화된 인접 행렬이라고 하자. 경우에 따라서는 S의 고유벡터 추출에서 얻은 특징들에 k-평균 알고리즘을 적용하는 것으로 군집들이 명확하게 분리되지 않는다. 이러한 경우 고유벡터 추출을 위해 S를 사용하는 대신 9장의 커널 직관을 사용하여 $(C+S)\odot(C+S)$를 사용하는 이점을 설명하시오. 여기에서 C는 0 이상의 상수 값들로 구성되는 행렬이다. [힌트: k-평균 알고리즘은 선

형으로 분리 가능한 군집에서 가장 잘 작동한다. 그림 9.4 참고.]

17. 두 개의 $n \times n$ 대칭행렬 A와 B가 주어져 있고, B는 양의 정부호라고 한다. BA가 반드시 대칭은 아니지만 실수 고윳값으로 대각화할 수 있음을 보이시오. [힌트: B를 역차수 행렬로 설정하고 A를 인접 행렬로 설정함으로써 확률적 전이 행렬이 실수 고윳값을 갖는다는 증명을 일반화할 수 있다.]

18. A가 20개의 노드로 구성된 방향 그래프의 20×20 이진 인접 행렬이라고 가정하고, $(I-A^{20})(I-A)^{-1}$ 행렬을 그래프의 경로로 해석한다. 이 행렬에는 강하게 연결된 그래프에 대한 특별한 속성이 있는가? 다음 식이 성립하는 이유를 대수적으로 설명하시오.

$$(I - A^{20})(I - A)^{-1} = (I - A)^{-1}(I - A^{20})$$

19. 이전 장의 연습문제 13에서는 스펙트럼 군집화에 사용되는 대칭 정규화된 인접 행렬 $S \approx UU^T$를 인수분해하는 데 사용할 수도 있는 비 음수 대칭행렬 인수분해를 소개한 바 있다. 여기에서 U는 $n \times k$ 비 음수 요인 행렬이다. U의 각 열에서 (크기에 있어) r개의 최상위 성분이 그래프에서 크기 r의 군집 노드 집합에 대응되는 이유를 설명하시오.

20. 다음 각 경우에 각 노드의 PageRank를 구하시오. (i) n개 노드를 포함하는 무방향 순환, 그리고 (ii) $(n-1)$개의 노드 각각에 무방향 간선으로 연결된 단일 중앙 노드. 각 경우에 재시작 확률을 0으로 두고 PageRank를 계산하시오.

21. **부호 있는 네트워크 임베딩**: 간선에 양수 가중치도 있고 음수 가중치도 있는 그래프가 주어져 있다고 가정한다. "약한 간선"을 제거하고 스펙트럼 군집화를 위해 그래프를 대칭 정규화하는 데 사용할 알고리즘의 수정을 제안하시오. 결과 그래프는 직교 고유벡터와 실수 고윳값으로 대각화할 수 있는가? 첫 번째 고유벡터에 특별한 점이 있는가? [이것은 여러 답이 가능한 개방형 질문이다.]

22. **혼재성 네트워크 임베딩**: 여러 유형의 방향/무방향 간선이 있는 소셜 네트워크 그래프를 생각해보자(예: 방향 없는 친구관계 링크, 방향성 메시징 링크, 방향성 "좋아요" 링크). 각 노드의 임베딩을 추출하기 위한 공유 행렬 인수분해 알고리즘(8장 참고)을 제안하시오. 매개변수를 어떻게 조정하겠는가? [이것은 여러 답이 가능한 개방형 질문이다.]

Chapter 11

계산 그래프상의 최적화

"과학은 정신의 미분이고 예술은 적분이다. 이들은 떨어져있을 때 아름답지만, 결합되었을 때 최고이다." – Ronald Ross

11.1 서론

계산 그래프는 연결된 노드의 네트워크로, 각 노드는 계산 단위이며 한 개의 변수를 저장한다. 두 노드를 연결하는 각 간선은 해당 변수 간의 관계를 나타낸다. 그래프는 방향성일 수도 있고 무방향성일 수도 있다. 방향 그래프에서 노드는 그에 진입하는 간선들이 진출하는 노드에 연계된 변수들의 함수로 자신에 연계된 변수를 계산한다. 무방향 그래프에서 함수적 관계는 양방향으로 작동한다. 대부분의 실용적인 계산 그래프(예: 일반 신경망)는 **방향성 비순환 그래프**이지만, 기계학습의 많은 무방향 확률 모델은 암묵적으로 순환이 있는 계산 그래프로 간주될 수 있다. 마찬가지로, 대부분의 실제 계산 그래프는 연속 변수로 작동하지만, 노드의 변수는 연속적, 이산적 또는 확률적일 수 있다.

많은 기계학습 문제에서 매개변수는 이러한 간선에 연결된 노드에서 계산된 함수에 대한 추가적인 인수로 사용되며 간선과 연계될 수 있다. 이러한 매개변수는 **데이터 기반** 방식으로 학습되므로, 노드의 변수는 데이터 인스턴스의 속성 값 간의 관계를 반영한다. 각 데이터 인스턴스는 **입력** 속성과 **목표** 속성을 모두 포함한다. **입력** 노드들로 구성된 부분집합에 연계된 변수는 데이터 인스턴스의 입력 속성 값에 고정되는 반면, 다른 모든 노드의 변수는 노드 별 함수를 사용하여 **계산된다**. 일부 계산 노드의 변수는 데이터 인스턴스에서 관측된 **목표** 값과 비교되며, 간선 별 매개변수는 관측 값과 계산 값이 최대한 가까워지도록 수정된다. 데이터 기반 방식으로 간선을 따라 매개변수를 학습함으로써, 데이터의 입력 속성과 목표 속성의 관계를 정하는 함수를 학습할 수 있다.

이 장에서는 주로 연속적이고 결정적인 변수가 있는 방향성 비순환 그래프에 초점을 맞출 것이다. **순방향 신경망**은 이러한 유형의 계산 그래프의 특별한 경우이다. 입력은 종종 각 데이터 점의 특징에 대응되는 반면, 출력 노드는 목표 변수(예: 클래스 변수 또는 피회귀 변수)에 대응될 수 있다. 최적화 문제는 예측 변수가 해당 노드에서 관측된 값과 최대한 가까워지도록 목표하는 간선 매개변수에 대해 정의된다. 즉, 계산 그래프의 손실함수는 예측 값과 관측 값 간의 차이에 페널티를 줄 수 있다. 연속 변수가 있는 계산 그래프에서 최적화를 위해 경사하강법을 사용할 수 있다. **선형 회귀, 로지스틱 회귀, SVM, SVD, PCA, 추천 시스템 등과 같이 지금까지 이 책에서 살펴본 거의 모든 기계학습 문제는 연속 변수가 있는 방향성 비순환 계산 그래프로 모델링할 수 있다.**

이 장은 다음과 같이 구성된다. 다음 절에서는 계산 그래프의 기초사항을 소개한다. 11.3절에서는 방향성 비순환 그래프의 최적화에 대해 설명한다. 신경망에 대한 응용은 11.4절에서 논의된다. 일반적 관점의 계산 그래프는 11.5절에서 제시된다. 11.6절에서는 요약을 제시한다.

11.2 계산 그래프의 기초

먼저 (순환을 갖지 않는) 방향성 비순환 계산 그래프의 개념을 정의한다.

정의 11.2.1 방향성 비순환 계산 그래프

방향성 비순환 계산 그래프는 노드를 포함하며, 각 노드는 하나의 변수에 연계된다. 방향성 간선 집합은 노드들을 연결하며 노드 간의 함수적 관계를 나타낸다. 간선은 학습 가능한 매개변수에 연계될 수 있다. 노드의 변수는 외부에서 고정되거나(진입 간선이 없는 입력 노드의 경우), 노드로 진입하는 간선 꼬리 쪽 변수와 진입 간선의 학습 가능한 매개변수의 함수로 계산된다.

순환을 포함하는 계산 그래프를 정의하는 것은 기술적으로 가능하지만, 이 드문 가능성을 고려하지는 않을 것이다. 계산 그래프에는 입력 노드, 출력 노드, 은닉 노드 등의 세 가지 유형의 노드가 포함된다. 입력 노드는 계산 그래프에 대한 외부 입력을 나타내고, 출력 노드는 최종 출력을 나타낸다. 은닉 노드는 중간 값을 나타낸다. 은닉 노드와 출력 노드는 그에 진입하는 노드 변수의 비교적 간단한 국소 함수를 계산한다. 전체 그래프에 대한 계산의 계단식 효과는 입력에서 출력 노드까지 전역 벡터-대-벡터 함수를 묵시적으로 정의한다. 각 입력 노드의 변수는 외부에서 지정된 입력 값으로 고정된다. 따라서 입력 노드에서는 함수가 계산되지 않는다. 노드 별 함수는 또한 진입 간선과 연계된 매개변수를 사용하며, 해당 간선을 따라 입력되는 값은 가중치에 따라 조정된다. 가중치를 적절히 선택하면 계산 그래프로 정의되는 (전역) 함수를 제어할 수 있다. 계산 그래프에 입력-출력 쌍(학습 데이터)을 제공하고 예측된 출력이 관측된 출력과 일치하도록 가중치를 조정하는 방법으로 이러한 전역 함수를 **학습한다**.

두 개의 가중치 간선이 있는 계산 그래프의 예가 그림 11.1에 나와 있다. 이 그래프에는 x_1, x_2, x_3으로 표시되는 세 개의 입력이 있다. 두 간선의 가중치는 w_2와 w_3이다. 입력 노드를 제외한 모든 노드는 덧셈, 곱셈, 로그 함수 계산 등과 같은 계산을 수행한다. 가중치가 적용된

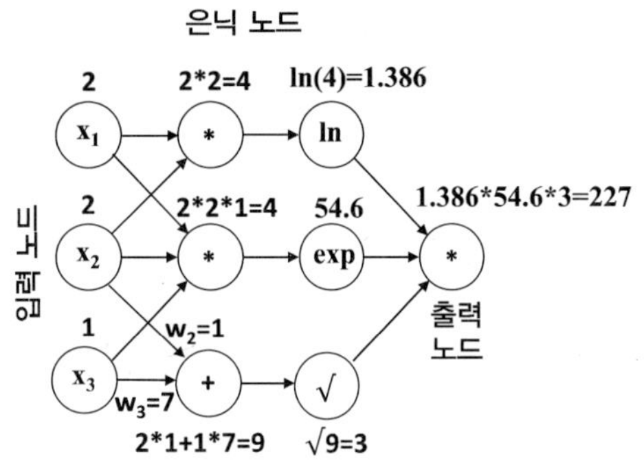

그림 11.1 두 개의 가중치 간선이 있는 계산 그래프의 예

간선의 경우, 노드 별 함수를 계산하기 전에 간선 끝의 값이 가중치로 조정된다. 그래프에는 단일 출력 노드가 있으며, 계산은 입력에서 출력에 이르는 순방향을 따라 계단식으로 진행된다. 예를 들어 가중치 w_2와 w_3이 각각 1과 7로 선택되면, 전역 함수 $f(x_1,\ x_2,\ x_3)$는 다음과 같다.

$$f(x_1, x_2, x_2) = \ln(x_1 x_2) \cdot \exp(x_1 x_2 x_3) \cdot \sqrt{x_2 + 7x_3}$$

$[x_1,\ x_2,\ x_3] = [2,\ 2,\ 1]$인 경우에 대한 계단식 계산 과정을 그림에서 보이고 있으며, 최종 출력 값은 약 227.1이다. 그러나 관측된 출력 값이 100에 불과하다면, 계산된 함수를 변경하기 위해 가중치를 다시 조정해야 한다. 이 경우 계산 그래프를 살펴보면 w_2 또는 w_3을 줄이는 것이 출력 값을 줄이는 데 도움이 된다는 것을 알 수 있다. 예를 들어 w_3을 -1로 변경하고 $w_2 = 1$을 유지할 경우 계산되는 함수는 다음과 같다.

$$f(x_1, x_2, x_2) = \ln(x_1 x_2) \cdot \exp(x_1 x_2 x_3) \cdot \sqrt{x_2 - x_3}$$

이 경우 동일한 입력 세트 $[x_1,\ x_2,\ x_3] = [2,\ 2,\ 1]$에 대해 계산된 출력은 실제 출력 값 100에 훨씬 더 가까운 75.7이 된다. 따라서 데이터 세트에서 예측된 출력과 관측된 출력 사이에 일치 정도를 높일 수 있도록 계산 함수를 조정하기 위해, 예측된 값과 관측된 출력의 불일치를 이용해야 한다. 여기에서는 검사를 통해 w_3를 조정했지만, 이러한 접근방식은 수백만 개의 가중치를 포함하는 매우 큰 계산 그래프에서는 적용하기 어려울 것이다.

기계학습의 목표는 입력-출력 쌍의 예를 사용하여 매개변수(예: 가중치)를 학습하고, 관측된 데이터의 도움으로 가중치를 조정하는 것이다. 핵심은 가중치 조정 문제를 최적화 문제로 변환하는 것이다. 계산 그래프는 손실함수에 연계될 수 있으며, 일반적으로 관측된 출력과 예측된 출력의 차이에 페널티를 부과하고 그에 따라 가중치를 조정한다. 출력은 입력과 간선 별 매개변수의 함수이므로, 손실함수는 입력과 간선 별 매개변수의 복잡한 함수로 볼 수도 있다.

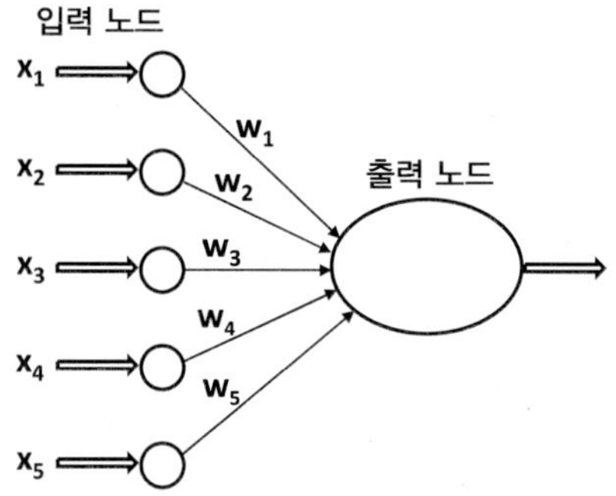

그림 11.2 선형 회귀를 수행할 수 있는 단일 계층 계산 그래프

매개변수 학습의 목표는 손실을 최소화하여 계산 그래프의 입력-출력 쌍이 관측된 데이터의 입력-출력 쌍을 모방하도록 하는 것이다. 계산 그래프가 크고 또 복잡한 토폴로지를 갖는 경우 가중치 학습 문제가 어려울 수도 있다.

손실 함수의 선택은 응용에 따라 다르다. 예를 들어, 입력 변수(회귀 변수)의 수만큼 입력 노드를 사용하고 예측된 피회귀 변수를 나타내는 하나의 출력 노드를 사용하여 최소제곱 회귀를 모델링할 수 있다. 각 입력 노드에서 이 출력 노드까지 방향성 간선들이 존재하며, 각 간선의 매개변수는 해당 입력 변수에 연계된 가중치에 해당한다(그림 11.2 참고). 출력 노드는 d개의 입력 노드에 연계된 변수 $x_1 \dots x_d$의 함수를 다음과 같이 계산한다.

$$\hat{o} = f(x_1, x_2, \dots, x_d) = \sum_{i=1}^{d} w_i x_i$$

관측된 회귀가 o이면 손실함수는 단순히 $(o - \hat{o})^2$를 계산하고, 이 값을 줄이기 위해 가중치 $w_1 \dots w_d$을 조정한다. 일반적으로 손실의 미분은 계산 그래프의 각 가중치에 대해 계산되고, 가중치는 이 미분을 사용하여 갱신된다. 각 훈련 점은 하나씩 처리되며 가중치가 갱신된다. **이러한 알고리즘은 선형 회귀 문제에서 확률적 경사하강법을 사용하는 것과 동일하다**(4.7절 참고). 실제로 출력 노드에서 손실함수의 특성을 변경하면 로지스틱 회귀나 서포트 벡터 머신을 모두 모델링할 수 있다.

> **문제 11.2.1 계산 그래프를 사용하는 로지스틱 회귀** o는 {−1, +1}에 속하며 관측된 이진 클래스 라벨이고, $\hat{o}$는 그림 11.2의 신경망 구조에 의해 예측된 실수 값이라고 하자. 각 데이터 인스턴스에 대해 손실함수 $\log(1 + \exp(-o\hat{o}))$가 4장의 식 4.56에 있는 로지스틱 회귀 모델과 같은 동일한 손실함수를 생성함을 보이시오. 4장의 정칙화 항은 무시한다.

> **문제 11.2.2 계산 그래프를 사용하는 SVM** o는 {−1, +1}에 속하며 관측된 이진 클래스 라벨이고, $\hat{o}$는 그림 11.2의 신경망 구조에 의해 예측된 실수 값이라고 하자. 각 데이터 인스턴스에 대해 손실함수 $\max\{0, 1 - o\hat{o}\}$가 4장의 식 4.51에 있는 L_1–손실 SVM과 같은 동일한 손실 함수를 생성함을 보이시오.

그림 11.2의 경우, 모델 표현을 위한 계산 그래프의 선택은 유용하지 않은 것 같은데, 이는 단일 계산 노드로는 모델의 표현에 다소 미진하기 때문이다. 실제로, 계산 그래프에 대해 전혀 신경 쓰지 않고 가중치와 관련하여 손실함수의 경사도를 직접 계산할 수 있다. 계산 그래프의 유용성은 계산 토폴로지가 더 복잡할 때 빛을 발한다.

그림 11.2의 방향성 비순환 그래프의 노드들은 입력 노드에서 네트워크상의 임의의 노드에 이르는 모든 경로가 동일한 길이를 갖기 때문에 계층 단위로 배열된다. 이러한 유형의 구조는 계산 그래프에서 일반적이다. 입력 노드에서 길이 i의 경로로 도달할 수 있는 노드는 계층 i에 속하는 것으로 간주된다. 언뜻 보기에 그림 11.2는 2계층 네트워크처럼 보인다. 그러나 이러한 네트워크는 계산 노드가 아닌 입력 계층이 계층 수에 포함되지 않기 때문에 단일 계층 네트워크로 간주된다.

11.2.1 방향성 계산 그래프로서의 신경망

계산 그래프의 진정한 능력은 여러 계층의 노드를 사용할 때 실현된다. 신경망은 다 계층 계산 그래프의 가장 일반적인 사용 사례를 나타낸다. 노드들은 (일반적으로) 계층 방식으로 배열되어 있으므로, 계층 i의 모든 노드는 계층 $(i+1)$의 노드들에만 연결된다. 각 계층의 변수 벡터는 이전 계층에 있는 변수에 관한 벡터 대 벡터 함수로 표현할 수 있다. 그림 11.3(a)에서 다층 신경망을 그림으로 표현하고 있다. 이 경우 네트워크에는 입력 계층 외에 세 개의 계산 계층이 포함된다. 예를 들어, 출력 값이 $h_{11} \ldots h_{1r} \ldots h_{1,p_1}$인 첫 번째 은닉 계층을 생각해보자. 이때 출력 값들은 입력 계층의 변수 $x_1 \ldots x_d$을 사용하여 입력 노드의 함수로 다음과 같이 계산할 수 있다.

$$h_{1r} = \Phi(\sum_{i=1}^{d} w_{ir} x_i) \quad \forall r \in \{1, \ldots, p_1\}$$

p_1값은 첫 번째 은닉 계층의 노드 수를 나타낸다. 여기에서 함수 $\Phi(\cdot)$를 **활성화** 함수라고 한다. 특정 입력에 대한 특정 노드(이 경우 h_{1r})에 있는 변수의 최종 수치 값을 해당 입력에 대한 **활성화**라고도 한다. 선형 회귀의 경우 활성화 함수가 없는데, 이를 **항등 활성화 함수** 또는 **선형 활성화 함수**를 사용한다고도 한다. 그러나 계산 그래프는 주로 다음과 같은 비선형 활성

화 함수를 사용함으로써 표현력이 향상된다.

$$\Phi(v) = \frac{1}{1+e^{-v}} \qquad \text{[시그모이드 함수]}$$

$$\Phi(v) = \frac{e^{2v}-1}{e^{2v}+1} \qquad \text{[tanh 함수]}$$

$$\Phi(v) = \max\{v, 0\} \qquad \text{[ReLU(Rectified Linear Unit) 함수]}$$

$$\Phi(v) = \max\{\min[v,1], -1\} \qquad \text{[Hard tanh]}$$

이러한 함수들은 비선형이며, 비선형성은 깊이가 증가된 네트워크의 표현력을 높이기 위해 필수적이다. 선형 활성화 함수만 포함하는 네트워크는 단일 계층 네트워크보다 강력하지 않다.

이 점을 이해하기 위해 4차원 입력 벡터 $\overline{x}$, 3차원 은닉 계층 벡터 $\overline{h}$, 2차원 출력 계층 벡터 $\overline{o}$가 있는 2계층 계산 그래프(입력 계층은 셈에 포함하지 않음)를 생각해보자. 각 계층의 노드 변수들은 열벡터를 형성하고 있다. W_1과 W_2를 크기 3×4와 2×3의 두 행렬로 하여 $\overline{h} = W_1 \overline{x}$와 $\overline{o} = W_2 \overline{h}$가 되도록 한다. 행렬 W_1과 W_2에는 각 계층의 가중치 매개변수가 포함된다. $\overline{o} = W_2 W_1 \overline{x} = (W_2 W_1)\overline{x}$와 같이 $\overline{h}$를 사용하지 않고 $\overline{x}$로 직접 $\overline{o}$를 표현할 수 있다. 표현력의 손실 없이 행렬 $W_2 W_1$을 하나의 2×4 행렬 W로 대체할 수 있다. 즉, 이것은 단일 계층 네트워크이다. 비선형 활성화 함수의 경우 개별 노드에서 매우 복잡한 함수를 생성하지 않고서는 (따라서 노드 별 복잡성을 증가시키지 않고서는) 은닉 계층을 (쉽게) 제거하기 위해 이러한 유형의 접근방식을 사용할 수 없다. 즉, 비선형 활성화 함수를 사용할 때만 깊이가 증가함에 따라 복잡성이 증가한다.

그림 11.3(a)의 경우 신경망은 3개의 계층을 포함한다. 입력 계층은 단순히 데이터를 전송하고 해당 계층에서 계산이 수행되지 않기 때문에 셈에 포함되지 않는다. 신경망의 k개의 계

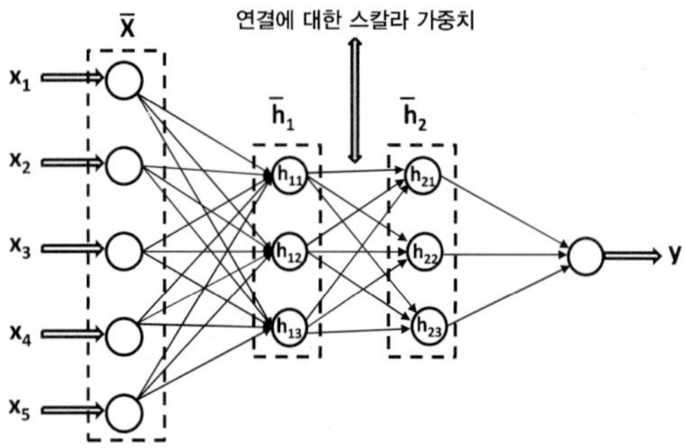

(a) 스칼라 표기법 및 구조

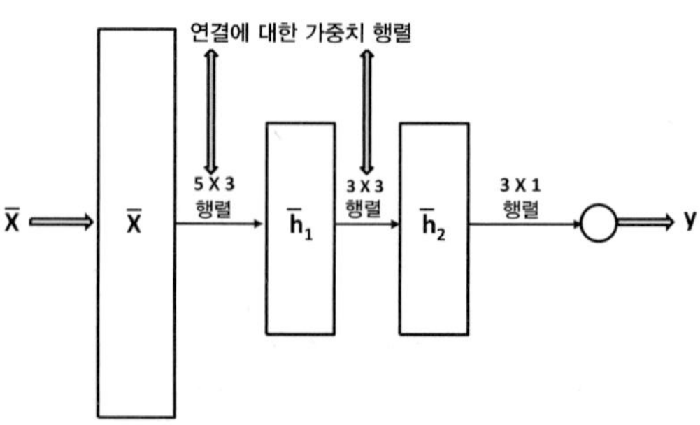

(b) 벡터 표기법 및 구조

그림 11.3 두 개의 은닉 계층과 하나의 출력 계층이 있는 순방향 네트워크

층 각각에 $p_1 \ldots p_k$개의 단위가 포함되어 있는 경우, 각 계층의 출력을 나타내는 (열) 벡터 표현은 $\overline{h}_1 \ldots \overline{h}_k$로 표시되며 이들의 차원은 각각 $p_1 \ldots p_k$이다. 따라서 각 계층의 단위 수를 해당 계층의 **차원**이라고 한다. 노드의 변수들이 벡터이고 연결이 벡터 대 벡터 함수를 나타내는 계산 그래프를 만드는 것도 가능하다. 그림 11.3(b)는 노드가 **원**이 아닌 **사각형**으로 표시되는 계산 그래프를 생성한다. 노드의 직사각형 표현은 벡터를 포함하는 노드에 해당한다. 이제 연결에 행렬이 포함된다. 해당 연결 행렬의 크기는 그림 11.3(b)에 표시되어 있다. 예를 들어, 입력 계층에 5개의 노드가 있고 첫 번째 은닉 계층에 3개의 노드가 포함된 경우, **연결 행렬**의 크기는 5×3이다. 그러나 나중에 볼 수 있듯이 행렬 연산을 용이하게 하기 위해 **가중치 행렬**은 연결 행렬의 전치를 사용한다(즉, 3×5). 벡터 표기법으로 표현된 계산 그래프는 전체 네트워크가 단일 경로만 포함하는 더 단순한 구조를 갖는다. 입력 계층과 첫 번째 은닉 계층 간의 연결 가중치는 크기가 $p_1 \times d$인 행렬 W_1로 표시되는 반면, r번째 은닉 계층과 $(r+1)$번째 은닉 계층 간의 가중치는 $p_{r+1} \times p_r$인 행렬 W_r로 표시된다. 출력 계층에 s개의 노드가 포함되어 있으면, 최종 행렬 W_{k+1}의 크기는 $s \times p_k$이다. 가중치 행렬의 차원은 연결 행렬에 대해 전치된 차원이다. d차원 입력 벡터 $\overline{x}$는 다음 재귀 방정식을 사용하여 출력으로 변환된다.

$$\overline{h}_1 = \Phi(W_1 \overline{x}) \quad \text{[입력에서 은닉 계층으로]}$$
$$\overline{h}_{p+1} = \Phi(W_{p+1} \overline{h}_p) \quad \forall p \in \{1 \ldots k-1\} \quad \text{[은닉 계층에서 은닉 계층으로]}$$
$$\overline{o} = \Phi(W_{k+1} \overline{h}_k) \quad \text{[은닉 계층에서 출력 계층으로]}$$

여기에서 활성화 함수는 벡터 인수에 **원소 별** 방식으로 적용된다. 여기에서 최종 출력은 다음과 같이 **입력들에 대해 재귀적으로 중첩된 합성 함수**이다.

$$\overline{o} = \Phi(W_{k+1}(\Phi(W_k \Phi(W_{k-1} \ldots))))$$

이러한 유형의 신경망은 각 가중치에 대해 **중첩된** 합성 함수의 미분을 계산해야 하며, 따라서 단일 계층 네트워크보다 훈련하기가 더 어렵다. 특히, 앞쪽 계층의 가중치는 재귀적 중첩 안쪽에 있으며, 중첩 안쪽(즉, 앞쪽 계층)의 가중치의 경사도를 계산하는 방법이 명확하지 않기 때문에 경사하강법으로 학습하기가 더 어렵다(특히 계산 그래프의 토폴로지가 복잡한 경우). 또한 신경망에 의해 계산되는 **전역** 입력-출력 함수는 닫힌 형식으로 깔끔하게 표현하기가 더 어렵다. 재귀적 중첩은 닫힌 형식 표현을 매우 번거롭게 만든다. 성가신 닫힌 형식의 표현은 매개변수 학습을 위한 미분 계산에 문제를 일으킨다.

11.3 방향성 비순환 그래프의 최적화

계산 그래프에서 손실함수를 최적화하려면 네트워크 가중치에 대한 손실함수의 경사도를 계산해야 한다. 이 계산은 **동적 프로그래밍**을 사용하여 수행된다(5.8.4절 참고). 동적 프로그래밍은 방향성 비순환 그래프에서 모든 유형의 경로 중심 함수들을 계산하기 위해 사용할 수 있는 최적화 기법의 하나이다.

계산 그래프를 훈련시키기 위해 입력-출력 쌍에 해당하는 훈련용 데이터가 있다고 가정한다. 입력 노드의 수는 입력 속성의 수와 같고, 출력 노드의 수는 출력 속성의 수와 같다. 계산 그래프는 입력을 사용하여 출력을 예측하고, 이를 관측된 출력과 비교하여 그래프에 의해 계산된 함수가 훈련용 데이터와 일치하는지 확인할 수 있다. 그렇지 않은 경우 계산 그래프의 가중치를 수정해야 한다.

11.3.1 계산 그래프의 어려움

계산 그래프는 자연스럽게 함수의 합성을 계산한다. 길이 2의 경로를 포함하고 세 개의 노드만 있는 계산 그래프의 한 노드의 변수 x를 생각해보자. 첫 번째 노드는 함수 $g(x)$를 적용하고, 두 번째 노드는 그 결과에 함수 $f(\cdot)$를 적용한다. 함수 $f(g(x))$를 계산하는 이러한 그래프는 그림 11.4에 나와 있다. 그림 11.4에 표시된 예에서 $f(x)=\cos(x)$와 $g(x)=x^2$이며, 따라서 전체 함수는 $\cos(x^2)$이다. 이제 $f(x)$와 $g(x)$가 모두 동일한 시그모이드 함수로 설정된 경우를 생각해보자.

$$f(x) = g(x) = \frac{1}{1+\exp(-x)}$$

이제 계산 그래프에 의해 계산되는 전역 함수는 다음과 같다.

$$f(g(x)) = \frac{1}{1+\exp\left[-\frac{1}{1+\exp(-x)}\right]} \tag{11.1}$$

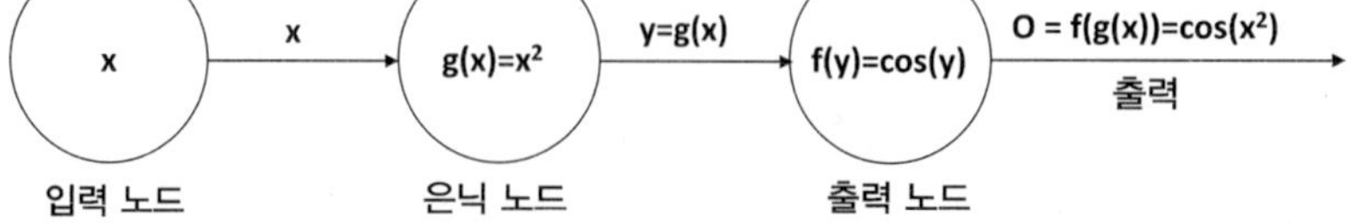

그림 11.4 한 개의 입력 노드와 두 개의 계산 노드가 있는 간단한 계산 그래프

이 간단한 그래프는 다소 복잡한 합성 함수를 계산한다. 이 합성 함수의 도함수를 찾는 것은 그래프의 복잡성이 증가함에 따라 점점 더 장황해진다.

함수 $g_1(\cdot)$, $g2(\cdot) \ldots g_k(\cdot)$가 계층 m에서 계산되는 함수들이고 계산된 값들은 계층 $(m+1)$의 특정 노드로 공급되며, 이 노드는 이전 계층에서 계산된 값을 인수로 사용하는 다변량 함수 $f(\cdot)$를 계산하는 경우를 생각해보자. 따라서 계층 $(m+1)$의 함수는 $f(g_1(\cdot) \ldots g_k(\cdot))$를 계산한다. 이러한 유형의 다변량 합성 함수는 이미 다소 복잡해 보인다. 계층 수를 증가시킴에 따라, 여러 간선을 거쳐 도달한 노드에서 계산되는 함수는 시작점에서 최종 출력까지의 경로 길이만큼 중첩 계층을 갖게 된다. 예를 들어 10개의 계층과 계층 당 2개의 노드가 있는 계산 그래프가 있는 경우, 전체 합성 함수에는 2^{10}개의 중첩된 "항"이 생긴다. 이것은 심층 네트워크의 닫힌 형식의 함수들을 다루기 어렵고 비실용적으로 만든다.

이 점을 이해하기 위해 그림 11.5의 함수를 생각해보자. 이 경우 출력 계층이 아닌 각 계층에 두 개의 노드가 있다. 출력 계층은 단순히 입력을 합산한다. 각 은닉 계층에는 두 개의 노드가 있다. i번째 계층의 변수는 각각 x_i와 y_i로 표시된다. 입력 노드 (변수)는 아래 첨자 0을 사용하므로 그림 11.5에서 x_0과 y_0으로 표시된다. i번째 계층에서 계산되는 두 함수는 각각 $F(x_{i-1}, y_{i-1})$와 $G(x_{i-1}, y_{i-1})$이다.

아래에 계층 수가 증가함에 따라 복잡성이 증가하는 것을 보여주기 위해 각 노드의 변수에 대한 표현식을 작성해 보인다.

$$
\begin{aligned}
x_1 &= F(x_0, y_0) \\
y_1 &= G(x_0, y_0) \\
x_2 &= F(x_1, y_1) = F(F(x_0, y_0), G(x_0, y_0)) \\
y_2 &= G(x_1, y_1) = G(F(x_0, y_0), G(x_0, y_0))
\end{aligned}
$$

이미 표현이 다루기 힘들어 보이기 시작했다는 것을 이미 알 수 있다. 그 다음 계층의 값을 계산할 때 이것은 훨씬 더 분명해진다.

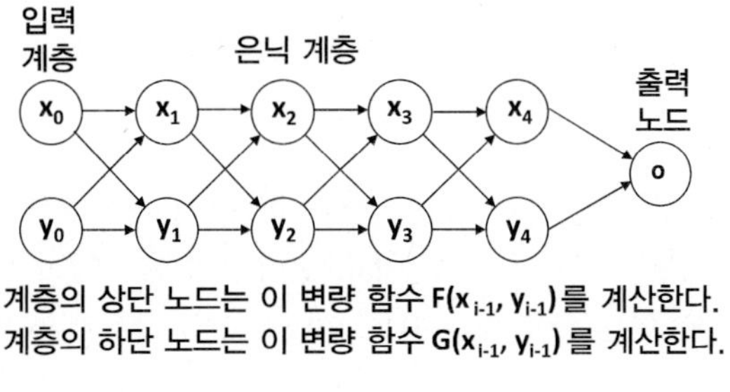

그림 11.5 계산 그래프에서 재귀 중첩의 복잡함

$$x_3 = F(x_2, y_2) = F(F(F(x_0, y_0), G(x_0, y_0)), G(F(x_0, y_0), G(x_0, y_0)))$$
$$y_3 = G(x_2, y_2) = G(F(F(x_0, y_0), G(x_0, y_0)), G(F(x_0, y_0), G(x_0, y_0)))$$

즉각적으로 관찰할 수 있는 것은, 닫힌 형식의 함수의 복잡성과 길이가 계산 그래프의 경로 길이에 따라 **기하급수적으로** 증가한다는 것이다. 이러한 유형의 복잡성은 최적화 매개변수가 간선과 연계되어 있고 입력과 간선의 매개변수를 사용하여 출력/손실을 표현하는 경우 더욱 증가한다. (닫힌 형식의 손실함수의 미분을 계산하기 위해) 간선의 최적화 매개변수 측면에서 닫힌 형식의 손실함수를 먼저 표현하는 관행적 접근방식을 사용하려고 하면 이는 확실히 문제가 될 것이다.

11.3.2 경사도 계산을 위한 프레임워크

이전 절에서 계산 그래프의 경우 닫힌 형식의 식을 미분하는 것이 실용적이지 않음을 확인하였다. 따라서 계산 그래프의 토폴로지를 사용하여 간선에 대한 경사도를 어떻게든 **알고리즘**으로 계산해야 한다. 이 절의 목적은 이러한 알고리즘 프레임워크를 소개하는 것이며, 이후 절에서는 개별 단계의 세부사항을 살펴볼 것이다.

계산 그래프의 가중치를 학습하기 위해 훈련용 데이터에서 입력-출력 쌍을 선택하고, 계산 그래프에서 가중치의 현재 값을 사용하여 관측된 입력으로 관측된 출력을 예측하려고 시도할 때의 오차를 정량화한다. 오차가 크면 현재 계산 그래프가 관측된 데이터를 반영하지 못하기 때문에 가중치를 수정해야 한다. 따라서 손실함수는 이 오차의 함수로 계산되고, 손실을 줄이기 위해 가중치가 갱신된다. 이것은 가중치에 대한 손실의 경사도를 계산하고 경사도 갱신을 수행함으로써 달성된다. 계산 그래프를 훈련하기 위한 전체적인 접근방식은 다음과 같다.

1. 훈련 데이터 점의 입력 부분 속성 값을 입력 노드의 값으로 고정한다. 모든 진입 노드의 값이 이미 계산된 노드를 선택하고 노드 별 함수를 적용하여 해당 변수를 계산하는 작업을 반복한다. 이러한 노드는 방향성 비순환 그래프에서 쉽게 찾을 수 있는데, 입력 노드로부터 거리가 증가하는 순서로 노드를 처리하면 된다. 모든 노드(출력 노드 포함)의 값이 계산될 때까지 이러한 프로세스를 반복한다. 출력 노드의 값이 훈련 점에서 관측된 출력 값과 일치하지 않으면 손실 값을 계산한다. 이 단계를 순방향 단계라고 한다.

2. 간선의 가중치에 대한 손실의 경사도를 계산한다. 이 단계를 역방향 단계라고 한다. 이를 "역방향 단계"라고 부르는 이유는 나중에 출력에서 입력으로의 (방향성 비순환) 계산 그래프의 토폴로지를 따라 역방향으로 작동하는 알고리즘을 도입할 때 명확해질 것이다.

3. 음의 경사도 방향으로 가중치를 갱신한다.

확률적 경사하강법 절차에서와 마찬가지로 수렴에 이를 때까지 훈련 점들을 반복적으로 순환한다. 모든 훈련 점을 통과하는 단일 주기를 **세대**라고 한다.

주요 과제는 계산 그래프의 가중치에 대한 손실함수의 경사도를 계산하는 것이다. **노드 변수 상호 간의 도함수는 간선의 가중치에 대한 손실함수의 도함수를 계산하는 데 쉽게 사용할 수 있다.** 따라서 여기에서는 변수 상호 간의 도함수 계산에 중점을 둘 것이다. 나중에 이러한 도함수가 가중치에 대한 손실함수의 경사도로 어떻게 변환될 수 있는지 보여줄 것이다.

11.3.3 무모한 방식의 노드 간 미분의 계산

이전 절에서 설명했듯이 중첩된 함수 합성을 사용하는 복잡한 닫힌 형식의 표현식을 사용하여 앞쪽 계층의 노드들로 계산 그래프 함수를 표현할 수 있다. 이 닫힌 형식의 표현의 미분을 실제로 계산하려면, 반복되는 함수 합성을 처리하기 위해 **미분법의 연쇄법칙**을 사용해야 한다. 그러나 보다 안쪽 중첩의 다른 부분에 있는 많은 표현식이 동일하고 동일한 미분을 반복적으로 계산하기 때문에, 이 경우 연쇄법칙을 맹목적으로 적용하는 것은 다소 낭비이다. **계산 그래프에 대한 자동 미분**의 핵심 아이디어는 계산 그래프의 구조가 이미 어떤 항들이 반복되는지에 관한 모든 정보를 제공한다는 사실을 인식하는 것이다. 중간 결과를 저장하기 위해 계산 그래프 자체의 구조를 사용하여 이러한 항의 미분을 반복하는 것을 피할 수 있다(미분을 계산하기 위해 출력 노드에서 시작하여 역방향으로 작업함). 이것은 제어 이론에서 자주 사용되는 동적 프로그래밍에서 비롯된 아이디어로 널리 알려져 있다[26, 71]. 신경망 계통에서는 이와 동일한 알고리즘을 **역전파**라고 한다(11.4절 참고). 제어 이론에서 이 아이디어를 적용한 것은 1960년에 전통적인 최적화 학계에 많이 알려졌지만[26, 71], 인공지능 분야의 연구자들에게는 한동안 알려지지 않았다. 인공지능 분야에서는 1980년대에 신경망의 맥락에서 이 아이디어를 독립적으로 제안하고 설명을 위해 "역전파(backpropagation)"라는 용어를 탄생시켰다.

가장 간단한 버전의 연쇄법칙은 단일 변량 함수 합성에 대해 정의된다.

$$\frac{\partial f(g(x))}{\partial x} = \frac{\partial f(g(x))}{\partial g(x)} \cdot \frac{\partial g(x)}{\partial x} \tag{11.2}$$

이 변형을 **단일 변량 연쇄법칙**이라고 한다. 우변의 각 항은 재귀적으로 유도된 인수가 아닌 직접적 인수에 대해 국소 함수의 미분을 계산하기 때문에 **국소 경사도**이다. 기본 아이디어는 함수의 합성이 입력 x에 적용되어 최종 출력을 산출하고, 최종 출력의 경사도는 해당 경로를 따라 국소 경사도들의 곱으로 주어진다는 것이다. 각 국소 경사도는 자체의 입력과 출력에 대해서만 고려하면 되므로 계산이 간단해진다. 함수 $f(y)$가 $\cos(y)$이고 $g(x)=x^2$인 예제가

그림 11.4에 나와 있다. 따라서 합성 함수는 $\cos(x^2)$이다. 단일 변량 연쇄법칙을 사용한 결과는 다음과 같다.

$$\frac{\partial f(g(x))}{\partial x} = \underbrace{\frac{\partial f(g(x))}{\partial g(x)}}_{-\sin(g(x))} \cdot \underbrace{\frac{\partial g(x)}{\partial x}}_{2x} = -2x \cdot \sin(x^2)$$

그래프의 두 연결에서 위의 두 곱셈 구성요소 각각에 주석을 달 수 있고 이러한 값의 곱을 계산할 수 있다. 따라서 **단일 경로를 포함하는 계산 그래프의 경우 다른 노드에 대한 한 노드의 도함수는 단순히 두 노드 간의 연결에서 주석이 추가된 값들의 곱이다.** 그림 11.4의 예는 계산 그래프가 단일 경로인 다소 간단한 경우이다. 일반적으로 표현력이 우수한 계산 그래프는 단일 경로가 아니며, 오히려 한 노드의 출력을 여러 노드에 공급할 수 있다. 예를 들어, 단일 입력 x가 있고 함수 $g_1(x)$, $g_2(x), \ldots g_k(x)$를 계산하는 k개의 독립적인 계산 노드가 있는 경우를 생각해보자. 이러한 노드가 k개의 인수로 $f()$ 함수를 계산하는 단일 출력 노드에 연결되면, 계산되는 결과 함수는 $f(g_1(x), \ldots g_k(x))$이다. 이러한 경우 다음과 같이 정의되는 다변량 연쇄법칙을 사용해야 한다.

$$\frac{\partial f(g_1(x), \ldots g_k(x))}{\partial x} = \sum_{i=1}^{k} \frac{\partial f(g_1(x), \ldots g_k(x))}{\partial g_i(x)} \cdot \frac{\partial g_i(x)}{\partial x} \tag{11.3}$$

식 11.3의 다변량 연쇄법칙은 식 11.2의 단순 일반화이다.

노드 중심 방식이 아닌 경로 중심 방식으로 다변량 연쇄법칙을 바라볼 수도 있다. 모든 출발-도착 노드 쌍의 경우 출발 노드의 변수에 대한 도착 노드의 변수 미분은 해당 노드 쌍 사이에 존재하는 모든 경로에 적용되는 단일 변량 연쇄법칙에서 발생하는 표현식의 합이다. 이러

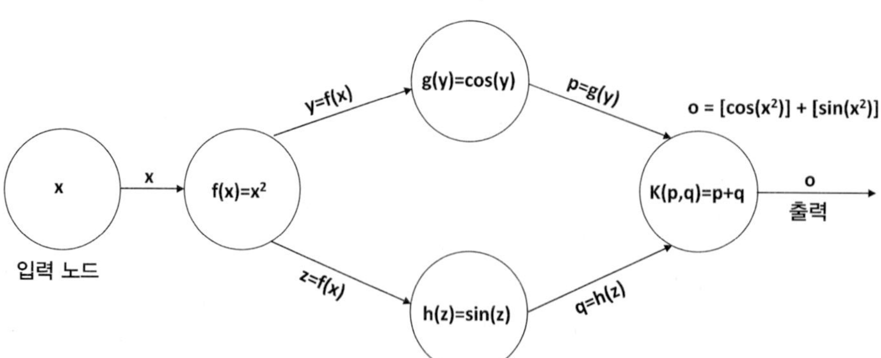

그림 11.6 연쇄법칙을 보여주는 간단한 계산 함수

한 관점은 (재귀적 다변량 법칙이 아닌) 노드 쌍 간의 도함수에 대한 직접적인 표현으로 이어진다. 그러나 노드 쌍 사이의 경로 수는 경로 길이와 기하급수적 관계에 있기 때문에 과도한 계산이 발생할 수 있다. 연산의 반복적인 특성을 보여주기 위해 단일 입력 x를 사용하는 매우 간단한 닫힌 형식의 함수를 생각해보자.

$$o = \sin(x^2) + \cos(x^2) \tag{11.4}$$

결과로 발생하는 계산 그래프는 그림 11.6에 나와 있다. 이 경우 x에 대한 출력 o의 미분을 계산하기 위해 다변량 연쇄법칙이 적용된다. 이는 그림 11.6에서 x에서 o까지의 두 경로 각각에 대한 단일 변량 연쇄법칙의 결과를 합산하여 달성된다.

$$\begin{aligned}\frac{\partial o}{\partial x} &= \underbrace{\frac{\partial K(p,q)}{\partial p}}_{1} \cdot \underbrace{g'(y)}_{-\sin(y)} \cdot \underbrace{f'(x)}_{2x} + \underbrace{\frac{\partial K(p,q)}{\partial q}}_{1} \cdot \underbrace{h'(z)}_{\cos(z)} \cdot \underbrace{f'(x)}_{2x} \\ &= -2x \cdot \sin(y) + 2x \cdot \cos(z) \\ &= -2x \cdot \sin(x^2) + 2x \cdot \cos(x^2)\end{aligned}$$

이 간단한 예제에는 두 개의 경로가 있으며, 둘 모두 함수 $f(x) = x^2$를 계산한다. 결과적으로 함수 $f(x)$는 각 경로에 대해 한 번씩 두 번 미분된다. 이러한 유형의 반복은 많은 공유 노드를 포함하는 대규모 다계층 네트워크에 심각한 영향을 미칠 수 있으며, 동일한 함수가 중첩된 재귀의 일부로 수십만 번 미분될 수 있다. 미분 계산에 대한 이러한 접근방식은 반복적이고 낭비적이며, 또한 계산 그래프의 전역 함수를 닫힌 형식으로 표현하고 명시적으로 미분하는 것도 비실용적이다.

경로 관점의 다변량 연쇄법칙을 다음과 같이 요약할 수 있다.

보조정리 11.3.1 경로 별 집계 보조정리

i번째 노드가 변수 $y(i)$를 포함하는 방향성 비순환 계산 그래프를 생각해보자. 그래프에서 방향 간선 (i, j)의 국소 도함수 $z(i, j)$는 $z(i, j) = \frac{\partial y(j)}{\partial y(i)}$로 정의된다. 그래프의 노드 s에서 노드 t까지 공집합이 아닌 경로 집합 $\mathcal{P}$가 존재한다고 하자. 이제 $\frac{\partial y(t)}{\partial y(s)}$의 값은 $\mathcal{P}$의 각 경로를 따라 국소 경사도의 곱을 계산하고 $\mathcal{P}$의 모든 경로에 대해 이 곱을 합산하여 계산된다.

$$\frac{\partial y(t)}{\partial y(s)} = \sum_{P \in \mathcal{P}} \prod_{(i,j) \in P} z(i,j) \tag{11.5}$$

이 보조정리는 계산 그래프에 반복적으로 다변량 연쇄법칙(식 11.3)을 적용함으로써 쉽게 증명할 수 있다. 경로 별 집계 보조정리의 사용은 $y(s)$에 대한 $y(t)$의 미분을 계산하는 데

낭비적인 접근방식이지만, 미분 계산을 위한 간단하고 직관적인 지수 시간 알고리즘을 가능하게 한다.

지수 시간 알고리즘

경로 별 집계 보조정리는 자연스러운 지수 시간 알고리즘을 제공하는데, 이는 특정 변수에 대해 계산 함수를 닫힌 형식으로 표현한 다음 미분하는 절차와 비슷하다. 특히 경로 별 집계 보조정리는 그래프의 변수 x에 대한 출력 o의 미분을 계산하기 위해 다음과 같은 지수 시간 알고리즘으로 이어진다.

1. 순방향 단계에서 각 노드 i의 값 $y(i)$를 계산하기 위해 계산 그래프를 사용한다.
2. 계산 그래프의 각 간선에서 국소 편도함수 $z(i, j) = \frac{\partial y(j)}{\partial y(i)}$를 계산한다.
3. $\mathcal{P}$를 값 x를 갖는 입력 노드에서 출력 o까지의 모든 경로의 집합이라고 하자. $\mathcal{P}$에 속하는 각 경로 P에 대해 해당 경로의 각 국소 도함수 $z(i, j)$의 곱을 계산한다.
4. $\mathcal{P}$의 모든 경로에 걸쳐 이러한 값들을 더한다.

일반적으로 계산 그래프는 깊이에 따라 경로의 수가 기하급수적으로 증가하며, 모든 경로에 대해 국소 도함수의 곱을 더해야 한다. 그림 11.7에서는 5개의 계층이 있고 각 계층에는 2개의 단위만 있는 예를 보이고 있다. 따라서 입력과 출력 사이의 경로 수는 $2^5=32$이다. i번째 계층의 j번째 은닉 단위는 $h(i, j)$로 표시된다. 각 은닉 단위는 입력의 곱으로 정의된다.

$$h(i,j) = h(i-1,1) \cdot h(i-1,2) \quad \forall j \in \{1,2\} \tag{11.6}$$

이 경우 출력은 x^{32}로서 닫힌 형식으로 표현할 수 있으며, x에 대해 쉽게 미분할 수 있다. 즉, 미분을 수행하기 위해 실제로 계산 그래프가 필요하지 않다. 그러나 그 동작을 설명하기 위해 지수 시간 알고리즘을 사용할 것이다. 두 변수의 곱셈의 편도함수는 상대 쪽 변수이기

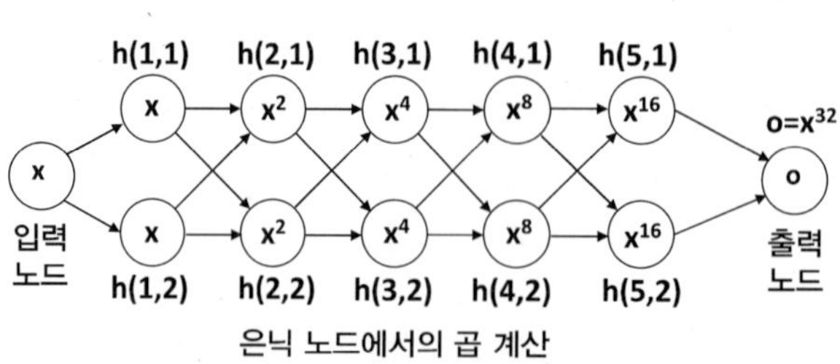

그림 11.7 연쇄법칙은 $2^5=32$개의 경로를 따라 국소 미분의 곱을 집계한다.

때문에, 두 입력 값에 대한 각 $h(i,\, j)$의 도함수는 상대 쪽 입력 값이다.

$$\frac{\partial h(i,j)}{\partial h(i-1,1)} = h(i-1,2), \quad \frac{\partial h(i,j)}{\partial h(i-1,2)} = h(i-1,1)$$

경로 별 집계 보조정리는 $\frac{\partial o}{\partial x}$의 값이 입력에서 출력까지의 32개 경로 전부를 따른 국소 도함수(이 예에서는 상대 쪽 입력 값)의 곱임을 의미한다.

$$\begin{aligned}\frac{\partial o}{\partial x} &= \sum_{j_1,j_2,j_3,j_4,j_5 \in \{1,2\}^5} \underbrace{\prod h(1,j_1)}_{x} \underbrace{h(2,j_2)}_{x^2} \underbrace{h(3,j_3)}_{x^4} \underbrace{h(4,j_4)}_{x^8} \underbrace{h(5,j_5)}_{x^{16}} \\ &= \sum_{\text{32개 경로 전부}} x^{31} = 32x^{31}\end{aligned}$$

물론 이 결과는 x에 대하여 x^{32}를 직접 미분한 결과와 일치한다. 그러나 중요한 관찰은 비교적 간단한 그래프에 대해 이러한 방식으로 도함수를 계산하려면 2^5번의 집계가 필요하다는 것이다. 더 중요한 것은 **집계를 위해 노드에서 계산된 동일한 함수를 반복적으로 미분한다는 것이다.** 예를 들어, 변수 $h(3,1)$의 미분은 x에서 o까지 16개의 경로에 나타나기 때문에 16번 수행된다.

분명히 이것은 경사도를 계산하는 비효율적인 접근방식이다. 각 계층에 100개의 노드와 3개의 계층이 있는 네트워크의 경우 백만 개의 경로가 생성될 것이다. **그렇지만 정확히 이러한 작업이 예측 함수가 복잡한 합성 함수일 때 전통적인 기계학습에서 수행되는 일이다.** 복잡한 합성 함수의 세부사항을 수작업으로 처리하는 것은 장황하며, 특정 수준의 복잡성을 넘어설 때 비실용적이다. 여기에서 중요한 중간 결과를 저장하기 위해 동적 프로그래밍(계산 그래프의 구조에 따라 유도됨)을 적용할 수 있다. 이러한 접근방식을 사용하면 반복 계산을 최소화하고 다항식 복잡성을 달성할 수 있다.

11.3.4 노드 간 미분 계산을 위한 동적 프로그래밍

그래프 이론에서 방향성 비순환 그래프에 대한 모든 유형의 경로 집계 값을 계산하는 것은 동적 프로그래밍을 사용하여 수행된다. (노드 i의 변수에 대한 노드 j의 변수의 국소 편도함수로 해석되는) $z(i,\, j)$ 값이 간선 $(i,\, j)$와 연계되는 방향성 비순환 그래프를 생각해보자. 즉, $y(p)$가 노드 p의 변수이면, $z(i,\, j)$는 다음과 같이 계산된다.

$$z(i,j) = \frac{\partial y(j)}{\partial y(i)} \tag{11.7}$$

이러한 계산 그래프의 예가 그림 11.8에 나와 있으며, 간선 (4, 6)에 대해 연계된 해당 편도

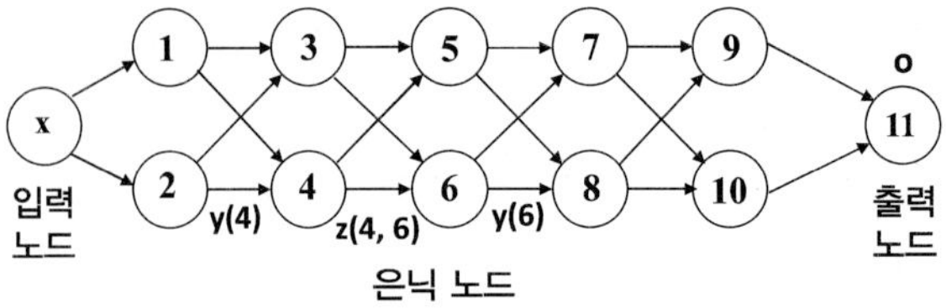

그림 11.8 간선의 라벨은 $z(4, 6) = \frac{\partial y(6)}{\partial y(4)}$와 같은 국소 편미분으로 표시된다.

함수가 표시되어 있다. 편미분 $S(s, t) = \frac{\partial y(t)}{\partial y(s)}$을 계산하기 위해 출발 노드 s에서 출력 노드 t까지의 각 경로 P에 대한 $z(i, j)$의 곱을 계산한 다음 이들을 더한다($P \in \mathcal{P}$).

$$S(s,t) = \sum_{P \in \mathcal{P}} \prod_{(i,j) \in P} z(i,j) \tag{11.8}$$

$A(i)$를 노드 i에서 진출하는 간선의 머리 쪽에 있는 노드들의 집합이라고 하자. 다음의 잘 알려진 동적 프로그래밍 갱신을 사용하여 (출발 노드 s와 출력 노드 t 사이의) 각 중간 노드 i에 대해 집계된 값 $S(i, t)$를 계산할 수 있다.

$$S(i,t) \Leftarrow \sum_{j \in A(i)} S(j,t) z(i,j) \tag{11.9}$$

$S(t, t) = \frac{\partial y(t)}{\partial y(t)}$은 자신에 대한 편미분으로 이미 1임이 알려져 있기 때문에, 위의 계산은 t에 직접 접한 노드에서 시작하여 역방향으로 수행할 수 있다. 따라서 이 알고리즘의 의사코드는 다음과 같이 기술될 수 있다.

> $S(t, t) = 1$로 초기화한다;
> **repeat**
> 　모든 진출 노드 j, 즉 $j \in A(i)$에 대해 $S(j, t)$의 값이 계산되어 있는 처리되지
> 　　　　않은 노드 i를 선택한다;
> 　$S(i, t) \Leftarrow \sum_{j \in A(i)} S(j, t) z(i, j)$와 같이 갱신한다;
> **until** (모든 노드가 선택됨);

위의 알고리즘은 항상 $A(i)$에 속하는 모든 노드 j에 대해 $S(j, t)$의 값이 계산되어 있는 노드 i를 선택한다. 이러한 노드는 방향성 비순환 그래프에서 항상 존재하며, 노드 선택 순서는 항상 노드 t에서 시작하는 역방향이다. 따라서 위의 알고리즘은 계산 그래프에 순환이 없는 경우에만 작동하며, 이를 **역전파 알고리즘**이라고 한다.

위에서 설명한 알고리즘은 네트워크 최적화 계통에서 방향성 비순환 그래프의 **출발-도착 노드 쌍** (s, t) 사이의 다양한 유형의 경로 중심 함수를 계산하기 위해 사용되며, 이러한 동적 프로그래밍 기반 알고리즘을 사용하지 않을 경우 지수 시간이 필요하게 될 것이다. 예를 들어, 위의 알고리즘의 변형을 사용하여 방향성 비순환 그래프에서 가장 긴 경로를 찾을 수도 있다[8].

흥미롭게도 앞서 언급한 동적 프로그래밍 갱신은 식 11.3의 **다변량 연쇄법칙이며**, 이는 **국소 경사도가 알려진 출력 노드에서 시작하여 역방향으로 반복된다**. 이것은 애초에 이 연쇄법칙을 사용하여 경로 별 집계 형식의 손실 경사도(보조정리 11.3.1)를 도출했기 때문이다. 주요 차이점은 계산을 최소화하기 위해 특정 순서로 법칙을 적용한다는 것이다. 이 중요한 사항을 정리하면 다음과 같다.

> 동적 프로그래밍을 사용하여 계산 그래프에서 기하급수적으로 많은 경로를 따라 국소 경사도의 곱을 효율적으로 집계하면, 미분 계산의 다변량 연쇄법칙과 동일한 동적 프로그래밍 갱신이 생성된다. 동적 프로그래밍의 요체는 이 법칙을 특정 순서로 적용하여 다른 노드에서 미분 계산이 반복되지 않도록 하는 것이다.

이 접근방식은 신경망에서 사용되는 역전파 알고리즘의 중추이다. 11.4절에서 신경망 관련 개선사항에 대한 자세한 내용을 논의할 것이다. 다중 출력 노드 $t_1, \ldots t_p$가 존재할 경우, 각 $S(t_r, t_r)$을 1로 초기화 한 다음 각 t_r에 대해 동일한 접근방식을 적용할 수 있다.

11.3.4.1 노드 간 미분 계산의 예

역전파 접근방식이 어떻게 작동하는지 보여주기 위해 10개의 노드를 포함하는 그래프에서 노드 간 미분 계산의 예를 제시한다(그림 11.9 참고). 합계 함수('+'로 표시), 곱 함수('*'로 표시), 사인/코사인 함수 등과 같은 다양한 함수가 다양한 노드에서 계산된다. 10개 노드의 변수는 $y(1) \ldots y(10)$로 표시된다. 여기에서 변수 $y(i)$는 그림의 i번째 노드에 속한다. 노드 6으로 진입하는 두 개의 간선에는 가중치 w_2와 w_3이 연계된다. 다른 간선에는 연계된 가중치가 없다. 다양한 계층에서 계산되는 함수는 다음과 같다.

계층 1: $y(4) = y(1) \cdot y(2), \quad y(5) = y(1) \cdot y(2) \cdot y(3), \quad y(6) = w_2 \cdot y(2) + w_3 \cdot y(3)$

계층 2: $y(7) = \sin(y(4)), \quad y(8) = \cos(y(5)), \quad y(9) = \sin(y(6))$

계층 3: $y(10) = y(7) \cdot y(8) \cdot y(9)$

$y(1)$, $y(2)$, $y(3)$ 등의 입력 각각에 대해 $y(10)$의 미분을 계산하고자 할 때, 한 가지 방법은 입력 $y(1)$, $y(2)$, $y(3)$ 등을 사용하여 $y(10)$을 닫힌 형식으로 표현한 다음 미분을 계산하

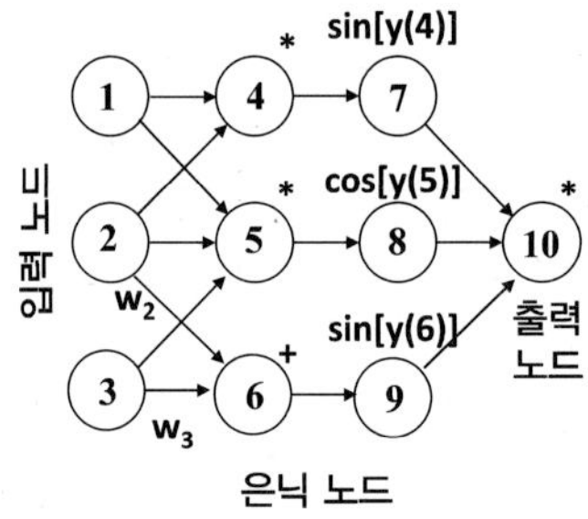

그림 11.9 노드 간 미분 계산의 예

는 것이다. 위의 관계를 재귀적으로 사용하면 $y(10)$을 다음과 같이 $y(1)$, $y(2)$, $y(3)$로 표현할 수 있다.

$$y(10) = \sin(y(1) \cdot y(2)) \cdot \cos(y(1) \cdot y(2) \cdot y(3)) \cdot \sin(w_2 \cdot y(2) + w_3 \cdot y(3))$$

앞서 논의한 바와 같이 닫힌 형식의 미분 계산은 대규모 네트워크에서는 실용적이지 않다. 또한 네트워크의 모든 노드에 대해 출력의 미분을 계산하기 때문에, 이러한 접근방식에서는 $y(4)$, $y(5)$, $y(6)$ 등과 같은 뒤쪽의 노드를 사용하는 닫힌 형식의 표현도 필요하게 된다. 이 모든 것이 반복되는 계산의 양을 증가시키도록 작용한다. 다행히 역전파는 각 노드에 대한 $y(10)$의 미분이 역방향 단계에 의해 계산되기 때문에, 반복되는 계산을 제거해준다. 알고리즘은 자신에 대한 출력 $y(10)$의 미분, 즉 1로 초기화하는 것으로 시작한다.

$$S(10, 10) = \frac{\partial y(10)}{\partial y(10)} = 1$$

이어서 진입 노드들의 모든 변수에 대한 $y(10)$의 미분이 계산된다. $y(10)$은 진입 노드 변수 $y(7)$, $y(8)$, $y(9)$로 표현되기 때문에, 미분 계산은 간단하며 결과는 $z(7, 10)$, $z(8, 10)$, $z(9, 10)$로 표시된다(이 장의 앞부분에서 사용된 표기법과 일관됨). 따라서 계산 결과는 다음과 같다.

$$z(7, 10) = \frac{\partial y(10)}{\partial y(7)} = y(8) \cdot y(9)$$
$$z(8, 10) = \frac{\partial y(10)}{\partial y(8)} = y(7) \cdot y(9)$$
$$z(9, 10) = \frac{\partial y(10)}{\partial y(9)} = y(7) \cdot y(8)$$

이어서 재귀 역전파 갱신을 사용하여 $S(7, 10)$, $S(8, 10)$, $S(9, 10)$을 계산하기 위해 이러한 값들을 사용할 수 있다.

$$S(7,10) = \frac{\partial y(10)}{\partial y(7)} = S(10,10) \cdot z(7,10) = y(8) \cdot y(9)$$
$$S(8,10) = \frac{\partial y(10)}{\partial y(8)} = S(10,10) \cdot z(8,10) = y(7) \cdot y(9)$$
$$S(9,10) = \frac{\partial y(10)}{\partial y(9)} = S(10,10) \cdot z(9,10) = y(7) \cdot y(8)$$

다음으로 노드 7, 8, 9로 진입하는 모든 간선과 관련된 미분 $z(4, 7)$, $z(5, 8)$, $z(6, 9)$를 계산한다.

$$z(4,7) = \frac{\partial y(7)}{\partial y(4)} = \cos[y(4)]$$
$$z(5,8) = \frac{\partial y(8)}{\partial y(5)} = -\sin[y(5)]$$
$$z(6,9) = \frac{\partial y(9)}{\partial y(6)} = \cos[y(6)]$$

이러한 값들은 $S(4, 10)$, $S(5, 10)$, $S(6, 10)$을 계산하기 위해 사용할 수 있다.

$$S(4,10) = \frac{\partial y(10)}{\partial y(4)} = S(7,10) \cdot z(4,7) = y(8) \cdot y(9) \cdot \cos[y(4)]$$
$$S(5,10) = \frac{\partial y(10)}{\partial y(5)} = S(8,10) \cdot z(5,8) = -y(7) \cdot y(9) \cdot \sin[y(5)]$$
$$S(6,10) = \frac{\partial y(10)}{\partial y(6)} = S(9,10) \cdot z(6,9) = y(7) \cdot y(8) \cdot \cos[y(6)]$$

입력 값에 대한 미분을 계산하려면 이제 $z(1, 3)$, $z(1, 4)$, $z(2, 4)$, $z(2, 5)$, $z(2, 6)$, $z(3, 5)$, $z(3, 6)$의 값을 계산한다.

$$z(1,4) = \frac{\partial y(4)}{\partial y(1)} = y(2)$$
$$z(2,4) = \frac{\partial y(4)}{\partial y(2)} = y(1)$$
$$z(1,5) = \frac{\partial y(5)}{\partial y(1)} = y(2) \cdot y(3)$$
$$z(2,5) = \frac{\partial y(5)}{\partial y(2)} = y(1) \cdot y(3)$$
$$z(3,5) = \frac{\partial y(5)}{\partial y(3)} = y(1) \cdot y(2)$$
$$z(2,6) = \frac{\partial y(6)}{\partial y(2)} = w_2$$

$$z(3,6) = \frac{\partial y(6)}{\partial y(3)} = w_3$$

이러한 편미분은 역전파되어 $S(1, 10)$, $S(2, 10)$, $S(3, 10)$을 계산할 수 있다.

$$\begin{aligned}
S(1,10) &= \frac{\partial y(10)}{\partial y(1)} = S(4,10) \cdot z(1,4) + S(5,10) \cdot z(1,5) \\
&= y(8) \cdot y(9) \cdot \cos[y(4)] \cdot y(2) - y(7) \cdot y(9) \cdot \sin[y(5)] \cdot y(2) \cdot y(3) \\
S(2,10) &= \frac{\partial y(10)}{\partial y(2)} = S(4,10) \cdot z(2,4) + S(5,10) \cdot z(2,5) + S(6,10) \cdot z(2,6) \\
&= y(8) \cdot y(9) \cdot \cos[y(4)] \cdot y(1) - y(7) \cdot y(9) \cdot \sin[y(5)] \cdot y(1) \cdot y(3) + \\
&\quad + y(7) \cdot y(8) \cdot \cos[y(6)] \cdot w_2 \\
S(3,10) &= \frac{\partial y(10)}{\partial y(3)} = S(5,10) \cdot z(3,5) + S(6,10) \cdot z(3,6) \\
&= -y(7) \cdot y(9) \cdot \sin[y(5)] \cdot y(1) \cdot y(2) + y(7) \cdot y(8) \cdot \cos[y(6)] \cdot w_3
\end{aligned}$$

역방향 단계를 사용하면 모든 은닉 노드 변수와 입력 노드 변수에 대해 (출력 노드 변수) $y(10)$의 미분을 계산하는 이점이 있다. 이러한 여러 미분은 많은 공통된 하위 표현식들을 가지고 있지만, 이러한 하위 표현의 미분 계산은 반복되지 않는다. 이것은 미분 계산을 위해 닫힌 형식의 표현식을 사용하는 대신 역방향 단계를 사용하는 이점이다.

출력에 대한 닫힌 형식의 표현식의 장황한 특성 때문에 (어떻게 계산하든 상관없이) 미분에 대한 대수 표현도 매우 길고 복잡하게 된다. 이 절의 간단한 노드 10개의 계산 그래프에서도 이것이 사실임을 알 수 있다. 예를 들어, 노드 $y(1)$, $y(2)$, $y(3)$ 각각에 대한 $y(10)$의 미분을 조사하면 여러 행에 걸친 대수식이 나타난다. 또한, 대수적 미분 내에서 반복되는 하위 표현식의 존재를 피할 수 없다. 역방향 알고리즘의 원래 목표는 닫힌 형식의 표현식을 사용하는 전통적인 미분 계산에 고질적인 반복 계산을 피하는 것이기 때문에, 단순한 대수적 접근은 비생산적이다. 따라서 실제 네트워크에서 이러한 유형의 표현식을 **대수적으로** 계산하지 않는다. 먼저 훈련용 데이터의 **특정** 수치 입력 값 집합에 대해 모든 노드 변수를 **수치적으로** 계산한다. 결과적으로, 미분 **수치**들을 역방향으로 이동하므로, (많은 반복되는 하위 표현식을 포함하는) 큰 대수 표현식을 역방향으로 이동할 필요가 없다. 수치 표현식을 전달할 때의 장점은 여러 항이 특정 입력에 따라 정해지는 단일 수치로 통합된다는 것이다. 수치를 선택하면 **각 훈련 점에 대해** 역방향 계산 알고리즘을 반복해야 하지만, 한 번에 (복잡한) 기호식 미분을 계산하고 그 결과를 여러 훈련 점에 대한 값으로 대체하는 것보다는 훨씬 효율적인 선택이다. 이러한 접근방식을 **기호식 미분** 대신 **수치 미분**이라고 하는 이유가 여기에 있다. 대부분의 기계학습에서 경사하강법 갱신을 수행하기 위해 (미분) 식의 변수 수치를 대입하기 전에 먼저 대수적 미분(기호식 미분)을 계산한다. 이는 역방향 알고리즘이 각 훈련 점에 **수치적으로** 적용되는 계산 그래프의 경우와 다르다.

11.3.5 노드 간 미분을 손실-가중치 미분으로 변환

대부분의 계산 그래프는 출력 노드 변수들로 손실함수를 정의한다. 가중치를 갱신하기 위해서는 노드 변수가 아닌 **간선의 가중치**에 대한 미분을 계산해야 한다. 일반적으로 노드 간 미분은 단일 변량 및 다변량 연쇄법칙을 여러 번 추가로 적용하여 손실-가중치 미분으로 변환할 수 있다.

이전 절의 동적 프로그래밍 접근방식을 사용하여 노드 i의 변수에 대해 t_1, $t_2, \dots t_p$ 등의 인덱스를 갖는 출력 노드 변수의 노드 간 미분을 계산하는 경우를 생각해보자. 따라서 계산 그래프에는 해당 변수 값이 $y(t_1) \dots y(t_p)$인 p개의 출력 노드가 있다(출력 노드의 인덱스가 $t_1 \dots t_p$이므로). 손실함수는 $L(y(t_1), \dots y(t_p))$로 표시된다. i의 **진입 간선들의 가중치**에 대해 이 손실함수의 미분을 계산하고자 한다. 노드 인덱스 j에서 노드 인덱스 i로 가는 간선의 가중치를 w_{ji}로 표시한다. 따라서 계산하고자 하는 것은 w_{ji}에 대한 손실함수의 미분이다. 아래 식에서는 표현의 간결성을 위해 $L(y(t_1), \dots y(t_p))$을 L로 줄여 쓴다.

$$\begin{aligned}\frac{\partial L}{\partial w_{ji}} &= \left[\frac{\partial L}{\partial y(i)}\right]\frac{\partial y(i)}{\partial w_{ji}} && \text{[단일 변량 연쇄법칙]}\\ &= \left[\sum_{k=1}^{p}\frac{\partial L}{\partial y(t_k)}\frac{\partial y(t_k)}{\partial y(i)}\right]\frac{\partial y(i)}{\partial w_{ji}} && \text{[다변량 연쇄법칙]}\end{aligned}$$

여기에서 손실함수는 일반적으로 노드 인덱스가 $t_1 \dots t_p$인 변수들의 닫힌 형식의 함수라는 점에 주목할 필요가 있다. 사용되는 함수는 (4장의 예와 같이) 종종 최소제곱 함수이거나 로그 손실함수이다. 따라서 각각의 $y(t_i)$에 대한 손실함수 L의 미분은 쉽게 계산할 수 있다. 또한 $\{1 \dots p\}$에 속하는 각 k에 대해 각 $\frac{\partial y(t_k)}{\partial y(i)}$의 값은 이전 절의 동적 프로그래밍 알고리즘을 사용하여 계산할 수 있다. $\frac{\partial y(i)}{\partial w_{ji}}$의 값은 각 노드의 국소 함수의 미분이며, 이러한 국소 함수는 일반적으로 간단한 형태를 갖는다. 따라서 동적 프로그래밍을 사용하여 노드 간 미분이 계산되면 가중치 대 손실 미분을 비교적 쉽게 계산할 수 있다.

11.3.4절의 의사코드를 적용하여 $\{1 \dots p\}$에 속하는 각 k에 대해 $\frac{\partial y(t_k)}{\partial y(i)}$를 계산할 수 있다. 이러한 모든 계산을 하나의 역방향 알고리즘으로 통합하는 것이 더 효율적이다. 실제로, 출력 노드들의 미분을 (11.3.4절의 의사코드에 표시된) 1이 아니라 $\{1 \dots p\}$에 속하는 각 k에 대한 손실 미분 $\frac{\partial L}{\partial y(t_k)}$로 초기화한다. 이어서 전체 손실 미분 $\Delta(i) = \frac{\partial L}{\partial y(i)}$가 역방향으로

전파된다. 따라서 **노드 변수**와 **간선 변수**에 대한 손실 미분을 계산하기 위한 수정된 알고리즘은 다음과 같다.

> $\{1 \ldots p\}$에 속하는 각 k에 대해 $\Delta(t_k) = \dfrac{\partial L}{\partial y(t_k)}$로 초기화한다;
> **repeat**
> 　모든 진출 노드 j, 즉 $j \in A(i)$에 대해 $\Delta(j)$의 값이 계산되어 있는
> 　　　처리되지 않은 노드 i를 선택한다;
> 　$\Delta(i) \Leftarrow \sum_{j \in A(i)} \Delta(j) z(i, j)$와 같이 갱신한다;
> **until** (모든 노드가 선택됨);
> 가중치 w_{ji}를 갖는 각 간선 (j, i)에 대해 $\dfrac{\partial L}{\partial y(i)} = \Delta(i) \dfrac{\partial y(i)}{\partial w_{ji}}$을 계산한다;

위의 알고리즘에서 $y(i)$는 노드 i의 변수를 나타낸다. 이 알고리즘과 11.3.4절의 알고리즘의 주요 차이점은 초기화의 특성과 간선 별 미분을 계산하는 최종 단계의 추가 부분이다. 그러나 노드 간 미분을 계산하는 핵심 알고리즘은 이 알고리즘의 필수 부분으로 남아 있다. 사실, 간선의 모든 가중치를 가중치 매개변수를 나타내는 추가적인 "입력" 노드로 변환할 수 있으며, 가중치를 간선의 꼬리 노드에 있는 해당 변수와 곱하는 계산 노드를 추가할 수도 있다. 또한 출력 노드(들)로부터 손실을 계산하는 계산 노드를 추가할 수도 있다. 예를 들어, 그림 11.9의 구조는 그림 11.10의 구조로 변환할 수 있다. 따라서 **학습 가능한 가중치**를 갖는 계산 그래프는 **학습 가능한 노드 변수**(노드 부분집합)가 있는 비 가중 그래프로 변환될 수 있다. 그림 11.10에서 손실 노드에서 가중치 노드로의 노드 간 미분만 계산하는 것은 손실 대 가중치 미분 계산과 동일하다. 즉, **가중치 그래프에서 손실-가중치 미분 계산은 수정된 계산 그래프에서 노드 간 미분 계산과 동일하다.** 각 가중치에 대한 손실의 미분은 벡터 $\dfrac{\partial L}{\partial \overline{W}}$(행렬 미적분

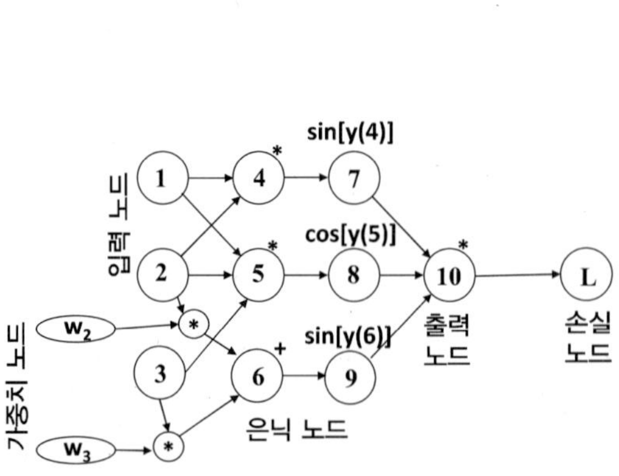

그림 11.10 손실에서 가중치로의 미분을 그림 11.9에 기반한 노드 간 미분 계산으로 변환함. 여분의 가중치 노드와 여분의 손실 노드에 유의하기 바란다.

표기법)로 표시될 수 있다. 여기에서 $\overline{W}$는 가중치 벡터를 나타낸다. 이제 표준 경사하강법 갱신을 수행할 수 있다.

$$\overline{W} \Leftarrow \overline{W} - \alpha \frac{\partial L}{\partial \overline{W}} \tag{11.10}$$

여기에서 α는 학습률이다. 계산 그래프의 가중치를 학습하기 위해 여러 입력들에 대해 프로세스를 반복함으로써 수렴에 이를 때까지 이러한 유형의 갱신이 수행된다.

11.3.5.1 손실-가중치 미분 계산의 예

손실함수가 $L = \log[y(10)^2]$로 정의되는 그림 11.9의 경우를 생각해보자. 가중치 w_2와 w_3에 대한 손실함수의 미분을 계산하는 식은 다음과 같다.

$$\frac{\partial L}{\partial w_2} = \frac{\partial L}{\partial y(10)} \frac{\partial y(10)}{\partial y(6)} \frac{\partial y(6)}{\partial w_2} = \left[\frac{2}{y(10)}\right] [y(7) \cdot y(8) \cdot \cos[y(6)]]\, y(2)$$
$$\frac{\partial L}{\partial w_3} = \frac{\partial L}{\partial y(10)} \frac{\partial y(10)}{\partial y(6)} \frac{\partial y(6)}{\partial w_3} = \left[\frac{2}{y(10)}\right] [y(7) \cdot y(8) \cdot \cos[y(6)]]\, y(3)$$

$\frac{\partial y(10)}{\partial y(6)}$ 값은 노드 간 미분에 대한 이전 절의 예제를 사용하여 계산되었다. 실제로 이러한 값들은 대수적으로 계산되지 않는다. 이는 앞서 언급한 대수식이 대규모 네트워크에서는 매우 복잡할 수 있기 때문이다. 오히려 각 수치 입력 집합 $\{y(1), y(2), y(3)\}$에 대해 순방향 단계에서 다른 $y(i)$ 값들을 계산한다. 이어서 각 노드 변수(및 진입 가중치)에 대한 손실의 미분은 역방향 단계에서 계산된다. 다시 말하지만, 이러한 값들은 특정 입력 집합 $\{y(1), y(2), y(3)\}$에 대해 수치적으로 계산된다. 학습 목적으로 가중치를 갱신하기 위해 수치 경사도를 사용할 수 있다.

11.3.6 벡터 변수를 사용하는 계산 그래프

이전 절에서는 계산 그래프의 각 노드에 단일 스칼라 변수가 포함된 간단한 경우에 대해 논의하였지만, 이 절에서는 벡터 변수를 허용한다. 즉, i번째 노드는 벡터 변수 $\overline{y}_i$를 포함한다. 따라서 계산 노드에 적용되는 국소 함수도 벡터 대 벡터 함수이다. 노드 i의 경우 국소 함수는 모든 진입 노드의 모든 벡터 성분에 해당하는 인수들을 사용한다. 이 국소 함수의 입력 관점에서 이러한 상황은 이전 사례와 크게 다르지 않으며, 단지 인수가 모든 스칼라 입력에 대응되는 벡터일 뿐이다. 그러나 주요 차이점은 이 함수의 **출력**이 스칼라가 아니라 벡터라는 것이다. 이러한 벡터 대 벡터 함수의 한 가지 예는 softmax 함수(4장의 식 4.64 참고)로, k개의 실수 값을 입력으로 취하고 k개의 확률을 출력한다. 일반적으로 벡터 대 벡터 함수에서 함수의 입력 개수는 출력 개수와 같을 필요는 없다. 중요한 사실은 다음과 같다.

> 스칼라 연쇄법칙이 아닌 벡터 중심 연쇄법칙(4.6.3절 참고)을 사용하여 계산 그래프에서 벡터 대 벡터 도함수를 계산할 수 있다.

4장의 식 4.19에서 논의된 것처럼 벡터 대 벡터 도함수는 **행렬**이다. 그림 11.11(a)에 표시된 계산 그래프 어디엔가 나타나는 두 벡터 $\overline{v}=[v_1 \ldots v_d]^T$와 $\overline{h}=[h_1 \ldots h_m]^T$을 생각해보자. $\overline{v}$로 진입하는 노드들도 있을 수 있으며, 손실 L은 뒤에 오는 계층에서 계산될 것이다. 이제 행렬 미적분의 분모 배치법을 사용하여 표현되는 벡터 대 벡터 도함수는 4장에서 소개한 바 있는 **야코비안 행렬**의 전치이다.

$$\frac{\partial \overline{h}}{\partial \overline{v}} = \text{Jacobian}(\overline{h}, \overline{v})^T$$

위의 벡터 대 벡터 도함수의 (i, j)번째 항은 $\frac{\partial h_j}{\partial v_i}$이다. $\overline{h}$는 m차원 벡터이고 $\overline{v}$는 d차원 벡터이므로, 벡터 미분은 $d \times m$ 행렬이다. 4.6.3절에서 설명했듯이 단일 벡터 중심 경로에 대한 연쇄법칙은 국소 편도함수를 야코비안으로 대체할 때 스칼라에 대한 단일 변량 연쇄법칙과 거의 동일한 모습이다. 즉, 그림 11.11(a)의 단일 경로에 대해 다음과 같은 벡터 값 연쇄법칙을 유도할 수 있다.

$$\frac{\partial L}{\partial \overline{v}} = \underbrace{\frac{\partial \overline{h}}{\partial \overline{v}}}_{d \times m} \underbrace{\frac{\partial L}{\partial \overline{h}}}_{m \times 1} = \text{Jacobian}(\overline{h}, \overline{v})^T \frac{\partial L}{\partial \overline{h}}$$

따라서 계층에 대해 손실의 경사도가 제공되면, 이를 야코비안의 전치로 곱하여 역전파할

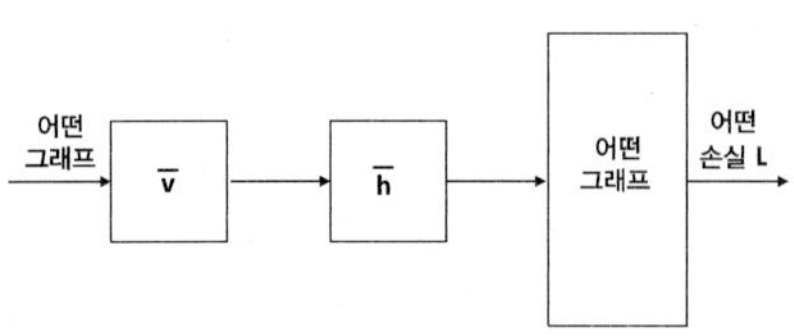

(a) 단일 경로를 갖는 벡터 중심 그래프

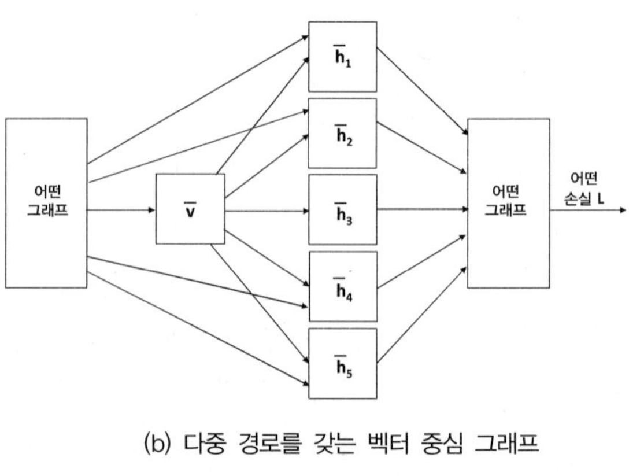

(b) 다중 경로를 갖는 벡터 중심 그래프

그림 11.11 벡터 중심 계산 그래프의 예

수 있다. 여기에서 **행렬의 순서가 중요한데**, 이는 행렬 곱셈이 교환법칙 특성을 갖지 않기 때문이다.

위의 연쇄법칙은 계산 그래프가 단일 경로인 경우에만 적용된다. 계산 그래프에 복잡한 구조가 있으면 어떻게 될까? 예를 들어 그림 11.11(b)와 같이 노드 $\overline{v}$와 이후 계층의 네트워크 사이에 여러 개의 노드 $\overline{h}_1 \ldots \overline{h}_s$이 있는 상황이 있을 수 있다. 또한 계층을 건너뛰는 연결도 있는데, 이를 **도약 연결**(skip connection)이라 한다. 벡터 $\overline{h}_i$의 차원이 m_i라고 가정한다. 이러한 경우 편미분은 이전 사례의 간단한 일반화에 해당한다.

$$\frac{\partial L}{\partial \overline{v}} = \sum_{i=1}^{s} \underbrace{\frac{\partial \overline{h}_i}{\partial \overline{v}}}_{d \times m_i} \underbrace{\frac{\partial L}{\partial \overline{h}_i}}_{m_i \times 1} = \sum_{i=1}^{s} \text{Jacobian}(\overline{h}_i, \overline{v})^T \frac{\partial L}{\partial \overline{h}_i}$$

대부분의 계층화된 신경망에서는 단일 경로만 있으며, 분기의 경우를 다루는 경우는 드물다. 그러나 도약 연결이 있는 신경망의 경우 이러한 분기가 발생할 수 있다[그림 11.11(b)와 11.13(b) 참고]. 그러나 그림 11.11(b)나 11.13(b)와 같은 복잡한 네트워크 구조에서도 역전파 과정에서 **각 노드는 자체의 진출 간선만 고려하면 된다**. 따라서 도약 연결이 있는 경우에도 작동할 수 있는 매우 일반적인 벡터 기반 알고리즘을 아래에서 제시할 것이다.

벡터 변수를 포함하는 $t_1 \ldots t_p$로 표시되는 인덱스를 갖는 p개의 출력 노드가 있고 그 변수는 $\overline{y}(t_1) \ldots \overline{y}(t_p)$인 경우를 생각해보자. 이러한 경우 손실함수 L은 이러한 벡터의 모든 성분의 함수일 수 있다. i번째 노드에 $\overline{y}(i)$로 표시된 변수의 열벡터가 포함되어 있다고 가정한다. 또한 행렬 미적분의 분모 배치법에서 각 $\overline{\Delta}(i) = \frac{\partial L}{\partial \overline{y}(i)}$는 차원이 $\overline{y}(i)$와 동일한 열벡터이다. 역전파되는 것은 손실 미분 벡터이다. 미분 계산을 위한 벡터 중심 알고리즘은 다음과 같다.

> $\{1 \ldots p\}$에 속하는 각 k에 대응되는 출력 노드 t_k에 대해 $\overline{\Delta}(t_k) = \frac{\partial L}{\partial \overline{y}(t_k)}$로 초기화한다;
> **repeat**
>   모든 진출 노드 j, 즉 $j \in A(i)$에 대해 $\overline{\Delta}(j)$의 값이 계산되어 있는
>   처리되지 않은 노드 i를 선택한다;
> $\overline{\Delta}(i) \Leftarrow \sum_{j \in A(i)} \text{Jacobian}(\overline{y}(j), \overline{y}(i))^T \overline{\Delta}(j)$와 같이 갱신한다;
> **until** (모든 노드가 선택됨);
> 각 노드 i로 진입하는 간선의 벡터 $\overline{w}_i$에 대해 $\frac{\partial L}{\partial \overline{w}_i} = \frac{\partial \overline{y}(i)}{\partial \overline{w}_i} \overline{\Delta}(i)$을 계산한다;

위의 의사코드의 마지막 단계에서 벡터 $\overline{w}_i$에 대한 벡터 $\overline{y}(i)$의 미분이 계산되며, 이는 그

자체가 야코비안 행렬의 전치이다. 이 마지막 단계는 노드 변수에 대한 편도함수의 벡터를 노드에 진입하는 가중치에 대한 편도함수 벡터로 변환한다.

11.4 응용: 신경망에서의 역전파

이 절에서는 신경망에서 역전파 알고리즘을 수행하기 위해 계산 그래프를 기반으로 하는 일반 알고리즘을 사용하는 방법을 설명한다. 핵심 아이디어는 신경망의 변수를 계산 그래프의 노드로 정의해야 한다는 것이다. 계산 그래프 노드를 생성하는 데 신경망의 어떤 변수가 사용되는지에 따라 동일한 신경망이 다른 유형의 계산 그래프로 표현될 수 있다. 역전파 갱신을 수행하기 위한 정확한 방법은 이 설계 선택에 크게 좌우된다.

활성화 이전 값 $a(i)$를 생성하기 위해 가중치 w_{ij}들을 입력으로 사용하는 선형 함수를 먼저 적용한 다음, 출력 $h(i)$를 생성하기 위해 활성화 함수 $\Phi(\cdot)$를 적용하는 신경망의 경우를 생각해보자.

$$h(i) = \Phi(a(i))$$

변수 $h(i)$와 $a(i)$는 그림 11.12에 나와 있다. 이 경우 계산 그래프를 생성하는 방법은 여러 가지가 있다. 예를 들어 각 노드가 활성화 이후 값 $h(i)$를 포함하는 계산 그래프를 만들 수 있으며, 이때 묵시적 설정 $y(i)=h(i)$가 이루어진다. 두 번째 선택은 각 노드에 활성화 이전 변수 $a(i)$를 포함하는 계산 그래프를 만드는 것이며, 이때 $y(i)=a(i)$로 설정한다. $a(i)$와 $h(i)$를 모두 포함하는 분리된 계산 그래프를 만드는 것도 가능하며, 이 경우의 계산 그래프에는 신경망보다 두 배 많은 노드가 생성된다. 이러한 모든 경우에, 이전 절의 의사코드의 비교적 명확한 특수사례용 또는 단순화 버전을 경사도 학습에 사용할 수 있다.

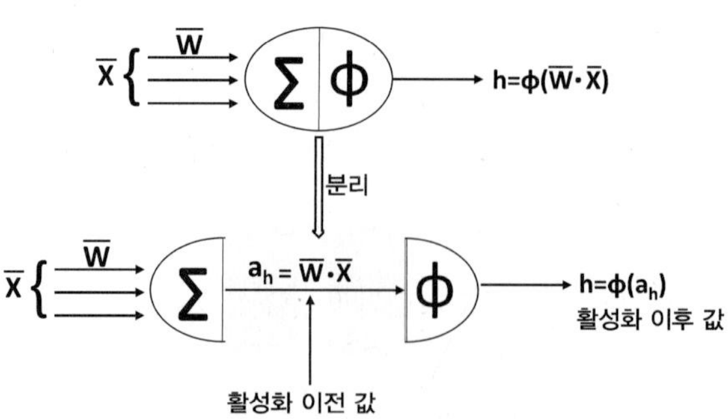

그림 11.12 뉴런 내의 활성화 이전/이후 값

1. 활성화 이후 값 $y(i)=h(i)$는 그래프에서 i번째 계산 노드의 변수를 나타낼 수 있다. 따라서 이러한 그래프의 각 계산 노드는 먼저 **선형 함수를 적용한 다음 활성화 함수를 적용한다.** 활성화 이후 값은 그림 11.12에 나와 있다. 이 경우 11.3.5절의 의사코드에서 $z(i, j)=\dfrac{\partial y(j)}{\partial y(i)}=\dfrac{\partial h(j)}{\partial h(i)}$ 값은 $w_{ij}\Phi'_j$이다. 여기에서 w_{ij}는 i에서 j로 가는 간선의 가중치이고 $\Phi'_j=\dfrac{\partial\Phi(a(j))}{\partial a(j)}$는 노드 j에서 활성화 함수의 그 인수에 대한 국소 도함수이다. 출력 노드 t_r의 각 $\Delta(t_r)$ 값은 $h(t_r)$에 대한 손실함수의 미분이다. 가중치 w_{ji}에 대한 최종 도함수(11.3.5절의 의사코드의 마지막 행에 있음)는 $\Delta(i)\dfrac{\partial h(i)}{\partial w_{ji}}=\Delta(i)h(j)\Phi'_i$와 같다.

2. $a(i)$로 표시되는 활성화 이전 (선형 함수 적용 후) 값은 그래프에서 각 계산 노드 i의 변수를 나타낼 수 있다. 계산 노드와 신경망 노드에서 수행되는 작업 간의 미묘한 차이에 유의하기 바란다. 각 계산 노드는 **선형 함수를 적용하기 전에 먼저 활성화 함수를 각 입력에 적용하는 반면,** 이러한 연산들은 신경망에서 반대 순서로 수행된다. 계산 그래프의 구조는 계산 노드의 첫 번째 계층이 활성화를 포함하지 않는다는 점을 제외하면 신경망과 거의 유사하다. 이 경우 11.3.5절의 의사코드에서 $z(i, j)=\dfrac{\partial y(j)}{\partial y(i)}=\dfrac{\partial a(j)}{\partial a(i)}$의 값은 $\Phi'_i w_{ij}$이다. 이 경우 활성화 이후 변수의 경우에서처럼 $\Phi(a(j))$가 미분되는 것이 아니라, $\Phi(a(i))$가 인수에 대해 미분된다. r번째 출력 노드 t_r의 활성화 이전 변수 $a(t_r)$에 대한 손실 미분 값은 활성화 이전 값이라는 사실을 고려해야 하며, 따라서 손실 미분을 활성화 이후 값에 대해 직접 사용할 수 없다. 대신에 활성화 이후 손실 미분에 **해당 노드의 활성화 함수의 미분 Φ'_{t_r}을 곱해야 한다.** 가중치 w_{ji}에 대한 최종 도함수(11.3.5절의 의사코드의 마지막 행에 있음)는 $\Delta(i)\dfrac{\partial a(i)}{\partial w_{ji}}=\Delta(i)h(j)$와 같다.

역전파를 위해 활성화 이전 변수를 사용하는 것이 활성화 이후 변수를 사용하는 것보다 더 일반적이다. 따라서 여기에서는 활성화 이전 변수를 사용하는 명확한 의사코드로 역전파 알고리즘을 제시한다. t_r을 r번째 출력 노드의 인덱스라고 하자. 이제 활성화 이전 변수를 사용하는 역전파 알고리즘은 다음과 같이 기술될 수 있다.

$\{1\ldots k\}$에 속하는 각 r에 대응되는 출력 노드 t_r에 대해
$\overline{\Delta}(t_r)=\dfrac{\partial L}{\partial y(t_r)}=\Phi'(a(t_r))\dfrac{\partial L}{\partial h(t_r)}$로 초기화한다;

```
repeat
  모든 진출 노드 j, 즉 j∈A(i)에 대해 Δ(j)의 값이 계산되어 있는
        처리되지 않은 노드 i를 선택한다;
  Δ(i) ⇐ Σ_{j∈A(i)} w_ij Δ(j)와 같이 갱신한다;
until (모든 노드가 선택됨);
가중치가 w_ji인 각 간선 (j, i)에 대해 ∂L/∂w_ji = Δ(i)h(j)을 계산한다;
```

활성화 이전 변수와 활성화 이후 변수 모두를 계산 그래프의 개별 노드로 사용할 수도 있다. 다음 절에서는 이러한 접근방식을 벡터 중심 표현과 결합한다.

11.4.1 널리 사용되는 활성화 함수의 미분

역전파에서 활성화 함수의 미분 계산이 필요하다는 것은 이전 절의 논의에서 명백해졌다. 따라서 이 절에서는 널리 사용되는 활성화 함수들의 미분 계산에 대해 설명한다.

1. **시그모이드 활성화**: 시그모이드 활성화의 미분은 입력이 아닌 시그모이드의 출력으로 표현할 때 특히 간단하다. o가 v를 인수로 갖는 시그모이드 함수의 출력이라고 하자.

$$o = \frac{1}{1+\exp(-v)} \tag{11.11}$$

이제 이 활성화 함수의 미분을 다음과 같이 표현할 수 있다.

$$\frac{\partial o}{\partial v} = \frac{\exp(-v)}{(1+\exp(-v))^2} \tag{11.12}$$

요점은 이 시그모이드의 미분을 출력 측면에서 보다 간결하게 표현할 수 있다는 것이다.

$$\frac{\partial o}{\partial v} = o(1-o) \tag{11.13}$$

시그모이드의 미분은 종종 입력이 아닌 출력의 함수로 사용된다.

2. **tanh 활성화**: 시그모이드 활성화의 경우처럼 tanh 활성화는 종종 입력 v가 아닌 출력 o의 함수로 사용된다.

$$o = \frac{\exp(2v)-1}{\exp(2v)+1} \tag{11.14}$$

이제 다음과 같이 미분을 계산할 수 있다.

$$\frac{\partial o}{\partial v} = \frac{4 \cdot \exp(2v)}{(\exp(2v)+1)^2} \tag{11.15}$$

출력 o의 측면에서 이 미분을 표현할 수도 있다.

$$\frac{\partial o}{\partial v} = 1 - o^2 \tag{11.16}$$

3. **ReLU와 hard tanh 활성화**: ReLU는 음이 아닌 인수 값에 대해 편미분 값이 1이고 그 외의 경우 0이다. hard tanh 함수는 폐구간 [−1, +1]과 0에 해당하는 인수 값에 대해 편미분 값이 1이고 그 외의 경우 0이다.

11.4.2 벡터 중심 역전파

그림 11.3에서 볼 수 있듯이 임의의 **계층적** 신경망 구조는 벡터 변수의 단일 경로 계산 그래프로 표현될 수 있다. 그림 11.13(a)에서 그림 11.3(b)의 벡터 중심 도식화를 반복한다. 이 구조는 벡터 변수의 **단일 경로**에 해당하며, 선형 계층과 활성화 계층으로 추가 분리될 수 있다. 신경망이 (다양한 길이의 경로를 포함하는) 임의의 구조를 가질 수는 있지만, 이러한 상황은 그리 자주 나타나지는 않는다. 이러한 아이디어의 일부 변형은 최근에 이미지 데이터에 특화된 ResNet[23)][6, 58]이라는 신경망의 맥락에서 탐색되었다. 그림 11.13(b)에서 이러한 상황을 설명하는데, 여기에는 계층을 건너뛰는 지름길이 포함된다.

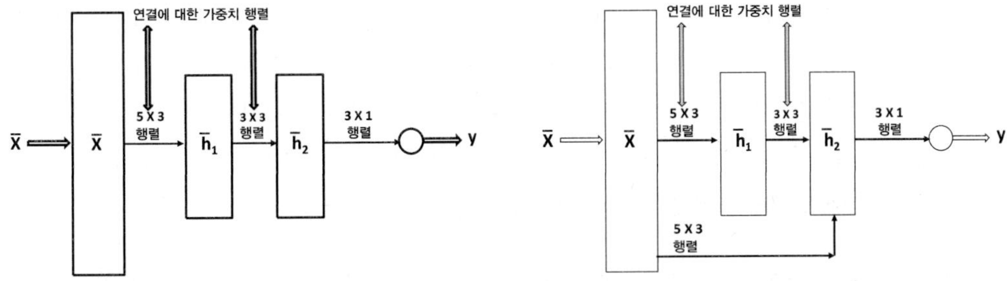

(a) 단일 경로가 있는 벡터 중심 구조 (보편적임)

(b) 임의 토폴로지 (드물게 나타남)

그림 11.13 대부분의 신경망은 계층 구조를 가지며, 벡터 중심 구조에는 단일 경로가 있다. 그러나 계층을 건너뛰는 지름길이 있는 경우 벡터 중심 구조의 토폴로지가 복잡해질 수 있다.

23) ResNet은 계층의 구조가 공간적이고 연산이 합성곱(convolution)에 해당하는 합성곱 신경망이다.

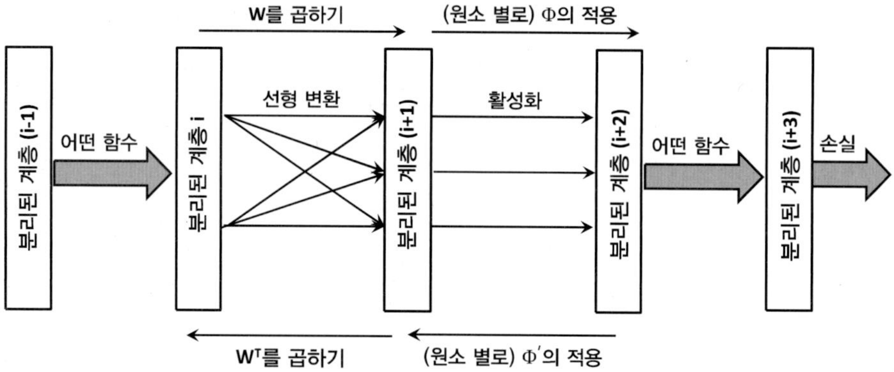

그림 11.14 분리 관점의 역전파

그림 11.13(a)의 계층적 상황이 더 일반적이므로 이러한 경우의 역전파 수행에 사용되는 접근방식을 논의한다. 앞서 논의한 것처럼 신경망의 노드는 선형 연산과 비선형 활성화 함수의 조합을 수행한다. 경사도 계산을 단순화하기 위해 선형 계산과 활성화 계산은 별도의 "계층"으로 분리되며, 역전파는 계층 유형에 따라 별도로 수행된다. 따라서 그림 11.14와 같이 활성화 계층이 선형 계층과 교대로 배열되는 신경망을 만들 수 있다. 활성화 계층은 (대체로) 활성화 함수 $\Phi(\cdot)$를 사용하여 벡터 성분들에 대해 원소 별로 일대일 계산을 수행하는 반면, 선형 계층은 계수 행렬 W를 곱하여 전체 계산을 수행한다. g_i과 g_{i+1}은 i번째 계층과 $(i+1)$번째 계층의 손실 경사도이고 J_i는 i번째 계층과 $(i+1)$번째 계층 사이의 야코비안 행렬일 경우, 계층 간의 역전파 갱신은 다음과 같이 표현할 수 있다.

$$\overline{g}_i = J_i^T \overline{g}_{i+1} \tag{11.17}$$

역전파 수식을 행렬 곱셈으로 표현하는 것은 벡터와 행렬 연산에서 특히 잘 작동하는 그래픽 프로세서 장치(GPU)와 같은 가속장치를 이용하는 구현 중심 관점에서 유용할 수 있다.

먼저, 각 계층의 활성화를 계산하기 위해 입력에 대해 순방향 단계가 수행된다. 그 후 역방향 단계에서 경사도를 계산한다. 행렬 곱셈 계층과 활성화 함수 계층의 각 쌍에 대해 다음과 같은 순방향 단계와 역방향 단계를 수행한다.

1. i번째 계층에서 $(i+1)$번째 계층으로의 선형 변환 행렬이 W로 표시될 때 $\overline{z}_i$와 $\overline{z}_{i+1}$을 순방향 활성화의 열벡터라고 하자. 경사도 $\overline{g}_i$의 각 성분은 i번째 계층의 은닉 변수에 대한 손실함수의 편미분이다. 여기에서 수행되는 계산은 다음과 같다.

$$\overline{z}_{i+1} = W\overline{z}_i \quad \text{[순방향 전파]}$$

$$\overline{g}_i = W^T \overline{g}_{i+1} \quad \text{[역방향 전파]}$$

2. 이제 계층 $(i+1)$의 각 노드에 활성화 함수 $\Phi(\cdot)$를 적용하여 계층 $(i+2)$의 활성화를 계산하는 상황을 생각해보자. 여기에서 수행되는 계산은 다음과 같다.

$$\overline{z}_{i+2} = \Phi(\overline{z}_{i+1}) \qquad \text{[순방향 전파]}$$
$$\overline{g}_{i+1} = \overline{g}_{i+2} \odot \Phi'(\overline{z}_{i+1}) \qquad \text{[역방향 전파]}$$

여기에서 $\Phi(\cdot)$와 그 미분 $\Phi'(\cdot)$은 벡터 인수에 원소 별 방식으로 적용된다. $\odot$ 기호는 원소 별 곱셈을 나타낸다.

하나의 계층에서 활성화가 행렬 곱셈에서 분리되면 매우 단순해진다. 순방향 및 역방향 계산은 그림 11.14에 나와 있다. 다양한 순방향 함수에 대한 여러 유형의 역전파 갱신의 예는 표 11.1에 정리되어 있다. 따라서 역방향 전파 작업도 순방향 전파와 같다. 해당 계층의 경사도 벡터가 주어지면 이전 계층에 대한 손실의 경사도를 얻기 위해 표 11.1의 마지막 열에 표시된 연산을 적용하기만 하면 된다. 표에서 벡터 지시 함수 $I(\overline{x}>0)$는 $\overline{x}$와 같은 크기의 이진 벡터를 반환하는 원소 별 지시 함수이며, i번째 출력 성분은 $\overline{x}$의 i번째 성분이 0보다 클 때 1로 설정된다. 기호 $\overline{1}$은 1들로 구성된 열벡터를 나타낸다.

표 11.1: 계층 i와 계층 $(i+1)$ 사이의 여러 함수와 역전파 갱신의 예. 계층 i의 은닉 값과 경사도는 $\overline{z}_i$와 $\overline{g}_i$로 표시된다. 이러한 계산 중 일부는 $I(\cdot)$를 이진 지시 함수로 사용한다.

함수	유형	순방향	역방향
선형	다대다	$\overline{z}_{i+1} = W\overline{z}_i$	$\overline{g}_i = W^T\overline{g}_{i+1}$
시그모이드	일대일	$\overline{z}_{i+1} = \text{sigmoid}(\overline{z}_i)$	$\overline{g}_i = \overline{g}_{i+1} \odot \overline{z}_{i+1} \odot (\overline{1} - \overline{z}_{i+1})$
tanh	일대일	$\overline{z}_{i+1} = \tanh(\overline{z}_i)$	$\overline{g}_i = \overline{g}_{i+1} \odot (\overline{1} - \overline{z}_{i+1} \odot \overline{z}_{i+1})$
ReLU	일대일	$\overline{z}_{i+1} = \overline{z}_i I(\overline{z}_i > 0)$	$\overline{g}_i = \overline{g}_{i+1} \odot I(\overline{z}_i > 0)$
hard tanh	일대일	±1로 설정 ([−1, +1]에 속하지 않으면) 복사 ([−1, +1]에 속하면)	0으로 설정 ([−1, +1]에 속하지 않으면) 복사 ([−1, +1]에 속하면)
max	다대일	입력 중 최댓값	0으로 설정(최대 입력이 아닌 입력) 복사 (최대 입력)
임의의 함수 $f_k(\cdot)$	미정	$\overline{z}_{i+1}^{(k)} = f_k(\overline{z}_i)$	$\overline{g}_i = J_i^T\overline{g}_{i+1}$ J_i는 Jacobian$(\overline{z}_{i+1}, \overline{z}_i)$이다.

초기화 및 최종 단계

최종 (출력) 계층의 경사도는 출력 계층의 다양한 출력에 대한 손실의 미분 벡터로 초기화된다. 신경망에서 손실은 일반적으로 출력에 대한 닫힌 형식의 함수이기 때문에 이것은 일반적으로 간단한 문제이다. 역전파를 수행하면 손실-노드 미분만 얻고 손실-가중치 미분은 얻지 못한다. $\overline{g}_i$의 요소는 i번째 계층의 **활성화**에 대한 손실의 경사도를 나타내므로, **가중치**에 대한 경사도를 계산하려면 추가적인 단계가 필요하다. $(i-1)$번째 계층의 p번째 단위와 i번째 계층의 q번째 단위 사이의 가중치에 대한 손실의 경사도는 $\overline{z}_{i-1}$의 p번째 원소와 $\overline{g}_i$의 q번째 원소를 곱하여 구한다. 단순히 $\overline{g}_i$와 $\overline{z}_{i-1}$의 **외적**을 계산하는 벡터 중심 접근방식으로 이러한 목표를 달성할 수도 있다. 즉, $(i-1)$번째 계층과 i번째 계층의 가중치에 대한 손실의 미분을 나타내는 전체 행렬 M은 다음과 같이 주어진다.

$$M = \overline{g}_i \overline{z}_{i-1}^T$$

M은 두 개의 연속된 계층과 동일한 크기의 열벡터와 행벡터의 곱으로 주어지므로, 두 계층 사이의 가중치 행렬과 정확히 동일한 크기의 행렬이다. M의 (q, p)번째 원소는 $\overline{z}_{i-1}$의 p번째 원소와 $\overline{z}_i$의 q번째 원소 사이의 가중치에 대한 손실의 미분을 산출한다.

11.4.3 벡터 중심 역전파의 예

벡터 중심 역전파를 설명하기 위해 선형 계층과 활성화 계층이 분리된 예를 사용한다. 그림 11.15는 두 개의 계산 계층이 있는 신경망의 예를 보여 주지만, 활성화 계층이 선형 계층에서 별도의 계층으로 분리되었기 때문에 4개의 계층으로 나타난다. 입력 계층의 벡터는 3차원 열벡터 $\overline{x}$로 표시되며, 계산 계층의 벡터는 $\overline{h}_1$(3차원), $\overline{h}_2$(3차원), h_3(1차원)이고, 출력 계층 벡터는 o(1차원)이다. 손실함수는 $L = -\log(o)$이다. 이 기호들은 그림 11.15에서 주석으로 사

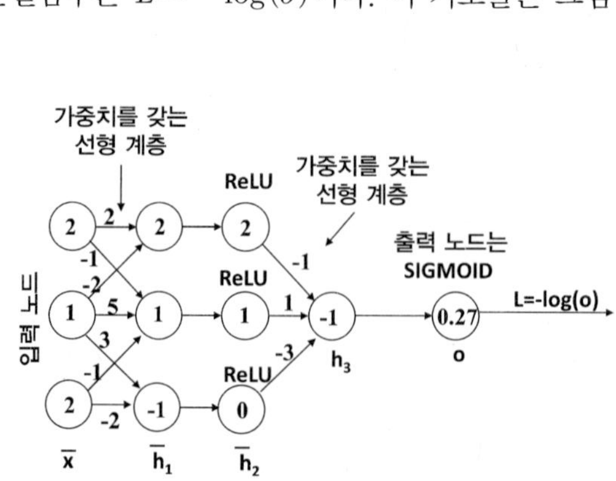

그림 11.15 벡터 계층 $\overline{x}$, $\overline{h}_1$, $\overline{h}_2$, h_3, o가 있는 분리된 신경망의 예: 노드 안에 변수 값이 표시됨

용된다. 입력 벡터 $\overline{x}$는 $[2,\ 1,\ 2]^T$이고 두 선형 계층의 간선 가중치는 그림 11.15에서 주석으로 표시된다. $\overline{x}$와 $\overline{h}_1$ 사이에서 누락된 간선들은 가중치가 0인 것으로 가정한다. 이제 순방향 단계와 역방향 단계의 세부사항을 살펴보자.

순방향 단계: 첫 번째 은닉 계층 $\overline{h}_1$과 입력 벡터 $\overline{x}$의 관계는 가중치 행렬 W에 의해 $\overline{h}_1 = W\overline{x}$로 주어진다. 가중치 행렬 W를 재구성한 후 순방향 전파를 위해 아래와 같이 $\overline{h}_1$을 계산할 수 있다.

$$W = \begin{bmatrix} 2 & -2 & 0 \\ -1 & 5 & -1 \\ 0 & 3 & -2 \end{bmatrix}; \quad \overline{h}_1 = W\overline{x} = \begin{bmatrix} 2 & -2 & 0 \\ -1 & 5 & -1 \\ 0 & 3 & -2 \end{bmatrix} \begin{bmatrix} 2 \\ 1 \\ 2 \end{bmatrix} = \begin{bmatrix} 2 \\ 1 \\ -1 \end{bmatrix}$$

은닉 계층 $\overline{h}_2$는 순방향 단계 동안 아래와 같이 $\overline{h}_1$에 ReLU 함수를 원소 별 방식으로 적용하여 얻는다.

$$\overline{h}_2 = \text{ReLU}(\overline{h}_1) = \text{ReLU}\begin{bmatrix} 2 \\ 1 \\ -1 \end{bmatrix} = \begin{bmatrix} 2 \\ 1 \\ 0 \end{bmatrix}$$

이어서 1×3 가중치 행렬 $W_2 = [-1,\ 1,\ -3]$을 사용하여 3차원 벡터 $\overline{h}_2$를 아래와 같이 1차원 "벡터" h_3으로 변환한다.

$$h_3 = W_2\overline{h}_2 = [-1, 1, -3]\begin{bmatrix} 2 \\ 1 \\ 0 \end{bmatrix} = -1$$

출력 o는 아래와 같이 시그모이드 함수를 h_3에 적용하여 얻는다.

$$o = \frac{1}{1+\exp(-h_3)} = \frac{1}{1+e} \approx 0.27$$

점 별 손실은 $L = -\log_e(0.27) \approx 1.3$이다.

역방향 단계: 역방향 단계에서는 먼저 $\frac{\partial L}{\partial o}$를 $-1/o$, 즉 $-1/0.27$로 초기화한다. 그런 다음 표 11.1의 시그모이드 함수에 대한 역전파 공식을 사용하여 은닉 계층 h_3의 1차원 "경사도" g_3을 얻는다.

$$g_3 = o(1-o)\underbrace{\frac{\partial L}{\partial o}}_{-1/o} = o - 1 = 0.27 - 1 = -0.73 \tag{11.18}$$

은닉 계층 $\overline{h}_2$의 경사도 $\overline{g}_2$는 g_3에 가중치 행렬 $W_2=[-1,\ 1,\ -3]$의 전치를 곱하여 구한다.

$$\overline{g}_2 = W_2^T g_3 = \begin{bmatrix} -1 \\ 1 \\ -3 \end{bmatrix}(-0.73) = \begin{bmatrix} 0.73 \\ -0.73 \\ 2.19 \end{bmatrix}$$

ReLU 계층에 대한 표 11.1의 항목 내용을 기반으로 $\overline{h}_1$의 해당 성분들이 양의 값이면, $\overline{g}_2$의 해당 성분들을 $\overline{g}_1$ 쪽으로 복사함으로써 $\overline{g}_2$를 $\overline{g}_1=\frac{\partial L}{\partial \overline{h}_1}$으로 전파할 수 있다. 양의 값이 아닌 $\overline{h}_1$의 성분들에 대응되는 $\overline{g}_1$의 성분들은 0으로 설정된다. 따라서 이 예제에서는 $\overline{g}_2$의 첫 번째와 두 번째 성분을 $\overline{g}_1$의 첫 번째와 두 번째 성분에 복사하고 $\overline{g}_1$의 세 번째 성분을 0으로 설정하면 경사도 $\overline{g}_1=\frac{\partial L}{\partial \overline{h}_1}$을 얻을 수 있으며, 그 결과는 다음과 같다.

$$\overline{g}_1 = \begin{bmatrix} 0.73 \\ -0.73 \\ 0 \end{bmatrix}$$

단순히 $\overline{g}_0 = W^T \overline{g}_1$을 계산하여 입력 계층 $\overline{x}$에 대한 손실의 경사도 $\overline{g}_0=\frac{\partial L}{\partial \overline{x}}$를 계산할 수도 있다. 그러나 이것은 손실-가중치 미분을 계산하는 데 꼭 필요한 것은 아니다.

손실-가중치 미분의 계산: 지금까지 이 예제에서 손실-노드 미분을 계산하는 방법만 살펴보았다. 손실-노드 미분에 은닉 계층을 곱하는 추가 단계를 사용하여 손실-가중치 미분으로 변환하는 것이 필요하다. 두 계층 사이의 가중치 행렬 W에 대한 손실-가중치 미분을 M이라고 하자. M과 W의 원소 위치 사이에는 일대일 대응이 존재한다. 이제 행렬 M은 다음과 같이 정의될 수 있다.

$$M = \overline{g}_1 \overline{x}^T = \begin{bmatrix} 0.73 \\ -0.73 \\ 0 \end{bmatrix}[2,1,2] = \begin{bmatrix} 1.46 & 0.73 & 1.46 \\ -1.46 & -0.73 & -1.46 \\ 0 & 0 & 0 \end{bmatrix}$$

마찬가지로 $\overline{h}_2$와 h_3 사이의 1×3 행렬 W_2에 대해 손실-가중치 미분 행렬 M_2를 계산할 수 있다.

$$M_2 = g_3 \overline{h}_2^T = (-0.73)[2,1,0] = [-1.46, -0.73, 0]$$

행렬 M_2의 크기는 W_2의 크기와 동일하지만, 누락된 간선의 가중치는 갱신되지 않아야 한다.

11.5 일반적 관점의 계산 그래프

연속 값 데이터에 대한 방향성 비순환 그래프를 사용하는 것은 기계학습에서 매우 일반적이지만(신경망이 두드러진 사용 사례임), 이러한 그래프의 다른 변형들도 사용된다. 예를 들어, 계산 그래프가 확률 함수가 정의된 간선을 갖거나 이산 값 변수를 가질 수도 있고, 그래프에 순환을 포함할 수도 있다. 실제로 확률 그래프 모델이라는 분야에서는 이러한 유형의 계산 그래프를 이용한다. 계산 그래프에서 순환을 사용하는 것은 순방향 신경망에서 흔하지 않지만, 코호넨 자기조직화 맵, 홉필드 망, 볼츠만 기계 등의 많은 고급 신경망 변형에서 매우 일반적이다. 또한 이러한 신경망은 (묵시적이든 명시적이든) 노드 내의 변수로 이산 데이터 유형이나 확률 데이터 유형을 사용한다.

또 다른 중요한 변형은 무방향 계산 그래프를 사용하는 것이다. 무방향 계산 그래프에서 각 노드는 노드에 접한 변수들의 함수를 계산하며 링크에 방향성은 없다. 이것은 무방향 계산 그래프와 방향성 계산 그래프 사이의 유일한 차이점이다. 방향성 계산 그래프의 경우와 마찬가지로 노드에서 관측된 변수에 대한 손실함수를 정의할 수 있다. 무방향 계산 그래프의 예는 그림 11.16에 나와 있다. (관측된 데이터에 해당하는) 일부 노드는 고정되는 반면, 나머지 노드들은 계산 노드이다. 노드의 값이 외부에서 고정되지 않는 한 계산은 간선의 양방향으로 발생할 수 있다.

무방향 계산 그래프에서 매개변수의 학습이 더 어려워지는데, 이는 순환이 존재함으로써 노드의 변수 값에 추가적인 제약이 생기기 때문이다. 사실, 계산 그래프가 암시하는 모든 함수적 제약조건을 충족하는 노드 변수 값 집합이 있을 필요조차 없다. 예를 들어, 두 개의 노드가 있고 각 노드의 변수는 다른 노드의 변수에 1을 더하여 계산되는 계산 그래프를 생각해보자. 이러한 제약조건을 충족할 수 있는 한 쌍의 노드 값을 찾는 것은 불가능하다(두 변수의 값이 모두 상대방보다 1만큼 클 수는 없음). 따라서 대부분의 경우 최적합 해에 만족해야 한다. 이러한 상황은 입력과 매개변수의 모든 값에 대해 적절한 변수 값을 항상 정의할 수 있는 방향

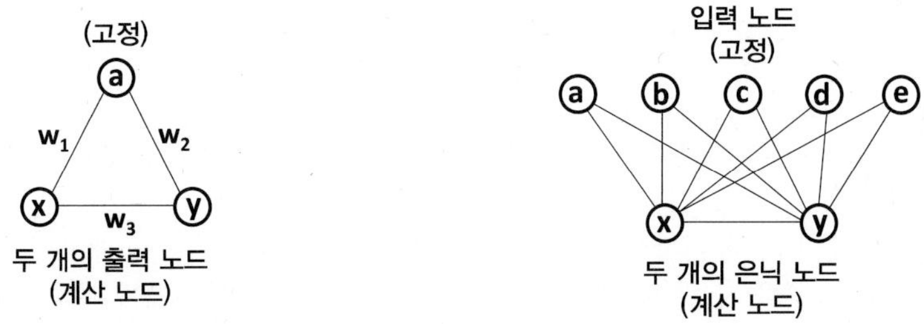

(a) 무방향 계산 그래프 (b) 입력 상태의 수가 은닉 상태의 수보다 많음

그림 11.16 무방향 계산 그래프의 예

성 비순환 그래프와 다르다(각 노드의 함수가 해당 입력에 대해 계산 가능한 경우로 가정함).

무방향 계산 그래프는 모든 유형의 비지도 알고리즘에서 자주 사용된다. 이러한 그래프에서 순환은 은닉 노드를 입력 노드에 연결하는 데 도움이 되기 때문이다. 예를 들어, 변수 x와 y가 그림 11.16(b)에서 은닉 변수로 가정되는 경우, 이 접근방식은 두 개의 은닉 변수가 5차원 데이터의 압축된 표현에 해당하도록 가중치를 학습한다. 가중치는 종종 연결된 노드들이 높은 양의 상관관계를 가질 때 큰 가중치를 보상하는 손실함수(또는 에너지 함수)를 최소화하도록 학습된다. 예를 들어 변수 x가 입력 a와 높은 양의 상관관계에 있는 경우, 이 두 노드 간의 가중치는 커야 한다. 이러한 가중치를 학습하면 네트워크에 대입하여 5차원 점의 은닉 표현을 계산할 수 있다.

계산 그래프의 매개변수를 학습하기 어려운 정도는 그래프의 세 가지 특성에 의해 좌우된다. 첫 번째 특성은 그래프 자체의 구조이다. 일반적으로 순환이 없는 (따라서 방향성인) 계산 그래프의 매개변수를 학습하는 것이 훨씬 쉽다. 두 번째 특성은 노드의 변수가 연속인지 이산인지 여부이다. 미분을 사용할 수 있는 연속 변수로 계산 그래프의 매개변수를 최적화하는 것이 훨씬 쉽다. 마지막으로, 어떤 노드에서 계산된 함수는 확률적이거나 결정적일 수 있다. 결정적 계산 그래프의 매개변수는 대부분의 경우 관측된 데이터로 최적화하기가 훨씬 쉽다. 이러한 모든 변형들은 중요하며 다양한 유형의 기계학습 응용에서 발생한다. 기계학습에서 다양한 유형의 계산 그래프에 대한 몇 가지 예는 다음과 같다.

1. **홉필드 망**: 홉필드 망은 노드가 항상 이산적인 이진 값을 포함하는 **무방향** 계산 그래프이며, 무방향이므로 순환을 포함한다. 변수의 이산적 특성으로 인해 미적분의 간단한 기법들을 사용할 수 없기 때문에, 문제를 최적화하기가 더 어려워진다. 이산 값 변수를 사용하는 무방향 그래프에 대한 최적 해를 찾는 것은 NP-난해(NP-hard)[24)][49]인 문제로 알려져 있는 경우가 많다. 예를 들어, NP-난해로 알려진 **순회 외판원 문제**의 해결에 홉필드 망이 사용될 수 있다. 이러한 유형의 최적화 문제를 위한 대부분의 알고리즘은 반복형 휴리스틱이다.

2. **확률 그래프 모델**: **확률 그래프 모델**[74]은 확률 변수 간의 구조적 종속관계를 나타내는 그래프이다. 이러한 종속관계는 무방향일 수도 있고 방향성일 수도 있다. 방

---

24) 문제가 NP-난해하다는 것은 해당 문제에 대한 다항식 시간 알고리즘이 알려져 있지 않음을 의미한다(존재 여부도 알 수 없음). 보다 구체적으로, 그러한 문제 하나에 대한 다항식 시간 알고리즘을 찾게 되면, 그동안 아무도 다항식 시간 알고리즘을 찾을 수 없었던 수천 개의 관련 문제에 대한 다항식 시간 알고리즘을 자동으로 제공하게 된다. 많은 종류의 관련 문제에 대해 다항식 시간 알고리즘을 찾을 수 없다는 것은 일반적으로 이러한 문제 집합의 문제 모두 해결하기 어렵고 그 중 어느 문제에 대해서도 다항식 시간 알고리즘이 존재하지 않을 가능성이 대단히 높다는 사실의 증거로 간주된다.

향성 종속관계는 순환을 포함할 수도 있고 포함하지 않을 수도 있다. 확률 그래프 모델이 다른 유형의 그래픽 계산 모델과 구별되는 주요 특성은 변수가 본질적으로 확률적이라는 것이다. 즉, 계산 그래프의 변수는 **진입 노드의 변수에서 정해지는 확률 분포**에서 표본추출한 **결과**에 해당한다. 모든 모델들 중에서 확률 그래프 모델은 해결하기 가장 어렵고 종종 **마르코프 체인 몬테카를로 표본추출**과 같은 계산 집약적인 절차가 필요하다. 흥미롭게도 **볼츠만 기계**라고 하는 홉필드 망의 일반화는 중요한 확률 그래프 모델 클래스를 나타낸다.

3. **코호넨 자기조직화 맵**: 코호넨 자기조직화 맵은 은닉 노드들에 대해 2차원 **격자 구조 그래프**를 사용한다. 은닉 노드에서의 활성화는 k-평균 알고리즘의 중심점과 유사하다. 이러한 유형의 접근방식은 일종의 **경쟁 학습 알고리즘**이다. 격자 구조는 그래프에서 서로 가까운 은닉 노드가 비슷한 값을 갖도록 한다. 결과적으로 데이터 점을 가장 가까운 은닉 노드에 연계시킴으로써 데이터에 대한 2차원 시각화를 얻을 수 있다.

표 11.2는 기계학습에서 계산 그래프 패러다임의 여러 변형과 그 속성을 보여준다. 특정 문제에 사용되는 방법론은 계산 그래프의 구조, 변수와 노드 별 함수의 특성에 크게 의존한다. 이 책에서 논의된 기본 기계학습 모델의 신경망 구조(예: 선형 회귀, 로지스틱 회귀, 행렬 분해, SVM)에 대해서는 [6]을 참조하기 바란다.

표 11.2: 다양한 기계학습 문제에 대한 계산 그래프 유형. 계산 그래프의 속성은 응용에 따라 다르다.

모델	순환?	변수	함수	방법론
SVM 로지스틱 회귀 선형 회귀 SVD 행렬 인수분해	없음	연속	결정적	경사하강법
순방향 신경망	없음	연속	결정적	경사하강법
코호넨 맵	있음	연속	결정적	경사하강법
홉필드 망	있음 (무방향)	이산 (이진)	결정적	반복형 (헤비안 규칙)
볼츠만 기계	있음 (무방향)	이산 (이진)	확률적	몬테카를로 표본추출 + 반복형 (헤비안 규칙)
확률 그래프 모델	가변적임	가변적임	(대체로) 확률적	다양함

11.6 요약

이 장에서는 기계학습 응용을 위한 계산 그래프의 기초사항을 소개한다. 계산 그래프에는 학습을 필요로 하는 간선 연계 매개변수들이 종종 있다. 관측된 데이터로부터 계산 그래프의 매개변수들을 학습하면 관측된 데이터로부터 함수를 학습하는 길이 열린다(닫힌 형식으로 함수를 표현할 수 있든 없든). 가장 일반적으로 사용되는 계산 그래프 유형은 방향성 비순환 그래프이다. 기존의 신경망은 이러한 유형의 그래프의 특별한 경우에 해당하는 한 가지 범주의 모델들을 나타낸다. 그러나 이와는 다른 유형인 무방향 순환 그래프는 홉필드 망이나 제한된 볼츠만 기계와 같은 다른 모델들을 나타내기 위해 사용된다.

11.7 추가 자료

계산 그래프는 신경망 또는 확률 모델과 같은 많은 기계학습 모델과 관련된 계산을 정의하는 기본적인 방법을 나타낸다. 신경망에 대한 자세한 논의는 [6, 53]에서 찾을 수 있으며, 확률 그래프 모델에 대한 자세한 논의는 [74]에서 찾을 수 있다. 계산 그래프에서의 자동 미분은 역사적으로 제어 이론에서 광범위하게 사용되었다[26, 71]. 역전파 알고리즘은 Werbos[131]에 의해 신경망의 맥락에서 처음 제안되었지만 묻혀버렸다. 결국 역전파 알고리즘은 Rumelhart et al.[110]의 논문을 통해 대중화되었다. 홉필드 망과 볼츠만 기계는 모두 [6]에서 논의된다. 코호넨 자기조직화 맵에 대한 논의도 [6]에서 찾을 수 있다.

11.8 연습문제

1. 문제 11.2.2는 계산 그래프의 맥락에서 L_1-SVM을 위한 손실함수를 제안한다. 동일한 계산 그래프가 L_2-SVM을 표현할 수 있도록 하기 위해 이 손실함수를 어떻게 변경하겠는가?

2. 동일한 계산 그래프를 사용하여 위드로우-호프 학습(최소제곱 분류)을 시뮬레이션 하는 변경된 설정으로 연습문제 1을 반복한다. 이 경우의 단일 출력 노드와 연계된 손실함수를 기술하시오.

3. 이 책에서는 선형 계층의 역전파가 행렬 대 벡터 곱셈으로 구현될 수 있는 벡터 중심 관점의 역전파를 설명한 바 있다. 행렬 대 행렬 곱셈을 사용하여 (미니 배치 확률적 경사하강법의 경우와 같이) 한 번에 훈련 인스턴스 모음을 처리할 수 있는 방법을 설명하시오.

4. $f(x)$를 다음과 같이 정의한다.

$$f(x) = \sin(x) + \cos(x)$$

함수 $f(f(f(f(x))))$를 생각해보자. 복잡스럽게 긴 함수를 이해하기 위해 이 함수를 닫힌 형식으로 표현하시오. 계산 그래프 추상화를 사용하여 $x = \pi/3$ 라디안에서 이 함수의 미분을 계산하시오.

5. 특정 가중치 집합이 항상 동일한 값을 갖는다는 제약조건을 갖는 계산 그래프가 있다고 가정한다. 이러한 가중치들에 대해 손실함수의 미분을 계산하는 방법을 설명하시오. [이 기법은 공유 가중치를 처리하기 위해 신경망 문헌에서 자주 사용된다.]

6. 간선의 변수가 k개의 선형 등식 제약조건을 충족하는 것으로 알려져 있는 계산 그래프를 생각해보자. 그러한 그래프의 가중치를 학습하는 방법을 설명하시오. 변수가 경계상자 제약조건을 충족하면 대답이 어떻게 달라지는가? [이 질문에 대답하기 전에 제약조건이 있는 최적화에 대한 장을 참조하기 바란다.]

7. 계산 그래프가 순환을 포함하는 경우 경사도 계산을 위한 동적 프로그래밍 알고리즘이 작동하지 않는 이유를 설명하시오.

8. 그림 11.13(b)에 표시된 것처럼 한 계층씩 건너뛰는 계층 간의 연결이 있는 신경망 구조를 생각해보자. 이 신경망의 점화식은 다음과 같다고 가정한다.

$$\begin{aligned}\overline{h}_1 &= \text{ReLU}(W_1\overline{x})\\ \overline{h}_2 &= \text{ReLU}(W_2\overline{x} + W_3\overline{h}_1)\\ y &= W_4\overline{h}_2\end{aligned}$$

여기에서 W_1, W_2, W_3, W_4는 적절한 크기의 행렬이다. 벡터 중심 역전파 알고리즘을 사용하여 중간 계층의 행렬과 활성화 값으로 $\frac{\partial y}{\partial \overline{h}_2}$, $\frac{\partial y}{\partial \overline{h}_1}$, $\frac{\partial y}{\partial \overline{x}}$ 등에 대한 표현식을 유도하시오.

9. 은닉 계층 $\overline{h}_1 \ldots \overline{h}_t$을 갖고, 각 계층에 대한 입력은 $\overline{x}_1 \ldots \overline{x}_t$이며, 최종 계층 $\overline{h}_t$에서 $\overline{o}$를 출력하는 신경망을 생각해보자. p번째 계층에 대한 점화식은 다음과 같다.

$$\begin{aligned}\overline{o} &= U\overline{h}_t\\ \overline{h}_p &= \tanh(W\overline{h}_{p-1} + V\overline{x}_p) \ \ \forall p \in \{1 \ldots t\}\end{aligned}$$

벡터 출력 $\overline{o}$는 k차원, 각 $\overline{h}_p$는 m차원, 각 $\overline{x}_p$는 d차원을 갖는다. "tanh" 함수는 원소

별로 적용된다. 기호 U, V, W는 각각 크기가 $k \times m$, $m \times d$, $m \times m$인 행렬을 나타낸다. 벡터 $\overline{h}_0$은 영벡터로 설정된다. 이 시스템에 대한 (벡터화된) 계산 그래프를 그리고, 노드 간 역전파가 다음 점화식을 사용한다는 것을 보이시오.

$$\frac{\partial \overline{o}}{\partial \overline{h}_t} = U^T$$
$$\frac{\partial \overline{o}}{\partial \overline{h}_{p-1}} = W^T \Delta_{p-1} \frac{\partial \overline{o}}{\partial \overline{h}_p} \quad \forall p \in \{2 \ldots t\}$$

여기에서 Δ_p는 대각 항이 벡터 $\overline{1} - \overline{h}_p \odot \overline{h}_p$의 성분들을 포함하는 대각 행렬이다. 방금 도출한 것은 순환 신경망의 노드 간 역전파 점화식을 포함한다. 각 행렬 $\frac{\partial \overline{o}}{\partial \overline{h}_p}$의 크기는 얼마인가?

10. 연습문제 9에서 손실함수 $L(\overline{o})$를 사용하면 다음과 같이 최종 계층 $\overline{h}_t$에 대해 손실-노드 경사도를 계산할 수 있다.

$$\frac{\partial L(\overline{o})}{\partial \overline{h}_t} = U^T \frac{\partial L(\overline{o})}{\partial \overline{o}}$$

이전 계층들에서의 갱신은 각 $\overline{o}$가 $L(\overline{o})$로 대체된다는 점을 제외하면 연습문제 9와 비슷하다. 각 행렬 $\frac{\partial L(\overline{o})}{\partial \overline{h}_p}$의 크기는 얼마인가?

11. 연습문제 9에서 신경망의 출력 구조가 변경되어 각 계층에 k차원 출력 $\overline{o}_1 \ldots \overline{o}_t$이 있으며, 전체 손실은 $L = \sum_{i=1}^{t} L(\overline{o}_i)$이라고 가정한다. 출력을 위한 점화식은 $\overline{o}_p = U\overline{h}_p$이다. 다른 모든 점화식은 동일하게 유지된다. 은닉 계층의 역전파 점화식이 다음과 같이 변경된다는 것을 보이시오.

$$\frac{\partial L}{\partial \overline{h}_t} = U^T \frac{\partial L(\overline{o}_t)}{\partial \overline{o}_t}$$
$$\frac{\partial L}{\partial \overline{h}_{p-1}} = W^T \Delta_{p-1} \frac{\partial L}{\partial \overline{h}_p} + U^T \frac{\partial L(\overline{o}_{p-1})}{\partial \overline{o}_{p-1}} \quad \forall p \in \{2 \ldots t\}$$

12. 연습문제 11에 대해 다음 손실-가중치 미분을 보이시오.

$$\frac{\partial L}{\partial U} = \sum_{p=1}^{t} \frac{\partial L(\overline{o}_p)}{\partial \overline{o}_p} \overline{h}_p^T, \quad \frac{\partial L}{\partial W} = \sum_{p=2}^{t} \Delta_{p-1} \frac{\partial L}{\partial \overline{h}_p} \overline{h}_{p-1}^T, \quad \frac{\partial L}{\partial V} = \sum_{p=1}^{t} \Delta_p \frac{\partial L}{\partial \overline{h}_p} \overline{x}_p^T$$

이 행렬의 크기와 순위는 얼마인가?

13. 벡터 노드 $\overline{v}$가 서로 다른 함수를 계산하는 두 벡터 노드 $\overline{h}_1$과 $\overline{h}_2$로 공급되는 신경망을 생각해보자. 노드에서 계산된 함수는 $\overline{h}_1 = \text{ReLU}(W_1\overline{v})$와 $\overline{h}_2 = \text{sigmoid}(W_2\overline{v})$이다. 신경망의 다른 부분에 있는 변수의 값에 대해 아무것도 알지 못하지만, $\overline{h}_1 = [2 -1, 3]^T$와 $\overline{h}_2 = [0.2, 0.5, 0.3]^T$이고 이들은 노드 $\overline{v} = [2, 3, 5, 1]^T$에 연결되어 있음을 알고 있다고 하자. 또한 손실 경사도는 각각 $\frac{\partial L}{\partial \overline{h}_1} = [-2, 1, 4]^T$와 $\frac{\partial L}{\partial \overline{h}_2} = [1, 3, -2]^T$이다. 역전파 손실 경사도 $\frac{\partial L}{\partial \overline{v}}$가 다음과 같이 W_1와 W_2를 사용하여 계산될 수 있음을 보이시오.

$$\frac{\partial L}{\partial \overline{v}} = W_1^T \begin{bmatrix} -2 \\ 0 \\ 4 \end{bmatrix} + W_2^T \begin{bmatrix} 0.16 \\ 0.75 \\ -0.42 \end{bmatrix}$$

W_1, W_2, $\frac{\partial L}{\partial \overline{v}}$의 크기는 얼마인가?

14. 순방향 모드 미분: 역전파 알고리즘은 다른 모든 노드들에 대해 **출력** 노드의 노드 간 도함수를 계산해야 하며, 따라서 역방향의 경사도를 계산하는 것이 필요하다. 이러한 맥락에서 11.3.4절의 의사코드는 경사도를 역방향으로 전파한다. 그러나 **출발** (입력) 노드 $s_1 \ldots s_k$에 대해 모든 노드의 노드 간 도함수를 계산하는 경우를 생각해보자. 즉, 네트워크의 각 비 입력 노드 변수 x와 각 입력 노드 s_i에 대해 $\frac{\partial x}{\partial s_i}$를 계산하려고 한다. 순방향으로 노드 간 경사도를 계산하는 11.3.4절 의사코드의 변형을 제안하시오.

15. 모든 노드 쌍 간의 미분: n개의 노드와 m개의 간선을 포함하는 방향성 비순환 계산 그래프에서 노드 i의 변수를 $y(i)$로 표시한다. 계산 그래프의 모든 노드 쌍 (i, j)에 대해 노드 i에서 노드 j까지 적어도 한 개의 방향성 경로가 존재하도록 $S(i, j) = \frac{\partial y(j)}{\partial y(i)}$를 계산하는 경우를 생각해보자. 최대 $O(n^2 m)$시간을 요하는 모든 노드 쌍 간의 미분 계산 알고리즘을 제안하시오. [힌트: 경로 별 집계 보조정리가 도움이 될 것이다. 먼저 보조정리상의 $S(i, j)$의 일부이며 길이가 정확히 t인 경로들에 대응되는 $S(i, j, t)$를 계산하시오. $S(i, k, t+1)$은 어떻게 다른 $S(i, j, t)$로 표현될 수 있을까?]

16. 경로 별 집계 보조정리를 사용하여 $y(1)$, $y(2)$, $y(3)$ 각각에 대한 $y(10)$의 미분을 대수식으로 계산하시오(그림 11.9 참고). 이 장의 본문에서 역전파 알고리즘을 사용하여 계산된 것과 동일한 미분이 도출되어야 한다.

17. 그림 11.8의 계산 그래프를 생각해보자. 특정 숫자 입력 $x = a$가 주어질 때 네트워크상

의 모든 간선 (i, j)에 대해 $\dfrac{\partial y(j)}{\partial y(i)}$의 값이 0.3이라는 비정상적인 상황을 발견했다고 하자. 입력 x에 대한 출력의 편미분의 ($x = a$에서) 숫자 값을 계산하시오. 경로 별 집계 보조정리와 역전파 알고리즘을 모두 사용하여 계산 과정을 표시하시오.

18. 그림 11.8의 계산 그래프를 생각해보자. 두 입력에 대해 각 계층의 상단 노드들은 $\sin(x+y)$를 계산하고, 각 계층의 하단 노드들은 $\cos(x+y)$를 계산한다. 첫 번째 은닉 계층의 경우, 단일 입력 x만 있으므로 $\sin(x)$와 $\cos(x)$ 값이 계산된다. 최종 출력 노드는 두 입력의 곱을 계산한다. 단일 입력 x는 1 라디안이다. 입력 x에 대한 출력의 편미분의 숫자 값을 계산하시오($x = 1$ 라디안에서). 경로 별 집계 보조정리와 역전파 알고리즘을 모두 사용하여 계산 과정을 표시하시오.

19. **신경망을 사용한 행렬 인수분해**: 입력 계층, 은닉 계층, 출력 계층 등을 포함하는 신경망을 생각해보자. 출력 개수는 입력 개수 d와 같다. 각 출력 값은 한 개의 입력 값에 대응되고, 손실함수는 출력과 해당 입력 간의 차이 제곱의 합이다. 은닉 계층의 노드 개수 k는 d보다 훨씬 적다. 데이터 행렬 D의 d차원 행들은 이 신경망을 훈련시키기 위해 하나씩 공급된다. 이 모델이 순위 k의 무제약 행렬 인수분해 모델과 동일한 이유를 설명하시오. 행렬 인수분해의 맥락에서 은닉 계층의 가중치와 활성화를 해석하시오. 행렬 D는 열 전 순위를 갖는다고 가정하고, 가중치 행렬과 데이터 행렬에 관한 표기법은 편한 대로 정의해도 좋다.

20. **신경망을 사용한 SVD**: 이전 연습문제에서 무제약 행렬 인수분해는 SVD와 동일한 k차원 부분공간을 찾는다. 그러나 일반적으로 SVD와 같은 직교정규 기저를 찾지는 못한다(8장 참고). 직교정규 기저를 찾을 수 있도록 k 값을 점진적으로 증가시키는 방식으로 이전 절의 계산 그래프에 대한 반복형 훈련 방법을 제시하시오.

21. 그림 11.17(a)에 표시된 계산 그래프를 생각해보자. 여기에서 각 간선 (i, j)에 대한 국소 도함수는 $\dfrac{\partial y(j)}{\partial y(i)}$로 표시되며, $y(k)$는 노드 k의 활성화를 나타낸다. 출력 o는 0.1이고 손실 L은 $-\log(o)$로 주어진다. 경로 별 집계 보조정리와 역전파 알고리즘을 모두 사용하여 각 입력 x_i에 대한 $\dfrac{\partial L}{\partial x_i}$ 값을 계산하시오.

22. 그림 11.17(b)에 표시된 계산 그래프를 생각해보자. 여기에서 각 간선 (i, j)에 대한 국소 도함수는 $\dfrac{\partial y(j)}{\partial y(i)}$로 표시되며, $y(k)$는 노드 k의 활성화를 나타낸다. 출력 o는 0.1이고 손실 L은 $-\log(o)$로 주어진다. 경로 별 집계 보조정리와 역전파 알고리즘을 모두

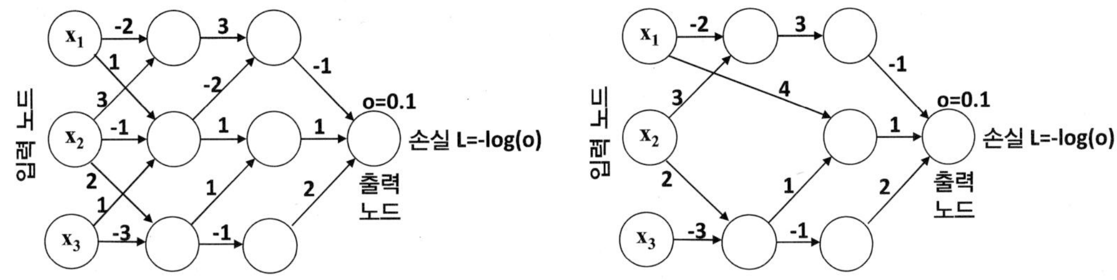

(a) 연습문제 21 (b) 연습문제 22

그림 11.17 연습문제 21과 22를 위한 계산 그래프

사용하여 각 입력 x_i에 대한 $\frac{\partial L}{\partial x_i}$ 값을 계산하시오.

23. 적절하게 정의된 은닉 노드로 $w_1 \cdots w_5$을 나타내는 추가 노드들을 정의함으로써 그림 11.2의 가중 계산 그래프를 비 가중 그래프로 변환하시오.

24. **신경망을 사용한 다항 로지스틱 회귀**: softmax 활성화 함수와 다항 로지스틱 회귀를 수행할 수 있도록 적절한 손실함수를 사용하는 신경망 구조를 제안하시오. 다항 로지스틱 회귀에 대한 자세한 내용은 4장을 참조하기 바란다.

25. **신경망을 사용한 웨스턴–왓킨스 SVM**: 웨스턴-왓킨스 SVM과 동등한 신경망 구조와 적절한 손실함수를 제안하시오. 웨스턴-왓킨스 SVM에 대한 자세한 내용은 4장을 참조하기 바란다.

참고문헌

1. C. Aggarwal. Data mining: The textbook. *Springer*, 2015.
2. C. Aggarwal. Machine learning for text. *Springer*, 2018.
3. C. Aggarwal. Recommender systems: The textbook. *Springer*, 2016.
4. C. Aggarwal. Outlier analysis. *Springer*, 2017.
5. C. C. Aggarwal and S. Sathe. Outlier Ensembles: An Introduction. *Springer*, 2017.
6. C. Aggarwal. Neural networks and deep learning: A textbook. *Springer*, 2018.
7. C. Aggarwal. On the effects of dimensionality reduction on high dimensional similarity search. *ACM PODS Conference*, pp. 256-266, 2001.
8. R. Ahuja, T. Magnanti, and J. Orlin. Network flows: theory, algorithms, and applications. *Prentice Hall*, 1993.
9. A. Azran. The rendezvous algorithm: Multiclass semi-supervised learning with markov random walks. *ICML*, pp. 49-56, 2007.
10. M. Bazaraa, H. Sherali, and C. Shetty. Nonlinear programming: theory and algorithms. *John Wiley and Sons*, 2013.
11. I. Bayer. Fastfm: a library for factorization machines. *arXiv preprint arXiv:1505.00641*, 2015. https://arxiv.org/pdf/1505.00641v2.pdf
12. A. Beck and M. Teboulle. A fast iterative shrinkage-thresholding algorithm for linear inverse problems. SIAM journal on imaging sciences, 2(1), pp. 183-202, 2009.
13. S. Becker, and Y. LeCun. Improving the convergence of back-propagation learning with second order methods. *Proceedings of the 1988 connectionist models summer school*, pp. 29-37, 1988.
14. J. Bergstra and Y. Bengio. Random search for hyper-parameter optimization. *Journal of Machine Learning Research*, 13, pp. 281-305, 2012.
15. D. Bertsekas. Nonlinear programming. *Athena scientific*, 1999.
16. D. Bertsimas and J. Tsitsiklis. Introduction to linear optimization. *Athena Scientific*, 1997.
17. S. Bhagat, G. Cormode, and S. Muthukrishnan. Node classification in social networks. *Social Network Data Analytics*, Springer, pp. 115-148. 2011.
18. C. M. Bishop. Pattern recognition and machine learning. *Springer*, 2007.
19. C. M. Bishop. Neural networks for pattern recognition. *Oxford University Press*, 1995.
20. E. Bodewig. Matrix calculus. *Elsevier*, 2014.

21. P. Boggs and J. Tolle. Sequential quadratic programming. *Acta Numerica*, 4, pp. 1-151, 1995.
22. S. Boyd and L. Vandenberghe. Convex optimization. *Cambridge University Press*, 2004.
23. S. Boyd and L. Vandenberghe. Applied linear algebra. *Cambridge University Press*, 2018.
24. S. Brin, and L. Page. The anatomy of a large-scale hypertextual web search engine. *Computer Networks*, 30(1-7), pp. 107-117, 1998.
25. A. Brouwer and W. Haemers. Spectra of graphs. *Springer Science and Business Media*, 2011.
26. A. Bryson. A gradient method for optimizing multi-stage allocation processes. *Harvard University Symposium on Digital Computers and their Applications*, 1961.
27. C. Chang and C. Lin. LIBSVM: a library for support vector machines. *ACM Transactions on Intelligent Systems and Technology*, 2(3), 27, 2011. http://www.csie.ntu.edu.tw/~cjlin/libsvm/
28. O. Chapelle. Training a support vector machine in the primal. *Neural Computation*, 19(5), pp. 1155-1178, 2007.
29. F. Chung. Spectral graph theory. *American Mathematical Society*, 1997.
30. C. Cortes and V. Vapnik. Support-vector networks. *Machine Learning*, 20(3), pp. 273-97, 1995.
31. N. Cristianini, and J. Shawe-Taylor. An introduction to support vector machines and other kernel-based learning methods. *Cambridge University Press*, 2000.
32. Y. Dauphin, R. Pascanu, C. Gulcehre, K. Cho, S. Ganguli, and Y. Bengio. Identifying and attacking the saddle point problem in high-dimensional non-convex optimization. *NIPS Conference*, pp. 2933-2941, 2014.
33. S. Deerwester, S. Dumais, G. Furnas, T. Landauer, and R. Harshman. Indexing by latent semantic analysis. *Journal of the American Society for Information Science*, 41(6), 41(6), pp. 391-407, 1990.
34. C. Deng. A generalization of the Sherman Morrison Woodbury formula. *Applied Mathematics Letters*, 24(9), pp. 1561-1564, 2011.
35. C. Ding, T. Li, and W. Peng. On the equivalence between non-negative matrix factorization and probabilistic latent semantic indexing. *Computational Statistics and Data Analysis*, 52(8), pp. 3913-3927, 2008.
36. N. Draper and H. Smith. Applied regression analysis. *John Wiley & Sons*, 2014.
37. D. Du and P. Pardalos (Eds). Minimax and applications, *Springer*, 2013.
38. J. Duchi, E. Hazan, and Y. Singer. Adaptive subgradient methods for online learning and stochastic optimization. *Journal of Machine Learning Research*, 12, pp. 2121-2159, 2011.
39. R. Duda, P. Hart, and D. Stork. Pattern classification. *John Wiley and Sons*, 2012.
40. D. Easley, and J. Kleinberg. Networks, crowds, and markets: Reasoning about a highly connected world. *Cambridge University Press*, 2010.
41. C. Eckart and G. Young. The approximation of one matrix by another of lower rank. *Psychometrika*, 1(3), pp. 211-218, 1936.

42. A. Emmott, S. Das, T. Dietterich, A. Fern, andW.Wong. Systematic Construction of Anomaly Detection Benchmarks from Real Data. *arXiv:1503.01158*, 2015. https://arxiv.org/abs/1503.01158

43. M. Faloutsos, P. Faloutsos, and C. Faloutsos. On power-law relationships of the internet topology. *ACM SIGCOMM Computer Communication Review*, pp. 251-262, 1999.

44. R. Fan, K. Chang, C. Hsieh, X. Wang, and C. Lin. LIBLINEAR: A library for large linear classification. *Journal of Machine Learning Research*, 9, pp. 1871-1874, 2008. http://www.csie.ntu.edu.tw/~cjlin/liblinear/

45. R. Fisher. The use of multiple measurements in taxonomic problems. *Annals of Eugenics*, 7: pp. 179-188, 1936.

46. P. Flach. Machine learning: the art and science of algorithms that make sense of data. *Cambridge University Press*, 2012.

47. C. Freudenthaler, L. Schmidt-Thieme, and S. Rendle. Factorization machines: Factorized polynomial regression models. *GPSDAA*, 2011.

48. J. Friedman, T. Hastie, and R. Tibshirani. Sparse inverse covariance estimation with the graphical lasso. *Biostatistics*, 9(3), pp. 432-441, 2008.

49. M. Garey, and D. S. Johnson. Computers and intractability: A guide to the theory of NPcompleteness. *New York, Freeman*, 1979.

50. E. Gaussier and C. Goutte. Relation between PLSA and NMF and implications. *ACM SIGIR Conference*, pp. 601-602, 2005.

51. H. Gavin. The Levenberg-Marquardt method for nonlinear least squares curve-fitting problems, 2011. http://people.duke.edu/~hpgavin/ce281/lm.pdf

52. G. Golub and C. F. Van Loan. Matrix computations, *John Hopkins University Press*, 2012.

53. I. Goodfellow, Y. Bengio, and A. Courville. Deep learning. *MIT Press*, 2016.

54. I. Goodfellow, O. Vinyals, and A. Saxe. Qualitatively characterizing neural network optimization problems. *arXiv:1412.6544*, 2014. [Also appears in *ICLR*, 2015] https://arxiv.org/abs/1412.6544

55. A. Grover and J. Leskovec. node2vec: Scalable feature learning for networks. *ACM KDD Conference*, pp. 855-864, 2016.

56. T. Hastie, R. Tibshirani, and J. Friedman. The elements of statistical learning. *Springer*, 2009.

57. T. Hastie, R. Tibshirani, and M. Wainwright. Statistical learning with sparsity: the lasso and generalizations. *CRC Press*, 2015.

58. K. He, X. Zhang, S. Ren, and J. Sun. Delving deep into rectifiers: Surpassing human-level performance on imagenet classification. *IEEE International Conference on Computer Vision*, pp. 1026-1034, 2015.

59. M. Hestenes and E. Stiefel. Methods of conjugate gradients for solving linear systems. *Journal of*

Research of the National Bureau of Standards, 49(6), 1952.

60. G. Hinton. Connectionist learning procedures. *Artificial Intelligence*, 40(1-3), pp. 185–34, 1989.
61. G. Hinton. Neural networks for machine learning, *Coursera Video*, 2012.
62. K. Hoffman and R. Kunze. Linear algebra, Second Edition, *Pearson*, 1975.
63. T. Hofmann. Probabilistic latent semantic indexing. *ACM SIGIR Conference*, pp. 50-57, 1999.
64. C. Hsieh, K. Chang, C. Lin, S. S. Keerthi, and S. Sundararajan. A dual coordinate descent method for large-scale linear SVM. *ICML*, pp. 408-415, 2008.
65. Y. Hu, Y. Koren, and C. Volinsky. Collaborative filtering for implicit feedback datasets. *IEEE ICDM*, pp. 263-272, 2008.
66. H. Yu and B. Wilamowski. Levenberg-Marquardt training. *Industrial Electronics Handbook*, 5(12), 1, 2011.
67. R. Jacobs. Increased rates of convergence through learning rate adaptation. *Neural Networks*, 1(4), pp. 295-307, 1988.
68. T. Jaakkola, and D. Haussler. Probabilistic kernel regression models. *AISTATS*, 1999.
69. P. Jain, P. Netrapalli, and S. Sanghavi. Low-rank matrix completion using alternating minimization. *ACM Symposium on Theory of Computing*, pp. 665-674, 2013.
70. C. Johnson. Logistic matrix factorization for implicit feedback data. *NIPS Conference*, 2014.
71. H. J. Kelley. Gradient theory of optimal flight paths. *Ars Journal*, 30(10), pp. 947-954, 1960.
72. D. Kingma and J. Ba. Adam: A method for stochastic optimization. *arXiv:1412.6980*, 2014. https://arxiv.org/abs/1412.6980
73. M. Knapp. Sines and cosines of angles in arithmetic progression. *Mathematics Magazine*, 82(5), 2009.
74. D. Koller and N. Friedman. Probabilistic graphical models: principles and techniques. *MIT Press*, 2009.
75. Y. Koren, R. Bell, and C. Volinsky. Matrix factorization techniques for recommender systems. *Computer*, 8, pp. 30-37, 2009.
76. A. Langville, C. Meyer, R. Albright, J. Cox, and D. Duling. Initializations for the nonnegative matrix factorization. *ACM KDD Conference*, pp. 23-26, 2006.
77. D. Lay, S. Lay, and J. McDonald. Linear Algebra and its applications, *Pearson*, 2012.
78. Q. Le, J. Ngiam, A. Coates, A. Lahiri, B. Prochnow, and A. Ng, On optimization methods for deep learning. *ICML Conference*, pp. 265-272, 2011.
79. D. Lee and H. Seung. Algorithms for non-negative matrix factorization. *Advances in Neural Information Processing Systems*, pp. 556-562, 2001.
80. C. J. Lin, R. C. Weng, and S. S. Keerthi. Trust region newton method for logistic regression., 9(Apr), 627-650. *Journal of Machine Learning Research*, 9, pp. 627-650, 2008.

81. T.-Y. Liu. Learning to rank for information retrieval. *Foundations and Trends in Information Retrieval*, 3(3), pp. 225-231, 2009.

82. B. London and L. Getoor. Collective classification of network data. *Data Classification: Algorithms and Applications*, CRC Press, pp. 399-416, 2014.

83. D. Luenberger and Y. Ye. Linear and nonlinear programming, *Addison-Wesley*, 1984.

84. U. von Luxburg. A tutorial on spectral clustering. *Statistics and computing*, 17(4), pp. 395-416, 2007.

85. S. Marsland. Machine learning: An algorithmic perspective, *CRC Press*, 2015.

86. J. Martens. Deep learning via Hessian-free optimization. *ICML Conference*, pp. 735-742, 2010.

87. J. Martens and I. Sutskever. Learning recurrent neural networks with hessian-free optimization. *ICML Conference*, pp. 1033-1040, 2011.

88. J. Martens, I. Sutskever, and K. Swersky. Estimating the hessian by back-propagating curvature. *arXiv:1206.6464*, 2016.
https://arxiv.org/abs/1206.6464

89. J. Martens and R. Grosse. Optimizing Neural Networks with Kronecker-factored Approximate Curvature. *ICML Conference*, 2015.

90. P. McCullagh. Regression models for ordinal data. *Journal of the royal statistical society. Series B (Methodological)*, pp. 109-142, 1980.

91. T. Mikolov, K. Chen, G. Corrado, and J. Dean. Efficient estimation of word representations in vector space. *arXiv:1301.3781*, 2013.
https://arxiv.org/abs/1301.3781

92. T. Mikolov, I. Sutskever, K. Chen, G. Corrado, and J. Dean. Distributed representations of words and phrases and their compositionality. *NIPS Conference*, pp. 3111-3119, 2013.

93. T. Minka. A comparison of numerical optimizers for logistic regression. *Unpublished Draft*, 2003.

94. T. Mitchell. Machine learning, *McGraw Hill*, 1997.

95. K. Murphy. Machine learning: A probabilistic perspective, *MIT Press*, 2012.

96. G. Nemhauser, A. Kan, and N. Todd. Nondifferentiable optimization. *Handbooks in Operations Research and Management Sciences*, 1, pp. 529-572, 1989.

97. Y. Nesterov. A method of solving a convex programming problem with convergence rate $O(1/k^2)$. *Soviet Mathematics Doklady*, 27, pp. 372-376, 1983.

98. A. Ng, M. Jordan, and Y. Weiss. On spectral clustering: Analysis and an algorithm. *NIPS Conference*, pp. 849-856, 2002.

99. J. Nocedal and S. Wright. Numerical optimization. *Springer*, 2006.

100. N. Parikh and S. Boyd. Proximal algorithms. *Foundations and Trends in Optimization*, 1(3), pp. 127-239, 2014.

101. J. Pennington, R. Socher, and C. Manning. Glove: Global Vectors for Word Representation. *EMNLP*, pp. 1532-1543, 2014.

102. J. C. Platt. Sequential minimal optimization: A fast algorithm for training support vector machines. *Advances in Kernel Method: Support Vector Learning*, MIT Press, pp. 85-208, 1998.

103. B. Perozzi, R. Al-Rfou, and S. Skiena. Deepwalk: Online learning of social representations. *ACM KDD Conference*, pp. 701-710, 2014.

104. E. Polak. Computational methods in optimization: a unified approach. *Academic Press*, 1971.

105. B. Polyak and A. Juditsky. Acceleration of stochastic approximation by averaging. *SIAM Journal on Control and Optimization*, 30(4), pp. 838-855, 1992.

106. N. Qian. On the momentum term in gradient descent learning algorithms. *Neural networks*, 12(1), pp. 145-151, 1999.

107. S. Rendle. Factorization machines. *IEEE ICDM Conference*, pp. 995-100, 2010.

108. S. Rendle. Factorization machines with libfm. *ACM Transactions on Intelligent Systems and Technology*, 3(3), 57, 2012.

109. F. Rosenblatt. The perceptron: A probabilistic model for information storage and organization in the brain. *Psychological Review*, 65(6), 386, 1958.

110. D. Rumelhart, G. Hinton, and R. Williams. Learning internal representations by backpropagating errors. In *Parallel Distributed Processing: Explorations in the Microstructure of Cognition*, pp. 318-362, 1986.

111. T. Schaul, S. Zhang, and Y. LeCun. No more pesky learning rates. *ICML Confererence*, pp. 343-351, 2013.

112. B. Schölkopf, A. Smola, andK.-R. M¨uller. Nonlinear component analysis as a kernel eigenvalue problem. *Neural Computation*, 10(5), pp. 1299-1319, 1998.

113. B. Schölkopf, J. C. Platt, J. Shawe-Taylor, A. J. Smola, and R. C. Williamson. Estimating the Support of a High-Dimensional Distribution. *Neural Computation*, 13(7), pp. 1443-1472, 2001.

114. J. Shewchuk. An introduction to the conjugate gradient method without the agonizing pain. *Technical Report, CMU-CS-94-125*, Carnegie-Mellon University, 1994.

115. J. Shi and J. Malik. Normalized cuts and image segmentation. *IEEE Transactions on Pattern Analysis and Machine Intelligence*, 22(8), pp. 888-905, 2000.

116. N. Shor. Minimization methods for non-differentiable functions (Vol. 3). *Springer Science and Business Media*, 2012.

117. A. Singh and G. Gordon. A unified view of matrix factorization models. *Joint European Conference on Machine Learning and Knowledge Discovery in Databases*, pp. 358-373, 2008.

118. B. Schölkopf and A. J. Smola. Learning with kernels: support vector machines, regularization, optimization, and beyond. *Cambridge University Press*, 2001.

119. J. Solomon. Numerical Algorithms: Methods for Computer Vision, Machine Learning, and

Graphics. *CRC Press*, 2015.

120. N. Srebro, J. Rennie, and T. Jaakkola. Maximum-margin matrix factorization. *Advances in neural information processing systems*, pp. 1329-1336, 2004.

121. G. Strang. The discrete cosine transform. *SIAM review*, 41(1), pp. 135-147, 1999.

122. G. Strang. An introduction to linear algebra, Fifth Edition. *Wellseley-Cambridge Press*, 2016.

123. G. Strang. Linear algebra and its applications, Fourth Edition. *Brooks Cole*, 2011.

124. G. Strang and K. Borre. Linear algebra, geodesy, and GPS. *Wellesley-Cambridge Press*, 1997.

125. G. Strang. Linear algebra and learning from data. *Wellesley-Cambridge Press*, 2019.

126. J. Tenenbaum, V. De Silva, and J. Langford. A global geometric framework for nonlinear dimensionality reduction. *Science*, 290 (5500), pp. 2319-2323, 2000.

127. A. Tikhonov and V. Arsenin. Solution of ill-posed problems. *Winston and Sons*, 1977.

128. M. Udell, C. Horn, R. Zadeh, and S. Boyd. Generalized low rank models. *Foundations and Trends in Machine Learning*, 9(1), pp. 1-118, 2016.
https://github.com/madeleineudell/LowRankModels.jl

129. G. Wahba. Support vector machines, reproducing kernel Hilbert spaces and the randomized GACV. *Advances in Kernel Methods-Support Vector Learning*, 6, pp. 69-87, 1999.

130. H. Wendland. Numerical linear algebra: An introduction. *Cambridge University Press*, 2018.

131. P. Werbos. Beyond Regression: New Tools for Prediction and Analysis in the Behavioral Sciences. *PhD thesis, Harvard University*, 1974.

132. B. Widrow and M. Hoff. Adaptive switching circuits. *IRE WESCON Convention Record*, 4(1), pp. 96-104, 1960.

133. C. Williams and M. Seeger. Using the Nystr¨om method to speed up kernel machines. *NIPS Conference*, 2000.

134. S.Wright. Coordinate descent algorithms. *Mathematical Programming*, 151(1), pp. 3-34, 2015.

135. T. T. Wu, and K. Lange. Coordinate descent algorithms for lasso penalized regression. *The Annals of Applied Statistics*, 2(1), pp. 224-244, 2008.

136. H. Yu, F. Huang, and C. J. Lin. Dual coordinate descent methods for logistic regression and maximum entropy models. *Machine Learning*, 85(1-2), pp. 41-75, 2011.

137. H. Yu, C. Hsieh, S. Si, and I. S. Dhillon. Scalable coordinate descent approaches to parallel matrix factorization for recommender systems. *IEEE ICDM*, pp. 765-774, 2012.

138. R. Zafarani, M. A. Abbasi, and H. Liu. Social media mining: an introduction. *Cambridge University Press*, 2014.

139. M. Zeiler. ADADELTA: an adaptive learning rate method. *arXiv:1212.5701*, 2012.
https://arxiv.org/abs/1212.5701

140. T. Zhang. On the dual formulation of regularized linear systems with convex risks. *Machine*

Learning, 46, 1-3, pp. 81-129, 2002.

141. Y. Zhou, D. Wilkinson, R. Schreiber, and R. Pan. Large-scale parallel collaborative filtering for the Netflix prize. *Algorithmic Aspects in Information and Management*, pp. 337-348, 2008.

142. J. Zhu and T. Hastie. Kernel logistic regression and the import vector machine. *Advances in neural information processing systems*, 2002.

143. X. Zhu, Z. Ghahramani, and J. Lafferty. Semi-supervised learning using gaussian fields and harmonic functions. *ICML Conference*, pp. 912-919, 2003.

144. https://www.csie.ntu.edu.tw/~cjlin/libmf/

찾아보기